소방설비
기사 [전기편] 필기

시대에듀

[편·저·자·약·력]

김희태

[경력사항]
現 법무부 산하 공공기관 전문경력관
前 서울동부기술교육원 산업설비계열 교수

[자격사항]
가스기사
공조냉동기계기사
배관기능장
소방설비기사(기계분야, 전기분야)
에너지관리기능장
에너지관리기사
위험물기능장 외 다수 취득

이덕수

[경력사항]
現 (주)유신방재
前 거산방재
  국민소방
  대성방재
  보국이엔씨
  산업안전협회(화공분야) 8년 강의
  소방설비기사 20년 강의
  소방시설관리사 5년 강의
  위험물기능장, 산업기사 10년 강의
  위험물안전관리 대행기관 5년 근무
  화학공장(현장, 품질관리) 16년 근무

[자격사항]
산업안전기사
소방설비기사(기계분야, 전기분야)
소방시설관리사
위험물기능장
화공기사 외 다수 취득

끝까지 책임진다! 시대에듀!
QR코드를 통해 도서 출간 이후 발견된 오류나 개정법령, 변경된 시험 정보, 최신기출문제, 도서 업데이트 자료 등이 있는지 확인해 보세요! 시대에듀 합격 스마트 앱을 통해서도 알려 드리고 있으니 구글 플레이나 앱 스토어에서 다운받아 사용하세요.
또한, 파본 도서인 경우에는 구입하신 곳에서 교환해 드립니다.

편집진행 윤진영 · 남미희 | **표지디자인** 권은경 · 길전홍선 | **본문디자인** 정경일 · 박동진

PREFACE

현대 문명의 발전은 물질적인 풍요와 안락한 삶을 추구하게 하는 반면, 급속한 변화를 보이는 현실 때문에 어느 때보다도 소방안전의 필요성을 더 절실히 느끼게 합니다.

발전하는 산업구조와 복잡해지는 도시의 생활 속에서 화재로 인한 재해는 대형화될 수밖에 없으므로 소방설비의 자체점검강화, 홍보의 다양화, 소방인력의 고급화로 화재를 사전에 예방하여 재해를 최소화해야 하는 것이 무엇보다 중요합니다.

그래서 저자는 소방설비기사·산업기사의 수험생 및 소방설비업계에 종사하는 실무자를 위한 소방 관련 서적의 필요성을 절실히 느끼고 본 도서를 집필하게 되었습니다. 또한, 국내외의 소방 관련 자료를 입수하여 정리하였고, 다년간 쌓아온 저자의 소방 학원의 강의 경험과 실무 경험을 토대로 도서를 편찬하였습니다.

> **이 책의 특징**
> ❶ 이 책의 외래어 표기는 국립국어원의 외래어 표기법을 따랐으며, 화학 용어는 대한화학회 화합물 명명법에 따라 한글 새이름을 반영하였습니다.
> ❷ 소방관련법령의 잦은 개정으로 인해 출제 당시의 조건과 다소 상이한 문제 및 해설은 모두 현행법에 맞게 수정·보완하였습니다.

부족한 점에 대해서는 계속 보완하여 좋은 수험서가 되도록 노력하겠습니다.
이 한 권의 책이 수험생 여러분의 합격에 작은 발판이 될 수 있기를 기원합니다.

편저자 씀

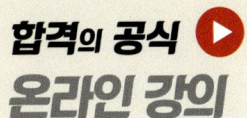 

보다 깊이 있는 학습을 원하는 수험생들을 위한
시대에듀의 동영상 강의가 준비되어 있습니다.

www.sdedu.co.kr ➔ 회원가입(로그인) ➔ 강의 살펴보기

개요
건물이 점차 대형화, 고층화, 밀집화되어 감에 따라 화재 발생 시 진화보다는 화재의 예방과 초기진압에 중점을 둠으로써 국민의 생명, 신체 및 재산을 보호하는 방법이 더 효과적이다. 이에 따라 소방설비에 대한 전문인력을 양성하기 위하여 자격제도를 제정하게 되었다.

진로 및 전망
❶ 소방공사, 대한주택공사, 전기공사 등 정부투자기관, 각종 건설회사, 소방전문업체 및 학계, 연구소 등으로 진출할 수 있다.
❷ 산업구조의 대형화 및 다양화로 소방대상물(건축물·시설물)이 고층·심층화되고, 고압가스나 위험물을 이용한 에너지 소비량의 증가 등으로 재해 발생 위험요소가 많아지면서 소방과 관련한 인력수요가 늘고 있다. 소방설비 관련 주요 업무 중 하나인 화재 관련 건수와 그로 인한 재산피해액도 당연히 증가할 수밖에 없어 소방 관련 인력에 대한 수요는 증가할 것으로 전망된다.

시험일정

구분	필기원서접수 (인터넷)	필기시험	필기합격 (예정자)발표	실기원서접수	실기시험	최종 합격자 발표일
제1회	1월 중순	2월 초순	3월 중순	3월 하순	4월 중순	6월 중순
제2회	4월 중순	5월 초순	6월 중순	6월 하순	7월 중순	9월 중순
제3회	7월 하순	8월 초순	9월 초순	9월 하순	11월 초순	12월 하순

※ 상기 시험일정은 시행처의 사정에 따라 변경될 수 있으니, www.q-net.or.kr에서 확인하시기 바랍니다.

시험요강
❶ 시행처 : 한국산업인력공단
❷ 관련 학과 : 대학 및 전문대학의 소방학, 건축설비공학, 기계설비학, 가스냉동학, 공조냉동학 관련 학과
❸ 시험과목
　㉠ 필기 : 소방원론, 소방전기일반, 소방관계법규, 소방전기시설의 구조 및 원리
　㉡ 실기 : 소방전기시설 설계 및 시공 실무
❹ 검정방법
　㉠ 필기 : 객관식 4지 택일형, 과목당 20문항(2시간)
　㉡ 실기 : 필답형(3시간)
❺ 합격기준
　㉠ 필기 : 100점을 만점으로 하여 과목당 40점 이상, 전 과목 평균 60점 이상
　㉡ 실기 : 100점을 만점으로 하여 60점 이상

검정현황

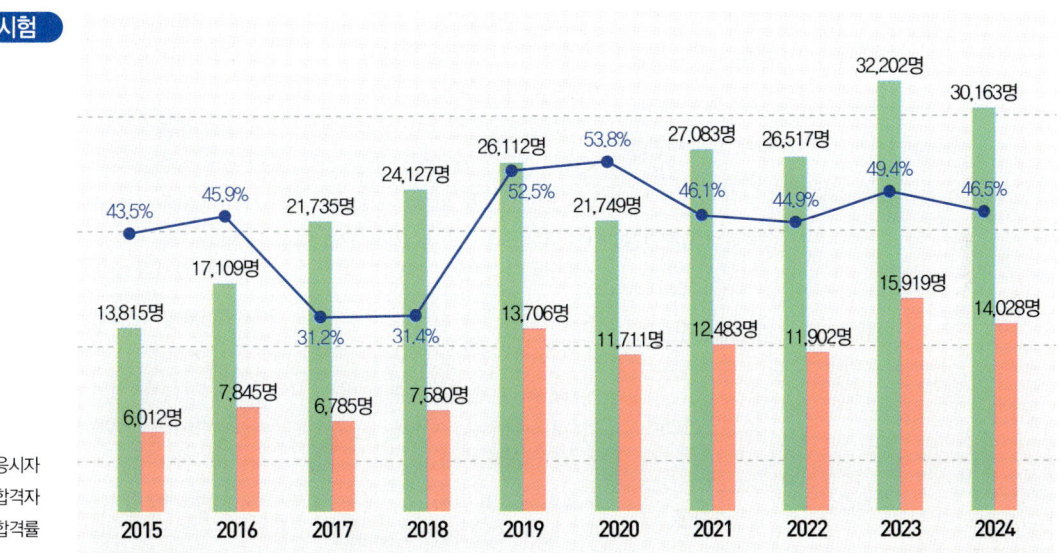

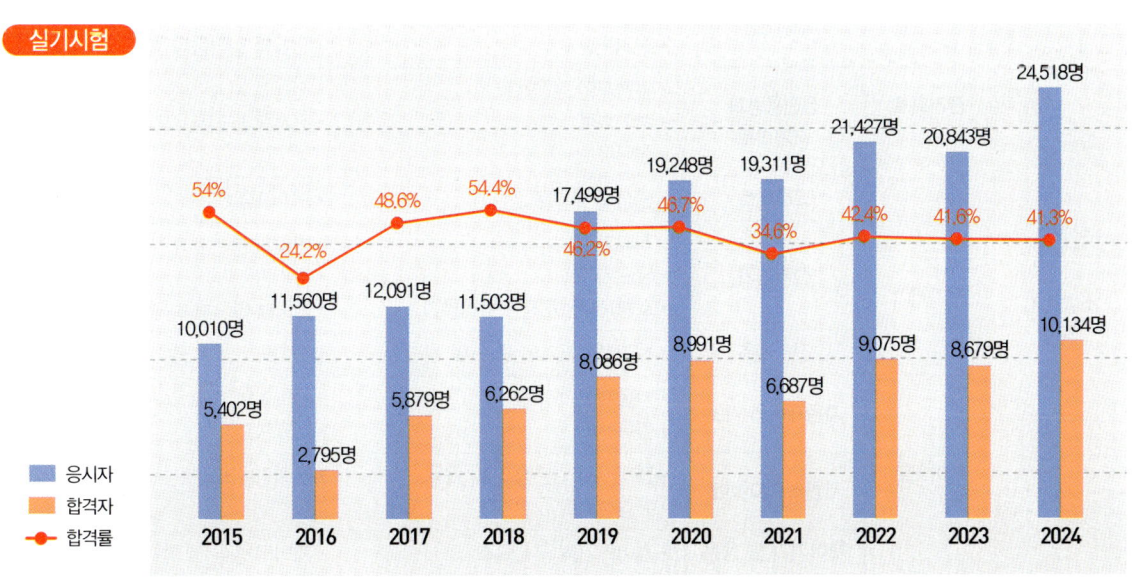

시험안내

출제기준

필기과목명	주요항목	세부항목	세세항목	
소방원론	연소이론	연소 및 연소현상	• 연소의 원리와 성상 • 열 및 연기 유동의 특성 • 연소물질의 성상	• 연소생성물과 특성 • 열에너지원과 특성 • LPG, LNG의 성상과 특성
	화재현상	화재 및 화재현상	• 화재의 정의, 화재의 원인과 영향 • 화재 진행의 제요소와 과정	• 화재의 종류, 유형 및 특성
		건축물의 화재현상	• 건축물의 종류 및 화재현상 • 건축구조와 건축내장재의 연소 특성 • 피난공간 및 동선계획	• 건축물의 내화성상 • 방화구획 • 연기 확산과 대책
	위험물	위험물안전관리	• 위험물의 종류 및 성상 • 위험물의 방호계획	• 위험물의 연소특성
	소방안전	소방안전관리	• 가연물 · 위험물의 안전관리 • 소방시설물의 관리유지 • 소방시설물 관리	• 화재 시 소방 및 피난계획 • 소방안전관리계획
		소화론	• 소화원리 및 방식 • 소화설비의 작동원리 및 점검	• 소화부산물의 특성과 영향
		소화약제	• 소화약제이론 • 약제유지관리	• 소화약제 종류와 특성 및 적응성
소방전기 일반	전기회로	직류회로	• 전압과 전류 • 전기저항	• 전력과 열량 • 전류의 열작용과 화학작용
		정전용량과 자기회로	• 콘덴서와 정전용량 • 자기회로 • 전자파	• 전계와 자계 • 전자력과 전자유도
		교류회로	• 단상 교류회로	• 3상 교류회로
	전기기기	전기기기	• 직류기 • 유도기 • 소형교류전동기, 교류정류기	• 변압기 • 동기기 • 전력용 반도체에 의한 전기기기제어
		전기계측	• 전기계측기기의 구조 및 원리	• 전기요소의 측정
	제어회로	자동제어의 기초	• 자동제어의 개요 • 블록선도	• 제어계의 요소 및 구성 • 전달함수
		시퀀스 제어회로	• 불대수의 기본정리 및 응용 • 유접점회로	• 무접점논리회로
		제어기기 및 응용	• 제어기기의 구성요소	• 제어의 종류 및 특성
	전자회로	전자회로	• 전자현상 및 전자소자 • 증폭회로 및 발진회로	• 정전압 전원회로 및 정류회로 • 전자회로의 응용

필기과목명	주요항목	세부항목	세세항목
소방관계법규	소방기본법	소방기본법, 시행령, 시행규칙	• 소방기본법　　　　　• 소방기본법 시행령 • 소방기본법 시행규칙
	화재의 예방 및 안전관리에 관한 법	화재의 예방 및 안전관리에 관한 법, 시행령, 시행규칙	• 화재의 예방 및 안전관리에 관한 법률 • 화재의 예방 및 안전관리에 관한 시행령 • 화재의 예방 및 안전관리에 관한 시행규칙
	소방시설 설치 및 관리에 관한 법	소방시설 설치 및 관리에 관한 법, 시행령, 시행규칙	• 소방시설 설치 및 관리에 관한 법률 • 소방시설 설치 및 관리에 관한 시행령 • 소방시설 설치 및 관리에 관한 시행규칙
	소방시설공사업법	소방시설공사업법, 시행령, 시행규칙	• 소방시설공사업법　　　• 소방시설공사업법 시행령 • 소방시설공사업법 시행규칙
	위험물안전관리법	위험물안전관리법, 시행령, 시행규칙	• 위험물안전관리법　　　• 위험물안전관리법 시행령 • 위험물안전관리법 시행규칙
소방전기 시설의 구조 및 원리	소방전기시설 및 화재안전성능기준 · 화재안전기술기준	비상경보설비 및 단독경보형감지기	• 설치 대상과 기준, 종류, 특징, 동작원리, 배선 • 화재안전성능기준 · 화재안전기술기준 등 기타 관련 사항
		비상방송설비	• 설치 대상과 기준, 구성, 기능, 동작원리, 배선 • 화재안전성능기준 · 화재안전기술기준 등 기타 관련 사항
		자동화재탐지설비 및 시각경보장치	• 설치 대상, 경계구역, 비화재보 원인과 대책, 각 구성기기의 종류 및 특징 • 화재안전성능기준 · 화재안전기술기준 등 기타 관련 사항
		자동화재속보설비	• 설치 대상과 기준, 구성과 종류 • 화재안전성능기준 · 화재안전기술기준 등 기타 관련 사항
		누전경보기	• 설치 대상과 기준, 종류, 구성, 특징, 동작원리, 변류기 설치와 결선 • 화재안전성능기준 · 화재안전기술기준 등 기타 관련 사항
		유도등 및 유도표지	• 설치 대상과 기준, 구성, 기능, 동작원리, 전원, 배선 시험 • 화재안전성능기준 · 화재안전기술기준 등 기타 관련 사항
		비상조명등	• 설치 대상과 기준, 구성, 전원, 배선, 시험 • 화재안전성능기준 · 화재안전기술기준 등 기타 관련 사항
		비상콘센트	• 설치 대상과 기준, 구조, 기능, 비상콘센트설비의 전원 및 보호함, 배선 • 화재안전성능기준 · 화재안전기술기준 등 기타 관련 사항
		무선통신보조설비	• 설치 대상과 기준, 구조, 기능, 사용방법, 누설동축케이블 • 화재안전성능기준 · 화재안전기술기준 등 기타 관련 사항
		기타 소방전기시설	• 화재안전성능기준 · 화재안전기술기준 등 기타 관련 사항

[소방설비기사 전기편] 필기

구성 및 특징

핵심이론

필수적으로 학습해야 하는 중요한 이론들을 각 과목별로 분류하여 수록하였습니다. 시험과 관계없는 두꺼운 기본서의 복잡한 이론은 이제 그만! 시험에 꼭 나오는 이론을 중심으로 효과적으로 공부하십시오.

10년간 자주 출제된 문제

출제기준을 중심으로 출제 빈도가 높은 기출문제와 필수적으로 풀어보아야 할 문제를 핵심이론당 1~2문제씩 선정했습니다. 각 문제마다 핵심을 찌르는 명쾌한 해설이 수록되어 있습니다.

STRUCTURES

과년도 기출문제

지금까지 출제된 과년도 기출문제를 수록하였습니다. 각 문제에는 자세한 해설이 추가되어 핵심이론만으로는 아쉬운 내용을 보충 학습하고 출제경향의 변화를 확인할 수 있습니다.

최근 기출복원문제

최근에 출제된 기출문제를 복원하여 가장 최신의 출제경향을 파악하고 새롭게 출제된 문제의 유형을 익혀 처음 보는 문제들도 모두 맞힐 수 있도록 하였습니다.

최신 기출문제 출제경향

[소방설비기사 전기편] 필기

2022년 4회
- 정전기 화재의 방지대책
- 소화효과 및 소화방법
- 분말소화약제의 주성분
- 플래시오버 및 폭굉
- 소비전력 계산
- Y 결선과 △ 결선의 선전류 계산
- 정류회로의 맥동주파수
- 연속제어의 전달함수
- 소방신호의 종류
- 위험물제조소의 저장·취급 시 주의사항
- 예방규정을 정해야 하는 제조소 등
- 방염대상물품
- 소방시설용 비상전원수전설비의 설치기준
- 시각경보장치의 절연저항시험 및 절연내력시험
- 비상조명등의 자가점검 및 무선점검 시험
- 감지기의 설치기준

2024년 2회
- 제1류 위험물
- 자연발화 방지대책
- 분말소화약제의 주성분
- 연소범위
- 시퀀스 제어회로의 출력식
- 전력량 계산
- 등전위면의 성질
- PD(비례 미분) 제어동작의 특징
- 상주공사감리 대상
- 위험물제조소의 주의사항
- 예방규정을 정해야 하는 제조소 등
- 건축허가 등의 동의대상물
- 무선통신보조설비의 옥외안테나 설치기준
- 각 소방설비의 비상전원 최소 용량
- 가스누설경보기의 표시등 기준
- 자동화재탐지설비의 경계구역 설정기준

2023년 2회
- 발화시간에 영향을 주는 인자
- 연기의 이동요인
- 경유화재
- 블레비 현상
- 피드백제어계의 제어요소
- 논리식의 간단화
- 시퀀스 제어회로의 자기유지회로
- 전기계측기기의 측정방법
- 위험물의 구분
- 예방규정을 정해야 하는 제조소 등
- 상주공사감리 대상 기준
- 종합점검 대상
- 중계기의 구조 및 기능
- 통로유도등의 설치기준
- 비상조명등 및 휴대용 비상조명등의 설치기준
- 비상콘센트의 설치기준

2025년 3회
- 인간의 피난 특성
- 주요구조부
- 자연발화 방지대책
- 화재하중
- $R-C$, $R-L$ 직렬회로
- 보정율과 오차율
- 프로세스제어
- 변환기
- 소방공사감리업자의 업무
- 소방신호
- 자체점검
- 화재예방강화지구
- 속보기의 예비전원 안전장치시험
- 비상조명등의 일반구조 기준
- 유도등 및 피난유도선의 설치기준
- 연기복합형 및 연기감지기의 설치기준

표준주기율표
Periodic Table of the Elements

1	2		3	4	5	6	7	8	9	10	11	12	13	14	15	16	17	18
1 **H** 수소 hydrogen 1.008 [1.0078, 1.0082]																		2 **He** 헬륨 helium 4.0026
3 **Li** 리튬 lithium 6.94 [6.938, 6.997]	4 **Be** 베릴륨 beryllium 9.0122												5 **B** 붕소 boron 10.81 [10.806, 10.821]	6 **C** 탄소 carbon 12.011 [12.009, 12.012]	7 **N** 질소 nitrogen 14.007 [14.006, 14.008]	8 **O** 산소 oxygen 15.999 [15.999, 16.000]	9 **F** 플루오린 fluorine 18.998	10 **Ne** 네온 neon 20.180
11 **Na** 소듐 sodium 22.990	12 **Mg** 마그네슘 magnesium 24.305 [24.304, 24.307]												13 **Al** 알루미늄 aluminium 26.982	14 **Si** 규소 silicon 28.085 [28.084, 28.086]	15 **P** 인 phosphorus 30.974	16 **S** 황 sulfur 32.06 [32.059, 32.076]	17 **Cl** 염소 chlorine 35.45 [35.446, 35.457]	18 **Ar** 아르곤 argon 39.95 [39.792, 39.963]
19 **K** 포타슘 potassium 39.098	20 **Ca** 칼슘 calcium 40.078(4)		21 **Sc** 스칸듐 scandium 44.956	22 **Ti** 타이타늄 titanium 47.867	23 **V** 바나듐 vanadium 50.942	24 **Cr** 크로뮴 chromium 51.996	25 **Mn** 망가니즈 manganese 54.938	26 **Fe** 철 iron 55.845(2)	27 **Co** 코발트 cobalt 58.933	28 **Ni** 니켈 nickel 58.693	29 **Cu** 구리 copper 63.546(3)	30 **Zn** 아연 zinc 65.38(2)	31 **Ga** 갈륨 gallium 69.723	32 **Ge** 저마늄 germanium 72.630(8)	33 **As** 비소 arsenic 74.922	34 **Se** 셀레늄 selenium 78.971(8)	35 **Br** 브로민 bromine 79.904 [79.901, 79.907]	36 **Kr** 크립톤 krypton 83.798(2)
37 **Rb** 루비듐 rubidium 85.468	38 **Sr** 스트론튬 strontium 87.62		39 **Y** 이트륨 yttrium 88.906	40 **Zr** 지르코늄 zirconium 91.224(2)	41 **Nb** 나이오븀 niobium 92.906	42 **Mo** 몰리브데넘 molybdenum 95.95	43 **Tc** 테크네튬 technetium	44 **Ru** 루테늄 ruthenium 101.07(2)	45 **Rh** 로듐 rhodium 102.91	46 **Pd** 팔라듐 palladium 106.42	47 **Ag** 은 silver 107.87	48 **Cd** 카드뮴 cadmium 112.41	49 **In** 인듐 indium 114.82	50 **Sn** 주석 tin 118.71	51 **Sb** 안티모니 antimony 121.76	52 **Te** 텔루륨 tellurium 127.60(3)	53 **I** 아이오딘 iodine 126.90	54 **Xe** 제논 xenon 131.29
55 **Cs** 세슘 caesium 132.91	56 **Ba** 바륨 barium 137.33	57-71 란타넘족 lanthanoids	72 **Hf** 하프늄 hafnium 178.49(2)	73 **Ta** 탄탈럼 tantalum 180.95	74 **W** 텅스텐 tungsten 183.84	75 **Re** 레늄 rhenium 186.21	76 **Os** 오스뮴 osmium 190.23(3)	77 **Ir** 이리듐 iridium 192.22	78 **Pt** 백금 platinum 195.08	79 **Au** 금 gold 196.97	80 **Hg** 수은 mercury 200.59	81 **Tl** 탈륨 thallium 204.38 [204.38, 204.39]	82 **Pb** 납 lead 207.2	83 **Bi** 비스무트 bismuth 208.98	84 **Po** 폴로늄 polonium	85 **At** 아스타틴 astatine	86 **Rn** 라돈 radon
87 **Fr** 프랑슘 francium	88 **Ra** 라듐 radium	89-103 악티늄족 actinoids	104 **Rf** 러더포듐 rutherfordium	105 **Db** 두브늄 dubnium	106 **Sg** 시보귬 seaborgium	107 **Bh** 보륨 bohrium	108 **Hs** 하슘 hassium	109 **Mt** 마이트너륨 meitnerium	110 **Ds** 다름슈타튬 darmstadtium	111 **Rg** 뢴트게늄 roentgenium	112 **Cn** 코페르니슘 copernicium	113 **Nh** 니호늄 nihonium	114 **Fl** 플레로븀 flerovium	115 **Mc** 모스코븀 moscovium	116 **Lv** 리버모륨 livermorium	117 **Ts** 테네신 tennessine	118 **Og** 오가네손 oganesson

표기법:
원자 번호
기호
원소명(국문)
원소명(영문)
일반 원자량
표준 원자량

57 **La** 란타넘 lanthanum 138.91	58 **Ce** 세륨 cerium 140.12	59 **Pr** 프라세오디뮴 praseodymium 140.91	60 **Nd** 네오디뮴 neodymium 144.24	61 **Pm** 프로메튬 promethium	62 **Sm** 사마륨 samarium 150.36(2)	63 **Eu** 유로퓸 europium 151.96	64 **Gd** 가돌리늄 gadolinium 157.25(3)	65 **Tb** 터븀 terbium 158.93	66 **Dy** 디스프로슘 dysprosium 162.50	67 **Ho** 홀뮴 holmium 164.93	68 **Er** 어븀 erbium 167.26	69 **Tm** 툴륨 thulium 168.93	70 **Yb** 이터븀 ytterbium 173.05	71 **Lu** 루테튬 lutetium 174.97
89 **Ac** 악티늄 actinium	90 **Th** 토륨 thorium 232.04	91 **Pa** 프로트악티늄 protactinium 231.04	92 **U** 우라늄 uranium 238.03	93 **Np** 넵투늄 neptunium	94 **Pu** 플루토늄 plutonium	95 **Am** 아메리슘 americium	96 **Cm** 퀴륨 curium	97 **Bk** 버클륨 berkelium	98 **Cf** 캘리포늄 californium	99 **Es** 아인슈타이늄 einsteinium	100 **Fm** 페르뮴 fermium	101 **Md** 멘델레븀 mendelevium	102 **No** 노벨륨 nobelium	103 **Lr** 로렌슘 lawrencium

참조) 표준 원자량은 2011년 IUPAC에서 결정한 형식을 따른 것으로 [ ] 안에 표시된 숫자는 2 종류 이상의 안정한 동위원소가 존재하는 경우에 지각 시료에서 발견되는 자연 존재비의 분포를 고려한 표준 원자량의 범위를 나타낸 것임. 자세한 내용은 https://iupac.org/what-we-do/periodic-table-of-elements/을 참조하기 바람.

© 대한화학회, 2018

이 책의 목차

빨리보는 간단한 키워드

PART 01 | 핵심이론

CHAPTER 01	소방원론	002
CHAPTER 02	소방전기일반	049
CHAPTER 03	소방관계법규	127
CHAPTER 04	소방전기시설의 구조 및 원리	280

PART 02 | 과년도 + 최근 기출복원문제

2019년	과년도 기출문제	344
2020년	과년도 기출문제	409
2021년	과년도 기출문제	474
2022년	과년도 기출문제	537
2023년	과년도 기출복원문제	611
2024년	과년도 기출복원문제	680
2025년	최근 기출복원문제	747

빨간키

빨리보는 간단한 키워드

소방원론

■ 화재의 종류

구분 \ 급수	A급	B급	C급	D급	K급
화재의 종류	일반화재	유류화재	전기화재	금속화재	주방화재
표시색	백색	황색	청색	무색	-

■ 가연성 가스의 폭발범위

- 하한계가 낮을수록 위험하다.
- 상한계가 높을수록 위험하다.
- 연소범위가 넓을수록 위험하다.
- 온도(압력)가 상승할수록 위험하다(압력이 상승하면 하한계는 불변, 상한계는 증가. 단, 일산화탄소는 압력 상승 시 연소범위가 감소).

■ 공기 중의 폭발범위

가스	하한계[%]	상한계[%]	가스	하한계[%]	상한계[%]
아세틸렌(C_2H_2)	2.5	81.0	에틸렌	2.7	36.0
수소(H_2)	4.0	75.0	메테인(CH_4)	5.0	15.0
일산화탄소(CO)	12.5	74.0	프로페인(C_3H_8)	2.1	9.5

■ 혼합가스의 폭발한계값

$$L_m = \frac{100}{\frac{V_1}{L_1} + \frac{V_2}{L_2} + \frac{V_3}{L_3} + \cdots + \frac{V_n}{L_n}}$$

여기서, L_m : 혼합가스의 폭발한계(하한값, 상한값[vol%])

$V_1, V_2, V_3, \cdots, V_n$: 가연성 가스의 용량[vol%]

$L_1, L_2, L_3, \cdots, L_n$: 가연성 가스의 하한값 또는 상한값[vol%]

■ 연소의 정의

가연물이 공기 중에서 산소와 반응하여 열과 빛을 동반하는 급격한 산화현상

■ 연소의 색과 온도

색 상	담암적색	암적색	적 색	휘적색	황적색	백 색	휘백색
온도[℃]	520	700	850	950	1,100	1,300	1,500 이상

■ 연소의 3요소

- 가연물
- 산소공급원
- 점화원
- 순조로운 연쇄반응(연소의 4요소)

※ 질소가 가연물이 아닌 이유 : 산소와 반응은 하나 흡열반응을 하기 때문

■ 고체의 연소

종 류	정 의	물질명
증발연소	고체 가열 → 액체 → 액체 가열 → 기체 → 기체가 연소하는 현상	황, 나프탈렌, 왁스, 파라핀
분해연소	연소 시 열분해에 의해 발생된 가스와 공기가 혼합하여 연소하는 현상	석탄, 종이, 목재, 플라스틱
표면연소	연소 시 열분해에 의해 가연성 가스는 발생하지 않고 그 물질 자체가 연소하는 현상(작열연소)	목탄, 코크스, 금속분, 숯
내부연소(자기연소)	그 물질이 가연물과 산소를 동시에 가지고 있는 가연물이 연소하는 현상	나이트로셀룰로스, 셀룰로이드

■ 액체의 연소

종 류	정 의	물질명
증발연소	액체를 가열하면 증기가 되어 증기가 연소하는 현상	아세톤, 휘발유, 등유, 경유

■ 열 량

- 0[℃]의 물 1[g]이 100[℃]의 수증기로 되는 데 필요한 열량 : 639[cal]
- 0[℃]의 얼음 1[g]이 100[℃]의 수증기로 되는 데 필요한 열량 : 719[cal]

■ 인화점(Flash Point)

- 가연성 액체의 위험성의 척도
- 가연성 증기를 발생할 수 있는 최저의 온도

발화점(Ignition Point)

가연성 물질에 점화원을 접하지 않고도 불이 일어나는 최저의 온도

자연발화 방지법

- 습도를 낮게 할 것
- 주위의 온도를 낮출 것
- 통풍을 잘 시킬 것
- 불활성 가스를 주입하여 공기와 접촉을 피할 것

증기비중(Vapor Specific Gravity)

증기비중 = $\dfrac{\text{분자량}}{29}$ (공기의 평균분자량 ≒ 29)

연소생성물이 인체에 미치는 영향

가 스	현 상
CH_2CHCHO(아크롤레인)	석유 제품이나 유지류가 연소할 때 생성
SO_2(아황산가스)	황을 함유하는 유기화합물이 완전 연소 시에 발생
H_2S(황화수소)	황을 함유하는 유기화합물이 불완전 연소 시에 발생, 달걀 썩는 냄새가 나는 가스
CO_2(이산화탄소)	연소가스 중 가장 많은 양을 차지, 완전연소 시 생성
CO(일산화탄소)	불완전 연소 시에 다량 발생, 혈액 중의 헤모글로빈(Hb)과 결합하여 혈액 중의 산소운반을 저해하여 사망

열의 전달

- 전 도
- 대 류
- 복사(Radiation) : 화재 시 열의 이동에 가장 크게 작용하는 열
  ※ 슈테판-볼츠만(Stefan-Boltzmann) 법칙
  복사열은 절대온도차의 4제곱에 비례하고 열전달 면적에 비례한다.

보일오버(Boil Over)

- 중질유 탱크에서 장시간 조용히 연소하다가 탱크의 잔존기름이 갑자기 분출(Over Flow)하는 현상
- 유류탱크 바닥에 물 또는 물-기름에 에멀션이 섞여 있을 때 화재가 발생하는 현상

플래시오버(Flash Over)

가연성 가스를 동반하는 연기와 유독가스가 방출하여 실내의 급격한 온도 상승으로 실내 전체가 순간적으로 연기가 충만하는 현상, 폭발적인 착화현상, 순발적인 연소확대현상

- 발생시기 : 성장기에서 최성기로 넘어가는 분기점
- 최성기시간 : 내화구조는 60분 후(950[℃]), 목조건물은 10분 후(1,100[℃]) 최성기에 도달

▎연기의 이동속도

방 향	수평방향	수직방향	실내계단
이동속도	0.5~1.0[m/s]	2.0~3.0[m/s]	3.0~5.0[m/s]

▎연기농도와 가시거리

감광계수[m⁻¹]	가시거리[m]	상 황
0.1	20~30	연기감지기가 작동할 때의 정도
10	0.2~0.5	화재 최성기 때의 정도

▎건축물의 화재성상

건축물의 종류	목조건축물	내화건축물
화재성상	고온단기형	저온장기형

▎목조건축물의 화재 발생 후 경과시간

화재진화과정 풍속[m/s]	발화 → 최성기	최성기 → 연소낙하	발화 → 연소낙하
0~3	5~15분	6~19분	13~24분

▎내화건축물의 화재 진행과정

초 기 → 성장기 → 최성기 → 종 기

▎화재하중의 계산

$$Q = \frac{\sum(G_t \times H_t)}{H \times A} = \frac{Q_t}{4,500 \times A} [\text{kg/m}^2]$$

여기서, G_t : 가연물의 질량[kg]

H_t : 가연물의 단위발열량[kcal/kg]

H : 목재의 단위발열량(4,500[kcal/kg])

A : 화재실의 바닥면적[m²]

Q_t : 가연물의 전발열량[kcal]

위험물의 성질 및 소화방법

유별 \ 항목	성 질	소화방법
제1류 위험물	산화성 고체	물에 의한 냉각소화(무기과산화물은 건조된 모래에 의한 질식소화)
제2류 위험물	가연성 고체	물에 의한 냉각소화(금속분류는 건조된 모래에 의한 질식소화)
제3류 위험물	자연발화성 및 금수성 물질	건조된 모래에 의한 소화
제4류 위험물	인화성 액체	질식소화
제5류 위험물	자기반응성 물질	주수소화
제6류 위험물	산화성 액체	주수소화

건축물의 내화구조

구 분	기 준
모든 벽	• 철근콘크리트조 또는 철골·철근콘크리트조로서 두께가 10[cm] 이상인 것 • 골구를 철골조로 하고 그 양면을 두께 4[cm] 이상의 철망모르타르로 덮은 것
기둥(작은 지름이 25[cm] 이상인 것)	• 철골을 두께 6[cm] 이상의 철망모르타르 또는 두께 7[cm] 이상의 콘크리트 블록·벽돌 또는 석재로 덮은 것 • 철골을 두께 5[cm] 이상의 콘크리트로 덮은 것
바 닥	철근콘크리트조 또는 철골·철근콘크리트조로서 두께가 10[cm] 이상인 것

방화구조

- 철망모르타르로서 그 바름 두께가 2[cm] 이상인 것
- 석고판 위에 시멘트모르타르 또는 회반죽을 바른 것으로서 그 두께의 합계가 2.5[cm] 이상인 것
- 시멘트모르타르 위에 타일을 붙인 것으로서 그 두께의 합계가 2.5[cm] 이상인 것
- 심벽에 흙으로 맞벽치기한 것

방화벽

- 내화구조로서 홀로 설 수 있는 구조일 것
- 방화벽의 양쪽 끝과 위쪽 끝을 건축물의 외벽면 및 지붕면으로부터 0.5[m] 이상 튀어나오게 할 것
- 방화벽에 설치하는 출입문의 너비 및 높이는 각각 2.5[m] 이하로 하고 해당 출입문에는 60분+ 방화문 또는 60분 방화문을 설치할 것

건축물의 주요구조부

내력벽, 기둥, 바닥, 보, 지붕틀, 주계단

피난대책의 일반적인 원칙

- 피난경로는 간단 명료하게 할 것
- 피난구조설비는 고정식 설비를 위주로 할 것
- 피난수단은 원시적 방법에 의한 것을 원칙으로 할 것
- 2방향 이상의 피난통로를 확보할 것

피난동선의 특성

- 수평동선과 수직동선으로 구분한다.
- 가급적 단순형태가 좋다.
- 상호 반대방향으로 다수의 출구와 연결되는 것이 좋다.
- 어느 곳에서도 2개 이상의 방향으로 피난할 수 있으며 그 말단은 화재로부터 안전한 장소여야 한다.

건축물의 피난방향

수평방향의 피난	복 도
수직방향의 피난	승강기(수직동선), 계단(보조수단)

피난시설의 안전구획

종 류	1차 안전구획	2차 안전구획	3차 안전구획
해당 부분	복 도	계단부속실(전실)	계 단

피난방향 및 경로

구 분	구 조	특 징
T형		피난자에게 피난경로를 확실히 알려주는 형태
X형		양방향으로 피난할 수 있는 확실한 형태
H형		중앙코어방식으로 피난자의 집중으로 패닉현상이 일어날 우려가 있는 형태
Z형		중앙복도형 건축물에서의 피난경로로서 코어식 중 제일 안전한 형태

화재 시 인간의 피난 행동 특성

- 귀소본능 : 평소에 사용하던 출입구나 통로 등 습관적으로 친숙해 있는 경로로 도피하려는 본능
- 지광본능 : 화재 발생 시 연기와 정전 등으로 가시거리가 짧아져 시야가 흐리면 밝은 방향으로 도피하려는 본능
- 추종본능 : 화재 발생 시 최초로 행동을 개시한 사람에 따라 전체가 움직이는 본능
- 퇴피본능 : 연기나 화염에 대한 공포감으로 화원의 반대방향으로 이동하려는 본능
- 좌회본능 : 좌측으로 통행하고 시계의 반대 방향으로 회전하려는 본능

소화효과

- 물(봉상 : 옥내소화전설비와 옥외소화전설비, 적상 : 스프링클러설비)방사 : 냉각효과
- 무상(물분무소화설비)주수 : 질식, 냉각, 희석, 유화효과
- 포 : 질식, 냉각효과
- 이산화탄소 : 질식, 냉각, 피복효과
- 할론 : 질식, 냉각, 부촉매효과
- 할로겐화합물 및 불활성기체
  - 할로겐화합물 : 질식, 냉각, 부촉매효과
  - 불활성기체 : 질식, 냉각효과
- 분말 : 질식, 냉각, 부촉매효과

화학포소화약제

$$Al_2(SO_4)_3 \cdot 18H_2O + 6NaHCO_3 \rightarrow 2Al(OH)_3 + 3Na_2SO_4 + 6CO_2 + 18H_2O$$

기계포소화약제

- 포소화약제의 물성

약 제	pH	비 중	농 도 저발포용	고발포용
합성계면활성제포	6.5~8.5	0.9~1.2	3[%]형, 6[%]형	1[%]형, 1.5[%]형, 2[%]형
수성막포(AFFF)	6.0~8.5	1.0~1.15	3[%]형, 6[%]형	–
알코올형포	6.0~8.5	0.9~1.2	3[%]형, 6[%]형	–
플루오린화단백포	–	–	3[%]형, 6[%]형	–
단백포	6.0~7.5	1.1~1.2	3[%]형, 6[%]형	–

- 팽창비 = $\dfrac{\text{방출 후 포의 체적[L]}}{\text{방출 전 포수용액의 체적(포원액 + 물)[L]}}$

  = $\dfrac{\text{방출 후 포의 체적[L]}}{\dfrac{\text{원액의 양[L]}}{\text{농도[\%]}}}$

■ 이산화탄소소화약제의 성상

- 상온에서 기체이다.
- 가스비중은 공기보다 1.52배(44/29) 무겁다.
- 화학적으로 안정하고 가연성, 부식성도 없다.

■ 이산화탄소소화약제의 물성

구 분	물성치	구 분	물성치
화학식	CO_2	증발잠열	576.5[kJ/kg]
삼중점	−56.3[℃]	임계온도	31.35[℃]
임계압력	72.75[atm]	충전비	1.5 이상

■ 할론소화약제의 구비조건

- 기화되기 쉬운 저비점 물질이어야 한다.
- 공기보다 무겁고 불연성이어야 한다.
- 증발 잔유물이 없어야 한다.

■ 할론소화약제의 성상

약 제	분자식	분자량	적응화재
할론 1301	CF_3Br	148.9	B, C급
할론 1211	CF_2ClBr	165.4	A, B, C급
할론 1011	CH_2ClBr	129.4	B, C급
할론 2402	$C_2F_4Br_2$	259.8	B, C급

- 할론소화약제의 소화효과 : F < Cl < Br < I
- 할론소화약제의 전기음성도 : F > Cl > Br > I

▌할론소화약제의 명명법

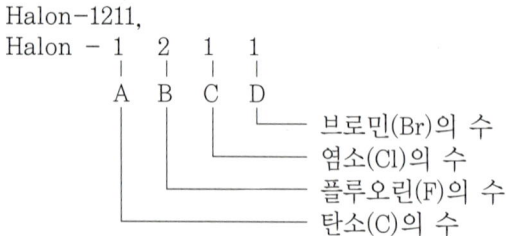

▌분말소화약제의 물성

종 류	주성분	착 색	적응화재	열분해 반응식
제1종 분말	탄산수소나트륨($NaHCO_3$)	백 색	B, C급	$2NaHCO_3 \rightarrow Na_2CO_3 + CO_2 + H_2O$
제2종 분말	탄산수소칼륨($KHCO_3$)	담회색	B, C급	$2KHCO_3 \rightarrow K_2CO_3 + CO_2 + H_2O$
제3종 분말	제일인산암모늄($NH_4H_2PO_4$) 인산암모늄, 인산염	담홍색	A, B, C급	$NH_4H_2PO_4 \rightarrow HPO_3 + NH_3 + H_2O$
제4종 분말	탄산수소칼륨 + 요소 $KHCO_3 + (NH_2)_2CO$	회 색	B, C급	$2KHCO_3 + (NH_2)_2CO \rightarrow K_2CO_3 + 2NH_3 + 2CO_2$

CHAPTER 02 소방전기일반

■ 전류(I), 전압(V), 저항(R)

- 전류 $I = \dfrac{Q}{t}$ [A]

- 전압 $V = \dfrac{W}{Q}$ [V]

- 저항 $R = \rho \dfrac{l}{A} = R_0(1 + \alpha \Delta T)$ [Ω]

  여기서, Q : 전하량(전기량)[C] t : 시간[s]
  W : 에너지[J] ρ : 고유저항[Ω·m]
  l : 도선의 길이[m] $A = \dfrac{\pi}{4} \times d^2$: 도선의 단면적[m²]
  d : 도선의 직경[m] R_0 : 온도 변화 전의 저항[Ω]
  α : 온도계수 ΔT : 온도차([℃], [K])

■ 배선의 전압강하(e)

- 단상 2선식 : $e = 2IR = \dfrac{35.6\,LI}{1{,}000A}$ [V]

- 단상 3선식 또는 3상 4선식 : $e = IR = \dfrac{17.8\,LI}{1{,}000A}$ [V]

- 3상 3선식 : $e = \sqrt{3}\,IR = \dfrac{30.8\,LI}{1{,}000A}$ [V]

  여기서, I : 전류[A]
  R : 저항[Ω]
  L : 배선의 거리[m]
  A : 전선의 단면적[mm²]

■ 두 개의 저항(R_1, R_2)을 직렬로 접속했을 때 합성저항 온도계수(α)

$$\alpha = \dfrac{R_1 \alpha_1 + R_2 \alpha_2}{R_1 + R_2}$$

▌옴의 법칙

- 전류는 전압에 비례하고 저항에 반비례한다.
- 전류 $I = \dfrac{V}{R}[A]$
- 전압 $V = IR[V]$
- 저항 $R = \dfrac{V}{I}[\Omega]$

▌키르히호프의 법칙

- 키르히호프의 제1법칙(전류평형의 법칙) : 전기회로의 접속점에 흘러 들어오는 전류의 총합과 흘러나가는 전류의 총합은 같다.

$$\sum 유입\ 전류 = \sum 유출\ 전류$$

- 키르히호프의 제2법칙(전압평형의 법칙) : 폐회로에서 기전력의 합은 회로에서 발생하는 전압강하의 합과 같다.

$$\sum 기전력(E) = \sum 전압강하(IR)$$

▌중첩의 법칙

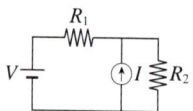

- 다수의 전압원 또는 전류원이 포함된 회로망에서 두 점 사이의 전위차는 각각의 전원들이 단독으로 있을 때 회로망에 흐르는 전류 또는 전위차의 대수합은 같다.
- 저항 R_2에 흐르는 전류 $I = I_1 + I_2[A]$
  - 전류원을 개방하면 저항 R_2에 흐르는 전류 $I_1 = \dfrac{V}{R_1 + R_2}[A]$
  - 전압원을 단락하면 저항 R_2에 흐르는 전류 $I_2 = \dfrac{R_1}{R_1 + R_2} \times I[A]$

■ 저항의 직렬과 병렬접속

구 분	직렬접속	병렬접속
전기회로	(회로도: R_1, R_2 직렬, 전원 V, 전류 I)	(회로도: R_1, R_2 병렬, 전원 V, 전류 I)
전 류	$I = I_1 = I_2$	$I = I_1 + I_2$
전 압	$V = V_1 + V_2$	$V = V_1 = V_2$
합성저항	$R = R_1 + R_2$	$R = \dfrac{R_1 \times R_2}{R_1 + R_2}$
전압·전류	$V_1 = IR_1$ $V_2 = IR_2$	$I_1 = \dfrac{R_2}{R_1 + R_2} \times I$ $I_2 = \dfrac{R_1}{R_1 + R_2} \times I$

■ 전력과 전력량

- 전력 $P = \dfrac{W}{t} = IV = I^2 R = \dfrac{V^2}{R}$ [W]

- 전력량 $W = Pt = IVt = I^2 R t = \dfrac{V^2}{R} t$ ([J], [W·s])

  여기서, t : 시간[s]　　I : 전류[A]
  　　　　V : 전압[V]　　R : 저항[Ω]

■ 줄의 법칙

- 도선에 전압을 가하여 전류가 흐르면 저항에 의해 열이 발생되는 법칙이며 이때 발생하는 열을 줄열이라고 한다.

- 줄열 $H = \dfrac{1}{4.186} I^2 R t = 0.24 I^2 R t$ [cal]

- 효율 $\eta = \dfrac{출열}{입열} \times 100 [\%] = \dfrac{mC\Delta T}{0.24 I^2 R t} \times 100 [\%]$

  여기서, m : 질량[g]　　　　　　C : 비열([cal/g·℃], [J/g·K])
  　　　　ΔT : 온도차([℃], [K])　t : 시간[s]
  　　　　I : 전류[A]　　　　　　V : 전압[V]
  　　　　R : 저항[Ω]

▌ 제베크 효과와 펠티에 효과

- 제베크 효과 : 서로 다른 두 개의 금속도선 양끝을 연결하여 폐회로를 구성한 후, 양단에 온도차를 주었을 때 두 접점 사이에서 기전력이 발생하는 효과이다.
- 펠티에 효과 : 두 종류의 금속으로 폐회로를 만들어 전류를 흘리면 양 접속점에서 한쪽은 온도가 올라가고 다른 쪽은 온도가 내려가는 현상이다.

▌ 건전지의 접속

구 분	직렬접속	병렬접속
총 내부저항	$r = nr_0$	$r = \dfrac{r_0}{n}$
총 기전력	$E = nE_0 = (R + nr_0)I$	$E = E_0 = \left(R + \dfrac{r}{n}\right)I$
전 류	$I = \dfrac{nE_0}{R + nr_0}$	$I = \dfrac{nE_0}{R + \dfrac{r_0}{n}}$

여기서, n : 건전지의 수 r_0 : 건전지 1개의 저항[Ω]
   E_0 : 건전지 1개의 기전력[V] R : 전기회로의 저항[Ω]

▌ 쿨롱의 법칙

- 정전력 $F = \dfrac{1}{4\pi\epsilon} \times \dfrac{Q_1 Q_2}{r^2} = 9 \times 10^9 \times \dfrac{Q_1 Q_2}{r^2}$ [N]

여기서, $\epsilon = \epsilon_0 \epsilon_s$: 유전율

   $\epsilon_0 = 8.855 \times 10^{-12}$ [F/m] : 진공 중의 유전율

   ϵ_s : 비유전율(공기나 진공 중의 비유전율 $\epsilon_s = 1$)

   Q_1, Q_2 : 전하량(전기량)[C]

   r : 두 전하 사이의 거리[m]

- 자기력 $F = \dfrac{1}{4\pi\mu} \times \dfrac{m_1 m_2}{r^2} = 6.33 \times 10^4 \times \dfrac{m_1 m_2}{r^2}$ [N]

여기서, $\mu = \mu_0 \mu_s$: 투자율

   $\mu_0 = 4\pi \times 10^{-7}$ [H/m] : 진공 중의 투자율

   μ_s : 비투자율(공기나 진공 중의 비투자율 $\mu_s = 1$)

   m_1, m_2 : 자극의 세기[Wb]

   r : 두 자극 사이의 거리[m]

▌ 정전에너지와 자기에너지

- 정전에너지 $W = \dfrac{1}{2}QV = \dfrac{1}{2}CV^2 [\text{J}]$

  여기서, C : 정전용량[F]

  V : 전압[V]

  Q : 전하량(전기량)[C]

- 자기에너지 $W = \dfrac{1}{2}LI^2 = \dfrac{1}{2}\left(\dfrac{\mu_0 \mu_s N^2 A}{l}\right)I^2 [\text{J}]$

  여기서, L : 자체인덕턴스[H]

  I : 전류[A]

  N : 코일의 감은 횟수

  $\mu = \mu_0 \mu_s$: 투자율

  $\mu_0 = 4\pi \times 10^{-7} [\text{H/m}]$: 진공 중의 투자율

  μ_s : 비투자율(공기나 진공 중의 비투자율 $\mu_s = 1$)

  A : 단면적[m^2]

  l : 평균길이[m]

▌ 전기장

- 전기장의 세기 $E = \dfrac{1}{4\pi\epsilon} \times \dfrac{Q}{r^2} = 9 \times 10^9 \times \dfrac{Q}{r^2} [\text{V/m}]$

- 전기장의 세기 $E = \dfrac{\sigma}{\epsilon} = \dfrac{Q}{4\pi r^2} \times \dfrac{1}{\epsilon} [\text{V/m}]$

- 전기력선의 총수 $N = 4\pi r^2 E = \dfrac{Q}{\epsilon}$ [개]

  여기서, $\epsilon = \epsilon_0 \epsilon_s$: 유전율

  $\epsilon_0 = 8.855 \times 10^{-12} [\text{F/m}]$: 진공 중의 유전율

  ϵ_s : 비유전율(공기나 진공 중의 비유전율 $\epsilon_s = 1$)

  Q : 전하량[C]

  r : 두 전하 사이의 거리[m]

  σ : 면전하밀도[C/m^2]

▌ 정전용량

- 콘덴서에 전하를 축적할 수 있는 용량이다.

- 정전용량 $C = \dfrac{Q}{V}$ [F]

- 평행판 도체의 정전용량 $C = \epsilon \dfrac{A}{d} = \epsilon_0 \epsilon_s \dfrac{A}{d}$ [F]

  여기서, $\epsilon = \epsilon_0 \epsilon_s$: 유전율

  $\epsilon_0 = 8.855 \times 10^{-12}$ [F/m] : 진공 중의 유전율

  ϵ_s : 비유전율(공기나 진공 중의 비유전율 $\epsilon_s = 1$)

  A : 극판 면적[m^2]

  d : 극판 간격[m]

▌ 콘덴서의 직렬과 병렬접속

구 분	직렬접속	병렬접속
콘덴서회로	(V, C_1, C_2 직렬)	(V, C_1, C_2 병렬)
전하량(전기량)	$Q = Q_1 = Q_2$	$Q = Q_1 + Q_2$
전 압	$V = V_1 + V_2$	$V = V_1 = V_2$
합성 정전용량	$C = \dfrac{C_1 \times C_2}{C_1 + C_2}$	$C = C_1 + C_2$
전압·전기량	$V_1 = \dfrac{C_2}{C_1 + C_2} \times V$ $V_2 = \dfrac{C_1}{C_1 + C_2} \times V$	$Q_1 = \dfrac{C_1}{C_1 + C_2} \times Q$ $Q_2 = \dfrac{C_2}{C_1 + C_2} \times Q$

▌ 자기회로에 관한 법칙

- 앙페르의 오른나사법칙 : 자기장의 방향을 결정하는 법칙
- 비오-사바르의 법칙 : 전류에 의한 자기장(자계)의 세기를 구하는 법칙
- 플레밍의 왼손법칙 : 전자력의 방향을 결정하는 법칙으로서 전동기의 원리에 적용
- 플레밍의 오른손법칙 : 유도기전력의 방향을 결정하는 법칙으로서 발전기의 원리에 적용

자기장의 세기(H)

- 무한장 직선 전류 : $H = \dfrac{I}{2\pi r}$ [AT/m]

- 원형코일 : $H = \dfrac{NI}{2r}$ [AT/m]

- 무한장 솔레노이드 : $H = nI$ [AT/m]

- 환상 솔레노이드 : $H = \dfrac{NI}{2\pi r} = \dfrac{NI}{l}$ [AT/m]

  여기서, N : 코일의 권수

  I : 전류[A]

  r : 반지름 또는 평균반지름[m]

  n : 단위길이당 코일의 권수[회/m]

  l : 평균길이[m]

전자력(F)

- 전자력 $F = BIl\sin\theta$ [N]

  여기서, B : 자속밀도[Wb/m^2]

  I : 전류[m]

  l : 도체의 유효길이[m]

- 평행한 왕복전선에 작용하는 전자력 $F = \dfrac{\mu_0 I_1 I_2}{2\pi r} = \dfrac{2 I_1 I_2}{r} \times 10^{-7}$ [N/m]

  여기서, $\mu_0 = 4\pi \times 10^{-7}$ [H/m] : 진공 중의 투자율

  I_1, I_2 : 전류[A]

  r : 왕복전선의 거리[m]

자기회로

- 자속밀도 $B = \dfrac{\mu NI}{l}$ [Wb/m^2]

- 자속 $\phi = \dfrac{F}{R_m} = \dfrac{\mu SNI}{l}$ [Wb]

- 공극을 가진 자기회로의 자기저항의 배수 $m = 1 + \dfrac{l_g}{l}\mu_s$

  여기서, $\mu = \mu_0\mu_s$: 투자율

  $\mu_0 = 4\pi \times 10^{-7}[\text{H/m}]$: 진공 중의 투자율

  μ_s : 비투자율(공기나 진공 중의 비투자율 $\mu_s = 1$)

  N : 코일의 권수

  I : 전류[A]

  S : 단면적[m²]

  l : 평균길이[m]

  F : 기자력[N]

  R_m : 자기저항[Ω]

  l_g : 공극부 길이[m]

■ 전자유도

- 렌츠의 법칙 : 전자유도현상에 의해 발생되는 유도기전력의 방향을 결정하는 법칙
- 패러데이법칙 : 전자유도현상에서 유도기전력의 크기를 결정하는 법칙

  유도기전력 $e = -N\dfrac{\Delta\phi}{\Delta t} = -L\dfrac{\Delta I}{\Delta t}[\text{V}]$

  여기서, N : 코일의 감은 횟수

  $\Delta\phi/\Delta t$: 쇄교자속의 시간적 변화율

  L : 자체 인덕턴스[H]

  $\Delta I/\Delta t$: 전류의 시간적 변화율

- 환상 솔레노이드의 자체 인덕턴스 $L = \dfrac{N\phi}{I} = \dfrac{\mu N^2 A}{l}[\text{H}]$

  여기서, N : 코일의 감은 횟수

  ϕ : 자속[Wb]

  I : 전류[A]

  $\mu = \mu_0\mu_s$: 투자율

  $\mu_0 = 4\pi \times 10^{-7}[\text{H/m}]$: 진공 중의 투자율

  μ_s : 비투자율(공기나 진공 중의 비투자율 $\mu_s = 1$)

  A : 단면적[m²]

  l : 평균길이[m]

■ 인덕턴스의 직렬연결

구 분	가동접속	차동접속
인덕턴스 연결	L_1 —M— L_2	L_1 —M— L_2
정 의	1차 코일의 자속 방향과 2차 코일의 자속 방향이 동일방향으로 접속된 회로	1차 코일의 자속 방향과 2차 코일의 자속 방향이 반대방향으로 접속된 회로
합성 인덕턴스	$L = L_1 + L_2 + 2M$	$L = L_1 + L_2 - 2M$
결합계수	$k = \dfrac{M}{\sqrt{L_1 L_2}}$ 여기서, M : 상호인덕턴스[H] L_1, L_2 : 코일 1차, 2차 자체인덕턴스[H]	

■ 정현파 교류의 전압과 전류의 순시값

- 전류 $i = I_m \sin\omega t = \sqrt{2}\, I \sin\omega t\,[\text{A}]$
- 전압 $v = V_m \sin\omega t = \sqrt{2}\, V \sin\omega t\,[\text{V}]$

여기서, I_m : 최댓값[A]

I : 실횻값[A]

$\omega = 2\pi f$: 각속도[rad/s]

f : 주파수[Hz]

■ 교류의 최댓값, 실횻값과 평균값의 관계

- 전류 $I_m = \sqrt{2}\, I = \dfrac{\pi}{2} I_a\,[\text{A}]$
- 전압 $V_m = \sqrt{2}\, V = \dfrac{\pi}{2} V_a\,[\text{V}]$

여기서, I_m, V_m : 최댓값 전류[A], 최댓값 전압[V]

I, V : 실횻값 전류[A], 실횻값 전압[V]

I_a, V_a : 평균값 전류[A], 평균값 전압[V]

파고율, 파형률과 왜형률(일그러짐률)

- 파고율 = $\dfrac{최댓값}{실횻값}$

- 파형률 = $\dfrac{실횻값}{평균값}$

- 왜형률 = $\dfrac{전\ 고조파의\ 실횻값}{기본파의\ 실횻값}$

파형의 종류에 따른 실횻값과 평균값

파형의 종류	정현파	정현반파	삼각파	구형파	구형반파
파 형					
실횻값	$\dfrac{V_m}{\sqrt{2}}$	$\dfrac{V_m}{2}$	$\dfrac{V_m}{\sqrt{3}}$	V_m	$\dfrac{V_m}{\sqrt{2}}$
평균값	$\dfrac{2V_m}{\pi}$	$\dfrac{V_m}{\pi}$	$\dfrac{V_m}{2}$	V_m	$\dfrac{V_m}{2}$
파형률	1.11	1.57	1.155	1	1.414
파고율	1.414	2	1.732	1	1.414

R(저항), L(코일), C(콘덴서)의 단독회로

단독회로	R회로	L회로	C회로
벡터도	$I \quad V$		
위 상	전류와 전압의 위상은 동상이다.	전류는 전압보다 위상이 $\dfrac{\pi}{2}(90°)$만큼 느리다.	전류는 전압보다 위상이 $\dfrac{\pi}{2}(90°)$만큼 빠르다.
전류[A]	$I = \dfrac{V}{R}$	$I = \dfrac{V}{X_L}$	$I = \dfrac{V}{X_C}$
리액턴스 [Ω]	–	$X_L = \omega L = 2\pi f L$	$X_C = \dfrac{1}{\omega C} = \dfrac{1}{2\pi f C}$

■ R(저항)-L(코일)-C(콘덴서) 직렬회로

직렬회로	$R-L$회로	$R-C$회로	$R-L-C$회로
임피던스 삼각도	$Z=\sqrt{R^2+X_L^2}$, V, X_L, R, I, θ	$Z=\sqrt{R^2+X_C^2}$, R, I, X_C, V, θ	$Z=\sqrt{R^2+(X_L-X_C)^2}$, V, X_L-X_C, R, I, θ
전 류	$I=\dfrac{V}{Z}=\dfrac{V}{\sqrt{R^2+X_L^2}}$	$I=\dfrac{V}{Z}=\dfrac{V}{\sqrt{R^2+X_C^2}}$	$I=\dfrac{V}{Z}=\dfrac{V}{\sqrt{R^2+(X_L-X_C)^2}}$
임피던스	$Z=\sqrt{R^2+X_L^2}$ $=\sqrt{R^2+(\omega L)^2}$	$Z=\sqrt{R^2+X_C^2}$ $=\sqrt{R^2+\left(\dfrac{1}{\omega C}\right)^2}$	$Z=\sqrt{R^2+(X_L-X_C)^2}$
위 상	$\tan\theta=\dfrac{X_L}{R}=\dfrac{\omega L}{R}$ 전압은 전류보다 위상이 θ만큼 빠르다.	$\tan\theta=\dfrac{X_C}{R}=\dfrac{1}{\omega CR}$ 전류는 전압보다 위상이 θ만큼 빠르다.	$\tan\theta=\dfrac{X_L-X_C}{R}$
역 률	$\cos\theta=\dfrac{R}{Z}=\dfrac{R}{\sqrt{R^2+X_L^2}}$	$\cos\theta=\dfrac{R}{Z}=\dfrac{R}{\sqrt{R^2+X_C^2}}$	$\cos\theta=\dfrac{R}{Z}=\dfrac{R}{\sqrt{R^2+(X_L-X_C)^2}}$
무효율	$\sin\theta=\dfrac{X_L}{Z}=\dfrac{X_L}{\sqrt{R^2+X_L^2}}$	$\sin\theta=\dfrac{X_C}{Z}=\dfrac{X_C}{\sqrt{R^2+X_C^2}}$	$\sin\theta=\dfrac{X_L-X_C}{Z}$

■ R(저항)-L(코일)-C(콘덴서) 병렬회로

병렬회로	$R-L$회로	$R-C$회로	$R-L-C$회로
전 류	$I=\dfrac{V}{Z}=\sqrt{\left(\dfrac{1}{R}\right)^2+\left(\dfrac{1}{X_L}\right)^2}\,V$	$I=\dfrac{V}{Z}=\sqrt{\left(\dfrac{1}{R}\right)^2+\left(\dfrac{1}{X_C}\right)^2}\,V$	$I=\dfrac{V}{Z}=\sqrt{\left(\dfrac{1}{R}\right)^2+\left(\dfrac{1}{X_C}-\dfrac{1}{X_L}\right)^2}\,V$
임피던스	$Z=\dfrac{1}{\sqrt{\left(\dfrac{1}{R}\right)^2+\left(\dfrac{1}{X_L}\right)^2}}$ $=\dfrac{RX_L}{\sqrt{R^2+X_L^2}}$	$Z=\dfrac{1}{\sqrt{\left(\dfrac{1}{R}\right)^2+\left(\dfrac{1}{X_C}\right)^2}}$ $=\dfrac{RX_C}{\sqrt{R^2+X_C^2}}$	$Z=\dfrac{1}{\sqrt{\left(\dfrac{1}{R}\right)^2+\left(\dfrac{1}{X_C}-\dfrac{1}{X_L}\right)^2}}$
위 상	$\tan\theta=\dfrac{R}{X_L}=\dfrac{R}{\omega L}$ 전류는 전압보다 위상이 θ만큼 느리다.	$\tan\theta=\dfrac{R}{X_C}=\omega CR$ 전류는 전압보다 위상이 θ만큼 빠르다.	$\tan\theta=R\left(\dfrac{1}{X_C}-\dfrac{1}{X_L}\right)$
역 률	$\cos\theta=\dfrac{Z}{R}=\dfrac{X_L}{\sqrt{R^2+X_L^2}}$	$\cos\theta=\dfrac{Z}{R}=\dfrac{X_C}{\sqrt{R^2+X_C^2}}$	$\cos\theta=\dfrac{\dfrac{1}{R}}{\sqrt{\left(\dfrac{1}{R}\right)^2+\left(\dfrac{1}{X_C}-\dfrac{1}{X_L}\right)^2}}$
무효율	$\sin\theta=\dfrac{Z}{X_L}=\dfrac{R}{\sqrt{R^2+X_L^2}}$	$\sin\theta=\dfrac{Z}{X_C}=\dfrac{R}{\sqrt{R^2+X_C^2}}$	$\sin\theta=\dfrac{\dfrac{1}{X_C}-\dfrac{1}{X_L}}{\sqrt{\left(\dfrac{1}{R}\right)^2+\left(\dfrac{1}{X_C}-\dfrac{1}{X_L}\right)^2}}$

공진회로

- 직렬 공진 : 임피던스가 최소가 되어 전류가 최대가 된다.
- 병렬 공진 : 임피던스가 최대가 되어 전류가 최소가 된다.
- 공진주파수 $f = \dfrac{1}{2\pi\sqrt{LC}}$ [Hz]
- n고조파의 공진주파수 $f_n = \dfrac{1}{2\pi n\sqrt{LC}}$ [Hz]

시정수

- 전기회로에 갑자기 전압을 가했을 경우 전류가 점차 증가하여 일정한 값에 도달하는 증가의 비율을 나타내는 것으로 정상값의 63.2[%]에 도달할 때까지의 시간을 표시한 것이다.
- $R-L$ 직렬회로 시정수 $\tau = \dfrac{L}{R}$ [s]
- $R-C$ 직렬회로 시정수 $\tau = RC$ [s]

교류전력

- 단상 교류전력
  - 피상전력 $P_a = IV = I^2Z = \sqrt{P^2 + P_r^2}$ [VA]
  - 유효전력(소비전력) $P = IV\cos\theta = \dfrac{I_m V_m}{2}\cos\theta = I^2R = P_a\cos\theta$ [W]
  - 무효전력 $P_r = IV\sin\theta = \dfrac{I_m V_m}{2}\sin\theta = I^2X = P_a\sin\theta$ [Var]
- 3상 교류전력
  - 유효전력(소비전력) $P = \sqrt{3}\,IV\cos\theta$ [W]
  - 무효전력 $P_r = \sqrt{3}\,IV\sin\theta$ [Var]

  여기서, I : 전류[A] V : 전압[V]
           Z : 임피던스[Ω] I_m : 최댓값 전류[A]
           V_m : 최댓값 전압[V] R : 저항[Ω]
           X : 리액턴스[Ω] $\cos\theta$: 역률
           $\sin\theta$: 무효율

- 역률을 개선하기 위해 접속하는 콘덴서의 용량 $Q_C = P(\tan\theta_1 - \tan\theta_2) = P\left(\dfrac{\sin\theta_1}{\cos\theta_1} - \dfrac{\sin\theta_2}{\cos\theta_2}\right)$ [VA]

  여기서, $\cos\theta_1$: 개선 전의 역률
          $\cos\theta_2$: 개선 후의 역률

3상 유도전동기의 출력과 전부하 전류

- 출력 $P = \sqrt{3}\,IV\cos\theta\eta\,[\text{W}]$

- 전부하 전류 $I = \dfrac{P}{\sqrt{3}\,V\cos\theta\eta}\,[\text{A}]$

  여기서, I : 전류[A] V : 전압[V]
  $\cos\theta$: 역률 η : 효율

Y 결선과 △ 결선

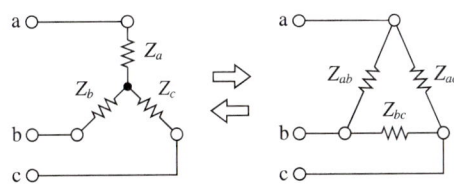

- Y 결선 : 선전류 $I_l = I_p$, 선간전압 $V_l = \sqrt{3}\,V_p$
- △ 결선 : 선전류 $I_l = \sqrt{3}\,I_p$, 선간전압 $V_l = V_p$
- Y 결선을 △ 결선으로 변환하는 경우 각 상의 임피던스

$$Z_{ab} = \dfrac{Z_aZ_b + Z_bZ_c + Z_cZ_a}{Z_c}\,[\Omega]$$

$$Z_{bc} = \dfrac{Z_aZ_b + Z_bZ_c + Z_cZ_a}{Z_a}\,[\Omega]$$

$$Z_{ca} = \dfrac{Z_aZ_b + Z_bZ_c + Z_cZ_a}{Z_b}\,[\Omega]$$

- △ 결선을 Y 결선으로 변환하는 경우 각 상의 임피던스

$$Z_a = \dfrac{Z_{ab}Z_{ca}}{Z_{ab} + Z_{bc} + Z_{ca}}\,[\Omega]$$

$$Z_b = \dfrac{Z_{ab}Z_{bc}}{Z_{ab} + Z_{bc} + Z_{ca}}\,[\Omega]$$

$$Z_c = \dfrac{Z_{bc}Z_{ca}}{Z_{ab} + Z_{bc} + Z_{ca}}\,[\Omega]$$

■ 브리지회로

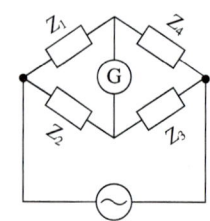

- 4개의 임피던스에 검류계(G)를 접속하고 검류계에 흐르는 전류를 0이 되도록 평형시켜 미지의 임피던스를 측정한다.
- 임피던스 $Z_1 Z_3 = Z_2 Z_4$

■ 4단자망의 영상임피던스

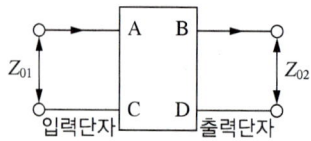

- 입력 측 영상임피던스 $Z_{01} = \sqrt{\dfrac{AB}{CD}}\ [\Omega]$

- 출력 측 영상임피던스 $Z_{02} = \sqrt{\dfrac{DB}{CA}}\ [\Omega]$

■ 직류기의 성능

- 직류발전기의 유도기전력 $E = \dfrac{PZ}{60a}\phi N[V]$

- 직류전동기의 토크 $T = \dfrac{PZ}{2\pi a} I_a \phi [N \cdot m]$

  여기서, P : 극 수

  Z : 전기자 총 도체수

  a : 병렬회로수(중권 $a = P$, 파권 $a = 2$)

  ϕ : 자속[Wb]

  N : 회전수[rpm]

  I_a : 전기자 전류[A]

▎직류전동기의 속도제어 및 제동법

- 속도제어법 : 계자제어법, 저항제어법, 전압제어법(워드 레오너드 방식, 일그너 방식), 직병렬제어법
- 제동법 : 발전제동, 역전제동(Plugging), 회생제동

▎변압기의 성능

- 권수비 $a = \dfrac{N_2}{N_1} = \dfrac{E_2}{E_1} = \dfrac{I_1}{I_2} = \sqrt{\dfrac{X_2}{X_1}}$

  여기서, N_1, N_2 : 1차, 2차 권선수

  E_1, E_2 : 1차, 2차 전압[V]

  I_1, I_2 : 1차, 2차 전류[A]

  X_1, X_2 : 1차, 2차 인덕턴스[Ω]

- 변압기의 전부하 효율

  $$\eta = \dfrac{출력}{출력 + 손실} \times 100[\%] = \dfrac{입력}{입력 - 손실} \times 100[\%] = \dfrac{변압기\ 출력}{변압기\ 출력 + 무부하손 + 부하손} \times 100[\%]$$

- $\dfrac{1}{m}$ 부하에 대한 전손실 전력량 $P = (P_i + P_c) \times T + \left\{P_i + \left(\dfrac{1}{m}\right)^2 P_c\right\} \times T[\text{Wh}]$

  여기서, P_i : 철손(무부하손)

  P_c : 동손(부하손)

  T : 사용시간[h]

▎변압기의 손실

- 동손 : 권선의 저항에 의해서 발생하는 손실이다.
- 철손 : 시간적으로 변하는 자화력에 의해서 발생하는 철심의 전력 손실로서 히스테리시스손과 와전류손의 합이다.
  - 히스테리시스손 : 철심에 가해지는 자화력의 방향을 주기적으로 변화시키면 철심에서 열이 발생하는 손실이다.
  - 와전류손(맴돌이 전류손) : 자속의 변화로 철심 단면에 유도되는 맴돌이 전류로 인하여 발생하는 손실이다.
- 유전체손 : 전압이 높을 때 절연물의 유전체로 인하여 발생하는 손실이다.
- 표유부하손 : 누설자속에 의해 권선, 철심 및 그 밖의 금속부분에서 발생하는 부가적인 손실이다.

▌ 변압기의 결선방식

- Y-Y 결선의 특징
  - 중성점을 접지할 수 있다.
  - 중성점을 접지할 경우 선로에는 제3고조파가 발생하여 통신장애를 일으킨다.
  - 권선전압은 선간전압의 $\frac{1}{\sqrt{3}}$ 이므로 절연이 용이하다.
- △-△ 결선의 특징
  - 변압기 외부에 제3고조파가 발생하지 않아 통신장애가 없다.
  - 변압기 1대가 고장 나면 V-V 결선으로 운전하여 3상 전력을 공급한다.
  - 중성점을 접지할 수 없어 지락 사고 시 보호가 곤란하다.
  - 선간 전압과 권선 전압이 같기 때문에 고압인 경우 절연의 문제점이 있다.
- V-V 결선
  - △-△ 결선에서 1대의 변압기가 고장이 나면 2대의 변압기를 이용하여 3상 전력을 공급할 수 있는 결선 방식이다.
  - 이용률 $\alpha = \dfrac{V\ 결선의\ 출력}{2대의\ 정격용량} = 86.6[\%]$
  - 출력의 비 $\beta = \dfrac{V\ 결선의\ 출력}{\triangle\ 결선의\ 출력} = 57.7[\%]$

▌ 변압기의 상수 변환

- 3상 전원에서 2상 전압을 얻을 수 있는 변압기 결선방법 : 우드브리지 결선, 메이어 결선, 스코트 결선(T 결선)
- 3상 전원에서 6상 전압을 얻을 수 있는 변압기 결선방법 : 환상 결선, 2중 3각 결선, 2중 성형 결선, 대각 결선, 포크 결선

▌ 변압기 내부 회로 고장 검출용 계전기

- 비율 차동 계전기
- 충격가스압력 계전기
- 부흐홀츠 계전기
- 가스검출 계전기

3상 유도전동기의 성능

- 동기속도 $N_s = \dfrac{120f}{P}$ [rpm]

  여기서, f : 주파수[Hz]
  P : 극 수

- 실제속도 $N = (1-s)N_s$ [rpm]

- 슬립 $s = \dfrac{N_s - N}{N_s}$

  $s = 0$: 동기속도로 회전하고 있는 상태
  $s = 1$: 정지 또는 기동상태

- 토크 $T = \dfrac{P_2}{\omega} = \dfrac{P_2}{2\pi N_s}$ [N·m]

  여기서, P_2 : 2차 입력[W]
  ω : 각속도[rad/s]
  N_s : 동기속도[rpm]

3상 유도전동기의 기동법

- 농형 유도전동기 : 전전압기동법, Y-△ 기동법(기동전류와 기동토크가 1/3로 감소), 기동보상기법, 리액터기동법
- 권선형 유도전동기 : 2차 저항 제어법

3상 직권 정류자 전동기에서 중간 변압기를 사용하는 이유

- 경부하 시 직권 특성에 따른 속도의 이상 상승을 방지할 수 있다.
- 중간 변압기의 권수비를 바꾸어 전동기의 특성을 조정할 수 있다.
- 전원전압의 크기에 관계없이 정류에 알맞은 회전자 전압을 선택할 수 있다.

단상 유도전동기 중 기동토크가 큰 순서

반발기동형 > 콘덴서기동용 > 분상기동형 > 셰이딩코일용

동기발전기의 병렬운전의 조건

- 기전력(발생전압)의 크기가 같을 것
- 기전력의 위상이 같을 것
- 기전력의 주파수가 같을 것
- 기전력의 파형이 일치할 것
- 기전력의 상회전 방향이 일치할 것

▮ 오차율과 보정률

- 오차율 $= \dfrac{M - T}{T} \times 100[\%]$

- 보정률 $= \dfrac{T - M}{M} \times 100[\%]$

  여기서, M : 측정값
  T : 참 값

▮ 지시계기의 동작원리

- 열전형 계기 : 전류의 열작용에 의한 금속선의 팽창 또는 종류가 다른 금속의 접합점의 온도차에 의한 열기전력을 이용
- 가동 철편형 계기 : 전류에 의한 자기장이 연철편에 작용하는 힘을 이용
- 전류력계형 계기 : 전류 상호 간에 작용하는 힘을 이용
- 유도형 계기 : 회전 자기장 또는 이동 자기장과 이것에 의한 유도전류와의 상호작용을 이용
- 정전형 계기 : 대전된 도체 사이에 작용하는 정전 흡인력 또는 반발력을 이용

▮ 측정계기

- 접지저항계 : 접지된 도체와 보조 전극 간에 전류를 흐르게 하여 측정된 전압과 전류의 양에 의하여 접지 저항을 측정한다.
- 캘빈 더블 브리지법 : 휘트스톤 브리지에 보조 저항을 첨가한 것으로 1[Ω] 이하 저저항의 정밀 측정에 사용된다.
- 콜라우시 브리지법 : 교류 전원을 사용한 미끄럼줄 브리지로 전지의 내부저항이나 전해액의 도전율을 측정한다.
- 메거 : 절연저항을 측정하는 데 사용하는 계기이다.

▮ 분류기와 배율기

- 분류기 : 전류계의 측정범위를 확대하기 위하여 내부저항 R_a 인 전류계에 병렬로 접속한 저항(R_s)을 분류기라 한다.

  배율 $m = \dfrac{I_s}{I} = \dfrac{R_a + R_s}{R_s} = 1 + \dfrac{R_a}{R_s}$

  여기서, I_s : 분류기의 측정전류[A] I_a : 전류계의 전류[A]
  R_s : 분류기의 저항[Ω] R_a : 전류계의 저항[Ω]

- 배율기 : 전압계의 측정범위를 확대하기 위하여 내부저항 R_v 인 전압계에 직렬로 접속한 저항(R_m)을 배율기라 한다.

  배율 $m = \dfrac{V_m}{V} = \dfrac{R_m + R}{R} = 1 + \dfrac{R_m}{R}$

  여기서, V_m : 배율기의 측정전압[V] V_v : 전압계의 전압[V]
  R_m : 배율기의 저항[Ω] R_v : 전압계의 저항[Ω]

■ 단상전력 간접측정

- 3전류계법 : 교전전력 $P = \dfrac{R}{2}(I_3^2 - I_1^2 - I_2^2)[W]$

- 3전압계법 : 교류전력 $P = \dfrac{1}{2R}(V_3^2 - V_1^2 - V_2^2)[W]$

  여기서, I : 전류[A]　　　V : 전압[V]

■ 역률 측정

- 3상 평형 회로에 전력계, 전류계, 전압계를 설치하여 역률을 측정한다.
- 부하전력 $P = W_1 + W_2$일 때 역률 $\cos\theta = \dfrac{W_1 + W_2}{\sqrt{3}\,IV}$

  여기서, I : 전류[A]　　　V : 전압[V]

■ 피드백제어의 특징

- 입력과 출력을 비교하는 장치(검출부)가 반드시 있어야 한다.
- 정확성과 감대폭(대역폭)이 증가한다.
- 계의 특성변화에 대한 입력 대 출력비의 감도(전체 이득)가 감소한다.
- 비선형과 왜형에 대한 효과가 감소한다.
- 발진을 일으키고 불안정한 상태로 되어 가는 경향이 있다.
- 구조가 복잡하고 설치비가 비싸다.

■ 피드백제어에서 제어요소

- 제어요소 : 동작신호를 조작량으로 변환시키는 요소로서 조절부와 조작부로 구성
- 조절부 : 동작신호를 만드는 부분이며 기준입력과 검출부의 출력을 합하여 제어계가 소정의 동작에 필요한 신호를 만들어 조작부에 보내는 장치
- 조작부 : 조절부로부터 받은 신호를 조작량으로 변환하여 제어대상에 보내주는 장치
- 조작량 : 제어를 수행하기 위하여 제어대상에 가해지는 양

■ 피드백제어의 목푯값에 의한 분류

- 정치제어 : 목푯값이 시간에 대하여 변하지 않는 제어
- 추치제어 : 목푯값이 시간에 대하여 변하며 목푯값에 정확히 추종하는 제어
  - 추종제어 : 목푯값이 시간에 따라 임의로 변하는 제어
  - 프로그램제어 : 목푯값이 시간적으로 미리 정해진 대로 변화하고 제어량을 추종시키는 제어
  - 비율제어 : 목푯값이 다른 양과 일정한 비율관계를 가지고 변화하는 경우의 제어

■ 피드백제어의 제어량에 의한 분류
- 프로세스제어 : 온도, 압력, 유량, 액면, 농도, 습도 등의 공업 공정의 상태량을 제어
- 자동조정 : 전압, 전류, 회전수(속도), 주파수, 토크 등의 상태량을 제어
- 서보기구 : 물체의 위치, 방위, 자세, 각도 등의 상태량을 제어

■ 피드백제어의 제어동작에 의한 분류
- 불연속 제어
  - 2위치 제어(ON-OFF 동작) : 사이클링 현상과 정상(잔류)편차(Off-set)가 발생한다.
  - 샘플값 제어
- 연속 제어
  - 비례 제어(P 동작) : 사이클링현상을 방지할 수 있으나 잔류(정상)편차가 발생한다.
  - 적분 제어(I 동작, Reset 동작) : 정상(잔류)편차가 제거되지만 진동이 발생한다.
  - 미분 제어(D 동작, Rate 동작) : 진동을 억제시켜 편차가 커지는 것을 미연에 방지한다.
  - 비례적분 제어(PI 동작) : 잔류편차를 제거하여 정상특성을 개선하는 데 사용되는 제어동작으로서 지상보상요소에 대응하며 간헐현상이 있다.
  - 비례미분 제어(PD 동작) : 응답속응성을 개선하는 데 사용되는 제어동작으로서 진상보상요소에 대응한다.
  - 비례적분미분 제어(PID 동작) : 잔류편차를 적분동작으로 제거하고 미분동작으로 응답속응성을 개선한 동작으로서 최적의 제어동작이다.

■ 정현파 및 여현파의 라플라스변환
- 정현파 $f(t) = \sin t$

$$F(s) = \int_0^\infty \sin t \cdot e^{-st} dt = \int_0^\infty \frac{1}{2j}(e^{jt} - e^{-jt}) \cdot e^{-st} dt = \frac{1}{s^2 + 1}$$

- 여현파 $f(t) = \cos t$

$$F(s) = \int_0^\infty \cos t \cdot e^{-st} dt = \int_0^\infty \frac{1}{2}(e^{jt} + e^{-jt}) \cdot e^{-st} dt = \frac{s}{s^2 + 1}$$

■ 블록선도의 전달함수

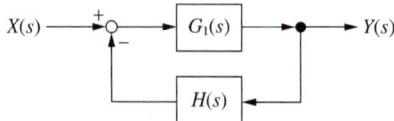

출력 $Y(s) = G_1(s)X(s) - H(s)C(s)$에서 전달함수 $G(s) = \dfrac{Y(s)}{X(s)} = \dfrac{G_1(s)}{1 + G_1(s)H(s)}$

특성방정식

$s^2 + 2\delta\omega_n s + \omega_n^2 = 0$

- $\delta = 1$: 임계제동(임계상태)
- $\delta < 1$: 부족제동(감쇠 진동)
- $\delta > 1$: 과제동(비진동)
- $\delta = 0$: 무제동(무한 진동)

조작기기

- 기계식 : 다이어프램 밸브, 밸브 포지셔너, 안내 밸브, 조작 실린더, 조작 피스톤, 분사관
- 전기식 : 전자 밸브, 전동 밸브, 서보 전동기, 펄스 전동기

변환기기

- 압력을 변위로 변환 : 벨로스, 스프링, 다이어프램
- 변위를 압력으로 변환 : 노즐플래퍼, 스프링, 유압 분사관
- 변위를 전압으로 변환 : 차동변압기, 전위차계, 퍼텐쇼미터
- 변위를 임피던스로 변환 : 가변저항스프링, 가변 저항기, 용량형 변환기
- 전압을 변위로 변환 : 전자석, 전자코일
- 온도를 임피던스로 변환 : 측온저항(열선, 서미스터, 백금, 니켈)
- 온도를 전압으로 변환 : 열전대

시퀀스제어의 특징

- 기계적 계전기 접점이 사용된다.
- 조합 논리회로가 사용된다.
- 시간 지연 요소가 사용된다.
- 전체시스템에 연결된 접점들이 일시에 동작할 수 없다.

시퀀스제어의 논리회로와 논리기호

논리회로	유접점회로	무접점회로	논리기호(논리식)
AND 회로			$X = A \cdot B$
OR 회로			$X = A + B$
NOT 회로			$X = \overline{A}$
NAND 회로			$X = \overline{A + B}$
NOR 회로			$X = \overline{A \cdot B}$

불대수의 기본정리

- 보원의 법칙

  $A \cdot \overline{A} = 0$　　　　　$A + \overline{A} = 1$　　　　　$\overline{\overline{A}} = A$

- 기본 대수의 정리

  $A \cdot A = A$　　　　　$A + A = A$

  $A \cdot 1 = A$　　　　　$A + 1 = 1$

  $A \cdot 0 = 0$　　　　　$A + 0 = A$

- 드모르간의 법칙

  $\overline{A + B} = \overline{A} \cdot \overline{B}$　　　　　$\overline{A \cdot B} = \overline{A} + \overline{B}$

반도체의 불순물

- 억셉터 : P형 반도체에서 정공을 만들기 위한 불순물
- 도너 : N형 반도체에서 과잉전자를 만들기 위한 불순물

반도체의 효과

- 광전 효과 : 반도체에 빛을 쪼여 주었을 때 전자가 방출하는 현상
- 펠티에 효과 : 회로에 전류를 흘리면 한쪽 접속점에는 열을 발생하고 다른 쪽 접속점에는 열을 흡수하는 현상
- 홀 효과(자기장 효과) : 금속이나 반도체의 x방향에 전류를 흘리고 y방향에 자기장을 가하면 z방향으로 전위차가 발생하는 현상
- 압전 효과 : 수정, 전기석 등의 결정에 압력을 가하여 변형을 주면 변형에 비례하여 전압이 발생하는 현상

다이오드(Diode)

- P형과 N형의 반도체를 접합한 2층 구조의 반도체소자로서 단방향 전류소자
- 다이오드 접속

순방향 접속	역방향 접속
R, D, 0[V], 24[V]	R, D, 24[V], 24[V]

- 정류회로에서 다이오드의 직·병렬 접속
  - 직렬 접속 : 과전압으로부터 보호
  - 병렬 접속 : 과전류로부터 보호

다이오드의 종류

- 정류다이오드 : 교류를 직류로 변환시키는 데 사용하는 다이오드
- 제너다이오드 : 전원전압을 일정하게 유지하기 위한 정전압회로에 사용하는 다이오드
- 터널다이오드 : 터널효과를 이용한 다이오드
- 발광다이오드(LED) : 전류를 흘려 주었을 때 빛을 방출하는 다이오드
- 포토다이오드 : 빛이 닿으면 전류가 흐르는 다이오드

반도체의 분류

- 반도체 구조

2층 구조(PN형)	3층 구조(PNP형, NPN형)	4층 구조(PNPN형)
다이오드	트랜지스터	SCR, TRIAC, DIAC, GTO

- 스위칭의 방향성에 따른 분류

단방향 소자	DIODE, SCR, GTO, IGBT, SCS
쌍방향 소자	TRIAC, DIAC, RCT, SSS

트랜지스터의 증폭률(β)

- 이미터와 컬렉터 사이의 전류 증폭률 $\alpha = \dfrac{\Delta I_C}{\Delta I_E} = \dfrac{\Delta I_C}{\Delta I_C + \Delta I_B} = \dfrac{\beta}{1+\beta}$

- 베이스와 컬렉터 사이의 전류 증폭률 $\beta = \dfrac{\Delta I_C}{\Delta I_B} = \dfrac{\Delta I_C}{\Delta I_E - \Delta I_C} = \dfrac{\alpha}{1-\alpha}$

  여기서, I_C : 컬렉터 전류
  I_E : 이미터 전류
  I_B : 베이스 전류

SCR(실리콘제어정류소자)

- PNPN의 4층 구조로 되어 있는 단방향 교류 전력제어용 소자
- 래칭전류 : 턴온시킨 후 게이트 전류를 0으로 하여도 온(ON) 상태를 유지하기 위한 최소의 애노드 전류
- 게이트에 전류를 흐르게 하여 ON 상태가 되면 게이트의 전류를 반으로 줄이거나 0으로 하여도 양극전류(애노드와 캐소드의 양단)는 일정하게 흐른다.

▍배리스터

- 비직선적인 전압과 전류의 특성을 갖는 2단자 반도체 소자
- 서지전압에 대한 회로 보호용(과도한 전압으로부터 회로 보호용)으로 사용
- 계전기 접점에서 발생하는 불꽃을 소거하기 위해 사용

▍서미스터

- 온도가 증가할 때 저항이 감소하는 특성(온도-저항 부특성)을 이용한 감열 저항체 소자로서 온도측정 및 전자회로의 온도보상용으로 사용
- NTC : 온도가 상승하면 저항값이 감소하는 반도체 소자
- PTC : 온도가 상승하면 저항값이 증가하는 반도체 소자
- CTR : 임계온도에서 온도가 급격히 변화하는 성질을 이용한 반도체 소자

▍정류회로

- 전압변동률 $\alpha = \dfrac{V_O - V_{DC}}{V_{DC}} \times 100 [\%]$

  여기서, V_O : 무부하 직류전압[V]

  V_{DC} : 전부하 직류전압[V]

- 단상 반파 정류회로

  - 직류전압의 평균값 $V_d = \dfrac{V_m}{\pi} = \dfrac{\sqrt{2}\,V}{\pi}$ [V]

  - 직류전류의 평균값 $I_d = \dfrac{V_d}{R} = \dfrac{\frac{V_m}{\pi}}{R} = \dfrac{\frac{\sqrt{2}\,V}{\pi}}{R} = \dfrac{\sqrt{2}\,V}{\pi R}$ [A]

  - 출력 전력 $P_d = I_d V_d = \dfrac{V_m}{\pi} \times \dfrac{V_m}{\pi R} = \dfrac{V_m^2}{\pi^2 R}$ [W]

- 맥동주파수와 맥동률(주파수 f 가 60[Hz]일 경우)

정류회로	맥동주파수	맥동률
단상 반파정류	60[Hz](f)	121[%]
단상 전파정류	120[Hz]($2f$)	48[%]
3상 반파정류	180[Hz]($3f$)	17[%]
3상 전파정류	360[Hz]($6f$)	4[%]

CHAPTER 03 소방관계법규

[제1장] 소방기본법, 영, 규칙

▌ 목적(법 제1조)
- 화재를 예방·경계·진압함
- 화재, 재난·재해의 구조·구급활동을 함
- 국민의 생명·신체 및 재산을 보호함
- 공공의 안녕 질서 유지와 복리증진에 이바지함

▌ 용어 정의(법 제2조)
- 소방대상물 : 건축물, 차량, 선박(항구 안에 매어둔 선박), 선박 건조 구조물, 산림, 그 밖의 인공 구조물 또는 물건
- 관계인 : 소방대상물의 소유자·관리자 또는 점유자
- 소방대(消防隊) : 화재를 진압하고 화재, 재난·재해, 그 밖의 위급한 상황에서의 구조·구급활동 등을 하기 위하여 소방공무원, 의무소방원, 의용소방대원으로 구성된 조직체

▌ 119종합상황실의 보고 발생사유(규칙 제3조)
- 사망자 5인 이상, 사상자 10인 이상 발생한 화재
- 이재민이 100인 이상 발생한 화재
- 재산 피해액이 50억원 이상 발생한 화재

▌ 소방장비 등에 대한 국고보조 대상(영 제2조)
- 소방활동장비 및 설비
  - 소방자동차
  - 소방헬리콥터 및 소방정
  - 소방전용통신설비 및 전산설비
  - 그 밖에 방화복 등 소방활동에 필요한 소방장비
- 소방관서용 청사의 건축

소방용수시설의 설치 및 관리(법 제10조, 규칙 별표 3)

- 소화용수시설(소화전, 급수탑, 저수조)의 설치, 유지·관리 : 시·도지사
- 소방용수시설 설치기준
  - 소방대상물과의 수평거리
    ① 주거지역, 상업지역, 공업지역 : 100[m] 이하
    ② 그 밖의 지역 : 140[m] 이하
  - 소방용수시설별 설치기준
    ① 소화전의 설치기준 : 소화전의 연결금속구 구경은 65[mm]로 할 것
    ② 급수탑의 개폐밸브 : 지상에서 1.5[m] 이상 1.7[m] 이하
  - 저수조의 설치기준
    ① 지면으로부터의 낙차가 4.5[m] 이하일 것
    ② 흡수 부분의 수심이 0.5[m] 이상일 것
    ③ 흡수관의 투입구가 사각형의 경우에는 한 변의 길이가 60[cm] 이상, 원형의 경우에는 지름이 60[cm] 이상일 것

소방업무의 상호응원협정(규칙 제8조)

- 소방활동에 관한 사항
  - 화재의 경계·진압활동
  - 구조·구급 업무의 지원
  - 화재조사활동
- 응원출동 대상지역 및 규모
- 소요경비의 부담에 관한 사항
  - 출동대원의 수당·식사 및 의복의 수선
  - 소방장비 및 기구의 정비와 연료의 보급
  - 그 밖의 경비
- 응원출동의 요청방법
- 응원출동훈련 및 평가

소방신호(법 제18조, 규칙 별표 4)

- 정의 : 화재예방, 소방활동 또는 소방훈련을 위하여 사용되는 신호
- 소방신호의 종류와 방법

신호 종류	발령 시기	사이렌 신호
경계신호	화재예방상 필요하다고 인정되거나 화재위험 경보 시 발령	5초 간격을 두고 30초씩 3회
발화신호	화재가 발생한 때 발령	5초 간격을 두고 5초씩 3회
해제신호	소화활동이 필요없다고 인정되는 때 발령	1분간 1회
훈련신호	훈련상 필요하다고 인정되는 때 발령	10초 간격을 두고 1분씩 3회

■ **소방자동차 전용구역의 설치대상(영 제7조의2)**
- 아파트 중 세대수가 100세대 이상인 아파트
- 기숙사 중 3층 이상의 기숙사

■ **소방활동구역(법 제23조, 영 제8조)**
- 소방활동구역의 설정 및 출입제한권자 : 소방대장
- 소방활동구역의 출입자
  - 소방활동구역 안에 있는 소방대상물의 소유자·관리자 또는 점유자
  - 전기·가스·수도·통신·교통의 업무에 종사하는 사람으로서 원활한 소방활동을 위하여 필요한 사람
  - 의사·간호사, 그 밖의 구조·구급업무에 종사하는 사람
  - 취재인력 등 보도업무에 종사하는 사람
  - 수사업무에 종사하는 사람
  - 그 밖에 소방대장이 소방활동을 위하여 출입을 허가한 사람

■ **벌 칙**
- 5년 이하의 징역 또는 5천만원 이하의 벌금(법 제50조)
  - 소방대가 화재진압·인명구조 또는 구급활동을 방해하는 행위를 한 사람
  - 소방자동차의 출동을 방해한 사람
  - 사람을 구출하는 일 또는 불을 끄거나 불이 번지지 않도록 하는 일을 방해한 사람
  - 정당한 사유 없이 소방용수시설 또는 비상소화장치를 사용하거나 소방용수시설 또는 비상소화장치의 효용을 해하거나 그 정당한 사용을 방해한 사람
- 3년 이하의 징역 또는 3천만원 이하의 벌금(법 제51조) : 강제처분(사용제한) 규정에 따른 처분을 방해한 자 또는 정당한 사유 없이 그 처분에 따르지 않은 자
- 300만원 이하의 벌금(법 제52조) : 강제처분(토지처분, 차량 또는 물건 이동, 제거)의 규정에 따른 처분을 방해한 사람 또는 정당한 사유 없이 그 처분에 따르지 않은 자
- 100만원 이하의 벌금(법 제54조)
  - 정당한 사유 없이 소방대의 생활안전활동을 방해한 자
  - 정당한 사유 없이 소방대가 현장에 도착할 때까지 사람을 구출하는 조치 또는 불을 끄거나 불이 번지지 않도록 하는 조치를 하지 않은 사람
- 500만원 이하의 과태료(법 제56조) : 화재 또는 구조·구급이 필요한 상황을 거짓으로 알린 사람
- 20만원 이하의 과태료(법 제57조) : 불을 피우거나 연막 소독을 하려는 자가 소방본부장이나 소방서장에게 신고를 하지 않아서 소방자동차를 출동하게 한 사람

[제2장] 화재의 예방 및 안전관리에 관한 법률(화재예방법), 영, 규칙

■ 용어 정의(법 제2조)
- 예방 : 화재의 위험으로부터 사람의 생명·신체 및 재산을 보호하기 위하여 화재발생을 사전에 제거하거나 방지하기 위한 모든 활동
- 소방관서장 : 소방청장, 소방본부장 또는 소방서장
- 화재예방강화지구 : 특별시장·광역시장·특별자치시장·도지사 또는 특별자치도지사(이하 "시·도지사")가 화재발생 우려가 크거나 화재가 발생할 경우 피해가 클 것으로 예상되는 지역에 대하여 화재의 예방 및 안전관리를 강화하기 위해 지정·관리하는 지역

■ 화재의 예방 및 안전관리의 기본계획 등의 수립·시행(법 제4조)
- 화재의 예방 및 안전관리의 기본계획의 수립·시행권자 : 소방청장
- 기본계획 수립·시행시기 : 5년마다
- 기본계획, 시행계획 및 세부시행계획의 수립·시행에 필요한 사항 : 대통령령

■ 화재안전조사(법 제7조)
- 화재안전조사 실시권자 : 소방관서장(소방청장, 소방본부장, 소방서장)
- 화재안전조사 대상
  - 자체점검이 불성실하거나 불완전하다고 인정되는 경우
  - 화재예방강화지구 등 법령에서 화재안전조사를 하도록 규정되어 있는 경우
  - 화재예방안전진단이 불성실하거나 불완전하다고 인정되는 경우
  - 국가적 행사 등 주요 행사가 개최되는 장소 및 그 주변의 관계 지역에 대하여 소방안전관리 실태를 조사할 필요가 있는 경우
  - 화재가 자주 발생하였거나 발생할 우려가 뚜렷한 곳에 대한 조사가 필요한 경우
  - 재난예측정보, 기상예보 등을 분석한 결과 소방대상물에 화재의 발생 위험이 크다고 판단되는 경우
  - 위의 경우 외에 화재, 그 밖의 긴급한 상황이 발생할 경우 인명 또는 재산 피해의 우려가 현저하다고 판단되는 경우

■ 화재안전조사의 방법, 절차 등(영 제8조)
- 화재안전조사를 실시하려는 경우
  - 조사내용 : 조사대상, 조사기간, 조사사유
  - 통지방법 : 인터넷 홈페이지나 전산시스템을 통해

- 화재안전조사의 방법 및 절차 등에 필요한 사항(법 제8조) : 대통령령
- 화재안전조사 연기신청(규칙 제4조)
  - 연기신청 시기 : 화재안전조사 시작 3일 전까지
  - 제출처 : 소방관서장(소방청장, 소방본부장, 소방서장)
  - 승인여부 결정 : 제출받은 소방관서장은 3일 이내 승인여부 결정 통보

화재안전조사위원회(영 제11조)

- 구 성
  - 위원 : 위원장 1명을 포함 7명 이내의 위원
  - 위원장 : 소방관서장
- 위원의 자격
  - 과장급 직위 이상의 소방공무원
  - 소방기술사
  - 소방시설관리사
  - 소방 관련 분야의 석사 이상 학위를 취득한 사람
  - 소방 관련 법인 또는 단체에서 소방 관련 업무에 5년 이상 종사한 사람
  - 소방공무원 교육훈련기관, 학교 또는 연구소에서 소방과 관련한 교육 또는 연구에 5년 이상 종사한 사람

화재예방조치 등(법 제17조)

- 화재예방강화지구 및 이에 준하는 대통령령으로 정하는 장소에서의 금지행위
  - 모닥불, 흡연 등 화기의 취급
  - 풍등 등 소형열기구 날리기
  - 용접·용단 등 불꽃을 발생시키는 행위
  - 그 밖에 대통령령으로 정하는 화재 발생 위험이 있는 행위
- 옮긴 물건 등에 대한 보관기간 및 보관기간 경과 후 처리 등에 필요한 사항 : 대통령령
- 보일러, 난로, 건조설비, 가스·전기시설, 그 밖에 화재 발생 우려가 있는 대통령령으로 정하는 설비 또는 기구 등의 위치·구조 및 관리와 화재예방을 위하여 불을 사용할 때 지켜야 하는 사항 : 대통령령

화재예방조치의 명령(법 제17조, 영 제17조)

- 명령권자 : 소방관서장
- 옮긴 물건 등에 대한 보관기간 및 보관기간 경과 후 처리 등에 필요한 사항
  - 옮긴 물건 등을 보관하는 경우에는 그날부터 14일 동안 해당 소방관서의 인터넷 홈페이지에 그 사실을 공고해야 한다.
  - 옮긴 물건 등의 보관기간은 공고기간의 종료일 다음 날부터 7일까지로 한다.

▌특수가연물의 종류(영 별표 2)

품 명		수 량
면화류		200[kg] 이상
나무껍질 및 대팻밥		400[kg] 이상
넝마 및 종이부스러기		1,000[kg] 이상
사류(絲類)		1,000[kg] 이상
볏짚류		1,000[kg] 이상
가연성 고체류		3,000[kg] 이상
석탄·목탄류		10,000[kg] 이상
가연성 액체류		2[m^3] 이상
목재가공품 및 나무부스러기		10[m^3] 이상
고무류·플라스틱류	발포시킨 것	20[m^3] 이상
	그 밖의 것	3,000[kg] 이상

▌특수가연물의 저장기준(영 별표 3)

- 특수가연물을 쌓아 저장하는 경우(다만, 석탄·목탄류를 발전용으로 저장하는 경우에는 제외)
  - 품명별로 구분하여 쌓을 것
  - 특수가연물을 쌓아 저장하는 기준

구 분	살수설비를 설치하거나 방사능력 범위에 해당 특수가연물이 포함되도록 대형수동식소화기를 설치하는 경우	그 밖의 경우
높 이	15[m] 이하	10[m] 이하
쌓는 부분의 바닥면적	200[m^2] (석탄·목탄류의 경우에는 300[m^2]) 이하	50[m^2] (석탄·목탄류의 경우에는 200[m^2]) 이하

- 특수가연물을 저장·취급하는 장소의 표지내용 : 품명, 최대저장수량, 단위부피당 질량 또는 단위체적당 질량, 관리책임자 성명·직책, 연락처, 화기취급의 금시표지

▌화재예방강화지구 지정(법 제18조)

- 지정권자 : 시·도지사
- 지정지구
  ① 시장지역
  ② 공장·창고가 밀집한 지역
  ③ 목조건물이 밀집한 지역
  ④ 노후·불량건축물이 밀집한 지역
  ⑤ 위험물의 저장 및 처리시설이 밀집한 지역
  ⑥ 석유화학제품을 생산하는 공장이 있는 지역

⑦ 산업입지 및 개발에 관한 법률에 따른 산업단지
⑧ 소방시설·소방용수시설 또는 소방출동로가 없는 지역
⑨ 물류시설의 개발 및 운영에 관한 법률에 따른 물류단지
⑩ 그 밖에 ①부터 ⑨까지에 준하는 지역으로서 소방관서장이 화재예방강화지구로 지정할 필요가 있다고 인정하는 지역

■ **화재예방강화지구의 화재안전조사(영 제20조)**
- 조사권자 : 소방관서장
- 조사내용 : 소방대상물의 위치·구조 및 설비
- 조사횟수 : 연 1회 이상

■ **소방안전관리자(소방안전관리보조자) 선임, 해임(법 제26~27조)**
- 선임권자 : 관계인
- 선임신고 : 선임한 날부터 14일 이내에 소방본부장 또는 소방서장에게 신고
- 재선임 : 30일 이내
- 소방안전관리자 선임신고 기준(규칙 제14조)
  - 신축·증축·개축·재축·대수선 또는 용도변경으로 해당 특정소방대상물의 소방안전관리자를 신규로 선임해야 하는 경우 : 해당 특정소방대상물의 사용승인일(건축물의 경우에는 건축물을 사용할 수 있게 된 날)
  - 증축 또는 용도변경으로 인하여 특정소방대상물이 소방안전관리대상물로 된 경우 또는 특정소방대상물의 소방안전관리 등급이 변경된 경우 : 증축공사의 사용승인일 또는 용도변경 사실을 건축물관리대장에 기재한 날
  - 관리의 권원이 분리된 특정소방대상물의 경우 : 관리의 권원이 분리되거나 소방본부장 또는 소방서장이 관리의 권원을 조정한 날
  - 소방안전관리자의 해임, 퇴직 등으로 해당 소방안전관리자의 업무가 종료된 경우 : 소방안전관리자가 해임된 날, 퇴직한 날 등 근무를 종료한 날

■ **선임된 소방안전관리자 정보의 게시(규칙 제15조)**
- 소방안전관리대상물의 명칭 및 등급
- 소방안전관리자의 성명 및 선임일자
- 소방안전관리자의 연락처
- 소방안전관리자의 근무 위치(화재수신기 또는 종합방재실을 말한다)

■ 소방안전관리자 선임대상물(영 별표 4)

구 분	기 준
특급 소방안전관리대상물	• 50층 이상(지하층은 제외)이거나 지상으로부터 높이가 200[m] 이상인 아파트 • 30층 이상(지하층을 포함)이거나 지상으로부터 높이가 120[m] 이상인 특정소방대상물(아파트는 제외) • 연면적이 10만[m²] 이상인 특정소방대상물(아파트는 제외)
1급 소방안전관리대상물	• 30층 이상(지하층은 제외)이거나 지상으로부터 높이가 120[m] 이상인 아파트 • 연면적 15,000[m²] 이상인 특정소방대상물(아파트 및 연립주택은 제외) • 지상층의 층수가 11층 이상인 특정소방대상물(아파트는 제외) • 가연성 가스를 1,000[t] 이상 저장·취급하는 시설

■ 특정소방대상물의 관계인과 소방안전관리대상물의 소방안전관리자 업무(법 제24조, 영 제28조)

업무 내용	소방안전 관리대상물	특정소방 대상물의 관계인	업무대행 기관의 업무
1. 피난계획에 관한 사항과 대통령령으로 정하는 사항이 포함된 소방계획서의 작성 및 시행	○	–	–
2. 자위소방대 및 초기대응체계의 구성, 운영 및 교육	○	–	–
3. 소방시설 설치 및 관리에 관한 법률에 따른 피난시설, 방화구획 및 방화시설의 관리	○	○	○
4. 소방시설이나 그 밖의 소방 관련 시설의 관리	○	○	○
5. 소방훈련 및 교육	○	–	–
6. 화기 취급의 감독	○	○	–
7. 행정안전부령으로 정하는 바에 따른 소방안전관리에 관한 업무수행에 관한 기록·유지(제3호· 제4호 및 제6호의 업무)	○	–	–
8. 화재발생 시 초기대응	○	○	–
9. 그 밖에 소방안전관리에 필요한 업무	○	○	–

■ 건설현장 소방안전관리대상물(영 제29조)

- 신축·증축·개축·재축·이전·용도변경 또는 대수선을 하려는 부분의 연면적의 합계가 15,000[m²] 이상인 것
- 신축·증축·개축·재축·이전·용도변경 또는 대수선을 하려는 부분의 연면적이 5,000[m²] 이상인 것으로서 다음에 해당하는 것
  - 지하층의 층수가 2개 층 이상인 것
  - 지상층의 층수가 11층 이상인 것
  - 냉동창고, 냉장창고 또는 냉동·냉장창고

■ 화재예방안전진단 대상(영 제43조)
- 공항시설 중 여객터미널의 연면적이 1,000[m^2] 이상인 공항시설
- 철도시설 중 역 시설의 연면적이 5,000[m^2] 이상인 철도시설
- 도시철도시설 중 역사 및 역 시설의 연면적이 5,000[m^2] 이상인 도시철도시설
- 항만시설 중 여객이용시설 및 지원시설의 연면적이 5,000[m^2] 이상인 항만시설
- 전력용 및 통신용 지하구 중 공동구
- 연면적이 5,000[m^2] 이상인 발전소

■ 벌 칙(법 제50조)
- 3년 이하의 징역 또는 3천만원 이하의 벌금
  - 화재안전조사 결과에 따른 조치명령을 정당한 사유 없이 위반한 자
  - 소방안전관리자(소방안전관리보조자)의 선임명령을 정당한 사유 없이 위반한 자
- 1년 이하의 징역 또는 1천만원 이하의 벌금
  - 소방안전관리자 자격증을 다른 사람에게 빌려주거나 빌리거나 이를 알선한 자
  - 화재예방안전진단기관(이하 "진단기관")으로부터 화재예방안전진단을 받지 않은 자
- 300만원 이하의 벌금
  - 소방안전관리자, 총괄소방안전관리자 또는 소방안전관리보조자를 선임하지 않은 자
  - 소방안전관리자에게 불이익한 처우를 한 관계인

[제3장] 소방시설 설치 및 관리에 관한 법률(소방시설법), 영, 규칙

■ 용어 정의(영 제2조)
- 무창층 : 지상층 중 다음 요건을 갖춘 개구부(건축물에서 채광·환기·통풍 또는 출입 등을 위하여 만든 창·출입구, 그 밖에 이와 비슷한 것)의 면적의 합계가 해당 층의 바닥면적의 1/30 이하가 되는 층
  - 크기는 지름 50[cm] 이상의 원이 통과할 수 있을 것
  - 해당 층의 바닥면으로부터 개구부 밑부분까지의 높이가 1.2[m] 이내일 것
  - 도로 또는 차량이 진입할 수 있는 빈터를 향할 것
  - 화재 시 건축물로부터 쉽게 피난할 수 있도록 창살이나 그 밖의 장애물이 설치되지 않을 것
  - 내부 또는 외부에서 쉽게 부수거나 열 수 있을 것
- 피난층 : 곧바로 지상으로 갈 수 있는 출입구가 있는 층

■ 물분무 등 소화설비(영 별표 1)
물분무소화설비, 미분무소화설비, 포소화설비, 이산화탄소소화설비, 할론소화설비, 할로겐화합물 및 불활성기체소화설비, 분말소화설비, 강화액소화설비, 고체에어로졸소화설비

■ 소화활동설비(영 별표 1)
- 제연설비
- 연결송수관설비
- 연결살수설비
- 비상콘센트설비
- 무선통신보조설비
- 연소방지설비

■ 특정소방대상물의 구분(영 별표 2)
- 근린생활시설
  - 슈퍼마켓과 일용품 등의 소매점으로 바닥면적의 합계가 1,000[m^2] 미만인 것
  - 휴게음식점, 제과점, 일반음식점, 기원, 노래연습장 및 단란주점(바닥면적의 합계가 150[m^2] 미만인 것에 한함)
  - 의원, 치과의원, 한의원, 침술원, 접골원, 조산원, 산후조리원, 안마원(안마시술소를 포함)
- 문화 및 집회시설
  - 집회장 : 예식장, 공회당, 회의장, 마권 장외 발매소, 마권 전화투표소로서 근린생활시설에 해당되지 않는 것

- 관람장 : 경마장, 경륜장, 경정장, 자동차 경기장, 체육관 및 운동장으로 관람석의 바닥면적의 합계가 1,000[m^2] 이상인 것
- 전시장 : 박물관, 미술관, 과학관, 문화관, 체험관, 기념관, 산업전시장, 박람회장, 견본주택
- 의료시설
  - 병원 : 종합병원, 병원, 치과병원, 한방병원, 요양병원
  - 격리병원 : 전염병원, 마약진료소
  - 정신의료기관
  - 장애인 의료재활시설
- 노유자시설
  - 노인 관련 시설 : 노인주거복지시설, 노인의료복지시설, 노인여가복지시설, 재가노인복지시설(장기요양기관을 포함), 노인보호전문기관, 노인일자리지원기관, 학대피해노인 전용쉼터
  - 아동 관련 시설 : 아동복지시설, 어린이집, 유치원(병설유치원을 포함)
- 업무시설
  - 공공업무시설 : 국가, 지방자치단체의 청사와 외국공관의 건축물로서 근린생활시설에 해당하지 않는 것
  - 일반업무시설 : 금융업소, 사무소, 신문사, 오피스텔로서 근린생활시설에 해당하지 않는 것
  - 주민자치센터(동사무소), 경찰서, 지구대, 파출소, 소방서, 119안전센터, 우체국, 보건소, 공공도서관, 국민건강보험공단

▌ 건축허가 등의 동의

- 건축허가 등의 동의권자(영 제6조) : 시공지 또는 소재지 관할 소방본부장 또는 소방서장
- 건축허가 등의 동의대상물의 범위(영 제7조)
  - 연면적이 400[m^2] 이상인 건축물
    ① 건축 등을 하려는 학교시설 : 100[m^2] 이상
    ② 노유자시설 및 수련시설 : 200[m^2] 이상
    ③ 정신의료기관(입원실이 없는 정신건강의학과 의원은 제외) : 300[m^2] 이상
    ④ 장애인 의료재활시설 : 300[m^2] 이상
  - 지하층 또는 무창층이 있는 건축물로서 바닥면적이 150[m^2](공연장의 경우에는 100[m^2]) 이상인 층이 있는 것
  - 차고·주차장으로 사용되는 바닥면적이 200[m^2] 이상인 층이 있는 건축물이나 주차시설
  - 승강기 등 기계장치에 의한 주차시설로서 자동차 20대 이상을 주차할 수 있는 시설
- 건축허가 등의 동의 여부에 대한 회신(규칙 제3조)
  - 일반대상물의 경우 : 5일 이내
  - 특급 소방안전관리대상물의 경우 : 10일 이내
  - 동의요구서 및 첨부서류 보완기간 : 4일 이내

■ 내진설계의 소방시설(영 제8조)
- 옥내소화전설비
- 스프링클러설비
- 물분무 등 소화설비

■ 성능위주설계를 해야 하는 특정소방대상물의 범위(영 제9조)
- 연면적 20만$[m^2]$ 이상인 특정소방대상물(아파트 등은 제외)
- 50층 이상(지하층은 제외)이거나 지상으로부터 높이가 200[m] 이상인 아파트 등
- 30층 이상(지하층을 포함)이거나 지상으로부터 높이가 120[m] 이상인 특정소방대상물(아파트 등은 제외)
- 연면적 3만$[m^2]$ 이상인 철도 및 도시철도시설, 공항시설
- 창고시설 중 연면적 10만$[m^2]$ 이상인 것 또는 지하층의 층수가 2개 층 이상이고 지하층의 바닥면적의 합계가 3만$[m^2]$ 이상인 것
- 하나의 건축물에 영화상영관이 10개 이상인 특정소방대상물

■ 소화기구 및 자동소화장치(영 별표 4)
- 소화기구 : 연면적 33$[m^2]$ 이상, 가스시설, 전기저장시설, 국가유산, 터널, 지하구
- 주거용 주방자동소화장치 : 아파트 등 및 오피스텔의 모든 층

■ 옥내소화전설비(영 별표 4)
- 연면적이 3,000$[m^2]$ 이상, 지하층·무창층(축사 제외) 또는 4층 이상인 층 중에서 바닥면적이 600$[m^2]$ 이상인 층이 있는 것
- 길이가 1,000[m] 이상인 터널

■ 스프링클러설비(영 별표 4)
- 층수가 6층 이상인 특정소방대상물의 경우는 모든 층
- 지하상가로서 연면적이 1,000$[m^2]$ 이상인 것
- 조산원, 산후조리원, 정신의료기관, 종합병원, 병원, 치과병원, 한방병원 및 요양병원, 노유자시설, 숙박이 가능한 수련시설, 숙박시설로 사용되는 시설의 바닥면적 합계가 600$[m^2]$ 이상인 것은 모든 층

■ 간이스프링클러설비(영 별표 4)
- 공동주택 중 연립주택 및 다세대주택
- 근린생활시설로 사용하는 부분의 바닥면적 합계가 1,000[m^2] 이상인 것은 모든 층
- 근린생활시설 중 의원, 치과의원 및 한의원으로서 입원실 또는 인공신장실이 있는 시설
- 조산원 및 산후조리원으로서 연면적 600[m^2] 미만인 시설
- 복합건축물로서 연면적 1,000[m^2] 이상인 것은 모든 층

■ 물분무 등 소화설비(영 별표 4)
- 항공기 및 항공기 격납고
- 건축물의 내부에 설치된 차고·주차장으로서 차고 또는 주차의 용도로 사용되는 바닥면적의 합계가 200[m^2] 이상(50세대 미만 연립주택 및 다세대주택은 제외)인 경우
- 전기실, 발전실, 변전실, 축전지실, 통신기기실, 전산실로서 바닥면적이 300[m^2] 이상인 것

■ 단독경보형감지기(영 별표 4)
- 교육연구시설 또는 수련시설 내에 있는 기숙사 또는 합숙소로서 연면적 2,000[m^2] 미만인 것
- 연면적 400[m^2] 미만의 유치원
- 공동주택 중 연립주택 및 다세대주택

■ 자동화재탐지설비(영 별표 4)
- 공동주택 중 아파트 등·기숙사 및 숙박시설의 경우에는 모든 층
- 층수가 6층 이상인 건축물의 경우에는 모든 층
- 근린생활시설(목욕장은 제외), 의료시설(정신의료기관 또는 요양병원은 제외), 위락시설, 장례시설 및 복합건축물로서 연면적 600[m^2] 이상인 경우에는 모든 층
- 노유자 생활시설의 경우에는 모든 층
- 판매시설 중 전통시장

■ 자동화재속보설비(영 별표 4)

방재실 등 화재수신기가 설치된 장소에 24시간 화재를 감시할 수 있는 사람이 근무하고 있는 경우에는 자동화재속보설비를 설치하지 않을 수 있다.
- 노유자 생활시설
- 노유자시설로서 바닥면적이 500[m^2] 이상인 층이 있는 것
- 수련시설(숙박시설이 있는 것만 해당)로서 바닥면적 500[m^2] 이상인 층이 있는 것

- 보물 또는 국보로 지정된 목조건축물
- 근린생활시설 중 의원, 치과의원 및 한의원으로서 입원실이 있는 시설, 조산원 및 산후조리원
- 판매시설 중 전통시장

피난구조설비(영 별표 4)

- 피난기구 : 피난층, 지상 1층, 지상 2층(노유자시설 중 피난층이 아닌 지상 1층과 지상 2층은 제외), 11층 이상인 층과 가스시설, 터널, 지하구를 제외한 특정소방대상물의 모든 층
- 공기호흡기의 설치대상
  - 수용인원 100명 이상의 문화 및 집회시설 중 영화상영관
  - 판매시설 중 대규모점포
  - 운수시설 중 지하역사
  - 지하상가
  - 이산화탄소소화설비를 설치해야 하는 특정소방대상물

소화활동설비(영 별표 4)

- 제연설비
  - 문화 및 집회시설, 종교시설, 운동시설 중 무대부의 바닥면적이 200[m^2] 이상인 경우에는 해당 무대부
  - 지하상가로서 연면적이 1,000[m^2] 이상인 것
- 연결송수관설비
  - 층수가 5층 이상으로서 연면적이 6,000[m^2] 이상인 경우에는 모든 층
  - 지하층을 포함한 층수가 7층 이상인 경우에는 모든 층
  - 터널로서 그 길이가 1,000[m] 이상인 것
- 연결살수설비
  - 판매시설, 운수시설, 창고시설 중 물류터미널로서 바닥면적의 합계가 1,000[m^2] 이상인 경우에는 해당 시설
  - 지하층으로서 바닥면적의 합계가 150[m^2] 이상[국민주택 규모 이하의 아파트(대피시설 사용하는 것만 해당)]의 지하층과 학교의 지하층의 경우에는 700[m^2] 이상인 것

소급적용대상(법 제13조, 영 제13조)

- 다음 소방시설 중 대통령령 또는 화재안전기준으로 정하는 것
  - 소화기구
  - 비상경보설비
  - 자동화재탐지설비
  - 자동화재속보설비
  - 피난구조설비

- 다음 소방시설 중 대통령령 또는 화재안전기준으로 정하는 것
  - 공동구 : 소화기, 자동소화장치, 자동화재탐지설비, 통합감시시설, 유도등 및 연소방지설비
  - 전력 또는 통신사업용 지하구 : 소화기, 자동소화장치, 자동화재탐지설비, 통합감시시설, 유도등 및 연소방지설비
  - 노유자시설 : 간이스프링클러설비, 자동화재탐지설비, 단독경보형감지기
  - 의료시설 : 스프링클러설비, 간이스프링클러설비, 자동화재탐지설비, 자동화재속보설비

■ 소방시설을 설치하지 않을 수 있는 특정소방대상물 및 소방시설의 범위(영 별표 6)

구 분	특정소방대상물	소방시설
화재 위험도가 낮은 특정소방대상물	석재, 불연성금속, 불연성 건축재료 등의 가공공장·기계 조립공장 또는 불연성 물품을 저장하는 창고	옥외소화전 및 연결살수설비
화재안전기준을 달리 적용해야 하는 특수한 용도 또는 구조를 가진 특정소방대상물	원자력발전소, 중·저준위 방사성폐기물의 저장시설	연결송수관설비 및 연결살수설비

■ 숙박시설의 수용인원 산정방법(영 별표 7)
- 침대가 있는 숙박시설 : 종사자 수 + 침대의 수(2인용 침대는 2인으로 산정)
- 침대가 없는 숙박시설 : 종사자 수 + (숙박시설 바닥면적의 합계 ÷ 3[m^2])

■ 중앙소방기술심의위원회 심의사항(법 제18조)
- 화재안전기준에 관한 사항
- 소방시설의 구조 및 원리 등에서 공법이 특수한 설계 및 시공에 관한 사항
- 소방시설의 설계 및 공사감리의 방법에 관한 사항
- 소방시설공사의 하자를 판단하는 기준에 관한 사항
- 신기술·신공법 등 검토·평가에 고도의 기술이 필요한 경우로서 중앙위원회에 심의를 요청한 사항
- 그 밖에 소방기술 등에 관하여 대통령령으로 정하는 사항

■ 방염성능기준 이상의 실내장식물 등을 설치해야 하는 특정소방대상물(영 제30조)
- 근린생활시설 중 의원, 치과의원, 한의원, 조산원, 산후조리원, 체력단련장, 공연장 및 종교집회장
- 건축물의 옥내에 있는 다음의 시설
  - 문화 및 집회시설
  - 종교시설
  - 운동시설(수영장은 제외)

- 의료시설, 교육연구시설 중 합숙소, 노유자시설, 숙박이 가능한 수련시설, 숙박시설, 방송국 및 촬영소, 다중이용업소
- 층수가 11층 이상인 것(아파트 등은 제외)

■ **방염처리대상 물품(제조 또는 가공 공정에서 방염처리를 한 물품)(영 제31조)**
- 창문에 설치하는 커튼류(블라인드 포함)
- 카 펫
- 두께가 2[mm] 미만인 벽지류(종이벽지는 제외)
- 전시용 합판·목재 또는 섬유판, 무대용 합판·목재 또는 섬유판
- 암막·무대막(영화상영관에 설치하는 스크린과 가상체험체육시설장업에 설치하는 스크린 포함)
- 섬유류 또는 합성수지류 등을 원료로 하여 제작된 소파·의자

■ **방염성능기준(영 제31조)**
- 버너의 불꽃을 제거한 때부터 불꽃을 올리며 연소하는 상태가 그칠 때까지 시간 : 20초 이내(잔염시간)
- 버너의 불꽃을 제거한 때부터 불꽃을 올리지 않고 연소하는 상태가 그칠 때까지 시간 : 30초 이내(잔신시간)
- 탄화면적 : 50[cm^2] 이내, 탄화길이 : 20[cm] 이내
- 불꽃에 의하여 완전히 녹을 때까지 불꽃의 접촉 횟수 : 3회 이상

■ **종합점검 대상(규칙 별표 3)**
- 해당 특정소방대상물의 소방시설 등이 신설된 경우(최초점검)
- 스프링클러설비기 설치된 특성소빙대상물
- 물분무 등 소화설비(호스릴 방식의 물분무 등 소화설비만을 설치한 경우는 제외)가 설치된 연면적 5,000[m^2] 이상인 특정소방대상물(제조소 등을 제외)
- 단란주점영업과 유흥주점영업, 영화상영관, 비디오물감상실업, 복합영상물제공업(비디오물소극장업은 제외), 노래연습장업, 산후조리원업, 고시원업, 안마시술소의 다중이용업의 영업장이 설치된 특정소방대상물로서 연면적이 2,000[m^2] 이상인 것
- 제연설비가 설치된 터널
- 공공기관으로 연면적이 1,000[m^2] 이상인 것으로서 옥내소화전설비 또는 자동화재탐지설비가 설치된 것

■ 소방시설관리업의 등록

- 소방시설관리업의 등록 및 등록사항의 변경신고(법 제31조) : 시·도지사
- 등록사항의 변경신고(규칙 제34조) : 변경일로부터 30일 이내
- 소방시설관리업의 지위승계(규칙 제35조) : 지위를 승계한 날부터 30일 이내에 시·도지사에게 신고

■ 형식승인 소방용품(영 별표 3)

- 소화설비를 구성하는 제품 또는 기기
  - 소화기구(소화약제 외의 것을 이용한 간이소화용구는 제외)
  - 자동소화장치
  - 소화설비를 구성하는 소화전, 관창, 소방호스, 스프링클러헤드, 기동용 수압개폐장치, 유수제어밸브 및 가스관선택밸브
- 경보설비를 구성하는 제품 또는 기기
  - 누전경보기 및 가스누설경보기
  - 경보설비를 구성하는 발신기, 수신기, 중계기, 감지기 및 음향장치(경종만 해당)
- 피난구조설비를 구성하는 제품 또는 기기
  - 피난사다리, 구조대, 완강기(지지대 포함), 간이완강기(지지대 포함)
  - 공기호흡기(충전기를 포함)
  - 피난구유도등, 통로유도등, 객석유도등 및 예비전원이 내장된 비상조명등
- 소화용으로 사용하는 제품 또는 기기
  - 소화약제
    ① 상업용 주방자동소화장치
    ② 캐비닛형 자동소화장치
    ③ 포소화설비
    ④ 이산화탄소소화설비
    ⑤ 할론소화설비
    ⑥ 할로겐화합물 및 불활성기체소화설비
    ⑦ 분말소화설비
    ⑧ 강화액소화설비
    ⑨ 고체에어로졸소화설비
  - 방염제(방염액·방염도료 및 방염성 물질)

■ 소방용품의 내용연수(영 제19조)
- 내용연수를 설정해야 하는 소방용품 : 분말 형태의 소화약제를 사용하는 소화기
- 내용연수 : 10년

■ 벌 칙
- 5년 이하의 징역 또는 5,000만원 이하의 벌금(법 제56조) : 소방시설에 폐쇄·차단 등의 행위를 한 자
- 7년 이하의 징역 또는 7,000만원 이하의 벌금(법 제56조) : 소방시설을 폐쇄·차단하여 사람을 상해에 이르게 한 때
- 10년 이하의 징역 또는 1억원 이하의 벌금(법 제56조) : 소방시설을 폐쇄·차단하여 사람을 사망에 이르게 한 때
- 3년 이하의 징역 또는 3,000만원 이하의 벌금(법 제57조)
  - 관리업의 등록을 하지 않고 영업을 한 자
  - 소방용품의 형식승인을 받지 않고 소방용품을 제조하거나 수입한 자
  - 소방용품의 제품검사를 받지 않은 자
- 1년 이하의 징역 또는 1,000만원 이하의 벌금(법 제58조)
  - 소방시설 등에 대하여 자체점검을 하지 않거나 관리업자 등으로 하여금 정기적으로 점검하게 하지 않은 자
  - 소방시설관리사증을 다른 자에게 빌려주거나 빌리거나 이를 알선한 자
  - 동시에 둘 이상의 업체에 취업한 자
  - 관리업의 등록증이나 등록수첩을 다른 자에게 빌려주거나 빌리거나 이를 알선한 자
- 300만원 이하의 과태료(법 제61조)
  - 방염대상물품을 방염성능기준 이상으로 설치하지 않은 자
  - 관계인에게 점검 결과를 제출하지 않은 관리업자 등
  - 점검 결과를 보고하지 않거나 거짓으로 보고한 자

[제4장] 소방시설공사업법(공사업법), 영, 규칙

■ 용어 정의(법 제2조)
- 소방시설업 : 소방시설설계업, 소방시설공사업, 소방공사감리업, 방염처리업
- 소방시설설계업 : 소방시설공사에 기본이 되는 공사계획, 설계도면, 설계 설명서, 기술계산서 및 이와 관련된 서류를 작성(이하 "설계")하는 영업

■ 소방시설업(법 제4조, 규칙 제2조의2)
- 소방시설업의 등록 : 시·도지사(특별시장, 광역시장, 특별자치시장, 도지사 또는 특별자치도지사)
  ※ 등록요건 : 자본금(개인인 경우에는 자산평가액), 기술인력
- 소방시설업의 등록신청 첨부서류가 내용이 명확하지 않은 경우 서류 보완기간 : 10일 이내

■ 변경신고 등
- 등록사항 변경신고(규칙 제6조) : 중요사항을 변경할 때에는 30일 이내에 시·도지사에게 신고
- 지위승계 시(법 제7조) : 상속일, 양수일 또는 합병일로부터 30일 이내에 시·도지사에게 신고

■ 등록취소 및 영업정지(법 제9조)
- 등록취소 및 영업정지 처분 : 시·도지사
- 등록의 취소와 시정이나 6개월 이내의 영업정지
  - 거짓이나 그 밖의 부정한 방법으로 등록한 경우(등록취소)
  - 등록기준에 미달하게 된 후 30일이 경과한 경우
  - 등록 결격사유에 해당하게 된 경우(등록취소)
  - 등록을 한 후 정당한 사유 없이 1년이 지날 때까지 영업을 시작하지 않거나 계속하여 1년 이상 휴업한 때
  - 영업정지 기간 중에 소방시설공사 등을 한 경우(등록취소)
  - 소속 감리원을 공사현장에 배치하지 않거나 거짓으로 한 경우
  - 동일인이 시공과 감리를 함께 한 경우

■ 과징금 처분(법 제10조)
- 과징금 처분권자 : 시·도지사
- 영업정지가 그 이용자에게 불편을 주거나 그 밖에 공익을 해칠 우려가 있을 때에는 영업정지 처분에 갈음하여 부과되는 과징금 : 2억원 이하

소방시설설계업(영 별표 1)

업종별	항목	기술인력	영업범위
전문 소방시설 설계업		• 주된 기술인력 : 소방기술사 1명 이상 • 보조기술인력 : 1명 이상	모든 특정소방대상물에 설치되는 소방시설의 설계
일반 소방시설 설계업	기계분야	• 주된 기술인력 : 소방기술사 또는 기계분야 소방설비기사 1명 이상 • 보조기술인력 : 1명 이상	• 아파트에 설치되는 기계분야 소방시설(제연설비는 제외)의 설계 • 연면적 3만[m²](공장의 경우에는 1만[m²]) 미만의 특정소방대상물(제연설비가 설치되는 특정소방대상물을 제외)에 설치되는 기계분야 소방시설의 설계 • 위험물제조소 등에 설치되는 기계분야 소방시설의 설계
	전기분야	• 주된 기술인력 : 소방기술사 또는 전기분야 소방설비기사 1명 이상 • 보조기술인력 : 1명 이상	• 아파트에 설치되는 전기분야 소방시설의 설계 • 연면적 3만[m²](공장의 경우에는 1만[m²]) 미만의 특정소방대상물에 설치되는 전기분야 소방시설의 설계 • 위험물제조소 등에 설치되는 전기분야 소방시설의 설계

소방시설공사업(영 별표 1)

업종별	항목	기술인력	자본금(자산평가액)	영업범위
전문 소방시설 공사업		• 주된 기술인력 : 소방기술사 또는 기계분야와 전기분야의 소방설비기사 각 1명(기계분야 및 전기분야의 자격을 함께 취득한 사람 1명) 이상 • 보조기술인력 : 2명 이상	• 법인 : 1억원 이상 • 개인 : 자산평가액 1억원 이상	특정소방대상물에 설치되는 기계분야 및 전기분야의 소방시설의 공사·개설·이전 및 정비
일반 소방시설 공사업	기계분야	• 주된 기술인력 : 소방기술사 또는 기계분야 소방설비기사 1명 이상 • 보조기술인력 : 1명 이상	• 법인 : 1억원 이상 • 개인 : 자산평가액 1억원 이상	• 연면적 10,000[m²] 미만의 특정소방대상물에 설치되는 기계분야 소방시설의 공사·개설·이전 및 정비 • 위험물제조소 등에 설치되는 기계분야 소방시설의 공사·개설·이전 및 정비
	전기분야	• 주된 기술인력 : 소방기술사 또는 전기분야 소방설비기사 1명 이상 • 보조기술인력 : 1명 이상	• 법인 : 1억원 이상 • 개인 : 자산평가액 1억원 이상	• 연면적 10,000[m²] 미만의 특정소방대상물에 설치되는 전기분야 소방시설의 공사·개설·이전 및 정비 • 위험물제조소 등에 설치되는 전기분야 소방시설의 공사·개설·이전 및 정비

■ **완공검사를 위한 현장확인 대상 특정소방대상물(영 제5조)**
- 문화 및 집회시설, 종교시설, 판매시설, 노유자시설, 수련시설, 운동시설, 숙박시설, 창고시설, 지하상가, 다중이용업소
- 다음의 어느 하나에 해당하는 설비가 설치되는 특정소방대상물
  - 스프링클러설비 등
  - 물분무 등 소화설비(호스릴 방식의 소화설비는 제외)
- 연면적 10,000[m^2] 이상이거나 11층 이상인 특정소방대상물(아파트는 제외)
- 가연성 가스를 제조·저장 또는 취급하는 시설 중 지상에 노출된 가연성 가스탱크의 저장용량 합계가 1,000[t] 이상인 시설

■ **공사의 하자보수(법 제15조, 영 제6조)**
- 관계인은 규정에 따른 기간 내에 소방시설의 하자가 발생한 때에는 공사업자에게 그 사실을 알려야 하며, 통보를 받은 공사업자는 3일 이내에 이를 보수하거나 보수 일정을 기록한 하자 보수계획을 관계인에게 서면으로 알려야 한다.
- 하자보수 보증기간
  - 2년 : 비상경보설비, 비상방송설비, 피난기구, 유도등, 비상조명등 및 무선통신보조설비
  - 3년 : 자동소화장치, 옥내소화전설비, 스프링클러설비 등, 물분무 등 소화설비, 옥외소화전설비, 자동화재탐지설비, 화재알림설비, 소화용수설비 및 소화활동설비(무선통신보조설비는 제외)

■ **소방공사감리의 종류 및 대상(영 별표 3)**
- 상주공사감리
  - 연면적 3만[m^2] 이상의 특정소방대상물(아파트는 제외)에 대한 소방시설의 공사
  - 지하층을 포함한 층수가 16층 이상으로서 500세대 이상인 아파트에 대한 소방시설의 공사
- 일반공사감리 : 상주공사감리에 해당되지 않는 소방시설의 공사

소방공사감리원의 배치기준(영 별표 4)

감리원의 배치기준		소방시설공사 현장의 기준
책임감리원	보조감리원	
행정안전부령으로 정하는 특급감리원 중 소방기술사	행정안전부령으로 정하는 초급감리원 이상의 소방공사감리원(기계분야 및 전기분야)	• 연면적 20만[m²] 이상인 특정소방대상물의 공사 현장 • 지하층을 포함한 층수가 40층 이상인 특정소방대상물의 공사 현장
행정안전부령으로 정하는 특급감리원 이상의 소방공사감리원(기계분야 및 전기분야)	행정안전부령으로 정하는 초급감리원 이상의 소방공사감리원(기계분야 및 전기분야)	• 연면적 3만[m²] 이상 20만[m²] 미만인 특정소방대상물(아파트는 제외)의 공사 현장 • 지하층을 포함한 층수가 16층 이상 40층 미만인 특정소방대상물의 공사 현장
행정안전부령으로 정하는 고급감리원 이상의 소방공사감리원(기계분야 및 전기분야)	행정안전부령으로 정하는 초급감리원 이상의 소방공사감리원(기계분야 및 전기분야)	• 물분무 등 소화설비(호스릴 방식의 소화설비는 제외) 또는 제연설비가 설치되는 특정소방대상물의 공사 현장 • 연면적 3만[m²] 이상 20만[m²] 미만인 아파트의 공사 현장
행정안전부령으로 정하는 중급감리원 이상의 소방공사감리원(기계분야 및 전기분야)		연면적 5천[m²] 이상 3만[m²] 미만인 특정소방대상물의 공사 현장
행정안전부령으로 정하는 초급감리원 이상의 소방공사감리원(기계분야 및 전기분야)		• 연면적 5천[m²] 미만인 특정소방대상물의 공사 현장 • 지하구의 공사 현장

도급계약의 해지 사유(법 제23조)

- 소방시설업이 등록취소되거나 영업정지된 경우
- 소방시설업을 휴업하거나 폐업한 경우
- 정당한 사유 없이 30일 이상 소방시설공사를 계속하지 않은 경우
- 하도급의 통지를 받은 경우 그 하수급인이 적당하지 않다고 인정되어 하수급인의 변경을 요구하였으나 정당한 사유 없이 따르지 않은 경우

벌 칙

- 3년 이하의 징역 또는 3,000만원 이하의 벌금(법 제35조)
  - 소방시설업의 등록을 하지 않고 영업을 한 자
  - 부정한 청탁을 받고 재물 또는 재산상의 이익을 취득하거나 부정한 청탁을 하면서 재물 또는 재산상의 이익을 제공한 자
- 1년 이하의 징역 또는 1,000만원 이하의 벌금(법 제36조)
  - 영업정지처분을 받고 그 영업정지 기간에 영업을 한 자
  - 감리업자의 업무규정을 위반하여 감리를 하거나 거짓으로 감리한 자
  - 감리업자가 공사감리자를 지정하지 않은 자
  - 공사감리 결과의 통보 또는 공사감리 결과보고서의 제출을 거짓으로 한 자
  - 도급받은 소방시설의 설계, 시공, 감리를 하도급한 자
  - 하도급받은 소방시설공사를 다시 하도급한 자

- 300만원 이하의 벌금(법 제37조)
  - 다른 자에게 자기의 성명이나 상호를 사용하여 소방시설공사 등을 수급 또는 시공하게 하거나 소방시설업의 등록증이나 등록수첩을 빌려준 자
  - 소방시설공사 현장에 감리원을 배치하지 않은 자
  - 소방시설공사를 다른 업종의 공사와 분리하여 도급하지 않은 자
  - 자격수첩 또는 경력수첩을 빌려준 사람
  - 소방기술자가 동시에 둘 이상의 업체에 취업한 사람
- 100만원 이하의 벌금(법 제38조)
  - 소방시설업자 및 관계인의 보고 및 자료 제출, 관계서류 검사 또는 질문 등 위반하여 보고 또는 자료제출을 하지 않거나 거짓으로 한 자
  - 소방시설업자 및 관계인의 보고 및 자료 제출, 관계서류 검사 또는 질문 등 규정을 위반하여 정당한 사유 없이 관계 공무원의 출입 또는 검사·조사를 거부·방해 또는 기피한 자

제5장 위험물안전관리법(위험물관리법), 영, 규칙

■ 용어 정의(법 제2조)
- 위험물 : 인화성 또는 발화성 등의 성질을 가지는 것으로서 대통령령이 정하는 물품
- 제조소 등 : 제조소, 저장소, 취급소(일반취급소, 판매취급소, 이송취급소, 주유취급소)

■ 위험물 및 지정수량(영 별표 1)

위험물				지정수량
유 별	성 질	품 명		
제4류	인화성 액체	특수인화물		50[L]
		제1석유류(아세톤, 휘발유 등)	비수용성 액체	200[L]
			수용성 액체	400[L]
		알코올류(탄소원자의 수가 1~3개)		400[L]
		제2석유류(등유, 경유 등)	비수용성 액체	1,000[L]
			수용성 액체	2,000[L]
		제3석유류(중유, 크레오소트유 등)	비수용성 액체	2,000[L]
			수용성 액체	4,000[L]
		제4석유류(기어유, 실린더유 등)		6,000[L]
		동식물유류		10,000[L]

■ 위험물 시설의 설치 및 변경 등(법 제6조)
- 제조소 등을 설치·변경 시 허가권자 : 시·도지사
- 위험물의 품명·수량 또는 지정수량의 배수 변경 시 : 변경하고자 하는 날의 1일 전까지 시·도지사에게 신고
- 지정수량 미만인 위험물 저장 또는 취급 : 시·도의 조례
- 허가를 받지 않고 신고를 하지 않고 제조소 등을 설치 또는 변경할 수 있는 경우
    - 주택의 난방시설(공동주택의 중앙난방시설을 제외)을 위한 저장소 또는 취급소
    - 농예용·축산용 또는 수산용으로 필요한 난방시설 또는 건조시설을 위한 지정수량 20배 이하의 저장소

■ 완공검사(법 제9조, 규칙 제20조)
- 완공검사권자 : 시·도지사(소방본부장 또는 소방서장에게 위임)
- 제조소 등의 완공검사 신청시기
    - 지하탱크가 있는 제조소 등의 경우 : 해당 지하탱크를 매설하기 전
    - 이동탱크저장소의 경우 : 이동저장탱크를 완공하고 상치설치장소(이하 "상치장소")를 확보한 후
    - 이송취급소의 경우 : 이송배관 공사의 전체 또는 일부를 완료한 후
    - 전체 공사가 완료된 후에는 완공검사를 실시하기 곤란한 경우
        ① 위험물설비 또는 배관의 설치가 완료되어 기밀시험 또는 내압시험을 실시하는 시기
        ② 배관을 지하에 설치하는 경우에는 시·도지사, 소방서장 또는 기술원이 지정하는 부분을 매몰하기 직전
        ③ 기술원이 지정하는 부분의 비파괴시험을 실시하는 시기
    - 제조소 등의 경우 : 제조소 등의 공사를 완료한 후

■ 제조소 등 설치자의 지위승계(법 제10조)
제조소 등의 설치자의 지위를 승계한 자는 승계한 날부터 30일 이내에 시·도지사에게 신고

■ 제조소 등의 용도 폐지신고(법 제11조)
제조소 등의 용도를 폐지한 때에는 용도를 폐지한 날부터 14일 이내에 시·도지사에게 신고

■ 제조소 등의 과징금 처분(법 제13조)
- 과징금 처분권자 : 시·도지사
- 과징금 부과금액 : 2억원 이하

■ 위험물안전관리자(법 제15조)
- 안전관리자 선임 : 관계인
- 안전관리자 해임, 퇴직 시 : 해임하거나 퇴직한 날부터 30일 이내에 안전관리자 재선임
- 안전관리자 선임 시 : 14일 이내에 소방본부장, 소방서장에게 신고
- 안전관리자 직무 미시행·미선임 시 업무 : 위험물의 취급에 관한 자격취득자 또는 대리자

■ 탱크시험자의 등록기준(영 제14조)
- 등록 : 시·도지사
- 갖추어야 할 사항 : 기술능력, 시설, 장비

■ 예방규정을 정해야 할 제조소 등(영 제15조)
- 지정수량의 10배 이상의 위험물을 취급하는 제조소
- 지정수량의 100배 이상의 위험물을 저장하는 옥외저장소
- 지정수량의 150배 이상의 위험물을 저장하는 옥내저장소
- 지정수량의 200배 이상의 위험물을 저장하는 옥외탱크저장소
- 암반탱크저장소
- 이송취급소
- 지정수량의 10배 이상의 위험물을 취급하는 일반취급소. 다만, 제4류 위험물(특수인화물을 제외)만을 지정수량의 50배 이하로 취급하는 일반취급소(제1석유류·알코올류의 취급량이 지정수량의 10배 이하인 경우)로서 다음의 어느 하나에 해당하는 것을 제외한다.
  - 보일러·버너 또는 이와 비슷한 것으로서 위험물을 소비하는 장치로 이루어진 일반취급소
  - 위험물을 용기에 옮겨 담거나 차량에 고정된 탱크에 주입하는 일반취급소

■ 정기점검 대상인 제조소 등(영 제16조)
- 예방규정을 정해야 하는 제조소 등
- 지하탱크저장소
- 이동탱크저장소
- 위험물을 취급하는 탱크로서 지하에 매설된 탱크가 있는 제조소, 주유취급소, 일반취급소

■ 자체소방대(영 제18조, 별표 8)
- 자체소방대의 설치대상
  - 제4류 위험물의 최대수량의 합이 지정수량의 3,000배 이상을 취급하는 제조소 또는 일반취급소(다만, 보일러로 위험물을 소비하는 일반취급소는 제외)
  - 제4류 위험물의 최대수량이 지정수량의 50만배 이상을 저장하는 옥외탱크저장소
- 자체소방대를 두는 화학소방자동차 및 인원

사업소의 구분	화학소방자동차	자체소방대원의 수
제조소 또는 일반취급소에서 취급하는 제4류 위험물의 최대수량의 합이 지정수량의 3,000배 이상 12만배 미만인 사업소	1대	5인
제조소 또는 일반취급소에서 취급하는 제4류 위험물의 최대수량의 합이 지정수량의 12만배 이상 24만배 미만인 사업소	2대	10인
제조소 또는 일반취급소에서 취급하는 제4류 위험물의 최대수량의 합이 지정수량의 24만배 이상 48만배 미만인 사업소	3대	15인
제조소 또는 일반취급소에서 취급하는 제4류 위험물의 최대수량의 합이 지정수량의 48만배 이상인 사업소	4대	20인
옥외탱크저장소에 저장하는 제4류 위험물의 최대수량이 지정수량의 50만배 이상인 사업소	2대	10인

■ 화학소방자동차에 갖추어야 하는 소화능력 및 설비의 기준(규칙 별표 23)

화학소방자동차의 구분	소화능력 및 설비의 기준
포수용액 방사차	포수용액의 방사능력이 매분 2,000[L] 이상일 것
	소화약액탱크 및 소화약액혼합장치를 비치할 것
	10만[L] 이상의 포수용액을 방사할 수 있는 양의 소화약제를 비치할 것
분말 방사차	분말의 방사능력이 매초 35[kg] 이상일 것
	분말탱크 및 가압용 가스설비를 비치할 것
	1,400[kg] 이상의 분말을 비치할 것
제독차	가성소다 및 규조토를 각각 50[kg] 이상 비치할 것

■ 벌칙

- 1년 이상 10년 이하의 징역(법 제33조) : 제조소 등 또는 허가를 받지 않고 지정수량 이상의 위험물을 저장 또는 취급하는 장소에서 위험물을 유출·방출 또는 확산시켜 사람의 생명·신체 또는 재산에 대하여 위험을 발생시킨 자
- 7년 이하의 금고 또는 7,000만원 이하의 벌금(법 제34조) : 업무상 과실로 제조소 등 또는 허가를 받지 않고 지정수량 이상의 위험물을 저장 또는 취급하는 장소에서 위험물을 유출·방출 또는 확산시켜 사람의 생명·신체 또는 재산에 대하여 위험을 발생시킨 자
- 3년 이하의 징역 또는 3,000만원 이하의 벌금(법 제34조의3) : 저장소 또는 제조소 등이 아닌 장소에서 지정수량 이상의 위험물을 저장 또는 취급한 자
- 1,500만원 이하의 벌금(법 제36조)
  - 위험물의 저장 또는 취급에 관한 중요기준에 따르지 않은 자
  - 변경허가를 받지 않고 제조소 등을 변경한 자
  - 제조소 등의 완공검사를 받지 않고 위험물을 저장·취급한 자
  - 안전관리자를 선임하지 않은 관계인으로서 허가를 받은 자
- 1,000만원 이하의 벌금(법 제37조)
  - 위험물의 취급에 관한 안전관리와 감독을 하지 않은 자
  - 안전관리자 또는 그 대리자가 참여하지 않은 상태에서 위험물을 취급한 자
  - 변경한 예방규정을 제출하지 않은 관계인으로서 허가를 받은 자
  - 위험물의 운반에 관한 중요기준에 따르지 않은 자
  - 위험물을 취급할 수 있는 국가기술자격을 취득하지 않거나 또는 안전교육을 받지 않은 위험물운반자
  - 위험물운송자 자격을 갖추지 않은 위험물운송자
  - 관계인의 정당한 업무를 방해하거나 출입·검사 등을 수행하면서 알게 된 비밀을 누설한 자
- 500만원 이하의 과태료(법 제39조)
  - 위험물의 품명 등의 변경신고를 기간 이내에 하지 않거나 허위로 한 자
  - 제조소 등의 지위승계신고를 기간 이내에 하지 않거나 허위로 한 자

- 제조소 등의 폐지신고 또는 안전관리자의 선임신고를 기간 이내에 하지 않거나 허위로 한 자
- 예방규정을 준수하지 않은 자
- 위험물의 운송에 관한 기준을 따르지 않은 자

■ 위험물제조소의 위치·구조 및 설비의 기준(규칙 별표 4)

- 위험물제조소의 안전거리

안전거리	해당 대상물
50[m] 이상	지정문화유산 및 천연기념물 등
30[m] 이상	• 학 교 • 병원급 의료기관(종합병원, 병원, 치과병원, 한방병원, 요양병원) • 극장, 공연장, 영화상영관, 유사한 시설로서 300명 이상의 인원을 수용할 수 있는 것 • 복지시설, 어린이집, 정신건강증진시설, 수용인원 20명 이상의 인원을 수용할 수 있는 것
20[m] 이상	고압가스, 액화석유가스, 도시가스를 저장 또는 취급하는 시설
10[m] 이상	주거용으로 사용되는 것
5[m] 이상	사용전압 35,000[V]를 초과하는 특고압가공전선
3[m] 이상	사용전압 7,000[V] 초과 35,000[V] 이하의 특고압가공전선

- 위험물제조소의 보유공지

취급하는 위험물의 최대수량	공지의 너비
지정수량의 10배 이하	3[m] 이상
지정수량의 10배 초과	5[m] 이상

- 위험물제조소의 표지 및 게시판
  - 표지 및 게시판

구 분	설치 및 표시
표 지	• 표지 : 한 변의 길이가 0.3[m] 이상, 다른 한 변의 길이가 0.6[m] 이상인 직사각형 • 표지바탕 : 바탕은 백색, 문자는 흑색
게시판	• 게시판 : 한 변의 길이가 0.3[m] 이상, 다른 한 변의 길이가 0.6[m] 이상인 직사각형 • 게시판 바탕 : 바탕은 백색, 문자는 흑색 • 게시판 기재 : 유별, 품명, 저장최대수량, 취급최대수량, 안전관리자의 성명 또는 직명, 주의사항

  - 주의사항

품 명	주의사항	게시판 표시
제2류 위험물(인화성 고체) 제3류 위험물(자연발화성 물질) 제4류 위험물, 제5류 위험물	화기엄금	적색바탕에 백색문자
제1류 위험물(알칼리금속의 과산화물) 제3류 위험물(금수성 물질)	물기엄금	청색바탕에 백색문자
제2류 위험물	화기주의	적색바탕에 백색문자

- 환기설비
  - 환기 : 자연배기방식
  - 급기구의 설치 및 크기

구 분	기 준
급기구의 설치	바닥면적 150[m²]마다 1개 이상
급기구의 크기	800[cm²] 이상

- 정전기 제거설비
  - 접지에 의한 방법
  - 공기 중의 상대습도를 70[%] 이상으로 하는 방법
  - 공기를 이온화하는 방법
- 피뢰설비
  - 지정수량의 10배 이상(제6류 위험물은 제외)

■ 옥내저장소의 위치·구조 및 설비의 기준(규칙 별표 5)

- 옥내저장소의 안전거리 제외 대상
  - 지정수량의 20배 미만의 제4석유류, 동식물유류를 저장·취급하는 옥내저장소
  - 제6류 위험물을 저장·취급하는 옥내저장소
- 옥내저장소의 구조 및 설비
  - 저장창고는 위험물 저장을 전용으로 하는 독립된 건축물로 하고 지면에서 처마까지의 높이가 6[m] 미만인 단층건물로 하고 그 바닥을 지반면보다 높게 해야 한다.
  - 지정수량의 10배 이상의 저장창고(제6류 위험물은 제외)에는 피뢰침을 설치할 것

■ 옥외탱크저장소의 위치·구조 및 설비의 기준(규칙 별표 6)

- 옥외탱크저장소의 안전거리 : 위험물제조소의 안전거리와 동일함
- 옥외탱크저장소의 보유공지

저장 또는 취급하는 위험물의 최대수량	공지의 너비
지정수량의 500배 이하	3[m] 이상
지정수량의 500배 초과 1,000배 이하	5[m] 이상
지정수량의 1,000배 초과 2,000배 이하	9[m] 이상
지정수량의 2,000배 초과 3,000배 이하	12[m] 이상
지정수량의 3,000배 초과 4,000배 이하	15[m] 이상
지정수량의 4,000배 초과	해당 탱크의 수평단면의 최대지름(가로형인 경우에는 긴 변)과 높이 중 큰 것과 같은 거리 이상(30[m] 초과는 30[m], 15[m] 미만은 15[m])

- 옥외탱크저장소의 방유제
  - 용량 : 방유제 안에 탱크가 1기일 때에는 그 탱크용량의 110[%] 이상, 2기 이상일 때에는 그 탱크 중 용량이 최대인 것의 110[%] 이상으로 할 것
  - 높이 : 0.5[m] 이상 3[m] 이하, 두께 : 0.2[m] 이상, 지하매설깊이 : 1[m] 이상
  - 방유제 내의 면적 : 80,000[m²] 이하
  - 방유제 내에 최대설치 개수 : 10기 이하(인화점이 200[℃] 이상은 예외)

■ 이동탱크저장소의 위치·구조 및 설비의 기준(규칙 별표 10)

- 이동탱크저장소의 표지
  - 부착위치
    ① 이동탱크저장소 : 전면상단 및 후면상단
    ② 위험물운반차량 : 전면 및 후면
  - 규격 및 형상 : 60[cm] 이상×30[cm] 이상의 횡형(가로형) 사각형
  - 색상 및 문자 : 흑색바탕에 황색의 반사도료 "위험물"이라 표기할 것

■ 주유취급소의 위치·구조 및 설비의 기준(규칙 별표 13)

- 주유취급소의 주유공지 : 주유취급소에는 고정주유설비의 주위에는 주유를 받으려는 자동차 등이 출입할 수 있도록 너비 15[m] 이상, 길이 6[m] 이상의 콘크리트 등으로 포장한 공지를 보유할 것
- 주유취급소의 표지 및 게시판
  - 주유 중 엔진정지 : 황색바탕에 흑색문자
  - 화기엄금 : 적색바탕에 백색문자

■ 제조소 등에 경보설비의 설치기준(규칙 별표 17)

제조소 등의 구분	제조소 등의 규모, 저장 또는 취급하는 위험물의 종류 및 최대수량 등	경보설비
제조소 및 일반취급소	• 연면적 500[m²] 이상인 것 • 옥내에서 지정수량의 100배 이상을 취급하는 것(고인화점 위험물만을 100[℃] 미만의 온도에서 취급하는 것을 제외) • 일반취급소로 사용되는 부분 외의 부분이 있는 건축물에 설치된 일반취급소(일반취급소와 일반취급소 외의 부분이 내화구조의 바닥 또는 벽으로 개구부 없이 구획된 것을 제외)	자동화재탐지설비
자동화재탐지설비 설치대상에 해당하지 않는 제조소 등	지정수량의 10배 이상을 저장 또는 취급하는 것	자동화재탐지설비, 비상경보설비, 확성장치 또는 비상방송설비 중 1종 이상

CHAPTER 04 소방전기시설의 구조 및 원리

■ 특정소방대상물의 관계인이 특정소방대상물에 설치·관리해야 하는 소방시설의 종류(소방시설법 영 별표 4)
- 비상경보설비를 설치해야 하는 특정소방대상물
  - 연면적 400[m²] 이상인 것은 모든 층
  - 지하층 또는 무창층의 바닥면적이 150[m²](공연장의 경우 100[m²]) 이상인 것은 모든 층
  - 터널로서 길이가 500[m] 이상인 것
  - 50명 이상의 근로자가 작업하는 옥내 작업장
  - 설치면제 : 단독경보형감지기를 2개 이상의 단독경보형감지기와 연동하여 설치하는 경우
- 단독경보형감지기를 설치해야 하는 특정소방대상물
  - 교육연구시설 내에 있는 기숙사 또는 합숙소로서 연면적 2,000[m²] 미만인 것
  - 수련시설 내에 있는 기숙사 또는 합숙소로서 연면적 2,000[m²] 미만인 것
  - 수용인원 100명 이하의 숙박시설이 있는 수련시설
  - 연면적 400[m²] 미만의 유치원
  - 공동주택 중 연립주택 및 다세대주택(단독경보형감지기는 연동형으로 설치)
- 비상방송설비를 설치해야 하는 특정소방대상물
  - 연면적 3,500[m²] 이상인 것은 모든 층
  - 층수가 11층 이상인 것은 모든 층
  - 지하층의 층수가 3층 이상인 것은 모든 층
  - 설치면제 : 자동화재탐지설비 또는 비상경보설비와 같은 수준 이상의 음향을 발하는 장치를 부설한 방송설비를 화재안전기준에 적합하게 설치한 경우
- 누전경보기를 설치해야 하는 특정소방대상물 : 계약전류용량이 100[A]를 초과하는 특정소방대상물(내화구조가 아닌 건축물로서 벽·바닥 또는 반자의 전부나 일부를 불연재료 또는 준불연재료가 아닌 재료에 철망을 넣어 만든 것만 해당)에 설치해야 한다.
- 자동화재탐지설비를 설치해야 하는 특정소방대상물
  - 근린생활시설(목욕장은 제외), 의료시설(정신의료기관 또는 요양병원은 제외), 위락시설, 장례시설 및 복합건축물로서 연면적 600[m²] 이상인 경우에는 모든 층
  - 근린생활시설 중 목욕장, 문화 및 집회시설, 종교시설, 판매시설, 운수시설, 운동시설, 업무시설, 공장, 창고시설, 위험물 저장 및 처리 시설, 항공기 및 자동차 관련 시설, 교정 및 군사시설 중 국방·군사시설, 방송통신시설, 발전시설, 관광 휴게시설, 지하상가로서 연면적 1,000[m²] 이상인 경우에는 모든 층
  - 지하구

- 터널로서 길이가 1,000[m] 이상인 것
- 노유자시설로서 연면적 400[m²] 이상인 노유자시설 및 숙박시설이 있는 수련시설로서 수용인원 100명 이상인 경우에는 모든 층
- 판매시설 중 전통시장

• 자동화재속보설비를 설치해야 하는 특정소방대상물
- 노유자시설로서 바닥면적이 500[m²] 이상인 층이 있는 것
- 수련시설(숙박시설이 있는 건축물만 해당)로서 바닥면적이 500[m²] 이상인 층이 있는 것
- 의료시설 중 종합병원, 병원, 치과병원, 한방병원 및 요양병원(의료재활시설은 제외) 또는 정신병원 및 의료재활시설로 사용되는 바닥면적의 합계가 500[m²] 이상인 층이 있는 것
- 판매시설 중 전통시장
- 문화유산 중 보물 또는 국보로 지정된 목조건축물

• 비상조명등을 설치해야 하는 특정소방대상물
- 지하층을 포함하는 층수가 5층 이상인 건축물로서 연면적 3,000[m²] 이상인 경우에는 모든 층
- 지하층 또는 무창층의 바닥면적이 450[m²] 이상인 경우에는 해당 층
- 터널로서 그 길이가 500[m] 이상인 것

• 휴대용 비상조명등을 설치해야 하는 특정소방대상물
- 숙박시설
- 수용인원 100명 이상의 영화상영관, 판매시설 중 대규모점포, 철도 및 도시철도시설 중 지하역사, 지하상가

• 비상콘센트설비를 설치해야 하는 특정소방대상물
- 층수가 11층 이상인 특정소방대상물의 경우에는 11층 이상의 층
- 지하층의 층수가 3층 이상이고 지하층의 바닥면적의 합계가 1,000[m²] 이상인 것은 지하층의 모든 층
- 터널로서 길이가 500[m] 이상인 것

• 무선통신보조설비를 설치해야 하는 특정소방대상물
- 지하상가로서 연면적 1,000[m²] 이상인 것
- 지하층의 바닥면적의 합계가 3,000[m²] 이상인 것
- 지하층의 층수가 3층 이상이고 지하층의 바닥면적의 합계가 1,000[m²] 이상인 것은 지하층의 모든 층
- 터널로서 길이가 500[m] 이상인 것
- 지하구 중 공동구
- 층수가 30층 이상인 것으로서 16층 이상 부분의 모든 층

■ 비상경보설비 및 단독경보형감지기의 용어 정의(NFTC 201)

• 비상벨설비 : 화재 발생 상황을 경종으로 경보하는 설비
• 자동식사이렌설비 : 화재 발생 상황을 사이렌으로 경보하는 설비
• 단독경보형감지기 : 화재 발생 상황을 단독으로 감지하여 자체에 내장된 음향장치로 경보하는 감지기
• 발신기 : 화재 발생 신호를 수신기에 수동으로 발신하는 장치
• 수신기 : 발신기에서 발하는 화재신호를 직접 수신하여 화재의 발생을 표시 및 경보하여 주는 장치

▌비상벨설비의 음향장치 설치기준(NFTC 201)

- 상용전원은 전기가 정상적으로 공급되는 축전지설비, 전기저장장치 또는 교류전압의 옥내간선으로 하고, 전원까지의 배선은 전용으로 할 것
- 지구음향장치는 특정소방대상물의 층마다 설치하되, 해당 층의 각 부분으로부터 하나의 음향장치까지의 수평거리가 25[m] 이하가 되도록 할 것
- 음향장치는 정격전압의 80[%] 전압에서도 음향을 발할 수 있도록 해야 한다.
- 음향장치의 음향의 크기는 부착된 음향장치의 중심으로부터 1[m] 떨어진 위치에서 음압이 90[dB] 이상이 되는 것으로 해야 한다.

▌비상벨설비 또는 자동식사이렌설비의 발신기 설치기준(NFTC 201)

- 조작스위치는 바닥으로부터 0.8[m] 이상 1.5[m] 이하의 높이에 설치할 것
- 특정소방대상물의 층마다 설치하되, 해당 층의 각 부분으로부터 하나의 발신기까지의 수평거리가 25[m] 이하가 되도록 할 것
- 복도 또는 별도로 구획된 실로서 보행거리가 40[m] 이상일 경우에는 추가로 설치해야 한다.
- 발신기의 위치표시등은 함의 상부에 설치하되, 그 불빛은 부착면으로부터 15° 이상의 범위 안에서 부착지점으로부터 10[m] 이내의 어느 곳에서도 쉽게 식별할 수 있는 적색등으로 할 것

▌소방시설에 따른 수평거리·수직거리·보행거리 기준

	소방시설	수평거리·수직거리·보행거리
비상벨설비 또는 자동식사이렌설비·자동화재탐지설비	특정소방대상물의 각 부분으로부터 하나의 음향장치까지	수평거리가 25[m] 이하가 되도록 할 것
	특정소방대상물의 각 부분으로부터 하나의 발신기까지	수평거리가 25[m] 이하가 되도록 할 것
	복도 또는 별도로 구획된 실	보행거리가 40[m] 이상일 경우 추가로 설치할 것
비상방송설비	층의 각 부분으로부터 하나의 확성기까지	수평거리가 25[m] 이하가 되도록 할 것
공기관식 차동식분포형감지기	공기관과 감지구역의 각 변	수평거리는 1.5[m] 이하가 되도록 할 것
연기감지기	복도 및 통로	보행거리 30[m](3종에 있어서는 20[m])마다 1개 이상으로 할 것
	계단 및 경사로	수직거리 15[m](3종에 있어서는 10[m])마다 1개 이상으로 할 것
통로유도등	복도·거실통로유도등	보행거리 20[m]마다 설치할 것
유도표지	복도 및 통로의 각 부분으로부터 하나의 유도표지까지	보행거리가 15[m] 이하가 되는 곳에 설치할 것
피난구유도등 설치제외	거실 각 부분으로부터 하나의 출입구	보행거리가 20[m] 이하
통로유도등 설치제외	복도 또는 통로	보행거리가 20[m] 미만
객석유도등 설치제외	거실 등의 각 부분으로부터 하나의 거실출입구	보행거리가 20[m] 이하
비상조명등의 제외	거실의 각 부분으로부터 하나의 출입구	보행거리 15[m] 이내인 부분

▌비상벨설비 또는 자동식사이렌설비의 비상전원 설치기준(NFTC 201)

비상벨설비 또는 자동식사이렌설비에는 그 설비에 대한 감시상태를 60분간 지속한 후 유효하게 10분 이상 경보할 수 있는 비상전원으로서 축전지설비 또는 전기저장장치를 설치해야 한다.

■ **단독경보형감지기의 설치기준(NFTC 201)**
- 각 실마다 설치하되, 바닥면적이 150[m²]를 초과하는 경우에는 150[m²]마다 1개 이상 설치할 것
- 이웃하는 실내의 바닥면적이 각각 30[m²] 미만이고 벽체의 상부의 전부 또는 일부가 개방되어 이웃하는 실내와 공기가 상호 유통되는 경우에는 이를 1개의 실로 본다.
- 계단실은 최상층의 계단실 천장(외기가 상통하는 계단실의 경우를 제외)에 설치할 것

■ **비상방송설비의 용어 정의(NFTC 202)**
- 확성기 : 소리를 크게 하여 멀리까지 전달될 수 있도록 하는 장치로서 일명 스피커
- 음량조절기 : 가변저항을 이용하여 전류를 변화시켜 음량을 크게 하거나 작게 조절할 수 있는 장치
- 증폭기 : 전압, 전류의 진폭을 늘려 감도를 좋게 하고 미약한 음성전류를 커다란 음성전류로 변화시켜 소리를 크게 하는 장치

■ **비상방송설비의 음향장치 설치기준(NFTC 202)**
- 확성기의 음성입력은 3[W](실내에 설치하는 것에 있어서는 1[W]) 이상일 것
- 확성기는 각 층마다 설치하되, 그 층의 각 부분으로부터 하나의 확성기까지의 수평거리가 25[m] 이하가 되도록 하고, 해당 층의 각 부분에 유효하게 경보를 발할 수 있도록 설치할 것
- 음량조정기를 설치하는 경우 음량조정기의 배선은 3선식으로 할 것
- 조작부의 조작스위치는 바닥으로부터 0.8[m] 이상 1.5[m] 이하의 높이에 설치할 것
- 조작부는 기동장치의 작동과 연동하여 해당 기동장치가 작동한 층 또는 구역을 표시할 수 있는 것으로 할 것
- 다른 방송설비와 공용하는 것에 있어서는 화재 시 비상경보 외의 방송을 차단할 수 있는 구조로 할 것
- 다른 전기회로에 따라 유노장애가 생기지 않도록 할 것
- 기동장치에 따른 화재신호를 수신한 후 필요한 음량으로 화재 발생 상황 및 피난에 유효한 방송이 자동으로 개시될 때까지의 소요시간은 10초 이내로 할 것
- 음향장치는 정격전압의 80[%] 전압에서 음향을 발할 수 있는 것으로 할 것
- 음향장치는 자동화재탐지설비의 작동과 연동하여 작동할 수 있는 것으로 할 것

■ **층수가 11층(공동주택의 경우에는 16층) 이상의 특정소방대상물의 경보기준(NFTC 202)**

2층 이상의 층에서 발화	• 직상 4개 층 • 발화층
1층에서 발화	• 직상 4개 층 • 발화층 • 지하층
지하층에서 발화	• 직상층 • 발화층 • 기타의 지하층

■ 비상방송설비의 배선기준(NFTC 202)
- 화재로 인하여 하나의 층의 확성기 또는 배선이 단락 또는 단선되어도 다른 층의 화재통보에 지장이 없도록 할 것
- 부속회로의 전로와 대지 사이 및 배선 상호 간의 절연저항은 1경계구역마다 직류 250[V]의 절연저항측정기를 사용하여 측정한 절연저항이 0.1[MΩ] 이상이 되도록 할 것
- 비상방송설비의 배선은 다른 전선과 별도의 관·덕트(절연효력이 있는 것으로 구획한 때에는 그 구획된 부분은 별개의 덕트로 본다)·몰드 또는 풀박스 등에 설치할 것. 다만, 60[V] 미만의 약전류회로에 사용하는 전선으로서 각각의 전압이 같을 때는 그렇지 않다.

■ 비상방송설비의 상용전원기준(NFTC 202)
- 상용전원은 전기가 정상적으로 공급되는 축전지설비, 전기저장장치 또는 교류전압의 옥내간선으로 하고, 전원까지의 배선은 전용으로 할 것
- 개폐기에는 "비상방송설비용"이라고 표시한 표지를 할 것
- 비상방송설비에는 그 설비에 대한 감시상태를 60분간 지속한 후 유효하게 10분 이상 경보할 수 있는 비상전원으로서 축전지설비 또는 전기저장장치를 설치해야 한다.

■ 누전경보기의 용어 정의(NFTC 205)
- 누전경보기 : 사용전압 600[V] 이하인 경계전로의 누설전류를 검출하여 해당 소방대상물의 관계자에게 경보를 발하는 설비로서 변류기와 수신부로 구성된 것(누전경보기의 형식승인 및 제품검사의 기술기준 제2조)
- 수신부 : 변류기로부터 검출된 신호를 수신하여 누전의 발생을 해당 특정소방대상물의 관계인에게 경보하여 주는 것
- 변류기 : 경계전로의 누설전류를 자동적으로 검출하여 이를 누전경보기의 수신부에 송신하는 것

■ 누전경보기의 설치기준(NFTC 205)
- 경계전로의 정격전류가 60[A]를 초과하는 전로에 있어서는 1급 누전경보기를 설치할 것
- 경계전로의 정격전류가 60[A] 이하의 전로에 있어서는 1급 또는 2급 누전경보기를 설치할 것
- 변류기는 옥외 인입선의 제1지점의 부하 측 또는 제2종 접지선 측의 점검이 쉬운 위치에 설치할 것
- 변류기를 옥외의 전로에 설치하는 경우에는 옥외형으로 설치할 것

■ 누전경보기의 수신부 설치제외 장소(NFTC 205)
- 가연성의 증기·먼지·가스 등이나 부식성의 증기·가스 등이 다량으로 체류하는 장소
- 화약류를 제조하거나 저장 또는 취급하는 장소
- 습도가 높은 장소
- 온도의 변화가 급격한 장소
- 대전류회로·고주파 발생회로 등에 따른 영향을 받을 우려가 있는 장소

■ 누전경보기의 전원기준(NFTC 205)
- 전원은 분전반으로부터 전용회로로 하고, 각 극에 개폐기 및 15[A] 이하의 과전류차단기를 설치할 것
- 배선용 차단기에 있어서는 20[A] 이하의 것으로 각 극을 개폐할 수 있는 것을 설치할 것
- 전원을 분기할 때에는 다른 차단기에 따라 전원이 차단되지 않도록 할 것
- 전원의 개폐기에는 "누전경보기용"이라고 표시한 표지를 할 것

■ 누전경보기의 수신부 구조(누전경보기의 형식승인 및 제품검사의 기술기준 제23조)
- 전원을 표시하는 장치를 설치해야 한다. 다만, 2급에서는 그렇지 않다.
- 2급 수신부에는 적용하지 않고 전원 입력 측의 회로에 단락이 생기는 경우에는 유효하게 보호되는 조치를 강구해야 한다.
- 수신부에서 외부의 음향장치와 표시등에 대하여 직접 전력을 공급하도록 구성된 외부회로에 단락이 생기는 경우에는 유효하게 보호되는 조치를 강구해야 한다.
- 감도조정장치를 제외하고 감도조정부는 외함의 바깥쪽에 노출되지 않아야 한다.
- 주전원의 양극을 동시에 개폐할 수 있는 전원스위치를 설치해야 한다.
- 전원입력 및 외부부하에 직접 전원을 송출하도록 구성된 회로에는 퓨즈 또는 브레이커 등을 설치해야 한다.

■ 누전경보기의 감도조정장치(누전경보기의 형식승인 및 제품검사의 기술기준 제8조)
감도조정장치의 조정범위는 최대치가 1[A]이어야 한다.

■ 누전경보기 변류기의 절연저항시험 및 전압강하방지시험(누전경보기의 형식승인 및 제품검사의 기술기준 제19조)
- 절연저항시험 : 직류(DC) 500[V]의 절연저항계로 시험을 하는 경우 5[MΩ] 이상이어야 한다.
  - 절연된 1차 권선과 2차 권선 간의 절연저항
  - 절연된 1차 권선과 외부금속부 간의 절연저항
  - 절연된 2차 권선과 외부금속부 간의 절연저항
- 전압강하방지시험 : 변류기는 경계전로에 정격전류를 흘리는 경우, 그 경계전로의 전압강하는 0.5[V] 이하이어야 한다.

■ 누전경보기의 수신부 반복시험(누전경보기의 형식승인 및 제품검사의 기술기준 제31조)
수신부는 그 정격전압에서 10,000회의 누전작동시험을 실시하는 경우 그 구조 또는 기능에 이상이 생기지 않아야 한다.

■ **자동화재탐지설비의 용어 정의**(NFTC 203)
- 경계구역 : 특정소방대상물 중 화재신호를 발신하고 그 신호를 수신 및 유효하게 제어할 수 있는 구역
- 수신기 : 감지기나 발신기에서 발하는 화재신호를 직접 수신하거나 중계기를 통하여 수신하여 화재의 발생을 표시 및 경보하여 주는 장치
- 중계기 : 감지기・발신기 또는 전기적 접점 등의 작동에 따른 신호를 받아 이를 수신기에 전송하는 장치
- 감지기 : 화재 시 발생하는 열, 연기, 불꽃 또는 연소생성물을 자동적으로 감지하여 수신기에 화재신호 등을 발신하는 장치
- 발신기 : 수동누름버튼 등의 작동으로 화재신호를 수신기에 발신하는 장치
- 시각경보장치 : 자동화재탐지설비에서 발하는 화재신호를 시각경보기에 전달하여 청각장애인에게 점멸형태의 시각경보를 하는 것

■ **자동화재탐지설비의 경계구역 설정기준**(NFTC 203)
- 하나의 경계구역이 2 이상의 건축물에 미치지 않도록 할 것
- 하나의 경계구역이 2 이상의 층에 미치지 않도록 할 것. 다만, 500[m^2] 이하의 범위 안에서는 2개의 층을 하나의 경계구역으로 할 수 있다.
- 하나의 경계구역의 면적은 600[m^2] 이하로 하고 한 변의 길이는 50[m] 이하로 할 것
- 특정소방대상물의 주된 출입구에서 그 내부 전체가 보이는 것에 있어서는 한 변의 길이가 50[m]의 범위 내에서 1,000[m^2] 이하로 할 수 있다.
- 계단(직통계단 외의 것에 있어서는 떨어져 있는 상하계단의 상호 간의 수평거리가 5[m] 이하로서 서로 간에 구획되지 않은 것)・경사로(에스컬레이터경사로 포함)・엘리베이터 승강로(권상기실)・린넨슈트・파이프 피트 및 덕트 기타 이와 유사한 부분에 대하여는 별도로 경계구역을 설정하되, 하나의 경계구역은 높이 45[m] 이하(계단 및 경사로)로 하고, 지하층의 계단 및 경사로(지하층의 층수가 한 개 층일 경우는 제외)는 별도로 하나의 경계구역으로 해야 한다.
- 외기에 면하여 상시 개방된 부분이 있는 차고・주차장・창고 등에 있어서는 외기에 면하는 각 부분으로부터 5[m] 미만의 범위 안에 있는 부분은 경계구역의 면적에 산입하지 않는다.

■ **자동화재탐지설비의 수신기 설치기준**(NFTC 203)
- 수위실 등 상시 사람이 근무하는 장소에 설치할 것
- 수신기가 설치된 장소에는 경계구역 일람도를 비치할 것
- 하나의 경계구역은 하나의 표시등 또는 하나의 문자로 표시되도록 할 것
- 수신기의 조작스위치는 바닥으로부터의 높이가 0.8[m] 이상 1.5[m] 이하인 장소에 설치할 것

■ 자동화재탐지설비의 수신기 구조 및 일반기능(수신기의 형식승인 및 제품검사의 기술기준 제3조)

- 외함은 불연성 또는 난연성 재질로 만들어져야 한다.
- 정격전압이 60[V]를 넘는 기구의 금속제 외함에는 접지단자를 설치해야 한다.
- 예비전원회로에는 단락사고 등으로부터 보호하기 위한 퓨즈 등 과전류 보호장치를 설치해야 한다.
- 수신기(1회선용은 제외)는 2회선이 동시에 작동해도 화재표시가 되어야 하며, 감지기의 감지 또는 발신기의 발신개시로부터 P형, P형 복합식, GP형, GP형 복합식, R형, R형 복합식, GR형 또는 GR형 복합식 수신기의 수신완료까지의 소요시간은 5초 이내이어야 한다.
- 화재신호를 수신하는 경우 P형, P형 복합식, GP형, GP형 복합식, R형, R형 복합식, GR형 또는 GR형 복합식의 수신기에 있어서는 2 이상의 지구표시장치에 의하여 각각 화재를 표시할 수 있어야 한다.
- 내부에 주전원의 양극을 동시에 열고 닫을 수 있는 전원스위치를 설치할 수 있다.
- 수신기의 외부배선 연결용 단자에 있어서 공통신호선용 단자는 7개 회로마다 1개 이상 설치해야 한다.

■ 자동화재탐지설비의 발신기 작동기능(발신기의 형식승인 및 제품검사의 기술기준 제4조의2)

발신기의 조작부는 작동스위치의 동작방향으로 가하는 힘이 2[kg]을 초과하고 8[kg] 이하인 범위에서 확실하게 동작되어야 하며, 2[kg]의 힘을 가하는 경우 동작되지 않아야 한다. 이 경우 누름판이 있는 구조로서 손끝으로 눌러 작동하는 방식의 작동스위치는 누름판을 포함한다.

■ 자동화재탐지설비의 중계기 설치기준(NFTC 203)

- 수신기에서 직접 감지기회로의 도통시험을 하지 않는 것에 있어서는 수신기와 감지기 사이에 설치할 것
- 조작 및 점검에 편리하고 화재 및 침수 등의 재해로 인한 피해를 받을 우려가 없는 장소에 설치할 것
- 수신기에 따라 감시되지 않는 배선을 통하여 전력을 공급받는 것에 있어서는 전원입력 측의 배선에 과전류차단기를 설치하고 해당 전원의 정전이 즉시 수신기에 표시되는 것으로 하며, 상용전원 및 예비전원의 시험을 할 수 있도록 할 것

■ 자동화재탐지설비의 감지기 설치기준(NFTC 203)

- 지하층·무창층 등으로서 환기가 잘 되지 않거나 실내면적이 40[m²] 미만인 장소, 감지기의 부착면과 실내 바닥과의 거리가 2.3[m] 이하인 곳으로서 일시적으로 발생한 열·연기 또는 먼지 등으로 인하여 화재신호를 발신할 우려가 있는 장소에 적응성 있는 감지기를 설치해야 한다.
  - 불꽃감지기
  - 정온식 감지선형 감지기
  - 분포형 감지기
  - 복합형 감지기
  - 광전식 분리형 감지기
  - 아날로그방식의 감지기
  - 다신호방식의 감지기
  - 축적방식의 감지기

- 연기감지기의 설치장소
  - 계단·경사로 및 에스컬레이터 경사로
  - 복도(30[m] 미만의 것을 제외)
  - 엘리베이터 승강로(권상기실)·린넨슈트·파이프 피트 및 덕트 기타 이와 유사한 장소
  - 천장 또는 반자의 높이가 15[m] 이상 20[m] 미만의 장소
- 감지기의 설치기준
  - 감지기(차동식 분포형의 것을 제외)는 실내로의 공기유입구로부터 1.5[m] 이상 떨어진 위치에 설치할 것
  - 감지기는 천장 또는 반자의 옥내에 면하는 부분에 설치할 것
  - 보상식 스포트형 감지기는 정온점이 감지기 주위의 평상시 최고온도보다 20[℃] 이상 높은 것으로 설치할 것
  - 정온식 감지기는 주방·보일러실 등으로서 다량의 화기를 취급하는 장소에 설치하되, 공칭작동온도가 최고주위온도보다 20[℃] 이상 높은 것으로 설치할 것
  - 스포트형 감지기는 45° 이상 경사되지 않도록 부착할 것
- 공기관식 차동식 분포형 감지기의 설치기준
  - 공기관의 노출부분은 감지구역마다 20[m] 이상이 되도록 할 것
  - 공기관과 감지구역의 각 변과의 수평거리는 1.5[m] 이하가 되도록 하고, 공기관 상호 간의 거리는 6[m](주요구조부를 내화구조로 된 특정소방대상물 또는 그 부분에 있어서는 9[m]) 이하가 되도록 할 것
  - 공기관은 도중에서 분기하지 않도록 할 것
  - 하나의 검출부분에 접속하는 공기관의 길이는 100[m] 이하로 할 것
  - 검출부는 5° 이상 경사되지 않도록 부착할 것
  - 검출부는 바닥으로부터 0.8[m] 이상 1.5[m] 이하의 위치에 설치할 것
- 정온식 감지선형 감지기의 설치기준
  - 보조선이나 고정금구를 사용하여 감지선이 늘어지지 않도록 설치할 것
  - 단자부와 마감 고정금구와의 설치간격은 10[cm] 이내로 설치할 것
  - 감지선형 감지기의 굴곡반경은 5[cm] 이상으로 할 것
  - 감지기와 감지구역의 각 부분과의 수평거리가 내화구조의 경우 1종 4.5[m] 이하, 2종 3[m] 이하로 할 것. 기타 구조의 경우 1종 3[m] 이하, 2종 1[m] 이하로 할 것
- 광전식 분리형 감지기의 설치기준
  - 감지기의 수광면은 햇빛을 직접 받지 않도록 설치할 것
  - 광축은 나란한 벽으로부터 0.6[m] 이상 이격하여 설치할 것
  - 감지기의 송광부와 수광부는 설치된 뒷벽으로부터 1[m] 이내 위치에 설치할 것
  - 광축의 높이는 천장 등 높이의 80[%] 이상일 것
  - 감지기의 광축의 길이는 공칭감시거리 범위 이내일 것

차동식 스포트형·보상식 스포트형 및 정온식 스포트형 감지기의 설치개수(NFTC 203)

부착높이 및 특정소방대상물의 구분에 따른 바닥면적[m²]마다 1개 이상을 설치할 것

부착높이 및 특정소방대상물의 구분		감지기의 종류(단위 : [m²])					
		차동식 스포트형		보상식 스포트형		정온식 스포트형		
		1종	2종	1종	2종	특 종	1종	2종
4[m] 미만	주요구조부가 내화구조로 된 특정소방대상물	90	70	90	70	70	60	20
	기타 구조의 특정소방대상물	50	40	50	40	40	30	15
4[m] 이상 8[m] 미만	주요구조부가 내화구조로 된 특정소방대상물	45	35	45	35	35	30	-
	기타 구조의 특정소방대상물	30	25	30	25	25	15	-

열전대식 차동식 분포형 감지기의 설치개수(NFTC 203)

- 열전대부는 감지구역의 바닥면적 18[m²](주요구조부가 내화구조로 된 특정소방대상물에 있어서는 22[m²])마다 1개 이상으로 할 것
- 열전대부는 감지구역의 바닥면적이 72[m²](주요구조부가 내화구조로 된 특정소방대상물에 있어서는 88[m²]) 이하인 특정소방대상물에 있어서는 4개 이상으로 할 것
- 하나의 검출부에 접속하는 열전대부는 20개 이하로 할 것

열반도체식 차동식 분포형 감지기의 설치개수(NFTC 203)

- 감지부는 부착높이 및 특정소방대상물에 따른 바닥면적마다 1개 이상으로 할 것
- 하나의 검출기에 접속하는 감지부는 2개 이상 15개 이하가 되도록 할 것

부착높이 및 특정소방대상물의 구분		감지기의 종류(단위 : [m²])	
		1종	2종
8[m] 미만	주요구조부가 내화구조로 된 특정소방대상물	65	36
	기타 구조의 특정소방대상물	40	23
8[m] 이상 15[m] 미만	주요구조부가 내화구조로 된 특정소방대상물	50	36
	기타 구조의 특정소방대상물	30	23

연기감지기의 설치개수(NFTC 203)

- 감지기의 부착높이에 따른 바닥면적마다 1개 이상으로 할 것

부착높이	감지기의 종류(단위 : [m²])	
	1종 및 2종	3종
4[m] 미만	150	50
4[m] 이상 20[m] 미만	75	-

- 감지기는 복도 및 통로에 있어서는 보행거리 30[m](3종에 있어서는 20[m])마다 1개 이상으로 할 것
- 감지기는 계단 및 경사로에 있어서는 수직거리 15[m](3종에 있어서는 10[m])마다 1개 이상으로 할 것
- 천장 또는 반자가 낮은 실내 또는 좁은 실내에 있어서는 출입구의 가까운 부분에 설치할 것

- 천장 또는 반자 부근에 배기구가 있는 경우에는 그 부근에 설치할 것
- 감지기는 벽 또는 보로부터 0.6[m] 이상 떨어진 곳에 설치할 것

■ 자동화재탐지설비의 배선 설치기준(NFTC 203)
- 아날로그식, 다신호식 감지기나 R형 수신기용으로 사용되는 것은 전자파 방해를 받지 않는 실드선 등을 사용할 것
- 감지기 사이의 회로의 배선은 송배선식으로 할 것
- 감지기회로 및 부속회로의 전로와 대지 사이 및 배선 상호 간의 절연저항은 1경계구역마다 직류 250[V]의 절연저항측정기를 사용하여 측정한 절연저항이 0.1[MΩ] 이상이 되도록 할 것
- 자동화재탐지설비의 배선은 다른 전선과 별도의 관·덕트·몰드 또는 풀박스 등에 설치할 것. 다만, 60[V] 미만의 약전류회로에 사용하는 전선으로서 각각의 전압이 같을 때에는 그렇지 않다.
- P형 수신기 및 G.P형 수신기의 감지기 회로의 배선에 있어서 하나의 공통선에 접속할 수 있는 경계구역은 7개 이하로 할 것
- 자동화재탐지설비의 감지기회로의 전로저항은 50[Ω] 이하가 되도록 할 것
- 수신기의 각 회로별 종단에 설치되는 감지기에 접속되는 배선의 전압은 감지기 정격전압의 80[%] 이상이어야 할 것

■ 감지기 회로의 도통시험을 위한 종단저항 설치기준(NFTC 203)
- 점검 및 관리가 쉬운 장소에 설치할 것
- 전용함을 설치하는 경우 그 설치 높이는 바닥으로부터 1.5[m] 이내로 할 것
- 감지기 회로의 끝부분에 설치하며, 종단감지기에 설치할 경우에는 구별이 쉽도록 해당 감지기의 기판 및 감지기 외부 등에 별도의 표시를 할 것

■ 감지기의 종류(감지기의 형식승인 및 제품검사의 기술기준 제3조)
- 연기감지기의 종류 : 공기흡입형, 이온화식 스포트형, 광전식 스포트형, 광전식 분리형
- 열감지기의 종류 : 차동식 스포트형, 차동식 분포형, 정온식 감지선형, 정온식 스포트형, 보상식 스포트형
- 복합형 감지기의 종류 : 열복합형, 연복합형, 불꽃복합형, 열·연기 복합형, 연기·불꽃 복합형, 열·불꽃 복합형, 열·연기·불꽃 복합형

■ 감지기의 구조(감지기의 형식승인 및 제품검사의 기술기준 제5조)
- 감지기는 그 기판면을 부착한 정 위치로부터 45°(차동식 분포형 감지기는 5°)를 각각 경사시킨 경우 그 기능에 이상이 생기지 않아야 한다.
- 공기관식 차동식 분포형 감지기
  - 공기관은 하나의 길이(이음매가 없는 것)가 20[m] 이상의 것으로 안지름 및 관의 두께가 일정하고 홈, 갈라짐 및 변형이 없어야 하며 부식되지 않아야 한다.
  - 공기관의 두께는 0.3[mm] 이상, 바깥지름은 1.9[mm] 이상이어야 한다.

- 연기를 감지하는 감지기는 감시챔버로 (1.3±0.05[mm]) 크기의 물체가 침입할 수 없는 구조이어야 한다.
- 광전식 감지기 중 분리형의 경우 공칭감시거리는 5[m] 이상 100[m] 이하로 하여 5[m] 간격으로 한다.
- 불꽃감지기 중 도로형은 최대시야각이 180° 이상이어야 한다.

절연저항시험

절연저항은 직류(DC) 500[V]의 절연저항계로 측정한 값 이상이어야 한다.

소방시설	절연저항 측정	절연저항 측정값
비상조명등	• 교류입력 측과 외함 사이 • 절연된 교류입력 측과 충전부 사이 • 절연된 충전부와 외함 사이	5[MΩ] 이상
유도등		
수신기	절연된 충전부와 외함 간	
자동화재속보설비의 속보기		
가스누설경보기		
누전경보기의 변류기	• 절연된 1차 권선과 2차 권선 간 • 절연된 1차 권선과 외부금속부 간 • 절연된 2차 권선과 외부금속부 간	
누전경보기의 수신부	• 절연된 충전부와 외함 간 • 차단기구의 개폐부	
시각경보장치	• 전원부 양단자 • 양선을 단락시킨 부분과 비충전부	
광원점등식 피난유도선	• 교류입력 측과 외함 사이 • 교류입력 측과 충전부 사이 • 충전부와 외함 사이	
발신기	• 절연된 단자 간 • 단자와 외함 간	20[MΩ] 이상
경종		
수신기	• 교류입력 측과 외함 간 • 절연된 선로 간	
자동화재속보설비의 속보기		
중계기	• 절연된 충전부와 외함 간 • 절연된 선로 간	
비상콘센트설비	절연된 충전부와 외함 간	
표시등	단자와 외함 간	
가스누설경보기	• 교류입력 측과 외함 간 • 절연된 선로 간	
감지기	• 절연된 단자 간 • 단자와 외함 간	50[MΩ] 이상
수신기	• 수신기로서 접속되는 회선수가 10 이상 • 수신기로서 접속되는 중계기가 10 이상	
정온식 감지선형 감지기	선 간	1[m]당 1,000[MΩ] 이상

■ 청각장애인용 시각경보장치의 설치기준(NFTC 203)

- 복도·통로·청각장애인용 객실 및 공용으로 사용하는 거실에 설치하며, 각 부분으로부터 유효하게 경보를 발할 수 있는 위치에 설치할 것
- 공연장·집회장·관람장 또는 이와 유사한 장소에 설치하는 경우에는 시선이 집중되는 무대부 부분 등에 설치할 것
- 설치높이는 바닥으로부터 2[m] 이상 2.5[m] 이하의 장소에 설치할 것. 다만, 천장의 높이가 2[m] 이하인 경우에는 천장으로부터 0.15[m] 이내의 장소에 설치해야 한다.
- 시각경보장치의 광원은 전용의 축전지설비 또는 전기저장장치에 의하여 점등되도록 할 것

■ 자동화재속보설비의 설치기준(NFTC 204)

- 자동화재탐지설비와 연동으로 작동하여 자동적으로 화재신호를 소방관서에 전달되는 것으로 할 것. 이 경우 부가적으로 특정소방대상물의 관계인에게 화재신호를 전달되도록 할 수 있다.
- 조작스위치는 바닥으로부터 0.8[m] 이상 1.5[m] 이하의 높이에 설치할 것
- 속보기는 소방관서에 통신망으로 통보하도록 하며, 데이터 또는 코드전송방식을 부가적으로 설치할 수 있다.

■ 자동화재속보설비의 속보기 정의 및 기능(속보기의 성능인증 및 제품검사의 기술기준 제2조, 제5조)

- 정 의
  - 화재속보설비 : 자동 또는 수동으로 화재의 발생을 소방관서에 알리는 설비이다.
  - 자동화재속보설비의 속보기 : 수동작동 및 자동화재탐지설비 수신기의 화재신호와 연동으로 작동하여 화재발생을 경보하고 소방관서에 자동적으로 통신망을 통한 해당 화재발생 및 해당 소방대상물의 위치 등을 음성으로 통보하여 주는 것
- 기 능
  - 속보기는 작동신호를 수신하거나 수동으로 동작시키는 경우 20초 이내에 소방관서에 자동적으로 신호를 발하여 알리되, 3회 이상 속보할 수 있어야 한다.
  - 속보기는 작동신호(화재경보신호를 포함) 또는 수동작동스위치에 의한 다이얼링 후 소방관서와 전화접속이 이루어지지 않는 경우에는 최초 다이얼링을 포함하여 10회 이상 반복적으로 접속을 위한 다이얼링이 이루어져야 한다. 이 경우 매회 다이얼링 완료 후 호출은 30초 이상 지속되어야 한다.
  - 주전원이 정지한 경우에는 자동적으로 예비전원으로 전환되고, 주전원이 정상상태로 복귀한 경우에는 자동적으로 예비전원에서 주전원으로 전환되어야 한다.
  - 예비전원을 병렬로 접속하는 경우에는 역충전 방지 등의 조치를 해야 한다.
  - 예비전원은 감시상태를 60분간 지속한 후 10분 이상 동작(화재속보 후 화재표시 및 경보를 10분간 유지하는 것)이 지속될 수 있는 용량이어야 한다.

■ **자동화재속보설비의 속보기에 사용하지 않는 회로방식(속보기의 성능인증 및 제품검사의 기술기준 제3조)**
- 접지전극에 직류전류를 통하는 회로방식
- 수신기에 접속되는 외부배선과 다른 설비의 외부배선을 공용으로 하는 회로방식

■ **자동화재속보설비의 예비전원 시험방법(속보기의 성능인증 및 제품검사의 기술기준 제6조)**
- 주위온도 충방전시험 : 무보수 밀폐형 연축전지는 방전종지전압 상태에서 0.1[C]로 48시간 충전한 다음 1시간 방치하여 0.05[C]로 방전시킬 때 정격용량의 95[%] 용량을 지속하는 시간이 30분 이상이어야 하며, 외관이 부풀어 오르거나 누액 등이 생기지 않아야 한다.
- 안전장치시험 : 예비전원은 1/5[C] 이상 1[C] 이하의 전류로 역충전하는 경우 5시간 이내에 안전장치가 작동해야 하며, 외관이 부풀어 오르거나 누액 등이 생기지 않아야 한다.

■ **유도등의 용어 정의(NFTC 303)**
- 복도통로유도등 : 피난통로가 되는 복도에 설치하는 통로유도등으로서 피난구의 방향을 명시하는 것
- 거실통로유도등 : 거주, 집무, 작업, 집회, 오락 그 밖에 이와 유사한 목적을 위하여 계속적으로 사용하는 거실, 주차장 등 개방된 통로에 설치하는 유도등으로 피난의 방향을 명시하는 것
- 계단통로유도등 : 피난통로가 되는 계단이나 경사로에 설치하는 통로유도등으로 바닥면 및 디딤 바닥면을 비추는 것
- 객석유도등 : 객석의 통로, 바닥 또는 벽에 설치하는 유도등
- 피난유도선 : 햇빛이나 전등불에 따라 축광(축광방식)하거나 전류에 따라 빛을 발하는(광원점등방식) 유도체로서 어두운 상태에서 피난을 유도할 수 있도록 띠 형태로 설치되는 피난유도시설

■ **특정소방대상물의 설치장소별 유도등 및 유도표지의 종류(NFTC 303)**

설치장소	유도등
공연장, 집회장(종교집회장 포함), 관람장, 운동시설	• 대형피난구유도등 • 통로유도등 • 객석유도등
유흥주점영업시설(카바레, 나이트클럽)	
위락시설, 판매시설, 운수시설, 관광숙박업, 의료시설, 장례식장, 방송통신시설, 전시장, 지하상가, 지하철역사	• 대형피난구유도등 • 통로유도등
숙박시설(관광숙박업 외의 것) · 오피스텔	• 중형피난구유도등 • 통로유도등
지하층, 무창층 또는 층수가 11층 이상인 특정소방대상물	
근린생활시설, 노유자시설, 업무시설, 발전시설, 종교시설, 교육연구시설, 수련시설, 공장, 교정 및 군사시설, 자동차정비공장, 운전학원 및 정비학원, 다중이용업소, 복합건축물	• 소형피난구유도등 • 통로유도등
그 밖의 것	• 피난구유도표지 • 통로유도표지

유도등의 설치장소 및 설치위치(NFTC 303)

유도등의 종류	설치장소	설치위치
피난구 유도등	• 옥내로부터 직접 지상으로 통하는 출입구 및 그 부속실의 출입구 • 직통계단·직통계단의 계단실 및 그 부속실의 출입구 • 출입구에 이르는 복도 또는 통로로 통하는 출입구 • 안전구획된 거실로 통하는 출입구	바닥으로부터 높이 1.5[m] 이상으로서 출입구에 인접하도록 설치
복도통로 유도등	복 도	바닥으로부터 높이 1[m] 이하
	지하층 또는 무창층의 용도가 도매시장·소매시장·여객자동차터미널·지하역사 또는 지하상가인 경우	복도·통로 중앙부분의 바닥에 설치
계단통로 유도등	각 층의 경사로 참 또는 계단참마다	바닥으로부터 높이 1[m] 이하
거실통로 유도등	• 거실의 통로 • 거실의 통로가 벽체 등으로 구획된 경우에는 복도통로유도등을 설치	• 바닥으로부터 높이 1.5[m] 이상 • 거실통로에 기둥이 설치된 경우에는 기둥부분의 바닥으로부터 높이 1.5[m] 이하
객석유도등	객석의 통로, 바닥 또는 벽에 설치	

유도등의 설치개수(NFTC 303)

유도등의 종류	설치개수
거실통로유도등	구부러진 모퉁이 및 보행거리 20[m]마다 설치
계단통로유도등	• 각 층의 경사로 참 또는 계단참마다 설치 • 1개 층에 경사로 참 또는 계단참이 2 이상 있는 경우에는 2개의 계단참마다 설치
객석유도등	설치개수 = $\dfrac{\text{객석 통로의 직선부분 길이[m]}}{4} - 1$ (산출한 개수의 소수점 이하의 수는 1로 본다)

유도등의 설치제외(NFTC 303)

유도등의 종류	설치제외 장소
피난구유도등	• 바닥면적이 1,000[m²] 미만인 층으로서 옥내로부터 직접 지상으로 통하는 출입구(외부의 식별이 용이한 경우) • 대각선 길이가 15[m] 이내인 구획된 실의 출입구 • 거실 각 부분으로부터 하나의 출입구에 이르는 보행거리가 20[m] 이하이고 비상조명등과 유도표지가 설치된 거실의 출입구 • 출입구가 3개소 이상 있는 거실로서 그 거실 각 부분으로부터 하나의 출입구에 이르는 보행거리가 30[m] 이하인 경우에는 주된 출입구 2개소 외의 출입구(유도표지가 부착된 출입구)
통로유도등	• 구부러지지 않은 복도 또는 통로로서 길이가 30[m] 미만인 복도 또는 통로 • 복도 또는 통로로서 보행거리가 20[m] 미만이고 그 복도 또는 통로와 연결된 출입구 또는 그 부속실의 출입구에 피난구유도등이 설치된 복도 또는 통로
객석유도등	• 주간에만 사용하는 장소로서 채광이 충분한 객석 • 거실 등의 각 부분으로부터 하나의 거실출입구에 이르는 보행거리가 20[m] 이하인 객석의 통로로서 그 통로에 통로유도등이 설치된 객석

유도등의 전기회로에 점멸기를 설치할 수 있는 장소(NFTC 303)

- 외부의 빛에 의해 피난구 또는 피난방향을 쉽게 식별할 수 있는 장소
- 공연장, 암실 등으로서 어두워야 할 필요가 있는 장소
- 특정소방대상물의 관계인 또는 종사원이 주로 사용하는 장소

■ 3선식 배선으로 상시 충전되는 유도등의 전기회로에 점멸기를 설치하는 경우 유도등이 자동으로 점등되어야 하는 경우(NFTC 303)
- 자동화재탐지설비의 감지기 또는 발신기가 작동되는 때
- 비상경보설비의 발신기가 작동되는 때
- 상용전원이 정전되거나 전원선이 단선되는 때
- 방재업무를 통제하는 곳 또는 전기실의 배전반에서 수동으로 점등하는 때
- 자동소화설비가 작동되는 때

■ 유도등의 일반구조(유도등의 형식승인 및 제품검사의 기술기준 제3조)
- 사용전압은 300[V] 이하이어야 한다. 다만, 충전부가 노출되지 않은 것은 300[V]를 초과할 수 있다.
- 축전지에 배선 등을 직접 납땜하지 않아야 한다.
- 전선의 굵기는 인출선인 경우에는 단면적이 0.75[mm^2] 이상, 인출선 외의 경우에는 면적이 0.5[mm^2] 이상이어야 한다(유도등의 우수품질인증 기술기준 제2조).
- 인출선의 길이는 전선인출 부분으로부터 150[mm] 이상이어야 한다.
- 유도등에는 점멸, 음성 또는 이와 유사한 방식 등에 의한 유도장치를 설치할 수 있다.
- 바닥에 매립되는 복도통로유도등과 객석유도등을 제외한 유도등에는 점검용의 자동복귀형 점멸기를 설치해야 한다.
- 유도등의 예비전원은 알칼리계, 리튬계 2차 축전지 또는 콘덴서(축전기)이어야 한다.
- 예비전원을 병렬로 접속하는 경우는 역충전방지 등의 조치를 강구해야 한다.

■ 유도등의 표시면 색상(유도등의 형식승인 및 제품검사의 기술기준 제9조)
- 피난구유도등 : 녹색바탕에 백색문자
- 통로유도등 : 백색바탕에 녹색문자

■ 유도표지의 설치위치(NFTC 303)

유도표지의 종류	설치위치
유도표지	• 각 층마다 복도 및 통로의 각 부분으로부터 하나의 유도표지까지의 보행거리가 15[m] 이하가 되는 곳에 설치 • 구부러진 모퉁이의 벽에 설치할 것
피난구유도표지	출입구 상단에 설치할 것
통로유도표지	바닥으로부터 높이 1[m] 이하의 위치에 설치할 것

■ 축광유도표지 및 축광위치표지의 표지면 크기(축광표지의 성능인증 및 제품검사의 기술기준 제6조)

유도표지의 종류	표시면의 크기
피난구축광유도표지	긴변 360[mm] 이상, 짧은변의 길이가 120[mm] 이상
통로축광유도표지	긴변 250[mm] 이상, 짧은변의 길이가 85[mm] 이상
축광위치표지	긴변 200[mm] 이상, 짧은변의 길이가 70[mm] 이상
축광보조표지	짧은변의 길이 20[mm] 이상, 면적 2,500[mm^2] 이상

피난유도선의 설치기준(NFTC 303)

피난유도선의 종류	설치위치
축광방식	• 구획된 각 실로부터 주출입구 또는 비상구까지 설치할 것 • 바닥으로부터 높이 50[cm] 이하의 위치 또는 바닥면에 설치할 것 • 피난유도 표시부는 50[cm] 이내의 간격으로 연속되도록 설치할 것
광원점등방식	• 구획된 각 실로부터 주출입구 또는 비상구까지 설치할 것 • 피난유도 표시부는 바닥으로부터 높이 1[m] 이하의 위치 또는 바닥면에 설치할 것 • 피난유도 표시부는 50[cm] 이내의 간격으로 연속되도록 설치하되, 실내장식물 등으로 설치가 곤란할 경우 1[m] 이내로 설치할 것 • 피난유도 제어부는 조작 및 관리가 편리하도록 바닥으로부터 0.8[m] 이상 1.5[m] 이하의 높이에 설치할 것

축광표지의 휘도시험(축광표지의 성능인증 및 제품검사의 기술기준 제9조)

표시면을 0[lx] 상태에서 1시간 이상 방치한 후 200[lx] 밝기의 광원으로 20분간 조사시킨 상태에서 다시 주위조도를 0[lx]로 하여 휘도시험을 실시하는 경우

발광시간	휘도기준(1[m^2]당)
5분간 발광시킨 후	110[mcd] 이상
10분간 발광시킨 후	50[mcd] 이상
20분간 발광시킨 후	24[mcd] 이상
60분간 발광시킨 후	7[mcd] 이상

축광표지의 식별도시험(축광표지의 성능인증 및 제품검사의 기술기준 제8조)

200[lx] 밝기의 광원으로 20분간 조사시킨 상태에서 다시 주위 조도를 0[lx]로 하여 60분간 발광시킨 후 식별도시험기준

축광표지의 종류	식별도기준
축광유도표지 · 축광위치표지	• 직선거리 20[m](축광위치표지의 경우 10[m]) 떨어진 위치에서 유도표지 또는 위치표지가 있다는 것이 식별되어야 할 것 • 유도표지는 직선거리 3[m]의 거리에서 표시면의 표시 중 주체가 되는 문자 또는 주체가 되는 화살표 등이 쉽게 식별되어야 할 것
축광보조표지	• 직선거리 10[m] 떨어진 위치에서 축광보조표지가 있다는 것이 식별되어야 할 것

비상조명등의 설치기준(NFTC 304)

- 특정소방대상물의 각 거실과 그로부터 지상에 이르는 복도·계단 및 그 밖의 통로에 설치할 것
- 조도는 비상조명등이 설치된 장소의 각 부분의 바닥에서 1[lx] 이상이 되도록 할 것
- 예비전원을 내장하는 비상조명등에는 평상시 점등여부를 확인할 수 있는 점검스위치를 설치하고 해당 조명등을 유효하게 작동시킬 수 있는 용량의 축전지와 예비전원 충전장치를 내장할 것

- 예비전원을 내장하지 않은 비상조명등의 비상전원은 자가발전설비, 축전지설비 또는 전기저장장치를 다음의 기준에 따라 설치해야 한다.
  - 점검에 편리하고 화재 및 침수 등의 재해로 인한 피해를 받을 우려가 없는 곳에 설치할 것
  - 상용전원으로부터 전력의 공급이 중단된 때에는 자동으로 비상전원으로부터 전력을 공급받을 수 있도록 할 것
  - 비상전원의 설치장소는 다른 장소와 방화구획할 것
  - 비상전원을 실내에 설치하는 때에는 그 실내에 비상조명등을 설치할 것

■ 비상조명등 및 휴대용 비상조명등의 설치제외(NFTC 304)

비상조명등	• 거실의 각 부분으로부터 하나의 출입구에 이르는 보행거리가 15[m] 이내인 부분 • 의원·경기장·공동주택·의료시설·학교의 거실
휴대용 비상조명등	지상 1층 또는 피난층으로서 복도나 통로 또는 창문 등의 개구부를 통하여 피난이 용이한 경우 숙박시설로서 복도에 비상조명등을 설치한 경우

■ 휴대용 비상조명등의 설치기준(NFTC 304)

- 숙박시설 또는 다중이용업소에는 객실 또는 영업장 안의 구획된 실마다 잘 보이는 곳에 1개 이상 설치할 것
- 대규모점포와 영화상영관에는 보행거리 50[m] 이내마다 3개 이상 설치할 것
- 지하상가 및 지하역사에는 보행거리 25[m] 이내마다 3개 이상 설치할 것
- 설치높이는 바닥으로부터 0.8[m] 이상 1.5[m] 이하의 높이에 설치할 것
- 사용 시 자동으로 점등되는 구조일 것
- 외함은 난연성능이 있을 것
- 건전지를 사용하는 경우에는 방전방지조치를 해야 하고, 충전식 배터리의 경우에는 상시 충전되도록 할 것
- 건전지 및 충전식 배터리의 용량은 20분 이상 유효하게 사용할 수 있는 것으로 할 것

■ 피난기구의 용어 정의(NFTC 301)

- 간이완강기 : 사용자의 몸무게에 따라 자동적으로 내려올 수 있는 기구 중 사용자가 연속적으로 사용할 수 없는 것
- 구조대 : 포지 등을 사용하여 자루형태로 만든 것으로서 화재 시 사용자가 그 내부에 들어가서 내려옴으로써 대피할 수 있는 것
- 공기안전매트 : 화재 발생 시 사람이 건축물 내에서 외부로 긴급히 뛰어내릴 때 충격을 흡수하여 안전하게 지상에 도달할 수 있도록 포지에 공기 등을 주입하는 구조로 되어 있는 것

■ 피난기구의 설치개수(NFTC 301)

- 층마다 설치하되, 숙박시설·노유자시설 및 의료시설로 사용되는 층에 있어서는 그 층의 바닥면적 500[m^2]마다 1개 이상 설치할 것
- 층마다 설치하되, 위락시설·문화집회 및 운동시설·판매시설로 사용되는 층 또는 복합용도의 층에 있어서는 그 층의 바닥면적 800[m^2]마다 1개 이상 설치할 것
- 층마다 설치하되, 계단실형 아파트에 있어서는 각 세대마다 1개 이상 설치할 것
- 그 밖의 용도의 층에 있어서는 그 층의 바닥면적 1,000[m^2]마다 1개 이상 설치할 것
- 피난기구 외에 숙박시설(휴양콘도미니엄을 제외)의 경우에는 추가로 객실마다 완강기 또는 2 이상의 간이완강기를 설치할 것

■ 피난기구의 적응성(NFTC 301)

- 구조대의 적응성은 장애인 관련 시설로서 주된 사용자 중 스스로 피난이 불가한 자가 있는 경우에 따라 추가로 설치하는 경우에 한한다.
- 간이완강기의 적응성은 숙박시설의 3층 이상에 있는 객실에 추가로 설치하는 경우에 한한다.

■ 다수인 피난장비의 설치기준(NFTC 301)

- 보관실은 건물 외측보다 돌출되지 않고, 빗물·먼지 등으로부터 장비를 보호할 수 있는 구조일 것
- 사용 시에 보관실 외측 문이 먼저 열리고 탑승기가 외측으로 자동으로 전개될 것
- 하강 시에 탑승기가 건물 외벽이나 돌출물에 충돌하지 않도록 설치할 것
- 상·하층에 설치할 경우에는 탑승기의 하강경로가 중첩되지 않도록 할 것
- 보관실의 문에는 오작동 방지조치를 하고, 문 개방 시에는 해당 특정소방대상물에 설치된 경보설비와 연동하여 유효한 경보음을 발하도록 할 것

■ 승강식 피난기 및 하향식 피난구용 내림식 사다리 설치기준(NFTC 301)

- 하강구 내측에는 기구의 연결 금속구 등이 없어야 하며 전개된 피난기구는 하강구 수평투영면적 공간 내의 범위를 침범하지 않는 구조이어야 할 것. 다만, 직경 60[cm] 크기의 범위를 벗어난 경우이거나, 직하층의 바닥면으로부터 높이 50[cm] 이하의 범위는 제외한다.
- 대피실의 출입문은 60분+ 방화문 또는 60분 방화문으로 설치하고, 피난방향에서 식별할 수 있는 위치에 "대피실" 표지판을 부착할 것
- 착지점과 하강구는 상호 수평거리 15[cm] 이상의 간격을 둘 것
- 대피실 내에는 비상조명등을 설치할 것
- 대피실 출입문이 개방되거나, 피난기구 작동 시 해당 층 및 직하층 거실에 설치된 표시등 및 경보장치가 작동되고, 감시제어반에서는 피난기구의 작동을 확인할 수 있어야 할 것

■ 비상콘센트설비의 상용전원회로의 배선(NFTC 504)
- 저압수전인 경우 : 인입개폐기의 직후에서 분기하여 전용배선으로 할 것
- 고압수전 또는 특고압수전인 경우 : 전력용변압기 2차 측의 주차단기 1차 측 또는 2차 측에서 분기하여 전용배선으로 할 것

■ 비상콘센트설비의 전원회로 설치기준(NFTC 504)
- 단상교류 220[V]인 것으로서, 그 공급용량은 1.5[kVA] 이상인 것으로 할 것
- 전원회로는 각 층에 2 이상이 되도록 설치할 것. 다만, 설치해야 할 층의 비상콘센트가 1개인 때에는 하나의 회로로 할 수 있다.
- 전원회로는 주배전반에서 전용회로로 할 것
- 전원으로부터 각 층의 비상콘센트에 분기되는 경우에는 분기배선용 차단기를 보호함 안에 설치할 것
- 콘센트마다 배선용 차단기(KS C 8321)를 설치해야 하며, 충전부가 노출되지 않도록 할 것
- 개폐기에는 "비상콘센트"라고 표시한 표지를 할 것
- 비상콘센트용의 풀박스 등은 방청도장을 한 것으로서, 두께 1.6[mm] 이상의 철판으로 할 것
- 하나의 전용회로에 설치하는 비상콘센트는 10개 이하로 할 것. 이 경우 전선의 용량은 각 비상콘센트(비상콘센트가 3개 이상인 경우에는 3개)의 공급용량을 합한 용량 이상의 것으로 해야 한다.
- 비상콘센트의 플러그접속기는 접지형 2극 플러그접속기(KS C 8305)를 사용해야 한다.

■ 비상콘센트설비의 자가발전설비, 축전지설비, 전기저장장치 설치기준(NFTC 504)
- 점검에 편리하고 화재 및 침수 등의 재해로 인한 피해를 받을 우려가 없는 곳에 설치할 것
- 비상콘센트설비를 유효하게 20분 이상 작동시킬 수 있는 용량으로 할 것
- 상용전원으로부터 전력의 공급이 중단된 때에는 자동으로 비상전원으로부터 전력을 공급받을 수 있도록 할 것
- 비상전원의 설치장소는 다른 장소와 방화구획할 것
- 비상전원을 실내에 설치하는 때에는 그 실내에 비상조명등을 설치할 것

■ 비상콘센트의 설치기준(NFTC 504)
- 바닥으로부터 높이 0.8[m] 이상 1.5[m] 이하의 위치에 설치할 것
- 바닥면적이 1,000[m^2] 미만인 층은 계단의 출입구로부터 5[m] 이내에 설치할 것
- 지하상가 또는 지하층의 바닥면적의 합계가 3,000[m^2] 이상인 것은 수평거리 25[m]마다 비상콘센트를 추가하여 설치할 것
- 지하상가 또는 지하층의 바닥면적의 합계가 3,000[m^2]에 해당하지 않는 것은 수평거리 50[m]마다 비상콘센트를 추가하여 설치할 것
- 도로터널에 설치하는 경우 주행차로의 우측 측벽에 50[m] 이내의 간격으로 바닥으로부터 0.8[m] 이상 1.5[m] 이하의 높이에 설치할 것(NFTC 603)

비상콘센트설비의 절연저항시험 및 절연내력시험(NFTC 504)

절연저항시험	전원부와 외함 사이를 500[V] 절연저항계로 측정할 때 20[MΩ] 이상일 것
절연내력시험	• 전원부와 외함 사이에 정격전압이 150[V] 이하인 경우에는 1,000[V]의 실효전압을 가하는 시험에서 1분 이상 견디는 것으로 할 것 • 전원부와 외함 사이에 정격전압이 150[V] 초과인 경우에는 그 정격전압에 2를 곱하여 1,000을 더한 실효전압을 가하는 시험에서 1분 이상 견디는 것으로 할 것

비상콘센트설비의 보호함 설치기준(NFTC 504)

- 보호함에는 쉽게 개폐할 수 있는 문을 설치할 것
- 보호함 표면에 "비상콘센트"라고 표시한 표지를 할 것
- 보호함 상부에 적색의 표시등을 설치할 것
- 비상콘센트의 보호함을 옥내소화전함 등과 접속하여 설치하는 경우에는 옥내소화전함 등의 표시등과 겸용할 수 있다.

무선통신보조설비의 용어 정의(NFTC 505)

- 누설동축케이블 : 동축케이블의 외부도체에 가느다란 홈을 만들어서 전파가 외부로 새어 나갈 수 있도록 한 케이블
- 분배기 : 신호의 전송로가 분기되는 장소에 설치하는 것으로 임피던스 매칭과 신호 균등분배를 위해 사용하는 장치
- 분파기 : 서로 다른 주파수의 합성된 신호를 분리하기 위해서 사용하는 장치
- 혼합기 : 2 이상의 입력신호를 원하는 비율로 조합한 출력이 발생하도록 하는 장치
- 증폭기 : 전압·전류의 진폭을 늘려 감도 등을 개선하는 장치

무선통신보조설비의 설치제외(NFTC 505)

지하층으로서 특정소방대상물의 바닥부분 2면 이상이 지표면과 동일하거나 지표면으로부터의 깊이가 1[m] 이하인 경우에는 해당 층에 한하여 무선통신보조설비를 설치하지 않을 수 있다.

무선통신보조설비의 누설동축케이블의 설치기준(NFTC 505)
- 소방전용주파수대에서 전파의 전송 또는 복사에 적합한 것으로서 소방전용의 것으로 할 것. 다만, 소방대 상호 간의 무선연락에 지장이 없는 경우에는 다른 용도와 겸용할 수 있다.
- 누설동축케이블과 이에 접속하는 안테나 또는 동축케이블과 이에 접속하는 안테나로 구성할 것
- 누설동축케이블 및 동축케이블은 불연 또는 난연성의 것으로서 습기 등의 환경조건에 따라 전기의 특성이 변질되지 않는 것으로 할 것
- 누설동축케이블 및 동축케이블은 화재에 따라 해당 케이블의 피복이 소실된 경우에 케이블 본체가 떨어지지 않도록 4[m] 이내마다 금속제 또는 자기제 등의 지지금구로 벽·천장·기둥 등에 견고하게 고정할 것
- 누설동축케이블 및 안테나는 금속판 등에 따라 전파의 복사 또는 특성이 현저하게 저하되지 않는 위치에 설치할 것
- 누설동축케이블 및 안테나는 고압의 전로로부터 1.5[m] 이상 떨어진 위치에 설치할 것. 다만, 해당 전로에 정전기 차폐장치를 유효하게 설치한 경우에는 그렇지 않다.
- 누설동축케이블의 끝부분에는 무반사 종단저항을 견고하게 설치할 것
- 누설동축케이블 및 동축케이블의 임피던스는 50[Ω]으로 하고, 이에 접속하는 안테나·분배기 기타의 장치는 해당 임피던스에 적합한 것으로 해야 한다.

무선통신보조설비의 분배기·분파기 및 혼합기 설치기준(NFTC 505)
- 먼지·습기 및 부식 등에 따라 기능에 이상을 가져오지 않도록 할 것
- 임피던스는 50[Ω]의 것으로 할 것
- 점검에 편리하고 화재 등의 재해로 인한 피해의 우려가 없는 장소에 설치할 것

무선통신보조설비의 증폭기 및 무선중계기 설치기준(NFTC 505)
- 상용전원은 전기가 정상적으로 공급되는 축전지설비, 전기저장장치 또는 교류전압의 옥내간선으로 하고, 전원까지의 배선은 전용으로 할 것
- 증폭기의 전면에는 주 회로 전원의 정상 여부를 표시할 수 있는 표시등 및 전압계를 설치할 것
- 증폭기에는 비상전원이 부착된 것으로 하고 해당 비상전원 용량은 무선통신보조설비를 유효하게 30분 이상 작동시킬 수 있는 것으로 할 것

소방시설용 비상전원수전설비의 용어 정의(NFTC 602)
- 수전설비 : 전력수급용 계기용변성기·주차단장치 및 그 부속기기
- 전용큐비클식 : 소방회로용의 것으로 수전설비, 변전설비 그 밖의 기기 및 배선을 금속제 외함에 수납한 것
- 공용큐비클식 : 소방회로 및 일반회로 겸용의 것으로서 수전설비, 변전설비 그 밖의 기기 및 배선을 금속제 외함에 수납한 것

■ 소방시설용 비상전원수전설비의 구분(NFTC 602)
- 특별고압 또는 고압으로 수전하는 비상전원수전설비 : 방화구획형, 옥외개방형, 큐비클(Cubicle)형
- 저압으로 수전하는 비상전원수전설비 : 전용배전반(1・2종)・전용분전반(1・2종), 공용분전반(1・2종)

■ 특별고압 또는 고압으로 수전하는 비상전원수전설비 설치기준(NFTC 602)
- 전용의 방화구획 내에 설치할 것
- 소방회로배선은 일반회로배선과 불연성의 격벽으로 구획할 것
- 소방회로배선과 일반회로배선을 15[cm] 이상 떨어져 설치한 경우 불연성의 격벽으로 구획하지 않을 수 있다.
- 일반회로에서 과부하, 지락사고 또는 단락사고가 발생한 경우에도 이에 영향을 받지 않고 계속하여 소방회로에 전원을 공급시켜줄 수 있어야 할 것
- 소방회로용 개폐기 및 과전류차단기에는 "소방시설용"이라 표시할 것

■ 큐비클형의 설치기준(NFTC 602)
- 전용큐비클 또는 공용큐비클식으로 설치할 것
- 외함은 건축물의 바닥 등에 견고하게 고정할 것
- 자연환기구에 따라 충분히 환기할 수 없는 경우에는 환기설비를 설치할 것
- 공용큐비클식의 소방회로와 일반회로에 사용되는 배선 및 배선용기기는 불연재료로 구획할 것
- 외함은 두께 2.3[mm] 이상의 강판과 이와 동등 이상의 강도와 내화성능이 있는 것으로 제작할 것
- 개구부에는 60분+ 방화문, 60분 방화문 또는 30분 방화문으로 설치할 것

■ 제1종 배전반 및 제1종 분전반의 설치기준(NFTC 602)
- 외함은 두께 1.6[mm](전면판 및 문은 2.3[mm]) 이상의 강판과 이와 동등 이상의 강도와 내화성능이 있는 것으로 제작할 것
- 공용배전반 및 공용분전반의 경우 소방회로와 일반회로에 사용하는 배선 및 배선용 기기는 불연재료로 구획되어야 할 것
- 외함은 금속관 또는 금속제 가요전선관을 쉽게 접속할 수 있도록 하고, 해당 접속부분에는 단열조치를 할 것
- 표시등(불연성 또는 난연성 재료로 덮개를 설치한 것)과 전선의 인입구 및 입출구는 외함에 노출하여 설치할 수 있다.

■ 소방시설에 따른 비상전원의 종류

소방시설	비상전원 설치대상	비상전원의 종류					비 고
		축전지 설비	전기저장 장치	자가발전 설비	축전지	비상전원 수전설비	
비상경보설비	모든 설비	10분 이상	10분 이상	–	–	–	감시상태를 60분간 지속한 후 유효하게 10분 이상 경보
비상방송설비	모든 설비	10분 이상	10분 이상	–	–	–	
자동화재 탐지설비	모든 설비	10분 이상	10분 이상	–	–	–	
유도등	모든 설비	–	–	–	20분 이상	–	60분 이상 – 지하층을 제외한 층수가 11층 이상의 층, 지하층 또는 무창층으로서 용도가 도매시장·소매시장·여객자동차터미널·지하역사 또는 지하상가
예비전원을 내장하지 않은 비상조명등	모든 설비	20분 이상	20분 이상	20분 이상	–	–	
비상콘센트 설비	• 지하층을 제외한 층수가 7층 이상으로서 연면적이 2,000[m²] 이상 • 지하층의 바닥면적의 합계가 3,000[m²] 이상	20분 이상	20분 이상	20분 이상	–	20분 이상	
무선통신 보조설비	증폭기에 비상전원이 부착된 것	30분 이상	30분 이상	–	–	–	

■ 도로터널의 화재안전기술기준(NFTC 603)

- 비상경보설비
  - 발신기는 주행차로 한쪽 측벽에 50[m] 이내의 간격으로 설치하며, 편도 2차선 이상의 양방향터널이나 4차로 이상의 일방향터널의 경우에는 양쪽의 측벽에 각각 50[m] 이내의 간격으로 엇갈리게 설치하고, 발신기는 바닥면으로부터 0.8[m] 이상 1.5[m] 이하의 높이에 설치할 것
  - 음향장치는 발신기 설치위치와 동일하게 설치할 것
  - 시각경보기는 주행차로 한쪽 측벽에 50[m] 이내의 간격으로 비상경보설비의 상부 직근에 설치하고, 설치된 전체 시각경보기는 동기방식에 의해 작동될 수 있도록 할 것
- 자동화재탐지설비
  - 차동식 분포형 감지기, 정온식 감지선형 감지기(아날로그식), 중앙기술심의위원회의 심의를 거쳐 터널화재에 적응성이 있다고 인정된 감지기를 설치해야 한다.
  - 하나의 경계구역의 길이는 100[m] 이하로 해야 한다.
  - 감지기의 감열부와 감열부 사이의 이격거리는 10[m] 이하로, 감지기와 터널 좌·우측 벽면과의 이격거리는 6.5[m] 이하로 설치할 것
- 비상조명등
  - 상시 조명이 소등된 상태에서 비상조명등이 점등되는 경우 터널 안의 차도 및 보도의 바닥면의 조도는 10[lx] 이상, 그 외 모든 지점의 조도는 1[lx] 이상이 될 수 있도록 설치할 것
  - 비상조명등의 비상전원은 상용전원이 차단되는 경우 자동으로 비상조명등을 유효하게 60분 이상 작동할 수 있어야 할 것

공동주택의 화재안전기술기준(NFTC 608)

- 자동화재탐지설비
  - 아날로그방식의 감지기, 광전식 공기흡입형 감지기 또는 이와 동등 이상의 기능·성능이 인정되는 것으로 설치할 것
  - 세대 내 거실에는 연기감지기를 설치할 것
  - 복층형 구조인 경우에는 출입구가 없는 층에 발신기를 설치하지 않을 수 있다.
- 비상방송설비
  - 확성기는 각 세대마다 설치할 것
  - 아파트 등의 경우 실내에 설치하는 확성기 음성입력은 2[W] 이상일 것
- 피난기구
  - 아파트 등의 경우 각 세대마다 설치할 것
  - 피난장애가 발생하지 않도록 하기 위하여 피난기구를 설치하는 개구부는 동일 직선상이 아닌 위치에 있을 것
  - 의무관리대상 공동주택의 경우에는 하나의 관리주체가 관리하는 공동주택 구역마다 공기안전매트 1개 이상을 추가로 설치할 것
- 유도등
  - 소형피난구유도등을 설치할 것. 다만, 세대 내에는 유도등을 설치하지 않을 수 있다.
  - 주차장으로 사용되는 부분은 중형피난구유도등을 설치할 것
- 비상조명등 : 비상조명등은 각 거실로부터 지상에 이르는 복도·계단 및 그 밖의 통로에 설치해야 한다. 다만, 공동주택의 세대 내에는 출입구 인근 통로에 1개 이상 설치한다.

창고시설의 화재안전기술기준(NFTC 609)

- 비상방송설비
  - 확성기의 음성입력은 3[W] 이상으로 해야 한다.
  - 창고시설에서 발화한 때에는 전 층에 경보를 발해야 한다.
- 자동화재탐지설비
  - 아날로그방식의 감지기, 광전식 공기흡입형 감지기 또는 이와 동등 이상의 기능·성능이 인정되는 감지기를 설치할 것
  - 창고시설에서 발화한 때에는 전 층에 경보를 발해야 한다.
  - 자동화재탐지설비에는 그 설비에 대한 감시상태를 60분간 지속한 후 유효하게 30분 이상 경보할 수 있는 비상전원으로서 축전지설비 또는 전기저장장치를 설치해야 한다. 다만, 상용전원이 축전지설비인 경우에는 그렇지 않다.
- 유도등
  - 피난구유도등과 거실통로유도등은 대형으로 설치해야 한다.
  - 피난유도선은 연면적 15,000[m^2] 이상인 창고시설의 지하층 및 무창층에 설치해야 한다(광원점등방식으로 바닥으로부터 1[m] 이하의 높이에, 각 층 직통계단 출입구로부터 건물 내부 벽면으로 10[m] 이상 설치할 것).

PART 01

핵심이론

CHAPTER 01 　 소방원론
CHAPTER 02 　 소방전기일반
CHAPTER 03 　 소방관계법규
CHAPTER 04 　 소방전기시설의 구조 및 원리

CHAPTER 01 소방원론

[제1장] 화재론

제1절 화재의 종류, 원인 및 폭발 등

핵심이론 01 화재의 정의와 특성

(1) 화재의 정의

① 자연 또는 인위적인 원인에 의해 물체를 연소시키고 인간의 신체, 재산, 생명의 손실을 초래하는 재난
② 사람의 의도에 반하여 출화 또는 방화에 의하여 불이 발생하고 확대되는 현상
③ 불이 그 사용목적을 넘어 다른 곳으로 연소하여 사람들이 예기치 않는 경제상의 손실을 가져오는 현상

(2) 화재위험성의 상호관계

제반사항	위험성
온도, 압력	높을수록
인화점, 착화점, 융점, 비점	낮을수록
연소범위	넓을수록
연소속도, 증기압, 연소열	클수록

10년간 자주 출제된 문제

밀폐된 내화건물의 실내에 화재가 발생했을 때 그 실내의 환경변화에 대한 설명 중 틀린 것은?

① 기압이 강하한다.
② 산소가 감소된다.
③ 일산화탄소가 증가한다.
④ 이산화탄소가 증가한다.

[해설]
실내에 화재가 발생하면 기압은 증가하고 산소는 감소한다.

정답 ①

핵심이론 02 화재의 종류

(1) 일반화재

목재, 종이, 합성수지류 등의 일반가연물의 화재

구분 \ 급수	A급	B급	C급	D급	K급
화재의 종류	일반화재	유류화재	전기화재	금속화재	주방화재
표시색	백색	황색	청색	무색	-

(2) 유류화재

제4류 위험물의 화재

① 특수인화물 : 에터, 이황화탄소, 아세트알데하이드, 산화프로필렌 등
② 제1석유류 : 휘발유, 아세톤, 콜로디온, 벤젠, 톨루엔, MEK(메틸에틸케톤), 초산에스터류, 의산에스터류 등
③ 알코올류 : 메틸알코올, 에틸알코올, 프로필알코올로서 포화 1개에서 3개까지의 포화 1가 알코올로서 변성알코올도 포함한다.
④ 제2석유류 : 등유, 경유, 의산, 초산, 메틸셀로솔브, 에틸셀로솔브 등
⑤ 제3석유류 : 중유, 크레오소트유, 글리세린, 에틸렌글리콜 등
⑥ 제4석유류 : 기어유, 실린더유, 윤활유 등
⑦ 동식물유류 : 건성유, 반건성유, 불건성유
※ 유류화재 시 주수소화 금지 이유 : 연소면(화재면) 확대

(3) 전기화재

전기화재는 양상이 다양한 원인 규명의 곤란이 많은 전기가 설치된 곳의 화재

※ 전기화재의 발생원인 : 합선(단락), 과부하, 누전, 스파크, 배선불량, 전열기구의 과열

(4) 금속화재

① 제1류 위험물 : 알칼리금속의 과산화물(Na_2O_2, K_2O_2)
② 제2류 위험물 : 마그네슘(Mg), 철분(Fe), 금속분(Al, Zn)
③ 제3류 위험물 : 칼륨(K), 나트륨(Na), 황린(P_4), 탄화칼슘(CaC_2) 등 물과 반응하여 가연성 가스(수소, 아세틸렌, 메테인, 포스핀)를 발생하는 물질의 화재

(5) 산불화재

① 지중화(地中火) : 바닥의 썩은 나무에서 발생하는 유기물이 연소하는 형태
② 지표화(地表火) : 바닥의 낙엽이 연소하는 형태
③ 수간화(樹幹火) : 나무기둥부터 연소하는 형태
④ 수관화(樹冠火) : 나뭇가지부터 연소하는 형태

10년간 자주 출제된 문제

2-1. 다음 중 인화성 액체의 화재에 해당되는 것은?
① A급 화재
② B급 화재
③ C급 화재
④ D급 화재

2-2. 화재 급수에 따른 화재분류가 틀린 것은?
① A급 – 일반화재
② B급 – 유류화재
③ C급 – 가스화재
④ D급 – 금속화재

2-3. 금속화재 시 물과 반응하면 주로 발생하는 가스는?
① 질 소
② 수 소
③ 이산화탄소
④ 일산화탄소

2-4. 산불화재의 유형이 아닌 것은?
① 지표화(地表火)
② 지면화(地面火)
③ 수관화(樹冠火)
④ 수간화(樹幹火)

|해설|

2-1
유류화재 : 인화성 액체의 화재

2-2
C급-전기화재

2-3
$2K + 2H_2O \rightarrow 2KOH + H_2 \uparrow$
$2Na + 2H_2O \rightarrow 2NaOH + H_2 \uparrow$

2-4
산불화재의 유형
• 지중화 : 썩은 나무의 유기물이 연소하는 형태
• 지표화 : 낙엽이 연소하는 형태
• 수간화 : 나무기둥이 연소하는 형태
• 수관화 : 나뭇가지가 연소하는 형태

정답 2-1 ② 2-2 ③ 2-3 ② 2-4 ②

핵심이론 03 가연성 가스의 폭발범위

(1) 폭발범위(연소범위)

가연성 물질이 기체상태에서 공기와 혼합하여 일정농도 범위 내에서 연소가 일어나는 범위

① 하한값(하한계) : 연소가 계속되는 최저의 용량비
② 상한값(상한계) : 연소가 계속되는 최대의 용량비

조 건	위험성
상한값	높을수록
하한값	낮을수록
연소범위	넓을수록

(2) 공기 중의 폭발범위(연소범위)

종 류	하한계[%]	상한계[%]
아세틸렌(C_2H_2)	2.5	81.0
수소(H_2)	4.0	75.0
일산화탄소(CO)	12.5	74.0
이황화탄소(CS_2)	1.0	50.0
다이에틸에터($C_2H_5OC_2H_5$)	1.7	48.0
에틸렌(C_2H_4)	2.7	36.0
황화수소(H_2S)	4.3	45.0

(3) 위험도(Degree of Hazards)

위험도 $H = \dfrac{U - L}{L}$

여기서, U : 폭발상한계, L : 폭발하한계

(4) 혼합가스의 폭발한계값

$$L_m = \dfrac{100}{\dfrac{V_1}{L_1} + \dfrac{V_2}{L_2} + \dfrac{V_3}{L_3} + \cdots + \dfrac{V_n}{L_n}}$$

여기서, L_m : 혼합가스의 폭발한계(하한값, 상한값의 [vol%])
$V_1, V_2, V_3, \cdots, V_n$: 가연성 가스의 용량 [vol%]
$L_1, L_2, L_3, \cdots, L_n$: 가연성 가스의 하한값 또는 상한값[vol%]

10년간 자주 출제된 문제

3-1. 물질의 연소범위와 화재 위험도에 대한 설명으로 틀린 것은?
① 연소범위의 폭이 클수록 화재 위험이 높다.
② 연소범위의 하한계가 낮을수록 화재 위험이 높다.
③ 연소범위의 상한계가 높을수록 화재 위험이 높다.
④ 연소범위의 하한계가 높을수록 화재 위험이 높다.

3-2. 황화수소의 폭발한계는 얼마인가?(상온, 상압)
① 4.0~75.0[%]   ② 4.3~45.0[%]
③ 2.5~81.0[%]   ④ 2.1~9.5[%]

3-3. 공기 중에서의 연소범위가 가장 넓은 것은?
① 뷰테인   ② 프로페인
③ 메테인   ④ 수 소

3-4. 혼합가스가 존재할 경우 이 가스의 폭발하한치를 계산하면?(단, 혼합가스는 프로페인 70[%], 뷰테인 20[%], 에테인 10[%]로 혼합되었으며 각 가스의 폭발하한치는 프로페인 2.1, 뷰테인 1.8, 에테인 3.0으로 한다)
① 2.10   ② 3.10
③ 4.10   ④ 5.10

|해설|

3-1
연소범위
• 연소범위가 넓을수록 위험하다.
• 하한값이 낮을수록 위험하다.
• 온도와 압력을 증가하면 하한값은 불변, 상한값은 증가하므로 위험하다.

3-2
황화수소의 폭발한계 : 4.3~45.0[%]

3-3
수소의 연소범위 : 4.0~75.0[%]로 가장 넓다.

3-4
혼합가스의 폭발하한값

$L_m = \dfrac{100}{\dfrac{V_1}{L_1} + \dfrac{V_2}{L_2} + \dfrac{V_3}{L_3}}$

$= \dfrac{100}{\dfrac{70}{2.1} + \dfrac{20}{1.8} + \dfrac{10}{3.0}} = 2.09$

정답 3-1 ④ 3-2 ② 3-3 ④ 3-4 ①

핵심이론 04 폭발

(1) 폭발의 개요

① **폭발(Explosion)** : 밀폐된 용기에서 갑자기 압력상승으로 인하여 외부로 순간적인 많은 압력을 방출하는 것으로 폭발속도는 0.1~10[m/s]이다.

② **폭굉(Detonation)**
  ㉠ 정의 : 발열반응으로서 연소의 전파속도가 음속보다 빠른 현상으로 속도는 1,000~3,500[m/s]이다.
  ㉡ 폭굉유도거리(DID) : 최초의 완만한 연소가 격렬한 폭굉으로 발전할 때까지의 거리
  ※ 폭굉유도거리가 짧아지는 요인
  - 압력이 높을수록
  - 관경이 작을수록
  - 관 속에 장애물이 있는 경우
  - 점화원의 에너지가 강할수록
  - 정상연소속도가 큰 혼합물일수록

③ **폭연(Deflagration)** : 발열반응으로서 연소의 전파속도가 음속보다 느린 현상

(2) 폭발의 분류

① **물리적인 폭발**
  ㉠ 화산의 폭발
  ㉡ 은하수 충돌에 의한 폭발
  ㉢ 진공용기의 파손에 의한 폭발
  ㉣ 과열 액체의 비등에 의한 증기폭발

② **화학적인 폭발**
  ㉠ 산화폭발 : 가스가 공기 중에 누설 또는 인화성 액체 탱크에 공기가 유입되어 탱크 내에 점화원이 유입되어 폭발하는 현상
  ㉡ 분해폭발 : 아세틸렌, 산화에틸렌, 하이드라진과 같이 분해하면서 폭발하는 현상
  ㉢ 중합폭발 : 사이안화수소와 같이 단량체가 일정온도와 압력으로 반응이 진행되어 분자량이 큰 중합체가 되어 폭발하는 현상

③ **가스폭발** : 가연성 가스가 산소와 반응하여 점화원에 의해 폭발하는 현상

④ **분진폭발** : 공기 속을 떠다니는 아주 작은 고체 알갱이(분진 : 75[μm] 이하의 고체입자로서 공기 중에 떠 있는 분체)가 적당한 농도 범위에 있을 때 불꽃이나 점화원으로 인하여 폭발하는 현상
  ㉠ 분진폭발의 특성
  - 가스폭발에 비해 일산화탄소(CO)의 양이 많이 발생한다.
  - 발화에 필요한 에너지가 크다.
  - 초기의 폭발은 작지만 2차, 3차 폭발로 확대된다.
  ㉡ 종류 : 알루미늄, 마그네슘, 아연분말, 농산물, 플라스틱, 석탄, 황
  ※ 분진폭발하지 않는 물질 : 소석회, 생석회, 시멘트분

10년간 자주 출제된 문제

4-1. 디토네이션(Detonation)에 대한 설명이다. 틀린 것은?
① 발열반응으로서 연소의 전파속도가 그 물질 내에서의 음속보다 느린 것을 말한다.
② 물질 내 충격파가 발생하여 반응을 일으키고 또한 그 반응을 유지하는 현상이다.
③ 충격파에 의해 유지되는 화학반응현상이다.
④ 반응의 전파속도가 그 물질 내에서의 음속보다 빠른 것을 말한다.

4-2. 물리적 폭발에 해당하는 것은?
① 분해폭발 ② 분진폭발
③ 증기운폭발 ④ 수증기폭발

4-3. 다음 중 분진폭발의 위험성이 가장 낮은 것은?
① 소석회 ② 알루미늄분
③ 석탄분말 ④ 밀가루

[해설]

4-1
- Detonation(폭굉)은 전파속도가 그 물질 내에서의 음속보다 빠르다.
- Deflagration(폭연)은 발열반응으로서 연소의 전파속도가 그 물질 내에서의 음속보다 느린 것

4-2
물리적 폭발 : 수증기폭발

4-3
분진폭발 : 황, 알루미늄분, 석탄분말, 마그네슘분, 밀가루 등
※ 분진폭발 하지 않는 물질 : 소석회[$Ca(OH)_2$], 생석회(CaO), 시멘트분

정답 4-1 ① 4-2 ④ 4-3 ①

제2절 연소의 이론과 실제

핵심이론 01 연소

(1) 연소의 정의
가연물이 공기 중에서 산소와 반응하여 열과 빛을 동반하는 급격한 산화현상

(2) 연소의 색과 온도

색 상	담암적색	암적색	적 색	휘적색	황적색	백적색	휘백색
온도[℃]	520	700	850	950	1,100	1,300	1,500 이상

(3) 연소의 3요소
① 가연물 : 목재, 종이, 석탄, 플라스틱 등과 같이 산소와 반응하여 발열반응을 하는 물질
　㉠ 가연물의 조건
　　• 열전도율이 작을 것
　　• 발열량이 클 것
　　• 표면적이 넓을 것
　　• 산소와 친화력이 좋을 것
　　• 활성화 에너지가 작을 것
　㉡ 가연물이 될 수 없는 물질
　　• 산소와 더 이상 반응하지 않는 물질
　　　CO_2, H_2O, Al_2O_3 등
　　• 질소 또는 질소산화물
　　　산소와 반응은 하나 흡열반응을 하기 때문
　　• 0(18)족 원소(불활성기체)
　　　헬륨(He), 네온(Ne), 아르곤(Ar), 크립톤(Kr), 제논(Xe), 라돈(Rn)
② 산소공급원 : 산소, 공기, 제1류 위험물, 제5류 위험물, 제6류 위험물
③ 점화원 : 전기불꽃, 정전기불꽃, 충격마찰의 불꽃, 단열압축, 나화 및 고온표면 등

10년간 자주 출제된 문제

1-1. 다음 중 연소와 가장 관계 깊은 화학반응은?

① 중화반응 ② 치환반응
③ 환원반응 ④ 산화반응

1-2. 화재에서 휘적색 불꽃의 온도는 약 몇 [℃]인가?

① 500 ② 950
③ 1,300 ④ 1,500

1-3. 가연물질의 구비조건 중 옳지 않은 것은?

① 열전도율이 커야 한다.
② 발열량이 커야 한다.
③ 산소와 친화력이 좋아야 한다.
④ 산소와의 표면적이 넓어야 한다.

1-4. 질소(N_2)가 불에 타지 않는 이유는?

① 흡열반응을 하기 때문에
② 연소 시 화염이 없기 때문에
③ 연소성이 대단히 적기 때문에
④ 발열반응을 하지만 발열량이 적기 때문에

1-5. 가연물인 동시에 산소공급원을 가지고 있는(자기연소) 위험물은?

① 제1류 위험물 ② 제2류 위험물
③ 제5류 위험물 ④ 제6류 위험물

해설

1-1

연소 : 가연물이 공기 중에서 산소와 반응하여 열과 빛을 동반하는 급격한 산화현상

1-2

색과 온도

색상	담암적색	암적색	적색	휘적색	황적색	백적색	휘백색
온도[℃]	520	700	850	950	1,100	1,300	1,500 이상

1-3

열전도율이 작아야 연소가 잘 된다.

1-4

질소는 산소와 반응은 하지만, 흡열반응을 하기 때문에 불에 타지 않는다.

1-5

자기연소성 물질(산소 + 가연물) : 제5류 위험물

정답 1-1 ④ 1-2 ② 1-3 ① 1-4 ① 1-5 ③

핵심이론 02 연소의 종류 및 현상

(1) 고체의 연소

① 표면연소 : 목탄, 코크스, 숯, 금속분 등이 열분해에 의하여 가연성 가스를 발생하지 않고 그 물질 자체가 연소하는 현상

② 분해연소 : 석탄, 종이, 목재, 플라스틱 등의 연소 시 열분해에 의해 발생된 가스와 공기가 혼합하여 연소하는 현상

③ 증발연소 : 황, 나프탈렌, 왁스, 파라핀, 제4류 위험물 등과 같이 고체를 가열하면 열분해는 일어나지 않고 고체가 액체로 되어 일정온도가 되면 액체가 기체로 변화하여 기체가 연소하는 현상

④ 자기연소(내부연소) : 제5류 위험물인 나이트로셀룰로스, 질화면 등 가연물과 산소를 동시에 가지고 있는 가연물이 연소하는 현상

(2) 액체의 연소

① 증발연소 : 아세톤, 휘발유, 등유, 경유와 같이 액체를 가열하면 증기가 되어 증기가 연소하는 현상

② 액적연소 : 벙커C유와 같이 가열하여 점도를 낮추어 버너 등을 사용하여 액체의 입자를 안개상으로 분출하여 연소하는 현상

(3) 기체의 연소

① 확산연소 : 수소, 아세틸렌, 프로페인, 뷰테인 등 화염의 안정 범위가 넓고 조작이 용이하여 역화의 위험이 없는 연소

② 폭발연소 : 밀폐된 용기에 공기와 혼합가스가 있을 때 점화되면 연소속도가 증가하여 폭발적으로 연소하는 현상

③ 예혼합연소 : 가연성 기체와 공기 중의 산소를 미리 혼합하여 연소하는 현상

10년간 자주 출제된 문제

2-1. 다음 중 숯, 코크스가 연소하는 형태는 어느 것인가?
① 표면연소　　② 자기연소
③ 증발연소　　④ 분해연소

2-2. 분해연소의 형태를 보여주지 않는 물질은?
① 목 재　　② 경 유
③ 석 탄　　④ 종 이

2-3. 촛불의 연소형태에 해당하는 것은?
① 표면연소　　② 분해연소
③ 증발연소　　④ 자기연소

2-4. 가연물의 주된 연소형태를 잘못 연결한 것은?
① 자기연소 – 석탄　　② 분해연소 – 목재
③ 증발연소 – 황　　④ 표면연소 – 숯

2-5. 공기의 요동이 심하면 불꽃이 노즐에 정착하지 못하고 떨어지게 되어 꺼지는 현상을 무엇이라 하는가?
① 역 화　　② 블로오프
③ 불완전 연소　　④ 플래시오버

|해설|

2-1
표면연소 : 목탄, 코크스, 숯, 금속분

2-2
경유 : 증발연소

2-3
증발연소 : 황, 나프탈렌, 촛불, 파라핀 등과 같이 고체를 가열하면 열분해는 일어나지 않고 고체가 액체로 되어 일정온도가 되면 액체가 기체로 변화하여 기체가 연소하는 현상

2-4
연소형태 : 석탄은 분해연소이다.

2-5
블로오프(Blow Off) : 선화상태에서 연료가스의 분출속도가 증가하거나 주위 공기의 유동이 심하면 화염이 노즐에서 연소하지 못하고 떨어져서 화염이 꺼지는 현상

정답 2-1 ①　2-2 ②　2-3 ③　2-4 ①　2-5 ②

핵심이론 03 연소에 따른 제반사항

(1) 비열(Specific Heat)
① 1[g]의 물체를 1[℃] 올리는 데 필요한 열량[cal]
② 1[lb]의 물체를 1[℉] 올리는 데 필요한 열량[BTU]
※ 물을 소화약제로 사용하는 이유 : 비열과 증발잠열이 크기 때문

(2) 잠열(Latent Heat)
어떤 물질이 온도는 변하지 않고 상태만 변화할 때 발생하는 열($Q = \gamma \cdot m$)
① 증발잠열 : 액체가 기체로 될 때 출입하는 열
   (물의 증발잠열 : 539[cal/g])
② 융해잠열 : 고체가 액체로 될 때 출입하는 열
   (물의 융해잠열 : 80[cal/g])

(3) 현열(Sensible Heat)
어떤 물질이 상태는 변화하지 않고 온도만 변화할 때 발생하는 열($Q = mC_p \Delta t$)
※ 0[℃]의 물 1[g]이 100[℃]의 수증기로 되는 데 필요한 열량 : 639[cal]

$$Q = mC_p \Delta t + \gamma \cdot m$$
$$= 1[g] \times 1[cal/g \cdot ℃] \times (100-0)[℃] + 539[cal/g] \times 1[g]$$
$$= 639[cal]$$

※ 0[℃]의 얼음 1[g]이 100[℃]의 수증기로 되는 데 필요한 열량 : 719[cal]

$$Q = \gamma_1 \cdot m + mC_p \Delta t + \gamma_2 \cdot m$$
$$= (80[cal/g] \times 1[g]) + (1[g] \times 1[cal/g \cdot ℃] \times (100-0)[℃]) + (539[cal/g] \times 1[g])$$
$$= 719[cal]$$

(4) 인화점(Flash Point)
① 휘발성 물질에 불꽃을 접하여 발화될 수 있는 최저의 온도
② 가연성 증기를 발생할 수 있는 최저의 온도

(5) 발화점(Ignition Point)
가연성 물질에 점화원을 접하지 않고도 불이 일어나는 최저의 온도
① 자연발화의 형태
   ㉠ 산화열에 의한 발화 : 석탄, 건성유, 고무분말
   ㉡ 분해열에 의한 발화 : 나이트로셀룰로스
   ㉢ 미생물에 의한 발화 : 퇴비, 먼지
   ㉣ 흡착열에 의한 발화 : 목탄, 활성탄
   ㉤ 중합열에 의한 발화 : 사이안화수소
   ※ 자연발화의 형태 : 산화열, 분해열, 미생물, 흡착열
② 자연발화의 조건
   ㉠ 주위의 온도가 높을 것
   ㉡ 열전도율이 작을 것
   ㉢ 발열량이 클 것
   ㉣ 표면적이 넓을 것
③ 자연발화 방지법
   ㉠ 습도를 낮게 할 것
   ㉡ 주위의 온도를 낮출 것
   ㉢ 통풍을 잘 시킬 것
   ㉣ 불활성 가스를 주입하여 공기와 접촉을 피할 것

(6) 연소점(Fire Point)
어떤 물질이 연소 시 연소를 지속할 수 있는 최저온도로서 인화점보다 10[℃] 높다.
※ 온도의 순서 : 인화점 < 연소점 < 발화점

(7) 증기밀도(Vapor Density)

증기밀도 = $\dfrac{\text{분자량}}{22.4[L]}$ (0[℃], 1기압일 때)

(8) 증기비중(Vapor Gravity)

증기비중 = $\dfrac{\text{분자량}}{\text{공기의 평균 분자량}} = \dfrac{\text{분자량}}{29}$

① 공기의 조성 : 산소(O_2) 21[%], 질소(N_2) 78[%], 아르곤(Ar) 등 1[%]
② 공기의 평균 분자량
= (32 × 0.21) + (28 × 0.78) + (40 × 0.01) = 28.96
≒ 29

10년간 자주 출제된 문제

3-1. 0[℃]의 물 1[g]이 100[℃]의 수증기가 되려면 몇 [cal]가 필요한가?

① 539　　② 639
③ 719　　④ 819

3-2. 비열이 0.9[cal/g·℃]인 500[g]의 가연물을 50[℃]에서 300[℃]까지 올리려고 한다. 이 물질의 열용량은 얼마인가? (단, 단위는 [kcal]이다)

① 22.5　　② 112.5
③ 135　　④ 155

3-3. 휘발성 물질에 불꽃을 접하여 발화될 수 있는 최저온도를 무엇이라 하는가?

① 인화점　　② 발화점
③ 자연발화점　　④ 연소점

3-4. 햇볕에 장시간 노출된 기름걸레가 자연발화하였다. 그 원인으로 가장 적당한 것은?

① 산소의 결핍　　② 산화열 축적
③ 단열 압축　　④ 정전기 발생

3-5. 다음 중 자연발화 조건이 아닌 것은?

① 열전도율이 클 것　　② 발열량이 클 것
③ 주위의 온도가 높을 것　　④ 표면적이 넓을 것

해설

3-1
$Q = mC\Delta t + \gamma \cdot m$
　= 1[g] × 1[cal/g·℃] × (100−0)[℃] + 539[cal/g] × 1[g]
　= 639[cal]

3-2
$Q = mC\Delta t$ = 500[g] × 0.9[cal/g·℃] × (300−50)[℃]
　　　　　= 112,500[cal]
　　　　　= 112.5[kcal]

여기서, m : 질량[g]
　　　　C : 비열
　　　　Δt : 온도차

3-3
인화점(Flash Point)
• 휘발성 물질에 불꽃을 접하여 발화될 수 있는 최저의 온도
• 가연성 증기를 발생할 수 있는 최저의 온도

3-4
기름걸레는 햇볕에 장시간 방치하면 산화열의 축적으로 자연발화한다.

3-5
자연발화의 조건
• 열전도율이 작을 것
• 발열량이 클 것
• 주위의 온도가 높을 것
• 표면적이 넓을 것

정답 3-1 ②　3-2 ②　3-3 ①　3-4 ②　3-5 ①

핵심이론 04 연소생성물 및 열에너지

(1) 연소생성물

가 스	현 상
CH₂CHCHO (아크롤레인)	석유제품이나 유지류가 연소할 때 생성
SO₂ (아황산가스)	황을 함유하는 유기화합물이 완전 연소 시에 발생
H₂S (황화수소)	황을 함유하는 유기화합물이 불완전 연소 시에 발생 달걀 썩는 냄새가 나는 가스
CO₂ (이산화탄소)	연소가스 중 가장 많은 양을 차지, 완전 연소 시 생성
CO (일산화탄소)	불완전 연소 시에 다량 발생, 혈액 중의 헤모글로빈(Hb)과 결합하여 혈액 중의 산소운반 저해하여 사망
HCl (염화수소)	PVC와 같이 염소가 함유된 물질의 연소 시 생성

(2) 열에너지(열원)의 종류

① 화학열
   ㉠ 연소열 : 어떤 물질이 완전히 산화되는 과정에서 발생하는 열
   ㉡ 분해열 : 어떤 화합물이 분해할 때 발생하는 열
   ㉢ 용해열 : 어떤 물질이 액체에 용해될 때 발생하는 열
   ㉣ 자연발화

② 전기열
   ㉠ 저항열 : 도체에 전류가 흐르면 전기저항 때문에 전기에너지의 일부가 열로 변할 때 발생하는 열
   ㉡ 유전열 : 누설전류에 의해 절연물질이 가열하여 절연이 파괴되어 발생하는 열
   ㉢ 유도열 : 도체 주위에 변화하는 자장이 존재하면 전위차를 발생하고 이 전위차로 전류의 흐름이 일어나 도체의 저항 때문에 발생하는 열
   ㉣ 정전기열 : 정전기가 방전할 때 발생하는 열
   ㉤ 아크열

③ 기계열
   ㉠ 마찰열 : 두 물체를 마주대고 마찰시킬 때 발생하는 열
   ㉡ 압축열 : 기체를 압축할 때 발생하는 열
   ㉢ 마찰스파크열 : 금속과 고체물체가 충돌할 때 발생하는 열

10년간 자주 출제된 문제

4-1. 다음 연소생성물 중 인체에 가장 독성이 높은 것은?

① 이산화탄소   ② 일산화탄소
③ 황화수소   ④ 포스겐

4-2. 화재 시 발생되는 연소가스 중 적은 양으로는 인체에 거의 해가 없으나 많은 양을 흡입하면 질식을 일으키며, 소화약제로도 사용되는 가스는?

① CO   ② CO_2
③ H_2O ④ H_2

4-3. 독성이 매우 높은 가스로서 석유제품, 유지 등이 연소할 때 생성되는 가스는?

① 사이안화수소 ② 암모니아
③ 포스겐   ④ 아크롤레인

4-4. 화재 시 발생하는 연소가스 중에서 황분이 포함되어 있는 물질의 불완전 연소에 의해 발생하는 가스는?

① H_2SO_4 ② H_2S
③ SO_2 ④ $PbSO_4$

4-5. 다음 항목 중 화학열이라고 할 수 없는 것은?

① 연소열   ② 분해열
③ 압축열   ④ 용해열

4-6. 다음 중 기계적 점화원으로만 되어 있는 것은?

① 마찰열, 기화열   ② 용해열, 연소열
③ 압축열, 마찰열   ④ 정전기열, 연소열

[해설]

4-1

허용농도 : 공기 중에 노출된 작업자의 신체에 해가 없는 범위에서의 농도

종류	이산화탄소	일산화탄소	황화수소	포스겐
허용농도[ppm]	5,000	50	10	0.1

4-2

이산화탄소(CO_2)는 연소가스 중 가장 많은 양을 차지하며 적은 양으로 거의 인체에 해가 없으나 다량이 존재할 때 호흡속도를 증가시켜 질식을 일으키며, 불연성 가스이므로 소화약제로도 사용한다.

4-3

아크롤레인(CH_2CHCHO)은 석유제품, 유지류 등이 연소 시 생성하는 가스로서 자극성이 크고 맹독성이다.

4-4

황이 함유된 물질의 연소
- 불완전 연소할 때 : 황화수소(H_2S)가 발생
- 완전 연소할 때 : 아황산가스(SO_2)가 발생

4-5

화학열은 화학반응이 이루어질 때 열효과를 나타내는 것인데 압축열은 기계적 열원이다.

4-6

기계열
- 마찰열 : 두 물체를 마주대고 마찰시킬 때 발생하는 열
- 압축열 : 기체를 압축할 때 발생하는 열
- 마찰스파크열 : 금속과 고체물체가 충돌할 때 발생하는 열

정답 4-1 ④ 4-2 ② 4-3 ① 4-4 ② 4-5 ③ 4-6 ③

핵심이론 05 열전달 및 유류탱크 발생현상

(1) 열의 전달

① 전도(Conduction) : 하나의 물체가 다른 물체와 직접 접촉하여 전달되는 현상

※ 푸리에(Fourier)법칙

고체, 유체에서 서로 접하고 있는 물질분자 간에 열이 직접 이동하는 열전도와 관련된 법칙

$$q = -kA\frac{dt}{dl}[kcal/h]$$

여기서, k : 열전도도[kcal/m · h · ℃, W/m · ℃]
A : 열전달면적[m^2]
dt : 온도차[℃]
dl : 미소거리[m]

※ 전도열 : 화재 시 화원과 격리된 인접 가연물에 불이 옮겨 붙는 것

② 대류(Convection) : 화로에 의해서 방 안이 더워지는 현상은 대류현상에 의한 것이다.

$$q = hA\Delta t$$

여기서, h : 열전달계수[kcal/m^2 · h · ℃]
A : 열전달면적[m^2]
Δt : 온도차[℃]

③ 복사(Radiation) : 양지바른 곳에 햇볕을 쬐면 따듯함을 느끼는 현상

※ 슈테판-볼츠만(Stefan-Boltzmann)법칙 : 복사열은 절대온도의 4제곱에 비례하고 열전달면적에 비례한다.

(2) 유류탱크(가스탱크)에서 발생하는 현상

① 보일오버(Boil Over)
   ㉠ 중질유탱크에서 장시간 조용히 연소하다가 탱크의 잔존기름이 갑자기 분출(Over Flow)하는 현상
   ㉡ 유류탱크 바닥에 물 또는 물-기름에 에멀션이 섞여 있을 때 화재가 발생하는 현상

② 슬롭오버(Slop Over) : 물이 연소유의 뜨거운 표면에 들어갈 때 기름표면에서 화재가 발생하는 현상

10년간 자주 출제된 문제

5-1. Fourier법칙(전도)에 대한 설명으로 틀린 것은?
① 이동열량은 전열체의 단면적에 비례한다.
② 이동열량은 전열체의 두께에 비례한다.
③ 이동열량은 전열체의 열전도도에 비례한다.
④ 이동열량은 전열체 내·외부의 온도차에 비례한다.

5-2. Stefan-Boltzmann의 법칙에서 복사열은 절대온도의 몇 제곱에 비례하는가?
① 2
② 3
③ 4
④ 5

5-3. 표면온도가 350[℃]에서 전기히터를 가열하여 750[℃]가 되었다. 복사열은 몇 배로 증가하였는가?
① 1.64배
② 2배
③ 4배
④ 7.27배

5-4. 중질유탱크에서 장시간 조용히 연소하다 탱크 내의 잔존 기름이 갑자기 분출하는 현상을 무엇이라고 하는가?
① 보일오버(Boil Over)
② 플래시오버(Flash Over)
③ 슬롭오버(Slop Over)
④ 프로스오버(Froth Over)

|해설|

5-1
Fourier법칙(전도)
$q = -kA\dfrac{dt}{dl}[\text{kcal/h}]$
여기서, k : 열전도도[kcal/m·h·℃]
A : 열전달면적[m²]
dt : 온도차[℃]
dl : 미소거리[m]

5-2
복사열은 절대온도의 4제곱에 비례한다.

5-3
복사열은 절대온도의 4제곱에 비례한다.
350[℃]에서 열량을 Q_1
750[℃]에서 열량을 Q_2
$\dfrac{Q_2}{Q_1} = \dfrac{(750+273)^4[\text{K}]}{(350+273)^4[\text{K}]} = \dfrac{1.095 \times 10^{12}}{1.506 \times 10^{11}} = 7.27$배

5-4
보일오버(Boil Over) : 중질유탱크에서 장시간 조용히 연소하다 탱크 내의 잔존 기름이 갑자기 분출하는 현상

정답 5-1 ② 5-2 ③ 5-3 ④ 5-4 ①

제3절 열 및 연기의 이동과 특성

핵심이론 01 불(열)의 성상

(1) 플래시오버(Flash Over)
① 가연성 가스를 동반하는 연기와 유독가스가 방출하여 실내의 급격한 온도 상승으로 실내 전체에 순간적으로 연기가 충만해지는 현상
② 옥내화재가 서서히 진행되어 열이 축적되었다가 일시에 화염이 크게 발생하는 상태
③ 발생시기 : 성장기에서 최성기로 넘어가는 분기점
④ 발생시간 : 화재 발생 후 6~7분경
⑤ 실내의 온도 : 800~900[℃]
⑥ 산소의 농도 : 10[%]
⑦ 최성기시간 : 내화구조는 60분 후(950[℃]), 목조건물은 10분 후(1,100[℃]) 최성기에 도달

(2) 플래시오버에 미치는 영향
① 개구부의 크기(개구율)
② 내장재료의 종류
③ 화원의 크기
④ 가연물의 종류
⑤ 실내의 표면적
⑥ 건축물의 형태

(3) 플래시오버의 지연대책
① 두꺼운 내장재료를 사용한다.
② 열전도율이 큰 내장재료를 사용한다.
③ 실내의 가연물을 분산 적재한다.
④ 개구부를 많이 설치한다.

(4) 플래시오버 발생시간의 영향
① 가연재료가 난연재료보다 빨리 발생한다.
② 열전도율이 작은 내장재가 빨리 발생한다.
③ 내장재의 두께가 얇은 것이 빨리 발생한다.

10년간 자주 출제된 문제

1-1. 건축물에 화재가 발생하여 일정 시간이 경과하게 되면 일정 공간 안에 열과 가연성 가스가 축적되고 한순간에 폭발적으로 화재가 확산되는 현상을 무엇이라 하는가?

① 보일오버현상　② 플래시오버현상
③ 패닉현상　　　④ 리프팅현상

1-2. 일반적으로 화재의 진행상황 중 플래시오버는 어느 시기에 발생하는가?

① 화재 발생 초기
② 성장기에서 최성기로 넘어가는 분기점
③ 성장기에서 감쇠기로 넘어가는 분기점
④ 감쇠기 이후

1-3. 플래시오버(Flash Over)의 지연대책으로 바른 것은?

① 두께가 얇은 내장재료를 사용한다.
② 열전도율이 큰 내장재료를 사용한다.
③ 주요구조부를 내화구조로 하고 개구부를 크게 설치한다.
④ 실내 가연물은 대량 단위로 집합 저장한다.

1-4. 플래시오버에 영향을 미치는 것이 아닌 것은?

① 내장재료의 종류　② 화원(火源)의 크기
③ 실의 개구율(開口率)　④ 열원(熱源)의 종류

[해설]

1-1

플래시오버현상 : 가연성 가스를 동반하는 연기와 유독가스가 방출하여 실내의 급격한 온도 상승으로 실내 전체가 순간적으로 연기가 충만하는 현상

1-2

플래시오버는 성장기에서 최성기로 넘어가는 분기점에서 발생한다.

1-3

플래시오버(Flash Over)의 지연대책
- 두꺼운 내장재료를 사용한다.
- 열전도율이 큰 내장재료를 사용한다.
- 실내의 가연물을 분산 적재한다.
- 개구부를 많이 설치한다.

1-4

플래시오버에 미치는 영향
- 개구부의 크기　　・ 내장재료
- 화원의 크기　　　・ 가연물의 종류
- 실내의 표면적

정답 1-1 ②　1-2 ②　1-3 ②　1-4 ④

핵심이론 02 연기의 성상

(1) 연기의 이동속도

방 향	수평방향	수직방향	실내계단
이동속도	0.5~1.0[m/s]	2.0~3.0[m/s]	3.0~5.0[m/s]

(2) 연기유동에 영향을 미치는 요인

① 연돌(굴뚝)효과
② 외부에서의 풍력
③ 공기유동의 영향
④ 건물 내 기류의 강제이동
⑤ 비중차
⑥ 공조설비

(3) 연기가 인체에 미치는 영향

① 질 식
② 인지능력 감소
③ 시력장애

(4) 연기의 제어방법

① **희석** : 내부의 연기는 외부로 배출하고, 외부의 신선한 공기를 유입하여 위험 수준 이하로 희석시키는 방법
② **배기** : 스모크샤프트와 같이 내부의 연기를 외부로 배출시키는 방법
③ **차단** : 출입문, 벽, 댐퍼 등 차단물을 설치하는 방법과 방호대상물과 연기체류장소 사이의 압력차를 이용하는 방법으로 연기가 들어오지 못하도록 차단하는 것이다.

(5) 연기농도와 가시거리

감광계수[m⁻¹]	가시거리[m]	상 황
0.1	20~30	연기감지기가 작동할 때의 정도
0.3	5	건물 내부에 익숙한 사람이 피난에 지장을 느낄 정도
0.5	3	어둠침침한 것을 느낄 정도
1	1~2	거의 앞이 보이지 않을 정도
10	0.2~0.5	화재 최성기 때의 정도

10년간 자주 출제된 문제

2-1. 화재 발생 시 발생하는 연기에 대한 설명으로 틀린 것은?
① 연기의 이동속도는 수평방향이 수직방향보다 빠르다.
② 동일한 가연물에 있어 환기지배형 화재가 연료지배형 화재에 비하여 연기발생량이 많다.
③ 고온상태의 연기는 유동확산이 빨라 화재전파의 원인이 되기도 한다.
④ 연기는 일반적으로 불완전 연소 시에 발생한 고체, 액체, 기체 생성물의 집합체이다.

2-2. 건물화재 시 연기가 건물 밖으로 이동하는 주된 요인이 아닌 것은?
① 굴뚝효과
② 건물 내부의 냉방 작동
③ 온도 상승에 따른 기체의 팽창
④ 기후조건

2-3. 연기감지기가 작동할 정도의 연기농도는 감광계수로 얼마 정도인가?
① $1.0[m^{-1}]$ ② $2.0[m^{-1}]$
③ $0.1[m^{-1}]$ ④ $10[m^{-1}]$

2-4. 화재 최성기 때의 정도의 연기농도는 감광계수로 얼마정도인가?
① $1.0[m^{-1}]$ ② $2.0[m^{-1}]$
③ $0.1[m^{-1}]$ ④ $10[m^{-1}]$

[해설]

2-1
연기의 유동속도

방 향	수평방향	수직방향	계단실 내
이동속도	0.5~1.0[m/s]	2~3[m/s]	3~5[m/s]

2-2
건물 내부의 냉방 작동은 연기의 이동요인이 아니다.

2-3, 2-4
연기농도와 가시거리

감광계수[m⁻¹]	가시거리[m]	상 황
0.1	20~30	연기감지기가 작동할 때의 정도
10	0.2~0.5	화재 최성기 때의 정도

정답 2-1 ① 2-2 ② 2-3 ③ 2-4 ④

제4절 건축물의 화재성상

핵심이론 01 목조건축물의 화재

(1) 열전도율
목재의 열전도율은 콘크리트나 철재보다 적다.

(2) 목재의 연소과정

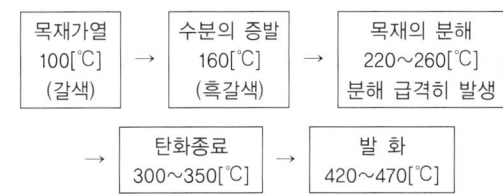

(3) 목조건축물의 화재 진행과정

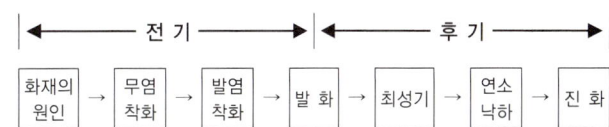

① 무염 착화 : 가연물이 연소하면서 재로 덮힌 숯불모양으로 불꽃 없이 착화하는 현상
② 발염 착화 : 무염상태의 가연물에 바람을 주어 불꽃이 발생되면서 착화하는 현상

(4) 목조건축물의 표준시간-온도곡선

① 목조건축물의 경과시간

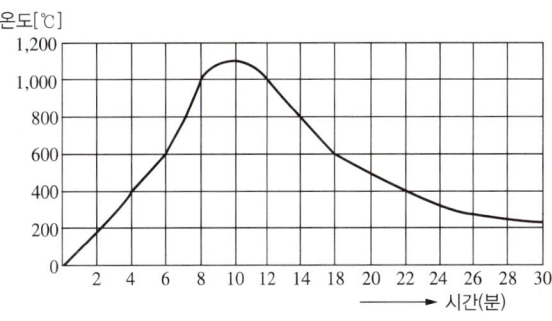

② 풍속에 따른 연소시간

풍속[m/s]	발화 → 최성기	최성기 → 연소낙하	발화 → 연소낙하
0~3	5~15분	6~19분	13~24분

(5) 목조건축물의 화재원인

① 접염 : 화염 또는 열의 접촉에 의하여 불이 옮겨 붙는 것
② 복사열 : 복사파에 의하여 열이 고온에서 저온으로 이동하는 것
③ 비화 : 화재현장에서 불꽃이 날아가 먼 지역까지 발화하는 현상

(6) 출화의 종류

① 옥내출화
  ㉠ 천장 및 벽 속 등에서 발염 착화할 때
  ㉡ 불연천장인 경우 실내에서는 그 뒤판에 발염 착화할 때
  ㉢ 가옥구조일 때 천장판에서 발염 착화할 때
② 옥외출화
  ㉠ 창, 출입구 등에서 발염 착화할 때
  ㉡ 목재가옥에서는 벽, 추녀 밑의 판자나 목재에 발염 착화할 때

10년간 자주 출제된 문제

1-1. 다음 그림에서 목조건축물의 표준시간-온도곡선으로 옳은 것은?

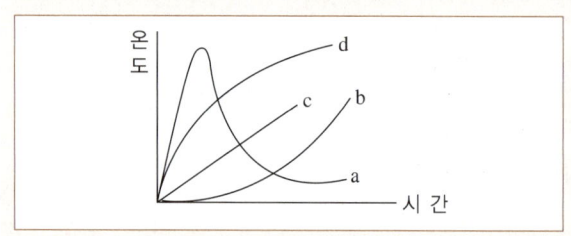

① a ② b
③ c ④ d

1-2. 화재 발생 시 건축물의 화재를 확대시키는 주 요인이 아닌 것은?

① 비 화 ② 복사열
③ 화염의 접촉(접염) ④ 흡착열에 의한 발화

|해설|

1-1
표준시간-온도곡선
• a : 목조건축물(고온단기형)
• d : 내화건축물(저온장기형)

1-2
건축물 화재의 확대요인 : 접염, 복사열, 비화

정답 1-1 ① 1-2 ④

핵심이론 02 내화건축물의 화재

(1) 내화건축물의 화재성상
내화건축물의 화재성상은 저온장기형이다.

※ 목조건축물의 화재성상 : 고온단기형

(2) 내화건축물의 화재의 진행과정

| 초 기 | → | 성장기 | → | 최성기 | → | 종 기 |

※ 성장기 : 개구부 등 공기의 유통구가 생기면 연소가 급격히 진행되어 실내가 순간적으로 화염에 휩싸임

(3) 내화건축물의 표준시간-온도곡선

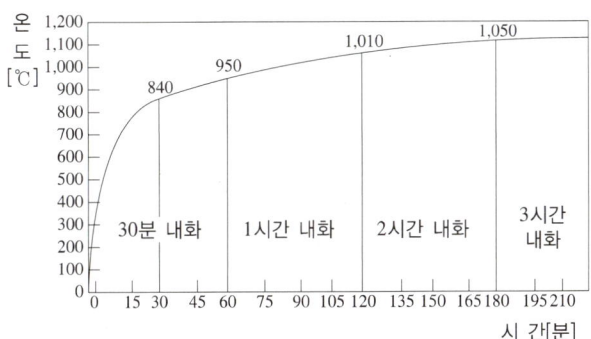

10년간 자주 출제된 문제

2-1. 건축물의 화재성상 중 내화건축물의 화재성상으로 옳은 것은?

① 저온장기형　　② 고온단기형
③ 고온장기형　　④ 저온단기형

2-2. 내화구조의 표준시간-온도곡선에서 화재 발생 후 1시간이 경과할 경우 내부온도는 약 몇 [℃] 정도 되는가?

① 225[℃]　　② 625[℃]
③ 840[℃]　　④ 950[℃]

[해설]

2-1
화재성상
• 내화건축물 : 저온장기형
• 목조건축물 : 고온단기형

2-2
본문 참조

정답 2-1 ①　2-2 ④

핵심이론 03 화재하중 및 화재가혹도

(1) 화재하중
단위면적당 가연성 수용물의 양으로서 건물화재 시 발열량 및 화재의 위험성을 나타내는 용어이고, 화재의 규모를 결정하는 데 사용된다.

$$Q = \frac{\sum(G_t \times H_t)}{H \times A} = \frac{Q_t}{4{,}500 \times A} [\text{kg/m}^2]$$

여기서, G_t : 가연물의 질량
H_t : 가연물의 단위발열량[kcal/kg]
H : 목재의 단위발열량(4,500[kcal/kg])
A : 화재실의 바닥면적[m²]
Q_t : 가연물의 전발열량[kcal]

[소방대상물의 화재하중]

소방대상물	주택·아파트	사무실	창 고	시 장	도서실	교 실
화재하중 [kg/m²]	30~60	30~150	200~1,000	100~200	100~250	30~45

(2) 화재가혹도(화재심도, Fire Severity)

① 발생한 화재가 해당 건물과 그 내부의 수용 재산 등을 파괴하거나 손상을 입히는 능력의 정도로서 주수율 [L/m²·min]을 결정하는 인자이다.
② 화재 시 최고온도와 그때의 지속시간은 화재의 규모를 판단하는 중요한 요소가 된다.
　※ 화재가혹도 = 최고온도 × 지속시간
③ 화재가혹도가 크면 그만큼 건물과 기타 재산의 손실은 커지고, 화재가혹도가 작으면 그 손실은 작아지는 것이다.

10년간 자주 출제된 문제

3-1. 화재실 혹은 화재공간의 단위면적에 대한 등가가연물량의 값을 화재하중이라 하며 식으로 표시할 경우에는 $Q = \Sigma(G_t \cdot H_t)/H \cdot A$와 같이 표현할 수 있다. 여기서 H는 무엇을 나타내는가?

① 목재의 단위발열량
② 가연물의 단위발열량
③ 화재실 내 가연물의 전체 발열량
④ 목재의 단위발열량과 가연물의 단위발열량을 합한 것

3-2. 다음 중 화재하중을 나타내는 단위는?

① [kcal/kg]
② [℃/m^2]
③ [kg/m^2]
④ [kg/kcal]

【해설】

3-1
H : 목재의 단위발열량(4,500[kcal/kg])

3-2
화재하중의 단위는 [kg/m^2]이다.

정답 3-1 ① 3-2 ③

핵심이론 04 화재 발생 시 나타나는 현상

(1) 백드래프트(Back Draft)

① 정의 : 밀폐된 공간에서 화재 발생 시 산소 부족으로 불꽃을 내지 못하고 가연성 가스만 축적되어 있는 상태에서 갑자기 문을 개방하면 신선한 공기 유입으로 폭발적인 연소가 시작되는 현상이며, 주로 감쇠기에 발생한다.

② Back Draft의 발생현상
 ㉠ 건물 벽체의 도괴
 ㉡ 농연 발생 및 분출
 ㉢ Fire Ball의 형성

③ Flash Over와 Back Draft의 비교

구분 항목	Flash Over	Back Draft
정 의	가연성 가스를 동반하는 연기와 유독가스가 방출하여 실내의 급격한 온도 상승으로 실내 전체로 확산되어 연소하는 현상	밀폐된 공간에서 소방대가 화재진압을 위하여 화재실의 문을 개방할 때 신선한 공기유입으로 실내에 축적되었던 가연성 가스가 폭발적으로 연소함으로써 화재가 폭풍을 동반하여 실외로 분출되는 현상
발생시기	성장기(1단계)	감쇠기(3단계)
조 건	• 산소농도 : 10[%] • CO$_2$/CO = 150	실내가 충분히 가열하여 다량의 가연성 가스가 축적될 때
공급요인	열의 공급	산소의 공급
폭풍 혹은 충격파	수반하지 않는다.	수반한다.
피 해	• 인접 건축물에 대한 연소 확대 위험 • 개구부에서 화염 혹은 농연의 분출	• Fire Ball의 형성 • 농연의 분출
방지대책	• 가연물의 제한 • 개구부의 제한 • 천장의 불연화 • 화원의 억제	• 폭발력의 억제 • 격리 및 환기 • 소 화

(2) 롤오버(Roll Over)

화재 발생 시 천장 부근에 축적된 가연성 가스가 연소범위에 도달하면 천장 전체의 연소가 시작하여 불덩어리가 천장을 굴러다니는 것처럼 뿜어져 나오는 현상

10년간 자주 출제된 문제

4-1. Back Draft에 관한 설명 중 옳지 않은 것은?

① 가연성 가스의 발생량이 많고 산소의 공급이 일정하지 않은 경우에 발생한다.
② 내화건물의 화재 초기에 작은 실에서 많이 발생한다.
③ 화염이 숨쉬는 것처럼 분출이 반복되는 현상이다.
④ 공기의 공급이 원활한 경우에는 발생하지 않는다.

4-2. 화재 발생 시 천장부근에 축적된 가연성 가스가 연소범위에 도달하면 천장 전체의 연소가 시작하여 불덩어리가 천장을 굴러다니는 것처럼 뿜어져 나오는 현상을 무엇이라 하는가?

① 보일오버(Boil Over)
② 롤오버(Roll Over)
③ 백드래프트(Back Draft)
④ 플래시오버(Fash Over)

[해설]

4-1

백드래프트(Back Draft)
- 정의 : 밀폐된 공간에서 화재 발생 시 산소 부족으로 불꽃을 내지 못하고 가연성 가스만 축적되어 있는 상태에서 갑자기 문을 개방하면 신선한 공기 유입으로 폭발적인 연소가 시작되는 현상이며, 주로 감쇠기에 발생한다.
- Back Draft의 발생현상
  - 건물 벽체의 도괴
  - 농연 발생 및 분출
  - Fire Ball의 형성

4-2
롤오버(Roll Over)에 대한 설명이다.

정답 4-1 ② 4-2 ②

제5절 물질의 화재위험

핵심이론 01 화재의 위험성

(1) 발화성(금수성) 물질

황린, 나트륨, 칼륨, 금속분(마그네슘, 아연), 카바이드(탄화칼슘) 등 일정온도 이상에서 착화원이 없어도 스스로 연소하거나 물과 접촉하여 가연성 가스를 발생하는 물질

(2) 인화성 물질

이황화탄소, 에터, 아세톤, 가솔린, 등유, 경유, 중유 등 액체표면에서 증발된 가연성 증기와의 혼합기체에 의한 폭발 위험성을 가진 물질

(3) 가연성 물질

15[℃], 1[atm]에서 기체상태인 가연성 가스
- 불연성 가스 : 질소, 이산화탄소, 18족 원소, 수증기
- 조연성 가스 : 자신은 연소하지 않고 연소를 도와주는 가스(산소, 공기, 플루오린, 염소 등)

(4) 산화성 물질

제1류 위험물(산화성 고체)과 제6류 위험물(산화성 액체)

(5) 폭발성 물질

TNT(트라이나이트로톨루엔), 피크르산, 나이트로메테인 등 나이트로기($-NO_2$)가 있는 물질로서 강한 폭발성을 가진 물질

① 물리적인 폭발 : 화산폭발, 진공용기의 과열폭발, 증기폭발
② 화학적 폭발 : 산화폭발, 분해폭발, 중합폭발, 가스폭발

10년간 자주 출제된 문제

1-1. 가연성 가스가 아닌 것은?

① 일산화탄소
② 프로페인
③ 수 소
④ 아르곤

1-2. 조연성 가스로만 나열되어 있는 것은?

① 질소, 플루오린, 수증기
② 산소, 플루오린, 염소
③ 산소, 이산화탄소, 오존
④ 질소, 이산화탄소, 염소

|해설|

1-1

가연성 가스 : 일산화탄소, 프로페인, 수소
※ 아르곤(Ar) : 0족 원소(불활성기체)

1-2

조연성 가스 : 자신은 연소하지 않고 연소를 도와주는 가스(산소, 공기, 플루오린, 염소)
※ 이산화탄소, 수증기 : 불연성 가스

정답 1-1 ④ 1-2 ②

핵심이론 02 위험물의 종류 및 성상

(1) 제1류 위험물

구 분	내 용
성 질	산화성 고체
품 명	① 아염소산염류, 염소산염류, 과염소산염류 ② 무기과산화물, 브로민산염류, 질산염류 ③ 아이오딘산염류, 과망가니즈산염류, 다이크로뮴산염류 등
소화방법	물에 의한 냉각소화(무기과산화물은 건조된 모래에 의한 질식소화)

(2) 제2류 위험물

구 분	내 용
성 질	가연성 고체(환원성 물질)
품 명	① 황화인, 적린, 황 ② 철분, 마그네슘, 인화성 고체 ③ 금속분
성 상	금속분은 물이나 산과 접촉 시 가연성 가스인 수소를 발생한다.
소화방법	물에 의한 냉각소화(금속분은 건조된 모래에 의한 질식소화)

(3) 제3류 위험물

구 분	내 용
성 질	자연발화성 및 금수성 물질
품 명	① 칼륨, 나트륨, 알킬알루미늄, 알킬리튬 ② 황린, 알칼리금속 및 알칼리토금속 ③ 유기금속화합물, 칼슘 또는 알루미늄의 탄화물류
소화방법	건조된 모래에 의한 소화(황린은 주수소화 가능)

(4) 제4류 위험물

구 분	내 용
성 질	인화성 액체
품 명	① 특수인화물(다이에틸에터, 아세트알데하이드, 산화프로필렌 등) ② 제1석유류(아세톤, 가솔린, 피리딘, 사이안화수소, 메틸에틸케톤 등) ③ 제2석유류(등유, 경유, 클로로벤젠, 테레핀유, o, m, p-크실렌, 초산, 의산 등) ④ 제3석유류(중유, 크레오소트유, 나이트로벤젠, 아닐린, 글리세린, 에틸렌글리콜 등) ⑤ 제4석유류(기어유, 실린더유, 가소제, 윤활유 등) ⑥ 알코올류(메틸알코올, 에틸알코올, 프로필알코올, 변성알코올) ⑦ 동식물유류(건성유, 반건성유, 불건성유)
소화방법	포, CO_2, 할론, 할로겐화합물 및 불활성기체, 분말에 의한 질식소화(수용성 액체는 알코올형 포로 소화)

※ 제4류 위험물 주수소화 금지이유 : 화재면(연소면) 확대

(5) 제5류 위험물

구 분	내 용
성 질	자기반응성(내부연소성) 물질
품 명	① 유기과산화물 ② 질산에스터류(나이트로셀룰로스, 나이트로글리세린, 셀룰로이드 등) ③ 나이트로화합물(TNT, 피크르산) ④ 나이트로소화합물 ⑤ 아조화합물, 다이아조화합물, 하이드라진유도체
소화방법	주수소화

(6) 제6류 위험물

구 분	내 용
성 질	산화성 액체
품 명	과염소산, 과산화수소, 질산
소화방법	주수소화

10년간 자주 출제된 문제

2-1. 제1류 위험물로서 그 성질이 산화성 고체인 것은?
① 아염소산염류　② 과염소산
③ 금속분류　　　④ 셀룰로이드류

2-2. 다음 중 연소 시 아황산가스를 발생시키는 것은?
① 적 린　　　　　② 황
③ 트라이에틸알루미늄　④ 황 린

2-3. 다음 물질 중 물과 반응하여 가연성 기체를 발생하지 않는 것은?
① 칼 륨　　　　　② 인화아연
③ 산화칼슘　　　　④ 탄화알루미늄

2-4. 물을 사용하여 소화가 가능한 물질은?
① 트라이메틸알루미늄　② 나트륨
③ 칼 륨　　　　　　　④ 적 린

2-5. 제3류 위험물 중 자연발화성만 있고 금수성이 없기 때문에 물속에 보관하는 물질은?
① 알킬리튬　　　　② 황 린
③ 칼 륨　　　　　　④ 알루미늄 탄화물류

2-6. 알킬알루미늄의 소화에 가장 적합한 소화약제는?
① 마른모래　　　　② 분무상의 물
③ 할 론　　　　　　④ 이산화탄소

2-7. 탄화칼슘이 물과 반응 시 발생하는 가연성 가스는?
① 메테인　　　　　② 포스핀
③ 아세틸렌　　　　④ 수 소

2-8. 다음 위험물 중 특수인화물이 아닌 것은?
① 아세톤　　　　　② 다이에틸에터
③ 산화프로필렌　　④ 아세트알데하이드

2-9. 동식물유류에서 "아이오딘값이 크다"라는 의미와 가장 가까운 것은 무엇인가?
① 불포화도가 높다.　② 불건성유이다.
③ 자연발화성이 낮다.　④ 산소와의 결합이 어렵다.

[해설]

2-1
제1류 위험물(산화성 고체) : 아염소산염류, 염소산염류, 과염소산염류, 질산염류 등

2-2
연소반응식
- 적린 $4P + 5O_2 \rightarrow 2P_2O_5$
- 황 $S + O_2 \rightarrow SO_2$
- 트라이에틸알루미늄
  $2(C_2H_5)_3Al + 21O_2 \rightarrow Al_2O_3 + 12CO_2 + 15H_2O$
- 황린 $P_4 + 5O_2 \rightarrow 2P_2O_5$
※ 아황산가스(SO_2), 오산화인(P_2O_5)

2-3
물과 반응식
- $2K + 2H_2O \rightarrow 2KOH + H_2$
- $Zn_3P_2 + 6H_2O \rightarrow 3Zn(OH)_2 + 2PH_3$
- $CaO + H_2O \rightarrow Ca(OH)_2 + Q\,kcal$
- $Al_4C_3 + 12H_2O \rightarrow 4Al(OH)_3 + 3CH_4$
※ 수소(H_2), 포스핀(PH_3), 메테인(CH_4) : 가연성 가스

2-4
물과 반응식

종류	유별	물과 반응
트라이메틸알루미늄	제3류 위험물	$(C_2H_5)_3Al + 3H_2O$ $\rightarrow Al(OH)_3 + 3C_2H_6 \uparrow$
나트륨	제3류 위험물	$2Na + 2H_2O \rightarrow 2NaOH + H_2$
칼륨	제3류 위험물	$2K + 2H_2O \rightarrow 2KOH + H_2$
적린	제2류 위험물	물과 반응하지 않음

∴ 적린은 주수소화가 가능하다.

2-5
황린(P_4)은 자연발화성 물질로서 물속에 저장한다.

2-6
알킬알루미늄의 소화약제 : 마른모래, 팽창질석, 팽창진주암

2-7
탄화칼슘(카바이드)은 물과 반응하면 수산화칼슘[소석회, $Ca(OH)_2$]과 아세틸렌(C_2H_2)가스를 발생한다.
$CaC_2 + 2H_2O \rightarrow Ca(OH)_2 + C_2H_2 \uparrow$

2-8
제4류 위험물의 특수인화물 : 다이에틸에터, 산화프로필렌, 아세트알데하이드, 이황화탄소 등
※ 아세톤 : 제4류 위험물 제1석유류

2-9
아이오딘값이 클 때
- 불포화도가 높다.
- 건성유이다.
- 자연발화성이 높다.
- 산소와 결합이 쉽다.

정답 2-1 ① 2-2 ② 2-3 ③ 2-4 ④ 2-5 ② 2-6 ① 2-7 ③ 2-8 ① 2-9 ①

[제2장] 방화론

제1절 건축물의 내화성상

※ 건축물의 피난·방화구조 등의 기준에 관한 규칙(약칭 : 건피방)

핵심이론 01 건축물의 내화구조, 방화구조

(1) 내화구조(건피방 제3조)

내화 구분	내화구조의 기준
벽 - 모든 벽	① 철근콘크리트조 또는 철골·철근콘크리트조로서 두께가 10[cm] 이상인 것 ② 골구를 철골조로 하고 그 양면을 두께 4[cm] 이상의 철망모르타르로 덮은 것 ③ 두께 5[cm] 이상의 콘크리트 블록·벽돌 또는 석재로 덮은 것 ④ 철재로 보강된 콘크리트 블록조·벽돌조 또는 석조로서 철재에 덮은 콘크리트 블록 등의 두께가 5[cm] 이상인 것 ⑤ 벽돌조로서 두께가 19[cm] 이상인 것 ⑥ 고온·고압의 증기로 양생된 경량기포콘크리트 패널 또는 경량기포콘크리트 블록조로서 10[cm] 이상인 것
벽 - 외벽 중 비내력벽	① 철근콘크리트조 또는 철골·철근콘크리트조로서 두께가 7[cm] 이상인 것 ② 골구를 철골조로 하고 그 양면을 두께 3[cm] 이상의 철망모르타르 또는 두께 4[cm] 이상의 콘크리트 블록·벽돌 또는 석재로 덮은 것 ③ 철재로 보강된 콘크리트 블록조·벽돌조 또는 석조로서 철재에 덮은 콘크리트 블록 등의 두께가 4[cm] 이상인 것 ④ 무근콘크리트조·콘크리트 블록조·벽돌조 또는 석조로서 두께가 7[cm] 이상인 것
기둥 (작은 지름이 25[cm] 이상인 것)	① 철근콘크리트조 또는 철골·철근콘크리트조 ② 철골을 두께 6[cm] 이상의 철망모르타르로 덮은 것 ③ 철골을 두께 7[cm] 이상의 콘크리트 블록·벽돌 또는 석재로 덮은 것 ④ 철골을 두께 5[cm] 이상의 콘크리트로 덮은 것
바닥	① 철근콘크리트조 또는 철골·철근콘크리트조로서 두께가 10[cm] 이상인 것 ② 철재로 보강된 콘크리트 블록조·벽돌조 또는 석조로서 철재에 덮은 두께가 5[cm] 이상인 것 ③ 철재의 양면을 두께 5[cm] 이상의 철망모르타르 또는 콘크리트로 덮은 것

(2) 방화구조(건피방 제4조)

① 철망모르타르로서 그 바름 두께가 2[cm] 이상인 것
② 석고판 위에 시멘트모르타르 또는 회반죽을 바른 것으로서 그 두께의 합계가 2.5[cm] 이상인 것
③ 시멘트모르타르 위에 타일을 붙인 것으로서 그 두께의 합계가 2.5[cm] 이상인 것
④ 심벽에 흙으로 맞벽치기한 것

> **10년간 자주 출제된 문제**

1-1. 다음 중 내화구조에 해당되는 것은?

① 두께 1.2[cm] 이상의 석고판 위에 석면시멘트판을 붙인 것
② 철근콘크리트조의 벽으로서 두께가 10[cm] 이상인 것
③ 철망모르타르로서 그 바름 두께가 2[cm] 이상인 것
④ 심벽에 흙으로 맞벽치기 한 것

1-2. 내화구조의 철근콘크리트조 기둥은 그 작은 지름을 최소 몇 [cm] 이상으로 하는가?

① 10 ② 15
③ 20 ④ 25

1-3. 내화구조의 건축물이라고 할 수 없는 것은?

① 철골조의 계단
② 철근콘크리트조의 지붕
③ 철근콘크리트조로서 두께 10[cm] 이상의 벽
④ 철골·철근콘크리트조로서 두께 5[cm] 이상의 바닥

1-4. 방화구조에 대한 기준으로 틀린 것은?

① 철망모르타르로서 그 바름 두께가 2[cm] 이상일 것
② 두께 2.5[cm] 이상의 석고판 위에 시멘트모르타르를 붙일 것
③ 두께 2[cm] 이상의 암면보온판 위에 석면시멘트판을 붙일 것
④ 심벽에 흙으로 맞벽치기 한 것

[해설]

1-1

내화구조 : 철근콘크리트조의 벽으로서 두께가 10[cm] 이상인 것

1-2

내화구조의 기준

내화구분	내화구조의 기준
기둥 (작은 지름이 25[cm] 이상인 것)	① 철근콘크리트조 또는 철골·철근콘크리트조 ② 철골을 두께 6[cm] 이상의 철망모르타르로 덮은 것 ③ 철골을 두께 7[cm] 이상의 콘크리트블록·벽돌 또는 석재로 덮은 것 ④ 철골을 두께 5[cm] 이상의 콘크리트로 덮은 것

1-3

내화구조의 바닥 : 철근콘크리트조 또는 철골·철근콘크리트조로서 두께가 10[cm] 이상인 것

1-4

방화구조

구조 내용	방화구조의 기준
철망모르타르 바르기	바름 두께가 2[cm] 이상인 것
• 석고판 위에 시멘트모르타르, 회반죽을 바른 것 • 시멘트모르타르 위에 타일을 붙인 것	두께의 합계가 2.5[cm] 이상인 것
심벽에 흙으로 맞벽치기한 것	그대로 모두 인정됨

정답 1-1 ② 1-2 ④ 1-3 ④ 1-4 ③

핵심이론 02 건축물의 방화벽, 방화문, 주요구조부 등

(1) 방화벽(건피방 제21조)

화재 시 연소의 확산을 막고 피해를 줄이기 위해 주로 목조건축물에 설치하는 벽

① 내화구조로서 홀로 설 수 있는 구조일 것
② 방화벽의 양쪽 끝과 위쪽 끝을 건축물의 외벽면 및 지붕면으로부터 0.5[m] 이상 튀어나오게 할 것
③ 방화벽에 설치하는 출입문의 너비 및 높이는 각각 2.5[m] 이하로 하고, 해당 출입문에는 60분+ 방화문 또는 60분 방화문을 설치할 것

(2) 방화문(건축법 영 제64조)

구 분	정 의
60분+ 방화문	연기 및 불꽃을 차단할 수 있는 시간이 60분 이상이고, 열을 차단할 수 있는 시간이 30분 이상인 방화문
60분 방화문	연기 및 불꽃을 차단할 수 있는 시간이 60분 이상인 방화문
30분 방화문	연기 및 불꽃을 차단할 수 있는 시간이 30분 이상 60분 미만인 방화문

(3) 주요구조부

주요구조부 : 내력벽, 기둥, 바닥, 보, 지붕틀, 주계단
※ 주요구조부 제외 : 사잇벽, 사잇기둥, 최하층의 바닥, 작은 보, 차양, 옥외계단

(4) 불연재료 등

① 불연재료 : 콘크리트, 석재, 벽돌, 기와, 철강, 알루미늄, 유리, 시멘트모르타르, 회 등 불에 타지 않는 성질을 가진 재료로서 국토교통부령으로 정하는 기준에 적합한 구조
② 준불연재료 : 불연재료에 준하는 성질을 가진 재료로서 국토교통부령으로 정하는 기준에 적합한 구조

10년간 자주 출제된 문제

2-1. 건축물에 설치하는 방화벽이 갖추어야 할 기준으로 틀린 것은?

① 내화구조로서 홀로 설 수 있는 구조일 것
② 방화벽의 양쪽 끝과 위쪽 끝을 건축물의 외벽면 및 지붕면으로부터 0.1[m] 이상 튀어나오게 할 것
③ 방화벽에 설치하는 출입문의 너비는 2.5[m] 이하로 할 것
④ 방화벽에 설치하는 출입문의 높이는 2.5[m] 이하로 할 것

2-2. 건축물에 설치하는 방화문에 대한 설명으로 옳은 것은?

① 60분+ 방화문은 연기 및 불꽃을 차단할 수 있는 시간이 60분 이상이고, 열을 차단할 수 있는 시간이 60분 이상인 방화문이다.
② 60분 방화문은 연기 및 열을 차단할 수 있는 시간이 60분 이상인 방화문이다.
③ 60분 방화문은 연기 및 불꽃을 차단할 수 있는 시간이 30분 이상인 방화문이다.
④ 60분+ 방화문은 연기 및 불꽃을 차단할 수 있는 시간이 60분 이상이고, 열을 차단할 수 있는 시간이 30분 이상인 방화문이다.

2-3. 건축물의 주요구조부가 아닌 것은?

① 차 양　　② 보
③ 기 둥　　④ 바 닥

【해설】

2-1
방화벽의 양쪽 끝과 위쪽 끝을 건축물의 외벽면 및 지붕면으로부터 0.5[m] 이상 튀어나오게 할 것

2-2
본문 참조

2-3
주요구조부 : 내력벽, 기둥, 바닥, 보, 지붕틀, 주계단

정답 2-1 ②　2-2 ④　2-3 ①

핵심이론 03 건축물의 방화구획

(1) 방화구획의 기준(건피방 제14조)

구획의 종류		구획기준
면적별 구획	10층 이하	• 바닥면적 1,000[m²] 이내마다 • 자동식 소화설비(스프링클러설비) 설치 시 3,000[m²]
	11층 이상	• 바닥면적 200[m²] 이내마다 • 자동식 소화설비(스프링클러설비) 설치 시 600[m²] • 내장재료가 불연재료의 경우 500[m²] • 내장재료가 불연재료면서 자동식 소화설비(스프링클러설비) 설치 시 1,500[m²]
층별 구획		매 층마다 구획(지하 1층에서 지상으로 직접 연결하는 경사로 부위는 제외)

※ 연소확대 방지를 위한 방화구획

- 층별 또는 면적별로 구획
- 위험용도별 구획
- 방화댐퍼 설치

(2) 방화구획의 구조

① 방화구획으로 사용되는 60분+ 방화문 또는 60분 방화문은 언제나 닫힌 상태를 유지하거나 화재로 인한 연기의 발생 또는 온도 상승에 의하여 자동으로 닫히는 구조로 할 것
② 급수관, 배전반 기타의 관이 방화구획 부분을 관통하는 경우에는 그 관과 방화구획과의 틈을 시멘트모르타르 기타 불연재료로 메울 것
③ 방화댐퍼를 설치할 것

10년간 자주 출제된 문제

3-1. 건축물에 설치하는 방화구획의 설치기준 중 스프링클러설비를 설치한 11층 이상의 층은 바닥면적 몇 [m²] 이내마다 방화구획을 해야 하는가?(단, 벽 및 반자의 실내에 접하는 부분의 마감은 불연재료가 아닌 경우이다)

① 200[m²]
② 600[m²]
③ 1,000[m²]
④ 3,000[m²]

3-2. 연소확대 방지를 위한 방화구획과 관계없는 것은?
① 일반승강기의 승강장 구획
② 층별 또는 면적별 구획
③ 용도별 구획
④ 방화댐퍼 설치

3-3. 건물 내부를 방화구획할 때 그에 따른 효과로 볼 수 없는 것은?
① 인접구역으로의 화재확대 방지
② 플래시오버의 억제
③ 화재의 제한
④ 화재진압 효과의 증대

해설

3-1
11층 이상 방화구획의 기준은 스프링클러설비가 설치된 자동식 소화설비는 600[m²] 이내마다 방화구획해야 한다.

3-2
연소확대 방지를 위한 방화구획과 관계 : 층별, 면적별, 용도별 구획, 방화댐퍼 설치 등

3-3
방화구획에 따른 효과
- 인접으로의 화재확대 방지
- 화재의 제한
- 화재진압 효과의 증대

정답 3-1 ② 3-2 ① 3-3 ②

제2절 건축물의 방화 및 안전대책

핵심이론 01 건축물의 방화대책

(1) 건축물 전체의 불연화

① 내장재의 불연화
② 일반설비의 배관, 기자재, 보랭재의 불연화
③ 가연물의 수납 적재, 가연물의 양 규제

(2) 건축물의 방재계획

① 부지선정 및 배치계획 : 소화활동 및 구조활동을 위해서 충분한 광장 확보
② 단면계획
  ㉠ 화염이 다른 층으로 이동하지 못하도록 구획
  ㉡ 상하층 간의 배관 및 장치 등의 관통으로 발생되는 공간 : 내화재료로 메울 것
  ㉢ 상하층을 관통하는 계단 : 명확한 2방향의 피난 원칙 적용
③ 재료계획
  ㉠ 내장재, 외장재, 마감재 등 : 불연성능, 내화성능
  ㉡ 장식물 등 : 불연성능
④ 평면계획
  ㉠ 화재에 의한 피해를 작은 범위로 한정하기 위한 것(방화구획을 작게 한다)
  ㉡ 방화벽, 방화문 등을 방화구획의 경계 부분에 설치하여 화재를 차단할 것
  ㉢ 소방대의 진입, 통로, 피난 : 명확한 2방향 이상의 피난 동선을 확보할 것
⑤ 입면계획
  ㉠ 벽과 개구부가 가장 큰 요소 : 화재예방, 소화, 구출, 피난, 연소방지 등의 계획 수립
  ㉡ 이웃 건물과 접해 있는 개구부 : 방화셔터, 방화문 등을 설치
  ㉢ 진입구 확보 : 원활한 소화 및 구출활동
  ㉣ 발코니 또는 옥외계단 설치 : 원활한 피난

10년간 자주 출제된 문제

건물 신축 시 방재기능의 요인으로 고려해야 할 동선 계획과 관계가 먼 것은?

① 명쾌한 피난통로의 확보
② 각 기능 단위의 유기적 연결
③ 두 방향 피난통로 확보
④ 이해하기 쉬운 평면 계획

[해설]

동선 계획
- 명쾌한 피난통로의 확보
- 두 방향 피난통로 확보
- 이해하기 쉬운 평면 계획

정답 ②

핵심이론 02 건축물의 안전대책

(1) 피난대책의 일반적인 원칙

① 피난경로는 간단명료하게 할 것
② 피난구조설비는 고정식 설비를 위주로 할 것
③ 피난수단은 원시적 방법에 의한 것을 원칙으로 할 것
④ 두 방향 이상의 피난통로를 확보할 것

(2) 피난동선의 특성

① 수평동선과 수직동선으로 구분한다.
② 가급적 단순형태가 좋다.
③ 상호 반대방향으로 다수의 출구와 연결되는 것이 좋다.
④ 어느 곳에서도 2개 이상의 방향으로 피난할 수 있으며 그 말단은 화재로부터 안전한 장소이어야 한다.

(3) 피난대책의 원칙

① Fool Proof : 비상시 머리가 혼란하여 판단능력이 저하되는 상태로 누구나 알 수 있도록 문자나 그림 등을 표시하여 직감적으로 작용하는 것
② Fail Safe : 하나의 수단이 고장으로 실패하여도 다른 수단에 의해 구제할 수 있도록 고려하는 것으로 양방향 피난로의 확보와 예비전원을 준비하는 것 등

(4) 건축물의 피난 계획

① 피난동선을 일상생활 동선과 같이 계획
② 평면계획에 대한 복잡성 지양
③ 두 방향 이상의 피난로 확보
④ 막다른 골목 및 미로 지양
⑤ 피난 경로의 내장재 불연화
⑥ 초고층 건축물의 체류공간 확보

(5) 피난방향

① 수평방향의 피난 : 복도
② 수직방향의 피난 : 승강기(수직동선), 계단(보조수단)

(6) 피난시설의 안전구획

① 1차 안전구획 : 복도
② 2차 안전구획 : 계단부속실(전실)
③ 3차 안전구획 : 계단

(7) 피난방향 및 경로

구 분	구 조	특 징
T형	← ↓ →	피난자에게 피난경로를 확실히 알려주는 형태
X형	← ↕ →	양방향으로 피난할 수 있는 확실한 형태
H형	← →	중앙코어방식으로 피난자의 집중으로 패닉현상이 일어날 우려가 있는 형태
Z형	← ←	중앙복도형 건축물에서의 피난경로로서 코어식 중 제일 안전한 형태

(8) 제연방법

① 희석 : 외부로부터 신선한 공기를 불어 넣어 내부의 연기의 농도를 낮추는 것
② 배기 : 건물 내·외부의 압력차를 이용하여 연기를 외부로 배출시키는 것
③ 차단 : 연기의 확산을 막는 것

(9) 화재 시 인간의 피난행동 특성

① 귀소본능 : 평소에 사용하던 출입구나 통로 등 습관적으로 친숙해 있는 경로로 도피하려는 본능
② 지광본능 : 화재 발생 시 연기와 정전 등으로 가시거리가 짧아져 시야가 흐리면 밝은 방향으로 도피하려는 본능
③ 추종본능 : 화재 발생 시 최초로 행동을 개시한 사람에 따라 전체가 움직이는 본능(많은 사람들이 달아나는 방향으로 무의식적으로 안전하다고 느껴 위험한 곳임에도 불구하고 따라가는 경향)
④ 퇴피본능 : 연기나 화염에 대한 공포감으로 화원의 반대방향으로 이동하려는 본능
⑤ 좌회본능 : 좌측으로 통행하고 시계의 반대방향으로 회전하려는 본능

10년간 자주 출제된 문제

2-1. 피난대책의 일반적인 원칙이 아닌 것은?
① 피난경로는 간단명료하게 한다.
② 피난설비는 고정식 설비보다 이동식 설비를 위주로 설치한다.
③ 간단한 그림이나 색채를 이용하여 표시한다.
④ 두 방향의 피난통로를 확보한다.

2-2. 피난계획의 일반원칙 중 Fool Proof 원칙이란 무엇인가?
① 한 가지가 고장이 나도 다른 수단을 이용하는 원칙
② 두 방향의 피난동선을 항상 확보하는 원칙
③ 피난수단을 이동식 시설로 하는 원칙
④ 피난수단을 조작이 간편한 원시적 방법으로 하는 원칙

2-3. 다음 중 2차 안전구획에 속하는 것은?
① 복 도
② 계단부속실(전실)
③ 계 단
④ 피난층에서 외부와 직면한 현관

2-4. 다음 중 피난자의 집중으로 패닉현상이 일어날 우려가 가장 큰 형태는 어느 것인가?
① T형
② X형
③ Z형
④ H형

2-5. 갑작스런 화재 발생 시 인간의 피난 특성으로 틀린 것은?
① 본능적으로 평상시 사용하는 출입구를 사용한다.
② 최초로 행동을 개시한 사람을 따라서 움직인다.
③ 공포감으로 인해서 빛을 피하여 어두운 곳으로 몸을 숨긴다.
④ 무의식중에 발화 장소의 반대쪽으로 이동한다.

【해설】

2-1

피난대책의 일반원칙
- 피난경로는 간단명료하게 할 것
- 피난설비는 고정식 설비를 위주로 할 것
- 피난수단은 원시적 방법에 의한 것을 원칙으로 할 것
- 2방향 이상의 피난통로를 확보할 것

2-2
- Fool Proof : 비상시 머리가 혼란하여 판단능력이 저하되는 상태로 누구나 알 수 있도록 문자나 그림 등을 표시하여 직감적으로 작용하는 것
- Fail Safe : 하나의 수단이 고장으로 실패하여도 다른 수단에 의해 구제할 수 있도록 고려하는 것으로 양 방향 피난로의 확보와 예비전원을 준비하는 것 등이다.

2-3

피난시설의 안전구획

안전구획	1차 안전구획	2차 안전구획	3차 안전구획
구 분	복 도	계단부속실(전실)	계 단

2-4

피난방향 및 경로

구 분	구 조	특 징
T형	↔ ↓	피난자에게 피난경로를 확실히 알려주는 형태
X형	↕ ↕	양방향으로 피난할 수 있는 확실한 형태
H형	→ ←	중앙코어방식으로 피난자의 집중으로 패닉현상이 일어날 우려가 있는 형태
Z형	↔⌐→	중앙복도형 건축물에서의 피난경로로서 코어식 중 제일 안전한 형태

2-5

지광본능 : 공포감으로 인해서 밝은 방향으로 도피하려는 본능

정답 2-1 ② 2-2 ④ 2-3 ② 2-4 ④ 2-5 ③

제3절 소화원리 및 방법

핵심이론 01 소화의 원리

(1) 소화의 원리

연소의 3요소 중 어느 하나를 없애 소화하는 방법

(2) 소화의 종류

① 냉각소화 : 화재현장에 물을 주수하여 발화점 이하로 온도를 낮추어 소화하는 방법
② 질식소화 : 공기 중 산소의 농도를 21[%]에서 15[%] 이하로 낮추어 소화하는 방법
  ※ 질식소화 시 산소의 유효한계농도 : 10~15[%]
③ 제거소화 : 화재현장에서 가연물을 없애주어 소화하는 방법
  ※ 표면연소는 불꽃연소보다 연소속도가 매우 느리다.
④ 화학소화(부촉매효과) : 연쇄반응을 차단하여 소화하는 방법
  ㉠ 화학소화방법은 불꽃연소에만 한한다.
  ㉡ 화학소화제는 연쇄반응을 억제하면서 동시에 냉각, 산소희석, 연료제거 등의 작용을 한다.
  ㉢ 화학소화제는 불꽃연소에는 매우 효과적이나 표면연소에는 효과가 없다.
⑤ 희석소화 : 알코올, 에터, 에스터, 케톤류 등 수용성 물질에 다량의 물을 방사하여 가연물의 농도를 낮추어 소화하는 방법
⑥ 유화효과 : 물분무소화설비를 중유에 방사하는 경우 유류표면에 엷은 막으로 유화층을 형성하여 화재를 소화하는 방법

⑦ 피복효과 : 이산화탄소약제 방사 시 가연물의 구석까지 침투하여 피복하므로 연소를 차단하여 소화하는 방법

소화약제		소화효과
물 봉상(옥내소화전설비, 옥외소화전설비)		냉각효과
물 적상(스프링클러설비)		냉각효과
물 무상(물분무소화설비)		질식, 냉각, 희석, 유화효과
포		질식, 냉각효과
이산화탄소		질식, 냉각, 피복효과
할론, 분말		질식, 냉각, 부촉매효과
할로겐화합물 및 불활성기체	할로겐화합물	질식, 냉각, 부촉매효과
	불활성기체	질식, 냉각효과

10년간 자주 출제된 문제

1-1. 다음 위험물 중 주수소화가 부적절한 것은?

① NaClO₃ ② P
③ TNT   ④ Na₂O₂

1-2. 일반적으로 공기 중 산소농도를 몇 [vol%] 이하로 감소시키면 연소상태의 질식소화가 가능하겠는가?

① 15   ② 21
③ 25   ④ 31

1-3. 소화방법 중 제거소화에 해당하지 않는 것은?

① 산불이 발생하면 화재의 진행방향을 앞질러 벌목함
② 방 안에서 화재가 발생하면 이불이나 담요로 덮음
③ 가스화재 시 밸브를 잠가 가스흐름을 차단함
④ 불타고 있는 장작더미 속에서 아직 타지 않은 것을 안전한 곳으로 운반

1-4. 연쇄반응을 차단하여 소화하는 약제는?

① 물
② 포
③ 할론 1301
④ 이산화탄소

1-5. 연소의 4요소 중 자유활성기(Free Radical)의 생성을 저하시켜 연쇄반응을 중지시키는 소화방법은?

① 제거소화   ② 냉각소화
③ 질식소화   ④ 억제소화

해설

1-1
소화방법

물질명	NaClO₃	P	TNT	Na₂O₂
명칭	염소산 나트륨	적린	트라이 나이트로 톨루엔	과산화 나트륨
유별	제1류 위험물 염소산염류	제2류 위험물	제5류 위험물 나이트로 화합물	제1류 위험물 무기 과산화물
소화방법	냉각소화	냉각소화	냉각소화	질식소화 (마른모래)

1-2
질식소화 : 공기 중의 산소의 농도를 21[%]에서 15[%] 이하로 낮추어 소화하는 방법
※ 질식소화 시 산소의 유효 한계농도 : 10~15[%]

1-3
방 안에서 화재가 발생하면 이불이나 담요로 덮어 소화하는 방법은 질식소화이다.

1-4
부촉매효과 : 연쇄반응을 차단하는 것으로 할론, 분말소화약제

1-5
억제소화 : 자유활성기(Free Radical)의 생성을 저하시켜 연쇄반응을 중지시키는 소화방법

정답 1-1 ④ 1-2 ① 1-3 ② 1-4 ③ 1-5 ④

핵심이론 02 소화기의 종류

(1) 소화기의 분류
① 축압식 소화기 : 미리 용기에 압력을 축압한 것
② 가압식 소화기 : 별도로 이산화탄소 가압용 봄베 등을 설치하여 그 가스압으로 약제를 송출하는 방식

(2) 소화기의 종류
① 물소화기
　㉠ 펌프식 : 수동펌프를 설치하여 물을 방출하는 방식
　㉡ 축압식 : 압축공기를 넣어서 압력으로 물을 방출하는 방식
　㉢ 가압식 : 별도로 이산화탄소 등의 가스를 가압용 봄베에 설치하여 그 가스 압력으로 물을 방출하는 방식
② 산·알칼리소화기 : 전도식, 파병식, 이중병식
　$2NaHCO_3 + H_2SO_4 \rightarrow Na_2SO_4 + 2CO_2 + 2H_2O$
③ 강화액소화기 : 축압식, 가스가압식
④ 포소화기 : 전도식, 파괴전도식
　$6NaHCO_3 + Al_2(SO_4)_3 \cdot 18H_2O$
　$\rightarrow 3Na_2SO_4 + 2Al(OH)_3 + 6CO_2 + 18H_2O$
⑤ 할론소화기 : 할론 1301, 할론 1211, 할론 2402
　※ 할론 1301 : 소화효과가 가장 크고 독성이 가장 적다.
⑥ 이산화탄소소화기 : 액화탄산가스를 봄베에 넣고 여기에 용기밸브를 설치한 것
⑦ 분말소화기 : 축압식, 가스가압식
　㉠ 축압식 : 용기에 분말소화약제를 채우고 방출압력원으로 질소가스가 충전되어 있는 방식(제3종 분말 사용)
　㉡ 가스가압식 : 탄산가스로 충전된 방출압력원의 봄베는 용기 내부 또는 외부에 설치되어 있는 방식(제1종·제2종 분말 사용)

10년간 자주 출제된 문제

전기시설 등에 방사 후 이물질로 인한 피해를 방지하기 위해서 사용하는 소화기는 무엇인가?
① 분말소화기
② 포말소화기
③ 강화액소화기
④ 이산화탄소소화기

|해설|

전기시설 : 이산화탄소소화기, 할론소화기

정답 ④

제3장 약제화학

제1절 물(水, H₂O)소화약제

핵심이론 01 물소화약제의 장단점

(1) 장 점
① 인체에 무해하여 다른 약제와 혼합하여 수용액으로 사용할 수 있다.
② 가격이 저렴하고 장기 보존이 가능하다.
③ 냉각의 효과가 우수하며 무상주수일 때는 질식, 유화 효과가 있다.

(2) 단 점
① 0[℃] 이하의 온도에서는 동파 및 응고현상으로 소화 효과가 적다.
② 방사 후 물에 의한 2차 피해의 우려가 있다.
③ 전기(C급)화재나 금속(D급)화재에는 적응성이 없다.
④ 유류화재 시 물약제를 방사하면 연소면 확대로 소화효과는 기대하기 어렵다.

(3) 특 성
① 비열(1[cal/g·℃])과 증발잠열(539[cal/g])이 크다.
② 열전도계수가 크다.
③ 점도가 낮다.

10년간 자주 출제된 문제

1-1. 다음 중 소화약제로서 물을 사용하는 주된 이유는?
① 질식작용
② 증발잠열
③ 연소작용
④ 제거작용

1-2. 1기압, 100[℃]에서의 물 1[g]의 기화잠열은 몇 [cal] 인가?
① 425
② 539
③ 647
④ 734

1-3. 다음 중 비열이 가장 큰 것은?
① 물
② 금
③ 수 은
④ 철

|해설|

1-1
물은 비열과 증발(기화)잠열이 크기 때문에 소화약제로 사용한다.
※ 물의 비열 : 1[cal/g·℃], 물의 증발잠열 : 539[cal/g]

1-2
물의 기화잠열 : 539[cal/g]

1-3
물의 비열은 1[cal/g·℃]로서 가장 크다.

정답 1-1 ② 1-2 ② 1-3 ①

핵심이론 02 물소화약제의 방사방법 및 소화원리 등

(1) 방사방법
① 봉상주수(옥내소화전설비, 옥외소화전설비)
② 적상주수(스프링클러설비)
③ 무상주수(물분무소화설비)

(2) 소화원리
냉각작용에 의한 소화효과가 가장 크며 증발하여 수증기로 되므로 원래 물의 용적의 약 1,700배의 불연성 기체로 되기 때문에 가연성 혼합기체의 희석작용도 하게 된다.

※ 물의 성상
- 물의 밀도 : $1[g/cm^3] = 1,000[kg/m^3]$
- 화학식 : H_2O(분자량 : 18)
- 부피 : 22.4[L](표준상태에서 1[g-mol]이 차지하는 부피)

(3) 첨가제
물의 소화성능을 향상시키기 위해 첨가하는 첨가제
① **침투제** : 물의 표면장력을 감소시켜서 침투성을 증가시키는 Wetting Agent
② **증점제** : 물의 점도를 증가시키는 Viscosity Agent로서 Sodium Carboxy Methyl Cellulose가 있다.
③ **유화제** : 기름의 표면에 유화(에멀션)효과를 위한 첨가제(분무주수)

10년간 자주 출제된 문제

2-1. 소화약제 중 강화액소화약제의 응고점은 몇 [℃] 이하이어야 하는가?
① 20[℃]
② -20[℃]
③ 30[℃]
④ -30[℃]

2-2. 강화액에 대한 설명으로 옳은 것은?
① 침투제가 첨가된 물을 말한다.
② 물에 첨가하는 계면활성제의 총칭이다.
③ 물이 고온에서 쉽게 증발하게 하기 위해 첨가한다.
④ 알칼리 금속염을 사용한 것이다.

[해설]

2-1
강화액소화약제의 응고점 : -20[℃] 이하

2-2
강화액은 알칼리 금속염의 수용액에 황산을 반응시킨 약제이다.
$K_2CO_3 + H_2SO_4 \rightarrow K_2SO_4 + H_2O + CO_2\uparrow$

정답 2-1 ② 2-2 ④

제2절 포소화약제

핵심이론 01 포소화약제의 장단점, 구비조건

(1) 장 점
① 인체에는 무해하고 약제방사 후 독성 가스의 발생 우려가 없다.
② 가연성 액체 화재 시 질식, 냉각의 소화위력을 발휘한다.

(2) 단 점
① 동절기에는 유동성을 상실하여 소화효과가 저하된다.
② 단백포의 경우는 침전부패의 우려가 있어 정기적으로 교체 충전해야 한다.
③ 약제방사 후 약제의 잔유물이 남는다.

(3) 포소화약제의 구비조건
① 포의 안정성과 유동성이 좋을 것
② 독성이 적을 것
③ 유류와의 접착성이 좋을 것

10년간 자주 출제된 문제

포소화약제가 갖추어야 할 조건이 아닌 것은?
① 부착성이 있을 것
② 유동성과 내열성이 있을 것
③ 응집성과 안정성이 있을 것
④ 소포성이 있고 기화가 용이할 것

[해설]
포소화약제가 갖추어야 할 조건
- 부착성이 있을 것
- 유동성과 내열성이 있을 것
- 응집성과 안정성이 있을 것

정답 ④

핵심이론 02 포소화약제의 종류 및 성상

(1) 화학포소화약제
화학포소화약제는 외약제인 탄산수소나트륨(중탄산나트륨, $NaHCO_3$)의 수용액과 내약제인 황산알루미늄[$Al_2(SO_4)_3$]의 수용액과 화학반응에 의해 이산화탄소를 이용하여 포(Foam)를 발생시킨 약제이다.

① 화학반응식

$$6NaHCO_3 + Al_2(SO_4)_3 \cdot 18H_2O$$
$$\rightarrow 3Na_2SO_4 + 2Al(OH)_3 + 6CO_2 + 18H_2O$$

② 기포안정제 : 카세인, 젤라틴, 사포닌 등

(2) 기계포소화약제(공기포소화약제)
① 혼합비율에 따른 분류

구 분	약제 종류	약제 농도	팽창비
저발포용	단백포	3[%], 6[%]	20배 이하
	합성계면활성제포	3[%], 6[%]	
	수성막포	3[%], 6[%]	
	알코올형포	3[%], 6[%]	
	플루오린화단백포	3[%], 6[%]	
고발포용	합성계면활성제포	1[%], 1.5[%], 2[%]	80배 이상 1,000배 미만

※ 단백포 3[%] : 단백포약제 3[%]와 물 97[%]의 비율로 혼합한 약제

$$\text{※ 팽창비} = \frac{\text{방출 후 포의 체적[L]}}{\text{방출전 포 수용액의 체적(원액 + 물)[L]}}$$

$$= \frac{\text{방출 후 포의 체적[L]}}{\frac{\text{원액의 양[L]}}{\text{농도[\%]}}}$$

② 포소화약제에 따른 분류

　㉠ 단백포소화약제 : 단백질을 가수분해한 것을 주원료로 하는 포소화약제로서 특이한 냄새가 나는 끈끈한 흑갈색 액체이다.

[포소화약제의 물성표]

종류 물성	단백포	합성계면 활성제포	수성막포	알코올 형포
pH(20[℃])	6.0~7.5	6.5~8.5	6.0~8.5	6.0~8.5
비중(20[℃])	1.1~1.2	0.9~1.2	1.0~1.15	0.9~1.2

　㉡ 합성계면활성제포소화약제 : 합성계면활성제를 주원료로 하는 포소화약제(수성막포에서 정하는 것은 제외한다)이다.

　㉢ 수성막포소화약제 : 미국의 3M사가 개발한 것으로 일명 Light Water라고 한다. 합성계면활성제를 주원료로 하는 포소화약제 중 기름 표면에서 수성막을 형성하는 포소화약제로서 물과 혼합하여 사용한다. 성능은 단백포소화약제에 비해 약 300[%] 효과가 있으며 필요한 소화약제의 양은 1/3 정도에 불과하다.

　　※ AFFF(Aqueous Film Forming Foam) : 수성막포

　㉣ 알코올형포소화약제 : 단백질 가수분해물이나 합성계면활성제 중에 지방산금속염이나 타계통의 합성계면활성제 또는 고분자 겔 생성물 등을 첨가한 포소화약제로서 위험물안전관리법 시행령 별표 1의 위험물 중 알코올류, 에터류, 에스터류, 케톤류, 알데하이드류, 아민류, 나이트릴류 및 유기산 등(알코올류 등) 수용성 용제의 소화에 사용하는 약제

　　※ 알코올형포 : 알코올, 에스터 등 수용성 액체에 적합

　㉤ 플루오린화단백포소화약제 : 단백포에 플루오린계 계면활성제를 혼합하여 제조한 것으로서 플루오린의 소화효과는 포소화약제 중 우수하나 가격이 비싸 잘 유통되지 않고 있다.

(3) 25[%] 환원시간시험

채취한 포에서 환원하는 포수용액량이 실린더 내의 포에 함유되어 있는 전 포수용액량의 25[%](1/4) 환원에 요하는 시간으로 분으로 나타낸다. 물의 유지능력 정도, 포의 유동성을 특별히 표시한 것이다.

포소화약제의 종류		25[%] 환원시간[분]
포 수용액	단백포소화약제	1
	합성계면활성제포소화약제	3
	수성막포소화약제	1
방수포용 포		2

10년간 자주 출제된 문제

2-1. 포소화약제의 적응성이 있는 것은?

① 칼륨 화재　　② 알킬리튬 화재
③ 가솔린 화재　　④ 인화알루미늄 화재

2-2. 포소화약제 중 고팽창포로 사용할 수 있는 것은?

① 단백포　　② 플루오린화단백포
③ 알코올형포　　④ 합성계면활성제포

2-3. 수성막포소화약제의 독성에 대한 설명으로 틀린 것은?

① 내열성이 우수하여 고온에서 수성막의 형성이 용이하다.
② 기름에 의한 오염이 적다.
③ 다른 소화약제와 병용하여 사용이 가능하다.
④ 불소계 계면활성제가 주성분이다.

2-4. 에터, 케톤, 에스터, 알데하이드, 카복실산, 아민 등과 같은 가연성인 수용성 용매에 유효한 포소화약제는?

① 단백포　　② 수성막포
③ 플루오린화단백포　　④ 알코올형포

[해설]

2-1

포소화약제 : 제4류 위험물(가솔린)에 적합

※ 칼륨, 알킬리튬, 인화알루미늄이 물과 반응 : 가연성 가스 발생

2-2

공기포소화약제의 혼합비율에 따른 분류

구 분	약제 종류	약제 농도
고발포용	합성계면활성제포	1[%], 1.5[%], 2[%]

2-3

수성막포소화약제의 특징

- 내유성과 유동성이 우수하며 방출 시 유면에 얇은 물의 막인 수성막을 형성한다.
- 내열성이 약하다.
- 기름에 의한 오염이 적다.
- 플루오린화단백포, 분말 이산화탄소와 함께 사용이 가능하다.
- 플루오린계 계면활성제가 주성분이다.

2-4

알코올형포 : 에터, 케톤, 에스터 등 수용성 가연물의 소화에 가장 적합한 소화약제

※ 수용성 액체 : 물과 잘 섞이는 액체

정답 2-1 ③ 2-2 ④ 2-3 ① 2-4 ④

제3절 이산화탄소소화약제

핵심이론 01 이산화탄소소화약제의 성상

(1) 이산화탄소의 특성

① 상온에서 기체이며 그 가스비중(공기 = 1.0)은 1.52로 공기보다 무겁다.

② 무색무취로 화학적으로 안정하고 가연성·부식성도 없다.

③ 이산화탄소는 화학적으로 비교적 안정하다.

④ 고농도의 이산화탄소는 인체에 독성이 있다.

⑤ 액화가스로 저장하기 위하여 임계온도(31.35[℃]) 이하로 냉각시켜 놓고 가압한다.

⑥ 저온으로 고체화한 것을 드라이아이스라고 하며 냉각제로 사용한다.

(2) 이산화탄소의 물성

구 분	물성치	구 분	물성치
화학식	CO_2	승화점	-78.5[℃]
분자량	44	임계압력	72.75[atm]
비중(공기 = 1)	1.52	임계온도	31.35[℃]
삼중점	-56.3[℃] (0.42[MPa])	증발잠열[kJ/kg]	576.5

※ 삼중점 값은 자료마다 약간의 차이가 있으며, 본 도서는 -56.3[℃] (0.42[MPa])로 표기하였습니다.

(3) 온도에 따른 이산화탄소의 압력변화

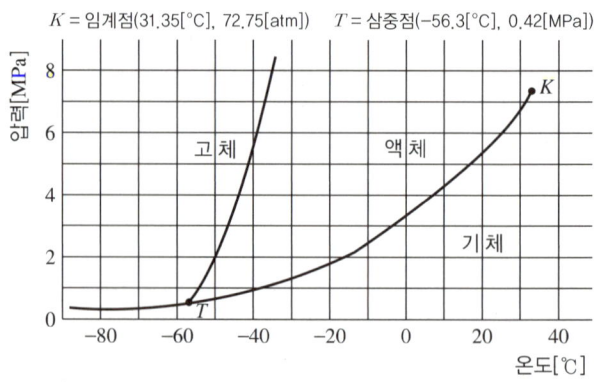

[온도에 따른 압력변화]

10년간 자주 출제된 문제

1-1. 이산화탄소에 관한 다음 설명 중 틀린 것은?
① 액화이산화탄소는 그 비중이 물보다 1.5배 크다.
② 기체상태의 이산화탄소는 공기보다 무겁다.
③ 이산화탄소는 대기압하의 상온에서 무색무취의 기체이다.
④ 이산화탄소는 35[℃]의 온도에서는 액체상태로 존재할 수 없다.

1-2. 이산화탄소소화설비의 단점이 아닌 것은?
① 인체의 질식이 우려된다.
② 소화약제의 방출 시 인체에 닿으면 동상이 우려된다.
③ 소화약제의 방사 시 소리가 요란하다.
④ 전기의 부도체로서 전기절연성이 높다.

1-3. 이산화탄소에 대한 설명으로 틀린 것은?
① 불연성 가스로서 공기보다 무겁다.
② 임계온도는 97.5[℃]이다.
③ 고체의 형태로 존재할 수 있다.
④ 상온, 상압에서 기체상태로 존재한다.

[해설]

1-1
기체이산화탄소는 비중이 공기보다 1.52배(44/29 = 1.517) 크다.
※ **임계온도** : 기체를 액화할 수 있는 최고온도(CO_2 : 31.35[℃])

1-2
이산화탄소소화설비의 단점
- 소화 시 질식의 우려가 있다.
- 방사 시 액체상태를 빙하로 서상하였다가 기화되므로 동상의 우려가 있다.
- 이산화탄소 방사 시 소음이 크다.
- 고압 저장하므로 주의를 요한다.

1-3
이산화탄소의 임계온도 : 31.35[℃]

정답 1-1 ① **1-2** ④ **1-3** ②

핵심이론 02 이산화탄소소화약제의 품질 및 측정법

(1) 이산화탄소의 품질기준

열에 의해 부식성이나 독성이 없어야 하며 이산화탄소는 고압가스 안전관리법에 적용을 받으므로 충전비는 1.50 이상이 되어야 한다.

종 별	함량[vol%]	수분[wt%]	특 성
1종	99.0 이상	–	무색무취
2종	99.5 이상	0.05 이하	–
3종	99.5 이상	0.005 이하	–

※ 주로 제2종(함량 99.5[%] 이상, 수분 0.05[%] 이하)을 주로 사용하고 있다.

(2) 약제량측정법

① **중량측정법** : 용기밸브 개방장치 및 조작관 등을 떼어낸 후 저울을 사용하여 가스용기의 총중량을 측정한 후 용기에 부착된 중량표(명판)와 비교하여 기재중량과 계량중량의 차가 충전량의 10[%] 이내가 되어야 한다.

② **액면측정법** : 액화가스미터기로 액면의 높이를 측정하여 CO_2약제량을 계산한다.
※ **임계온도** : 액체의 밀도와 기체의 밀도가 같아지는 31.35[℃]이다.

③ **비파괴검사법**

(3) 이산화탄소의 농도

$$CO_2[\%] = \frac{21 - O_2[\%]}{21} \times 100$$

여기서, O_2 : 산소의 농도

(4) 이산화탄소소화약제의 소화효과

① 산소의 농도를 21[%]를 15[%]로 낮추어 이산화탄소에 의한 질식효과

② 증기비중이 공기보다 1.52배로 무겁기 때문에 이산화탄소에 의한 피복효과

③ 이산화탄소가스 방출 시 기화열에 의한 냉각효과
※ 이산화탄소의 소화효과 : 질식, 피복, 냉각효과

10년간 자주 출제된 문제

2-1. 화재 시 이산화탄소를 사용하여 화재를 진압하려고 할 때 산소의 농도를 13[vol%]로 낮추어 화재를 진압하려면 공기 중 이산화탄소의 농도는 약 몇 [vol%]가 되어야 하는가?

① 18.1
② 28.1
③ 38.1
④ 48.1

2-2. 이산화탄소소화약제의 소화효과와 관계가 없는 것은?

① 질식효과
② 냉각효과
③ 가압소화
④ 화염에 대한 피복작용

[해설]

2-1

이산화탄소의 이론적 최소소화농도[%]

$$CO_2[\%] = \frac{21 - O_2[\%]}{21} \times 100$$

$$= \frac{21 - 13}{21} \times 100 = 38.1[\%]$$

2-2

이산화탄소 소화효과 : 질식, 냉각, 피복효과

정답 2-1 ③ 2-2 ③

제4절 할론소화약제

핵심이론 01 할론소화약제의 개요

(1) 할론소화약제의 개요

할론이란 플루오린(F), 염소(Cl), 브로민(Br) 및 아이오딘(I) 등 할로겐족 원소를 하나 이상 함유한 화학 물질을 말한다. 할로겐족 원소는 다른 원소에 비해 높은 반응성을 갖고 있어 할론은 독성이 적고 안정된 화합물을 형성한다.

(2) 오존파괴지수(ODP)

어떤 물질의 오존파괴능력을 상대적으로 나타내는 지표를 ODP(Ozone Depletion Potential, 오존파괴지수)라 한다. 이 ODP는 기준 물질로 CFC-11(CFC$_3$)의 ODP를 1로 정하고 상대적으로 어떤 물질의 대기권에서의 수명, 물질의 단위질량당 염소나 브로민 질량의 비, 활성 염소와 브로민의 오존파괴능력 등을 고려하여 그 물질의 ODP가 정해지는데 그 계산식은 다음과 같다.

※ ODP = $\dfrac{\text{어떤 물질 1[kg]이 파괴하는 오존량}}{\text{CFC-11 1[kg]이 파괴하는 오존량}}$

(3) 지구온난화지수(GWP)

일정무게의 CO_2가 대기 중에 방출되어 지구온난화에 기여하는 정도를 1로 정하였을 때 같은 무게의 어떤 물질이 기여하는 정도를 GWP(Global Warming Potential, 지구온난화지수)로 나타내며, 다음 식으로 정의된다.

※ GWP = $\dfrac{\text{물질 1[kg]이 기여하는 온난화 정도}}{CO_2 \text{ 1[kg]이 기여하는 온난화 정도}}$

10년간 자주 출제된 문제

1-1. 할론에 의한 피해의 척도와 관계없는 것은?

① 지구의 온난화지수
② 오존층의 파괴지수
③ 분해열에 의한 복사열지수
④ 치사농도

1-2. 소화약제 중 오존파괴지수가 가장 큰 것은?

① 할론 1011
② 할론 1301
③ 할론 1211
④ 할론 2402

[해설]

1-1
할론에 의한 피해의 척도
- 지구의 온난화지수
- 오존층의 파괴지수
- 치사농도

1-2
할론 1301은 오존파괴지수(ODP)가 13.1로 가장 크다.

정답 1-1 ③ 1-2 ②

핵심이론 02 할론소화약제의 특성

(1) 할론소화약제의 특성

① 변질분해가 없다.
② 전기부도체이다.
③ 금속에 대한 부식성이 적다.
④ 연소 억제작용으로 부촉매 소화효과가 훌륭하다.
⑤ 값이 비싸다는 단점이 있다.

(2) 할론소화약제의 구비조건

① 비점이 낮고 기화되기 쉬울 것
② 공기보다 무겁고 불연성일 것
③ 증발잔유물이 없어야 할 것

(3) 할론소화약제의 물성

물성 \ 종류	할론 1301	할론 1211	할론 2402
분자식	CF_3Br	CF_2ClBr	$C_2F_4Br_2$
분자량	148.9	165.4	259.8
임계온도[℃]	67.0	153.8	214.6
임계압력[atm]	39.1	40.57	33.5
상태(20[℃])	기체	기체	액체
오존파괴지수	14.1	2.4	6.6
증기비중	5.1	5.7	9.0

※ 소화효과 : F < Cl < Br < I
전기음성도 : F > Cl > Br > I

(4) 명명법

할론이란 할로겐화탄화수소(Halogenated Hydrocarbon)의 약칭으로 탄소 또는 탄화수소에 플루오린, 염소, 브로민이 함께 포함되어 있는 물질을 통칭하는 말이다. 예를 들면, 할론 1211은 CF_2ClBr로서 메테인(CH_4)에 2개의 플루오린(F) 원자, 1개의 염소(Cl) 원자 및 1개의 브로민(Br) 원자로 이루어진 화합물이다.

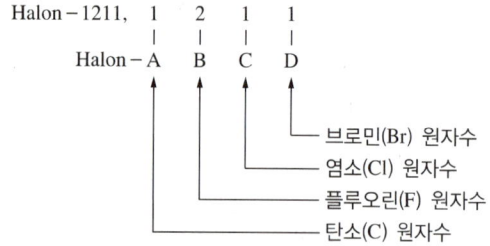

10년간 자주 출제된 문제

2-1. 할론소화약제의 특성으로 옳지 않은 것은?

① 비점이 낮다.
② 할로겐원소의 부촉매효과는 염소가 제일 크다.
③ 기화되기 쉽다.
④ 공기보다 무겁고 불연성이다.

2-2. 상온, 상압에서 액체인 물질은?

① CO_2
② Halon 1301
③ Halon 1211
④ Halon 2402

2-3. 할로겐원소의 소화효과가 큰 순서대로 배열된 것은?

① I > Br > Cl > F
② Br > I > F > Cl
③ Cl > F > I > Br
④ F > Cl > Br > I

2-4. 할로겐족원소 중 전기음성도가 가장 큰 것은?

① F
② Br
③ Cl
④ I

【해설】

2-1

할론소화약제의 특성(구비조건)
- 저비점 물질로서 기화되기 쉬울 것
- 공기보다 무겁고 불연성일 것
- 증발 잔유물이 없을 것

※ 소화효과 : F < Cl < Br < I
　전기음성도 : F > Cl > Br > I

2-2

상온에서의 성상

종 류	CO_2	Halon 1301	Halon 1211	Halon 2402
상 태	기 체	기 체	기 체	액 체

2-3

할로겐원소 소화효과 : I > Br > Cl > F

2-4

전기음성도 : F > Cl > Br > I

정답 2-1 ② 2-2 ④ 2-3 ① 2-4 ①

핵심이론 03 할론소화약제의 성상

(1) 할론 1301 소화약제

메테인(CH_4)에 플루오린(F) 3원자와 브로민(Br) 1원자가 치환되어 있는 약제로서 분자식은 CF_3Br이며 분자량은 148.9이다. BTM(Bromo Trifluoro Methane)이라고도 한다.

$$H-\underset{\underset{H}{|}}{\overset{\overset{H}{|}}{C}}-H \quad \rightarrow \quad F-\underset{\underset{F}{|}}{\overset{\overset{F}{|}}{C}}-Br$$

상온(21[℃])에서 기체이며 무색무취로 전기전도성이 없으며 공기보다 약 5.1배(148.9/29 = 5.13배) 무거우며 21[℃]에서 약 1.4[MPa]의 압력을 가하면 액화될 수 있다. 할론 1301은 고압식[4.2MPa]과 저압식(2.5[MPa])으로 저장하는데 할론 1301 소화설비에서 21[℃] 자체증기압은 1.4[MPa]이므로 고압식으로 저장하면 나머지 압력(4.2 - 1.4 = 2.8[MPa])은 질소가스를 충전하여 약제를 전량 외부로 방출하도록 되어 있다. 이 약제는 할론소화약제 중에서 독성이 가장 약하고 소화효과는 가장 좋다. 적응화재는 B급(유류) 화재, C급(전기) 화재에 적합하다.

※ 할론 1301 소화약제는 인체에 대한 독성이 가장 약하고 소화효과가 가장 좋다.

(2) 할론 1211 소화약제

메테인에 플루오린(F) 2원자, 염소(Cl) 1원자, 브로민(Br) 1원자가 치환되어 있는 약제로서 분자식은 CF_2ClBr이며 분자량은 165.4이다. BCF(Bromo Chloro Difluoro Methane)라 한다.

$$H-\underset{\underset{H}{|}}{\overset{\overset{H}{|}}{C}}-H \quad \rightarrow \quad F-\underset{\underset{Br}{|}}{\overset{\overset{Cl}{|}}{C}}-F$$

상온에서 기체이며, 공기보다 약 5.7배 무거우며, 비점은 -4[℃]로서 이 온도에서 방출 시에는 액체 상태로 방사된다. 적응화재는 유류화재, 전기화재에 적합하다.

※ 휴대용 소형소화기 : 할론 1211, 할론 2402

(3) 할론 1011 소화약제

메테인에 염소 1원자, 브로민 1원자가 치환되어 있는 약제로서 분자식은 CH_2ClBr이며 분자량은 129.4이다. CB(Chloro Bromo Methane)이라 한다. 할론 1011은 상온에서 액체이며 증기비중(공기 = 1)은 4.5이다.

$$H-\underset{\underset{H}{|}}{\overset{\overset{H}{|}}{C}}-H \quad \rightarrow \quad H-\underset{\underset{Br}{|}}{\overset{\overset{Cl}{|}}{C}}-H$$

※ 상온에서 액체 : 할론 1011, 할론 2402

(4) 할론 2402 소화약제

에테인(C_2H_6)에 플루오린 4원자와 브로민 2원자를 치환한 약제로서 분자식은 $C_2F_4Br_2$이며 분자량은 259.8이다. FB(Tetra Fluoro Dibromo Ethane)라 한다.

$$H-\underset{\underset{H}{|}}{\overset{\overset{H}{|}}{C}}-\underset{\underset{H}{|}}{\overset{\overset{H}{|}}{C}}-H \quad \rightarrow \quad Br-\underset{\underset{F}{|}}{\overset{\overset{F}{|}}{C}}-\underset{\underset{F}{|}}{\overset{\overset{F}{|}}{C}}-Br$$

적응화재는 유류화재, 전기화재의 소화에 적합하다.

(5) 사염화탄소소화약제

메테인에 염소 4원자를 치환시킨 약제로서 공기, 수분, 탄산가스와 반응하면 포스겐($COCl_2$)이라는 독가스를 발생하기 때문에 실내에 사용을 금지하고 있으며, 이 약제는 CTC(Carbon Tetra Chloride)라 한다. 사염화탄소는 무색투명한 휘발성 액체로서 특유한 냄새와 독성이 있다.

※ 사염화탄소의 화학반응식
- 공기 중 : $2CCl_4 + O_2 \rightarrow 2COCl_2 + 2Cl_2$
- 습기 중 : $CCl_2 + H_2O \rightarrow COCl_2 + 2HCl$
- 탄산가스 중 : $CCl_4 + CO_2 \rightarrow 2COCl_2$
- 금속접촉 중 : $3CCl_4 + Fe_2O_3 \rightarrow 3COCl_2 + 2FeCl_2$
- 발연황산 중 : $2CCl_4 + H_2SO_4 + SO_3$
  $\rightarrow 2COCl_2 + S_2O_5Cl_2 + 2HCl$

(6) 할론소화약제의 소화효과

① 물리적 효과 : 기체 및 액체 할론의 열 흡수, 액체 할론이 기화할 때와 할론이 분해할 때 주위의 열을 뺏는 공기 중 산소 농도를 묽게 해주는 희석효과 공기 중 산소 농도를 16[%] 이하로 낮추어 준다.

② 화학적 효과 : 연소과정은 자유 Radical이 계속 이어지면서 연쇄반응이 이루어지는데 이 과정에 할론약제가 접촉하면 할론이 함유하고 있는 브로민(취소)이 고온에서 Radical형태로 분해되어 연소 시 연쇄반응의 원인물질인 활성자유 Radical과 반응하여 연쇄반응의 꼬리를 끊어주어 연소의 연쇄반응을 억제시킨다.

※ 할론소화약제의 소화
- 소화효과 : 질식, 냉각, 부촉매효과
- 소화효과의 크기 : 사염화탄소 < 할론 1011 < 할론 2402 < 할론 1211 < 할론 1301

10년간 자주 출제된 문제

3-1. 할론(Halon) 1301의 분자식은?

① CH_2Cl ② CH_3Br
③ CF_2Cl ④ CF_3Br

3-2. 할론소화약제 중 Halon 1211 약제의 분자식은?

① CBr_2ClF ② CF_2BrCl
③ CCl_2BrF ④ BrC_2ClF

3-3. 다음 중 증기비중이 가장 큰 것은?

① 이산화탄소 ② 할론 1301
③ 할론 2402 ④ 할론 1211

[해설]

3-1

할론소화약제

종류	할론 1301	할론 1211	할론 2402	할론 1011
분자식	CF_3Br	CF_2ClBr	$C_2F_4Br_2$	CH_2ClBr
분자량	148.9	165.4	259.8	129.4

3-2

할론소화약제

종류	할론 1112	할론 1211	할론 1121	할론 2111
분자식	CBr_2ClF	CF_2BrCl	CCl_2BrF	BrC_2ClFH_3

3-3

분자량

종류	이산화탄소	할론 1301	할론 2402	할론 1211
분자식	CO_2	CF_3Br	$C_2F_4Br_2$	CF_2ClBr
분자량	44	148.9	259.8	165.4

증기비중

$$증기비중 = \frac{분자량}{29}$$

- 이산화탄소 = 44/29 = 1.52
- 할론 1301 = 148.9/29 = 5.13
- 할론 2402 = 259.8/29 = 8.95
- 할론 1211 = 165.4/29 = 5.70

정답 3-1 ④ 3-2 ② 3-3 ③

제5절 할로겐화합물 및 불활성기체소화약제

핵심이론 01 소화약제의 개요 및 특성

(1) 소화약제의 개요
소화약제는 할로겐화합물(할론 1301, 할론 2402, 할론 1211 제외) 및 불활성기체로서 전기적으로 비전도성이며 휘발성이 있거나 증발 후 잔여물을 남기지 않는 소화약제인데 전기실, 발전실, 전산실 등에 설치한다.

(2) 소화약제의 정의
① 할로겐화합물소화약제 : 플루오린(F), 염소(Cl), 브로민(Br) 또는 아이오딘(I) 중 하나 이상의 원소를 포함하고 있는 유기화합물을 기본성분으로 하는 소화약제
② 불활성기체소화약제 : 헬륨(He), 네온(Ne), 아르곤(Ar) 또는 질소(N_2)가스 중 하나 이상의 원소를 기본성분으로 하는 소화약제
③ 충전밀도 : 용기의 단위용적당 소화약제의 중량의 비율

(3) 약제의 종류

소화약제	화학식
퍼플루오로뷰테인 (이하 "FC-3-1-10"이라 한다)	C_4F_{10}
하이드로클로로플루오로카본 혼화제 (이하 "HCFC BLEND A"라 한다)	HCFC-123($CHCl_2CF_3$) : 4.75[%] HCFC-22($CHClF_2$) : 82[%] HCFC-124($CHClFCF_3$) : 9.5[%] $C_{10}H_{16}$: 3.75[%]
클로로테트라플루오로에테인 (이하 "HCFC-124"라 한다)	$CHClCF_3$
펜타플루오로에테인 (이하 "HFC-125"라 한다)	CHF_2CF_3
헵타플루오로프로페인 (이하 "HFC-227ea"라 한다)	CF_3CHFCF_3
트라이플루오로메테인 (이하 "HFC-23"이라 한다)	CHF_3
헥사플루오로프로페인 (이하 "HFC-236fa"라 한다)	$CF_3CH_2CF_3$
트라이플루오로아이오다이드 (이하 "FIC-13 I1"이라 한다)	CF_3I
불연성·불활성기체 혼합가스 (이하 "IG-01"이라 한다)	Ar
불연성·불활성기체 혼합가스 (이하 "IG-100"이라 한다)	N_2
불연성·불활성기체 혼합가스 (이하 "IG-541"이라 한다)	N_2 : 52[%], Ar : 40[%], CO_2 : 8[%]
불연성·불활성기체 혼합가스 (이하 "IG-55"라 한다)	N_2 : 50[%], Ar : 50[%]
도데카플루오로-2-메틸펜테인-3-원 (이하 "FK-5-1-12"라 한다)	$CF_3CF_2C(O)CF(CF_3)_2$

(4) 소화약제의 특성
① 할로겐화합물(할론 1301, 할론 2402, 할론 1211은 제외) 및 불활성기체로서 전기적으로 비전도성이다.
② 휘발성이 있거나 증발 후 잔여물은 남기지 않는 액체이다.
③ 할론소화약제 대처용이다.

(5) 약제의 구비조건
① 독성이 낮고 설계농도는 NOAEL 이하일 것
② 오존파괴지수(ODP), 지구온난화지수(GWP)가 낮을 것
③ 소화효과 할론소화약제와 유사할 것
④ 비전도성이고 소화 후 증발잔유물이 없을 것
⑤ 저장 시 분해하지 않고 용기를 부식시키지 않을 것

10년간 자주 출제된 문제

1-1. 할로겐화합물 및 불활성기체소화약제 중 HCFC-22를 82[%] 포함하고 있는 것은?

① IG-541
② HFC-227ea
③ IG-55
④ HCFC BLEND A

1-2. 소화설비에 적용되는 할로겐화합물 및 불활성기체소화약제가 아닌 것은?

① IG-100
② HFC-125
③ FC-3-1-10
④ HCFC-125

1-3. 불활성기체소화약제 중에서 IG-541의 혼합가스 성분비는?

① Ar 52[%], N_2 40[%], CO_2 8[%]
② N_2 52[%], Ar 40[%], CO_2 8[%]
③ CO_2 52[%], Ar 40[%], N_2 8[%]
④ N_2 10[%], Ar 40[%], CO_2 50[%]

[해설]

1-1

할로겐화합물 및 불활성기체소화약제의 종류

소화약제	화학식
하이드로클로로플루오로카본 혼화제 (이하 "HCFC BLEND A"라 한다)	HCFC-123($CHCl_2CF_3$) : 4.75[%] HCFC-22($CHClF_2$) : 82[%] HCFC-124($CHClCF_3$) : 9.5[%] $C_{10}H_{16}$: 3.75[%]

1-2

HFC-125 : 할로겐화합물 및 불활성기체소화약제이다.
※ HCFC-125는 없고 HFC-125는 있다.

1-3

IG-541의 혼합가스 성분비 : N_2 52[%], Ar 40[%], CO_2 8[%]

정답 1-1 ④ 1-2 ④ 1-3 ②

핵심이론 02 소화약제의 구분 및 소화효과

(1) 할로겐화합물계열

① 분 류

계열	정의	해당 물질
HFC(Hydro Fluoro Carbons) 계열	C(탄소)에 F(플루오린)와 H(수소)가 결합된 것	HFC-125, HFC-227ea, HFC-23, HFC-236fa
HCFC(Hydro Chloro Fluoro Carbons) 계열	C(탄소)에 Cl(염소), F(플루오린), H(수소)가 결합된 것	HCFC-BLEND A, HCFC-124
FIC(Fluoro Iodo Carbons) 계열	C(탄소)에 F(플루오린)와 I(아이오딘)가 결합된 것	FIC-13I1
FC(PerFluoro Carbons) 계열	C(탄소)에 F(플루오린)가 결합된 것	FC-3-1-10, FK-5-1-12

② 명명법

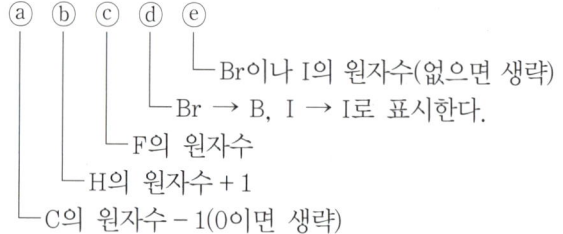

- ⓐ → C의 원자수 - 1(0이면 생략)
- ⓑ → H의 원자수 + 1
- ⓒ → F의 원자수
- ⓓ → Br → B, I → I로 표시한다.
- ⓔ → Br이나 I의 원자수(없으면 생략)

[예 시]

- HFC계열(HFC-227, CF_3CHFCF_3)
  - ⓐ → C의 원자수(3 - 1 = 2)
  - ⓑ → H의 원자수(1 + 1 = 2)
  - ⓒ → F의 원자수(7)
- HCFC계열(HCFC-124, $CHClFCF_3$)
  - ⓐ → C의 원자수(2 - 1 = 1)
  - ⓑ → H의 원자수(1 + 1 = 2)
  - ⓒ → F의 원자수(4)
  - – 부족한 원소는 Cl로 채운다.
- FIC계열(FIC-13 I1, CF_3I)
  - ⓐ → C의 원자수(1 - 1 = 0, 생략)
  - ⓑ → H의 원자수(0 + 1 = 1)
  - ⓒ → F의 원자수(3)
  - ⓓ → I로 표기
  - ⓔ → I의 원자수(1)
- FC계열(FC-3-1-10, C_4F_{10})
  - ⓐ → C의 원자수(4 - 1 = 3)
  - ⓑ → H의 원자수(0 + 1 = 1)
  - ⓒ → F의 원자수(10)

(2) 불활성기체 계열

① 분 류

종 류	화학식
IG-01	Ar
IG-100	N_2
IG-55	N_2(50[%]), Ar(50[%])
IG-541	N_2(52[%]), Ar(40[%]), CO_2(8[%])

② 명명법

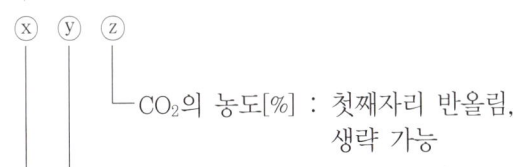

ⓧ ⓨ ⓩ
- ⓩ → CO_2의 농도[%] : 첫째자리 반올림, 생략 가능
- ⓨ → Ar의 농도[%] : 첫째자리 반올림
- ⓧ → N_2의 농도[%] : 첫째자리 반올림

[예시]
- IG-01
  - ⓧ → N_2의 농도(0[%]) = 0
  - ⓨ → Ar의 농도(100[%]) = 1
  - ⓩ → CO_2의 농도(0[%]) : 생략
- IG-100
  - ⓧ → N_2의 농도(100[%]) = 1
  - ⓨ → Ar의 농도(0[%]) = 0
  - ⓩ → CO_2의 농도(0[%]) = 0
- IG-55
  - ⓧ → N_2의 농도(50[%]) = 5
  - ⓨ → Ar의 농도(50[%]) = 5
  - ⓩ → CO_2의 농도(0[%]) : 생략
- IG-541
  - ⓧ → N_2의 농도(52[%]) = 5
  - ⓨ → Ar의 농도(40[%]) = 4
  - ⓩ → CO_2의 농도(8[%] → 10[%]) = 1

(3) 소화효과

① 할로겐화합물소화약제 : 질식, 냉각, 부촉매효과
② 불활성기체소화약제 : 질식, 냉각효과

10년간 자주 출제된 문제

2-1. FM 200이라는 상품명을 가지며 오존파괴지수(ODP)가 0인 할론 대체 소화약제는 무슨 계열인가?

① HFC계열
② HCFC계열
③ FC계열
④ Blend계열

2-2. 할로겐화합물 및 불활성기체소화약제 중 할로겐화합물소화약제의 소화효과가 아닌 것은?

① 질식소화
② 희석소화
③ 냉각소화
④ 부촉매소화

[해설]

2-1
할로겐화합물 및 불활성기체소화약제

계 열	해당 물질
HFC(Hydro Fluoro Carbons)계열	HFC-125, HFC-227ea, HFC-23, HFC-236fa
HCFC(Hydro Chloro Fluoro Carbons)계열	HCFC-BLEND A, HCFC-124
FIC(Fluoro Iodo Carbons)계열	FIC-13I1
FC(PerFluoro Carbons)계열	FC-3-1-10, FK-5-1-12

∴ HFC-227ea : FM200, HCFC-BLEND A : NAFS Ⅲ

2-2
할로겐화합물 및 불활성기체소화약제의 소화효과
- 할로겐화합물소화약제 : 질식, 냉각, 부촉매효과
- 불활성기체소화약제 : 질식, 냉각효과

정답 2-1 ① 2-2 ②

제6절 분말소화약제

핵심이론 01 소화약제의 개요 및 성상

(1) 분말소화약제의 개요

분말소화약제는 방습가공을 한 나트륨 및 칼륨의 탄산수소염(중탄산염) 기타의 염류 또는 인산염류・황산염류 그 밖의 방염성을 가진 염류(인산염류 등)로서 제1종 분말~제4종 분말소화약제가 있다. 제1종 분말소화약제는 식용유화재(K급 화재)에 적합하다.

(2) 분말소화약제의 성상

① 제1종 분말소화약제

항 목	성 상
주성분	탄산수소나트륨(중탄산나트륨)
화학명	$NaHCO_3$
착 색	백 색
적응화재	B급, C급 화재
소화효과	질식, 냉각 부촉매효과
열분해 반응식	• 1차 분해반응식(270[℃]) $2NaHCO_3 \rightarrow Na_2CO_3 + CO_2 + H_2O$ • 2차 분해반응식(850[℃]) $2NaHCO_3 \rightarrow Na_2O + 2CO_2 + H_2O$
기 타	식용유화재 : 주방에서 발생하는 식용유화재에는 가연물과 반응하여 비누화현상을 일으킨다.

※ 비누화현상 : 알칼리와 작용하면 가수분해되어 그 성분의 산의 염과 알코올이 생성되는 현상

② 제2종 분말소화약제

항 목	성 상
주성분	탄산수소칼륨(중탄산칼륨)
화학명	$KHCO_3$
착 색	담회색
적응화재	B급, C급 화재
소화효과	질식, 냉각 부촉매효과
열분해 반응식	• 1차 분해반응식(190[℃]) $2KHCO_3 \rightarrow K_2CO_3 + CO_2 + H_2O$ • 2차 분해반응식(590[℃]) $2KHCO_3 \rightarrow K_2O + 2CO_2 + H_2O$
기 타	소화능력이 제1종 분말소화약제보다 약 1.67배 크다.

③ 제3종 분말소화약제

항 목	성 상
주성분	제일인산암모늄(인산암모늄, 인산염)
화학명	$NH_4H_2PO_4$
착 색	담홍색
적응화재	A급, B급, C급 화재
소화효과	질식, 냉각 부촉매효과
열분해 반응식	• 1차 분해반응식(190[℃]) $NH_4H_2PO_4 \rightarrow NH_3 + H_3PO_4$(인산, 오쏘인산) • 2차 분해반응식(215[℃]) $2H_3PO_4 \rightarrow H_2O + H_4P_2O_7$(피로인산) • 3차 분해반응식(300[℃]) $H_4P_2O_7 \rightarrow H_2O + 2HPO_3$(메타인산) ※ $NH_4H_2PO_4 \rightarrow HPO_3 + NH_3 + H_2O$
기 타	소화능력이 제1종, 제2종 분말소화약제보다 약 20~30[%]가 크다.

④ 제4종 분말소화약제

항 목	성 상
주성분	탄산수소칼륨(중탄산칼륨) + 요소
화학명	$KHCO_3 + (NH_2)_2CO$
착 색	회 색
적응화재	B급, C급 화재
소화효과	질식, 냉각 부촉매효과
열분해 반응식	$2KHCO_3 + (NH_2)_2CO \rightarrow K_2CO_3 + 2NH_3\uparrow + 2CO_2\uparrow$
기 타	소화능력이 가장 크다.

10년간 자주 출제된 문제

1-1. 제1종 분말소화약제인 탄산수소나트륨은 어떤 색으로 착색되어 있는가?

① 백 색
② 담회색
③ 담홍색
④ 회 색

1-2. 제2종 분말소화약제가 열분해 되었을 때 생성되는 물질이 아닌 것은?

① CO_2
② H_2O
③ H_3PO_4
④ K_2CO_3

1-3. 소화분말의 주성분이 제일인산암모늄인 분말소화약제는?

① 제1종 분말소화약제
② 제2종 분말소화약제
③ 제3종 분말소화약제
④ 제4종 분말소화약제

1-4. 분말소화약제 중 담홍색으로 착색하여 사용하는 것은?

① 탄산수소나트륨
② 탄산수소칼륨
③ 제일인산암모늄
④ 탄산수소칼륨과 요소와의 혼합물

1-5. 분말소화약제 중 A급, B급, C급 화재에 모두 사용할 수 있는 것은?

① Na_2CO_3
② $NH_4H_2PO_4$
③ $KHCO_2$
④ $NaHCO_3$

1-6. 제3종 분말소화약제의 열분해 시 생성되는 물질과 관계가 없는 것은?

① NH_3
② HPO_3
③ H_2O
④ CO_2

해설

1-1
제1종 분말소화약제(탄산수소나트륨) : 백색

1-2
제2종 분말소화약제의 열분해 반응식
$2KHCO_3 \rightarrow K_2CO_3 + CO_2 + H_2O$

1-3
제3종 분말소화약제 : 제일인산암모늄($NH_4H_2PO_4$)

1-4
제3종 분말소화약제의 착색 : 담홍색

1-5
제3종 분말소화약제의 적응화재 : A급, B급, C급 화재

1-6
제3종 분말소화약제의 열분해 반응식
$NH_4H_2PO_4 \rightarrow HPO_3 + NH_3 + H_2O$

정답 1-1 ① 1-2 ③ 1-3 ③ 1-4 ③ 1-5 ② 1-6 ④

핵심이론 02 분말소화약제의 품질 및 소화효과

(1) 분말약제의 기준

종류 항목	제1종 분말	제2종 분말	제3종 분말
순도	90[%] 이상	92[%] 이상	75[%] 이상
첨가제	8[%] 이하	8[%] 이하	–
탄산나트륨 함량	2[%] 이하	–	–
물에 대한 용해성	–	–	용해분 : 20[wt%] 이하 불용해분 : 5[wt%] 이하
수분 함유율	0.2[wt%] 이하	0.2[wt%] 이하	0.2[wt%] 이하

※ 수분함유율[%] = $\dfrac{건조\ 전\ 무게 - 건조\ 후\ 무게}{건조\ 전\ 무게} \times 100[\%]$

(2) 분말약제의 입도

분말소화약제의 분말도는 입도가 너무 미세하거나 너무 커도 소화성능이 저하되므로 미세도의 분포가 골고루 되어야 한다.

(3) 분말소화약제의 소화효과

① 제1종 분말과 제2종 분말
  ㉠ 이산화탄소와 수증기에 의한 산소 차단에 의한 질식효과
  ㉡ 이산화탄소와 수증기 발생 시 흡수열에 의한 냉각효과
  ㉢ 나트륨염(Na^+)과 칼륨염(K^+)의 금속이온에 의한 부촉매효과

※ 분말약제의 소화효과 : 질식, 냉각, 부촉매효과

② 제3종 분말
  ㉠ 열분해 시 암모니아와 수증기에 의한 질식효과
  ㉡ 열분해에 의한 냉각효과
  ㉢ 유리된 암모늄염(NH_4^+)에 의한 부촉매효과
  ㉣ 메타인산(HPO_3)에 의한 방진작용(가연물이 숯불 형태로 연소하는 것을 방지하는 작용)
  ㉤ 탈수효과

10년간 자주 출제된 문제

2-1. 분말소화약제의 소화효과가 아닌 것은?
① 방사열의 차단효과
② 부촉매효과
③ 제거효과
④ 발생한 불연성 가스에 의한 질식효과

2-2. 분말소화약제 분말 입도의 소화성능에 관한 설명으로 옳은 것은?
① 미세할수록 소화성능이 우수하다.
② 입도가 클수록 소화성능이 우수하다.
③ 입도와 소화성능과는 관련이 없다.
④ 입도가 너무 미세하거나 너무 커도 소화성능이 저하된다.

2-3. 분말소화약제의 취급 시 주의사항으로 틀린 것은?
① 습도가 높은 공기 중에 노출되면 고화되므로 항상 주의를 기울인다.
② 충전 시 다른 소화약제와 혼합을 피하기 위하여 종별로 각각 다른 색으로 착색되어 있다.
③ 실내에서 다량 방사하는 경우 분말을 흡입하지 않도록 한다.
④ 분말소화약제와 수성막포를 함께 사용할 경우 포의 소포 현상을 발생시키므로 병용해서는 안 된다.

|해설|

2-1

분말소화약제의 소화효과
• 방사열의 차단효과
• 칼륨염, 나트륨염, 암모늄염에 의한 부촉매효과
• 발생한 불연성 가스에 의한 질식효과
• 흡수열 또는 열분해에 의한 냉각효과

2-2
분말 입도가 너무 미세하거나 너무 커도 소화성능이 저하되므로 20~25[μm]의 크기로 골고루 분포되어 있어야 한다.

2-3
분말소화약제는 수성막포를 함께 사용할 수 있다.

정답 2-1 ③ 2-2 ④ 2-3 ④

CHAPTER 02 소방전기일반

[제1장] 직류회로

제1절 전기회로의 전류와 전압

핵심이론 01 전류·전압·저항

(1) 전류(Current)
① 전류란 전하의 흐름으로서 단위시간에 통과한 전하량(전기량)이다.
② 1[A]란 1[s] 동안에 1[C]의 전기량이 통과한 양이다.
　㉠ 전류 $I = \dfrac{Q}{t}$ [A]
　㉡ 전하량(전기량) $Q = It$ [C]
　　여기서, t : 시간[s]

(2) 전압(Voltage)
① 전기적인 압력차로서 1[C]의 전하를 이동할 때 필요한 에너지가 1[J]이 되는 두 점 간의 전위차를 1[V]라고 한다.
　전압 $V = \dfrac{W}{Q}$ [V]
　여기서, W : 에너지[J]
　　　　　Q : 전하량(전기량)[C]
② 기전력이란 건전지와 같은 전원에 의해 생성되는 전위차로서 두 점 간에 전류를 연속적으로 흐르게 하는 힘이다.
③ 배선의 전압강하(e)
　㉠ 단상 2선식 $e = 2IR = \dfrac{35.6LI}{1,000A}$ [V]
　㉡ 단상 3선식 또는 3상 4선식 $e = IR = \dfrac{17.8LI}{1,000A}$ [V]
　㉢ 3상 3선식 $e = \sqrt{3}\,IR = \dfrac{30.8LI}{1,000A}$ [V]
　여기서, I : 전류[A]
　　　　　R : 저항[Ω]
　　　　　L : 배선의 거리[m]
　　　　　A : 전선의 단면적[mm^2]

(3) 저항(Resistance)
① 저항이란 전류의 흐름을 방해하는 작용을 나타내는 것으로 단위는 [Ω]이다.
② 컨덕턴스란 저항의 역수로서 단위는 [℧] 또는 [S](지멘스)이다.
　㉠ 국제 표준연동의 고유저항
　　$\rho = \dfrac{1}{58} \times 10^{-6} = 1.7241 \times 10^{-8}$ [Ω·m]
　㉡ 국제 표준연동의 전도율
　　$\sigma = \dfrac{1}{\rho} = \dfrac{1}{\dfrac{1}{58} \times 10^{-6}} = 5.8 \times 10^{7}$ [℧/m]
　㉢ 저항 $R = \rho \dfrac{l}{A} = R_0(1 + \alpha \Delta t) = \dfrac{1}{G}$ [Ω]
　여기서, ρ : 고유저항[Ω·m]
　　　　　l : 도선의 길이[m]
　　　　　A : 도선의 단면적[m^2]
　　　　　R_0 : 온도 변화 전의 저항[Ω]
　　　　　α : 온도계수
　　　　　Δt : 온도차[℃]
　　　　　G : 컨덕턴스[℧]

③ 두 개의 저항(R_1, R_2)을 직렬로 접속했을 때 합성저항 온도계수(α)

$$\alpha = \frac{R_1\alpha_1 + R_2\alpha_2}{R_1 + R_2}$$

10년간 자주 출제된 문제

1-1. 1[C/s]는 다음 중 어느 것과 같은가?
① 1[J]
② 1[V]
③ 1[A]
④ 1[W]

1-2. 3상 3선식 전원으로부터 80[m] 떨어진 장소에 50[A] 전류가 필요해서 14[mm²] 전선으로 배선하였을 경우 전압강하는 몇 [V]인가?(단, 리액턴스 및 역률은 무시한다)
① 10.17
② 9.6
③ 8.8
④ 5.08

1-3. 어느 도선의 길이를 2배로 하고 전기저항을 5배로 하려면 도선의 단면적은 몇 배로 되는가?
① 10배
② 0.4배
③ 2배
④ 2.5배

1-4. 동선의 저항이 20[℃]일 때 0.8[Ω]이라 하면 60[℃]일 때의 저항은 약 몇 [Ω]인가?(단, 동선의 20[℃]의 온도계수는 0.0039이다)
① 0.034
② 0.925
③ 1.644
④ 2.4

해설

1-1
전류
• 1[A](암페어)란 1[s] 동안에 1[C]의 전기량이 통과한 양으로서 1[C/s]이다.
• 전류 $I = \dfrac{Q}{t}$ [A]

여기서, Q : 전기량[C]
t : 시간[s]

Plus one

단위
• 1[V](볼트) : 전압의 단위[J/C]
• 1[J](줄) : 에너지(일)의 단위[N·m]
• 1[W](와트) : 전력의 단위[J/s]

1-2
3상 3선식 배선의 전압강하(e)

전압강하 $e = \dfrac{30.8LI}{1,000A}$ [V]

$= \dfrac{30.8 \times 80[\text{m}] \times 50[\text{A}]}{1,000 \times 14[\text{mm}^2]} = 8.8[\text{V}]$

1-3
저항(R)

저항 $R = \rho\dfrac{l}{A}$ 에서 도선의 단면적 $A = \rho\dfrac{l}{R}$ [mm²]

도선의 길이를 $l_1 = 2l$, 전기저항을 $R_1 = 5R$로 하면 도선의 단면적 $A_1 = \rho\dfrac{l_1}{R_1}$ 이다.

∴ 도선의 단면적 비 $\dfrac{A_1}{A} = \dfrac{\rho\dfrac{l_1}{R_1}}{\rho\dfrac{l}{R}} = \dfrac{\dfrac{2l}{5R}}{\dfrac{l}{R}} = 0.4$에서 $A_1 = 0.4A$

1-4
동선의 저항(R)
온도 변화 후의 저항 $R = R_0(1 + \alpha\Delta t)$[Ω]
∴ 60[℃]일 때 저항
$R = 0.8[\Omega] \times \{1 + 0.0039 \times (60 - 20)[\text{℃}]\} = 0.9248[\Omega]$

정답 1-1 ③ 1-2 ③ 1-3 ② 1-4 ②

핵심이론 02 옴의 법칙과 키르히호프의 법칙

(1) 옴의 법칙
① 전기회로에 흐르는 전류(I)의 크기는 전압(V)에 비례하고 저항(R)에 반비례한다.
② 전압(V), 전류(I), 저항(R)과의 관계
  ㉠ 전압 $V = IR$[V]
  ㉡ 전류 $I = \dfrac{V}{R}$[A]
  ㉢ 저항 $R = \dfrac{V}{I}$[Ω]

(2) 키르히호프의 법칙(Kirchhoff's law)
① 키르히호프의 제1법칙(전류평형의 법칙)
  ㉠ 전기회로의 접속점에 흘러 들어오는 전류의 총합과 흘러 나가는 전류의 총합은 같다.

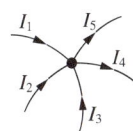

  ㉡ $I_1 + I_2 + I_3 = I_4 + I_5$에서
    $I_1 + I_2 + I_3 - (I_4 + I_5) = 0$
② 키르히호프의 제2법칙(전압평형의 법칙)
  ㉠ 폐회로에서 기전력의 합은 회로에서 발생하는 전압강하의 합과 같다.
    $E_1 + E_2 - E_3 = IR_1 + IR_2 + IR_3$
  ㉡ 계산 결과 전류가 (+)로 표시된 것은 처음에 정한 방향과 같은 방향임을 나타내고, (−)로 표시된 것은 처음에 정한 방향과 반대 방향임을 나타낸다.

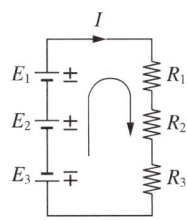

(3) 중첩의 원리
① 다수의 전압원 또는 전류원이 포함된 회로망에서 두 점 사이의 전위차는 각각의 전원들이 단독으로 있을 때 회로망에 흐르는 전류 또는 전위차의 대수합은 같다.
② 이상적인 전압원의 내부저항은 0이고, 전류원의 내부저항은 ∞이다.
③ 전류원을 제거하면 개방회로와 등가이고, 전압원을 제거하면 단락회로와 등가이다.
④ 중첩의 원리를 적용하여 저항 R_2에 흐르는 전류 계산

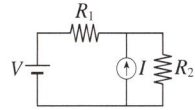

  ㉠ 전류원을 개방하면 저항 R_2에 흐르는 전류
    $I_1 = \dfrac{V}{R_1 + R_2}$[A]

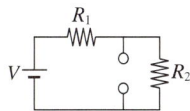

  ㉡ 전압원을 단락하면 저항 R_2에 흐르는 전류
    $I_2 = \dfrac{R_1}{R_1 + R_2} \times I$[A]

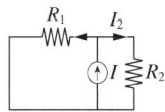

∴ 저항 R_2에 흐르는 전류 $I = I_1 + I_2$[A]

10년간 자주 출제된 문제

2-1. 일정전압의 직류전원에 저항을 접속하고 전류를 흘릴 때 전류의 값을 20[%] 감소시키기 위한 저항값은 처음의 몇 배인가?

① 0.05
② 0.83
③ 1.25
④ 1.5

2-2. 자동화재탐지설비의 감지기 회로의 길이가 500[m]이고, 종단에 8[kΩ]의 저항이 연결되어 있는 회로에 24[V]의 전압이 가해졌을 경우 도통시험 시 전류는 약 몇 [mA]인가?(단, 동선의 저항률은 1.69×10⁻⁸[Ω·m]이며, 동선의 단면적은 2.5[mm²]이고, 접촉저항 등은 없다고 본다)

① 2.4
② 3.0
③ 4.8
④ 6.0

2-3. 그림에서 저항 20[Ω]에 흐르는 전류는 몇 [A]인가?

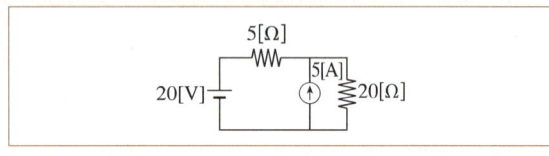

① 0.8
② 1.0
③ 1.8
④ 2.8

[해설]

2-1

일정전압의 직류전원에 저항을 접속

전류를 20[%] 감소시키면 최종 전류 $I_2 = 0.8I_1$ 이고 전압 $V_1 = V_2$ 이므로 $I_1R_1 = I_2R_2$ 이다.

∴ 최종저항 $R_2 = \dfrac{I_1}{I_2}R_1$ 에서 $R_2 = \dfrac{I_1}{0.8I_1}R_1 = 1.25R_1$

2-2

저항(R)과 전류(I)

- 동선의 저항 $R = \rho \dfrac{l}{A}$ 에서

$$R = 1.69 \times 10^{-8}[\Omega \cdot m] \times \dfrac{500[m]}{2.5[mm^2] \times \left(\dfrac{1[m]}{1,000[mm]}\right)^2}$$

$$= 3.38[\Omega]$$

- 전체저항 = 동선의 저항 + 종단저항이므로
$R = 3.38[\Omega] + 8,000[\Omega] = 8,003.38[\Omega]$

∴ 전류 $I = \dfrac{V}{R}$ 에서 $I = \dfrac{24[V]}{8,003.38[\Omega]} = 3 \times 10^{-3}[A] = 3[mA]$

2-3

중첩의 원리

- 다수의 전압원 또는 전류원이 포함된 회로망에서 두 점 사이의 전위차는 각각의 전원들이 단독으로 있을 때 회로망에 흐르는 전류 또는 전위차의 대수합과 같다.
- 주의해야 할 점은 특정한 전원 하나만 남기고 나머지 전원을 제거할 때 전압원은 단락회로로 하고 전류원은 개방회로로 해야 한다.
- 전류원을 개방하면 직렬회로이므로 20[Ω]에 흐르는 전류
$I_1 = \dfrac{V}{R}$ 에서 $I_1 = \dfrac{20[V]}{5[\Omega] + 20[\Omega]} = 0.8[A]$

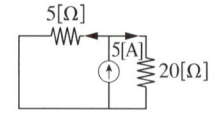

- 전압원을 단락하면 병렬회로이므로 각 저항에 걸리는 전압은 일정하다. $IR = I_2R_2$ 이므로 $I\dfrac{R_1R_2}{R_1 + R_2} = I_2R_2$ 에서 20[Ω]에 흐르는 전류

$I_2 = \dfrac{R_1}{R_1 + R_2}I = \dfrac{5[\Omega]}{5[\Omega] + 20[\Omega]} \times 5[A] = 1[A]$

∴ 20[Ω]에 흐르는 전류 $I = I_1 + I_2$ 에서 $I = 0.8[A] + 1[A] = 1.8[A]$

정답 **2-1** ③ **2-2** ② **2-3** ③

핵심이론 03 저항의 접속

(1) 저항의 직렬 접속

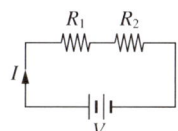

① 저항을 직렬로 접속하면 각 저항에 흐르는 전류는 일정하다.
   회로에 흐르는 전류 $I = I_1 = I_2$
② 회로의 전원전압은 각 저항에 걸리는 전압의 합과 같다.
   전원전압 $V = V_1 + V_2$
③ 옴의 법칙에서 전압 $V = IR$이므로 전원전압
   $IR = I_1R_1 + I_2R_2$에서 합성저항을 구한다.
   합성저항 $R = R_1 + R_2$
④ 회로에 흐르는 전류 $I = \dfrac{V}{R}$
⑤ 각 저항에 걸리는 전압 $V_1 = IR_1$, $V_2 = IR_2$

(2) 저항의 병렬 접속

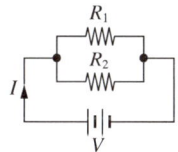

① 저항을 병렬로 접속하면 각 저항에 흐르는 전압은 일정하다.
   회로에 걸리는 전압 $V = V_1 = V_2$
② 회로에 흐르는 전류는 각 저항에 흐르는 전류의 합과 같다.
   회로에 흐르는 전류 $I = I_1 + I_2$
③ 옴의 법칙에서 전류 $I = \dfrac{V}{R}$이므로
   전류 $\dfrac{V}{R} = \dfrac{V_1}{R_1} + \dfrac{V_2}{R_2}$에서 합성저항을 구한다.
   $\dfrac{1}{R} = \dfrac{1}{R_1} + \dfrac{1}{R_2}$에서 합성저항 $R = \dfrac{R_1 \times R_2}{R_1 + R_2}$
④ 회로에 걸리는 전압 $V = IR$
⑤ 각 저항에 걸리는 전류
   $I_1 = \dfrac{R_2}{R_1 + R_2} \times I$, $I_2 = \dfrac{R_1}{R_1 + R_2} \times I$

(3) 저항의 직·병렬 접속

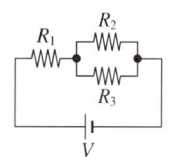

① 합성저항 $R = R_1 + \dfrac{R_2 \times R_3}{R_2 + R_3}$
② 회로에 흐르는 전류 $I = \dfrac{V}{R}$
③ 각 저항에 흐르는 전류
   ㉠ 저항 R_1에 흐르는 전류 $I_1 = I$
   ㉡ 저항 R_2에 흐르는 전류 $I_2 = \dfrac{R_3}{R_2 + R_3} \times I$
   ㉢ 저항 R_3에 흐르는 전류 $I_3 = \dfrac{R_2}{R_2 + R_3} \times I$
④ 각 저항에 걸리는 전압
   ㉠ 저항 R_1에 걸리는 전압 $V_1 = IR_1$
   ㉡ 저항 R_2와 R_3에 걸리는 전압
   $V_2 = V_3 = \dfrac{R_2 \times R_3}{R_2 + R_3} \times I$

10년간 자주 출제된 문제

3-1. 2개의 저항을 직렬로 연결하여 30[V]의 전압을 가하면 6[A]의 전류가 흐르고, 병렬로 연결하여 동일 전압을 가하면 25[A]의 전류가 흐른다. 두 저항값은 각각 몇 [Ω]인가?
① 2, 3   ② 3, 5
③ 4, 5   ④ 5, 6

3-2. 2[Ω]의 저항 5개를 직렬로 연결하면 병렬연결 때의 몇 배가 되는가?
① 2   ② 5
③ 10   ④ 25

10년간 자주 출제된 문제

3-3. 회로에서 a, b 사이의 합성저항은 몇 [Ω]인가?

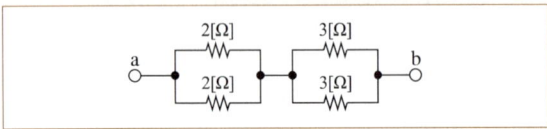

① 2.5
② 5
③ 7.5
④ 10

3-4. 그림과 같은 회로에서 2[Ω]에 흐르는 전류는 몇 [A]인가?(단, 저항의 단위는 모두 [Ω]이다)

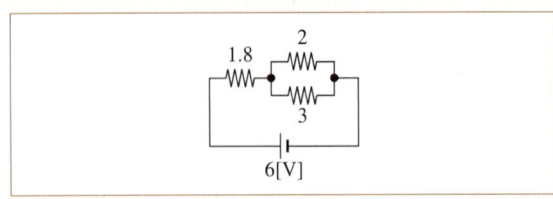

① 0.8
② 1.0
③ 1.2
④ 2.0

|해설|

3-1
저항의 직렬과 병렬 접속

• 저항을 직렬로 연결할 경우
 – 회로에 흐르는 전류 $I = \dfrac{V}{R}$에서
   합성저항 $R = \dfrac{V}{I} = \dfrac{30[\mathrm{V}]}{6[\mathrm{A}]} = 5[\Omega]$
 – 합성저항 $R_{직렬} = R_1 + R_2$이므로 두 저항값의 합이 5[Ω]이어야 한다.
 ∴ 저항값 $R_1 = 2[\Omega],\ R_2 = 3[\Omega]$

• 저항을 병렬로 연결할 경우
 – 합성저항 $R_{병렬} = \dfrac{R_1 \times R_2}{R_1 + R_2}$에서
   $R_{병렬} = \dfrac{2[\Omega] \times 3[\Omega]}{2[\Omega] + 3[\Omega]} = 1.2[\Omega]$
 – 회로에 흐르는 전류 $I = \dfrac{V}{R}$에서 $I = \dfrac{30[\mathrm{V}]}{1.2[\Omega]} = 25[\mathrm{A}]$

3-2
동일한 저항을 병렬 접속

• 저항을 직렬로 연결할 경우
 합성저항 $R_{직렬} = nr$에서 $R_{직렬} = 5개 \times 2[\Omega] = 10[\Omega]$

• 저항을 병렬로 연결할 경우
 합성저항 $R_{병렬} = \dfrac{r}{n}$에서 $R_{병렬} = \dfrac{2[\Omega]}{5개} = 0.4[\Omega]$

∴ $\dfrac{R_{직렬}}{R_{병렬}} = \dfrac{10[\Omega]}{0.4[\Omega]} = 25$에서 $R_{직렬} = 25 R_{병렬}$

3-3
저항의 직렬과 병렬 접속

• 병렬로 접속된 저항의 합성저항 $R = \dfrac{R_1 \times R_2}{R_1 + R_2}$에서 저항
 $R_1 = \dfrac{2[\Omega] \times 2[\Omega]}{2[\Omega] + 2[\Omega]} = 1[\Omega],\ R_2 = \dfrac{3[\Omega] \times 3[\Omega]}{3[\Omega] + 3[\Omega]} = 1.5[\Omega]$

• 직렬로 접속된 저항의 합성저항 $R = R_1 + R_2$에서
 $R = 1[\Omega] + 1.5[\Omega] = 2.5[\Omega]$

3-4
저항의 직렬과 병렬 접속

• 먼저 병렬로 접속된 저항의 합성저항을 계산한다.
 $R_4 = \dfrac{R_2 \times R_3}{R_2 + R_3}$에서 합성저항 $R_4 = \dfrac{2[\Omega] \times 3[\Omega]}{2[\Omega] + 3[\Omega]} = 1.2[\Omega]$

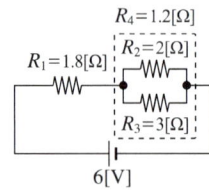

• 직렬로 접속된 저항의 합성저항을 계산한다.
 $R = R_1 + R_4$에서 합성저항 $R = 1.8[\Omega] + 1.2[\Omega] = 3[\Omega]$

• 회로에 흐르는 전류 $I = \dfrac{V}{R}$에서 $I = \dfrac{6[\mathrm{V}]}{3[\Omega]} = 2[\mathrm{A}]$

• 병렬회로에 걸리는 전압 $V = R_4 I = 1.2[\Omega] \times 2[\mathrm{A}] = 2.4[\mathrm{V}]$

∴ 2[Ω]에 흐르는 전류 $I = \dfrac{V}{R_2}$에서 $I = \dfrac{2.4[\mathrm{V}]}{2[\Omega]} = 1.2[\mathrm{A}]$

정답 3-1 ① 3-2 ④ 3-3 ① 3-4 ③

제2절 전력과 전지

핵심이론 01 전력과 열량

(1) 전력

① 1초 동안에 공급 또는 소비되는 전력량이다.

② 전력 $P = \dfrac{W}{t} = \dfrac{VQ}{t} = \dfrac{VIt}{t}$

$\qquad = IV = I^2R = \dfrac{V^2}{R}$ [W]

여기서, W : 전력량[J]

$\qquad\quad t$: 시간[s]

$\qquad\quad Q$: 전기량[C]

$\qquad\quad I$: 전류[A]

$\qquad\quad V$: 전압[V]

$\qquad\quad R$: 저항[Ω]

(2) 전력량

① 시간 t[s] 동안에 전기가 한 일의 양이다.

② 전력량 $W = Pt = IVt = I^2Rt$

$\qquad\qquad = \dfrac{V^2}{R} t$ [J 또는 W·s]

여기서, P : 전력[W, J/s]

$\qquad\quad t$: 시간[s]

$\qquad\quad I$: 전류[A]

$\qquad\quad V$: 전압[V]

$\qquad\quad R$: 저항[Ω]

(3) 줄의 법칙(Joule's law)

① 도선에 전압을 가하여 전류가 흐르면 저항에 의해 열이 발생되는 법칙이며 이때 발생하는 열을 줄열이라고 한다.

② 줄열 $H = \dfrac{1}{4.186} I^2Rt = 0.24 I^2Rt$ [cal]

여기서, t : 시간[s]　　I : 전류[A]

$\qquad\quad V$: 전압[V]　　R : 저항[Ω]

③ 열에너지 $Q = mC\Delta T$ [J 또는 cal]

여기서, m : 질량[g]

$\qquad\quad C$: 비열[cal/g·℃, J/g·K]

$\qquad\quad \Delta T$: 온도차[℃, K]

④ 효율 $\eta = \dfrac{출열(Q)}{입열(H)} \times 100$ [%]

$\qquad\quad = \dfrac{mC\Delta T}{0.24 I^2Rt} \times 100$ [%]

(4) 제베크 효과와 펠티에 효과

① 제베크 효과란 서로 다른 두 개의 금속도선 양끝을 연결하여 폐회로를 구성한 후, 양단에 온도차를 주었을 때 두 접점 사이에서 기전력이 발생하는 효과이다.

② 펠티에 효과란 두 종류의 금속으로 폐회로를 만들어 전류를 흘리면 양 접속점에서 한쪽은 온도가 올라가고 다른 쪽은 온도가 내려가는 현상이다.

> **10년간 자주 출제된 문제**

1-1. 100[V], 500[W]의 전열선 2개를 같은 전압에서 직렬로 접속한 경우와 병렬로 접속한 경우에 각 전열선에서 소비되는 전력은 각각 몇 [W]인가?

① 직렬 : 250, 병렬 : 500
② 직렬 : 250, 병렬 : 1,000
③ 직렬 : 500, 병렬 : 500
④ 직렬 : 500, 병렬 : 1,000

1-2. 1개의 용량이 25[W]인 객석유도등 10개가 연결되어 있다. 이 회로에 흐르는 전류는 약 몇 [A]인가?(단, 전원전압은 220[V]이고, 기타 선로손실 등은 무시한다)

① 0.88　　　　　② 1.14
③ 1.25　　　　　④ 1.36

1-3. 저항이 있는 도체에 전류를 흘리면 열이 발생되는 법칙은?

① 옴의 법칙　　　② 플레밍의 법칙
③ 줄의 법칙　　　④ 키르히호프의 법칙

10년간 자주 출제된 문제

1-4. 서로 다른 두 개의 금속도선 양끝을 연결하여 폐회로를 구성한 후, 양단에 온도차를 주었을 때 두 접점 사이에서 기전력이 발생하는 효과는?

① 톰슨 효과 ② 제베크 효과
③ 펠티에 효과 ④ 편치 효과

1-5. 20[℃]의 물 2[L]를 64[℃]가 되도록 가열하기 위해 400[W]의 온수기를 20분 사용하였을 때 이 온수기의 효율은 약 몇 [%]인가?

① 27 ② 59
③ 77 ④ 89

해설

1-1

소비전력(P)

• 소비전력 $P = \dfrac{V^2}{R}$ 에서

  전열선의 저항 $R = \dfrac{V^2}{P} = \dfrac{(100[V])^2}{500[W]} = 20[\Omega]$

• 직렬로 접속한 경우
  합성저항 $R = (20+20)[\Omega] = 40[\Omega]$ 이므로
  소비전력 $P = \dfrac{(100[V])^2}{40[\Omega]} = 250[W]$

• 병렬로 접속한 경우
  합성저항 $R = \dfrac{20[\Omega] \times 20[\Omega]}{(20+20)[\Omega]} = 10[\Omega]$ 이므로
  소비전력 $P = \dfrac{(100[V])^2}{10[\Omega]} = 1,000[W]$

1-2

소비전력(P)

• 소비전력 $P = nP_0$ 에서 $P = 10개 \times 25[W] = 250[W]$

• 소비전력 $P = IV$ 에서 전류 $I = \dfrac{P}{V} = \dfrac{250[W]}{220[V]} = 1.14[A]$

1-3

전기회로에 관한 법칙

• 옴의 법칙 : 전류는 전압에 비례하고 저항에 반비례한다.
• 플레밍의 법칙 : 플레밍의 오른손 법칙은 도체의 운동에 의한 유도기전력의 방향을 결정하는 법칙이고 플레밍의 왼손 법칙은 도체가 자기장에서 받는 힘의 방향을 결정하는 법칙이다.
• 줄의 법칙 : 도체에 전압을 가하여 전류가 흐르면 저항에 의해 열이 발생되는 법칙이다.
• 키르히호프의 법칙 : 제1법칙은 전기회로에서 전류평형에 관한 법칙이고, 제2법칙은 전압평형에 관한 법칙이다.

1-4

제베크 효과와 펠티에 효과

• 제베크 효과 : 서로 다른 두 개의 금속도선 양끝을 연결하여 폐회로를 구성한 후, 양단에 온도차를 주었을 때 두 접점 사이에서 기전력이 발생하는 효과이다.
• 펠티에 효과 : 두 종류의 금속으로 폐회로를 만들어 전류를 흘리면 양 접속점에서 한쪽은 온도가 올라가고 다른 쪽은 온도가 내려가는 현상이다.

1-5

줄의 법칙

• 도선에 전류가 흐르면 저항에 의해 열이 발생되는 법칙이다.
• 물 2[L]는 2[kg]이고 물의 비열은 4.2[kJ/kg·K], 온도차 44[℃] (44[K])일 때
  발생열량 $H = mC\Delta T = Pt\eta [J]$

∴ 온수기 효율

$\eta = \dfrac{mC\Delta T}{Pt} = \dfrac{2[kg] \times 4.2 \dfrac{[kJ]}{[kg \cdot K]} \times 44[K]}{0.4[kW] \times (20 \times 60[s])} = 0.77 = 77[\%]$

※ [단위 정리] 1[kW] = 1,000[W] = 1,000[J/s]

정답 1-1 ② 1-2 ② 1-3 ③ 1-4 ② 1-5 ③

핵심이론 02 전류의 화학작용과 전지

(1) 패러데이 법칙
① 전기분해에 의해 석출되는 물질의 양은 전해액을 통과한 총 전기량에 비례한다.
② 석출되는 물질의 양 $W = kQ = kIt\,[g]$
   여기서, k : 물질의 전기 화학당량[g/C]
   Q : 전기량[C]
   I : 전류[A]
   t : 시간[s]

(2) 전지의 분류
① 1차 전지
   ㉠ 전류를 모두 사용하여 방전된 후에는 전류를 충전하여도 이전 상태로 되돌아가지 않아 사용한 뒤에 버리는 일반적인 전지이다.
   ㉡ 종류 : 망간 전지, 수은 전지, 알칼리 망간 전지, 리튬 1차 전지
② 2차 전지
   ㉠ 전류를 모두 사용하여 방전된 후에도 전류를 충전하여 다시 사용할 수 있는 전지로서 [Ah](전류×시간)로 용량을 표시한다.
   ㉡ 종류 : 납축전지, 니켈-카드뮴 축전지, 리튬 이온 전지

(3) 축전지의 충전방식
① **급속충전방식** : 비교적 단시간에 충전전류의 2~3배의 전류로 충전하는 방식이다.
② **부동충전방식** : 축전지의 자기방전량을 보충함과 동시에 상용부하에 대한 전력공급은 충전기가 부담하고 충전기가 부담하기 어려운 일시적인 대전류 부하는 축전지가 부담하게 하는 방식이다.
③ **균등충전방식** : 부동충전방식의 전압보다 약간 높은 정전압으로 충분한 시간동안 충전함으로써 전체 셀의 전압 및 비중상태를 균등하게 되도록 하기 위한 충전방식이다.
④ **세류충전방식** : 축전지의 자기방전량만 충전하기 위해 부하를 제거한 상태에서 미소전류로 충전하는 방식이다.
⑤ **보통충전방식** : 필요할 때마다 표준시간율[Ah]로 충전하는 방식이다.

(4) 건전지의 접속
① 직렬접속
   ㉠ 건전지의 총 내부저항 $r = nr_0\,[\Omega]$
   ㉡ 건전지의 총 기전력 $E = nE_0 = (R + nr_0)I\,[V]$
   ㉢ 전류 $I = \dfrac{nE_0}{R + nr_0}\,[A]$

② 병렬접속
   ㉠ 건전지의 총 내부저항 $r = \dfrac{r_0}{n}\,[\Omega]$
   ㉡ 건전지의 총 기전력 $E = E_0 = \left(R + \dfrac{r}{n}\right)I\,[V]$
   ㉢ 전류 $I = \dfrac{nE_0}{R + \dfrac{r_0}{n}}\,[A]$

   여기서, n : 건전지의 수
   E_0 : 건전지 1개의 기전력[V]
   R : 전기회로의 저항[Ω]
   r_0 : 건전지 1개의 저항[Ω]

10년간 자주 출제된 문제

2-1. 알칼리 축전지의 음극 재료는?
① 수산화니켈　　② 카드뮴
③ 이산화납　　　④ 납

2-2. 어떤 전지의 부하로 6[Ω]을 사용하니 3[A]의 전류가 흐르고, 이 부하에 직렬로 4[Ω]을 연결했더니 2[A]가 흘렀다. 이 전지의 기전력은 몇 [V]인가?
① 8　　② 16
③ 24　　④ 32

2-3. 기전력 3.6[V], 용량 600[mAh]인 축전지 5개를 직렬 연결할 때의 기전력[V]와 용량은?
① 3.6[V], 3[Ah]　　② 18[V], 3[Ah]
③ 3.6[V], 600[mAh]　④ 18[V], 600[mAh]

2-4. 수신기에 내장된 축전지의 용량이 6[Ah]인 경우 0.4[A]의 부하전류로는 몇 시간동안 사용할 수 있는가?
① 2.4시간　　② 15시간
③ 24시간　　④ 30시간

[해설]

2-1
알칼리 축전지 : 니켈-카드뮴 축전지로서 알칼리성 전해액을 사용하는 축전지로서 양극에 수산화니켈, 음극에 카드뮴(Cd)을 사용한다.
$$2NiO(OH) + Cd + 2H_2O \leftrightarrow 2Ni(OH)_2 + Cd(OH)_2$$
　　양극　　음극　　　　　양극　　　음극

2-2
전지의 기전력(E)
전지의 기전력 $E = I(R+r)$ [V]
- 6[Ω]의 저항을 사용할 때
  기전력 $E_1 = 3[A] \times (6[\Omega] + r) = 18[V] + 3r$
- 4[Ω]의 저항을 직렬로 연결했을 때
  기전력 $E_2 = 2[A] \times \{(6[\Omega] + 4[\Omega]) + r\}$
  　　　　　$= 2[A] \times (10[\Omega] + r)$
  　　　　　$= 20[V] + 2r$
- $E_1 = E_2$에서 $18[V] + 3r = 20[V] + 2r$ 이고 내부저항 $r = 2[\Omega]$
∴ 기전력 $E = 3[A] \times (6[\Omega] + 2[\Omega]) = 24[V]$

2-3
축전지의 직렬 접속
- 축전지를 직렬로 연결할 경우 기전력 $E = nE_0$에서
  $E = 5개 \times 3.6[V] = 18[V]$
- 축전지가 직렬로 연결되어 있으므로 용량은 축전기 1개의 용량과 같다. 따라서, 축전지의 용량은 600[mAh]이다.

2-4
축전지의 용량 : 축전지의 용량은 전류[A]×시간[h]으로 표시한다.
∴ 시간 $= \dfrac{6[Ah]}{0.4[A]} = 15[h]$

정답 2-1 ②　2-2 ③　2-3 ④　2-4 ②

제2장 정전용량과 자기회로

제1절 정전기와 정전용량

핵심이론 01 정전기의 특징

(1) 전하와 전기력

① 대전이란 물체가 전기를 띠는 현상이고 대전된 물체를 대전체라고 한다.
② 전하란 대전에 의하여 물체가 띠고 있는 전기이며 양(+)전하와 음(-)전하가 있다.
③ 정전유도란 대전체의 영향으로 비대전체에 전기가 유도되는 현상으로서 대전체와 가까운 쪽에는 대전체와 반대 종류의 전하가 유도되고, 먼 쪽에는 같은 종류의 전하가 유도된다.

(2) 쿨롱의 법칙

① 두 점전하 사이에 작용하는 힘의 크기는 두 점전하의 곱에 비례하고, 두 점전하 사이의 거리의 제곱에 반비례한다.
② 정전력 또는 정전기력(F)

$$F = \frac{1}{4\pi\epsilon} \times \frac{Q_1 Q_2}{r^2} = 9 \times 10^9 \times \frac{Q_1 Q_2}{r^2} \text{[N]}$$

여기서, $\epsilon = \epsilon_0 \epsilon_s$: 유전율
$\epsilon_0 = 8.855 \times 10^{-12}$[F/m] : 진공 중의 유전율
ϵ_s : 비유전율
(공기나 진공 중의 비유전율 $\epsilon_s = 1$)
Q_1, Q_2 : 전하량[C]
r : 두 전하 사이의 거리[m]

③ 양(+)전하와 음(-)전하 사이에는 흡입력이 작용하고 양(+)전하와 양(+)전하, 음(-)전하와 음(-)전하 사이에는 반발력이 작용한다.

(3) 전기장

① 전기장의 세기(E)

$$E = \frac{1}{4\pi\epsilon} \times \frac{Q}{r^2} = 9 \times 10^9 \times \frac{Q}{r^2} \text{[V/m]}$$

여기서, $\epsilon = \epsilon_0 \epsilon_s$: 유전율
$\epsilon_0 = 8.855 \times 10^{-12}$[F/m] : 진공 중의 유전율
ϵ_s : 비유전율
(공기나 진공 중의 비유전율 $\epsilon_s = 1$)
Q : 전하량[C]
r : 두 전하 사이의 거리[m]

② 전기력선의 총수(N)

$$N = 4\pi r^2 E = 4\pi r^2 \times \left(\frac{1}{4\pi\epsilon} \times \frac{Q}{r^2}\right) = \frac{Q}{\epsilon} \text{[개]}$$

③ 면전하밀도(σ)

㉠ $\sigma = \dfrac{Q}{4\pi r^2}$ [C/m²]

㉡ 면전하밀도(σ)와 전기장의 세기(E)와의 관계

$$E = \frac{1}{4\pi\epsilon} \times \frac{Q}{r^2} = \frac{Q}{4\pi r^2} \times \frac{1}{\epsilon} = \frac{\sigma}{\epsilon} \text{[V/m]}$$

④ 등전위면의 성질

㉠ 전기장 내에서 전위가 같은 점들을 연결하여 형성된 면이다.
㉡ 등전위면 간의 밀도가 크면 전기장의 세기는 커진다.
㉢ 등전위면은 서로 교차하지 않는다.
㉣ 등전위면과 전기력선은 항상 수직으로 교차한다.

(4) 콘덴서와 정전용량

① 콘덴서의 종류

㉠ 마이카 콘덴서 : 운모와 금속 박막으로 되어 있거나 운모 위에 은을 발라서 전극으로 만든 콘덴서로서 온도 변화에 따른 용량변화가 작고 절연저항이 높다.

ⓛ 전해콘덴서 : 전기분해로 금속의 표면에 얇은 산화 피막을 만들어 유전체로 사용하고 전극으로 알루미늄을 사용한 콘덴서로서 극성을 가지고 있어 교류에 사용할 수 없다.
ⓒ 세라믹 콘덴서 : 전극 사이의 유전체로 티탄산바륨과 같은 비유전율이 큰 재료가 사용되는 콘덴서로서 극성이 없다.
ⓔ 마일러 콘덴서 : 얇은 폴리에스터 필름을 유전체로 사용하고 양면에 금속박을 대고 원통형으로 감은 콘덴서로서 극성이 없다.

② 전하량(Q)

$Q = CV$ [C]

여기서, C : 정전용량[F]
　　　　 V : 전압[V]

③ 정전용량(C)

㉠ 콘덴서에 전하를 축적할 수 있는 용량이다.

㉡ 정전용량 $C = \dfrac{Q}{V}$ [F]

㉢ 평행판 도체의 정전용량 $C = \epsilon \dfrac{A}{d} = \epsilon_0 \epsilon_s \dfrac{A}{d}$ [F]

여기서, $\epsilon = \epsilon_0 \epsilon_s$: 유전율
　　　　$\epsilon_0 = 8.855 \times 10^{-12}$ [F/m] : 진공 중의 유전율
　　　　ϵ_s : 비유전율
　　　　(공기나 진공 중의 비유전율 $\epsilon_s = 1$)
　　　　A : 극판 면적[m²]
　　　　d : 극판 간격[m]

④ 정전에너지(W)

$W = \dfrac{1}{2} QV = \dfrac{1}{2} CV^2$ [J]

10년간 자주 출제된 문제

1-1. 공기 중에 2[m]의 거리에 10[μC], 20[μC]의 두 점전하가 존재할 때 이 두 전하 사이에 작용하는 정전력은 약 몇 [N]인가?

① 0.45　　　　② 0.9
③ 1.8　　　　　④ 3.6

1-2. 진공 중에 놓인 5[μC]의 점전하에서 2[m]되는 점에서의 전계는 몇 [V/m]인가?

① 11.25×10^3　　　② 16.25×10^3
③ 22.25×10^3　　　④ 28.25×10^3

1-3. Q[C]의 전하에서 나오는 전기력선의 총수는?(단, ϵ 및 E는 유전율 및 전계의 세기를 나타낸다)

① ϵ/Q　　　　② Q/ϵ
③ EQ　　　　　④ Q

1-4. 진공 중 대전된 도체의 표면에 면전하밀도 σ[C/m²]가 균일하게 분포되어 있을 때, 이 도체 표면에서의 전계의 세기 E [V/m]는?(단, ϵ_0는 진공의 유전율이다)

① $E = \dfrac{\sigma}{\epsilon_0}$　　　　② $E = \dfrac{\sigma}{2\epsilon_0}$
③ $E = \dfrac{\sigma}{2\pi\epsilon_0}$　　　④ $E = \dfrac{\sigma}{4\pi\epsilon_0}$

{해설}

1-1
쿨롱의 법칙

정전력 $F = 9 \times 10^9 \times \dfrac{Q_1 Q_2}{r^2}$ 에서

$F = 9 \times 10^9 \times \dfrac{(10 \times 10^{-6}[\mathrm{C}]) \times (20 \times 10^{-6}[\mathrm{C}])}{(2[\mathrm{m}])^2} = 0.45[\mathrm{N}]$

1-2
전계의 세기(E)

전계의 세기 $E = 9 \times 10^9 \times \dfrac{Q}{r^2}$ 에서

$E = 9 \times 10^9 \times \dfrac{5 \times 10^{-6}[\mathrm{C}]}{(2[\mathrm{m}])^2} = 11,250[\mathrm{V/m}] = 11.25 \times 10^3 [\mathrm{V/m}]$

1-3
전기장

- $Q[\mathrm{C}]$의 점전하로부터 거리 $r[\mathrm{m}]$ 떨어진 구면 위의 전기장의 세기 $E = \dfrac{1}{4\pi\epsilon} \times \dfrac{Q}{r^2} [\mathrm{V/m}]$

- 구의 전표면적 $4\pi r^2[\mathrm{m}^2]$에서의 전기력선의 총수

  $N = 4\pi r^2 \times E = 4\pi r^2 \times \left(\dfrac{1}{4\pi\epsilon} \times \dfrac{Q}{r^2}\right) = \dfrac{Q}{\epsilon}$

1-4
도체 표면에서의 전계의 세기(E)

- 면전하밀도 $\sigma = \dfrac{Q}{A} = \dfrac{Q}{4\pi r^2} [\mathrm{C/m}^2]$

  여기서, Q : 전하량[C]
  A : 도체의 면적[m²]
  r : 거리[m]

- 공기나 진공 중의 비유전율 $\epsilon_r = 1$이고, 진공 중의 유전율 ϵ_0일 때 도체표면에서의 전계의 세기

  $E = \dfrac{Q}{4\pi\epsilon r^2} = \dfrac{Q}{4\pi\epsilon_0 \epsilon_r r^2} = \dfrac{Q}{4\pi\epsilon_0 r^2} [\mathrm{V/m}]$

  여기서, ϵ : 유전율($\epsilon = \epsilon_0 \epsilon_r$)

∴ 면전하밀도(σ)에서 전하량 $Q = 4\pi^2 r\sigma$를 전계의 세기 E에 대입하면 $E = \dfrac{Q}{4\pi\epsilon_0 r^2} = \dfrac{4\pi r^2 \sigma}{4\pi\epsilon_0 r^2} = \dfrac{\sigma}{\epsilon_0}$

정답 1-1 ①　1-2 ①　1-3 ②　1-4 ①

핵심이론 02 콘덴서의 접속

(1) 콘덴서의 직렬접속

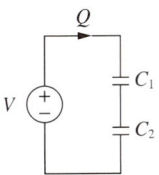

① 콘덴서를 직렬로 접속하면 전하량이 일정하다.
　전하량 $Q = Q_1 = Q_2$

② 회로의 전원전압은 각 콘덴서에 걸리는 전압의 합과 같다.
　전원전압 $V = V_1 + V_2$

③ 전압 $V = \dfrac{Q}{C}$ 이고 $\dfrac{Q}{C} = \dfrac{Q_1}{C_1} + \dfrac{Q_2}{C_2}$ 에서 합성정전용량을 구한다.

　$\dfrac{1}{C} = \dfrac{1}{C_1} + \dfrac{1}{C_2}$ 에서 합성정전용량 $C = \dfrac{C_1 \times C_2}{C_1 + C_2}$

④ 전하량 $Q = CV = \dfrac{C_1 \times C_2}{C_1 + C_2} \times V$

⑤ 각각의 콘덴서에 걸리는 전압

　㉠ $CV = C_1 V_1$ 에서 $\dfrac{C_1 \times C_2}{C_1 + C_2} \times V = C_1 V_1$

　　∴ $V_1 = \dfrac{C_2}{C_1 + C_2} \times V = \dfrac{Q}{C_1}$

　㉡ $CV = C_2 V_2$ 에서 $\dfrac{C_1 \times C_2}{C_1 + C_2} \times V = C_2 V_2$

　　∴ $V_2 = \dfrac{C_1}{C_1 + C_2} \times V = \dfrac{Q}{C_2}$

(2) 콘덴서의 병렬접속

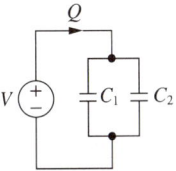

① 콘덴서를 병렬로 연결하면 전압이 일정하다.
　전원전압 $V = V_1 = V_2$

② 콘덴서에 가해지는 전하량은 각 콘덴서에 가해지는 전하량의 합과 같다.

  전하량 $Q = Q_1 + Q_2$

③ 전하량 $Q = CV$이고 $CV = C_1 V_1 + C_2 V_2$에서 합성정전용량을 구한다.

  합성정전용량 $C = C_1 + C_2$

④ 각각의 콘덴서에 가해지는 전하량

  ㉠ $\dfrac{Q}{C} = \dfrac{Q_1}{C_1}$ 에서 $\dfrac{Q}{C_1 + C_2} = \dfrac{Q_1}{C_1}$

  $\therefore Q_1 = \dfrac{C_1}{C_1 + C_2} \times Q = C_1 V$

  ㉡ $\dfrac{Q}{C} = \dfrac{Q_2}{C_2}$ 에서 $\dfrac{Q}{C_1 + C_2} = \dfrac{Q_2}{C_2}$

  $\therefore Q_2 = \dfrac{C_2}{C_1 + C_2} \times Q = C_2 V$

⑤ 전압 $V = \dfrac{Q}{C} = \dfrac{Q}{C_1 + C_2}$

10년간 자주 출제된 문제

2-1. 용량 $0.02[\mu F]$ 콘덴서 2개와 $0.01[\mu F]$ 콘덴서 1개를 병렬로 접속하여 24[V]의 전압을 가하였다. 합성용량은 몇 $[\mu F]$이며, $0.01[\mu F]$ 콘덴서에 축적되는 전하량은 몇 [C]인가?

① 0.05, 0.12×10^{-6}
② 0.05, 0.24×10^{-6}
③ 0.03, 0.12×10^{-6}
④ 0.03, 0.24×10^{-6}

2-2. 그림과 같이 콘덴서 3[F]과 2[F]이 직렬로 접속된 회로에 전압 100[V]를 가하였을 때 3[F] 콘덴서의 단자전압 V_1은?

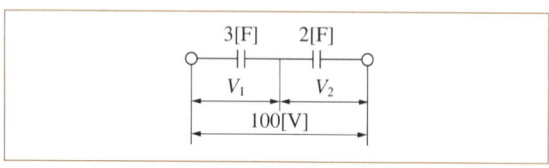

① 30[V]   ② 40[V]
③ 50[V]   ④ 60[V]

2-3. 그림과 같은 회로에서 b-d 사이의 전압을 50[V]로 하려면 콘덴서 C의 정전용량은 몇 $[\mu F]$인가?

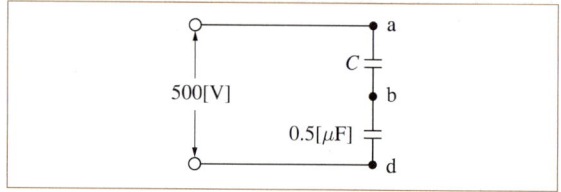

① 5.6   ② 0.56
③ 0.056 ④ 0.0056

해설

2-1
콘덴서의 병렬 접속
- 병렬로 접속된 콘덴서의 합성 정전용량($C = C_1 + C_2 + C_3$)을 먼저 계산한다.

  $C = (2개 \times 0.02 \times 10^{-6}[F]) + 0.01 \times 10^{-6}[F]$
  $ = 0.05 \times 10^{-6}[F]$
  $ = 0.05[\mu F]$

- 전하량 $Q = CV$에서
  $Q = (0.05 \times 10^{-6}[F]) \times 24[V] = 1.2 \times 10^{-6}[C]$

- 콘덴서가 병렬로 접속되어 있으므로 전압($V = V_1 = V_2 = V_3$)이 일정하다.

  $\therefore$ 전압 $V = \dfrac{Q}{C}$ 에서 $\dfrac{Q}{C} = \dfrac{Q_1}{C_1}$ 이므로 정전용량 $1[\mu F]$에 가해지는 전하량이 Q_1일 때 $Q_1 = \dfrac{C_1}{C} \times Q$에서

  $Q_1 = \dfrac{0.01 \times 10^{-6}[F]}{0.05 \times 10^{-6}[F]} \times 1.2 \times 10^{-6}[C] = 0.24 \times 10^{-6}[C]$

2-2
콘덴서의 직렬 접속
- 직렬로 접속된 콘덴서의 합성 정전용량 $C = \dfrac{C_1 C_2}{C_1 + C_2}$ 에서

  $C = \dfrac{3[F] \times 2[F]}{3[F] + 2[F]} = 1.2[F]$

- 전하량 $Q = CV$에서 $Q = 1.2[F] \times 100[V] = 120[C]$

- V_1에 걸리는 전압 $V_1 = \dfrac{Q}{C_1}$에서 $V_1 = \dfrac{120[C]}{3[F]} = 40[V]$

- V_2에 걸리는 전압 $V_2 = \dfrac{Q}{C_2}$에서 $V_2 = \dfrac{120[C]}{2[F]} = 60[V]$

[해설]

2-3

콘덴서의 직렬 접속

- 직렬로 연결된 콘덴서의 합성 정전용량 $C = \dfrac{C_1 C_2}{C_1 + C_2}$ 에서

  $C = \dfrac{C \times 0.5 \times 10^{-6}}{C + 0.5 \times 10^{-6}}$ [F]

- 콘덴서가 직렬로 연결되어 있으므로 전하량($Q = CV$)이 일정하다.

  $CV = C_1 V_1 = C_2 V_2$

  $\dfrac{C \times 0.5 \times 10^{-6}}{C + 0.5 \times 10^{-6}} \times 500 = 0.5 \times 10^{-6} \times 50$

  $\dfrac{C \times 0.5 \times 10^{-6}}{C + 0.5 \times 10^{-6}} = 0.5 \times 10^{-6} \times \dfrac{50}{500}$

  $\dfrac{C \times 0.5 \times 10^{-6}}{C + 0.5 \times 10^{-6}} = 5 \times 10^{-8}$

  $0.5 \times 10^{-6} C = 5 \times 10^{-8} \times (C + 0.5 \times 10^{-6})$

  $0.5 \times 10^{-6} C = 5 \times 10^{-8} C + 2.5 \times 10^{-14}$

  $0.5 \times 10^{-6} C - 5 \times 10^{-8} C = 2.5 \times 10^{-14}$

  $4.5 \times 10^{-7} C = 2.5 \times 10^{-14}$

  $\therefore C = \dfrac{2.5 \times 10^{-14}}{4.5 \times 10^{-7}} = 5.56 \times 10^{-8} = 0.056 \times 10^{-6} = 0.056 [\mu F]$

정답 2-1 ② 2-2 ② 2-3 ③

제2절 자기회로

핵심이론 01 자기회로의 개요

(1) 자기유도와 자성체

① 자기유도 : 자석에 의해 자화되는 현상을 말한다.

② 자성체 : 자화되는 물체이다.
   ㉠ 강자성체 : 니켈, 코발트, 철
   ㉡ 상자성체 : 알루미늄, 망간, 백금, 주석
   ㉢ 반자성체 : 구리, 은, 납, 아연

(2) 자극 간에 작용하는 힘

① 쿨롱의 법칙

   ㉠ 두 자극 사이에 작용하는 힘의 크기는 두 점자극의 곱에 비례하고 두 점자극 사이의 거리의 제곱에 반비례한다.

   ㉡ 자기력(F)

   $F = \dfrac{1}{4\pi\mu} \times \dfrac{m_1 m_2}{r^2} = 6.33 \times 10^4 \times \dfrac{m_1 m_2}{r^2}$ [N]

   여기서, $\mu = \mu_0 \mu_s$: 투자율

   $\mu_0 = 4\pi \times 10^{-7}$[H/m] : 진공 중의 투자율

   μ_s : 비투자율

   (공기나 진공 중의 비투자율 $\mu_s = 1$)

   m_1, m_2 : 자극의 세기[Wb]

   r : 두 자극 사이의 거리[m]

② 자기장의 세기(H)

   $H = \dfrac{1}{4\pi\mu} \times \dfrac{m}{r^2}$ [AT/m]

(3) 전류의 자기작용

① 자기회로에 관한 법칙

   ㉠ 앙페르의 오른나사법칙 : 전류에 의해 만들어지는 자기장의 방향을 결정하는 법칙으로서 전류의 방향은 오른나사의 진행방향과 같고 자기장의 방향은 오른나사의 회전방향과 같다.

ⓒ 비오-사바르의 법칙 : 전류에 의한 자기장(자계)의 세기를 구하는 법칙이다.

ⓒ 플레밍의 왼손법칙 : 자기장 내에 있는 도체에 전류를 흘리면 전자력이 발생하고 전자력의 방향을 결정하는 법칙으로서 전동기의 원리에 적용되고 있다.

ⓔ 플레밍의 오른손법칙 : 자기장 내에 도체를 놓고 운동을 하면 도체에는 유도기전력이 발생하고 유도기전력의 방향을 결정하는 법칙으로서 발전기의 원리에 적용되고 있다.

② 전류에 의한 자기장(자계)의 세기

ⓐ 무한장 직선 전류에 의한 자기장의 세기(H)

$$H = \frac{I}{2\pi r}[\text{AT/m}]$$

여기서, I : 전류[A]

r : 반지름 또는 거리[m]

ⓑ 원형코일에 의한 자기장의 세기(H)

$$H = \frac{NI}{2r}[\text{AT/m}]$$

여기서, N : 코일의 권수

I : 전류[A]

r : 반지름[m]

ⓒ 무한장 솔레노이드에 의한 자기장의 세기(H)

$$H = nI[\text{AT/m}]$$

여기서, n : 단위길이당 코일의 권수[회/m]

I : 전류[A]

ⓓ 환상 솔레노이드에 의한 자기장의 세기(H)

$$H = \frac{NI}{2\pi r} = \frac{NI}{l}[\text{AT/m}]$$

여기서, N : 코일의 권수

I : 전류[A]

r : 평균반지름[m]

l : 평균길이[m]

③ 전자력

ⓐ 자기장 내에 있는 도체에 전류를 흘리면 힘이 발생하는데 이를 전자력이라 한다.

전자력 $F = BIl\sin\theta[\text{N}]$

여기서, B : 자속밀도[Wb/m^2]

I : 전류[m]

l : 도체의 유효길이[m]

ⓑ 평행한 왕복전선에 작용하는 전자력

$$F = \frac{\mu_0 I_1 I_2}{2\pi r} = \frac{2I_1 I_2}{r} \times 10^{-7}[\text{N/m}]$$

여기서, $\mu_0 = 4\pi \times 10^{-7}[\text{H/m}]$: 진공 중의 투자율

I_1, I_2 : 전류[A]

r : 왕복전선의 거리[m]

Plus one

흡인력과 반발력
- 평행한 두 직선 도체에 전류가 같은 방향으로 흐르면 흡인력이 작용하고, 전류가 반대방향으로 흐르면 반발력이 작용한다.
- 평행한 왕복도체에는 전류가 반대방향으로 흐르기 때문에 반발력이 작용한다.

10년간 자주 출제된 문제

1-1. 공기 중에서 3×10^{-4}[Wb]와 5×10^{-3}[Wb]의 두 극 사이에 작용하는 힘이 13[N]이었다. 두 극 사이의 거리는 약 몇 [cm]인가?

① 4.3　　② 8.5
③ 13　　④ 17

1-2. 1[cm]의 간격을 둔 평행 왕복전선에 25[A]의 전류가 흐른다면 전선 사이에 작용하는 전자력은 몇 [N/m]이며, 이것은 어떤 힘인가?

① 2.5×10^{-2}, 반발력
② 1.25×10^{-2}, 반발력
③ 2.5×10^{-2}, 흡인력
④ 1.25×10^{-2}, 흡인력

1-3. 평행한 두 도체 사이의 거리가 2배로 되면 그 작용력은 어떻게 되는가?

① 1/4　　② 1/2
③ 2　　④ 4

1-4. 무한장 솔레노이드 자계의 세기에 대한 설명으로 틀린 것은?

① 전류의 세기에 비례한다.
② 코일의 권수에 비례한다.
③ 솔레노이드 내부에서의 자계의 세기는 위치에 관계없이 일정한 평등자계이다.
④ 자계의 방향과 앙페르 경로 간에 서로 수직인 경우 자계의 세기가 최고이다.

|해설|

1-1
쿨롱의 법칙

자기력 $F = 6.33 \times 10^4 \times \dfrac{m_1 m_2}{r^2}$ [N]

두 극 사이의 거리 $r = \sqrt{6.33 \times 10^4 \times \dfrac{m_1 m_2}{F}}$ 에서

$r = \sqrt{6.33 \times 10^4 \times \dfrac{(3 \times 10^{-4}[\text{Wb}]) \times (5 \times 10^{-3}[\text{Wb}])}{13[\text{N}]}}$

$= 0.085[\text{m}] = 8.5[\text{cm}]$

1-2
평행한 왕복전선에 작용하는 전자력(F)

- 전자력 $F = \dfrac{\mu_0 I_1 I_2}{2\pi r}$ [N/m]

진공 중의 투자율 $\mu_0 = 4\pi \times 10^{-7}$[H/m], 왕복전류 $I_1 = 25$[A], $I_2 = 25$[A], 간격 $r = 0.001$[m]일 때 전자력

$F = \dfrac{(4\pi \times 10^{-7}[\text{H/m}]) \times 25[\text{A}] \times 25[\text{A}]}{2\pi \times 0.001[\text{m}]} = 0.125[\text{N}]$

$= 1.25 \times 10^{-2}$[N]

- 평행한 왕복전선에 흐르는 전류는 서로 반대방향으로 흐르기 때문에 반발력(척력)이 작용한다.

1-3
평행한 왕복도체에 작용하는 전자력(F)

전자력 $F = \dfrac{2 I_1 I_2}{r} \times 10^{-7}$ 에서 두 도체 사이에 작용하는 힘 $F \propto \dfrac{1}{r}$

이므로 거리 $r_1 = 2r$로 되면 작용하는 힘 $F_1 = \dfrac{1}{2r}$ 이다.

$\therefore \dfrac{F_1}{F} = \dfrac{\frac{1}{2r}}{\frac{1}{r}} = \dfrac{\frac{1}{2r} \times r}{\frac{1}{r} \times r} = \dfrac{1}{2}$

1-4
무한장 솔레노이드 자계의 세기(H)

- 자계의 세기 $H = nI$[AT/m]

여기서, n : 단위길이당 코일의 권수[회/m]
　　　　I : 전류[A]

따라서, 자계의 세기는 전류의 세기와 코일의 권수에 비례한다.

- 솔레노이드 내부에서의 자계의 세기는 위치에 관계없이 일정한 평등자계이고, 외부에서의 자계의 세기는 0이다.

정답 1-1 ②　1-2 ②　1-3 ②　1-4 ④

핵심이론 02 자기회로와 전자유도

(1) 자기회로

① **기자력** : 코일의 감긴 수와 전류의 곱이다.

$F = NI$ [N]

여기서, N : 코일의 권수
I : 전류[A]

② **자속밀도**(B)

$B = \dfrac{\mu NI}{l}$ [Wb/m²]

여기서, $\mu = \mu_0 \mu_s$: 투자율
$\mu_0 = 4\pi \times 10^{-7}$ [H/m] : 진공 중의 투자율
μ_s : 비투자율
(공기나 진공 중의 비투자율 $\mu_s = 1$)
N : 코일의 권수
I : 전류[A]
l : 평균길이[m]

③ **자속**(ϕ)

$\phi = \dfrac{F}{R_m} = \dfrac{NI}{\dfrac{l}{\mu S}} = \dfrac{\mu SNI}{l}$ [Wb]

여기서, F : 기자력[N]
R_m : 자기저항[Ω]
N : 코일의 권수
I : 전류[A]
l : 평균길이[m]
$\mu = \mu_0 \mu_s$: 투자율
$\mu_0 = 4\pi \times 10^{-7}$ [H/m] : 진공 중의 투자율
μ_s : 비투자율
(공기나 진공 중의 비투자율 $\mu_s = 1$)
S : 단면적[m²]

④ **공극을 가진 자기회로**

㉠ 자성체 부분의 자기저항 $R_m = \dfrac{l}{\mu A}$ [Ω]

㉡ 공극부의 자기저항 $R_g = \dfrac{l_g}{\mu_0 A}$ [Ω]

㉢ 합성자기저항 $R = R_m + R_g = \dfrac{l}{\mu A} + \dfrac{l_g}{\mu_0 A}$ [Ω]

㉣ 자기저항의 배수

$m = \dfrac{R}{R_m} = \dfrac{\dfrac{l_g}{\mu_0 A}}{\dfrac{l}{\mu A}} + \dfrac{\dfrac{l}{\mu A}}{\dfrac{l}{\mu A}} = 1 + \dfrac{\mu l_g}{\mu_0 l}$

$= 1 + \dfrac{\mu_0 \mu_s l_g}{\mu_0 l}$

$\therefore\ m = 1 + \dfrac{l_g}{l}\mu_s$

여기서, $\mu = \mu_0 \mu_s$: 투자율
$\mu_0 = 4\pi \times 10^{-7}$ [H/m] : 진공 중의 투자율
μ_s : 비투자율
(공기나 진공 중의 비투자율 $\mu_s = 1$)
A : 단면적[m²]
l : 평균길이[m]
l_g : 공극부 길이[m]

(2) 전자유도

① **전자유도** : 자기장 내에 도체가 쇄교하는 자속이 시간적으로 변화하면 도체에 기전력이 발생하는 현상이다. 이때 발생한 전압을 유도기전력이라 한다.

② **렌츠의 법칙**

㉠ 전자유도현상에 의해 발생되는 유도기전력의 방향을 결정하는 법칙이다.

㉡ 유도기전력은 자속의 변화를 방해하는 방향으로 발생한다.

③ **패러데이법칙**

㉠ 전자유도현상에서 유도기전력의 크기를 결정하는 법칙이다.

ⓒ 유도기전력의 크기는 코일을 쇄교하는 자속의 시간적 변화율과 코일의 감은 횟수에 비례한다. 여기서, 음(-)의 부호는 렌츠의 법칙에서 유도기전력의 방향을 나타낸다.

유도기전력 $e = -N\dfrac{\Delta\phi}{\Delta t} = -L\dfrac{\Delta I}{\Delta t}$ [V]

여기서, N : 코일의 감은 횟수
$\Delta\phi/\Delta t$: 쇄교자속의 시간적 변화율
L : 자체인덕턴스[H]
$\Delta I/\Delta t$: 전류의 시간적 변화율

ⓒ 상호유도란 1차 코일의 전류가 변화할 때 2차 코일에 유도기전력이 발생하는 것을 말한다.

유도기전력 $e = -M\dfrac{\Delta I}{\Delta t}$ [V]

여기서, M : 상호인덕턴스[H]

④ 환상 솔레노이드의 자체인덕턴스(L)

$L = \dfrac{N\phi}{I} = \dfrac{\mu N^2 A}{l}$ [H]

여기서, N : 코일의 감은 횟수
ϕ : 자속[Wb]
I : 전류[A]
$\mu = \mu_0\mu_s$: 투자율
$\mu_0 = 4\pi \times 10^{-7}$[H/m] : 진공 중의 투자율
μ_s : 비투자율
(공기나 진공 중의 비투자율 $\mu_s = 1$)
A : 단면적[m²]
l : 평균길이[m]

(3) 인덕턴스의 직렬연결

① 가동 접속

㉠ 1차 코일의 자속 방향과 2차 코일의 자속 방향이 동일방향으로 접속된 회로이다.
㉡ 합성 인덕턴스 $L = L_1 + L_2 + 2M$[H]

② 차동 접속

㉠ 1차 코일의 자속 방향과 2차 코일의 자속 방향이 반대방향으로 접속된 회로이다.
㉡ 합성 인덕턴스 $L = L_1 + L_2 - 2M$[H]

③ 결합계수(k)

㉠ 1차 코일과 2차 코일의 자속에 의한 결합의 정도를 나타내는 계수로서 1차 코일과 2차 코일 간의 누설자속이 없는 이상적인 결합일 경우 $k = 1$이다.
㉡ 결합계수 $k = \dfrac{M}{\sqrt{L_1 L_2}}$

여기서, M : 상호인덕턴스[H]
L_1, L_2 : 코일 1차, 2차 자체인덕턴스[H]

(4) 자기에너지(W)

$W = \dfrac{1}{2}LI^2 = \dfrac{1}{2}\left(\dfrac{\mu N^2 A}{l}\right)I^2$
$= \dfrac{1}{2}\left(\dfrac{\mu_0\mu_s N^2 A}{l}\right)I^2$ [J]

여기서, L : 자체인덕턴스[H]
I : 전류[A]

> **10년간 자주 출제된 문제**

2-1. 코일의 권수가 1,250회인 공심 환상솔레노이드의 평균길이가 50[cm]이며, 단면적이 20[cm²]이고, 코일에 흐르는 전류가 1[A]일 때 솔레노이드의 내부 자속은?

① $2\pi \times 10^{-6}$[Wb]   ② $2\pi \times 10^{-8}$[Wb]
③ $\pi \times 10^{-6}$[Wb]   ④ $\pi \times 10^{-8}$[Wb]

2-2. 비투자율 μ_s=500, 평균 자로의 길이 1[m]의 환상 철심 자기회로에 2[mm]의 공극을 내면 전체의 자기저항은 공극이 없을 때의 약 몇 배가 되는가?

① 5   ② 2.5
③ 2   ④ 0.5

10년간 자주 출제된 문제

2-3. 자기인덕턴스 L_1, L_2가 각각 4[mH], 9[mH]인 두 코일이 이상적인 결합이 되었다면 상호인덕턴스 M은?(단, 결합계수 $k = 1$이다)

① 6[mH]
② 12[mH]
③ 24[mH]
④ 36[mH]

2-4. A-B 양단에서 본 합성 인덕턴스는?(단, 코일 간의 상호유도는 없다고 본다)

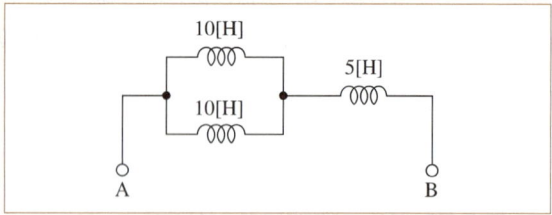

① 2.5[H]
② 5[H]
③ 10[H]
④ 15[H]

2-5. 그림과 같은 변압기 철심의 단면적 $A = 5[cm^2]$, 길이 $l = 50[cm]$, 비투자율 $\mu_s = 1,000$, 코일의 감은 횟수 $N = 200$이라 하고 1[A]의 전류를 흘렸을 때 자계에 축적되는 에너지는 몇 [J]인가?(단, 누설자속은 무시한다)

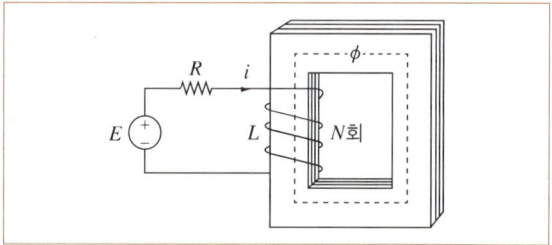

① $2\pi \times 10^{-3}$
② $4\pi \times 10^{-3}$
③ $6\pi \times 10^{-3}$
④ $8\pi \times 10^{-3}$

[해설]

2-1

환상솔레노이드 자기장의 세기
자속 $\phi = \mu HA$[Wb]
여기서, 투자율 $\mu = \mu_0 \mu_s = 4\pi \times 10^{-7}$[H/m],
자기장의 세기 H[AT/m], 단면적 $S[m^2]$이다.

- 자기장의 세기 $H = \dfrac{NI}{l}$에서 자속 $\phi = \mu HS = \mu \dfrac{NI}{l} S$[Wb]

- 자속 $\phi = 4\pi \times 10^{-7} \left[\dfrac{H}{m}\right] \times \dfrac{1,250회 \times 1[A]}{0.5[m]} \times (20 \times 10^{-4}[m^2])$
  $= 20\pi \times 10^{-7}$[Wb] $= 2\pi \times 10^{-6}$[Wb]

2-2

자기저항의 배수(m)

- 투자율이 μ인 자기저항 $R_\mu = \dfrac{1}{\mu A}$ (여기서, A는 철심의 단면적)

- 자기저항 $R_m = R_1 + R_2 = \dfrac{l_g}{\mu_0 A} + \dfrac{l}{\mu A}$[Ω]

투자율 $\mu = \mu_0 \mu_s$, 자기저항의 배수 $m = \dfrac{R_m}{R_\mu}$에서

$m = \dfrac{\dfrac{l_g}{\mu_0 A} + \dfrac{l}{\mu A}}{\dfrac{l}{\mu A}} = 1 + \dfrac{\mu l_g}{\mu_0 l}$

$= 1 + \dfrac{\mu_0 \mu_s l_g}{\mu_0 l} = 1 + \dfrac{l_g}{l}\mu_s$ 이므로

∴ $m = 1 + \dfrac{0.002[m]}{1[m]} \times 500 = 2$

2-3

코일의 결합계수

- 두 코일에서 누설자속이 없고 이상적으로 결합되어 있다면 결합계수 $k = 1$이다.

- 결합계수 $k = \dfrac{M}{\sqrt{L_1 L_2}}$에서 상호인덕턴스

$M = \sqrt{L_1 L_2} = \sqrt{(4 \times 10^{-3}[H]) \times (9 \times 10^{-3}[H])}$
$= 6 \times 10^{-3}$[H] = 6[mH]

2-4

코일의 직·병렬 접속

코일을 직렬로 접속하면 합성 인덕턴스 $L = L_1 + L_2$이고, 병렬로 접속하면 합성 인덕턴스 $L = \dfrac{L_1 L_2}{L_1 + L_2}$이다.

∴ 코일을 직·병렬로 접속하면 합성 인덕턴스 $L = \dfrac{L_1 \times L_2}{L_1 + L_2} + L_3$에서

$L = \dfrac{10 \times 10[H]}{10[H] + 10[H]} + 5[H] = 10[H]$

2-5

자기에너지(W)

$W = \dfrac{1}{2}LI^2 = \dfrac{1}{2}\left(\dfrac{\mu N^2 A}{l}\right)I^2 = \dfrac{1}{2}\left(\dfrac{\mu_0 \mu_s N^2 A}{l}\right)I^2$

$= \dfrac{1}{2} \times \left\{\dfrac{(4\pi \times 10^{-7} \times 1,000[H/m]) \times 200^2 \times (5 \times 10^{-4}[m^2])}{0.5[m]}\right\} \times (1[A])^2$

$= 8\pi \times 10^{-3}$[J]

정답 2-1 ① 2-2 ③ 2-3 ① 2-4 ③ 2-5 ④

[제3장] 교류회로

제1절 교류회로

핵심이론 01 교류회로의 개요

(1) 교류(AC ; Alternating Current)의 정의

① 시간에 따라 크기와 방향이 변화하는 전류와 전압이다.

② 정현파(사인파) 교류

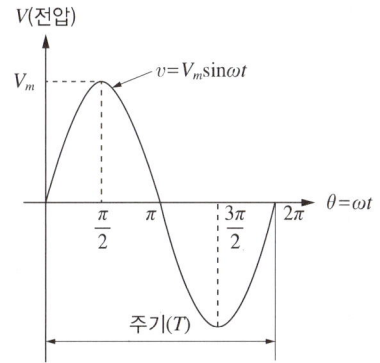

㉠ 순시값 전류 $i = I_m \sin\omega t = \sqrt{2}\,I\sin\omega t$ [A]

㉡ 순시값 전압 $v = V_m \sin\omega t = \sqrt{2}\,V\sin\omega t$ [V]

> **Plus one**
>
> **비사인파**
> - 비사인파는 연속파와 불연속파로 구분되며 여러 주파수의 사인파 합성이다.
> - 비사인파는 직류분, 기본파, 고조파로 구성되어 있다.
> - 비사인파의 순시값 전압
> $v = \underbrace{50}_{\text{직류분}} + \underbrace{10\sqrt{2}\sin\omega t}_{\text{기본파}} + \underbrace{120\sqrt{2}\sin 3\omega t}_{\text{제3고조파}}$

③ 주 기

㉠ 1사이클의 변화에 필요한 시간으로서 주파수의 역수이다.

㉡ 주기 $T = \dfrac{1}{f}$ [s]

④ 각속도

㉠ 회전체가 1초 동안에 회전하는 각도이다.

㉡ 각속도 $\omega = 2\pi f = \dfrac{2\pi}{T}$ [rad/s]

⑤ 위상차

㉠ 주파수가 같고 위상이 다른 두 정현파의 시간적인 차이다.
- 전압 $v = V_m \sin(\omega t + \theta_1)$
- 전류 $i = I_m \sin(\omega t + \theta_2)$

㉡ 위상 $\theta = \omega t = 2\pi f t$

㉢ 전류 $i = I_m \sin\left(\omega t - \dfrac{\pi}{3}\right)$ 와

전압 $v = V_m \sin\left(\omega t - \dfrac{\pi}{6}\right)$ 일 때 위상차

- 위상차 $\theta = \theta_1 - \theta_2 = \dfrac{\pi}{3} - \dfrac{\pi}{6} = \dfrac{\pi}{6}$

- 라디안 값을 각도로 변환

$\theta = \dfrac{180°}{\pi} \times \text{rad} = \dfrac{180°}{\pi} \times \dfrac{\pi}{6} = 30°$

(2) 정현파 교류

① 정현파의 순시값 $v = V_m \sin\omega t = \sqrt{2}\,V\sin\omega t$ 일 때 실횻값

$$V = \sqrt{\dfrac{1}{T}\int_0^T v^2 dt} = \sqrt{\dfrac{1}{2\pi}\int_0^{2\pi}(V_m \sin\theta)^2 d\theta}$$

$$= \sqrt{\dfrac{V_m^2}{2\pi}\int_0^{2\pi}\sin^2\theta\,d\theta}$$

$$= \sqrt{\dfrac{V_m^2}{2\pi}\int_0^{2\pi}\left(\dfrac{1-\cos 2\theta}{2}\right)d\theta}$$

$$= \sqrt{\dfrac{V_m^2}{4\pi}\int_0^{2\pi}(1-\cos 2\theta)d\theta}$$

$$= \sqrt{\frac{V_m^2}{4\pi}\left[\theta - \frac{1}{2}\sin2\theta\right]_0^{2\pi}}$$

$$= \sqrt{\frac{V_m^2}{4\pi}\left[\left(2\pi - \frac{1}{2}\sin4\pi\right) - \left(0 - \frac{1}{2}\sin0°\right)\right]}$$

$$= \sqrt{\frac{V_m^2}{4\pi}\left[(2\pi - 0) - (0 - 0)\right]}$$

$$= \sqrt{\frac{V_m^2}{2}} = \frac{V_m}{\sqrt{2}}$$

② 정현파의 순시값 $v = V_m \sin\omega t = \sqrt{2}\, V\sin\omega t$
일 때 평균값

$$V_a = \frac{1}{T}\int_0^T v\, dt = \frac{1}{\pi}\int_0^\pi V_m \sin\theta\, d\theta$$

$$= \frac{V_m}{\pi}\int_0^\pi \sin\theta\, d\theta = \frac{V_m}{\pi}[-\cos\theta]_0^\pi$$

$$= \frac{V_m}{\pi}[-\cos\pi - (-\cos0°)]$$

$$= \frac{V_m}{\pi}[-(-1) - (-1)]$$

$$= \frac{V_m}{\pi}(1+1) = \frac{2V_m}{\pi}$$

③ 최댓값과 실횻값 및 평균값과의 관계

  ㉠ 최댓값 전류 $I_m = \sqrt{2}\, I = \frac{\pi}{2}I_a$ [A]

  ㉡ 최댓값 전압 $V_m = \sqrt{2}\, V = \frac{\pi}{2}V_a$ [V]

④ 파고율

  ㉠ 교류 파형의 최댓값을 실횻값으로 나눈 값으로서 각종 파형의 날카로움의 정도를 표현한 것이다.

  ㉡ 파고율 = $\dfrac{최댓값}{실횻값}$

⑤ 파형률

  ㉠ 교류 파형의 실횻값을 평균값으로 나눈 값으로서 각종 파형의 일그러짐 정도를 표현한 것이다.

  ㉡ 파형률 = $\dfrac{실횻값}{평균값}$

⑥ 왜형률(일그러짐률)

  ㉠ 비정현파에서 기본파에 대하여 고조파 성분이 어느 정도 포함되어 있는가를 나타내는 정도를 표현한 것이다.

  ㉡ 왜형률 = $\dfrac{전\ 고조파의\ 실횻값}{기본파의\ 실횻값}$

(3) 파형의 종류에 따른 실횻값과 평균값

파형의 종류	정현파	정현반파	삼각파	구형파	구형반파
파 형	∿	⌒⌒	⋀⋁⋀	⊓⊔	⊓⊓
실횻값	$\dfrac{V_m}{\sqrt{2}}$	$\dfrac{V_m}{2}$	$\dfrac{V_m}{\sqrt{3}}$	V_m	$\dfrac{V_m}{\sqrt{2}}$
평균값	$\dfrac{2V_m}{\pi}$	$\dfrac{V_m}{\pi}$	$\dfrac{V_m}{2}$	V_m	$\dfrac{V_m}{2}$
파형률	1.11	1.57	1.155	1	1.414
파고율	1.414	2	1.732	1	1.414

(4) 교류의 복소수 계산

① 순시값 전압 $v = \sqrt{2}\, V\sin(\omega t + \theta)$를 극좌표로 표시

  $\dot{V} = V\angle\theta$

  이때, V는 실횻값이고 각도 $\theta = \dfrac{180°}{\pi}\times \text{rad}$이다
  (rad는 라디안 값이다).

② 극좌표를 복소수로 표시

  $\dot{V} = V(\cos\theta + j\sin\theta)$

③ 임피던스 $Z = R + jX$를 극좌표로 표시

  $\dot{Z} = \sqrt{R^2 + X^2}\angle\tan^{-1}\dfrac{X}{R}$

④ 복소수 계산(예 $\dot{Z}_1 = 20\angle 60°$, $\dot{Z}_2 = 10\angle 30°$)

  ㉠ 곱셈

  $\dot{Z}_1 \times \dot{Z}_2 = (20\times 10)\angle(60° + 30°) = 200\angle 90°$

  ㉡ 나눗셈

  $\dfrac{\dot{Z}_1}{\dot{Z}_2} = \dfrac{20}{10}\angle(60° - 30°) = 2\angle 30°$

10년간 자주 출제된 문제

1-1. $R=4[\Omega]$, $\dfrac{1}{\omega C}=9[\Omega]$인 RC 직렬회로에 전압 $e(t)$를 인가할 때, 제3고조파 전류의 실횻값 크기는 몇 [A]인가?
(단, $e(t) = 50 + 10\sqrt{2}\sin\omega t + 120\sqrt{2}\sin 3\omega t[\text{V}]$)

① 4.4 ② 12.2
③ 24   ④ 34

1-2. $i = 50\sin\omega t$인 교류전류의 평균값은 약 몇 [A]인가?

① 25   ② 31.8
③ 35.9 ④ 50

1-3. 교류에서 파형의 개략적인 모습을 알기 위해 사용하는 파고율과 파형률에 대한 설명으로 옳은 것은?

① 파고율 $= \dfrac{실횻값}{평균값}$, 파형률 $= \dfrac{평균값}{실횻값}$

② 파고율 $= \dfrac{최댓값}{실횻값}$, 파형률 $= \dfrac{실횻값}{평균값}$

③ 파고율 $= \dfrac{실횻값}{최댓값}$, 파형률 $= \dfrac{평균값}{실횻값}$

④ 파고율 $= \dfrac{최댓값}{평균값}$, 파형률 $= \dfrac{평균값}{실횻값}$

1-4. 복소수로 표시된 전압 $10-j[\text{V}]$를 어떤 회로에 가하는 경우 $5+j[\text{A}]$의 전류가 흘렀다면 이 회로의 저항은 약 몇 [Ω]인가?

① 1.88 ② 3.6
③ 4.5   ④ 5.46

해설

1-1

R(저항)-C(콘덴서) 직렬회로에서 비정현파의 실횻값

- 전압의 최댓값(E_m)과 실횻값(E)과의 관계

  최댓값 전압 $E_m = \sqrt{2}E$에서 실횻값 전압 $E = \dfrac{E_m}{\sqrt{2}}[\text{V}]$

- $R-C$ 직렬회로의 실횻값 전류

  $I = \dfrac{E}{Z} = \dfrac{E}{\sqrt{R^2+X_C^2}} = \dfrac{\dfrac{E_m}{\sqrt{2}}}{\sqrt{R^2+\left(\dfrac{1}{\omega C}\right)^2}}[\text{A}]$

- 비정현파의 순시값 전압

  $e(t) = \underbrace{50}_{직류분} + \underbrace{10\sqrt{2}\sin\omega t}_{기본파} + \underbrace{120\sqrt{2}\sin 3\omega t}_{제3고조파}$

- 기본파의 실횻값 전류 $I = \dfrac{\dfrac{E_m}{\sqrt{2}}}{\sqrt{R^2+\left(\dfrac{1}{\omega C}\right)^2}}$에서

  $I = \dfrac{\dfrac{10\sqrt{2}[\text{V}]}{\sqrt{2}}}{\sqrt{(4[\Omega])^2+(9[\Omega])^2}} = 1.02[\text{A}]$

∴ 제3고조파의 실횻값 전류 $I = \dfrac{\dfrac{E_m}{\sqrt{2}}}{\sqrt{R^2+\left(\dfrac{1}{3\omega C}\right)^2}}$에서

$I = \dfrac{\dfrac{120\sqrt{2}[\text{V}]}{\sqrt{2}}}{\sqrt{(4[\Omega])^2+\left(\dfrac{1}{3}\times 9[\Omega]\right)^2}} = 24[\text{A}]$

1-2

교류전류의 평균값

- 교류전류의 순시값 $i = I_m\sin\omega t[\text{A}]$
- 교류전류의 최댓값(I_m), 실횻값(I), 평균값(I_a)과의 관계

  $I_m = \sqrt{2}I = \dfrac{\pi}{2}I_a$

∴ 순시값 전류 $i = 50\sin\omega t$에서 최댓값 $I_m = 50[\text{A}]$이므로

평균값 전류 $I_a = \dfrac{2}{\pi}I_m = \dfrac{2}{\pi}\times 50[\text{A}] = 31.83[\text{A}]$

1-3

파고율과 파형률의 정의

- 파고율 : 교류 파형의 최댓값을 실횻값으로 나눈 값으로 각종 파형의 날카로움의 정도를 표현한 것이다.
- 파형률 : 교류 파형의 실횻값을 평균값으로 나눈 값으로 각종 파형의 일그러짐 정도를 표현한 것이다.

∴ 파고율 $= \dfrac{최댓값}{실횻값}$, 파형률 $= \dfrac{실횻값}{평균값}$

[해설]

1-4

R(저항)–X(리액턴스)회로

- 임피던스 $\dot{Z} = \dfrac{\dot{V}}{I}[\Omega]$

  $\dot{Z} = \dfrac{10-j}{5+j} = \dfrac{(10-j)(5-j)}{(5+j)(5-j)} = \dfrac{50-j10-j5+j^2}{25-j^2}$

  (여기서, 복소수 $j=\sqrt{-1}$, $j^2 = -1$이다)

  $= \dfrac{50-j10-j5+(-1)}{25-(-1)} = \dfrac{49-j15}{26}$

  $= \dfrac{49}{26} - \dfrac{j15}{26} = 1.88 - j0.58$

- 임피던스 $\dot{Z} = R \pm jX[\Omega]$

  $\dot{Z} = 1.88 - j0.58$에서 저항 $R = 1.88[\Omega]$, 리액턴스 $X = 0.58[\Omega]$이고 리액턴스의 부호가 (−)이므로 용량 리액턴스이다.

정답 1-1 ③ 1-2 ② 1-3 ② 1-4 ①

핵심이론 02 $R-L-C$ 교류회로

(1) R(저항), L(코일), C(콘덴서)의 단독회로

① R만 있는 회로
   ㉠ 순시값 전류 $i = I_m \sin\omega t = \sqrt{2}\,I\sin\omega t[\text{A}]$
   ㉡ 순시값 전압 $v = V_m \sin\omega t = \sqrt{2}\,V\sin\omega t[\text{V}]$
   ㉢ 실횻값 전류 $I = \dfrac{V}{R}[\text{A}]$
   ㉣ 전류와 전압의 위상은 동상이다.

② L만 있는 회로
   ㉠ 순시값 전류 $i = I_m \sin\omega t = \sqrt{2}\,I\sin\omega t[\text{A}]$
   ㉡ 순시값 전압 $v = V_m \sin\left(\omega t + \dfrac{\pi}{2}\right)$
   $\qquad\quad = \sqrt{2}\,V\sin\left(\omega t + \dfrac{\pi}{2}\right)[\text{V}]$
   ㉢ 유도성 리액턴스 $X_L = \omega L = 2\pi f L[\Omega]$
   ㉣ 실횻값 전류 $I = \dfrac{V}{X_L} = \dfrac{V}{\omega L} = \dfrac{V}{2\pi f L}[\text{A}]$
   ㉤ 전류는 전압보다 위상이 $\dfrac{\pi}{2}(90°)$만큼 느리다.

③ C만 있는 회로
   ㉠ 순시값 전류
   $\quad i = I_m \sin\left(\omega t + \dfrac{\pi}{2}\right) = \sqrt{2}\,I\sin\left(\omega t + \dfrac{\pi}{2}\right)[\text{A}]$
   ㉡ 순시값 전압 $v = V_m \sin\omega t = \sqrt{2}\,V\sin\omega t[\text{V}]$
   ㉢ 용량성 리액턴스 $X_C = \dfrac{1}{\omega C} = \dfrac{1}{2\pi f C}[\Omega]$
   ㉣ 실횻값 전류 $I = \dfrac{V}{X_C} = \dfrac{V}{\frac{1}{\omega C}} = \omega CV$
   $\qquad\qquad\quad = 2\pi f CV[\text{A}]$
   ㉤ 전류는 전압보다 위상이 $\dfrac{\pi}{2}(90°)$만큼 빠르다.

(2) R(저항)-L(코일)-C(콘덴서) 직렬회로

① $R-L$ 직렬회로

 ㉠ 실횻값 전류

$$I = \frac{V}{Z} = \frac{V}{\sqrt{R^2 + X_L^2}} = \frac{V}{\sqrt{R^2 + (\omega L)^2}} \text{ [A]}$$

 ㉡ 임피던스 $Z = \sqrt{R^2 + X_L^2} = \sqrt{R^2 + (\omega L)^2}$ [Ω]

 ㉢ 전압은 전류보다 위상이 θ만큼 빠르다. 즉 유도성 회로이다.

  위상 $\tan\theta = \dfrac{X_L}{R} = \dfrac{\omega L}{R}$ 에서

  $\theta = \tan^{-1}\dfrac{X_L}{R} = \tan^{-1}\dfrac{\omega L}{R}$

 ㉣ 역률

$$\cos\theta = \frac{R}{Z} = \frac{R}{\sqrt{R^2 + X_L^2}} = \frac{R}{\sqrt{R^2 + (\omega L)^2}}$$

 ㉤ 무효율

$$\sin\theta = \frac{X_L}{Z} = \frac{X_L}{\sqrt{R^2 + X_L^2}} = \frac{\omega L}{\sqrt{R^2 + (\omega L)^2}}$$

② $R-C$ 직렬회로

 ㉠ 실횻값 전류

$$I = \frac{V}{Z} = \frac{V}{\sqrt{R^2 + X_C^2}} = \frac{V}{\sqrt{R^2 + \left(\dfrac{1}{\omega C}\right)^2}} \text{ [A]}$$

 ㉡ 임피던스 $Z = \sqrt{R^2 + X_C^2} = \sqrt{R^2 + \left(\dfrac{1}{\omega C}\right)^2}$ [Ω]

 ㉢ 전류는 전압보다 위상이 θ만큼 빠르다. 따라서 용량성 회로이다.

  위상 $\tan\theta = \dfrac{X_C}{R} = \dfrac{1}{\omega CR}$ 에서

  $\theta = \tan^{-1}\dfrac{1}{\omega CR} = \tan^{-1}\dfrac{1}{\omega CR}$

 ㉣ 역률

$$\cos\theta = \frac{R}{Z} = \frac{R}{\sqrt{R^2 + X_C^2}} = \frac{R}{\sqrt{R^2 + \left(\dfrac{1}{\omega C}\right)^2}}$$

 ㉤ 무효율

$$\sin\theta = \frac{X_C}{Z} = \frac{X_C}{\sqrt{R^2 + X_C^2}}$$

$$= \frac{1}{\omega C\sqrt{R^2 + \left(\dfrac{1}{\omega C}\right)^2}}$$

③ $R-L-C$ 직렬회로($X_L > X_C$일 경우)

 ㉠ 실횻값 전류 $I = \dfrac{V}{Z} = \dfrac{V}{\sqrt{R^2 + (X_L - X_C)^2}}$ [A]

 ㉡ 임피던스 $Z = \sqrt{R^2 + (X_L - X_C)^2}$ [Ω]

 ㉢ 위상 $\tan\theta = \dfrac{X_L - X_C}{R}$ 에서

  $\theta = \tan^{-1}\dfrac{X_L - X_C}{R}$

 ㉣ 역률 $\cos\theta = \dfrac{R}{Z} = \dfrac{R}{\sqrt{R^2 + (X_L - X_C)^2}}$

 ㉤ 무효율

  $\sin\theta = \dfrac{X_L - X_C}{Z} = \dfrac{X_L - X_C}{\sqrt{R^2 + (X_L - X_C)^2}}$

(3) R(저항)-L(코일)-C(콘덴서) 병렬회로

① $R-L$ 병렬회로

 ㉠ 실횻값 전류

$$I = \frac{V}{Z} = YV = \sqrt{\left(\frac{1}{R}\right)^2 + \left(\frac{1}{X_L}\right)^2}\, V \text{ [A]}$$

 ㉡ 임피던스

$$Z = \frac{1}{\sqrt{\left(\dfrac{1}{R}\right)^2 + \left(\dfrac{1}{X_L}\right)^2}} = \frac{RX_L}{\sqrt{R^2 + X_L^2}} \text{ [Ω]}$$

 ㉢ 어드미턴스

$$Y = \frac{1}{Z} = \sqrt{\left(\frac{1}{R}\right)^2 + \left(\frac{1}{X_L}\right)^2}$$

$$= \sqrt{\left(\frac{1}{R}\right)^2 + \left(\frac{1}{\omega L}\right)^2} \text{ [℧]}$$

ⓔ 전류는 전압보다 위상이 θ만큼 느리다.

위상 $\tan\theta = \dfrac{R}{X_L} = \dfrac{R}{\omega L}$ 에서

$\theta = \tan^{-1}\dfrac{R}{X_L} = \tan^{-1}\dfrac{R}{\omega L}$

ⓜ 역률

$\cos\theta = \dfrac{Z}{R} = \dfrac{\frac{RX_L}{\sqrt{R^2+X_L^2}}}{R} = \dfrac{X_L}{\sqrt{R^2+X_L^2}}$

ⓗ 무효율

$\sin\theta = \dfrac{Z}{X_L} = \dfrac{\frac{RX_L}{\sqrt{R^2+X_L^2}}}{X_L} = \dfrac{R}{\sqrt{R^2+X_L^2}}$

② $R-C$ 병렬회로

ⓐ 실횻값 전류

$I = \dfrac{V}{Z} = YV = \sqrt{\left(\dfrac{1}{R}\right)^2 + \left(\dfrac{1}{X_C}\right)^2}\, V[\text{A}]$

ⓑ 임피던스

$Z = \dfrac{1}{\sqrt{\left(\dfrac{1}{R}\right)^2 + \left(\dfrac{1}{X_C}\right)^2}} = \dfrac{RX_C}{\sqrt{R^2+X_C^2}}\,[\Omega]$

ⓒ 어드미턴스

$Y = \dfrac{1}{Z} = \sqrt{\left(\dfrac{1}{R}\right)^2 + \left(\dfrac{1}{X_C}\right)^2}$
$= \sqrt{\left(\dfrac{1}{R}\right)^2 + (\omega C)^2}\,[\mho]$

ⓓ 전압은 전류보다 위상이 θ만큼 느리다.

위상 $\tan\theta = \dfrac{R}{X_C} = \omega CR$ 에서

$\theta = \tan^{-1}\dfrac{R}{X_C} = \tan^{-1}\omega CR$

ⓔ 역률

$\cos\theta = \dfrac{Z}{R} = \dfrac{\frac{RX_C}{\sqrt{R^2+X_C^2}}}{R} = \dfrac{X_C}{\sqrt{R^2+X_C^2}}$

ⓗ 무효율

$\sin\theta = \dfrac{Z}{X_C} = \dfrac{\frac{RX_C}{\sqrt{R^2+X_C^2}}}{X_C} = \dfrac{R}{\sqrt{R^2+X_C^2}}$

③ $R-L-C$ 병렬회로$\left(\dfrac{1}{X_C} > \dfrac{1}{X_L}\text{일 경우}\right)$

ⓐ 실횻값 전류

$I = \dfrac{V}{Z} = YV = \sqrt{\left(\dfrac{1}{R}\right)^2 + \left(\dfrac{1}{X_C} - \dfrac{1}{X_L}\right)^2}\, V[\text{A}]$

ⓑ 임피던스 $Z = \dfrac{1}{\sqrt{\left(\dfrac{1}{R}\right)^2 + \left(\dfrac{1}{X_C} - \dfrac{1}{X_L}\right)^2}}\,[\Omega]$

ⓒ 어드미턴스

$Y = \dfrac{1}{Z} = \sqrt{\left(\dfrac{1}{R}\right)^2 + \left(\dfrac{1}{X_C} - \dfrac{1}{X_L}\right)^2}\,[\mho]$

ⓓ 위상 $\tan\theta = R\left(\dfrac{1}{X_C} - \dfrac{1}{X_L}\right)$ 에서

$\theta = \tan^{-1}R\left(\dfrac{1}{X_C} - \dfrac{1}{X_L}\right)$

ⓔ 역률 $\cos\theta = \dfrac{\frac{1}{R}}{\sqrt{\left(\dfrac{1}{R}\right)^2 + \left(\dfrac{1}{X_C} - \dfrac{1}{X_L}\right)^2}}$

ⓗ 무효율 $\sin\theta = \dfrac{\dfrac{1}{X_C} - \dfrac{1}{X_L}}{\sqrt{\left(\dfrac{1}{R}\right)^2 + \left(\dfrac{1}{X_C} - \dfrac{1}{X_L}\right)^2}}$

(4) 공진회로

① 직렬 공진회로

ⓐ $X_L - X_C = 0$ 이므로 임피던스가 최소가 되어 전류가 최대가 된다.

ⓑ $X_L = X_C\left(\omega L = \dfrac{1}{\omega C}\right)$ 에서 $2\pi fL = \dfrac{1}{2\pi fC}$

공진주파수 $f = \dfrac{1}{2\pi\sqrt{LC}}\,[\text{Hz}]$

② 병렬 공진회로

㉠ $\dfrac{1}{X_C} - \dfrac{1}{X_L} = 0$ 이므로 임피던스가 최대가 되어 전류가 최소가 된다.

㉡ $\dfrac{1}{X_C} = \dfrac{1}{X_L}\left(\omega C = \dfrac{1}{\omega L}\right)$에서 $2\pi f C = \dfrac{1}{2\pi f L}$

공진주파수 $f = \dfrac{1}{2\pi \sqrt{LC}}$ [Hz]

③ 코일(L)과 콘덴서(C)의 병렬 공진회로

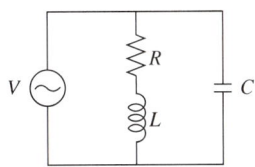

㉠ 합성 어드미턴스를 먼저 계산한다.

$Y = Y_1 + Y_2 = j\omega C + \dfrac{1}{R + j\omega L}$

$ = j\omega C + \dfrac{R - j\omega L}{(R + j\omega L)(R - j\omega L)}$

$ = j\omega C + \dfrac{R - j\omega L}{R^2 - j^2(\omega L)^2} = j\omega C + \dfrac{R - j\omega L}{R^2 + (\omega L)^2}$

$ = j\omega C + \dfrac{R}{R^2 + (\omega L)^2} - j\dfrac{\omega L}{R^2 + (\omega L)^2}$

$\therefore\ Y = \dfrac{R}{R^2 + (\omega L)^2} + j\left(\omega C - \dfrac{\omega L}{R^2 + (\omega L)^2}\right)$

㉡ 병렬 공진은 허수부가 0이 되어야 한다.

$\omega C - \dfrac{\omega L}{R^2 + (\omega L)^2} = 0$에서 $\omega C = \dfrac{\omega L}{R^2 + (\omega L)^2}$

(5) 과도현상

① 과도현상의 특성

㉠ 정상상태 : 전류값이 최종값에 도달한 이후의 상태이다.

㉡ 과도상태 : 전류가 초깃값에서 최종값으로 변하는 상태이다.

㉢ 시정수 : 전기회로에 갑자기 전압을 가했을 경우 전류가 점차 증가하여 일정한 값에 도달하는 증가의 비율을 나타내는 것으로 정상값의 63.2[%]에 도달할 때까지의 시간을 표시한 것이다.

② $R - L$ 직렬회로

㉠ 전압 $E = Ri + L\dfrac{di}{dt}$ [V]

㉡ 전류 $i(t) = \dfrac{E}{R}(1 - e^{-\frac{R}{L}t})$ [A]

㉢ 시정수 $\tau = \dfrac{L}{R}$ [s]

③ $R - C$ 직렬회로

㉠ 전압 $E = Ri + \dfrac{1}{C}\int i\,dt$ [V]

㉡ 전류 $i(t) = \dfrac{E}{R}e^{-\frac{1}{RC}t}$ [A]

㉢ 전하량 $q = CE(1 - e^{-\frac{1}{RC}t})$ [C]

㉣ 시정수 $\tau = RC$ [s]

④ $L - C$ 직렬회로

㉠ 전하량 $q = CE\left(1 - \cos\dfrac{1}{\sqrt{LC}}t\right)$ [C]

㉡ 전류 $i(t) = \dfrac{dq}{dt} = \dfrac{d}{dt}\left\{CE\left(1 - \cos\dfrac{1}{\sqrt{LC}}t\right)\right\}$

$ = CE - CE\left(\cos\dfrac{1}{\sqrt{LC}}t\right)$

$ = 0 + CE\left(\dfrac{1}{\sqrt{LC}}\sin\dfrac{1}{\sqrt{LC}}t\right)$

$ = \sqrt{\dfrac{C}{L}}E\sin\dfrac{1}{\sqrt{LC}}t$

$ = \dfrac{E}{\sqrt{\dfrac{L}{C}}}\sin\dfrac{1}{\sqrt{LC}}t$ [A]

10년간 자주 출제된 문제

2-1. 42.5[mH] 코일에 60[Hz], 220[V]의 교류를 가할 때 유도 리액턴스는 몇 [Ω]인가?

① 16　　② 20
③ 32　　④ 43

2-2. 저항 6[Ω]과 유도성 리액턴스 8[Ω]이 직렬로 접속된 회로에 100[V]의 교류전압을 가할 때 흐르는 전류의 크기는 몇 [A]인가?

① 10　　② 20
③ 50　　④ 80

2-3. $R=10[\Omega]$, $C=33[\mu F]$, $L=20[mH]$인 $R-L-C$ 직렬회로의 공진주파수는 약 몇 [Hz]인가?

① 169　　② 176
③ 196　　④ 206

2-4. $R-L-C$ 직렬 공진회로에서 제n고조파의 공진주파수(f_n)는?

① $\dfrac{1}{2\pi n\sqrt{LC}}$　　② $\dfrac{1}{\pi n\sqrt{LC}}$
③ $\dfrac{1}{2\pi\sqrt{nLC}}$　　④ $\dfrac{n}{2\pi n\sqrt{LC}}$

2-5. $R-L-C$ 회로의 전압과 전류 파형의 위상차에 대한 설명으로 틀린 것은?

① $R-L$ 병렬회로 : 전압과 전류는 동상이다.
② $R-L$ 직렬회로 : 전압이 전류보다 θ만큼 앞선다.
③ $R-C$ 병렬회로 : 전류가 전압보다 θ만큼 앞선다.
④ $R-C$ 직렬회로 : 전류가 전압보다 θ만큼 앞선다.

2-6. 그림과 같은 회로에서 단자 a, b 사이에 주파수 $f[\text{Hz}]$의 정현파 전압을 가했을 때 전류계 A_1, A_2의 값이 같았다. 이 경우 f, L, C 사이의 관계로 옳은 것은?

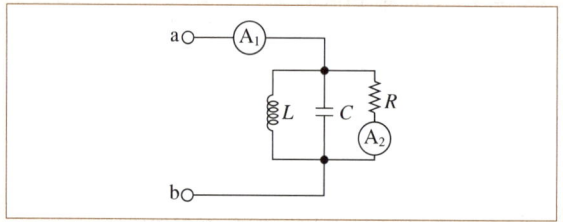

① $f=\dfrac{1}{2\pi^2 LC}$　　② $f=\dfrac{1}{4\pi\sqrt{LC}}$
③ $f=\dfrac{1}{\sqrt{2\pi^2 LC}}$　　④ $f=\dfrac{1}{2\pi\sqrt{LC}}$

해설

2-1

L(코일)만 있는 회로
유도성 리액턴스 $X_L = \omega L = 2\pi f L$에서
$X_L = 2\pi \times 60[\text{Hz}] \times (42.5 \times 10^{-3})[\text{H}] = 16.02[\Omega]$

2-2

$R-L$ 직렬회로
전류 $I = \dfrac{V}{Z} = \dfrac{V}{\sqrt{R^2 + X_L^2}}$에서

$I = \dfrac{100[\text{V}]}{\sqrt{(6[\Omega])^2 + (8[\Omega])^2}} = 10[\text{A}]$

2-3

$R-L-C$ 직렬회로
직렬 공진은 유도성 리액턴스와 용량성 리액턴스가 같으므로
$X_L = X_C$에서 $2\pi f L = \dfrac{1}{2\pi f C}$이다.

∴ 공진주파수 $f = \dfrac{1}{2\pi\sqrt{LC}}$에서

$f = \dfrac{1}{2\pi\sqrt{(20 \times 10^{-3}[\text{H}]) \times (33 \times 10^{-6}[\text{F}])}} = 195.91[\text{Hz}]$

[해설]

2-4

제n고조파의 공진주파수(f_n)

- 유도성 리액턴스 $X_{Ln} = 2\pi n f_n L [\Omega]$
- 용량성 리액턴스 $X_{Cn} = \dfrac{1}{2\pi n f_n C}[\Omega]$

  ∴ 공진회로는 $X_{Ln} = X_{Cn}$ 이므로 $2\pi n f_n L = \dfrac{1}{2\pi n f_n C}$ 에서

  공진주파수 $f_n = \dfrac{1}{2\pi n \sqrt{LC}}[\text{Hz}]$

2-5

R(저항)$-L$(코일)$-C$(콘덴서) 회로의 위상차

- R만 있는 회로 : 전압과 전류는 동상이다.
- L만 있는 회로 : 전압이 전류보다 위상이 90°만큼 앞선다.
- C만 있는 회로 : 전류가 전압보다 위상이 90°만큼 앞선다.
- $R-L$ 직렬회로 및 병렬회로 : 전압이 전류보다 위상이 θ만큼 앞선다.
- $R-C$ 직렬회로 및 병렬회로 : 전류가 전압보다 위상이 θ만큼 앞선다.

2-6

$R-L-C$ 병렬회로

- 전류계 A_1과 A_2가 같으므로 병렬 공진회로이다.
- 유도성 리액턴스 $X_L = \omega L = 2\pi f L$,

  용량성 리액턴스 $X_C = \omega C = \dfrac{1}{2f\omega C}$

  ∴ 병렬 공진회로의 조건은 $\dfrac{1}{X_C} = \dfrac{1}{X_L}$ 이므로 $2\pi f C = \dfrac{1}{2\pi f L}$ 에서

  공진주파수 $f^2 = \dfrac{1}{(2\pi)^2 LC}$ 이고 $f = \dfrac{1}{2\pi\sqrt{LC}}[\text{Hz}]$

정답 2-1 ① 2-2 ① 2-3 ③ 2-4 ① 2-5 ① 2-6 ④

제2절 교류 전력 및 3상 교류회로

핵심이론 01 교류 전력

(1) 단상교류 전력

① 피상전력(P_a)

$$P_a = IV = I^2 Z = \sqrt{P^2 + P_r^2}\ [\text{VA}]$$

② 유효전력(소비전력)

$$P = IV\cos\theta = \dfrac{I_m V_m}{2}\cos\theta = I^2 R = P_a \cos\theta\ [\text{W}]$$

③ 무효전력(P_r)

$$P_r = IV\sin\theta = \dfrac{I_m V_m}{2}\sin\theta = I^2 X$$

$$= P_a \sin\theta\ [\text{Var}]$$

여기서, I : 전류[A]

V : 전압[V]

Z : 임피던스[Ω]

I_m : 최댓값 전류[A]

V_m : 최댓값 전압[V]

R : 저항[Ω]

X : 리액턴스[Ω]

$\cos\theta$: 역 률

$\sin\theta$: 무효율

(2) 역률과 무효율

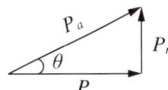

① 역 률

$$\cos\theta = \dfrac{P}{P_a} = \dfrac{P}{\sqrt{P^2 + P_r^2}} = \dfrac{P}{IV}$$

② 무효율

$$\sin\theta = \dfrac{P_r}{P_a} = \dfrac{P_r}{\sqrt{P^2 + P_r^2}} = \dfrac{P_r}{IV}$$

③ 역률을 개선하기 위하여 진상콘덴서를 부하에 병렬로 접속한다.

콘덴서의 용량

$$Q_C = P(\tan\theta_1 - \tan\theta_2)$$
$$= P\left(\frac{\sin\theta_1}{\cos\theta_1} - \frac{\sin\theta_2}{\cos\theta_2}\right)[VA]$$

여기서, $\cos\theta_1$: 개선 전의 역률
$\cos\theta_2$: 개선 후의 역률

(3) 3상 교류 전력

① 유효전력(소비전력)

$$P = \sqrt{3}\,IV\cos\theta\,[W]$$

② 무효전력

$$P_r = \sqrt{3}\,IV\sin\theta\,[Var]$$

(4) 3상 유도전동기의 출력과 전부하 전류

① 3상 유도전동기의 출력

$$P = \sqrt{3}\,IV\cos\theta\eta\,[W]$$

② 3상 유도전동기에 흐르는 전부하 전류

$$I = \frac{P}{\sqrt{3}\,V\cos\theta\eta}[A]$$

여기서, I : 전류[A]
V : 전압[V]
$\cos\theta$: 역 률
η : 효 율

10년간 자주 출제된 문제

1-1. 어떤 회로에 $v(t) = 150\sin\omega t[V]$의 전압을 가하니 $i(t) = 6\sin(\omega t - 30°)[A]$의 전류가 흘렀다. 이 회로의 소비전력(유효전력)은 약 몇 [W]인가?

① 390　　② 450
③ 780　　④ 900

1-2. 저항이 4[Ω], 인덕턴스가 8[mH]인 코일을 직렬로 연결하고 100[V], 60[Hz]인 전압을 공급할 때 유효전력은 약 몇 [kW]인가?

① 0.8　　② 1.2
③ 1.6　　④ 2.0

1-3. 5[Ω]의 저항과 2[Ω]의 유도성 리액턴스를 직렬로 접속한 회로에 5[A]의 전류를 흘렸을 때 이 회로의 복소전력[VA]은?

① $25 + j10$　　② $10 + j25$
③ $125 + j50$　　④ $50 + j125$

1-4. $R = 9[\Omega]$, $X_L = 10[\Omega]$, $X_C = 5[\Omega]$인 직렬 부하회로에 220[V]의 정현파 전압을 인가시켰을 때의 유효전력은 약 몇 [kW]인가?

① 1.98　　② 2.41
③ 2.77　　④ 4.1

1-5. 평형 3상 부하의 선간전압이 200[V], 전류가 10[A], 역률이 70.7[%]일 때 무효전력은 약 몇 [Var]인가?

① 2,880　　② 2,450
③ 2,000　　④ 1,410

|해설|

1-1

교류전력

- 순시값 전압 $v = \sqrt{2}\,V\sin\omega t$에서
  실횻값 전압 $V = \dfrac{150[V]}{\sqrt{2}} = 106.07[V]$

- 순시전류 $i = \sqrt{2}\,I\sin\omega t$에서 실효전류 $I = \dfrac{6[A]}{\sqrt{2}} = 4.24[A]$

- 위상차 $\theta = \theta_1 - \theta_2$에서 $\theta = 30° - 0° = 30°$
  (전압이 전류보다 위상이 30° 빠른 회로이다)

∴ 소비전력(유효전력) $P = IV\cos\theta$에서
　$P = 4.24[A] \times 106.07[V] \times \cos 30° = 389.48[W]$

[해설]

1-2
R-L 직렬회로의 유효전력(소비전력)
- 유도성 리액턴스 $X_L = \omega L = 2\pi f L$에서
  $X_L = 2\pi \times 60[\text{Hz}] \times (8 \times 10^{-3})[\text{H}] = 3[\Omega]$
- 임피던스 $Z = \sqrt{R^2 + X_L^2}$에서
  $Z = \sqrt{(4[\Omega])^2 + (3[\Omega])^2} = 5[\Omega]$
- 역률 $\cos\theta = \dfrac{R}{Z}$에서 $\cos\theta = \dfrac{4[\Omega]}{5[\Omega]} = 0.8$
  ∴ 유효전력 $P = IV\cos\theta = \dfrac{V^2}{Z}\cos\theta$에서
  $P = \dfrac{(100[\text{V}])^2}{5[\Omega]} \times 0.8 = 1,600[\text{W}] = 1.6[\text{kW}]$

1-3
R-L 직렬회로의 복소전력
- 임피던스 $Z = R + j\omega L$에서 $Z = 5 + j2[\Omega]$
- 복소전력(피상전력) $P_a = IV = I^2 Z$에서
  $P_a = (5[\text{A}])^2 \times (5+j2)[\Omega] = 125 + j50[\text{VA}]$
  이때 유효전력 $P = 125[\text{W}]$, 무효전력 $P_r = 50[\text{Var}]$이다.

1-4
R-L-C 직렬회로의 유효전력
유효전력 $P = IV\cos\theta = \dfrac{V^2}{Z}\cos\theta[\text{W}]$
- 역률 $\cos\theta = \dfrac{R}{Z} = \dfrac{R}{\sqrt{R^2 + (X_L - X_C)^2}}$에서
  $\cos\theta = \dfrac{9[\Omega]}{\sqrt{(9[\Omega])^2 + (10[\Omega] - 5[\Omega])^2}} = 0.87$
- 유효전력
  $P = \dfrac{(220[\text{V}])^2}{\sqrt{(9[\Omega])^2 + (10[\Omega] - 5[\Omega])^2}} \times 0.87 = 4,089.89[\text{W}]$
  $\fallingdotseq 4.1[\text{kW}]$

1-5
3상 교류전력의 무효전력
- 역률 $\cos\theta = 70.7[\%] = 0.707$이므로 삼각함수를 이용하여 무효율 $\sin\theta$를 계산한다.
  $\cos^2\theta + \sin^2\theta = 1$에서
  $\sin\theta = \sqrt{1 - \cos^2\theta} = \sqrt{1 - 0.707^2} = 0.707$
- 3상 무효전력 $P_r = \sqrt{3} IV \sin\theta$에서
  $P_r = \sqrt{3} \times 10[\text{A}] \times 200[\text{V}] \times 0.707 = 2,449.12[\text{Var}]$

정답 1-1 ① 1-2 ③ 1-3 ③ 1-4 ④ 1-5 ②

핵심이론 02 3상 교류회로의 개요

(1) 3상 교류의 개요
① 대칭 3상 교류 : 크기 및 주파수가 같고 위상만 $\dfrac{2}{3}\pi(120°)$씩 서로 다른 3상 교류이다.
② 평형 3상 회로 : 각 상의 임피던스가 동일하여 각 상의 부하가 같은 대칭 3상 교류회로이다.

(2) 3상 교류의 결선법

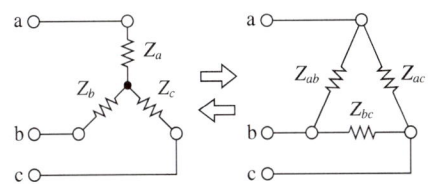

① 상전류(I_p)·상전압(V_p) : 각 상에 흐르는 전류를 상전류, 각 상에 걸리는 전압을 상전압이라고 한다.
② 선간전압(V_l)·선전류(I_l) : 부하에 전력을 공급하는 선들 사이의 전압을 선간전압, 이 선들에 흐르는 전류를 선전류라고 한다.
③ Y 결선
  ㉠ 선전류 $I_l = I_p$
  ㉡ 선간전압 $V_l = \sqrt{3}\,V_p$
④ △ 결선
  ㉠ 선전류 $I_l = \sqrt{3}\,I_p$
  ㉡ 선간전압 $V_l = V_p$
⑤ Y 결선을 △ 결선으로 변환
  ㉠ 임피던스 $Z_{ab} = \dfrac{Z_a Z_b + Z_b Z_c + Z_c Z_a}{Z_c}[\Omega]$
  ㉡ 임피던스 $Z_{bc} = \dfrac{Z_a Z_b + Z_b Z_c + Z_c Z_a}{Z_a}[\Omega]$
  ㉢ 임피던스 $Z_{ca} = \dfrac{Z_a Z_b + Z_b Z_c + Z_c Z_a}{Z_b}[\Omega]$
  ㉣ 3상 평형부하인 경우 $Z_a = Z_b = Z_c = Z_Y$이므로
    $Z_\triangle = Z_{ab} = Z_{bc} = Z_{ca} = 3Z_Y$이다.

⑥ △ 결선을 Y 결선으로 변환

㉠ 임피던스 $Z_a = \dfrac{Z_{ab}Z_{ca}}{Z_{ab}+Z_{bc}+Z_{ca}}[\Omega]$

㉡ 임피던스 $Z_b = \dfrac{Z_{ab}Z_{bc}}{Z_{ab}+Z_{bc}+Z_{ca}}[\Omega]$

㉢ 임피던스 $Z_c = \dfrac{Z_{bc}Z_{ca}}{Z_{ab}+Z_{bc}+Z_{ca}}[\Omega]$

㉣ 3상 평형부하인 경우 $Z_{ab}=Z_{bc}=Z_{ca}=Z_\triangle$ 이므로
$Z_Y = Z_a = Z_b = Z_c = \dfrac{1}{3}Z_\triangle$ 이다.

(3) 브리지회로

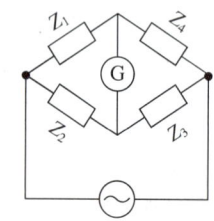

① 4개의 임피던스에 검류계(G)를 접속하고 검류계에 흐르는 전류를 0이 되도록 평형시켜 미지의 임피던스를 측정한다.

② 임피던스 $Z_1 Z_3 = Z_2 Z_4$

(4) 회로망의 취급

① 4단자망

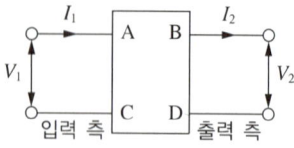

입력 전압 $V_1 = AV_2 + BI_2$,
입력 전류 $I_1 = CV_2 + DI_2$

$\begin{bmatrix} V_1 \\ I_1 \end{bmatrix} = \begin{bmatrix} A & B \\ C & D \end{bmatrix} \begin{bmatrix} V_2 \\ I_2 \end{bmatrix}$

㉠ 개방 전압이득 $A = \left|\dfrac{V_1}{V_2}\right|_{I_2=0}$

㉡ 단락 임피던스 $B = \left|\dfrac{V_1}{I_2}\right|_{V_2=0}$

㉢ 개방 어드미턴스 $C = \left|\dfrac{I_1}{V_2}\right|_{I_2=0}$

㉣ 단락 전압이득 $D = \left|\dfrac{I_1}{I_2}\right|_{V_2=0}$

② 영상임피던스

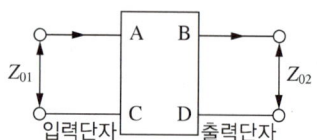

㉠ 입력 측 영상임피던스(입력단자에서 좌측이나 우측으로 본 임피던스)

$Z_{01} = \sqrt{\dfrac{AB}{CD}}$

㉡ 출력 측 영상임피던스(출력단자에서 좌측이나 우측으로 본 임피던스)

$Z_{02} = \sqrt{\dfrac{DB}{CA}}$

> **10년간 자주 출제된 문제**

2-1. 대칭 3상 Y부하에서 각 상의 임피던스는 20[Ω]이고, 부하전류가 8[A]일 때 부하의 선간전압은 약 몇 [V]인가?

① 160
② 226
③ 277
④ 480

2-2. 전원과 부하가 다같이 △ 결선된 3상 평형회로가 있다. 전원전압이 200[V], 부하 1상의 임피던스가 $4+j3[\Omega]$인 경우 선전류는 몇 [A]인가?

① $\dfrac{40}{\sqrt{3}}$
② $\dfrac{40}{3}$
③ 40
④ $40\sqrt{3}$

| 10년간 자주 출제된 문제 |

2-3. 그림과 같은 브리지 회로가 평형이 되기 위한 Z의 값은 몇 [Ω]인가?(단, 그림의 임피던스 단위는 모두 [Ω]이다)

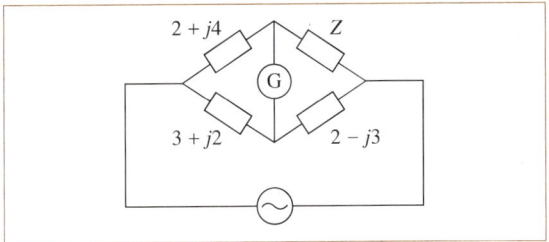

① $-3+j4$
② $2-j4$
③ $4-j2$
④ $3+j2$

2-4. 4단자 정수 $A=\dfrac{5}{3}$, $B=800$, $C=\dfrac{1}{450}$, $D=\dfrac{5}{3}$일 때 영상임피던스 Z_{01}과 Z_{02}는 각각 몇 [Ω]인가?

① $Z_{01}=300$, $Z_{02}=300$
② $Z_{01}=600$, $Z_{02}=600$
③ $Z_{01}=800$, $Z_{02}=800$
④ $Z_{01}=1{,}000$, $Z_{02}=1{,}000$

[해설]

2-1

대칭 3상 Y 결선
- 선전류 $I_l = I_p$, 선간전압 $V_l = \sqrt{3}\,V_p$
- 상전압 $V_p = I_p Z = I_l Z$에서 $V_p = 8[A] \times 20[Ω] = 160[V]$
- ∴ 선간전압 $V_l = \sqrt{3}\,V_p = \sqrt{3}\times 160[V] = 277.13[V]$

2-2

평형 3상 △ 결선
- 선간전압(V_l)과 상전압(V_p)의 관계 $V_l = V_p$
- 선전류(I_l)과 상전류(I_p)의 관계 $I_l = \sqrt{3}\,I_p$
- ∴ 선전류 $I_l = \dfrac{\sqrt{3}\,V_p}{R} = \dfrac{\sqrt{3}\,V_l}{R}$에서

$$I_l = \dfrac{\sqrt{3}\times 200[V]}{\sqrt{(4[Ω])^2+(3[Ω])^2}} = \dfrac{\sqrt{3}\times 200[V]}{5[Ω]} = 40\sqrt{3}[A]$$

2-3

브리지회로

브리지회로가 평형이 되기 위한 조건은 검류계(G)에 흐르는 전류가 0일 때 $Z_1 Z_3 = Z_2 Z_4$이다.

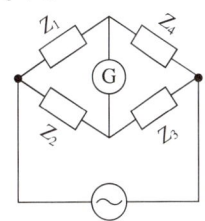

$(3+j2)Z = (2+j4)(2-j3)$
$(3+j2)Z = 4-j6+j8-j^2 12$
$(3+j2)Z = 4+j2-(-1)\times 12$
$(3+j2)Z = 16+j2$

$$Z = \dfrac{16+j2}{3+j2} = \dfrac{(16+j2)(3-j2)}{(3+j2)(3-j2)}$$

$$= \dfrac{48-j32+j6-j^2 4}{9-j6+j6-j^2 4} = \dfrac{48-j26-(-1)\times 4}{9-(-1)\times 4}$$

$$= \dfrac{52-j26}{13} = 4-j2$$

2-4

영상임피던스

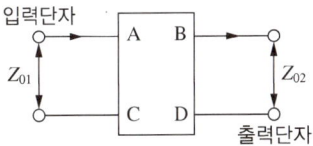

- 입력 측 영상임피던스(입력단자에서 좌측이나 우측으로 본 임피던스)

$Z_{01} = \sqrt{\dfrac{AB}{CD}}$ 에서 $Z_{01} = \sqrt{\dfrac{\frac{5}{3}\times 800}{\frac{1}{450}\times \frac{5}{3}}} = 600[Ω]$

- 출력 측 영상임피던스(출력단자에서 좌측이나 우측으로 본 임피던스)

$Z_{02} = \sqrt{\dfrac{DB}{CA}}$ 에서 $Z_{02} = \sqrt{\dfrac{\frac{5}{3}\times 800}{\frac{1}{450}\times \frac{5}{3}}} = 600[Ω]$

정답 2-1 ③ 2-2 ④ 2-3 ③ 2-4 ②

제4장 전기기기 및 전기계측

제1절 전기기기

핵심이론 01 직류기

(1) 직류기의 개요
① 직류발전기는 전자유도현상을 이용하여 기계적 에너지를 전기적 에너지로 변환하는 장치이다.
② 직류전동기는 전기적 에너지를 받아서 기계적 에너지로 변환하는 장치이다.

(2) 직류기의 구조
① 전기자
  ㉠ 계자에서 만든 자속을 끊어 기전력을 유도하는 부분이다.
  ㉡ 맴돌이 전류(와류손)나 히스테리시스 현상에 의해 철손이 발생한다.
   • 철손을 줄이기 위하여 철심을 히스테리시스손이 적은 규소강판을 사용한다.
   • 와류손을 작게 하기 위하여 성층으로 한다.
② 계 자
  ㉠ 전기를 통과하여 자속을 만들어 주는 부분이다.
  ㉡ 계자권선, 계자철심, 자극편, 계철로 구성되어 있다.
③ 정류자 : 전기자 권선에서 유도된 교류를 직류로 바꾸어 주는 부분이다.
④ 브러시
  ㉠ 정류자면과 접촉하여 전기자 권선과 외부 회로를 연결하는 부분이다.
  ㉡ 브러시는 정류자면을 손상시키지 않도록 접촉저항이 적당하고 전기저항이 작은 것을 사용하며 탄소브러시, 전기흑연브러시, 금속흑연브러시 등을 사용한다.

(3) 전기자 반작용
① 전기자 전류에 의한 기자력이 계자 자속에 영향을 주어 주자속의 분포나 크기를 변화시키는 현상이다.
② 전기자 반작용에 나타나는 현상
  ㉠ 주자속을 감소시켜 발전기는 유도기전력이 감소하고 전동기는 토크가 감소한다.
  ㉡ 중성축이 발전기는 회전방향과 같은 방향으로, 전동기는 회전방향과 반대 방향으로 이동한다.
  ㉢ 정류자면과 브러시 사이에 높은 전압이 발생하여 불꽃이 발생되어 정류가 불량하게 된다.
③ 전기자 반작용을 방지하는 방법
  ㉠ 보상권선을 설치한다.
  ㉡ 보극을 설치한다.
  ㉢ 브러시 위치를 전기적 중성점으로 이동시킨다.

(4) 직류기의 성능
① 직류발전기의 성능
  ㉠ 유도기전력 $E = \dfrac{PZ}{60a}\phi N$[V]

  여기서, P : 극 수
  Z : 전기자 총 도체수
  a : 병렬회로수(중권 $a = P$, 파권 $a = 2$)
  ϕ : 자속[Wb]
  N : 회전수[rpm]

  ㉡ 발전기의 규약효율 $\eta = \dfrac{출력}{출력 + 손실} \times 100$[%]

② 직류전동기의 성능

㉠ 토크 $T = \dfrac{PZ}{2\pi a}I_a\phi = \dfrac{60 E_c I_a}{2\pi N}$ [N·m]

여기서, P : 극 수
Z : 전기자 총 도체수
a : 병렬회로수(중권 $a = P$, 파권 $a = 2$)
I_a : 전기자 전류[A]
ϕ : 자속[Wb]
E_c : 역기전력[V]
N : 회전수[rpm]

㉡ 전동기의 규약효율 $\eta = \dfrac{\text{입력} - \text{손실}}{\text{입력}} \times 100$ [%]

(5) 직류전동기의 속도제어

① 계자제어법 : 자속을 변화시켜 속도를 제어하는 방법이다.
② 저항제어법 : 전기자 회로에 저항을 넣어 속도를 제어하는 방법이다.
③ 전압제어법 : 전기자에 가해지는 단자전압을 가감하여 속도를 제어하는 방법으로서 워드 레오너드 방식과 일그너 방식이 있다.
④ 직병렬제어법 : 동일한 정격용량을 갖는 2대의 전동기를 직렬 또는 병렬로 설치하여 속도를 제어하는 방법이다.

(6) 직류전동기의 제동법

① 발전제동 : 운전 중의 전동기를 전원에서 분리하여 발전기로 작용시키고 회전체의 운동에너지를 전기에너지로 바꾸어 이것을 저항에서 열에너지로 소비시켜 제동하는 방식이다.
② 역전제동(Plugging) : 운전 중인 전동기의 전기자 접속을 반대로 하여 회전방향과 반대의 토크를 발생시켜 급정지 또는 역전시키는 방식이다.
③ 회생제동 : 전동기가 갖는 운동에너지를 전기에너지로 바꾸어 이것을 다시 전원으로 되돌려 제동하는 방식이다.

(7) 직류전동기의 종류

① 타여자 전동기 : 광범위한 속도조정을 할 수 있으므로 대형압연기나 엘리베이터에 사용된다.
② 직권 전동기 : 기동토크는 전기자 전류의 제곱에 비례하므로 전차나 크레인 등과 같이 부하변동이 심하고 기동토크가 큰 장치에 사용된다.
③ 분권 전동기 : 계자 조정기로 광범위하게 속도를 조정할 수 있으므로 공작기계, 제철용 압연기, 권상기, 제지기에 사용된다.
④ 복권 발전기 : 부하 전류가 증가함에 따라 자속이 감소하여 속도를 상승시키므로 크레인, 엘리베이터, 공작기계, 공기압축기에 사용된다.

(8) 특수 직류전동기

① 직류 서보전동기 : 기동, 정지, 제동, 정회전, 역회전이 연속적으로 이루어진 제어에 적합하도록 설계 및 제작된 전동기이다.
㉠ 계자권선, 전기자권선, 영구자석, 정류자, 브러시, 검출기 등으로 구성되어 있다.
㉡ 교류 서보전동기에 비해 구조가 간단하고 소형이며 출력(기동토크)이 크다.
㉢ 제어가 용이하고 토크 특성이 전기자 전류에 비례한다.
㉣ 효율이 높고 속도제어 범위가 넓다.
② 직류 스테핑 전동기(스텝 모터) : 구동 회로에 가해지는 펄스 수에 비례하여 회전각도만큼 회전시키는 전동기이다.

(9) 동기발전기의 병렬운전 조건

① 기전력(발생전압)의 크기가 같을 것
② 기전력의 위상이 같을 것
③ 기전력의 주파수가 같을 것
④ 기전력의 파형이 일치할 것
⑤ 기전력의 상회전 방향이 일치할 것

10년간 자주 출제된 문제

1-1. 직류 발전기의 자극수 4, 전기자 도체 수 500, 각 자극의 유효자속 수 0.01[Wb], 회전수 1,800[rpm]인 경우 유기 기전력은 얼마인가?(단, 전기자 권선은 파권이다)

① 100[V] ② 150[V]
③ 200[V] ④ 300[V]

1-2. 입력신호와 출력신호가 모두 직류(DC)로서 출력이 최대 5[kW]까지로 견고성이 좋고 토크가 에너지원이 되는 전기식 증폭기기는?

① 계전기 ② SCR
③ 자기증폭기 ④ 앰플리다인

1-3. 다음 중 직류전동기의 제동법이 아닌 것은?

① 회생제동 ② 정상제동
③ 발전제동 ④ 역전제동

1-4. 직류전동기 속도제어 중 전압제어방식이 아닌 것은?

① 워드 레오너드 방식
② 일그너 방식
③ 직병렬법
④ 정출력제어방식

1-5. 전기자 제어 직류 서보전동기에 대한 설명으로 옳은 것은?

① 교류 서보전동기에 비하여 구조가 간단하여 소형이고 출력이 비교적 낮다.
② 제어 권선과 콘덴서가 부착된 여자 권선으로 구성된다.
③ 전기적 신호를 계자권선의 입력 전압으로 한다.
④ 계자권선의 전류가 일정하다.

|해설|

1-1

직류발전기의 유기(유도)기전력(E)

$E = \dfrac{PZ}{60a}\phi N$에서

$E = \dfrac{4 \times 500}{60 \times 2} \times 0.01[\text{Wb}] \times 1,800[\text{rpm}] = 300[\text{V}]$

1-2

전기기기의 정의

- 계전기 : 전자기력을 이용하여 기계적으로 스위치를 작동하는 것으로 릴레이, 전자접촉기 등이 있다.
- SCR(실리콘제어정류소자) : PNPN형의 4층 구조로 되어 있으며 3단자 단방향 전류소자이다.
- 자기증폭기 : 자심에 권선을 감은 리액터의 교류임피던스가 별도로 감긴 제2권선에 흐르는 직류전류의 값에 의해 변화하는 현상을 이용한 전력증폭기이다.
- 앰플리다인 : 계자전압에 의한 작은 전력의 변화를 주어도 큰 전력변화를 유도할 수 있는 회전증폭발전기의 하나로서 직류발전기이다.

1-3

직류전동기의 제동법

- 회생제동 : 전동기가 가진 운동에너지를 전기에너지로 바꾸어 이것을 다시 전원에 되돌려 제동하는 방식이다.
- 발전제동 : 운전 중의 전동기를 전원에서 분리하여 발전기로 작용시켜 회전체의 운동에너지를 전기에너지로 바꾸어 이것을 저항 중에서 열에너지로 소비시켜 제동하는 방식이다.
- 역전제동(Plugging) : 운전 중인 전동기의 전기자 접속을 반대로 하여 회전방향과 반대로 토크를 발생시켜 급정지 또는 역전시키는 방식이다.

1-4

직류전동기의 속도제어법

- 계자제어법 : 계자 조정기의 저항을 가감하여 자속을 변화시켜 속도를 제어하는 방법이다.
- 저항제어법 : 전기자 회로에 저항을 직렬로 접속하여 그 저항을 가감하여 속도를 제어하는 방법이다.
- 전압제어법 : 전기자에 가해지는 단자전압을 가감하여 속도를 제어하는 방법으로서 워드 레오너드 방식과 일그너 방식이 있다.
- 직병렬제어법 : 동일한 정격으로 된 2대의 전동기를 직렬 또는 병렬로 설치하여 속도를 제어하는 방식이다.

1-5

직류 서보전동기

- 전기자 제어란 계자권선과 전기자권선을 직렬로 연결된 것으로 계자권선에 흐르는 전류는 일정하다.
- 계자권선, 전기자권선, 영구자석, 정류자, 브러시, 검출기 등으로 구성되어 있다.
- 교류 서보전동기에 비하여 구조가 간단하고 소형이며 출력(기동토크)이 크다.
- 효율이 높고 속도제어 범위가 넓다.

정답 1-1 ④ 1-2 ④ 1-3 ② 1-4 ④ 1-5 ④

핵심이론 02 변압기

(1) 변압기의 개요
① 전자유도작용을 이용하여 1차 권선에 공급된 교류 전력을 2차 권선에서 전압이 다른 동일 주파수의 교류 전력으로 바꾸는 기기이다.
② 유도기전력이란 자기장 내에 도체가 쇄교하는 자속이 시간적으로 변화하면 이 도체에는 기전력이 발생하는데 이때 발생한 전압을 말한다.
③ 변압기의 철심은 두께 0.3~0.6[mm]의 규소강판을 사용한다. 규소는 히스테리시스손을 감소시키기 위해 사용하고, 성층하는 이유는 와전류로 인하여 전력손실을 감소시키기 위한 것이다.

(2) 변압기의 성능
① 권수비(a)

$$a = \frac{N_2}{N_1} = \frac{E_2}{E_1} = \frac{I_1}{I_2} = \sqrt{\frac{X_2}{X_1}}$$

여기서, N_1, N_2 : 1차, 2차 권선수
E_1, E_2 : 1차, 2차 전압[V]
I_1, I_2 : 1차, 2차 전류[A]
X_1, X_2 : 1차, 2차 인덕턴스[Ω]

② 변압기의 손실
㉠ 동손 : 권선의 저항에 의해서 발생하는 손실이다.
㉡ 철손 : 시간적으로 변하는 자화력에 의해서 발생하는 철심의 전력 손실로서 히스테리시스손과 와전류손의 합이다.
  • 히스테리시스손 : 철심에 가해지는 자화력의 방향을 주기적으로 변화시키면 철심에서 열이 발생하는 손실이다.
  • 와전류손(맴돌이 전류손) : 자속의 변화로 철심 단면에 유도되는 맴돌이 전류로 인하여 발생하는 손실이다.
㉢ 유전체손 : 전압이 높을 때 절연물의 유전체로 인하여 발생하는 손실이다.
㉣ 표유부하손 : 누설자속에 의해 권선, 철심 및 그 밖의 금속부분에서 발생하는 부가적인 손실이다.

③ 변압기의 효율(η)
㉠ 변압기의 출력 $P_2 = V_{2n} I_{2n} \cos\theta$ [W]
여기서, V_{2n} : 2차 정격 전압[V]
I_{2n} : 2차 정격 전류[A]
$\cos\theta$: 부하의 역률
㉡ 손실 = 무부하손+부하손
㉢ $\frac{1}{m}$ 부하에 대한 전손실 전력량

$$P = (P_i + P_c) \times T + \left\{ P_i + \left(\frac{1}{m}\right)^2 P_c \right\} \times T [\text{Wh}]$$

여기서, P_i : 철손(무부하손)
P_c : 동손(부하손)
T : 사용시간[h]

㉣ 규약효율

$$\eta = \frac{입력 - 손실}{입력} \times 100 [\%]$$

$$= \frac{출력}{출력 + 손실} \times 100 [\%]$$

㉤ 전부하 효율 $\eta = \frac{P_2}{P_2 + P_i + P_c} \times 100 [\%]$

㉥ $\frac{1}{m}$ 부하에 대한 효율

$$\eta = \frac{\frac{1}{m} P_2}{\frac{1}{m} P_2 + P_i + P_c} \times 100 [\%]$$

(3) 변압기 결선의 특징
① Y-Y 결선
㉠ 중성점을 접지할 수 있으므로 고압의 경우 이상전압을 감소시킬 수 있다.

ⓒ 중성점을 접지하면 제3고조파 전류가 흘러 통신선에 통신장애를 일으킨다.
ⓓ 상전압이 선간전압의 $\frac{1}{\sqrt{3}}$ 배이므로 절연이 용이하고 고전압에 유리하다.

② △-△ 결선
ⓐ 제3고조파 전류가 △ 결선 내를 순환하므로 정현파 전압을 유기하여 기전력의 파형이 왜곡되지 않는다.
ⓑ 변압기 외부에 제3고조파가 발생하지 않아 통신장애가 없다.
ⓒ 변압기 1대가 고장이 나면 V-V 결선으로 운전하여 3상 전력을 공급할 수 있다.
ⓓ 중성점을 접지할 수 없으므로 지락사고 시 보호가 곤란하다.
ⓔ 선간전압과 상전압이 같기 때문에 고압인 경우 절연의 문제점이 있다.

③ V-V 결선
ⓐ △-△ 결선에서 1대의 변압기가 고장이 나면 2대의 변압기를 이용하여 3상 전력을 공급할 수 있는 결선 방식이다.
ⓑ V-V 결선의 출력 $P_V = \sqrt{3}\, V_{2n} I_{2n}$[W]
여기서, V_{2n} : 2차 정격 전압[V]
I_{2n} : 2차 정격 전류[A]
ⓒ 이용률
$\alpha = \dfrac{\text{V 결선의 출력}}{\text{2대의 정격용량}} = \dfrac{\sqrt{3}\, V_{2n} I_{2n}}{2\, V_{2n} I_{2n}} \times 100\,[\%]$
$= 86.6\,[\%]$
ⓓ 출력의 비
$\beta = \dfrac{\text{V 결선의 출력}}{\triangle\ \text{결선의 출력}} = \dfrac{\sqrt{3}\, V_{2n} I_{2n}}{3\, V_{2n} I_{2n}} \times 100\,[\%]$
$= 57.7\,[\%]$

④ 변압기의 상수 변환
ⓐ 3상 전원에서 2상 전압을 얻을 수 있는 변압기 결선방법 : 우드브리지 결선, 메이어 결선, 스코트 결선(T 결선)
ⓑ 3상 전원에서 6상 전압을 얻을 수 있는 변압기 결선방법 : 환상 결선, 2중 3각 결선, 2중 성형 결선, 대각 결선, 포크 결선

(4) 변압기의 시험방법
① 단락시험 : 임피던스 와트(전부하 동손), 임피던스 전압(전압강하)을 구하기 위해 저압 쪽을 단락하고 실시하는 시험이다.
② 무부하시험(개방회로시험) : 무부하 전류, 히스테리시스손, 와류손, 철손, 여자 어드미턴스를 측정하는 시험이다.

(5) 변압기의 내부 회로 고장 검출용 계전기
① 비율 차동 계전기 : 변압기에 단락사고가 발생하면 1차 측과 2차 측의 전류값이 달라지고 그 전류차에 해당하는 전류가 계전기에 흘러 계전기가 동작한다.
② 충격가스압력 계전기
③ 부흐홀츠 계전기
④ 가스검출 계전기

> **10년간 자주 출제된 문제**

2-1. 권선수가 100회인 코일을 200회 늘리면 인덕턴스는 어떻게 변화하는가?
① 1/2로 감소 ② 1/4로 감소
③ 2배로 증가 ④ 4배로 증가

2-2. 0.5[kVA]의 수신기용 변압기가 있다. 변압기의 철손이 7.5[W], 전부하동손이 16[W]이다. 화재가 발생하여 처음 2시간은 전부하 운전되고, 다음 2시간은 1/2의 부하가 걸렸다고 한다. 4시간에 걸친 전손실 전력량은 약 몇 [Wh]인가?
① 65 ② 70
③ 75 ④ 80

10년간 자주 출제된 문제

2-3. 단상변압기 3대를 △ 결선하여 부하에 전력을 공급하고 있는 중 변압기 1대가 고장 나서 V 결선으로 바꾼 경우에 고장 전과 비교하여 몇 [%] 출력을 낼 수 있는가?

① 50
② 57.7
③ 70.7
④ 86.6

2-4. 변압기의 내부 회로 고장 검출용으로 사용되는 계전기는?

① 비율 차동 계전기
② 과전류 계전기
③ 온도 계전기
④ 접지 계전기

2-5. 용량 10[kVA]의 단권변압기를 그림과 같이 접속하면 역률 80[%]의 부하에 몇 [kW]의 전력을 공급할 수 있는가?

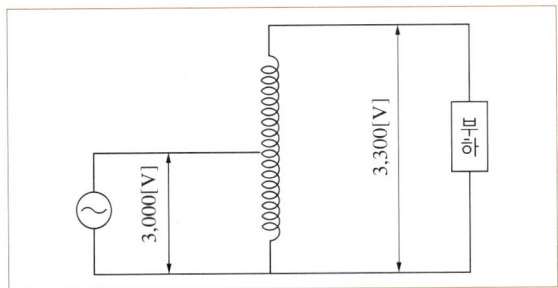

① 8
② 54
③ 80
④ 88

[해설]

2-1
변압기의 권수비(a)

$$a = \frac{N_2}{N_1} = \frac{E_2}{E_1} = \frac{I_1}{I_2} = \sqrt{\frac{X_2}{X_1}}$$

여기서, N_1, N_2 : 1차, 2차 코일의 권선수
E_1, E_2 : 1차, 2차 전압[V]
I_1, I_2 : 1차, 2차 전류[A]
X_1, X_2 : 1차, 2차 인덕턴스[Ω]

권수비 $a = \frac{N_2}{N_1} = \sqrt{\frac{X_2}{X_1}}$ 에서

인덕턴스 비 $\frac{X_2}{X_1} = \left(\frac{N_2}{N_1}\right)^2 = \left(\frac{200회}{100회}\right)^2 = 4$

∴ $X_2 = 4X_1$

2-2
전손실 전력량(P)

변압기의 철손 $P_i = 7.5[\text{W}]$, 동손 $P_c = 16[\text{W}]$, $\frac{1}{m}$ 부하 $= \frac{1}{2}$ 일 때

$P = (P_i + P_c) \times T + \left\{P_i + \left(\frac{1}{m}\right)^2 P_c\right\} \times T$ [Wh]

$= (7.5[\text{W}] + 16[\text{W}]) \times 2[\text{h}] + \left\{7.5[\text{W}] + \left(\frac{1}{2}\right)^2 \times 16[\text{W}]\right\} \times 2[\text{h}]$

$= 70[\text{Wh}]$

2-3
V 결선
- △결선의 1상을 제거한 결선법이다.
- 이용률 $\alpha = \frac{\text{V 결선의 출력}}{\text{2대의 정격용량}} = \frac{\sqrt{3}EI}{2EI} \times 100[\%] = 86.6[\%]$
- 출력의 비 $\beta = \frac{\text{V 결선의 출력}}{\text{△ 결선의 출력}} = \frac{\sqrt{3}EI}{3EI} \times 100[\%] = 57.7[\%]$

2-4
변압기 내부 회로 고장 검출용으로 사용되는 계전기
- 비율 차동 계전기 : 변압기에 단락사고가 발생하면 1차 측과 2차 측의 전류값이 달라지고 그 전류차에 해당하는 전류가 계전기에 흘러 계전기가 동작한다.
- 충격가스압력 계전기
- 부흐홀츠 계전기
- 가스검출 계전기

2-5
단권변압기
- 단권변압기란 1차 권선과 2차 권선을 직렬로 연결한 변압기이다.

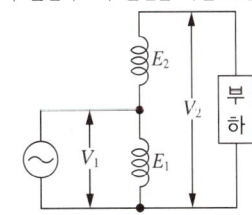

- 전압이득 $= \frac{V_2}{V_2 - V_1}$ 에서

전압이득 $= \frac{3,300[\text{V}]}{3,300[\text{V}] - 3,000[\text{V}]} = \frac{3,300[\text{V}]}{300[\text{V}]}$

- 부하전력 $P =$ 전압이득 × 자기용량 × 역률에서

$P = \frac{3,300[\text{V}]}{300[\text{V}]} \times 10[\text{kVA}] \times 0.8 = 88[\text{kW}]$

정답 2-1 ④ 2-2 ② 2-3 ② 2-4 ① 2-5 ④

핵심이론 03 유도전동기

(1) 3상 유도전동기의 종류

① 농형 유도전동기
  ㉠ 회전자는 철심의 홈이 원형 모양의 반폐 홈으로 되어 있으며 이 속에 원형의 구리 막대를 넣어서 양끝을 단락고리로 붙여 접속한 것이다.
  ㉡ 회전자의 구조는 간단하고 튼튼하다.
  ㉢ 취급이 쉽고 효율 및 역률이 좋다.
  ㉣ 기동전류가 크고 기동토크가 작다.

② 권선형 유도전동기
  ㉠ 회전자는 철심의 홈 속에 구리 도체를 넣어서 고정자 권선과 3상 Y 결선으로 접속한 것이다.
  ㉡ 회전자의 구조는 복잡하다.
  ㉢ 슬립링과 브러시를 통하여 저항기를 접속하기 때문에 운전이 어렵다.
  ㉣ 기동전류를 감소시킬 수 있다.
  ㉤ 속도조정을 자유롭게 조정할 수 있다.

(2) 3상 유도전동기의 성능

① 동기속도와 슬립
  ㉠ 동기속도 $N_s = \dfrac{120f}{P}$ [rpm]
     여기서, f : 주파수[Hz]
            P : 극 수
  ㉡ 실제속도 $N = (1-s)N_s$ [rpm]
  ㉢ 슬립 $s = \dfrac{N_s - N}{N_s}$
    • $s = 0$: 동기속도로 회전하고 있는 상태
    • $s = 1$: 정지 또는 기동상태

② 역회전 : 유도전동기의 3선 중 임의의 2선을 반대로 바꾸어 접속하면 회전방향이 반대로 된다.

③ 3상 유도전동기의 효율(η)
$$\eta = \dfrac{P}{\sqrt{3} \times V_l \times I_l \times \cos\theta} \times 100 [\%]$$
여기서, P : 유도전동기의 출력[W]
       V_l : 선간전압[V]
       I_l : 선전류[A]
       $\cos\theta$: 역 률

(3) 3상 유도전동기의 기동법

① 농형 유도전동기의 기동법
  ㉠ 전전압기동법 : 직접 정격전압을 전동기에 가하여 기동하는 방법으로서 5[kW] 이하의 전동기에 사용된다.
  ㉡ Y-△ 기동법 : 10~15[kW] 정도의 전동기에 사용되며 기동전류와 기동토크가 $\dfrac{1}{3}$로 감소된다.

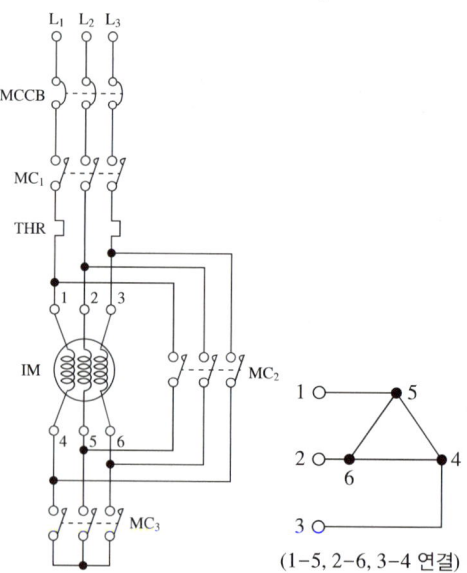

(1-5, 2-6, 3-4 연결)

> **Plus one**
>
> **Y-△ 기동회로의 구성요소**
> • 배선용차단기(MCCB) : 과부하 및 단락보호를 겸한 차단기
> • 전자접촉기(MC) : 전자석으로 제어되는 개폐기
> • 열동과부하계전기(THR) : 전동기의 과부하(과전류)에 의한 파손을 방지

ⓒ 기동보상기법 : 단권변압기를 사용하여 전동기에 가해지는 기동전압을 낮추어 기동하는 방법으로서 15[kW] 이상의 전동기에 사용된다.
ⓓ 리액터기동법 : 전동기의 1차 측에 직렬로 리액터를 설치하고 리액터 값을 조정하여 기동전압을 제어하여 기동하는 방법이다.
② 권선형 유도전동기의 기동법(2차 저항 제어법) : 전동기의 2차에 저항을 넣어 비례추이의 원리에 의하여 기동전류를 작게 하고 기동토크를 크게 하여 기동하는 방법이다.

(4) 단상 유도전동기

종 류	기동토크	기동전류
셰이딩코일형	40~80[%]	—
분상기동형	125[%] 이상	500[%] 이하
콘덴서기동형	200[%] 이상	500[%] 이하
반발기동형	300[%] 이상	300[%] 이하

10년간 자주 출제된 문제

3-1. 3상 유도전동기의 기동법이 아닌 것은?
① Y-△ 기동법 ② 기동 보상기법
③ 1차 저항 기동법 ④ 전전압 기동법

3-2. Y-△ 기동방식으로 운전하는 3상 농형유도전동기의 Y결선의 기동전류(I_Y)와 △ 결선의 기동전류 ($I_\triangle$)의 관계로 옳은 것은?
① $I_Y = \frac{1}{3} I_\triangle$ ② $I_Y = \sqrt{3} I_\triangle$
③ $I_Y = \frac{1}{\sqrt{3}} I_\triangle$ ④ $I_Y = \frac{\sqrt{3}}{2} I_\triangle$

3-3. 3상 유도전동기 Y-△ 기동회로의 제어요소가 아닌 것은?
① MCCB ② THR
③ MC ④ ZCT

3-4. 다음 단상 유도전동기 중 기동토크가 가장 큰 것은?
① 셰이딩코일형 ② 콘덴서기동형
③ 분상기동형 ④ 반발기동형

|해설|

3-1
3상 유도전동기의 기동법
- 농형 유도전동기의 기동법 : 전전압 기동법, Y-△ 기동법, 기동보상기법, 리액터기동법
- 권선형 유도전동기의 기동법 : 2차 저항 제어법

3-2
3상 농형 유도전동기의 Y-△ 기동법
- 5~15[kW] 이하의 전동기에 사용되며 기동전류와 기동토크가 $\frac{1}{3}$로 감소한다.
- 선간접압을 V, 기동 시 1상의 임피던스를 Z, 선전류를 I라고 하면
Y 결선의 경우 $I_Y = \frac{V}{\sqrt{3} Z}$
△ 결선의 경우 $I_\triangle = \frac{\sqrt{3} V}{Z}$

$$\therefore \frac{I_Y}{I_\triangle} = \frac{\frac{V}{\sqrt{3} Z}}{\frac{\sqrt{3} V}{Z}} = \frac{V}{\sqrt{3} Z} \times \frac{Z}{\sqrt{3} V} = \frac{1}{3} \text{에서 } I_Y = \frac{1}{3} I_\triangle$$

3-3
3상 유도전동기 Y-△ 기동회로의 제어요소
- 배선용차단기(MCCB) : 과부하 및 단락보호를 겸한 차단기이다.
- 전자접촉기(MC) : 전자석으로 제어되는 개폐기이다.
- 열동과부하계전기(THR) : 전동기의 과부하(과전류)에 의한 파손을 방지한다.

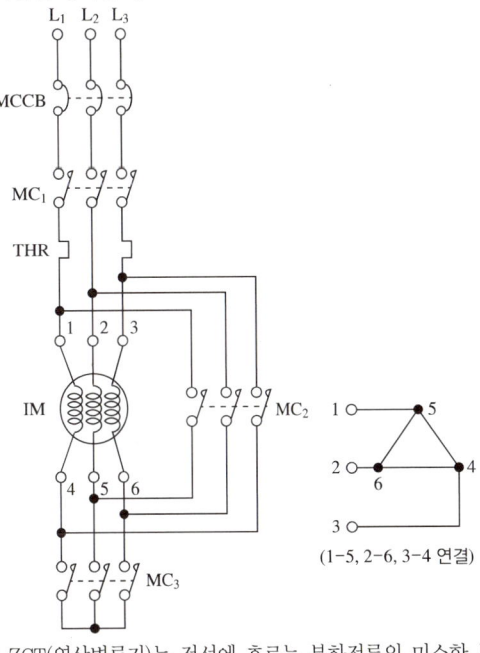

※ ZCT(영상변류기)는 전선에 흐르는 부하전류의 미소한 누전전류를 검출하는 변류기이다.

[해설]

3-4

단상 유도전동기의 기동토크와 기동전류

종 류	기동토크	기동전류
셰이딩코일형	40~80[%]	–
분상기동형	125[%] 이상	500[%] 이하
콘덴서기동형	200[%] 이상	500[%] 이하
반발기동형	300[%] 이상	300[%] 이하

정답 3-1 ③ 3-2 ① 3-3 ④ 3-4 ④

제2절 전기계측

핵심이론 01 지시계기

(1) 측정의 종류

① 직접측정법과 간접측정법

　㉠ 직접측정법 : 계측기로 측정하고자 하는 양을 같은 종류의 기준량과 직접 비교하여 그 양의 크기를 결정하는 방법이다.

　㉡ 간접측정법 : 피측정량과 일정한 관계가 있는 몇 개의 서로 독립된 값을 측정하고 그 결과를 계산하여 피측정량의 값을 구하는 방법이다.

② 편위법과 영위법

　㉠ 편위법 : 측정량이 바늘 등의 흔들림으로 지시되는 지시값으로 측정하는 방법이다.

　㉡ 영위법 : 어느 측정량을 그것과 같은 종류의 기준량과 비교하여 똑같이 되도록 기준량을 조정한 후 기준량의 크기로부터 측정량을 구하는 방법이다.

(2) 지시계기의 개요

① 지시계기의 구성요소

　㉠ 구동장치 : 지침 등을 가동하는 구동 토크를 발생하는 장치이다.

　㉡ 제어장치 : 구동 토크가 발생하여 가동부가 작동되었을 때 그 반대방향으로 작용하는 제어 토크를 발생하는 장치이다.

　㉢ 제동장치 : 제동 토크를 발생하는 장치로서 공기제동, 맴돌이 전류제동, 전자제동, 액체제동 등이 있다.

　㉣ 지침과 눈금

② 오차율과 보정률

　㉠ 오차율 : 지시(측정)값(M)이 참값(T)과 어느 정도 다른지 백분율로 나타낸 것이다.

$$오차율 = \frac{M - T}{T} \times 100[\%]$$

ⓒ 보정률 : 지시(측정)값(M)을 참값(T)과 같게 하려면 얼마나 보정해야 하는지 백분율로 나타낸 것이다.

$$보정률 = \frac{T-M}{M} \times 100[\%]$$

(3) 지시계기의 종류

① **가동코일형 계기** : 영구자석이 만드는 자기장 속에 가동 코일을 설치하고 이것에 측정하고자 하는 전류를 흐르게 하여 지침을 측정하는 계기로서 균등 눈금을 사용하므로 정확도가 높은 지시계기이다.

② **가동철편형 계기** : 고정코일에 전류를 흘릴 때 발생하는 자기장 중에 고정 철편과 가동 철편을 놓고 양쪽 철편 사이에 생기는 힘을 이용하는 계기로서 흡인형, 반발형, 반발흡인형이 있다.

③ **전류력계형 계기** : 고정코일과 가동코일을 설치하고 전기가 흐르는 두 코일 사이에서 작용하는 힘을 이용하는 계기이다.

④ **유도형 계기** : 회전 자기장 또는 이동 자기장과 그 속에 놓인 도체 내에 생기는 유도전류와 상호작용을 이용하는 계기로서 회전자기장형, 이동자기장형이 있다.

⑤ **정전형 계기** : 대전된 도체 사이에 작용하는 정전 흡인력 또는 반발력을 이용하는 계기이다.

⑥ **열전형 계기** : 전류의 열작용에 의한 열선의 팽창 또는 종류가 다른 금속의 접합점의 온도차에 의한 열기전력으로 가동코일형 계기를 동작하게 하는 계기이다.

10년간 자주 출제된 문제

1-1. 어떤 측정계기의 지시값을 M, 참값을 T라 할 때 보정률은?

① $\frac{T-M}{M} \times 100[\%]$ ② $\frac{M}{M-T} \times 100[\%]$

③ $\frac{T-M}{T} \times 100[\%]$ ④ $\frac{T}{M-T} \times 100[\%]$

1-2. 참값이 4.8[A]인 전류를 측정하였더니 4.65[A]이었다. 이때 보정 백분율[%]은 약 얼마인가?

① +1.6   ② -1.6
③ +3.2   ④ -3.2

1-3. 균등 눈금을 사용하며 소비전력이 적게 소요되고 정확도가 높은 지시계기는?

① 가동코일형 계기
② 전류력계형 계기
③ 정전형 계기
④ 열전형 계기

1-4. 지시계기에 대한 동작원리가 틀린 것은?

① 열전형 계기 - 대전된 도체 사이에 작용하는 정전력을 이용
② 가동철편형 계기 - 전류에 의한 자기장이 연철편에 작용하는 힘을 이용
③ 전류력계형 계기 - 전류 상호간에 작용하는 힘을 이용
④ 유도형 계기 - 회전 자기장 또는 이동 자기장과 이것에 의한 유도전류와의 상호작용을 이용

[해설]

1-1
오차율과 보정률
- 오차율 $= \dfrac{M-T}{T} \times 100[\%]$
- 보정률 $= \dfrac{T-M}{M} \times 100[\%]$

1-2
보정률
- 지시(측정)값을 참값과 같게 하려면 얼마나 보정해야 하는지 백분율로 나타낸 것이다.
- 보정률 $= \dfrac{T-M}{M} \times 100[\%]$
  $= \dfrac{4.8[A]-4.65[A]}{4.65[A]} \times 100[\%] = +3.23[\%]$

1-3
가동코일형 계기
- 영구 자석이 만드는 자기장 내에 가동 코일을 놓고 코일에 측정하고자 하는 전류를 흘리면 이 전류와 자기장 사이에서 전자력이 발생하며 이 전자력을 구동토크로 한 계기이다.
- 균등 눈금을 사용하며 지시계기 중에서 감도나 정도가 가장 우수하다.
- 제작이 간단하고 가격이 저렴하다.

1-4
열전형 계기의 동작원리 : 전류의 열작용에 의한 열선의 팽창 또는 종류가 다른 금속의 접합점의 온도차에 의한 열기전력으로 가동코일형 계기를 동작하게 하는 계기이다.

정답 1-1 ① 1-2 ③ 1-3 ① 1-4 ①

핵심이론 02 전류·전압·저항 측정

(1) 전류 측정

① 전류계
  ㉠ 회로시험기 : 직류전류, 직류전압, 교류전압, 저항을 측정하는 계기이다.
  ㉡ 후크미터 : 직류전류, 직류전압, 교류전류, 교류전압, 저항을 측정하는 계기이다.
  ㉢ 측정방법 : 전류계는 부하 또는 저항의 양단에 직렬로 연결하여 측정한다.

② 분류기
  ㉠ 전류계의 측정범위를 확대하기 위하여 내부저항 R_a인 전류계에 병렬로 접속한 저항(R_s)이다.

  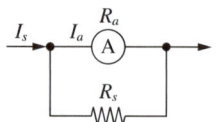

  ㉡ 저항을 병렬로 연결하면 전압이 일정하므로 전압 $V = I_s R = I_a R_a$을 이용하여 계산한다.

  $I_s \dfrac{R_a \cdot R_s}{R_a + R_s} = I_a R_a$ 에서

  분류기의 배율 $m = \dfrac{I_s}{I_a} = \dfrac{R_a + R_s}{R_s} = 1 + \dfrac{R_a}{R_s}$

  여기서, I_s : 분류기의 측정전류[A]
  I_a : 전류계의 전류[A]
  R_s : 분류기의 저항[Ω]
  R_a : 전류계의 저항[Ω]

(2) 전압 측정

① 전압계
  ㉠ 직류 전위차계 : 직류 전압 1[V] 정도 또는 그 이하의 직류 전압을 정밀하게 측정할 때 사용하는 계기이다.
  ㉡ 계기용 변압기(PT) : 전력용 변압기와 같이 2차 측에 전압계나 전력계의 전압 코일을 병렬로 접속하여 교류 고전압을 측정한다.

ⓒ 측정방법 : 전류계는 부하 또는 저항의 양단에 병렬로 연결하여 측정한다.

② 배율기

㉠ 직류 전압계의 전압 측정범위를 확대하기 위하여 내부저항 R_v인 전압계에 직렬로 접속한 고저항(R_m)의 저항기이다.

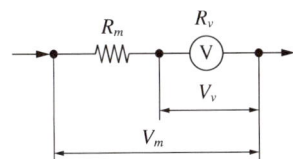

㉡ 저항을 직렬로 연결하면 전류가 일정하므로 전류 $I = \dfrac{V_m}{R} = \dfrac{V_v}{R_v}$를 이용하여 계산한다.

$\dfrac{V_m}{R_m + R_v} = \dfrac{V_v}{R_v}$에서 배율기의 배율

$m = \dfrac{V_m}{V_v} = \dfrac{R_m + R_v}{R_v} = 1 + \dfrac{R_m}{R_v}$

여기서, V_m : 배율기의 측정전압[V]

V_v : 전압계의 전압[V]

R_m : 배율기의 저항[Ω]

R_v : 전압계의 저항[Ω]

(3) 저항 측정

① 휘트스톤 브리지

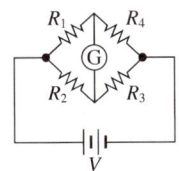

㉠ 검류계의 전류가 0이 되도록 평형시켜 측정소자의 저항을 구한다.

㉡ 4개의 저항 중에 검류계(G)를 접속하여 1개의 미지의 저항을 측정한다.

$R_1 R_3 = R_2 R_4$에서 측정저항 $R_3 = \dfrac{R_2 R_4}{R_1}[Ω]$

② 미끄럼줄 브리지

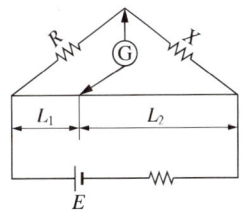

㉠ 측정저항(X)와 연결되는 표준변의 저항(R)을 일정한 값으로 하고 비례변(L_1, L_2)을 슬라이드형 저항기로 대체한 것으로 그 비를 연속적으로 변화시켜 평형시키는 브리지이다.

㉡ $XL_1 = RL_2$에서 측정저항 $X = \dfrac{L_2}{L_1} R[Ω]$

③ 메 거

㉠ 배선의 절연저항을 측정하는 계기이다.

㉡ 옥내 배선, 스위치 및 콘센트 등의 절연저항을 측정할 경우에는 모든 스위치를 열어 무부하 상태에서 측정한다.

④ 콜라우시 브리지법

㉠ 교류 전원을 사용한 미끄럼줄 브리지로서 직류 검출기 대신에 수화기를 사용하기 때문에 전원 주파수는 700~1,000[Hz]가 적당하다.

㉡ 축전지의 내부저항, 전해액의 저항, 접지저항을 측정하는 계기이다.

10년간 자주 출제된 문제

2-1. 측정기의 측정범위 확대를 위한 방법의 설명으로 틀린 것은?

① 전류의 측정범위 확대를 위하여 분류기를 사용하고, 전압의 측정범위 확대를 위하여 배율기를 사용한다.
② 분류기는 계기에 직렬로 배율기는 병렬로 접속한다.
③ 측정기 내부저항을 R_a, 분류기 저항을 R_s라 할 때, 분류기의 배율은 $1 + \dfrac{R_a}{R_s}$로 표시된다.
④ 측정기 내부의 저항을 R_v, 배율기 저항을 R_m라 할 때, 배율기의 배율은 $1 + \dfrac{R_m}{R_v}$로 표시된다.

2-2. 내부저항이 200[Ω]이며 직류 120[mA]인 전류계를 6[A]까지 측정할 수 있는 전류계로 사용하고자 한다. 어떻게 하면 되겠는가?

① 24[Ω]의 저항을 전류계와 직렬로 연결한다.
② 12[Ω]의 저항을 전류계와 병렬로 연결한다.
③ 약 6.24[Ω]의 저항을 전류계와 직렬로 연결한다.
④ 약 4.08[Ω]의 저항을 전류계와 병렬로 연결한다.

2-3. 최대눈금 100[mV], 내부저항 20[Ω]의 직류 전압계에 10[kΩ]의 배율기를 접속하면 약 몇 [V]까지 측정할 수 있는가?

① 50   ② 80
③ 100 ④ 200

2-4. 전지의 내부저항이나 전해액의 도전율 측정에 사용되는 것은?

① 접지저항계   ② 캘빈 더블 브리지법
③ 콜라우시 브리지법   ④ 메거

2-5. 절연저항을 측정할 때 사용하는 계기는?

① 전류계   ② 전위차계
③ 메거   ④ 휘트스톤 브리지

해설

2-1

분류기와 배율기

- 분류기 : 전류계의 측정범위를 확대하기 위하여 내부저항 R_a인 전류계에 병렬로 접속한 저항(R_s)이다.
- 배율기 : 직류 전압계의 전압 측정범위를 확대하기 위하여 내부저항 R_v인 전압계에 직렬로 접속하는 고저항(R_m)의 저항기이다.

2-2

분류기

- 전류계의 측정범위를 확대하기 위하여 내부저항 R_a인 전류계에 병렬로 접속한 저항(R_s)을 분류기라 한다.
- 전압 $I_s \dfrac{R_a \cdot R_s}{R_a + R_s} = I_a R_a$에서 분류기의 저항 $R_s = \dfrac{R_a}{\dfrac{I_s}{I_a} - 1}$이다.

∴ 분류기의 저항 $R_s = \dfrac{200[\Omega]}{\dfrac{6[A]}{0.12[A]} - 1} = 4.08[\Omega]$

따라서, 약 4.08[Ω]의 저항을 전류계와 병렬로 연결한다.

2-3

배율기

- 직류 전압계의 전압 측정 범위를 확대하기 위하여 내부저항 R_v인 전압계에 직렬로 접속하는 고저항(R_m)의 저항기이다.
- 저항을 직렬로 접속하므로 전류가 일정하므로 배율기에 흐르는 전류 $I_m = I_v$이다.

∴ 전류 $\dfrac{V_m}{R_m + R_v} = \dfrac{V_v}{R_v}$에서 측정전류 $V_m = \dfrac{R_m + R_v}{R_v} \times V_v$

$V_m = \dfrac{(10 \times 10^3 [\Omega]) + 20[\Omega]}{20[\Omega]} \times (100 \times 10^{-3}[V]) = 50.1[V]$

2-4

측정계기

- 접지저항계 : 접지된 도체와 보조 전극 간에 전류를 흐르게 하여 측정된 전압과 전류의 양에 의하여 접지 저항을 측정한다.
- 캘빈 더블 브리지법 : 휘트스톤 브리지에 보조 저항을 첨가한 것으로 1[Ω] 이하의 저저항의 정밀 측정에 사용된다.
- 콜라우시 브리지법 : 교류 전원을 사용한 미끄럼줄 브리지로서 전지의 내부저항이나 전해액의 도전율을 측정한다.
- 메거 : 절연저항을 측정하는 데 사용하는 계기이다.

2-5

측정계기

- 전류계 : 전류를 측정하는 데 사용하는 계기이다.
- 전위차계 : 전압을 측정하는 데 사용하는 계기이다.
- 메거 : 절연저항을 측정하는 데 사용하는 계기이다.
- 휘트스톤 브리지 : 검류계의 전류가 영(Zero)이 되도록 평형시키는 영위법을 이용하여 측정소자의 저항을 구하는 방법으로서 검류계, 직류 전원, 4변의 저항소자들로 구성되어 있다.

정답 2-1 ②　2-2 ④　2-3 ①　2-4 ③　2-5 ③

핵심이론 03 전력·역률 측정

(1) 단상 전력 측정

① 직접측정법

㉠ 전압계(V), 전류계(I), 전력계(W)의 지시값은 실 횟값이다.

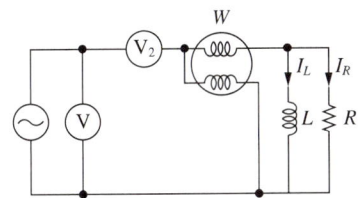

㉡ 유효전력 $P = IV\cos\theta$에서 역률 $\cos\theta = \dfrac{P}{IV}$

㉢ 무효율 $\sin\theta = \sqrt{1 - \cos^2\theta}$ 에서
무효전력 $P_r = IV\sin\theta$ [Var]

여기서, I : 전류계의 지시값[A]
V : 전압계의 지시값[V]
P : 전력계의 지시값[W]

② 간접측정법

㉠ 단상전력을 간접적으로 측정하기 위해서는 3대의 전류계를 사용하는 3전류계법과 3대의 전압계를 사용하는 3전압계법이 있다.

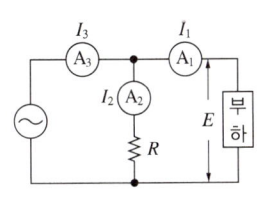 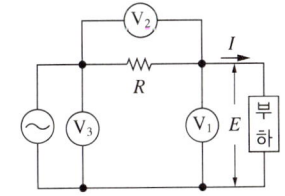

㉡ 3전류계법으로 전력 측정

$$P = \dfrac{R}{2}(I_3^2 - I_1^2 - I_2^2)\,[\text{W}]$$

㉢ 3전압계법으로 전력 측정

$$P = \dfrac{1}{2R}(V_3^2 - V_1^2 - V_2^2)\,[\text{W}]$$

(2) 3상 전력 측정

① 2전력계법

㉠ 단상전력계 2대를 접속하여 3상 부하전력을 측정하는 방법이다.

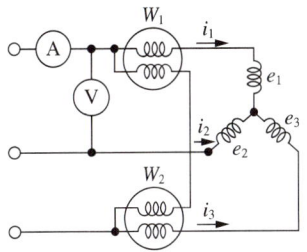

㉡ 부하전력 $P = W_1 + W_2 = \sqrt{3}\,IV\,[\text{W}]$

여기서, I : 전류계의 지시값[A]
V : 전압계의 지시값[V]
W_1, W_2 : 전력계의 지시값[W]

② 3전력계법

㉠ 단상전력계 3대를 접속하여 3상 부하전력을 측정하는 방법이다.

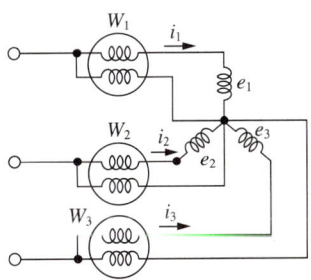

㉡ 부하전력
$P = W_1 + W_2 + W_2 = i_1 e_1 + i_2 e_2 + i_3 e_3\,[\text{W}]$

(3) 역률 측정

① 3상 평형 회로에 전력계(W)로 부하전력, 전류계(A)로 선전류(I), 전압계(V)로 선간전압(V)을 측정하여 역률을 측정한다.

② 2전력계법에서 부하전력 $P = W_1 + W_2$일 때 3상 평형 회로의 역률

$$\cos\theta = \dfrac{W_1 + W_2}{\sqrt{3}\,IV}$$

10년간 자주 출제된 문제

3-1. 선간전압 $E[\text{V}]$의 3상 평형전원에 대칭 3상 저항부하 $R[\Omega]$이 그림과 같이 접속되었을 때 a, b 두 상 간에 접속된 전력계의 지시값이 $W[\text{W}]$라면 c상의 전류는?

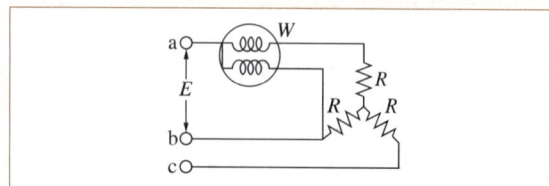

① $\dfrac{2W}{\sqrt{3}\,E}$ ② $\dfrac{3W}{\sqrt{3}\,E}$

③ $\dfrac{W}{\sqrt{3}\,E}$ ④ $\dfrac{\sqrt{3}\,W}{\sqrt{E}}$

3-2. 그림과 같이 전압계 V_1, V_2, V_3와 5[Ω]의 저항 R을 접속하였다. 전압계의 지시가 $V_1 = 20[\text{V}]$, $V_2 = 40[\text{V}]$, $V_3 = 50[\text{V}]$라면 부하전력은 몇 [W]인가?

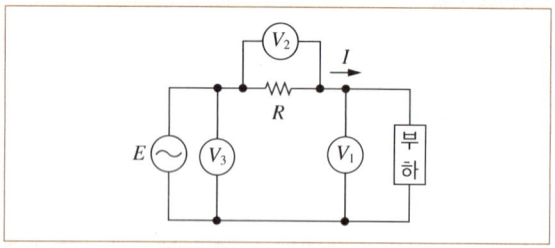

① 50   ② 100
③ 150   ④ 200

3-3. 단상교류회로에 연결되어 있는 부하의 역률을 측정하는 경우 필요한 계측기의 구성은?

① 전압계, 전력계, 회전계
② 상순계, 전력계, 전류계
③ 전압계, 전류계, 전력계
④ 전류계, 전압계, 주파수계

【해설】

3-1

2전력계법
- 단상 전력계 2대를 접속하여 3상 전력을 측정하는 방법이다.
- 부하전력 $P = W + W = 2W[\text{W}]$
- ∴ 3상 평형부하이므로 전류 $I_a = I_b = I_c = I$, 전압 $E_{ab} = E_{bc} = E_{ca} = E$라고 하면 부하전력 P는 다음과 같다.

$P = 2W = \sqrt{3}\,IE$에서 전류 $I = \dfrac{2W}{\sqrt{3}\,E}[\text{A}]$

3-2

간접측정법 : 단상 전력을 간접적으로 측정하기 위해서는 3대의 전류계를 사용하는 3전류계법, 3대의 전압계를 사용하는 3전압계법이 있다.

- 3전류계법으로 전력 측정 : $P = \dfrac{R}{2}(I_3^2 - I_1^2 - I_2^2)[\text{W}]$
- 3전압계법으로 전력 측정 : $P = \dfrac{1}{2R}(V_3^2 - V_1^2 - V_2^2)[\text{W}]$

∴ 전력 $P = \dfrac{1}{2 \times 5[\Omega]}\{(50[\text{V}])^2 - (40[\text{V}])^2 - (20[\text{V}])^2\}$
$= 50[\text{W}]$

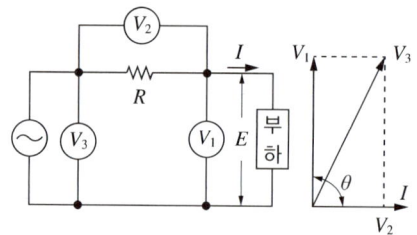

3-3

단상 전력 측정
- 단상 전력을 측정하기 위하여 전압계(V), 전류계(I), 전력계(W)를 설치하고 계측기기의 지시값은 실횻값이다.
- 유효전력 $P = IV\cos\theta$에서 역률을 계산할 수 있다.

역률 $\cos\theta = \dfrac{P}{IV}$

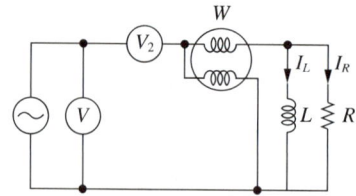

정답 3-1 ① 3-2 ① 3-3 ③

[제5장] 제어회로

제1절 피드백제어

핵심이론 01 피드백제어의 개요

(1) 피드백제어의 개요
제어계의 출력값이 목푯값과 비교하여 일치하지 않을 경우 다시 출력값을 입력으로 피드백시켜 오차를 수정하도록 궤환경로를 갖는 폐회로 제어이다.

(2) 피드백제어의 특징
① 입력과 출력을 비교하는 장치(검출부)가 반드시 있어야 한다.
② 정확성과 감대폭(대역폭)이 증가한다.
③ 계의 특성변화에 대한 입력 대 출력비의 감도(전체이득)가 감소한다.
④ 비선형과 왜형에 대한 효과가 감소한다.
⑤ 발진을 일으키고 불안정한 상태로 되어 가는 경향이 있다.
⑥ 구조가 복잡하고 설치비가 비싸다.

④ 동작신호 : 기준 입력과 주 피드백 신호의 차로서 제어동작을 일으키는 신호편차이다.
⑤ 조작부 : 조절부로부터 받은 신호를 조작량으로 변환하여 제어대상에 보내주는 장치이다.
⑥ 조작량 : 제어를 수행하기 위하여 제어대상에 가해지는 양이다.
⑦ 제어요소 : 동작신호를 조작량으로 변환시키는 요소로서 조절부와 조작부로 구성되어 있다.
⑧ 제어대상 : 기계, 프로세스, 시스템의 전체 또는 일부분을 말하며 제어하고자 하는 대상이다.
⑨ 외란 : 외부로부터 제어대상에 작용하여 제어계의 상태를 교란시키는 것을 말한다.
⑩ 제어량 : 제어대상에서 제어된 출력량이다.
⑪ 검출부 : 제어량을 검출하고 기준 입력신호와 비교하여 주궤환신호를 만드는 장치로서 피드백 요소라고 한다.

(3) 피드백제어의 기본구성

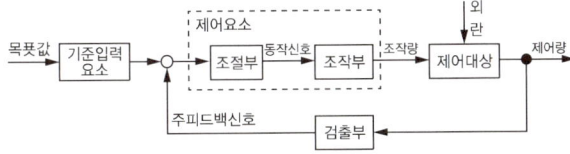

① 목푯값 : 제어계의 입력으로서 외부에서 사용자가 제어량에 대한 희망값을 갖도록 주어지는 값이다.
② 기준입력요소 : 제어계를 동작시키기 위하여 직접 폐루프에 주어지는 입력요소이다.
③ 조절부 : 동작신호를 만드는 부분이며 기준입력과 검출부의 출력을 합하여 제어계가 소정의 동작에 필요한 신호를 만들어 조작부에 보내는 장치이다.

10년간 자주 출제된 문제

1-1. 피드백제어계의 일반적인 특성으로 옳은 것은?
① 계의 정확성이 떨어진다.
② 계의 특성변화에 대한 입력 대 출력비의 감도가 감소된다.
③ 비선형과 왜형에 대한 효과가 증대된다.
④ 대역폭이 감소된다.

1-2. 개루프 제어와 비교하여 폐루프 제어에서 반드시 필요한 장치는?
① 안정도를 좋게 하는 장치
② 제어대상을 조작하는 장치
③ 동작신호를 조절하는 장치
④ 기준입력신호와 주궤환신호를 비교하는 장치

1-3. 제어요소의 구성으로 옳은 것은?
① 조절부와 조작부
② 비교부와 검출부
③ 설정부와 검출부
④ 설정부와 비교부

1-4. 제어대상에서 제어량을 측정하고 검출하여 주궤환 신호를 만드는 것은?
① 조작부
② 출력부
③ 검출부
④ 제어부

|해설|

1-1
피드백제어의 특징
- 입력과 출력을 비교하는 장치(검출부)가 반드시 있어야 한다.
- 정확성과 감대폭(대역폭)이 증가한다.
- 계의 특성변화에 대한 입력 대 출력비의 감도(전체 이득)가 감소한다.
- 비선형과 왜형에 대한 효과가 감소한다.
- 발진을 일으키고 불안정한 상태로 되어 가는 경향이 있다.
- 구조가 복잡하고 설치비가 비싸다.

1-2
피드백제어
- 피드백제어란 출력값이 목푯값과 비교하여 일치하지 않을 경우에는 다시 출력값을 입력으로 피드백시켜 오차를 수정하도록 궤환경로를 갖는 폐회로 제어이다.
- 피드백제어는 입력(기준입력신호)과 출력(주궤환신호)을 비교하는 검출부가 반드시 있어야 한다.

1-3
피드백제어의 제어요소
- 제어요소 : 동작신호를 조작량으로 변환시키는 요소로서 조절부와 조작부로 구성되어 있다.
- 조절부 : 동작신호를 만드는 부분이며 기준입력과 검출부의 출력을 합하여 제어계가 소정의 동작에 필요한 신호를 만들어 조작부에 보내는 장치이다.
- 조작부 : 조절부에서 받은 신호를 조작량으로 변환하여 제어대상에 보내주는 장치이다.

1-4
피드백제어의 구성요소
- 조작부 : 조절부에서 받은 신호를 조작량으로 변환하여 제어대상에 보내주는 장치이다.
- 조절부 : 동작신호를 만드는 부분이며 기준입력과 검출부의 출력을 합하여 제어계가 소정의 동작에 필요한 신호를 만들어 조작부에 보내는 장치이다.
- 제어대상 : 기계, 프로세스, 시스템의 전체 또는 일부를 말하며 제어하고자 하는 대상이다.
- 검출부 : 제어량을 검출하고 기준 입력신호와 비교하여 주궤환신호를 만드는 장치로서 피드백 요소라고 한다.

정답 1-1 ② 1-2 ④ 1-3 ① 1-4 ③

핵심이론 02 피드백제어의 분류

(1) 목푯값에 의한 분류

① **정치제어** : 목푯값이 시간에 대하여 변하지 않는 제어로서 자동조정이라고 하며 정전압장치나 일정 속도제어에 적용된다.

② **추치제어** : 목푯값이 시간에 대하여 변하며 목푯값에 정확히 추종하는 제어로서 서보기구이다.

　㉠ 추종제어 : 목푯값이 시간에 따라 임의로 변하는 제어로서 대공포의 포신제어, 자동 아날로그 선반에 적용된다.

　㉡ 프로그램제어 : 목푯값이 시간적으로 미리 정해진 대로 변화하고 제어량을 추종시키는 제어로서 열처리노의 온도제어, 무인으로 운전되는 열차나 엘리베이터에 적용된다.

　㉢ 비율제어 : 목푯값이 다른 양과 일정한 비율관계를 가지고 변화하는 경우의 제어로서 보일러 자동 연소장치에 적용된다.

(2) 제어량에 의한 분류

① **프로세스제어** : 온도, 압력, 유량, 액면, 농도, 습도 등의 공업 공정의 상태량을 제어하는 것으로 공정제어라고 한다.

② **자동조정** : 전압, 전류, 회전수(속도), 주파수, 토크 등의 상태량을 제어하는 것으로 정전압장치, 발전기의 조속기가 여기에 해당한다.

③ **서보기구** : 물체의 위치, 방위, 자세, 각도 등의 상태량을 제어하는 것으로 미사일 추적장치, 레이더, 선박 및 비행기의 방향을 제어한다.

(3) 제어동작에 의한 분류

① 불연속 제어

　㉠ On-Off 동작(2위치 제어) : 제어동작신호에 비례하는 조절신호를 만드는 제어동작으로서 사이클링 현상과 정상(잔류)편차(Off-set)가 발생한다.

　㉡ 샘플값 제어

② 연속 제어

　㉠ 비례 동작(P 동작) : 목푯값과 제어량의 편차크기에 비례하여 조작신호를 만드는 제어동작으로서 사이클링현상을 방지할 수 있으나 잔류편차가 발생한다.

　㉡ 적분 동작(I 동작, Reset 동작) : 적분값의 크기에 비례하여 조작신호를 만드는 제어동작으로서 정상(잔류)편차가 제거되지만 진동이 발생한다.

　㉢ 미분 동작(D 동작, Rate 동작) : 제어편차가 검출될 때 편차가 변화하는 속도에 비례하여 조작신호를 만드는 제어동작으로서 진동을 억제시켜 편차가 커지는 것을 미연에 방지한다.

　㉣ 비례적분 동작(PI 동작) : 비례동작에서 발생한 잔류편차를 제거하기 위하여 적분동작을 조합시킨 제어동작이다.

　㉤ 비례미분 동작(PD 동작) : 제어결과에 빨리 도달할 수 있도록 미분동작을 조합시킨 제어동작이다.

　㉥ 비례적분미분 동작(PID 동작) : 비례적분동작에서 발생한 진동(간헐현상)을 억제하기 위하여 미분동작을 조합시킨 제어동작이다.

10년간 자주 출제된 문제

2-1. 제어의 목푯값에 의한 분류 중 미지의 임의 시간적 변화를 하는 목푯값에 제어량을 추종시키는 것을 목적으로 하는 제어법은?

① 정치제어　　　② 비율제어
③ 추종제어　　　④ 프로그램제어

2-2. 제어량을 어떤 일정한 목푯값으로 유지하는 것을 목적으로 하는 제어방식은?

① 정치제어　　　② 추종제어
③ 프로그램제어　④ 비율제어

10년간 자주 출제된 문제

2-3. 자동제어계를 제어목적에 의해 분류한 경우를 설명한 것 중 틀린 것은?
① 정치제어 : 제어량을 주어진 일정목표로 유지시키기 위한 제어
② 추종제어 : 목표치가 시간에 따라 변화하는 제어
③ 프로그램제어 : 목표치가 프로그램대로 변하는 제어
④ 서보제어 : 선박의 방향제어계인 서보제어는 정치제어와 같은 성질

2-4. 제어량이 압력, 온도 및 유량 등과 같은 공업량일 경우의 제어는?
① 시퀀스제어
② 프로세스제어
③ 추종제어
④ 프로그램제어

[해설]

2-1
추종제어
- 목푯값이 시간에 따라 임의로 변하는 제어로서 목푯값에 제어량을 추종시키는 추치 제어이다.
- 대공포의 포신제어, 자동 아날로그 선반에 적용된다.

2-2
정치제어 : 목푯값이 시간에 대하여 변하지 않는 제어로서 자동조정이라고 하며 정전압장치나 일정 속도제어에 적용된다.

2-3
추치제어
- 추치제어 : 목푯값이 시간에 대하여 변하며 목푯값에 정확히 추종하는 제어로서 서보기구(제어)이다.
- 서보기구(제어)는 물체의 위치, 방위, 자세, 각도 등의 상태량을 제어하는 것으로 미사일 추적장치, 레이더, 선박 및 비행기의 방향을 제어한다.

2-4
제어량에 따른 분류
- 프로세스제어 : 온도, 압력, 유량, 액면, 농도, 습도 등의 공업 공정의 상태량을 제어하는 것으로 공정제어라고 한다.
- 자동조정 : 전압, 전류, 회전수(속도), 주파수, 토크 등의 상태량을 제어하는 것으로 정전압장치, 발전기의 조속기가 여기에 해당한다.
- 서보기구 : 물체의 위치, 방위, 자세, 각도 등의 상태량을 제어하는 것으로 미사일 추적장치, 레이더, 선박 및 비행기의 방향을 제어한다.

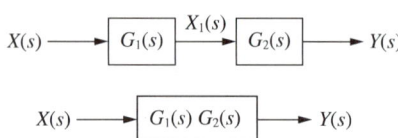
정답 2-1 ③ 2-2 ① 2-3 ④ 2-4 ②

핵심이론 03 블록선도

(1) 블록선도의 개요
제어계에 포함되어 있는 각 요소의 신호가 어떠한 모양으로 전달되고 있는가를 나타내는 선도이다.

(2) 블록선도의 작성

① **전달요소** : 입력신호를 받아서 출력신호를 만드는 신호 전달요소는 블록 안에 표시하고 신호의 흐름은 화살표로 나타낸다.

$$X(s) \longrightarrow \boxed{G(s)} \longrightarrow Y(s)$$

입력신호를 $X(s)$, 출력신호를 $Y(s)$라고 할 때 수식으로 표시하면 $Y(s) = G(s)X(s)$가 된다.

② **가합점** : 두 가지 이상의 신호가 있을 때 이들 신호의 합과 차를 만드는 점으로서 화살표 옆에 (+), (-)의 기호를 붙여 합 또는 차를 나타낸다.

입력신호를 $X(s)$, 출력신호를 $Y(s)$라고 할 때 수식으로 표시하면 $Y(s) = X(s) - G(s)$가 된다.

③ **인출점(분기점)** : 하나의 신호를 두 계통 이상으로 분기하기 위하여 신호의 인출을 표시하는 점이다.

입력신호를 $X(s)$, 출력신호를 $Y(s)$라고 할 때 수식으로 표시하면 $Y(s) = X(s) = G(s)$가 된다.

(3) 블록선도의 등가 변환

① 직렬접속의 등가 변환

$$X_1(s) = X(s)G_1(s)$$
$$Y(s) = X_1(s)G_2(s) = X(s)G_1(s)G_2(s)$$
$$\therefore \text{전달함수 } \frac{Y(s)}{X(s)} = G_1(s)G_2(s)$$

② 병렬접속의 등가 변환

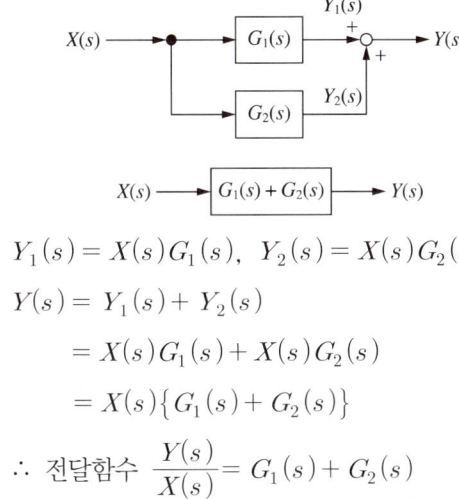

$$Y_1(s) = X(s)G_1(s), \ Y_2(s) = X(s)G_2(s)$$
$$Y(s) = Y_1(s) + Y_2(s)$$
$$= X(s)G_1(s) + X(s)G_2(s)$$
$$= X(s)\{G_1(s) + G_2(s)\}$$
$$\therefore \text{전달함수 } \frac{Y(s)}{X(s)} = G_1(s) + G_2(s)$$

③ 부피드백 접속의 등가 변환

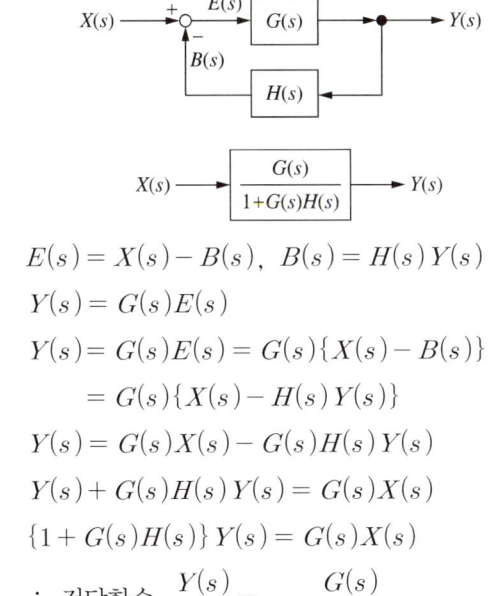

$$E(s) = X(s) - B(s), \ B(s) = H(s)Y(s)$$
$$Y(s) = G(s)E(s)$$
$$Y(s) = G(s)E(s) = G(s)\{X(s) - B(s)\}$$
$$= G(s)\{X(s) - H(s)Y(s)\}$$
$$Y(s) = G(s)X(s) - G(s)H(s)Y(s)$$
$$Y(s) + G(s)H(s)Y(s) = G(s)X(s)$$
$$\{1 + G(s)H(s)\}Y(s) = G(s)X(s)$$
$$\therefore \text{전달함수 } \frac{Y(s)}{X(s)} = \frac{G(s)}{1 + G(s)H(s)}$$

④ 주피드백 접속의 등가 변환

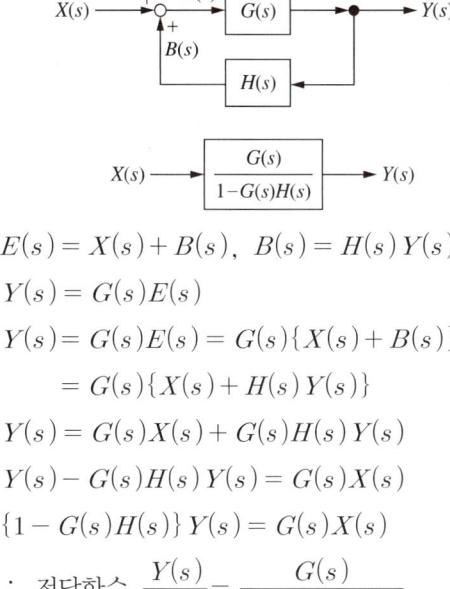

$$E(s) = X(s) + B(s), \ B(s) = H(s)Y(s)$$
$$Y(s) = G(s)E(s)$$
$$Y(s) = G(s)E(s) = G(s)\{X(s) + B(s)\}$$
$$= G(s)\{X(s) + H(s)Y(s)\}$$
$$Y(s) = G(s)X(s) + G(s)H(s)Y(s)$$
$$Y(s) - G(s)H(s)Y(s) = G(s)X(s)$$
$$\{1 - G(s)H(s)\}Y(s) = G(s)X(s)$$
$$\therefore \text{전달함수 } \frac{Y(s)}{X(s)} = \frac{G(s)}{1 - G(s)H(s)}$$

10년간 자주 출제된 문제

3-1. 자동제어계에서 각 요소를 블록선도로 표시할 때 각 요소는 전달함수로 표시한다. 신호의 전달경로는 무엇으로 표현하는가?

① 접 점
② 점 선
③ 화살표
④ 스위치

3-2. 다음과 같은 블록선도의 전체 전달함수는?

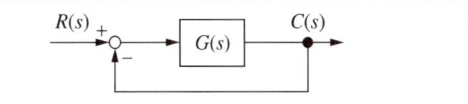

① $\dfrac{C(s)}{R(s)} = \dfrac{G(s)}{1 + G(s)}$

② $\dfrac{C(s)}{R(s)} = \dfrac{G(s)}{1 - G(s)}$

③ $\dfrac{C(s)}{R(s)} = 1 + G(s)$

④ $\dfrac{C(s)}{R(s)} = 1 - G(s)$

10년간 자주 출제된 문제

3-3. 그림과 같은 블록선도에서 출력 $C(s)$는?

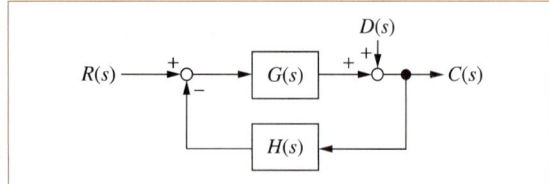

① $\dfrac{G(s)}{1+G(s)H(s)}R(s) + \dfrac{G(s)}{1+G(s)H(s)}D(s)$

② $\dfrac{1}{1+G(s)H(s)}R(s) + \dfrac{1}{1+G(s)H(s)}D(s)$

③ $\dfrac{G(s)}{1+G(s)H(s)}R(s) + \dfrac{1}{1+G(s)H(s)}D(s)$

④ $\dfrac{1}{1+G(s)H(s)}R(s) + \dfrac{G(s)}{1+G(s)H(s)}D(s)$

[해설]

3-1

블록선도의 작성
- 전달요소 : 입력신호를 받아서 출력신호를 만드는 신호 전달요소는 블록 안에 표시하고 신호의 흐름은 화살표로 나타낸다.
- 가합점 : 두 가지 이상의 신호가 있을 때 이들 신호의 합과 차를 만드는 점으로서 화살표 옆에 (+), (−)의 기호를 붙여 합 또는 차를 나타낸다.
- 인출점(분기점) : 하나의 신호를 두 계통 이상으로 분기하기 위하여 신호의 인출을 표시하는 점이다.

3-2

블록선도의 전달함수
출력 $C(s) = G(s)R(s) - G(s)C(s)$
$C(s) + G(s)C(s) = G(s)R(s)$
$\{1+G(s)\}C(s) = G(s)R(s)$
∴ 전달함수 $\dfrac{C(s)}{R(s)} = \dfrac{G(s)}{1+G(s)}$

3-3

블록선도의 출력
출력 $C(s) = G(s)R(s) - G(s)H(s)C(s) + D(s)$
$C(s) + G(s)H(s)C(s) = G(s)R(s) + D(s)$
$\{1+G(s)H(s)\}C(s) = G(s)R(s) + D(s)$
∴ $C(s) = \dfrac{G(s)}{1+G(s)H(s)}R(s) + \dfrac{1}{1+G(s)H(s)}D(s)$

정답 3-1 ③ 3-2 ① 3-3 ③

핵심이론 04 전달함수

(1) 라플라스 변환

① 시간함수 $f(t)$를 $0 < t < \infty$ 라고 가정하면 $f(t)$에 e^{-st}를 곱하고 시간 t에 관하여 0에서 ∞까지 적분이 가능하다면 s의 복소함수 $F(s)$가 된다. 이 함수 $F(s)$를 원함수 $f(t)$의 라플라스 변환식이라고 한다.

② 라플라스 변환식 $F(s) = \displaystyle\int_0^\infty f(t) \cdot e^{-st} dt$

(2) 주요 함수의 라플라스 변환

① 단위계단 함수 : $f(t) = u(t) = 1$

$$F(s) = \int_0^\infty u(t) \cdot e^{-st} dt = \int_0^\infty 1 \cdot e^{-st} dt$$
$$= \left[-\frac{1}{s}e^{-st}\right]_0^\infty = -\frac{1}{s}\left[e^{-s\infty} - e^0\right]$$
$$= 0 - \frac{-1}{s} = \frac{1}{s}$$

② 지수 함수 : $f(t) = e^{at}$

$$F(s) = \int_0^\infty e^{at} \cdot e^{-st} dt = \int_0^\infty e^{(s-a)t} dt$$
$$= \left[\frac{1}{s-a}e^{(s-a)t}\right]_0^\infty = \frac{1}{s-a}$$

③ 단위램프 함수 : $f(t) = t$

$$F(s) = \int_0^\infty t \cdot e^{-st} dt$$
$$= \left[-\frac{1}{s}e^{-st}t\right]_0^\infty - \int_0^\infty \left(-\frac{1}{s}e^{-st}\right) dt$$
$$= 0 + \frac{1}{s}\int_0^\infty e^{-st} dt = \frac{1}{s}\left[-\frac{1}{s}e^{-st}\right]_0^\infty$$
$$= -\frac{1}{s^2}\left[e^{-s\infty} - e^0\right] = \frac{1}{s^2}$$

일반적으로 $f(t) = At^n$에서 A는 실수일 경우

$$F(s) = \int_0^\infty f(t) \cdot e^{-st} dt = \int_0^\infty At^n \cdot e^{-st} dt$$
$$= \frac{An!}{s^{n+1}}$$

④ 정현파 함수 : $f(t) = \sin\omega t$

$$F(s) = \int_0^\infty \sin\omega t \cdot e^{-st} dt$$

$$= \int_0^\infty \frac{1}{2j}(e^{j\omega t} - e^{-j\omega t}) \cdot e^{-st} dt$$

$$= \frac{1}{2j} \int_0^\infty \{e^{-(s-j\omega)t} - e^{-(s+j\omega)t}\} dt$$

$$= \frac{1}{2j}\left(\frac{1}{s-j\omega} - \frac{1}{s+j\omega}\right) = \frac{\omega}{s^2+\omega^2}$$

여기서, $\sin\omega t = \frac{1}{2j}(e^{j\omega t} - e^{-j\omega t})$

⑤ 여현파 함수 : $f(t) = \cos\omega t$

$$F(s) = \int_0^\infty \cos\omega t \cdot e^{-st} dt$$

$$= \int_0^\infty \frac{1}{2}(e^{j\omega t} + e^{-j\omega t}) \cdot e^{-st} dt$$

$$= \frac{1}{2} \int_0^\infty \{e^{-(s-j\omega)t} + e^{-(s+j\omega)t}\} dt$$

$$= \frac{1}{2}\left(\frac{1}{s-j\omega} + \frac{1}{s+j\omega}\right) = \frac{s}{s^2+\omega^2}$$

여기서, $\cos\omega t = \frac{1}{2}(e^{j\omega t} + e^{-j\omega t})$

⑥ 단위임펄스 함수 : $f(t) = u(t) - u(t-T)$

$$F(s) = \int_0^\infty \{u(t) - u(t-T)\} \cdot e^{-st} dt$$

$$= \frac{1}{s}(1 - e^{-Ts})$$

(3) 제어동작의 전달함수

① 비례제어 동작(P제어 동작) : 사이클링현상을 방지할 수 있으나 잔류(정상)편차가 발생하는 제어동작이다.

$y(t) = K_P x(t)$를 라플라스 변환하면

$Y(s) = K_P X(s)$

∴ 전달함수 $G(s) = \frac{Y(s)}{X(s)} = K_P$

여기서, K_P : 비례감도

② 비례적분제어 동작(PI제어 동작) : 비례동작에서 발생한 잔류편차를 제거하여 정상특성을 개선하는 데 사용되는 제어동작으로서 지상보상요소에 대응하며 간헐현상이 있다.

$y(t) = K_P\left\{x(t) + \frac{1}{T_I}\int x(t)dt\right\}$일 때 라플라스 변환하면

$Y(s) = K_P\left(1 + \frac{1}{T_I s}\right)X(s)$

∴ 전달함수 $\frac{Y(s)}{X(s)} = K_P\left(1 + \frac{1}{T_I s}\right)$

여기서, K_P : 비례감도

T_I : 적분시간

③ 비례미분제어 동작(PD제어 동작) : 잔류편차는 존재하나 응답속응성을 개선하는 데 사용되는 제어동작으로서 진상보상요소에 대응한다.

$y(t) = K_P\left\{x(t) + T_D\frac{dx(t)}{dt}\right\}$일 때 라플라스 변환하면

$Y(s) = K_P(1 + T_D s)X(s)$

∴ 전달함수 $\frac{Y(s)}{X(s)} = K_P(1 + T_D s)$

여기서, K_P : 비례감도

T_D : 미분시간

④ 비례적분미분제어 동작(PID제어 동작) : 비례동작에서 발생한 잔류편차를 적분동작으로 제거하고 미분동작으로 응답속응성을 개선한 동작으로서 최적의 제어동작이다.

$y(t) = K_P\left\{x(t) + \frac{1}{T_I}\int x(t)dt + T_D\frac{dx(t)}{dt}\right\}$일때 라플라스 변환하면

$Y(s) = K_P\left(1 + \frac{1}{T_I s} + T_D s\right)X(s)$

∴ 전달함수 $\frac{Y(s)}{X(s)} = K_P\left(1 + \frac{1}{T_I s} + T_D s\right)$

(4) 자동제어계의 과도응답

① 특성방정식 : 폐루프 전달함수의 분모를 0으로 놓은 식을 말하며 이때 근을 특성근이라 한다.

② 선형 자동제어계의 특성방정식

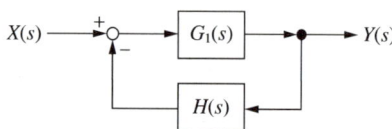

㉠ 전달함수 $G(s) = \dfrac{G_1(s)}{1+G_1(s)H(s)}$

㉡ 특성방정식 $1+G_1(s)H(s)=0$

③ 2차 자동제어계의 특성방정식

㉠ 전달함수 $G(s) = \dfrac{\omega_n^2}{s^2+2\delta\omega_n s+\omega_n^2}$

여기서, ω_n : 고유주파수
δ : 감쇠율(제동비)
$\delta\omega_n$: 제동계수(실제제동)

㉡ 특성방정식 $s^2+2\delta\omega_n s+\omega_n^2=0$

- $\delta=1$: 임계제동(임계상태)
- $\delta<1$: 부족제동(감쇠 진동)
- $\delta>1$: 과제동(비진동)
- $\delta=0$: 무제동(무한 진동)

(5) 자동제어계의 안정도 판별법

① 루드-홀비츠(Routh-Hurwitz)의 안정도 판별법

$F(s) = 1+G(s)H(s)$
$\quad = a_0 s^4 + a_1 s^3 + a_2 s^2 + a_3 s + a_4$
$\quad = 0$

㉠ 특성방정식의 모든 계수의 부호가 같아야 한다.

㉡ 계수 중의 어느 하나라도 0이 되어서는 안 된다.

㉢ 행렬식 $D_1>0$, $D_2>0$, $D_3>0$이어야 한다.

- $D_1 = a_0 > 0$

- $D_2 = \begin{vmatrix} a_1 & a_3 \\ a_0 & a_2 \end{vmatrix} = a_1 a_2 - a_0 a_3 > 0$

- $D_2 = \begin{vmatrix} a_1 & a_3 & 0 \\ a_0 & a_2 & a_4 \\ 0 & a_1 & a_3 \end{vmatrix} = a_1 a_2 a_3 - a_1^2 a_4 - a_0 a_3^2 > 0$

② 나이퀴스트(Nyquist) 판별법

③ 보드(Bode) 선도 판별법

10년간 자주 출제된 문제

4-1. PI제어 동작은 프로세스 제어계의 정상 특성 개선에 많이 사용되는데, 이것에 대응하는 보상요소는?

① 지상보상요소
② 진상보상요소
③ 동상보상요소
④ 지상 및 진상보상요소

4-2. 입력 $r(t)$, 출력 $c(t)$인 제어시스템에서 전달함수 $G(s)$는?(단, 초깃값은 0이다)

$$\dfrac{d^2 c(t)}{dt^2} + 3\dfrac{dc(t)}{dt} + 2c(t) = \dfrac{dr(t)}{dt} + 3r(t)$$

① $\dfrac{3s+1}{2s^2+3s+1}$

② $\dfrac{s^2+3s+2}{s+3}$

③ $\dfrac{s+1}{s^2+3s+2}$

④ $\dfrac{s+3}{s^2+3s+2}$

4-3. 2차계에서 무제동으로 무한 진동이 일어나는 감쇠율(Damping Ration) δ는 어떤 경우인가?

① $\delta=0$
② $\delta>1$
③ $\delta=1$
④ $0<\delta<1$

[해설]

4-1
제어동작
- 비례적분제어 동작(PI제어 동작) : 비례동작에서 발생한 잔류편차를 제거하여 정상특성을 개선하는 데 사용되는 제어동작으로서 지상보상요소에 대응하며 간헐현상이 있다.
- 비례미분제어 동작(PD제어 동작) : 잔류편차는 존재하나 응답속응성을 개선하는 데 사용되는 제어동작으로서 진상보상요소에 대응한다.

4-2
전달함수

$\dfrac{d^2 c(t)}{dt^2} + 3\dfrac{dc(t)}{dt} + 2c(t) = \dfrac{dr(t)}{dt} + 3r(t)$ 에서 양변을 라플라스 변환하면 다음과 같다.

$s^2 C(s) + 3s C(s) + 2C(s) = sR(s) + 3R(s)$

$(s^2 + 3s + 2)C(s) = (s+3)R(s)$

∴ 전달함수 $G(s) = \dfrac{C(s)}{R(s)} = \dfrac{s+3}{s^2 + 3s + 2}$

4-3
감쇠율(δ)

2차 자동제어계의 특성방정식 $s^2 + 2\delta\omega_n s + \omega_n^2 = 0$
- 무제동(무한 진동) : $\delta = 0$
- 임계제동(임계상태) : $\delta = 1$
- 과제동(비진동) : $\delta > 1$
- 부족제동(감쇠 진동) : $\delta < 1$

정답 4-1 ① 4-2 ④ 4-3 ①

핵심이론 05 자동제어기기

(1) 조작기기
① 조작기기의 종류 : 공기식, 유압식, 전기식
② 기계식 조작기기의 종류 : 다이어프램 밸브, 밸브 포지셔너, 안내 밸브, 조작 실린더, 조작 피스톤, 분사관
③ 전기식 조작기기의 종류 : 전자 밸브, 전동 밸브, 서보전동기, 펄스 전동기

(2) 검출기기
① 자동도정용 검출기
   ㉠ 속도검출기 : 스피더, 회전계 발전기, 주파수 검출법
   ㉡ 전압검출기 : 전자관, 트랜지스터 증폭기, 자기 증폭기
② 서보기구용 검출기 : 전위차계, 차동변압기, 싱크로, 마이크로신
③ 프로세스제어용 검출기
   ㉠ 압력 검출 : 벨로스식 압력계, 다이어프램식 압력계, 부르동관식 압력계
   ㉡ 유량 검출 : 차압식 유량계, 면적식 유량계, 부피 유량계, 전자 유량계
   ㉢ 온도 검출 : 바이메탈식 온도계, 압력식 온도계, 열전온도계, 저항온도계, 방사온도계, 광온도계
   ㉣ 액면 검출 : 차압식 액면계, 플로트식 액면계

(3) 변환기기
① 압력을 변위로 변환 : 벨로스, 스프링, 다이어프램
② 변위를 압력으로 변환 : 노즐플래퍼, 스프링, 유압 분사관
③ 변위를 전압으로 변환 : 차동변압기, 전위차계, 퍼텐쇼미터
④ 변위를 임피던스로 변환 : 가변저항스프링, 가변 저항기, 용량형 변환기
⑤ 전압을 변위로 변환 : 전자석, 전자코일

⑥ 온도를 임피던스로 변환 : 측온저항(열선, 서미스터, 백금, 니켈)

⑦ 온도를 전압으로 변환 : 열전대

10년간 자주 출제된 문제

5-1. 조작기기는 직접 제어대상에 작용하는 장치이고 빠른 응답이 요구된다. 다음 중 전기식 조작기기가 아닌 것은?

① 서보 전동기　② 전동 밸브
③ 다이어프램 밸브　④ 전자 밸브

5-2. 변위를 전압으로 변환시키는 장치가 아닌 것은?

① 퍼텐쇼미터　② 차동변압기
③ 전위차계　④ 측온저항체

5-3. 다음 변환요소의 종류 중 변위를 임피던스로 변환하여 주는 것은?

① 벨로스　② 노즐 플래퍼
③ 가변 저항기　④ 전자 코일

해설

5-1
조작기기의 분류
- 기계식 조작기기 : 다이어프램 밸브, 밸브 포지셔너, 안내 밸브, 조작 실린더, 조작 피스톤, 분사관
- 전기식 조작기기 : 전자 밸브, 전동 밸브, 서보 전동기, 펄스 전동기

5-2
변환기기
- 변위를 전압으로 변환 : 차동변압기, 전위차계, 퍼텐쇼미터
- 변위를 압력으로 변환 : 노즐 플래퍼, 스프링, 유압 분사관
- 변위를 임피던스로 변환 : 가변저항스프링, 가변 저항기, 용량형 변환기

5-3
변환기기
- 변위를 임피던스로 변환 : 가변저항스프링, 가변 저항기, 용량형 변환기
- 압력을 변위로 변환 : 벨로스, 스프링, 다이어프램
- 전압을 변위로 변환 : 전자석, 전자코일
- 온도를 임피던스로 변환 : 측온저항(열선, 서미스터, 백금, 니켈)

정답 5-1 ③　5-2 ④　5-3 ③

제2절 시퀀스제어회로

핵심이론 01 시퀀스제어의 개요

(1) 시퀀스제어의 개요

미리 정해진 순서에 따라 제어의 각 단계를 순차적으로 제어하는 방식으로서 개루프 제어라고 한다.

(2) 시퀀스제어의 특징

① 기계적 계전기 접점이 사용된다.
② 조합 논리회로가 사용된다.
③ 시간 지연 요소가 사용된다.
④ 전체시스템에 연결된 접점들이 일시에 동작할 수 없다.

(3) 시퀀스제어의 신호전달 계통도

① 시퀀스제어는 목푯값의 제어량의 오차를 정정할 수 있는 부분을 갖고 있지 않다.
② 신호전달 계통도

(4) 시퀀스제어의 종류

① 유접점제어 : 릴레이, 전자접촉기 등의 기계적 접점을 가진 계전기를 사용하여 논리회로를 구성하는 제어방식이다.
② 무접점제어 : IC(집적회로), 트랜지스터, 다이오드 등의 반도체소자를 사용하여 제어회로를 구성하는 제어방식이다.
③ PLC(Programmable Logic Controller) : 컴퓨터의 중앙처리장치(CPU)로 시퀀스를 프로그램화한 것으로 타이머, 카운터, 계전기 등이 프로그램에 내장되어 있으며 기본적인 시퀀스제어 기능에 수치 연산기능을 추가하여 프로그램으로 제어하는 방식이다.

(5) 시퀀스제어의 접점 종류

① a접점(NO접점) : 평상시에는 열려 있고 조작할 때 닫히는 접점으로서 메이크 접점이라고 한다.

② b접점(NC접점) : 평상시에는 닫혀 있고 조작할 때 열리는 접점으로서 브레이크 접점이라고 한다.

③ c접점(트랜스퍼 접점) : a접점과 b접점을 모두 공유한 전환 접점으로서 브레이크 메이크 접점이라고 한다.

접점 명칭	접점기호 a접점	접점기호 b접점	부속명
수동조작 자동복귀 접점			버튼스위치
기계적 접점			리밋스위치
수동동작 유지형 접점			토글스위치
계전기 접점			릴레이, 전자접촉기 보조 접점
한시동작 순시복귀 접점			타이머 – 한시동작 : 입력신호를 가하고부터 일정시간 경과한 후에 출력신호가 발생하는 동작 – 순시동작 : 입력신호를 가하면 즉시 출력신호가 발생하는 동작
순시동작 한시복귀 접점			
수동복귀 접점			열동계전기

10년간 자주 출제된 문제

1-1. 시퀀스제어에 관한 설명 중 틀린 것은?

① 기계적 계전기 접점이 사용된다.
② 논리회로가 조합 사용된다.
③ 시간 지연 요소가 사용된다.
④ 전체시스템에 연결된 접점들이 일시에 동작할 수 있다.

1-2. 그림은 개루프 제어계의 신호전달 계통도이다. 다음 ( ) 안에 알맞은 제어계의 동작요소는?

작업명령 → 명령제어부 → 제어명령 → 제어기 → ( ) → 상태

① 제어량
② 제어대상
③ 제어장치
④ 제어요소

1-3. 다음은 타이머 코일을 사용한 접점과 그의 타임차트를 나타낸다. 이 접점으로 옳은 것은?(단, t는 타이머의 설정값이다)

분류	기호	타임 차트
타이머 코일	(T)	무여자 / 여자 / 무여자
접점		Off / On / Off

① 한시동작 순시복귀 a접점
② 순시동작 한시복귀 a접점
③ 한시동작 순시복귀 b접점
④ 순시복귀 한시동작 b접점

[해설]

1-1
시퀀스제어란 미리 정해진 순서에 따라 제어의 각 단계를 순차적으로 제어하는 방식으로서 개루프 제어라 한다.

시퀀스제어의 특징
- 기계적 제어용 계전기 접점이 사용된다.
- 조합논리회로가 사용된다.
- 시간 지연 요소가 사용된다.
- 순차적으로 제어하므로 전체시스템에 연결된 계전기의 접점은 일시에 동작할 수 없다.

1-2
신호전달 계통도
- 개루프 제어계(시퀀스제어)

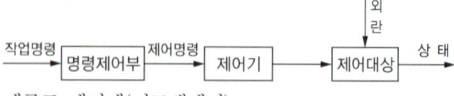

- 폐루프 제어계(피드백제어)

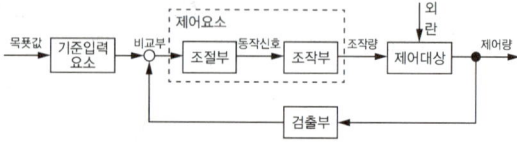

1-3
타이머 접점

접점 명칭	접점기호 a접점	접점기호 b접점	동작설명
한시동작 순시복귀 접점			한시동작이란 입력신호를 가하고부터 일정시간 경과한 후 출력신호가 발생하는 동작이다.
순시동작 한시복귀 접점			순시동작이란 입력신호를 가하면 즉시 출력신호가 발생하는 동작이다.

정답 1-1 ④ 1-2 ② 1-3 ②

핵심이론 02 무접점 및 유접점 논리회로

(1) AND 회로(논리곱 회로)

① 2개의 입력신호가 모두 "1"일 때에만 출력신호가 "1"이 되는 논리회로로서 직렬회로이다.

② 무접점 및 유접점의 논리회로

무접점 논리회로	유접점 논리회로

③ 논리표

입 력		출 력
A	B	X
0	0	0
1	0	0
0	1	0
1	1	1

④ 논리기호 및 논리식

논리기호	논리식
	$X = A \cdot B$

(2) OR 회로(논리합 회로)

① 2개의 입력신호 중 1개의 입력신호가 "1"이면 출력신호가 "1"이 되는 논리회로로서 병렬회로이다.

② 무접점 및 유접점의 논리회로

무접점 논리회로	유접점 논리회로

③ 논리표

입력		출력
A	B	X
0	0	0
1	0	1
0	1	1
1	1	1

④ 논리기호 및 논리식

논리기호	논리식
A○⊐⊃○X B○	$X = A + B$

(3) NOT 회로(논리부정 회로)

① 출력신호는 입력신호 반대로 작동되는 논리회로로서 부정회로이다.
② 무접점 및 유접점의 논리회로

무접점 논리회로	유접점 논리회로
(트랜지스터 회로)	(A, X-b 접점 회로)

③ 논리표

입력	출력
A	X
0	1
1	0

④ 논리기호 및 논리식

논리기호	논리식
A○▷○X	$X = \overline{A}$

(4) NAND 회로

① AND 회로의 출력에 NOT 회로를 조합시킨 논리곱의 부정회로로서 2개의 입력신호가 모두 "1"이면 출력신호가 "0"이 되는 회로이다.
② 무접점 및 유접점의 논리회로

무접점 논리회로	유접점 논리회로
(다이오드·트랜지스터 회로)	(A, B, X-b 접점 회로)

③ 논리표

입력		출력
A	B	X
0	0	1
1	0	1
0	1	1
1	1	0

④ 논리기호 및 논리식

논리기호	논리식
A○⊐⊃○○X B○	$X = \overline{A \cdot B} = \overline{A} + \overline{B}$

(5) NOR 회로

① OR 회로의 출력에 NOT 회로를 조합시킨 논리합의 부정회로로서 2개의 입력신호가 모두 "0"이면 출력신호가 "1"이 되는 회로이다.
② 무접점 및 유접점의 논리회로

무접점 논리회로	유접점 논리회로
(다이오드·트랜지스터 회로)	(A, B 병렬, X-b 접점 회로)

③ 논리표

입력		출력
A	B	X
0	0	1
1	0	0
0	1	0
1	1	0

④ 논리기호 및 논리식

논리기호	논리식
A─┐>o─X B─┘	$X = \overline{A+B} = \overline{A} \cdot \overline{B}$

(6) 배타적 OR 회로(Exclusive 회로)

① AND, OR, NOT 회로의 조합회로서 2개의 입력신호가 같으면 출력신호가 "0"이 되고 2개의 입력신호가 다르면 출력신호가 "1"이 되는 회로이다.

② 유접점 논리회로와 논리기호

유접점 논리회로	논리기호
(회로도)	(회로도)

③ 논리표

입력		출력
A	B	X
0	0	0
1	0	1
0	1	1
1	1	0

④ 논리식

$$X = A \cdot \overline{B} + \overline{A} \cdot B = A \oplus B$$

> **10년간 자주 출제된 문제**

2-1. 다음 그림과 같은 논리회로로 옳은 것은?

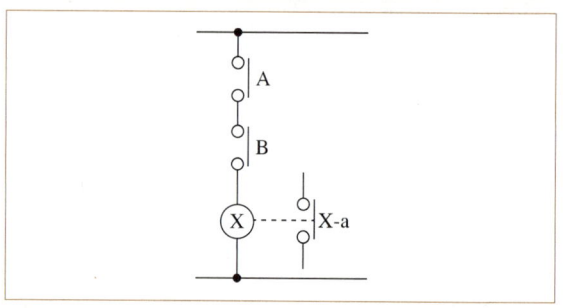

① OR 회로
② AND 회로
③ NOT 회로
④ NOR 회로

2-2. 그림과 같은 다이오드 게이트 회로에서 출력전압은?(단, 다이오드 내의 전압강하는 무시한다)

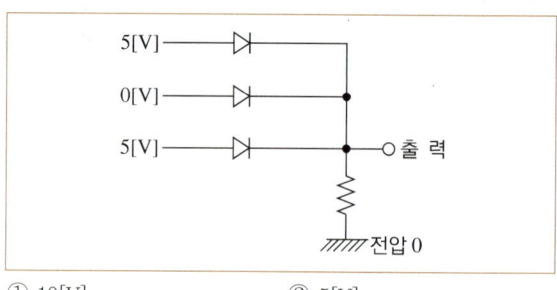

① 10[V]
② 5[V]
③ 1[V]
④ 0[V]

2-3. 그림과 같은 무접점회로는 어떤 논리회로인가?

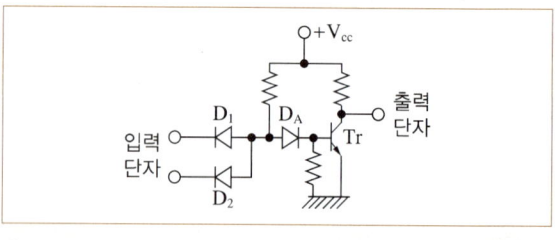

① NOR
② OR
③ NAND
④ AND

2-4. 두 개의 입력신호 중 한 개의 입력만이 1일 때 출력신호가 1이 되는 논리게이트는?

① EXCLUSIVE NOR
② NAND
③ EXCLUSIVE OR
④ AND

[해설]

2-1
논리회로
- OR 회로(논리합 회로) : 입력신호가 병렬회로로서 2개의 입력신호 중 1개만 작동되어도 출력신호가 1이 되는 논리회로이다.
- AND 회로(논리곱 회로) : 입력신호가 직렬회로로서 2개의 입력신호가 동시에 작동될 때에만 출력신호가 1이 되는 논리회로이다.
- NOT 회로(논리부정 회로) : 출력신호는 입력신호의 반대로 작동되는 회로로서 부정회로이다.
- NOR 회로 : OR 회로의 출력에 NOT 회로를 조합시킨 논리합의 부정회로로서 2개의 입력신호가 모두 0일 때 출력이 1인 회로이다.

2-2
OR 회로
- 입력신호가 병렬회로로서 2개의 입력신호 중 1개만 작동되어도 출력신호가 1이 되는 논리회로이다.
- 무접점회로

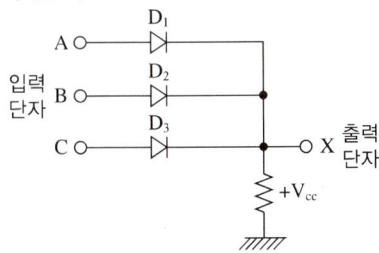

- 논리기호

- 논리식 $X = A + B + C$
- 논리표

입력			출력
A	B	C	X
0	0	0	0
1	0	0	1
0	1	0	1
0	0	1	1
1	1	0	1
0	1	1	1
1	0	1	1
1	1	1	1

∴ 입력단자 3개 중 1개만이라도 다이오드에 입력전압이 5[V]가 가해지면 출력단자에는 5[V]가 출력된다.

2-3
NAND 논리회로
- AND 회로의 출력에 NOT 회로를 조합시킨 논리곱의 부정회로로서 2개의 입력신호가 모두 1일 때 출력이 0인 회로이다.
- 무접점회로

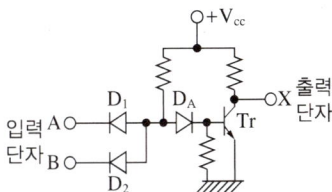

- 논리기호

- 논리표

입력		출력
A	B	X
0	0	1
1	0	1
0	1	1
1	1	0

2-4
EXCLUSIVE OR 회로
- 두 개의 입력신호 중 1개의 입력만이 1일 때 출력신호가 1이 되는 회로(2개의 입력신호가 같으면 출력이 0이고 2개의 입력신호가 다르면 출력이 1인 회로)이다.
- 논리기호

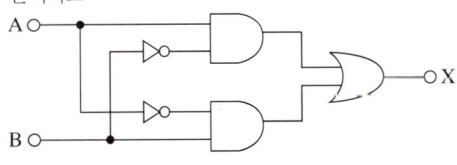

- 논리식 $X = A \cdot \overline{B} + \overline{A} \cdot B = A \oplus B$
- 논리표

입력		출력
A	B	X
0	0	0
1	0	1
0	1	1
1	1	0

정답 2-1 ② 2-2 ② 2-3 ③ 2-4 ③

핵심이론 03 불대수의 기본정리 및 응용

(1) 불대수의 기본정리

① 교환법칙
  ㉠ $A + B = B + A$
  ㉡ $A \cdot B = B \cdot A$

② 배분법칙
  ㉠ $A + (B \cdot C) = (A + B) \cdot (A + C)$
  ㉡ $A \cdot (B + C) = A \cdot B + A \cdot C$

③ 결합법칙
  ㉠ $(A + B) + C = A + (B + C)$
  ㉡ $(A \cdot B) \cdot C = A \cdot (B \cdot C)$

④ 흡수법칙
  ㉠ $(A + \overline{B}) \cdot B = A \cdot B$
  ㉡ $(A \cdot \overline{B}) + B = A + B$

⑤ 보원의 법칙
  ㉠ $A \cdot \overline{A} = 0$
  ㉡ $A + \overline{A} = 1$
  ㉢ $\overline{\overline{A}} = A$

⑥ 기본 대수의 정리
  ㉠ $A \cdot A = A$
  ㉡ $A + A = A$
  ㉢ $A \cdot 1 = A$
  ㉣ $A + 1 = 1$
  ㉤ $A \cdot 0 = 0$
  ㉥ $A + 0 = A$

⑦ 드모르간의 법칙
  ㉠ $\overline{A + B} = \overline{A} \cdot \overline{B}$
  ㉡ $\overline{A \cdot B} = \overline{A} + \overline{B}$

(2) 논리식의 간략화

① $A + (A \cdot B) = A \cdot 1 + A \cdot B = A \cdot (1 + B)$
   $= A \cdot 1 = A$

② $A \cdot (A + B) = A \cdot A + A \cdot B = A + A \cdot B$
   $= A \cdot (1 + B) = A$

③ $A + (\overline{A} \cdot B) = (A + \overline{A}) \cdot (A + B)$
   $= 1 \cdot (A + B) = A + B$

④ $A + B + \overline{B} = A + (B + \overline{B}) = A + 1 = 1$

⑤ $A \cdot (B + \overline{B}) = A \cdot 1 = A$

⑥ $A \cdot (A + B + C) = A \cdot A + A \cdot B + A \cdot C$
   $= A + A \cdot B + A \cdot C$
   $= A \cdot (1 + B) + A \cdot C = A \cdot 1 + A \cdot C$
   $= A \cdot (1 + C) = A \cdot 1 = A$

⑦ $(A \cdot \overline{B}) + B + (A \cdot C)$
   $= (A + B) \cdot (\overline{B} + B) + (A \cdot C)$
   $= (A + B) \cdot 1 + (A \cdot C)$
   $= A + B + A \cdot C = A \cdot (1 + C) + B$
   $= A \cdot 1 + B = A + B$

⑧ $(A + B) \cdot (\overline{A} + \overline{B}) \cdot \overline{B}$
   $= (A \cdot \overline{A} + A \cdot \overline{B} + \overline{A} \cdot B + B \cdot \overline{B}) \cdot \overline{B}$
   $= (0 + A \cdot \overline{B} + \overline{A} \cdot B + 0) \cdot \overline{B}$
   $= (A \cdot \overline{B} \cdot \overline{B}) + (\overline{A} \cdot B \cdot \overline{B})$
   $= (A \cdot \overline{B}) + (\overline{A} \cdot 0) = A \cdot \overline{B} + 0 = A \cdot \overline{B}$

⑨ $A \cdot B + \overline{A} \cdot C + B \cdot C + \overline{B} \cdot C$
   $= A \cdot B + \overline{A} \cdot C + (B + \overline{B}) \cdot C$
   $= A \cdot B + \overline{A} \cdot C + 1 \cdot C = A \cdot B + \overline{A} \cdot C + C$
   $= A \cdot B + (\overline{A} + 1) \cdot C = A \cdot B + 1 \cdot C$
   $= A \cdot B + C$

(3) 시퀀스제어의 응용회로

① 3상 유도전동기 정역회전 운전회로 동작방법

㉠ 전원을 투입하면 녹색 램프(GL)가 점등된다.

㉡ 정회전 기동스위치(PBS₂)를 누르면 정회전 전자접촉기(MC₁)가 여자되어 정회전 전자접촉기의 주접점이 붙어 유도전동기(IM)가 정회전으로 운전된다. 또한, 정회전 전자접촉기의 보조접점(MC₁₋ₐ)이 붙어 자기유지가 되고 적색 램프(RL₁)가 점등된다.

㉢ 정지스위치(PBS₁)를 누르면 정회전으로 운전하고 있는 유도전동기(IM)는 정지되고 초기상태로 복귀된다.

㉣ 역회전 기동스위치(PBS₃)를 누르면 역회전 전자접촉기(MC₂)가 여자되어 역회전 전자접촉기의 주접점이 붙어 유도전동기(IM)가 역회전으로 운전된다. 또한, 역회전 전자접촉기의 보조접점(MC₂₋ₐ)이 붙어 자기유지가 되고 적색 램프(RL₂)가 점등된다.

㉤ 정지스위치(PBS₁)를 누르면 역회전으로 운전하고 있는 유도전동기(IM)는 정지되고 초기상태로 복귀된다.

㉥ 정회전 전자접촉기 보조접점(MC₁₋ᵦ)을 역회전 전자접촉기(MC₂)와 직렬로 접속하고, 역회전 전자접촉기 보조접점(MC₂₋ᵦ)을 정회전 전자접촉기(MC₁)와 직렬로 접속하여 인터로크회로를 구성한다. 정회전 전자접촉기(MC₁)와 역회전 전자접촉기(MC₂)가 동시에 작동되지 않도록 회로를 보호한다.

㉦ 과부하 시 열동과부하계전기(THR)가 작동되어 유도전동기가 정지되며 황색 램프(YL)가 점등되고 버저(BZ)가 울린다.

② **자기유지회로** : 계전기가 여자된 후에 동작기능이 계속해서 유지되는 회로이다.

③ **플리커회로** : 입력신호를 단속신호로 변환하는 회로로서 경보용 버저로 전기기기의 이상을 알려 주는 데 적용되는 회로이다.

④ **인터로크회로** : 2대 이상의 기기를 운전하는 경우 기기의 보호를 위해 운전순서를 결정하거나 동시기동을 피할 경우에 사용하는 기기의 동작을 금지하는 회로이다.

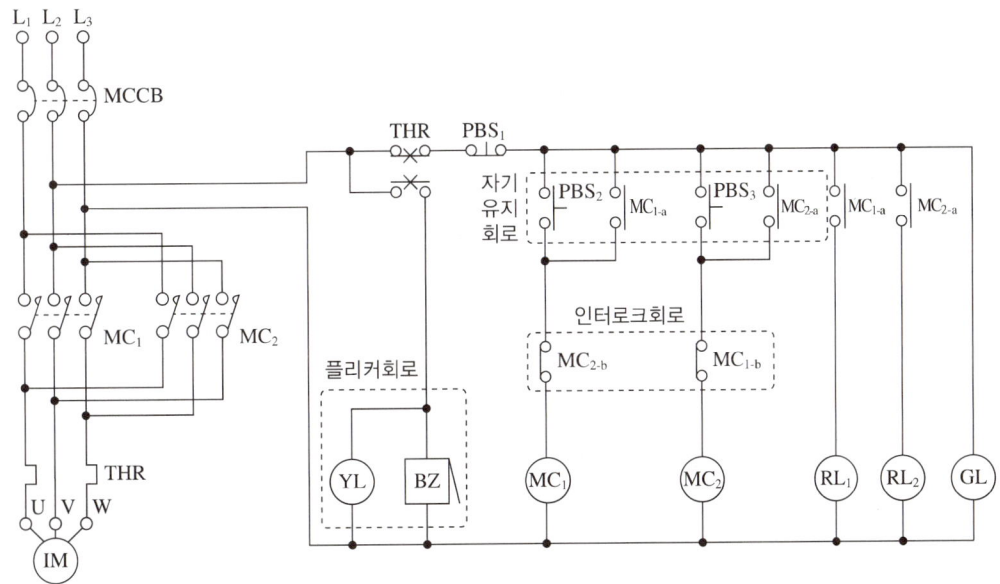

10년간 자주 출제된 문제

3-1. 논리식 $X+\overline{X}Y$를 간단히 하면?

① X
② $X\overline{Y}$
③ $\overline{X}Y$
④ $X+Y$

3-2. 그림과 같은 계전기 접점회로의 논리식은?

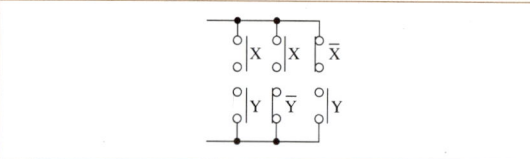

① $(X+Y)(X+\overline{Y})(\overline{X}+Y)$
② $(X+Y)+(X+\overline{Y})+(\overline{X}+Y)$
③ $(XY)+(X\overline{Y})+(\overline{X}Y)$
④ $(XY)(X\overline{Y})(\overline{X}Y)$

3-3. 그림과 같은 유접점회로의 논리식은?

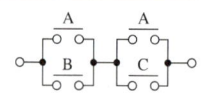

① $A+B \cdot C$
② $A \cdot B+C$
③ $B+A \cdot C$
④ $A \cdot B+B \cdot C$

3-4. 그림과 같은 무접점회로의 논리식(Y)은?

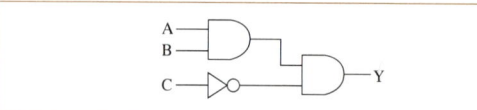

① $A \cdot B+\overline{C}$
② $A+B+\overline{C}$
③ $(A+B) \cdot \overline{C}$
④ $A \cdot B \cdot \overline{C}$

3-5. 그림과 같은 시퀀스제어회로에서 자기유지접점은?

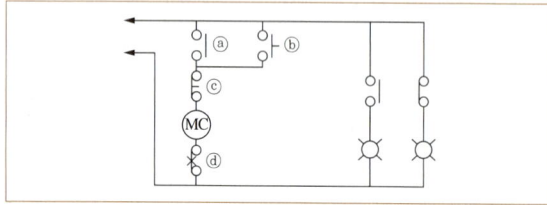

① ⓐ
② ⓑ
③ ⓒ
④ ⓓ

[해설]

3-1
논리식의 간략화
$X+\overline{X}Y = \underbrace{(X+\overline{X})}_{1} \cdot (X+Y) = 1 \cdot (X+Y) = X+Y$

3-2
계전기 접점회로의 논리식
- 계전기 접점을 직렬로 연결하면 AND 회로이고 병렬로 연결하면 OR 회로이다.
- AND 회로의 논리식 $X = A \cdot B$, OR 회로의 논리식 $X = A+B$이다.
- 계전기 접점회로의 논리식 $(XY)+(X\overline{Y})+(\overline{X}Y)$
- 논리식을 간략하게 하면 다음과 같다.

$XY+X\overline{Y}+\overline{X}Y = X\underbrace{(Y+\overline{Y})}_{1}+\overline{X}Y = \underbrace{X \cdot 1}_{X}+\overline{X}Y$

$= X+\overline{X}Y = \underbrace{(X+\overline{X})}_{1} \cdot (X+Y) = 1 \cdot (X+Y) = X+Y$

3-3
논리식의 간략화
- 병렬회로는 OR 회로로서 논리식은 $X = A+B$, 직렬회로는 AND 회로로서 논리식은 $X = A \cdot B$이다.
- $(A+B)(A+C) = \underbrace{AA}_{A}+AC+AB+BC$

$= A+AC+AB+BC$

$= A\underbrace{(1+C)}_{1}+AB+BC = \underbrace{A \cdot 1}_{A}+AB+BC = A+AB+BC$

$= A\underbrace{(1+B)}_{1}+BC = \underbrace{A \cdot 1}_{A}+BC = A+BC$

3-4
무접점회로의 논리식
- AND 회로의 논리식 : $X = A \cdot B$

- NOT 회로의 논리식 : $X = \overline{A}$

$A \circ\!\!-\!\!\triangleright\!\!\circ\!\!-\!\!\circ X$

∴ 출력 $Y = A \cdot B \cdot \overline{C}$

3-5
시퀀스제어회로
- ⓐ MC_{-a}접점(전자접촉기의 보조접점)
- ⓑ PBS_{-a}접점(기동스위치)
- ⓒ PBS_{-b}접점(정지스위치)
- ⓓ THR_{-b}접점(열동과부하계전기 b접점)

∴ 기동스위치(PBS_{-a})를 누르면 전자접촉기(MC)가 여자되어 전자접촉기의 보조접점(MC_{-a})이 붙어 기동스위치(PBS_{-a})를 떼더라도 동작이 계속 유지되는 자기유지회로이다. 이때 전자접촉기의 보조접점인 MC_{-a}접점이 자기유지접점이다.

정답 3-1 ④ 3-2 ③ 3-3 ① 3-4 ④ 3-5 ①

제6장 전자회로

제1절 반도체 소자

핵심이론 01 반도체의 특성

(1) 반도체의 특성

① 진성반도체
  ㉠ 불순물이 전혀 첨가되지 않은 Ge(게르마늄)이나 Si(실리콘)으로 만든 순수한 반도체이다.
  ㉡ 진성반도체는 온도가 올라갈수록 저항값이 감소한다. 즉 온도가 올라갈수록 음(-)의 온도계수를 나타낸다.
  ㉢ 열전현상, 광전현상, 홀(자기장)효과 등이 심하다.

② P형 반도체
  ㉠ 반도체 결정에서 Ge이나 Si에 넣는 3가 원소의 불순물에는 In(인듐), Ga(갈륨), B(붕소), Al(알루미늄) 등이 있다.
  ㉡ P형 반도체에서 정공을 만들기 위한 불순물을 억셉터라고 한다.

③ N형 반도체
  ㉠ 반도체 결정에서 Ge이나 Si에 넣는 5가 원소의 불순물에는 As(비소), Sb(안티몬), P(인) 등이 있다.
  ㉡ N형 반도체에서 과잉전자를 만들기 위한 불순물을 도너라고 한다.

④ 반도체의 효과
  ㉠ 광전효과 : 반도체에 빛을 쪼여 주었을 때 전자가 방출하는 현상으로서 광전자의 방출량은 빛의 세기에 비례한다.
  ㉡ 펠티에효과 : 회로에 전류를 흘리면 한쪽 접속점에는 열을 발생하고 다른 쪽 접속점에는 열을 흡수하는 현상이다.
  ㉢ 홀효과(자기장효과) : 금속이나 반도체의 x방향에 전류를 흘리고 y방향에 자기장을 가하면 z방향으로 전위차가 발생하는 현상이다.
  ㉣ 압전효과(압전기효과) : 수정, 전기석 등의 결정에 압력을 가하여 변형을 주면 변형에 비례하여 전압이 발생하는 현상이다.

(2) 다이오드(Diode)

① 다이오드의 개요
  ㉠ P형과 N형의 반도체를 접합한 것으로 다이오드에 전압을 인가하면 순방향으로만 전류를 통과시키고 역방향으로는 전류가 흐르지 않는 단방향 전류소자이다.

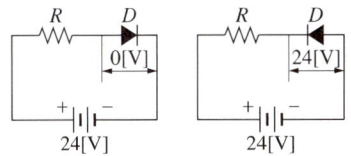

  ㉡ 그림에서 다이오드에 순방향으로 전압을 인가하면 회로에 전류가 흐르며 다이오드 양단간에는 전압이 0[V]가 되고, 다이오드에 역방향으로 전압을 인가하면 전류는 흐르지 않으며 다이오드 양단간에는 부하전압(24[V])이 걸린다.

② 다이오드의 종류
  ㉠ 정류다이오드 : 교류를 직류로 변환시키는 데 사용하는 소자이다.
  ㉡ 제너다이오드 : 역방향의 전압이 어떤 값에 도달하면 역방향으로 큰 전류가 흘러 전압이 일정하게 되는 소자로서 전원전압을 일정하게 유지하기 위한 정전압회로에 사용된다.
  ㉢ 터널다이오드 : PN 접합의 불순물의 농도를 높여 부저항 특성이 나타나는 터널효과를 이용한 다이오드로서 고주파의 증폭작용, 발진작용, 고속스위칭에 사용된다.
  ㉣ 발광다이오드(LED) : 전류를 PN접합 방향으로 흘러 주었을 때 빛을 방출하는 소자이다.
    • 순방향 전류에 반응하여 빛을 방출하므로 응답속도가 빠르다.

- 전구에 비해 소형이고 진동에 강하며 수명이 길다.
- 발광다이오드의 재료로는 알루미늄 갈륨 비소(AlGaAs), 갈륨 비소(GaAs), 갈륨 비소 인(GaAsP), 인화 갈륨(GaP) 등이 사용된다.

ⓜ 포토다이오드 : 빛이 다이오드에 닿으면 전류가 흐르는 소자로서 광센서로 사용된다.

③ 다이오드 직·병렬 접속

㉠ 직렬 접속 : 정류기 전체의 역전압을 합한 만큼 높은 전압까지 사용이 가능하게 되어 다이오드를 과전압으로부터 보호할 수 있다.

㉡ 병렬 접속 : 전류가 분산되어 다이오드를 과전류로부터 보호할 수 있다.

10년간 자주 출제된 문제

1-1. 반도체의 특징으로 옳지 않은 것은?

① 진성반도체의 경우 온도가 올라갈수록 양(+)의 온도계수를 나타낸다.
② 열전현상, 광전현상, 홀효과 등이 심하다.
③ 반도체와 금속이 접촉면이나 또는 P형, N형 반도체의 접합면에서 정류작용을 한다.
④ 전류와 전압의 관계는 비직선형이다.

1-2. P형 반도체에 첨가되는 불순물에 관한 설명으로 옳은 것은?

① 5개의 가전자를 갖는다.
② 억셉터 불순물이라 한다.
③ 과잉전자를 만든다.
④ 게르마늄에는 첨가할 수 있으나 실리콘에는 첨가가 되지 않는다.

1-3. 그림과 같은 1[kΩ]의 저항과 실리콘다이오드의 직렬회로에서 양단간의 전압 V_D는 약 몇 [V]인가?

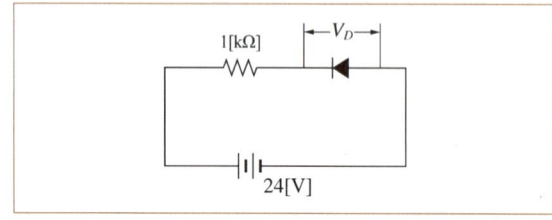

① 0
② 0.2
③ 12
④ 24

1-4. 빛이 닿으면 전류가 흐르는 다이오드로 광량의 변화를 전류값으로 대치하므로 광센서에 주로 사용하는 다이오드는?

① 제너다이오드
② 터널다이오드
③ 발광다이오드
④ 포토다이오드

1-5. 다이오드를 사용한 정류회로에서 과대한 부하전류에 의하여 다이오드가 파손될 우려가 있을 경우의 적당한 대책은?

① 다이오드를 직렬로 추가한다.
② 다이오드를 병렬로 추가한다.
③ 다이오드는 양단에 적당한 값의 저항을 추가한다.
④ 다이오드의 양단에 적당한 값의 콘덴서를 추가한다.

|해설|

1-1

진성반도체의 특징 : 불순물이 전혀 첨가되지 않은 Ge(게르마늄), Si(실리콘)으로 만든 순수한 반도체로서 온도가 올라갈수록 저항값이 감소한다. 즉 온도가 올라갈수록 음(-)의 온도계수를 나타낸다.

1-2

반도체의 특성
- N형 반도체에서 과잉전자를 만들기 위한 불순물을 도너라고 한다.
- P형 반도체에서 정공을 만들기 위한 불순물을 억셉터라고 한다.

1-3

다이오드의 특성 : 다이오드에 역방향으로 전압을 가하면 전류는 흐르지 않으며 다이오드 양단간에 걸리는 전압은 부하전압과 같다. 따라서 다이오드 양단간의 전압 V_D는 24[V]이다.

1-4

다이오드의 특성
- 제너다이오드 : 전원전압을 일정하게 유지하기 위한 정전압회로에 사용되는 다이오드이다.
- 터널다이오드 : PN접합의 불순물의 농도를 높여 부저항의 특성이 나타나는 터널효과를 이용한 다이오드이다.
- 발광다이오드 : 전류를 순방향으로 흘려주었을 때 빛을 방출하는 다이오드이다.
- 포토다이오드 : 빛이 다이오드에 닿으면 전류가 흐르는 다이오드로서 광센서에 사용된다.

1-5

정류회로에서 다이오드 직·병렬 접속
- 다이오드를 직렬로 접속하면 정류기 전체의 역전압을 합한 만큼 높은 전압까지 사용이 가능하게 되어 다이오드를 과전압으로부터 보호할 수 있다.
- 다이오드를 병렬로 접속하면 전류가 분산되어 다이오드를 과전류로부터 보호할 수 있다.

정답 1-1 ① 1-2 ② 1-3 ④ 1-4 ④ 1-5 ②

핵심이론 02 반도체소자

(1) 트랜지스터(Transistor)
① 트랜지스터의 개요

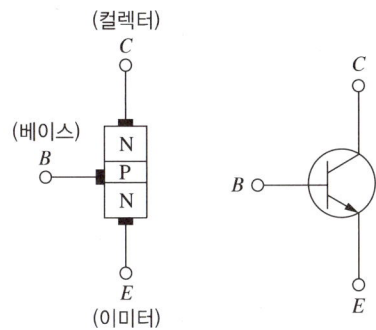

㉠ NPN형과 PNP형 트랜지스터로 구분되며 3개의 전극을 가진 능동소자이다.

㉡ 트랜지스터는 전압증폭용 및 임피던스 변환용으로 사용된다.

② 전류 증폭률

㉠ 이미터(E)와 컬렉터(C) 사이의 전류 증폭률(α)

$$\alpha = \frac{\Delta I_C}{\Delta I_E} = \frac{\Delta I_C}{\Delta I_C + \Delta I_B} = \frac{\beta}{1+\beta}$$

㉡ 베이스(B)와 컬렉터(C) 사이의 전류 증폭률(β)

$$\beta = \frac{\Delta I_C}{\Delta I_B} = \frac{\Delta I_C}{\Delta I_E - \Delta I_B} = \frac{\alpha}{1-\alpha}$$

여기서, ΔI_C : 컬렉터 전류 변화[A]
ΔI_E : 이미터 전류 변화[A]
ΔI_B : 베이스 전류 변화[A]

㉢ 이상적인 트랜지스터는 $\Delta I_C = \Delta I_E$이므로 전류 증폭률 $\alpha = 1$이다.

③ MOSFET(금속-산화물 반도체 전계효과 트랜지스터)의 특성

㉠ 입력 게이트가 산화 실리콘 박막으로 절연되어 있는 전계효과 트랜지스터이다.

㉡ 큰 입력저항을 가지고 있으므로 게이트 전류가 거의 흐르지 않는다.

㉢ 소전력으로 작동되고 집적도가 높아 마이크로컴퓨터 등의 집적회로에 사용된다.

(2) 사이리스터(Thyristor)
① 전류나 전압의 제어기능을 가진 전력용 반도체 소자이다.

② 스위칭의 방향성에 따른 분류

㉠ 단방향 소자 : SCR, GTO(게이트 턴오프 사이리스터), IGBT, SCS(실리콘 제어형 스위치)

㉡ 쌍방향 소자 : TRIAC(트라이액), DIAC(다이액), RCT(역도통 사이리스), SSS(Silicon Symmetrical Switch)

③ SCR(실리콘제어정류소자)

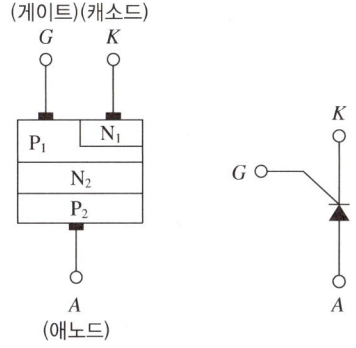

㉠ PNPN의 4층 구조로 되어 있으며 전극은 애노드(A), 캐소드(K), 게이트(G)로 구성된 단방향 전력제어용 소자이다.

㉡ 계전기 제어, 시간 지연 회로, 모터 제어, 초퍼 변환기, 주기 변환기, 전기충전기 보호회로, 가열기 제어, 위상제어 등 대전력 제어용으로 사용된다.

㉢ 실리콘제어정류소자의 특징
- 게이트에 신호를 인가한 때부터 도통할 때까지 시간이 짧다.
- 과전압에 약하다.
- 아크가 발생하지 않으므로 열의 발생이 적다.
- 순방향으로 전류가 흐르고 있을 때 양극의 전압 강하는 작다.
- 열용량이 적어 고온에 약하다.
- 역률각 이하에서는 제어가 되지 않는다.

② 애노드에 (−) 전압, 캐소드에 (+) 전압을 가하면 N_1과 P_2는 순방향이 되어 ON 상태가 되고, P_1과 N_2는 역방향이 되어 전류가 흐르지 않는다. 이때 게이트에 전류를 흐르게 하여 ON 상태가 되면 게이트의 전류를 반으로 줄이거나 0으로 하여도 애노드와 캐소드의 양단에는 일정한 전류가 계속 흐르게 된다.

⑪ SCR을 차단하기 위해서는 양극 전류(부하 전류)를 0으로 하거나 양극과 음극 간에 역전압(−전압)을 인가해야 한다.

⑭ 래칭전류 : 턴온시킨 후 게이트 전류를 0으로 하여도 ON 상태를 유지하기 위한 최소의 애노드 전류이다.

④ 배리스터(Varistor)

㉠ 인가전압이 높을 때 저항값이 비대칭적으로 급격하게 감소하여 전류가 급격히 증가하는 비직선적인 전압과 전류의 특성을 갖는 2단자 반도체 소자이다.

㉡ 서지전압에 대한 회로 보호용(과도한 전압으로부터 회로 보호용)으로 사용된다.

㉢ 계전기 접점에서 발생하는 불꽃을 소거하기 위해 사용된다.

(3) 서미스터(Thermistor)

① 천이 금속 산화물을 소결하여 만든 것으로 온도가 상승하면 저항값이 현저하게 작아지는 특성(온도−저항의 부특성)을 이용한 감열 저항체 소자이며 각종 장치의 온도센서나 전자회로의 온도보상용으로 사용된다.

② 서미스터의 종류

㉠ NTC(Negative Temperature Coefficient thermistor) : 온도상승과 더불어 저항값이 감소하는 성질을 이용한 반도체 소자이다.

㉡ PTC(Positive Temperature Coefficient thermistor) : 온도상승과 더불어 저항값이 증가하는 성질을 이용한 반도체 소자이다.

㉢ CTR(Critical Temperature Resistor) : 임계온도에서 온도가 급격히 변화하는 성질을 이용한 반도체 소자이다.

(4) 집적회로(IC)

① 작은 실리콘 속에 트랜지스터, 다이오드, 저항, 콘덴서 등을 넣고 결합하여 하나의 전기회로 내에서 특정한 기능을 수행하도록 만든 회로 부품들의 집합체이다.

② 집적회로의 특징

㉠ 시스템이 소형화된다.

㉡ 신뢰성이 높고 부품의 교체가 간단하다.

㉢ 열이나 전압, 전류에 약하다.

㉣ 기능이 확대된다.

㉤ 마찰에 의한 정전기의 영향에 주의해야 한다.

㉥ 발진이나 잡음이 나기 쉽다.

10년간 자주 출제된 문제

2-1. 이미터 전류를 1[mA] 증가시켰더니 컬렉터 전류는 0.98[mA] 증가되었다. 이 트랜지스터의 증폭률 β는?

① 4.9　　　　② 9.8
③ 49.0　　　　④ 98.0

2-2. PNPN 4층 구조로 되어 있는 소자가 아닌 것은?

① SCR　　　　② TRIAC
③ DIODE　　　④ GTO

2-3. SCR의 양극 전류가 10[A]일 때 게이트 전류를 반으로 줄이면 양극 전류는 몇 [A]인가?

① 20　　　　② 10
③ 5　　　　④ 0.1

2-4. 계측기 접점의 불꽃 제거나 서지 전압에 대한 과입력보호용으로 사용되는 것은?

① 배리스터
② 사이리스터
③ 서미스터
④ 트랜지스터

2-5. 다음 소자 중에서 온도보상용으로 쓰이는 것은?

① 서미스터
② 배리스터
③ 제너다이오드
④ 터널다이오드

[해설]

2-1
트랜지스터의 증폭률(β)
I_C는 컬렉터 전류, I_E는 이미터 전류, I_B는 베이스 전류일 때
증폭률 $\beta = \dfrac{\Delta I_C}{\Delta I_B} = \dfrac{\Delta I_C}{\Delta I_E - \Delta I_C}$ 에서 $\beta = \dfrac{0.98[\text{mA}]}{(1-0.98)[\text{mA}]} = 49$

2-2
다이오드(Diode) : P형과 N형의 반도체를 접합한 것으로 다이오드에 전압을 인가하면 순방향으로만 전류를 통과시키고 역방향으로는 전류가 흐르지 않는 2층 구조의 단방향 전류소자이다.

2-3
SCR(실리콘제어정류소자) : 게이트에 전류를 흐르게 하여 ON 상태가 되면 게이트의 전류를 반으로 줄이거나 0으로 하여도 애노드와 캐소드의 양단에는 일정한 전류가 흐르게 되므로 양극 전류는 10[A]가 계속 흐르게 된다.

2-4
배리스터의 용도
- 서지전압에 대한 회로 보호용(과도한 전압으로부터 회로보호용)으로 사용된다.
- 계전기 접점에서 발생하는 불꽃을 소거하기 위해 사용된다.

2-5
서미스터 : 철이 금속 산화물을 소결하여 만든 것으로 온도가 상승하면 저항값이 현저하게 작아지는 특성(온도-저항의 부특성)을 이용한 감열 저항체 소자이며 각종 장치의 온도센서나 전자회로의 온도보상용으로 사용된다.

정답 2-1 ③ 2-2 ③ 2-3 ② 2-4 ① 2-5 ①

제2절 전자회로

핵심이론 01 정전압 전원회로 및 정류회로

(1) 정전압 전원회로

① 정전압회로는 제너다이오드나 트랜지스터를 이용하여 전원전압을 일정하게 유지시켜 주는 회로이다.

② 다음 그림은 제어형 정전압 안정화 전원회로이며 출력전압의 변화를 검출하고 출력전압이 변동이 있을 경우에는 변동을 억제시켜 출력전압을 제어하는 회로이다.

　㉠ Q_1 : 제어용
　㉡ Q_2 : 비교 증폭용
　㉢ Q_3 : 기준부용
　㉣ Q_4 : 검출용

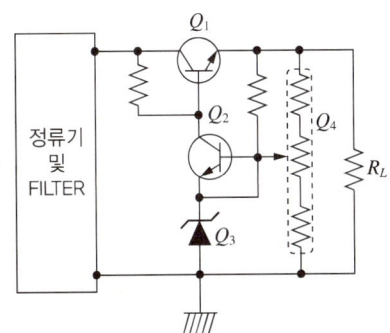

(2) 정류회로

① 정류회로 개요

　㉠ 정류란 교류를 직류로 바꾸는 것이며 이때 사용하는 소자를 정류소자라고 한다.

　㉡ 맥동률(리플 함유율) : 정류된 직류의 출력에 교류분이 얼마나 포함되어 있는지의 정도를 나타낸다.

　　맥동률 $\gamma = \dfrac{\text{맥류분의 실횻값}}{\text{직류분의 평균값}} \times 100[\%]$

　㉢ 전압변동률 $\alpha = \dfrac{V_o - V_d}{V_d} \times 100[\%]$

　　여기서, V_o : 무부하 직류전압[V]
　　　　　　V_d : 전부하 직류전압[V]

② 단상 반파 정류회로

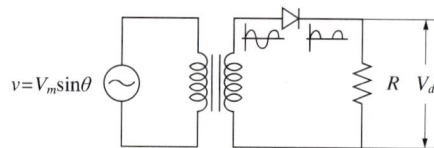

㉠ 교류전원이 변압기를 통하여 정류다이오드에 가해지면 양(+)의 반파만 순방향 전류가 통과하지만 음(-)의 반파는 통과하지 못하게 된다.

변압기 1차 전압을 V_1, 권수비 $a = \dfrac{n_1}{n_2} = \dfrac{V_1}{V_2}$ 일 때 변압기의 2차 전압 $V_2 = \dfrac{V_1}{a}$ 이다. 이때 V_2는 실횻값이다.

㉡ 반파 정류회로의 실횻값 전압

$$V_{av} = \left[\dfrac{1}{2\pi}\int_0^\pi (V_m\sin\theta)^2 d\theta\right]^{1/2}$$

$$= \left[\dfrac{V_m^2}{2\pi}\int_0^\pi \sin^2\theta d\theta\right]^{1/2}$$

여기서, $\sin^2\theta = \dfrac{1}{2}(1-\cos 2\theta)$

$$= \left[\dfrac{V_m^2}{2\pi}\int_0^\pi \dfrac{1}{2}(1-\cos 2\theta)d\theta\right]^{1/2}$$

$$= \left[\dfrac{V_m^2}{4\pi}\int_0^\pi (1-\cos 2\theta)d\theta\right]^{1/2}$$

$$= \left\{\dfrac{V_m^2}{4\pi}\left[\theta - \dfrac{1}{2}\sin 2\theta\right]_0^\pi\right\}^{1/2}$$

$$= \left\{\dfrac{V_m^2}{4\pi}\left[\left(\pi - \dfrac{1}{2}\sin 4\pi\right) - \left(0 - \dfrac{1}{2}\sin 0°\right)\right]\right\}^{1/2}$$

$$= \left\{\dfrac{V_m^2}{4\pi}[(\pi-0)-(0-0)]\right\}^{1/2} = \left(\dfrac{V_m^2}{4\pi}\times\pi\right)^{1/2}$$

$$= \left(\dfrac{V_m^2}{4}\right)^{1/2} = \dfrac{V_m}{2}$$

㉢ 반파 정류회로의 평균값 전압

$$V_{av} = \dfrac{1}{2\pi}\int_0^\pi V_m\sin\theta d\theta = \dfrac{V_m}{2\pi}[-\cos\theta]_0^\pi$$

$$= \dfrac{V_m}{2\pi}[(-\cos\pi)-(-\cos 0°)] = \dfrac{V_m}{2\pi}[1+1]$$

$$= \dfrac{V_m}{2\pi}\times 2 = \dfrac{V_m}{\pi}$$

∴ 직류전압의 평균값 $V_d = \dfrac{1}{\pi}V_m = \dfrac{\sqrt{2}}{\pi}V_2$ [V]

㉣ 저항 R에 흐르는 직류전류의 평균값

$$I_d = \dfrac{V_d}{R} = \dfrac{1}{\pi}\times\dfrac{V_m}{R} = \dfrac{\sqrt{2}}{\pi}\times\dfrac{V_2}{R} \text{ [A]}$$

㉤ 직류 출력 전력

$$P_d = I_d V_d = \dfrac{1}{\pi}\times\dfrac{V_m}{R}\times\dfrac{1}{\pi}V_m = \dfrac{V_m^2}{\pi^2 R} \text{ [W]}$$

㉥ 맥동주파수와 맥동률(주파수 $f=60[\text{Hz}]$ 일 때)

정류회로	맥동주파수	맥동률
단상 반파정류	60[Hz](f)	121[%]
단상 전파정류	120[Hz]($2f$)	48[%]
3상 반파정류	180[Hz]($3f$)	17[%]
3상 전파정류	360[Hz]($6f$)	4[%]

③ 콘덴서 평활회로($R-C$ 필터회로)

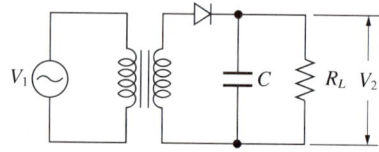

㉠ 저항 부하만 갖는 정류회로의 출력전원은 맥동전류이기 때문에 직류전원으로 사용할 수 없다. 따라서 맥동전류를 평활시켜 직류성분만 선택하는 회로를 평활회로라고 한다.

㉡ 맥동률(리플 함유율)은 부하저항(R_L) 또는 콘덴서(C)의 용량이 클수록 감소한다.

ⓒ 부하저항(R_L)을 떼어 냈을 경우 콘덴서에 충전되는 전압(V_C)

$V_C = V_m = \sqrt{2}\, V_2$[V]

여기서, V_m : 최댓값 전압[V]
V_2 : 변압기의 2차 측 실횻값 전압[V]

④ 브리지 정류회로

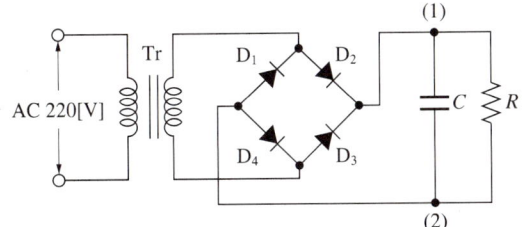

㉠ 구성 : 변압기(Tr), 정류다이오드(D_1, D_2, D_3, D_4), 평활콘덴서(C)
㉡ 예비전원의 공급회로에서 (1)과 (2) 사이에 콘덴서를 설치하여 직류전압을 일정하게 유지한다.

10년간 자주 출제된 문제

1-1. 그림과 같은 트랜지스터를 사용한 정전압회로에서 Q_1의 역할로서 옳은 것은?

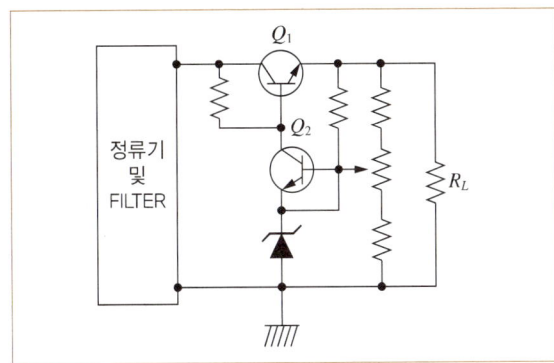

① 증폭용　　② 비교부용
③ 제어용　　④ 기준부용

1-2. 전압변동률이 20[%]인 정류회로에서 무부하 전압이 24[V]인 경우 부하 전압은 몇 [V]인가?

① 20　　② 20.3
③ 21.6　　④ 22.6

1-3. 단상변압기의 권수비가 a =8이고, 1차 교류전압의 실효치는 110[V]이다. 변압기 2차 전압을 단상 반파 정류회로를 이용하여 정류했을 때 발생하는 직류 전압의 평균치는 약 몇 [V]인가?

① 6.19　　② 6.29
③ 6.39　　④ 6.88

1-4. 그림과 같은 반파 정류회로에 스위치 A를 사용하여 부하 저항 R_L을 떼어 냈을 경우, 콘덴서 C의 충전전압은 몇 [V]인가?

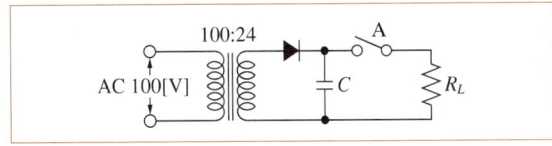

① 12π　　② 24π
③ $12\sqrt{2}$　　④ $24\sqrt{2}$

1-5. 60[Hz]의 3상 전압을 전파정류하면 맥동주파수는?

① 120[Hz]　　② 240[Hz]
③ 360[Hz]　　④ 720[Hz]

| 해설 |

1-1
정전압회로 : 제너다이오드나 트랜지스터의 단자전압이 일정한 것을 이용하는 것이다. 그림에 나타난 회로는 항상 출력전압의 변화를 검출하고 출력전압이 변동이 있을 경우에는 변동을 억제시켜 출력전압을 제어하는 회로이다.

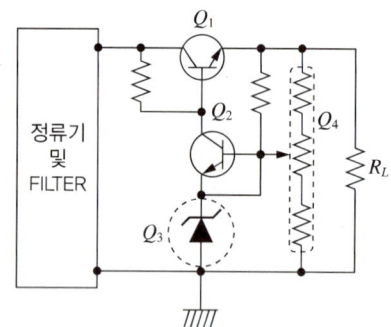

- Q_1 : 제어용
- Q_2 : 비교 증폭용
- Q_3 : 기준부용
- Q_4 : 검출용

1-2
정류회로의 전압변동률(α)

$$\alpha = \frac{V_O - V_{DC}}{V_{DC}} \times 100[\%]$$

여기서, V_O : 무부하 직류전압[V]
V_{DC} : 전부하 직류전압[V]

$V_{DC} = \dfrac{V_O}{1+\alpha}$ 에서 $V_{DC} = \dfrac{V_O}{1+\alpha} = \dfrac{24[\text{V}]}{1+0.2} = 20[\text{V}]$

1-3
단상 반파 정류회로의 직류전압의 평균값(E_d)

- 변압기의 권수비 $a = \dfrac{N_1}{N_2} = \dfrac{E_1}{E_2} = \dfrac{I_2}{I_1}$ 에서

  2차 전압 $E_2 = \dfrac{E_1}{a} = \dfrac{110[\text{V}]}{8} = 13.75[\text{V}]$

- 단상 반파 정류회로의 직류전압의 평균값 $E_d = \dfrac{\sqrt{2}}{\pi} E_2$ 에서

  $E_d = \dfrac{\sqrt{2}}{\pi} \times 13.75[\text{V}] = 6.19[\text{V}]$

1-4
반파 정류회로

- 변압기의 권수비 $a = \dfrac{N_2}{N_1} = \dfrac{V_2}{V_1} = \dfrac{I_1}{I_2}$ 에서

  2차 측 전압 $V_2 = \dfrac{N_2}{N_1} \times V_1 = \dfrac{24}{100} \times 100[\text{V}] = 24[\text{V}]$

  여기서, 2차 측 전압은 실횻값의 전압이다.

- 콘덴서에는 최댓값의 전압으로 충전되므로 최댓값과 실횻값의 관계는 $V_m = \sqrt{2}[\text{V}]$ 이다.

∴ 충전전압 $V_{2m} = \sqrt{2}\, V_2 = 24\sqrt{2}[\text{V}]$

1-5
정류회로의 맥동주파수와 맥동률(주파수 f가 60[Hz]일 경우)

정류회로	맥동주파수	맥동률
단상 반파정류	60[Hz](f)	121[%]
단상 전파정류	120[Hz]($2f$)	48[%]
3상 반파정류	180[Hz]($3f$)	17[%]
3상 전파정류	360[Hz]($6f$)	4[%]

∴ 3상 전파 정류회로의 맥동주파수
  $f_{맥동} = 6f = 6 \times 60[\text{Hz}] = 360[\text{Hz}]$

정답 1-1 ③ 1-2 ① 1-3 ① 1-4 ④ 1-5 ③

핵심이론 02 증폭회로

(1) 궤환증폭기와 부궤환증폭기

① 궤환 증폭기 : 궤환회로를 통하여 입력 측으로 되돌려 보낼 때 입력 측 신호와 동위상인 증폭기
  ㉠ 입력전압이 커져 증폭도가 크게 된다.
  ㉡ 발진을 일으켜 불안정한 증폭기가 되므로 증폭에 사용하지 않고 발진기로 사용된다.

② 부궤환 증폭기 : 궤환회로를 통하여 입력 측으로 되돌려 보낼 때 입력측 신호와 역위상인 증폭기
  ㉠ 주파수 특성이 양호하고 안정도가 증진된다.
  ㉡ 부하의 변동이나 전원전압의 변동에도 증폭도가 안정된다.
  ㉢ 출력단의 잡음과 왜곡이 감소한다.
  ㉣ 대역폭이 넓어진다.
  ㉤ 입력 임피던스가 증가하고 출력 임피던스가 감소한다.
  ㉥ 증폭기의 이득이 감소한다.

(2) 전력증폭기

① A급 전력증폭기
  ㉠ 바이어스점(동작점)은 부하선상에서 거의 중앙점에 설정한다.
  ㉡ 입력 정현파의 전주기(360°)에 걸쳐서 컬렉터 전류가 흐른다.
  ㉢ 출력용의 트랜지스터는 1개이다.
  ㉣ 파형의 일그러짐(찌그러짐)이 가장 적고 안정한 증폭기이다.
  ㉤ 회로의 구성이 비교적 간단하다.

② AB급 전력증폭기
  ㉠ A급 전력증폭기와 B급 전력증폭기 사이에 동작점을 취한 것이다.
  ㉡ 입력 정현파의 반주기(180°) 이상에서 컬렉터 전류가 흐른다.
  ㉢ B급 전력증폭기의 크로스오버 왜곡(교차 일그러짐)을 보완하기 위한 증폭기이다.

③ B급(푸시풀) 전력증폭기
  ㉠ 바이어스점은 무신호상태에서 트랜지스터에 전류가 흐르지 않도록 설정한다.
  ㉡ 입력 정현파의 반주기(180°)만 컬렉터 전류가 흐른다.
  ㉢ 출력용의 트랜지스터(NPN형, PNP형)는 2개이다.
  ㉣ 크로스오버 왜곡(교차 일그러짐)이 발생하는 단점이 있다.
  ㉤ A급 전력증폭기보다 효율적이고 더 큰 출력을 낼 수 있다.
  ㉥ 회로의 구성이 복잡하다.

④ C급 전력증폭기
  ㉠ 바이어스점은 무신호상태에서 트랜지스터에 전류가 흐르지 않도록 설정한다.
  ㉡ 입력 정현파의 반주기(180°) 미만에서 컬렉터 전류가 흐른다.
  ㉢ 파형의 일그러짐이나 효율이 가장 높다.
  ㉣ 회로의 구성이 복잡하다.

(3) 연산증폭기

① 부궤환의 방법에 따라서 덧셈이나 적분 등의 연산기능을 갖게 할 수 있는 고이득의 직류 증폭기이다.
② 반전 증폭기는 입력전압을 연산증폭기의 (-)단자(반전단자)에 입력시키고 (+)단자(비반전단자)를 접지시키는 회로를 말한다.

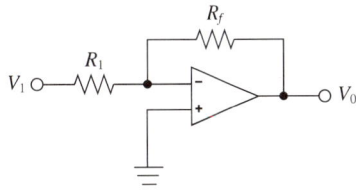

  ㉠ R_1에 흐르는 전류 $I_i = \dfrac{V_i}{R_1}$

ⓛ R_f에 흐르는 전류 $I_f = I_i$에서 R_f에 강하되는 전압 $V_f = I_f R_f = \dfrac{V_i}{R_1} R_f$

ⓒ 출력 전압
$$V_0 = -V_f = -I_f R_f = -\dfrac{V_i}{R_1} R_f = -\dfrac{R_f}{R_1} V_i$$

ⓔ 전압이득 $A_{vf} = \dfrac{V_0}{V_i} = -\dfrac{R_f}{R_1}$

③ 연산증폭기의 가산기 회로

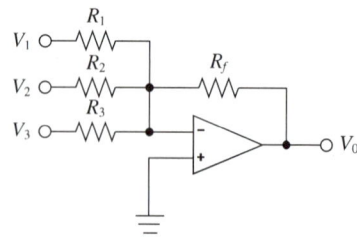

㉠ 각 저항 R에 흐르는 전류
$$I_1 = \dfrac{V_1}{R_1},\ I_2 = \dfrac{V_2}{R_2},\ I_3 = \dfrac{V_3}{R_3}$$

ⓒ R_f에 흐르는 전류는 각 저항에 흐르는 전류의 합이다.
$$I_f = I_1 + I_2 + I_3 = \dfrac{V_1}{R_1} + \dfrac{V_2}{R_2} + \dfrac{V_3}{R_3}$$

ⓒ 출력전압 $V_0 = -I_f R_f$
$$= -\left(\dfrac{V_1}{R_1} + \dfrac{V_2}{R_2} + \dfrac{V_3}{R_3}\right) R_f$$
$$= -\left(\dfrac{R_f}{R_1} V_1 + \dfrac{R_f}{R_2} V_2 + \dfrac{R_f}{R_3} V_3\right)$$

10년간 자주 출제된 문제

2-1. 부궤환 증폭기의 장점에 해당되는 것은?
① 전력이 절약된다.
② 안정도가 증진된다.
③ 증폭도가 증가된다.
④ 능률이 증대된다.

2-2. 전압이득이 60[dB]인 증폭기와 궤환율(β)이 0.01인 궤환 회로를 부궤환 증폭기로 구성하였을 때 전체 이득은 약 몇 [dB]인가?
① 20 ② 40
③ 60 ④ 80

2-3. 다음과 같이 구성한 연산증폭기 회로에서 출력전압 V_0는?

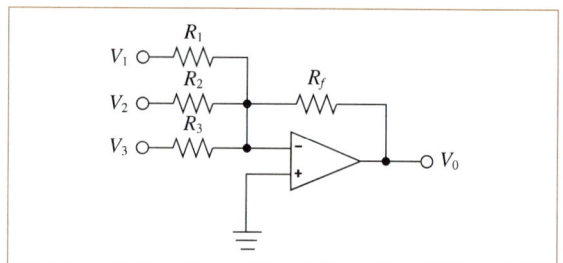

① $V_0 = \dfrac{R_f}{R_1} V_1 + \dfrac{R_f}{R_2} V_2 + \dfrac{R_f}{R_3} V_3$

② $V_0 = \dfrac{R_1}{R_f} V_1 + \dfrac{R_2}{R_f} V_2 + \dfrac{R_3}{R_f} V_3$

③ $V_0 = -\left(\dfrac{R_f}{R_1} V_1 + \dfrac{R_f}{R_2} V_2 + \dfrac{R_f}{R_3} V_3\right)$

④ $V_0 = -\left(\dfrac{R_1}{R_f} V_1 + \dfrac{R_2}{R_f} V_2 + \dfrac{R_3}{R_f} V_3\right)$

【해설】

2-1

부궤환 증폭기의 특징
- 주파수 특성이 양호하고 안정도가 증진된다.
- 부하의 변동이나 전원전압의 변동에도 증폭도가 안정된다.
- 출력단의 잡음과 왜곡이 감소한다.
- 대역폭이 넓어진다.
- 입력 임피던스가 증가하고 출력 임피던스가 감소한다.

2-2

부궤환 증폭기의 전체이득

- 전압이득 $A_v = \dfrac{V_o}{V_i} = \dfrac{출력전압}{입력전압}$ 이고 이것을 [dB]로 표현하면

  $A_v[\text{dB}] = 20\log A_v$

  $60 = 20\log A_v$ 이고 $3 = \log A_v$ 이므로 $A_v = 10^3 = 1{,}000$

- $A_v\beta \gg 1$ 일 경우 부궤환 증폭기의 전체이득 $A_f = \dfrac{A_v}{1+\beta A_v} ≒ \dfrac{1}{\beta}$

  이고 $A_f = \dfrac{1}{\beta} = \dfrac{1}{0.01} = 100$

∴ 부궤환 증폭기의 전체이득을 [dB]로 표현하면 $A_f[\text{dB}] = 20\log A_f$
  에서 $A_f[\text{dB}] = 20\log 100 = 40[\text{dB}]$

2-3

연산증폭기의 가산기

- 반전 증폭기는 입력전압이 연산증폭기의 (−)입력단자에 연결되고, 비반전 증폭기는 입력전압이 연산증폭기의 (+)입력단자에 연결된다.
- 각 저항에 흐르는 전류 $I_1 = \dfrac{V_1}{R_1}$, $I_2 = \dfrac{V_2}{R_2}$, $I_3 = \dfrac{V_3}{R_3}$
- 저항 R_f에 흐르는 전류는 각 저항에 흐르는 전류의 합이다.

  $I_f = I_1 + I_2 + I_3 = \dfrac{V_1}{R_1} + \dfrac{V_2}{R_2} + \dfrac{V_3}{R_3}$

- 출력전압

  $V_0 = -I_f R_f = -\left(\dfrac{V_1}{R_1} + \dfrac{V_2}{R_2} + \dfrac{V_3}{R_3}\right) R_f$

  $= -\left(\dfrac{R_f}{R_1}V_1 + \dfrac{R_f}{R_2}V_2 + \dfrac{R_f}{R_3}V_3\right)$

정답 2-1 ② 2-2 ② 2-3 ③

핵심이론 03 전자회로의 응용

(1) 전력변환장치

변환방식	변환장치
교류 전력을 직류 전력으로 변환	정류회로
직류 전력을 교류 전력으로 변환	인버터회로
교류 전압을 다른 크기의 전압으로 변환	교류전력조정회로
교류 주파수를 다른 크기의 교류 주파수로 변환	사이클로컨버터
직류 전력을 다른 전압의 직류 전력으로 변환	초퍼회로

(2) 인버터회로

① 인버터는 반도체 소자(다이오드, 사이리스터, 트랜지스터, IGBT, GTO 등)의 스위칭 기능을 이용하여 직류 전력을 교류 전력으로 변환하는 전력변환장치이다.

② 인버터는 전류형 인버터와 전압형 인버터로 구분하고 전압형 인버터는 PWM(펄스 폭 변조)과 PAM(펄스 진폭 변조)로 구분된다.

③ 인버터는 전류방식에 따라 타려식과 자려식으로 구분된다.

④ 인버터의 부하장치에는 3상 농형유도전동기를 사용하여 속도를 제어한다.

(3) 여파기(Filter)

① **저역통과 회로(LPF)** : 차단주파수보다 높은 주파수는 잘 통과시키지 않고 낮은 주파수를 잘 통과시키는 회로이다.

② **고역통과 회로(HPF)** : 차단주파수보다 높은 주파수는 잘 통과시키지만 낮은 주파수를 잘 통과시키지 않는 회로이다.

③ **대역통과 회로(BPF)** : 중간 범위의 주파수는 잘 통과시키지만 이보다 낮거나 높은 주파수는 잘 통과시키지 않는 회로이다.

④ **대역저지 회로(BSF)** : 어떤 범위의 주파수보다 낮거나 높은 주파수는 잘 통과시키고 어떤 범위의 주파수만 잘 통과시키지 않는 회로이다.

10년간 자주 출제된 문제

3-1. 교류전력변환장치로 사용되는 인버터회로에 대한 설명으로 옳지 않은 것은?

① 직류 전력을 교류 전력으로 변환하는 장치를 인버터라고 한다.
② 전류형 인버터와 전압형 인버터로 구분할 수 있다.
③ 전류방식에 따라서 타려식과 자려식으로 구분할 수 있다.
④ 인버터의 부하장치에는 직류직권전동기를 사용할 수 있다.

3-2. 주파수응답 특성을 설명한 것이다. 옳지 않은 것은?

① 저역통과 회로 : 차단주파수보다 높은 주파수는 잘 통과시키지 않고 낮은 주파수를 잘 통과시키는 회로
② 고역통과 회로 : 차단주파수보다 높은 주파수는 잘 통과시키지만 낮은 주파수를 잘 통과시키지 않는 회로
③ 대역통과 회로 : 중간 범위의 주파수는 잘 통과시키지만 이보다 낮거나 높은 주파수는 잘 통과시키지 않는 회로
④ 대역저지 회로 : 어떤 범위의 주파수는 통과시키고 이보다 낮거나 높은 주파수는 잘 통과시키지 않는 회로

해설

3-1
인버터의 부하장치에는 3상 농형 유도전동기를 사용하여 속도를 제어한다.

3-2
대역저지 회로(BSF) : 어떤 범위의 주파수보다 낮거나 높은 주파수는 잘 통과시키고 어떤 범위의 주파수만 잘 통과시키지 않는 회로이다.

정답 3-1 ④ 3-2 ④

CHAPTER 03 소방관계법규

[제1장] 소방기본법, 영, 규칙

제1절 총 칙

핵심이론 01 목적 및 정의

(1) 목적(법 제1조)
① 화재를 예방·경계·진압함
② 화재, 재난, 재해, 그 밖의 위급한 상황에서의 구조·구급활동을 함
③ 국민의 생명·신체 및 재산 보호함
④ 공공의 안녕 및 질서유지와 복리증진에 이바지함

(2) 정의(법 제2조)
① 소방대상물 : 건축물, 차량, 선박(항구 안에 매어둔 선박만 해당), 선박건조구조물, 산림, 그 밖의 인공구조물 또는 물건
② 관계지역 : 소방대상물이 있는 장소 및 그 이웃지역으로서 화재의 예방·경계·진압, 구조·구급 등의 활동에 필요한 지역
③ 관계인 : 소방대상물의 소유자, 관리자, 점유자
④ 소방본부장 : 특별시·광역시·특별자치시·도 또는 특별자치도(시·도)에서 화재의 예방·경계·진압·조사 및 구조·구급 등의 업무를 담당하는 부서의 장
⑤ 소방대(消防隊) : 화재를 진압하고 화재, 재난·재해 그 밖의 위급한 상황에서의 구조·구급활동 등을 하기 위하여 구성된 조직체로서 소방공무원, 의무소방원, 의용소방대원을 말한다.
⑥ 소방대장(消防隊長) : 소방본부장 또는 소방서장 등 화재, 재난·재해 그 밖의 위급한 상황이 발생한 현장에서 소방대를 지휘하는 사람

10년간 자주 출제된 문제

1-1. 다음 중 소방기본법의 목적과 거리가 먼 것은?
① 화재를 예방·경계하고 진압하는 것
② 건축물의 안전한 사용을 통하여 안락한 국민생활을 보장해 주는 것
③ 화재, 재난·재해로부터 구조·구급활동하는 것
④ 공공의 안녕 및 질서유지와 복리증진에 기여하는 것

1-2. 다음 중 소방기본법에서 사용하는 용어의 정의로 옳지 않은 것은?
① 소방대장이란 소방본부장이나 소방서장 등 화재, 재난·재해, 그 밖의 위급한 상황이 발생한 현장에서 소방대를 지휘하는 사람을 말한다.
② 관계지역이란 소방대상물이 있는 장소 및 그 이웃지역으로서 화재의 예방·경계·진압, 구조·구급 등의 활동에 필요한 지역을 말한다.
③ 소방대상물이란 건축물, 차량, 항해하는 선박, 선박건조구조물, 산림, 그 밖의 인공구조물 또는 물건을 말한다.
④ 소방본부장이란 특별시·광역시 또는 도에서 화재의 예방·경계·진압·조사 및 구조구급 등의 업무를 담당하는 부서의 장을 말한다.

1-3. 다음 중 소방기본법상의 소방대상물에 포함되지 않는 것은?
① 산 림
② 항해 중인 선박
③ 선 박
④ 선박건조구조물

10년간 자주 출제된 문제

1-4. 소방기본법상 소방대상물의 소유자·관리자 또는 점유자로 정의되는 자는?

① 관리인 ② 관계인
③ 사용자 ④ 등기자

1-5. 화재를 진압하고, 화재·재난·재해 그 밖의 위급한 상황에서의 구조·구급활동을 위하여 소방공무원, 의무소방원, 의용소방대원으로 구성된 조직체를 무엇이라 하는가?

① 구조, 구급대
② 의무소방대
③ 소방대
④ 의용소방대

[해설]

1-1
소방기본법의 목적
- 화재를 예방·경계·진압
- 구조·구급활동
- 국민의 생명·신체 및 재산 보호
- 공공의 안녕 및 질서유지와 복리증진에 이바지

1-2
소방대상물 : 건축물, 차량, 선박(항구 안에 매어둔 선박만 해당), 선박건조구조물, 산림, 그 밖의 인공구조물 또는 물건

1-3
항해 중인 선박, 운항 중인 항공기 : 소방대상물이 아니다.

1-4
관계인 : 소방대상물의 소유자, 점유자, 관리자

1-5
소방대 : 소방공무원, 의무소방원, 의용소방대원으로 구성된 조직체

정답 1-1 ② 1-2 ③ 1-3 ② 1-4 ② 1-5 ③

핵심이론 02 소방기관 및 119종합상황실 등

(1) 소방기관의 설치(법 제3조, 제6조)

① 소방업무 : 시·도의 화재 예방·경계·진압 및 조사, 소방안전교육·홍보와 화재, 재난·재해, 그 밖의 위급한 상황에서의 구조·구급 등의 업무

② 소방업무를 수행하는 소방본부장 또는 소방서장의 지휘·감독권자 : 시·도지사

③ 소방업무에 대한 책임 : 시·도지사

④ 소방업무를 수행하는 소방기관의 설치에 필요한 사항 : 대통령령

※ 소방업무에 관한 종합계획 : 국가가 5년마다 수립·시행

⑤ 소방업무 종합계획에 포함 사항
  ㉠ 소방서비스의 질 향상을 위한 정책의 기본방향
  ㉡ 소방업무에 필요한 체계의 구축, 소방기술의 연구·개발 및 보급
  ㉢ 소방업무에 필요한 장비의 구비
  ㉣ 소방전문인력 양성
  ㉤ 소방업무에 필요한 기반조성
  ㉥ 소방업무의 교육 및 홍보(소방자동차의 우선 통행 등에 관한 홍보를 포함한다)

(2) 119종합상황실(법 제4조, 규칙 제3조)

① 119종합상황실 설치·운영권자 : 소방청장, 소방본부장, 소방서장

② 119종합상황실의 설치와 운영에 필요한 사항 : 행정안전부령

③ 보고라인
  소방서의 종합상황실 → 소방본부 종합상황실 → 소방청의 종합상황실에 각각 보고
  ㉠ 사망자 5인 이상, 사상자 10인 이상 발생한 화재
  ㉡ 이재민이 100인 이상 발생한 화재
  ㉢ 재산피해액이 50억원 이상 발생한 화재

② 관공서, 학교, 정부미도정공장, 국가유산(문화재), 지하철, 지하구의 화재

⑩ 관광호텔, 층수가 11층 이상인 건축물, 지하상가, 시장, 백화점, 지정수량의 3,000배 이상의 위험물 제조소 등(제조소·저장소·취급소), 층수가 5층 이상이거나 객실 30실 이상인 숙박시설, 층수가 5층 이상이거나 병상 30개 이상인 종합병원·정신병원·한방병원·요양소, 연면적이 15,000[m²] 이상인 공장, 화재예방강화지구에서 발생한 화재

⑪ 철도차량, 항구에 매어둔 총 톤수가 1,000[t] 이상인 선박, 항공기, 발전소 또는 변전소에서 발생한 화재

⑫ 가스 및 화약류의 폭발에 의한 화재

⑬ 다중이용업소의 화재

⑭ 통제단장의 현장지휘가 필요한 재난상황

⑮ 언론에 보도된 재난상황

(3) 소방박물관 등의 설립·운영(법 제5조)

① 소방박물관의 설립·운영권자 : 소방청장
② 소방체험관의 설립·운영권자 : 시·도지사

(4) 소방의 날 제정과 운영(법 제7조)

① 제정이유 : 국민의 안전의식과 화재에 대한 경각심을 높이고 안전문화를 정착시키기 위하여
② 제정일 : 매년 11월 9일

10년간 자주 출제된 문제

2-1. 관할 구역 안에서 발생하는 화재, 재난, 재해 그 밖의 위급한 상황에 있어서 필요한 소방업무를 성실히 수행해야 하는 자는?
① 시·도지사
② 소방청장
③ 행정안전부장관
④ 소방본부장

2-2. 화재 발생 시 소방서는 소방본부의 종합상황실에, 소방본부는 소방청의 종합상황실에 보고해야 하는 바, 사상자가 얼마 이상일 경우 이에 해당되는가?
① 사상자가 5인 이상 발생한 화재
② 사상자가 7인 이상 발생한 화재
③ 사상자가 10인 이상 발생한 화재
④ 사상자가 20인 이상 발생한 화재

2-3. 소방서와 종합상황실 실장이 서면·팩스 또는 컴퓨터통신 등으로 소방본부의 종합상황실에 보고해야 하는 화재가 아닌 것은?
① 사상자가 10인 발생한 화재
② 이재민이 100인 발생한 화재
③ 관공서·학교·정부미도정공장의 화재
④ 재산피해액이 10억원 발생한 화재

2-4. 화재현장에서의 피난 등을 체험할 수 있는 소방체험관의 설립·운영권자는?
① 시·도지사
② 소방청장
③ 소방본부장 또는 소방서장
④ 한국소방안전원장

|해설|

2-1
관할 구역 안에서 발생하는 화재, 재난, 재해, 그 밖의 위급한 상황에 있어서 필요한 소방업무를 성실히 수행해야 하는 자 : 시·도지사

2-2, 2-3
상황보고
- 보고절차 : 소방서 → 소방본부의 종합상황실, 소방본부의 종합상황실 → 소방청의 종합상황실
- 보고해야 하는 화재
  - 사망자가 5인 이상, 사상자가 10인 이상 발생한 화재
  - 이재민이 100인 이상 발생한 화재
  - 재산피해액이 50억원 이상 발생한 화재
  - 관공서, 학교, 정부미도정공장, 국가유산(문화재), 지하철, 지하구의 화재 등

2-4
설립·운영권자
- 소방박물관 : 소방청장
- 소방체험관 : 시·도지사

정답 2-1 ① 2-2 ③ 2-3 ④ 2-4 ①

제2절 소방장비 및 소방용수시설 등

핵심이론 01 소방력 및 국고보조

(1) 소방력의 기준(법 제8조)
① 소방기관이 소방업무를 수행하는 데 필요한 인력과 장비 등(소방력)에 관한 기준 : 행정안전부령
② 관할 구역의 소방력을 확충하기 위하여 필요한 계획의 수립·시행권자 : 시·도지사

(2) 소방장비 등에 대한 국고보조(법 제9조, 영 제2조)
① 국가는 소방장비의 구입 등 시·도의 소방업무에 필요한 경비의 일부를 보조한다.
② 국고보조의 대상사업의 범위와 기준 보조율 : 대통령령
③ 소방활동장비 및 설비의 종류 및 규격 : 행정안전부령
④ 국고보조의 대상
  ㉠ 소방활동장비와 설비의 구입 및 절차
    • 소방자동차
    • 소방헬리콥터 및 소방정
    • 소방전용통신설비 및 전산설비
    • 그 밖의 방화복 등 소방활동에 필요한 소방장비
  ㉡ 소방관서용 청사의 건축(건축물을 신축·증축·개축·재축(再築)하거나 건축물을 이전하는 것)
  ※ 소방의(소방복장)는 국고보조 대상이 아니다.

(3) 소방활동장비 및 설비의 규격(규칙 제5조)
① 소방활동장비 및 설비의 종류와 규격 : 별표 1의2 참고
② 국고보조산정을 위한 기준가격
  ㉠ 국내조달품 : 정부고시가격
  ㉡ 수입물품 : 조달청에서 조사한 해외시장의 시가
  ㉢ 정부고시가격 또는 조달청에서 조사한 해외시장의 시가가 없는 물품 : 2 이상의 공신력 있는 물가조사기관에서 조사한 가격의 평균가격

10년간 자주 출제된 문제

1-1. 소방기본법에 따른 소방력의 기준에 따라 관할 구역의 소방력을 확충하기 위하여 필요한 계획을 수립하여 시행해야 하는 자는?
① 소방서장
② 소방본부장
③ 시·도지사
④ 행정안전부장관

1-2. 소방기관이 소방업무를 수행하는 데 필요한 인력과 장비 등에 관한 기준은 어느 것으로 정하는가?
① 대통령령
② 행정안전부령
③ 시·도의 조례
④ 행정안전부 고시

1-3. 소방장비 등에 대한 국고보조 대상사업의 범위와 기준 보조율은 무엇으로 정하는가?
① 총리령
② 대통령령
③ 시·도의 조례
④ 국토교통부령

1-4. 국가가 시·도의 소방업무에 필요한 경비의 일부를 보조하는 국고보조의 대상이 아닌 것은?
① 소방의(소방복장)
② 공중방수탑차
③ 소방관서용 청사
④ 소방헬리콥터

1-5. 국가가 시·도의 소방업무에 필요한 경비의 일부를 보조하는 국고보조 대상이 아닌 것은?
① 소방용수시설
② 소방전용통신설비
③ 소방자동차
④ 소방헬리콥터

1-6. 다음 중 소방활동장비 및 설비의 종류·규격과 국고보조 산정을 위한 기준가격을 정하는 것은?
① 소방기본법
② 소방기본법 시행규칙
③ 소방청예규
④ 시·도의 조례

【해설】

1-1
소방력의 기준에 따라 관할 구역의 소방력을 확충하기 위하여 필요한 계획·수립권자 : 시·도지사

1-2
소방업무를 수행하는 데 필요한 인력과 장비 등(소방력, 消防力)에 관한 기준 : 행정안전부령

1-3
국고보조 대상사업의 범위와 기준 보조율 : 대통령령

1-4
소방의(소방복장)는 국고보조 대상이 아니다.

1-5
본문 참조

1-6
소방활동장비 및 설비의 종류 및 규격과 국고보조산정 기준가격 : 행정안전부령

정답 1-1 ③ 1-2 ② 1-3 ③ 1-4 ① 1-5 ① 1-6 ②

핵심이론 02 소방용수시설

(1) 소방용수시설의 설치 및 관리(법 제10조, 규칙 제6조, 별표 3)

① 소화용수시설 및 비상소화장치의 설치, 유지·관리 : 시·도지사
② 소방용수시설 : 소화전, 급수탑, 저수조
③ 수도법에 따라 소화전을 설치하는 일반수도사업자는 소화전을 유지·관리해야 한다.
④ 소방용수시설과 비상소화장치의 설치기준 : 행정안전부령
⑤ 소방용수시설 설치의 기준
　㉠ 소방대상물과의 수평거리
　　• 주거지역, 상업지역, 공업지역 : 100[m] 이하
　　• 그 밖의 지역 : 140[m] 이하
　㉡ 소방용수시설별 설치기준
　　• 소화전의 설치기준 : 상수도와 연결하여 지하식 또는 지상식의 구조로 하고 소방용 호스와 연결하는 소화전의 연결금속구의 구경은 65[mm]로 할 것
　　• 급수탑의 설치기준
　　　- 급수배관의 구경 : 100[mm] 이상
　　　- 개폐밸브의 설치 : 지상에서 1.5[m] 이상 1.7[m] 이하
　　• 저수조의 설치기준
　　　- 지면으로부터의 낙차가 4.5[m] 이하일 것
　　　- 흡수 부분의 수심이 0.5[m] 이상일 것
　　　- 소방펌프자동차가 쉽게 접근할 수 있을 것
　　　- 흡수에 지장이 없도록 토사 및 쓰레기 등을 제거할 수 있는 설비를 갖출 것
　　　- 흡수관의 투입구가 사각형의 경우에는 한 변의 길이가 60[cm] 이상, 원형의 경우에는 지름이 60[cm] 이상일 것
　　　- 저수조에 물을 공급하는 방법은 상수도에 연결하여 자동으로 급수되는 구조일 것

(2) 소방용수시설 및 지리조사(규칙 제7조)

① 조사권자 : 소방본부장 또는 소방서장
② 조사횟수 : 월 1회 이상
③ 조사내용
  ㉠ 소방용수시설에 대한 조사
  ㉡ 소방대상물에 인접한 도로의 폭, 교통상황, 도로주변의 토지의 고저, 건축물의 개황, 그 밖의 소방활동에 필요한 지리조사
④ 조사결과 보관 : 2년간

(3) 비상소화장치(영 제2조의2)

① 설치대상
  ㉠ 화재의 예방 및 안전관리에 관한 법률 제18조 제1항에 따라 지정된 화재예방강화지구
  ㉡ 시·도지사가 규정에 따른 비상소화장치의 설치가 필요하다고 인정하는 지역
② 설치기준 : 비상소화장치의 설치기준에 관한 세부 사항은 소방청장이 정한다.

10년간 자주 출제된 문제

2-1. 소방활동에 필요한 소방용수시설은 누가 설치하고 유지·관리해야 하는가?
① 시·도지사
② 소방본부장이나 소방서장
③ 수자원공사
④ 행정안전부

2-2. 다음 중 소방기본법상 소방용수시설이 아닌 것은?
① 저수조
② 급수탑
③ 소화전
④ 고가수조

2-3. 소방용수시설 중 소화전과 급수탑의 설치기준으로 틀린 것은?
① 소화전은 상수도와 연결하여 지하식 또는 지상식의 구조로 할 것
② 소방용 호스와 연결하는 소화전의 연결금속구의 구경은 65[mm]로 할 것
③ 급수탑 급수배관의 구경은 100[mm] 이상으로 할 것
④ 급수탑의 개폐밸브는 지상에서 1.5[m] 이상 1.8[m] 이하의 위치에 설치할 것

2-4. 소방용수시설은 소방대상물과의 수평거리가 국토의 계획 및 이용에 관한 법률에 의한 공업지역에 있어서는 몇 [m] 이하가 되도록 설치해야 하는가?
① 100
② 120
③ 140
④ 200

2-5. 소방용수시설의 저수조에 대한 기준으로 맞지 않는 것은?
① 지면으로부터 낙차가 6[m] 이하일 것
② 흡수부분의 수심이 0.5[m] 이상일 것
③ 소방펌프자동차가 용이하게 접근할 수 있을 것
④ 흡수에 지장이 없도록 토사 및 쓰레기 등을 제거할 수 있는 설비를 갖출 것

|해설|

2-1
소방용수시설의 유지·관리 : 시·도지사

2-2
소방용수시설 : 소화전, 급수탑, 저수조

2-3
급수탑의 개폐밸브 설치 : 지상에서 1.5[m] 이상 1.7[m] 이하

2-4
소방용수시설의 설치거리
• 주거지역, 상업지역, 공업지역 : 100[m] 이하
• 그 밖의 지역 : 140[m] 이하

2-5
저수조는 지면으로부터의 낙차가 4.5[m] 이하로 한다.

정답 2-1 ① 2-2 ④ 2-3 ④ 2-4 ① 2-5 ①

핵심이론 03 소방업무의 응원, 소방력의 동원

(1) 소방업무의 응원(법 제11조, 규칙 제8조)

① 소방본부장이나 소방서장은 소방활동을 할 때에 긴급한 경우에는 이웃한 소방본부장 또는 소방서장에게 소방업무의 응원(應援)을 요청할 수 있다.

② 소방업무의 상호응원협정
  ㉠ 소방활동에 관한 사항
    • 화재의 경계・진압 활동
    • 구조・구급 업무의 지원
    • 화재조사활동
  ㉡ 응원출동 대상지역 및 규모
  ㉢ 소요경비의 부담에 관한 사항
    • 출동대원의 수당・식사 및 의복의 수선
    • 소방장비 및 기구의 정비와 연료의 보급
    • 그 밖의 경비
  ㉣ 응원출동의 요청방법
  ㉤ 응원출동훈련 및 평가

(2) 소방력의 동원(법 제11조의2, 규칙 제8조의2)

① 각 시・도지사에게 소방력을 동원할 것을 요청할 수 있는 사람 : 소방청장
② 동원 요청 내용
  ㉠ 동원을 요청하는 인력 및 장비의 규모
  ㉡ 소방력 이송 수단 및 집결장소
  ㉢ 소방활동을 수행하게 될 재난의 규모, 원인 등 소방활동에 필요한 정보

10년간 자주 출제된 문제

시・도 간의 소방업무에 관하여 상호응원협정을 체결하고자 할 때 포함사항이 아닌 것은?
① 소방신호 방법의 통일
② 응원출동 대상지역 및 규모
③ 소요경비의 부담에 관한 사항
④ 응원출동의 요청방법

[해설]
소방신호 방법의 통일은 소방업무의 상호응원협정이 아니다.

정답 ①

제3절 소방활동 및 소방신호

핵심이론 01 소방활동, 소방지원활동, 생활안전활동 등

(1) 소방활동(법 제16조)
① 정의 : 화재, 재난·재해, 그 밖의 위급한 상황이 발생하였을 때에는 소방대를 현장에 신속하게 출동시켜 화재진압과 인명구조·구급 등 소방에 필요한 활동
② 지휘권자 : 소방청장, 소방본부장, 소방서장

(2) 소방지원활동(법 제16조의2, 규칙 제8조의4)
① 활동권자 : 소방청장, 소방본부장, 소방서장
② 활동 내용
  ㉠ 산불에 대한 예방·진압 등 지원활동
  ㉡ 자연재해에 따른 급수·배수 및 제설 등 지원활동
  ㉢ 집회·공연 등 각종 행사 시 사고에 대비한 근접대기 등 지원활동
  ㉣ 화재, 재난·재해로 인한 피해복구 지원활동
  ㉤ 그 밖에 행정안전부령으로 정하는 활동
    • 군·경찰 등 유관기관에서 실시하는 훈련지원 활동
    • 소방시설 오작동 신고에 따른 조치활동
    • 방송제작 또는 촬영 관련 지원활동

(3) 생활안전활동(법 제16조의3)
① 활동권자 : 소방청장, 소방본부장, 소방서장
② 생활안전활동 내용
  ㉠ 붕괴, 낙하 등이 우려되는 고드름, 나무, 위험 구조물 등의 제거활동
  ㉡ 위해동물, 벌 등의 포획 및 퇴치 활동
  ㉢ 끼임, 고립 등에 따른 위험제거 및 구출 활동
  ㉣ 단전사고 시 비상전원 또는 조명의 공급
  ㉤ 그 밖에 방치하면 급박해질 우려가 있는 위험을 예방하기 위한 활동

(4) 소방교육·훈련(법 제17조)
① 실시권자 : 소방청장, 소방본부장, 소방서장
② 소방교육·훈련대상자
  ㉠ 어린이집의 영유아
  ㉡ 유치원의 유아
  ㉢ 학교의 학생
  ㉣ 장애인복지시설에 거주하거나 해당 시설을 이용하는 장애인
  ㉤ 아동복지시설에 거주하거나 해당 시설을 이용하는 아동
  ㉥ 노인복지시설에 거주하거나 해당 시설을 이용하는 노인

(5) 소방안전교육사(법 제17조의2, 제17조의3)
① 실시권자 : 소방청장
② 소방안전교육사는 소방안전교육의 기획·진행·분석·평가 및 교수업무를 수행한다.
③ 결격사유
  ㉠ 피성년후견인
  ㉡ 금고 이상의 실형을 선고받고 그 집행이 끝나거나 (집행이 끝난 것으로 보는 경우를 포함한다) 집행이 면제된 날부터 2년이 지나지 않은 사람
  ㉢ 금고 이상의 형의 집행유예를 선고받고 그 유예기간 중에 있는 사람
  ㉣ 법원의 판결 또는 다른 법률에 따라 자격이 정지되거나 상실된 사람
④ 소방안전교육사 배치기준(영 별표 2의3)

배치대상	배치기준(단위 : 명)
소방청	2 이상
소방본부	2 이상
소방서	1 이상
한국소방안전원	본회 : 2 이상 시·도지부 : 1 이상
한국소방산업기술원	2 이상

10년간 자주 출제된 문제

1-1. 화재, 재난·재해, 그 밖의 위급한 상황이 발생하였을 때에는 소방대를 현장에 신속하게 출동시켜 화재진압과 인명구조·구급 등 소방에 필요한 활동을 하게 해야 한다. 이에 해당하지 않는 사람은?

① 소방청장　　② 소방본부장
③ 시·도지사　　④ 소방서장

1-2. 소방청장·소방본부장 또는 소방서장은 공공의 안녕질서 유지 또는 복리증진을 위하여 필요한 경우 소방활동을 하게 할 수 있다. 소방지원활동 내용에 해당되지 않는 것은?

① 산불에 대한 예방·진압 등 지원활동
② 집회·공연 등 각종 행사 시 사고에 대비한 근접대기 등 지원활동
③ 군·경찰 등 유관기관에서 실시하는 훈련지원 활동
④ 단전사고 시 비상전원 또는 조명의 공급

1-3. 소방청장·소방본부장 또는 소방서장은 신고가 접수된 생활안전 및 위험제거 활동(화재, 재난·재해, 그 밖의 위급한 상황에 해당하는 것은 제외한다)에 대응하기 위하여 소방대를 출동시켜 활동하는 생활안전활동 내용에 해당되지 않는 것은?

① 붕괴, 낙하 등이 우려되는 고드름, 나무, 위험 구조물 등의 제거활동
② 화재, 재난·재해로 인한 피해복구 지원활동
③ 군·경찰 등 유관기관에서 실시하는 훈련지원 활동끼임, 고립 등에 따른 위험제거 및 구출 활동
④ 위해동물, 벌 등의 포획 및 퇴치 활동

[해설]

1-1
소방활동 지휘권자 : 소방청장, 소방본부장, 소방서장

1-2
소방지원활동 내용 : 본문 참조

1-3
생활안전활동 내용 : 본문 참조

정답 1-1 ③　1-2 ④　1-3 ②

핵심이론 02 소방신호 및 화재 등의 통지

(1) 소방신호(법 제18조, 규칙 제10조, 별표 4)

① 정의 : 화재예방, 소방활동 또는 소방훈련을 위하여 사용되는 신호

② 소방신호의 종류와 방법은 행정안전부령으로 정한다.

③ 소방신호의 종류와 방법

신호 종류	발령 시기	타종신호	사이렌 신호
경계 신호	화재예방상 필요하다고 인정되거나 화재위험 경보 시 발령	1타와 연 2타를 반복	5초 간격을 두고 30초씩 3회
발화 신호	화재가 발생한 때 발령	난 타	5초 간격을 두고 5초씩 3회
해제 신호	소화활동이 필요 없다고 인정할 때 발령	상당한 간격을 두고 1타씩 반복	1분간 1회
훈련 신호	훈련상 필요하다고 인정할 때 발령	연 3타 반복	10초 간격을 두고 1분씩 3회

④ 소방신호 방법의 종류 : 타종신호, 사이렌 신호, 통풍대, 기, 게시판

　㉠ 소방신호의 방법은 그 전부 또는 일부를 함께 사용할 수 있다.

　㉡ 게시판을 철거하거나 통풍대 또는 기를 내리는 것으로 소방활동이 해제되었음을 알린다.

　㉢ 소방대의 비상소집을 하는 경우에는 훈련신호를 사용할 수 있다.

(2) 화재 등의 통지(법 제19조)

① 화재현장 또는 구조·구급이 필요한 사고현장을 발견한 사람은 그 현장의 상황을 소방본부, 소방서 또는 관계 행정기관에 지체 없이 알려야 한다.

② 다음의 어느 하나에 해당하는 지역 또는 장소에서 화재로 오인할 만한 우려가 있는 불을 피우거나 연막(煙幕) 소독을 하려는 자는 시·도의 조례로 정하는 바에 따라 관할 소방본부장이나 소방서장에게 신고해야 한다.
  ㉠ 시장지역
  ㉡ 공장·창고가 밀집한 지역
  ㉢ 목조건물이 밀집한 지역
  ㉣ 위험물의 저장 및 처리시설이 밀집한 지역
  ㉤ 석유화학 제품을 생산하는 공장이 있는 지역
  ㉥ 그 밖에 시·도의 조례로 정하는 지역 또는 장소
  ※ 20만원 이하의 과태료(법 제57조) : 위의 지역에서 화재로 오인할 우려가 있는 불을 피우거나, 연막소독을 하려는 자가 관할 소방본부장 또는 소방서장에게 신고를 하지 않아 소방자동차를 출동하게 한 자

10년간 자주 출제된 문제

2-1. 화재예방, 소방활동, 소방훈련을 위하여 사용되는 신호를 무엇이라 하는가?
① 소방신호
② 대피신호
③ 훈련신호
④ 구급신호

2-2. 소방신호에서 화재예방, 소화활동, 소방훈련을 위하여 사용되는 신호의 종류와 방법은 무엇으로 정하는가?
① 지방자치령
② 대통령령
③ 행정안전부령
④ 시·도의 조례

2-3. 이상기상(異常氣相)의 예보나 특보가 있을 때 화재위험을 알리는 소방신호로 알맞은 것은?
① 비상신호
② 화재위험신호
③ 발화신호
④ 경계신호

2-4. 다음 중 소방신호의 종류 및 방법으로 적절하지 않은 것은?
① 경계신호는 화재 발생 지역에 출동할 때 발령
② 발화신호는 화재가 발생한 때 발령
③ 해제신호는 소화활동이 필요 없다고 인정되는 때 발령
④ 훈련신호는 훈련상 필요하다고 인정되는 때 발령

2-5. 소방신호의 종류가 아닌 것은?
① 경계신호
② 해제신호
③ 훈련신호
④ 구급신호

2-6. 소방자동차가 사이렌을 사용할 수 없는 조건은?
① 거리가 먼 화재현장의 출동
② 물차의 화재현장 출동
③ 지휘차의 화재훈련
④ 펌프차가 진화한 후 소방서에 돌아올 때

|해설|

2-1
소방신호 : 화재예방, 소방활동, 소방훈련을 위하여 사용되는 신호

2-2
소방신호의 종류 및 방법 : 행정안전부령

2-3, 2-4
경계신호 : 화재예방상 필요하다고 인정 또는 화재위험 경보 시 발령한다.

2-5
소방신호의 종류 : 경계신호, 해제신호, 훈련신호, 발화신호

2-6
펌프차가 진화한 후 소방서에 돌아올 때 사이렌을 사용할 수 없다.

정답 2-1 ① 2-2 ③ 2-3 ④ 2-4 ① 2-5 ④ 2-6 ④

핵심이론 03 소방활동 등

(1) 소방활동 등(법 제21조, 영 제7조의12, 제7조의14)

① 소방자동차의 우선통행
  ㉠ 모든 차와 사람은 소방자동차(지휘를 위한 자동차 및 구조·구급차를 포함)가 화재진압 및 구조·구급활동을 위하여 출동을 할 때에는 이를 방해하여서는 안 된다.
  ㉡ 소방자동차가 화재진압 및 구조·구급활동을 위하여 출동하거나 훈련을 위하여 필요한 때에는 사이렌을 사용할 수 있다.

② 소방자동차 전용구역 설치대상
  ㉠ 아파트 중 세대수가 100세대 이상인 아파트
  ㉡ 기숙사 중 3층 이상의 기숙사

③ 소방자동차 전용구역 방해행위의 기준
  ㉠ 전용구역에 물건 등을 쌓거나 주차하는 행위
  ㉡ 전용구역의 앞면, 뒷면 또는 양 측면에 물건 등을 쌓거나 주차하는 행위. 다만, 주차장법 제19조에 따른 부설주차장의 주차구획 내에 주차하는 경우는 제외한다.
  ㉢ 전용구역 진입로에 물건 등을 쌓거나 주차하여 전용구역으로의 진입을 가로막는 행위
  ㉣ 전용구역 노면표지를 지우거나 훼손하는 행위
  ㉤ 그 밖의 방법으로 소방자동차가 전용구역에 주차하는 것을 방해하거나 전용구역으로 진입하는 것을 방해하는 행위

(2) 소방활동구역(법 제23조, 제24조, 영 제8조)

① 소방활동구역의 설정 및 출입제한권자 : 소방대장
② 소방활동의 종사 명령권자 : 소방본부장·소방서장, 소방대장
③ 소방활동구역의 출입자
  ㉠ 소방활동구역 안에 있는 소방대상물의 소유자, 관리자, 점유자
  ㉡ 전기, 가스, 수도, 통신, 교통의 업무에 종사하는 사람으로서 원활한 소방활동을 위하여 필요한 사람
  ㉢ 의사·간호사, 그 밖의 구조·구급업무에 종사하는 사람
  ㉣ 취재인력 등 보도업무에 종사하는 사람
  ㉤ 수사업무에 종사하는 사람
  ㉥ 그 밖에 소방대장이 소방활동을 위하여 출입을 허가한 사람

(3) 강제처분(법 제25조)

① 소방본부장, 소방서장 또는 소방대장은 사람을 구출하거나 불이 번지는 것을 막기 위하여 필요할 때에는 화재가 발생하거나 불이 번질 우려가 있는 소방대상물 및 토지를 일시적으로 사용하거나 그 사용의 제한 또는 소방활동에 필요한 처분을 할 수 있다.
② 소방본부장, 소방서장 또는 소방대장은 사람을 구출하거나 불이 번지는 것을 막기 위하여 긴급하다고 인정할 때에는 ①에 따른 소방대상물 또는 토지 외의 소방대상물과 토지에 대하여 ①에 따른 처분을 할 수 있다.
③ 소방본부장, 소방서장 또는 소방대장은 소방활동을 위하여 긴급하게 출동할 때에는 소방자동차의 통행과 소방활동에 방해가 되는 주차 또는 정차된 차량 및 물건 등을 제거하거나 이동시킬 수 있다.

(4) 피난명령 등(법 제26조, 제27조)

① 화재, 재난·재해, 그 밖의 위급한 상황이 발생하여 사람의 생명을 위험하게 할 것으로 인정할 때에는 일정한 구역을 지정하는 피난명령권자 : 소방본부장, 소방서장 또는 소방대장
② 화재 진압 등 소방활동을 위하여 필요할 때에는 소방용수 외에 댐·저수지 또는 수영장 등의 물을 사용하거나 수도(水道)의 개폐장치 등을 조작할 수 있는 조치명령권자 : 소방본부장, 소방서장 또는 소방대장

10년간 자주 출제된 문제

3-1. 다음 중 소방자동차 전용구역 설치대상에 해당하는 것은?
① 아파트 중 세대수가 50세대 이상인 아파트
② 아파트 중 세대수가 100세대 이상인 아파트
③ 기숙사 전층
④ 2층 이상의 기숙사

3-2. 화재가 발생하여 소방대가 화재현장에 도착할 때까지 그 소방대상물의 관계인이 조치해야 할 사항으로 옳지 않은 것은?
① 소화작업
② 교통정리작업
③ 연소방지작업
④ 인명구조작업

3-3. 화재, 재난·재해, 그 밖의 위급한 상황이 발생한 현장에는 소방활동에 필요한 사람으로 그 구역에 출입하는 것을 제한할 수 있다. 다음 중 소방활동구역의 설정권자는?
① 소방청장
② 시·도지사
③ 소방대장
④ 시장, 군수

3-4. 다음 중 소방활동구역에 출입할 수 있는 자는?
① 소방활동구역 밖에 있는 소방대상물의 소유자, 관리자 또는 점유자
② 한국소방산업기술원에 종사하는 사람
③ 의사·간호사, 그 밖의 구조·구급업무에 종사하는 사람
④ 수사업무에 종사하지 않는 검찰 공무원

[해설]

3-1
소방자동차 전용구역 설치대상
• 아파트 중 세대수가 100세대 이상인 아파트
• 기숙사 중 3층 이상의 기숙사

3-2
관계인의 소방활동 : 소화작업, 인명구조작업, 연소방지작업

3-3
소방활동구역의 설정권자 : 소방대장

3-4
의사·간호사, 그 밖의 구조·구급업무에 종사하는 사람 : 소방활동구역 출입자

정답 3-1 ② 3-2 ② 3-3 ③ 3-4 ③

제4절 한국소방안전원

핵심이론 01 한국소방안전원의 설립 등

(1) 한국소방안전원(법 제40조, 제40조의2)

① 설립목적 : 소방기술과 안전관리기술의 향상 및 홍보, 그 밖의 교육·훈련 등 행정기관이 위탁하는 업무의 수행과 소방 관계 종사자의 기술 향상을 위함
② 설립 시 절차 : 소방청장의 인가를 받아 설립
③ 소방기술과 안전관리의 기술 향상을 위하여 매년 교육수요조사를 실시하여 교육계획을 수립하고 소방청장의 승인을 받아야 한다.
④ 소방안전원의 사업계획 및 예산에 관하여는 소방청장의 승인을 얻어야 한다.

(2) 소방안전원의 업무(법 제41조)

① 소방기술과 안전관리에 관한 교육 및 조사·연구
② 소방기술과 안전관리에 관한 각종 간행물 발간
③ 화재예방과 안전관리의식 고취를 위한 대국민 홍보
④ 소방업무에 관하여 행정기관이 위탁하는 업무
⑤ 소방안전에 관한 국제협력
⑥ 그 밖에 회원에 대한 기술지원 등 정관으로 정하는 사항

10년간 자주 출제된 문제

1-1. 소방기본법령상 한국소방안전원의 업무가 아닌 것은?
① 소방기술과 안전관리에 관한 교육 및 조사·연구
② 소방시설 및 위험물 안전에 관한 조사·연구
③ 소방기술과 안전관리에 관한 각종 간행물 발간
④ 화재예방과 안전관리의식 고취를 위한 대국민 홍보

1-2. 소방안전관리업무 등에 관한 강습은 누가 실시하는가?
① 시·도지사
② 소방서장
③ 한국소방안전원장
④ 한국소방산업기술원장

[해설]

1-1
소방시설 및 위험물 안전에 관한 조사·연구는 한국소방안전원의 업무가 아니다.

1-2
소방안전관리업무의 강습 실시권자 : 한국소방안전원장

정답 1-1 ② 1-2 ③

제5절 벌칙 및 과태료

핵심이론 01 벌칙

(1) 5년 이하의 징역 또는 5,000만원 이하의 벌금(법 제50조)

① 제16조 제2항을 위반하여 다음의 어느 하나에 해당하는 행위를 한 사람
  ㉠ 위력(威力)을 사용하여 출동한 소방대의 화재진압, 인명구조 또는 구급활동을 방해하는 행위
  ㉡ 소방대가 화재진압, 인명구조 또는 구급활동을 위하여 현장에 출동하거나 현장에 출입하는 것을 고의로 방해하는 행위
  ㉢ 출동한 소방대원에게 폭행 또는 협박을 행사하여 화재진압, 인명구조 또는 구급활동을 방해하는 행위
  ㉣ 출동한 소방대의 소방장비를 파손하거나 그 효용을 해하여 화재진압, 인명구조 또는 구급활동을 방해하는 행위
② 소방자동차의 출동을 방해한 사람
③ 사람을 구출하는 일 또는 불을 끄거나 불이 번지지 않도록 하는 일을 방해한 사람
④ 정당한 사유 없이 소방용수시설 또는 비상소화장치를 사용하거나 소방용수시설 또는 비상소화장치의 효용을 해치거나 그 정당한 사용을 방해한 사람

(2) 3년 이하의 징역 또는 3,000만원 이하의 벌금(법 제51조)

강제처분을 방해한 자 또는 정당한 사유 없이 그 처분에 따르지 않은 자

(3) 300만원 이하의 벌금(법 제52조)

토지처분, 차량 또는 물건 이동, 제거의 규정에 따른 처분을 방해한 자 또는 정당한 사유 없이 그 처분에 따르지 않은 자

CHAPTER 03 소방관계법규 ■ 139

(4) 100만원 이하의 벌금(법 제54조)

① 정당한 사유 없이 소방대의 생활안전활동을 방해한 자
② 정당한 사유 없이 소방대가 현장에 도착할 때까지 사람을 구출하는 조치 또는 불을 끄거나 불이 번지지 않도록 하는 조치를 하지 않은 사람
③ 피난명령을 위반한 사람
④ 정당한 사유 없이 물의 사용이나 수도의 개폐장치의 사용 또는 조작을 하지 못하게 하거나 방해한 자
⑤ 가스, 전기 또는 유류 등의 시설에 대하여 위험물질의 공급을 차단하는 차단 등 필요한 조치를 정당한 사유 없이 방해한 자

10년간 자주 출제된 문제

1-1. 소방자동차가 화재진압이나 인명구조를 위하여 출동할 때 소방자동차의 출동을 방해한 자의 벌칙으로 알맞은 것은?

① 10년 이하의 징역 또는 5,000만원 이하의 벌금에 처함
② 5년 이하의 징역 또는 5,000만원 이하의 벌금에 처함
③ 3년 이하의 징역 또는 2,000만원 이하의 벌금에 처함
④ 2년 이하의 징역 또는 1,500만원 이하의 벌금에 처함

1-2. 다음 중 소방기본법상의 벌칙으로 5년 이하의 징역 또는 5,000만원 이하의 벌금에 해당하지 않는 것은?

① 소방자동차가 화재진압 및 구조·구급활동을 위하여 출동할 때 그 출동을 방해한 자
② 사람을 구출하거나 불이 번지는 것을 막기 위하여 소방대상물 및 토지의 사용제한의 강제처분을 방해한 자
③ 화재 등 위급한 상황이 발생한 현장에서 사람을 구출하거나 불을 끄거나 불이 번지지 않도록 하는 일을 방해한 자
④ 정당한 사유 없이 소방용수시설의 효용을 해하거나 그 정당한 사용을 방해한 자

1-3. 소방기본법에 따른 벌칙의 기준이 다른 것은?

① 정당한 사유 없이 불장난, 모닥불, 흡연, 화기 취급, 풍등 등 소형 열기구 날리기, 그 밖에 화재예방상 위험하다고 인정되는 행위의 금지 또는 제한에 따른 명령에 따르지 않거나 이를 방해한 사람
② 소방활동 종사 명령에 따른 사람을 구출하는 일 또는 불을 끄거나 불이 번지지 않도록 하는 일을 방해한 사람
③ 정당한 사유 없이 소방용수시설 또는 비상소화장치의 효용을 해치거나 그 정당한 사용을 방해한 사람
④ 출동한 소방대의 소방장비를 파손하거나 그 효용을 해하여 화재진압·인명구조 또는 구급활동을 방해하는 행위를 한 사람

1-4. 정당한 사유 없이 소방대가 현장에 도착할 때까지 사람을 구출하는 조치를 하지 않은 사람에 대한 벌칙은?

① 200만원 이하의 과태료
② 100만원 이하의 벌금
③ 200만원 이하의 벌금
④ 300만원 이하의 벌금

|해설|

1-1
소방자동차의 출동을 방해한 자는 5년 이하의 징역 또는 5,000만원 이하의 벌금

1-2
사람을 구출하거나 불이 번지는 것을 막기 위하여 소방대상물 및 토지의 사용제한의 강제처분을 방해한 자는 3년 이하의 징역 또는 3,000만원 이하의 벌금에 처한다.

1-3
벌칙 기준
①은 200만원 이하의 벌금이고 나머지는 5년 이하의 징역 또는 5,000만원 이하의 벌금이다.

1-4
정당한 사유 없이 소방대가 현장에 도착할 때까지 사람을 구출하는 조치 또는 불을 끄거나 불이 번지지 않도록 하는 조치를 하지 않은 사람 : 100만원 이하의 벌금

정답 1-1 ② 1-2 ② 1-3 ① 1-4 ②

핵심이론 02 과태료

(1) 500만원 이하의 과태료(법 제56조)
① 화재 또는 구조·구급이 필요한 상황을 거짓으로 알린 사람
② 정당한 사유 없이 제20조 제2항을 위반하여 화재, 재난·재해, 그 밖의 위급한 상황을 소방본부, 소방서 또는 관계 행정기관에 알리지 않은 관계인

(2) 200만원 이하의 과태료(법 제56조)
① 한국119청소년단 또는 이와 유사한 명칭을 사용한 자
② 법 제21조 제3항을 위반하여 소방자동차의 출동에 지장을 준 자
③ 소방활동구역을 출입한 사람
④ 한국소방안전원 또는 이와 유사한 명칭을 사용한 자

(3) 100만원 이하의 과태료(법 제56조)
전용구역에 차를 주차하거나 전용구역의 진입을 가로막는 등의 방해 행위를 한 자

(4) 20만원 이하의 과태료(법 제57조)
다음 지역에서 화재로 오인할 우려가 있는 불을 피우거나, 연막 소독을 하려는 자가 소방본부장이나 소방서상에게 신고하지 않아서 소방자동차를 출동하게 한 사람
① 시장지역
② 공장·창고가 밀집한 지역
③ 목조건물이 밀집한 지역
④ 위험물의 저장 및 처리시설이 밀집한 지역
⑤ 석유화학제품을 생산하는 공장이 있는 지역
⑥ 그 밖에 시·도의 조례로 정하는 지역 또는 장소

(5) 과태료 개별기준(영 별표 3)

위반 행위	근거 법조문	과태료 금액(만원)		
		1회	2회	3회 이상
법 제17조의6 제5항을 위반하여 한국119청소년단 또는 이와 유사한 명칭을 사용한 경우	법 제56조 제2항 제2호의2	100	150	200
법 제19조 제1항을 위반하여 화재 또는 구조·구급이 필요한 상황을 거짓으로 알린 경우	법 제56조 제1항 제1호	200	400	500
정당한 사유 없이 법 제20조 제2항을 위반하여 화재, 재난·재해, 그 밖의 위급한 상황을 소방본부, 소방서 또는 관계 행정기관에 알리지 않은 경우	법 제56조 제1항 제2호	500		
법 제21조 제3항을 위반하여 소방자동차의 출동에 지장을 준 경우	법 제56조 제2항 제3호의2	100		
법 제21조의2 제2항을 위반하여 전용구역에 차를 주차하거나 전용구역의 진입을 가로막는 등의 방해행위를 한 경우	법 제56조 제3항	50	100	100
법 제23조 제1항을 위반하여 소방활동구역을 출입한 경우	법 제56조 제2항 제4호	100		
법 제44조의3을 위반하여 한국소방안전원 또는 이와 유사한 명칭을 사용한 경우	법 제56조 제2항 제6호	200		

10년간 자주 출제된 문제

2-1. 화재 또는 구조·구급이 필요한 상황을 거짓으로 알린 사람에 대한 과태료는?

① 100만원 이하　　② 200만원 이하
③ 300만원 이하　　④ 500만원 이하

2-2. 소방활동구역에 출입할 수 없는 자가 출입한 경우 2회 위반 시 과태료 금액은?(소방기본법 시행령 기준으로 답할 것)

① 100만원　　② 200만원
③ 300만원　　④ 500만원

2-3. 정당한 사유 없이 법 제20조 제2항을 위반하여 화재, 재난·재해, 그 밖의 위급한 상황을 소방본부, 소방서 또는 관계 행정기관에 알리지 않은 경우, 과태료 금액은?

① 200만원　　② 300만원
③ 400만원　　④ 500만원

2-4. 전용구역에 차를 주차하거나 전용구역의 진입을 가로막는 등의 방해 행위를 한 경우 2회 위반 시 과태료 금액은?

① 100만원　　② 200만원
③ 300만원　　④ 500만원

|해설|

2-1
화재 또는 구조·구급이 필요한 상황을 거짓으로 알린 사람 : 500만원 이하의 과태료

2-2
과태료(영 별표 3)

위반 행위	근거 법조문	과태료 금액(만원)
법 제23조 제1항을 위반하여 소방활동구역을 출입한 경우	법 제56조 제2항 제4호	100

※ 200만원 이하의 과태료(법 제56조) : 소방활동구역에 출입할 수 없는 사람이 출입한 경우

2-3
본문 참조

2-4
본문 참조

정답 2-1 ④　2-2 ①　2-3 ④　2-4 ①

제2장 화재의 예방 및 안전관리에 관한 법률(화재예방법), 영, 규칙

제1절 총 칙

핵심이론 01 목적 및 정의

(1) 목적(법 제1조)
① 화재로부터 국민의 생명·신체 및 재산을 보호함
② 공공의 안전과 복리 증진에 이바지함

(2) 정의(법 제2조, 영 제2조)
① 예방 : 화재의 위험으로부터 사람의 생명·신체 및 재산을 보호하기 위하여 화재발생을 사전에 제거하거나 방지하기 위한 모든 활동
② 안전관리 : 화재로 인한 피해를 최소화하기 위한 예방, 대비, 대응 등의 활동
③ 화재안전조사 : 소방청장, 소방본부장 또는 소방서장(이하 "소방관서장"이라 한다)이 소방대상물, 관계지역 또는 관계인에 대하여 소방시설 등이 소방 관계 법령에 적합하게 설치·관리되고 있는지, 소방대상물에 화재의 발생 위험이 있는지 등을 확인하기 위하여 실시하는 현장조사·문서열람·보고요구 등을 하는 활동
④ 화재예방강화지구 : 특별시장·광역시장·특별자치시장·도지사 또는 특별자치도지사(이하 "시·도지사"라 한다)가 화재발생 우려가 크거나 화재가 발생할 경우 피해가 클 것으로 예상되는 지역에 대하여 화재의 예방 및 안전관리를 강화하기 위해 지정·관리하는 지역

10년간 자주 출제된 문제

1-1. 소방관서장에 해당하지 않는 사람은?
① 소방청장
② 소방본부장
③ 시·도지사
④ 소방서장

1-2. 화재예방강화지구를 지정할 수 있는 사람은?
① 소방청장
② 소방본부장
③ 시·도지사
④ 소방서장

|해설|
1-1
소방관서장 : 소방청장, 소방본부장, 소방서장
1-2
화재예방강화지구 지정권자 : 시·도지사

정답 1-1 ③ 1-2 ③

제2절 화재의 예방 및 안전관리의 기본계획

핵심이론 01 화재의 예방 및 안전관리의 기본계획 등의 수립·시행

(1) 화재의 예방 및 안전관리의 기본계획 등의 수립·시행(법 제4조, 영 제3조)

① 화재의 예방 및 안전관리의 기본계획의 수립·시행권자 : 소방청장

② 기본계획 수립·시행시기 : 5년마다

③ 기본계획의 포함사항
  ㉠ 화재예방정책의 기본목표 및 추진방향
  ㉡ 화재의 예방과 안전관리를 위한 법령·제도의 마련 등 기반 조성
  ㉢ 화재의 예방과 안전관리를 위한 대국민 교육·홍보
  ㉣ 화재의 예방과 안전관리 관련 기술의 개발·보급
  ㉤ 화재의 예방과 안전관리 관련 전문인력의 육성·지원 및 관리
  ㉥ 화재의 예방과 안전관리 관련 산업의 국제경쟁력 향상
  ㉦ 그 밖에 대통령령으로 정하는 화재의 예방과 안전관리에 필요한 사항
  - 화재발생 현황
  - 소방대상물의 환경 및 화재위험특성 변화 추세 등 화재예방 정책의 여건 변화에 관한 사항
  - 소방시설의 설치·관리 및 화재안전기준의 개선에 관한 사항
  - 계절별·시기별·소방대상물별 화재예방대책의 추진 및 평가 등에 관한 사항
  - 그 밖에 화재의 예방 및 안전관리와 관련하여 소방청장이 필요하다고 인정하는 사항

④ 기본계획, 시행계획 및 세부시행계획의 수립·시행에 필요한 사항 : 대통령령

(2) 시행계획의 수립·시행(영 제3조~제5조)

① 시행계획 : 기본계획을 수립하기 위한 계획

② 시행계획 수립권자 : 소방청장

③ 시행계획 수립기간 : 계획 시행 전년도 10월 31일까지

④ 기본계획 및 시행계획 통보기간 : 소방청장은 중앙행정기관의 장과 시·도지사에게 시행 전년도 10월 31일까지

⑤ 세부시행계획 : 통보를 받은 관계 중앙행정기관의 장 및 시·도지사는 세부시행계획을 수립하여 계획 시행 전년도 12월 31일까지 소방청장에게 통보해야 한다.

10년간 자주 출제된 문제

1-1. 화재의 기본계획 수립·시행은 누가 하는가?
① 소방청장
② 소방본부장 또는 소방서장
③ 시·도지사
④ 행정안전부장관

1-2. 화재의 기본계획을 몇 년마다 수립·시행해야 하는가?
① 1년
② 2년
③ 3년
④ 5년

1-3. 화재의 기본계획에 포함되지 않는 사항은?
① 화재예방정책의 기본목표 및 추진방향
② 소방시설의 설치·관리 및 화재안전기준의 개선에 관한 사항
③ 화재의 예방과 안전관리를 위한 대국민 교육·홍보
④ 계절별·시기별·소방대상물별 화재예방대책의 추진 및 평가 등에 관한 사항

해설

1-1
화재의 기본계획 수립·시행권자 : 소방청장

1-2
기본계획 수립·시행시기 : 5년마다

1-3
본문 참조

정답 1-1 ① 1-2 ④ 1-3 ②

핵심이론 02 기본계획 및 시행계획의 수립·시행에 필요한 실태조사

(1) 실태조사(법 제5조)

① 실태조사권자 : 소방청장
② 실태조사항목
 ㉠ 소방대상물의 용도별·규모별 현황
 ㉡ 소방대상물의 화재의 예방 및 안전관리 현황
 ㉢ 소방대상물의 소방시설 등 설치·관리 현황
 ㉣ 그 밖에 기본계획 및 시행계획의 수립·시행을 위하여 필요한 사항
③ 실태조사의 방법 및 절차 등에 필요한 사항의 기준 : 행정안전부령

(2) 통계의 작성 및 관리(법 제6조, 영 제6조)

① 작성권자 : 소방청장
② 통계의 작성·관리 항목
 ㉠ 소방대상물의 현황 및 안전관리에 관한 사항
 ㉡ 소방시설 등의 설치 및 관리에 관한 사항
 ㉢ 다중이용업 현황 및 안전관리에 관한 사항
 ㉣ 제조소 등 현황
 ㉤ 화재발생 이력 및 화재안전조사 등 화재예방 활동에 관한 사항
 ㉥ 실태조사 결과
 ㉦ 화재예방강화지구의 현황 및 안전관리에 관한 사항
 ㉧ 어린이, 노인, 장애인 등 화재의 예방 및 안전관리에 취약한 자에 대한 지역별·성별·연령별 지원 현황
 ㉨ 소방안전관리자 자격증 발급 및 선임 관련 지역별·성별·연령별 현황
 ㉩ 화재예방안전진단 대상의 현황 및 그 실시 결과
 ㉪ 소방시설업자, 소방기술자 및 소방시설관리업 등록을 한 자의 지역별·성별·연령별 현황

10년간 자주 출제된 문제

2-1. 기본계획 및 시행계획의 수립·시행에 필요한 자료를 확보하기 위하여 실태조사를 하는 자로 옳은 것은?
① 소방청장
② 소방본부장 또는 소방서장
③ 시·도지사
④ 행정안전부장관

2-2. 기본계획 및 시행계획의 수립·시행에 필요한 자료를 확보하기 위한 실태조사 항목이 아닌 것은?
① 소방대상물의 소방시설 등 설치·관리 현황
② 소방대상물의 환경 및 화재위험특성 변화 추세 등 화재예방 정책의 여건 변화에 관한 사항
③ 소방대상물의 용도별·규모별 현황
④ 소방대상물의 화재의 예방 및 안전관리 현황

|해설|

2-1
실태조사권자 : 소방청장

2-2
본문 참조

정답 2-1 ① 2-2 ②

제3절 화재안전조사

핵심이론 01 화재안전조사

(1) 화재안전조사(법 제7조)
① 화재안전조사 실시권자 : 소방관서장(소방청장, 소방본부장, 소방서장)
② 개인의 주거(실제 주거용도로 사용되는 경우에 한정한다)에 대한 화재안전조사는 관계인의 승낙이 있거나 화재발생의 우려가 뚜렷하여 긴급한 필요가 있는 때에 한정한다.
③ 화재안전조사 대상
  ㉠ 자체점검이 불성실하거나 불완전하다고 인정되는 경우
  ㉡ 화재예방강화지구 등 법령에서 화재안전조사를 하도록 규정되어 있는 경우
  ㉢ 화재예방안전진단이 불성실하거나 불완전하다고 인정되는 경우
  ㉣ 국가적 행사 등 주요 행사가 개최되는 장소 및 그 주변의 관계 지역에 대하여 소방안전관리 실태를 조사할 필요가 있는 경우
  ㉤ 화재가 자주 발생하였거나 발생할 우려가 뚜렷한 곳에 대한 조사가 필요한 경우
  ㉥ 재난예측정보, 기상예보 등을 분석한 결과 소방대상물에 화재의 발생 위험이 크다고 판단되는 경우
  ㉦ ㉠부터 ㉥까지에서 규정한 경우 외에 화재, 그 밖의 긴급한 상황이 발생할 경우 인명 또는 재산 피해의 우려가 현저하다고 판단되는 경우
④ 화재안전조사의 항목은 대통령령으로 정한다.

(2) 화재안전조사의 항목(영 제7조)
① 화재의 예방조치 등에 관한 사항
② 소방안전관리 업무 수행에 관한 사항
③ 피난계획의 수립 및 시행에 관한 사항
④ 소화·통보·피난 등의 훈련 및 소방안전관리에 필요한 교육에 관한 사항
⑤ 소방자동차 전용구역의 설치에 관한 사항
⑥ 시공, 감리 및 감리원의 배치에 관한 사항
⑦ 소방시설의 설치 및 관리에 관한 사항
⑧ 건설현장 임시소방시설의 설치 및 관리에 관한 사항
⑨ 피난시설, 방화구획 및 방화시설의 관리에 관한 사항
⑩ 방염에 관한 사항
⑪ 소방시설 등의 자체점검에 관한 사항

(3) 화재안전조사의 방법 및 절차(영 제8조)
① 조사의 종류
  ㉠ 종합조사 : 화재안전조사 항목 전부를 확인하는 조사
  ㉡ 부분조사 : 화재안전조사 항목 중 일부를 확인하는 조사
② 조사방법
  ㉠ 조사권자 : 소방관서장(소방청장, 소방본부장 또는 소방서장)
  ㉡ 조사내용 : 조사대상, 조사기간, 조사사유
  ㉢ 조사계획 공개기간 : 7일 이상
③ 화재안전조사의 연기사유(영 제9조)
  ㉠ 재난이 발생한 경우
  ㉡ 관계인의 질병, 사고, 장기출장의 경우
  ㉢ 권한 있는 기관에 자체점검기록부, 교육·훈련일지 등 화재안전조사에 필요한 장부·서류 등이 압수되거나 영치되어 있는 경우
  ㉣ 소방대상물의 증축·용도변경 또는 대수선 등의 공사로 화재안전조사를 실시하기 어려운 경우
④ 화재안전조사 연기신청(규칙 제4조)
  ㉠ 연기신청시기 : 화재안전조사 시작 3일전까지
  ㉡ 제출처 : 소방관서장(소방청장, 소방본부장, 소방서장)

ⓒ 승인여부 결정 : 제출받은 소방관서장은 3일 이내 승인여부 결정 통보
⑤ 화재안전조사의 방법 및 절차 등에 필요한 사항 : 대통령령(법 제8조)
⑥ 화재안전조사 조치명령에 따른 손실보상권자 : 소방청장, 시·도지사(법 제15조)

10년간 자주 출제된 문제

1-1. 특정소방대상물의 화재안전조사 실시권자로 옳은 것은?
① 시장, 군수 ② 소방관서장
③ 시·도지사 ④ 행정안전부장관

1-2. 특정소방대상물의 화재안전조사를 실시하는 경우에 해당되지 않는 것은?
① 자체점검이 불성실하거나 불완전하다고 인정되는 경우
② 화재예방안전진단이 불성실하거나 불완전하다고 인정되는 경우
③ 화재, 재난 등 인명 피해가 크지 않은 경우
④ 국가적 행사 등 주요 행사가 개최되는 장소 및 그 주변의 관계 지역에 대하여 소방안전관리 실태를 조사할 필요가 있는 경우

1-3. 특정소방대상물의 화재안전조사 내용에 해당되지 않는 것은?
① 조사대상 ② 조사기간
③ 조사사유 ④ 조사방법

1-4. 특정소방대상물의 소방시설 등이 소방관계법령에 적합하게 설치·관리되고 있는지에 대하여 화재안전조사를 실시하는 데 관계인의 승낙이 필요한 곳은?
① 음식점 ② 기숙사
③ 의료원 ④ 개인의 주거

1-5. 화재안전조사의 방법 및 절차 등에 필요한 사항은 무엇으로 정하는가?
① 대통령령 ② 행전안전부령
③ 시·도의 조례 ④ 시행규칙

|해설|

1-1
화재안전조사 실시권자 : 소방관서장(소방청장, 소방본부장, 소방서장)

1-2
화재안전조사 대상 : 본문 참조

1-3
화재안전조사 내용 : 조사대상, 조사기간, 조사사유

1-4
• 화재안전조사 실시권자 : 소방관서장(소방청장, 소방본부장, 소방서장)
• 개인의 주거는 관계인의 승낙없이는 화재안전조사를 할 수 없다.

1-5
화재안전조사의 방법 및 절차 등 : 대통령령

정답 1-1 ② 1-2 ③ 1-3 ④ 1-4 ④ 1-5 ①

핵심이론 02 화재안전조사단 및 화재안전조사위원회

(1) 화재안전조사단 편성·운영(법 제9조)
① 중앙화재안전조사단 : 소방청
② 지방화재안전조사단 : 소방본부 및 소방서

(2) 화재안전조사단 구성 및 자격(영 제10조)
① 조사단(중앙화재안전조사단, 지방화재안전조사단)의 구성
  ㉠ 인원 : 단장 포함 50명 이내
  ㉡ 단원의 임명권자 : 소방관서장
② 조사단원의 자격
  ㉠ 소방공무원
  ㉡ 소방업무와 관련된 단체 또는 연구기관 등의 임직원
  ㉢ 소방 관련 분야에서 전문적인 지식이나 경험이 풍부한 사람

(3) 화재안전조사위원회(법 제10조, 영 제11조)
① 화재안전조사위원회의 구성·운영 등에 필요한 사항 : 대통령령
② 구 성
  ㉠ 위원 : 위원장 1명을 포함 7명 이내의 위원
  ㉡ 위원장 : 소방관서장
③ 위원의 자격
  ㉠ 과장급 직위 이상의 소방공무원
  ㉡ 소방기술사
  ㉢ 소방시설관리사
  ㉣ 소방 관련 분야의 석사 이상 학위를 취득한 사람
  ㉤ 소방 관련 법인 또는 단체에서 소방 관련 업무에 5년 이상 종사한 사람
  ㉥ 소방공무원 교육훈련기관, 학교 또는 연구소에서 소방과 관련한 교육 또는 연구에 5년 이상 종사한 사람
④ 위원의 해임(해촉) 사유
  ㉠ 심신장애로 직무를 수행할 수 없게 된 경우
  ㉡ 직무와 관련된 비위사실이 있는 경우
  ㉢ 직무태만, 품위손상이나 그 밖의 사유로 위원으로 적합하지 않다고 인정되는 경우
  ㉣ 위원 스스로 직무를 수행하기 어렵다는 의사를 밝히는 경우
⑤ 위원의 임기 : 2년(한차례 연임 가능)

10년간 자주 출제된 문제

2-1. 화재안전조사단의 설명으로 틀린 것은?
① 소방청에는 중앙화재안전조사단을 편성하여 운영할 수 있다.
② 소방서에는 지방화재안전조사단을 편성하여 운영할 수 있다.
③ 중앙화재안전조사단의 인원은 단장을 포함 30명 이내의 단원으로 성별을 고려하여 구성한다.
④ 소방시설관리사는 화재안전조사위원회의 위원으로 임명될 수 있다.

2-2. 화재안전조사위원회의 위원이 될 수 없는 사람은?
① 소방공무원 교육훈련기관에서 소방과 관련한 교육 또는 연구에 3년 이상 종사한 사람
② 과장급 직위 이상의 소방공무원
③ 소방 관련 법인 또는 단체에서 소방 관련 업무에 5년 이상 종사한 사람
④ 소방 관련 분야의 박사 학위를 취득한 사람

[해설]
2-1
중앙화재안전조사단의 인원 : 단장을 포함 50명 이내
2-2
본문 참조

정답 2-1 ③ 2-2 ①

핵심이론 03 화재안전조사에 따른 조치명령 등

(1) 화재안전조사 결과에 따른 조치명령(법 제14조, 영 제14조)

① 조치명령권자 : 소방관서장(소방청장, 소방본부장, 소방서장)
② 조치시기 : 소방대상물의 위치·구조·설비 또는 관리의 상황이 화재예방을 위하여 보완될 필요가 있거나 화재가 발생하면 인명 또는 재산의 피해가 클 것으로 예상되는 때
③ 조치내용 : 소방대상물의 개수(改修)·이전·제거, 사용의 금지 또는 제한, 사용폐쇄, 공사의 정지 또는 중지
④ 조치명령으로 인하여 손실을 입은 자의 보상 : 소방청장 또는 시·도지사
⑤ 소방청장 또는 시·도지사가 손실을 보상하는 경우에는 시가(時價)로 보상해야 한다.

(2) 화재안전조사 결과 공개(법 제16조, 영 제15조)

① 공개내용
  ㉠ 소방대상물의 위치, 연면적, 용도 등 현황
  ㉡ 소방시설 등의 설치 및 관리 현황
  ㉢ 피난시설, 방화구획 및 방화시설의 설치 및 관리 현황
  ㉣ 그 밖에 대통령령으로 정하는 사항
   • 제조소 등 설치 현황
   • 소방안전관리자 선임 현황
   • 화재예방안전진단 실시 결과
② 화재안전조사 결과를 공개하는 경우 공개 절차, 공개 기간 및 공개 방법 등에 필요한 사항 : 대통령령
③ 화재안전조사 결과 공개(영 제15조)
  ㉠ 공개권자 : 소방관서장
  ㉡ 공개장소 : 해당 소방관서 인터넷 홈페이지, 전산시스템
  ㉢ 공개기간 : 30일 이상
  ㉣ 이의신청 : 관계인이 공개 내용 등을 통보받은 날부터 10일 이내
  ㉤ 신청인에게 통보 : 소방관서장이 이의신청을 받은 날부터 10일 이내

10년간 자주 출제된 문제

3-1. 특정소방대상물의 화재안전조사 결과에 따른 조치명령을 할 수 있는 자는?
① 소방관서장
② 행정안전부장관
③ 소방안전원장
④ 시·도지사

3-2. 특정소방대상물의 화재안전조사 결과에 따른 조치명령으로 인하여 손실을 입은 자는 그 손실에 따른 보상을 해야 하는 바, 해당되지 않는 사람은?
① 특별시장
② 도지사
③ 소방본부장
④ 광역시장

3-3. 화재안전조사 결과를 공개하는 경우 공개 절차, 공개 기간 및 공개 방법 등에 필요한 사항을 정하는 기준은?
① 시·도의 조례
② 고 시
③ 행정안전부령
④ 대통령령

해설

3-1
화재안전조사 결과에 따른 조치권자 : 소방관서장(소방청장, 소방본부장 또는 소방서장)

3-2
손실보상을 해야 하는 자 : 소방청장, 시·도지사

3-3
본문 참조

정답 3-1 ① 3-2 ③ 3-3 ④

제4절 화재의 예방조치 등

핵심이론 01 화재예방조치 등

(1) 화재예방조치 등(법 제17조, 영 제16조)

① 화재예방강화지구 및 이에 준하는 대통령령으로 정하는 장소에서의 금지행위
  ㉠ 모닥불, 흡연 등 화기의 취급
  ㉡ 풍등 등 소형열기구 날리기
  ㉢ 용접·용단 등 불꽃을 발생시키는 행위
  ㉣ 그 밖에 대통령령으로 정하는 화재 발생 위험이 있는 행위
    • 제조소 등
    • 고압가스 안전관리법 제3조 제1호에 따른 저장소
    • 액화석유가스의 안전관리 및 사업법 제2조 제1호에 따른 액화석유가스의 저장소·판매소
    • 수소경제 육성 및 수소 안전관리에 관한 법률 제2조 제7호에 따른 수소연료공급시설 및 같은 조 제9호에 따른 수소연료사용시설
    • 총포·도검·화약류 등의 안전관리에 관한 법률 제2조 제3항에 따른 화약류를 저장하는 장소
② 옮긴 물건 등에 대한 보관기간 및 보관기간 경과 후 처리 등에 필요한 사항 : 대통령령
③ 보일러, 난로, 건조설비, 가스·전기시설, 그 밖에 화재 발생 우려가 있는 대통령령으로 정하는 설비 또는 기구 등의 위치·구조 및 관리와 화재 예방을 위하여 불 사용할 때 지켜야 하는 사항 : 대통령령

(2) 화재예방조치의 명령(법 제17조)

① 명령권자 : 소방관서장
② 명령내용
  ㉠ (1)의 ①에 해당하는 행위의 금지 또는 제한
  ㉡ 목재, 플라스틱 등 가연성이 큰 물건의 제거, 이격, 적재 금지 등
  ㉢ 소방차량의 통행이나 소화 활동에 지장을 줄 수 있는 물건의 이동
  ※ ㉡, ㉢ 물건의 소유자, 관리자 또는 점유자를 알 수 없는 경우 소속 공무원으로 하여금 그 물건을 옮기거나 보관하는 등 필요한 조치를 하게 할 수 있다.
③ 옮긴 물건 등에 대한 보관기간 및 보관기간 경과 후 처리 등에 필요한 사항(영 제17조)
  ㉠ 옮긴 물건 등의 종류
    • 목재, 플라스틱 등 가연성이 큰 물건의 제거, 이격, 적재 금지 등
    • 소방차량의 통행이나 소화 활동에 지장을 줄 수 있는 물건의 이동
  ㉡ 옮긴 물건 등을 보관하는 경우 : 그날부터 14일 동안 해당 소방관서의 인터넷 홈페이지에 그 사실을 공고해야 한다.
  ㉢ 옮긴 물건 등의 보관기간은 공고기간의 종료일 다음 날부터 7일까지로 한다.

(3) 불을 사용하는 설비의 관리기준 등(영 제18조)

① 종 류
  ㉠ 보일러
  ㉡ 난 로
  ㉢ 건조설비
  ㉣ 가스·전기시설
  ㉤ 불꽃을 사용하는 용접·용단 기구
  ㉥ 노(爐)·화덕설비
  ㉦ 음식조리를 위하여 설치하는 설비
② 불을 사용할 때 지켜야 할 사항 : 대통령령

③ 불을 사용할 때 지켜야 하는 시설별 기준(영 별표 1)

시 설	지켜야 할 사항
보일러	• 경유·등유 등 액체연료 사용 시 지켜야 할 사항 　− 연료탱크는 보일러 본체로부터 수평거리 1[m] 이상의 간격을 두어 설치할 것 　− 연료탱크에는 화재 등 긴급상황이 발생하는 경우 연료를 차단할 수 있는 개폐밸브를 연료탱크로부터 0.5[m] 이내에 설치할 것 　− 연료탱크 또는 보일러 등에 연료를 공급하는 배관에는 여과장치를 설치할 것 　− 사용이 허용된 연료 외의 것을 사용하지 않을 것 • 기체연료를 사용 시 지켜야 할 사항 　− 보일러를 설치하는 장소에는 환기구를 설치하는 등 가연성 가스가 머무르지 않도록 할 것 　− 연료를 공급하는 배관은 금속관으로 할 것 　− 화재 등 긴급 시 연료를 차단할 수 있는 개폐밸브를 연료용기 등으로부터 0.5[m] 이내에 설치할 것 　− 보일러가 설치된 장소에는 가스누설경보기를 설치할 것 • 화목(火木) 등 고체연료를 사용 시 지켜야 할 사항 　− 고체연료는 보일러 본체와 수평거리 2[m] 이상 간격을 두어 보관하거나 불연재료로 된 별도의 구획된 공간에 보관할 것 　− 연통은 천장으로부터 0.6[m] 떨어지고, 연통의 배출구는 건물 밖으로 0.6[m] 이상 나오도록 설치할 것 　− 연통의 배출구는 보일러 본체보다 2[m] 이상 높게 설치할 것 　− 연통이 관통하는 벽면, 지붕 등은 불연재료로 처리할 것 　− 연통재질은 불연재료로 사용하고 연결부에 청소구를 설치할 것 • 보일러 본체와 벽·천장 사이의 거리는 0.6[m] 이상이어야 한다.
난 로	• 연통은 천장으로부터 0.6[m] 이상 떨어지고, 연통의 배출구는 건물 밖으로 0.6[m] 이상 나오게 설치해야 한다. • 가연성 벽·바닥 또는 천장과 접촉하는 연통의 부분은 규조토 등 난연성 또는 불연성의 단열재로 덮어씌워야 한다.
불꽃을 사용하는 용접·용단 기구	• 용접 또는 용단 작업장 주변 반경 5[m] 이내에 소화기를 갖추어 둘 것 • 용접 또는 용단 작업장 주변 반경 10[m] 이내에는 가연물을 쌓아두거나 놓아두지 말 것. 다만, 가연물의 제거가 곤란하여 방화포 등으로 방호조치를 한 경우는 제외한다.
음식조리를 위하여 설치하는 설비	• 주방설비에 부착된 배출덕트(공기 배출통로)는 0.5[mm] 이상의 아연도금강판 또는 이와 같거나 그 이상의 내식성 불연재료로 설치할 것 • 주방시설에는 동물 또는 식물의 기름을 제거할 수 있는 필터 등을 설치할 것 • 열을 발생하는 조리기구는 반자 또는 선반으로부터 0.6[m] 이상 떨어지게 할 것 • 열을 발생하는 조리기구로부터 0.15[m] 이내의 거리에 있는 가연성 주요구조부는 단열성이 있는 불연재료로 덮어씌울 것

10년간 자주 출제된 문제

1-1. 소방본부장은 화재의 예방상 위험하다고 인정되는 행위를 하는 사람에 대하여 명령을 할 수 있는데 그 명령 사항이 될 수 없는 것은?

① 모닥불·흡연 등 화기취급의 금지 또는 제한
② 풍등 등 소형열기구 날리기 제한
③ 용접·용단 등 불꽃을 발생시키는 행위의 금지
④ 보일러 굴뚝의 매연의 제한

1-2. 소방관서장은 옮긴 물건을 보관하는 경우에는 며칠 동안 소방관서의 인터넷 홈페이지에 그 사실을 공고해야 하는가?

① 7일　　　　　　② 14일
③ 30일　　　　　④ 60일

1-3. 화재의 예방 및 안전관리에 관한 법률상 옮긴 물건은 해당 소방관서의 인터넷 홈페이지에 공고하고 보관기간은 공고기간의 종료일 다음 날부터 며칠까지로 하는가?

① 3일　　　　　　② 5일
③ 7일　　　　　　④ 14일

1-4. 보일러에 경유·등유 등 액체연료를 사용하는 경우에 연료탱크에는 화재 등 긴급 상황이 발생하는 경우 연료를 차단할 수 있는 개폐밸브를 연료탱크로부터 몇 [m] 이내에 설치해야 하는가?

① 0.5[m]　　　　② 0.6[m]
③ 1.0[m]　　　　④ 1.5[m]

1-5. 화재예방을 위하여 보일러는 본체와 벽·천장과 최소 몇 [m] 이상의 거리를 두어야 하는가?

① 0.5[m]　　　　② 0.6[m]
③ 1[m]　　　　　④ 1.5[m]

1-6. 보일러, 난로, 건조설비, 가스·전기시설, 그 밖에 화재 발생 우려가 있는 설비 또는 기구 등의 위치·구조 및 관리와 화재 예방을 위하여 불을 사용할 때 지켜야 하는 사항은 무엇으로 정하는가?

① 대통령령　　　　② 행전안전부령
③ 시·도의 조례　　④ 시행규칙

【해설】

1-1
본문 참고

1-2
옮긴 물건의 보관 및 처리
- 물건을 보관하는 경우 : 소방관서장은 그날부터 14일 동안 해당 소방관서의 인터넷 홈페이지에 공고
- 물건의 보관기간 : 공고기간 종료일 다음날부터 7일까지

1-3
본문 참조

1-4
경유·등유 등 액체연료를 사용하는 경우에 연료탱크에는 화재 등 긴급 상황이 발생하는 경우 연료를 차단할 수 있는 개폐밸브를 연료탱크로부터 0.5[m] 이내에 설치할 것

1-5
보일러와 벽·천장 사이의 거리는 0.6[m] 이상 되도록 해야 한다.

1-6
불을 사용할 때 지켜야 하는 사항 : 대통령령

정답 1-1 ④ 1-2 ② 1-3 ③ 1-4 ⑤ 1-5 ② 1-6 ①

핵심이론 02 특수가연물

(1) 특수가연물의 종류(법 제17조, 영 별표 2)

① 화재가 발생하는 경우 불길이 빠르게 번지는 고무류, 플라스틱류, 석탄, 목탄 등 대통령령으로 정하는 특수가연물의 저장 및 취급의 기준 : 대통령령

② 종류

품 명		수 량
면화류		200[kg] 이상
나무껍질 및 대팻밥		400[kg] 이상
넝마 및 종이부스러기		1,000[kg] 이상
사류(絲類)		1,000[kg] 이상
볏짚류		1,000[kg] 이상
가연성 고체류		3,000[kg] 이상
석탄·목탄류		10,000[kg] 이상
가연성 액체류		2[m³] 이상
목재가공품 및 나무부스러기		10[m³] 이상
고무류·플라스틱류	발포시킨 것	20[m³] 이상
	그 밖의 것	3,000[kg] 이상

(2) 특수가연물의 저장기준(영 별표 3)

① 특수가연물을 쌓아 저장하는 경우(다만, 석탄·목탄류를 발전용으로 저장하는 경우에는 제외한다)

㉠ 품명별로 구분하여 쌓을 것

㉡ 특수가연물을 쌓아 저장하는 기준

구 분	살수설비를 설치하거나 방사능력 범위에 해당 특수가연물이 포함되도록 대형수동식소화기를 설치하는 경우	그 밖의 경우
높 이	15[m] 이하	10[m] 이하
쌓는 부분의 바닥면적	200[m²] (석탄·목탄류의 경우에는 300[m²]) 이하	50[m²] (석탄·목탄류의 경우에는 200[m²]) 이하

- 실외에 쌓아 저장하는 경우 쌓는 부분이 대지경계선, 도로 및 인접 건축물과 최소 6[m] 이상 간격을 둘 것. 다만, 쌓는 높이보다 0.9[m] 이상 높은 내화구조 벽체를 설치한 경우는 그렇지 않다.

- 실내에 쌓아 저장하는 경우 주요구조부는 내화구조이면서 불연재료여야 하며, 다른 종류의 특수가연물과 같은 공간에 보관하지 않을 것. 다만, 내화구조의 벽으로 분리하는 경우는 그렇지 않다.
- 쌓는 부분 바닥면적의 사이는 실내의 경우 1.2[m] 또는 쌓는 높이의 1/2 중 큰 값 이상으로 간격을 두어야 하며, 실외의 경우 3[m] 또는 쌓는 높이 중 큰 값 이상으로 간격을 둘 것

② 특수가연물 표시
  ㉠ 표지내용
  - 품 명
  - 최대저장수량
  - 단위부피당 질량 또는 단위체적당 질량
  - 관리책임자 성명·직책
  - 연락처
  - 화기취급의 금지표시
  ㉡ 표지의 규격

특수가연물	
화기엄금	
품 명	면화류
최대저장수량(배수)	5,000[kg](25배)
단위부피당 질량 (단위체적당 질량)	000[kg/m³]
관리자(직책)	○ ○ ○(팀장)
연락처	010-000-0000

10년간 자주 출제된 문제

2-1. 다음 중 특수가연물에 해당되지 않는 것은?

① 나무껍질 500[kg]
② 가연성 고체류 2,000[kg]
③ 목재가공품 15[m³]
④ 가연성 액체류 3[m³]

2-2. 화재의 예방 및 안전관리에 관한 법률상 특수가연물의 품명별 수량 기준으로 틀린 것은?

① 플라스틱류(발포시킨 것) : 20[m³] 이상
② 가연성 액체류 : 2[m³] 이상
③ 넝마 및 종이부스러기 : 400[kg] 이상
④ 볏짚류 : 1,000[kg] 이상

2-3. 특수가연물을 쌓아 저장하는 기준이 아닌 것은?

① 품명별로 구분하여 쌓을 것
② 쌓는 높이는 20[m] 이하가 되도록 할 것
③ 살수설비를 설치한 경우 쌓는 부분의 바닥면적은 200[m²] 이하가 되도록 할 것
④ 실외에 쌓아 저장하는 경우 쌓는 부분이 대지경계선, 도로 및 인접 건축물과 최소 6[m] 이상 간격을 둘 것

2-4. 특수가연물을 저장 또는 취급하는 장소에 설치하는 표지의 기재사항이 아닌 것은?

① 품 명
② 안전관리자 성명
③ 최대저장수량
④ 화기취급의 금지표시

해설

2-1
가연성 고체류가 3,000[kg]이면 특수가연물이다.

2-2
특수가연물 : 넝마 및 종이부스러기 1,000[kg] 이상

2-3
본문 참조

2-4
본문 참조

정답 2-1 ② 2-2 ③ 2-3 ② 2-4 ②

핵심이론 03 화재예방강화지구

(1) 화재예방강화지구 지정(법 제18조)
① 지정권자 : 시·도지사
② 지정지구
  ㉠ 시장지역
  ㉡ 공장·창고가 밀집한 지역
  ㉢ 목조건물이 밀집한 지역
  ㉣ 노후·불량건축물이 밀집한 지역
  ㉤ 위험물의 저장 및 처리시설이 밀집한 지역
  ㉥ 석유화학제품을 생산하는 공장이 있는 지역
  ㉦ 산업입지 및 개발에 관한 법률 제2조 제8호에 따른 산업단지
  ㉧ 소방시설·소방용수시설 또는 소방출동로가 없는 지역
  ㉨ 물류시설의 및 운영에 관한 법률 제2조 제6호에 따른 물류단지
  ㉩ 그 밖에 ㉠부터 ㉨까지에 준하는 지역으로서 소방관서장이 화재예방강화지구로 지정할 필요가 있다고 인정하는 지역

(2) 화재예방강화지구의 화재안전조사(영 제20조)
① 조사권자 : 소방관서장
② 조사내용 : 소방대상물의 위치·구조 및 설비
③ 조사횟수 : 연 1회 이상

(3) 화재예방강화지구의 소방훈련 및 교육(영 제20조)
① 실시주기 : 연 1회 이상 실시
② 훈련 및 교육 통보 : 소방관서장은 관계인에게 훈련 및 교육 10일 전까지 통보

(4) 화재예방강화지구 관리대장(영 제20조)
① 작성관리권자 : 시·도지사
② 작성주기 : 매년

③ 작성내용
  ㉠ 화재예방강화지구의 지정 현황
  ㉡ 화재안전조사의 결과
  ㉢ 소방설비 등(소화기구, 소방용수시설 또는 그 밖에 소방에 필요한 설비)의 설치(보수, 보강 포함) 명령 현황
  ㉣ 소방훈련 및 교육의 실시 현황
  ㉤ 그 밖에 화재예방 강화를 위하여 필요한 사항

(5) 화재안전영향평가(법 제21조, 제22조)
① 평가권자 : 소방청장
② 화재안전영향평가의 방법·절차·기준 등에 필요한 사항 : 대통령령
③ 화재안전영향평가심의회
  ㉠ 구성·운영권자 : 소방청장
  ㉡ 위원장 1명을 포함하여 12명 이내의 위원으로 구성
④ 화재안전영향평가의 포함 사항(영 제21조)
  ㉠ 법령이나 정책의 화재위험 유발 요인
  ㉡ 법령이나 정책의 소방대상물의 재료, 공간, 이용자의 특성 및 화재 확산 경로에 미치는 영향
  ㉢ 법령이나 정책의 화재피해에 미치는 영향 등 사회경제적 파급 효과
  ㉣ 화재위험 유발요인을 제어 또는 관리할 수 있는 법령이나 정책의 개선 방안
⑤ 화재안전취약자에 대한 지원의 대상·범위·방법 및 절차 등에 필요한 사항 : 대통령령
⑥ 화재안전취약자의 지원대상(영 제24조)
  ㉠ 국민기초생활보장법에 따른 수급자
  ㉡ 장애인복지법에 따른 중증장애인
  ㉢ 한부모가족지원법에 따른 지원 대상자
  ㉣ 노인복지법에 따른 홀로 사는 노인
  ㉤ 다문화가족지원법에 따른 다문화가족의 구성원
  ㉥ 그 밖에 화재안전에 취약하다고 소방관서장이 인정하는 사람

10년간 자주 출제된 문제

3-1. 화재발생 우려가 크거나 화재가 발생할 경우 피해가 클 것으로 예상되는 지역에 대하여 화재예방강화지구의 지정은 누가 하는가?

① 시·도지사
② 소방안전기술위원회
③ 의용소방대장
④ 한국소방안전원

3-2. 다음 중 화재예방강화지구의 지정지구가 아닌 것은?

① 시장지역
② 공장·창고가 밀집한 지역
③ 주택이 밀집한 지역
④ 위험물의 저장 및 처리시설이 밀집한 지역

3-3. 다음 중 화재예방강화지구의 지정지구가 아닌 것은?

① 물류단지
② 노후·불량건축물이 밀집한 지역
③ 목조건물이 밀집한 지역
④ 소방출동로가 있는 지역

3-4. 화재예방강화지구 안의 소방대상물의 위치·구조 및 설비 등에 대한 화재안전조사 실시 주기는?

① 월 1회 이상
② 분기별 1회 이상
③ 반기별 1회 이상
④ 연 1회 이상

3-5. 소방상 필요한 훈련 및 교육을 실시하려는 경우에는 소방관서장이 화재예방강화지구 안의 관계인에게 훈련 또는 교육 며칠 전까지 그 사실을 통보해야 하는가?

① 5일
② 7일
③ 10일
④ 14일

3-6. 화재안전영향평가심의회의 구성은 위원장 1명을 포함하여 위원이 몇 명 이내로 구성되어야 하는가?

① 5명
② 10명
③ 12명
④ 15명

[해설]

3-1
화재예방강화지구의 지정권자 : 시·도지사

3-2
본문 참조

3-3
소방출동로가 없는 지역은 화재예방강화지구의 지정지역이다.

3-4
화재예방강화지구 안의 화재안전조사 : 연 1회 이상

3-5
훈련 및 교육 통보(영 제20조) : 훈련 및 교육을 실시하려는 경우에는 소방관서장이 화재예방강화지구 안의 관계인에게 훈련 또는 교육 10일 전까지 그 사실을 통보해야 한다.

3-6
위원장 1명을 포함하여 12명 이내의 위원으로 구성한다.

정답 3-1 ① 3-2 ③ 3-3 ④ 3-4 ④ 3-5 ③ 3-6 ③

제5절 소방대상물의 소방안전관리

핵심이론 01 특정소방대상물의 소방안전관리

(1) 특정소방대상물의 소방안전관리(법 제24조)
① 소방안전관리자(소방안전관리보조자) 선임 : 관계인
② 소방안전관리업무 대행 시 : 감독할 수 있는 사람을 지정하여 소방안전관리자로 선임하고 선임된 날부터 3개월 이내에 강습교육을 받아야 한다.
③ 소방안전관리자 및 소방안전관리보조자의 선임 대상별 자격 및 인원기준 : 대통령령
④ 소방안전관리자 및 소방안전관리보조자의 선임 절차 등 그 밖에 필요한 사항 : 행정안전부령

(2) 소방안전관리자(소방안전관리보조자) 선임, 해임(법 제26~27조)
① 선임권자 : 관계인
② 선임신고 : 선임한 날부터 14일 이내에 소방본부장 또는 소방서장에게 신고
③ 재선임 : 30일 이내
④ 소방안전관리자 선임신고 기준(규칙 제14조)
  ㉠ 신축·증축·개축·재축·대수선 또는 용도변경으로 해당 특정소방대상물의 소방안전관리자를 신규로 선임해야 하는 경우 : 해당 특정소방대상물의 사용승인일(건축물의 경우에는 건축물을 사용할 수 있게 된 날)
  ㉡ 증축 또는 용도변경으로 인하여 특정소방대상물이 소방안전관리대상물로 된 경우 또는 특정소방대상물의 소방안전관리 등급이 변경된 경우 : 증축 공사의 사용승인일 또는 용도변경 사실을 건축물관리대장에 기재한 날
  ㉢ 특정소방대상물을 양수, 경매, 환가, 압류재산의 매각이나 그 밖에 이에 준하는 절차에 따라 관계인의 권리를 취득한 경우 : 해당 권리를 취득한 날 또는 관할 소방서장으로부터 소방안전관리자 선임 안내를 받은 날(다만, 새로 권리를 취득한 관계인이 종전의 특정소방대상물의 관계인이 선임신고 한 소방안전관리자를 해임하지 않는 경우는 제외)
  ㉣ 관리의 권원이 분리된 특정소방대상물의 경우 : 관리의 권원이 분리되거나 소방본부장 또는 소방서장이 관리의 권원을 조정한 날
  ㉤ 소방안전관리자의 해임, 퇴직 등으로 소방안전관리자의 업무가 종료된 경우 : 소방안전관리자가 해임된 날, 퇴직한 날 등 근무를 종료한 날
  ㉥ 소방안전관리업무를 대행하는 자를 감독할 수 있는 사람을 소방안전관리자로 선임한 경우로서 그 업무 대행 계약이 해지 또는 종료된 경우 : 소방안전관리업무 대행이 끝난 날
  ㉦ 소방안전관리자 자격이 정지 또는 최소된 경우 : 소방안전관리자 자격이 정지 또는 취소된 날
⑤ 소방안전관리보조자 선임신고 기준(규칙 제16조)
  ㉠ 신축·증축·개축·재축·대수선 또는 용도변경으로 해당 소방안전관리대상물의 소방안전관리보조자를 신규로 선임해야 하는 경우 : 해당 소방안전관리대상물의 사용승인일
  ㉡ 소방안전관리대상물을 양수, 경매, 환가, 압류재산의 매각이나 그 밖에 이에 준하는 절차에 따라 관계인의 권리를 취득한 경우 : 해당 권리를 취득한 날 또는 관할 소방서장으로부터 소방안전관리보조자 선임 안내를 받은 날(다만, 새로 권리를 취득한 관계인이 종전의 특정소방대상물의 관계인이 선임신고 한 소방안전관리보조자를 해임하지 않는 경우는 제외)
  ㉢ 소방안전관리보조자를 해임, 퇴직 등으로 해당 소방안전관리보조자의 업무가 종료된 경우 : 소방안전관리보조자가 해임된 날, 퇴직한 날 등 근무를 종료한 날

(3) 선임된 소방안전관리자 정보(현황표)의 게시(규칙 제15조, 별표 2)

① 소방안전관리대상물의 명칭 및 등급
② 소방안전관리자의 성명 및 선임일자
③ 소방안전관리자의 연락처
④ 소방안전관리자의 근무위치(화재수신기 또는 종합방재실을 말한다)

[소방안전관리자 현황표]

소방안전관리자 현황표(대상명 :   )
이 건축물의 소방안전관리자는 다음과 같습니다.
□ 소방안전관리자 :   (선임일자 :   년 월 일)
□ 소방안전관리대상물 등급 :   급
□ 소방안전관리자 근무위치(화재수신기 위치) :
화재의 예방 및 안전관리에 관한 법률 제26조 제1항에 따라 이 표지를 붙입니다.
소방안전관리자 연락처 :

(4) 소방안전관리자 선임대상물, 선임자격 등(영 별표 4)

구 분	항 목	기 준
특급 소방안전 관리 대상물	선임 대상물	• 50층 이상(지하층은 제외)이거나 지상으로부터 높이가 200[m] 이상인 아파트 • 30층 이상(지하층을 포함)이거나 지상으로부터 높이가 120[m] 이상인 특정소방대상물(아파트는 제외) • 연면적이 10만[m²] 이상인 특정소방대상물(아파트는 제외)
	선임자격	다음 어느 하나에 해당하는 사람으로서 특급 소방안전관리자 자격증을 발급받은 사람 • 소방기술사 또는 소방시설관리사의 자격이 있는 사람 • 소방설비기사의 자격을 취득한 후 5년 이상 1급 소방안전관리대상물의 소방안전관리자로 근무한 실무경력(업무 대행 시 소방안전관리자로 선임되어 근무한 경력은 제외)이 있는 사람 • 소방설비산업기사의 자격을 취득한 후 7년 이상 1급 소방안전관리대상물의 소방안전관리자로 근무한 실무경력이 있는 사람 • 소방공무원으로 20년 이상 근무한 경력이 있는 사람 • 소방청장이 실시하는 특급 소방안전관리대상물의 소방안전관리에 관한 시험에 합격한 사람
	선임인원	1명 이상
1급 소방안전 관리 대상물	선임 대상물	• 30층 이상(지하층은 제외)이거나 지상으로부터 높이가 120[m] 이상인 아파트 • 연면적 15,000[m²] 이상인 특정소방대상물(아파트 및 연립주택은 제외) • 지상층의 층수가 11층 이상인 특정소방대상물(아파트는 제외한다) • 가연성 가스를 1,000[t] 이상 저장·취급하는 시설
	선임자격	다음 어느 하나에 해당하는 사람으로서 1급 소방안전관리자 자격증을 발급받은 사람 또는 특급 소방안전관리자 자격증을 발급받은 사람 • 소방설비기사 또는 소방설비산업기사의 자격이 있는 사람 • 소방공무원으로 7년 이상 근무한 경력이 있는 사람 • 소방청장이 실시하는 1급 소방안전관리대상물의 소방안전관리에 관한 시험에 합격한 사람
	선임인원	1명 이상
2급 소방안전 관리 대상물	선임 대상물	• 옥내소화전설비, 스프링클러설비, 물분무등소화설비(호스릴 방식은 제외)를 설치해야 하는 특정소방대상물 • 가스 제조설비를 갖추고 도시가스사업의 허가를 받아야 하는 시설 또는 가연성 가스를 100[t] 이상 1,000[t] 미만 저장·취급하는 시설 • 지하구 • 공동주택(옥내소화전설비, 스프링클러설비가 설치된 공동주택으로 한정한다) • 보물 또는 국보로 지정된 목조건축물
	선임자격	다음 어느 하나에 해당하는 사람으로서 2급 소방안전관리자 자격증을 받은 사람 • 위험물기능장·위험물산업기사 또는 위험물기능사 자격이 있는 사람 • 소방공무원으로 3년 이상 근무한 경력이 있는 사람 • 소방청장이 실시하는 2급 소방안전관리대상물의 소방안전관리에 관한 시험에 합격한 사람 • 특급 또는 1급 소방안전관리대상물의 소방안전관리자 자격증을 발급받은 사람
	선임인원	1명 이상
3급 소방안전 관리 대상물	선임 대상물	• 간이스프링클러설비(주택 전용 간이스프링클러설비는 제외)를 설치해야 하는 특정소방대상물 • 자동화재탐지설비를 설치해야 하는 특정소방대상물

구분	항목	기준
3급 소방안전 관리 대상물	선임자격	다음 어느 하나에 해당하는 사람으로서 3급 소방안전관리자 자격증을 받은 사람 • 소방공무원으로 1년 이상 근무한 경력이 있는 사람 • 소방청장이 실시하는 3급 소방안전관리대상물의 소방안전관리에 관한 시험에 합격한 사람 • 특급 소방안전관리대상물, 1급 소방안전관리대상물 또는 2급 소방안전관리대상물의 소방안전관리자 자격증을 발급받은 사람
	선임인원	1명 이상

(5) 소방안전관리보조자 선임대상물, 선임자격 등(영 별표 5)

항목	기준	선임인원
선임 대상물	300세대 이상인 아파트	1명 300세대마다 1명 이상 추가로 선임
	연면적이 15,000[m²] 이상인 특정소방대상물(아파트 및 연립주택은 제외)	1명 15,000[m²]마다 1명 이상 추가로 선임
	다음의 어느 하나에 해당하는 특정소방대상물 - 공동주택 중 기숙사 - 의료시설 - 노유자시설 - 수련시설 - 숙박시설(숙박시설로 사용되는 바닥면적의 합계가 1,500[m²] 미만이고 관계인이 24시간 상시 근무하고 있는 숙박시설은 제외)	1명 해당 특정소방대상물이 소재하는 지역을 관할하는 소방서장이 야간이나 휴일에 해당 특정소방대상물이 이용되지 않는다는 것을 확인한 경우에는 소방안전관리보조자를 선임하지 않을 수 있음
선임 자격	• 특급 소방안전관리대상물, 1급 소방안전관리대상물, 2급 소방안전관리대상물 또는 3급 소방안전관리대상물의 소방안전관리자 자격이 있는 사람 • 국가기술자격법 국가기술자격의 직무분야 중 건축, 기계제작, 기계장비설비·설치, 화공, 위험물, 전기, 전자 및 안전관리에 해당하는 국가기술자격이 있는 사람 • 공공기관의 소방안전관리에 관한 규정에 따른 강습교육을 수료한 사람 • 특급 소방안전관리대상물, 1급 소방안전관리대상물, 2급 소방안전관리대상물 또는 3급 소방안전관리대상물의 소방안전관리에 대한 강습교육을 수료한 사람 • 소방안전관리대상물에서 소방안전 관련 업무에 2년 이상 근무한 경력이 있는 사람	

(6) 소방안전관리업무 전담대상물(영 제26조)

① 특급 소방안전관리대상물
② 1급 소방안전관리대상물
  ※ 특급과 1급 소방안전관리대상물에 선임된 소방안전관리자는 전기·가스·위험물 등의 안전관리업무에 종사할 수 없다(법 제24조).

> **10년간 자주 출제된 문제**

1-1. 특정소방대상물의 소방안전관리자를 선임해야 하는 자로 옳은 것은?

① 관계인   ② 소방서장
③ 소방본부장   ④ 시·도지사

1-2. 소방안전관리자를 선임한 날부터 며칠 이내에 소방서장에게 신고해야 하는가?

① 7일   ② 10일
③ 14일   ④ 30일

1-3. 특정소방대상물의 관계인이 소방안전관리자를 해임한 경우 재선임 신고를 며칠 이내에 해야 하는가?(단, 해임한 날부터 기준일로 한다)

① 10일 이내   ② 20일 이내
③ 30일 이내   ④ 40일 이내

1-4. 소방안전관리자 선임신고 기준으로서 틀린 것은?

① 신축이나 증축한 경우에는 특정소방대상물의 사용승인일을 기준으로 한다.
② 증축 또는 용도변경으로 인하여 특정소방대상물이 소방안전관리대상물로 된 경우에는 특정소방대상물의 사용승인일을 기준으로 한다.
③ 관리의 권원이 분리된 특정소방대상물의 경우에는 관리 권원이 시작된 날을 기준으로 한다.
④ 소방안전관리자를 해임한 경우에는 소방안전관리자가 해임된 날을 기준으로 한다.

1-5. 소방안전관리자의 정보(현황표)를 게시하는 내용으로 틀린 것은?

① 소방안전관리대상물의 등급
② 소방안전관리자의 연락처
③ 소방안전관리자의 근무위치
④ 소방펌프의 위치

> 10년간 자주 출제된 문제

1-6. 특급 소방안전관리대상물에 해당하지 않는 것은?

① 50층 이상(지하층은 제외)이거나 지상으로부터 높이가 200[m] 이상인 아파트
② 30층 이상(지하층은 제외)인 특정소방대상물(아파트는 제외)
③ 지상으로부터 높이가 120[m] 이상인 특정소방대상물(아파트는 제외)
④ 연면적이 10만[m²] 이상인 특정소방대상물(아파트는 제외)

1-7. 특급 소방안전관리대상물 안전관리자의 선임자격에 충족되는 사람은?

① 소방설비기사의 자격을 취득한 후 3년 이상 1급 소방안전관리대상물의 소방안전관리자로 근무한 실무경력이 있는 사람
② 소방설비산업기사의 자격을 취득한 후 5년 이상 1급 소방안전관리대상물의 소방안전관리자로 근무한 실무경력이 있는 사람
③ 소방공무원으로 20년 이상 근무한 경력이 있는 사람
④ 소방청장이 실시하는 1급 소방안전관리대상물의 소방안전관리에 관한 시험에 합격한 사람으로서 실무경력이 5년 이상인 사람

1-8. 1급 소방안전관리대상물의 기준에 해당하지 않는 것은?

① 30층 이상(지하층을 제외)인 아파트
② 지상으로부터 높이가 120[m] 이상인 아파트
③ 층수가 10층 이상인 특정소방대상물(아파트는 제외)
④ 연면적 15,000[m²] 이상인 특정소방대상물(아파트 및 연립주택은 제외)

1-9. 1급 소방안전관리대상물에 대한 기준이 아닌 것은?

① 연면적 15,000[m²] 이상인 특정소방대상물(아파트는 제외)
② 150세대 이상으로서 승강기가 설치된 공동주택
③ 가연성 가스를 1,000[t] 이상 저장·취급하는 시설
④ 30층 이상(지하층은 제외)이거나 지상으로부터 높이가 120[m] 이상인 아파트

1-10. 가연성 가스를 저장·취급하는 시설로서 1급 소방안전관리대상물의 가연성 가스 저장·취급 기준으로 옳은 것은?

① 100[t] 미만
② 100[t] 이상 1,000[t] 미만
③ 500[t] 이상 1,000[t] 미만
④ 1,000[t] 이상

1-11. 2급 소방안전관리대상물의 소방안전관리자 선임기준으로 틀린 것은?

① 위험물기능장 자격이 있는 사람
② 소방공무원으로 3년 이상 근무한 경력이 있는 자
③ 의용소방대원으로 2년 이상 근무한 경력이 있는 자
④ 위험물산업기사 자격이 있는 사람

1-12. 3급 소방안전관리대상물에 해당하는 것은?

① 간이스프링클러설비(주택 전용 간이스프링클러설비를 포함)를 설치해야 하는 특정소방대상물
② 자동화재탐지설비를 설치해야 하는 특정소방대상물
③ 옥내소화전설비를 설치해야 하는 특정소방대상물
④ 제연설비를 설치해야 하는 특정소방대상물

[해설]

1-1
소방안전관리자(소방안전관리보조자) 선임권자 : 관계인

1-2
선임신고 : 선임한 날부터 14일 이내

1-3
소방안전관리자
- 해임신고 : 의무사항이 아니다.
- 재선임기간 : 해임 또는 퇴직한 날부터 30일 이내
- 선임신고 : 선임한날부터 14일 이내
- 누구에게 : 소방본부장 또는 소방서장

1-4
본문 참조

1-5
본문 참조

1-6
특급 소방안전관리대상물 : 30층 이상(지하층 포함)인 특정소방대상물(아파트는 제외)

1-7
본문 참조

1-8
1급 소방안전관리대상물 : 11층 이상인 특정소방대상물(아파트 및 연립주택은 제외)

1-9
공동주택(옥내소화전설비, 스프링클러설비가 설치된 공동주택으로 한정) : 2급 소방안전관리대상물

【해설】

1-10

소방안전관리대상물
- 1급 소방안전관리대상물 : 가연성 가스 1,000[t] 이상을 저장·취급하는 시설
- 2급 소방안전관리대상물 : 가연성 가스 100[t] 이상 1,000[t] 이하를 저장·취급하는 시설

1-11

본문 참조

1-12

본문 참조

정답 1-1 ① 1-2 ③ 1-3 ① 1-4 ③ 1-5 ④ 1-6 ② 1-7 ③ 1-8 ③
     1-9 ② 1-10 ④ 1-11 ③ 1-12 ②

핵심이론 02 소방안전관리업무

(1) 특정소방대상물의 관계인과 소방안전관리대상물의 소방안전관리자 업무(법 제24조, 영 제28조)

업무 내용	소방안전 관리 대상물	특정소방 대상물의 관계인	업무 대행 기관의 업무
1. 피난계획에 관한 사항과 대통령령으로 정하는 사항이 포함된 소방계획서의 작성 및 시행	○	-	-
2. 자위소방대 및 초기대응체계의 구성, 운영 및 교육	○	-	-
3. 소방시설 설치 및 관리에 관한 법률 제16조에 따른 피난시설, 방화구획 및 방화시설의 관리	○	○	○
4. 소방시설이나 그 밖의 소방 관련 시설의 관리	○	○	○
5. 소방훈련 및 교육	○	-	-
6. 화기취급의 감독	○	○	-
7. 행정안전부령으로 정하는 바에 따른 소방안전관리에 관한 업무수행에 관한 기록·유지(제3호·제4호 및 제6호의 업무를 말한다)	○	-	-
8. 화재발생 시 초기대응	○	○	-
9. 그 밖에 소방안전관리에 필요한 업무	○	○	-

(2) 소방안전관리업무 수행에 관한 기록 작성주기(규칙 제10조)

① 작성·관리주기 : 월 1회 이상
② 업무 수행에 관한 기록 보관 : 기록을 작성한 날부터 2년간

(3) 소방계획서 작성 시 포함사항(영 제27조)

① 소방안전관리대상물의 위치·구조·연면적·용도 및 수용인원 등 일반 현황
② 소방안전관리대상물에 설치한 소방시설·방화시설, 전기시설·가스시설 및 위험물 시설의 현황
③ 화재 예방을 위한 자체점검계획 및 대응대책
④ 소방시설·피난시설 및 방화시설의 점검·정비계획

⑤ 피난층 및 피난시설의 위치와 피난경로의 설정, 화재안전취약자의 피난계획 등을 포함한 피난계획
⑥ 방화구획, 제연구획, 건축물의 내부 마감재료 및 방염대상물품의 사용현황과 그 밖의 방화구조 및 설비의 유지·관리계획
⑦ 관리의 권원이 분리된 특정소방대상물의 소방안전관리에 관한 사항
⑧ 소방훈련·교육에 관한 계획
⑨ 소방안전관리대상물의 근무자 및 거주자의 자위소방대 조직과 대원의 임무(화재안전취약자 피난 보조 임무를 포함)에 관한 사항
⑩ 화기 취급 작업에 대한 사전 안전조치 및 감독 등 공사 중 소방안전관리에 관한 사항
⑪ 소화에 관한 사항과 연소 방지에 관한 사항
⑫ 위험물의 저장·취급에 관한 사항(예방규정을 정하는 제조소 등은 제외)
⑬ 소방안전관리에 대한 업무 수행에 관한 기록 및 유지에 관한 사항
⑭ 화재발생 시 화재경보, 초기소화 및 피난유도 등 초기대응에 관한 사항
⑮ 소방본부장 또는 소방서장이 소방안전관리대상물의 위치·구조·설비 또는 관리 상황 등을 고려하여 소방안전관리에 필요하여 요청하는 사항

(4) 소방안전관리자 자격취소 및 정지(법 제31조)

① 자격취소
  ㉠ 거짓이나 그 밖의 부정한 방법으로 소방안전관리자 자격증을 발급받은 경우
  ㉡ 소방안전관리자 자격증을 다른 사람에게 빌려준 경우
② 1년 이하의 자격정지
  ㉠ 소방안전관리업무를 게을리한 경우
  ㉡ 실무교육을 받지 않은 경우
  ㉢ 이 법 또는 이 법에 따른 명령을 위반한 경우

(5) 소방안전관리자 자격의 정지 및 취소 기준(규칙 별표 3)

위반사항	근거 법령	행정처분기준		
		1차 위반	2차 위반	3차 이상 위반
거짓이나 그 밖의 부정한 방법으로 소방안전관리자 자격증을 발급받은 경우	법 제31조 제1항 제1호	자격취소		
법 제24조 제5항에 따른 소방안전관리업무를 게을리한 경우	법 제31조 제1항 제2호	경고 (시정명령)	자격정지 (3개월)	자격정지 (6개월)
법 제30조 제4항을 위반하여 소방안전관리자 자격증을 다른 사람에게 빌려준 경우	법 제31조 제1항 제3호	자격취소		
제34조에 따른 실무교육을 받지 않은 경우	법 제31조 제1항 제4호	경고 (시정명령)	자격정지 (3개월)	자격정지 (6개월)

> **10년간 자주 출제된 문제**

2-1. 화재의 예방 및 안전관리에 관한 법률상 특정소방대상물의 관계인의 업무가 아닌 것은?

① 소방훈련 및 교육
② 피난시설, 방화구획 및 방화시설의 유지·관리
③ 소방시설 및 그 밖의 소방시설의 유지·관리
④ 화기취급의 감독

2-2. 특정소방대상물(소방안전관리대상물은 제외)의 관계인과 소방안전관리대상물의 소방안전관리자의 업무가 아닌 것은?

① 화기취급의 감독
② 자체소방대의 운용
③ 소방 관련 시설의 유지·관리
④ 피난시설, 방화구획 및 방화시설의 유지·관리

2-3. 화재의 예방 및 안전관리에 관한 법률상 소방안전관리대상물의 소방계획서에 포함되어야 하는 사항이 아닌 것은?

① 예방규정을 정하는 제조소 등의 위험물 저장·취급에 관한 사항
② 소방시설·피난시설 및 방화시설의 점검·정비계획
③ 소방안전관리대상물의 근무자 및 거주자의 자위소방대 조직과 대원의 임무에 관한 사항
④ 방화구획, 제연구획, 건축물의 내부 마감재료 및 방염대상물품의 사용현황과 그 밖의 방화구조 및 설비의 유지·관리계획

10년간 자주 출제된 문제

2-4. 화재의 예방 및 안전관리에 관한 법률상 자격정지 및 취소 기준으로 틀린 것은?

① 거짓이나 그 밖의 부정한 방법으로 소방안전관리자 자격증을 발급받은 경우에는 1차 위반 시 취소이다.
② 소방안전관리업무를 게을리한 경우에는 2차 위반 시 자격정지 3개월이다.
③ 소방안전관리자 자격증을 다른 사람에게 빌려준 경우에는 1차 위반 시 취소이다.
④ 실무교육을 받지 않은 경우 2차 위반 시 자격정지 6개월이다.

[해설]

2-1
본문 참조

2-2
자위소방대의 조직은 소방안전관리자의 업무이다.

2-3
본문 참조

2-4
실무교육을 받지 않은 경우 2차 위반 시 자격정지 3개월이다.

정답 2-1 ① 2-2 ② 2-3 ① 2-4 ④

핵심이론 03 소방안전관리업무의 대행

(1) 소방안전관리업무 대행의 대상 및 범위(영 제28조)

① 소방안전관리업무 대행의 대상
　㉠ 지상층의 층수가 11층 이상인 1급 소방안전관리대상물(연면적 15,000[m²] 이상인 특정소방대상물과 아파트는 제외)
　㉡ 2급 소방안전관리대상물
　㉢ 3급 소방안전관리대상물
② 소방안전관리업무 대행의 범위
　㉠ 피난시설, 방화구획 및 방화시설의 관리
　㉡ 소방시설이나 그 밖의 소방 관련 시설의 관리

(2) 소방안전관리업무 대행 인력의 배치기준(규칙 별표 1)

① 소방안전관리등급 및 설치된 소방시설에 따른 대행 인력의 배치 등급

소방안전관리대상물의 등급	설치된 소방시설의 종류	대행 인력의 기술등급
1, 2급	스프링클러설비, 물분무 등 소화설비, 제연설비	중급점검자 이상 1명 이상
1, 2급	옥내소화전설비, 옥외소화전설비	초급점검자 이상 1명 이상
3급	자동화재탐지설비, 간이스프링클러설비	초급점검자 이상 1명 이상

[비 고]
1. 소방안전관리대상물의 등급은 영 별표 4에 따른 소방안전관리대상물의 등급을 말한다.
2. 대행 인력의 기술등급은 소방시설공사업법 시행규칙 별표 4의2에 따른 소방기술자의 자격 등급에 따른다.
3. 연면적 5천[m²] 미만으로서 스프링클러설비가 설치된 1급 또는 2급 소방안전관리대상물의 경우에는 초급점검자를 배치할 수 있다. 다만, 스프링클러설비 외에 제연설비 또는 물분무 등 소화설비가 설치된 경우에는 그렇지 않다.
4. 스프링클러설비에는 화재조기진압용 스프링클러설비를 포함하고, 물분무 등 소화설비에는 호스릴(Hose Reel) 방식은 제외한다.

② 기술자격에 대한 기술등급(소방시설공사업법 규칙 별표 4의2)
　㉠ 고급점검자 : 소방설비기사 취득한 후 경력 5년 이상 또는 소방설비산업기사 취득한 후 경력 8년 이상

ⓛ 중급점검자 : 소방설비기사 취득한 사람 또는 소방설비산업기사 취득한 후 경력 3년 이상

ⓒ 초급점검자 : 소방설비산업기사 취득한 사람

③ 하나의 특정소방대상물의 면적별 배점기준표(아파트 제외) : 대행 인력 1명의 1일 소방안전관리업무 대행 업무량은 표에서 산정한 배점을 합산하여 산정하며, 이 합산점수는 8점(1일 한도점수)을 초과할 수 없다.

소방안전관리대상물의 등급	연면적	대행 인력 등급별 배점		
		초급점검자	중급점검자	고급점검자 이상
3급	전 체	0.7		
1급 또는 2급	1,500[m²] 미만	0.8	0.7	0.6
	1,500[m²] 이상 3,000[m²] 미만	1.0	0.8	0.7
	3,000[m²] 이상 5,000[m²] 미만	1.2	1.0	0.8
	5,000[m²] 이상 10,000[m²] 이하	1.9	1.3	1.1
	10,000[m²] 초과 15,000[m²] 이하	–	1.6	1.4

[비고] 주상복합아파트의 경우 세대부를 제외한 연면적과 세대수에 종합점검 대상의 경우 32, 작동점검 대상의 경우 40을 곱하여 계산된 값을 더하여 연면적을 산정한다. 다만 환산한 연면적이 15,000[m²]를 초과한 경우에는 15,000[m²]로 본다.

④ 아파트 배점기준표

소방안전관리대상물의 등급	세대 구분	대행 인력 등급별 배점		
		초급점검자	중급점검자	고급점검자 이상
3급	전 체	0.7		
1급 또는 2급	30세대 미만	0.8	0.7	0.6
	30세대 이상 50세대 미만	1.0	0.8	0.7
	50세대 이상 150세대 미만	1.2	1.0	0.8
	150세대 이상 300세대 미만	1.9	1.3	1.1
	300세대 이상 500세대 미만	–	1.6	1.4
	500세대 이상 1,000세대 미만	–	2.0	1.8
	1,000세대 초과	–	2.3	2.1

> 10년간 자주 출제된 문제

3-1. 소방안전관리대상물 중 소방안전관리업무를 대행할 수 없는 대상물은?

① 11층 이상이고 연면적 15,000[m²] 이상인 1급 소방안전관리대상물
② 20층인 아파트
③ 2급 소방안전관리대상물
④ 3급 소방안전관리대상물

3-2. 소방안전관리대상물 중 소방안전관리업무 대행의 범위에 해당하는 것은?

① 소방계획서의 작성 및 시행
② 자위소방대 및 초기대응체계의 구성, 운영 및 교육
③ 피난시설, 방화구획 및 방화시설의 관리
④ 소방훈련 및 교육

3-3. 소방안전관리등급 및 소방시설별 업무 대행 기술자 배치 기준으로 틀린 것은?

① 스프링클러설비가 설치된 1급 소방안전관리대상물 – 중급점검자 배치
② 연면적 5천[m²] 미만으로서 스프링클러설비가 설치된 1급 소방안전관리대상물 – 초급점검자 배치
③ 옥내소화전설비가 설치된 2급 소방안전관리대상물 – 초급점검자 배치
④ 제연설비가 설치된 2급 소방안전관리대상물 – 초급점검자 배치

3-4. 2급 소방안전관리대상물인 아파트(세대수 350세대)에 중급점검자인 소방안전관리 대행 인력이 1일 업무량으로 맞는 것은?

① 5개 대상물　② 6개 대상물
③ 8개 대상물　④ 10개 대상물

[해설]

3-1
업무대상 제외
- 11층 이상이고 연면적 15,000[m^2] 이상인 1급 소방안전관리대상물
- 30층 이상인 아파트(아파트는 30층 이상이면 1급 소방안전관리대상물이다)

3-2
소방안전관리업무 대행의 범위
- 피난시설, 방화구획 및 방화시설의 관리
- 소방시설이나 그 밖의 소방 관련 시설의 관리

3-3
스프링클러설비, 제연설비, 물분무 등 소화설비가 설치된 1, 2급 소방안전관리대상물은 중급점검자 이상을 배치해야 한다.

3-4
대행 인력 1명이 1일 소방안전관리업무 대행 업무량은 합산점수 8점을 초과할 수 없다.

소방안전관리대상물의 등급	세대 구분	초급점검자	중급점검자	고급점검자 이상
3급	전 체		0.7	
1급 또는 2급	30세대 미만	0.8	0.7	0.6
	30세대 이상 50세대 미만	1.0	0.8	0.7
	50세대 이상 150세대 미만	1.2	1.0	0.8
	150세대 이상 300세대 미만	1.9	1.3	1.1
	300세대 이상 500세대 미만	–	1.6	1.4
	500세대 이상 1,000세대 미만	–	2.0	1.8
	1,000세대 초과	–	2.3	2.1

중급점검자가 아파트(세대수 350세대)를 업무 대행을 하고자 할 때에는 배점이 1.6이고 합산점수가 8점을 초과할 수 없으므로 1.6 × 5개 대상물 = 8.0이다.
∴ 중급점검자가 아파트 350세대인 특정소방대상물에는 1일에 5개 대상물을 업무 대행할 수 있다.

정답 3-1 ① 3-2 ③ 3-3 ④ 3-4 ①

핵심이론 04 건설현장 소방안전관리

(1) 건설현장 소방안전관리(법 제29조)

신축·증축·개축·재축·이전·용도변경 또는 대수선하는 경우에는 소방안전관리자로서 교육을 받은 사람을 소방시설공사 착공 신고일부터 건축물 사용승인일까지 소방안전관리자로 선임하고 소방본부장 또는 소방서장에게 신고해야 한다.

(2) 건설현장 소방안전관리대상물(영 제29조)

① 신축·증축·개축·재축·이전·용도변경 또는 대수선을 하려는 부분의 연면적의 합계가 15,000[m^2] 이상인 것
② 신축·증축·개축·재축·이전·용도변경 또는 대수선을 하려는 부분의 연면적이 5,000[m^2] 이상인 것으로서 다음에 해당하는 것
  ㉠ 지하층의 층수가 2개 층 이상인 것
  ㉡ 지상층의 층수가 11층 이상인 것
  ㉢ 냉동창고, 냉장창고 또는 냉동·냉장창고

(3) 건설현장 소방안전관리대상물의 소방안전관리자의 업무(법 제29조)

① 건설현장의 소방계획서의 작성
② 임시소방시설의 설치 및 관리에 대한 감독
③ 공사진행 단계별 피난안전구역, 피난로 등의 확보와 관리
④ 건설현장의 작업자에 대한 소방안전 교육 및 훈련
⑤ 초기대응체계의 구성·운영 및 교육
⑥ 화기취급의 감독, 화재위험작업의 허가 및 관리
⑦ 그 밖에 건설현장의 소방안전관리와 관련하여 소방청장이 고시하는 업무

10년간 자주 출제된 문제

4-1. 건설현장 소방안전관리대상물에 해당하지 않는 것은?
① 증축을 하려는 부분의 연면적의 합계가 15,000[m²] 이상인 것
② 지하층의 층수가 2개 층이고 신축하려는 연면적이 5,000[m²] 이상인 것
③ 지상층의 층수가 10개 층이고 신축하려는 연면적이 5,000[m²] 이상인 것
④ 냉동창고로서 연면적이 5,000[m²] 이상인 것

4-2. 건설현장 소방안전관리대상물의 소방안전관리자의 업무에 해당하지 않는 것은?
① 소방계획서의 작성
② 임시소방시설의 설치 및 관리에 대한 감독
③ 작업자에 대한 소방안전 교육 및 훈련
④ 자체소방대의 운용

[해설]

4-1
지상층의 층수가 11층 이상이고 신축하려는 연면적이 5,000[m²] 이상인 것

4-2
본문 참조

정답 4-1 ③ 4-2 ④

핵심이론 05 소방안전관리자의 자격

(1) 소방안전관리자의 자격 및 자격증의 발급 (법 제30조)

① 자격증 발급권자 : 소방청장
② 소방안전관리자의 자격
  ㉠ 소방청장이 실시하는 소방안전관리자 자격시험에 합격한 사람
  ㉡ 다음에 해당하는 사람으로서 대통령령으로 정하는 사람
  • 소방안전과 관련한 국가기술자격증을 소지한 사람
  • 소방안전과 관련한 국가기술자격증 중 일정 자격증을 소지한 사람으로서 소방안전관리자로 근무한 실무경력이 있는 사람
  • 소방공무원 경력자
  • 기업활동 규제완화에 관한 특별조치법에 따라 소방안전관리자로 선임된 사람(소방안전관리자로 선임된 기간에 한정한다)

(2) 소방안전관리자(소방안전관리보조자)에 대한 교육 (법 제34조, 영 제33조)

① 강습교육
  ㉠ 소방안전관리자의 자격을 인정받으려는 사람으로서 특급, 1급, 2급, 3급, 공공기관의 소방안전관리대상물의 소방안전관리자가 되려는 사람
  ㉡ 소방안전관리업무 대행 시 소방안전관리자로 선임되고자 하는 사람
  ㉢ 건설현장에 소방안전관리자로 선임되고자 하는 사람

② 실무교육
  ㉠ 특정소방대상물에 선임된 소방안전관리자 및 소방안전관리보조자
  ㉡ 소방안전관리업무 대행 시 선임된 소방안전관리자

10년간 자주 출제된 문제

5-1. 소방안전관리자의 자격증을 받은 사람으로서 소방안전관리자 자격에 해당되지 않는 사람은?

① 시·도지사가 실시하는 소방안전관리자 자격시험에 합격한 사람
② 소방안전과 관련한 국가기술자격증을 소지한 사람
③ 소방공무원 경력자
④ 기업활동 규제완화에 관한 특별조치법에 따라 소방안전관리자로 선임된 사람

5-2. 특정소방대상물에 소방안전업무를 하기 위하여 선임된 사람은 실무교육을 받아야 한다. 이에 해당되지 않는 사람은?

① 소방안전관리자
② 소방안전관리보조자
③ 업무 대행 시 선임된 소방안전관리자
④ 업무 대행 시 선임된 소방안전관리보조자

|해설|

5-1
소방안전관리자의 자격 : 소방청장이 실시하는 소방안전관리자 자격시험에 합격한 사람

5-2
실무교육대상자
- 특정소방대상물에 선임된 소방안전관리자 및 소방안전관리보조자
- 소방안전관리업무 대행 시 선임된 소방안전관리자

정답 5-1 ① 5-2 ④

핵심이론 06 관리의 권원이 분리된 특정소방대상물의 소방안전관리

(1) 관리의 권원이 분리된 특정소방대상물의 관리의 권원별 소방안전관리자 선임대상(법 제35조, 영 제35조)

① 복합건축물(지하층을 제외한 11층 이상 또는 연면적 30,000[m^2] 이상인 건축물)
② 지하상가(지하의 인공구조물 안에 설치된 상점 및 사무실, 그 밖에 이와 비슷한 시설이 연속하여 지하도에 접하여 설치된 것과 그 지하도를 합한 것을 말한다)
③ 그 밖에 대통령령으로 정하는 특정소방대상물(판매시설 중 도매시장, 소매시장, 전통시장)

※ 소방관련법령 내에서 '지하가'는 '지하상가'로 개정 진행 중이며, 본 도서는 '지하상가'로 통일하여 표기하였습니다.

(2) 관리의 권원이 분리된 경우 소방안전관리자의 선임기준(영 제34조)

① 법령 또는 계약 등에 따라 공동으로 관리하는 경우 : 하나의 관리 권원으로 보아 소방안전관리자 1명 선임
② 화재수신기 또는 소화펌프(가압송수장치 포함)가 별도로 설치된 경우 : 각각 하나의 관리 권원으로 보아 각각 소방안전관리자 1명 선임
③ 하나의 화재수신기 및 소화펌프가 설치된 경우 : 하나의 관리 권원으로 보아 소방안전관리자 1명 선임

(3) 피난유도 안내정보의 제공 방법(규칙 제35조)

① 연 2회 피난안내 교육을 실시하는 방법
② 분기별 1회 이상 피난안내 방송을 실시하는 방법
③ 피난안내도를 층마다 보기 쉬운 위치에 게시하는 방법
④ 엘리베이터, 출입구 등 시청이 용이한 장소에 피난안내 영상을 제공하는 방법

10년간 자주 출제된 문제

6-1. 관리의 권원이 분리된 특정소방대상물의 경우 그 관리의 권원별 소방안전관리자를 선임해야 하는 대상물이 아닌 것은?
① 지하층을 제외한 11층 이상인 복합건축물
② 연면적이 30,000[m²] 이상인 복합건축물
③ 전통시장
④ 문화 및 집회시설

6-2. 피난유도 안내정보의 제공 방법으로 틀린 것은?
① 연 1회 이상 피난안내 교육을 실시하는 방법
② 분기별 1회 이상 피난안내 방송을 실시하는 방법
③ 피난안내도를 층마다 보기 쉬운 위치에 게시하는 방법
④ 엘리베이터, 출입구 등 시청이 용이한 장소에 피난안내 영상을 제공하는 방법

[해설]

6-1
본문 참조

6-2
본문 참조

정답 6-1 ④ 6-2 ①

핵심이론 07 소방안전관리대상물의 소방훈련 등

(1) 소방안전관리대상물의 소방훈련과 교육(법 제37조, 영 제39조, 규칙 제36조)

① 훈련 및 교육 실시권자 : 관계인
② 실시횟수 : 연 1회 이상
③ 소방훈련 및 교육 실시결과 제출 대상
  ㉠ 대상 : 특급과 1급 소방안전관리대상물
  ㉡ 제출 : 소방훈련 및 교육을 한 날부터 30일 이내에 소방본부장 또는 소방서장에게 제출
④ 불시 소방훈련과 교육 대상 : 의료시설, 교육연구시설, 노유자시설
⑤ 소방훈련과 교육결과 보관기간 : 실시한 날부터 2년간 보관

(2) 공공기관의 소방안전관리업무(법 제39조)

① 소방안전관리자의 자격·책임 및 선임 등
② 소방안전관리의 업무 대행
③ 자위소방대의 구성·운영 및 교육
④ 근무자 등에 대한 소방훈련 및 교육
⑤ 그 밖에 소방안전관리에 필요한 사항

10년간 자주 출제된 문제

7-1. 소방안전관리대상물의 소방훈련과 교육에 대한 설명으로 틀린 것은?

① 소방안전관리대상물의 관계인은 근무자에게 소방훈련을 해야 한다.
② 소방훈련은 연 1회 이상 해야 한다.
③ 2급 소방안전관리대상물은 소방훈련 및 교육을 실시한 결과를 소방서장에게 제출해야 한다.
④ 1급 소방안전관리대상물은 소방훈련 및 교육을 한 날부터 30일 이내에 소방본부장 또는 소방서장에게 제출해야 한다.

7-2. 특정소방대상물의 근무자에게 불시에 소방훈련과 교육 대상이 아닌 것은?

① 업무시설
② 의료시설
③ 교육연구시설
④ 노유자시설

|해설|

7-1
소방훈련 및 교육 실시결과 제출 대상 : 특급과 1급 소방안전관리대상물

7-2
불시 소방훈련과 교육 대상 : 의료시설, 교육연구시설, 노유자시설

정답 7-1 ③   7-2 ①

제6절 특별관리시설물의 소방안전관리

핵심이론 01 소방안전 특별관리시설물의 안전관리

(1) 소방안전 특별관리시설물의 종류(법 제40조, 영 제41조)

① 공항시설
② 철도시설
③ 도시철도시설
④ 항만시설
⑤ 초고층 건축물 및 지하연계 복합건축물
⑥ 수용인원 1,000명 이상인 영화상영관
⑦ 전력용 및 통신용 지하구
⑧ 전통시장으로서 대통령령으로 정하는 전통시장(점포가 500개 이상인 전통시장)
  ㉠ 발전사업자가 가동 중인 발전소
  ㉡ 물류창고로서 연면적 10만[m²] 이상인 것
  ㉢ 가스공급시설

(2) 소방안전 특별관리 기본계획(영 제42조)

① 기본계획 수립권자 : 소방청장
② 절차 : 5년마다 수립하여 시·도지사에 통보
③ 특별관리 기본계획의 포함 사항
  ㉠ 화재예방을 위한 중기·장기 안전관리정책
  ㉡ 화재예방을 위한 교육·홍보 및 점검·진단
  ㉢ 화재대응을 위한 훈련
  ㉣ 화재대응과 사후 조치에 관한 역할 및 공조체계

10년간 자주 출제된 문제

소방안전 특별관리시설물의 기준에 해당하지 않는 것은?

① 수용인원 1,000명 이상인 영화상영관
② 점포가 500개 이상인 전통시장
③ 철도시설
④ 물류창고로서 연면적 20만[m²] 이상인 것

|해설|

본문 참조

정답 ④

핵심이론 02 화재예방안전진단

(1) 화재예방안전진단의 대상(영 제43조)
① 여객터미널의 연면적이 1,000[m²] 이상인 공항시설
② 철도시설 중 역 시설의 연면적이 5,000[m²] 이상인 철도시설
③ 도시철도시설 중 역사 및 역 시설의 연면적이 5,000[m²] 이상인 도시철도시설
④ 여객이용시설 및 지원시설의 연면적이 5,000[m²] 이상인 항만시설
⑤ 전력용 및 통신용 지하구 중 공동구
⑥ 연면적이 5,000[m²] 이상인 발전소

(2) 화재예방안전진단의 범위(법 제41조, 영 제45조)
① 화재위험요인의 조사에 관한 사항
② 소방계획 및 피난계획 수립에 관한 사항
③ 소방시설 등의 유지·관리에 관한 사항
④ 비상대응조직 및 교육훈련에 관한 사항
⑤ 화재 위험성 평가에 관한 사항
⑥ 그 밖에 화재예방진단을 위하여 대통령령으로 정하는 사항
  ㉠ 화재 등의 재난발생 후 재발방지 대책의 수립 및 그 이행에 관한 사항
  ㉡ 지진 등 외부 환경 위험요인 등에 대한 예방·대비·대응에 관한 사항
  ㉢ 화재예방안전진단 결과 보수·보강 등 개선 요구사항 등에 대한 이행여부

(3) 화재예방안전진단의 실시절차(영 제44조)
소방안전관리대상물이 건축되어 소방안전 특별관리대상물에 해당하게 된 경우 관계인은 완공검사를 받은 날부터 5년이 경과한 날이 속하는 해에 최초의 화재예방안전진단을 받아야 한다.

(4) 화재예방안전진단의 실시주기(영 제44조)
① 안전등급이 우수(A)인 경우 : 안전등급을 통보받은 날부터 6년이 경과한 날이 속하는 해
② 안전등급이 양호(B), 보통(C)인 경우 : 안전등급을 통보받은 날부터 5년이 경과한 날이 속하는 해
③ 안전등급이 미흡(D), 불량(E)인 경우 : 안전등급을 통보받은 날부터 4년이 경과한 날이 속하는 해

10년간 자주 출제된 문제

2-1. 다음 중 화재예방안전진단의 대상이 아닌 것은?
① 여객터미널의 연면적이 5,000[m²] 이상인 공항시설
② 철도시설 중 역 시설의 연면적이 5,000[m²] 이상인 철도시설
③ 도시철도시설 중 역사 및 역 시설의 연면적이 5,000[m²] 이상인 도시철도시설
④ 여객이용시설 및 지원시설의 연면적이 5,000[m²] 이상인 항만시설

2-2. 화재예방안전진단의 실시주기의 기준으로 맞는 것은?
① 안전등급이 우수인 경우 : 안전등급을 통보받은 날부터 7년이 경과한 날이 속하는 해
② 안전등급이 양호인 경우 : 안전등급을 통보받은 날부터 6년이 경과한 날이 속하는 해
③ 안전등급이 보통인 경우 : 안전등급을 통보받은 날부터 5년이 경과한 날이 속하는 해
④ 안전등급이 불량인 경우 : 안전등급을 통보받은 날부터 3년이 경과한 날이 속하는 해

|해설|

2-1
여객터미널의 연면적이 1,000[m²] 이상인 공항시설은 화재예방안전진단 대상기준이다.

2-2
본문 참조

정답 2-1 ① 2-2 ③

제7절 벌칙 및 과태료

핵심이론 01 벌칙

(1) 3년 이하의 징역 또는 3천만원 이하의 벌금 (법 제50조)

① 화재안전조사 결과에 따른 조치명령을 정당한 사유 없이 위반한 자
② 소방안전관리자(소방안전관리보조자)의 선임명령을 정당한 사유 없이 위반한 자
③ 화재예방안전진단 결과에 따라 보수·보강 등의 조치가 필요하다고 인정하는 경우에는 관계인이 보수·보강 등의 조치명령을 정당한 사유 없이 위반한 자
④ 거짓이나 그 밖의 부정한 방법으로 진단기관으로 지정을 받은 자

(2) 1년 이하의 징역 또는 1천만원 이하의 벌금 (법 제50조)

① 관계인의 정당한 업무를 방해하거나, 조사업무를 수행하면서 취득한 자료나 알게 된 비밀을 다른 사람 또는 기관에게 제공 또는 누설하거나 목적 외의 용도로 사용한 자
② 소방안전관리자 자격증을 다른 사람에게 빌려주거나 빌리거나 이를 알선한 자
③ 화재예방안전진단기관(이하 "진단기관")으로부터 화재예방안전진단을 받지 않은 자

(3) 300만원 이하의 벌금 (법 제50조)

① 화재안전조사를 정당한 사유 없이 거부·방해 또는 기피한 자
② 화재예방 조치명령을 정당한 사유 없이 따르지 않거나 방해한 자
③ 소방안전관리자, 총괄소방안전관리자 또는 소방안전관리보조자를 선임하지 않은 자
④ 소방시설·피난시설·방화시설 및 방화구획 등이 법령에 위반된 것을 발견하였음에도 필요한 조치를 할 것을 요구하지 않은 소방안전관리자
⑤ 소방안전관리자에게 불이익한 처우를 한 관계인
⑥ 업무를 수행하면서 알게 된 비밀을 이 법에서 정한 목적 외의 용도로 사용하거나 다른 사람 또는 기관에 제공하거나 누설한 자

10년간 자주 출제된 문제

1-1. 3년 이하의 징역 또는 3천만원 이하의 벌금에 해당하지 않는 것은?

① 화재안전조사 결과에 따른 조치명령을 정당한 사유 없이 위반한 자
② 화재예방 진단기관으로부터 화재예방안전진단을 받지 않은 자
③ 화재예방안전진단 결과에 따라 보수·보강 등의 조치가 필요하다고 인정하는 경우에는 관계인이 보수·보강 등의 조치명령을 정당한 사유 없이 위반한 자
④ 거짓이나 그 밖의 부정한 방법으로 진단기관으로 지정을 받은 자

1-2. 소방안전관리자 자격증을 다른 사람에게 빌려주거나 빌리거나 이를 알선한 자에 대한 벌칙은?

① 3년 이하의 징역 또는 3천만원 이하의 벌금
② 1년 이하의 징역 또는 1천만원 이하의 벌금
③ 500만원 이하의 벌금
④ 300만원 이하의 벌금

1-3. 300만원 이하의 벌금에 해당하지 않는 것은?

① 화재예방안전진단 결과를 제출하지 않은 자
② 소방안전관리자를 선임하지 않은 자
③ 소방안전관리자에게 불이익한 처우를 한 관계인
④ 화재예방 조치명령을 정당한 사유 없이 따르지 않거나 방해한 자

|해설|

1-1
화재예방안전진단을 받지 않은 자 : 1년 이하의 징역 또는 1,000만원 이하의 벌금

1-2, 1-3
본문 참조

정답 1-1 ② 1-2 ② 1-3 ①

핵심이론 02 과태료

(1) 300만원 이하의 과태료 (법 제52조)
① 정당한 사유 없이 화재의 제17조 제1항(예방조치 등) 각 호의 어느 하나에 해당하는 행위를 한 자
② 소방안전관리자를 겸한 자(특급, 1급 소방안전관리대상물에 전기, 가스, 위험물의 안전관리자를 겸직한 경우)
③ 소방안전관리업무를 하지 않은 특정소방대상물의 관계인 또는 소방안전관리대상물의 소방안전관리자
④ 소방안전관리업무의 지도·감독을 하지 않은 자
⑤ 건설현장 소방안전관리대상물의 소방안전관리자의 업무를 하지 않은 소방안전관리자
⑥ 피난유도 안내정보를 제공하지 않은 자
⑦ 소방훈련 및 교육을 하지 않은 자
⑧ 화재예방안전진단 결과를 제출하지 않은 자

(2) 200만원 이하의 과태료 (법 제52조)
① 불을 사용할 때 지켜야 하는 사항 및 특수가연물의 저장 및 취급 기준을 위반한 자
② 소방설비 등의 설치 명령을 정당한 사유 없이 따르지 않은 자
③ 소방안전관리자를 기간 내에 선임신고를 하지 않거나 소방안전관리자의 성명 등을 게시하지 않은 자
④ 건설현장 소방안전관리자를 기간 내에 선임신고를 하지 않은 자
⑤ 소방훈련 및 교육 결과를 제출하지 않은 자(30일 이내)

(3) 100만원 이하의 과태료 (법 제52조)
실무교육을 받지 않은 소방안전관리자 및 소방안전관리보조자

(4) 과태료 부과기준 (영 별표 9)

위반행위	과태료 금액(단위 : 만원)		
	1차 위반	2차 위반	3차 이상 위반
정당한 사유 없이 화재예방 조치행위를 한 경우	300		
특수가연물의 저장 및 취급 기준을 위반한 경우	200		
소방안전관리자를 겸한 경우	300		
소방안전관리업무를 하지 않은 경우	100	200	300
실무교육을 받지 않은 경우	50		
소방훈련 및 교육을 하지 않은 경우	100	200	300

10년간 자주 출제된 문제

2-1. 화재의 예방 및 안전관리에 관한 법률에 따른 소방안전관리업무를 하지 않은 특정소방대상물의 관계인에게는 몇 만원 이하의 과태료를 부과하는가?

① 100만원   ② 200만원
③ 300만원   ④ 500만원

2-2. 200만원 이하의 과태료 처분에 해당되지 않는 것은?

① 불을 사용할 때 지켜야 하는 사항 및 특수가연물의 저장 및 취급 기준을 위반한 자
② 소방안전관리자를 기간 내에 선임신고를 하지 않거나 소방안전관리자의 성명 등을 게시하지 않은 자
③ 실무교육을 받지 않은 소방안전관리자 및 소방안전관리보조자
④ 소방훈련 및 교육 결과를 제출하지 않은 자

2-3. 소방안전관리업무를 하지 않은 경우 1차 위반 시 과태료 금액은?

① 50만원   ② 100만원
③ 200만원   ④ 300만원

|해설|

2-1
소방안전관리업무를 하지 않은 관계인 : 300만원 이하의 과태료

2-2
실무교육을 받지 않은 소방안전관리자 및 소방안전관리보조자 : 100만원 이하의 과태료

2-3
소방안전관리업무를 하지 않은 경우
- 1차 위반 : 100만원
- 2차 위반 : 200만원
- 3차 위반 : 300만원

정답 2-1 ③   2-2 ③   2-3 ②

[제3장] 소방시설 설치 및 관리에 관한 법률(소방시설법), 영, 규칙

제1절 총칙

핵심이론 01 목적 및 정의

(1) 목적(법 제1조)
① 소방시설 등의 설치·관리와 소방용품 성능관리에 필요한 사항을 규정함
② 국민의 생명·신체 및 재산을 보호함
③ 공공의 안전과 복리증진에 이바지함

(2) 정의(법 제2조, 영 제2조)
① 소방시설 : 소화설비, 경보설비, 피난구조설비, 소화용수설비, 그 밖의 소화활동설비로서 대통령령으로 정하는 것
② 소방시설 등 : 소방시설과 비상구, 그 밖에 소방 관련 시설로서 대통령령으로 정하는 것(방화문 및 자동방화셔터)
③ 무창층 : 지상층 중 다음 요건을 갖춘 개구부(건축물에서 채광·환기·통풍 또는 출입 등을 위하여 만든 창·출입구, 그 밖에 이와 비슷한 것)의 면적의 합계가 해당 층의 바닥면적의 1/30 이하가 되는 층
  ㉠ 크기는 지름 50[cm] 이상의 원이 통과할 수 있을 것
  ㉡ 해당 층의 바닥면으로부터 개구부 밑부분까지의 높이가 1.2[m] 이내일 것
  ㉢ 도로 또는 차량이 진입할 수 있는 빈터를 향할 것
  ㉣ 화재 시 건축물로부터 쉽게 피난할 수 있도록 창살이나 그 밖의 장애물이 설치되지 않을 것
  ㉤ 내부 또는 외부에서 쉽게 부수거나 열 수 있을 것
④ 피난층 : 곧바로 지상으로 갈 수 있는 출입구가 있는 층
⑤ 소방용품 : 소방시설 등을 구성하거나 소방용으로 사용되는 제품 또는 기기로서 대통령령으로 정하는 것

10년간 자주 출제된 문제

1-1. 다음 용어의 정의에 대한 설명 중 옳지 않은 것은?
① 피난층이란 곧바로 지상으로 갈 수는 없지만 출입구가 있는 층을 의미한다.
② 비상구란 화재발생 시 지상 또는 안전한 장소로 피난할 수 있는 가로 75[cm] 이상, 세로 150[cm] 이상 크기의 출입구를 의미한다.
③ 무창층이란 개구부의 합계의 면적이 해당 층의 바닥면적의 1/30 이하가 되는 층을 말한다.
④ 소방시설 등이란 소방시설과 비상구, 그 밖에 소방 관련 시설로서 대통령령으로 정하는 것을 말한다.

1-2. "무창층"이란 지상층 중 개구부의 면적의 합계가 해당 층의 바닥면적의 1/30 이하가 되는 층을 말한다. 다음 중 개구부의 요건으로 맞지 않는 것은?
① 해당 층의 바닥면으로부터 개구부 밑부분까지의 높이가 1.5[m] 이내일 것
② 크기는 지름 50[cm] 이상의 원이 통과할 수 있을 것
③ 도로 또는 차량이 진입할 수 있는 빈터를 향할 것
④ 내부 또는 외부에서 쉽게 부수거나 열 수 있을 것

1-3. 무창층에서 개구부라 함은 해당 층의 바닥면으로부터 개구부 밑부분까지의 높이가 몇 [m] 이내를 말하는가?
① 1.0[m]   ② 1.2[m]
③ 1.5[m]   ④ 1.7[m]

1-4. 다음은 소방시설 설치 및 관리에 관한 법률에서 사용하는 용어의 정의에 관한 사항이다. ( )에 들어갈 내용으로 알맞은 것은?

> 소방용품이란 소방시설 등을 구성하거나 소방용으로 사용되는 제품 또는 기기로서 ( )으로 정하는 것을 말한다.

① 대통령령   ② 행정안전부령
③ 소방청장령   ④ 시의 조례

【해설】

1-1
피난층 : 곧바로 지상으로 갈 수 있는 출입구가 있는 층

1-2
본문 참조

1-3
무창층 : 해당 층의 바닥면으로부터 개구부의 밑부분까지의 높이가 1.2[m] 이내일 것

1-4
소방용품 : 소방시설 등을 구성하거나 소방용으로 사용되는 제품 또는 기기로서 대통령령으로 정하는 것

정답 1-1 ① 1-2 ② 1-3 ② 1-4 ①

핵심이론 02 소방시설의 종류(영 제3조, 별표 1)

(1) 소화설비
물 또는 그 밖의 소화약제를 사용하여 소화하는 기계·기구 또는 설비

① 소화기구
  ㉠ 소화기
  ㉡ 간이소화용구 : 에어로졸식 소화용구, 투척용 소화용구, 소공간용 소화용구 및 소화약제 외의 것을 이용한 간이소화용구
  ㉢ 자동확산소화기

② 자동소화장치
  ㉠ 주거용 주방자동소화장치
  ㉡ 상업용 주방자동소화장치
  ㉢ 캐비닛형 자동소화장치
  ㉣ 가스 자동소화장치
  ㉤ 분말 자동소화장치
  ㉥ 고체에어로졸 자동소화장치

③ 옥내소화전설비(호스릴 옥내소화전설비를 포함)

④ 스프링클러설비 등
  ㉠ 스프링클러설비
  ㉡ 간이스프링클러설비(캐비닛형 간이스프링클러설비를 포함)
  ㉢ 화재조기진압용 스프링클러설비

⑤ 물분무 등 소화설비
  ㉠ 물분무소화설비
  ㉡ 미분무소화설비
  ㉢ 포소화설비
  ㉣ 이산화탄소소화설비
  ㉤ 할론소화설비
  ㉥ 할로겐화합물 및 불활성기체(다른 원소와 화학반응을 일으키기 어려운 기체)소화설비
  ㉦ 분말소화설비
  ㉧ 강화액소화설비
  ㉨ 고체에어로졸소화설비

⑥ 옥외소화전설비

(2) 경보설비
화재발생 사실을 통보하는 기계·기구 또는 설비
① 단독경보형감지기
② 비상경보설비
    ㉠ 비상벨설비
    ㉡ 자동식 사이렌설비
③ 자동화재탐지설비
④ 시각경보기
⑤ 화재알림설비
⑥ 비상방송설비
⑦ 자동화재속보설비
⑧ 통합감시시설
⑨ 누전경보기
⑩ 가스누설경보기

(3) 피난구조설비
화재가 발생할 경우 피난하기 위하여 사용하는 기구 또는 설비
① 피난기구
    ㉠ 피난사다리
    ㉡ 구조대
    ㉢ 완강기
    ㉣ 간이완강기
    ㉤ 그 밖에 화재안전기준으로 정하는 것(미끄럼대, 피난교, 공기안전매트, 다수인 피난장비, 승강식 피난기 등)
② 인명구조기구
    ㉠ 방열복, 방화복(안전모, 보호장갑, 안전화 포함)
    ㉡ 공기호흡기
    ㉢ 인공소생기

③ 유도등
    ㉠ 피난유도선
    ㉡ 피난구유도등
    ㉢ 통로유도등
    ㉣ 객석유도등
    ㉤ 유도표지
④ 비상조명등 및 휴대용 비상조명등

(4) 소화용수설비
화재를 진압하는 데 필요한 물을 공급하거나 저장하는 설비
① 상수도 소화용수설비
② 소화수조, 저수조, 그 밖의 소화용수설비

(5) 소화활동설비
화재를 진압하거나 인명구조활동을 위하여 사용하는 설비
① 제연설비
② 연결송수관설비
③ 연결살수설비
④ 비상콘센트설비
⑤ 무선통신보조설비
⑥ 연소방지설비

10년간 자주 출제된 문제

2-1. 다음 소방시설 중 소화설비에 속하지 않는 것은?
① 옥내소화전설비
② 스프링클러설비
③ 소화약제에 의한 간이소화용구
④ 연결살수설비

2-2. 소방시설을 구분하는 경우 소화설비에 해당되지 않는 것은?
① 스프링클러설비   ② 제연설비
③ 자동확산소화기   ④ 옥외소화전설비

10년간 자주 출제된 문제

2-3. 다음은 소방시설에 대한 분류이다. 잘못된 것은?

① 소화설비 : 옥내소화전설비, 옥외소화전설비
② 소화활동설비 : 비상콘센트설비, 제연설비, 연결송수관설비
③ 피난구조설비 : 자동식 사이렌, 구조대, 완강기
④ 경보설비 : 자동화재탐지설비, 누전경보기, 자동화재속보설비

2-4. 소방시설의 종류에 대한 설명으로 옳은 것은?

① 소화기구, 옥외소화전설비는 소화설비에 해당된다.
② 유도등, 비상조명등은 경보설비에 해당된다.
③ 소화수조, 저수조는 소화활동설비에 해당된다.
④ 연결송수관설비는 소화용수설비에 해당된다.

2-5. 소방시설 중 물분무 등 소화설비에 해당하지 않는 것은?

① 미분무소화설비
② 할론소화설비
③ 고체에어로졸소화설비
④ 비상콘센트설비

2-6. 소방시설 중 경보설비에 해당하지 않는 것은?

① 누전경보기
② 자동화재속보설비
③ 유도등 또는 유도표지
④ 비상방송설비

2-7. 다음 중 소방시설의 경보설비에 속하지 않는 것은?

① 자동화재탐지설비 및 시각경보기
② 통합감시시설
③ 무선통신보조설비
④ 자동화재속보설비

2-8. 소방시설 중 화재를 진압하거나 인명구조활동을 위하여 사용하는 설비로 나열된 것은?

① 상수도 소화용수설비, 연결송수관설비
② 연결살수설비, 제연설비
③ 연소방지설비, 피난설비
④ 무선통신보조설비, 통합감시시설

|해설|

2-1
연결살수설비 : 소화활동설비

2-2
제연설비 : 소화활동설비

2-3
경보설비 : 비상경보설비(비상벨, 자동식사이렌)

2-4
소방시설의 분류

종류	소화기구, 옥외소화전설비	유도등, 비상조명등	소화수조, 저수조	연결송수관설비
분류	소화설비	피난구조설비	소화용수설비	소화활동설비

2-5
비상콘센트설비 : 소화활동설비

2-6
유도등 또는 유도표지 : 피난구조설비

2-7
무선통신보조설비 : 소화활동설비

2-8
소화활동설비 : 화재를 진압하거나 인명구조활동을 위하여 사용하는 설비(제연설비, 연결살수설비)

정답 2-1 ④ 2-2 ② 2-3 ③ 2-4 ① 2-5 ④ 2-6 ③ 2-7 ③ 2-8 ②

핵심이론 03 특정소방대상물(영 제5조, 별표 2)

(1) 공동주택
① **아파트 등** : 주택으로 쓰이는 층수가 5층 이상인 주택
② **연립주택** : 주택으로 쓰이는 1개 동의 바닥면적(2개 이상의 동을 지하주차장으로 연결하는 경우에는 각각의 동으로 본다) 합계가 660[m^2]를 초과하고 층수가 4개 층 이하인 주택
③ **다세대주택** : 주택으로 쓰이는 1개 동의 바닥면적(2개 이상의 동을 지하주차장으로 연결하는 경우에는 각각의 동으로 본다) 합계가 660[m^2] 이하이고 층수가 4개 층 이하인 주택
④ **기숙사** : 학교 또는 공장 등의 학생 또는 종업원 등을 위하여 쓰는 것으로서 1개 동의 공동취사 시설 이용 세대수가 전체의 50[%] 이상인 것(학생복지주택, 공공매입주택 중 독립된 주거의 형태를 갖추지 않은 것을 포함)

(2) 근린생활시설
① 슈퍼마켓과 일용품(식품, 잡화, 의류, 완구, 서적, 건축자재, 의약품, 의료기기 등) 등의 소매점으로서 같은 건축물에 해당 용도로 쓰는 바닥면적의 합계가 1,000[m^2] 미만인 것
② 휴게음식점, 제과점, 일반음식점, 기원, 노래연습장 및 단란주점(단란주점은 같은 건축물에 해당 용도로 쓰는 바닥면적의 합계가 150[m^2] 미만인 것만 해당)
③ 이용원, 미용원, 목욕장 및 세탁소
④ 의원, 치과의원, 한의원, 침술원, 접골원, 조산원, 산후조리원 및 안마원(의료안마시술소를 포함)
⑤ 공연장(극장, 영화상영관, 연예장, 음악당, 서커스장, 비디오물감상실업의 시설, 비디오물소극장업의 시설), 종교집회장(교회, 성당, 사찰, 기도원, 수도원, 수녀원, 제실, 사당)으로서 같은 건축물에 해당 용도로 쓰는 바닥면적의 합계가 300[m^2] 미만인 것
⑥ 건축물에 해당 용도로 쓰는 바닥면적의 합계가 500[m^2] 미만인 것
  ㉠ 탁구장, 테니스장, 체육도장, 체력단련장, 에어로빅장, 볼링장, 당구장, 실내낚시터, 가상체험체육시설업(골프연습장), 물놀이형 시설
  ㉡ 금융업소, 사무소, 부동산중개사무소, 결혼상담소 등 소개업소, 출판사, 서점
  ㉢ 제조업소, 수리점
  ㉣ 청소년게임제공업 및 일반게임제공업의 시설, 인터넷컴퓨터게임시설제공업의 시설, 복합 유통게임제공업의 시설
  ㉤ 사진관, 표구점, 학원(바닥면적의 합계가 500[m^2] 미만인 것만 해당), 독서실, 고시원(독립된 주거의 형태를 갖추지 않은 것으로서 같은 건축물에 해당 용도로 쓰는 바닥면적의 합계가 500[m^2] 미만인 것을 말한다)

(3) 문화 및 집회시설
① 공연장으로서 근린생활시설에 해당하지 않는 것(바닥면적의 합계가 300[m^2] 이상인 것)
② **집회장** : 예식장, 공회당, 회의장, 마권 장외 발매소, 마권 전화투표소 및 그 밖에 이와 비슷한 것으로서 근린생활시설에 해당하지 않는 것
③ **관람장** : 경마장, 경륜장, 경정장, 자동차 경기장, 그 밖에 이와 비슷한 것과 체육관 및 운동장으로서 관람석의 바닥면적의 합계가 1,000[m^2] 이상인 것
④ **전시장** : 박물관, 미술관, 과학관, 문화관, 체험관, 기념관, 산업전시장, 박람회장, 견본주택
⑤ **동·식물원** : 동물원, 식물원, 수족관

(4) 의료시설
① **병원** : 종합병원, 병원, 치과병원, 한방병원, 요양병원
② **격리병원** : 전염병원, 마약진료소
③ 정신의료기관

④ 장애인 의료재활시설
  ※ 의료시설 : 한방병원, 마약진료소, 정신의료기관, 장애인의료재활시설

(5) 노유자시설
① **노인 관련 시설** : 노인주거복지시설, 노인의료복지시설, 노인여가복지시설, 주·야간보호서비스나 단기보호서비스를 제공하는 재가노인복지시설(장기요양기관을 포함), 노인보호전문기관, 노인일자리지원기관, 학대피해노인 전용쉼터
② **아동 관련 시설** : 아동복지시설, 어린이집, 유치원(학교의 교사 중 병설유치원으로 사용되는 부분을 포함)
③ **장애인 관련 시설** : 장애인 거주시설, 장애인 지역사회재활시설(장애인 심부름센터, 한국수어통역센터, 점자도서 및 녹음서 출판시설 등 장애인이 직접 그 시설 자체를 이용하는 것을 주된 목적으로 하지 않는 시설은 제외), 장애인 직업재활시설
④ **정신질환자 관련 시설** : 정신재활시설(생산품 판매시설을 제외), 정신요양시설
⑤ **노숙인 관련 시설** : 노숙인복지시설(노숙인일시보호시설, 노숙인자활시설, 노숙인재활시설, 노숙인요양시설 및 쪽방상담소만 해당), 노숙인종합지원센터

(6) 업무시설
① **공공업무시설** : 국가, 지방자치단체의 청사와 외국공관의 건축물로서 근린생활시설에 해당하지 않는 것
② **일반업무시설** : 금융업소, 사무소, 신문사, 오피스텔 및 그 밖에 이와 비슷한 것으로서 근린생활시설에 해당하지 않는 것
③ 주민자치센터(동사무소), 경찰서, 지구대, 파출소, 소방서, 119안전센터, 우체국, 보건소, 공공도서관, 국민건강보험공단
④ 마을회관, 마을공동작업소, 마을공동구판장
⑤ 변전소, 양수장, 정수장, 대피소, 공중화장실
  ※ 업무시설 : 오피스텔

(7) 위락시설
① 단란주점으로서 근린생활시설에 해당하지 않는 것
② 유흥주점
③ 유원시설업(遊園施設業)의 시설(근린생활시설에 해당하는 것은 제외)
④ 무도장 및 무도학원
⑤ 카지노영업소

(8) 항공기 및 자동차 관련 시설(건설기계 관련 시설을 포함)
① 항공기 격납고
② 차고, 주차용 건축물, 철골 조립식 주차시설(바닥면이 조립식이 아닌 것을 포함) 및 기계장치에 의한 주차시설
③ 세차장, 폐차장
④ 자동차 검사장, 자동차 매매장, 자동차 정비공장
⑤ 운전학원, 정비학원
⑥ 다음 건축물을 제외한 건축물의 내부에 설치된 주차장
  ㉠ 단독주택
  ㉡ 공동주택 중 50세대 미만인 연립주택 또는 50세대 미만인 다세대주택

(9) 방송통신시설
① 방송국(방송프로그램 제작시설 및 송신·수신·중계시설을 포함)
② 전신전화국
③ 촬영소
④ 통신용 시설
⑤ 데이터센터

(10) 지하상가
지하의 인공구조물 안에 설치되어 있는 상점, 사무실, 그 밖에 이와 비슷한 시설이 연속하여 지하도에 면하여 설치된 것과 그 지하도를 합한 것

(11) 터 널

① 차량(궤도차량용은 제외) 등의 통행용 목적으로 지하, 수저 또는 산을 뚫어서 만든 것
② 방음터널

(12) 지하구

① 전력·통신용의 전선이나 가스·냉난방용의 배관 또는 이와 비슷한 것을 집합 수용하기 위하여 설치한 지하 인공구조물로서 사람이 점검 또는 보수를 하기 위하여 출입이 가능한 것 중 다음의 어느 하나에 해당하는 것
  ㉠ 전력 또는 통신사업용 지하 인공구조물로서 전력구(케이블 접속부가 없는 경우는 제외) 또는 통신구 방식으로 설치된 것
  ㉡ ㉠ 외의 지하 인공구조물로서 폭이 1.8[m] 이상이고 높이가 2[m] 이상이며 길이가 50[m] 이상인 것
② 공동구

(13) 국가유산

① 지정문화유산 중 건축물
② 천연기념물 등 중 건축물

10년간 자주 출제된 문제

3-1. 특정소방대상물 중 근린생활시설과 가장 거리가 먼 것은?
① 안마시술소   ② 찜질방
③ 한의원   ④ 무도학원

3-2. 특정소방대상물의 근린생활시설에 해당되는 것은?
① 전시장   ② 기숙사
③ 유치원   ④ 의 원

3-3. 소방시설 설치 및 관리에 관한 법률에 따른 특정소방대상물 중 의료시설에 해당하지 않는 것은?
① 요양병원   ② 마약진료소
③ 한방병원   ④ 노인의료복지시설

3-4. 특정소방대상물 중 노유자시설에 속하지 않는 것은?
① 정신의료기관   ② 장애인 관련 시설
③ 아동복지시설   ④ 장애인직업재활시설

3-5. 소방시설 설치 및 관리에 관한 법률상 특정소방대상물 중 오피스텔은 어느 시설에 해당하는가?
① 숙박시설   ② 일반업무시설
③ 공동주택   ④ 근린생활시설

3-6. 항공기 격납고는 특정소방대상물 중 어느 시설에 해당하는가?
① 위험물저장 및 처리시설
② 항공기 및 자동차 관련 시설
③ 창고시설
④ 업무시설

|해설|

3-1
위락시설 : 무도장 및 무도학원

3-2
특정소방대상물

대상물	전시장	기숙사	유치원	의 원
구 분	문화 및 집회시설	공동주택	노유자 시설	근린생활 시설

3-3
노인의료복지시설 : 노유자시설

3-4
정신의료기관 : 의료시설

3-5
오피스텔 : 일반업무시설

3-6
항공기 및 자동차 관련 시설 : 항공기 격납고

정답 3-1 ④ 3-2 ④ 3-3 ④ 3-4 ① 3-5 ② 3-6 ②

제2절 소방시설 등의 설치·관리 및 방염

핵심이론 01 건축허가 등의 동의 등

(1) 건축허가 등의 동의(법 제6조)

① 동의권자 : 시공지 또는 소재지를 관할하는 소방본부장 또는 소방서장

② 동의 여부 시 의견서 첨부 내용
  ㉠ 피난시설, 방화구획
  ㉡ 소방관 진입창
  ㉢ 방화벽, 마감재료 등
  ㉣ 소방자동차의 접근이 가능한 통로의 설치 등 대통령령으로 정하는 사항(영 제7조)
    • 소방자동차의 접근이 가능한 통로의 설치
    • 승강기의 설치
    • 주택단지 안 도로의 설치
    • 옥상광장, 비상문 자동개폐장치, 헬리포트의 설치

(2) 건축허가 등의 동의대상물의 범위(영 제7조)

① 연면적이 400[m^2] 이상인 건축물이나 시설. 다만, 다음의 어느 하나에 해당하는 시설은 해당 부분에서 정한 기준 이상인 건축물이나 시설로 한다.
  ㉠ 신축 등을 하려는 학교시설 : 100[m^2] 이상
  ㉡ 노유자시설 및 수련시설 : 200[m^2] 이상
  ㉢ 정신의료기관(입원실이 없는 정신건강의학과 의원은 제외) : 300[m^2] 이상
  ㉣ 장애인 의료재활시설(의료재활시설) : 300[m^2] 이상

② 지하층 또는 무창층이 있는 건축물로서 바닥면적이 150[m^2](공연장의 경우에는 100[m^2]) 이상인 층이 있는 것

③ 차고·주차장 또는 주차 용도로 사용되는 시설로서 다음의 어느 하나에 해당하는 것
  ㉠ 차고·주차장으로 사용되는 바닥면적이 200[m^2] 이상인 층이 있는 건축물이나 주차시설
  ㉡ 승강기 등 기계장치에 의한 주차시설로서 자동차 20대 이상을 주차할 수 있는 시설

④ 6층 이상인 건축물

⑤ 항공기 격납고, 관망탑, 항공관제탑, 방송용 송수신탑

⑥ 공동주택, 의원(입원실 또는 인공신장실이 있는 것으로 한정)·조산원·산후조리원, 숙박시설, 위험물 저장 및 처리시설, 발전시설 중 풍력발전소·전기저장시설, 지하구

⑦ 노유자시설(㉡~㉦의 시설 중 단독주택 또는 공동주택에 설치되는 것은 제외)
  ㉠ 노인주거복지시설, 노인의료복지시설, 재가노인복지시설
  ㉡ 학대피해노인 전용쉼터
  ㉢ 아동복지시설(아동상담소, 아동전용시설 및 지역아동센터는 제외)
  ㉣ 장애인 거주시설
  ㉤ 정신질환자 관련 시설
  ㉥ 노숙인자활시설, 노숙인재활시설 및 노숙인요양시설
  ㉦ 결핵환자나 한센인이 24시간 생활하는 노유자시설

⑧ 요양병원(의료재활시설은 제외)

(3) 건축허가 등의 동의 제외대상(영 제7조)

① 소화기구, 자동소화장치, 누전경보기, 단독경보형감지기, 가스누설경보기 및 피난구조설비(비상조명등은 제외)가 화재안전기준에 적합한 경우 해당 특정소방대상물

② 건축물의 증축 또는 용도변경으로 인하여 해당 특정소방대상물에 추가로 소방시설이 설치되지 않은 경우 해당 특정소방대상물

③ 소방시설공사의 착공신고 대상에 해당하지 않는 경우 해당 특정소방대상물

(4) 건축허가 등의 동의요구서 제출 서류(규칙 제3조)

① 건축허가신청서 및 건축허가서 또는 건축·대수선·용도변경신고서 등의 서류 사본

② 설계도서

 ㉠ 건축물 개요 설계도서(소방시설공사 착공신고 대상에 해당되는 경우에만 제출)

  ㉮ 건축물 개요 및 배치도

  ㉯ 주단면도 및 입면도(물체를 정면에서 본 대로 그린 그림)

  ㉰ 층별 평면도(용도별 기준층 평면도를 포함)

  ㉱ 방화구획도(창호도를 포함)

  ㉲ 실내·실외 마감재료표

  ㉳ 소방자동차 진입 동선도 및 부서 공간 위치도(조경계획을 포함)

 ㉡ 소방시설 설계도서(㉯, ㉱는 소방시설공사 착공신고 대상에 해당되는 경우에만 제출)

  ㉮ 소방시설(기계·전기 분야의 시설)의 계통도(시설별 계산서를 포함)

  ㉯ 소방시설별 층별 평면도

  ㉰ 실내장식물 방염대상물품 설치계획(건축법 제52조에 따른 건축물의 마감재료는 제외)

  ㉱ 소방시설의 내진설계 계통도 및 기준층 평면도(내진 시방서 및 계산서 등 세부내용이 포함된 상세 설계도면을 포함)

③ 소방시설 설치계획표

④ 임시소방시설 설치계획서(설치시기·위치·종류·방법 등 임시소방시설의 설치와 관련한 세부사항을 포함)

⑤ 소방시설설계업 등록증과 소방시설을 설계한 기술인력의 기술자격증 사본

⑥ 소방시설설계 계약서 사본

(5) 건축허가 등의 동의 여부에 대한 회신(규칙 제3조)

① 일반대상물의 경우 : 5일 이내

② 특급 소방안전관리대상물의 경우 : 10일 이내

※ 특급 소방안전관리대상물

 ㉠ 일반건축물 : 30층 이상(지하층 포함)이거나 높이가 120[m] 이상(아파트 제외)

 ㉡ 아파트 : 50층 이상(지하층은 제외)이거나 높이가 200[m] 이상

 ㉢ 연면적 : 10만[m^2] 이상(아파트 제외)

③ 서류보완기간 : 4일 이내

④ 건축허가 등을 취소했을 때에는 취소한 날부터 7일 이내에 건축물의 시공지 또는 소재지를 관할하는 소방본부장 또는 소방서장에게 그 사실을 통보해야 한다.

10년간 자주 출제된 문제

1-1. 다음 중 건축허가 동의대상물이 아닌 것은?

① 연면적 400[m²] 이상인 건축물
② 차고·주차장으로 사용되는 층 중에서 바닥면적이 200[m²] 이상인 층이 있는 시설
③ 항공기 격납고, 관망탑, 항공관제탑, 방송용 송수신탑
④ 지하층 또는 무창층이 있는 건축물로 바닥면적 100[m²] 이상인 층이 있는 것

1-2. 건축허가 등을 함에 있어서 미리 소방본부장이나 소방서장의 동의를 받아야 하는 건축물 등의 범위가 아닌 것은?

① 차고·주차장으로 사용되는 층 중에서 바닥면적이 200[m²] 이상인 층이 있는 시설
② 승강기 등 기계장치에 의한 주차시설로서 자동차 10대 이상을 주차할 수 있는 시설
③ 항공기 격납고, 관망탑, 항공관제탑, 방송용 송수신탑
④ 지하층 또는 무창층이 있는 건축물로서 바닥면적이 150[m²] 이상인 층이 있는 것

1-3. 건축허가 등의 동의대상물로서 옳지 않은 것은?

① 연면적이 400[m²] 이상인 건축물
② 노유자시설로서 연면적 100[m²] 이상인 것
③ 지하층 또는 무창층이 있는 건축물로서 바닥면적이 150[m²] 이상인 층이 있는 것
④ 방송용 송수신탑

1-4. 면적에 관계없이 건축허가 동의를 받아야 하는 소방대상물에 해당되는 것은?

① 근린생활시설　　② 위락시설
③ 방송용 송수신탑　④ 업무시설

1-5. 소방본부장이나 소방서장은 건축허가 등의 동의요구 서류를 접수한 날부터 며칠 이내에 건축허가 등의 동의 여부를 회신해야 하는가?(30층 이상 고층 건축물이다)

① 7일　　　② 10일
③ 14일　　④ 30일

1-6. 소방본부장 또는 소방서장은 건축허가 등의 동의요구 서류를 접수한 날부터 며칠 이내에 건축허가 등의 동의여부를 회신해야 하는가?(단, 건축물은 지상으로부터 높이가 200[m]인 아파트이다)

① 5일　　② 7일
③ 10일　　④ 15일

1-7. 동의를 요구한 건축허가청 등이 그 건축허가 등을 취소한 때에는 취소한 날부터 며칠 이내에 그 사실을 관할 소방본부장에게 통보해야 하는가?

① 3일　　② 5일
③ 7일　　④ 10일

해설

1-1
지하층 또는 무창층이 있는 건축물로 바닥면적이 150[m²](공연장은 100[m²]) 이상인 층이 있는 것은 건축허가 등의 동의대상물이다.

1-2
차고·주차장 또는 주차용도로 승강기 등 기계장치에 의한 주차시설로서 자동차 20대 이상을 주차할 수 있는 시설은 동의대상이다.

1-3
노유자시설 및 수련시설은 200[m²] 이상일 때 건축허가 등의 동의대상물에 해당된다.

1-4
건축허가 등의 동의대상물의 범위 : 면적에 관계없이 항공기 격납고, 관망탑, 항공관제탑, 방송용 송수신탑

1-5
특급 소방안전관리대상물(30층 이상, 높이 120[m] 이상, 연면적 10만[m²] 이상)은 10일 이내에 건축허가 동의여부를 회신해야 한다.

1-6
특급 소방안전관리대상물 건축허가 등의 동의여부 회신 : 10일 이내
※ 50층 이상(지하층은 제외)이거나 높이가 200[m] 이상인 아파트는 특급 소방안전관리대상물이다.

1-7
건축허가 취소 시 통보 : 7일 이내

정답 1-1 ④　1-2 ②　1-3 ②　1-4 ③　1-5 ②　1-6 ③　1-7 ③

핵심이론 02 내진설계 및 성능위주설계 등

(1) 내진설계의 소방시설(영 제8조)
① 옥내소화전설비
② 스프링클러설비
③ 물분무 등 소화설비
   ※ 물분무 등 소화설비 : 물분무, 미분무, 포, 이산화탄소, 할론, 할로겐화합물 및 불활성기체, 분말, 강화액, 고체에어로졸 소화설비

(2) 성능위주설계를 해야 하는 특정소방대상물의 범위 (영 제9조)
① 연면적 20만[m²] 이상인 특정소방대상물(아파트 등은 제외)
② 50층 이상(지하층은 제외)이거나 높이 200[m] 이상인 아파트 등
③ 30층 이상(지하층을 포함)이거나 지상으로부터 높이가 120[m] 이상인 특정소방대상물(아파트 등은 제외)
④ 연면적 30,000[m²] 이상인 특정소방대상물로서 다음의 어느 하나에 해당하는 특정소방대상물
   ㉠ 철도 및 도시철도시설
   ㉡ 공항시설
⑤ 창고시설 중 연면적 10만[m²] 이상인 것 또는 지하층의 층수가 2개 층 이상이고 지하층의 바닥면적의 합계가 30,000[m²] 이상인 것
⑥ 하나의 건축물에 영화상영관이 10개 이상인 특정소방대상물
⑦ 지하연계 복합건축물에 해당하는 특정소방대상물
⑧ 터널 중 수저(水底)터널 또는 길이가 5,000[m] 이상인 것

(3) 주택용 소방시설(법 제10조, 영 제10조)
① 설치대상
   ㉠ 단독주택
   ㉡ 공동주택(아파트 및 기숙사는 제외)
② 소방시설 : 소화기, 단독경보형감지기

(4) 자동차에 설치 또는 비치하는 소화기(법 제11조, 규칙 별표 2)
① 5인승 이상의 승용자동차 : 능력단위 1 이상의 소화기 1개 이상
② 승합자동차
   ㉠ 경형승합자동차 : 능력단위 1 이상의 소화기 1개 이상
   ㉡ 승차인원 15인 이하 : 능력단위 2 이상의 소화기 1개 이상 또는 능력단위 1 이상의 소화기 2개 이상
   ㉢ 승차인원 16인 이상 35인 이하 : 능력단위 2 이상의 소화기 2개 이상
   ㉣ 승차인원 36인 이상 : 능력단위 3 이상의 소화기 1개 이상 및 능력단위 2 이상의 소화기 1개 이상 설치(2층 대형승합자동차의 경우 : 능력단위 3 이상의 소화기 1개 이상을 추가로 설치)
③ 화물자동차(피견인자동차는 제외) 및 특수자동차
   ㉠ 중형 이하 : 능력단위 1 이상의 소화기 1개 이상
   ㉡ 대형 이상 : 능력단위 2 이상의 소화기 1개 이상 또는 능력단위 1 이상의 소화기 2개 이상

10년간 자주 출제된 문제

2-1. 대통령령으로 정하는 특정소방대상물의 소방시설 중 내진설계 대상이 아닌 것은?
① 옥내소화전설비
② 스프링클러설비
③ 미분무소화설비
④ 연결살수설비

10년간 자주 출제된 문제

2-2. 성능위주설계를 실시해야 하는 특정소방대상물의 범위 기준으로 틀린 것은?

① 연면적 200,000[m²] 이상인 특정소방대상물(아파트 등은 제외)
② 지하층을 포함한 층수가 30층 이상인 특정소방대상물(아파트 등은 제외)
③ 건축물의 높이가 120[m] 이상인 특정소방대상물(아파트 등은 제외)
④ 하나의 건축물에 영화상영관이 5개 이상인 특정소방대상물

2-3. 자동차에 설치 또는 비치하는 소화기 기준으로 틀린 것은?

① 5인승 이상의 승용자동차에는 능력단위 1 이상의 소화기 1개 이상을 비치한다.
② 경형승합자동차에는 능력단위 1 이상의 소화기 1개 이상을 비치한다.
③ 승차인원 15인 이하에는 능력단위 2 이상의 소화기 2개 이상을 비치한다.
④ 중형 이하의 화물자동차에는 능력단위 1 이상의 소화기 1개 이상을 비치한다.

2-4. 다음 중 주택에 설치해야 하는 소방시설은?

① 간이소화용구   ② 옥내소화전설비
③ 비상콘센트설비 ④ 단독경보형감지기

|해설|

2-1
내진설계대상 : 옥내소화전설비, 스프링클러설비, 물분무 등 소화설비
※ 물분무 등 소화설비 : 물분무, 미분무, 포, 이산화탄소, 할론, 할로겐화합물 및 불활성기체, 분말, 강화액, 고체에어로졸 소화설비

2-2
성능위주설계 대상 : 하나의 건축물에 영화상영관이 10개 이상인 특정소방대상물

2-3
승차인원 15인 이하 : 능력단위 2 이상의 소화기 1개 이상 또는 능력단위 1 이상의 소화기 2개 이상을 비치한다.

2-4
주택 : 소화기, 단독경보형감지기 설치

정답 2-1 ④ 2-2 ④ 2-3 ③ 2-4 ④

제3절 특정소방대상물에 설치하는 소방시설의 관리 등

핵심이론 01 소화설비의 설치대상

(1) 소화기구 및 자동소화장치(영 제11조, 별표 4)

① 소화기구 : 연면적 33[m²] 이상, 가스시설, 전기저장시설, 국가유산, 터널, 지하구
② 주거용 주방자동소화장치 : 아파트 등 및 오피스텔의 모든 층
③ 상업용 주방자동소화장치 : 대규모 점포에 입점해 있는 일반음식점, 집단급식소

(2) 옥내소화전설비

① 다음의 어느 하나에 해당하는 경우에는 모든 층
  ㉠ 연면적이 3,000[m²] 이상인 것(터널은 제외)
  ㉡ 지하층, 무창층(축사는 제외)으로서 바닥면적이 600[m²] 이상인 층이 있는 것
  ㉢ 4층 이상인 층 중에서 바닥면적이 600[m²] 이상인 층이 있는 것
② 근린생활시설, 판매시설, 운수시설, 의료시설, 노유자시설, 업무시설, 숙박시설, 위락시설, 공장, 창고시설, 항공기 및 자동차 관련 시설, 국방·군사시설, 방송통신시설, 발전시설, 장례시설 또는 복합건축물로서 다음의 어느 하나에 해당하는 경우에는 모든 층
  ㉠ 연면적 1,500[m²] 이상인 것
  ㉡ 지하층·무창층으로서 바닥면적이 300[m²] 이상인 층이 있는 것
  ㉢ 4층 이상인 층 중에서 바닥면적이 300[m²] 이상인 층이 있는 것
③ 건축물의 옥상에 설치된 차고·주차장으로서 사용되는 면적이 200[m²] 이상인 경우에는 해당 부분
④ 길이가 1,000[m] 이상인 터널

(3) 스프링클러설비

① 층수가 6층 이상인 특정소방대상물의 경우에는 모든 층

② 기숙사(교육연구시설·수련시설 내에 있는 학생 수용을 위한 것) 또는 복합건축물로서 연면적 5,000[m²] 이상인 경우에는 모든 층

③ 문화 및 집회시설(동·식물원 제외), 종교시설(주요구조부가 목조인 것은 제외), 운동시설(물놀이형 시설 및 바닥이 불연재료이고 관람석이 없는 운동시설은 제외)로서 다음에 해당하는 모든 층

　㉠ 수용인원이 100명 이상

　㉡ 영화상영관의 용도로 쓰이는 층의 바닥면적이 지하층 또는 무창층인 경우 500[m²] 이상, 그 밖의 층은 1,000[m²] 이상

　㉢ 무대부가 지하층, 무창층, 4층 이상 : 무대부의 면적이 300[m²] 이상

　㉣ 무대부가 그 밖의 층(1~3층) : 무대부의 면적이 500[m²] 이상

④ 판매시설, 운수시설 및 창고시설(물류터미널에 한정)로서 바닥면적의 합계가 5,000[m²] 이상이거나 수용인원 500명 이상인 경우에는 모든 층

⑤ 다음에 해당하는 용도로 사용되는 시설의 바닥면적의 합계가 600[m²] 이상인 것은 모든 층

　㉠ 근린생활시설 중 조산원 및 산후조리원

　㉡ 의료시설 중 정신의료기관

　㉢ 의료시설 중 종합병원, 병원, 치과병원, 한방병원 및 요양병원

　㉣ 노유자 시설

　㉤ 숙박이 가능한 수련시설

　㉥ 숙박시설

⑥ 창고시설(물류터미널은 제외)로서 바닥면적의 합계가 5,000[m²] 이상인 경우에는 모든 층

⑦ 지하층·무창층(축사는 제외) 또는 층수가 4층 이상인 층으로서 바닥면적이 1,000[m²] 이상인 층이 있는 경우에는 해당 층

⑧ 지하상가로서 연면적이 1,000[m²] 이상인 것

⑨ 전기저장시설

⑩ 보일러실 또는 연결통로 등

(4) 간이스프링클러설비

① 공동주택 중 연립주택 및 다세대주택(연립주택 및 다세대주택에 설치하는 간이스프링클러설비는 화재안전기준에 따른 주택전용 간이스프링클러설비를 설치함)

② 근린생활시설 중 다음에 해당하는 것

　㉠ 근린생활시설로 사용되는 부분의 바닥면적의 합계가 1,000[m²] 이상인 것은 모든 층

　㉡ 의원, 치과의원 및 한의원으로서 입원실 또는 인공신장실이 있는 시설

　㉢ 조산원 및 산후조리원으로서 연면적 600[m²] 미만인 시설

③ 의료시설 중 다음의 어느 하나에 해당하는 시설

　㉠ 종합병원, 병원, 치과병원, 한방병원 및 요양병원(의료재활시설은 제외)으로 사용되는 바닥면적의 합계가 600[m²] 미만인 시설

　㉡ 정신의료기관 또는 의료재활시설로 사용되는 바닥면적의 합계가 300[m²] 이상 600[m²] 미만인 시설

　㉢ 정신의료기관 또는 의료재활시설로 사용되는 바닥면적의 합계가 300[m²] 미만이고, 창살(철재·플라스틱 또는 목재 등으로 사람의 탈출 등을 막기 위하여 설치한 것을 말하며, 화재 시 자동으로 열리는 구조로 되어 있는 창살은 제외)이 설치된 시설

④ 교육연구시설 내에 있는 합숙소로서 연면적이 100[m²] 이상인 경우에는 모든 층

⑤ 노유자 시설로서 다음의 어느 하나에 해당하는 시설

　㉠ 건축허가 동의대상물의 범위에 해당하는 노유자 시설(단독주택이나 공동주택에 설치되는 시설은 제외)

ⓛ ㉠에 해당하지 않는 노유자 시설로 해당 시설로 사용하는 바닥면적의 합계가 300[m²] 이상 600[m²] 미만인 시설

㉢ ㉠에 해당하지 않는 노유자 시설로 해당 시설로 사용하는 바닥면적의 합계가 300[m²] 미만이고, 창살(철재·플라스틱 또는 목재 등으로 사람의 탈출 등을 막기 위하여 설치한 것을 말하며, 화재 시 자동으로 열리는 구조로 되어 있는 창살은 제외)이 설치된 시설

⑥ 숙박시설로서 바닥면적의 합계가 300[m²] 이상 600[m²] 이상인 것

⑦ 복합건축물(하나의 건축물에 근린생활시설, 판매시설, 업무시설, 숙박시설, 위락시설의 용도와 주택의 용도로 함께 사용되는 복합건축물)로서 연면적 1,000[m²] 이상인 것은 모든 층

(5) 물분무 등 소화설비

① 항공기 및 항공기 격납고

② 차고, 주차용 건축물 또는 철골 조립식 주차시설로서 연면적 800[m²] 이상인 것

③ 건축물 내부에 설치된 차고·주차장으로서 차고 또는 주차의 용도로 사용되는 면적의 합계가 200[m²] 이상인 경우 해당 부분(50세대 미만 연립주택 및 다세대주택은 제외)

④ 기계장치에 의한 주차시설을 이용하여 20대 이상의 차량을 주차할 수 있는 것

⑤ 전기실, 발전실, 변전실, 축전지실, 통신기기실, 전산실로서 바닥면적이 300[m²] 이상인 것

(6) 옥외소화전설비

① 지상 1층 및 2층의 바닥면적의 합계가 9,000[m²] 이상일 것. 이 경우 같은 구 내의 둘 이상의 특정소방대상물이 행정안전부령으로 정하는 연소 우려가 있는 구조인 경우에는 이를 하나의 특정소방대상물로 본다.

[연소 우려가 있는 건축물의 구조(규칙 제17조)]
• 건축물대장의 건축물 현황도에 표시된 대지경계선 안에 둘 이상의 건축물이 있는 경우
• 각각의 건축물이 다른 건축물의 외벽으로부터 수평거리가 1층의 경우에는 6[m] 이하, 2층 이상의 층의 경우에는 10[m] 이하인 경우
• 개구부가 다른 건축물을 향하여 설치되어 있는 경우

② 보물 또는 국보로 지정된 목조건축물

③ 공장 또는 창고시설로서 정하는 수량의 750배 이상의 특수가연물을 저장·취급하는 것

10년간 자주 출제된 문제

1-1. 소화기구를 설치해야 할 소방대상물 중 소화기 또는 간이 소화용구를 설치해야 하는 것은 연면적이 몇 [m²] 이상인 소방대상물인가?

① 5[m²] ② 12[m²]
③ 25[m²] ④ 33[m²]

1-2. 연면적이 33[m²]가 되지 않아도 소화기 또는 간이소화용구를 설치해야 하는 특정소방대상물은?

① 국가유산 ② 판매시설
③ 유흥주점영업소 ④ 변전실

1-3. 특정소방대상물의 규모 등에 따라 갖추어야 하는 소방시설 등의 종류 중 주거용 주방자동소화장치를 설치해야 하는 것은?

① 아파트 ② 터널
③ 국가유산 ④ 가스시설

1-4. 특정소방대상물의 규모 등에 따라 갖추어야 하는 소방시설 등의 종류 중 옥내소화전설비를 설치해야 하는 것은?

① 연면적이 1,000[m²] 이상(터널은 제외)
② 길이가 1,000[m] 이상인 터널
③ 판매시설로서 연면적 1,000[m²] 이상인 것
④ 장례시설로서 지하층·무창층으로서 바닥면적이 200[m²] 이상인 층이 있는 것

10년간 자주 출제된 문제

1-5. 아파트로서 층수가 6층 이상인 것은 몇 층 이상의 층에 스프링클러설비를 설치해야 하는가?
① 11층 ② 13층
③ 16층 ④ 모든 층

1-6. 소방시설 설치 및 관리에 관한 법률상 간이스프링클러설비를 설치해야 하는 특정소방대상물의 기준으로 옳은 것은?
① 근린생활시설로 사용하는 부분의 바닥면적 합계가 1,000[m^2] 이상인 것은 모든 층
② 교육연구시설 내에 있는 기숙사로서 연면적 500[m^2] 이상인 것
③ 의료재활시설을 제외한 요양병원으로 사용되는 바닥면적 합계가 300[m^2] 이상 600[m^2] 미만인 것
④ 정신의료기관 또는 의료재활시설로 사용되는 바닥면적 합계가 600[m^2] 미만인 시설

1-7. 다음 중 면적이나 구조에 관계없이 물분무 등 소화설비를 반드시 설치해야 하는 특정소방대상물은?
① 주차장 ② 항공기 격납고
③ 발전실, 변전실 ④ 주차용 건축물

|해설|

1-1
소화기구 : 연면적 33[m^2] 이상

1-2
가스시설, 전기저장시설, 국가유산, 터널, 지하구는 연면적에 관계없이 소화기 설치 대상이다.

1-3
주거용 주방자동소화장치를 설치해야 하는 것 : 아파트 등 및 오피스텔의 모든 층

1-4
터널의 길이가 1,000[m] 이상이면 옥내소화전설비 설치대상이다.

1-5
스프링클러설비 대상 : 층수가 6층 이상인 경우에는 모든 층

1-6
본문 참조

1-7
물분무 등 소화설비의 설치 : 항공기 및 자동차 관련 시설 중 항공기 격납고

정답 1-1 ④ 1-2 ① 1-3 ① 1-4 ① 1-5 ④ 1-6 ① 1-7 ②

핵심이론 02 경보설비의 설치대상

(1) 단독경보형감지기(영 제11조, 별표 4)
① 교육연구시설 내에 있는 기숙사 또는 합숙소로서 연면적 2,000[m^2] 미만인 것
② 수련시설 내에 있는 기숙사 또는 합숙소로서 연면적 2,000[m^2] 미만인 것
③ 자동화재탐지설비에 해당하지 않는 수련시설(숙박시설이 있는 것만 해당)
④ 연면적 400[m^2] 미만의 유치원
⑤ 공동주택 중 연립주택 및 다세대주택

(2) 비상경보설비
① 연면적이 400[m^2] 이상인 것은 모든 층
② 지하층 또는 무창층의 바닥면적이 150[m^2] 이상(공연장은 100[m^2])인 것은 모든 층
③ 터널로서 길이가 500[m] 이상인 것
④ 50명 이상의 근로자가 작업하는 옥내작업장

(3) 자동화재탐지설비
① 공동주택 중 아파트 등·기숙사 및 숙박시설의 경우에는 모든 층
② 층수가 6층 이상인 건축물의 경우에는 모든 층
③ 근린생활시설(목욕장은 제외), 의료시설(정신의료기관, 요양병원은 제외), 위락시설, 장례시설 및 복합건축물로서 연면적 600[m^2] 이상인 경우에는 모든 층
④ 근린생활 중 목욕장, 문화 및 집회시설, 종교시설, 판매시설, 운수시설, 운동시설, 업무시설, 공장, 창고시설, 위험물 저장 및 처리시설, 항공기 및 자동차 관련 시설, 국방·군사시설, 방송통신시설, 발전시설, 관광휴게시설, 지하상가로서 연면적 1,000[m^2] 이상인 경우에는 모든 층
⑤ 교육연구시설(기숙사 및 합숙소를 포함), 수련시설(기숙사 및 합숙소를 포함하며 숙박시설이 있는 수련

시설은 제외), 동물 및 식물 관련 시설(기둥과 지붕만으로 구성되어 외부와 기류가 통하는 장소는 제외), 자원순환 관련 시설, 교정 및 군사시설(국방·군사시설은 제외), 묘지 관련 시설로서 연면적 2,000[m²] 이상인 경우에는 모든 층

⑥ 노유자 생활시설의 경우에는 모든 층
⑦ ⑥에 해당하지 않는 노유자 시설로서 연면적 400[m²] 이상인 노유자 시설 및 숙박시설이 있는 수련시설로서 수용인원 100명 이상인 경우에는 모든 층
⑧ 의료시설 중 정신의료기관 또는 요양병원으로서 다음에 해당하는 시설
  ㉠ 요양병원(의료재활시설은 제외한다)
  ㉡ 정신의료기관 또는 의료재활시설로 사용되는 바닥면적의 합계가 300[m²] 이상인 시설
  ㉢ 정신의료기관 또는 의료재활시설로 사용되는 바닥면적의 합계가 300[m²] 미만이고, 창살이 설치된 시설
⑨ 판매시설 중 전통시장
⑩ 터널로서 길이가 1,000[m] 이상인 것
⑪ 지하구
⑫ 근린생활시설 중 조산원 및 산후조리원
⑬ 발전시설 중 전기저장시설

(4) 시각경보기

① 근린생활시설, 문화 및 집회시설, 종교시설, 판매시설, 운수시설, 의료시설, 노유자시설
② 운동시설, 업무시설, 숙박시설, 위락시설, 물류터미널, 발전시설 및 장례시설
③ 도서관, 방송국
④ 지하상가

(5) 화재알림설비

판매시설 중 전통시장

(6) 비상방송설비(가스시설, 사람이 거주하지 않는 축사 등 동물 및 식물 관련 시설, 터널, 지하구는 제외)

① 연면적 3,500[m²] 이상인 것은 모든 층
② 층수가 11층 이상인 것은 모든 층
③ 지하층의 층수가 3층 이상인 것은 모든 층

(7) 자동화재속보설비

방재실 등 화재수신기가 설치된 장소에 24시간 화재를 감시할 수 있는 사람이 근무하고 있는 경우에는 자동화재속보설비를 설치하지 않을 수 있다.

① 노유자 생활시설
② 노유자 시설로서 바닥면적이 500[m²] 이상인 층이 있는 것
③ 수련시설(숙박시설이 있는 것만 해당)로서 바닥면적 500[m²] 이상인 것
④ 보물 또는 국보로 지정된 목조건축물
⑤ 근린생활시설 중 의원, 치과의원 및 한의원으로서 입원실이 있는 시설, 조산원 및 산후조리원
⑥ 의료시설 중 다음의 어느 하나에 해당하는 것
  ㉠ 종합병원, 병원, 치과병원, 한방병원 및 요양병원(의료재활시설은 제외)
  ㉡ 정신병원 및 의료재활시설로 사용되는 바닥면적의 합계가 500[m²] 이상인 층이 있는 것
⑦ 판매시설 중 전통시장

(8) 가스누설경보기

① 문화 및 집회시설, 종교시설, 판매시설, 운수시설, 의료시설, 노유자시설
② 수련시설, 운동시설, 숙박시설, 창고시설 중 물류터미널, 장례시설

10년간 자주 출제된 문제

2-1. 단독경보형감지기를 설치해야 하는 기준에 속하지 않는 것은?

① 연면적 400[m²] 미만의 유치원
② 공동주택 중 연립주택 및 다세대주택
③ 교육연구시설 내에 있는 기숙사 또는 합숙소로서 연면적 2,000[m²] 미만인 것
④ 수련시설 내에 있는 기숙사 또는 합숙소로서 연면적 3,000[m²] 미만인 것

2-2. 비상경보설비 설치대상은 연면적 몇 [m²] 이상인가?

① 100[m²] ② 200[m²] ③ 300[m²] ④ 400[m²]

2-3. 자동화재탐지설비 설치대상으로 틀린 것은?

① 근린생활시설로서 연면적 600[m²] 이상인 것
② 교육연구시설로서 연면적 2,000[m²] 이상인 것
③ 지하구
④ 터널로서 길이가 500[m] 이상인 것

2-4. 근린생활시설 중 일반목욕장인 경우 연면적 몇 [m²] 이상이면 자동화재탐지설비를 설치해야 하는가?

① 500[m²] ② 1,000[m²] ③ 1,500[m²] ④ 2,000[m²]

2-5. 바닥면적에 관계없이 자동화재속보설비를 설치해야 하는 시설은?

① 노유자시설   ② 수련시설
③ 정신병원   ④ 전통시장

|해설|

2-1
교육연구시설 또는 수련시설 내에 있는 기숙사 또는 합숙소로서 연면적 2,000[m²] 미만일 때 단독경보형감지기를 설치해야 한다.

2-2
비상경보설비 설치 대상 : 연면적 400[m²] 이상인 것

2-3
길이가 1,000[m] 이상인 터널은 자동화재탐지설비를 설치해야 한다.

2-4
근린생활 중 목욕장의 연면적 1,000[m²] 이상 : 자동화재탐지설비 설치대상

2-5
노유자생활시설, 전통시장, 보물 또는 국보로 지정된 목조건축물은 면적에 관계없이 자동화재속보설비를 설치해야 한다.

정답 2-1 ④ 2-2 ④ 2-3 ③ 2-4 ② 2-5 ④

핵심이론 03 피난구조설비 등 기타 설치대상

(1) 피난구조설비(영 제11조, 별표 4)

① 피난기구 : 피난층, 지상 1층, 지상 2층(노유자시설 중 피난층이 아닌 지상 1층과 지상 2층은 제외), 11층 이상인 층과 가스시설, 터널, 지하구를 제외한 특정대상물의 모든 층

② 인명구조기구를 설치해야 하는 특정소방대상물
   ㉠ 방열복 또는 방화복(안전모, 보호장갑 및 안전화 포함), 인공소생기, 공기호흡기 설치대상물 : 지하층을 포함한 7층 이상인 것 중 관광호텔 용도로 사용하는 층
   ㉡ 방열복 또는 방화복(안전모, 보호장갑 및 안전화 포함), 공기호흡기 설치대상물 : 지하층을 포함하는 층수가 5층 이상인 것 중 병원 용도로 사용하는 층

③ 공기호흡기의 설치대상
   ㉠ 수용인원 100명 이상의 문화 및 집회시설 중 영화상영관
   ㉡ 판매시설 중 대규모점포
   ㉢ 운수시설 중 지하역사
   ㉣ 지하상가
   ㉤ 이산화탄소 소화설비를 설치해야 하는 특정소방대상물

④ 유도등
   ㉠ 피난구유도등, 통로유도등, 유도표지 : 모든 특정소방대상물(동물 및 식물 관련 시설 중 축사로서 가축을 직접 가두어 사육하는 부분, 터널 제외)에 설치
   ㉡ 객석유도등 : 유흥주점영업시설(손님이 춤을 출 수 있는 무대가 설치된 카바레, 나이트클럽), 문화 및 집회시설, 종교시설, 운동시설에 설치

⑤ 비상조명등
   ㉠ 5층(지하층 포함) 이상인 건축물로서 연면적 3,000[m²] 이상인 경우에는 모든 층

ⓒ 지하층 또는 무창층의 바닥면적이 450[m²] 이상인 경우에는 해당 층
　　ⓓ 터널로서 길이가 500[m] 이상인 것
⑥ 휴대용 비상조명등
　　㉠ 숙박시설
　　㉡ 수용인원 100명 이상의 영화상영관, 대규모 점포, 지하역사, 지하상가

(2) 상수도 소화용수설비
① 연면적 5,000[m²] 이상(가스시설, 터널 또는 지하구는 제외)인 것
② 가스시설로서 지상에 노출된 탱크의 저장용량의 합계가 100[t] 이상인 것
③ 자원순환 관련 시설 중 폐기물재활용시설 및 폐기물처분시설

(3) 소화활동설비
① 제연설비
　　㉠ 문화 및 집회시설, 종교시설, 운동시설 중 무대부의 바닥면적이 200[m²] 이상인 경우에는 해당 무대부
　　㉡ 문화 및 집회시설 중 영화상영관으로서 수용인원 100명 이상인 경우에는 해당 영화상영관
　　㉢ 지하층이나 무창층에 설치된 근린생활시설, 판매시설, 운수시설, 숙박시설, 위락시설, 의료시설, 노유자시설 또는 창고시설(물류터미널만 한정)로서 해당 용도로 사용되는 바닥면적의 합계가 1,000[m²] 이상인 경우 해당 부분
　　㉣ 시외버스정류장, 철도 및 도시철도시설, 공항시설 및 항만시설의 대기실 또는 휴게실로서 지하층 또는 무창층의 바닥면적이 1,000[m²] 이상인 경우에는 모든 층
　　㉤ 지하상가로서 연면적이 1,000[m²] 이상인 것
　　㉥ 특정소방대상물(갓복도형 아파트 등은 제외)에 부설된 특별피난계단, 비상용승강기의 승강장 또는 피난용승강기의 승강장
② 연결송수관설비
　　㉠ 층수가 5층 이상으로서 연면적 6,000[m²] 이상인 경우에는 모든 층
　　㉡ 지하층을 포함한 층수가 7층 이상인 경우에는 모든 층
　　㉢ 지하층의 층수가 3층 이상이고 지하층의 바닥면적의 합계가 1,000[m²] 이상인 경우에는 모든 층
　　㉣ 터널로서 길이가 1,000[m] 이상인 것
③ 연결살수설비
　　㉠ 판매시설, 운수시설, 창고시설 중 물류터미널로서 바닥면적의 합계가 1,000[m²] 이상인 경우에는 해당 시설
　　㉡ 지하층으로서 바닥면적의 합계가 150[m²] 이상인 경우에는 지하층의 모든 층[국민주택 규모 이하의 아파트 등의 지하층(대피시설로 사용하는 것만 해당)과 학교의 지하층의 경우에는 700[m²] 이상인 것]
　　㉢ 가스시설 중 지상에 노출된 탱크의 용량이 30[t] 이상인 탱크시설
④ 비상콘센트설비
　　㉠ 층수가 11층 이상인 특정소방대상물은 11층 이상의 층
　　㉡ 지하층의 층수가 3층 이상이고 지하층의 바닥면적의 합계가 1,000[m²] 이상인 것은 지하층의 모든 층
　　㉢ 터널로서 그 길이가 500[m] 이상인 것
⑤ 무선통신보조설비
　　㉠ 지하상가로서 연면적 1,000[m²] 이상인 것
　　㉡ 지하층의 바닥면적의 합계가 3,000[m²] 이상인 것
　　㉢ 지하층의 층수가 3층 이상이고 지하층의 바닥면적의 합계가 1,000[m²] 이상인 것은 지하층의 모든 층

ⓔ 터널로서 길이가 500[m] 이상인 것
ⓜ 지하구 중 공동구
ⓗ 층수가 30층 이상인 것으로서 16층 이상 부분의 모든 층

⑥ 연소방지설비 : 지하구(전력 또는 통신사업용인 것만 해당)

10년간 자주 출제된 문제

3-1. 다음 중 인명구조기구를 설치해야 할 특정소방대상물에 속하는 것은?
① 지하층을 포함하는 층수가 16층 이상인 아파트
② 지하층을 포함하는 층수가 7층 이상인 관광호텔
③ 지하층을 포함하는 층수가 5층 이상인 무도학원
④ 지하층을 포함하는 층수가 5층 이상인 오피스텔

3-2. 다음 중 공기호흡기를 설치해야 할 특정소방대상물에 해당되지 않는 것은?
① 수용인원 100명 이상의 문화 및 집회시설 중 영화상영관
② 판매시설 중 대규모점포
③ 운수시설 중 지하역사
④ 할론소화설비가 설치된 특정소방대상물

3-3. 다음 중 객석유도등을 설치해야 할 특정소방대상물에 해당되지 않는 것은?
① 유흥주점영업시설
② 문화 및 집회시설
③ 관광휴게시설
④ 종교시설

3-4. 지하층을 포함하는 층수가 5층 이상인 건축물로서 연면적 몇 [m²] 이상일 때, 비상조명등을 설치해야 하는가?
① 1,000[m²]
② 2,000[m²]
③ 3,000[m²]
④ 4,000[m²]

3-5. 지하상가로서 연면적이 1,500[m²]인 경우 설치하지 않아도 되는 소방시설은?
① 비상방송설비
② 스프링클러설비
③ 무선통신보조설비
④ 제연설비

3-6. 상수도 소화용수설비는 가스시설로서 지상에 노출된 탱크의 저장용량의 합계가 몇 [t] 이상이어야 하는가?
① 100[t]
② 200[t]
③ 300[t]
④ 400[t]

3-7. 문화 및 집회시설로서 무대부의 바닥면적이 몇 [m²] 이상이면 제연설비를 설치해야 하는가?
① 50[m²]
② 100[m²]
③ 150[m²]
④ 200[m²]

3-8. 연결살수설비를 설치해야 할 소방대상물의 기준면적은 학교의 지하층인 경우 바닥면적의 합계가 몇 [m²] 이상인 것인가?
① 700[m²]
② 800[m²]
③ 900[m²]
④ 1,000[m²]

|해설|

3-1
인명구조기구(방열복, 인공소생기, 공기호흡기) : 지하층을 포함하는 층수가 7층 이상인 관광호텔 및 5층 이상인 병원에 설치

3-2
본문 참조

3-3
본문 참조

3-4
비상조명등 설치 : 5층 이상으로 연면적 3,000[m²] 이상인 경우에는 모든 층

3-5
지하상가에 설치하는 소방시설

종 류	비상방송설비	스프링클러설비	무선통신보조설비	제연설비
연면적 기준	-	1,000[m²] 이상	1,000[m²] 이상	1,000[m²] 이상

3-6
상수도 소화용수설비 : 가스시설로서 지상에 노출된 탱크의 저장용량의 합계가 100[t] 이상이면 설치

3-7
문화 및 집회시설, 종교시설, 운동시설로서 무대부 : 바닥면적이 200[m²] 이상이면 제연설비를 설치

3-8
연결살수설비 : 아파트의 지하층 또는 학교의 지하층은 700[m²] 이상

정답 3-1 ② 3-2 ④ 3-3 ③ 3-4 ③ 3-5 ① 3-6 ① 3-7 ④ 3-8 ①

핵심이론 04 소방시설의 소급 적용대상 및 면제대상

(1) 강화된 소방시설 적용대상(소급 적용대상)(법 제13조, 영 제13조)

다음에 해당하는 소방시설의 경우에는 대통령령 또는 화재안전기준의 변경으로 강화된 기준을 적용할 수 있다.

① 다음 소방시설 중 대통령령 또는 화재안전기준으로 정하는 것
  ㉠ 소화기구
  ㉡ 비상경보설비
  ㉢ 자동화재탐지설비
  ㉣ 자동화재속보설비
  ㉤ 피난구조설비

② 다음 소방시설 중 대통령령 또는 화재안전기준으로 정하는 것
  ㉠ 공동구 : 소화기, 자동소화장치, 자동화재탐지설비, 통합감시시설, 유도등 및 연소방지설비
  ㉡ 전력 또는 통신사업용 지하구 : 소화기, 자동소화장치, 자동화재탐지설비, 통합감시시설, 유도등 및 연소방지설비
  ㉢ 노유자시설 : 간이스프링클러설비, 자동화재탐지설비, 단독경보형감지기
  ㉣ 의료시설 : 스프링클러설비, 간이스프링클러설비, 자동화재탐지설비, 자동화재속보설비

(2) 특정소방대상물을 증축하는 경우 기존 부분이 증축 당시의 대통령령 또는 화재안전기준을 적용하지 않는 경우(영 제15조)

① 기존 부분과 증축 부분이 내화구조로 된 바닥과 벽으로 구획된 경우
② 기존 부분과 증축 부분이 자동방화셔터 또는 60분+ 방화문으로 구획되어 있는 경우
③ 자동차 생산공장 등 화재 위험이 낮은 특정소방대상물 내부에 연면적 33[m^2] 이하의 직원 휴게실을 증축하는 경우
④ 자동차 생산공장 등 화재 위험이 낮은 특정소방대상물에 캐노피(기둥으로 받치거나 매달아 놓은 덮개를 말하며, 3면 이상에 벽이 없는 구조의 것)를 설치하는 경우

(3) 소방시설의 면제(영 제14조, 별표 5)

설치가 면제되는 소방시설	설치가 면제되는 기준
자동소화장치 (주거용 및 상업용 주방자동소화장치는 제외)	물분무 등 소화설비
스프링클러설비	스프링클러설비를 설치해야 하는 특정소방대상물에 자동소화장치 또는 물분무 등 소화설비를 화재안전기준에 적합하게 설치한 경우에는 그 설비의 유효범위에서 설치가 면제된다.
간이스프링클러설비	스프링클러설비, 물분무소화설비, 미분무소화설비
물분무 등 소화설비	스프링클러설비(차고, 주차장)
옥외소화전설비	상수도 소화용수설비[문화유산인 목조건축물]
비상경보설비	단독경보형감지기를 2개 이상 연동하여 설치
비상경보설비, 단독경보형감지기	자동화재탐지설비, 화재알림설비
자동화재탐지설비	화재알림설비, 스프링클러설비, 물분무 등 소화설비
비상방송설비	자동화재탐지설비, 비상경보설비
비상조명등	피난구유도등, 통로유도등
연결송수관설비	옥외에 연결송수구 및 옥내에 방수구가 부설된 옥내소화전설비, 스프링클러설비, 간이스프링클러설비, 연결살수설비
연결살수설비	송수구를 부설한 스프링클러설비, 간이스프링클러설비, 물분무소화설비, 미분무소화설비

(4) 소방시설을 설치하지 않을 수 있는 특정소방대상물 및 소방시설의 범위(영 제16조, 별표 6)

구 분	특정소방대상물	소방시설
화재 위험도가 낮은 특정소방대상물	석재, 불연성금속, 불연성 건축재료 등의 가공공장·기계조립공장 또는 불연성 물품을 저장하는 창고	옥외소화전 및 연결살수설비
화재안전기준을 적용하기 어려운 특정소방대상물	펄프공장의 작업장, 음료수 공장의 세정 또는 충전을 하는 작업장, 그 밖에 이와 비슷한 용도로 사용하는 것	스프링클러설비, 상수도 소화용수설비 및 연결살수설비
	정수장, 수영장, 목욕장, 농예·축산·어류양식용 시설, 그 밖에 이와 비슷한 용도로 사용되는 것	자동화재탐지설비, 상수도 소화용수설비 및 연결살수설비
화재안전기준을 달리 적용해야 하는 특수한 용도 또는 구조를 가진 특정소방대상물	원자력발전소, 중·저준위 방사성폐기물의 저장시설	연결송수관설비 및 연결살수설비
위험물안전관리법 제19조에 따른 자체소방대가 설치된 특정소방대상물	자체소방대가 설치된 제조소 등에 부속된 사무실	옥내소화전설비, 소화용수설비, 연결살수설비 및 연결송수관설비

10년간 자주 출제된 문제

4-1. 대통령령 또는 화재안전기준이 변경되어 그 기준이 강화되는 경우에 기존 특정소방대상물의 소방시설에 대하여 변경으로 강화된 기준을 적용해야 하는 소방시설은?

① 비상경보설비 ② 비상콘센트설비
③ 비상방송설비 ④ 옥내소화전설비

4-2. 대통령령 또는 화재안전기준이 변경되어 그 기준이 강화되는 경우에 기존 특정소방대상물의 소방시설에 대하여 변경으로 강화된 기준을 적용할 때 노유자시설에 해당하는 소방시설은?

① 비상방송설비 ② 자동화재탐지설비
③ 자동화재속보설비 ④ 스프링클러설비

4-3. 소방시설 설치 및 관리에 관한 법률에 따른 화재안전기준을 달리 적용해야 하는 특수한 용도 또는 구조를 가진 특정소방대상물에서 중·저준위 방사성폐기물의 저장시설에 설치하지 않을 수 있는 소방시설은?

① 소화용수설비
② 옥외소화전설비
③ 물분무 등 소화설비
④ 연결송수관설비 및 연결살수설비

4-4. 소방시설 설치 및 관리에 관한 법률상 화재안전기준을 달리 적용해야 하는 특수한 용도 또는 구조를 가진 특정소방대상물인 원자력발전소에 설치하지 않을 수 있는 소방시설은?

① 물분무 등 소화설비 ② 스프링클러설비
③ 상수도소화용수설비 ④ 연결살수설비

4-5. 차고·주차장에 스프링클러설비를 화재안전기준에 적합하게 설치한 경우에 면제되는 소방시설에 적합하지 않는 것은?

① 포소화설비 ② 물분무소화설비
③ 이산화탄소소화설비 ④ 연결살수설비

4-6. 특정소방대상물의 스프링클러설비 설치를 면제받을 수 있는 경우는?

① 옥내소화전설비 설치하였을 때
② 옥외소화전설비를 설치하였을 때
③ 물분무소화설비를 설치하였을 때
④ 소화용수설비를 설치하였을 때

10년간 자주 출제된 문제

4-7. 자동화재탐지설비의 설치 면제요건에 관한 사항이다. ( )에 들어갈 내용으로 알맞은 것은?

> 자동화재탐지설비의 기능(감지·수신·경보기능)과 성능을 가진 ( )를 화재안전기준에 적합하게 설치한 경우에는 그 설비의 유효한 범위 안의 부분에서 자동화재탐지설비의 설치가 면제된다.

① 비상경보설비 ② 연소방지설비
③ 비상방송설비 ④ 스프링클러설비

4-8. 특정소방대상물의 소방시설 설치의 면제기준 중 다음 ( ) 안에 알맞은 것은?

> 비상경보설비 또는 단독경보형감지기를 설치해야 하는 특정소방대상물에 ( )를 화재안전기준에 적합하게 설치한 경우에는 그 설비의 유효범위에서 설치가 면제된다.

① 자동화재탐지설비 ② 스프링클러설비
③ 비상조명등 ④ 무선통신보조설비

【해설】

4-1
본문 참조

4-2
노유자시설의 소급 적용대상 : 간이스프링클러설비, 자동화재탐지설비, 단독경보형감지기

4-3
소방시설을 설치하지 않을 수 있는 특정소방대상물 및 소방시설의 범위

구 분	특정소방대상물	소방시설
화재안전기준을 달리 적용해야 하는 특수한 용도 또는 구조를 가진 특정소방대상물	원자력발전소, 중·저준위 방사성폐기물의 저장시설	연결송수관설비 및 연결살수설비

4-4
본문 참조

4-5
소방시설의 면제

설치가 면제되는 소방시설	설치가 면제되는 기준
물분무 등 소화설비	물분무 등 소화설비를 설치해야 하는 차고·주차장에 스프링클러설비를 화재안전기준에 적합하게 설치한 경우에는 그 설비의 유효범위 안의 부분에서 설치가 면제된다.

4-6
자동소화장치 또는 물분무 등 소화설비를 화재안전기준에 적합하게 설치한 경우 : 스프링클러설비 설치를 면제받을 수 있다.
※ 물분무 등 소화설비(9종) : 물분무소화설비, 미분무소화설비, 포소화설비, 이산화탄소소화설비, 할론소화설비, 할로겐화합물 및 불활성기체소화설비, 분말소화설비, 강화액소화설비, 고체에어로졸소화설비

4-7
자동화재탐지설비의 기능(감지·수신·경보기능을 말한다)과 성능을 가진 화재알림설비, 스프링클러설비 또는 물분무 등 소화설비를 화재안전기준에 적합하게 설치한 경우에는 그 설비의 유효범위 안의 부분에서 설치가 면제된다.

4-8
비상경보설비 또는 단독경보형감지기를 설치해야 하는 특정소방대상물에 자동화재탐지설비, 화재알림설비를 화재안전기준에 적합하게 설치한 경우에는 그 설비의 유효범위에서 설치가 면제된다.

정답 4-1 ① 4-2 ② 4-3 ④ 4-4 ④ 4-5 ④ 4-6 ③ 4-7 ④ 4-8 ①

핵심이론 05 수용인원 산정방법

(1) 숙박시설이 있는 특정소방대상물(영 제17조, 별표 7)
① 침대가 있는 숙박시설 : 종사자 수 + 침대의 수(2인용 침대는 2인으로 산정)
② 침대가 없는 숙박시설 : 종사자 수 + (숙박시설 바닥면적의 합계 ÷ 3[m²])

(2) 그 외 특정소방대상물(영 제17조, 별표 7)
① 강의실·교무실·상담실·실습실·휴게실 용도로 쓰이는 특정소방대상물 : 바닥면적의 합계 ÷ 1.9[m²]
② 강당, 문화 및 집회시설, 운동시설, 종교시설 : 바닥면적의 합계 ÷ 4.6[m²](관람석이 있는 경우 고정식 의자를 설치한 부분은 해당 부분의 의자 수로 하고, 긴 의자의 경우에는 의자의 정면 너비를 0.45[m]로 나누어 얻은 수)
③ 그 밖의 특정소방대상물 : 바닥면적의 합계 ÷ 3[m²]
   ※ 바닥면적 산정 시 제외 : 복도, 계단, 화장실의 바닥면적

10년간 자주 출제된 문제

5-1. 다음 조건을 참조하여 숙박시설이 있는 특정소방대상물의 수용인원 산정수로 옳은 것은?

> 침대가 있는 숙박시설로서 1인용 침대의 수는 20개이고 2인용 침대의 수는 10개이며 종업원의 수는 3명이다.

① 33명　　② 40명
③ 43명　　④ 46명

5-2. 소방시설 설치 및 관리에 관한 법률상 종사자 수가 5명이고 침대가 없는 숙박시설로서 숙박시설의 바닥면적은 300[m²]이다. 청소년시설에서 수용인원은 몇 명인가?

① 65명　　② 85명
③ 105명　　④ 125명

|해설|

5-1
침대가 있는 숙박시설의 수용인원
해당 특정소방대상물의 종사자 수에 침대수(2인용 침대는 2개로 산정한다)를 합한 수
∴ 수용인원 = 종사자 수 + 침대 수 = 3 + [20 + (2 × 10)]
 = 43명

5-2
침대가 없는 숙박시설 : 종사자 수 + (숙박시설 바닥면적의 합계 ÷ 3[m²])
∴ 수용인원 = $5 + \dfrac{300[\mathrm{m}^2]}{3[\mathrm{m}^2]}$ = 105명

정답 5-1 ③　5-2 ③

핵심이론 06 임시소방시설

(1) 임시소방시설을 설치해야 하는 작업(영 제18조)
① 인화성·가연성·폭발성 물질을 취급하거나 가연성 가스를 발생시키는 작업
② 용접·용단(금속·유리·플라스틱 따위를 녹여서 절단하는 일) 등 불꽃을 발생시키거나 화기를 취급하는 작업
③ 전열기구, 가열전선 등 열을 발생시키는 기구를 취급하는 작업
④ 알루미늄, 마그네슘 등을 취급하여 폭발성 부유분진(공기 중에 떠다니는 미세한 입자)을 발생시킬 수 있는 작업

(2) 임시소방시설을 설치해야 하는 공사의 종류와 규모 (영 별표 8)
① **소화기** : 건축허가 등을 할 때 소방본부장 또는 소방서장의 동의를 받아야 하는 특정소방대상물의 신축·증축·개축·재축·이전·용도변경 또는 대수선을 위한 공사 중 화재위험작업의 현장에 설치한다.
② **간이소화장치** : 다음의 어느 하나에 해당하는 공사의 화재위험작업현장에 설치한다.
　㉠ 연면적 3,000[m^2] 이상
　㉡ 지하층, 무창층 및 4층 이상의 층. 이 경우 해당 층의 바닥면적이 600[m^2] 이상인 경우만 해당한다.
③ **비상경보장치** : 다음의 어느 하나에 해당하는 공사의 화재위험작업현장에 설치한다.
　㉠ 연면적 400[m^2] 이상
　㉡ 지하층 또는 무창층. 이 경우 해당 층의 바닥면적이 150[m^2] 이상인 경우만 해당한다.
④ **가스누설경보기, 간이피난유도선, 비상조명등** : 바닥면적이 150[m^2] 이상인 지하층 또는 무창층의 화재위험작업현장에 설치한다.

(3) 임시소방시설을 설치한 것으로 보는 소방시설(영 별표 8)
① 간이소화장치를 설치한 것으로 보는 소방시설 : 소방청장이 정하여 고시하는 기준에 맞는 소화기(연결송수관설비의 방수구 인근에 설치한 경우로 한정) 또는 옥내소화전설비
② 비상경보장치를 설치한 것으로 보는 소방시설 : 비상방송설비 또는 자동화재탐지설비
③ 간이피난유도선을 설치한 것으로 보는 소방시설 : 피난유도선, 피난구유도등, 통로유도등 또는 비상조명등

10년간 자주 출제된 문제

6-1. 소방시설 설치 및 관리에 관한 법률에 따른 임시소방시설 중 간이소화장치를 설치해야 하는 공사의 작업현장의 규모의 기준 중 다음 ( ) 안에 알맞은 것은?

- 연면적(㉠)[m²] 이상
- 지하층, 무창층 또는 (㉡)층 이상의 층. 이 경우 해당 층의 바닥면적이 (㉢)[m²] 이상인 경우만 해당한다.

① ㉠ 1,000, ㉡ 6, ㉢ 150
② ㉠ 1,000, ㉡ 6, ㉢ 600
③ ㉠ 3,000, ㉡ 4, ㉢ 150
④ ㉠ 3,000, ㉡ 4, ㉢ 600

6-2. 건축물의 공사 현장에 설치해야 하는 임시소방시설과 기능 및 성능이 유사하여 임시소방시설을 설치한 것으로 보는 소방시설로 연결이 틀린 것은?(단, 임시소방시설 – 임시소방시설을 설치한 것으로 보는 소방시설 순이다)

① 간이소화장치 – 옥내소화전설비
② 간이피난유도선 – 유도표지
③ 비상경보장치 – 비상방송설비
④ 비상경보장치 – 자동화재탐지설비

|해설|

6-1
간이소화장치의 설치기준
- 연면적 3,000[m²] 이상
- 지하층, 무창층 또는 4층 이상의 층. 이 경우 해당 층의 바닥면적이 600[m²] 이상인 경우만 해당한다.

6-2
임시소방시설을 설치한 것으로 보는 소방시설
- 간이소화장치를 설치한 것으로 보는 소방시설 : 소방청장이 정하여 고시하는 기준에 맞는 소화기 또는 옥내소화전설비
- 비상경보장치를 설치한 것으로 보는 소방시설 : 비상방송설비 또는 자동화재탐지설비
- 간이피난유도선을 설치한 것으로 보는 소방시설 : 피난유도선, 피난구유도등, 통로유도등 또는 비상조명등

정답 6-1 ④ 6-2 ②

핵심이론 07 소방기술심의위원회

(1) 중앙소방기술심의위원회(중앙위원회)(법 제18조, 영 제20조)

① 소속 : 소방청
② 심의사항
  ㉠ 화재안전기준에 관한 사항
  ㉡ 소방시설의 구조 및 원리 등에서 공법이 특수한 설계 및 시공에 관한 사항
  ㉢ 소방시설의 설계 및 공사감리의 방법에 관한 사항
  ㉣ 소방시설공사의 하자를 판단하는 기준에 관한 사항
  ㉤ 신기술·신공법 등 검토·평가에 고도의 기술이 필요한 경우로서 중앙위원회에 심의를 요청한 사항
  ㉥ 그 밖에 소방기술 등에 관하여 대통령령으로 정하는 사항
  - 연면적 10만[m²] 이상의 특정소방대상물에 설치된 소방시설의 설계·시공·감리의 하자 유무에 관한 사항
  - 새로운 소방시설과 소방용품 등의 도입 여부에 관한 사항
  - 그 밖에 소방기술과 관련하여 소방청장이 소방기술심의위원회의 심의에 부치는 사항
  ※ 중앙소방기술심의위원회 심의사항 : 하자를 판단하는 기준

(2) 지방소방기술심의위원회(지방위원회)(법 제18조, 영 제20조)

① 소속 : 시·도(특별시·광역시·특별자치시·도 및 특별자치도)
② 심의사항
  ㉠ 소방시설에 하자가 있는지의 판단에 관한 사항

ⓒ 그 밖에 소방기술 등에 관하여 대통령령으로 정하는 사항
- 연면적 10만[m²] 미만의 특정소방대상물에 설치된 소방시설의 설계·시공·감리의 하자 유무에 관한 사항
- 소방본부장 또는 소방서장이 제조소 등의 시설기준 또는 화재안전기준의 적용에 관하여 기술검토를 요청하는 사항
- 그 밖에 소방기술과 관련하여 시·도지사가 소방기술심의위원회의 심의에 부치는 사항

(3) 소방기술심의위원회의 구성 및 위원(영 제21조~제25조)

① 위원회의 구성
  ㉠ 중앙소방기술심의위원회 : 위원장 포함 60명 이내의 위원
  ㉡ 지방소방기술심의위원회 : 위원장 포함 5명 이상 9명 이하의 위원

② 위원의 임명권자 : 소방청장

③ 위원의 자격
  ㉠ 과장급 직위 이상의 소방공무원
  ㉡ 소방기술사
  ㉢ 석사 이상의 소방 관련 학위를 소지한 사람
  ㉣ 소방시설관리사
  ㉤ 소방 관련 법인·단체에서 소방 관련 업무에 5년 이상 종사한 사람
  ㉥ 소방공무원 교육기관, 대학교 또는 연구소에서 소방과 관련된 교육이나 연구에 5년 이상 종사한 사람

④ 위원의 해임 또는 해촉권자 : 소방청장 또는 시·도지사

10년간 자주 출제된 문제

7-1. 중앙소방기술심의위원회의 심의사항이 아닌 것은?
① 화재안전기준에 관한 사항
② 소방시설의 구조와 원리 등에 있어서 공법이 특수한 설계 및 시공에 관한 사항
③ 소방시설의 설계 및 공사감리의 방법에 관한 사항
④ 소방시설에 대한 하자가 있는지의 판단에 관한 사항

7-2. 중앙소방기술심의위원회의 위원의 자격으로 잘못된 것은?
① 소방시설관리사
② 석사 이상의 소방 관련 학위를 소지한 사람
③ 소방 관련 단체에서 소방 관련 업무에 5년 이상 종사한 사람
④ 대학교 또는 연구소에서 소방과 관련된 교육이나 연구에 3년 이상 종사한 사람

7-3. 지방소방기술심의위원회의 심의사항은?
① 화재안전기준에 관한 사항
② 소방시설의 구조와 원리 등에 있어서 공법이 특수한 설계 및 시공에 관한 사항
③ 소방시설공사의 하자를 판단하는 기준에 관한 사항
④ 소방시설에 하자가 있는지의 판단에 관한 사항

|해설|

7-1
소방기술심의위원회의 심의사항
- 소방시설공사의 하자를 판단하는 기준에 관한 사항 : 중앙소방기술심의위원회
- 소방시설에 하자가 있는지의 판단에 관한 사항 : 지방소방기술심의위원회

7-2
중앙소방기술심의위원회의 위원의 자격 : 소방공무원 교육기관, 대학교 또는 연구소에서 소방과 관련된 교육이나 연구에 5년 이상 종사한 사람

7-3
본문 참조

정답 7-1 ④ 7-2 ④ 7-3 ④

핵심이론 08 방 염

(1) 방염성능처리(법 제20조, 제21조)

① 방염대상물품 성능기준 : 대통령령
② 방염성능 검사권자 : 소방청장
③ 방염성능검사 방법과 검사결과에 따른 합격표시 등에 필요한 사항 : 행정안전부령

(2) 방염성능기준 이상의 실내장식물 등을 설치해야 하는 특정소방대상물(영 제30조)

① 근린생활시설 중 의원, 치과의원, 한의원, 조산원, 산후조리원, 체력단련장, 공연장 및 종교집회장
② 건축물의 옥내에 있는 다음의 시설
　㉠ 문화 및 집회시설
　㉡ 종교시설
　㉢ 운동시설(수영장은 제외)
③ 의료시설
④ 교육연구시설 중 합숙소
⑤ 노유자시설
⑥ 숙박이 가능한 수련시설
⑦ 숙박시설
⑧ 방송통신시설 중 방송국 및 촬영소
⑨ 다중이용업소의 영업소
⑩ 층수가 11층 이상인 것(아파트 등은 제외)

(3) 방염처리대상 물품(영 제31조)

① 제조 또는 가공 공정에서 방염처리를 한 물품
　㉠ 창문에 설치하는 커튼류(블라인드를 포함)
　㉡ 카 펫
　㉢ 벽지류(두께가 2[mm] 미만인 종이벽지는 제외)
　㉣ 전시용 합판·목재 또는 섬유판, 무대용 합판·목재 또는 섬유판(합판·목재류의 경우 불가피하게 설치 현장에서 방염처리한 것을 포함)
　㉤ 암막·무대막(영화상영관에 설치하는 스크린과 가상체험 체육시설업에 설치하는 스크린을 포함)
　㉥ 섬유류 또는 합성수지류 등을 원료로 하여 제작된 소파·의자(단란주점영업, 유흥주점영업 및 노래연습장업의 영업장에 설치하는 것으로 한정)
② 건축물 내부의 천장이나 벽에 부착하거나 설치하는 다음의 것. 다만, 가구류(옷장, 찬장, 식탁, 식탁용 의자, 사무용 책상, 사무용 의자, 계산대, 그 밖에 이와 비슷한 것을 말함)와 너비 10[cm] 이하인 반자돌림대 등과 건축법 제52조에 따른 내부 마감재료는 제외한다.
　㉠ 종이류(두께 2[mm] 이상인 것)·합성수지류 또는 섬유류를 주원료로 한 물품
　㉡ 합판이나 목재
　㉢ 공간을 구획하기 위하여 설치하는 간이 칸막이(접이식 등 이동 가능한 벽체나 천장 또는 반자가 실내에 접하는 부분까지 구획하지 않는 벽체)
　㉣ 흡음(吸音)을 위하여 설치하는 흡음재(흡음용 커튼을 포함)
　㉤ 방음(防音)을 위하여 설치하는 방음재(방음용 커튼을 포함)

(4) 방염성능기준(영 제31조)

① 버너의 불꽃을 제거한 때부터 불꽃을 올리며 연소하는 상태가 그칠 때까지 시간 : 20초 이내(잔염시간)
② 버너의 불꽃을 제거한 때부터 불꽃을 올리지 않고 연소하는 상태가 그칠 때까지 시간 : 30초 이내(잔신시간)
③ 탄화면적 : 50[cm^2] 이내
　탄화길이 : 20[cm] 이내
④ 불꽃에 의하여 완전히 녹을 때까지 불꽃의 접촉회수 : 3회 이상
⑤ 발연량을 측정하는 경우 최대연기밀도 : 400 이하

(5) 방염권장물품(영 제31조)

① 방염처리물품사용 권장권자 : 소방본부장, 소방서장
② 방염처리물품사용 권장대상
　㉠ 다중이용업소, 의료시설, 노유자시설, 숙박시설 또는 장례식장에 사용하는 침구류, 소파 및 의자
　㉡ 건축물 내부의 천장 또는 벽에 부착하거나 설치하는 가구류

10년간 자주 출제된 문제

8-1. 다음 중 방염대상물품의 성능기준은 어느 기준으로 정하는가?
① 대통령령　　　② 국무총리령
③ 행정안전부령　　④ 시·도의 조례

8-2. 특정소방대상물에서 사용하는 방염대상물품의 방염성능 검사 방법과 검사결과에 따른 합격표시 등에 필요한 사항은 무엇으로 정하는가?
① 대통령령　　　② 행정안전부령
③ 소방청장령　　④ 시·도의 조례

8-3. 방염성능기준 이상의 실내장식물 등을 설치해야 하는 특정소방대상물이 아닌 것은?
① 건축물 옥내에 있는 종교시설
② 방송통신시설 중 방송국 및 촬영소
③ 층수가 11층 이상인 아파트
④ 숙박이 가능한 수련시설

8-4. 방염성능기준 이상의 실내장식물 등을 설치해야 할 특정소방대상물로 옳지 않은 것은?
① 종합병원
② 건축물의 옥내에 있는 운동시설로서 수영장
③ 노유자시설
④ 방송통신시설 중 방송국 및 촬영소

8-5. 방염대상물품 중 제조 또는 가공공정에서 방염처리를 해야 하는 물품이 아닌 것은?
① 영화상영관에 설치하는 스크린
② 두께가 2[mm] 미만인 종이벽지
③ 바닥에 설치하는 카펫
④ 창문에 설치하는 블라인드

8-6. 특정소방대상물에 사용하는 물품으로 방염대상물품에 해당하지 않는 것은?
① 가구류
② 창문에 설치하는 커튼류
③ 무대용 합판
④ 종이벽지를 제외한 두께가 2[mm] 미만인 벽지류

8-7. 다음 중 특정소방대상물에서 사용하는 물품 중 방염성능이 없어도 되는 것은?
① 전시용 섬유판　　② 암막, 무대막
③ 무대용 합판　　　④ 비닐제품

8-8. 소방대상물의 방염성능기준으로 옳지 않은 것은?
① 버너의 불꽃을 제거한 때부터 불꽃을 올리지 않고 연소하는 상태가 그칠 때까지 시간은 30초 이내
② 탄화한 면적은 50[cm^2] 이내, 탄화의 길이는 20[cm] 이내
③ 불꽃에 완전히 녹을 때까지 불꽃의 접촉횟수는 5회 이상
④ 버너의 불꽃을 제거한 때부터 불꽃을 올리며 연소하는 상태가 그칠 때까지 시간은 20초 이내

8-9. 방염대상물품 외에 방염처리가 필요하다고 인정되는 경우에 소방서장이 방염제품을 사용하도록 권장할 수 있는 물품은?
① 책 상　　　② 전 등
③ 전 선　　　④ 침구류

【해설】

8-1
방염대상물품 성능기준 : 대통령령

8-2
방염대상물품의 방염성능검사 방법과 검사결과에 따른 합격표시 등에 필요한 사항 : 행정안전부령

8-3
11층 이상인 것(아파트는 제외) : 방염 대상

8-4
운동시설(수영장은 제외), 아파트는 방염처리 대상물이 아니다.

8-5
두께가 2[mm] 미만인 벽지류로서 종이벽지는 방염대상이 아니다.

8-6
본문 참조

8-7
본문 참조

8-8
방염성능의 기준 : 불꽃에 완전히 녹을 때까지 불꽃의 접촉횟수는 3회 이상

8-9
방염권장물품 : 다중이용업소, 의료시설, 노유자시설, 숙박시설 또는 장례식장에 사용하는 침구류, 소파, 의자

정답 8-1 ① 8-2 ② 8-3 ③ 8-4 ② 8-5 ② 8-6 ① 8-7 ④ 8-8 ③ 8-9 ④

제4절 소방시설 등의 자체점검

핵심이론 01 소방시설 등의 자체점검

(1) 소방시설 등의 자체점검(법 제22조)

① 자체점검 : 최초점검, 작동점검, 종합점검

② 소방시설 자체점검자 : 관계인, 관리업자, 소방안전관리자로 선임된 소방시설관리사 및 소방기술사

③ 자체점검 결과보고서 제출과정(규칙 제20조, 제23조)
  ㉠ 관리업자는 점검이 끝난 날부터 5일 이내 평가기관에 점검대상과 점검인력에 배치상황을 통보해야 한다.
  ㉡ 관리업자는 점검이 끝난 날부터 10일 이내에 자체점검 실시결과 보고서와 소방시설 등 점검표를 첨부하여 관계인에게 제출해야 한다.
  ㉢ 자체점검 실시결과 보고서를 제출받거나 스스로 자체점검을 실시한 관계인은 점검이 끝난 날부터 15일 이내에 자체점검 실시결과 보고서(전자문서로 된 보고서를 포함)에 다음의 서류를 첨부하여 소방본부장 또는 소방서장에게 보고한다.
    • 점검인력 배치확인서(관리업자가 점검한 경우)
    • 소방시설 등의 자체점검 결과 이행계획서

④ 지체 없이 필요한 조치를 해야 하는 중대위반사항(영 제34조)
  ㉠ 소화펌프(가압송수장치를 포함), 동력·감시제어반 또는 소방시설용 전원(비상전원을 포함)의 고장으로 소방시설이 작동되지 않는 경우
  ㉡ 화재수신기의 고장으로 화재경보음이 자동으로 울리지 않거나 화재수신기와 연동된 소방시설의 작동이 불가능한 경우
  ㉢ 소화배관 등이 폐쇄·차단되어 소화수 또는 소화약제가 자동 방출되지 않는 경우
  ㉣ 방화문 또는 자동방화셔터가 훼손되거나 철거되어 본래의 기능을 못하는 경우

⑤ 소방시설 등의 자체점검 결과에 따른 이행계획 완료의 연기사유(영 제35조)
  ㉠ 재난 및 안전관리 기본법 제3조 제1호에 해당하는 재난이 발생한 경우
  ㉡ 경매 등의 사유로 소유권이 변동 중이거나 변동된 경우
  ㉢ 관계인의 질병, 사고, 장기출장 등의 경우
  ㉣ 그 밖에 관계인이 운영하는 사업에 부도 또는 도산 등 중대한 위기가 발생하여 이행계획을 완료하기 곤란한 경우

(2) 소방시설 등의 자체점검의 구분 및 대상, 점검자의 자격·점검방법 등 준수사항(규칙 제20조, 별표 3)

① 자체점검의 구분
  ㉠ 작동점검 : 소방시설 등을 인위적으로 조작하여 소방시설이 정상적으로 작동하는지를 소방청장이 정하여 고시하는 소방시설 등 작동점검표에 따라 점검하는 것
  ㉡ 종합점검 : 소방시설 등의 작동점검을 포함하여 소방시설 등의 설비별 주요 구성 부품의 구조기준이 화재안전기준과 건축법 등 관련 법령에서 정하는 기준에 적합한지 여부를 소방청장이 정하여 고시하는 소방시설 등 종합점검표에 따라 점검하는 것
    • 최초점검 : 소방시설이 신설된 경우 건축법 제22조에 따라 건축물을 사용할 수 있게 된 날부터 60일 이내 점검하는 것을 말한다.
    • 그 밖의 종합점검 : 최초점검을 제외한 종합점검을 말한다.

② 작동점검

구 분	내 용
대 상	영 제5조에 따른 특정소방대상물을 대상으로 한다(다만, 다음에 해당하는 특정소방대상물은 제외). ① 소방안전관리자를 선임하지 않는 대상 ② 제조소 등 ③ 특급 소방안전관리대상물

기술인력	① 간이스프링클러설비(주택전용 간이스프링클러설비는 제외) 또는 자동화재탐지설비가 설치된 특정소방대상물
	  ㉠ 관계인
	  ㉡ 관리업에 등록된 기술인력 중 소방시설관리사
	  ㉢ 소방시설공사업법 시행규칙 별표 4의2에 따른 특급점검자
	  ㉣ 소방안전관리자로 선임된 소방시설관리사 및 소방기술사
	② ①에 해당하지 않는 특정소방대상물
	  ㉠ 관리업에 등록된 소방시설관리사
	  ㉡ 소방안전관리자로 선임된 소방시설관리사 및 소방기술사

점검횟수	연 1회 이상 실시

점검시기	① 종합점검 대상은 종합점검(최초점검은 제외)을 받은 달부터 6개월이 되는 달에 실시한다.
	② 특정소방대상물은 특정소방대상물의 사용승인일이 속하는 달의 말일까지 실시한다.
	  ㉠ 건축물의 경우 : 건축물관리대장 또는 건물 등기사항증명서에 기재되어 있는 날
	  ㉡ 시설물의 경우 : 시설물통합정보관리체계에 저장·관리되고 있는 날
	  ㉢ 건축물관리대장, 건물 등기사항증명서 및 시설물통합정보관리체계를 통해 확인되지 않은 경우 : 소방시설완공검사증명서에 기재된 날

③ 종합점검

구 분	내 용
대 상	① 특정소방대상물의 소방시설 등이 신설된 경우(최초점검) ② 스프링클러설비가 설치된 특정소방대상물 ③ 물분무 등 소화설비(호스릴 방식의 물분무 등 소화설비만을 설치한 경우는 제외)가 설치된 연면적 5,000[m²] 이상인 특정소방대상물(제조소 등은 제외) ④ 단란주점영업과 유흥주점영업, 영화상영관, 비디오물감상실업, 복합영상물제공업(비디오물소극장업은 제외), 노래연습장업, 산후조리원업, 고시원업, 안마시술소의 다중이용업의 영업장이 설치된 특정소방대상물로서 연면적이 2,000[m²] 이상인 것 ⑤ 제연설비가 설치된 터널 ⑥ 공공기관의 소방안전관리에 관한 규정 제2조에 따른 공공기관 중 연면적(터널·지하구의 경우 그 길이와 평균폭을 곱하여 계산된 값을 말한다)이 1,000[m²] 이상인 것으로서 옥내소화전설비 또는 자동화재탐지설비가 설치된 것(다만, 소방기본법에 따른 소방대가 근무하는 공공기관은 제외)

구 분	내 용
기술 인력	① 관리업에 등록된 소방시설관리사 ② 소방안전관리자로 선임된 소방시설관리사 및 소방기술사
점검 횟수	① 연 1회 이상(특급 소방안전관리대상물은 반기에 1회 이상) 실시한다. ② ①에도 불구하고 소방본부장 또는 소방서장은 소방청장이 소방안전관리가 우수하다고 인정한 특정소방대상물에 대해서는 3년의 범위에서 소방청장이 고시하거나 정한 기간동안 종합점검을 면제할 수 있다(다만, 면제기간 중 화재가 발생한 경우는 제외).
점검 시기	① 신축 건축물인 경우에는 건축물을 사용할 수 있게 된 날부터 60일 이내에 실시한다. ② ①을 제외한 특정소방대상물은 건축물의 사용승인일이 속하는 달에 실시한다. 다만, 학교의 경우에는 해당 건축물의 사용승인일이 1월에서 6월 사이에 있는 경우에는 6월 30일까지 실시할 수 있다. ③ 건축물 사용승인일 이후 대상 ④에 따라 종합점검 대상에 해당하게 된 경우에는 그 다음 해부터 실시한다. ④ 하나의 대지경계선 안에 2개 이상의 자체점검 대상 건축물 등이 있는 경우에는 그 건축물 중 사용승인일이 가장 빠른 연도의 건축물의 사용승인일을 기준으로 점검할 수 있다.

(3) 소방시설 자체점검 점검자의 기술등급(소방시설공사업법 규칙 별표 4의2)

① 기술자격에 따른 기술등급

구 분	기술자격
특급 점검자	• 소방시설관리사, 소방기술사 • 소방설비기사 자격을 취득한 후 8년 이상 소방 관련 업무를 수행한 사람 • 소방설비산업기사 자격을 취득한 후 소방시설관리업체에서 10년 이상 점검업무를 수행한 사람
고급 점검자	• 소방설비기사 자격을 취득한 후 5년 이상 소방 관련 업무를 수행한 사람 • 소방설비산업기사 자격을 취득한 후 8년 이상 소방 관련 업무를 수행한 사람 • 건축설비기사, 건축기사, 공조냉동기계기사, 일반기계기사, 위험물기능장 자격을 취득한 후 15년 이상 소방 관련 업무를 수행한 사람
중급 점검자	• 소방설비기사 자격을 취득한 사람 • 소방설비산업기사 자격을 취득한 후 3년 이상 소방 관련 업무를 수행한 사람 • 건축설비기사, 건축기사, 공조냉동기계기사, 일반기계기사, 위험물기능장, 전기기사, 전기공사기사, 전파전자통신기사, 정보통신기사 자격을 취득한 후 10년 이상 소방 관련 업무를 수행한 사람
초급 점검자	• 소방설비산업기사 자격을 취득한 사람 • 가스기능장, 전기기능장, 위험물기능장 자격을 취득한 사람 • 건축기사, 건축설비기사, 건설기계설비기사, 일반기계기사, 공조냉동기계기사, 화공기사, 가스기사, 전기기사, 전기공사기사, 산업안전기사, 위험물산업기사 자격을 취득한 사람 • 건축산업기사, 건축설비산업기사, 건설기계설비산업기사, 공조냉동기계산업기사, 화공산업기사, 가스산업기사, 전기산업기사, 전기공사산업기사, 산업안전산업기사, 위험물기능사 자격을 취득한 사람

② 학력·경력 등에 따른 기술등급(학력·경력자)

구 분	학력(해당 학과)·경력자
고급 점검자	• 학사 이상의 학위를 취득한 후 9년 이상 소방 관련 업무를 수행한 사람 • 전문학사학위를 취득한 후 12년 이상 소방 관련 업무를 수행한 사람
중급 점검자	• 학사 이상의 학위를 취득한 후 6년 이상 소방 관련 업무를 수행한 사람 • 전문학사학위를 취득한 후 9년 이상 소방 관련 업무를 수행한 사람 • 고등학교를 졸업한 후 12년 이상 소방 관련 업무를 수행한 사람
초급 점검자	• 고등교육법 제2조 제1호부터 제6호까지에 해당하는 학교에서 제1호 나목에 해당하는 학과 또는 고등학교 소방학과를 졸업한 사람

③ 학력·경력 등에 따른 기술등급(경력자)

구 분	경력자
고급 점검자	• 학사 이상의 학위를 취득한 후 12년 이상 소방 관련 업무를 수행한 사람 • 전문학사학위를 취득한 후 15년 이상 소방 관련 업무를 수행한 사람 • 22년 이상 소방 관련 업무를 수행한 사람
중급 점검자	• 학사 이상의 학위를 취득한 후 9년 이상 소방 관련 업무를 수행한 사람 • 전문학사학위를 취득한 후 12년 이상 소방 관련 업무를 수행한 사람 • 고등학교를 졸업한 후 15년 이상 소방 관련 업무를 수행한 사람 • 18년 이상 소방 관련 업무를 수행한 사람

구 분	경력자
초급 점검자	• 4년제 대학 이상 또는 이와 같은 수준 이상의 교육기관을 졸업한 후 1년 이상 소방 관련 업무를 수행한 사람 • 전문대학 또는 이와 같은 수준 이상의 교육기관을 졸업한 후 3년 이상 소방 관련 업무를 수행한 사람 • 5년 이상 소방 관련 업무를 수행한 사람 • 3년 이상 제1호 다목 2)(소방 관련 업무)에 해당하는 경력이 있는 사람

(4) 아파트의 세대별 점검방법(규칙 별표 3)

① 관리자(관리소장, 입주자대표회의 및 소방안전관리자를 포함) 및 입주민(세대 거주자를 말함)은 2년 주기로 모든 세대에 대하여 점검을 해야 한다.
② 관리자는 수신기에서 원격 점검이 불가능한 경우
  ㉠ 작동점검만 실시 : 1회 점검 시마다 전체 세대수의 50[%] 이상
  ㉡ 종합점검 실시 : 1회 점검 시마다 전체 세대수의 30[%] 이상
③ 관리자는 세대별 점검현황(입주민 부재 등 불가피한 사유로 점검을 하지 못한 세대 현황을 포함)을 작성하여 자체점검이 끝난 날부터 2년간 자체 보관해야 한다.

(5) 자체점검 장비(규칙 별표 3)

소방시설	점검 장비	규 격
모든 소방시설	방수압력측정계, 절연저항계(절연저항측정기), 전류전압측정계	-
소화기구	저 울	-
옥내소화전설비, 옥외소화전설비	소화전밸브압력계	-
스프링클러설비, 포소화설비	헤드결합렌치(볼트, 너트, 나사 등을 죄거나 푸는 공구)	-
이산화탄소소화설비, 분말소화설비, 할론소화설비, 할로겐화합물 및 불활성기체 소화설비	검량계, 기동관누설시험기, 그 밖에 소화약제의 저장량을 측정할 수 있는 점검기구	-
자동화재탐지설비, 시각경보기	열감지기시험기, 연(煙)감지기시험기, 공기주입시험기, 감지기시험기연결막대, 음량계	-
누전경보기	누전계	누전전류 측정용
무선통신보조설비	무선기	통화시험용
제연설비	풍속풍압계, 폐쇄력측정기, 차압계(압력차 측정기)	-
통로유도등, 비상조명등	조도계(밝기 측정기)	최소 눈금이 0.1[lx] 이하인 것

> 10년간 자주 출제된 문제

1-1. 관계인이 작동점검을 실시할 경우 작동점검 실시결과 보고서를 며칠 이내에 소방서장에게 제출해야 하는가?
① 7일 ② 10일
③ 15일 ④ 30일

1-2. 소방시설의 자체점검 시 작동점검 횟수는?
① 분기에 1회 이상 ② 6개월에 2회 이상
③ 연 1회 이상 ④ 연 2회 이상

1-3. 다음 중 소방시설관리업자에게 연 1회 이상 종합점검을 받아야 하는 대상으로 맞는 것은?
① 연면적 2,000[m²]인 비디오물소극장업이 설치된 특정소방대상물
② 연면적 10,000[m²] 이상인 특정소방대상물
③ 연면적 5,000[m²] 이상이고 층수가 15층 이상인 아파트
④ 스프링클러설비가 설치된 특정소방대상물

1-4. 연 1회 이상 소방시설관리업자 또는 소방안전관리자로 선임된 소방시설관리사, 소방기술사가 종합점검을 의무적으로 실시하는 특정소방대상물은?
① 옥내소화전설비가 설치된 연면적 1,000[m²] 이상
② 간이스프링클러설비가 설치된 연면적 3,000[m²] 이상
③ 물분무 등 소화설비가 설치된 연면적 5,000[m²] 이상
④ 20층인 아파트

1-5. 소방시설 설치 및 관리에 관한 법률상 소방시설 등에 대한 자체점검 중 종합점검 대상기준으로 옳지 않은 것은?
① 제연설비가 설치된 터널
② 노래연습장업으로서 연면적이 2,000[m²] 이상인 것
③ 아파트는 연면적이 5,000[m²] 이상이고 15층 이상인 것
④ 소방대가 근무하지 않은 국공립학교 중 연면적이 1,000[m²] 이상인 것으로서 자동화재탐지설비가 설치된 것

10년간 자주 출제된 문제

1-6. 물분무 등 소화설비가 설치된 연면적 5,000[m²] 이상인 특정소방대상물(제조소 등을 제외한다)에 대한 종합점검을 할 수 있는 자격자로서 옳지 않은 것은?

① 소방시설관리업자로 선임된 소방기술사
② 소방안전관리자로 선임된 소방기술사
③ 소방안전관리자로 선임된 소방시설관리사
④ 소방안전관리자로 선임된 기계・전기분야를 함께 취득한 소방설비기사

1-7. 기술자격에 따른 기술등급 구분으로 틀린 것은?

① 특급점검자 – 소방시설관리사
② 고급점검자 – 소방설비기사 자격을 취득한 후 3년 이상 소방 관련 업무를 수행한 사람
③ 중급점검자 – 소방설비기사 자격을 취득한 사람
④ 초급점검자 – 소방설비산업기사 자격을 취득한 사람

[해설]

1-1
작동점검・종합점검 보고 : 점검을 끝난 날부터 15일 이내에 소방서장에게 제출

1-2
작동점검 실시주기 : 연 1회 이상

1-3
스프링클러설비가 설치된 특정소방대상물은 2020년 8월 14일 이후부터 무조건 종합점검 대상이다.

1-4
종합점검 대상 : 물분무 등 소화설비가 설치된 연면적 5,000[m²] 이상

1-5
종합점검 대상 : 현재의 아파트는 아파트에 습식 스프링클러설비가 설치되므로 종합점검 대상인데 과거에 아파트 10층, 15층 건물에는 스프링클러설비가 설치되어 있지 않아서 작동점검만 하면 되었다. 그러나 주차장에는 준비작동식 스프링클러설비가 설치되어 있으므로 종합점검과 작동점검을 실시해야 한다.

1-6
종합점검을 할 수 있는 자격자 : 소방기술사, 소방시설관리사

1-7
고급점검자 : 소방설비기사 자격을 취득한 후 5년 이상 소방 관련 업무를 수행한 사람

정답 1-1 ③ 1-2 ① 1-3 ④ 1-4 ① 1-5 ① 1-6 ④ 1-7 ②

핵심이론 02 소방시설 등의 자체점검 시 점검인력 배치기준

(1) 점검인력 1단위

① 관리업자가 점검하는 경우 : 주된 점검인력(특급점검자) 1명 + 보조점검인력 2명(영 별표 9에 따른 주된 기술인력 또는 보조기술인력)

※ 같은 건축물을 점검할 때는 보조기술인력을 추가할 수 있다.

② 소방안전관리자로 선임된 소방시설관리사 또는 소방기술사가 점검하는 경우 : 주된 점검인력(소방시설관리사 또는 소방기술사) 1명 + 보조점검인력 2명

※ 보조점검인력 : 해당 특정소방대상물의 관계인, 소방안전관리자, 관리업자 소속의 소방기술인력

③ 관계인이 점검하는 경우 : 주된 점검인력(관계인) 1명 + 보조점검인력 2명

※ 보조점검인력 : 해당 특정소방대상물의 관계인, 소방안전관리자, 관리업자 소속의 소방기술인력

(2) 점검인력의 배치기준(규칙 별표 4)

구 분	주된 점검인력	보조점검인력
50층 이상 또는 성능위주설계를 한 특정소방대상물	소방시설관리사 경력 5년 이상인 특급점검자 1명 이상	고급점검자 이상의 기술인력 1명 이상 및 중급점검자 이상의 기술인력 1명 이상
화재의 예방 및 안전관리에 관한 법률 시행령 별표 4 제1호에 따른 특급 소방안전관리대상물 (위의 특정소방대상물은 제외한다)	소방시설관리사 경력 3년 이상인 특급점검자 1명 이상	고급점검자 이상의 기술인력 1명 이상 및 초급점검자 이상의 기술인력 1명 이상
화재의 예방 및 안전관리에 관한 법률 시행령 별표 4 제2호 및 제3호에 따른 1급 또는 2급 소방안전관리대상물	소방시설관리사 경력 1년 이상인 특급점검자 1명 이상	중급점검자 이상의 기술인력 1명 이상 및 초급점검자 이상의 기술인력 1명 이상
화재의 예방 및 안전관리에 관한 법률 시행령 별표 4 제4호에 따른 3급 소방안전관리대상물	특급점검자 1명 이상	초급점검자 이상의 기술인력 2명 이상

[비고]
1. "주된 기술인력"이란 해당 점검 업무 전반을 총괄하는 사람을 말한다.
2. "보조점검인력"이란 주된 점검인력을 보조하고, 주된 점검인력의 지시를 받아 점검업무를 수행하는 사람을 말한다.
3. 점검인력의 등급 구분(특급점검자, 고급점검자, 중급점검자, 초급점검자)은 소방시설공사업법 시행규칙 별표 4의2에서 정하는 기준에 따른다.

(3) 점검한도 면적

① 일반건축물

㉠ 점검한도면적

구 분	점검한도면적	보조점검인력 1명 추가
종합점검	8,000[m²]	2,000[m²]
작동점검	10,000[m²]	2,500[m²]

㉡ 점검인력은 하루에 5개의 특정소방대상물에 한하여 배치할 수 있다. 다만 2개 이상의 특정소방대상물을 2일 이상 연속하여 점검하는 경우에는 배치기한을 초과해서는 안 된다.

㉢ 관리업자들이 하루 동안 점검한 실제점검면적
- 지하구 = 길이×1.8[m]
- 터널 3차로 이하 = 길이×3.5[m](폭의 길이)
- 터널 4차로 이상 = 길이×7[m](폭의 길이)
- 한쪽 측벽에 소방시설이 설치된 4차로 이상인 터널 = 길이×3.5[m](폭의 길이)

㉮ 실제점검면적에 가감계수는 곱한다.

구 분	대상 용도	가감계수
1류	문화 및 집회시설, 종교시설, 판매시설, 의료시설, 노유자시설, 수련시설, 숙박시설, 위락시설, 창고시설, 교정시설, 발전시설, 지하가, 복합건축물	1.1
2류	공동주택, 근린생활시설, 운수시설, 교육연구시설, 운동시설, 업무시설, 방송통신시설, 공장, 항공기 및 자동차 관련 시설, 군사시설, 관광휴게시설, 장례시설, 지하구	1.0
3류	위험물 저장 및 처리시설, 문화재(국가유산), 동물 및 식물 관련 시설, 자원순환 관련 시설, 묘지 관련 시설	0.9

㉯ 점검한 특정소방대상물이 다음의 어느 하나에 해당할 때에는 다음에 따라 계산된 값을 ㉮에 따라 계산된 값에서 뺀다.
- 스프링클러설비가 설치되지 않은 경우 : ㉮에 따라 계산된 값에 0.1을 곱한 값
- 물분무 등 소화설비가 설치되지 않은 경우 : ㉮에 따라 계산된 값에 0.1을 곱한 값
- 제연설비가 설치되지 않은 경우 : ㉮에 따라 계산된 값에 0.1을 곱한 값

㉰ 2개 이상의 특정소방대상물을 하루에 점검하는 경우에는 특정소방대상물 상호 간의 좌표 최단거리 5[km]마다 점검한도면적에 0.02를 곱한 값을 점검한도면적에서 뺀다.

② 아파트 등

구 분	점검한도 세대수	보조점검인력 1명 추가
종합점검	250세대	60세대
작동점검	250세대	60세대

㉠ 점검한 아파트가 다음의 어느 하나에 해당할 때에는 다음에 따라 계산된 값을 실제점검 세대수에서 뺀다.
- 스프링클러설비가 설치되지 않은 경우 : 실제점검 세대수에 0.1을 곱한 값
- 물분무 등 소화설비가 설치되지 않은 경우 : 실제점검 세대수에 0.1을 곱한 값
- 제연설비가 설치되지 않은 경우 : 실제점검 세대수에 0.1을 곱한 값

㉡ 2개 이상의 아파트를 하루에 점검하는 경우에는 아파트 상호 간의 좌표 최단거리 5[km]마다 점검한도 세대수에 0.02를 곱한 값을 점검한도 세대수에서 뺀다.

③ 아파트 등과 아파트 등 외 용도의 건축물을 하루에 점검할 때에는 종합점검의 경우 ②에 따라 계산된 값에 32, 작동점검의 경우 ②에 따라 계산된 값에 40을 곱한 값을 점검대상 연면적으로 본다.

④ 종합점검과 작동점검을 하루에 점검하는 경우에는 작동점검의 점검대상 연면적 또는 점검대상 세대수에 0.8을 곱한 값을 종합점검 점검대상 연면적 또는 점검대상 세대수로 본다.

⑤ 위의 규정에 따라 계산된 값은 소수점 이하 둘째 자리에서 반올림한다.

10년간 자주 출제된 문제

2-1. 소방시설 설치 및 관리에 관한 법률상 소방시설 등의 자체점검 시 점검인력 배치기준 중 종합점검에 대한 점검인력 1단위가 하루 동안 점검할 수 있는 특정소방대상물의 연면적 기준으로 옳은 것은?(단, 보조인력을 추가하는 경우는 제외한다)

① 3,500[m²] ② 8,000[m²]
③ 10,000[m²] ④ 12,000[m²]

2-2. 관리업자가 자체점검하는 경우 인력배치기준으로 옳지 않은 것은?

① 50층 이상인 특정소방대상물(아파트 등은 제외) – 5년 이상 소방시설관리사 1명, 고급점검자 1명, 중급점검자 1명
② 연면적 10만[m²] 이상인 특정소방대상물(아파트 등은 제외) – 5년 이상 소방시설관리사 1명, 고급점검자 1명, 초급점검자 1명
③ 지하층을 제외한 30층인 아파트 – 1년 이상 소방시설관리사 1명, 중급점검자 1명, 초급점검자 1명
④ 연면적 15,000[m²] 이상인 특정소방대상물 – 1년 이상 소방시설관리사 1명, 중급점검자 1명, 초급점검자 1명

[해설]

2-1
자체점검 시 1단위의 점검기준(점검 1단위 : 소방시설관리사 + 보조점검인력 2명)

종류	일반건축물		아파트	
	기본 면적	보조점검인력 1명 추가 시	점검한도 세대 수	보조점검인력 1명 추가 시
작동점검	10,000[m²]	2,500[m²]	250세대	60세대
종합점검	8,000[m²]	2,000[m²]	250세대	60세대

2-2
연면적 10만[m²] 이상인 특정소방대상물(아파트 등은 제외)은 특급이므로 3년 이상 소방시설관리사가 주된 기술인력이 된다.

정답 2-1 ② **2-2** ②

제5절 소방시설관리사 및 소방시설관리업

핵심이론 01 소방시설관리사

(1) 소방시설관리사(법 제25조)

시험 실시권자 : 소방청장

(2) 소방시설관리사 결격사유(법 제27조)

① 피성년후견인
② 소방시설 설치 및 관리에 관한 법률, 소방기본법, 화재의 예방 및 안전관리에 관한 법률, 소방시설공사업법 또는 위험물안전관리법을 위반하여 금고 이상의 실형을 선고받고 그 집행이 끝나거나(집행이 끝난 것으로 보는 경우를 포함한다) 집행이 면제된 날부터 2년이 지나지 않은 사람
③ 소방시설 설치 및 관리에 관한 법률, 소방기본법, 화재의 예방 및 안전관리에 관한 법률, 소방시설공사업법 또는 위험물안전관리법을 위반하여 금고 이상의 형의 집행유예를 선고받고 그 유예기간 중에 있는 사람
④ 자격이 취소된 날부터 2년이 지나지 않은 사람

(3) 관리사의 응시자격[26. 12. 31까지 적용]

① 소방기술사·위험물기능장·건축사·건축기계설비기술사·건축전기설비기술사 또는 공조냉동기계기술사
② 소방설비기사 자격을 취득한 후 2년 이상 소방청장이 정하여 고시하는 소방에 관한 실무경력(이하 "소방실무경력")이 있는 사람
③ 소방설비산업기사 자격을 취득한 후 3년 이상 소방실무경력이 있는 사람
④ 소방안전공학(소방방재공학, 안전공학을 포함한다) 분야를 전공한 후 다음의 어느 하나에 해당하는 사람
  ㉠ 해당 분야의 석사학위 이상을 취득한 사람
  ㉡ 2년 이상 소방실무경력이 있는 사람

⑤ 위험물산업기사 또는 위험물기능사 자격을 취득한 후 3년 이상 소방실무경력이 있는 사람
⑥ 소방공무원으로 5년 이상 근무한 경력이 있는 사람
⑦ 다음의 어느 하나에 해당하는 사람
　㉠ 특급 소방안전관리대상물의 소방안전관리자로 2년 이상 근무한 실무경력이 있는 사람
　㉡ 1급 소방안전관리대상물의 소방안전관리자로 3년 이상 근무한 실무경력이 있는 사람
　㉢ 2급 소방안전관리대상물의 소방안전관리자로 5년 이상 근무한 실무경력이 있는 사람
　㉣ 3급 소방안전관리대상물의 소방안전관리자로 7년 이상 근무한 실무경력이 있는 사람
　㉤ 10년 이상 소방실무경력이 있는 사람

(4) 관리사의 자격의 취소 및 1년 이내의 자격정지 (법 제28조)

① 거짓이나 그 밖의 부정한 방법으로 시험에 합격한 경우(자격취소)
② 화재의 예방 및 안전관리에 관한 법률에 따른 대행인력의 배치기준·자격·방법 등 준수사항을 지키지 않은 경우
③ 자체점검을 하지 않거나 거짓으로 한 경우
④ 소방시설관리사증을 다른 사람에게 빌려준 경우(자격취소)
⑤ 동시에 둘 이상의 업체에 취업한 경우(자격취소)
⑥ 성실하게 자체점검 업무를 수행하지 않은 경우
⑦ 결격사유에 해당하게 된 경우(자격취소)

10년간 자주 출제된 문제

1-1. 소방시설관리사 자격의 결격사유가 아닌 것은?
① 피성년후견인
② 이 법에 따른 금고 이상의 실형을 선고받고 그 집행이 끝나거나 집행이 면제된 날부터 2년이 지나지 않은 사람
③ 파산자로 복권에 당첨된 자
④ 자격이 취소된 날부터 2년이 지나지 않은 사람

1-2. 소방설비기사 자격을 취득한 후 최소 몇 년 이상 소방실무경력이 있어야 소방시설관리사 응시자격이 주어지는가?
① 7년　　　　② 5년
③ 4년　　　　④ 2년

1-3. 소방시설관리사 자격취소 사유에 해당되지 않는 것은?
① 거짓이나 그 밖의 부정한 방법으로 시험에 합격한 경우
② 자체점검을 하지 않거나 거짓으로 한 경우
③ 소방시설관리사증을 다른 사람에게 빌려준 경우
④ 관리사의 결격사유에 해당하게 된 경우

|해설|
1-1
파산자로서 복권에 당첨되든지 되지 않던지 결격사유가 아니다.
1-2
소방시설관리사의 응시자격 : 소방설비기사 취득 후 실무경력 2년 이상
※ 소방시설관리사 응시자격은 27. 1. 1부터 소방설비기사는 실무경력이 없어도 자격증이 있으면 바로 응시할 수 있습니다.
1-3
본문 참조

정답　1-1 ③　1-2 ④　1-3 ②

핵심이론 02 소방시설관리업

(1) 소방시설관리업(법 제29조, 제31조)
① 소방시설관리업의 업무 : 소방시설 등의 점검 및 관리를 업무 또는 소방안전관리업무의 대행
② 소방시설관리업의 등록 및 등록사항의 변경신고 : 시·도지사

(2) 등록의 결격사유(법 제30조)
① 피성년후견인
② 소방시설 설치 및 관리에 관한 법률, 소방기본법, 화재의 예방 및 안전관리에 관한 법률, 소방시설공사업법 또는 위험물안전관리법을 위반하여 금고 이상의 실형을 선고받고 그 집행이 끝나거나(집행이 끝난 것으로 보는 경우를 포함) 집행이 면제된 날부터 2년이 지나지 않은 사람
③ 소방시설 설치 및 관리에 관한 법률, 소방기본법, 화재의 예방 및 안전관리에 관한 법률, 소방시설공사업법 또는 위험물안전관리법을 위반하여 금고 이상의 형의 집행유예를 선고받고 그 유예기간 중에 있는 사람
④ 관리업의 등록이 취소된 날부터 2년이 지나지 않은 사람
⑤ 임원 중에 ①부터 ④까지의 어느 하나에 해당하는 사람이 있는 법인

(3) 소방시설관리업의 인력기준(영 별표 9)

기술인력 등 업종별	기술인력	영업범위
전문 소방시설 관리업	① 주된 기술인력 ㉠ 소방시설관리사 자격을 취득한 후 소방 관련 실무경력이 5년 이상인 사람 1명 이상 ㉡ 소방시설관리사 자격을 취득한 후 소방 관련 실무경력이 3년 이상인 사람 1명 이상 ② 보조기술인력 ㉠ 고급점검자 이상의 기술인력 : 2명 이상 ㉡ 중급점검자 이상의 기술인력 : 2명 이상 ㉢ 초급점검자 이상의 기술인력 : 2명 이상	모든 특정소방 대상물
일반 소방시설 관리업	① 주된 기술인력 : 소방시설관리사 자격을 취득한 후 소방 관련 실무경력이 1년 이상인 사람 1명 이상 ② 보조기술인력 ㉠ 중급점검자 이상의 기술인력 : 1명 이상 ㉡ 초급점검자 이상의 기술인력 : 1명 이상	1, 2, 3급 소방안전 관리대상물

(4) 소방시설관리업의 변경(규칙 제34조)
① 등록사항의 변경신고 : 변경일로부터 30일 이내에 시·도지사에게 제출
② 등록사항의 변경신고 시 첨부서류
  ㉠ 명칭·상호 또는 영업소 소재지가 변경된 경우 : 소방시설관리업 등록증 및 등록수첩
  ㉡ 대표자가 변경된 경우 : 소방시설관리업 등록증 및 등록수첩
  ㉢ 기술인력이 변경된 경우
   • 소방시설관리업 등록수첩
   • 변경된 기술인력의 기술자격증(경력수첩 포함)
   • 소방기술인력대장

(5) 관리업의 지위승계(규칙 제35조)

① 지위승계 : 그 지위를 승계한 날부터 30일 이내에 시·도지사에게 제출
② 지위승계 시 첨부서류
 ㉠ 소방시설관리업 등록증 및 등록수첩
 ㉡ 계약서 사본 등 지위승계를 증명하는 서류
 ㉢ 소방기술인력대장 및 기술자격증(경력수첩 포함)

(6) 관리업 등록의 취소와 6개월 이내의 영업정지(법 제35조)

① 거짓이나 그 밖의 부정한 방법으로 등록을 한 경우(등록취소)
② 점검을 하지 않거나 거짓으로 한 경우
③ 관리업 등록기준에 미달하게 된 경우
④ 등록의 결격사유 중 어느 하나에 해당하게 된 경우. 다만, 제30조 제5호에 해당하는 법인으로서 결격사유에 해당하게 된 날부터 2개월 이내에 그 임원을 결격사유가 없는 임원으로 바꾸어 선임한 경우는 제외한다(등록취소).
⑤ 등록증 또는 등록수첩을 빌려준 경우(등록취소)
⑥ 점검능력 평가를 받지 않고 자체점검을 한 경우

(7) 관리업의 과징금(법 제36조)

① 부과권자 : 시·도지사
② 과징금 금액 : 3,000만원 이하

10년간 자주 출제된 문제

2-1. 소방안전관리업무의 대행을 하고자 하는 자는 누구에게 등록해야 하는가?
① 한국소방안전협회장
② 관할 소방서장
③ 소방산업기술원장
④ 시·도지사

2-2. 소방시설관리업의 등록기준에서는 인력기준을 주된 기술인력과 보조기술인력으로 구분하고 있다. 다음 중 보조기술인력에 속하지 않는 것은?
① 소방시설관리사
② 소방설비기사
③ 소방공무원으로 3년 이상 근무한 자로서 소방기술인정 자격수첩을 교부받은 자
④ 소방설비산업기사

2-3. 소방시설관리업의 등록을 반드시 취소해야 하는 사유에 해당하지 않는 것은?
① 거짓으로 등록을 한 경우
② 등록기준에 미달하게 된 경우
③ 다른 사람에게 등록증을 빌려준 경우
④ 등록의 결격사유에 해당하게 된 경우

2-4. 영업정지를 명하는 경우로서 그 영업정지가 이용자에게 불편을 주거나 그 밖에 공익을 해칠 우려가 있을 때에는 영업정지처분을 갈음하여 부과할 수 있는 과징금의 금액은?
① 1,000만원 이하
② 2,000만원 이하
③ 3,000만원 이하
④ 5,000만원 이하

[해설]

2-1
소방안전관리업무의 대행 : 시·도지사에게 등록

2-2
소방시설관리업의 주된 기술인력 : 소방시설관리사 1명 이상

2-3
등록기준에 미달하게 된 경우 : 6개월 이내의 시정이나 영업정지처분

2-4
소방시설관리업의 과징금 : 3,000만원 이하

정답 2-1 ④ 2-2 ① 2-3 ② 2-4 ③

제6절 소방용품의 품질관리

핵심이론 01 소방용품의 형식승인

(1) 소방용품의 형식승인 등(법 제37조)

① 소방용품을 제조 또는 수입하려는 자 : 소방청장의 형식승인을 받아야 한다(연구개발 목적으로 제조 또는 수입하는 소방용품은 제외).

② 형식승인을 받으려는 사람 : 시험시설을 갖추고 소방청장의 심사를 받아야 한다.

(2) 형식승인 소방용품(영 제6조, 별표 3)

① 소화설비를 구성하는 제품 또는 기기
  ㉠ 소화기구(소화약제 외의 것을 이용한 간이소화용구는 제외)
  ㉡ 자동소화장치
  ㉢ 소화설비를 구성하는 소화전, 관창, 소방호스, 스프링클러헤드, 기동용 수압개폐장치, 유수제어밸브 및 가스관선택밸브

② 경보설비를 구성하는 제품 또는 기기
  ㉠ 누전경보기 및 가스누설경보기
  ㉡ 경보설비를 구성하는 발신기, 수신기, 중계기, 감지기 및 음향장치(경종만 해당)

③ 피난구조설비를 구성하는 제품 또는 기기
  ㉠ 피난사다리, 구조대, 완강기(지지대 포함), 간이완강기(지지대 포함)
  ㉡ 공기호흡기(충전기를 포함)
  ㉢ 피난구유도등, 통로유도등, 객석유도등 및 예비전원이 내장된 비상조명등

④ 소화용으로 사용하는 제품 또는 기기
  ㉠ 소화약제
    • 상업용 주방자동소화장치
    • 캐비닛형 자동소화장치
    • 포소화설비
    • 이산화탄소소화설비
    • 할론소화설비
    • 할로겐화합물 및 불활성기체소화설비
    • 분말소화설비
    • 강화액소화설비
    • 고체에어로졸소화설비
  ㉡ 방염제(방염액·방염도료 및 방염성 물질)

(3) 소방용품의 형식승인의 취소, 6개월 이내의 검사 중지(법 제39조)

① 거짓이나 그 밖의 부정한 방법으로 형식승인을 받은 경우(형식승인 취소)

② 시험시설의 시설기준에 미달되는 경우

③ 거짓이나 그 밖의 부정한 방법으로 제품검사를 받은 경우(형식승인 취소)

④ 제품검사 시 기술기준에 미달되는 경우

⑤ 변경승인을 받지 않거나 거짓이나 그 밖의 부정한 방법으로 변경승인을 받은 경우(형식승인 취소)

(4) 소방용품의 내용연수(영 제19조)

① 내용연수를 설정해야 하는 소방용품 : 분말 형태의 소화약제를 사용하는 소화기

② 내용연수 : 10년

10년간 자주 출제된 문제

1-1. 다음 중 소방용품을 수입하고자 하는 자는 누구의 형식승인을 받아야 하는가?

① 대통령 ② 국무총리
③ 소방청장 ④ 시·도지사

1-2. 다음 중 형식승인대상 소방용품이 아닌 것은?

① 송수구 ② 소화전
③ 관 창 ④ 방염제

1-3. 소방청장의 형식승인을 받아야 할 소방용품에 속하지 않는 것은?

① 가스누설경보기 ② 화학반응식 거품소화기
③ 소방호스 ④ 완강기

10년간 자주 출제된 문제

1-4. 다음 중 소방시설 설치 및 관리에 관한 법률상 형식승인 소방용품에 해당하는 것은?
① 시각경보기 ② 공기안전매트
③ 비상콘센트설비 ④ 가스누설경보기

1-5. 다음 중 소방시설 설치 및 관리에 관한 법률상 형식승인 소방용품에 속하지 않는 것은?
① 방염도료 ② 피난사다리
③ 휴대용 비상조명등 ④ 가스누설경보기

1-6. 소방용품의 형식승인을 받은 자에게 형식승인 취소사유에 해당하지 않는 것은?
① 거짓이나 그 밖의 부정한 방법으로 형식승인을 받은 경우
② 거짓이나 그 밖의 부정한 방법으로 제품검사를 받은 경우
③ 시험시설의 시설기준에 미달되는 경우
④ 거짓이나 그 밖의 부정한 방법으로 변경승인을 받은 경우

1-7. 소방용품 중 분말소화기의 내용연수는 몇 년인가?
① 3년 ② 5년
③ 10년 ④ 15년

|해설|

1-1
소방용품의 형식승인권자 : 소방청장

1-2
송수구 : 형식승인대상 소방용품이 아니다.

1-3
소화설비에 사용하는 소화약제는 형식승인을 받아야 할 소방용품에 속한다.

1-4
가스누설경보기는 소방용품에 해당된다.

1-5
예비전원이 내장된 비상조명등은 소방용품이고 휴대용 비상조명등은 소방용품이 아니다.

1-6
①, ②, ④는 형식승인 취소사유이다.

1-7
분말소화기 내용연수 : 10년

정답 1-1 ③ 1-2 ① 1-3 ② 1-4 ④ 1-5 ③ 1-6 ③ 1-7 ③

제7절 벌칙 등

핵심이론 01 벌칙 및 과태료

(1) 5년 이하의 징역 또는 5,000만원 이하의 벌금(법 제56조)
소방시설에 폐쇄・차단 등의 행위를 한 자

(2) 7년 이하의 징역 또는 7,000만원 이하의 벌금(법 제56조)
소방시설을 폐쇄・차단 등의 행위를 하여 사람을 상해에 이르게 한 때

(3) 10년 이하의 징역 또는 1억원 이하의 벌금(법 제56조)
소방시설을 폐쇄・차단 등의 행위를 하여 사람을 사망에 이르게 한 때

(4) 3년 이하의 징역 또는 3,000만원 이하의 벌금(법 제57조)
① 화재안전기준에 따른 조치명령, 임시소방시설의 조치명령, 피난시설, 방화구획 및 방화시설의 조치명령, 방염성능검사의 조치명령, 자체점검의 이행명령, 형식승인 또는 성능인증 최소명령을 정당한 사유 없이 위반한 자
② 관리업의 등록을 하지 않고 영업을 한 자
③ 소방용품의 형식승인을 받지 않고 소방용품을 제조하거나 수입한 자 또는 거짓이나 그 밖의 부정한 방법으로 형식승인을 받은 자
④ 제품검사를 받지 않은 자 또는 거짓이나 그 밖의 부정한 방법으로 제품검사를 받은 자
⑤ 규정을 위반하여 소방용품을 판매・진열하거나 소방시설공사에 사용한 자
⑥ 제품검사를 받지 않거나 합격표시를 하지 않은 소방용품을 판매・진열하거나 소방시설공사에 사용한 자

(5) 1년 이하의 징역 또는 1,000만원 이하의 벌금(법 제58조)

① 소방시설 등에 대한 자체점검을 하지 않거나 관리업자 등으로 하여금 정기적으로 점검하게 하지 않은 자
② 소방시설관리사증을 다른 사람에게 빌려주거나 빌리거나 이를 알선한 자
③ 동시에 둘 이상의 업체에 취업한 자
④ 자격정지처분을 받고 그 자격정지기간 중에 관리사의 업무를 한 자
⑤ 관리업의 등록증이나 등록수첩을 다른 자에게 빌려주거나 빌리거나 이를 알선한 자
⑥ 영업정지처분을 받고 그 영업정지기간 중에 관리업의 업무를 한 자

(6) 300만원 이하의 벌금(법 제59조)

① 업무를 수행하면서 알게 된 비밀을 이 법에서 정한 목적 외의 용도로 사용하거나 다른 사람 또는 기관에 제공하거나 누설한 자
② 방염성능검사에 합격하지 않은 물품에 합격표시를 하거나 합격표시를 위조하거나 변조하여 사용한 자
③ 방염성능검사를 할 때 거짓 시료를 제출한 자
④ 자체점검 시 중대위반사항을 위반하여 조치를 하지 않은 관계인 또는 관계인에게 중대위반사항을 알리지 않은 관리업자 등

(7) 300만원 이하의 과태료(법 제61조)

① 소방시설을 화재안전기준에 따라 설치·관리하지 않은 자
② 공사 현장에 임시소방시설을 설치·관리하지 않은 자
③ 피난시설, 방화구획 또는 방화시설의 폐쇄·훼손·변경 등의 행위를 한 자
④ 방염대상물품을 방염성능기준 이상으로 설치하지 않은 자
⑤ 점검능력 평가를 받지 않고 점검을 한 관리업자
⑥ 관계인에게 점검 결과를 제출하지 않은 관리업자 등
⑦ 점검인력의 배치기준 등 자체점검 시 준수사항을 위반한 자
⑧ 점검 결과를 보고하지 않거나 거짓으로 보고한 자
⑨ 이행계획을 기간 내에 완료하지 않은 자 또는 이행계획 완료 결과를 보고하지 않거나 거짓으로 보고한 자
⑩ 점검기록표를 기록하지 않거나 특정소방대상물의 출입자가 쉽게 볼 수 있는 장소에 게시하지 않은 관계인
⑪ 소속 기술인력의 참여 없이 자체점검을 한 관리업자

10년간 자주 출제된 문제

1-1. 소방시설 설치 및 관리에 관한 법률상 특정소방대상물의 관계인이 소방시설에 폐쇄(잠금을 포함)·차단 등의 행위를 하여서 사람을 상해에 이르게 한 때에 대한 벌칙기준으로 옳은 것은?

① 10년 이하의 징역 또는 1억원 이하의 벌금
② 7년 이하의 징역 또는 7,000만원 이하의 벌금
③ 5년 이하의 징역 또는 5,000만원 이하의 벌금
④ 3년 이하의 징역 또는 3,000만원 이하의 벌금

1-2. 소방시설 설치 및 관리에 관한 법률상 관리업의 등록을 하지 않고 영업을 한 자에 대한 벌칙으로 옳은 것은?

① 100만원 이하의 벌금
② 300만원 이하의 벌금
③ 1년 이하의 징역 또는 1,000만원 이하의 벌금
④ 3년 이하의 징역 또는 3,000만원 이하의 벌금

1-3. 소방시설 설치 및 관리에 관한 법률상 소방시설 등에 대한 자체점검을 하지 않은 자에 대한 벌칙으로 옳은 것은?

① 1년 이하의 징역 또는 1,000만원 이하의 벌금
② 3년 이하의 징역 또는 1,500만원 이하의 벌금
③ 3년 이하의 징역 또는 3,000만원 이하의 벌금
④ 6개월 이하의 징역 또는 1,000만원 이하의 벌금

1-4. 자체점검을 실시한 후 관계인에게 중대위반사항을 알리지 않은 관리업자에 대한 벌칙은?

① 100만원 이하의 벌금
② 200만원 이하의 벌금
③ 300만원 이하의 벌금
④ 500만원 이하의 벌금

[해설]

1-1
소방시설에 폐쇄·차단 등의 행위의 죄를 범하여 사람을 상해에 이르게 한 때 : 7년 이하의 징역 또는 7,000만원 이하의 벌금

1-2
관리업의 등록을 하지 않고 영업을 한 자 : 3년 이하의 징역 또는 3,000만원 이하의 벌금

1-3
1년 이하의 징역 또는 1,000만원 이하의 벌금 : 소방시설 등에 대한 자체점검을 하지 않은 자

1-4
중대위반사항을 알리지 않은 관리업자의 벌칙 : 300만원 이하의 벌금

정답 1-1 ② 1-2 ④ 1-3 ① 1-4 ③

핵심이론 02 행정처분기준

(1) 소방시설관리사에 대한 행정처분기준(규칙 제39조, 별표 8)

위반사항	근거법령	행정처분기준		
		1차 위반	2차 위반	3차 위반 이상
거짓이나 그 밖의 부정한 방법으로 시험에 합격한 경우	법 제28조 제1호	자격취소		
화재의 예방 및 안전관리에 관한 법률 제25조 제2항에 따른 대행인력의 배치기준·자격·방법 등 준수사항을 지키지 않은 경우	법 제28조 제2호	경고 (시정 명령)	자격 정지 6개월	자격 취소
법 제22조에 따른 점검을 하지 않거나 거짓으로 한 경우	법 제28조 제3호			
• 점검을 하지 않은 경우		자격 정지 1개월	자격 정지 6개월	자격 취소
• 거짓으로 점검한 경우		경고 (시정 명령)	자격 정지 6개월	자격 취소
법 제25조 제7항을 위반하여 소방시설관리증을 다른 사람에게 빌려준 경우	법 제28조 제4호	자격취소		
법 제25조 제8항을 위반하여 동시에 둘 이상의 업체에 취업한 경우	법 제28조 제5호	자격취소		
법 제25조 제9항을 위반하여 성실하게 자체점검업무를 수행하지 않은 경우	법 제28조 제6호	경고 (시정 명령)	자격 정지 6개월	자격 취소
법 제27조의 어느 하나의 결격사유에 해당하게 된 경우	법 제28조 제7호	자격취소		

(2) 소방시설관리업자에 대한 행정처분기준(규칙 제39조, 별표 8)

위반사항	근거 법조문	행정처분기준 1차 위반	행정처분기준 2차 위반	행정처분기준 3차 위반 이상
거짓, 그 밖의 부정한 방법으로 등록을 한 경우	법 제35조 제1항 제1호	등록취소		
법 제22조에 따른 점검을 하지 않거나 거짓으로 한 경우	법 제35조 제1항 제2호			
• 점검을 하지 않은 경우		영업정지 1개월	영업정지 3개월	등록취소
• 거짓으로 점검한 경우		경고(시정명령)	영업정지 3개월	등록취소
법 제29조에 따른 등록기준에 미달하게 된 경우. 다만, 기술인력이 퇴직하거나 해임되어 30일 이내에 재선임하여 신고하는 경우는 제외한다.	법 제35조 제1항 제3호	경고(시정명령)	영업정지 3개월	등록취소
법 제30조 각 호의 어느 하나의 등록의 결격사유에 해당하게 된 경우. 다만, 제30조 제5호에 해당하는 법인으로서 결격사유에 해당하게 된 날부터 2개월 이내에 그 임원을 결격사유가 없는 임원으로 바꾸어 선임한 경우는 제외한다.	법 제35조 제1항 제4호	등록취소		
법 제33조 제2항을 위반하여 등록증 또는 등록수첩을 빌려준 경우	법 제35조 제1항 제5호	등록취소		
법 제34조 제1항에 따른 점검능력 평가를 받지 않고 자체점검을 한 경우	법 제35조 제1항 제6호	영업정지 1개월	영업정지 3개월	등록취소

10년간 자주 출제된 문제

2-1. 소방시설관리사가 거짓으로 점검을 한 경우 2차 위반 시 행정처분은?

① 등록취소 ② 자격정지 3개월
③ 경고(시정명령) ④ 자격정지 6개월

2-2. 소방시설관리업자가 점검을 하지 않은 경우 1차 위반 시 행정처분은?

① 등록취소 ② 영업정지 1개월
③ 경고(시정명령) ④ 영업정지 3개월

2-3. 소방시설관리업의 등록기준에 미달하게 된 경우 2차 위반 시 행정처분은?(재선임 신고는 제외)

① 등록취소 ② 영업정지 3개월
③ 경고(시정명령) ④ 영업정지 6개월

|해설|

2-1

소방시설관리사가 거짓으로 점검을 한 경우의 행정처분기준

• 1차 : 경고(시정명령)
• 2차 : 자격정지 6개월
• 3차 : 자격취소

2-2

소방시설관리업자가 점검을 하지 않은 경우의 행정처분기준

• 1차 : 영업정지 1개월
• 2차 : 영업정지 3개월
• 3차 : 등록취소

2-3

소방시설관리사의 등록기준에 미달하게 된 경우의 행정처분기준

• 1차 : 경고(시정명령)
• 2차 : 영업정지 3개월
• 3차 : 등록취소

정답 2-1 ④ 2-2 ② 2-3 ②

[제4장] 소방시설공사업법, 영, 규칙

제1절 총 칙

핵심이론 01 목적 및 정의

(1) 목적(법 제1조)
① 소방시설공사 및 소방기술의 관리에 필요한 사항을 규정함
② 소방기술을 진흥시킴
③ 화재로부터 공공의 안전을 확보하고 국민경제에 이바지함

(2) 정의(법 제2조)
① **소방시설업** : 소방시설설계업, 소방시설공사업, 소방공사감리업, 방염처리업
② **소방시설설계업** : 소방시설공사에 기본이 되는 공사계획, 설계도면, 설계 설명서, 기술계산서 및 이와 관련된 서류를 작성(이하 "설계")하는 영업
③ **소방시설공사업** : 설계도서에 따라 소방시설을 신설, 증설, 개설, 이전 및 정비(이하 "시공")하는 영업
④ **소방공사감리업** : 소방시설공사에 관한 발주자의 권한을 대행하여 소방시설공사가 설계도서와 관계 법령에 따라 적법하게 시공되는지를 확인하고 품질·시공관리에 대한 기술지도(이하 "감리")를 하는 영업
⑤ **방염처리업** : 방염대상물품에 대하여 방염처리하는 영업

10년간 자주 출제된 문제

1-1. 소방시설공사에 관한 발주자의 권한을 대행하여 소방시설공사가 설계도서 및 관계 법령에 따라 적법하게 시공되는지를 확인하고 품질·시공관리에 대한 기술지도를 수행하는 영업은?

① 소방시설공사업
② 소방시설관리업
③ 소방공사감리업
④ 소방시설설계업

1-2. 소방시설공사업법에서 "소방시설업"에 포함되지 않는 것은?

① 소방시설설계업
② 소방시설공사업
③ 소방공사감리업
④ 소방시설관리업

|해설|

1-1
소방공사감리업 : 소방시설공사에 관한 발주자의 권한을 대행하여 소방시설공사가 설계도서 및 관계 법령에 따라 적법하게 시공되는지를 확인하고 품질·시공관리에 대한 기술지도를 하는 영업

1-2
소방시설업 : 소방시설설계업, 소방시설공사업, 소방공사감리업, 방염처리업

정답 1-1 ③ 1-2 ④

제2절 소방시설업

핵심이론 01 소방시설업의 등록 등

(1) 소방시설업(법 제4조, 규칙 제2조의2)

① 소방시설업의 등록 : 시·도지사(특별시장, 광역시장, 특별자치시장, 도지사 또는 특별자치도지사)
   ※ 등록요건 : 자본금(개인인 경우에는 자산평가액), 기술인력
② 소방시설업의 업종별 영업범위는 대통령령으로 정한다.
③ 소방시설업의 등록신청과 등록증·등록수첩의 발급·재발급 신청, 그 밖에 소방시설업 등록에 필요한 사항은 행정안전부령으로 정한다.
④ 소방시설업의 등록신청 첨부서류가 내용이 명확하지 않은 경우 서류 보완기간 : 10일 이내

(2) 소방시설업의 등록 결격사유(법 제5조)

① 피성년후견인
② 소방 관련 5개 법령에 따른 금고 이상의 실형의 선고를 받고 그 집행이 끝나거나(집행이 끝난 것으로 보는 경우를 포함) 면제된 날부터 2년이 지나지 않은 사람
③ 소방 관련 5개 법령에 따른 금고 이상의 형의 집행유예 선고를 받고 그 유예기간 중에 있는 사람
④ 등록하려는 소방시설업 등록이 취소된 날부터 2년이 지나지 않은 자
⑤ 법인의 대표자가 ①부터 ④까지에 해당하는 경우 그 법인
⑥ 법인의 임원이 ②부터 ④의 규정에 해당하는 경우 그 법인
   ※ 소방 관련 5개 법령 : 소방기본법, 화재의 예방 및 안전관리에 관한 법률, 소방시설의 설치 및 관리에 관한 법률, 소방시설공사업법, 위험물안전관리법

(3) 등록사항의 변경신고 등(법 제6조, 규칙 제5조)

① 변경신고 : 중요사항을 변경할 때에는 30일 이내에 시·도지사에게 신고
② 등록사항 변경신고 사항
   ㉠ 상호(명칭) 또는 영업소 소재지
   ㉡ 대표자
   ㉢ 기술인력

(4) 등록사항의 변경신고 시 첨부서류(규칙 제6조)

① 상호(명칭) 또는 영업소 소재지가 변경된 경우 : 소방시설업 등록증 및 등록수첩
② 대표자가 변경된 경우
   ㉠ 소방시설업 등록증 및 등록수첩
   ㉡ 변경된 대표자의 성명, 주민등록번호 및 주소지 등의 인적사항이 적힌 서류
   ㉢ 외국인인 경우에는 제2조 제1항 제5호 각 목의 어느 하나에 해당하는 서류
③ 기술인력이 변경된 경우
   ㉠ 소방시설업 등록수첩
   ㉡ 기술인력 증빙서류

10년간 자주 출제된 문제

1-1. 방염처리업을 하고자 하는 자는 누구에게 등록을 해야 하는가?

① 소방청장 ② 시·도지사
③ 대통령 ④ 소방본부장·소방서장

1-2. 소방시설공사업의 등록기준이 되는 항목에 해당하지 않는 것은?

① 공사도급실적 ② 자본금
③ 기술인력 ④ 자산평가액(개인)

1-3. 소방시설공사업의 명칭·상호를 변경하고자 하는 경우 민원인이 반드시 제출해야 하는 서류는?

① 소방시설업 등록증 및 등록수첩
② 법인 등기부등본 및 소방기술인력 연명부
③ 기술인력의 기술자격증 및 자격수첩
④ 사업자등록증 및 기술인력의 기술자격증

1-4. 소방시설업 등록사항의 변경신고 사항이 아닌 것은?

① 상호 ② 대표자
③ 보유설비 ④ 기술인력

1-5. 소방시설공사업법상 소방시설업 등록신청 신청서 및 첨부서류에 기재되어야 할 내용이 명확하지 않은 경우 서류의 보완 기간은 며칠 이내인가?

① 14일 ② 10일
③ 7일 ④ 5일

|해설|

1-1
소방시설업(방염처리업)의 등록 : 시·도지사(법 제4조)

1-2
소방시설공사업의 등록기준
- 등록요건 : 자본금(개인인 경우에는 자산평가액), 기술인력
- 누구에게 : 시·도지사에게 등록

1-3
명칭·상호 또는 영업소 소재지를 변경하는 경우 : 소방시설업 등록증 및 등록수첩

1-4
소방시설업 등록사항의 변경신고 사항 : 명칭(상호) 또는 영업소 소재지, 대표자, 기술인력

1-5
소방시설업 등록신청 시 첨부서류의 보완 기간 : 10일 이내

정답 1-1 ② 1-2 ① 1-3 ① 1-4 ③ 1-5 ②

핵심이론 02 소방시설업의 지위승계

(1) 소방시설업자의 지위승계(법 제7조)

① 지위승계를 하려는 경우에는 상속일, 양수일 또는 합병일로부터 30일 이내에 시·도지사에게 신고해야 한다.

② 소방시설업자의 지위승계사유
  ㉠ 소방시설업자가 사망한 경우 그 상속인
  ㉡ 소방시설업자가 그 영업을 양도한 경우 그 양수인
  ㉢ 법인인 소방시설업자가 다른 법인과 합병한 경우 합병 후 존속하는 법인이나 합병으로 설립되는 법인

(2) 지위승계 시 첨부서류(규칙 제7조)

① 양도·양수의 경우(분할 또는 분할합병에 따른 양도·양수의 경우를 포함)
  ㉠ 소방시설업 지위승계신고서
  ㉡ 양도인 또는 합병 전 법인의 소방시설업 등록증 및 등록수첩
  ㉢ 양도·양수 계약서 사본, 분할계획서 사본 또는 분할합병계약서 사본(법인의 경우 양도·양수에 관한 사항을 의결한 주주총회 등의 결의서 사본을 포함)
  ㉣ 등록 시 첨부서류에 해당하는 서류
  ㉤ 양도·양수 공고문 사본

② 상속의 경우
  ㉠ 소방시설업 지위승계신고서
  ㉡ 피상속인의 소방시설업 등록증 및 등록수첩
  ㉢ 등록 시 첨부서류에 해당하는 서류
  ㉣ 상속인임을 증명하는 서류

(3) 소방시설업자가 관계인에게 지체 없이 알려야 하는 사실(법 제8조)

① 소방시설업자의 지위를 승계한 경우
② 소방시설업의 등록취소 처분 또는 영업정지 처분을 받은 경우
③ 휴업하거나 폐업한 경우

10년간 자주 출제된 문제

2-1. 방염업자가 사망하거나 그 영업을 양도한 때 방염업자의 지위를 승계한 자의 법적 절차는?
① 시·도지사에게 신고해야 한다.
② 시·도지사에게 허가를 받는다.
③ 시·도지사에게 인가를 받는다.
④ 시·도지사에게 통지 한다.

2-2. 소방시설업자의 지위를 승계한 자는 그 지위를 승계한 날부터 며칠 이내에 관련 서류를 시·도지사에게 제출해야 하는가?
① 10일
② 15일
③ 30일
④ 60일

2-3. 상속으로 지위승계를 할 때 첨부서류에 해당하지 않는 것은?
① 소방시설업 지위승계신고서
② 피상속인의 소방시설업 등록증 및 등록수첩
③ 상속인임을 증명하는 서류
④ 양수 공고문 사본

2-4. 소방시설업자의 관계인에 대한 통보 의무사항이 아닌 것은?
① 지위를 승계한 때
② 등록취소 또는 영업정지 처분을 받은 때
③ 휴업 또는 폐업한 때
④ 주소지가 변경된 때

[해설]

2-1
소방시설업(방염업)의 지위승계 : 시·도지사에게 신고

2-2
소방시설업자의 지위승계 : 승계한 날로부터 30일 이내에 시·도지사에게 신고

2-3
본문 참조

2-4
소방시설업자가 관계인에게 지체 없이 알려야 하는 사실
- 소방시설업자의 지위를 승계한 경우
- 소방시설업의 등록취소 처분 또는 영업정지 처분을 받은 경우
- 휴업하거나 폐업한 경우

정답 2-1 ① 2-2 ③ 2-3 ④ 2-4 ④

핵심이론 03 소방시설업의 등록취소, 과징금

(1) 등록취소 및 영업정지(법 제9조)

① 등록취소 및 영업정지 처분 : 시·도지사
② 등록의 취소와 시정이나 6개월 이내의 영업정지
  ㉠ 거짓이나 그 밖의 부정한 방법으로 등록한 경우(등록취소)
  ㉡ 등록기준에 미달하게 된 후 30일이 경과한 경우
  ㉢ 등록 결격사유에 해당하게 된 경우(등록취소). 다만, 법 제5조 제6호 또는 제7호에 해당하게 된 법인이 그 사유가 발생한 날부터 3개월 이내에 그 사유를 해소한 경우는 제외한다.
  ㉣ 등록을 한 후 정당한 사유 없이 1년이 지날 때까지 영업을 시작하지 않거나 계속하여 1년 이상 휴업한 때
  ㉤ 영업정지 기간 중에 소방시설공사 등을 한 경우(등록취소)
  ㉥ 소속 소방기술자를 공사현장에 배치하지 않거나 거짓으로 한 경우
  ㉦ 하자보수 기간 내에 하자보수를 하지 않거나 하자보수계획을 통보하지 않은 경우
  ㉧ 소속 감리원을 공사현장에 배치하지 않거나 거짓으로 한 경우
  ㉨ 동일인이 시공과 감리를 함께 한 경우

(2) 과징금 처분(법 제10조)

① 과징금 처분권자 : 시·도지사
② 영업정지가 그 이용자에게 불편을 주거나 그 밖에 공익을 해칠 우려가 있을 때에는 영업정지 처분에 갈음하여 부과되는 과징금 : 2억원 이하

10년간 자주 출제된 문제

3-1. 소방대상물의 소방시설업 등록취소 또는 영업정지 대상에 해당하지 않는 것은?

① 거짓이나 그 밖의 부정한 방법으로 등록을 한 경우
② 정당한 사유 없이 계속하여 6개월간 휴업한 경우
③ 다른 자에게 등록증 또는 등록수첩을 빌려준 경우
④ 등록을 한 후 정당한 사유 없이 1년이 지나도록 영업을 개시하지 않은 경우

3-2. 시·도지사가 소방시설업의 영업정지 처분에 갈음하여 부과할 수 있는 최대 과징금의 범위로 옳은 것은?

① 1억원 이하
② 2억원 이하
③ 3억원 이하
④ 5억원 이하

|해설|

3-1
정당한 사유 없이 계속하여 1년 이상 휴업을 한 때에는 영업정지 사유이다.

3-2
소방시설업의 과징금 : 2억원 이하

정답 3-1 ② 3-2 ②

핵심이론 04 소방시설업의 등록기준 I

(1) 소방시설설계업(영 제2조, 별표 1)

업종별		항목 기술인력	영업범위
전문소방 시설설계업		• 주된 기술인력 : 소방기술사 1명 이상 • 보조기술인력 : 1명 이상	모든 특정소방대상물에 설치되는 소방시설의 설계
일반소방시설설계업	기계분야	• 주된 기술인력 : 소방기술사 또는 기계분야 소방설비기사 1명 이상 • 보조기술인력 : 1명 이상	• 아파트에 설치되는 기계분야 소방시설(제연설비는 제외)의 설계 • 연면적 3만[m²](공장의 경우에는 1만[m²]) 미만의 특정소방대상물(제연설비가 설치되는 특정소방대상물을 제외)에 설치되는 기계분야 소방시설의 설계 • 위험물제조소 등에 설치되는 기계분야 소방시설의 설계
	전기분야	• 주된 기술인력 : 소방기술사 또는 전기분야 소방설비기사 1명 이상 • 보조기술인력 : 1명 이상	• 아파트에 설치되는 전기분야 소방시설의 설계 • 연면적 3만[m²](공장의 경우에는 1만[m²]) 미만의 특정소방대상물에 설치되는 전기분야 소방시설의 설계 • 위험물제조소 등에 설치되는 전기분야 소방시설의 설계

(2) 소방시설공사업(영 제2조, 별표 1)

업종별	항목 기술인력	자본금 (자산평가액)	영업범위
전문 소방시설 공사업	• 주된 기술인력 : 소방기술사 또는 기계분야와 전기분야의 소방설비기사 각 1명(기계분야 및 전기분야의 자격을 함께 취득한 사람 1명) 이상 • 보조기술인력 : 2명 이상	• 법인 : 1억원 이상 • 개인 : 자산평가액 1억원 이상	특정소방대상물에 설치되는 기계분야 및 전기분야의 소방시설공사·개설·이전 및 정비

항목 업종별		기술인력	자본금 (자산평가액)	영업범위
일반소방시설공사업	기계분야	• 주된 기술인력 : 소방기술사 또는 기계분야 소방설비기사 1명 이상 • 보조기술인력 : 1명 이상	• 법인 : 1억원 이상 • 개인 : 자산평가액 1억원 이상	• 연면적 10,000[m²] 미만의 특정소방대상물에 설치되는 기계분야 소방시설의 공사·개설·이전 및 정비 • 위험물제조소 등에 설치되는 기계분야 소방시설의 공사·개설·이전 및 정비
	전기분야	• 주된 기술인력 : 소방기술사 또는 전기분야 소방설비기사 1명 이상 • 보조기술인력 : 1명 이상	• 법인 : 1억원 이상 • 개인 : 자산평가액 1억원 이상	• 연면적 10,000[m²] 미만의 특정소방대상물에 설치되는 전기분야 소방시설의 공사·개설·이전 및 정비 • 위험물제조소 등에 설치되는 전기분야 소방시설의 공사·개설·이전 및 정비

10년간 자주 출제된 문제

4-1. 일반 소방시설설계업의 기계분야의 영업범위는 연면적 몇 [m²] 미만의 특정소방대상물에 대한 소방시설의 설계인가?

① 10,000[m²]
② 20,000[m²]
③ 30,000[m²]
④ 50,000[m²]

4-2. 일반 소방시설설계업(기계분야)의 영업범위는 공장의 경우 연면적 몇 [m²] 미만의 특정소방대상물에 설치되는 기계분야 소방시설의 설계에 해당하는가?(단, 제연설비가 설치되는 특정소방대상물은 제외한다)

① 10,000[m²]
② 20,000[m²]
③ 30,000[m²]
④ 40,000[m²]

4-3. 일반 소방시설공사업의 영업범위는 연면적 몇 [m²] 미만의 특정소방대상물에 설치되는 기계분야 소방시설의 공사, 개설, 이전 및 정비에 한하는가?

① 10,000[m²]
② 20,000[m²]
③ 30,000[m²]
④ 40,000[m²]

4-4. 다음 중 소방시설업을 함께 하고자 할 때 인력기준으로 틀린 것은?

① 전문 소방시설설계업과 전문 소방시설공사업을 함께 하는 경우 : 소방기술사 자격을 취득한 사람
② 전문 소방시설설계업과 화재위험평가대행업을 함께 하는 경우 : 소방기술사 자격을 취득한 사람
③ 전문 소방시설설계업과 소방시설관리업을 함께 하는 경우 : 소방시설관리사 자격을 취득한 사람
④ 전문 소방시설공사업과 소방시설관리업을 함께 하는 경우 : 소방설비기사(기계분야 및 전기분야의 자격을 함께 취득한 사람) 또는 소방기술사 자격을 함께 취득한 사람

|해설|

4-1
일반 소방시설설계업(기계분야 및 전기분야)의 영업범위 : 연면적 30,000[m²] 미만

4-2
일반 소방시설설계업(기계분야)의 영업범위 : 연면적 30,000[m²] (공장의 경우에는 10,000[m²]) 미만의 특정소방대상물에 설치되는 기계분야 소방시설의 설계

4-3
일반 소방시설공사업(기계분야)의 영업범위 : 연면적 10,000[m²] 미만의 특정소방대상물에 설치되는 기계분야 소방시설의 공사, 개설, 이전 및 정비

4-4
전문 소방시설설계업과 소방시설관리업을 함께 하는 경우 : 소방기술사 자격과 소방시설관리사 자격을 함께 취득한 사람

정답 4-1 ③ 4-2 ① 4-3 ① 4-4 ③

핵심이론 05 소방시설업의 등록기준 Ⅱ

(1) 소방공사감리업(영 제2조, 별표 1)

업종별	항목	기술인력	영업범위
전문 소방공사 감리업		• 소방기술사 1명 이상 • 기계분야 및 전기분야의 특급감리원 각 1명 이상(기계분야 및 전기분야의 자격을 함께 가지고 있는 사람이 있는 경우에는 그에 해당하는 사람 1명) • 기계분야 및 전기분야의 고급감리원 이상의 감리원 각 1명 이상 • 기계분야 및 전기분야의 중급감리원 이상의 감리원 각 1명 이상 • 기계분야 및 전기분야의 초급감리원 이상의 감리원 각 1명 이상	모든 특정소방대상물에 설치되는 소방시설공사 감리
일반 소방공사 감리업	기계 분야	• 기계분야 특급감리원 1명 이상 • 기계분야 고급감리원 또는 중급감리원 이상의 감리원 1명 이상 • 기계분야 초급감리원 이상의 감리원 1명 이상	• 연면적 30,000[m²](공장은 10,000[m²]) 미만의 특정소방대상물(제연설비는 제외)에 설치되는 기계분야 소방시설의 감리 • 아파트에 설치되는 기계분야 소방시설(제연설비는 제외)의 감리 • 위험물제조소 등에 설치되는 기계분야의 소방시설의 감리
	전기 분야	• 전기분야 특급감리원 1명 이상 • 전기분야 고급감리원 또는 중급감리원 이상의 감리원 1명 이상 • 전기분야 초급감리원 이상의 감리원 1명 이상	• 연면적 30,000[m²](공장은 10,000[m²]) 미만의 특정소방대상물에 설치되는 전기분야 소방시설의 감리 • 아파트에 설치되는 전기분야 소방시설의 감리 • 위험물제조소 등에 설치되는 전기분야의 소방시설의 감리

(2) 방염처리업(영 제2조, 별표 1)

업종별	항목	실험실	방염처리시설 및 시험기기	영업범위
섬유류 방염업		1개 이상 갖출 것	부표에 따른 섬유류 방염업의 방염처리시설 및 시험기기를 모두 갖추어야 한다.	커튼·카펫 등 섬유류를 주된 원료로 하는 방염대상물품을 제조 또는 가공 공정에서 방염처리
합성수지류 방염업			부표에 따른 합성수지류 방염업의 방염처리시설 및 시험기기를 모두 갖추어야 한다.	합성수지류를 주된 원료로 하는 방염대상물품을 제조 또는 가공 공정에서 방염처리
합판·목재류 방염업			부표에 따른 합판·목재류 방염업의 방염처리시설 및 시험기기를 모두 갖추어야 한다.	합판 또는 목재류를 제조·가공 공정 또는 설치 현장에서 방염처리

※ 방염처리업자가 2개 이상의 방염업을 함께 하는 경우 갖춰야 하는 실험실은 1개 이상으로 한다.

10년간 자주 출제된 문제

5-1. 일반 소방공사감리업의 기계분야의 영업범위는 연면적 몇 [m²] 미만의 특정소방대상물에 대한 소방시설의 감리인가?(단, 제연설비가 설치되는 특정소방대상물은 제외한다)

① 10,000[m²]
② 20,000[m²]
③ 30,000[m²]
④ 50,000[m²]

5-2. 일반 소방공사감리업(기계분야)의 영업범위는 공장의 경우 연면적 몇 [m²] 미만의 특정소방대상물에 설치되는 기계분야 소방시설의 감리에 해당하는가?(단, 제연설비가 설치되는 특정소방대상물은 제외한다)

① 10,000[m²]
② 20,000[m²]
③ 30,000[m²]
④ 40,000[m²]

5-3. 방염업의 종류가 아닌 것은?

① 섬유류 방염업
② 합성수지류 방염업
③ 실내장식물 방염업
④ 합판·목재류 방염업

[해설]

5-1
일반 소방공사감리업(기계분야 및 전기분야)의 영업범위 : 연면적 30,000[m²] 미만

5-2
일반 소방공사감리업(기계분야)의 영업범위 : 연면적 30,000[m²](공장의 경우에는 10,000[m²]) 미만의 특정소방대상물에 설치되는 기계분야 소방시설(제연설비는 제외)의 감리

5-3
방염업의 종류(영 별표 1)
• 섬유류 방염업
• 합성수지류 방염업
• 합판·목재류 방염업

정답 5-1 ③ 5-2 ① 5-3 ③

제3절 소방시설공사 등

핵심이론 01 소방시설공사의 착공

(1) 소방시설의 착공신고(법 제13조, 영 제4조, 규칙 제12조)

① 착공신고 : 소방본부장이나 소방서장
② 착공신고 또는 변경신고를 받은 경우 : 2일 이내 처리결과를 신고인에게 통보
③ 착공신고 시 필요 사항 : 공사내용, 시공장소, 그 밖의 필요한 사항
④ 소방시설공사의 착공신고 대상(영 제4조)
  ㉠ 특정소방대상물에 다음의 어느 하나에 해당하는 설비를 신설하는 공사
    • 옥내소화전설비(호스릴 옥내소화전설비 포함), 스프링클러설비 등[스프링클러설비, 간이스프링클러설비(캐비닛형 간이스프링클러설비 포함), 화재조기진압용 스프링클러설비], 물분무 등 소화설비, 옥외소화전설비, 소화용수설비, 제연설비, 연결송수관설비, 연결살수설비, 연소방지설비
    • 비상경보설비, 자동화재탐지설비, 화재알림설비, 비상방송설비, 비상콘센트설비, 무선통신보조설비
  ㉡ 특정소방대상물에 다음의 어느 하나에 해당하는 설비 또는 구역 등을 증설하는 공사
    • 옥내·옥외소화전설비
    • 스프링클러설비 등 또는 물분무 등 소화설비의 방호·방수구역, 자동화재탐지설비 또는 화재알림설비의 경계구역, 제연설비의 제연구역, 연결송수관설비의 송수구역, 연결살수설비의 살수구역, 비상콘센트설비의 전용회로, 연소방지설비의 살수구역
  ㉢ 소방시설 등의 전부 또는 일부를 개설, 이전 또는 정비하는 공사(긴급교체 또는 보수 시에는 제외)
    • 수신반   • 소화펌프
    • 동력제어반   • 감시제어반

(2) 관계인이 소방본부장 또는 소방서장에게 사실을 알릴 수 있는 경우(법 제15조)

① 3일 이내에 하자보수를 이행하지 않은 경우
② 보수 일정을 기록한 하자보수계획을 서면으로 알리지 않은 경우
③ 하자보수계획이 불합리하다고 인정되는 경우

(3) 착공신고 시 제출서류(규칙 제12조)

① 공사업자의 소방시설공사업 등록증 사본 1부 및 등록수첩 사본 1부
② 해당 소방시설공사의 책임시공 및 기술관리를 하는 기술인력의 기술등급을 증명하는 서류 사본 1부
③ 소방시설공사 계약서 사본 1부
④ 설계도서 1부. 다만, 영 제4조 제3호에 해당하는 소방시설공사인 경우 또는 건축허가 등의 동의요구서에 첨부된 서류 중 설계도서가 변경되지 않은 경우에는 설계도서를 첨부하지 않을 수 있다.
⑤ 소방시설공사를 하도급하는 경우
 ㉠ 소방시설공사 등의 하도급통지서 사본 1부
 ㉡ 하도급대금 지급보증서 사본 1부

10년간 자주 출제된 문제

1-1. 소방시설 공사업자가 소방시설공사를 하고자 할 때에는 누구에게 착공신고를 해야 하는가?
① 시·도지사
② 경찰서장
③ 소방본부장이나 소방서장
④ 한국소방안전원장

1-2. 소방시설공사업자가 소방시설공사를 하고자 할 때 다음 중 옳은 것은?
① 건축허가와 동의만 받으면 된다.
② 시공 후 완공검사만 받으면 된다.
③ 소방시설 착공신고를 해야 한다.
④ 건축허가만 받으면 된다.

1-3. 소방시설공사의 착공신고 대상이 아닌 것은?
① 무선통신보조설비의 증설공사
② 자동화재탐지설비의 경계구역이 증설되는 공사
③ 1개 이상의 옥외소화전을 증설하는 공사
④ 연결살수설비의 살수구역을 증설하는 공사

1-4. 소방시설 등의 전부 또는 일부를 개설, 이전 또는 정비하는 공사의 경우 소방시설공사의 착공신고 대상이 아닌 것은? (단, 고장 또는 파손 등으로 인하여 작동시킬 수 없는 소방시설을 긴급히 교체하거나 보수해야 하는 경우는 제외한다)
① 수신반
② 소화펌프
③ 동력제어반
④ 압력챔버

1-5. 소방시설공사업자가 착공신고서에 첨부해야 할 서류가 아닌 것은?
① 설계도서 1부
② 건축허가서
③ 책임시공 및 기술관리를 하는 기술인력의 기술등급을 증명하는 서류 사본 1부
④ 소방시설공사업 등록증 사본

해설

1-1
소방시설공사의 착공신고 : 소방본부장이나 소방서장

1-2
소방시설공사를 하려면 그 공사의 내용, 시공장소, 그 밖에 필요한 사항을 소방본부장이나 소방서장에게 착공신고를 해야 한다.

1-3
무선통신보조설비의 증설공사 : 착공신고 대상이 아니다.

1-4
착공신고 대상 : 소방시설 등의 전부 또는 일부를 개설, 이전 또는 정비하는 공사(긴급교체 또는 보수 시에는 제외)
• 수신반
• 소화펌프
• 동력제어반
• 감시제어반

1-5
건축허가서는 착공신고 시 제출서류가 아니다.

정답 1-1 ③ 1-2 ③ 1-3 ① 1-4 ④ 1-5 ②

핵심이론 02 소방시설공사의 완공검사

(1) 완공검사(법 제14조)

① 완공검사권자 : 소방본부장, 소방서장
② 완공검사 및 부분완공검사의 신청과 검사증명서의 발급, 그 밖에 완공검사 및 부분완공검사에 필요한 사항은 행정안전부령으로 정한다.

(2) 완공검사를 위한 현장확인 대상 특정소방대상물 (영 제5조)

① 문화 및 집회시설, 종교시설, 판매시설, 노유자시설, 수련시설, 운동시설, 숙박시설, 창고시설, 지하상가, 다중이용업소
② 다음의 어느 하나에 해당하는 설비가 설치되는 특정소방대상물
  ㉠ 스프링클러설비 등
  ㉡ 물분무 등 소화설비(호스릴 방식의 소화설비는 제외한다)
③ 연면적 10,000[m²] 이상이거나 11층 이상인 특정소방대상물(아파트는 제외)
④ 가연성 가스를 제조·저장 또는 취급하는 시설 중 지상에 노출된 가연성 가스탱크의 저장용량 합계가 1,000[t] 이상인 시설

(3) 공사의 하자보수(법 제15조, 영 제6조)

① 관계인은 규정에 따른 기간 내에 소방시설의 하자가 발생한 때에는 공사업자에게 그 사실을 알려야 하며, 통보를 받은 공사업자는 3일 이내에 이를 보수하거나 보수일정을 기록한 하자 보수계획을 관계인에게 서면으로 알려야 한다.
② 하자보수 보증기간
  ㉠ 2년 : 비상경보설비, 비상방송설비, 피난기구, 유도등, 비상조명등 및 무선통신보조설비

  ㉡ 3년 : 자동소화장치, 옥내소화전설비, 스프링클러설비 등, 물분무 등 소화설비, 옥외소화전설비, 자동화재탐지설비, 화재알림설비, 소화용수설비 및 소화활동설비(무선통신보조설비는 제외)

> 10년간 자주 출제된 문제

2-1. 공사업자가 소방시설공사를 마친 때에는 누구에게 완공검사를 받는가?
① 소방본부장이나 소방서장
② 군 수
③ 시·도지사
④ 소방청장

2-2. 대통령령으로 정하는 특정소방대상물 소방시설공사의 완공검사를 위하여 소방본부장이나 소방서장의 현장확인 대상 범위가 아닌 것은?
① 문화 및 집회시설
② 수계 소화설비가 설치되는 곳
③ 연면적 10,000[m²] 이상이거나 11층 이상인 특정소방대상물(아파트는 제외)
④ 가연성 가스를 제조·저장 또는 취급하는 시설 중 지상에 노출된 가연성 가스탱크의 저장용량 합계가 1,000[t] 이상인 시설

2-3. 소방시설공사업법령상 소방시설공사 완공검사를 위한 현장확인 대상 특정소방대상물의 범위가 아닌 것은?
① 위락시설   ② 판매시설
③ 운동시설   ④ 창고시설

2-4. 다음 중 하자보수 보증기간이 다른 소방시설은?
① 자동소화장치   ② 비상경보설비
③ 무선통신보조설비 ④ 유도등

2-5. 다음 시설 중 하자보수 보증기간이 다른 것은?
① 피난기구   ② 자동소화장치
③ 소화용수설비   ④ 자동화재탐지설비

[해설]

2-1
소방시설공사의 착공신고 및 완공검사권자 : 소방본부장, 소방서장

2-2
현장 확인대상 범위 : 스프링클러설비 등, 물분무 등 소화설비(호스릴 방식의 소화설비는 제외한다)

2-3
완공검사를 위한 현장확인 대상 : 문화 및 집회시설, 종교시설, 판매시설, 노유자시설, 수련시설, 운동시설, 숙박시설, 창고시설, 지하상가, 다중이용업소

2-4
하자보수 보증기간 : 3년

종류	자동소화장치	비상경보설비	무선통신보조설비	유도등
보증기간	3년	2년	2년	2년

2-5
피난기구의 하자보수 보증기간 : 2년

정답 2-1 ① 2-2 ② 2-3 ① 2-4 ① 2-5 ①

핵심이론 03 소방공사의 감리

(1) 소방공사감리업자의 업무(법 제16조)
① 소방시설 등의 설치계획표의 적법성 검토
② 소방시설 등 설계도서의 적합성(적법성 및 기술상의 합리성) 검토
③ 소방시설 등 설계변경 사항의 적합성 검토
④ 소방용품의 위치·규격 및 사용 자재의 적합성 검토
⑤ 공사업자가 한 소방시설 등의 시공이 설계도서 및 화재안전기준에 맞는지에 대한 지도·감독
⑥ 완공된 소방시설 등의 성능시험
⑦ 공사업자가 작성한 시공 상세도면의 적합성 검토
⑧ 피난시설 및 방화시설의 적법성 검토
⑨ 실내장식물의 불연화 및 방염 물품의 적법성 검토

(2) 소방공사감리의 종류·방법 및 대상 : 대통령령

(3) 소방공사감리의 종류 및 대상(영 제9조, 별표 3)
① 상주공사감리
  ㉠ 연면적 3만[m²] 이상의 특정소방대상물(아파트는 제외)에 대한 소방시설의 공사
  ㉡ 지하층을 포함한 층수가 16층 이상으로서 500세대 이상인 아파트에 대한 소방시설의 공사
② 일반공사감리 : 상주공사감리에 해당하지 않는 소방시설의 공사

(4) 소방공사감리자 지정대상 특정소방대상물의 범위(영 제10조)
① 옥내소화전설비·옥외소화전설비를 신설·개설 또는 증설할 때
② 스프링클러설비 등(캐비닛형 간이스프링클러설비는 제외)을 신설·개설하거나 방호·방수구역을 증설할 때
③ 물분무 등 소화설비(호스릴 방식의 소화설비는 제외)를 신설·개설하거나 방호·방수구역을 증설할 때

④ 자동화재탐지설비, 화재알림설비, 비상방송설비, 통합감시시설, 소화용수설비를 신설 또는 개설할 때
⑤ 다음에 따른 소화활동설비에 대하여 시공을 할 때
  ㉠ 제연설비를 신설·개설하거나 제연구역을 증설할 때
  ㉡ 연결송수관설비를 신설 또는 개설할 때
  ㉢ 연결살수설비를 신설·개설하거나 송수구역을 증설할 때
  ㉣ 비상콘센트설비를 신설·개설하거나 전용회로를 증설할 때
  ㉤ 무선통신보조설비를 신설 또는 개설할 때
  ㉥ 연소방지설비를 신설·개설하거나 살수구역을 증설할 때

10년간 자주 출제된 문제

3-1. 다음 중 소방공사감리업자의 업무로 거리가 먼 것은?
① 해당 공사업 기술인력의 적법성 검토
② 피난시설 및 방화시설의 적법성 검토
③ 실내장식물의 불연화 및 방염 물품의 적법성 검토
④ 소방시설 등 설계변경 사항의 적합성 검토

3-2. 소방시설공사업법령상 상주공사감리 대상 기준 중 다음 ( ) 안에 알맞은 것은?

- 연면적 (㉠)[m²] 이상의 특정소방대상물(아파트는 제외)에 대한 소방시설의 공사
- 지하층을 포함한 층수가 (㉡)층 이상으로서 (㉢)세대 이상인 아파트에 대한 소방시설의 공사

① ㉠ 10,000, ㉡ 11, ㉢ 600
② ㉠ 10,000, ㉡ 16, ㉢ 500
③ ㉠ 30,000, ㉡ 11, ㉢ 600
④ ㉠ 30,000, ㉡ 16, ㉢ 500

3-3. 소방공사업법령상 공사감리자 지정대상 특정소방대상물의 범위가 아닌 것은?
① 캐비닛형 간이스프링클러설비를 신설·개설하거나 방호·방수구역을 증설할 때
② 물분무 등 소화설비(호스릴 방식의 소화설비는 제외)를 신설·개설하거나 방호·방수구역을 증설할 때
③ 제연설비를 신설·개설하거나 제연구역을 증설할 때
④ 연결살수설비를 신설·개설하거나 송수구역을 증설할 때

|해설|

3-1
본문 참조

3-2
상주공사감리 대상 기준
- 연면적 30,000[m²] 이상의 특정소방대상물(아파트는 제외)에 대한 소방시설의 공사
- 지하층을 포함한 층수가 16층 이상으로서 500세대 이상인 아파트에 대한 소방시설의 공사

3-3
공사감리자 지정대상 : 스프링클러설비 등(캐비닛형 간이스프링클러설비는 제외)을 신설·개설하거나 방호·방수구역을 증설할 때

정답 3-1 ① 3-2 ④ 3-3 ①

핵심이론 04 소방공사감리원의 배치

(1) 소방공사감리원의 배치기준 (영 제11조, 별표 4)

감리원의 배치기준		소방시설공사 현장의 기준
책임감리원	보조감리원	
행정안전부령으로 정하는 특급감리원 중 소방기술사	행정안전부령으로 정하는 초급감리원 이상의 소방공사 감리원(기계분야 및 전기분야)	• 연면적 20만[m²] 이상인 특정소방대상물의 공사 현장 • 지하층을 포함한 층수가 40층 이상인 특정소방대상물의 공사 현장
행정안전부령으로 정하는 특급감리원 이상의 소방공사 감리원(기계분야 및 전기분야)	행정안전부령으로 정하는 초급감리원 이상의 소방공사 감리원(기계분야 및 전기분야)	• 연면적 3만[m²] 이상 20만[m²] 미만인 특정소방대상물(아파트는 제외)의 공사 현장 • 지하층을 포함한 층수가 16층 이상 40층 미만인 특정소방대상물의 공사 현장
행정안전부령으로 정하는 고급감리원 이상의 소방공사 감리원(기계분야 및 전기분야)	행정안전부령으로 정하는 초급감리원 이상의 소방공사 감리원(기계분야 및 전기분야)	• 물분무 등 소화설비(호스릴 방식의 소화설비는 제외) 또는 제연설비가 설치되는 특정소방대상물의 공사 현장 • 연면적 3만[m²] 이상 20만[m²] 미만인 아파트의 공사 현장
행정안전부령으로 정하는 중급감리원 이상의 소방공사 감리원(기계분야 및 전기분야)		연면적 5,000[m²] 이상 3만[m²] 미만인 특정소방대상물의 공사 현장
행정안전부령으로 정하는 초급감리원 이상의 소방공사 감리원(기계분야 및 전기분야)		• 연면적 5,000[m²] 미만인 특정소방대상물의 공사 현장 • 지하구의 공사 현장

(2) 감리원의 배치기준 (규칙 제16조)

① 상주공사감리 대상인 경우
  ㉠ 기계분야의 감리원 자격을 취득한 사람과 전기분야의 감리원 자격을 취득한 사람 각 1명 이상을 감리원으로 배치할 것. 다만, 기계분야 및 전기분야의 감리원 자격을 함께 취득한 사람이 있는 경우에는 그에 해당하는 사람 1명 이상을 배치할 수 있다.
  ㉡ 소방시설용 배관(전선관을 포함한다)을 설치하거나 매립하는 때부터 소방시설 완공검사증명서를 발급받을 때까지 소방공사감리 현장에 감리원을 배치할 것

② 일반공사감리 대상인 경우
  ㉠ 감리원은 주 1회 이상 소방공사감리 현장에 배치되어 감리할 것
  ㉡ 1명의 감리원이 담당하는 소방공사감리 현장은 5개 이하(자동화재탐지설비 또는 옥내소화전설비 중 어느 하나만 설치하는 2개의 소방공사감리 현장이 최단 차량주행거리로 30[km] 이내에 있는 경우에는 1개의 소방공사감리 현장으로 본다)로서 감리현장 연면적의 총합계가 10만[m²] 이하일 것. 다만, 일반공사감리 대상인 아파트의 경우에는 연면적의 합계에 관계없이 1명의 감리원이 5개 이내의 공사현장을 감리할 수 있다.

(3) 감리원의 배치 통보 (규칙 제17조)

① 감리원을 소방공사감리 현장에 배치하는 경우에는 소방공사감리원 배치통보서에, 배치한 감리원이 변경된 경우에는 감리원 배치일부터 7일 이내에 소방본부장 또는 소방서장에게 알려야 한다.
② 소방시설업 종합정보시스템의 입력 항목
  ㉠ 감리원의 성명, 자격증 번호·등급
  ㉡ 감리현장의 명칭·소재지·면적 및 현장 배치기간

10년간 자주 출제된 문제

4-1. 지하층을 포함한 층수가 16층 이상 40층 미만인 특정소방대상물의 소방시설공사현장에 배치해야 할 소방공사 책임감리원의 배치기준으로 알맞은 것은?

① 초급감리원 이상의 소방감리원 1명 이상
② 특급감리원 이상의 소방감리원 1명 이상
③ 고급감리원 이상의 소방감리원 1명 이상
④ 중급감리원 이상의 소방감리원 1명 이상

4-2. 행정안전부령으로 정하는 고급감리원 이상의 소방공사 책임감리원의 소방시설공사 배치 현장기준으로 옳은 것은?

① 연면적 5,000[m^2] 이상 30,000[m^2] 미만인 특정소방대상물의 공사 현장
② 연면적 30,000[m^2] 이상 200,000[m^2] 미만인 아파트의 공사 현장
③ 연면적 30,000[m^2] 이상 200,000[m^2] 미만인 특정소방대상물(아파트는 제외)의 공사 현장
④ 연면적 200,000[m^2] 이상인 특정소방대상물의 공사 현장

4-3. 연면적 5,000[m^2] 미만의 특정소방대상물에 대한 소방공사 책임감리원의 배치기준은?

① 특급감리원
② 초급감리원 이상의 소방감리원
③ 중급감리원 이상의 소방감리원
④ 고급감리원 이상의 소방감리원

4-4. 소방공사감리업자가 감리원을 소방공사감리 현장에 배치하는 경우 감리원 배치일부터 며칠 이내에 누구에게 통보해야 하는가?

① 7일 이내, 소방본부장이나 소방서장
② 14일 이내, 소방본부장이나 소방서장
③ 7일 이내, 시·도지사
④ 14일 이내, 시·도지사

4-5. 일반공사감리 대상의 경우 감리현장 연면적의 총 합계가 10만[m^2] 이하일 때 1인의 감리원이 담당하는 소방공사감리현장은 몇 개 이하인가?

① 2개　　② 3개
③ 4개　　④ 5개

|해설|

4-1
지하층을 포함한 층수가 16층 이상 40층 미만 : 특급감리원 이상의 소방공사 책임감리원 배치

4-2
고급감리원 이상의 소방공사 책임감리원 배치
• 물분무 등 소화설비(호스릴 방식의 소화설비는 제외) 또는 제연설비가 설치되는 특정소방대상물의 공사 현장
• 연면적 30,000[m^2] 이상 20만[m^2] 미만인 아파트의 공사 현장

4-3
연면적이 5,000[m^2] 미만, 지하구 공사현장인 특정소방대상물의 경우 : 초급감리원 이상의 소방감리원 배치

4-4
소방공사감리업자는 감리원을 소방공사감리 현장에 배치하거나 감리원이 변경된 경우에는 감리원 배치일부터 7일 이내에 소방본부장이나 소방서장에게 알려야 한다.

4-5
1인의 감리원이 담당하는 소방공사감리 현장의 수 : 5개 이하

정답 4-1 ②　4-2 ②　4-3 ②　4-4 ①　4-5 ④

제4절 도급

핵심이론 01 소방시설공사의 도급

(1) 소방시설공사업의 도급(법 제21조, 제21조의3, 제22조)

① 특정소방대상물의 관계인 또는 발주자는 소방시설공사 등을 도급할 때에는 해당 소방시설업자에게 도급해야 한다.
② 도급을 받은 자가 해당 소방시설공사 등을 하도급할 때에는 행정안전부령으로 정하는 바에 따라 미리 관계인과 발주자에게 알려야 한다. 하수급인을 변경하거나 하도급 계약을 해지하는 경우에도 또한 같다.
③ 도급을 받은 자는 소방시설의 설계, 시공, 감리를 제3자에게 하도급할 수 없다. 다만, 시공의 경우에는 대통령령으로 정하는 바에 따라 도급받은 소방시설공사의 일부를 다른 공사업자에게 하도급할 수 있다.
④ 하수급인은 ③의 단서에 따라 하도급받은 소방시설공사를 제3자에게 다시 하도급할 수 없다.

(2) 도급계약의 해지 사유(법 제23조)

① 소방시설업이 등록취소되거나 영업정지된 경우
② 소방시설업을 휴업하거나 폐업한 경우
③ 정당한 사유 없이 30일 이상 소방시설공사를 계속하지 않은 경우
④ 하도급의 통지를 받은 경우 그 하수급인이 적당하지 않다고 인정되어 하수급인의 변경을 요구하였으나 정당한 사유 없이 따르지 않은 경우

(3) 동일한 특정소방대상물의 소방시설에 대한 시공 및 감리를 함께 할 수 없는 경우(법 제24조)

① 공사업자(법인의 경우 법인의 대표자 또는 임원)와 감리업자(법인의 경우 법인의 대표자 또는 임원)가 같은 자인 경우
② 기업진단의 관계인 경우
③ 법인과 그 법인의 임직원의 관계인 경우
④ 공사업자와 감리업자가 친족 관계인 경우

(4) 시공능력평가의 평가방법(규칙 별표 4)

① 시공능력평가액 = 실적평가액 + 자본금평가액 + 기술력평가액 + 경력평가액 ± 신인도평가액
② 실적평가액 = 연평균공사 실적액
③ 자본금평가액 = (실질자본금 × 실질자본금의 평점 + 소방청장이 지정한 금융회사 또는 소방산업공제조합에 출자·예치·담보금액) × 70/100
④ 기술력평가액 = 전년도 공사업계의 기술자 1인당 평균생산액 × 보유기술인력 가중치합계 × 30/100 + 전년도 기술개발투자액
⑤ 경력평가액 = 실적평가액 × 공사업 경영기간 평점 × 20/100

> **10년간 자주 출제된 문제**

1-1. 소방시설공사업법상 특정소방대상물의 관계인 또는 발주자가 해당 도급계약의 수급인을 도급계약 해지할 수 있는 경우 중 틀린 것은?

① 하도급계약의 적정성 심사 결과 하수급인 또는 하도급계약 내용의 변경 요구에 정당한 사유 없이 따르지 않는 경우
② 정당한 사유 없이 15일 이상 소방시설공사를 계속하지 않은 경우
③ 소방시설업이 등록취소되거나 영업정지된 경우
④ 소방시설업을 휴업하거나 폐업한 경우

1-2. 시공능력평가 방법 중 시공능력평가액의 산정방식으로 알맞은 것은?

① 실적평가액 + 실질자본금평가액 + 개발투자평가액 + 경력평가액 ± 신인도평가액
② 실적평가액 + 자본금평가액 + 기술력평가액 + 겸업비율평가액 ± 신인도평가액
③ 실적평가액 + 자본금평가액 + 기술력평가액 + 경력평가액 ± 신인도평가액
④ 실적평가액 + 실질자본금평가액 + 개발투자평가액 + 겸업비율평가액 ± 신인도평가액

10년간 자주 출제된 문제

1-3. 다음은 소방시설공사업자의 시공능력평가액 산정을 위한 산식이다. ( )에 들어갈 내용으로 알맞은 것은?

> 시공능력평가액 = 실적평가액 + 자본금평가액 + 기술력 평가액 + ( ) ± 신인도평가액

① 기술개발평가액
② 경력평가액
③ 자본투자평가액
④ 평균공사실적평가액

1-4. 소방시설공사업자의 시공능력 평가방법에 있어서 경력평가액 산출 공식은?

① 실적평가액 × 공사업 경영기간 평점 × $\frac{20}{100}$
② 실적평가액 × 공사업 경영기간 평점 × $\frac{30}{100}$
③ 실적평가액 × 공사업 경영기간 평점 × $\frac{50}{100}$
④ 실적평가액 × 공사업 경영기간 평점 × $\frac{60}{100}$

【해설】

1-1
정당한 사유 없이 30일 이상 소방시설공사를 계속하지 않은 경우에는 도급계약을 해지할 수 있다.

1-2, 1-3
시공능력평가액 = 실적평가액 + 자본금평가액 + 기술력평가액 + 경력평가액 ± 신인도평가액

1-4
경력평가액 = 실적평가액 × 공사업 경영기간 평점 × $\frac{20}{100}$

정답 1-1 ② 1-2 ③ 1-3 ② 1-4 ①

핵심이론 02 소방기술자

(1) 소방기술자의 배치기준(영 제3조, 별표 2)

소방기술자의 배치기준	소방시설공사 현장의 기준
행정안전부령으로 정하는 특급기술자인 소방기술자 (기계분야 및 전기분야)	• 연면적 20만[m²] 이상인 특정소방대상물의 공사 현장 • 지하층을 포함한 층수가 40층 이상인 특정소방대상물의 공사 현장
행정안전부령으로 정하는 고급기술자 이상의 소방기술자 (기계분야 및 전기분야)	• 연면적 3만[m²] 이상 20만[m²] 미만인 특정소방대상물(아파트는 제외한다)의 공사 현장 • 지하층을 포함한 층수가 16층 이상 40층 미만인 특정소방대상물의 공사 현장
행정안전부령으로 정하는 중급기술자 이상의 소방기술자 (기계분야 및 전기분야)	• 물분무 등 소화설비(호스릴 방식의 소화설비는 제외한다) 또는 제연설비가 설치되는 특정소방대상물의 공사 현장 • 연면적 5,000[m²] 이상 3만[m²] 미만인 특정소방대상물(아파트는 제외한다)의 공사 현장 • 연면적 1만[m²] 이상 20만[m²] 미만인 아파트의 공사 현장
행정안전부령으로 정하는 초급기술자 이상의 소방기술자 (기계분야 및 전기분야)	• 연면적 1,000[m²] 이상 5,000[m²] 미만인 특정소방대상물(아파트는 제외한다)의 공사 현장 • 연면적 1,000[m²] 이상 1만[m²] 미만인 아파트의 공사 현장 • 지하구(地下溝)의 공사 현장
법 제28조 제2항에 따라 자격수첩을 발급받은 소방기술자	연면적 1,000[m²] 미만인 특정소방대상물의 공사 현장

(2) 소방기술자(법 제27~29조, 규칙 제26조)

① 소방기술자는 다른 사람에게 그 자격증(자격수첩, 경력수첩)을 빌려주어서는 안 된다.
② 소방기술자는 동시에 둘 이상의 업체에 취업하여서는 안 된다(다만, 소방기술자 업무에 영향을 미치지 않는 범위에서 근무시간 외에 소방시설업이 아닌 다른 업종에 종사하는 경우는 제외한다).
③ 실무교육
  ㉠ 실무교육기관 지정 : 소방청장
  ㉡ 실무교육기관의 지정방법·절차·기준 등에 필요한 사항 : 행정안전부령

ⓒ 실무교육 : 2년마다 1회 이상 교육을 받아야 한다.
ⓔ 실무교육 일정 통보 : 교육대상자에게 교육 10일 전까지 통보

(3) 감 독(법 제32조)

① 청문 실시권자 : 시·도지사
② 청문 대상 : 소방시설업 등록취소처분이나 영업정지 처분, 소방기술인정 자격취소의 처분

10년간 자주 출제된 문제

2-1. 지하층을 포함한 층수가 16층 이상 40층 미만인 특정소방 대상물의 소방시설공사 현장에 배치해야 할 소방기술자 배치기 준으로 알맞은 것은?

① 초급기술자 이상의 소방기술자(기계분야 및 전기분야)
② 특급감리원인 소방기술자
③ 고급기술자 이상의 소방기술자(기계분야 및 전기분야)
④ 중급기술자 이상의 소방기술자(기계분야 및 전기분야)

2-2. 연면적 1만[m²] 이상 20만[m²] 미만인 아파트의 공사 현장에 배치해야 할 소방기술자 배치기준으로 알맞은 것은?

① 초급기술자 이상의 소방기술자(기계분야 및 전기분야)
② 특급감리원인 소방기술자
③ 고급기술자 이상의 소방기술자(기계분야 및 전기분야)
④ 중급기술자 이상의 소방기술자(기계분야 및 전기분야)

2-3. 소방기술자는 동시에 몇 개의 사업체에 취업이 가능한가?

① 1개
② 2개
③ 3개
④ 4개

2-4. 소방기술자의 실무교육 일정은 교육대상자에게 며칠 전에 통보해야 하는가?

① 3일
② 5일
③ 10일
④ 14일

|해설|

2-1

소방기술자의 배치기준

소방기술자의 배치기준	소방시설공사 현장의 기준
행정안전부령으로 정하는 고급기술자 이상의 소방기술자 (기계분야 및 전기분야)	• 연면적 3만[m²] 이상 20만[m²] 미만인 특정소방대상물(아파트는 제외한다)의 공사 현장 • 지하층을 포함한 층수가 16층 이상 40층 미만인 특정소방대상물의 공사 현장

2-2

소방기술자의 배치기준

소방기술자의 배치기준	소방시설공사 현장의 기준
행정안전부령으로 정하는 중급기술자 이상의 소방기술자 (기계분야 및 전기분야)	• 물분무 등 소화설비(호스릴 방식의 소화설비는 제외한다) 또는 제연설비가 설치되는 특정소방대상물의 공사 현장 • 연면적 5,000[m²] 이상 3만[m²] 미만인 특정소방대상물(아파트는 제외한다)의 공사 현장 • 연면적 1만[m²] 이상 20만[m²] 미만인 아파트의 공사 현장

2-3

소방기술자는 동시에 둘 이상의 업체에 취업하여서는 안 된다.

2-4

실무교육 일정 통보 : 교육대상자에게 교육 10일 전까지 통보

정답 2-1 ③ 2-2 ④ 2-3 ① 2-4 ③

제5절 벌칙 및 과태료

핵심이론 01 벌칙

(1) 3년 이하의 징역 또는 3,000만원 이하의 벌금(법 제35조)
① 소방시설업의 등록을 하지 않고 영업을 한 자
② 부정한 청탁을 받고 재물 또는 재산상의 이익을 취득하거나 부정한 청탁을 하면서 재물 또는 재산상의 이익을 제공한 자

(2) 1년 이하의 징역 또는 1,000만원 이하의 벌금(법 제36조)
① 영업정지 처분을 받고 그 영업정지 기간에 영업을 한 자
② 감리업자의 업무규정을 위반하여 감리를 하거나 거짓으로 감리한 자
③ 감리업자가 공사감리자를 지정하지 않은 자
④ 공사감리 결과의 통보 또는 공사감리 결과보고서의 제출을 거짓으로 한 자
⑤ 소방시설업자가 아닌 자에게 소방시설공사 등을 도급한 자
⑥ 도급받은 소방시설의 설계, 시공, 감리를 하도급한 자
⑦ 하도급받은 소방시설공사를 다시 하도급한 자

(3) 300만원 이하의 벌금(법 제37조)
① 다른 자에게 자기의 성명이나 상호를 사용하여 소방시설공사 등을 수급 또는 시공하게 하거나 소방시설업의 등록증이나 등록수첩을 빌려준 자
② 소방시설공사 현장에 감리원을 배치하지 않은 자
③ 소방시설공사를 다른 업종의 공사와 분리하여 도급하지 않은 자
④ 자격수첩 또는 경력수첩을 빌려준 사람
⑤ 소방기술자가 동시에 둘 이상의 업체에 취업한 사람

(4) 100만원 이하의 벌금(법 제38조)
① 소방시설업자 및 관계인의 보고 및 자료 제출, 관계서류 검사 또는 질문 등 위반하여 보고 또는 자료 제출을 하지 않거나 거짓으로 한 자
② 소방시설업자 및 관계인의 보고 및 자료 제출, 관계서류 검사 또는 질문 등 규정을 위반하여 정당한 사유 없이 관계 공무원의 출입 또는 검사·조사를 거부·방해 또는 기피한 자

10년간 자주 출제된 문제

1-1. 소방시설업의 등록을 하지 않고 영업을 한 자에 대한 벌칙은?
① 1년 이하의 징역 또는 1,000만원 이하의 벌금
② 1년 이하의 징역 또는 2,000만원 이하의 벌금
③ 2년 이하의 징역 또는 1,000만원 이하의 벌금
④ 3년 이하의 징역 또는 3,000만원 이하의 벌금

1-2. 소방시설업의 벌칙 중 1년 이하의 징역 또는 1,000만원 이하의 벌금에 해당하지 않는 것은?
① 영업정지 처분을 받고 그 영업정지 기간에 영업을 한 자
② 감리업자가 공사감리자를 지정하지 않은 자
③ 소방시설업자가 아닌 자에게 소방시설공사 등을 도급한 자
④ 소방시설공사 현장에 감리원을 배치하지 않은 자

[해설]

1-1
소방시설업의 등록을 하지 않고 영업을 한 자 : 3년 이하의 징역 또는 3,000만원 이하의 벌금

1-2
소방시설공사 현장에 감리원을 배치하지 않은 자 : 300만원 이하의 벌금

정답 1-1 ④ 1-2 ④

핵심이론 02 과태료

(1) 200만원 이하의 과태료(법 제40조)

① 등록사항의 변경신고, 휴업·폐업신고, 소방시설업자의 지위승계, 소방시설공사의 착공신고, 공사업자의 변경신고, 공사감리자의 지정신고 또는 변경신고를 하지 않거나 거짓으로 신고한 자
② 소방기술자를 공사 현장에 배치하지 않은 자
③ 공사업자가 완공검사를 받지 않은 자
④ 3일 이내에 하자를 보수하지 않거나 하자보수계획을 관계인에게 거짓으로 알린 자
⑤ 방염성능기준 미만으로 방염을 한 자

(2) 과태료의 부과기준(영 별표 5)

위반 행위	근거 법조문	과태료 금액 (단위 : 만원)		
		1차 위반	2차 위반	3차 이상 위반
등록사항의 변경신고, 휴업·폐업신고, 지위승계 신고, 소방시설공사의 착공신고 및 변경신고, 공사감리자의 지정신고를 하지 않거나 거짓으로 신고한 경우	법 제40조 제1항 제1호	60	100	200
관계인에게 지위승계, 행정처분 또는 휴업·폐업의 사실을 거짓으로 알린 경우	법 제40조 제1항 제2호	60	100	200
소방기술자를 공사 현장에 배치하지 않은 경우	법 제40조 제1항 제4호		200	
완공검사를 받지 않은 경우	법 제40조 제1항 제5호		200	
방염성능기준 미만으로 방염을 한 경우	법 제40조 제1항 제9호		200	
하도급 등의 통지를 하지 않은 경우	법 제40조 제1항 제11호	60	100	200

10년간 자주 출제된 문제

2-1. 다음 중 200만원 이하의 과태료에 해당되지 않는 것은?
① 소방기술자를 공사 현장에 배치하지 않은 자
② 자격수첩 또는 경력수첩을 빌려준 사람
③ 공사업자가 완공검사를 받지 않은 자
④ 3일 이내에 하자를 보수하지 않거나 하자보수계획을 관계인에게 거짓으로 알린 자

2-2. 하도급 등의 통지를 하지 않은 경우에 2차 위반에 해당하는 과태료 금액은?
① 60만원　　② 100만원
③ 150만원　　④ 200만원

|해설|

2-1
자격수첩 또는 경력수첩을 빌려준 사람 : 300만원 이하의 벌금

2-2
하도급 등의 통지를 하지 않은 경우의 과태료
• 1차 위반 : 60만원
• 2차 위반 : 100만원
• 3차 이상 위반 : 200만원

정답 2-1 ②　2-2 ②

제5장 위험물안전관리법(위험물관리법), 영, 규칙

제1절 총 칙

핵심이론 01 정의 및 종류

(1) 정의(법 제2조)
① 위험물 : 인화성 또는 발화성 등의 성질을 가지는 것으로서 대통령령이 정하는 물품
② 지정수량 : 위험물의 종류별로 위험성을 고려하여 대통령령이 정하는 수량(제조소 등의 설치허가 등에 있어서 최저의 기준이 되는 수량)
③ 제조소 등 : 제조소, 저장소, 취급소

(2) 취급소의 종류(영 제5조, 별표 3)
① 주유취급소 : 고정된 주유설비에 의하여 자동차・항공기 또는 선박 등의 연료탱크에 직접 주유하기 위하여 위험물을 취급하는 장소(위험물을 용기에 옮겨 담거나 차량에 고정된 5,000[L] 이하의 탱크에 주입하기 위하여 고정된 급유설비를 병설한 장소를 포함)
② 판매취급소 : 점포에서 위험물을 용기에 담아 판매하기 위하여 지정수량의 40배 이하의 위험물을 취급하는 장소
③ 이송취급소 : 배관 및 이에 부속된 설비에 의하여 위험물을 이송하는 장소
④ 일반취급소 : 주유취급소, 판매취급소, 이송취급소 외의 장소

(3) 저장소의 종류(영 제4조, 별표 2)
① 옥내저장소
② 옥내탱크저장소
③ 옥외저장소
④ 옥외탱크저장소
⑤ 지하탱크저장소
⑥ 간이탱크저장소
⑦ 이동탱크저장소
⑧ 암반탱크저장소

10년간 자주 출제된 문제

1-1. 위험물안전관리법에서 정하는 용어의 정의에 대한 설명 중 틀린 것은?
① 위험물이란 인화성 또는 발화성 등의 성질을 가지는 것으로서 행정안전부령이 정하는 물품을 말한다.
② 지정수량이란 위험물의 종류별로 위험성을 고려하여 제조소 등의 설치허가 등에 있어서 최저의 기준이 되는 수량을 말한다.
③ 제조소란 위험물을 제조할 목적으로 지정수량 이상의 위험물을 취급하기 위하여 위험물 설치허가를 받은 장소를 말한다.
④ 취급소란 지정수량 이상의 위험물을 제조 외의 목적으로 취급하기 위하여 위험물 설치허가를 받은 장소를 말한다.

1-2. 다음 중 제조소 등에 해당하지 않는 장소는?
① 제조소　　　　② 저장소
③ 판매소　　　　④ 취급소

1-3. 점포에서 위험물을 용기에 담아 판매하기 위하여 지정수량의 40배 이하의 위험물을 취급하는 장소는?
① 일반취급소　　② 주유취급소
③ 판매취급소　　④ 이송취급소

1-4. 다음 중 취급소에 해당하지 않는 장소는?
① 일반취급소　　② 주유취급소
③ 이송취급소　　④ 저장취급소

1-5. 다음 중 저장소에 해당하지 않는 장소는?
① 옥내저장소　　② 옥내탱크저장소
③ 이송탱크저장소　④ 암반탱크저장소

【해설】

1-1
위험물 : 인화성 또는 발화성 등의 성질을 가지는 것으로서 대통령령이 정하는 물품

1-2
제조소 등 : 제조소, 저장소, 취급소

1-3
판매취급소 : 점포에서 위험물을 용기에 담아 판매하기 위하여 지정수량의 40배 이하의 위험물을 취급하는 장소

1-4
취급소 : 일반취급소, 주유취급소, 판매취급소, 이송취급소

1-5
저장소 : 이동탱크저장소

정답 1-1 ① 1-2 ③ 1-3 ③ 1-4 ④ 1-5 ③

핵심이론 02 위험물 및 지정수량

(1) 위험물 및 지정수량 (영 제2조, 제3조, 별표 1)

유별	성질	품명		위험등급	지정수량
제1류	산화성 고체	아염소산염류, 염소산염류, 과염소산염류, 무기과산화물		I	50[kg]
		브로민산염류, 질산염류, 아이오딘산염류		II	300[kg]
		과망가니즈산염류, 다이크로뮴산염류		III	1,000[kg]
제2류	가연성 고체	황화인, 적린, 황(순도 60[wt%] 이상)		II	100[kg]
		철분(53[μm]의 표준체 통과 50[wt%] 미만은 제외) 금속분, 마그네슘		III	500[kg]
		인화성 고체(고형알코올)		III	1,000[kg]
제3류	자연발화성 물질 및 금수성 물질	칼륨, 나트륨, 알킬알루미늄, 알킬리튬		I	10[kg]
		황린		I	20[kg]
		알칼리금속 및 알칼리토금속, 유기금속화합물		II	50[kg]
		금속의 수소화물, 금속의 인화물, 칼슘 또는 알루미늄의 탄화물		III	300[kg]
제4류	인화성 액체	특수인화물		I	50[L]
		제1석유류(아세톤, 휘발유 등)	비수용성 액체	II	200[L]
			수용성 액체	II	400[L]
		알코올류(탄소원자의 수가 1~3개로서 농도가 60[%] 이상)		II	400[L]
		제2석유류(등유, 경유 등)	비수용성 액체	III	1,000[L]
			수용성 액체	III	2,000[L]
		제3석유류(중유, 크레오소트유 등)	비수용성 액체	III	2,000[L]
			수용성 액체	III	4,000[L]
		제4석유류(기어유, 실린더유 등)		III	6,000[L]
		동식물유류		III	10,000[L]
제5류	자기반응성 물질	질산에스터류(제1종), 나이트로화합물(제1종)		I	10[kg]
		유기과산화물(제2종), 셀룰로이드, 하이드록실아민, 하이드라진 유도체		II	100[kg]
제6류	산화성 액체	과염소산, 질산(비중 1.49 이상) 과산화수소(농도 36[wt%] 이상)		I	300[kg]

10년간 자주 출제된 문제

2-1. 다음 중 위험물 유별 성질로서 옳지 않은 것은?

① 제1류 위험물 : 산화성 고체
② 제2류 위험물 : 가연성 고체
③ 제4류 위험물 : 인화성 액체
④ 제6류 위험물 : 인화성 고체

2-2. 산화성 고체이며 제1류 위험물에 해당하는 것은?

① 황화인　　　② 적 린
③ 마그네슘　　④ 염소산염류

2-3. 고형알코올 그 밖에 1기압 상태에서 인화점이 40[℃] 미만인 고체에 해당하는 것은?

① 가연성 고체
② 산화성 고체
③ 인화성 고체
④ 자연발화성 물질

2-4. 다음 중 제3류 자연발화성 및 금수성 위험물이 아닌 것은?

① 적 린　　　② 황 린
③ 금속의 수소화물　④ 칼 륨

2-5. 다음 중 그 성질이 자연발화성 물질 및 금수성 물질인 제3류 위험물에 속하지 않는 것은?

① 황 린　　　② 칼 륨
③ 나트륨　　　④ 황화인

2-6. 제4류 위험물로서 제1석유류인 수용성 액체의 지정수량은 몇 [L]인가?

① 100[L]　　② 200[L]
③ 300[L]　　④ 400[L]

2-7. 위험물로서 제1석유류에 속하는 것은?

① 이황화탄소　② 휘발유
③ 다이에틸에터　④ 파라크실렌

2-8. 다음 위험물 중 그 성질이 자기반응성 물질에 속하지 않는 것은?

① 유기과산화물
② 아조화합물
③ 나이트로화합물
④ 무기과산화물

2-9. 다음 위험물 중 자기반응성 물질인 것은?

① 황 린
② 염소산염류
③ 특수인화물
④ 질산에스터류

2-10. 위험물안전관리법상 제6류 위험물은?

① 황
② 칼 륨
③ 황 린
④ 질 산

2-11. 다음 중 위험물의 지정수량으로 옳지 않은 것은?

① 질산염류 300[kg]
② 황린 10[kg]
③ 알킬알루미늄 10[kg]
④ 과산화수소 300[kg]

〈해설〉

2-1
제6류 위험물 : 산화성 액체

2-2
위험물의 분류

종류	황화인	적 린	마그네슘	염소산염류
품명	제2류 위험물	제2류 위험물	제2류 위험물	제1류 위험물
성질	가연성 고체	가연성 고체	가연성 고체	산화성 고체

2-3
인화성 고체 : 고형알코올 그 밖에 1기압 상태에서 인화점이 40[℃] 미만인 고체

2-4
적린 : 제2류 위험물(가연성 고체)

2-5
황화인은 제2류 위험물인 가연성 고체이다.

2-6
제4류 위험물 제1석유류의 지정수량
- 비수용성 : 200[L]
- 수용성 : 400[L]

[해설]

2-7

위험물의 분류(영 별표 1)

종류	이황화탄소	휘발유	다이에틸에터	파라크실렌
분류	특수인화물	제1석유류	특수인화물	제2석유류

2-8

무기과산화물 : 제1류 위험물인 산화성 고체

2-9

위험물의 분류

종류	황 린	염소산염류	특수인화물	질산에스터류
유별	제3류 위험물	제1류 위험물	제4류 위험물	제5류 위험물
성질	자연발화성 물질	산화성 고체	인화성 액체	자기반응성 물질

2-10

위험물의 분류

종류	황	칼륨	황 린	질 산
유별	제2류 위험물	제3류 위험물	제3류 위험물	제6류 위험물
성질	가연성 고체	자연발화성 및 금수성 물질	자연발화성 및 금수성 물질	산화성 액체

2-11

지정수량

종류	질산염류	황 린	알킬알루미늄	과산화수소
분류	제1류 위험물	제3류 위험물	제3류 위험물	제6류 위험물
지정수량	300[kg]	20[kg]	10[kg]	300[kg]

정답 2-1 ④ 2-2 ④ 2-3 ③ 2-4 ① 2-5 ④ 2-6 ④ 2-7 ② 2-8 ④
     2-9 ④ 2-10 ④ 2-11 ②

핵심이론 03 위험물의 적용 제외, 저장 및 취급

(1) 위험물안전관리법의 적용 제외(법 제3조)

항공기, 선박(항해 중인 선박), 철도 및 궤도

(2) 지정수량 미만인 위험물의 저장·취급의 기준(법 제4조)

특별시·광역시·특별자치시·도 및 특별자치도(시·도)의 조례

(3) 위험물의 저장 및 취급의 제한(법 제5조)

① 지정수량 이상의 위험물을 저장소가 아닌 장소에서 저장하거나 제조소 등이 아닌 장소에서 취급해서는 안 된다.

② 제조소 등이 아닌 장소에서 지정수량 이상의 위험물을 취급할 수 있는 경우

　㉠ 지정수량 이상의 위험물을 90일 이내의 기간 동안 임시로 저장 또는 취급하는 경우

　㉡ 군부대가 지정수량 이상의 위험물을 군사목적으로 임시로 저장 또는 취급하는 경우

③ 임시로 저장 또는 취급하는 장소의 위치 구조 및 설비의 기준 : 시·도의 조례

④ 제조소 등의 위치·구조 및 설비의 기술기준 : 행정안전부령

⑤ 둘 이상의 위험물을 같은 장소에서 저장 또는 취급하는 경우에 있어서 해당 장소에서 저장 또는 취급하는 각 위험물의 수량을 그 위험물의 지정수량으로 각각 나누어 얻은 수의 합계가 1 이상인 경우 해당 위험물은 지정수량 이상의 위험물로 본다.

　※ 지정수량의 배수

$$= \frac{저장(취급)량}{지정수량} + \frac{저장(취급)량}{지정수량} + \cdots$$

10년간 자주 출제된 문제

3-1. 지정수량 미만인 위험물의 저장 또는 취급에 관한 기술상의 기준은 무엇으로 정하는가?

① 위험물제조소 등의 내규로 정한다.
② 행정안전부령으로 정한다.
③ 소방청의 내규로 정한다.
④ 시·도의 조례로 정한다.

3-2. 다음 중 위험물 임시저장 기간으로 맞는 것은?

① 90일 이내
② 80일 이내
③ 70일 이내
④ 60일 이내

3-3. 위험물의 임시저장 취급기준을 정하고 있는 것은?

① 대통령령
② 국무총리령
③ 행정안전부령
④ 시·도의 조례

3-4. 경유의 저장량이 2,000[L], 중유의 저장량이 4,000[L], 등유의 저장량이 2,000[L]인 저장소에 있어서 지정수량의 배수는?

① 10배
② 6배
③ 3배
④ 2배

[해설]

3-1

위험물의 기준
- 지정수량 미만 : 시·도의 조례
- 지정수량 이상 : 위험물안전관리법 적용

3-2

위험물 임시저장 기간 : 90일 이내

3-3

위험물의 임시로 저장 또는 취급하는 장소의 위치 구조 및 설비의 기준 : 시·도의 조례

3-4

제4류 위험물의 지정수량

항목\종류	경 유	중 유	등 유
품 명	제2석유류 (비수용성)	제3석유류 (비수용성)	제2석유류 (비수용성)
지정수량	1,000[L]	2,000[L]	1,000[L]

지정수량의 배수
$$= \frac{저장량}{지정수량} + \frac{저장량}{지정수량} + \cdots$$
$$= \frac{2,000[L]}{1,000[L]} + \frac{4,000[L]}{2,000[L]} + \frac{2,000[L]}{1,000[L]} = 6배$$

정답 3-1 ④ 3-2 ① 3-3 ④ 3-4 ②

핵심이론 04 위험물 시설의 설치 및 변경

(1) 위험물 시설의 설치 및 변경 등(법 제6조)

① 제조소 등을 설치·변경 시 허가권자 : 시·도지사
② 제조소 등의 변경 내용 : 위치, 구조, 설비
③ 위험물의 품명·수량 또는 지정수량의 배수 변경 시(위치, 구조, 설비의 변경 없이) : 변경하고자 하는 날의 1일 전까지 시·도지사에게 신고
④ 허가받지 않고 제조소 등을 설치하거나 위치, 구조, 설비를 변경할 수 있으며 신고하지 않고 위험물의 품명, 수량, 지정수량의 배수를 변경하는 경우
  ㉠ 주택의 난방시설(공동주택의 중앙난방시설을 제외)을 위한 저장소 또는 취급소
  ㉡ 농예용·축산용 또는 수산용으로 필요한 난방시설 또는 건조시설을 위한 지정수량 20배 이하의 저장소
  ※ 공동주택의 중앙난방시설 : 허가대상

(2) 제조소 등의 변경허가를 받아야 하는 경우(규칙 제8조, 별표 1의2)

구 분	변경허가를 받아야 하는 경우
제조소 또는 일반취급소	• 제조소 또는 일반취급소의 위치를 이전하는 경우 • 건축물의 벽·기둥·바닥·보 또는 지붕을 증설 또는 철거하는 경우 • 배출설비를 신설하는 경우 • 위험물취급탱크를 신설·교체·철거 또는 보수(탱크의 본체를 절개하는 경우)하는 경우 • 위험물취급탱크의 노즐 또는 맨홀을 신설하는 경우(노즐 또는 맨홀의 직경이 250[mm]를 초과하는 경우에 한한다) • 위험물취급탱크의 방유제의 높이 또는 방유제 내의 면적을 변경하는 경우 • 위험물취급탱크의 탱크전용실을 증설 또는 교체하는 경우 • 300[m](지상에 설치하지 않은 배관의 경우에는 30[m])를 초과하는 위험물배관을 신설·교체·철거 또는 보수(배관을 절개하는 경우에 한한다)하는 경우 • 불활성기체의 봉입장치를 신설하는 경우 • 냉각장치 또는 보냉장치를 신설하는 경우 • 탱크전용실을 증설 또는 교체하는 경우 • 방화상 유효한 담을 신설·철거 또는 이설하는 경우 • 위험물의 제조설비 또는 취급설비(펌프설비는 제외)를 증설하는 경우 • 자동화재탐지설비를 신설 또는 철거하는 경우
옥내 저장소	• 건축물의 벽·기둥·바닥·보 또는 지붕을 증설 또는 철거하는 경우 • 배출설비를 신설하는 경우 • 온도의 상승에 의한 위험한 반응을 방지하기 위한 설비를 신설하는 경우 • 담 또는 토제를 신설·철거 또는 이설하는 경우 • 옥외소화전설비·스프링클러설비·물분무 등 소화설비를 신설·교체(배관·밸브·압력계·소화전본체·소화약제탱크·포헤드·포방출구 등의 교체는 제외) 또는 철거하는 경우 • 자동화재탐지설비를 신설 또는 철거하는 경우

10년간 자주 출제된 문제

4-1. 위험물의 제조소 등을 설치하고자 할 때 설치장소를 관할하는 누구의 허가를 받아야 하는가?

① 행정안전부장관
② 소방청장
③ 특별시장·광역시장 또는 도지사
④ 기초 지방 자치 단체장

4-2. 위험물안전관리법상 위험물 시설의 설치 및 변경 등에 관한 기준 중 다음 (   ) 안에 알맞은 것은?

> 제조소 등의 위치·구조 또는 설비의 변경 없이 해당 제조소 등에서 저장하거나 취급하는 위험물의 품명·수량 또는 지정수량의 배수를 변경하고자 하는 자는 변경하고자 하는 날의 (㉠)일 전까지 (㉡)이 정하는 바에 따라 (㉢)에게 신고해야 한다.

① ㉠ 1,   ㉡ 행정안전부령, ㉢ 시·도지사
② ㉠ 1,   ㉡ 대통령령,   ㉢ 소방본부장·소방서장
③ ㉠ 14, ㉡ 행정안전부령, ㉢ 시·도지사
④ ㉠ 14, ㉡ 대통령령,   ㉢ 소방본부장·소방서장

4-3. 제조소 등의 위치·구조 또는 설비의 변경없이 해당 제조소 등에서 저장하거나 취급하는 위험물의 지정수량의 배수를 변경하고자 할 때는 누구에게 신고해야 하는가?

① 행정안전부장관
② 시·도지사
③ 소방본부장
④ 소방서장

10년간 자주 출제된 문제

4-4. 다음 중 농예용 · 축산용 또는 수산용으로 필요한 난방시설을 위해 사용하는 위험물의 경우 시 · 도지사의 허가를 받지 않을 수 있는 지정수량은?

① 20배 이하 ② 30배 이상
③ 40배 이상 ④ 100배 이하

[해설]

4-1
위험물의 제조소 등 설치 시 허가권자 : 특별시장 · 광역시장 또는 도지사(이하 "시 · 도지사")

4-2
제조소 등의 위치 · 구조 또는 설비의 변경 없이 해당 제조소 등에서 저장하거나 취급하는 위험물의 품명 · 수량 또는 지정수량의 배수를 변경하고자 하는 자는 변경하고자 하는 날의 1일 전까지 행정안전부령이 정하는 바에 따라 시 · 도지사에게 신고해야 한다.

4-3
위험물의 품명, 수량, 지정수량의 배수 변경 신고 : 시 · 도지사

4-4
허가 또는 신고사항이 아닌 경우
- 주택의 난방시설(공동주택의 중앙난방시설을 제외)을 위한 저장소 또는 취급소
- 농예용 · 축산용 또는 수산용으로 필요한 난방시설 또는 건조시설을 위한 지정수량 20배 이하의 저장소

정답 4-1 ③ 4-2 ① 4-3 ② 4-4 ①

핵심이론 05 위험물탱크 성능시험자

(1) 위험물탱크 시험자(법 제16조)

① 탱크시험자 등록 : 시 · 도지사에게 등록
② 등록사항 : 기술능력, 시설, 장비
③ 등록 중요사항 변경 시 : 그날로부터 30일 이내에 시 · 도지사에게 변경신고
④ 등록취소나 업무정지권자 : 시 · 도지사
⑤ 등록취소 또는 6월 이내의 업무정지
  ㉠ 허위 그 밖의 부정한 방법으로 등록을 한 경우(등록취소)
  ㉡ 등록의 결격사유에 해당하게 된 경우(등록취소)
  ㉢ 등록증을 다른 자에게 빌려준 경우(등록취소)
  ㉣ 등록기준에 미달하게 된 경우
  ㉤ 탱크안전성능시험 또는 점검을 허위로 하거나 이 법에 의한 기준에 맞지 않게 탱크안전성능시험 또는 점검을 실시하는 경우 등 탱크시험자로서 적합하지 않다고 인정하는 경우

(2) 탱크안전성능검사의 대상 및 신청시기(영 제8조, 규칙 제18조)

검사 종류	검사 대상	신청시기
기초 · 지반검사	옥외탱크저장소의 액체 위험물 탱크 중 그 용량이 100만[L] 이상인 탱크	위험물 탱크의 기초 및 지반에 관한 공사의 개시 전
충수 · 수압검사	액체 위험물을 저장 또는 취급하는 탱크	위험물을 저장 또는 취급하는 탱크에 배관 그 밖의 부속설비를 부착하기 전
용접부 검사	옥외탱크저장소의 액체 위험물 탱크 중 그 용량이 100만[L] 이상인 탱크	탱크 본체에 관한 공사의 개시 전
암반탱크 검사	액체 위험물을 저장 또는 취급하는 암반 내의 공간을 이용한 탱크	암반탱크의 본체에 관한 공사의 개시 전

10년간 자주 출제된 문제

5-1. 위험물 탱크안전성능시험자가 되고자 하는 자는?
① 행정안전부장관의 지정을 받아야 한다.
② 시·도지사에게 등록해야 한다.
③ 시·도 소방본부장의 지정을 받아야 한다.
④ 소방서장에게 등록해야 한다.

5-2. 다음 중 위험물 탱크안전성능시험자로 등록하기 위하여 갖추어야 할 사항에 포함되지 않는 것은?
① 자본금   ② 기술능력
③ 시 설   ④ 장 비

5-3. 옥외탱크저장소의 액체 위험물탱크 중 그 용량이 몇 [L] 이상인 탱크는 기초·지반검사를 받아야 하는가?
① 10만[L]   ② 30만[L]
③ 50만[L]   ④ 100만[L]

5-4. 탱크안전성능시험자가 되고자 하는 사람은 행정안전부령이 정하는 기술능력, 시설 및 장비를 갖추어 시·도지사에게 등록해야 한다. 이 경우 행정안전부령이 정하는 중요사항을 변경한 경우에는 그날로부터 며칠 이내에 변경 신고를 해야 하는가?
① 10일   ② 20일
③ 30일   ④ 40일

|해설|

5-1
위험물 탱크안전성능시험자가 되고자 하는 자 : 시·도지사에게 등록

5-2
위험물 탱크안전성능시험자 등록 요건 : 기술능력, 시설, 장비

5-3
옥외탱크저장소의 액체 위험물탱크 중 용량이 100만[L] 이상인 탱크는 기초·지반검사를 받아야 한다.

5-4
탱크안전성능시험자의 중요사항 변경 신고 : 30일 이내

정답 5-1 ② 5-2 ① 5-3 ④ 5-4 ③

핵심이론 06 완공검사, 지위승계, 용도폐지, 취소 및 사용정지 등

(1) 완공검사(법 제9조, 규칙 제20조)

① 완공검사권자 : 시·도지사(소방본부장 또는 소방서장에게 위임)

② 제조소 등의 완공검사 신청시기
  ㉠ 지하탱크가 있는 제조소 등의 경우 : 해당 지하탱크를 매설하기 전
  ㉡ 이동탱크저장소의 경우 : 이동저장탱크를 완공하고 상치장소를 확보한 후
  ㉢ 이송취급소의 경우 : 이송배관 공사의 전체 또는 일부를 완료한 후(다만, 지하·하천 등에 매설하는 이송배관의 공사의 경우에는 이송배관을 매설하기 전)
  ㉣ 제조소 등의 경우 : 제조소 등의 공사를 완료한 후

(2) 제조소 등의 지위승계, 용도폐지신고, 취소 사용정지 등(법 제10~13조)

① 제조소 등의 설치자의 지위를 승계 : 승계한 날부터 30일 이내에 시·도지사에게 신고

② 제조소 등의 용도를 폐지 : 용도를 폐지한 날부터 14일 이내에 시·도지사에게 신고

③ 제조소 등의 설치허가 취소와 6개월 이내의 사용정지
  ㉠ 변경허가를 받지 않고 제조소 등의 위치·구조 또는 설비를 변경한 때
  ㉡ 완공검사를 받지 않고 제조소 등을 사용한 때
  ㉢ 안전조치 이행명령을 따르지 않은 때
  ㉣ 제조소 등의 위치, 구조, 설비의 규정에 따른 수리·개조 또는 이전의 명령에 위반한 때
  ㉤ 위험물안전관리자를 선임하지 않은 때
  ㉥ 대리자를 지정하지 않은 때
  ㉦ 제조소 등의 정기점검을 하지 않은 때
  ㉧ 제조소 등의 정기검사를 받지 않은 때

④ 제조소 등의 과징금 처분
  ⊙ 과징금 처분권자 : 시·도지사
  ⊙ 과징금 부과금액 : 2억원 이하
  ⊙ 과징금을 부과하는 위반행위의 종별·정도 등에 따른 과징금의 금액 그 밖의 필요한 사항 : 행정안전부령

10년간 자주 출제된 문제

6-1. 위험물안전관리법령상 제조소 등의 완공검사 신청시기 기준으로 틀린 것은?

① 지하탱크가 있는 제조소 등의 경우에는 해당 지하탱크를 매설하기 전
② 이동탱크저장소의 경우에는 이동저장탱크를 완공하고 상치장소를 확보한 후
③ 이송취급소의 경우에는 이송배관 공사의 전체 또는 일부 완료한 후
④ 배관을 지하에 설치하는 경우에는 소방서장이 지정하는 부분을 매몰하고 난 직후

6-2. 제조소 등을 승계한 사람은 며칠 이내에 승계사항을 신고해야 하는가?

① 7일　　　　　　　② 14일
③ 30일　　　　　　 ④ 60일

6-3. 제조소 등의 용도 폐지를 한 때에는 폐지한 날부터 며칠 이내에 시·도지사에게 신고해야 하는가?

① 7일　　　　　　　② 14일
③ 30일　　　　　　 ④ 60일

6-4. 제조소 등의 설치허가 취소 또는 사용정지 사유가 아닌 것은?

① 변경허가를 받지 않고 제조소 등의 위치·구조 또는 설비를 변경한 때
② 위험물 시설안전원을 두지 않았을 때
③ 완공검사를 받지 않고 제조소 등을 사용한 때
④ 위험물안전관리자를 선임하지 않은 때

6-5. 위험물안전관리법상 과징금 처분에서 위험물제조소 등에 대한 사용의 정지가 공익을 해칠 우려가 있을 때, 사용정지 처분에 갈음하여 얼마의 과징금을 부과할 수 있는가?

① 5,000만원 이하　　② 1억원 이하
③ 2억원 이하　　　　④ 3억원 이하

|해설|

6-1
배관을 지하에 설치하는 경우에는 시·도지사, 소방서장 또는 기술원이 지정하는 부분을 매몰하기 직전에 실시해야 한다.

6-2
제조소 등의 지위승계 : 승계한 날로부터 30일 이내에 시·도지사에게 신고

6-3
제조소 등의 용도 폐지 : 폐지한 날부터 14일 이내에 시·도지사에게 신고

6-4
본문 참조

6-5
위험물안전관리법의 과징금 : 2억원 이하

정답 6-1 ④　6-2 ③　6-3 ②　6-4 ②　6-5 ③

제2절 위험물 시설의 안전관리

핵심이론 01 위험물안전관리

(1) 위험물안전관리(법 제14조, 제15조, 규칙 제54조)

① 제조소 등의 위치·구조 및 설비의 수리·개조 또는 이전을 명할 수 있는 사람 : 시·도지사, 소방본부장, 소방서장
② 안전관리자 선임 : 관계인
③ 안전관리자 해임, 퇴직 시 : 해임하거나 퇴직한 날부터 30일 이내에 안전관리자 선임
④ 안전관리자 선임 시 : 14일 이내에 소방본부장, 소방서장에게 신고
⑤ 안전관리자 직무 미시행·미선임 시 업무 : 위험물취급자격취득자 또는 대리자
  ※ 대리자의 직무 기간 : 30일 이내
⑥ 제조소 등에 있어서 위험물취급자격자가 아닌 자는 안전관리자 또는 대리자가 참여한 상태에서 위험물을 취급해야 한다.
⑦ 안전관리자의 대리자
  ㉠ 안전교육을 받은 자
  ㉡ 제조소 등의 위험물안전관리업무에 있어서 안전관리자를 지휘·감독하는 직위에 있는 자

(2) 1인의 안전관리자를 중복하여 선임할 수 있는 저장소 등(규칙 제56조)

① 10개 이하의 옥내저장소
② 30개 이하의 옥외탱크저장소
③ 옥내탱크저장소
④ 지하탱크저장소
⑤ 간이탱크저장소
⑥ 10개 이하의 옥외저장소
⑦ 10개 이하의 암반탱크저장소

> **10년간 자주 출제된 문제**

1-1. 위험물 안전관리자가 퇴직한 때에는 퇴직한 날부터 며칠 이내에 다시 위험물 안전관리자를 선임해야 하는가?

① 7일 이내
② 15일 이내
③ 30일 이내
④ 45일 이내

1-2. 위험물제조소에는 위험물안전관리자를 선임해야 한다. 선임될 수 없는 사람은?

① 위험물기능장
② 위험물산업기사
③ 위험물기능사
④ 소방공무원 경력자

1-3. 위험물안전관리자를 선임한 때에는 선임한 날부터 며칠 이내에 소방서장에게 선임신고해야 하는가?

① 7일
② 14일
③ 20일
④ 30일

1-4. 지정수량 10배인 제4류 위험물을 옥외탱크저장소에 저장하는 경우 위험물안전관리자 선임기준으로 틀린 것은?

① 2년 이상 실무경력이 있는 위험물기능사
② 위험물산업기사
③ 위험물기능장
④ 소방공무원 경력자

1-5. 1인의 위험물 안전관리자를 중복하여 선임할 수 있는 저장소로 틀린 것은?

① 10개 이하의 옥내저장소
② 30개 이하의 옥외탱크저장소
③ 10개 이하의 옥내탱크저장소
④ 10개 이하의 옥외저장소

[해설]

1-1
안전관리자의 해임 또는 퇴직 시에는 해임 또는 퇴직한 날부터 30일 이내 선임해야 한다.

1-2
소방공무원 경력자는 지정수량 5배를 초과하는 제조소에는 위험물안전관리자로 선임할 수 없다.

1-3
위험물안전관리자 선임 : 14일 이내에 소방본부장, 소방서장에게 신고

1-4
지정수량 10배인 옥외탱크저장소에 선임 가능한 위험물안전관리자 : 위험물기능장, 위험물산업기사 또는 2년 이상의 실무경력이 있는 위험물기능사(5배 이하일 때에는 소방공무원 경력자도 선임할 수 있다)

1-5
옥내탱크저장소는 탱크 숫자에 관계없이 중복하여 선임할 수 있다.

정답 1-1 ③ 1-2 ④ 1-3 ② 1-4 ④ 1-5 ③

핵심이론 02 예방규정, 정기점검, 정기검사

(1) 예방규정(법 제17조, 영 제15조, 규칙 제63조)

① 작성자 : 관계인(소유자, 점유자, 관리자)

② 처리 : 제조소 등의 사용을 시작하기 전에 시·도지사에게 제출(변경 시 동일)

③ 예방규정을 정해야 할 제조소 등
  ㉠ 지정수량의 10배 이상의 위험물을 취급하는 제조소
  ㉡ 지정수량의 100배 이상의 위험물을 저장하는 옥외저장소
  ㉢ 지정수량의 150배 이상의 위험물을 저장하는 옥내저장소
  ㉣ 지정수량의 200배 이상의 위험물을 저장하는 옥외탱크저장소
  ㉤ 암반탱크저장소
  ㉥ 이송취급소
  ㉦ 지정수량의 10배 이상의 위험물을 취급하는 일반취급소. 다만, 제4류 위험물(특수인화물을 제외한다)만을 지정수량의 50배 이하로 취급하는 일반취급소(제1석유류·알코올류의 취급량이 지정수량의 10배 이하인 경우에 한한다)로서 다음의 어느 하나에 해당하는 것을 제외한다.
    • 보일러·버너 또는 이와 비슷한 것으로서 위험물을 소비하는 장치로 이루어진 일반취급소
    • 위험물을 용기에 옮겨 담거나 차량에 고정된 탱크에 주입하는 일반취급소

④ 예방규정의 이행 실태 평가(규칙 제63조의2)
  ㉠ 최초평가 : 법 제17조 제1항 전단에 따라 예방규정을 최초로 제출한 날부터 3년이 되는 날이 속하는 연도에 실시
  ㉡ 정기평가 : 최초평가 또는 직전 정기평가를 실시한 날을 기준으로 4년마다 실시. 다만, ㉢에 따라 수시평가를 실시한 경우에는 수시평가를 실시한 날을 기준으로 4년마다 실시한다.

ⓒ 수시평가 : 위험물의 누출·화재·폭발 등의 사고가 발생한 경우 소방청장이 제조소 등의 관계인 또는 종업원의 예방규정 준수 여부를 평가할 필요가 있다고 인정하는 경우에 실시

(2) 정기점검 및 정기검사(법 제18조, 영 제16조, 제17조)

① 관계인은 정기적으로 점검하고 점검결과를 기록하여 보존해야 한다.

② 정기점검 대상
 ㉠ 예방규정을 정해야 하는 제조소 등
 ㉡ 지하탱크저장소
 ㉢ 이동탱크저장소
 ㉣ 위험물을 취급하는 탱크로서 지하에 매설된 탱크가 있는 제조소, 주유취급소, 일반취급소
 ※ 정기점검의 횟수 : 연 1회 이상

③ 정기검사 대상 : 액체위험물을 저장 또는 취급하는 50만[L] 이상의 옥외탱크저장소

10년간 자주 출제된 문제

2-1. 예방규정을 정해야 하는 제조소 등의 관계인은 예방규정을 정하여 언제까지 시·도지사에게 제출해야 하는가?
① 제조소 등의 착공신고 전
② 제조소 등의 완공신고 전
③ 제조소 등의 사용시작 전
④ 제조소 등의 탱크안전성능시험 전

2-2. 다음 중 예방규정을 정해야 하는 제조소 등의 기준이 아닌 것은?
① 지정수량의 10배 이상의 위험물을 취급하는 제조소
② 지정수량의 100배 이상의 위험물을 저장하는 일반취급소
③ 지정수량의 150배 이상의 위험물을 저장하는 옥내저장소
④ 암반탱크저장소

2-3. 지정수량의 몇 배 이상의 위험물을 저장하는 옥외저장소에는 화재예방을 위한 예방규정을 정해야 하는가?
① 10배
② 100배
③ 150배
④ 200배

2-4. 액체위험물을 저장 또는 취급하는 옥외탱크저장소 중 몇 [L] 이상의 옥외탱크저장소는 정기검사의 대상이 되는가?
① 1만[L]
② 10만[L]
③ 50만[L]
④ 1,000만[L]

2-5. 정기점검의 대상이 되는 제조소 등이 아닌 것은?
① 옥내탱크저장소
② 지하탱크저장소
③ 이동탱크저장소
④ 이송취급소

|해설|

2-1
예방규정 : 제조소 등의 사용시작 전에 시·도지사에게 제출

2-2
지정수량의 10배 이상의 위험물을 취급하는 제조소, 일반취급소는 예방규정 대상이다.

2-3
지정수량의 100배 이상의 위험물을 취급하는 옥외저장소는 예방규정 대상이다.

2-4
액체위험물을 저장 또는 취급하는 50만[L] 이상의 옥외탱크저장소는 정기검사 대상이다.

2-5
정기점검의 대상인 제조소 등
• 예방규정을 정해야 하는 제조소 등
• 지하탱크저장소
• 이동탱크저장소
• 위험물을 취급하는 탱크로서 지하에 매설된 탱크가 있는 제조소, 주유취급소, 일반취급소

정답 2-1 ③ 2-2 ② 2-3 ② 2-4 ③ 2-5 ①

핵심이론 03 자체소방대

(1) 자체소방대의 설치대상(영 제18조)
① 제4류 위험물의 최대수량의 합이 지정수량의 3,000배 이상을 취급하는 제조소 또는 일반취급소(다만, 보일러로 위험물을 소비하는 일반취급소는 제외)
② 제4류 위험물의 최대수량이 지정수량의 50만배 이상을 저장하는 옥외탱크저장소

(2) 자체소방대의 설치 제외 대상인 일반취급소(규칙 제73조)
① 보일러, 버너, 그 밖에 이와 유사한 장치로 위험물을 소비하는 일반취급소
② 이동저장탱크, 그 밖에 이와 유사한 것에 위험물을 주입하는 일반취급소
③ 용기에 위험물을 옮겨 담는 일반취급소
④ 유압장치, 윤활유 순환장치 그 밖에 이와 유사한 장치로 위험물을 취급하는 일반취급소
⑤ 광산안전법의 적용을 받는 일반취급소

(3) 자체소방대에 두는 화학소방자동차 및 인원(영 별표 8)

사업소의 구분	화학소방 자동차	자체소방 대원의 수
제조소 또는 일반취급소에서 취급하는 제4류 위험물의 최대수량의 합이 지정수량의 3,000배 이상 12만배 미만인 사업소	1대	5인
제조소 또는 일반취급소에서 취급하는 제4류 위험물의 최대수량의 합이 지정수량의 12만배 이상 24만배 미만인 사업소	2대	10인
제조소 또는 일반취급소에서 취급하는 제4류 위험물의 최대수량의 합이 지정수량의 24만배 이상 48만배 미만인 사업소	3대	15인
제조소 또는 일반취급소에서 취급하는 제4류 위험물의 최대수량의 합이 지정수량의 48만배 이상인 사업소	4대	20인
옥외탱크저장소에 저장하는 제4류 위험물의 최대수량이 지정수량의 50만배 이상인 사업소	2대	10인

※ 화학소방자동차에는 행정안전부령으로 정하는 소화능력 및 설비를 갖추어야 하고, 소화활동에 필요한 소화약제 및 기구(방열복 등 개인장구를 포함한다)를 비치해야 한다.

(4) 화학소방자동차에 갖추어야 하는 소화능력 및 설비의 기준(규칙 제75조, 별표 23)

화학소방 자동차의 구분	소화능력 및 설비의 기준
포수용액 방사차	포수용액의 방사능력이 매분 2,000[L] 이상일 것
	소화약액탱크 및 소화약액혼합장치를 비치할 것
	10만[L] 이상의 포수용액을 방사할 수 있는 양의 소화약제를 비치할 것
분말 방사차	분말의 방사능력이 매초 35[kg] 이상일 것
	분말탱크 및 가압용 가스설비를 비치할 것
	1,400[kg] 이상의 분말을 비치할 것
할로젠화합물 방사차	할로젠화합물의 방사능력이 매초 40[kg] 이상일 것
	할로젠화합물탱크 및 가압용 가스설비를 비치할 것
	1,000[kg] 이상의 할로젠화합물을 비치할 것
이산화탄소 방사차	이산화탄소의 방사능력이 매초 40[kg] 이상일 것
	이산화탄소 저장용기를 비치할 것
	3,000[kg] 이상의 이산화탄소를 비치할 것
제독차	가성소다 및 규조토를 각각 50[kg] 이상 비치할 것

※ 위험물 관련 법령에서는 '할로젠', 소방 관련 법령에서는 '할로겐'으로 명명한다.

10년간 자주 출제된 문제

3-1. 제4류 위험물의 최대수량의 합이 지정수량의 몇 배 이상을 취급하는 제조소 또는 일반취급소에는 자체소방대를 설치해야 하는가?

① 1,000배　　② 2,000배
③ 3,000배　　④ 5,000배

3-2. 위험물안전관리법에 의하여 자체소방대를 두는 제조소로서 제4류 위험물의 최대수량의 합이 지정수량 12만배 이상 24만배 미만인 경우 보유해야 할 화학소방차와 자체소방대원의 기준으로 옳은 것은?

① 2대, 10인　　② 3대, 10인
③ 3대, 15인　　④ 4대, 20인

3-3. 위험물안전관리법에 의하여 자체소방대를 두는 제조소로서 제4류 위험물의 최대 수량의 합이 지정수량 24만배 이상 48만배 미만인 경우 보유해야 할 화학소방차와 자체소방대원의 기준으로 옳은 것은?

① 2대, 10인　　② 3대, 10인
③ 3대, 15인　　④ 4대, 20인

3-4. 화학소방자동차의 소화능력 및 설비 기준에서 분말 방사차의 분말의 방사능력은 매초 몇 [kg] 이상이어야 하는가?

① 25[kg]　　② 30[kg]
③ 35[kg]　　④ 40[kg]

|해설|

3-1
제4류 위험물의 최대수량의 합이 지정수량의 3,000배 이상을 취급하는 제조소 또는 일반취급소(다만, 보일러로 위험물을 소비하는 일반취급소는 제외)는 자체소방대 설치 대상이다.

3-2, 3-3
본문 참조

3-4
분말 방사차 : 분말의 방사능력이 매초 35[kg] 이상일 것

정답 3-1 ③　3-2 ①　3-3 ③　3-4 ③

제3절 위험물 시설의 운반

핵심이론 01 위험물의 운송, 감독 및 조치명령

(1) 위험물의 운송(법 제20조, 영 제19조)

① 운반기준 : 용기, 적재방법, 운반방법
② 운반용기의 검사권자 : 시·도지사
③ 위험물 운반자의 자격요건
　㉠ 위험물 분야의 자격을 취득할 것
　㉡ 안전교육을 수료할 것
④ 운송책임자의 감독·지원을 받아 운송해야 하는 위험물
　㉠ 알킬알루미늄
　㉡ 알킬리튬
　㉢ ㉠ 또는 ㉡의 물질을 함유하는 위험물

(2) 감독 및 조치명령 등(법 제22~25조)

① 개인의 주거는 관계인의 승낙을 얻은 경우 또는 화재발생의 우려가 커서 긴급한 필요가 있는 경우가 아니면 출입할 수 없다.
② 국가기술자격증 또는 교육수료증의 제시 요구권자 : 소방공무원 또는 경찰공무원
③ 무허가 장소의 위험물에 대한 조치명령 : 시·도지사, 소방본부장 또는 소방서장
④ 제조소 등의 사용 일시정지, 사용제한권자 : 시·도지사, 소방본부장 또는 소방서장

(3) 안전교육대상자(영 제20조)

① 안전관리자로 선임된 자
② 탱크시험자의 기술인력으로 종사하는 자
③ 위험물운반자로 종사하는 자
④ 위험물운송자로 종사하는 자

(4) 청 문(법 제29조)

① 청문실시권자 : 시·도지사, 소방본부장, 소방서장
② 청문 대상
　㉠ 제조소 등 설치허가의 취소
　㉡ 탱크시험자의 등록취소

10년간 자주 출제된 문제

1-1. 다음 중 운송책임자의 감독 또는 지원을 받아 운송해야 하는 위험물은?

① 과염소산·질산
② 알킬알루미늄·알킬리튬
③ 아염소산염류·과염소산염류
④ 마그네슘·질산염류

1-2. 위험물안전관리법령상 위험물의 안전관리와 관련된 업무를 수행하는 자로서 소방청장이 실시하는 안전교육대상자가 아닌 것은?

① 안전관리자로 선임된 자
② 탱크시험자의 기술인력으로 종사하는 자
③ 위험물운송자로 종사하는 자
④ 제조소 등의 관계인

1-3. 탱크시험자의 등록취소 처분을 하고자 하는 경우에 청문 실시권자가 아닌 것은?

① 시·도지사
② 소방서장
③ 소방본부장
④ 행정안전부장관

1-4. 위험물안전관리법상 행정처분을 하고자 하는 경우 청문을 실시해야 하는 것은?

① 제조소 등 설치허가의 취소
② 제조소 등 영업정지 처분
③ 탱크시험자의 영업정지
④ 과징금 부과처분

│해설│

1-1
운송책임자의 감독 또는 지원을 받아 운송해야 하는 위험물
- 알킬알루미늄
- 알킬리튬
- 알킬알루미늄 또는 알킬리튬의 물질을 함유하는 위험물

1-2
안전교육대상자
- 안전관리자로 선임된 자
- 탱크시험자의 기술인력으로 종사하는 자
- 위험물운반자로 종사하는 자
- 위험물운송자로 종사하는 자

1-3
청문실시권자 : 시·도지사, 소방본부장, 소방서장

1-4
청문실시 대상
- 제조소 등 설치허가의 취소
- 탱크시험자의 등록취소

정답 1-1 ②　1-2 ④　1-3 ④　1-4 ①

제4절 벌칙 등

핵심이론 01 벌칙 및 과태료

(1) 제조소 등 또는 허가를 받지 않고 지정수량 이상의 위험물을 저장 또는 취급하는 장소에서 위험물을 유출·방출 또는 확산시켜 사람의 생명·신체 또는 재산에 대한 경우(법 제33조)

① 위험을 발생시킨 자 : 1년 이상 10년 이하의 징역
② 상해(傷害)에 이르게 한 때 : 무기 또는 3년 이상의 징역
③ 사망에 이르게 한 때 : 무기 또는 5년 이상의 징역

(2) 업무상 과실로 제조소 등 또는 허가를 받지 않고 지정수량 이상의 위험물을 저장 또는 취급하는 장소에서 위험물을 유출·방출 또는 확산시킨 경우(법 제34조)

① 사람의 생명·신체 또는 재산에 대하여 위험을 발생시킨 자 : 7년 이하의 금고 또는 7,000만원 이하의 벌금
② 사람을 사상(死傷)에 이르게 한 자 : 10년 이하의 징역 또는 금고나 1억원 이하의 벌금

(3) 5년 이하의 징역 또는 1억원 이하의 벌금(법 제34조의2)

제조소 등의 설치허가를 받지 않고 제조소 등을 설치한 자

(4) 3년 이하의 징역 또는 3,000만원 이하의 벌금(법 제34조의3)

저장소 또는 제조소 등이 아닌 장소에서 지정수량 이상의 위험물을 저장 또는 취급한 자

(5) 1년 이하의 징역 또는 1,000만원 이하의 벌금(법 제35조)

① 탱크시험자로 등록하지 않고 탱크시험자의 업무를 한 자
② 정기점검을 하지 않거나 점검기록을 허위로 작성한 관계인으로서 허가를 받은 자
③ 정기검사를 받지 않은 관계인으로서 허가를 받은 자
④ 자체소방대를 두지 않은 관계인으로서 허가를 받은 자
⑤ 운반용기에 대한 검사를 받지 않고 운반용기를 사용하거나 유통시킨 자
⑥ 명령을 위반하여 보고 또는 자료제출을 하지 않거나 허위의 보고 또는 자료제출을 한 자 또는 관계 공무원의 출입·검사 또는 수거를 거부·방해 또는 기피한 자
⑦ 제조소 등에 대한 긴급 사용정지·제한명령을 위반한 자

(6) 1,500만원 이하의 벌금(법 제36조)

① 위험물의 저장 또는 취급에 관한 중요기준에 따르지 않은 자
② 변경허가를 받지 않고 제조소 등을 변경한 자
③ 제조소 등의 완공검사를 받지 않고 위험물을 저장·취급한 자
④ 안전조치 이행명령을 따르지 않은 자
⑤ 제조소 등의 사용정지 명령을 위반한 자
⑥ 수리·개조 또는 이전의 명령에 따르지 않은 자
⑦ 안전관리자를 선임하지 않은 관계인으로서 허가를 받은 자
⑧ 대리자를 지정하지 않은 관계인으로서 허가를 받은 자
⑨ 업무정지명령을 위반한 자
⑩ 탱크안전성능시험 또는 점검에 관한 업무를 허위로 하거나 그 결과를 증명하는 서류를 허위로 교부한 자
⑪ 예방규정을 제출하지 않거나 변경명령을 위반한 관계인으로서 허가를 받은 자
⑫ 정지지시를 거부하거나 국가기술자격증, 교육수료증, 신원 확인 시 증명서 제시 요구 또는 신원확인을 위한 질문에 응하지 않은 자
⑬ 명령을 위반하여 보고 또는 자료제출을 하지 않거나 허위의 보고 또는 자료제출을 한 자 및 관계 공무원의 출입 또는 조사·검사를 거부·방해 또는 기피한 자
⑭ 탱크시험자에 대한 감독상 명령에 따르지 않은 자
⑮ 무허가 장소의 위험물에 대한 조치명령에 따르지 않은 자

⑯ 저장·취급기준 준수명령 또는 응급조치명령을 위반한 자

(7) 1,000만원 이하의 벌금(법 제37조)
① 위험물의 취급에 관한 안전관리와 감독을 하지 않은 자
② 안전관리자 또는 그 대리자가 참여하지 않은 상태에서 위험물을 취급한 자
③ 변경한 예방규정을 제출하지 않은 관계인으로서 허가를 받은 자
④ 위험물의 운반에 관한 중요기준에 따르지 않은 자
⑤ 위험물을 취급할 수 있는 국가기술자격을 취득하지 않거나 또는 안전교육을 받지 않은 위험물운반자
⑥ 위험물운송자 자격을 갖추지 않은 위험물운송자
⑦ 관계인의 정당한 업무를 방해하거나 출입·검사 등을 수행하면서 알게 된 비밀을 누설한 자

(8) 500만원 이하의 과태료(법 제39조)
① 임시저장기간의 승인을 받지 않은 자
② 위험물의 저장 또는 취급에 관한 세부기준을 위반한 자
③ 위험물의 품명 등의 변경신고를 기간 이내에 하지 않거나 허위로 한 자
④ 제조소 등의 지위승계신고를 기간 이내에 하지 않거나 허위로 한 자
⑤ 제조소 등의 폐지신고, 안전관리자의 선임신고를 기간 이내에 하지 않거나 허위로 한 자
⑥ 사용 중지신고 또는 재개신고를 기간 이내에 하지 않거나 거짓으로 한 자
⑦ 등록사항의 변경신고를 기간 이내에 하지 않거나 허위로 한 자
⑧ 예방규정을 준수하지 않은 자
⑨ 제조소 등의 정기 점검결과를 기록·보존하지 않은 자
⑩ 기간 이내에 점검결과를 제출하지 않은 자
⑪ 제조소 등에서 지정된 장소가 아닌 곳에서 흡연을 한 자
⑫ 위험물의 운반에 관한 세부기준을 위반한 자
⑬ 위험물의 운송에 관한 기준을 따르지 않은 자

> **10년간 자주 출제된 문제**

1-1. 위험물안전관리법령상 업무상 과실로 제조소 등에서 위험물을 유출·방출 또는 확산시켜 사람의 생명·신체 또는 재산에 대하여 위험물을 발생시킨 자에 대한 벌칙기준으로 옳은 것은?

① 10년 이하의 징역 또는 금고나 1억원 이하의 벌금
② 7년 이하의 금고 또는 7,000만원 이하의 벌금
③ 5년 이하의 징역 또는 5,000만원 이하의 벌금
④ 3년 이하의 징역 또는 3,000만원 이하의 벌금

1-2. 저장소 또는 제조소 등이 아닌 장소에서 지정수량 이상의 위험물을 저장 또는 취급한 자에 대한 벌칙은?

① 5년 이하의 징역 또는 5,000만원 이하의 벌금
② 3년 이하의 징역 또는 3,000만원 이하의 벌금
③ 2년 이하의 징역 또는 2,000만원 이하의 벌금
④ 1년 이하의 징역 또는 1,000만원 이하의 벌금

1-3. 위험물운송자 자격을 취득하지 않은 자가 위험물 이동탱크저장소 운전 시의 벌칙으로 옳은 것은?

① 100만원 이하의 벌금
② 300만원 이하의 벌금
③ 400만원 이하의 벌금
④ 1,000만원 이하의 벌금

[해설]

1-1
업무상 과실로 제조소 등에서 위험물을 유출·방출 또는 확산시켜 사람의 생명·신체 또는 재산에 대하여 위험을 발생시킨 자는 7년 이하의 금고 또는 7,000만원 이하의 벌금에 처한다.

1-2
제조소 등이 아닌 장소에서 지정수량 이상의 위험물을 저장 또는 취급한 자에 대한 벌칙 : 3년 이하의 징역 또는 3,000만원 이하의 벌금

1-3
본문 참조

정답 1-1 ② 1-2 ② 1-3 ④

[제6장] 제조소 등의 위치·구조 및 설비의 기준

제1절 위험물제조소(규칙 별표 4)

핵심이론 01 안전거리 및 보유공지

(1) 제조소의 안전거리

제6류 위험물을 취급하는 제조소는 제외한다.

건축물	안전거리
건축물 그 밖의 공작물로서 주거용으로 사용되는 것	10[m] 이상
고압가스, 액화석유가스, 도시가스를 저장·취급하는 시설	20[m] 이상
학교, 병원, 극장, 복지시설, 어린이집, 성매매피해자 등을 위한 지원시설, 정신건강증진시설 등	30[m] 이상

(2) 제조소의 보유공지

취급하는 위험물의 최대수량	공지의 너비
지정수량의 10배 이하	3[m] 이상
지정수량의 10배 초과	5[m] 이상

10년간 자주 출제된 문제

1-1. 위험물안전관리법령상 지정문화유산 및 천연기념물 등과 위험물제조소의 안전거리는 몇 [m] 이상이어야 하는가?

① 30[m] ② 50[m]
③ 100[m] ④ 200[m]

1-2. 위험물안전관리법령상 제조소의 위치·구조 및 설비의 기준 중 위험물을 취급하는 건축물 그 밖의 시설의 주위에는 그 취급하는 위험물의 최대수량이 지정수량의 10배 이하인 경우 보유해야 할 공지의 너비는 몇 [m] 이상이어야 하는가?

① 3[m] ② 5[m]
③ 8[m] ④ 10[m]

[해설]

1-1
지정문화유산 및 천연기념물 등과 위험물제조소의 안전거리 : 50[m] 이상

1-2
지정수량의 10배 이하인 경우 보유공지 : 3[m] 이상

정답 1-1 ② 1-2 ①

핵심이론 02 표지 및 게시판

(1) 위험물제조소의 표지 설치기준

① 표지의 크기 : 한 변의 길이가 0.3[m] 이상, 다른 한 변의 길이가 0.6[m] 이상인 직사각형
② 표지의 색상 : 백색바탕에 흑색문자

(2) 방화에 관하여 필요한 사항을 게시한 게시판

① 게시판의 크기 : 한 변의 길이가 0.3[m] 이상, 다른 한 변의 길이가 0.6[m] 이상인 직사각형
② 기재 내용 : 위험물의 유별, 품명, 저장최대수량 또는 취급최대수량, 지정수량의 배수, 안전관리자의 성명 또는 직명
③ 게시판의 색상 : 백색바탕에 흑색문자

(3) 주의사항을 표시한 게시판 설치

위험물의 종류	주의 사항	게시판의 색상
제1류 위험물 중 알칼리금속의 과산화물 (과산화칼륨, 과산화나트륨) 제3류 위험물 중 금수성 물질	물기 엄금	청색바탕에 백색문자
제2류 위험물(인화성 고체는 제외)	화기 주의	적색바탕에 백색문자
제2류 위험물 중 인화성 고체 제3류 위험물 중 자연발화성 물질 제4류 위험물 제5류 위험물	화기 엄금	적색바탕에 백색문자
제1류 위험물의 알칼리금속의 과산화물 외의 것 제6류 위험물	별도의 표시를 하지 않는다.	

(4) 금연구역 표지 설치

제조소에는 보기 쉬운 곳에 해당 제조소가 금연구역임을 알리는 표지를 설치해야 한다.

10년간 자주 출제된 문제

2-1. 위험물제조소의 보기 쉬운 곳에 "위험물제조소" 표지를 설치할 때 다음 중 표지의 기준으로 적합한 것은?

① 표지의 한 변의 길이는 0.3[m] 이상, 다른 한 변의 길이는 0.6[m] 이상인 직사각형으로 하되 표지의 바탕은 백색으로 문자는 흑색으로 한다.
② 표지의 한 변의 길이는 0.2[m] 이상, 다른 한 변의 길이는 0.4[m] 이상인 직사각형으로 하되 표지의 바탕은 백색으로 문자는 흑색으로 한다.
③ 표지의 한 변의 길이는 0.2[m] 이상, 다른 한 변의 길이는 0.4[m] 이상인 직사각형으로 하되 표지의 바탕은 흑색으로 문자는 백색으로 한다.
④ 표지의 한 변의 길이는 0.3[m] 이상, 다른 한 변의 길이는 0.6[m] 이상인 직사각형으로 하되 표지의 바탕은 흑색으로 문자는 백색으로 한다.

2-2. 위험물제조소의 표지의 바탕 및 문자의 색으로 옳은 것은?

① 황색바탕, 흑색문자 ② 백색바탕, 흑색문자
③ 흑색바탕, 백색문자 ④ 적색바탕, 백색문자

2-3. 제4류 위험물을 저장하는 위험물제조소의 주의사항을 표시한 게시판의 내용으로 적합한 것은?

① 물기주의 ② 물기엄금
③ 화기주의 ④ 화기엄금

2-4. 위험물안전관리법령에서 정한 게시판의 주의사항으로 잘못된 것은?

① 제2류 위험물(인화성 고체 제외) : 화기주의
② 제3류 위험물 중 자연발화성 물질 : 화기엄금
③ 제4류 위험물 : 화기주의
④ 제5류 위험물 : 화기엄금

해설

2-1
위험물제조소의 표지 설치기준
- 표지의 크기 : 한 변의 길이 0.3[m] 이상, 다른 한 변의 길이 0.6[m] 이상
- 표지의 색상 : 백색바탕에 흑색문자

2-2
표지의 바탕 및 문자의 색
- 위험물제조소 : 백색바탕, 흑색문자
- 화기엄금, 화기주의 : 적색바탕, 백색문자

2-3, 2-4
제4류 위험물의 주의사항 : 화기엄금

정답 2-1 ① 2-2 ② 2-3 ④ 2-4 ③

핵심이론 03 건축물의 구조 등

(1) 건축물의 구조
① 지하층이 없도록 해야 한다.
② 벽·기둥·바닥·보·서까래 및 계단 : 불연재료(연소의 우려가 있는 외벽 : 출입구 외의 개구부가 없는 내화구조의 벽)
③ 지붕은 폭발력이 위로 방출될 정도의 가벼운 불연재료로 덮어야 한다.
④ 액체의 위험물을 취급하는 건축물의 바닥 : 적당한 경사를 두고 그 최저부에 집유설비를 할 것

(2) 채광 및 환기설비
① 채광설비 : 불연재료로 하고 연소의 우려가 없는 장소에 설치하되 채광면적을 최소로 할 것
② 환기설비
  ㉠ 환기는 자연배기방식으로 할 것
  ㉡ 급기구는 해당 급기구가 설치된 실의 바닥면적 150[m^2]마다 1개 이상으로 하되 급기구의 크기는 800[cm^2] 이상으로 할 것
  ㉢ 급기구는 낮은 곳에 설치하고 가는 눈의 구리망으로 인화방지망을 설치할 것
  ㉣ 환기구는 지붕 위 또는 지상 2[m] 이상의 높이에 회전식 고정 벤틸레이터 또는 루프팬(Roof Fan : 지붕에 설치하는 배기장치)방식으로 설치할 것

(3) 옥외설비의 바닥(옥외에서 액체 위험물을 취급하는 경우)
① 바닥의 둘레에 높이 0.15[m] 이상의 턱을 설치할 것
② 바닥의 최저부에 집유설비를 할 것
③ 위험물(20[℃]의 물 100[g]에 용해되는 양이 1[g] 미만인 것)을 취급하는 설비에는 집유설비에 유분리장치를 설치할 것

(4) 피뢰설비
지정수량의 10배 이상의 위험물을 취급하는 제조소(제6류 위험물은 제외)에는 피뢰침을 설치할 것

10년간 자주 출제된 문제

3-1. 위험물제조소 중 위험물을 취급하는 건축물은 특별한 경우를 제외하고 어떤 구조로 해야 하는가?
① 지하층이 없도록 해야 한다.
② 지하층을 주로 사용하는 구조이어야 한다.
③ 지하층이 있는 2층 이내의 건축물이어야 한다.
④ 지하층이 있는 3층 이내의 건축물이어야 한다.

3-2. 위험물제조소의 환기설비 중 급기구의 크기는 몇 [cm^2] 이상으로 해야 하는가?(단, 급기구의 바닥면적은 150[cm^2]이다)
① 150[cm^2] ② 300[cm^2]
③ 450[cm^2] ④ 800[cm^2]

3-3. 다음 중 위험물제조소의 채광 및 환기설비 설치기준으로 틀린 것은?
① 채광면적은 최소로 한다.
② 환기는 강제배기방식으로 한다.
③ 급기구는 낮은 곳에 설치한다.
④ 점멸스위치는 출입구 바깥부분에 설치한다.

3-4. 다음 중 위험물제조소의 배출설비의 배출능력은 1시간당 배출장소 용적의 몇 배 이상인가?
① 5배 ② 10배
③ 15배 ④ 20배

3-5. 위험물제조소의 옥외설비 바닥의 둘레 높이는 몇 [m] 이상의 턱을 설치해야 하는가?
① 0.1[m] ② 0.15[m]
③ 0.2[m] ④ 0.3[m]

3-6. 휘발유를 제조하는 위험물제조소에 피뢰설비는 지정수량의 몇 배 이상일 때 설치해야 하는가?
① 5배 ② 10배
③ 15배 ④ 20배

10년간 자주 출제된 문제

3-7. 질산을 제조하는 위험물제조소에 피뢰설비는 지정수량의 몇 배 이상일 때 설치해야 하는가?

① 5배   ② 10배
③ 15배   ④ 설치할 필요 없다.

|해설|

3-1
위험물제조소의 건축물의 구조는 지하층이 없도록 해야 한다.

3-2
급기구 : 150[m²]마다 1개 이상으로 하되 급기구의 크기는 800[cm²] 이상으로 할 것

3-3
환기 : 자연배기방식

3-4
위험물제조소의 배출설비의 배출능력은 1시간당 배출장소 용적의 20배 이상인 것으로 한다.

3-5
옥외시설의 바닥의 둘레에 높이 0.15[m] 이상의 턱을 설치할 것

3-6
지정수량의 10배 이상의 위험물을 취급하는 제조소(제6류 위험물은 제외)에는 피뢰설비를 설치한다.

3-7
제6류 위험물은 지정수량에 관계없이 피뢰설비를 설치할 필요가 없다.

정답 3-1 ① 3-2 ④ 3-3 ② 3-4 ④ 3-5 ② 3-6 ② 3-7 ④

핵심이론 04 위험물 취급탱크 및 담의 높이

(1) 위험물 취급탱크(지정수량 1/5 미만은 제외)

① 위험물제조소의 옥외에 있는 위험물 취급탱크
  ㉠ 하나의 취급탱크 주위에 설치하는 방유제의 용량 : 탱크용량×0.5(50[%])
  ㉡ 2 이상의 취급탱크 주위에 하나의 방유제를 설치하는 경우 방유제의 용량 : (최대탱크용량×0.5) + (나머지 탱크 용량합계×0.1)

② 위험물제조소의 옥내에 있는 위험물 취급탱크
  ㉠ 하나의 취급탱크의 주위에 설치하는 방유턱의 용량 : 해당 탱크용량 이상
  ㉡ 2 이상의 취급탱크 주위에 설치하는 방유턱의 용량 : 최대 탱크용량 이상
  ※ 위험물옥외탱크저장소의 방유제의 용량
    • 1기일 때 : 탱크용량×1.1(110[%])(비인화성 물질×100[%])
    • 2기 이상일 때 : 최대 탱크용량×1.1(110[%]) (비인화성 물질×100[%])

(2) 방화상 유효한 담의 높이

① $H \leq pD^2 + a$ 인 경우, $h = 2$
② $H > pD^2 + a$ 인 경우, $h = H - p(D^2 - d^2)$

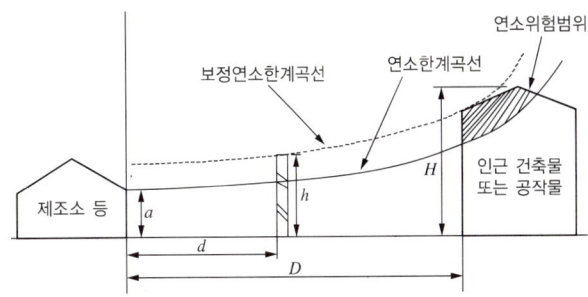

여기서, D : 제조소 등과 인근 건축물 또는 공작물과의 거리[m]
H : 인근 건축물 또는 공작물과의 높이[m]
a : 제조소 등의 외벽의 높이[m]
d : 제조소 등과 방화상 유효한 담과의 거리[m]
h : 방화상 유효한 담의 높이[m]
p : 상 수

※ 위에서 산출한 수치가 2 미만일 때에는 담의 높이를 2[m]로, 4 이상일 때에는 담의 높이를 4[m]로 하고 다음의 소화설비를 보강해야 한다.

10년간 자주 출제된 문제

4-1. 위험물제조소의 옥외에 있는 하나의 취급탱크에 설치하는 방유제의 용량은 해당 탱크용량의 몇 [%] 이상으로 하는가?

① 50[%]
② 60[%]
③ 70[%]
④ 80[%]

4-2. 위험물제조소의 탱크용량이 100[m³] 및 180[m³] 인 2개의 탱크 주위에 하나의 방유제를 설치하고자 하는 경우 방유제의 용량은 몇 [m³] 이상이어야 하는가?

① 100[m³]
② 140[m³]
③ 180[m³]
④ 280[m³]

4-3. 위험물제조소 등의 안전거리의 단축기준을 적용함에 있어서 $H \leq pD^2 + a$일 경우 방화상 유효한 담의 높이는 2[m] 이상으로 한다. 여기서, H가 의미하는 것은?

① 제조소 등과 인근 건축물과의 거리[m]
② 인근 건축물 또는 공작물의 높이[m]
③ 제조소 등의 외벽의 높이[m]
④ 제조소 등과 방화상 유효한 담과의 거리[m]

4-4. 위험물제조소 등의 안전거리를 단축하기 위하여 설치하는 방화상 유효한 담의 높이는 $H > pD^2 + a$인 경우 $h = H - p(D^2 - d^2)$에 의하여 산정한 높이 이상으로 한다. 여기서, d가 의미하는 것은?

① 제조소 등과 인접 건축물과의 거리[m]
② 제조소 등과 방화상 유효한 담과의 거리[m]
③ 제조소 등과 방화상 유효한 지붕과의 거리[m]
④ 제조소 등과 인접 건축물 경계선과의 거리[m]

|해설|

4-1
제조소의 위험물 취급탱크의 방유제 용량 : 탱크용량의 50[%] 이상 (규칙 별표 4)

4-2
방유제 용량 = (180[m³] × 0.5) + (100[m³] × 0.1) = 100[m³]

4-3, 4-4
본문 참조

정답 4-1 ① 4-2 ① 4-3 ② 4-4 ②

제2절 옥내저장소(규칙 별표 5)

핵심이론 01 저장창고

(1) 옥내저장소의 저장창고

① 저장창고는 지면에서 처마까지의 높이(처마높이)가 6[m] 미만인 단층 건물로 하고 그 바닥을 지반면보다 높게 해야 한다.

② 저장창고의 바닥면적

위험물을 저장하는 창고의 종류	바닥면적
㉠ 제1류 위험물 중 아염소산염류, 염소산염류, 과염소산염류, 무기과산화물, 그 밖에 지정수량이 50[kg]인 위험물 ㉡ 제3류 위험물 중 칼륨, 나트륨, 알킬알루미늄, 알킬리튬, 그 밖에 지정수량이 10[kg]인 위험물 및 황린 ㉢ 제4류 위험물 중 특수인화물, 제1석유류 및 알코올류 ㉣ 제5류 위험물 중 지정수량이 10[kg]인 위험물 ㉤ 제6류 위험물	1,000[m²] 이하
㉠~㉤의 위험물 외의 위험물을 저장하는 창고	2,000[m²] 이하

③ 저장창고의 벽·기둥 및 바닥은 내화구조로 하고, 보와 서까래는 불연재료로 해야 한다.

④ 저장창고는 지붕을 폭발력이 위로 방출될 정도의 가벼운 불연재료로 하고, 천장을 만들지 않아야 한다.

⑤ 지붕을 내화구조로 할 수 있는 것
㉠ 제2류 위험물(분말 상태의 것과 인화성 고체는 제외)
㉡ 제6류 위험물

⑥ 저장창고의 출입구에는 60분+ 방화문·60분 방화문 또는 30분 방화문을 설치하되, 연소의 우려가 있는 외벽에 있는 출입구에는 수시로 열 수 있는 자동폐쇄식의 60분+ 방화문 또는 60분 방화문을 설치해야 한다.

⑦ 피뢰침 설치 : 지정수량의 10배 이상의 저장창고(제6류 위험물은 제외)

(2) 저장창고에 물의 침투를 막는 구조로 해야 하는 위험물

① 제1류 위험물 중 알칼리금속의 과산화물
② 제2류 위험물 중 철분, 금속분, 마그네슘
③ 제3류 위험물 중 금수성 물질
④ 제4류 위험물

10년간 자주 출제된 문제

1-1. 위험물저장장소로서 옥내저장소의 하나의 저장창고 바닥면적은 특수인화물, 알코올류를 저장하는 창고에 있어서는 몇 [m²] 이하로 해야 하는가?

① 300[m²]
② 500[m²]
③ 800[m²]
④ 1,000[m²]

1-2. 옥내저장소의 위치·구조 및 설비의 기준 중 지정수량의 몇 배 이상의 저장창고(제6류 위험물의 저장창고 제외)에 피뢰침을 설치해야 하는가?(단, 저장창고 주위의 상황이 안전상 지장이 없는 경우는 제외한다)

① 10배
② 20배
③ 30배
④ 40배

1-3. 옥내저장소의 저장창고에 물의 침투를 막는 구조로 하지 않아도 되는 위험물은?

① 제1류 위험물 중 알칼리금속의 과산화물
② 제2류 위험물 중 철분, 금속분, 마그네슘
③ 제3류 위험물 중 자연발화성 물질
④ 제4류 위험물

[해설]

1-1
바닥면적 1,000[m²] 이하 : 특수인화물, 제1석유류, 알코올류

1-2
피뢰설비 : 지정수량의 10배 이상(제6류 위험물은 제외)

1-3
물의 침투를 막는 구조 : 제3류 위험물 중 금수성 물질

정답 1-1 ④ 1-2 ① 1-3 ③

제3절 옥외탱크저장소(규칙 별표 6)

핵심이론 01 안전거리, 보유공지

(1) 옥외탱크저장소의 안전거리

옥외탱크저장소의 안전거리, 표지 및 게시판 : 제조소와 동일함

(2) 옥외탱크저장소의 보유공지

저장 또는 취급하는 위험물의 최대수량	공지의 너비
지정수량의 500배 이하	3[m] 이상
지정수량의 500배 초과 1,000배 이하	5[m] 이상
지정수량의 1,000배 초과 2,000배 이하	9[m] 이상
지정수량의 2,000배 초과 3,000배 이하	12[m] 이상
지정수량의 3,000배 초과 4,000배 이하	15[m] 이상
지정수량의 4,000배 초과	해당 탱크의 수평단면의 최대지름(가로형인 경우에는 긴변)과 높이 중 큰 것과 같은 거리 이상(단, 30[m] 초과 시 30[m] 이상으로, 15[m] 미만 시 15[m] 이상으로 할 것)

10년간 자주 출제된 문제

1-1. 옥외탱크저장소 주위에는 공지를 보유해야 한다. 저장 또는 취급하는 위험물의 최대 저장량이 지정수량의 600배라면 몇 [m] 이상인 너비의 공지를 보유해야 하는가?

① 3[m] ② 5[m]
③ 9[m] ④ 12[m]

1-2. 옥외탱크저장소에 경유 101만[L]를 저장하고 있을 때 몇 [m] 이상인 너비의 공지를 보유해야 하는가?

① 3[m] ② 5[m]
③ 9[m] ④ 12[m]

[해설]

1-1
지정수량의 500배 초과 1,000배 이하일 때 안전거리 : 5[m] 이상

1-2
보유공지
- 경유의 지정수량 : 제4류 위험물 중 제2석유류(비수용성)로 1,000[L]
- 지정수량의 배수 : $\dfrac{저장량}{지정수량} = \dfrac{1,010,000[L]}{1,000[L]} = 1,010$배
- 보유공지 : 지정수량의 1,000배 초과 2,000배 이하이므로 9[m] 이상 확보하면 된다.

정답 1-1 ② 1-2 ③

핵심이론 02 옥외탱크저장소의 구조

(1) 옥외저장탱크

① 특정옥외저장탱크 및 준특정옥외저장탱크 외의 두께 : 3.2[mm] 이상의 강철판

② 시험방법
  ㉠ 압력탱크 : 최대상용압력의 1.5배의 압력으로 10분간 실시하는 수압시험에서 이상이 없을 것
  ㉡ 압력탱크 외의 탱크 : 충수시험
  ※ 압력탱크 : 최대상용압력이 대기압을 초과하는 탱크

(2) 통기관

① 밸브 없는 통기관
  ㉠ 지름은 30[mm] 이상일 것
  ㉡ 선단(끝부분)은 수평면보다 45° 이상 구부려 빗물 등의 침투를 막는 구조로 할 것
  ㉢ 인화점이 38[℃] 미만인 위험물만을 저장 또는 취급하는 탱크에 설치하는 통기관에는 화염방지장치를 설치하고, 그 외의 탱크에 설치하는 통기관에는 40메시(mesh) 이상의 구리망 또는 동등 이상의 성능을 가진 인화방지장치를 설치할 것
  ㉣ 가연성 증기를 회수하는 밸브를 통기관에 설치하는 경우 항상 개방되는 구조로 하고 폐쇄 시 10[kPa] 이하의 압력에서 개방되는 구조로 할 것
  ※ 통기관을 45° 이상 구부린 이유 : 빗물 등의 침투를 막기 위하여

② 대기밸브부착 통기관
  ㉠ 5[kPa] 이하의 압력 차이로 작동할 수 있을 것
  ㉡ 인화점이 38[℃] 미만인 위험물만을 저장 또는 취급하는 탱크에 설치하는 통기관에는 화염방지장치를 설치하고, 그 외의 탱크에 설치하는 통기관에는 40메시(mesh) 이상의 구리망 또는 동등 이상의 성능을 가진 인화방지장치를 설치할 것

(3) 인화점이 21[℃] 미만인 위험물의 옥외저장탱크의 주입구

① 게시판의 크기 : 한 변이 0.3[m] 이상, 다른 한 변이 0.6[m] 이상인 직사각형
② 게시판의 기재사항 : 옥외저장탱크 주입구, 위험물의 유별, 품명, 주의사항
③ 게시판의 색상 : 백색바탕에 흑색문자(주의사항은 적색문자)
④ 주입구 주위에는 새어 나온 기름 등 액체가 외부로 유출되지 않도록 방유턱이나 집유설비 등의 장치를 설치할 것

(4) 옥외저장탱크의 펌프설비

① 펌프설비의 주위에는 너비 3[m] 이상의 공지를 보유할 것(방화상 유효한 격벽설치, 제6류 위험물, 지정수량의 10배 이하 위험물은 제외)
② 펌프실의 바닥의 주위에는 높이 0.2[m] 이상의 턱을 만들고 바닥은 콘크리트 등 위험물이 스며들지 않는 재료로 적당히 경사지게 하여 그 최저부에는 집유설비를 설치할 것
③ 피뢰침 설치 : 지정수량의 10배 이상(단, 제6류 위험물은 제외)

10년간 자주 출제된 문제

2-1. 옥외탱크저장소의 압력탱크의 시험방법으로 맞는 것은?
① 최대상용압력의 1.0배의 압력으로 10분간 실시하는 수압시험에서 이상이 없을 것
② 최대상용압력의 1.5배의 압력으로 10분간 실시하는 수압시험에서 이상이 없을 것
③ 최대상용압력의 1.0배의 압력으로 20분간 실시하는 수압시험에서 이상이 없을 것
④ 최대상용압력의 1.5배의 압력으로 20분간 실시하는 수압시험에서 이상이 없을 것

2-2. 옥외탱크저장소의 펌프설비 바닥 주위에는 높이 몇 [m] 이상의 턱을 만들어야 하는가?
① 0.1[m]　　② 0.15[m]
③ 0.2[m]　　④ 0.3[m]

2-3. 옥외탱크저장소의 펌프설비에서 펌프설비의 주위에는 몇 [m] 이상의 공지를 보유해야 하는가?
① 3[m]　　② 4[m]
③ 5[m]　　④ 6[m]

｜해설｜

2-1
압력탱크 : 최대상용압력의 1.5배의 압력으로 10분간 실시하는 수압시험에서 이상이 없을 것

2-2
펌프실의 바닥의 주위에는 높이 0.2[m] 이상의 턱을 만들고 바닥은 콘크리트 등 위험물이 스며들지 않는 재료로 적당히 경사지게 하여 그 최저부에는 집유설비를 설치할 것

2-3
펌프설비의 주위에는 너비 3[m] 이상의 공지를 보유할 것(방화상 유효한 격벽설치, 제6류 위험물, 지정수량의 10배 이하 위험물은 제외)

정답 2-1 ②　2-2 ③　2-3 ①

핵심이론 03 옥외탱크저장소의 방유제

(1) 옥외탱크저장소의 방유제 규격

① 방유제의 용량
  ㉠ 탱크가 1기일 때 : 탱크 용량의 110[%] 이상(인화성이 없는 액체 위험물은 100[%])
  ㉡ 탱크가 2기 이상일 때 : 탱크 중 용량이 최대인 것의 용량의 110[%] 이상(인화성이 없는 액체 위험물은 100[%])

② 방유제의 높이 : 0.5[m] 이상 3[m] 이하, 두께 0.2[m] 이상, 지하매설깊이 1[m] 이상

③ 방유제 내의 면적 : 80,000[m^2] 이하

(2) 옥외탱크저장소의 방유제 설치기준

① 방유제 내에 설치하는 옥외저장탱크의 수는 10(방유제 내에 설치하는 모든 옥외저장탱크의 용량이 20만[L] 이하이고, 위험물의 인화점이 70[℃] 이상 200[℃] 미만인 경우에는 20) 이하로 할 것(단, 인화점이 200[℃] 이상인 옥외저장탱크는 제외)
  ※ 방유제 내에 탱크의 설치개수
    • 제1석유류, 제2석유류 : 10기 이하
    • 제3석유류(인화점 70[℃] 이상 200[℃] 미만) : 20기 이하
    • 제4석유류(인화점이 200[℃] 이상) : 제한 없음

② 방유제 외면의 1/2 이상은 자동차 등이 통행할 수 있는 3[m] 이상의 노면폭을 확보한 구내도로에 직접 접하도록 할 것

③ 방유제는 탱크의 옆판으로부터 일정 거리를 유지할 것 (단, 인화점이 200[℃] 이상인 위험물은 제외)
  ㉠ 지름이 15[m] 미만인 경우 : 탱크 높이의 1/3 이상
  ㉡ 지름이 15[m] 이상인 경우 : 탱크 높이의 1/2 이상

④ 방유제의 재질 : 철근콘크리트

⑤ 방유제에는 배수구를 설치하고 개폐밸브를 방유제 밖에 설치할 것

⑥ 높이가 1[m] 이상이면 계단 또는 경사로를 약 50[m]마다 설치할 것

> **10년간 자주 출제된 문제**

3-1. 인화성 액체위험물(CS$_2$는 제외)을 저장하는 옥외탱크저장소에서 방유제의 용량에 대해 다음 ( ) 안에 알맞은 수치를 차례대로 나열한 것은?

> 방유제의 용량을 방유제 안에 설치된 탱크가 하나인 때에는 그 탱크 용량의 ( )[%] 이상, 2기 이상인 때에는 그 탱크 중 용량이 최대인 것의 용량의 ( )[%] 이상으로 할 것. 이 경우 방유제의 용량을 해당 방유제의 내용적에서 용량이 최대인 탱크 외의 탱크의 방유제 높이 이하 부분의 용적, 해당 방유제 내에 있는 모든 탱크의 지반면 이상 부분의 기초의 체적, 간막이 둑의 체적 및 해당 방유제 내에 있는 배관 등의 체적을 뺀 것으로 한다.

① 100, 100
② 100, 110
③ 110, 100
④ 110, 110

3-2. 휘발유를 저장하는 옥외탱크저장소의 하나의 방유제 안에 10,000[L], 20,000[L] 탱크 각각 1기가 설치되어 있다. 방유제의 용량은 몇 [L] 이상이어야 하는가?

① 11,000[L]
② 20,000[L]
③ 22,000[L]
④ 30,000[L]

3-3. 인화성 액체위험물(CS$_2$는 제외)의 옥외저장탱크 주위에 기준에 따라 방유제를 설치할 때 다음 중 잘못 설명된 것은?

① 방유제의 높이는 1[m] 이상 4[m] 이하로 할 것
② 방유제 내의 면적은 8만[m^2] 이하로 할 것
③ 방유제의 용량은 방유제 안에 설치된 탱크가 하나인 경우에는 그 탱크 용량의 110[%] 이상으로 할 것
④ 방유제의 용량은 방유제 안에 설치된 탱크가 2기 이상인 경우 그 탱크 중 용량이 최대인 것의 용량의 110[%] 이상으로 할 것

3-4. 옥외탱크저장소에 설치하는 높이가 1[m]를 넘는 방유제 및 간막이 둑의 안팎에 설치하는 계단 또는 경사로는 약 몇 [m]마다 설치해야 하는가?

① 20[m]
② 30[m]
③ 40[m]
④ 50[m]

[해설]

3-1
위험물 옥외탱크저장소의 방유제의 용량
- 탱크 1기일 때 : 탱크용량×1.1(110[%])(비인화성 물질×100[%])
- 탱크 2기 이상일 때 : 최대 탱크용량×1.1(110[%])(비인화성 물질×100[%])

3-2
방유제의 용량
2기의 탱크 중에 가장 큰 것은 20,000[L]이므로
20,000[L]×1.1(110[%]) = 22,000[L]

3-3
방유제의 높이 : 0.5[m] 이상 3[m] 이하

3-4
옥외탱크저장소의 계단 및 경사로의 설치 : 50[m]마다 설치

정답 3-1 ④ 3-2 ③ 3-3 ① 3-4 ④

제4절 옥내탱크저장소(규칙 별표 7)

핵심이론 01 옥내탱크저장소의 기준

(1) 옥내탱크저장소의 구조

① 옥내저장탱크의 탱크전용실은 단층건축물에 설치할 것
② 옥내저장탱크와 탱크전용실의 벽과의 사이 및 옥내저장탱크의 상호 간에는 0.5[m] 이상의 간격을 유지할 것
③ 단층건축물에 설치하는 옥내저장탱크의 용량(동일한 탱크 전용실에 2 이상 설치하는 경우에는 각 탱크의 용량의 합계)
  ㉠ 제4류 위험물 중 제4석유류, 동식물유류 : 지정수량의 40배
  ㉡ 제4류 위험물 중 특수인화물, 제1석유류, 제2석유류, 제3석유류, 알코올류 : 20,000[L] 이하

10년간 자주 출제된 문제

단층건축물에 옥내탱크저장소를 설치하고자 한다. 하나의 탱크전용실에 2개의 옥내저장탱크를 설치하여 에틸렌글라이콜과 기어유를 저장하고자 한다면 저장 가능한 지정수량의 최대배수를 옳게 나타낸 것은?

품 명	저장 가능한 지정수량의 최대배수
에틸렌글라이콜	㉠
기어유	㉡

① ㉠ 40배, ㉡ 40배 ② ㉠ 20배, ㉡ 20배
③ ㉠ 10배, ㉡ 30배 ④ ㉠ 5배, ㉡ 35배

[해설]

특수인화물, 제1석유류, 제2석유류, 제3석유류(제4석유류 및 동식물유류 외의 제4류 위험물)를 저장 시에는 20,000[L]를 넘지 못하므로 에틸렌글라이콜은 20,000[L] ÷ 4,000[L] = 5배이고 나머지는 기어유 35배(6,000[L]×35 = 210,000[L])를 저장하면 된다.
※ 에틸렌글라이콜은 제3석유류(수용성)로 지정수량은 4,000[L]이고, 기어유는 제4석유류로서 지정수량은 6,000[L]이다.

정답 ④

제5절 지하탱크저장소(규칙 별표 8)

핵심이론 01 지하탱크저장소

(1) 지하탱크저장소의 기준

① 지하저장탱크와 탱크전용실의 안쪽과의 사이는 0.1[m] 이상의 간격을 유지해야 한다.
② 지하저장탱크의 윗부분은 지면으로부터 0.6[m] 이상 아래에 있어야 한다.
③ 지하저장탱크를 2 이상 인접해 설치하는 경우에는 그 상호 간에 1[m](해당 2 이상의 지하저장탱크의 용량의 합계가 지정수량의 100배 이하인 때에는 0.5[m]) 이상의 간격을 유지해야 한다.
④ 지하저장탱크의 재질은 두께 3.2[mm] 이상의 강철판으로 할 것
⑤ 지하저장탱크에는 탱크용량의 90[%]가 찰 때 경보음을 울려야 한다.

(2) 수압시험

① 압력탱크(최대상용압력이 46.7[kPa] 이상인 탱크) 외의 탱크 : 70[kPa]의 압력으로 10분간 실시
② 압력탱크 : 최대상용압력의 1.5배의 압력으로 10분간 실시

10년간 자주 출제된 문제

1-1. 지하탱크저장소의 저장탱크를 2 이상 인접해 설치하는 경우에는 그 상호 간에 몇 [m] 이상의 간격을 유지해야 하는가? (단, 탱크 용량의 합계가 지정수량의 100배이다)

① 0.5[m]   ② 0.8[m]
③ 1.0[m]   ④ 1.2[m]

1-2. 탱크의 매설에서 지하탱크저장소의 탱크는 본체 윗부분은 지면으로부터 몇 [m] 이상 아래에 있어야 하는가?

① 0.6[m]   ② 0.8[m]
③ 1.0[m]   ④ 1.2[m]

1-3. 지하탱크저장소가 압력탱크일 때 수압시험 방법으로 옳은 것은?

① 최대상용압력의 1.0배 압력으로 10분간 실시
② 최대상용압력의 1.5배 압력으로 10분간 실시
③ 50[kPa]의 압력으로 10분간 실시
④ 70[kPa]의 압력으로 10분간 실시

|해설|

1-1
저장탱크 간 간격
- 지정수량의 100배 이하 : 0.5[m] 이상
- 지정수량의 100배 이상 : 1[m] 이상

1-2
지하탱크저장소의 탱크는 저장탱크의 윗부분은 지면으로부터 0.6[m] 이상 아래에 있어야 한다.

1-3
본문 참조

정답 1-1 ① 1-2 ① 1-3 ②

제6절 간이탱크저장소(규칙 별표 9)

핵심이론 01 간이탱크저장소

(1) 간이탱크저장소의 설치기준

① 설치장소 : 옥외에 설치
② 하나의 간이탱크저장소
   ㉠ 간이저장탱크 수 : 3 이하
   ㉡ 동일한 품질의 위험물의 간이저장탱크를 2 이상 설치하지 않아야 한다.
③ 간이저장탱크의 용량 : 600[L] 이하
④ 간이저장탱크는 두께 : 3.2[mm] 이상의 강판으로 흠이 없도록 제작해야 하며, 70[kPa]의 압력으로 10분간의 수압시험을 실시하여 새거나 변형되지 않아야 한다.
⑤ 간이저장탱크의 밸브 없는 통기관의 지름 : 25[mm] 이상

10년간 자주 출제된 문제

1-1. 위험물 간이저장탱크에 대한 설명으로 맞는 것은?

① 통기관은 지름 40[mm] 이상으로 한다.
② 용량은 600[L] 이하이어야 한다.
③ 탱크의 주위에 너비 1.5[m] 이상의 공지를 두어야 한다.
④ 수압시험은 50[kPa]의 압력으로 10분간 실시하여 새거나 변형되지 않아야 한다.

1-2. 위험물 간이저장탱크의 용량은 몇 [L] 이하로 해야 하는가?

① 400[L] ② 500[L]
③ 600[L] ④ 700[L]

1-3. 간이저장탱크의 밸브 없는 통기관의 지름은 몇 [mm] 이상으로 해야 하는가?

① 15[mm] ② 25[mm]
③ 35[mm] ④ 40[mm]

해설

1-1, 1-2
간이저장탱크의 용량 : 600[L] 이하

1-3
- 간이저장탱크의 밸브 없는 통기관의 지름 : 25[mm] 이상
- 옥내탱크, 옥외탱크, 지하탱크저장소의 밸브 없는 통기관의 지름 : 30[mm] 이상

정답 1-1 ② 1-2 ③ 1-3 ②

제7절 이동탱크저장소(규칙 별표 10)

핵심이론 01 이동탱크저장소의 상치장소 및 구조

(1) 이동저장탱크의 구조

① 탱크의 두께 : 3.2[mm] 이상의 강철판
② 수압시험
   ㉠ 압력탱크(최대 상용압력이 46.7[kPa] 이상인 탱크) 외의 탱크 : 70[kPa]의 압력으로 10분간 실시
   ㉡ 압력탱크 : 최대상용압력의 1.5배의 압력으로 10분간 실시
③ 이동저장탱크는 그 내부에 4,000[L] 이하마다 3.2[mm] 이상의 강철판 또는 이와 동등 이상의 강도·내열성 및 내식성이 있는 금속성의 것으로 칸막이를 설치해야 한다.
④ 안전장치의 작동압력
   ㉠ 상용압력이 20[kPa] 이하인 탱크 : 20[kPa] 이상 24[kPa] 이하의 압력
   ㉡ 상용압력이 20[kPa]을 초과 : 상용압력의 1.1배 이하의 압력

(2) 이동저장탱크저장소의 표지

① 부착위치
   ㉠ 이동탱크 저장소 : 전면상단 및 후면상단
   ㉡ 위험물 운반차량 : 전면 및 후면
② 규격 및 형상 : 60[cm] 이상 × 30[cm] 이상의 가로형 사각형
③ 색상 및 문자 : 흑색바탕에 황색 반사도료로 "위험물"이라고 표지할 것

(3) 이동탱크저장소의 부속장치

① 방호틀 : 탱크 전복 시 부속장치 보호(두께 : 2.3[mm] 이상)
② 측면틀 : 탱크 전복 시 본체 파손 방지(두께 : 3.2[mm] 이상)
③ 방파판 : 운송 중 내부 위험물의 출렁임 방지(두께 : 1.6[mm] 이상)
④ 칸막이 : 일부 파손 시 전량 유출 방지(두께 : 3.2[mm] 이상)

10년간 자주 출제된 문제

1-1. 이동탱크저장소의 탱크 용량이 얼마 이하마다 그 내부에 3.2[mm] 이상의 안전칸막이를 설치해야 하는가?

① 2,000[L] 이하
② 3,000[L] 이하
③ 4,000[L] 이하
④ 5,000[L] 이하

1-2. 이동탱크저장소에 설치하는 상용압력이 25[kPa]일 때, 안전장치의 작동압력은?

① 27.5[kPa] 이하
② 30[kPa] 이하
③ 37.5[kPa] 이하
④ 50[kPa] 이하

1-3. 이동탱크저장소에 설치하는 방파판의 기능에 대한 설명으로 가장 적절한 것은?

① 출렁임 방지
② 유증기 발생의 억제
③ 정전기 발생 제거
④ 파손 시 유출 방지

1-4. 다음 이동탱크저장소에 설치하는 부속장치의 강철판 두께가 맞지 않는 것은?

① 방파판 : 1.6[mm] 이상
② 방호틀 : 2.3[mm] 이상
③ 측면틀 : 6.0[mm] 이상
④ 칸막이 : 3.2[mm] 이상

[해설]

1-1
이동탱크저장소의 탱크 용량이 4,000[L] 이하마다 안전칸막이를 설치하여 운전 시 출렁임을 방지한다.

1-2
안전장치의 작동압력
- 상용압력이 20[kPa] 이하인 탱크 : 20[kPa] 이상 24[kPa] 이하의 압력
- 상용압력이 20[kPa]을 초과 : 상용압력의 1.1배 이하의 압력
∴ 작동압력 = 25[kPa] × 1.1 = 27.5[kPa] 이하

1-3
방파판의 기능 : 운전 시 출렁임 방지

1-4
측면틀 두께 : 3.2[mm] 이상 강철판

정답 1-1 ③ 1-2 ① 1-3 ① 1-4 ③

제8절 옥외저장소(규칙 별표 11)

핵심이론 01 옥외저장소

(1) 옥외저장소의 보유공지

저장 또는 취급하는 위험물의 최대수량	공지의 너비
지정수량의 10배 이하	3[m] 이상
지정수량의 10배 초과 20배 이하	5[m] 이상
지정수량의 20배 초과 50배 이하	9[m] 이상
지정수량의 50배 초과 200배 이하	12[m] 이상
지정수량의 200배 초과	15[m] 이상

※ 제4류 위험물 중 제4석유류와 제6류 위험물 : 보유공지의 1/3로 할 수 있다.

(2) 옥외저장소의 선반 기준

① 선반 : 불연재료
② 선반의 높이 : 6[m]를 초과하지 말 것

(3) 옥외저장소에 저장할 수 있는 위험물(영 별표 2)

① 제2류 위험물 중 황, 인화성 고체(인화점이 0[℃] 이상인 것에 한함)
② 제4류 위험물 중 제1석유류(인화점이 0[℃] 이상인 것에 한함), 제2석유류, 제3석유류, 제4석유류, 알코올류, 동식물유류
③ 제6류 위험물
④ 제2류 위험물 및 제4류 위험물 중 특별시·광역시 특별자치시·도 또는 특별자치도의 조례에서 정하는 위험물(관세법 제154조의 규정에 의한 보세구역 안에 저장하는 경우로 한정한다)
⑤ 국제해사기구에 관한 협약에 의하여 설치된 국제해사기구가 채택한 국제해상위험물규칙(IMDG Code)에 적합한 용기에 수납된 위험물

10년간 자주 출제된 문제

1-1. 옥외저장소에 선반을 설치하는 경우에 선반의 설치높이는 몇 [m]를 초과하지 않아야 하는가?

① 3[m]　　② 4[m]
③ 5[m]　　④ 6[m]

1-2. 다음 중 옥외저장소에 저장할 수 없는 위험물은?

① 제2류 위험물 중 황
② 제3류 위험물 중 금수성 물질
③ 제4류 위험물 중 제2석유류
④ 제6류 위험물

[해설]

1-1
옥외저장소의 선반의 높이는 6[m]를 초과하지 않을 것

1-2
제3류 위험물은 옥외저장소에 저장할 수 없다.

정답 1-1 ④　1-2 ②

제9절　주유취급소(규칙 별표 13)

핵심이론 01　주유취급소의 설치기준 Ⅰ

(1) 주유취급소의 주유공지

① 주유공지 : 너비 15[m] 이상, 길이 6[m] 이상
② 공지의 바닥 : 주위 지면보다 높게 하고, 적당한 기울기, 배수구, 집유설비, 유분리장치를 설치

(2) 고정주유설비 또는 고정급유설비의 설치기준

① 고정주유설비(중심선을 기점으로 하여)
　㉠ 도로경계선까지 : 4[m] 이상
　㉡ 부지경계선, 담 및 건축물의 벽까지 : 2[m] 이상 (개구부가 없는 벽까지는 1[m] 이상)
② 고정급유설비(중심선을 기점으로 하여)
　㉠ 도로경계선까지 : 4[m] 이상
　㉡ 부지경계선 및 담까지 : 1[m] 이상
　㉢ 건축물의 벽까지 : 2[m] 이상(개구부가 없는 벽까지는 1[m] 이상)
③ 고정주유설비와 고정급유설비의 사이에는 4[m] 이상의 거리를 유지할 것
④ 고정주유설비 또는 고정급유설비의 주유관의 길이 : 5[m] 이내

(3) 주유원간이대기실의 기준

① 불연재료로 할 것
② 바퀴가 부착되지 않는 고정식일 것
③ 차량의 출입 및 주유작업에 장애를 주지 않는 위치에 설치할 것
④ 바닥면적이 2.5[m^2] 이하일 것. 다만, 주유공지 및 급유공지 외의 장소에 설치하는 것은 그렇지 않다.

(4) 고속국도 주유취급소의 특례

고속국도의 도로변에 설치된 주유취급소의 탱크의 용량 : 60,000[L] 이하

10년간 자주 출제된 문제

1-1. 주유취급소의 고정주유설비의 주위에는 주유를 받으려는 자동차 등이 출입할 수 있도록 너비 몇 [m] 이상, 길이 몇 [m] 이상의 콘크리트로 포장한 공지를 보유해야 하는가?

① 너비 : 12[m], 길이 : 4[m]
② 너비 : 12[m], 길이 : 6[m]
③ 너비 : 15[m], 길이 : 4[m]
④ 너비 : 15[m], 길이 : 6[m]

1-2. 주유취급소에 설치해야 하는 "주유 중 엔진정지" 게시판의 색깔은?

① 적색바탕에 백색문자
② 청색바탕에 백색문자
③ 백색바탕에 흑색문자
④ 황색바탕에 흑색문자

1-3. 주유취급소의 고정주유설비에서 주유관의 길이는 몇 [m] 이내로 해야 하는가?

① 3[m]   ② 5[m]
③ 7[m]   ④ 10[m]

1-4. 위험물안전관리법령상 주유취급소의 주유원간이대기실의 기준으로 적합하지 않은 것은?

① 불연재료로 할 것
② 바퀴가 부착되지 않은 고정식일 것
③ 차량의 출입 및 주유작업에 장애를 주지 않는 위치에 설치할 것
④ 주유공지 및 급유공지 외의 장소에 설치하는 것은 바닥면적이 2.5[m²] 이하일 것

1-5. 고속국도의 도로변에 설치한 주유취급소의 탱크 용량은 몇 [L]까지 할 수 있는가?

① 10만[L]   ② 8만[L]
③ 6만[L]   ④ 5만[L]

해설

1-1
주유취급소에 설치하는 고정주유설비의 보유공지 : 너비 15[m], 길이 6[m]

1-2
표지 및 게시판 : 황색바탕에 흑색문자

1-3
고정주유설비 또는 고정급유설비의 주유관의 길이 : 5[m] 이내

1-4
본문 참조

1-5
고속국도의 도로변에 설치한 주유취급소의 탱크 용량 : 60,000[L] 이하

정답 1-1 ④ 1-2 ④ 1-3 ② 1-4 ④ 1-5 ③

핵심이론 02 주유취급소의 설치기준 Ⅱ

(1) 주유취급소의 저장 또는 취급 가능한 탱크

① 자동차 등에 주유하기 위한 고정주유설비에 직접 접속하는 전용탱크로서 50,000[L] 이하의 것
② 고정급유설비에 직접 접속하는 전용탱크로서 50,000[L] 이하의 것
③ 보일러 등에 직접 접속하는 전용탱크로서 10,000[L] 이하의 것
④ 자동차 등을 점검·정비하는 작업장 등(주유취급소 안에 설치된 것에 한한다)에서 사용하는 폐유·윤활유 등의 위험물을 저장하는 탱크로서 용량(2 이상 설치하는 경우에는 각 용량의 합계)이 2,000[L] 이하인 탱크(이하 "폐유탱크 등")
⑤ 고정주유설비 또는 고정급유설비에 직접 접속하는 3기 이하의 간이탱크

(2) 주유취급소에 설치할 수 있는 건축물

① 주유 또는 등유·경유를 옮겨 담기 위한 작업장
② 주유취급소의 업무를 행하기 위한 사무소
③ 자동차 등의 점검 및 간이정비를 위한 작업장
④ 자동차 등의 세정을 위한 작업장
⑤ 주유취급소에 출입하는 사람을 대상으로 한 점포·휴게음식점 또는 전시장
⑥ 주유취급소의 관계자가 거주하는 주거시설
⑦ 전기자동차용 충전설비(전기를 동력원으로 하는 자동차에 직접 전기를 공급하는 설비)

(3) 고객이 직접 주유하는 주유취급소

① 셀프용 고정주유설비

기 준 \ 종 류	휘발유	경 유
연속주유량	100[L] 이하	600[L] 이하
주유시간 상한	4분 이하	12분 이하

② 셀프용 고정급유설비
  ㉠ 급유량의 상한 : 100[L]
  ㉡ 급유시간의 상한 : 6분 이하

10년간 **자주 출제된 문제**

2-1. 위험물안전관리법령상 주유취급소 작업장(자동차 등을 점검·정비)에서 사용하는 폐유·윤활유 등의 위험물을 저장하는 탱크의 용량은 몇 [L] 이하이어야 하는가?
① 2,000[L]   ② 10,000[L]
③ 50,000[L]   ④ 60,000[L]

2-2. 주유취급소에 설치하면 안 되는 것은?
① 볼링장 또는 대중이 모이는 체육시설
② 주유취급소의 관계자가 거주하는 주거시설
③ 자동차 등의 세정을 위한 작업장
④ 주유취급소에 출입하는 사람을 대상으로 하는 점포

|해설|

2-1
폐유·윤활유 등의 위험물을 저장하는 탱크로서 용량이 2,000[L] 이하인 탱크

2-2
주유취급소에는 볼링장 등 체육시설을 설치할 수 없다.

정답 2-1 ① 2-2 ①

제10절 판매취급소(규칙 별표 14)

핵심이론 01 판매취급소의 설치기준

(1) 제1종 판매취급소의 기준(지정수량의 20배 이하 저장 또는 취급)

① 제1종 판매취급소는 건축물의 1층에 설치할 것
② 제1종 판매취급소의 용도로 사용하는 건축물의 부분은 보를 불연재료로 하고, 천장을 설치하는 경우에는 천장을 불연재료로 할 것
③ 제1종 판매취급소의 용도로 사용하는 부분에 상층이 있는 경우에 있어서는 그 상층의 바닥을 내화구조로 하고, 상층이 없는 경우에 있어서는 지붕을 내화구조 또는 불연재료로 할 것
④ 위험물 배합실의 기준
  ㉠ 바닥면적은 6[m²] 이상 15[m²] 이하일 것
  ㉡ 내화구조 또는 불연재료로 된 벽으로 구획할 것
  ㉢ 바닥은 위험물이 침투하지 않는 구조로 하여 적당한 경사를 두고 집유설비를 할 것
  ㉣ 출입구에는 수시로 열 수 있는 자동폐쇄식의 60+ 방화문 또는 60분 방화문을 설치할 것
  ㉤ 출입구 문턱의 높이는 바닥면으로부터 0.1[m] 이상으로 할 것
  ㉥ 내부에 체류한 가연성의 증기 또는 가연성의 미분을 지붕 위로 방출하는 설비를 할 것

(2) 제2종 판매취급소의 기준(지정수량의 40배 이하 저장 또는 취급)

① 제2종 판매취급소의 용도로 사용하는 부분은 벽·기둥·바닥 및 보를 내화구조로 하고, 천장이 있는 경우에는 이를 불연재료로 하며, 판매취급소로 사용되는 부분과 다른 부분과의 격벽은 내화구조로 할 것
② 제2종 판매취급소의 용도로 사용하는 부분에 상층이 있는 경우에 있어서는 상층의 바닥을 내화구조로 하는 동시에 상층으로의 연소를 방지하기 위한 조치를 강구하고, 상층이 없는 경우에는 지붕을 내화구조로 할 것
③ 제2종 판매취급소의 용도로 사용하는 부분 중 연소의 우려가 없는 부분에 한하여 창을 두되, 해당 창에는 60분+ 방화문·60분 방화문 또는 30분 방화문을 설치할 것
④ 제2종 판매취급소의 용도로 사용하는 부분의 출입구에는 60분+ 방화문·60분 방화문 또는 30분 방화문을 설치할 것

10년간 자주 출제된 문제

1-1. 다음 중 제1종 판매취급소의 기준으로 옳지 않은 것은?
① 건축물의 1층에 설치할 것
② 위험물을 배합하는 실의 바닥면적은 6[m²] 이상 15[m²] 이하일 것
③ 위험물을 배합하는 실의 출입구 문턱 높이는 바닥으로부터 0.1[m] 이상으로 할 것
④ 저장 또는 취급하는 위험물의 수량이 40배 이하인 판매취급소에 대하여 적용할 것

1-2. 제1종 판매취급소의 위험물을 배합하는 실의 조건으로 틀린 것은?
① 내화구조로 된 벽으로 구획해야 한다.
② 바닥면적은 6[m²] 이상 15[m²] 이하로 해야 한다.
③ 출입구에는 자동폐쇄식의 60분+ 방화문 또는 60분 방화문을 설치해야 한다.
④ 출입구 문턱의 높이는 바닥으로부터 0.2[m] 이상으로 해야 한다.

1-3. 제1종 판매취급소의 위험물을 배합하는 실의 바닥면적의 기준으로 옳은 것은?
① 6[m²] 이상 15[m²] 이하
② 6[m²] 이상 12[m²] 이하
③ 5[m²] 이상 10[m²] 이하
④ 5[m²] 이상 15[m²] 이하

10년간 자주 출제된 문제

1-4. 제4류 위험물 중 경유를 판매하는 제2종 판매취급소를 허가받아 운영하고자 한다. 취급할 수 있는 최대수량은?

① 20,000[L]
② 40,000[L]
③ 80,000[L]
④ 160,000[L]

[해설]

1-1
제1종 판매취급소 : 지정수량의 20배 이하

1-2
제1종 판매취급소 출입구 문턱의 높이는 바닥면으로부터 0.1[m] 이상으로 할 것

1-3
위험물 배합실의 바닥면적 : 6[m²] 이상 15[m²] 이하

1-4
제2종 판매취급소의 최대허가량 : 지정수량의 40배 이하
※ 경유는 제4류 위험물 중 제2석유류(비수용성)로서 지정수량이 1,000[L]이다.
40배 × 1,000[L] = 40,000[L]이다.

정답 1-1 ④ 1-2 ④ 1-3 ① 1-4 ②

제11절 소화난이도등급(규칙 별표 17)

핵심이론 01 소화난이도등급 I 의 제조소 등 및 소화설비

(1) 소화난이도등급 I 에 해당하는 제조소 등

제조소 등의 구분	제조소 등의 규모, 저장 또는 취급하는 위험물의 품명 및 최대수량 등
제조소, 일반취급소	연면적 1,000[m²] 이상인 것
	지정수량의 100배 이상인 것(고인화점 위험물만을 100[℃] 미만의 온도에서 취급하는 것 및 제48조의 위험물을 취급하는 것은 제외)
	지반면으로부터 6[m] 이상의 높이에 위험물 취급설비가 있는 것(고인화점 위험물만을 100[℃] 미만의 온도에서 취급하는 것은 제외)
	일반취급소로 사용되는 부분 외의 부분을 갖는 건축물에 설치된 것(내화구조로 개구부 없이 구획된 것, 고인화점 위험물만을 100[℃] 미만의 온도에서 취급하는 것 및 별표 16 X의2 화학실험의 일반취급소는 제외)
옥내저장소	지정수량의 150배 이상인 것(고인화점 위험물만을 저장하는 것 및 제48조의 위험물을 저장하는 것은 제외)
	연면적 150[m²]를 초과하는 것(150[m²] 이내마다 불연재료로 개구부 없이 구획된 것 및 인화성 고체 외의 제2류 위험물 또는 인화점 70[℃] 이상의 제4류 위험물만을 저장하는 것은 제외)
	처마높이가 6[m] 이상인 단층건물의 것
	옥내저장소로 사용되는 부분 외의 부분이 있는 건축물에 설치된 것(내화구조로 개구부 없이 구획된 것 및 인화성 고체 외의 제2류 위험물 또는 인화점 70[℃] 이상의 제4류 위험물만을 저장하는 것은 제외)

(2) 소화난이도등급 I 의 제조소 등에 설치해야 하는 소화설비

제조소 등의 구분	소화설비
제조소 및 일반취급소	옥내소화전설비, 옥외소화전설비, 스프링클러설비 또는 물분무 등 소화설비(화재 발생 시 연기가 충만할 우려가 있는 장소에는 스프링클러설비 또는 이동식 외의 물분무 등 소화설비에 한함)
주유취급소	스프링클러설비(건축물에 한정), 소형수동식소화기 등(능력단위의 수치가 건축물, 그 밖의 공작물 및 위험물의 소요단위의 수치에 이르도록 설치할 것)

제조소 등의 구분			소화설비
옥내저장소	처마높이가 6[m] 이상인 단층건물 또는 다른 용도의 부분이 있는 건축물에 설치한 옥내저장소		스프링클러설비 또는 이동식 외의 물분무 등 소화설비
	그 밖의 것		옥외소화전설비, 스프링클러설비, 이동식 외의 물분무 등 소화설비 또는 이동식 포소화설비(포소화전을 옥외에 설치하는 것에 한함)
옥외탱크저장소	지중탱크 또는 해상탱크 외의 것	황만을 저장·취급하는 것	물분무소화설비
		인화점 70[℃] 이상의 제4류 위험물만을 저장·취급하는 것	물분무소화설비 또는 고정식 포소화설비
		그 밖의 것	고정식 포소화설비(포소화설비가 적응성이 없는 경우에는 분말소화설비)
	지중탱크		고정식 포소화설비, 이동식 이외의 불활성가스소화설비 또는 이동식 이외의 할로젠화합물소화설비
	해상탱크		고정식 포소화설비, 물분무소화설비, 이동식 이외의 불활성가스소화설비 또는 이동식 이외의 할로젠화합물소화설비
옥내탱크저장소	황만을 저장·취급하는 것		물분무소화설비
	인화점 70[℃] 이상의 제4류 위험물만을 저장·취급하는 것		물분무소화설비, 고정식 포소화설비, 이동식 이외의 불활성가스소화설비, 이동식 이외의 할로젠화합물소화설비 또는 이동식 이외의 분말소화설비
	그 밖의 것		고정식 포소화설비, 이동식 이외의 불활성가스소화설비, 이동식 이외의 할로젠화합물소화설비 또는 이동식 이외의 분말소화설비
옥외저장소 및 이송취급소			옥내소화전설비, 옥외소화전설비, 스프링클러설비 또는 물분무 등 소화설비(화재 발생 시 연기가 충만할 우려가 있는 장소에는 스프링클러설비 또는 이동식 이외의 물분무 등 소화설비에 한함)
암반탱크저장소	황만을 저장·취급하는 것		물분무소화설비
	인화점 70[℃] 이상의 제4류 위험물만을 저장·취급하는 것		물분무소화설비 또는 고정식 포소화설비
	그 밖의 것		고정식 포소화설비(포소화설비가 적응성이 없는 경우에는 분말소화설비)

10년간 자주 출제된 문제

1-1. 소화난이도등급 I 에 제조소의 기준으로 틀린 것은?(단, 고인화점 위험물만을 100[℃] 미만의 온도에서 취급하는 것은 제외)

① 연면적 1,000[m^2] 이상인 것
② 지정수량의 100배 이상인 것
③ 지반면으로부터 6[m] 이상의 높이에 위험물 취급설비가 있는 것
④ 처마높이가 6[m] 이상인 단층건물의 것

1-2. 소화난이도등급 I 의 옥외탱크저장소(지중탱크 및 해상탱크 이외의 것)로서 인화점이 70[℃] 이상인 제4류 위험물만을 저장하는 탱크에 설치해야 하는 소화설비는?

① 물분무소화설비 또는 고정식 포소화설비
② 옥내소화전설비
③ 스프링클러설비
④ 이산화탄소 소화설비

1-3. 소화난이도등급 I 의 제조소 등에 설치해야 하는 소화설비 기준 중 황만을 저장·취급하는 옥내탱크저장소에 설치해야 하는 소화설비는?

① 옥내소화전설비
② 옥외소화전설비
③ 물분무소화설비
④ 고정식 포소화설비

[해설]

1-1
④는 옥내저장소의 소화난이도등급 Ⅰ에 해당한다.

1-2
소화난이도등급 Ⅰ의 옥외탱크저장소(인화점 70[℃] 이상의 제4류 위험물만 저장·취급)의 소화설비 : 물분무소화설비 또는 고정식 포소화설비

1-3
소화난이도등급 Ⅰ의 제조소 등(황만을 저장·취급하는 옥내탱크저장소)의 소화설비 : 물분무소화설비

정답 1-1 ④ 1-2 ① 1-3 ③

핵심이론 02 소화난이도등급 Ⅱ의 제조소 등 및 소화설비

(1) 소화난이도등급 Ⅱ에 해당하는 제조소 등

제조소 등의 구분	제조소 등의 규모, 저장 또는 취급하는 위험물의 품명 및 최대수량 등
제조소, 일반취급소	연면적 600[m²] 이상인 것
	지정수량의 10배 이상인 것(고인화점 위험물만을 100[℃] 미만의 온도에서 취급하는 것 및 제48조의 위험물을 취급하는 것은 제외)
옥내저장소	단층건물 이외의 것
	지정수량의 10배 이상(고인화점 위험물만을 저장하는 것은 제외)
	연면적 150[m²] 이상인 것
주유취급소	옥내주유취급소로서 소화난이도등급 Ⅰ의 제조소 등에 해당하지 않는 것
판매취급소	제2종 판매취급소

(2) 소화난이도등급 Ⅱ의 제조소 등에 설치해야 하는 소화설비

제조소 등의 구분	소화설비
제조소, 옥내저장소, 옥외저장소, 주유취급소, 판매취급소, 일반취급소	방사능력범위 내에 해당 건축물, 그 밖의 공작물 및 위험물이 포함되도록 대형수동식소화기를 설치하고, 해당 위험물의 소요단위의 1/5 이상에 해당하는 능력단위의 소형수동식소화기 등을 설치할 것
옥외탱크저장소, 옥내탱크저장소	대형수동식소화기 및 소형수동식소화기 등을 각각 1개 이상 설치할 것

| 10년간 자주 출제된 문제 |

2-1. 제조소의 연면적이 몇 [m²] 이상이면 소화난이도등급Ⅱ에 해당하는가?

① 500[m²]
② 600[m²]
③ 700[m²]
④ 800[m²]

2-2. 소화난이도등급Ⅱ에 해당하는 옥내탱크저장소에 설치해야 하는 소화설비의 설치기준으로 옳은 것은?

① 대형수동식소화기 : 1개 이상, 소형수동식소화기 : 1개 이상
② 대형수동식소화기 : 1개 이상, 소형수동식소화기 : 2개 이상
③ 대형수동식소화기 : 2개 이상, 소형수동식소화기 : 2개 이상
④ 대형수동식소화기 : 2개 이상, 소형수동식소화기 : 1개 이상

[해설]

2-1
소화난이도등급Ⅱ의 기준 : 제조소의 연면적이 600[m²] 이상

2-2
소화난이도등급Ⅱ에 해당하는 옥내탱크저장소 : 대형수동식소화기 : 1개 이상, 소형수동식소화기 : 1개 이상

정답 2-1 ② 2-2 ①

핵심이론 03 소화난이도등급Ⅲ의 제조소 등 및 소화설비

(1) 소화난이도등급Ⅲ에 해당하는 제조소 등

제조소 등의 구분	제조소 등의 규모, 저장 또는 취급하는 위험물의 품명 및 최대수량 등
지하탱크저장소, 간이탱크저장소, 이동탱크저장소	모든 대상
제1종 판매취급소	모든 대상

(2) 소화난이도등급Ⅲ의 제조소 등에 설치해야 하는 소화설비

제조소 등의 구분	소화설비	설치기준	
지하탱크저장소	소형수동식소화기 등	능력단위의 수치가 3 이상	2개 이상
이동탱크저장소	자동차용 소화기	무상의 강화액 8[L] 이상	2개 이상
		이산화탄소 3.2[kg] 이상	
		브로모클로로다이플루오로메테인(CF_2ClBr) 2[L] 이상	
		브로모트라이플루오로메테인(CF_3Br) 2[L] 이상	
		다이브로모테트라플루오로에테인($C_2F_4Br_2$) 1[L] 이상	
		소화분말 3.3[kg] 이상	
	마른모래 및 팽창질석 또는 팽창진주암	마른모래 150[L] 이상	
		팽창질석 또는 팽창진주암 640[L] 이상	

10년간 자주 출제된 문제

3-1. 소화난이도등급Ⅲ인 지하탱크저장소에 설치해야 하는 소화설비의 설치기준으로 옳은 것은?

① 능력단위 수치가 3 이상의 소형수동식소화기 등 1개 이상
② 능력단위 수치가 3 이상의 소형수동식소화기 등 2개 이상
③ 능력단위 수치가 2 이상의 소형수동식소화기 등 1개 이상
④ 능력단위 수치가 2 이상의 소형수동식소화기 등 2개 이상

3-2. 위험물 이동탱크저장소에 설치하는 자동차용소화기의 설치기준으로 틀린 것은?(단, 소화난이도등급Ⅲ이다)

① 무상의 강화액 8[L] 이상(2개 이상)
② 이산화탄소 3.2[kg] 이상(2개 이상)
③ 소화분말 3.5[kg] 이상(2개 이상)
④ CF_2ClBr 2[L] 이상(2개 이상)

[해설]

3-1
소화난이도등급Ⅲ인 지하탱크저장소에 설치하는 소화기 : 능력단위 수치가 3 이상의 소형수동식소화기 등 2개 이상

3-2
본문 참조

정답 3-1 ② 3-2 ③

핵심이론 04 소요단위, 능력단위

(1) 전기설비의 소화설비

제조소 등에 전기설비(전기배선, 조명기구 등은 제외)가 설치된 경우 : 면적 100[m²]마다 소형수동식소화기를 1개 이상 설치할 것

(2) 소요단위의 계산방법

① 제조소 또는 취급소의 건축물
  ㉠ 외벽이 내화구조 : 연면적 100[m²]를 1소요단위
  ㉡ 외벽이 내화구조가 아닌 것 : 연면적 50[m²]를 1소요단위

② 저장소의 건축물
  ㉠ 외벽이 내화구조 : 연면적 150[m²]를 1소요단위
  ㉡ 외벽이 내화구조가 아닌 것 : 연면적 75[m²]를 1소요단위

③ 위험물 지정수량의 10배 : 1소요단위로 할 것

10년간 자주 출제된 문제

4-1. 제조소 등의 소화설비를 위한 소요단위 산정에 있어서 1소요단위에 해당하는 위험물의 지정수량 배수와 외벽이 내화구조인 제조소의 건축물 연면적을 각각 옳게 나타낸 것은?

① 10배, 100[m²]   ② 100배, 100[m²]
③ 10배, 150[m²]   ④ 100배, 150[m²]

4-2. 위험물제조소로 사용하는 건축물로서 연면적이 400[m²]일 경우 소요단위는?(단, 외벽이 내화구조이다)

① 2단위   ② 4단위
③ 8단위   ④ 10단위

[해설]

4-1
소요단위의 산정기준
• 제조소 외벽이 내화구조 : 연면적 100[m²]를 1소요단위
• 위험물 지정수량의 10배 : 1소요단위

4-2
소요단위의 계산방법
제조소 외벽이 내화구조 : 연면적 100[m²]를 1소요단위
∴ 소요단위 = 400[m²] ÷ 100[m²] = 4단위

정답 4-1 ① 4-2 ②

핵심이론 05 경보설비

(1) 제조소 등별로 설치해야 하는 경보설비의 종류

제조소 등의 구분	제조소 등의 규모, 저장 또는 취급하는 위험물의 종류 및 최대수량 등	경보설비
제조소 및 일반취급소	• 연면적 500[m²] 이상인 것 • 옥내에서 지정수량의 100배 이상을 취급하는 것(고인화점 위험물만을 100[℃] 미만의 온도에서 취급하는 것을 제외한다)	자동화재탐지설비
이외의 자동화재탐지설비 설치대상에 해당하지 않는 제조소 등	지정수량의 10배 이상을 저장 또는 취급하는 것	자동화재탐지설비, 비상경보설비, 확성장치 또는 비상방송설비 중 1종 이상

(2) 피난설비의 설치기준

① 주유취급소 중 건축물의 2층 이상의 부분을 점포·휴게음식점 또는 전시장의 용도로 사용하는 것에 있어서는 해당 건축물의 2층 이상으로부터 주유취급소의 부지 밖으로 통하는 출입구와 해당 출입구로 통하는 통로·계단 및 출입구에 유도등을 설치해야 한다.
② 옥내주유취급소에 있어서는 해당 사무소 등의 출입구 및 피난구와 해당 피난구로 통하는 통로·계단 및 출입구에 유도등을 설치해야 한다.
③ 유도등에는 비상전원을 설치해야 한다.

10년간 자주 출제된 문제

5-1. 규정에 의한 지정수량 10배 이상의 위험물을 저장 또는 취급하는 제조소 등에 설치하는 경보설비로 옳지 않은 것은?

① 자동화재탐지설비
② 자동화재속보설비
③ 비상경보설비
④ 확성장치

5-2. 옥내주유취급소에 있어 해당 사무소 등의 출입구 및 피난구와 해당 피난구로 통하는 통로·계단 및 출입구에 설치해야 하는 피난설비는?

① 유도등
② 구조대
③ 피난사다리
④ 완강기

|해설|

5-1
위험물제조소 등에 설치하는 경보설비(지정수량 10배 이상일 때)
• 자동화재탐지설비
• 비상경보설비
• 비상방송설비
• 확성장치

5-2
통로·계단 및 출입구 : 유도등 설치

정답 5-1 ② 5-2 ①

제12절 위험물의 저장 및 취급기준(규칙 별표 18)

핵심이론 01 저장·취급의 공통기준

(1) 위험물의 저장 기준

① 옥내저장소에 있어서 유별을 달리하는 위험물을 저장하는 경우 1[m] 이상 간격을 두고 아래 유별을 저장할 수 있다.
  ㉠ 제1류 위험물(알칼리금속의 과산화물은 제외)과 제5류 위험물을 저장하는 경우
  ㉡ 제1류 위험물과 제6류 위험물을 저장하는 경우
  ㉢ 제1류 위험물과 제3류 위험물 중 자연발화성 물질(황린 포함)을 저장하는 경우
  ㉣ 제2류 위험물 중 인화성 고체와 제4류 위험물을 저장하는 경우
  ㉤ 제3류 위험물 중 알킬알루미늄 등과 제4류 위험물(알킬알루미늄 또는 알킬리튬을 함유한 것에 한함)을 저장하는 경우
  ㉥ 제4류 위험물 중 유기과산화물과 제5류 위험물 중 유기과산화물을 저장하는 경우

② 옥내저장소에서 동일 품명의 위험물이더라도 자연발화 할 우려가 있는 위험물 또는 재해가 현저하게 증대할 우려가 있는 위험물을 다량 저장하는 경우에는 지정수량의 10배 이하마다 구분하여 상호 간 0.3[m] 이상의 간격을 두어 저장해야 한다.

③ 옥내저장소에 저장 시 높이(아래 높이를 초과하지 말 것)
  ㉠ 기계에 의하여 하역하는 구조로 된 용기만을 겹쳐 쌓는 경우 : 6[m]
  ㉡ 제4류 위험물 중 제3석유류, 제4석유류, 동식물유류를 수납하는 용기만을 겹쳐 쌓는 경우 : 4[m]
  ㉢ 그 밖의 경우 : 3[m]

④ 옥내저장소에서는 용기에 수납하여 저장하는 위험물의 온도 : 55[℃] 이하

⑤ 위험물을 수납한 용기를 선반에 저장하는 경우 : 6[m]를 초과하지 말 것

⑥ 이동저장탱크로부터 위험물을 저장 또는 취급하는 탱크에 인화점이 40[℃] 미만인 위험물을 주입할 때에는 이동탱크저장소의 원동기를 정지시킬 것

10년간 자주 출제된 문제

1-1. 자연발화할 우려가 있는 위험물을 옥내저장소에 저장할 경우 지정수량의 10배 이하마다 구분하여 상호 간 몇 [m] 이상의 간격을 두어야 하는가?

① 0.2[m]　　② 0.3[m]
③ 0.5[m]　　④ 0.6[m]

1-2. 옥내저장소에서 제4석유류를 수납하는 용기만을 겹쳐 쌓는 경우에 높이는 몇 [m]를 초과할 수 없는가?

① 3[m]　　② 4[m]
③ 5[m]　　④ 6[m]

1-3. 이동저장탱크로부터 위험물을 저장 또는 취급하는 탱크에 인화점이 몇 [℃] 미만인 위험물을 주입할 때에는 이동탱크저장소의 원동기를 정지시켜야 하는가?

① 20[℃]　　② 30[℃]
③ 40[℃]　　④ 50[℃]

|해설|

1-1
옥내저장소에서 동일 품명의 위험물이더라도 자연발화할 우려가 있는 위험물 또는 재해가 현저하게 증대할 우려가 있는 위험물을 다량 저장하는 경우에는 지정수량의 10배 이하마다 구분하여 상호 간 0.3[m] 이상의 간격을 두어 저장해야 한다.

1-2
옥내저장소에 제4석유류 저장 시 최대높이 : 4[m]

1-3
이동저장탱크로부터 위험물을 저장 또는 취급하는 탱크에 인화점이 40[℃] 미만인 위험물을 주입할 때에는 이동탱크저장소의 원동기를 정지시킬 것

정답 1-1 ②　1-2 ②　1-3 ③

제13절 위험물의 운반기준(규칙 별표 19)

핵심이론 01 저장·위험물의 운반기준

(1) 운반용기의 재질

강판, 알루미늄판, 양철판, 유리, 금속판, 종이, 플라스틱, 섬유판, 고무류, 합성섬유, 삼, 짚, 나무

(2) 적재방법

① 수납률
  ㉠ 고체 위험물 : 운반용기 내용적의 95[%] 이하
  ㉡ 액체 위험물 : 운반용기 내용적의 98[%] 이하의 수납률로 수납하되, 55[℃]의 온도에서 누설되지 않도록 충분한 공간용적을 유지하도록 할 것

② 제3류 위험물 운반용기의 수납기준
  ㉠ 자연발화성 물질에 있어서는 불활성 기체를 봉입하여 밀봉하는 등 공기와 접하지 않도록 할 것
  ㉡ 자연발화성 물질 외의 물품에 있어서는 파라핀·경유·등유 등의 보호액으로 채워 밀봉하거나 불활성기체를 봉입하여 밀봉하는 등 수분과 접하지 않도록 할 것
  ㉢ 자연발화성 물질 중 알킬알루미늄 등은 운반용기의 내용적의 90[%] 이하의 수납률로 수납하되, 50[℃]의 온도에서 5[%] 이상의 공간용적을 유지하도록 할 것

③ 적재위험물에 따른 조치
  ㉠ 차광성이 있는 것으로 피복
  - 제1류 위험물
  - 제3류 위험물 중 자연발화성 물질
  - 제4류 위험물 중 특수인화물
  - 제5류 위험물
  - 제6류 위험물

  ㉡ 방수성이 있는 것으로 피복
  - 제1류 위험물 중 알칼리금속의 과산화물
  - 제2류 위험물 중 철분·금속분·마그네슘
  - 제3류 위험물 중 금수성 물질

10년간 자주 출제된 문제

1-1. 위험물의 운반기준으로 틀린 것은?

① 고체 위험물은 운반용기 내용적의 95[%] 이하로 수납할 것
② 액체 위험물은 운반용기 내용적의 98[%] 이하로 수납할 것
③ 하나의 외장용기에는 다른 종류의 위험물을 수납하지 않을 것
④ 액체 위험물은 65[℃]의 온도에서 누설되지 않도록 충분한 공간용적을 유지하도록 할 것

1-2. 액체 위험물은 운반용기 내용적의 몇 [%] 이하의 수납률로 수납해야 하는가?

① 90[%]   ② 93[%]
③ 95[%]   ④ 98[%]

1-3. 운반 시 일광의 직사를 막기 위해 차광성이 있는 피복으로 덮어야 하는 위험물이 아닌 것은?

① 제1류 위험물
② 제3류 위험물 중 자연발화성 물질
③ 제4류 위험물 중 제1석유류
④ 제6류 위험물

1-4. 위험물안전관리법령상 위험물을 적재할 때에 방수성 덮개를 해야 하는 것은?

① 과산화나트륨   ② 염소산칼륨
③ 제5류 위험물   ④ 과산화수소

[해설]

1-1
액체 위험물 : 운반용기 내용적의 98[%] 이하의 수납률로 수납하되, 55[℃]의 온도에서 누설되지 않도록 충분한 공간용적을 유지하도록 할 것

1-2
운반용기의 수납률
- 고체 위험물 : 95[%] 이하
- 액체 위험물 : 98[%] 이하

1-3
제4류 위험물 중 특수인화물은 차광성이 있는 피복으로 덮어야 한다.

1-4
제1류 위험물 중 알칼리금속의 과산화물(과산화나트륨)은 방수성이 있는 것으로 피복해야 한다.

정답 1-1 ④ 1-2 ④ 1-3 ③ 1-4 ①

핵심이론 02 운반용기의 외부 표시사항

(1) 운반용기의 외부 표시사항

① 위험물의 품명
② 위험등급
③ 화학명 및 수용성(제4류 위험물의 수용성인 것에 한함)
④ 위험물의 수량
⑤ 주의사항
  ㉠ 제1류 위험물
  - 알칼리금속의 과산화물 : 화기・충격주의, 물기엄금, 가연물접촉주의
  - 그 밖의 것 : 화기・충격주의, 가연물접촉주의
  ㉡ 제2류 위험물
  - 철분・금속분・마그네슘 : 화기주의, 물기엄금
  - 인화성 고체 : 화기엄금
  - 그 밖의 것 : 화기주의
  ㉢ 제3류 위험물
  - 자연발화성 물질 : 화기엄금, 공기접촉엄금
  - 금수성 물질 : 물기엄금
  ㉣ 제4류 위험물 : 화기엄금
  ㉤ 제5류 위험물 : 화기엄금, 충격주의
  ㉥ 제6류 위험물 : 가연물접촉주의

(2) 운반방법(지정수량 이상 운반 시)

① 한 변의 길이가 0.3[m] 이상, 다른 한 변의 길이가 0.6[m] 이상인 직사각형의 판으로 할 것
② 흑색바탕에 황색의 반사도료 그 밖의 반사성이 있는 재료로 "위험물"이라고 표시할 것

10년간 자주 출제된 문제

2-1. 위험물 운반용기의 외부에 표시하는 사항이 아닌 것은?

① 위험등급
② 위험물의 제조일자
③ 위험물의 품명
④ 주의사항

2-2. 제1류 위험물 중 알칼리금속의 과산화물을 수납한 운반용기 외부에 표시해야 하는 주의사항을 모두 옳게 나타낸 것은?

① 물기주의, 가연물접촉주의, 충격주의
② 가연물접촉주의, 물기엄금, 화기엄금 및 공기노출금지
③ 화기·충격주의, 물기엄금, 가연물접촉주의
④ 충격주의, 화기엄금 및 공기접촉엄금, 물기엄금

2-3. 제2류 위험물 중 철분 또는 금속분을 수납한 운반용기의 외부에 표시해야 하는 주의사항으로 옳은 것은?

① 화기엄금 및 물기엄금
② 화기주의 및 물기엄금
③ 가연물접촉주의 및 화기엄금
④ 가연물접촉주의 및 화기주의

2-4. 제6류 위험물을 수납한 운반용기의 외부에 표시해야 하는 주의사항으로 옳은 것은?

① 화기엄금
② 물기엄금
③ 가연물접촉주의
④ 화기주의

2-5. 위험물 차량으로 운반하는 경우 차량에 "위험물"이라고 표시할 때 바탕색과 글자 색상으로 옳은 것은?

① 흑색바탕에 황색의 반사도료
② 황색바탕에 흑색의 반사도료
③ 적색바탕에 황색의 반사도료
④ 황색바탕에 적색의 반사도료

해설

2-1
위험물의 제조일자는 운반용기의 외부 표시사항이 아니다.

2-2
제1류 위험물 중 알칼리금속의 과산화물의 주의사항 : 화기·충격주의, 물기엄금, 가연물접촉주의

2-3
제2류 위험물 중 철분 또는 금속분의 주의사항 : 화기주의, 물기엄금

2-4
제6류 위험물 : 가연물접촉주의

2-5
운반차량에 흑색바탕에 황색의 반사도료 그 밖의 반사성이 있는 재료로 "위험물"이라고 표시할 것

정답 2-1 ② 2-2 ③ 2-3 ② 2-4 ③ 2-5 ①

CHAPTER 04 소방전기시설의 구조 및 원리

[제1장] 비상경보설비 및 단독경보형감지기

제1절 비상경보설비의 화재안전기술기준(NFTC 201)

핵심이론 01 경보설비의 개요 및 설치대상

(1) 경보설비의 개요

① 화재 발생 상황을 경종 또는 사이렌으로 경보하는 설비이다.

② 경보설비의 종류
  ㉠ 단독경보형감지기
  ㉡ 비상경보설비(비상벨설비, 자동식사이렌설비)
  ㉢ 자동화재탐지설비
  ㉣ 시각경보기
  ㉤ 화재알림설비
  ㉥ 비상방송설비
  ㉦ 자동화재속보설비
  ㉧ 통합감시시설
  ㉨ 누전경보기
  ㉩ 가스누설경보기

(2) 비상경보설비를 설치해야 하는 특정소방대상물
(소방시설법 영 별표 4, 5)

① 연면적 400[m²] 이상인 것은 모든 층
② 지하층 또는 무창층의 바닥면적이 150[m²](공연장의 경우 100[m²]) 이상인 것은 모든 층
③ 터널로서 길이가 500[m] 이상인 것
④ 50명 이상의 근로자가 작업하는 옥내 작업장

⑤ 설치 제외대상 : 모래·석재 등 불연재료 공장 및 창고시설, 위험물 저장 및 처리시설 중 가스시설, 사람이 거주하지 않거나 벽이 없는 축사 등 동물 및 식물 관련 시설 및 지하구
⑥ 설치 면제기준 : 단독경보형감지기를 2개 이상의 단독경보형감지기와 연동하여 설치한 경우

(3) 비상경보설비의 용어 정의

① **비상벨설비** : 화재 발생 상황을 경종으로 경보하는 설비를 말한다.
② **자동식사이렌설비** : 화재 발생 상황을 사이렌으로 경보하는 설비를 말한다.
③ **단독경보형감지기** : 화재 발생 상황을 단독으로 감지하여 자체에 내장된 음향장치로 경보하는 감지기를 말한다.
④ **발신기** : 화재 발생 신호를 수신기에 수동으로 발신하는 장치를 말한다.
⑤ **수신기** : 발신기에서 발하는 화재신호를 직접 수신하여 화재의 발생을 표시 및 경보하여 주는 장치를 말한다.

(4) 화재신호 및 상태신호를 송수신하는 방식

① **유선식** : 화재신호 등을 배선으로 송수신하는 방식
② **무선식** : 화재신호 등을 전파에 의해 송수신하는 방식
③ **유·무선식** : 유선식과 무선식을 겸용으로 사용하는 방식

10년간 자주 출제된 문제

1-1. 화재 발생 상황을 경종으로 경보하는 설비는?

① 비상벨설비
② 자동식사이렌설비
③ 비상방송설비
④ 자동화재속보설비

1-2. 비상경보설비 및 단독경보형감지기의 화재안전기술기준(NFTC 201)에서 사용하는 용어의 정의로 옳지 않은 것은?

① 발신기란 화재 발생 신호를 자동으로 발신하는 장치를 말한다.
② 비상벨설비란 화재 발생 상황을 경종으로 경보하는 설비를 말한다.
③ 자동식사이렌설비란 화재 발생 상황을 사이렌으로 경보하는 설비를 말한다.
④ 단독경보형감지기란 화재 발생 상황을 단독으로 감지하여 자체에 내장된 음향장치로 경보하는 감지기를 말한다.

1-3. 비상경보설비 및 단독경보형감지기의 화재안전기술기준(NFTC 201)에 따라 화재신호 및 상태신호 등을 송수신하는 방식으로 옳은 것은?

① 자동식
② 수동식
③ 반자동식
④ 유·무선식

1-4. 비상경보설비를 설치해야 할 특정소방대상물로 옳은 것은?(단, 모래·석재 등 불연재료 공장 및 창고시설, 위험물 저장 및 처리 시설 중 가스시설, 사람이 거주하지 않거나 벽이 없는 축사 등 동물 및 식물 관련 시설 및 지하구는 제외한다)

① 터널로서 길이가 400[m] 이상인 것
② 30명 이상의 근로자가 작업하는 옥내 작업장
③ 지하층 또는 무창층의 바닥면적이 150[m^2](공연장의 경우 100[m^2]) 이상인 것은 모든 층
④ 연면적 300[m^2] 이상인 것은 모든 층

|해설|

1-1
비상경보설비의 종류
- 비상벨설비 : 화재 발생 상황을 경종으로 경보하는 설비
- 자동식사이렌설비 : 화재 발생 상황을 사이렌으로 경보하는 설비
- 단독경보형감지기 : 화재 발생 상황을 단독으로 감지하여 자체에 내장된 음향장치로 경보하는 감지기

1-2
발신기란 화재 발생 신호를 수신기에 수동으로 발신하는 장치이다.

1-3
화재신호 및 상태신호를 송수신하는 방식
- 유선식 : 화재신호 등을 배선으로 송수신하는 방식
- 무선식 : 화재신호 등을 전파에 의해 송수신하는 방식
- 유·무선식 : 유선식과 무선식을 겸용으로 사용하는 방식

1-4
비상경보설비를 설치해야 하는 특정소방대상물
- 터널로서 길이가 500[m] 이상인 것
- 50명 이상의 근로자가 작업하는 옥내 작업장
- 지하층 또는 무창층의 바닥면적이 150[m^2](공연장의 경우 100[m^2]) 이상인 것은 모든 층
- 연면적 400[m^2] 이상인 것은 모든 층

정답 1-1 ① 1-2 ① 1-3 ④ 1-4 ③

핵심이론 02 비상벨설비·자동식사이렌설비의 설치기준

(1) 비상벨설비 또는 자동식사이렌설비 음향장치의 설치기준

① 지구음향장치는 특정소방대상물의 층마다 설치하되, 해당 층의 각 부분으로부터 하나의 음향장치까지의 수평거리가 25[m] 이하가 되도록 하고, 해당 층의 각 부분에 유효하게 경보를 발할 수 있도록 설치해야 한다.
② 음향장치는 정격전압의 80[%] 전압에서도 음향을 발할 수 있도록 해야 한다.
③ 음향장치의 음향의 크기는 부착된 음향장치의 중심으로부터 1[m] 떨어진 위치에서 음압이 90[dB] 이상이 되는 것으로 해야 한다.

(2) 비상벨설비 또는 자동식사이렌설비 발신기의 설치기준

① 조작이 쉬운 장소에 설치하고, 조작스위치는 바닥으로부터 0.8[m] 이상 1.5[m] 이하의 높이에 설치할 것
② 특정소방대상물의 층마다 설치하되, 해당 층의 각 부분으로부터 하나의 발신기까지의 수평거리가 25[m] 이하가 되도록 할 것
③ 복도 또는 별도로 구획된 실로서 보행거리가 40[m] 이상일 경우에는 추가로 설치해야 한다.
④ 발신기의 위치표시등은 함의 상부에 설치하되, 그 불빛은 부착면으로부터 15° 이상의 범위 안에서 부착지점으로부터 10[m] 이내의 어느 곳에서도 쉽게 식별할 수 있는 적색등으로 할 것

(3) 비상벨설비 또는 자동식사이렌설비 상용전원 및 배선의 설치기준

① 상용전원은 전기가 정상적으로 공급되는 축전지설비, 전기저장장치(외부 전기에너지를 저장해 두었다가 필요한 때 전기를 공급하는 장치) 또는 교류전압의 옥내간선으로 하고, 전원까지의 배선은 전용으로 할 것
② 개폐기에는 "비상벨설비 또는 자동식사이렌설비용"이라고 표시한 표지를 할 것
③ 비상벨설비 또는 자동식사이렌설비에는 그 설비에 대한 감시상태를 60분간 지속한 후 유효하게 10분 이상 경보할 수 있는 비상전원으로서 축전지설비(수신기에 내장하는 경우를 포함) 또는 전기저장장치(외부 전기에너지를 저장해 두었다가 필요한 때 전기를 공급하는 장치)를 설치해야 한다.
④ 전원회로의 배선은 옥내소화전설비의 화재안전기술기준(NFTC 102)에 따른 내화배선에 따르고 그 밖의 배선은 옥내소화전설비의 화재안전기술기준(NFTC 102)에 따른 내화배선 또는 내열배선에 따를 것
⑤ 부속회로의 전로와 대지 사이 및 배선 상호 간의 절연저항은 1경계구역마다 직류 250[V]의 절연저항측정기를 사용하여 측정한 절연저항이 0.1[MΩ] 이상이 되도록 할 것
⑥ 배선은 다른 전선과 별도의 관·덕트(절연효력이 있는 것으로 구획한 때는 그 구획된 부분은 별개의 덕트로 본다)·몰드 또는 풀박스 등에 설치할 것. 다만, 60[V] 미만의 약전류회로에 사용하는 전선으로서 각각의 전압이 같을 때는 그렇지 않다.

> **Plus one**
>
> **내화배선**
> - 450/750[V] 저독성 난연 가교 폴리올레핀 절연전선
> - 0.6/1[kV] 가교 폴리에틸렌 절연 저독성 난연 폴리올레핀 시스 전력 케이블
> - 6/10[kV] 가교 폴리에틸렌 절연 저독성 난연 폴리올레핀 시스 전력용 케이블
> - 가교 폴리에틸렌 절연 비닐시스 트레이용 난연 전력 케이블
> - 0.6/1[kV] EP 고무절연 클로로프렌 시스 케이블
> - 300/500[V] 내열성 실리콘 고무 절연전선(180[℃])
> - 내열성 에틸렌-비닐 아세테이트 고무 절연 케이블
> - 버스덕트(Bus Duct)
> - 기타 전기용품 및 생활용품 안전관리법 및 전기설비기술기준에 따라 동등 이상의 내화성능이 있다고 주무부장관이 인정하는 것
>
> **내열배선**
> - 450/750[V] 저독성 난연 가교 폴리올레핀 절연 전선
> - 0.6/1[kV] 가교 폴리에틸렌 절연 저독성 난연 폴리올레핀 시스 전력 케이블
> - 6/10[kV] 가교 폴리에틸렌 절연 저독성 난연 폴리올레핀 시스 전력용 케이블
> - 가교 폴리에틸렌 절연 비닐시스 트레이용 난연 전력 케이블
> - 0.6/1[kV] EP 고무절연 클로로프렌 시스 케이블
> - 300/500[V] 내열성 실리콘 고무 절연전선(180[℃])
> - 내열성 에틸렌-비닐 아세테이트 고무 절연 케이블
> - 버스덕트(Bus Duct)
> - 기타 전기용품 및 생활용품 안전관리법 및 전기설비기술기준에 따라 동등 이상의 내열성능이 있다고 주무부장관이 인정하는 것

(4) 비상경보설비의 축전지의 성능인증 및 제품검사의 기술기준

① 전면에는 주전원 및 예비전원의 상태를 표시할 수 있는 장치와 작동 시 작동 여부를 표시하는 장치를 해야 한다.
② 내부에 주전원의 양극을 동시에 개폐할 수 있는 전원 스위치를 설치해야 한다.
③ 예비전원은 축전지설비용 예비전원과 외부부하 공급용 예비전원을 별도로 설치해야 한다.
④ 예비전원을 병렬로 접속하는 경우에는 역충전 방지 등의 조치를 해야 한다.
⑤ 축전지설비는 접지전극에 직류전류를 통하는 회로방식을 사용해서는 안 된다.
⑥ 축전지설비는 전원에 정격전압의 90[%] 및 110[%]의 전압을 인가하는 경우 정상적인 기능을 발휘해야 한다.

> **Plus one**
>
> **비상경보설비의 구성요소**
> 전원(상용전원, 비상전원), 기동장치, 경종(비상벨, 자동식사이렌), 표시등(위치표시등, 화재표시등)

10년간 자주 출제된 문제

2-1. 비상경보설비 및 단독경보형감지기의 화재안전기술기준(NFTC 201)에 따른 비상벨설비 또는 자동식사이렌설비의 상용전원 및 음향장치의 설치기준으로 틀린 것은?

① 상용전원은 교류전압의 옥내간선으로 하고, 배선은 다른 설비와 겸용으로 할 것
② 음향장치는 정격전압의 80[%] 전압에서도 음향을 발할 수 있도록 할 것
③ 음향장치의 음향의 크기는 부착된 음향장치의 중심으로부터 1[m] 떨어진 위치에서 음압이 90[dB] 이상이 되는 것으로 할 것
④ 지구음향장치는 특정소방대상물의 층마다 설치하되, 해당 층의 각 부분으로부터 하나의 음향장치까지의 수평거리가 25[m] 이하가 되도록 할 것

2-2. 비상경보설비 및 단독경보형감지기의 화재안전기술기준(NFTC 201)에 따른 비상벨설비 또는 자동식사이렌설비의 설치기준 중 틀린 것은?

① 상용전원은 전기가 정상적으로 공급되는 축전지설비, 전기저장장치 또는 교류전압의 옥내간선으로 하고, 전원까지의 배선은 전용으로 설치해야 한다.
② 비상벨설비 또는 자동식사이렌설비에는 그 설비에 대한 감시상태를 60분간 지속한 후 유효하게 10분 이상 경보할 수 있는 비상전원으로서 축전지설비(수신기에 내장하는 경우를 포함) 또는 전기저장장치를 설치해야 한다.
③ 특정소방대상물의 층마다 설치하되, 해당 층의 각 부분으로부터 하나의 발신기까지의 수평거리가 25[m] 이하가 되도록 할 것. 다만, 복도 또는 별도로 구획된 실로서 보행거리가 40[m] 이상일 경우에는 추가로 설치해야 한다.
④ 발신기의 위치표시등은 함의 상부에 설치하되, 그 불빛은 부착면으로부터 45° 이상의 범위 안에서 부착지점으로부터 10[m] 이내의 어느 곳에서도 쉽게 식별할 수 있는 적색등으로 설치해야 한다.

10년간 자주 출제된 문제

2-3. 비상경보설비 및 단독경보형감지기의 화재안전기술기준(NFTC 201)에 따라 비상경보설비의 발신기 설치 시 복도 또는 별도로 구획된 실로서 보행거리가 몇 [m] 이상일 경우에는 추가로 설치해야 하는가?

① 25
② 30
③ 40
④ 50

2-4. 비상경보설비의 축전지설비의 구조에 대한 설명으로 틀린 것은?

① 예비전원을 병렬로 접속하는 경우에는 역충전 방지 등의 조치를 해야 한다.
② 내부에 주전원의 양극을 동시에 개폐할 수 있는 전원스위치를 설치해야 한다.
③ 축전지설비는 접지전극에 교류전류를 통하는 회로방식을 사용해서는 안 된다.
④ 예비전원은 축전지설비용 예비전원과 외부부하 공급용 예비전원을 별도로 설치해야 한다.

【해설】

2-1
상용전원의 설치기준 : 상용전원은 전기가 정상적으로 공급되는 축전지설비, 전기저장장치(외부 전기에너지를 저장해 두었다가 필요한 때 전기를 공급하는 장치) 또는 교류전압의 옥내간선으로 하고, 전원까지의 배선은 전용으로 할 것

2-2
발신기의 설치기준 : 발신기의 위치표시등은 함의 상부에 설치하되, 그 불빛은 부착 면으로부터 15° 이상의 범위 안에서 부착지점으로부터 10[m] 이내의 어느 곳에서도 쉽게 식별할 수 있는 적색등으로 할 것

2-3
발신기의 설치기준 : 특정소방대상물의 층마다 설치하되, 해당 층의 각 부분으로부터 하나의 발신기까지의 수평거리가 25[m] 이하가 되도록 할 것. 다만, 복도 또는 별도로 구획된 실로서 보행거리가 40[m] 이상일 경우에는 추가로 설치해야 한다.

2-4
비상경보설비 축전지의 성능인증 및 제품검사의 기술기준 : 축전지설비는 접지전극에 직류전류를 통하는 회로방식을 사용해서는 안 된다.

정답 2-1 ① 2-2 ④ 2-3 ③ 2-4 ③

핵심이론 03 단독경보형감지기의 설치기준

(1) 단독경보형감지기를 설치해야 하는 특정소방대상물
(소방시설법 영 별표 4)

① 교육연구시설 내에 있는 기숙사 또는 합숙소로서 연면적 2,000[m^2] 미만인 것
② 수련시설 내에 있는 기숙사 또는 합숙소로서 연면적 2,000[m^2] 미만인 것
③ 수용인원 100명 이하의 숙박시설이 있는 수련시설
④ 연면적 400[m^2] 미만의 유치원
⑤ 공동주택 중 연립주택 및 다세대주택(단독경보형 감지기는 연동형으로 설치해야 한다)

(2) 단독경보형감지기의 설치기준

① 각 실(이웃하는 실내의 바닥면적이 각각 30[m^2] 미만이고 벽체의 상부의 전부 또는 일부가 개방되어 이웃하는 실내와 공기가 상호 유통되는 경우에는 이를 1개의 실로 본다)마다 설치하되, 바닥면적이 150[m^2]를 초과하는 경우에는 150[m^2]마다 1개 이상 설치할 것
② 계단실은 최상층의 계단실의 천장(외기가 상통하는 계단실의 경우를 제외)에 설치할 것
③ 건전지를 주전원으로 사용하는 단독경보형감지기는 정상적인 작동상태를 유지할 수 있도록 주기적으로 건전지를 교환할 것
④ 상용전원을 주전원으로 사용하는 단독경보형감지기의 2차전지는 법 제40조(소방용품의 성능인증 등)에 따라 제품검사에 합격한 것을 사용할 것

(3) 감지기의 형식승인 및 제품검사의 기술기준

① 자동복귀형 스위치에 의하여 수동으로 작동시험을 할 수 있는 기능이 있어야 한다.
② 작동되는 경우 작동표시등에 의하여 화재의 발생을 표시하고, 내장된 음향장치의 명동에 의하여 화재경보음을 발할 수 있는 기능이 있어야 한다.
③ 주기적으로 섬광하는 전원표시등에 의하여 전원의 정상여부를 감시할 수 있는 기능이 있어야 하며, 전원의 정상상태를 표시하는 전원표시등의 섬광주기는 1초 이내의 점등과 30초에서 60초 이내의 소등으로 이루어져야 한다.

④ 화재경보음은 감지기로부터 1[m] 떨어진 위치에서 85[dB] 이상으로 10분 이상 계속하여 경보할 수 있어야 한다.
⑤ 건전지를 주전원으로 하는 감지기는 건전지의 성능이 저하되어 건전지의 교체가 필요한 경우에는 음성안내를 포함한 음향 및 표시등에 의하여 72시간 이상 경보할 수 있어야 한다. 이 경우 음향경보는 1[m] 떨어진 거리에서 70[dB](음성안내는 60[dB]) 이상이어야 한다.
⑥ 단독경보형감지기 중 연동식감지기의 무선기능
  ㉠ 작동한 단독경보형감지기는 화재경보가 정지하기 전까지 60초 이내 주기마다 화재신호를 발신해야 한다.
  ㉡ 화재신호를 수신한 단독경보형감지기는 10초 이내에 경보를 발해야 한다.
  ㉢ 무선통신 점검은 24시간 이내에 자동으로 실시하고 이때 통신 이상이 발생하는 경우에는 200초 이내에 통신 이상 상태의 단독경보형감지기를 확인할 수 있도록 표시 및 경보를 해야 한다.
  ㉣ 무선통신 점검은 단독경보형감지기가 서로 송수신하는 방식으로 한다.

10년간 자주 출제된 문제

3-1. 단독경보형감지기를 설치해야 하는 특정소방대상물의 기준 중 옳은 것은?
① 교육연구시설 내에 있는 기숙사 또는 합숙소로서 연면적 2,000[m²] 미만인 것
② 수련시설 내에 있는 기숙사 또는 합숙소로서 연면적 1,000[m²] 미만인 것
③ 수용인원 50명 이하의 숙박시설이 있는 수련시설
④ 연면적 500[m²] 미만의 유치원

3-2. 단독경보형감지기의 설치기준 중 다음 ( ) 안에 알맞은 것은?

> 이웃하는 실내의 바닥면적이 각각 ( )[m²] 미만이고 벽체의 상부의 전부 또는 일부가 개방되어 이웃하는 실내와 공기가 상호 유통되는 경우에는 이를 1개의 실로 본다.

① 30   ② 50
③ 100   ④ 150

3-3. 각 실마다 실내의 바닥면적이 25[m²]인 4개의 실에 단독경보형감지기를 설치 시 몇 개의 실로 보아야 하는가?(단, 각 실은 이웃하고 있으며, 벽체 상부가 일부 개방되어 이웃하는 실내와 공기가 상호 유통되는 경우이다)
① 1개   ② 2개
③ 3개   ④ 4개

3-4. 바닥면적이 450[m²]일 경우 단독경보형감지기의 최소 설치개수는?
① 1개   ② 2개
③ 3개   ④ 4개

|해설|

3-1

단독경보형감지기를 설치해야 하는 특정소방대상물
- 교육연구시설 내에 있는 기숙사 또는 합숙소로서 연면적 2,000[m²] 미만인 것
- 수련시설 내에 있는 기숙사 또는 합숙소로서 연면적 2,000[m²] 미만인 것
- 수용인원 100명 이하의 숙박시설이 있는 수련시설
- 연면적 400[m²] 미만의 유치원

3-2

단독경보형감지기의 설치기준 : 각 실(이웃하는 실내의 바닥면적이 각각 30[m²] 미만이고 벽체의 상부의 전부 또는 일부가 개방되어 이웃하는 실내와 공기가 상호 유통되는 경우에는 이를 1개의 실로 본다)마다 설치하되, 바닥면적이 150[m²]를 초과하는 경우에는 150[m²]마다 1개 이상 설치할 것

3-3

단독경보형감지기의 설치기준 : 이웃하는 실내의 바닥면적이 각각 30[m²] 미만이고 벽체의 상부의 전부 또는 일부가 개방되어 이웃하는 실내와 공기가 상호 유통되는 경우에는 이를 1개의 실로 본다.

3-4

단독경보형감지기의 설치개수 : 각 실마다 설치하되, 바닥면적이 150[m²]를 초과하는 경우에는 150[m²]마다 1개 이상 설치할 것

∴ 설치개수 $= \dfrac{450[m^3]}{150[m^3]} = 3$개

정답 3-1 ① 3-2 ① 3-3 ① 3-4 ③

제2장 비상방송설비

제1절 비상방송설비의 화재안전기술기준 (NFTC 202)

핵심이론 01 비상방송설비의 용어 정의 및 설치대상

(1) 비상방송설비의 용어 정의

① 확성기 : 소리를 크게 하여 멀리까지 전달될 수 있도록 하는 장치로써 일명 스피커를 말한다.

② 음량조절기 : 가변저항을 이용하여 전류를 변화시켜 음량을 크게 하거나 작게 조절할 수 있는 장치를 말한다.

③ 증폭기 : 전압, 전류의 진폭을 늘려 감도를 좋게 하고 미약한 음성전류를 커다란 음성전류로 변화시켜 소리를 크게 하는 장치를 말한다.

(2) 비상방송설비를 설치해야 하는 특정소방대상물
(소방시설법 영 별표 4, 5)

① 연면적 3,500[m^2] 이상인 것은 모든 층
② 층수가 11층 이상인 것은 모든 층
③ 지하층의 층수가 3층 이상인 것은 모든 층
④ 제외대상 : 위험물 저장 및 처리 시설 중 가스시설, 사람이 거주하지 않거나 벽이 없는 축사 등 동물 및 식물 관련 시설, 터널 및 지하구
⑤ 설치 면제기준 : 자동화재탐지설비 또는 비상경보설비와 같은 수준 이상의 음향을 발하는 장치를 부설한 방송설비를 화재안전기준에 적합하게 설치한 경우

10년간 자주 출제된 문제

1-1. 비상방송설비의 화재안전기술기준(NFTC 202)에 따른 용어의 정의에서 소리를 크게 하여 멀리까지 전달될 수 있도록 하는 장치로써 일명 "스피커"를 말하는 것은?

① 확성기   ② 증폭기
③ 사이렌   ④ 음량조절기

1-2. 비상방송설비를 설치해야 하는 특정소방대상물의 기준 중 틀린 것은?(단, 위험물 저장 및 처리시설 중 가스시설, 사람이 거주하지 않거나 벽이 없는 축사 등 동물 및 식물 관련 시설, 터널 및 지하구는 제외한다)

① 연면적 3,500[m^2] 이상인 것은 모든 층
② 층수가 11층 이상인 것은 모든 층
③ 지하층의 층수가 3층 이상인 것은 모든 층
④ 50명 이상의 근로자가 작업하는 옥내 작업장

1-3. 특정소방대상물의 비상방송설비 설치의 면제기준 중 다음 ( ) 안에 알맞은 것은?

> 비상방송설비를 설치해야 하는 특정소방대상물에 ( ) 또는 비상경보설비와 같은 수준 이상의 음향을 발하는 장치를 부설한 방송설비를 화재안전기준에 적합하게 설치한 경우에는 그 설비의 유효범위에서 설치가 면제된다.

① 자동화재속보설비
② 시각경보기
③ 단독경보형감지기
④ 자동화재탐지설비

|해설|

1-1
확성기란 소리를 크게 하여 멀리까지 전달될 수 있도록 하는 장치로서 일명 스피커를 말한다.

1-2
비상방송설비를 설치해야 하는 특정소방대상물
• 연면적 3,500[m^2] 이상인 것은 모든 층
• 층수가 11층 이상인 것은 모든 층
• 지하층의 층수가 3층 이상인 것은 모든 층

1-3
특정소방대상물의 소방시설 설치의 면제기준 : 비상방송설비를 설치해야 하는 특정소방대상물에 자동화재탐지설비 또는 비상경보설비와 같은 수준 이상의 음향을 발하는 장치를 부설한 방송설비를 화재안전기술기준에 적합하게 설치한 경우에는 그 설비의 유효범위에서 설치가 면제된다.

정답 1-1 ① 1-2 ④ 1-3 ④

핵심이론 02 비상방송설비의 설치기준

(1) 비상방송설비 음향장치의 설치기준

① 확성기의 음성입력은 3[W](실내에 설치하는 것에 있어서는 1[W]) 이상일 것

Plus one

비상경보설비
- 공동주택의 화재안전기술기준(NFTC 608)
  - 확성기는 각 세대마다 설치할 것
  - 아파트 등의 경우 실내에 설치하는 확성기의 음성입력은 2[W] 이상일 것
- 창고시설의 화재안전기술기준(NFTC 609)
  - 창고시설에서 발화한 때에는 전 층에 경보를 발해야 한다.
  - 확성기의 음성입력은 3[W](실내에 설치한 것을 포함한다) 이상일 것

② 확성기는 각 층마다 설치하되, 그 층의 각 부분으로부터 하나의 확성기까지의 수평거리가 25[m] 이하가 되도록 하고, 해당 층의 각 부분에 유효하게 경보를 발할 수 있도록 설치할 것

③ 음량조정기를 설치하는 경우 음량조정기의 배선은 3선식으로 할 것

④ 조작부의 조작스위치는 바닥으로부터 0.8[m] 이상 1.5[m] 이하의 높이에 설치할 것

⑤ 조작부는 기동장치의 작동과 연동하여 해당 기동장치가 작동한 층 또는 구역을 표시할 수 있는 것으로 할 것

⑥ 증폭기 및 조작부는 수위실 등 상시 사람이 근무하는 장소로서 점검이 편리하고 방화상 유효한 곳에 설치할 것

⑦ 층수가 11층(공동주택의 경우에는 16층) 이상의 특정소방대상물의 경보기준
  ㉠ 2층 이상의 층에서 발화한 때는 발화층 및 그 직상 4개 층에 경보를 발할 것
  ㉡ 1층에서 발화한 때는 발화층·그 직상 4개 층 및 지하층에 경보를 발할 것
  ㉢ 지하층에서 발화한 때는 발화층·그 직상층 및 기타의 지하층에 경보를 발할 것

⑧ 다른 방송설비와 공용하는 것에 있어서는 화재 시 비상경보 외의 방송을 차단할 수 있는 구조로 할 것

⑨ 다른 전기회로에 따라 유도장애가 생기지 않도록 할 것

⑩ 기동장치에 따른 화재신호를 수신한 후 필요한 음량으로 화재 발생 상황 및 피난에 유효한 방송이 자동으로 개시될 때까지의 소요시간은 10초 이내로 할 것

⑪ 음향장치는 정격전압의 80[%] 전압에서 음향을 발할 수 있는 것으로 할 것

⑫ 음향장치는 자동화재탐지설비의 작동과 연동하여 작동할 수 있는 것으로 할 것

(2) 비상방송설비 전원의 설치기준

① 상용전원은 전기가 정상적으로 공급되는 축전지설비, 전기저장장치(외부 전기에너지를 저장해 두었다가 필요한 때 전기를 공급하는 장치) 또는 교류전압의 옥내간선으로 하고, 전원까지의 배선은 전용으로 할 것

② 개폐기에는 "비상방송설비용"이라고 표시한 표지를 할 것

③ 비상방송설비에는 그 설비에 대한 감시상태를 60분간 지속한 후 유효하게 10분 이상 경보할 수 있는 비상전원으로서 축전지설비(수신기에 내장하는 경우를 포함) 또는 전기저장장치(외부 전기에너지를 저장해 두었다가 필요한 때 전기를 공급하는 장치)를 설치해야 한다.

Plus one

창고시설의 화재안전기술기준(NFTC 609)
비상방송설비에는 그 설비에 대한 감시상태를 60분간 지속한 후 유효하게 30분 이상 경보할 수 있는 축전지설비 또는 전기저장장치를 설치해야 한다.

(3) 비상방송설비 배선의 설치기준

① 화재로 인하여 하나의 층의 확성기 또는 배선이 단락 또는 단선되어도 다른 층의 화재 통보에 지장이 없도록 할 것
② 전원회로의 배선은 옥내소화전설비의 화재안전기술기준(NFTC 102)에 따른 내화배선에 따르고, 그 밖의 배선은 옥내소화전설비의 화재안전기술기준(NFTC 102)에 따른 내화배선 또는 내열배선에 따를 것
③ 부속회로의 전로와 대지 사이 및 배선 상호 간의 절연저항은 1경계구역마다 직류 250[V]의 절연저항측정기를 사용하여 측정한 절연저항이 0.1[MΩ] 이상이 되도록 할 것
④ 비상방송설비의 배선은 다른 전선과 별도의 관·덕트(절연효력이 있는 것으로 구획한 때는 그 구획된 부분은 별개의 덕트로 본다)·몰드 또는 풀박스 등에 설치할 것. 다만, 60[V] 미만의 약전류회로에 사용하는 전선으로서 각각의 전압이 같을 때는 그렇지 않다.

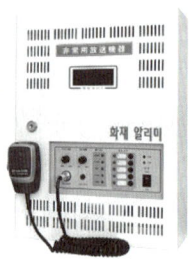

10년간 자주 출제된 문제

2-1. 비상방송설비 화재안전기술기준(NFTC 202)에 따른 음향장치의 설치기준으로 옳은 것은?

① 확성기는 각 층마다 설치하되, 그 층의 각 부분으로부터 하나의 확성기까지의 수평거리가 15[m] 이하가 되도록 하고, 해당 층의 각 부분에 유효하게 경보를 발할 수 있도록 설치할 것
② 층수가 11층(공동주택의 경우에는 16층) 이상의 특정소방대상물의 지하층에서 발화한 때는 직상층에만 경보를 발할 것
③ 음향장치는 자동화재탐지설비의 작동과 연동하여 작동할 수 있는 것으로 할 것
④ 음향장치는 정격전압의 60[%] 전압에서 음향을 발할 수 있는 것으로 할 것

2-2. 비상방송설비 화재안전기술기준(NFTC 202)에 따른 음향장치의 설치기준 중 다음 ( ) 안에 알맞은 것은?

- 음량조정기를 설치하는 경우 음량조정기의 배선은 (㉠)선식으로 할 것
- 확성기는 각 층마다 설치하되, 그 층의 각 부분으로부터 하나의 확성기까지의 수평거리가 (㉡)[m] 이하가 되도록 하고, 해당 층의 각 부분에 유효하게 경보를 발할 수 있도록 설치할 것

① ㉠ 2, ㉡ 15
② ㉠ 2, ㉡ 25
③ ㉠ 3, ㉡ 15
④ ㉠ 3, ㉡ 25

2-3. 비상방송설비는 기동장치에 따른 화재신호를 수신한 후 필요한 음량으로 화재 발생 상황 및 피난에 유효한 방송이 자동으로 개시될 때까지의 소요시간은 몇 초 이내로 해야 하는가?

① 5초
② 10초
③ 20초
④ 30초

10년간 자주 출제된 문제

2-4. 비상방송설비 화재안전기술기준(NFTC 202)에 따른 배선과 전원에 관한 설치기준 중 옳은 것은?

① 부속회로의 전로와 대지 사이 및 배선 상호 간의 절연저항은 1경계구역마다 직류 110[V]의 절연저항측정기를 사용하여 측정한 절연저항이 1[MΩ] 이상이 되도록 한다.
② 상용전원은 전기가 정상적으로 공급되는 축전지설비 또는 교류전압의 옥내간선으로 하고, 전원까지의 배선은 전용이 아니어도 무방하다.
③ 비상방송설비에는 그 설비에 대한 감시상태를 30분간 지속한 후 유효하게 10분 이상 경보할 수 있는 비상전원으로서 축전지설비를 설치해야 한다.
④ 비상방송설비의 배선은 다른 전선과 별도의 관·덕트·몰드 또는 풀박스 등에 설치하되 60[V] 미만의 약전류회로에 사용하는 전선으로서 각각의 전압이 같을 때는 그렇지 않다.

2-5. 비상방송설비 화재안전기술기준(NFTC 202)에 따른 배선에 대한 설치기준으로 틀린 것은?

① 배선은 다른 전선과 동일한 관, 덕트·몰드 또는 풀박스 등에 설치할 것
② 전원회로의 배선은 옥내소화전설비의 화재안전기술기준에 따른 내화배선으로 설치할 것
③ 화재로 인하여 하나의 층의 확성기 또는 배선이 단락 또는 단선되어도 다른 층의 화재통보에 지장이 없도록 할 것
④ 부속회로의 전로와 대지 사이 및 배선 상호 간의 절연저항은 1경계구역마다 직류 250[V]의 절연저항측정기를 사용하여 측정한 절연저항이 0.1[MΩ] 이상이 되도록 할 것

해설

2-1
비상방송설비의 음향장치 설치기준
- 확성기는 각 층마다 설치하되, 그 층의 각 부분으로부터 하나의 확성기까지의 수평거리가 25[m] 이하가 되도록 하고, 해당 층의 각 부분에 유효하게 경보를 발할 수 있도록 설치할 것
- 층수가 11층(공동주택의 경우에는 16층) 이상의 특정소방대상물의 지하층에서 발화한 때는 발화층·그 직상층 및 기타의 지하층에 경보를 발할 것
- 음향장치는 자동화재탐지설비의 작동과 연동하여 작동할 수 있는 것으로 할 것
- 음향장치는 정격전압의 80[%] 전압에서 음향을 발할 수 있는 것으로 할 것

2-2
비상방송설비의 음향장치 설치기준
- 확성기의 음성입력은 3[W](실내에 설치하는 것에 있어서는 1[W]) 이상일 것
- 음량조정기를 설치하는 경우 음량조정기의 배선은 3선식으로 할 것
- 확성기는 각 층마다 설치하되, 그 층의 각 부분으로부터 하나의 확성기까지의 수평거리가 25[m] 이하가 되도록 하고, 해당 층의 각 부분에 유효하게 경보를 발할 수 있도록 설치할 것

2-3
비상방송설비의 음향장치 설치기준 : 기동장치에 따른 화재신호를 수신한 후 필요한 음량으로 화재 발생 상황 및 피난에 유효한 방송이 자동으로 개시될 때까지의 소요시간은 10초 이내로 할 것

2-4, 2-5
비상방송설비의 상용전원 및 배선 설치기준
- 부속회로의 전로와 대지 사이 및 배선 상호 간의 절연저항은 1경계구역마다 직류 250[V]의 절연저항측정기를 사용하여 측정한 절연저항이 0.1[MΩ] 이내로 할 것
- 상용전원은 전기가 정상적으로 공급되는 축전지설비, 전기저장장치(외부 전기에너지를 저장해 두었다가 필요한 때 전기를 공급하는 장치) 또는 교류전압의 옥내간선으로 하고, 전원까지의 배선은 전용으로 할 것
- 비상방송설비에는 그 설비에 대한 감시상태를 60분간 지속한 후 유효하게 10분 이상 경보할 수 있는 비상전원으로서 축전지설비(수신기에 내장하는 경우를 포함) 또는 전기저장장치(외부 전기에너지를 저장해 두었다가 필요한 때 전기를 공급하는 장치)를 설치해야 한다.
- 비상방송설비의 배선은 다른 전선과 별도의 관·덕트·몰드 또는 풀박스 등에 설치할 것. 다만, 60[V] 미만의 약전류회로에 사용하는 전선으로서 각각의 전압이 같을 때는 그렇지 않다.

정답 2-1 ③ 2-2 ④ 2-3 ② 2-4 ④ 2-5 ①

제3장 누전경보기

제1절 누전경보기의 화재안전기술기준(NFTC 205)

핵심이론 01 누전경보기의 개요 및 설치대상

(1) 누전경보기의 개요

① 사용전압 600[V] 이하인 경계전로의 누설전류를 검출하여 해당 특정소방대상물의 관계자에게 경보를 발하는 설비로서 변류기와 수신부로 구성된 것을 말한다(누전경보기의 형식승인 및 제품검사의 기술기준 제2조).

② 누전경보기의 종류
  ㉠ 변류기의 구조에 따른 구분 : 옥외형, 옥내형
  ㉡ 수신부와 상호 호환성의 유무에 따른 구분 : 호환성형, 비호환성형

③ 누전경보기의 구성
  ㉠ 수신부 : 변류기로부터 검출된 신호를 수신하여 누전의 발생을 해당 특정소방대상물의 관계인에게 경보하여 주는 것(차단기구를 갖는 것을 포함한다)을 말한다.
  ㉡ 변류기 : 경계전로의 누설전류를 자동적으로 검출하여 이를 누전경보기의 수신부에 송신하는 것을 말한다.
  ㉢ 차단기구 : 경계전로에 누설전류가 흐르는 경우 이를 수신하여 그 경계전로의 전원을 자동적으로 차단하는 장치를 말한다.
  ㉣ 경종 : 경보기구 또는 비상경보설비에 사용하는 벨 등의 음향장치를 말한다.

Plus one

집합형 수신기의 내부결선도의 구성요소
- 전원부
- 증폭부
- 자동입력 절환부
- 제어부
- 회로접합부

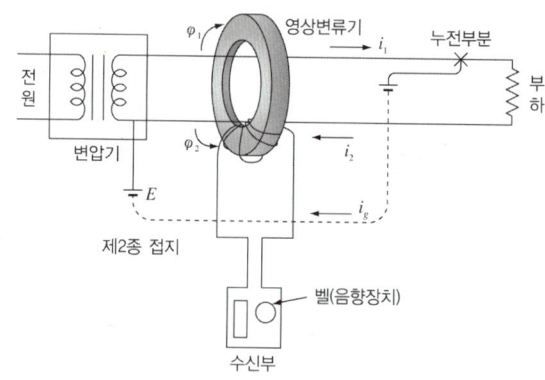

(2) 누전경보기를 설치해야 하는 특정소방대상물(소방시설법 영 별표 4)

① 계약전류용량(같은 건축물에 계약 종류가 다른 전기가 공급되는 경우에는 그중 최대계약전류용량을 말한다)이 100[A]를 초과하는 특정소방대상물(내화구조가 아닌 건축물로서 벽·바닥 또는 반자의 전부나 일부를 불연재료 또는 준불연재료가 아닌 재료에 철망을 넣어 만든 것만 해당한다)에 설치해야 한다.

② 설치제외 : 위험물 저장 및 처리 시설 중 가스시설, 터널 또는 지하구의 경우

10년간 자주 출제된 문제

1-1. 다음 ( ) 안에 들어갈 내용으로 옳은 것은?

> 누전경보기란 ( ) 이하인 경계전로의 누설전류를 검출하여 해당 특정소방대상물의 관계자에게 경보를 발하는 설비로서 변류기와 수신부로 구성된 것을 말한다.

① 사용전압 220[V]
② 사용전압 380[V]
③ 사용전압 600[V]
④ 사용전압 750[V]

10년간 자주 출제된 문제

1-2. 경계전로의 누설전류를 자동적으로 검출하여 이를 누전경보기의 수신부에 송신하는 것을 무엇이라고 하는가?
① 수신부 ② 확성기
③ 변류기 ④ 증폭기

1-3. 누전경보기의 구성요소에 해당하지 않는 것은?
① 차단기
② 영상변류기(ZCT)
③ 음향장치
④ 발신기

1-4. 누전경보기의 5~10회로까지 사용할 수 있는 집합형 수신기 내부결선도에서 구성요소가 아닌 것은?
① 제어부 ② 증폭부
③ 조작부 ④ 자동입력 절환부

해설

1-1
누전경보기의 정의 : 사용전압 600[V] 이하인 경계전로의 누설전류를 검출하여 해당 특정소방대상물의 관계자에게 경보를 발하는 설비로서 변류기와 수신부로 구성된 것을 말한다.

1-2
누전경보기의 용어 정의
- 수신부 : 변류기로부터 검출된 신호를 수신하여 누전의 발생을 해당 특정소방대상물의 관계인에게 경보하여 주는 것(차단기구를 갖는 것을 포함)을 말한다.
- 변류기 : 경계전로의 누설전류를 자동적으로 검출하여 이를 누전경보기의 수신부에 송신하는 것을 말한다.

1-3
누전경보기의 구성요소
- 차단기구
- 변류기
- 음향장치(경보기구)
- 수신기

1-4
집합형 수신기의 내부결선도에서 구성요소
- 전원부
- 제어부
- 증폭부
- 회로접합부
- 자동입력 절환부

정답 1-1 ③ 1-2 ③ 1-3 ④ 1-4 ③

핵심이론 02 누전경보기의 설치기준

(1) 누전경보기의 설치방법

① 경계전로의 정격전류가 60[A]를 초과하는 전로에 있어서는 1급 누전경보기를, 60[A] 이하의 전로에 있어서는 1급 또는 2급 누전경보기를 설치할 것
② 변류기는 특정소방대상물의 형태, 인입선의 시설방법 등에 따라 옥외 인입선의 제1지점의 부하 측 또는 제2종 접지선 측의 점검이 쉬운 위치에 설치할 것
③ 변류기를 옥외의 전로에 설치하는 경우에는 옥외형으로 설치할 것

(2) 누전경보기의 수신부 설치장소

① 옥내의 점검에 편리한 장소에 설치하되, 가연성의 증기·먼지 등이 체류할 우려가 있는 장소의 전기회로에는 해당 부분의 전기회로를 차단할 수 있는 차단기구를 가진 수신부를 설치해야 한다.
② 누전경보기의 수신부 설치제외 장소
  ㉠ 가연성의 증기·먼지·가스 등이나 부식성의 증기·가스 등이 다량으로 체류하는 장소
  ㉡ 화약류를 제조하거나 저장 또는 취급하는 장소
  ㉢ 습도가 높은 장소
  ㉣ 온도의 변화가 급격한 장소
  ㉤ 대전류회로·고주파 발생회로 등에 따른 영향을 받을 우려가 있는 장소
③ 음향장치는 수위실 등 상시 사람이 근무하는 장소에 설치해야 하며, 그 음량 및 음색은 다른 기기의 소음 등과 명확히 구별할 수 있는 것으로 해야 한다.

(3) 누전경보기 전원의 설치기준

① 전원은 분전반으로부터 전용회로로 하고, 각 극에 개폐기 및 15[A] 이하의 과전류차단기(배선용 차단기에 있어서는 20[A] 이하의 것으로 각 극을 개폐할 수 있는 것)를 설치할 것

② 전원을 분기할 때는 다른 차단기에 따라 전원이 차단되지 않도록 할 것
③ 전원의 개폐기에는 "누전경보기용"이라고 표시한 표지를 할 것

10년간 자주 출제된 문제

2-1. 누전경보기는 계약전류용량이 얼마를 초과하는 특정소방대상물에 설치해야 하는가?(단, 특정소방대상물은 내화구조가 아닌 건축물로서 벽·바닥 또는 반자의 전부나 일부를 불연재료 또는 준불연재료가 아닌 재료에 철망을 넣어 만든 것에 한한다)

① 60[A] 초과
② 80[A] 초과
③ 100[A] 초과
④ 120[A] 초과

2-2. 누전경보기의 화재안전기술기준(NFTC 205)에서 규정한 용어, 설치방법, 전원 등에 관한 설명으로 틀린 것은?

① 경계전로의 정격전류가 60[A]를 초과하는 전로에 있어서는 1급 누전경보기를 설치한다.
② 변류기는 옥외 인입선 제1지점의 전원 측에 설치한다.
③ 누전경보기 전원은 분전반으로부터 전용으로 하고, 각 극에 개폐기 및 15[A] 이하의 과전류차단기를 설치한다.
④ 누전경보기는 변류기와 수신부로 구성되어 있다.

2-3. 누전경보기의 수신부의 설치제외 장소로서 틀린 것은?

① 습도가 높은 장소
② 온도의 변화가 급격한 장소
③ 고주파 발생회로 등에 따른 영향을 받을 우려가 있는 장소
④ 부식성의 증기·가스 등이 체류하지 않는 장소

2-4. 누전경보기의 전원은 분전반으로부터 전용회로로 하고 각 극에 개폐기와 몇 [A] 이하의 과전류차단기를 설치해야 하는가?

① 15[A]
② 20[A]
③ 25[A]
④ 30[A]

해설

2-1
누전경보기의 설치대상 : 누전경보기는 계약전류용량(같은 건축물에 계약 종류가 다른 전기가 공급되는 경우에는 그중 최대계약전류용량을 말한다)이 100[A]를 초과하는 특정소방대상물(내화구조가 아닌 건축물로서 벽·바닥 또는 반자의 전부나 일부를 불연재료 또는 준불연재료가 아닌 재료에 철망을 넣어 만든 것만 해당한다)에 설치해야 한다. 다만, 위험물 저장 및 처리 시설 중 가스시설, 터널 또는 지하구의 경우에는 그렇지 않다.

2-2
누전경보기의 설치방법 : 변류기는 특정소방대상물의 형태, 인입선의 시설방법 등에 따라 옥외 인입선의 제1지점의 부하 측 또는 제2종 접지선 측의 점검이 쉬운 위치에 설치할 것

2-3
누전경보기 수신부의 설치제외 장소
- 가연성의 증기·먼지·가스 등이나 부식성의 증기·가스 등이 다량으로 체류하는 장소
- 화약류를 제조하거나 저장 또는 취급하는 장소
- 습도가 높은 장소
- 온도의 변화가 급격한 장소
- 대전류회로·고주파 발생회로 등에 따른 영향을 받을 우려가 있는 장소

2-4
누전경보기 전원의 설치기준
- 전원은 분전반으로부터 전용회로로 할 것
- 각 극에 개폐기 및 15[A] 이하의 과전류차단기를 설치할 것
- 배선용 차단기에 있어서는 20[A] 이하의 것으로 각 극을 개폐할 수 있는 것을 설치할 것

정답 2-1 ③ 2-2 ② 2-3 ④ 2-4 ①

제2절 누전경보기의 형식승인 및 제품검사의 기술기준

핵심이론 01 누전경보기의 구조 및 기능

(1) 누전경보기 외함의 구조 및 기능(제3조)
① 외함은 불연성 또는 난연성 재질로 만들어져야 한다.
② 누전경보기의 외함은 1.0[mm] 이상, 직접 벽면에 접하여 벽 속에 매립되는 외함의 부분은 1.6[mm] 이상이어야 한다.
③ 정격전압이 60[V]를 넘는 기구의 금속제 외함에는 접지단자를 설치해야 한다.

(2) 누전경보기 부품의 구조 및 기능(제4조)
① 표시등
  ㉠ 전구는 2개 이상을 병렬로 접속해야 한다. 다만, 방전등 또는 발광다이오드의 경우에는 그렇지 않다.
  ㉡ 전구에는 적당한 보호덮개를 설치해야 한다.
  ㉢ 지구등은 적색으로 표시되어야 한다. 이 경우 누전등이 설치된 수신부의 지구등은 적색 외의 색으로도 표시할 수 있다.
  ㉣ 주위의 밝기가 300[lx]인 장소에서 측정하여 앞면으로부터 3[m] 떨어진 곳에서 켜진 등이 확실히 식별되어야 한다.
② 경보기구에 내장하는 음향장치
  ㉠ 사용전압의 80[%]인 전압에서 소리를 내어야 한다.
  ㉡ 사용전압에서의 음압은 무향실 내에서 정위치에 부착된 음향장치의 중심으로부터 1[m] 떨어진 지점에서 누전경보기는 70[dB] 이상이어야 한다. 다만, 고장표시장치용 등의 음압은 60[dB] 이상이어야 한다.
③ 누전경보기에 차단기구를 설치하는 경우
  ㉠ 개폐부는 원활하고 확실하게 작동해야 하며 정지점이 명확해야 한다.
  ㉡ 개폐부는 수동으로 개폐되어야 하며 자동적으로 복귀하지 않아야 한다.
  ㉢ 개폐부는 KS C 4613(누전차단기)에 적합한 것이어야 한다.
④ 누전경보기의 공칭작동전류치는 200[mA] 이하이어야 한다(제7조).
⑤ 감도조정장치를 갖는 누전경보기에 있어서 감도조정장치의 조정범위는 최대치가 1[A](1,000[mA])이어야 한다(제8조).

(3) 누전경보기 수신부의 구조(제23조)
① 전원을 표시하는 장치를 설치해야 한다. 다만, 2급에서는 그렇지 않다.
② 수신부는 다음 회로에 단락이 생기는 경우에는 유효하게 보호되는 조치를 강구해야 한다.
  ㉠ 전원 입력 측의 회로(다만, 2급 수신부에는 적용하지 않는다)
  ㉡ 수신부에서 외부의 음향장치와 표시등에 대하여 직접 전력을 공급하도록 구성된 외부 회로
③ 감도조정장치를 제외하고 감도조정부는 외함의 바깥쪽에 노출되지 않아야 한다.
④ 주전원의 양극을 동시에 개폐할 수 있는 전원스위치를 설치해야 한다. 다만, 보수 시에 전원공급이 자동적으로 중단되는 방식은 그렇지 않다.
⑤ 전원입력 및 외부부하에 직접 전원을 송출하도록 구성된 회로에는 퓨즈 또는 브레이커 등을 설치해야 한다.

(4) 누전경보기 수신부의 기능(제26조)

① 호환성형 수신부
   ㉠ 신호입력회로에 공칭작동전류치에 대응하는 변류기의 설계출력전압의 52[%]인 전압을 가하는 경우 30초 이내에 작동하지 않아야 한다.
   ㉡ 공칭작동전류치에 대응하는 변류기의 설계출력전압의 75[%]인 전압을 가하는 경우 1초(차단기구가 있는 것은 0.2초) 이내에 작동해야 한다.

② 비호환성형 수신부
   ㉠ 신호입력회로에 공칭작동전류치의 42[%]에 대응하는 변류기의 설계출력전압을 가하는 경우 30초 이내에 작동하지 않아야 한다.
   ㉡ 공칭작동전류치에 대응하는 변류기의 설계출력전압을 가하는 경우 1초(차단기구가 있는 것은 0.2초) 이내에 작동해야 한다.

10년간 자주 출제된 문제

1-1. 누전경보기 수신부의 구조 기준 중 틀린 것은?
① 2급 수신부에는 전원 입력 측의 회로에 단락이 생기는 경우에 유효하게 보호되는 조치를 강구해야 한다.
② 주전원의 양극을 동시에 개폐할 수 있는 전원스위치를 설치해야 한다. 다만, 보수 시에 전원공급이 자동적으로 중단되는 방식은 그렇지 않다.
③ 감도조정장치를 제외하고 감도조정부는 외함의 바깥쪽에 노출되지 않아야 한다.
④ 전원입력 및 외부부하에 직접 전원을 송출하도록 구성된 회로에는 퓨즈 또는 브레이커 등을 설치해야 한다.

1-2. 누전경보기의 형식승인 및 제품검사의 기술기준에 따라 누전경보기에서 사용되는 표시등에 대한 설명으로 틀린 것은?
① 지구등은 녹색으로 표시되어야 한다.
② 전구는 2개 이상 병렬로 설치해야 한다. 다만, 방전등 또는 발광다이오드의 경우에는 그렇지 않다.
③ 주위의 밝기가 300[lx]인 장소에서 측정하여 앞면으로부터 3[m] 떨어진 곳에서 켜진 등이 확실히 식별되어야 한다.
④ 전구에는 적당한 보호덮개를 설치해야 한다. 다만, 발광다이오드의 경우에는 그렇지 않다.

1-3. 누전경보기의 형식승인 및 제품검사의 기술기준에서 누전경보기의 공칭작동전류치는 얼마 이하이어야 하는가?
① 100[mA]   ② 200[mA]
③ 1,000[mA] ④ 2,000[mA]

1-4. 누전경보기에서 감도조정장치의 조정범위는 최대 몇 [mA]인가?
① 1[mA]   ② 20[mA]
③ 1,000[mA] ④ 1,500[mA]

|해설|

1-1
누전경보기 수신부의 구조 : 수신부는 다음 회로에 단락이 생기는 경우에는 유효하게 보호되는 조치를 강구해야 한다.
• 전원 입력 측의 회로(다만, 2급 수신부에는 적용하지 않는다)
• 수신부에서 외부의 음향장치와 표시등에 대하여 직접 전력을 공급하도록 구성된 외부회로

1-2
누전경보기에 사용되는 표시등
• 지구등은 적색으로 표시되어야 한다. 이 경우 누전등이 설치된 수신부의 지구등은 적색 외의 색으로도 표시할 수 있다.
• 기타의 표시등은 적색 외의 색으로 표시되어야 한다. 다만, 누전등 및 지구등과 쉽게 구별할 수 있도록 부착된 기타의 표시등은 적색으로도 표시할 수 있다.

1-3
누전경보기의 공칭작동전류치(누전경보기를 작동시키기 위하여 필요한 누설전류의 값으로서 제조자에 의하여 표시된 값)는 200[mA] 이하이어야 한다.

1-4
감도조정장치를 갖는 누전경보기에 있어서 감도조정장치의 조정범위는 최대치가 1[A](1,000[mA])이어야 한다.

정답 1-1 ① 1-2 ① 1-3 ② 1-4 ③

핵심이론 02 누전경보기의 기능검사

(1) 누전경보기의 기능검사 항목

① 온도특성시험
② 전로개폐시험
③ 단락전류강도시험
④ 과누전시험
⑤ 노화시험
⑥ 방수시험
⑦ 진동시험
⑧ 충격시험
⑨ 절연저항시험
⑩ 절연내력시험
⑪ 충격파내전압시험
⑫ 전압강하방지시험
⑬ 전원전압변동시험
⑭ 과입력전압시험

(2) 누전경보기의 절연저항시험

① 변류기의 절연된 1차 권선과 2차 권선 간, 절연된 1차 권선과 외부금속부 간, 절연된 2차 권선과 외부금속부 간의 절연저항을 직류(DC) 500[V]의 절연저항계로 시험을 하는 경우 5[MΩ] 이상이어야 한다(제19조).

② 수신부는 절연된 충전부와 외함 간 및 차단기구의 개폐부(열린 상태에서는 같은 극의 전원단자와 부하 측 단자와의 사이, 닫힌 상태에서는 충전부와 손잡이 사이)의 절연저항을 직류(DC) 500[V]의 절연저항계로 측정하는 경우 5[MΩ] 이상이어야 한다(제35조).

(3) 누전경보기의 전압강하방지시험 및 반복시험

① **전압강하방지시험** : 변류기(경계전로의 전선을 그 변류기에 관통시키는 것은 제외)는 경계전로에 정격전류를 흘리는 경우, 그 경계전로의 전압강하는 0.5[V] 이하이어야 한다(제22조).

② **반복시험** : 수신부는 그 정격전압에서 10,000회의 누전작동시험을 실시하는 경우 그 구조 또는 기능에 이상이 생기지 않아야 한다(제31조).

③ **누전표시** : 수신부는 변류기로부터 송신된 신호를 수신하는 경우 적색표시 및 음향신호에 의하여 누전을 자동적으로 표시할 수 있어야 한다(제25조).

10년간 자주 출제된 문제

2-1. 누전경보기 수신부의 기능검사 항목이 아닌 것은?
① 충격시험
② 절연저항시험
③ 내식성시험
④ 전원전압변동시험

2-2. 누전경보기의 수신부의 절연된 충전부와 외함 간의 절연저항은 DC 500[V]의 절연저항계로 측정하는 경우 몇 [MΩ] 이상이어야 하는가?
① 0.5[MΩ]
② 5[MΩ]
③ 10[MΩ]
④ 20[MΩ]

2-3. 누전경보기의 형식승인 및 제품검사의 기술기준에 따라 누전경보기의 변류기는 경계전로에 정격전류를 흘리는 경우, 그 경계전로의 전압강하는 몇 [V] 이하이어야 하는가?(단, 경계전로의 전선을 그 변류기에 관통시키는 것은 제외한다)
① 0.3[V]
② 0.5[V]
③ 1.0[V]
④ 3.0[V]

2-4. 누전경보기의 형식승인 및 제품검사의 기술기준에 따라 누전경보기의 수신부는 그 정격전압에서 몇 회의 누전작동시험을 실시하는가?
① 1,000회
② 5,000회
③ 10,000회
④ 20,000회

|해설|

2-1
본문 참조

2-2
누전경보기 수신부의 절연저항시험 : 수신부는 절연된 충전부와 외함 간 및 차단기구의 개폐부(열린 상태에서는 같은 극의 전원단자와 부하 측 단자와의 사이, 닫힌 상태에서는 충전부와 손잡이 사이)의 절연저항을 직류(DC) 500[V]의 절연저항계로 측정하는 경우 5[MΩ] 이상이어야 한다.

2-3
누전경보기 변류기의 전압강하방지시험 : 변류기(경계전로의 전선을 그 변류기에 관통시키는 것은 제외한다)는 경계전로에 정격전류를 흘리는 경우, 그 경계전로의 전압강하는 0.5[V] 이하이어야 한다.

2-4
누전경보기의 반복시험 : 수신부는 그 정격전압에서 10,000회의 누전작동시험을 실시하는 경우 그 구조 또는 기능에 이상이 생기지 않아야 한다.

정답 2-1 ③ 2-2 ② 2-3 ② 2-4 ③

제4장 자동화재탐지설비 및 시각경보장치

제1절 자동화재탐지설비의 화재안전기술기준 (NFTC 203)

핵심이론 01 자동화재탐지설비의 개요 및 설치대상

(1) 자동화재탐지설비 및 시각경보장치의 개요

① 자동화재탐지설비 : 화재 발생을 자동적으로 감지하여 해당 소방대상물의 화재 발생을 소방대상물의 관계자에게 통보할 수 있는 설비로서 감지기, 발신기, 수신기, 경종 또는 중계기 등으로 구성된 것을 말한다.

② 시각경보장치 : 자동화재탐지설비에서 발하는 화재신호를 시각경보기에 전달하여 청각장애인에게 점멸형태의 시각경보를 하는 것을 말한다.

③ 자동화재탐지설비 및 시각경보장치의 용어 정의
  ㉠ 경계구역 : 특정소방대상물 중 화재신호를 발신하고 그 신호를 수신 및 유효하게 제어할 수 있는 구역을 말한다.
  ㉡ 수신기 : 감지기나 발신기에서 발하는 화재신호를 직접 수신하거나 중계기를 통하여 수신하여 화재의 발생을 표시 및 경보하여 주는 장치를 말한다.
  ㉢ 중계기 : 감지기·발신기 또는 전기적인 접점 등의 작동에 따른 신호를 받아 이를 수신기에 전송하는 장치를 말한다.
  ㉣ 감지기 : 화재 시 발생하는 열, 연기, 불꽃 또는 연소생성물을 자동적으로 감지하여 수신기에 화재신호 등을 발신하는 장치를 말한다.
  ㉤ 발신기 : 수동누름버튼 등의 작동으로 화재신호를 수신기에 발신하는 장치를 말한다.

④ 자동화재탐지설비의 구성 및 도시기호(소방시설 자체점검사항 등에 관한 고시 별표)

명 칭	도시기호	명 칭	도시기호
감지기 차동식 스포트형	⌓	수신기	⊠
감지기 보상식 스포트형	⌓	부수신기	⊞
감지기 정온식 스포트형	⌓	발신기세트 단독형	ⓅⒷⓁ
감지기 연기감지기	Ⓢ	중계기	▭
화재경보벨	Ⓑ	사이렌	◁
표시등	◐	-	

(2) 자동화재탐지설비를 설치해야 하는 특정소방대상물
(소방시설법 영 별표 4)

① 공동주택 중 아파트 등·기숙사 및 숙박시설의 경우에는 모든 층

② 층수가 6층 이상인 건축물의 경우에는 모든 층

③ 근린생활시설(목욕장은 제외), 의료시설(정신의료기관 또는 요양병원은 제외), 위락시설, 장례시설 및 복합건축물로서 연면적 600[m^2] 이상인 경우에는 모든 층

④ 근린생활시설 중 목욕장, 문화 및 집회시설, 종교시설, 판매시설, 운수시설, 운동시설, 업무시설, 공장, 창고시설, 위험물 저장 및 처리 시설, 항공기 및 자동차 관련 시설, 교정 및 군사시설 중 국방·군사시설, 방송통신시설, 발전시설, 관광 휴게시설, 지하상가로서 연면적 1,000[m^2] 이상인 경우에는 모든 층

⑤ 교육연구시설(교육시설 내에 있는 기숙사 및 합숙소를 포함), 수련시설(수련시설 내에 있는 기숙사 및 합숙소를 포함하며, 숙박시설이 있는 수련시설은 제외), 동물 및 식물 관련 시설(기둥과 지붕만으로 구성되어 외부와 기류가 통하는 장소는 제외), 자원순환 관련 시설, 교정

및 군사시설(국방·군사시설은 제외) 또는 묘지 관련 시설로서 연면적 2,000[m²] 이상인 경우에는 모든 층
⑥ 노유자 생활시설의 경우에는 모든 층
⑦ 노유자시설로서 연면적 400[m²] 이상인 노유자시설 및 숙박시설이 있는 수련시설로서 수용인원 100명 이상인 경우에는 모든 층
⑧ 의료시설 중 요양병원(의료재활시설은 제외)
⑨ 의료시설 중 정신의료기관 또는 의료재활시설로 사용되는 바닥면적의 합계가 300[m²] 이상인 시설
⑩ 의료시설 중 정신의료기관 또는 의료재활시설로 사용되는 바닥면적의 합계가 300[m²] 미만이고, 창살이 설치된 시설
⑪ 판매시설 중 전통시장
⑫ 터널로서 길이가 1,000[m] 이상인 것
⑬ 지하구
⑭ 근린생활시설 중 조산원 및 산후조리원
⑮ 발전시설 중 전기저장시설
⑯ 공장 및 창고시설로서 지정수량의 500배 이상의 특수가연물을 저장·취급하는 것

(3) 자동화재탐지설비의 경계구역 설정기준

① 하나의 경계구역이 2 이상의 건축물에 미치지 않도록 할 것
② 하나의 경계구역이 2 이상의 층에 미치지 않도록 할 것. 다만, 500[m²] 이하의 범위 안에서는 2개의 층을 하나의 경계구역으로 할 수 있다.
③ 하나의 경계구역의 면적은 600[m²] 이하로 하고 한 변의 길이는 50[m] 이하로 할 것. 다만, 해당 특정소방대상물의 주된 출입구에서 그 내부 전체가 보이는 것에 있어서는 한 변의 길이가 50[m]의 범위 내에서 1,000[m²] 이하로 할 수 있다.
④ 계단·경사로·엘리베이터 승강로·린넨슈트·파이프 피트 및 덕트 기타 이와 유사한 부분에 대하여는 별도로 경계구역을 설정하되, 하나의 경계구역은 높이 45[m] 이하(계단 및 경사로)로 하고, 지하층의 계단 및 경사로(지하층의 층수가 한 개 층일 경우는 제외)는 별도로 하나의 경계구역으로 해야 한다.
⑤ 외기에 면하여 상시 개방된 부분이 있는 차고·주차장·창고 등에 있어서는 외기에 면하는 각 부분으로부터 5[m] 미만의 범위 안에 있는 부분은 경계구역의 면적에 산입하지 않는다.

> **10년간 자주 출제된 문제**

1-1. 자동화재탐지설비의 화재안전기술기준에서 사용하는 용어의 정의를 설명한 것이다. 다음 중 옳지 않은 것은?

① "경계구역"이란 특정소방대상물 중 화재신호를 발신하고 그 신호를 수신 및 유효하게 제어할 수 있는 구역을 말한다.
② "중계기"란 감지기·발신기 또는 전기적인 접점 등의 작동에 따른 신호를 받아 이를 수신기에 전송하는 장치를 말한다.
③ "감지기"란 화재 시 발생하는 열, 연기, 불꽃 또는 연소생성물을 자동적으로 감지하여 수신기에 화재신호 등을 발신하는 장치를 말한다.
④ "시각경보장치"란 자동화재탐지설비에서 발하는 화재신호를 시각경보기에 전달하여 시각장애인에게 점멸형태의 시각경보를 하는 것을 말한다.

1-2. 자동화재탐지설비를 설치해야 하는 특정소방대상물에 대한 설명 중 옳은 것은?

① 의료시설, 위락시설, 장례시설로서 연면적 500[m²] 이상인 경우
② 근린생활 시설 중 목욕장, 문화 및 집회시설, 운동시설, 방송통신시설로 연면적 600[m²] 이상인 경우
③ 지하구
④ 터널의 길이가 500[m] 이상인 것

1-3. 자동화재탐지설비 및 시각경보장치의 화재안전기술기준(NFTC 203)에 따른 경계구역에 관한 기준이다. 다음 (   )에 들어갈 내용으로 옳은 것은?

> 하나의 경계구역의 면적은 (㉠)[m²] 이하로 하고 한 변의 길이는 (㉡)[m] 이하로 해야 한다.

① ㉠ 600, ㉡ 50
② ㉠ 600, ㉡ 100
③ ㉠ 1,200, ㉡ 50
④ ㉠ 1,200, ㉡ 100

10년간 자주 출제된 문제

1-4. 자동화재탐지설비 및 시각경보장치의 화재안전기술기준(NFTC 203)에 따라 외기에 면하여 상시 개방된 부분이 있는 차고·주차장·창고 등에 있어서는 외기에 면하는 각 부분으로부터 몇 [m] 미만의 범위 안에 있는 부분은 경계구역의 면적에 산입하지 않는가?

① 1[m] ② 3[m]
③ 5[m] ④ 10[m]

｜해설｜

1-1
"시각경보장치"란 자동화재탐지설비에서 발하는 화재신호를 시각경보기에 전달하여 청각장애인에게 점멸형태의 시각경보를 하는 것을 말한다.

1-2
자동화재탐지설비를 설치해야 하는 특정소방대상물
- 근린생활시설(목욕장은 제외), 의료시설(정신의료기관 및 요양병원은 제외), 위락시설, 장례시설 및 복합건축물로서 연면적 600[m²] 이상인 경우에는 모든 층
- 근린생활시설 중 목욕장, 문화 및 집회시설, 종교시설, 판매시설, 운수시설, 운동시설, 업무시설, 공장, 창고시설, 위험물 저장 및 처리 시설, 항공기 및 자동차 관련 시설, 교정 및 군사시설 중 국방·군사시설, 방송통신시설, 발전시설, 관광 휴게시설, 지하상가로서 연면적 1,000[m²] 이상인 경우에는 모든 층
- 지하구
- 터널로서 길이가 1,000[m] 이상인 것
- 노유자 생활시설의 경우에는 모든 층

1-3
하나의 경계구역의 면적은 600[m²] 이하로 하고 한 변의 길이는 50[m] 이하로 할 것. 다만, 해당 특정소방대상물의 주된 출입구에서 그 내부 전체가 보이는 것에 있어서는 한 변의 길이가 50[m]의 범위 내에서 1,000[m²] 이하로 할 수 있다.

1-4
외기에 면하여 상시 개방된 부분이 있는 차고·주차장·창고 등에 있어서는 외기에 면하는 각 부분으로부터 5[m] 미만의 범위 안에 있는 부분은 경계구역의 면적에 산입하지 않는다.

정답 1-1 ④ 1-2 ③ 1-3 ① 1-4 ③

핵심이론 02 자동화재탐지설비의 설치기준

(1) 자동화재탐지설비 수신기의 설치기준

① 수신기는 감지기·중계기 또는 발신기가 작동하는 경계구역을 표시할 수 있는 것으로 할 것
② 수위실 등 상시 사람이 근무하는 장소에 설치할 것
③ 수신기가 설치된 장소에는 경계구역 일람도를 비치할 것
④ 수신기의 음향기구는 그 음량 및 음색이 다른 기기의 소음 등과 명확히 구별될 수 있는 것으로 할 것
⑤ 하나의 경계구역은 하나의 표시등 또는 하나의 문자로 표시되도록 할 것
⑥ 수신기의 조작스위치는 바닥으로부터의 높이가 0.8[m] 이상 1.5[m] 이하인 장소에 설치할 것
⑦ 하나의 특정소방대상물에 2 이상의 수신기를 설치하는 경우에는 수신기를 상호 간 연동하여 화재 발생 상황을 각 수신기마다 확인할 수 있도록 할 것

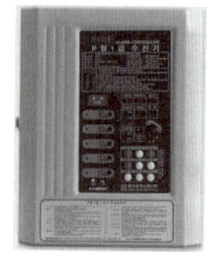
[수신기]

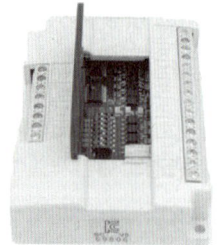
[중계기]

(2) 자동화재탐지설비 중계기의 설치기준

① 수신기에서 직접 감지기회로의 도통시험을 하지 않는 것에 있어서는 수신기와 감지기 사이에 설치할 것
② 조작 및 점검에 편리하고 화재 및 침수 등의 재해로 인한 피해를 받을 우려가 없는 장소에 설치할 것
③ 수신기에 따라 감시되지 않는 배선을 통하여 전력을 공급받는 것에 있어서는 전원입력 측의 배선에 과전류차단기를 설치하고 해당 전원의 정전이 즉시 수신기에 표시되는 것으로 하며, 상용전원 및 예비전원의 시험을 할 수 있도록 할 것

(3) 자동화재탐지설비 감지기의 설치기준

① 지하층·무창층 등으로서 환기가 잘 되지 않거나 실내면적이 40[m²] 미만인 장소, 감지기의 부착면과 실내바닥과의 거리가 2.3[m] 이하인 곳으로서 일시적으로 발생한 열·연기 또는 먼지 등으로 인하여 화재신호를 발신할 우려가 있는 장소에 적응성이 있는 감지기
  ㉠ 불꽃감지기
  ㉡ 정온식 감지선형 감지기
  ㉢ 분포형 감지기
  ㉣ 복합형 감지기
  ㉤ 광전식 분리형 감지기
  ㉥ 아날로그방식의 감지기
  ㉦ 다신호방식의 감지기
  ㉧ 축적방식의 감지기

② 연기감지기의 설치장소
  ㉠ 계단·경사로 및 에스컬레이터 경사로
  ㉡ 복도(30[m] 미만의 것은 제외)
  ㉢ 엘리베이터 승강로(권상기실)·린넨슈트·파이프 피트 및 덕트 기타 이와 유사한 장소
  ㉣ 천장 또는 반자의 높이가 15[m] 이상 20[m] 미만의 장소
  ㉤ 특정소방대상물(공동주택·오피스텔·숙박시설·노유자시설·수련시설, 교육연구시설 중 합숙소, 의료시설 또는 근린생활시설 중 입원실이 있는 의원·조산원, 교정 및 군사시설, 근린생활시설 중 고시원)의 취침·숙박·입원 등 이와 유사한 용도로 사용되는 거실

[연기감지기]

[열감지기]

③ 감지기의 설치기준
  ㉠ 감지기(차동식 분포형의 것은 제외)는 실내로의 공기 유입구로부터 1.5[m] 이상 떨어진 위치에 설치할 것
  ㉡ 감지기는 천장 또는 반자의 옥내에 면하는 부분에 설치할 것
  ㉢ 보상식 스포트형 감지기는 정온점이 감지기 주위의 평상시 최고온도보다 20[℃] 이상 높은 것으로 설치할 것
  ㉣ 정온식 감지기는 주방·보일러실 등으로서 다량의 화기를 취급하는 장소에 설치하되, 공칭작동온도가 최고주위온도보다 20[℃] 이상 높은 것으로 설치할 것
  ㉤ 차동식 스포트형·보상식 스포트형 및 정온식 스포트형 감지기는 그 부착높이 및 특정소방대상물의 구분에 따른 바닥면적마다 1개 이상을 설치할 것

부착높이 및 특정소방대상물의 구분		감지기의 종류(단위 : [m²])					
		차동식 스포트형		보상식 스포트형		정온식 스포트형		
		1종	2종	1종	2종	특종	1종	2종
4[m] 미만	주요구조부가 내화구조로 된 특정소방대상물 또는 그 부분	90	70	90	70	70	60	20
	기타 구조의 특정소방대상물 또는 그 부분	50	40	50	40	40	30	15
4[m] 이상 8[m] 미만	주요구조부가 내화구조로 된 특정소방대상물 또는 그 부분	45	35	45	35	35	30	-
	기타 구조의 특정소방대상물 또는 그 부분	30	25	30	25	25	15	-

  ㉥ 스포트형 감지기는 45° 이상 경사되지 않도록 부착할 것
  ㉦ 공기관식 차동식 분포형 감지기의 설치기준
    • 공기관의 노출부분은 감지구역마다 20[m] 이상이 되도록 할 것
    • 공기관과 감지구역의 각 변과의 수평거리는 1.5[m] 이하가 되도록 하고, 공기관 상호 간의 거리는 6[m](주요구조부가 내화구조로 된 특정소방대상물 또는 그 부분에 있어서는 9[m]) 이하가 되도록 할 것

- 공기관은 도중에서 분기하지 않도록 할 것
- 하나의 검출부분에 접속하는 공기관의 길이는 100[m] 이하로 할 것
- 검출부는 5° 이상 경사되지 않도록 부착할 것
- 검출부는 바닥으로부터 0.8[m] 이상 1.5[m] 이하의 위치에 설치할 것

◎ 열전대식 차동식 분포형 감지기의 설치기준
- 열전대부는 감지구역의 바닥면적 18[m²](주요구조부가 내화구조로 된 특정소방대상물에 있어서는 22[m²])마다 1개 이상으로 할 것. 다만, 바닥면적이 72[m²](주요구조부가 내화구조로 된 특정소방대상물에 있어서는 88[m²]) 이하인 특정소방대상물에 있어서는 4개 이상으로 해야 한다.
- 하나의 검출부에 접속하는 열전대부는 20개 이하로 할 것

㉗ 열반도체식 차동식 분포형 감지기의 설치기준
- 감지부는 그 부착높이 및 특정소방대상물에 따른 바닥면적마다 1개 이상으로 할 것

부착높이 및 특정소방대상물의 구분		감지기의 종류 (단위 : [m²])	
		1종	2종
8[m] 미만	주요구조부가 내화구조로 된 특정소방대상물 또는 그 부분	65	36
	기타 구조의 특정소방대상물 또는 그 부분	40	23
8[m] 이상 15[m] 미만	주요구조부가 내화구조로 된 특정소방대상물 또는 그 부분	50	36
	기타 구조의 특정소방대상물 또는 그 부분	30	23

- 하나의 검출기에 접속하는 감지부는 2개 이상 15개 이하가 되도록 할 것

㉘ 연기감지기의 설치기준
- 감지기의 부착높이에 따른 바닥면적마다 1개 이상으로 할 것

부착높이	감지기의 종류(단위 : [m²])	
	1종 및 2종	3종
4[m] 미만	150	50
4[m] 이상 20[m] 미만	75	-

- 감지기는 복도 및 통로에 있어서는 보행거리 30[m](3종에 있어서는 20[m])마다, 계단 및 경사로에 있어서는 수직거리 15[m](3종에 있어서는 10[m])마다 1개 이상으로 할 것
- 천장 또는 반자가 낮은 실내 또는 좁은 실내에 있어서는 출입구의 가까운 부분에 설치할 것
- 천장 또는 반자 부근에 배기구가 있는 경우에는 그 부근에 설치할 것
- 감지기는 벽 또는 보로부터 0.6[m] 이상 떨어진 곳에 설치할 것

㉠ 정온식 감지선형 감지기의 설치기준
- 보조선이나 고정금구를 사용하여 감지선이 늘어지지 않도록 설치할 것
- 단자부와 마감 고정금구와의 설치간격은 10[cm] 이내로 설치할 것
- 감지선형 감지기의 굴곡반경은 5[cm] 이상으로 할 것
- 감지기와 감지구역의 각 부분과의 수평거리가 내화구조의 경우 1종 4.5[m] 이하, 2종 3[m] 이하로 할 것. 기타 구조의 경우 1종 3[m] 이하, 2종 1[m] 이하로 할 것

㉡ 불꽃감지기의 설치기준
- 감지기는 공칭감시거리와 공칭시야각을 기준으로 감시구역이 모두 포용될 수 있도록 설치할 것
- 감지기는 화재감지를 유효하게 감지할 수 있는 모서리 또는 벽 등에 설치할 것
- 감지기를 천장에 설치하는 경우에는 감지기는 바닥을 향하여 설치할 것
- 수분이 많이 발생할 우려가 있는 장소에는 방수형으로 설치할 것

㉢ 아날로그방식의 감지기는 공칭감지온도범위 및 공칭감지농도범위에 적합한 장소에, 다신호방식의 감지기는 화재신호를 발신하는 감도에 적합한 장소에 설치할 것

ⓗ 광전식 분리형 감지기의 설치기준
- 감지기의 수광면은 햇빛을 직접 받지 않도록 설치할 것
- 광축(송광면과 수광면의 중심을 연결한 선)은 나란한 벽으로부터 0.6[m] 이상 이격하여 설치할 것
- 감지기의 송광부와 수광부는 설치된 뒷벽으로부터 1[m] 이내 위치에 설치할 것
- 광축의 높이는 천장 등(천장의 실내에 면한 부분 또는 상층의 바닥하부면) 높이의 80[%] 이상일 것
- 감지기의 광축의 길이는 공칭감시거리 범위 이내일 것
- 부착높이 20[m] 이상에 설치되는 광전식 중 아날로그방식의 감지기는 공칭감지농도 하한값이 감광률 5[%/m] 미만인 것으로 한다.

Plus one

부착높이에 따른 감지기의 종류

부착높이	감지기의 종류
4[m] 미만	차동식(스포트형, 분포형) 보상식 스포트형 정온식(스포트형, 감지선형) 이온화식 또는 광전식(스포트형, 분리형, 공기흡입형) 열복합형 연기복합형 열연기복합형 불꽃감지기
4[m] 이상 8[m] 미만	차동식(스포트형, 분포형) 보상식 스포트형 정온식(스포트형, 감지선형) 특종 또는 1종 이온화식 1종 또는 2종 광전식(스포트형, 분리형, 공기흡입형) 1종 또는 2종 열복합형 연기복합형 열연기복합형 불꽃감지기
8[m] 이상 15[m] 미만	차동식 분포형 이온화식 1종 또는 2종 광전식(스포트형, 분리형, 공기흡입형) 1종 또는 2종 연기복합형 불꽃감지기
15[m] 이상 20[m] 미만	이온화식 1종 광전식(스포트형, 분리형, 공기흡입형) 1종 연기복합형 불꽃감지기
20[m] 이상	불꽃감지기 광전식(분리형, 공기흡입형) 중 아날로그방식

Plus one

설치장소별 감지기의 적응성(연기감지기를 설치할 수 없는 경우 적용)

설치장소		적응 열감지기
환경상태	적응장소	
먼지 또는 미분 등이 다량으로 체류하는 장소	쓰레기장, 하역장, 도장실, 섬유·목재·석재 등 가공 공장	차동식 스포트형 1종 또는 2종 차동식 분포형 1종 또는 2종 보상식 스포트형 1종 또는 2종 정온식 특종 열아날로그식 불꽃감지기
수증기가 다량으로 머무는 장소	증기세정실, 탕비실, 소독실 등	차동식 분포형 2종 보상식 스포트형 2종 정온식 특종 또는 1종 열아날로그식 불꽃감지기
부식성가스가 발생할 우려가 있는 장소	도금공장, 축전지실, 오수처리장 등	차동식 분포형 1종 또는 2종 보상식 스포트형 1종 또는 2종 정온식 특종 열아날로그식 불꽃감지기
주방, 기타 평상시에 연기가 체류하는 장소	주방, 조리실, 용접작업장 등	정온식 특종 또는 1종 열아날로그식 불꽃감지기
현저하게 고온으로 되는 장소	건조실, 살균실, 보일러실, 주조실, 영사실, 스튜디오	정온식 특종 또는 1종 열아날로그식
배기가스가 다량으로 체류하는 장소	주차장, 차고, 화물취급소 차로, 자가발전실, 트럭터미널, 엔진시험실	차동식 스포트형 1종 또는 2종 차동식 분포형 1종 또는 2종 보상식 스포트형 1종 또는 2종 열아날로그식 불꽃감지기
연기가 다량으로 유입할 우려가 있는 장소	음식물 배급실, 주방전실, 주방 내 식품저장실, 음식물 운반용 엘리베이터, 주방 주변의 복도 및 통로, 식당 등	차동식 스포트형 1종 또는 2종 차동식 분포형 1종 또는 2종 보상식 스포트형 1종 또는 2종 정온식 특종 또는 1종 열아날로그식
물방울이 발생하는 장소	스레트 또는 철판으로 설치한 지붕 창고·공장, 패키지형냉각기전용수납실, 밀폐된 지하창고, 냉동실 주변 등	차동식 분포형 1종 또는 2종 보상식 스포트형 1종 또는 2종 정온식 특종 또는 1종 열아날로그식 불꽃감지기
불을 사용하는 설비로서 불꽃이 노출되는 장소	유리공장, 용선로가 있는 장소, 용접실, 주방, 작업장, 주조실 등	정온식 특종 또는 1종 열아날로그식

(4) 자동화재탐지설비 발신기의 설치기준

① 조작이 쉬운 장소에 설치하고, 스위치는 바닥으로부터 0.8[m] 이상 1.5[m] 이하의 높이에 설치할 것
② 특정소방대상물의 층마다 설치하되, 해당 층의 각 부분으로부터 하나의 발신기까지의 수평거리가 25[m] 이하가 되도록 할 것
③ 복도 또는 별도로 구획된 실로서 보행거리가 40[m] 이상일 경우에는 추가로 설치해야 한다.
④ 기준을 초과하는 경우로서 기둥 또는 벽이 설치되지 않은 대형공간의 경우 발신기는 설치 대상 장소의 가장 가까운 장소의 벽 또는 기둥 등에 설치할 것
⑤ 발신기의 위치를 표시하는 표시등은 함의 상부에 설치하되, 그 불빛은 부착면으로부터 15° 이상의 범위 안에서 부착지점으로부터 10[m] 이내의 어느 곳에서도 쉽게 식별할 수 있는 적색등으로 해야 한다.

(5) 자동화재탐지설비 음향장치의 설치기준

① 주음향장치는 수신기의 내부 또는 그 직근에 설치할 것
② 층수가 11층(공동주택의 경우에는 16층) 이상의 특정소방대상물은 다음의 기준에 따라 경보를 발할 수 있도록 할 것
   ㉠ 2층 이상의 층에서 발화한 때는 발화층 및 그 직상 4개 층에 경보를 발할 것
   ㉡ 1층에서 발화한 때는 발화층·그 직상 4개 층 및 지하층에 경보를 발할 것
   ㉢ 지하층에서 발화한 때는 발화층·그 직상층 및 기타의 지하층에 경보를 발할 것
③ 지구음향장치는 특정소방대상물의 층마다 설치하되, 해당 층의 각 부분으로부터 하나의 음향장치까지의 수평거리가 25[m] 이하가 되도록 하고, 해당 층의 각 부분에 유효하게 경보를 발할 수 있도록 설치할 것
④ 음향장치는 정격전압의 80[%] 전압에서 음향을 발할 수 있는 것으로 할 것
⑤ 음향의 크기는 부착된 음향장치의 중심으로부터 1[m] 떨어진 위치에서 90[dB] 이상이 되는 것으로 할 것
⑥ 음향장치는 감지기 및 발신기의 작동과 연동하여 작동할 수 있는 것으로 할 것

(6) 청각장애인용 시각경보장치의 설치기준

① 복도·통로·청각장애인용 객실 및 공용으로 사용하는 거실(로비, 회의실, 강의실, 식당, 휴게실, 오락실, 대기실, 체력단련실, 접객실, 안내실, 전시실, 기타 이와 유사한 장소)에 설치하며, 각 부분으로부터 유효하게 경보를 발할 수 있는 위치에 설치할 것
② 공연장·집회장·관람장 또는 이와 유사한 장소에 설치하는 경우에는 시선이 집중되는 무대부 부분 등에 설치할 것
③ 설치높이는 바닥으로부터 2[m] 이상 2.5[m] 이하의 장소에 설치할 것. 다만, 천장의 높이가 2[m] 이하인 경우에는 천장으로부터 0.15[m] 이내의 장소에 설치해야 한다.
④ 시각경보장치의 광원은 전용의 축전지설비 또는 전기저장장치(외부 전기에너지를 저장해 두었다가 필요한 때 전기를 공급하는 장치)에 의하여 점등되도록 할 것
⑤ 시각경보장치에 작동신호를 보내어 약 1분간 점멸횟수를 측정하는 경우 점멸주기는 매 초당 1회 이상 3회 이내이어야 한다(시각경보장치의 성능인증 및 제품검사의 기술기준 제4조).

(7) 자동화재탐지설비 상용전원 및 배선의 설치기준

① 상용전원은 전기가 정상적으로 공급되는 축전지설비, 전기저장장치(외부 전기에너지를 저장해 두었다가 필요한 때 전기를 공급하는 장치) 또는 교류전압의 옥내 간선으로 하고, 전원까지의 배선은 전용으로 할 것

② 자동화재탐지설비에는 그 설비에 대한 감시상태를 60분간 지속한 후 유효하게 10분 이상 경보할 수 있는 비상전원으로서 축전지설비(수신기에 내장하는 경우를 포함) 또는 전기저장장치(외부 전기에너지를 저장해 두었다가 필요한 때 전기를 공급하는 장치)를 설치해야 한다.

③ 감지기 상호 간 또는 감지기로부터 수신기에 이르는 감지기회로의 배선에서 아날로그식, 다신호식 감지기나 R형 수신기용으로 사용되는 것은 전자파 방해를 받지 않는 실드선 등을 사용해야 하며 광케이블의 경우에는 전자파 방해를 받지 않고 내열성능이 있는 경우 사용할 것

④ 감지기회로의 도통시험을 위한 종단저항 설치기준
  ㉠ 점검 및 관리가 쉬운 장소에 설치할 것
  ㉡ 전용함을 설치하는 경우 그 설치 높이는 바닥으로부터 1.5[m] 이내로 할 것
  ㉢ 감지기 회로의 끝부분에 설치하며, 종단감지기에 설치할 경우에는 구별이 쉽도록 해당 감지기의 기판 및 감지기 외부 등에 별도의 표시를 할 것

⑤ 감지기 사이의 회로의 배선은 송배선식으로 할 것

⑥ 감지기회로 및 부속회로의 전로와 대지 사이 및 배선 상호 간의 절연저항은 1경계구역마다 직류(DC) 250[V]의 절연저항측정기를 사용하여 측정한 절연저항이 0.1[MΩ] 이상이 되도록 할 것

⑦ 자동화재탐지설비의 배선은 다른 전선과 별도의 관·덕트(절연효력이 있는 것으로 구획한 때는 그 구획된 부분은 별개의 덕트로 본다)·몰드 또는 풀박스 등에 설치할 것. 다만, 60[V] 미만의 약전류회로에 사용하는 전선으로서 각각의 전압이 같을 때는 그렇지 않다.

⑧ P형 수신기 및 G.P형 수신기의 감지기 회로의 배선에 있어서 하나의 공통선에 접속할 수 있는 경계구역은 7개 이하로 할 것

⑨ 자동화재탐지설비의 감지기회로의 전로저항은 50[Ω] 이하가 되도록 해야 하며, 수신기의 각 회로별 종단에 설치되는 감지기에 접속되는 배선의 전압은 감지기 정격전압의 80[%] 이상이어야 할 것

> **10년간 자주 출제된 문제**

2-1. 자동화재탐지설비 및 시각경보장치의 화재안전기술기준(NFTC 203)에 따른 자동화재탐지설비의 중계기의 설치기준으로 틀린 것은?

① 조작 및 점검에 편리하고 화재 및 침수 등의 재해로 인한 피해를 받을 우려가 없는 장소에 설치할 것
② 수신기에서 직접 감지기회로의 도통시험을 하지 않는 것에 있어서는 수신기와 감지기 사이에 설치할 것
③ 수신기에 따라 감시되지 않는 배선을 통하여 전력을 공급받는 것에 있어서는 전원입력 측의 배선에 누전경보기를 설치할 것
④ 수신기에 따라 감시되지 않는 배선을 통하여 전력을 공급받는 것에 있어서는 해당 전원의 정전이 즉시 수신기에 표시되는 것으로 할 것

2-2. 자동화재탐지설비 및 시각경보장치의 화재안전기술기준(NFTC 203)에 따른 감지기의 설치기준 중 옳은 것은?

① 보상식 스포트형 감지기는 정온점이 감지기 주위의 평상시 최고온도보다 20[℃] 이상 높은 것으로 설치할 것
② 정온식 감지기는 주방·보일러실 등으로서 다량의 화기를 취급하는 장소에 설치하되, 공칭작동온도가 최고주위온도보다 30[℃] 이상 높은 것으로 설치할 것
③ 스포트형 감지기는 15° 이상 경사되지 않도록 부착할 것
④ 공기관식 차동식 분포형 감지기의 검출부는 45° 이상 경사되지 않도록 부착할 것

10년간 자주 출제된 문제

2-3. 자동화재탐지설비 및 시각경보장치의 화재안전기술기준(NFTC 203)에 따른 음향장치 설치기준 중 옳은 것은?

① 지구음향장치는 해당 층의 각 부분으로부터 하나의 음향장치까지의 수평거리가 30[m] 이하가 되도록 한다.
② 정격전압의 80[%] 전압에서 음향을 발할 수 있어야 한다.
③ 음향의 크기는 부착된 음향장치의 중심으로부터 1[m] 떨어진 위치에서 80[dB] 이상이 되도록 해야 한다.
④ 층수가 11층 이상의 특정소방대상물에 있어서는 2층 이상의 층에서 발화한 때는 발화층 및 직하층에 경보를 발해야 한다.

2-4. 청각장애인용 시각경보장치의 설치기준 중 천장의 높이가 2[m] 이하인 경우에는 천장으로부터 [m] 이내의 장소에 설치해야 하는가?

① 0.15[m]
② 0.3[m]
③ 0.5[m]
④ 0.7[m]

2-5. 자동화재탐지설비 배선의 설치기준 중 틀린 것은?

① 감지기 사이의 회로의 배선은 송배선식으로 할 것
② 감지기회로의 도통시험을 위한 종단저항은 전용함을 설치하는 경우 그 설치 높이는 바닥으로부터 1.5[m] 이내로 할 것
③ 감지기회로 및 부속회로의 전로와 대지 사이 및 배선 상호 간의 절연저항은 1경계구역마다 직류 250[V]의 절연저항 측정기를 사용하여 측정한 절연저항이 0.1[MΩ] 이상이 되도록 할 것
④ P형 수신기 및 G.P형 수신기의 감지기 회로의 배선에 있어서 하나의 공통선에 접속할 수 있는 경계구역은 9개 이하로 할 것

|해설|

2-1

자동화재탐지설비 중계기의 설치기준

- 수신기에 따라 감시되지 않는 배선을 통하여 전력을 공급받는 것에 있어서는 전원입력 측의 배선에 과전류 차단기를 설치할 것
- 수신기에 따라 감시되지 않는 배선을 통하여 전력을 공급받는 것에 있어서는 해당 전원의 정전이 즉시 수신기에 표시되는 것으로 하며, 상용전원 및 예비전원의 시험을 할 수 있도록 할 것

2-2

자동화재탐지설비의 감지기의 설치기준

- 감지기(차동식 분포형의 것을 제외)는 실내로의 공기유입구로부터 1.5[m] 이상 떨어진 위치에 설치할 것
- 보상식 스포트형 감지기는 정온점이 감지기 주위의 평상시 최고온도보다 20[℃] 이상 높은 것으로 설치할 것
- 정온식 감지기는 주방·보일러실 등으로서 다량의 화기를 취급하는 장소에 설치하되, 공칭작동온도가 최고 주위온도보다 20[℃] 이상 높은 것으로 설치할 것
- 스포트형 감지기는 45° 이상 경사되지 않도록 부착할 것
- 공기관식 차동식 분포형 감지기의 검출부는 5° 이상 경사되지 않도록 부착할 것

2-3

자동화재탐지설비 음향장치의 설치기준

- 지구음향장치는 특정소방대상물의 층마다 설치하되, 해당 층의 각 부분으로부터 하나의 음향장치까지의 수평거리가 25[m] 이하가 되도록 하고, 해당 층의 각 부분에 유효하게 경보를 발할 수 있도록 설치할 것
- 정격전압의 80[%] 전압에서 음향을 발할 수 있는 것으로 할 것
- 음향의 크기는 부착된 음향장치의 중심으로부터 1[m] 떨어진 위치에서 90[dB] 이상이 되는 것으로 할 것
- 층수가 11층(공동주택의 경우에는 16층) 이상의 특정소방대상물에 있어서는 2층 이상의 층에서 발화한 때는 발화층 및 그 직상 4개 층에 경보를 발할 것

2-4

청각장애인용 시각경보장치의 설치기준 : 설치높이는 바닥으로부터 2[m] 이상 2.5[m] 이하의 장소에 설치할 것. 다만, 천장의 높이가 2[m] 이하인 경우에는 천장으로부터 0.15[m] 이내의 장소에 설치해야 한다.

2-5

자동화재탐지설비 배선의 설치기준 : P형 수신기 및 G.P형 수신기의 감지기 회로의 배선에 있어서 하나의 공통선에 접속할 수 있는 경계구역은 7개 이하로 할 것

정답 2-1 ③ 2-2 ① 2-3 ② 2-4 ① 2-5 ④

제2절 자동화재탐지설비의 형식승인 및 제품검사의 기술

핵심이론 01 수신기·발신기·중계기의 기술기준

(1) 수신기의 형식승인 및 제품검사의 기술기준(제3조)
① 외함은 불연성 또는 난연성 재질로 만들어져야 한다.
② 정격전압이 60[V]를 넘는 기구의 금속제 외함에는 접지단자를 설치해야 한다.
③ 예비전원회로에는 단락사고 등으로부터 보호하기 위한 퓨즈 등 과전류 보호장치를 설치해야 한다.
④ 수신기(1회선용은 제외)는 2회선이 동시에 작동해도 화재표시가 되어야 하며, 감지기의 감지 또는 발신기의 발신개시로부터 P형, P형 복합식, GP형, GP형 복합식, R형, R형 복합식, GR형 또는 GR형 복합식 수신기의 수신완료까지의 소요시간은 5초 이내이어야 한다.
⑤ 화재신호를 수신하는 경우 P형, P형 복합식, GP형, GP형 복합식, R형, R형 복합식, GR형 또는 GR형 복합식의 수신기에 있어서는 2 이상의 지구표시장치에 의하여 각각 화재를 표시할 수 있어야 한다.
⑥ 내부에 주전원의 양극을 동시에 열고 닫을 수 있는 전원스위치를 설치할 수 있다.
⑦ 수신기의 외부배선 연결용 단자에 있어서 공통신호선용 단자는 7개 회로마다 1개 이상 설치해야 한다.

(2) 발신기의 형식승인 및 제품검사의 기술기준(제4조의2)
① 발신기의 조작부는 작동스위치의 동작방향으로 가하는 힘이 2[kg]을 초과하고 8[kg] 이하인 범위에서 확실하게 동작되어야 하며, 2[kg]의 힘을 가하는 경우 동작되지 않아야 한다.
② 발신기는 조작부의 작동스위치가 작동되는 경우 화재신호를 전송해야 하며, 발신기는 발신기의 확인장치에 화재신호가 전송되었음을 표기해야 한다.

(3) 중계기의 형식승인 및 제품검사의 기술기준(제4조)
① 수신개시로부터 발신개시까지의 시간이 5초 이내이어야 한다.
② 예비전원을 사용하는 경우 축전지의 충전시험 및 방전시험은 방전종지전압을 기준으로 시작한다. 이 경우 방전종지전압이라 함은 원통형니켈카드뮴축전지는 셀당 1.0[V]의 상태를, 무보수밀폐형연축전지는 단전지당 1.75[V]의 상태를 말한다.

10년간 자주 출제된 문제

1-1. 수신기의 구조 및 일반기능에 대한 설명 중 틀린 것은? (단, 간이형수신기는 제외한다)
① 수신기(1회선용은 제외한다)는 2회선이 동시에 작동해도 화재표시가 되어야 하며, 감지기의 감지 또는 발신기의 발신개시로부터 P형, P형 복합식, GP형, GP형 복합식, R형, R형 복합식 GR형 또는 GR형 복합식 수신기의 수신완료까지의 소요시간은 5초 이내이어야 한다.
② 수신기의 외부배선 연결용 단자에 있어서 공통신호선용 단자는 10개 회로마다 1개 이상 설치해야 한다.
③ 화재신호를 수신하는 경우 P형, P형 복합식, GP형, GP형 복합식, R형, R형 복합식, GR형 또는 GR형 복합식의 수신기에 있어서는 2 이상의 지구표시장치에 의하여 각각 화재를 표시할 수 있어야 한다.
④ 정격전압이 60[V]를 넘는 기구의 금속제 외함에는 접지단자를 설치해야 한다.

1-2. 자동화재탐지설비 발신기의 작동기능 기준 중 다음 ( ) 안에 알맞은 것은?(단, 이 경우 누름판이 있는 구조로서 손끝으로 눌러 작동하는 방식의 작동스위치는 누름판을 포함한다)

> 발신기의 조작부는 작동스위치의 동작방향으로 가하는 힘이 (㉠)[kg]을 초과하고 (㉡)[kg] 이하인 범위에서 확실하게 동작되어야 하며, (㉠)[kg]의 힘을 가하는 경우 동작되지 않아야 한다.

① ㉠ 2, ㉡ 8
② ㉠ 3, ㉡ 7
③ ㉠ 2, ㉡ 7
④ ㉠ 3, ㉡ 8

10년간 자주 출제된 문제

1-3. 자동화재탐지설비 중계기에 예비전원을 사용하는 경우 구조 및 기능 기준 중 다음 ( ) 안에 알맞은 것은?

> 축전지의 충전시험 및 방전시험은 방전종지전압을 기준으로 시작한다. 이 경우 방전종지전압이라 함은 원통형니켈카드뮴축전지는 셀당 (㉠)[V]의 상태를, 무보수밀폐형연축전지는 단전지당 (㉡)[V]의 상태를 말한다.

① ㉠ 1.0, ㉡ 1.5
② ㉠ 1.0, ㉡ 1.75
③ ㉠ 1.6, ㉡ 1.5
④ ㉠ 1.6, ㉡ 1.75

|해설|

1-1
수신기의 구조 및 일반기능 : 수신기의 외부배선 연결용 단자에 있어서 공통신호선용 단자는 7개 회로마다 1개 이상 설치해야 한다.

1-2
발신기의 작동기능 기준 : 발신기의 조작부는 작동스위치의 동작방향으로 가하는 힘이 2[kg]을 초과하고 8[kg] 이하인 범위에서 확실하게 동작되어야 하며, 2[kg]의 힘을 가하는 경우 동작되지 않아야 한다. 이 경우 누름판이 있는 구조로서 손끝으로 눌러 작동하는 방식의 작동스위치는 누름판을 포함한다.

1-3
중계기에 예비전원을 사용하는 경우 구조 및 기능기준 : 축전지의 충전시험 및 방전시험은 방전종지전압을 기준으로 시작한다. 이 경우 방전종지전압이라 함은 원통형니켈카드뮴축전지는 셀당 1.0[V]의 상태를, 무보수밀폐형연축전지는 단전지당 1.75[V]의 상태를 말한다.

정답 1-1 ② 1-2 ① 1-3 ②

핵심이론 02 감지기의 형식승인 및 제품검사의 기술기준

(1) 감지기의 구분(제3조)

① 열감지기의 종류

㉠ 차동식 스포트형 감지기 : 주위온도가 일정 상승률 이상이 되는 경우에 작동하는 것으로서 일국소에서의 열 효과에 의하여 작동되는 것을 말한다.

㉡ 차동식 분포형 감지기 : 주위온도가 일정 상승률 이상이 되는 경우에 작동하는 것으로서 넓은 범위 내에서의 열 효과의 누적에 의하여 작동되는 것을 말한다.

㉢ 정온식 감지선형 감지기 : 일국소의 주위온도가 일정한 온도 이상이 되는 경우에 작동하는 것으로서 외관이 전선과 같이 선형으로 되어 있는 것을 말한다.

㉣ 정온식 스포트형 감지기 : 일국소의 주위온도가 일정한 온도 이상이 되는 경우에 작동하는 것으로서 외관이 전선과 같이 선형으로 되어 있지 않은 것을 말한다.

㉤ 보상식 스포트형 감지기 : 차동식 스포트형과 정온식 스포트형의 성능을 겸한 것으로서 차동식 스포트형 또는 정온식 스포트형의 성능 중 어느 한 기능이 작동되면 작동신호를 발하는 것을 말한다.

② 연기감지기의 종류

㉠ 이온화식 스포트형 감지기 : 주위의 공기가 일정한 농도의 연기를 포함하게 되는 경우에 작동하는 것으로서 일국소의 연기에 의하여 이온전류가 변화하여 작동하는 것을 말한다.

㉡ 광전식 스포트형 감지기 : 주위의 공기가 일정한 농도의 연기를 포함하게 되는 경우에 작동하는 것으로서 일국소의 연기에 의하여 광전소자에 접하는 광량의 변화로 작동하는 것을 말한다.

㉢ 광전식 분리형 감지기 : 발광부와 수광부로 구성된 구조로 발광부와 수광부 사이의 공간에 일정한 농도의 연기를 포함하게 되는 경우에 작동하는 것을 말한다.

ⓔ 공기흡입형 감지기 : 감지기 내부에 장착된 공기흡입 장치로 감지하고자 하는 위치의 공기를 흡입하고 흡입된 공기에 일정한 농도의 연기가 포함된 경우 작동하는 것을 말한다.
③ 불꽃감지기의 종류
　㉠ 불꽃 자외선식 감지기
　㉡ 불꽃 적외선식 감지기
　㉢ 불꽃 자외선·적외선겸용식 감지기
　㉣ 불꽃 영상분석식 감지기
④ 복합형감지기의 종류
　㉠ 열복합형 감지기
　㉡ 연복합형 감지기
　㉢ 불꽃복합형 감지기
　㉣ 열·연기 복합형 감지기
　㉤ 연기·불꽃 복합형 감지기
　㉥ 열·불꽃 복합형 감지기
　㉦ 열·연기·불꽃 복합형 감지기

(2) 감지기의 형식(제4조)

① 다신호식 감지기 : 1개의 감지기 내에서 다음 각 목과 같다.
　㉠ 각 서로 다른 종별 또는 감도 등의 기능을 갖춘 것으로써 일정시간 간격을 두고 각각 다른 2개 이상의 화재신호를 발하는 감지기를 말한다.
　㉡ 동일 종별 또는 감도를 갖는 2개 이상의 센서를 통해 감지하여 화재신호를 각각 발신하는 감지기를 말한다.
② 아날로그식 감지기 : 주위의 온도 또는 연기 양의 변화에 따른 화재정보신호값을 출력하는 방식의 감지기를 말한다.
③ 연동식 감지기 : 단독경보형감지기가 작동할 때 화재를 경보하며 유·무선으로 주위의 다른 감지기에 신호를 발신하고 신호를 수신한 감지기도 화재를 경보하며 다른 감지기에 신호를 발신하는 방식의 것을 말한다.
④ 무선식 감지기 : 전파에 의해 신호를 송수신하는 방식의 것을 말한다.

(3) 감지기의 구조 및 기능(제5조)

① 스포트형 감지기의 구성
　㉠ 차동식 스포트형 감지기 : 감열부, 리크구멍, 다이어프램, 접점
　㉡ 보상식 스포트형 감지기 : 감열실, 리크구멍, 다이어프램, 팽창금속판, 접점
② 정온식 스포트형 감지기의 작동원리
　㉠ 가용절연물을 이용한 방식
　㉡ 바이메탈의 활곡 및 반전을 이용한 방식
　㉢ 금속의 팽창계수차를 이용한 방식
　㉣ 액체의 팽창을 이용한 방식
　㉤ 감열반도체소자를 이용한 방식
③ 차동식 분포형 감지기
　㉠ 동작방식에 따른 분류 : 공기관식, 열대전대식, 열반도체식
　㉡ 열전대식 감지기의 구성 : 열전대, 미터릴레이, 접속전선
　㉢ 열반도체식 감지기의 구성 : 열반도체소자, 수열판, 미터릴레이
　㉣ 공기관식 감지기의 구성 : 공기관, 다이어프램, 리크구멍, 접점
　㉤ 공기관은 하나의 길이(이음매가 없는 것)가 20[m] 이상의 것으로 안지름 및 관의 두께가 일정하고 홈, 갈라짐 및 변형이 없어야 하며 부식되지 않아야 한다.
　㉥ 공기관의 두께는 0.3[mm] 이상, 바깥지름은 1.9[mm] 이상이어야 한다.
④ 감지기는 그 기판면을 부착한 정 위치로부터 45°(차동식 분포형감지기는 5°)를 각각 경사시킨 경우 그 기능에 이상이 생기지 않아야 한다.

⑤ 방사성 물질을 사용하는 감지기는 그 방사성 물질을 밀봉선원하여 외부에서 직접 접촉할 수 없도록 해야 하며, 화재 시 쉽게 파괴되지 않는 것이어야 한다.
⑥ 연기를 감지하는 감지기는 감시챔버로 (1.3±0.05)[mm] 크기의 물체가 침입할 수 없는 구조이어야 한다.
⑦ 불꽃감지기의 유효감지거리의 구분, 시야각(제19조의3)
  ㉠ 유효감지거리 범위는 20[m] 미만은 1[m] 간격으로, 20[m] 이상은 5[m] 간격으로 설정해야 한다.
  ㉡ 시야각은 5° 간격으로 설정한다.
  ㉢ 불꽃감지기 중 도로형은 최대시야각이 180° 이상 이어야 한다.
⑧ 감지기의 비화재보방지 시험(제8조)
  ㉠ 주위온도 (23±2)[℃]인 조건을 유지하며 상대습도 (20±5)[%]에서 (90±5)[%]인 상태로 급격하게 3회 변경 투입을 반복하는 경우 작동하지 않아야 한다.
  ㉡ 감지기를 분당 6회의 비율로 순간적인 감지기 공급 전원의 차단을 반복하는 경우 작동하지 않아야 한다.

10년간 자주 출제된 문제

2-1. 감지기의 형식승인 및 제품검사의 기술기준에 따른 연기 감지기의 종류로 옳은 것은?
① 연복합형
② 공기흡입형
③ 차동식 스포트형
④ 보상식 스포트형

2-2. 자동화재탐지설비의 감지기 중 연기를 감지하는 감지기는 감시챔버로 몇 [mm] 크기의 물체가 침입할 수 없는 구조이어야 하는가?
① 1.3±0.05[mm]
② 1.5±0.05[mm]
③ 1.8±0.05[mm]
④ 2.0±0.05[mm]

2-3. 공기관식 차동식 분포형 감지기의 구조 및 기능 기준 중 다음 ( ) 안에 알맞은 것은?

• 공기관은 하나의 길이(이음매가 없는 것)가 (㉠)[m] 이상의 것으로 안지름 및 관의 두께가 일정하고 홈, 갈라짐 및 변형이 없어야 하며 부식되지 않아야 한다.
• 공기관의 두께는 (㉡)[mm] 이상, 바깥지름은 (㉢)[mm] 이상이어야 한다.

① ㉠ 10, ㉡ 0.5, ㉢ 1.5
② ㉠ 20, ㉡ 0.3, ㉢ 1.9
③ ㉠ 10, ㉡ 0.3, ㉢ 1.9
④ ㉠ 20, ㉡ 0.5, ㉢ 1.5

|해설|

2-1

감지기의 구분
• 연기감지기의 종류 : 공기흡입형, 이온화식 스포트형, 광전식 스포트형, 광전식 분리형
• 열감지기의 종류 : 차동식 스포트형, 차동식 분포형, 정온식 감지선형, 정온식 스포트형, 보상식 스포트형
• 복합형 감지기의 종류 : 열복합형, 연복합형, 불꽃복합형, 열·연기 복합형, 연기·불꽃 복합형, 열·불꽃 복합형, 열·연기·불꽃 복합형

2-2

감지기의 구조 및 기능 : 연기를 감지하는 감지기는 감시챔버로 (1.3±0.05)[mm] 크기의 물체가 침입할 수 없는 구조이어야 한다.

2-3

공기관식 차동식 분포형 감지기의 구조 및 기능 기준
• 공기관은 하나의 길이(이음매가 없는 것)가 20[m] 이상의 것으로 안지름 및 관의 두께가 일정하고 홈, 갈라짐 및 변형이 없어야 하며 부식되지 않아야 한다.
• 공기관의 두께는 0.3[mm] 이상, 바깥지름은 1.9[mm] 이상이어야 한다.

정답 2-1 ② 2-2 ① 2-3 ②

[제5장] 자동화재속보설비

제1절 자동화재속보설비의 화재안전기술기준 (NFTC 204)

핵심이론 01 자동화재속보설비의 개요 및 설치기준

(1) 자동화재속보설비의 개요(속보기의 성능인증 및 제품검사의 기술기준 제2조)

① 화재속보설비란 자동 또는 수동으로 화재의 발생을 소방관서에 알리는 설비를 말한다.
② 자동화재속보설비의 용어 정의
  ㉠ 속보기 : 수동작동 및 자동화재탐지설비 수신기의 화재신호와 연동으로 작동하여 화재 발생을 경보하고 소방관서에 자동적으로 통신망을 통한 해당 화재 발생 및 해당 소방대상물의 위치 등을 음성으로 통보하여 주는 것을 말한다.
  ㉡ 통신망 : 유선이나 무선 또는 유무선 겸용 방식을 구성하여 음성 또는 데이터 등을 전송할 수 있는 집합체를 말한다.

(2) 자동화재속보설비를 설치해야 하는 특정소방대상물 (소방시설법 영 별표 4)

① 노유자 생활시설
② 노유자시설로서 바닥면적이 500[m²] 이상인 층이 있는 것
③ 수련시설(숙박시설이 있는 건축물만 해당)로서 바닥면적이 500[m²] 이상인 층이 있는 것
④ 문화유산 중 보물 또는 국보로 지정된 목조건축물
⑤ 근린생활시설 중 다음의 어느 하나에 해당하는 것
  ㉠ 의원, 치과의원 및 한의원으로서 입원실이 있는 시설
  ㉡ 조산원 및 산후조리원
⑥ 의료시설 중 종합병원, 병원, 치과병원, 한방병원 및 요양병원(의료재활시설은 제외) 또는 정신병원 및 의료재활시설로 사용되는 바닥면적의 합계가 500[m²] 이상인 층이 있는 것
⑦ 판매시설 중 전통시장
⑧ 설치 제외 : 방재실 등 화재 수신기가 설치된 장소에 24시간 화재를 감시할 수 있는 사람이 근무하고 있는 경우

(3) 자동화재속보설비의 설치기준

① 자동화재탐지설비와 연동으로 작동하여 자동적으로 화재신호를 소방관서에 전달되는 것으로 할 것
② 조작스위치는 바닥으로부터 0.8[m] 이상 1.5[m] 이하의 높이에 설치할 것
③ 속보기는 소방관서에 통신망으로 통보하도록 하며, 데이터 또는 코드전송방식을 부가적으로 설치할 수 있다.
④ 국가유산에 설치하는 자동화재속보설비는 ①의 기준에도 불구하고 속보기에 감지기를 직접 연결하는 방식(자동화재탐지설비 1개의 경계구역에 한함)으로 할 수 있다.
⑤ 속보기는 소방청장이 정하여 고시한 자동화재속보설비의 속보기의 성능인증 및 제품검사의 기술기준에 적합한 것으로 설치할 것

※ 소방관련법령 내에서 '문화재'는 '국가유산'으로 개정 진행 중이며, 본 도서는 상위 법령에 따라 '국가유산'으로 표기하였습니다.

10년간 자주 출제된 문제

1-1. 자동화재속보설비를 설치해야 하는 특정소방대상물의 기준 중 틀린 것은?(단, 방재실 등 화재 수신기가 설치된 장소에 24시간 화재를 감시할 수 있는 사람이 근무하고 있는 경우에는 제외한다)

① 판매시설 중 전통시장
② 노유자시설로서 바닥면적이 1,000[m²] 이상인 층이 있는 것
③ 수련시설(숙박시설이 있는 건축물만 해당)로서 바닥면적이 500[m²] 이상인 층이 있는 것
④ 의료시설 중 정신병원 및 의료재활시설로 사용되는 바닥면적의 합계가 500[m²] 이상인 층이 있는 것

1-2. 자동화재속보설비의 속보기의 성능인증 및 제품검사의 기술기준에 따라 자동화재속보설비의 속보기가 소방관서에 자동적으로 통신망을 통해 통보하는 신호의 내용으로 옳은 것은?

① 해당 소방대상물의 위치 및 규모
② 해당 소방대상물의 위치 및 용도
③ 해당 화재 발생 및 해당 소방대상물의 위치
④ 해당 고장 발생 및 해당 소방대상물의 위치

1-3. 자동화재속보설비의 설치기준으로 틀린 것은?

① 조작스위치는 바닥으로부터 0.8[m] 이상 1.5[m] 이하의 높이에 설치한다.
② 비상경보설비와 연동으로 작동하여 자동적으로 화재신호를 소방관서에 전달하도록 한다.
③ 속보기는 소방관서에 통신망으로 통보하도록 하며, 데이터 또는 코드전송방식을 부가적으로 설치할 수 있다.
④ 속보기는 소방청장이 정하여 고시한 자동화재속보설비의 속보기의 성능인증 및 제품검사의 기술기준에 적합한 것으로 설치해야 한다.

1-4. 다음 중 자동화재속보설비의 조작스위치 설치기준으로 옳은 것은?

① 바닥으로부터 0.5[m] 이상 1.5[m] 이하의 높이에 설치한다.
② 바닥으로부터 0.5[m] 이상 1.8[m] 이하의 높이에 설치한다.
③ 바닥으로부터 0.8[m] 이상 1.5[m] 이하의 높이에 설치한다.
④ 바닥으로부터 0.8[m] 이상 1.8[m] 이하의 높이에 설치한다.

|해설|

1-1
자동화재속보설비를 설치해야 하는 특정소방대상물
- 노유자 생활시설
- 노유자시설로서 바닥면적이 500[m²] 이상인 층이 있는 것
- 수련시설(숙박시설이 있는 건축물만 해당)로서 바닥면적이 500[m²] 이상인 층이 있는 것
- 의료시설 중 정신병원 및 의료재활시설로 사용되는 바닥면적의 합계가 500[m²] 이상인 층이 있는 것
- 판매시설 중 전통시장

1-2
자동화재속보설비의 속보기의 성능인증 및 제품검사의 기술기준(제2조)
- 화재속보설비 : 자동 또는 수동으로 화재의 발생을 소방관서에 알리는 설비이다.
- 자동화재속보설비의 속보기 : 수동작동 및 자동화재탐지설비 수신기의 화재신호와 연동으로 작동하여 화재 발생을 경보하고 소방관서에 자동적으로 통신망을 통한 해당 화재 발생 및 해당 소방대상물의 위치 등을 음성으로 통보하여 주는 것이다.

1-3
자동화재탐지설비와 연동으로 작동하여 자동적으로 화재신호를 소방관서에 전달되는 것으로 할 것. 이 경우 부가적으로 특정소방대상물의 관계인에게 화재신호를 전달되도록 할 수 있다.

1-4
바닥으로부터 0.8[m] 이상 1.5[m] 이하의 높이에 설치할 것

정답 1-1 ② 1-2 ③ 1-3 ② 1-4 ③

핵심이론 02 속보기의 성능인증 및 제품검사의 설치기준

(1) 속보기의 구조(제3조)

① 부식에 의하여 기계적 기능에 영향을 초래할 우려가 있는 부분은 칠, 도금 등으로 기계적 내식가공을 하거나 방청가공을 해야 하며, 전기적 기능에 영향이 있는 단자 등은 동합금이나 이와 동등 이상의 내식성능이 있는 재질을 사용해야 한다.

② 외부에서 쉽게 사람이 접촉할 우려가 있는 충전부는 충분히 보호되어야 하며 정격전압이 60[V]를 넘고 금속제 외함을 사용하는 경우에는 외함에 접지단자를 설치해야 한다.

③ 내부에는 예비전원(알칼리계 또는 리튬계 2차 축전지, 무보수 밀폐형 축전지)을 설치해야 하며 예비전원의 인출선 또는 접속단자는 오접속을 방지하기 위하여 적당한 색상에 의하여 극성을 구분할 수 있도록 해야 한다.

④ 전면에는 주전원 및 예비전원의 상태를 표시할 수 있는 장치와 작동 시 음향으로 경보하는 장치를 설치해야 한다.

⑤ 화재표시 복구스위치 및 음향장치의 울림을 정지시킬 수 있는 스위치를 설치해야 한다.

⑥ 속보기의 전면에 작동 시 그 작동시간과 작동횟수를 표시할 수 있는 장치를 설치해야 한다.

⑦ 수동통화용 송수화장치를 설치해야 한다.

⑧ 표시등에 전구를 사용하는 경우에는 2개를 병렬로 설치해야 한다. 다만, 발광다이오드의 경우에는 그렇지 않다.

⑨ 속보기에 사용하지 않는 회로방식
 ㉠ 접지전극에 직류전류를 통하는 회로방식
 ㉡ 수신기에 접속되는 외부배선과 다른 설비(화재신호의 전달에 영향을 미치지 않는 것은 제외)의 외부배선을 공용으로 하는 회로방식

(2) 속보기의 기능(제5조)

① 속보기(아날로그식 축적형 수신기를 접속하는 경우에는 제외한다)는 작동신호를 수신하거나 수동으로 동작시키는 경우 20초 이내에 소방관서에 자동적으로 신호를 발하여 알리되, 3회 이상 속보할 수 있어야 한다.

② 예비전원은 자동적으로 충전되어야 하며 자동과충전 방지장치가 있어야 한다.

③ 화재신호를 수신하거나 수동으로 동작시키는 경우 자동적으로 화재표시등이 점등되고 음향장치로 화재를 경보해야 한다.

④ 연동 또는 수동으로 소방관서에 화재 발생 음성정보를 속보 중인 경우에도 송수화장치를 이용한 통화가 우선적으로 가능해야 한다.

⑤ 예비전원을 병렬로 접속하는 경우에는 역충전 방지 등의 조치를 해야 한다.

⑥ 예비전원은 감시상태를 60분간 지속한 후 10분 이상 동작(화재속보 후 화재표시 및 경보를 10분간 유지하는 것)이 지속될 수 있는 용량이어야 한다.

⑦ 속보기는 작동신호(화재경보신호를 포함한다) 또는 수동작동스위치에 의한 다이얼링 후 소방관서와 전화접속이 이루어지지 않은 경우에는 최초 다이얼링을 포함하여 10회 이상 반복적으로 접속을 위한 다이얼링이 이루어져야 한다. 이 경우 매회 다이얼링 완료 후 호출은 30초 이상 지속되어야 한다.

⑧ 속보기의 송수화장치가 정상위치가 아닌 경우에도 연동 또는 수동으로 속보가 가능해야 한다.

⑨ 음성으로 통보되는 속보내용을 통하여 해당 소방대상물의 위치, 관계인 2명 이상의 연락처, 화재 발생 및 속보기에 의한 신고임을 확인할 수 있어야 한다.

⑩ 속보기는 음성속보방식 외에 데이터 또는 코드전송방식 등을 이용한 속보기능을 부가로 설치할 수 있다.

(3) 속보기 외함의 두께(제4조)
① 강판 외함 : 1.2[mm] 이상
② 합성수지 외함 : 3[mm] 이상

(4) 속보기의 성능시험
① 속보기의 예비전원 시험(제6조)
  ㉠ 상온 충방전시험
  ㉡ 주위온도 충방전시험 : 무보수 밀폐형 연축전지는 방전종지전압 상태에서 0.1[C]로 48시간 충전한 다음 1시간 방치하여 0.05[C]로 방전시킬 때 정격용량의 95[%] 용량을 지속하는 시간이 30분 이상이어야 하며, 외관이 부풀어 오르거나 누액 등이 생기지 않아야 한다.
  ㉢ 안전장치시험 : 예비전원은 1/5[C] 이상 1[C] 이하의 전류로 역충전하는 경우 5시간 이내에 안전장치가 작동해야 하며, 외관이 부풀어 오르거나 누액 등이 생기지 않아야 한다.
② 속보기의 절연저항시험(제10조)
  ㉠ 절연된 충전부와 외함 간의 절연저항은 직류 500[V]의 절연저항계로 측정한 값이 5[MΩ](교류입력 측과 외함 간에는 20[MΩ]) 이상이어야 한다.
  ㉡ 절연된 선로 간의 절연저항은 직류 500[V]의 절연저항계로 측정한 값이 20[MΩ] 이상이어야 한다.

(5) 속보기의 표시사항(제13조)
① 품명 및 성능인증번호
② 제조년도 및 제조번호
③ 제조자 상호·주소·전화번호
④ 주전원의 정격전압
⑤ 예비전원의 종류·정격전류용량·정격전압
⑥ 국가유산용 속보기인 경우 접속 가능한 감지기 형식번호(해당하는 경우에 한함)
⑦ 접속가능 수신기 형식승인 번호(해당하는 경우에 한함)
⑧ 주의사항(해당하는 경우에 한함)

10년간 자주 출제된 문제

2-1. 자동화재속보설비 속보기의 기능에 대한 기준 중 틀린 것은?
① 작동신호를 수신하거나 수동으로 동작시키는 경우 30초 이내에 소방관서에 자동적으로 신호를 발하여 알리되, 3회 이상 속보할 수 있어야 한다.
② 예비전원을 병렬로 접속하는 경우에는 역충전 방지 등의 조치를 해야 한다.
③ 연동 또는 수동으로 소방관서에 화재 발생 음성정보를 속보 중인 경우에도 송수화장치를 이용한 통화가 우선적으로 가능해야 한다.
④ 속보기의 송수화장치가 정상위치가 아닌 경우에도 연동 또는 수동으로 속보가 가능해야 한다.

2-2. 자동화재속보설비의 속보기의 성능인증 및 제품검사의 기술기준에 따라 교류입력 측과 외함 간의 절연저항은 직류 500[V]의 절연저항계로 측정한 값이 몇 [MΩ] 이상이어야 하는가?
① 5[MΩ]   ② 10[MΩ]
③ 20[MΩ]   ④ 50[MΩ]

|해설|

2-1
작동신호를 수신하거나 수동으로 동작시키는 경우 20초 이내에 소방관서에 자동적으로 신호를 발하여 알리되, 3회 이상 속보할 수 있어야 한다.

2-2
속보기의 절연저항시험
- 절연된 충전부와 외함 간의 절연저항은 직류 500[V]의 절연저항계로 측정한 값이 5[MΩ](교류입력 측과 외함 간에는 20[MΩ]) 이상이어야 한다.
- 절연된 선로 간의 절연저항은 직류 500[V]의 절연저항계로 측정한 값이 20[MΩ] 이상이어야 한다.

정답 2-1 ① 2-2 ③

[제6장] 유도등 및 유도표지

제1절 유도등의 화재안전기술기준(NFTC 303)

핵심이론 01 유도등의 개요 및 설치장소

(1) **피난구조설비의 개요**(소방시설법 영 별표 1)
① 화재가 발생할 경우 피난하기 위하여 사용하는 기구 또는 설비이다.
② 피난구조설비의 종류
  ㉠ 유도등 : 피난유도선, 피난구유도등, 통로유도등, 객석유도등, 유도표지
  ㉡ 비상조명등 및 휴대용 비상조명등
  ㉢ 피난기구, 인명구조기구(방열복, 방화복, 인공소생기, 공기호흡기)

(2) **유도등의 개요**
① 화재 시에 피난을 유도하기 위한 등으로서 정상상태에서는 상용전원에 따라 켜지고 상용전원이 정전되는 경우에는 비상전원으로 자동전환되어 켜지는 등을 말한다.
② 유도등의 종류
  ㉠ 피난구유도등 : 피난구 또는 피난경로로 사용되는 출입구를 표시하여 피난을 유도하는 등을 말한다.
  ㉡ 통로유도등 : 피난통로를 안내하기 위한 유도등으로 복도통로유도등, 거실통로유도등, 계단통로유도등을 말한다.
  ㉢ 복도통로유도등 : 피난통로가 되는 복도에 설치하는 통로유도등으로서 피난구의 방향을 명시하는 것을 말한다.
  ㉣ 거실통로유도등 : 거주, 집무, 작업, 집회, 오락 그 밖에 이와 유사한 목적을 위하여 계속적으로 사용하는 거실, 주차장 등 개방된 통로에 설치하는 유도등으로 피난의 방향을 명시하는 것을 말한다.
  ㉤ 계단통로유도등 : 피난통로가 되는 계단이나 경사로에 설치하는 통로유도등으로 바닥면 및 디딤 바닥면을 비추는 것을 말한다.
  ㉥ 객석유도등 : 객석의 통로, 바닥 또는 벽에 설치하는 유도등을 말한다.

(3) **유도등을 설치해야 하는 특정소방대상물**(소방시설법 영 별표 4)
① 피난구유도등, 통로유도등 및 유도표지 설치제외
  ㉠ 동물 및 식물 관련 시설 중 축사로서 가축을 직접 가두어 사육하는 부분
  ㉡ 터 널
② 객석유도등 설치장소
  ㉠ 유흥주점영업시설(유흥주점영업 중 손님이 춤을 출 수 있는 무대가 설치된 카바레, 나이트클럽 또는 그 밖에 이와 비슷한 영업시설만 해당)
  ㉡ 문화 및 집회시설
  ㉢ 종교시설
  ㉣ 운동시설
③ 피난유도선은 화재안전기준에서 정하는 장소에 설치한다.

(4) 설치장소별 유도등 및 유도표지의 종류

설치장소	유도등 및 유도표지의 종류
공연장, 집회장(종교집회장 포함), 관람장, 운동시설	• 대형피난구유도등 • 통로유도등 • 객석유도등
유흥주점영업시설(유흥주점영업 중 손님이 춤을 출 수 있는 무대가 설치된 카바레, 나이트클럽 또는 그 밖에 이와 비슷한 영업시설만 해당)	• 대형피난구유도등 • 통로유도등 • 객석유도등
위락시설, 판매시설, 운수시설, 관광숙박업, 의료시설, 장례식장, 방송통신시설, 전시장, 지하상가, 지하철역사	• 대형피난구유도등 • 통로유도등
숙박시설(관광숙박업 외의 것), 오피스텔	• 중형피난구유도등 • 통로유도등
지하층, 무창층 또는 층수가 11층 이상인 특정소방대상물	• 중형피난구유도등 • 통로유도등
근린생활시설, 노유자시설, 업무시설, 발전시설, 종교시설(집회장 용도로 사용하는 부분 제외), 교육연구시설, 수련시설, 공장, 교정 및 군사시설(국방·군사시설 제외), 자동차정비공장, 운전학원 및 정비학원, 다중이용업소, 복합건축물	• 소형피난구유도등 • 통로유도등
그 밖의 것	• 피난구유도표시 • 통로유도표시

Plus one

공동주택 및 창고시설의 유도등 설치기준
- 공동주택의 화재안전기술기준(NFTC 608)
  - 소형피난구유도등을 설치할 것. 다만, 세대 내에는 유도등을 설치하지 않을 수 있다.
  - 주차장으로 사용되는 부분은 중형피난구유도등을 설치할 것
  - 비상문 자동개폐장치가 설치된 옥상 출입문에는 대형피난구유도등을 설치할 것
- 창고시설의 화재안전기술기준(NFTC 609)
  - 피난구유도등과 거실통로유도등은 대형으로 설치해야 한다.

(5) 피난구유도등의 설치장소

① 옥내로부터 직접 지상으로 통하는 출입구 및 그 부속실의 출입구
② 직통계단·직통계단의 계단실 및 그 부속실의 출입구
③ 출입구에 이르는 복도 또는 통로로 통하는 출입구
④ 안전구획된 거실로 통하는 출입구

10년간 자주 출제된 문제

1-1. 피난통로가 되는 계단이나 경사로에 설치하는 통로유도등으로 바닥면 및 디딤 바닥면을 비추어 주는 유도등은?

① 계단통로유도등 ② 피난통로유도등
③ 복도통로유도등 ④ 바닥통로유도등

1-2. 유도등 및 유도표지의 화재안전기술기준(NFTC 303)에 따라 운동시설에 설치하지 않을 수 있는 유도등은?

① 통로유도등 ② 객석유도등
③ 대형피난구유도등 ④ 중형피난구유도등

1-3. 유도등 및 유도표지의 화재안전기술기준(NFTC 303)에 따른 피난구유도등의 설치장소로 틀린 것은?

① 직통계단
② 직통계단의 계단실
③ 안전구획된 거실로 통하는 출입구
④ 옥외로부터 직접 지하로 통하는 출입구

|해설|

1-1
유도등의 정의
- 계단통로유도등 : 피난통로가 되는 계단이나 경사로에 설치하는 통로유도등으로 바닥면 및 디딤 바닥면을 비추는 것을 말한다.
- 복도통로유도등 : 피난통로가 되는 복도에 설치하는 통로유도등으로서 피난구의 방향을 명시하는 것을 말한다.
- 거실통로유도등 : 거주, 집무, 작업, 집회, 오락 그 밖에 이와 유사한 목적을 위하여 계속적으로 사용하는 거실, 주차장 등 개방된 통로에 설치하는 유도등으로 피난의 방향을 명시하는 것을 말한다.

1-2
특정소방대상물의 용도별로 설치해야 하는 유도등
- 공연장, 집회장(종교집회장 포함), 관람장, 운동시설 : 대형피난구유도등, 통로유도등, 객석유도등
- 숙박시설(관광숙박업 외의 것), 지하층, 무창층 또는 층수가 11층 이상인 특정소방대상물 : 중형피난구유도등, 통로유도등

1-3
피난구유도등의 설치장소
- 옥내로부터 직접 지상으로 통하는 출입구 및 그 부속실의 출입구
- 직통계단·직통계단의 계단실 및 그 부속실의 출입구
- 출입구에 이르는 복도 또는 통로로 통하는 출입구
- 안전구획된 거실로 통하는 출입구

정답 1-1 ① 1-2 ④ 1-3 ④

핵심이론 02 유도등의 설치기준

(1) 유도등의 설치기준

① 복도통로유도등
　㉠ 복도에 설치하되 옥내로부터 직접 지상으로 통하는 출입구 및 그 부속실의 출입구 또는 직통계단·직통계단의 계단실 및 그 부속실의 출입구에 따라 피난구유도등이 설치된 출입구의 맞은편 복도에는 입체형으로 설치하거나 바닥에 설치할 것
　㉡ 구부러진 모퉁이 및 ㉠에 따라 설치된 통로유도등을 기점으로 보행거리 20[m]마다 설치할 것
　㉢ 바닥으로부터 높이 1[m] 이하의 위치에 설치할 것. 다만, 지하층 또는 무창층의 용도가 도매시장·소매시장·여객자동차터미널·지하역사 또는 지하상가인 경우에는 복도·통로 중앙부분의 바닥에 설치해야 한다.
　㉣ 바닥에 설치하는 통로유도등은 하중에 따라 파괴되지 않는 강도의 것으로 할 것

② 거실통로유도등
　㉠ 거실의 통로에 설치할 것. 다만, 거실의 통로가 벽체 등으로 구획된 경우에는 복도통로유도등을 설치할 것
　㉡ 구부러진 모퉁이 및 보행거리 20[m]마다 설치할 것
　㉢ 바닥으로부터 높이 1.5[m] 이상의 위치에 설치할 것. 다만, 거실통로에 기둥이 설치된 경우에는 기둥 부분의 바닥으로부터 높이 1.5[m] 이하의 위치에 설치할 수 있다.

③ 계단통로유도등
　㉠ 각 층의 경사로 참 또는 계단참마다(1개 층에 경사로 참 또는 계단참이 2 이상 있는 경우에는 2개의 계단참마다) 설치할 것
　㉡ 바닥으로부터 높이 1[m] 이하의 위치에 설치할 것

④ 객석유도등
　㉠ 객석의 통로, 바닥 또는 벽에 설치해야 한다.
　㉡ 설치개수

$$= \frac{객석 통로의 직선부분 길이[m]}{4} - 1$$

(여기서, 산출한 개수의 소수점 이하의 수는 1로 본다)

(2) 유도등의 설치제외 기준

① 피난구유도등
　㉠ 바닥면적이 1,000[m²] 미만인 층으로서 옥내로부터 직접 지상으로 통하는 출입구(외부의 식별이 용이한 경우에 한한다)
　㉡ 대각선 길이가 15[m] 이내인 구획된 실의 출입구
　㉢ 거실 각 부분으로부터 하나의 출입구에 이르는 보행거리가 20[m] 이하이고 비상조명등과 유도표지가 설치된 거실의 출입구
　㉣ 출입구가 3개소 이상 있는 거실로서 그 거실 각 부분으로부터 하나의 출입구에 이르는 보행거리가 30[m] 이하인 경우에는 주된 출입구 2개소 외의 출입구(유도표지가 부착된 출입구). 다만, 공연장·집회장·관람장·전시장·판매시설·운수시설·숙박시설·노유자시설·의료시설·장례식장의 경우에는 그렇지 않다.

② 통로유도등
　㉠ 구부러지지 않은 복도 또는 통로로서 길이가 30[m] 미만인 복도 또는 통로
　㉡ ㉠에 해당하지 않는 복도 또는 통로로서 보행거리가 20[m] 미만이고 그 복도 또는 통로와 연결된 출입구 또는 그 부속실의 출입구에 피난구유도등이 설치된 복도 또는 통로

③ 객석유도등
　㉠ 주간에만 사용하는 장소로서 채광이 충분한 객석
　㉡ 거실 등의 각 부분으로부터 하나의 거실출입구에 이르는 보행거리가 20[m] 이하인 객석의 통로로서 그 통로에 통로유도등이 설치된 객석

(3) 유도등 전원의 설치기준

① 유도등의 상용전원은 전기가 정상적으로 공급되는 축전지설비, 전기저장장치(외부 전기에너지를 저장해 두었다가 필요한 때 전기를 공급하는 장치) 또는 교류전압의 옥내간선으로 하고, 전원까지의 배선은 전용으로 해야 한다.

② 비상전원 설치
　㉠ 축전지로 할 것
　㉡ 유도등을 20분 이상 유효하게 작동시킬 수 있는 용량으로 할 것
　㉢ 특정소방대상물의 경우에는 그 부분에서 피난층에 이르는 부분의 유도등을 60분 이상 유효하게 작동시킬 수 있는 용량으로 해야 한다.
　　• 지하층을 제외한 층수가 11층 이상의 층
　　• 지하층 또는 무창층으로서 용도가 도매시장·소매시장·여객자동차터미널·지하역사 또는 지하상가

③ 3선식 배선으로 상시 충전되는 유도등의 전기회로에 점멸기를 설치하는 경우 유도등이 자동으로 점등되어야 할 경우
　㉠ 자동화재탐지설비의 감지기 또는 발신기가 작동되는 때
　㉡ 비상경보설비의 발신기가 작동되는 때
　㉢ 상용전원이 정전되거나 전원선이 단선되는 때
　㉣ 방재업무를 통제하는 곳 또는 전기실의 배전반에서 수동으로 점등하는 때
　㉤ 자동소화설비가 작동되는 때

> **10년간 자주 출제된 문제**

2-1. 통로유도등의 설치기준 중 틀린 것은?
① 거실의 통로가 벽체 등으로 구획된 경우에는 거실통로유도등을 설치한다.
② 거실통로유도등은 거실통로에 기둥이 설치된 경우에는 기둥부분의 바닥으로부터 높이 1.5[m] 이하의 위치에 설치할 수 있다.
③ 거실통로유도등은 구부러진 모퉁이 및 보행거리 20[m]마다 설치한다.
④ 계단통로유도등은 바닥으로부터 높이 1[m] 이하의 위치에 설치한다.

2-2. 객석 통로의 직선부분의 길이가 25[m]인 영화관의 통로에 객석유도등을 설치하는 경우 최소 설치개수는?
① 5개　　　② 6개
③ 7개　　　④ 8개

2-3. 피난구유도등의 설치제외 기준 중 틀린 것은?
① 거실 각 부분으로부터 하나의 출입구에 이르는 보행거리가 20[m] 이하이고 비상조명등과 유도표지가 설치된 거실의 출입구
② 바닥면적이 500[m^2] 미만인 층으로서 옥내로부터 직접 지상으로 통하는 출입구(외부의 식별이 용이하지 않은 경우에 한함)
③ 출입구가 3 이상 있는 거실로서 그 거실 각 부분으로부터 하나의 출입구에 이르는 보행거리가 30[m] 이하인 경우에는 주된 출입구 2개소 외의 출입구(유도표지가 부착된 출입구)
④ 대각선 길이가 15[m] 이내인 구획된 실의 출입구

2-4. 3선식 배선에 따라 상시 충전되는 유도등의 전기회로에 점멸기를 설치하는 경우 유도등이 점등되어야 할 경우로 관계없는 것은?
① 제연설비가 작동한 때
② 자동소화설비가 작동한 때
③ 비상경보설비의 발신기가 작동한 때
④ 자동화재탐지설비의 감지기가 작동한 때

[해설]

2-1

거실통로유도등의 설치기준
- 거실의 통로에 설치할 것. 다만, 거실의 통로가 벽체 등으로 구획된 경우에는 복도통로유도등을 설치해야 한다.
- 구부러진 모퉁이 및 보행거리 20[m]마다 설치할 것
- 바닥으로부터 높이 1.5[m] 이상의 위치에 설치할 것. 다만, 거실통로에 기둥이 설치된 경우에는 기둥부분의 바닥으로부터 높이 1.5[m] 이하의 위치에 설치할 수 있다.

2-2

객석유도등의 설치기준
- 객석유도등은 객석의 통로, 바닥 또는 벽에 설치해야 한다.
- 객석유도등의 설치개수 = $\dfrac{\text{객석 통로의 직선부분 길이[m]}}{4} - 1$

∴ 설치개수 = $\dfrac{25[\mathrm{m}]}{4} - 1 = 5.25$개 ≒ 6개

2-3

피난구유도등의 설치제외 : 바닥면적이 1,000[m²] 미만인 층으로서 옥내로부터 직접 지상으로 통하는 출입구(외부의 식별이 용이한 경우에 한한다)에는 피난구 유도등을 설치하지 않는다.

2-4

3선식 배선으로 상시 충전되는 유도등의 전기회로에 점멸기를 설치하는 경우 유도등이 자동으로 점등되어야 할 경우
- 자동소화설비가 작동되는 때
- 비상경보설비의 발신기가 작동되는 때
- 자동화재탐지설비의 감지기 또는 발신기가 작동되는 때
- 상용전원이 정전되거나 전원선이 단선되는 때
- 방재업무를 통제하는 곳 또는 전기실의 배전반에서 수동으로 점등하는 때

정답 2-1 ① 2-2 ② 2-3 ② 2-4 ①

핵심이론 03 유도등의 형식승인 및 제품검사의 기술기준

(1) 유도등의 일반구조(제3조)

① 상용전원전압의 110[%] 범위 안에서는 유도등 내부의 온도 상승이 그 기능에 지장을 주거나 위해를 발생시킬 염려가 없어야 한다.
② 주전원 및 비상전원을 단락사고 등으로부터 보호할 수 있는 퓨즈 등 과전류 보호장치를 설치해야 한다. 다만, 예비전원이 설치되지 않은 객석유도등은 그렇지 않다.
③ 사용전압은 300[V] 이하이어야 한다. 다만, 충전부가 노출되지 않은 것은 300[V]를 초과할 수 있다.
④ 축전지에 배선 등을 직접 납땜하지 않아야 한다.
⑤ 전선의 굵기는 인출선인 경우에는 단면적이 0.75[mm²] 이상, 인출선 외의 경우에는 면적이 0.5[mm²] 이상이어야 한다(유도등의 우수품질인증 기술기준 제2조).
⑥ 인출선의 길이는 전선 인출부분으로부터 150[mm] 이상이어야 한다.
⑦ 유도등에는 점멸, 음성 또는 이와 유사한 방식 등에 의한 유도장치를 설치할 수 있다.
⑧ 유도등에는 점검용의 자동복귀형점멸기를 설치해야 한다. 다만, 바닥에 매립되는 복도통로유도등과 객석유도등은 그렇지 않다.

(2) 유도등의 예비전원 설치(제3조)

① 유도등의 주전원으로 사용하여서는 안 된다.
② 인출선을 사용하는 경우에는 적당한 색깔에 의하여 쉽게 구분할 수 있어야 한다.
③ 먼지, 수분 등에 의하여 성능에 지장이 생길 우려가 있는 부분은 적당한 보호덮개를 설치해야 한다.
④ 유도등의 예비전원은 알칼리계, 리튬계 2차 축전지 또는 콘덴서이어야 한다.
⑤ 전기적 기구에 의한 자동충전장치 및 자동과충전방지장치를 설치해야 한다. 다만, 과충전상태가 되어도 성능 또는 구조에 이상이 생기지 않는 예비전원을 설치할 경우에는 자동과충전방지장치를 설치하지 않을 수 있다.
⑥ 예비전원을 병렬로 접속하는 경우는 역충전 방지 등의 조치를 강구해야 한다.

(3) 유도등의 피난유도표시 방법(제2조, 제9조)

① 표시면 : 유도등에 있어서 피난구나 피난방향을 안내하기 위한 문자 또는 부호 등이 표시된 면을 말한다.
② 조사면 : 유도등에 있어서 표시면 외 조명에 사용되는 면을 말한다.
③ 유도등의 표시면 색상
  ㉠ 피난구유도등인 경우 : 녹색바탕에 백색문자
  ㉡ 통로유도등인 경우 : 백색바탕에 녹색문자
④ 통로유도등의 표시면에는 그림문자와 함께 피난방향을 지시하는 화살표를 표시해야 한다.

(4) 유도등의 식별도 기준(제16조)

① 피난구유도등 및 거실통로유도등은 상용전원으로 등을 켜는 경우에는 직선거리 30[m]의 위치에서, 비상전원으로 등을 켜는 경우에는 직선거리 20[m]의 위치에서 각기 보통시력으로 피난유도표시에 대한 식별이 가능해야 한다.
② 복도통로유도등에 있어서 사용전원으로 등을 켜는 경우에는 직선거리 20[m]의 위치에서, 비상전원으로 등을 켜는 경우에는 직선거리 15[m]의 위치에서 보통시력에 의하여 표시면의 화살표가 쉽게 식별되어야 한다.
③ 피난구유도등은 눈높이로부터 30[cm] 위치에 설치하고 유도등 바로 밑으로부터 수평거리는 표시면 긴 변의 길이의 4배 거리(이 거리가 1[m] 미만인 경우에는 1[m]로 한다)의 위치에서 주위조도 및 시력범위와 동일한 조건으로 확인하는 경우 색채 및 화살표가 함께 표시된 경우에는 화살표도 쉽게 식별될 것

10년간 자주 출제된 문제

3-1. 유도등의 우수품질인증 기술기준에 따른 유도등의 일반구조에 대한 내용이다. 다음 ( )에 들어갈 내용으로 옳은 것은?

> 전선의 굵기는 인출선인 경우에는 단면적이 (㉠)[mm²] 이상, 인출선 외의 경우에는 면적이 (㉡)[mm²] 이상이어야 한다.

① ㉠ 0.75, ㉡ 0.5
② ㉠ 0.75, ㉡ 0.75
③ ㉠ 1.5, ㉡ 0.75
④ ㉠ 2.5, ㉡ 1.5

3-2. 유도등의 예비전원의 종류로 옳은 것은?

① 알칼리계 2차 축전지
② 리튬계 1차 축전지
③ 리튬 이온계 2차 축전지
④ 수은계 1차 축전지

3-3. 통로유도등 표시면의 색상으로 맞는 것은?

① 녹색바탕에 백색문자
② 녹색바탕에 황색문자
③ 백색바탕에 녹색문자
④ 백색바탕에 청색문자

3-4. 복도통로유도등의 식별도 기준 중 다음 ( ) 안에 알맞은 것은?

> 복도통로유도등에 있어서 사용전원으로 등을 켜는 경우에는 직선거리 (㉠)[m]의 위치에서, 비상전원으로 등을 켜는 경우에는 직선거리 (㉡)[m]의 위치에서 보통시력에 의하여 표시면의 화살표가 쉽게 식별되어야 한다.

① ㉠ 15, ㉡ 20
② ㉠ 20, ㉡ 15
③ ㉠ 30, ㉡ 20
④ ㉠ 20, ㉡ 30

|해설|

3-1
유도등의 일반구조 : 전선의 굵기는 인출선인 경우에는 단면적이 0.75[mm²] 이상, 인출선 외의 경우에는 면적이 0.5[mm²] 이상이어야 한다.

3-2
유도등의 예비전원의 종류
- 리튬계 2차 축전지
- 알칼리계 2차 축전지
- 무보수 밀폐형 연축전지

3-3
유도등의 피난유도표시 방법 : 유도등의 표시면 색상은 피난구유도등인 경우 녹색바탕에 백색문자로, 통로유도등인 경우 백색바탕에 녹색문자를 사용해야 한다.

3-4
복도통로유도등의 식별도 기준 : 복도통로유도등에 있어서 사용전원으로 등을 켜는 경우에는 직선거리 20[m]의 위치에서, 비상전원으로 등을 켜는 경우에는 직선거리 15[m]의 위치에서 보통시력에 의하여 표시면의 화살표가 쉽게 식별되어야 한다.

정답 3-1 ① 3-2 ① 3-3 ③ 3-4 ②

제2절 유도표지의 화재안전기술기준(NFTC 303)

핵심이론 01 유도표지의 종류 및 설치기준

(1) 유도표지의 종류

① **피난구유도표지** : 피난구 또는 피난경로로 사용되는 출입구를 표시하여 피난을 유도하는 표지를 말한다.

② **통로유도표지** : 피난통로가 되는 복도, 계단 등에 설치하는 것으로서 피난구의 방향을 표시하는 유도표지를 말한다.

③ **피난유도선** : 햇빛이나 전등불에 따라 축광하거나 전류에 따라 빛을 발하는 유도체로서 어두운 상태에서 피난을 유도할 수 있도록 띠 형태로 설치되는 피난유도시설을 말한다.

(2) 유도표지의 설치기준

① 계단에 설치하는 것을 제외하고는 각 층마다 복도 및 통로의 각 부분으로부터 하나의 유도표지까지의 보행거리가 15[m] 이하가 되는 곳과 구부러진 모퉁이의 벽에 설치할 것

② 피난구유도표지는 출입구 상단에 설치하고, 통로유도표지는 바닥으로부터 높이 1[m] 이하의 위치에 설치할 것

③ 주위에는 이와 유사한 등화·광고물·게시물 등을 설치하지 않을 것

④ 유도표지는 부착판 등을 사용하여 쉽게 떨어지지 않도록 설치할 것

⑤ 축광방식의 유도표지는 외광 또는 조명장치에 의하여 상시 조명이 제공되거나 비상조명등에 의한 조명이 제공되도록 설치할 것

⑥ 방사성 물질을 사용하는 위치표지는 쉽게 파괴되지 않는 재질로 처리해야 한다.

(3) 피난유도선의 설치기준

① 축광방식의 피난유도선

㉠ 구획된 각 실로부터 주출입구 또는 비상구까지 설치할 것

㉡ 바닥으로부터 높이 50[cm] 이하의 위치 또는 바닥면에 설치할 것

㉢ 피난유도 표시부는 50[cm] 이내의 간격으로 연속되도록 설치할 것

㉣ 부착대에 의하여 견고하게 설치할 것

㉤ 외부의 빛 또는 조명장치에 의하여 상시 조명이 제공되거나 비상조명등에 의한 조명이 제공되도록 설치할 것

② 광원점등방식의 피난유도선

㉠ 구획된 각 실로부터 주출입구 또는 비상구까지 설치할 것

㉡ 피난유도 표시부는 바닥으로부터 높이 1[m] 이하의 위치 또는 바닥면에 설치할 것

㉢ 피난유도 표시부는 50[cm] 이내의 간격으로 연속되도록 설치하되 실내장식물 등으로 설치가 곤란할 경우 1[m] 이내로 설치할 것

㉣ 수신기로부터의 화재신호 및 수동조작에 의하여 광원이 점등되도록 설치할 것

㉤ 비상전원이 상시 충전상태를 유지하도록 설치할 것

㉥ 바닥에 설치되는 피난유도 표시부는 매립하는 방식을 사용할 것

㉦ 피난유도 제어부는 조작 및 관리가 용이하도록 바닥으로부터 0.8[m] 이상 1.5[m] 이하의 높이에 설치할 것

> **Plus one**
>
> **창고시설의 피난유도선 설치기준(NFTC 609)**
> 피난유도선은 연면적 15,000[m²] 이상인 창고시설의 지하층 및 무창층에 다음의 기준에 따라 설치해야 한다.
> - 광원점등방식으로 바닥으로부터 1[m] 이하의 높이에 설치할 것
> - 각 층 직통계단 출입구로부터 건물 내부 벽면으로 10[m] 이상 설치할 것
> - 화재 시 점등되며 비상전원 30분 이상을 확보할 것

10년간 자주 출제된 문제

1-1. 다중이용업소의 영업장 안에 통로 또는 복도가 있는 경우 피난유도선을 설치해야 한다. 다음 중 피난유도선의 설명으로 옳은 것은?

① 통로나 복도에 피난 시 활용하도록 홈이 있는 선을 그어놓아 유사시 피난을 유도할 수 있는 시설을 말한다.
② 햇빛이나 전등불에 따라 축광하거나 전류에 따라 빛을 발하는 유도체로서 어두운 상태에서 피난을 유도할 수 있도록 띠 형태로 설치된 시설을 말한다.
③ 피난구가 되는 복도나 통로에 설치하는 유도등으로서 유사시 피난구의 방향을 명시하는 시설을 말한다.
④ 벽에 손잡이 등을 설치하여 유사시 어두운 상태에서 피난을 유도할 수 있는 시설을 말한다.

1-2. 유도표지의 설치기준 중 틀린 것은?

① 계단에 설치하는 것을 제외하고는 각 층마다 복도 및 통로의 각 부분으로부터 하나의 유도표지까지의 보행거리가 15[m] 이하가 되는 곳에 설치한다.
② 피난구유도표지는 출입구 상단에 설치한다.
③ 통로유도표지는 바닥으로부터 높이 1.5[m] 이하의 위치에 설치한다.
④ 주위에는 이와 유사한 등화·광고물·게시물 등을 설치하지 않는다.

1-3. 광원점등방식 피난유도선의 설치기준 중 틀린 것은?

① 피난유도 표시부는 50[cm] 이내의 간격으로 연속되도록 설치하되 실내장식물 등으로 설치가 곤란할 경우 2[m] 이내로 설치할 것
② 피난유도 표시부는 바닥으로부터 높이 1[m] 이하의 위치 또는 바닥면에 설치할 것
③ 피난유도 제어부는 조작 및 관리가 용이하도록 바닥으로부터 0.8[m] 이상 1.5[m] 이하의 높이에 설치할 것
④ 구획된 각 실로부터 주출입구 또는 비상구까지 설치할 것

1-4. 축광방식의 피난유도선 설치기준 중 다음 ( ) 안에 알맞은 것은?

- 바닥으로부터 높이 (㉠)[cm] 이하의 위치 또는 바닥면에 설치할 것
- 피난유도 표시부는 (㉡)[cm] 이내의 간격으로 연속되도록 설치할 것

① ㉠ 50, ㉡ 50
② ㉠ 50, ㉡ 100
③ ㉠ 100, ㉡ 50
④ ㉠ 100, ㉡ 100

|해설|

1-1
햇빛이나 전등불에 따라 축광하거나 전류에 따라 빛을 발하는 유도체로서 어두운 상태에서 피난을 유도할 수 있도록 띠 형태로 설치되는 피난유도시설을 말한다.

1-2
피난구유도표지는 출입구 상단에 설치하고, 통로유도표지는 바닥으로부터 높이 1[m] 이하의 위치에 설치할 것

1-3
피난유도 표시부는 50[cm] 이내의 간격으로 연속되도록 설치하되 실내장식물 등으로 설치가 곤란할 경우 1[m] 이내로 설치할 것

1-4
축광방식의 피난유도선 설치기준
- 바닥으로부터 높이 50[cm] 이하의 위치 또는 바닥면에 설치할 것
- 피난유도 표시부는 50[cm] 이내의 간격으로 연속되도록 설치할 것

정답 1-1 ② 1-2 ③ 1-3 ① 1-4 ①

핵심이론 02 축광표지의 성능인증 및 제품검사의 기술기준

(1) 표시면의 두께 및 크기(제6조)
① 축광표지의 표시면 두께는 1.0[mm] 이상(금속재질인 경우 0.5[mm] 이상)이어야 한다.
② 축광유도표지 및 축광위치표지의 표시면의 크기
  ㉠ 피난구축광유도표지는 긴변의 길이가 360[mm] 이상, 짧은변의 길이가 120[mm] 이상이어야 한다.
  ㉡ 통로축광유도표지는 긴변의 길이가 250[mm] 이상, 짧은변의 길이가 85[mm] 이상이어야 한다.
  ㉢ 축광위치표지는 긴변의 길이가 200[mm] 이상, 짧은변의 길이가 70[mm] 이상이어야 한다.
  ㉣ 축광보조표지는 짧은변의 길이가 20[mm] 이상이며 면적은 2,500[mm²] 이상이어야 한다.

(2) 축광표지의 식별도시험(제8조)
① 축광유도표지 및 축광위치표지는 200[lx] 밝기의 광원으로 20분간 조사시킨 상태에서 다시 주위조도를 0[lx]로 하여 60분간 발광시킨 후 직선거리 20[m](축광위치표지의 경우 10[m]) 떨어진 위치에서 유도표지 또는 위치표지가 있다는 것이 식별되어야 한다.
② 유도표지는 직선거리 3[m]의 거리에서 표시면의 표시 중 주체가 되는 문자 또는 주체가 되는 화살표 등이 쉽게 식별되어야 한다.
③ 축광보조표지는 200[lx] 밝기의 광원으로 20분간 조사시킨 상태에서 다시 주위조도를 0[lx]로 하여 60분간 발광시킨 후 직선거리 10[m] 떨어진 위치에서 축광보조표지가 있다는 것이 식별되어야 한다.

(3) 축광표지의 휘도시험(제9조)
축광표지의 표시면을 0[lx] 상태에서 1시간 이상 방치한 후 200[lx] 밝기의 광원으로 20분간 조사시킨 상태에서 다시 주위조도를 0[lx]로 하여 휘도시험을 실시하는 경우 다음 사항에 적합해야 한다.
① 5분간 발광시킨 후의 휘도는 1[m²]당 110[mcd] 이상이어야 한다.
② 10분간 발광시킨 후의 휘도는 1[m²]당 50[mcd] 이상이어야 한다.
③ 20분간 발광시킨 후의 휘도는 1[m²]당 24[mcd] 이상이어야 한다.
④ 60분간 발광시킨 후의 휘도는 1[m²]당 7[mcd] 이상이어야 한다.

10년간 자주 출제된 문제

2-1. 축광표지의 식별도시험에 관련한 기준에서 ( )에 알맞은 것은?

> 축광유도표지는 200[lx] 밝기의 광원으로 20분간 조사시킨 상태에서 다시 주위조도를 0[lx]로 하여 60분간 발광시킨 후 직선거리 ( )[m] 떨어진 위치에서 유도표지가 있다는 것이 식별되어야 한다.

① 20 ② 10
③ 5   ④ 3

2-2. 축광표지의 표시면의 휘도는 주위조도 0[lx]에서 몇 분간 발광 후 몇 [mcd/m²] 이상이어야 하는가?

① 30분, 20[mcd/m²]   ② 30분, 7[mcd/m²]
③ 60분, 20[mcd/m²]   ④ 60분, 7[mcd/m²]

|해설|

2-1
축광유도표지 및 축광위치표지는 200[lx] 밝기의 광원으로 20분간 조사시킨 상태에서 다시 주위조도를 0[lx]로 하여 60분간 발광시킨 후 직선거리 20[m] 떨어진 위치에서 유도표지 또는 위치표지가 있다는 것이 식별되어야 한다.

2-2
축광표지의 휘도시험 : 축광표지의 표시면을 0[lx] 상태에서 1시간 이상 방치한 후 200[lx] 밝기의 광원으로 20분간 조사시킨 상태에서 다시 주위조도를 0[lx]로 하여 휘도시험을 실시하는 경우 다음에 적합해야 한다.
- 5분간 발광시킨 후의 휘도는 1[m²]당 110[mcd] 이상이어야 한다.
- 10분간 발광시킨 후의 휘도는 1[m²]당 50[mcd] 이상이어야 한다.
- 20분간 발광시킨 후의 휘도는 1[m²]당 24[mcd] 이상이어야 한다.
- 60분간 발광시킨 후의 휘도는 1[m²]당 7[mcd] 이상이어야 한다.

정답 2-1 ① 2-2 ④

제7장 비상조명등 및 휴대용 비상조명등

제1절 비상조명등의 화재안전기술기준(NFTC 304)

핵심이론 01 비상조명등의 설치기준

(1) 비상조명등의 개요

화재 발생 등에 따른 정전 시 안전하고 원활한 피난활동을 할 수 있도록 거실 및 피난통로 등에 설치되어 자동 점등되는 조명등을 말한다.

(2) 비상조명등을 설치해야 하는 특정소방대상물(소방시설법 영 별표 4)

① 지하층을 포함하는 층수가 5층 이상인 건축물로서 연면적 3,000[m^2] 이상인 경우에는 모든 층
② 지하층 또는 무창층의 바닥면적이 450[m^2] 이상인 경우에는 해당 층
③ 터널로서 그 길이가 500[m] 이상인 것
④ **설치제외** : 창고시설 중 창고 및 하역장, 위험물 저장 및 처리 시설 중 가스시설 및 사람이 거주하지 않거나 벽이 없는 축사 등 동물 및 식물 관련 시설

(3) 비상조명등의 설치제외 장소

① 거실의 각 부분으로부터 하나의 출입구에 이르는 보행거리가 15[m] 이내인 부분
② 의원·경기장·공동주택·의료시설·학교의 거실

(4) 비상조명등의 설치기준

① 특정소방대상물의 각 거실과 그로부터 지상에 이르는 복도·계단 및 그 밖의 통로에 설치할 것
② 조도는 비상조명등이 설치된 장소의 각 부분의 바닥에서 1[lx] 이상이 되도록 할 것
③ 예비전원을 내장하는 비상조명등에는 평상시 점등 여부를 확인할 수 있는 점검스위치를 설치하고 해당 조명등을 유효하게 작동시킬 수 있는 용량의 축전지와 예비전원 충전장치를 내장할 것

④ 예비전원을 내장하지 않은 비상조명등의 비상전원은 자가발전설비, 축전지설비 또는 전기저장장치를 설치해야 한다.
  ㉠ 점검에 편리하고 화재 및 침수 등의 재해로 인한 피해를 받을 우려가 없는 곳에 설치할 것
  ㉡ 상용전원으로부터 전력의 공급이 중단된 때는 자동으로 비상전원으로부터 전력을 공급받을 수 있도록 할 것
  ㉢ 비상전원의 설치장소는 다른 장소와 방화구획할 것
  ㉣ 비상전원을 실내에 설치하는 때는 그 실내에 비상조명등을 설치할 것
⑤ 예비전원과 비상전원은 비상조명등을 20분 이상 유효하게 작동시킬 수 있는 용량으로 할 것
⑥ 비상조명등을 60분 이상 유효하게 작동시킬 수 있는 용량으로 해야 하는 특정소방대상물
  ㉠ 지하층을 제외한 층수가 11층 이상의 층
  ㉡ 지하층 또는 무창층으로서 용도가 도매시장·소매시장·여객자동차터미널·지하역사 또는 지하상가

(5) 비상조명등의 형식승인 및 제품검사의 기술기준

① 비상조명등의 일반구조 기준(제3조)
  ㉠ 상용전원전압의 110[%] 범위 안에서는 비상조명등 내부의 온도상승이 그 기능에 지장을 주거나 위해를 발생시킬 염려가 없어야 한다.
  ㉡ 사용전압은 300[V] 이하이어야 한다. 다만, 충전부가 노출되지 않은 것은 300[V]를 초과할 수 있다.
  ㉢ 축전지에 배선 등을 직접 납땜하지 않아야 한다.
  ㉣ 전선의 굵기가 인출선인 경우에는 단면적이 0.75[mm^2] 이상, 인출선 외의 경우에는 단면적이 0.5[mm^2] 이상이어야 한다(비상조명등의 우수품질인증 기술기준 제2조).

ⓒ 인출선의 길이는 전선인출 부분으로부터 150[mm] 이상이어야 한다. 다만, 인출선으로 하지 않을 경우에는 풀어지지 않는 방법으로 전선을 쉽고 확실하게 부착할 수 있도록 접속단자를 설치해야 한다.
ⓑ 내부의 전기회로에 스위치를 설치하는 경우에는 자동복귀형 스위치를 설치해야 한다.
ⓢ 비상조명등에는 점검용의 자동복귀형점멸기를 설치해야 한다.

② 비상조명등의 예비전원(제3조)
㉠ 비상조명등의 예비전원은 알칼리계 2차 축전지, 리튬계 2차 축전지 또는 무보수밀폐형 연축전지로 한다.
㉡ 전기적 기구에 의한 자동충전장치 및 자동과충전 방지장치를 설치해야 한다.
㉢ 예비전원을 병렬로 접속하는 경우는 역충전 방지 등의 조치를 강구해야 한다.

③ 비상조명등의 외함의 재질(제7조)
㉠ 두께 0.5[mm] 이상의 방청가공된 금속판. 다만, 20[W]용 형광램프를 내장하는 경우에는 두께 0.7[mm] 이상, 40[W]용 형광램프를 내장하는 경우에는 두께 1.0[mm] 이상의 방청가공된 금속판
㉡ 두께 3[mm] 이상의 내열성 강화유리
㉢ 난연재료 또는 방염성능이 있는 합성수지로서 90±2[℃]의 온도에서 7일간 방치하는 경우 열로 인한 변형이 생기지 않아야 하며 UL 94 규정에 의한 V-2 이상의 난연성능이 있어야 한다.

④ 비상점등 회로의 보호(제5조의2) : 비상조명등은 비상점등을 위하여 비상전원으로 전환되는 경우 비상점등 회로로 정격전류의 1.2배 이상의 전류가 흐르거나 램프가 없는 경우에는 3초 이내에 예비전원으로부터의 비상전원 공급을 차단해야 한다.

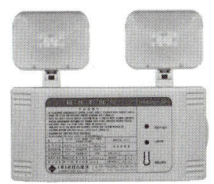

> 10년간 자주 출제된 문제

1-1. 비상조명등의 설치제외 기준 중 다음 (   ) 안에 알맞은 것은?

거실의 각 부분으로부터 하나의 출입구에 이르는 보행거리가 (   )[m] 이내인 부분

① 2   ② 5
③ 15   ④ 25

1-2. 비상조명등의 화재안전기술기준(NFTC 304)에 따른 비상조명등의 시설기준에 적합하지 않은 것은?
① 조도는 비상조명등이 설치된 장소의 각 부분의 바닥에서 0.5[lx]가 되도록 하였다.
② 특정소방대상물의 각 거실과 그로부터 지상에 이르는 복도·계단 및 그 밖의 통로에 설치하였다.
③ 예비전원을 내장하는 비상조명등에 평상시 점등 여부를 확인할 수 있는 점검스위치를 설치하였다.
④ 예비전원을 내장하는 비상조명등에 해당 조명등을 유효하게 작동시킬 수 있는 용량의 축전지와 예비전원 충전장치를 내장하도록 하였다.

1-3. 비상전원이 비상조명등을 60분 이상 유효하게 작동시킬 수 있는 용량으로 하지 않아도 되는 특정소방대상물은?
① 지하상가
② 숙박시설
③ 무창층으로서 용도가 소매시장
④ 지하층을 제외한 층수가 11층 이상의 층

1-4. 비상조명등의 일반구조 기준 중 틀린 것은?
① 상용전원전압의 130[%] 범위 안에서는 비상조명등 내부의 온도상승이 그 기능에 지장을 주거나 위해를 발생시킬 염려가 없어야 한다.
② 사용전압은 300[V] 이하이어야 한다. 다만, 충전부가 노출되지 않는 것은 300[V]를 초과할 수 있다.
③ 전선의 굵기가 인출선인 경우에는 단면적이 0.75[mm^2] 이상, 인출선 외의 경우에는 단면적이 0.5[mm^2] 이상이어야 한다.
④ 인출선의 길이는 전선인출 부분으로부터 150[mm] 이상이어야 한다. 다만, 인출선으로 하지 않을 경우에는 풀어지지 않는 방법으로 전선을 쉽고 확실하게 부착할 수 있도록 접속단자를 설치해야 한다.

10년간 자주 출제된 문제

1-5. 비상조명등 비상점등 회로의 보호를 위한 기준 중 다음 ( ) 안에 알맞은 것은?

> 비상조명등은 비상점등을 위하여 비상전원으로 전환되는 경우 비상점등 회로로 정격전류의 (㉠)배 이상의 전류가 흐르거나 램프가 없는 경우에는 (㉡)초 이내에 예비전원으로부터의 비상전원 공급을 차단해야 한다.

① ㉠ 2, ㉡ 1
② ㉠ 1.2, ㉡ 3
③ ㉠ 3, ㉡ 1
④ ㉠ 2.1, ㉡ 5

【해설】

1-1

비상조명등의 설치제외
- 거실의 각 부분으로부터 하나의 출입구에 이르는 보행거리가 15[m] 이내인 부분
- 의원·경기장·공동주택·의료시설·학교의 거실

1-2

조도는 비상조명등이 설치된 장소의 각 부분의 바닥에서 1[lx] 이상이 되도록 할 것

1-3

비상조명등의 비상전원 용량 : 특정소방대상물의 경우에는 그 부분에서 피난층에 이르는 부분의 비상조명등을 60분 이상 유효하게 작동시킬 수 있는 용량으로 해야 한다.
- 지하층을 제외한 층수가 11층 이상의 층
- 지하층 또는 무창층으로서 용도가 도매시장·소매시장·여객자동차터미널·지하역사 또는 지하상가

1-4

상용전원전압의 110[%] 범위 안에서는 비상조명등 내부의 온도상승이 그 기능에 지장을 주거나 위해를 발생시킬 염려가 없어야 한다.

1-5

비상조명등은 비상점등을 위하여 비상전원으로 전환되는 경우 비상점등 회로로 정격전류의 1.2배 이상의 전류가 흐르거나 램프가 없는 경우에는 3초 이내에 예비전원으로부터의 비상전원 공급을 차단해야 한다.

정답 1-1 ③ 1-2 ① 1-3 ② 1-4 ① 1-5 ②

핵심이론 02 휴대용 비상조명등의 개요 및 설치기준

(1) 휴대용 비상조명등의 개요

화재 발생 등으로 정전 시 안전하고 원활한 피난을 위하여 피난자가 휴대할 수 있는 조명등을 말한다.

(2) 휴대용 비상조명등을 설치해야 하는 특정소방대상물
(소방시설법 영 별표 4)

① 숙박시설
② 수용인원 100명 이상의 영화상영관, 판매시설 중 대규모점포, 철도 및 도시철도시설 중 지하역사, 지하상가
③ 휴대용 비상조명등의 설치제외 장소 : 지상 1층 또는 피난층으로서 복도·통로 또는 창문 등의 개구부를 통하여 피난이 용이한 경우 숙박시설로서 복도에 비상조명등을 설치한 경우

(3) 휴대용 비상조명등의 설치기준

① 숙박시설 또는 다중이용업소에는 객실 또는 영업장 안의 구획된 실마다 잘 보이는 곳(외부에 설치 시 출입문 손잡이로부터 1[m] 이내 부분)에 1개 이상 설치할 것
② 대규모점포(지하상가 및 지하역사는 제외)와 영화상영관에는 보행거리 50[m] 이내마다 3개 이상 설치할 것
③ 지하상가 및 지하역사에는 보행거리 25[m] 이내마다 3개 이상 설치할 것
④ 설치높이는 바닥으로부터 0.8[m] 이상 1.5[m] 이하의 높이에 설치할 것
⑤ 사용 시 자동으로 점등되는 구조일 것
⑥ 외함은 난연성능이 있을 것
⑦ 건전지 및 충전식 배터리의 용량은 20분 이상 유효하게 사용할 수 있는 것으로 할 것

10년간 자주 출제된 문제

2-1. 휴대용 비상조명등을 설치해야 하는 특정소방대상물에 해당하는 것은?

① 종합병원
② 숙박시설
③ 노유자시설
④ 집회장

2-2. 비상조명등의 화재안전기술기준(NFTC 304)에 따른 휴대용 비상조명등의 설치기준이다. 다음 ( )에 들어갈 내용으로 옳은 것은?

> 지하상가 및 지하역사에는 보행거리 (㉠)[m] 이내마다 (㉡)개 이상 설치할 것

① ㉠ 25, ㉡ 1
② ㉠ 25, ㉡ 3
③ ㉠ 50, ㉡ 1
④ ㉠ 50, ㉡ 3

2-3. 휴대용 비상조명등의 설치기준 중 틀린 것은?

① 대규모점포(지하상가 및 지하역사는 제외)와 영화상영관에는 보행거리 50[m] 이내마다 3개 이상 설치할 것
② 사용 시 수동으로 점등되는 구조일 것
③ 건전지 및 충전식 배터리의 용량은 20분 이상 유효하게 사용할 수 있는 것으로 할 것
④ 지하상가 및 지하역사에서는 보행거리 25[m] 이내마다 3개 이상 설치할 것

2-4. 복도에 비상조명등을 설치한 경우 휴대용 비상조명등의 설치를 제외할 수 있는 시설로서 옳은 것은?

① 숙박시설
② 근린생활시설
③ 아파트
④ 다중이용업소

해설

2-1

휴대용 비상조명등을 설치해야 하는 특정소방대상물
- 숙박시설
- 수용인원 100명 이상의 영화상영관, 판매시설 중 대규모점포, 철도 및 도시철도시설 중 지하역사, 지하상가

2-2

휴대용 비상조명등의 설치기준
- 숙박시설 또는 다중이용업소에는 객실 또는 영업장 안의 구획된 실마다 잘 보이는 곳(외부에 설치 시 출입문 손잡이로부터 1[m] 이내 부분)에 1개 이상 설치할 것
- 대규모점포(지하상가 및 지하역사는 제외)와 영화상영관에는 보행거리 50[m] 이내마다 3개 이상 설치할 것
- 지하상가 및 지하역사에는 보행거리 25[m] 이내마다 3개 이상 설치할 것

2-3

휴대용 비상조명등의 설치기준
- 설치높이는 바닥으로부터 0.8[m] 이상 1.5[m] 이하의 높이에 설치할 것
- 사용 시 자동으로 점등되는 구조일 것
- 건전지 및 충전식 배터리의 용량은 20분 이상 유효하게 사용할 수 있는 것으로 할 것

2-4

숙박시설로서 복도에 비상조명등을 설치한 경우 휴대용 비상조명등을 설치하지 않을 수 있다.

정답 2-1 ② 2-2 ② 2-3 ② 2-4 ①

[제8장] 피난기구

제1절 피난기구의 화재안전기술기준(NFTC 301)

핵심이론 01 피난기구의 개요 및 설치장소

(1) 피난기구의 개요

① 화재가 발생할 경우 피난하기 위하여 사용하는 기구 또는 설비이다.

② 피난기구의 종류

㉠ 피난사다리 : 화재 시 긴급대피를 위해 사용하는 사다리를 말한다.

㉡ 완강기 : 사용자의 몸무게에 따라 자동적으로 내려올 수 있는 기구 중 사용자가 교대하여 연속적으로 사용할 수 있는 것을 말한다.

㉢ 간이완강기 : 사용자의 몸무게에 따라 자동적으로 내려올 수 있는 기구 중 사용자가 연속적으로 사용할 수 없는 것을 말한다.

㉣ 구조대 : 포지 등을 사용하여 자루 형태로 만든 것으로서 화재 시 사용자가 그 내부에 들어가서 내려옴으로써 대피할 수 있는 것을 말한다.

㉤ 공기안전매트 : 화재 발생 시 사람이 건축물 내에서 외부로 긴급히 뛰어내릴 때 충격을 흡수하여 안전하게 지상에 도달할 수 있도록 포지에 공기 등을 주입하는 구조로 되어 있는 것을 말한다.

㉥ 다수인피난장비 : 화재 시 2인 이상의 피난자가 동시에 해당 층에서 지상 또는 피난층으로 하강하는 피난기구를 말한다.

㉦ 승강식 피난기 : 사용자의 몸무게에 의하여 자동으로 하강하고 내려서면 스스로 상승하여 연속적으로 사용할 수 있는 무동력 승강식 기기를 말한다.

㉧ 하향식 피난구용 내림식 사다리 : 하향식 피난구 해치에 격납하여 보관하고 사용 시에는 사다리 등이 소방대상물과 접촉되지 않는 내림식 사다리를 말한다.

(2) 특정소방대상물의 설치장소별 피난기구의 적응성

층별 설치장소별	1층	2층	3층	4층 이상 10층 이하
노유자시설	미끄럼대 구조대 피난교 다수인피난장비 승강식피난기	미끄럼대 구조대 피난교 다수인피난장비 승강식피난기	미끄럼대 구조대 피난교 다수인피난장비 승강식피난기	구조대[1] 피난교 다수인피난장비 승강식피난기
의료시설·근린생활시설 중 입원실이 있는 의원·접골원·조산원			미끄럼대 구조대 피난교 피난용트랩 다수인피난장비 승강식피난기	구조대 피난교 피난용트랩 다수인피난장비 승강식피난기
다중이용업소로서 영업장의 위치가 4층 이하인 다중이용업소		미끄럼대 피난사다리 구조대 완강기 다수인피난장비 승강식피난기	미끄럼대 피난사다리 구조대 완강기 다수인피난장비 승강식피난기	미끄럼대 피난사다리 구조대 완강기 다수인피난장비 승강식피난기
그 밖의 것 (교육연구시설)			피난용트랩 미끄럼대 피난사다리 구조대 완강기 피난교 간이완강기[2] 공기안전매트 다수인피난장비 승강식피난기	피난사다리 구조대 완강기 피난교 간이완강기[2] 공기안전매트 다수인피난장비 승강식피난기

[비고]
1) 구조대의 적응성은 장애인 관련 시설로서 주된 사용자 중 스스로 피난이 불가한 자가 있는 경우에 따라 추가로 설치하는 경우에 한한다.
2) 간이완강기의 적응성은 숙박시설의 3층 이상에 있는 객실에 추가로 설치하는 경우에 한한다.

Plus one

공동주택의 피난기구 설치기준(NFTC 608)
- 아파트 등의 경우 각 세대마다 설치할 것
- 피난장애가 발생하지 않도록 하기 위하여 피난기구를 설치하는 개구부는 동일 직선상이 아닌 위치에 있을 것. 다만, 수직 피난 방향으로 동일 직선상인 세대별 개구부에 피난기구를 엇갈리게 설치하여 피난장애가 발생하지 않는 경우에는 그렇지 않다.
- 의무관리대상 공동주택의 경우에는 하나의 관리주체가 관리하는 공동주택 구역마다 공기안전매트 1개 이상을 추가로 설치할 것. 다만, 옥상으로 피난이 가능하거나 수평 또는 수직 방향의 인접세대로 피난할 수 있는 구조인 경우에는 추가로 설치하지 않을 수 있다.

(3) 피난기구의 설치개수

① 층마다 설치하되, 숙박시설·노유자시설 및 의료시설로 사용되는 층에 있어서는 그 층의 바닥면적 500[m²]마다 1개 이상 설치할 것

② 층마다 설치하되, 위락시설·문화집회 및 운동시설·판매시설로 사용되는 층 또는 복합용도의 층에 있어서는 그 층의 바닥면적 800[m²]마다 1개 이상 설치할 것

③ 층마다 설치하되, 계단실형 아파트에 있어서는 각 세대마다, 그 밖의 용도의 층에 있어서는 그 층의 바닥면적 1,000[m²]마다 1개 이상 설치할 것

④ 피난기구 외에 숙박시설(휴양콘도미니엄을 제외)의 경우에는 추가로 객실마다 완강기 또는 2 이상의 간이완강기를 설치할 것

⑤ 피난기구 외에 4층 이상의 층에 설치된 노유자시설 중 장애인 관련 시설로서 주된 사용자 중 스스로 피난이 불가한 자가 있는 경우에는 층마다 구조대를 1개 이상 추가로 설치할 것

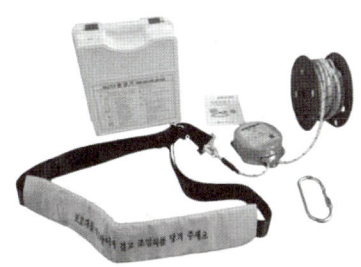

[간이완강기]

10년간 자주 출제된 문제

1-1. 피난기구의 용어의 정의 중 다음 ( ) 안에 알맞은 것은?

( )란 사용자의 몸무게에 따라 자동적으로 내려올 수 있는 기구 중 사용자가 연속적으로 사용할 수 없는 것을 말한다.

① 구조대　　② 완강기
③ 간이완강기　　④ 다수인피난장비

1-2. 피난기구 설치개수의 기준 중 다음 ( ) 안에 알맞은 것은?

층마다 설치하되, 숙박시설·노유자시설 및 의료시설로 사용되는 층에 있어서는 그 층의 바닥면적 (㉠)[m²]마다, 위락시설·문화집회 및 운동시설·판매시설로 사용되는 층 또는 복합용도의 층에 있어서는 그 층의 바닥면적 (㉡)[m²]마다, 계단실형 아파트에 있어서는 각 세대마다, 그 밖의 용도의 층에 있어서는 그 층의 바닥면적 (㉢)[m²]마다 1개 이상 설치할 것

① ㉠ 300, ㉡ 500, ㉢ 1,000
② ㉠ 500, ㉡ 800, ㉢ 1,000
③ ㉠ 300, ㉡ 500, ㉢ 1,500
④ ㉠ 500, ㉡ 800, ㉢ 1,500

1-3. 특정소방대상물의 설치장소별 피난기구의 적응성 기준 중 다음 ( ) 안에 알맞은 것은?

간이완강기의 적응성은 숙박시설의 ( )층 이상에 있는 객실에 추가로 설치하는 경우에 한한다.

① 3
② 4
③ 5
④ 6

1-4. 근린생활시설 중 입원실이 있는 의원 3층에 적응성이 없는 피난기구는?

① 피난용트랩
② 피난사다리
③ 피난교
④ 구조대

【해설】

1-1

피난기구의 용어 정의
- 구조대 : 포지 등을 사용하여 자루 형태로 만든 것으로서 화재 시 사용자가 그 내부에 들어가서 내려옴으로써 대피할 수 있는 것을 말한다.
- 완강기 : 사용자의 몸무게에 따라 자동적으로 내려올 수 있는 기구 중 사용자가 교대하여 연속적으로 사용할 수 있는 것을 말한다.
- 간이완강기 : 사용자의 몸무게에 따라 자동적으로 내려올 수 있는 기구 중 사용자가 연속적으로 사용할 수 없는 것을 말한다.
- 다수인피난장비 : 화재 시 2인 이상의 피난자가 동시에 해당 층에서 지상 또는 피난층으로 하강하는 피난기구를 말한다.

1-2

층마다 설치하되, 숙박시설·노유자시설 및 의료시설로 사용되는 층에 있어서는 그 층의 바닥면적 500[m²]마다, 위락시설·문화집회 및 운동시설·판매시설로 사용되는 층 또는 복합용도의 층에 있어서는 그 층의 바닥면적 800[m²]마다, 계단실형 아파트에 있어서는 각 세대마다, 그 밖의 용도의 층에 있어서는 그 층의 바닥면적 1,000[m²]마다 1개 이상 설치할 것

1-3

간이완강기의 적응성은 숙박시설의 3층 이상에 있는 객실에 추가로 설치하는 경우에 한한다.

1-4

의료시설·근린생활시설 중 입원실이 있는 의원·접골원·조산원의 피난기구 적응성
- 3층 : 미끄럼대, 구조대, 피난교, 피난용트랩, 다수인피난장비, 승강식 피난기
- 4층 이상 10층 이하 : 구조대, 피난교, 피난용트랩, 다수인피난장비, 승강식 피난기

정답 1-1 ③ 1-2 ② 1-3 ① 1-4 ②

핵심이론 02 피난기구의 설치기준

(1) 피난기구의 설치기준

① 피난기구를 설치하는 개구부는 서로 동일 직선상이 아닌 위치에 있을 것. 다만, 피난교·피난용트랩·간이완강기·아파트에 설치되는 피난기구(다수인 피난장비는 제외) 기타 피난상 지장이 없는 것에 있어서는 그렇지 않다.

② 피난기구는 특정소방대상물의 기둥·바닥·보 기타 구조상 견고한 부분에 볼트조임·매입·용접 기타의 방법으로 견고하게 부착할 것

③ 4층 이상의 층에 피난사다리(하향식 피난구용 내림식 사다리는 제외)를 설치하는 경우에는 금속성 고정사다리를 설치하고, 해당 고정사다리에는 쉽게 피난할 수 있는 구조의 노대를 설치할 것

④ 완강기는 강하 시 로프가 건축물 또는 구조물 등과 접촉하여 손상되지 않도록 하고, 로프의 길이는 부착위치에서 지면 또는 기타 피난상 유효한 착지 면까지의 길이로 할 것

⑤ 미끄럼대는 안전한 강하속도를 유지하도록 하고, 전락방지를 위한 안전조치를 할 것

(2) 다수인 피난장비의 설치기준

① 다수인 피난장비 보관실은 건물 외측보다 돌출되지 않고, 빗물·먼지 등으로부터 장비를 보호할 수 있는 구조일 것

② 사용 시에 보관실 외측 문이 먼저 열리고 탑승기가 외측으로 자동으로 전개될 것

③ 하강 시에 탑승기가 건물 외벽이나 돌출물에 충돌하지 않도록 설치할 것

④ 상·하층에 설치할 경우에는 탑승기의 하강경로가 중첩되지 않도록 할 것

⑤ 보관실의 문에는 오작동 방지조치를 하고, 문 개방 시에는 해당 특정소방대상물에 설치된 경보설비와 연동하여 유효한 경보음을 발하도록 할 것

⑥ 피난층에는 해당 층에 설치된 피난기구가 착지에 지장이 없도록 충분한 공간을 확보할 것

(3) 승강식 피난기 및 하향식 피난구용 내림식 사다리의 설치기준

① 하강구 내측에는 기구의 연결 금속구 등이 없어야 하며 전개된 피난기구는 하강구 수평투영면적 공간 내의 범위를 침범하지 않는 구조이어야 할 것. 다만, 직경 60[cm] 크기의 범위를 벗어난 경우이거나, 직하층의 바닥면으로부터 높이 50[cm] 이하의 범위는 제외한다.
② 대피실의 출입문은 60분+ 방화문 또는 60분 방화문으로 설치하고, 피난방향에서 식별할 수 있는 위치에 "대피실" 표지판을 부착할 것. 다만, 외기와 개방된 장소에는 그렇지 않다.
③ 착지점과 하강구는 상호 수평거리 15[cm] 이상의 간격을 둘 것
④ 대피실 내에는 비상조명등을 설치할 것
⑤ 대피실에는 층의 위치표시와 피난기구 사용설명서 및 주의사항 표지판을 부착할 것
⑥ 대피실 출입문이 개방되거나, 피난기구 작동 시 해당 층 및 직하층 거실에 설치된 표시등 및 경보장치가 작동되고, 감시 제어반에서는 피난기구의 작동을 확인힐 수 이야 힐 것

(4) 특정소방대상물 중 그 옥상의 직하층 또는 직상층(문화 및 집회시설, 운동시설 또는 판매시설을 제외)의 부분에 피난설비의 설치면제 요건

① 주요구조부가 내화구조로 되어 있어야 할 것
② 옥상의 면적이 1,500[m²] 이상이어야 할 것
③ 옥상으로 쉽게 통할 수 있는 창 또는 출입구가 설치되어 있어야 할 것
④ 옥상이 소방사다리차가 쉽게 통행할 수 있는 도로(폭 6[m] 이상) 또는 공지(공원 또는 광장 등)에 면하여 설치되어 있거나 옥상으로부터 피난층 또는 지상으로 통하는 2 이상의 피난계단 또는 특별피난계단이 건축법 시행령의 규정에 적합하게 설치되어 있어야 할 것

(5) 경사강하식 구조대의 구조(구조대의 형식승인 및 제품검사의 기술기준 제3조)

① 연속하여 활강할 수 있는 구조로 안전하고 쉽게 사용할 수 있어야 한다.
② 입구틀 및 고정틀의 입구는 지름 60[cm] 이상의 구체(공처럼 둥근 형태나 물체)가 통과할 수 있어야 한다.
③ 경사구조대 본체는 강하방향으로 봉합부가 설치되지 않아야 한다.
④ 경사구조대 본체의 활강부는 낙하방지를 위해 포를 이중 구조로 하거나 또는 망목의 변의 길이가 8[cm] 이하인 망을 설치해야 한다. 다만, 구조상 낙하방지의 성능을 갖고 있는 경사구조대의 경우에는 그렇지 않다.
⑤ 손잡이는 출구 부근에 좌우 각 3개 이상 균일한 간격으로 견고하게 부착해야 한다.
⑥ 경사구조대 본체의 끝부분에는 길이 4[m] 이상, 지름 4[mm] 이상의 유도선을 부착해야 하며, 유도선 끝에는 중량 3[N] 이상의 모래주머니 등을 설치해야 한다.
⑦ 땅에 닿을 때 충격을 받는 부분에는 완충장치로써 받침포 등을 부착해야 한다.

10년간 자주 출제된 문제

2-1. 피난기구의 설치기준 중 틀린 것은?

① 피난기구를 설치하는 개구부는 서로 동일 직선상이 아닌 위치에 있을 것. 다만, 피난교·피난용트랩·간이완강기·아파트에 설치되는 피난기구(다수인 피난장비는 제외) 기타 피난상 지장이 없는 것에 있어서는 그렇지 않다.
② 4층 이상의 층에 하향식 피난구용 내림식 사다리를 설치하는 경우에는 금속성 고정 사다리를 설치하고, 해당 고정사다리에는 쉽게 피난할 수 있는 구조의 노대를 설치할 것
③ 다수인피난장비 보관실은 건물 외측보다 돌출되지 않고, 빗물·먼지 등으로부터 장비를 보호할 수 있는 구조일 것
④ 승강식피난기 및 하향식 피난구용 내림식 사다리의 착지점과 하강구는 상호 수평거리 15[cm] 이상의 간격을 둘 것

2-2. 피난기구 중 다수인피난장비의 설치기준 중 틀린 것은?

① 사용 시에 보관실 외측 문이 먼저 열리고 탑승기가 외측으로 자동으로 전개될 것
② 하강 시에 탑승기가 건물 외벽이나 돌출물에 충돌하지 않도록 설치할 것
③ 상·하층에 설치할 경우에는 탑승기의 하강경로가 중첩되도록 할 것
④ 보관실은 건물 외측보다 돌출되지 않고, 빗물·먼지 등으로부터 장비를 보호할 수 있는 구조일 것

2-3. 피난설비의 설치면제 요건의 규정에 따라 옥상의 면적이 몇 [m²] 이상이어야 그 옥상의 직하층 또는 직상층(관람집회 및 운동시설 또는 판매시설 제외) 그 부분에 피난기구를 설치하지 않을 수 있는가?(단, 숙박시설[휴양콘도미니엄을 제외]에 설치되는 완강기 및 간이완강기의 경우에 제외한다)

① 500[m²]   ② 800[m²]
③ 1,000[m²]   ④ 1,500[m²]

2-4. 경사강하식 구조대의 구조 기준 중 틀린 것은?

① 손잡이는 출구 부근에 좌우 각 3개 이상 균일한 간격으로 견고하게 부착해야 한다.
② 입구틀 및 고정틀의 입구는 지름 30[cm] 이상의 구체가 통과할 수 있어야 한다.
③ 경사구조대 본체의 활강부는 낙하방지를 위해 포를 이중구조로 하거나 또는 망목의 변의 길이가 8[cm] 이하인 망을 설치해야 한다.
④ 경사구조대 본체의 끝부분에는 길이 4[m] 이상, 지름 4[mm] 이상의 유도선을 부착해야 하며, 유도선 끝에는 중량 3[N] 이상의 모래주머니 등을 설치해야 한다.

|해설|

2-1
4층 이상의 층에 피난사다리(하향식 피난구용 내림식 사다리는 제외)를 설치하는 경우에는 금속성 고정사다리를 설치하고, 해당 고정사다리에는 쉽게 피난할 수 있는 구조의 노대를 설치할 것

2-2
상·하층에 설치할 경우에는 탑승기의 하강경로가 중첩되지 않도록 할 것

2-3
피난설비의 설치면제 요건의 규정에 따라 옥상의 직하층 또는 최상층(문화 및 집회시설, 운동시설 또는 판매시설을 제외)
- 주요구조부가 내화구조로 되어 있어야 할 것
- 옥상의 면적이 1,500[m²] 이상이어야 할 것
- 옥상으로 쉽게 통할 수 있는 창 또는 출입구가 설치되어 있어야 할 것

2-4
경사강하식 구조대의 구조 기준 : 입구틀 및 고정틀의 입구는 지름 60[cm] 이상의 구체(공처럼 둥근 형태나 물체)가 통과할 수 있어야 한다.

정답 2-1 ② 2-2 ③ 2-3 ④ 2-4 ②

제9장 비상콘센트설비

제1절 비상콘센트설비의 화재안전기술기준(NFTC 504)

핵심이론 01 비상콘센트설비의 개요 및 설치대상

(1) 비상콘센트설비의 개요

① 화재 시 소화활동 등에 필요한 전원을 전용회선으로 공급하는 설비를 말한다.

② 소화활동설비의 종류(소방시설법 영 별표 1)
  ㉠ 제연설비
  ㉡ 연결송수관설비
  ㉢ 연결살수설비
  ㉣ 비상콘센트설비
  ㉤ 무선통신보조설비
  ㉥ 연소방지설비

③ 비상콘센트설비의 전압 구분
  ㉠ 저압 : 직류는 1.5[kV](1,500[V]) 이하, 교류는 1[kV](1,000[V]) 이하인 것
  ㉡ 고압 : 직류는 1.5[kV](1,500[V])를, 교류는 1[kV](1,000[V])를 초과하고 7[kV](7,000[V]) 이하인 것
  ㉢ 특고압 : 7[kV](7,000[V])를 초과하는 것

(2) 비상콘센트설비를 설치해야 하는 특정소방대상물 (소방시설법 영 별표 4)

① 층수가 11층 이상인 특정소방대상물의 경우에는 11층 이상의 층

② 지하층의 층수가 3층 이상이고 지하층의 바닥면적의 합계가 1,000[m²] 이상인 것은 지하층의 모든 층

③ 터널로서 길이가 500[m] 이상인 것

④ 설치제외 : 위험물 저장 및 처리시설 중 가스시설 및 지하구

10년간 자주 출제된 문제

1-1. 비상콘센트설비를 설치해야 하는 특정소방대상물의 기준으로 옳은 것은?(단, 위험물 저장 및 처리시설 중 가스시설 또는 지하구는 제외한다)

① 지하상가로서 연면적 1,000[m²] 이상인 것
② 층수가 11층 이상인 특정소방대상물의 경우에는 11층 이상의 층
③ 지하층의 층수가 3층 이상이고 지하층의 바닥면적의 합계가 1,500[m²] 이상인 것은 지하층의 모든 층
④ 창고시설 중 물류터미널로서 해당 용도로 사용되는 부분의 바닥면적의 합계가 1,000[m²] 이상인 것

1-2. 비상콘센트설비의 설치기준으로 옳지 않은 것은?

① 비상콘센트는 지하층 및 지상 8층 이상의 전층에 설치할 것
② 비상콘센트는 바닥으로부터 높이 0.8[m] 이상 1.5[m] 이하의 위치에 설치할 것
③ 비상콘센트설비의 전원부와 외함 사이의 절연저항은 500[V] 절연저항계로 측정할 때 20[MΩ] 이상일 것
④ 전원으로부터 각 층의 비상콘센트에 분기되는 경우에는 분기배선용 차단기를 보호함 안에 설치할 것

|해설|

1-1, 1-2

비상콘센트설비를 설치해야 하는 특정소방대상물
- 층수가 11층 이상인 특정소방대상물의 경우에는 11층 이상의 층
- 지하층의 층수가 3층 이상이고 지하층의 바닥면적의 합계가 1,000[m²] 이상인 것은 지하층의 모든 층
- 터널로서 길이가 500[m] 이상인 것

정답 1-1 ② 1-2 ①

핵심이론 02 비상콘센트설비의 설치기준

(1) 비상콘센트설비의 설치기준

① 상용전원회로의 배선 설치기준
  ㉠ 저압수전인 경우 : 인입개폐기의 직후에서 분기하여 전용배선으로 할 것
  ㉡ 고압수전 또는 특고압수전인 경우 : 전력용변압기 2차 측의 주차단기 1차 측 또는 2차 측에서 분기하여 전용배선으로 할 것

② 비상콘센트설비에 자가발전설비, 비상전원수전설비, 축전지설비 또는 전기저장장치(외부 전기에너지를 저장해 두었다가 필요한 때 전기를 공급하는 장치)를 비상전원으로 설치해야 하는 특정소방대상물
  ㉠ 지하층을 제외한 층수가 7층 이상으로서 연면적이 2,000[m^2] 이상인 특정소방대상물
  ㉡ 지하층의 바닥면적의 합계가 3,000[m^2] 이상인 특정소방대상물

③ 자가발전설비, 축전지설비, 전기저장장치의 설치기준
  ㉠ 점검에 편리하고 화재 및 침수 등의 재해로 인한 피해를 받을 우려가 없는 곳에 설치할 것
  ㉡ 비상콘센트설비를 유효하게 20분 이상 작동시킬 수 있는 용량으로 할 것
  ㉢ 상용전원으로부터 전력의 공급이 중단된 때는 자동으로 비상전원으로부터 전력을 공급받을 수 있도록 할 것
  ㉣ 비상전원의 설치장소는 다른 장소와 방화구획할 것
  ㉤ 비상전원을 실내에 설치하는 때는 그 실내에 비상조명등을 설치할 것

④ 비상콘센트설비 전원회로의 설치기준
  ㉠ 전원회로는 단상교류 220[V]인 것으로서, 그 공급용량은 1.5[kVA] 이상인 것으로 할 것
  ㉡ 전원회로는 각 층에 2 이상이 되도록 설치할 것. 다만, 설치해야 할 층의 비상콘센트가 1개인 때에는 하나의 회로로 할 수 있다.
  ㉢ 전원회로는 주배전반에서 전용회로로 할 것
  ㉣ 전원으로부터 각 층의 비상콘센트에 분기되는 경우에는 분기배선용 차단기를 보호함 안에 설치할 것
  ㉤ 콘센트마다 배선용 차단기(KS C 8321)를 설치해야 하며, 충전부가 노출되지 않도록 할 것
  ㉥ 개폐기에는 "비상콘센트"라고 표시한 표지를 할 것
  ㉦ 비상콘센트용의 풀박스 등은 방청도장을 한 것으로서 두께 1.6[mm] 이상의 철판으로 할 것
  ㉧ 하나의 전용회로에 설치하는 비상콘센트는 10개 이하로 할 것. 이 경우 전선의 용량은 각 비상콘센트(비상콘센트가 3개 이상인 경우에는 3개)의 공급용량을 합한 용량 이상의 것으로 해야 한다.
  ㉨ 비상콘센트의 플러그접속기는 접지형 2극 플러그접속기(KS C 8305)를 사용해야 한다.

⑤ 비상콘센트의 설치기준
  ㉠ 바닥으로부터 높이 0.8[m] 이상 1.5[m] 이하의 위치에 설치할 것
  ㉡ 바닥면적이 1,000[m^2] 미만인 층은 계단의 출입구(계단의 부속실을 포함하며 계단이 2 이상 있는 경우에는 그중 1개의 계단)로부터 5[m] 이내에 비상콘센트를 설치할 것
  ㉢ 바닥면적 1,000[m^2] 이상인 층은 각 계단의 출입구 또는 계단부속실의 출입구(계단의 부속실을 포함하며 계단이 3 이상 있는 층의 경우에는 그중 2개의 계단)로부터 5[m] 이내에 비상콘센트를 설치할 것
  ㉣ 지하상가 또는 지하층의 바닥면적의 합계가 3,000[m^2] 이상인 것은 수평거리 25[m]마다 비상콘센트를 추가하여 설치할 것
  ㉤ ㉣에 해당하지 않는 것은 수평거리 50[m]마다 비상콘센트를 추가하여 설치할 것

> **Plus one**
>
> **도로터널의 비상콘센트 설치기준(NFTC 603)**
> 도로터널의 비상콘센트설비는 주행차로의 우측 측벽에 50[m] 이내의 간격으로 바닥으로부터 0.8[m] 이상 1.5[m] 이하의 높이에 설치할 것
>
> **공동주택의 비상콘센트 설치기준(NFTC 608)**
> 아파트 등의 경우에는 계단의 출입구(계단의 부속실을 포함하며 계단이 2개 이상 있는 경우에는 그중 1개의 계단)로부터 5[m] 이내에 비상콘센트를 설치하되, 그 비상콘센트로부터 해당 층의 각 부분까지의 수평거리가 50[m]를 초과하는 경우에는 비상콘센트를 추가로 설치해야 한다.

⑥ 비상콘센트설비의 전원부와 외함 사이의 절연저항 및 절연내력 기준

㉠ 절연저항은 전원부와 외함 사이를 500[V] 절연저항계로 측정할 때 20[MΩ] 이상일 것

㉡ 절연내력은 전원부와 외함 사이에 정격전압이 150[V] 이하인 경우에는 1,000[V]의 실효전압을, 정격전압이 150[V] 초과인 경우에는 그 정격전압에 2를 곱하여 1,000을 더한 실효전압을 가하는 시험에서 1분 이상 견디는 것으로 할 것

⑦ 비상콘센트 보호함의 설치기준

㉠ 보호함에는 쉽게 개폐할 수 있는 문을 설치할 것

㉡ 보호함 표면에 "비상콘센트"라고 표시한 표지를 할 것

㉢ 보호함 상부에 적색의 표시등을 설치할 것

㉣ 비상콘센트의 보호함을 옥내소화전함 등과 접속하여 설치하는 경우에는 옥내소화전함 등의 표시등과 겸용할 수 있다.

(2) 비상콘센트설비의 성능인증 및 제품검사의 기술기준(제4조)

① 배선용 차단기는 KS C 8321(배선용차단기)에 적합해야 한다.

② 접속기는 KS C 8305(배선용 꽂음 접속기)에 적합해야 한다.

③ 표시등의 전구에는 적당한 보호덮개를 설치해야 한다. 다만, 발광다이오드의 경우에는 그렇지 않다.

④ 표시등은 적색으로 표시되어야 하며 주위의 밝기가 300[lx] 이상인 장소에서 측정하여 앞면으로부터 3[m] 떨어진 곳에서 켜진 등이 확실히 식별되어야 한다.

10년간 자주 출제된 문제

2-1. 비상콘센트설비의 화재안전기술기준(NFTC 504)에 따라 비상콘센트설비의 전원회로(비상콘센트에 전력을 공급하는 회로를 말한다)에 대한 전압과 공급용량으로 옳은 것은?

① 전압 : 단상교류 110[V], 공급용량 : 1.5[kVA] 이상
② 전압 : 단상교류 220[V], 공급용량 : 1.5[kVA] 이상
③ 전압 : 단상교류 110[V], 공급용량 : 3[kVA] 이상
④ 전압 : 단상교류 220[V], 공급용량 : 3[kVA] 이상

2-2. 비상콘센트용의 풀박스 등은 방청도장을 한 것으로서 두께는 최소 몇 [mm] 이상의 철판으로 해야 하는가?

① 1.0[mm]   ② 1.2[mm]
③ 1.5[mm]   ④ 1.6[mm]

2-3. 비상콘센트의 배치기준 중 바닥면적이 1,000[m²] 미만인 층은 계단의 출입구로부터 몇 [m] 이내에 설치해야 하는가?

① 1.5[m]   ② 5[m]
③ 7[m]   ④ 10[m]

10년간 자주 출제된 문제

2-4. 비상콘센트설비의 전원부와 외함 사이의 절연내력 기준 중 다음 ( ) 안에 알맞은 것은?

> 절연내력은 전원부와 외함 사이에 정격전압이 150[V] 이하인 경우에는 (㉠)[V]의 실효전압을, 정격전압이 150[V] 초과인 경우에는 그 정격전압에 (㉡)를 곱하여 1,000을 더한 실효전압을 가하는 시험에서 1분 이상 견디는 것으로 할 것

① ㉠ 500, ㉡ 2
② ㉠ 500, ㉡ 3
③ ㉠ 1,000, ㉡ 2
④ ㉠ 1,000, ㉡ 3

2-5. 비상콘센트를 보호하기 위한 비상콘센트 보호함의 설치기준으로 틀린 것은?

① 비상콘센트 보호함에는 쉽게 개폐할 수 있는 문을 설치해야 한다.
② 비상콘센트 보호함 상부에 적색의 표시등을 설치해야 한다.
③ 비상콘센트 보호함에는 그 내부에 "비상콘센트"라고 표시한 표지를 해야 한다.
④ 비상콘센트 보호함을 옥내소화전함 등과 접속하여 설치하는 경우에는 옥내소화전함 등의 표시등과 겸용할 수 있다.

[해설]

2-1
비상콘센트설비의 전원회로는 단상교류 220[V]인 것으로서, 그 공급용량은 1.5[kVA] 이상인 것으로 할 것

2-2
비상콘센트용의 풀박스 등은 방청도장을 한 것으로서 두께 1.6[mm] 이상의 철판으로 할 것

2-3
아파트 또는 바닥면적이 1,000[m²] 미만인 층은 계단의 출입구(계단의 부속실을 포함하며 계단이 2 이상 있는 경우에는 그중 1개의 계단)로부터 5[m] 이내에 비상콘센트를 설치할 것

2-4
비상콘센트설비의 전원부와 외함 사이의 절연저항 및 절연내력 기준
- 절연저항은 전원부와 외함 사이를 500[V] 절연저항계로 측정할 때 20[MΩ] 이상일 것
- 절연내력은 전원부와 외함 사이에 정격전압이 150[V] 이하인 경우에는 1,000[V]의 실효전압을, 정격전압이 150[V] 초과인 경우에는 그 정격전압에 2를 곱하여 1,000을 더한 실효전압을 가하는 시험에서 1분 이상 견디는 것으로 할 것

2-5
비상콘센트 보호함 표면에 "비상콘센트"라고 표시한 표지를 할 것

정답 2-1 ② 2-2 ④ 2-3 ② 2-4 ③ 2-5 ③

[제10장] 무선통신보조설비

제1절 무선통신보조설비의 화재안전기술기준 (NFTC 505)

핵심이론 01 무선통신보조설비의 개요 및 설치대상

(1) 무선통신보조설비의 개요

① 화재 발생 시 지하가 등 실내 공간에서 안테나의 공간파가 약해져 통신불능 상태가 되는 현상을 개선함으로써 소방활동 시 지하가 또는 지상에서 지휘하는 소방대원 간의 무선통신을 원활하게 해 주는 설비이다.

② 무선통신보조설비의 용어 정의

㉠ 누설동축케이블 : 동축케이블의 외부 도체에 가느다란 홈을 만들어서 전파가 외부로 새어 나갈 수 있도록 한 케이블을 말한다.

㉡ 분배기 : 신호의 전송로가 분기되는 장소에 설치하는 것으로 임피던스 매칭(Matching)과 신호 균등분배를 위해 사용하는 장치를 말한다.

㉢ 분파기 : 서로 다른 주파수의 합성된 신호를 분리하기 위해서 사용하는 장치를 말한다.

㉣ 혼합기 : 2 이상의 입력신호를 원하는 비율로 조합한 출력이 발생하도록 하는 장치를 말한다.

㉤ 증폭기 : 전압·전류의 진폭을 늘려 감도 등을 개선하는 장치를 말한다.

(2) 무선통신보조설비를 설치해야 하는 특정소방대상물 (소방시설법 영 별표 4)

① 지하상가로서 연면적 1,000[m²] 이상인 것

② 지하층의 바닥면적의 합계가 3,000[m²] 이상인 것 또는 지하층의 층수가 3층 이상이고 지하층의 바닥면적의 합계가 1,000[m²] 이상인 것은 지하층의 모든 층

③ 터널로서 길이가 500[m] 이상인 것

④ 지하구 중 공동구

⑤ 층수가 30층 이상인 것으로서 16층 이상 부분의 모든 층

⑥ 설치제외

㉠ 위험물 저장 및 처리시설 중 가스시설은 제외

㉡ 지하층으로서 특정소방대상물의 바닥부분 2면 이상이 지표면과 동일하거나 지표면으로부터의 깊이가 1[m] 이하인 경우에는 해당 층에 한해 무선통신보조설비를 설치하지 않을 수 있다.

10년간 자주 출제된 문제

1-1. 무선통신보조설비를 설치해야 하는 특정소방대상물의 기준 중 옳은 것은?(단, 위험물 저장 및 처리시설 중 가스시설은 제외한다)

① 지하상가로서 연면적 500[m²] 이상인 것
② 터널로서 길이가 1,000[m] 이상인 것
③ 층수가 30층 이상인 것으로서 15층 이상 부분의 모든 층
④ 지하층의 층수가 3층 이상이고 지하층의 바닥면적의 합계가 1,000[m²] 이상인 것은 지하층의 모든 층

1-2. 무선통신보조설비에 사용되는 용어의 설명이 틀린 것은?

① 분파기 : 임피던스 매칭과 신호 균등분배를 위해 사용하는 장치
② 혼합기 : 2 이상의 입력신호를 원하는 비율로 조합한 출력이 발생하도록 하는 장치
③ 증폭기 : 전압·전류의 진폭을 늘려 감도 등을 개선하는 장치
④ 누설동축케이블 : 동축케이블의 외부 도체에 가느다란 홈을 만들어서 전파가 외부로 새어 나갈 수 있도록 한 케이블

1-3. 무선통신보조설비의 설치제외 기준 중 다음 (   ) 안에 알맞은 것으로 연결된 것은?

> 지하층으로서 특정소방대상물의 바닥부분 (㉠)면 이상이 지표면과 동일하거나 지표면으로부터의 깊이가 (㉡)[m] 이하인 경우에는 해당 층에 한하여 무선통신보조설비를 설치하지 않을 수 있다.

① ㉠ 2, ㉡ 1   ② ㉠ 2, ㉡ 2
③ ㉠ 3, ㉡ 1   ④ ㉠ 3, ㉡ 2

【해설】

1-1

무선통신보조설비를 설치해야 하는 특정소방대상물
- 지하상가로서 연면적 1,000[m²] 이상인 것
- 지하층의 바닥면적의 합계가 3,000[m²] 이상인 것 또는 지하층의 층수가 3층 이상이고 지하층의 바닥면적의 합계가 1,000[m²] 이상인 것은 지하층의 모든 층
- 터널로서 길이가 500[m] 이상인 것
- 층수가 30층 이상인 것으로서 16층 이상 부분의 모든 층

1-2

분파기란 서로 다른 주파수의 합성된 신호를 분리하기 위해서 사용하는 장치를 말한다.

1-3

지하층으로서 특정소방대상물의 바닥부분 2면 이상이 지표면과 동일하거나 지표면으로부터의 깊이가 1[m] 이하인 경우에는 해당 층에 한해 무선통신보조설비를 설치하지 않을 수 있다.

정답 1-1 ④ 1-2 ① 1-3 ①

핵심이론 02 무선통신보조설비의 설치기준

(1) 무선통신보조설비의 누설동축케이블 설치기준

① 소방전용주파수대에서 전파의 전송 또는 복사에 적합한 것으로서 소방전용의 것으로 할 것. 다만, 소방대 상호 간의 무선연락에 지장이 없는 경우에는 다른 용도와 겸용할 수 있다.

② 누설동축케이블과 이에 접속하는 안테나 또는 동축케이블과 이에 접속하는 안테나로 구성할 것

③ 누설동축케이블 및 동축케이블은 불연 또는 난연성의 것으로서 습기 등의 환경조건에 따라 전기의 특성이 변질되지 않는 것으로 하고, 노출하여 설치한 경우에는 피난 및 통행에 장애가 없도록 할 것

④ 누설동축케이블 및 동축케이블은 화재에 따라 해당 케이블의 피복이 소실된 경우에 케이블 본체가 떨어지지 않도록 4[m] 이내마다 금속제 또는 자기제 등의 지지금구로 벽·천장·기둥 등에 견고하게 고정할 것. 다만, 불연재료로 구획된 반자 안에 설치하는 경우에는 그렇지 않다.

⑤ 누설동축케이블 및 안테나는 금속판 등에 따라 전파의 복사 또는 특성이 현저하게 저하되지 않는 위치에 설치할 것

⑥ 누설동축케이블 및 안테나는 고압의 전로로부터 1.5[m] 이상 떨어진 위치에 설치할 것. 다만, 해당 전로에 정전기 차폐장치를 유효하게 설치한 경우에는 그렇지 않다.

⑦ 누설동축케이블의 끝부분에는 무반사 종단저항을 견고하게 설치할 것

⑧ 누설동축케이블 및 동축케이블의 임피던스는 50[Ω]으로 하고, 이에 접속하는 안테나·분배기 기타의 장치는 해당 임피던스에 적합한 것으로 해야 한다.

(2) 무선통신보조설비 설치기준

① 누설동축케이블 또는 동축케이블과 이에 접속하는 안테나가 설치된 층은 모든 부분(계단실, 승강기, 별도 구획된 실 포함)에서 유효하게 통신이 가능할 것
② 옥외 안테나와 연결된 무전기와 건축물 내부에 존재하는 무전기 간의 상호통신, 건축물 내부에 존재하는 무전기 간의 상호통신, 옥외 안테나와 연결된 무전기와 방재실 또는 건축물 내부에 존재하는 무전기와 방재실 간의 상호통신이 가능할 것

> **Plus one**
>
> **무선통신보조설비의 구성요소**
> - 누설동축케이블
> - 분배기
> - 증폭기
> - 분파기
> - 혼합기
> - 전송장치(안테나)

(3) 무선통신보조설비의 분배기·분파기 및 혼합기 설치기준

① 먼지·습기 및 부식 등에 따라 기능에 이상을 가져오지 않도록 할 것
② 임피던스는 50[Ω]의 것으로 할 것
③ 점검에 편리하고 화재 등의 재해로 인한 피해의 우려가 없는 장소에 설치할 것

(4) 무선통신보조설비의 증폭기 및 무선중계기 설치기준

① 상용전원은 전기가 정상적으로 공급되는 축전지설비, 전기저장장치(외부 전기에너지를 저장해 두었다가 필요한 때 전기를 공급하는 장치) 또는 교류전압의 옥내 간선으로 하고, 전원까지의 배선은 전용으로 할 것
② 증폭기의 전면에는 주 회로 전원의 정상 여부를 표시할 수 있는 표시등 및 전압계를 설치할 것
③ 증폭기에는 비상전원이 부착된 것으로 하고 해당 비상전원 용량은 무선통신보조설비를 유효하게 30분 이상 작동시킬 수 있는 것으로 할 것
④ 증폭기 및 무선중계기를 설치하는 경우에는 전파법의 규정에 따른 적합성평가를 받은 제품으로 설치하고 임의로 변경하지 않도록 할 것
⑤ 디지털 방식의 무전기를 사용하는 데 지장이 없도록 설치할 것

10년간 자주 출제된 문제

2-1. 무선통신보조설비의 화재안전기술기준(NFTC 505)에 따라 금속제 지지금구를 사용하여 무선통신보조설비의 누설동축케이블을 벽에 고정할 경우 몇 [m] 이내마다 고정해야 하는가?(단, 불연재료로 구획된 반자 안에 설치하는 경우는 제외한다)

① 2[m] ② 3[m]
③ 4[m] ④ 5[m]

2-2. 무선통신보조설비의 증폭기에는 비상전원이 부착된 것으로 하고 비상전원의 용량은 무선통신보조설비를 유효하게 몇 분 이상 작동시킬 수 있는 것이어야 하는가?

① 10분 ② 20분
③ 30분 ④ 40분

2-3. 무선통신보조설비의 분배기 · 분파기 및 혼합기의 설치기준 중 틀린 것은?

① 먼지 · 습기 및 부식 등에 따라 기능에 이상을 가져오지 않도록 할 것
② 임피던스는 50[Ω]의 것으로 할 것
③ 상용전원은 전기가 정상적으로 공급되는 축전지설비, 전기저장장치 또는 교류전압의 옥내간선으로 하고, 전원까지의 배선은 전용으로 할 것
④ 점검에 편리하고 화재 등의 재해로 인한 피해의 우려가 없는 장소에 설치할 것

2-4. 무선통신보조설비 증폭기 및 무선중계기를 설치하는 경우의 설치기준으로 틀린 것은?

① 상용전원은 전기가 정상적으로 공급되는 축전지설비, 전기저장장치 또는 교류전압의 옥내간선으로 하고, 전원까지의 배선은 전용으로 할 것
② 증폭기의 전면에는 주 회로 전원의 정상 여부를 표시할 수 있는 표시등 및 전류계를 설치할 것
③ 증폭기에는 비상전원이 부착된 것으로 하고 해당 비상전원 용량은 무선통신보조설비를 유효하게 30분 이상 작동시킬 수 있는 것으로 할 것
④ 증폭기 및 무선중계기를 설치하는 경우에는 전파법의 규정에 따른 적합성평가를 받은 제품으로 설치하고 임의로 변경하지 않도록 할 것

|해설|

2-1
누설동축케이블 및 동축케이블은 화재에 따라 해당 케이블의 피복이 소실된 경우에 케이블 본체가 떨어지지 않도록 4[m] 이내마다 금속제 또는 자기제 등의 지지금구로 벽 · 천장 · 기둥 등에 견고하게 고정할 것. 다만, 불연재료로 구획된 반자 안에 설치하는 경우에는 그렇지 않다.

2-2
증폭기에는 비상전원이 부착된 것으로 하고 해당 비상전원 용량은 무선통신보조설비를 유효하게 30분 이상 작동시킬 수 있는 것으로 할 것

2-3
무선통신보조설비의 분배기 · 분파기 및 혼합기 설치기준
- 먼지 · 습기 및 부식 등에 따라 기능에 이상을 가져오지 않도록 할 것
- 임피던스는 50[Ω]의 것으로 할 것
- 점검에 편리하고 화재 등의 재해로 인한 피해의 우려가 없는 장소에 설치할 것

2-4
증폭기의 전면에는 주 회로 전원의 정상 여부를 표시할 수 있는 표시등 및 전압계를 설치할 것

정답 2-1 ③ 2-2 ③ 2-3 ③ 2-4 ②

제11장 소방시설용 비상전원수전설비 및 예비전원·가스누설경보기의 기술기준

제1절 소방시설용 비상전원수전설비의 화재안전기술기준(NFTC 602)

핵심이론 01 소방시설용 비상전원수전설비의 용어 정의 및 설치기준

(1) 소방시설용 비상전원수전설비의 용어 정의

① **수전설비** : 전력수급용 계기용변성기·주차단장치 및 그 부속기기를 말한다.
② **변전설비** : 전력용변압기 및 그 부속장치를 말한다.
③ **전용큐비클식** : 소방회로용의 것으로 수전설비, 변전설비와 그 밖의 기기 및 배선을 금속제 외함에 수납한 것을 말한다.
④ **공용큐비클식** : 소방회로 및 일반회로 겸용의 것으로서 수전설비, 변전설비와 그 밖의 기기 및 배선을 금속제 외함에 수납한 것을 말한다.
⑤ **전용배전반** : 소방회로 전용의 것으로서 개폐기, 과전류차단기, 계기와 그 밖의 배선용기기 및 배선을 금속제 외함에 수납한 것을 말한다.
⑥ **공용배전반** : 소방회로 및 일반회로 겸용의 것으로서 개폐기, 과전류차단기, 계기와 그 밖의 배선용기기 및 배선을 금속제 외함에 수납한 것을 말한다.
⑦ **전용분전반** : 소방회로 전용의 것으로서 분기개폐기, 분기과전류차단기와 그 밖의 배선용기기 및 배선을 금속제 외함에 수납한 것을 말한다.
⑧ **공용분전반** : 소방회로 및 일반회로 겸용의 것으로서 분기개폐기, 분기과전류차단기와 그 밖의 배선용기기 및 배선을 금속제 외함에 수납한 것을 말한다.

(2) 특별고압 또는 고압으로 수전하는 경우

① 일반전기사업자로부터 특별고압 또는 고압으로 수전하는 비상전원 수전설비는 방화구획형, 옥외개방형 또는 큐비클(Cubicle)형으로 해야 한다.
   ㉠ 전용의 방화구획 내에 설치할 것
   ㉡ 소방회로배선은 일반회로배선과 불연성의 격벽으로 구획할 것. 다만, 소방회로배선과 일반회로배선을 15[cm] 이상 떨어져 설치한 경우는 그렇지 않다.
   ㉢ 일반회로에서 과부하, 지락사고 또는 단락사고가 발생한 경우에도 이에 영향을 받지 않고 계속하여 소방회로에 전원을 공급시켜줄 수 있어야 할 것
   ㉣ 소방회로용 개폐기 및 과전류차단기에는 "소방시설용"이라 표시할 것

② **큐비클형의 설치기준**
   ㉠ 전용큐비클 또는 공용큐비클식으로 설치할 것
   ㉡ 외함은 두께 2.3[mm] 이상의 강판과 이와 동등 이상의 강도와 내화성능이 있는 것으로 제작해야 하며, 개구부에는 60분+ 방화문, 60분 방화문 또는 30분 방화문으로 설치할 것
   ㉢ 외함은 건축물의 바닥 등에 견고하게 고정할 것
   ㉣ 외함의 바닥에서 10[cm](시험단자, 단자대 등의 충전부는 15[cm]) 이상의 높이에 설치할 것
   ㉤ 환기장치의 설치기준
   • 내부의 온도가 상승하지 않도록 환기장치를 할 것
   • 자연환기구의 개부구 면적의 합계는 외함의 한 면에 대하여 해당 면적의 3분의 1 이하로 할 것. 이 경우 하나의 통기구의 크기는 직경 10[mm] 이상의 둥근 막대가 들어가서는 안 된다.
   • 자연환기구에 따라 충분히 환기할 수 없는 경우에는 환기설비를 설치할 것
   • 환기구에는 금속망, 방화댐퍼 등으로 방화조치를 하고, 옥외에 설치하는 것은 빗물 등이 들어가지 않도록 할 것
   ㉥ 공용큐비클식의 소방회로와 일반회로에 사용되는 배선 및 배선용기기는 불연재료로 구획할 것

(3) 저압으로 수전하는 경우

① 전기사업자로부터 저압으로 수전하는 비상전원설비는 전용배전반(1·2종)·전용분전반(1·2종) 또는 공용분전반(1·2종)으로 해야 한다.
② 제1종 배전반 및 제1종 분전반의 설치기준
    ㉠ 외함은 두께 1.6[mm](전면판 및 문은 2.3[mm]) 이상의 강판과 이와 동등 이상의 강도와 내화성능이 있는 것으로 제작할 것
    ㉡ 표시등(불연성 또는 난연성 재료로 덮개를 설치한 것), 전선의 인입구 및 입출구는 외함에 노출하여 설치할 수 있다.
    ㉢ 외함은 금속관 또는 금속제 가요전선관을 쉽게 접속할 수 있도록 하고, 해당 접속부분에는 단열조치를 할 것
    ㉣ 공용배전반 및 공용분전반의 경우 소방회로와 일반회로에 사용하는 배선 및 배선용 기기는 불연재료로 구획되어야 할 것

10년간 자주 출제된 문제

1-1. 소방시설용 비상전원수전설비의 화재안전기술기준(NFTC 602)에 따라 소방시설용 비상전원수전설비에서 소방회로 및 일반회로 겸용의 것으로서 수전설비, 변전설비와 그 밖의 기기 및 배선을 금속제 외함에 수납한 것은?

① 공용분전반 ② 전용배전반
③ 공용큐비클식 ④ 전용큐비클식

1-2. 소방시설용 비상전원수전설비에서 전력수급용 계기용변성기·주차단장치 및 그 부속기기로 정의되는 것은?

① 큐비클설비 ② 배전반설비
③ 수전설비 ④ 변전설비

1-3. 소방시설용 비상전원수전설비의 화재안전기술기준(NFTC 602)에 따라 일반전기사업자로부터 특고압 또는 고압으로 수전하는 비상전원수전설비의 경우에 있어 소방회로 배선과 일반회로 배선을 몇 [cm] 이상 떨어져 설치하는 경우 불연성의 격벽으로 구획하지 않을 수 있는가?

① 5[cm] ② 10[cm]
③ 15[cm] ④ 20[cm]

1-4. 소방시설용 비상전원수전설비의 화재안전기술기준(NFTC 602)에 따른 제1종 배전반 및 제1종 분전반의 시설기준으로 틀린 것은?

① 전선의 인입구 및 입출구는 외함에 노출하여 설치하면 안 된다.
② 외함의 문은 2.3[mm] 이상의 강판과 이와 동등 이상의 강도와 내화성능이 있는 것으로 제작해야 한다.
③ 공용배전반 및 공용분전반의 경우 소방회로와 일반회로에 사용하는 배선 및 배선용 기기는 불연재료로 구획되어야 한다.
④ 외함은 금속관 또는 금속제 가요전선관을 쉽게 접속할 수 있도록 하고, 해당 접속부분에는 단열조치를 해야 한다.

[해설]

1-1
비상전원수전설비의 용어 정의
- 공용큐비클식 : 소방회로 및 일반회로 겸용의 것으로서 수전설비, 변전설비와 그 밖의 기기 및 배선을 금속제 외함에 수납한 것을 말한다.
- 전용큐비클식 : 소방회로용의 것으로 수전설비, 변전설비와 그 밖의 기기 및 배선을 금속제 외함에 수납한 것을 말한다.

1-2
비상전원수전설비의 용어 정의
- 수전설비 : 전력수급용 계기용변성기·주차단장치 및 그 부속기기를 말한다.
- 변전설비 : 전력용변압기 및 그 부속장치를 말한다.

1-3
소방회로배선은 일반회로배선과 불연성의 격벽으로 구획할 것. 다만, 소방회로배선과 일반회로배선을 15[cm] 이상 떨어져 설치한 경우는 그렇지 않다.

1-4
표시등(불연성 또는 난연성 재료로 덮개를 설치한 것), 전선의 인입구 및 입출구는 외함에 노출하여 설치할 수 있다.

정답 1-1 ③ 1-2 ③ 1-3 ③ 1-4 ①

핵심이론 02 예비전원 및 가스누설경보기의 기술기준

(1) 예비전원의 성능인증 및 제품검사의 기술기준(제4조)

① 배선은 충분한 전류 용량을 갖는 것으로서 배선의 접속이 적합해야 한다.
② 부착 방향에 따라 누액이 없고 기능에 이상이 없어야 한다.
③ 외부에서 쉽게 접촉할 우려가 있는 충전부는 충분히 보호되도록 하고 외함(축전지의 보호덮개)과 단자 사이는 절연물로 보호해야 한다.
④ 예비전원에 연결되는 배선의 경우 양극은 적색, 음극은 청색 또는 흑색으로 오접속방지 조치를 해야 한다.
⑤ 충전장치의 이상 등에 의하여 내부가스압이 이상 상승할 우려가 있는 것은 안전조치를 강구해야 한다.
⑥ 축전지에 배선 등을 직접 납땜하지 않아야 하며 축전지 개개의 연결부분은 스포트용접 등으로 확실하고 견고하게 접속해야 한다.
⑦ 예비전원을 병렬로 접속하는 경우는 역충전 방지 등의 조치를 강구해야 한다.
⑧ 축전지를 직렬 또는 병렬로 사용하는 경우에는 용량(전압, 전류)이 균일한 축전지를 사용해야 한다.

(2) 가스누설경보기의 형식승인 및 제품검사의 기술기준

① 예비전원의 설치기준(제4조)
  ㉠ 예비전원을 가스누설경보기의 주전원으로 사용해서는 안 된다.
  ㉡ 예비전원을 단락사고 등으로부터 보호하기 위한 퓨즈 등 과전류 보호장치를 설치해야 한다.
  ㉢ 앞면에 예비전원의 상태를 감시할 수 있는 장치를 해야 한다.
  ㉣ 축전지를 병렬로 접속하는 경우에는 역충전 방지 등의 조치를 강구해야 한다.

ⓜ 예비전원은 알칼리계 2차 축전지, 리튬계 2차 축전지 또는 무보수밀폐형 연축전지로서 그 용량은 1회선용(단독형가스누설경보기를 포함)의 경우 감시상태를 20분간 계속한 후 유효하게 작동되어 10분간 경보를 발할 수 있어야 하며, 2회로 이상인 가스누설경보기의 경우에는 연결된 모든 회로에 대하여 감시상태를 10분간 계속한 후 2회선을 유효하게 작동시키고 10분간 경보를 발할 수 있는 용량이어야 한다.

② 표시등의 설치기준(제8조)
㉠ 전구는 2개 이상을 병렬로 접속해야 한다.
㉡ 전구에는 적당한 보호덮개를 설치해야 한다. 다만, 발광다이오드의 경우에는 그렇지 않다.
㉢ 가스의 누설을 표시하는 표시등(누설등) 및 가스가 누설된 경계구역의 위치를 표시하는 표시등(지구등)은 등이 켜질 때 황색으로 표시되어야 한다.
㉣ 주위의 밝기가 300[lx]인 장소에서 측정하여 앞면으로부터 3[m] 떨어진 곳에서 켜진 등이 확실히 식별되어야 한다.

10년간 자주 출제된 문제

2-1. 예비전원의 성능인증 및 제품검사의 기술기준에 따른 예비전원의 구조 및 성능에 대한 설명으로 틀린 것은?
① 예비전원을 병렬로 접속하는 경우에는 역충전 방지 등의 조치를 강구해야 한다.
② 배선은 충분한 전류 용량을 갖는 것으로서 배선의 접속이 적합해야 한다.
③ 예비전원에 연결되는 배선의 경우 양극은 청색, 음극은 적색으로 오접속방지 조치를 해야 한다.
④ 축전지를 직렬 또는 병렬로 사용하는 경우에는 용량(전압, 전류)이 균일한 축전지를 사용해야 한다.

2-2. 가스누설경보기의 예비전원 설치와 관련한 설명으로 옳지 않은 것은?
① 앞면에는 예비전원의 상태를 감시할 수 있는 장치를 해야 한다.
② 예비전원을 경보기의 주전원으로 사용한다.
③ 축전지를 병렬로 접속하는 경우에는 역충전 방지 등의 조치를 강구해야 한다.
④ 예비전원을 단락사고 등으로부터 보호하기 위한 퓨즈 또는 과전류 보호장치를 설치해야 한다.

|해설|

2-1
예비전원의 구조 및 성능기준 : 예비전원에 연결되는 배선의 경우 양극은 적색, 음극은 청색 또는 흑색으로 오접속방지 조치를 해야 한다.

2-2
가스누설경보기의 예비전원 설치기준 : 가스누설경보기의 예비전원을 경보기의 주전원으로 사용해서는 안 된다.

정답 2-1 ③ 2-2 ②

PART 02

과년도+최근 기출복원문제

2019~2022년   과년도 기출문제
2023~2024년   과년도 기출복원문제
2025년   최근 기출복원문제

2019년 제1회 과년도 기출문제

제1과목 소방원론

01 불활성가스에 해당하는 것은?

① 수증기 ② 일산화탄소
③ 아르곤 ④ 아세틸렌

해설
불활성가스 : 헬륨(He), 네온(Ne), 아르곤(Ar) 등

02 이산화탄소 소화약제의 임계온도로 옳은 것은?

① 24.4[℃] ② 31.3[℃]
③ 56.4[℃] ④ 78.2[℃]

해설
이산화탄소의 임계온도 : 31.35[℃]

03 분말소화약제 중 A, B, C급 화재에 모두 사용할 수 있는 것은?

① Na_2CO_3
② $NH_4H_2PO_4$
③ $KHCO_3$
④ $NaHCO_3$

해설
A, B, C급 화재(제3종 분말) : $NH_4H_2PO_4$(제일인산암모늄)

04 방화구획의 설치기준 중 스프링클러 기타 이와 유사한 자동식소화설비를 설치한 10층 이하의 층은 몇 [m²] 이내마다 구획해야 하는가?

① 1,000 ② 1,500
③ 2,000 ④ 3,000

해설
방화구획의 기준

구획의 종류		구획기준
면적별 구획	10층 이하	• 바닥면적 1,000[m²] 이내마다 • 자동식소화설비(스프링클러설비)설치 시 3,000[m²]
	11층 이상	• 바닥면적 200[m²] 이내마다 • 자동식소화설비(스프링클러설비)설치 시 600[m²] • 내장재료가 불연재의 경우 500[m²] • 내장재료가 불연재면서 자동식소화설비(스프링클러설비)설치 시 1,500[m²]
층별 구획		매 층마다 구획(지하 1층에서 지상으로 직접 연결되는 경사로 부위는 제외)

05 탄화칼슘의 화재 시 물을 주수하였을 때 발생하는 가스로 옳은 것은?

① C_2H_2 ② H_2
③ O_2 ④ C_2H_6

해설
탄화칼슘이 물과 반응하면 수산화칼슘[$Ca(OH)_2$]과 아세틸렌(C_2H_2) 가스를 발생한다.
$CaC_2 + 2H_2O \rightarrow Ca(OH)_2 + C_2H_2 \uparrow$

1 ③ 2 ② 3 ② 4 ④ 5 ① **정답**

06 이산화탄소의 질식 및 냉각효과에 대한 설명 중 틀린 것은?

① 이산화탄소의 증기비중이 산소보다 크기 때문에 가연물과 산소의 접촉을 방해한다.
② 액체 이산화탄소가 기화되는 과정에서 열을 흡수한다.
③ 이산화탄소는 불연성 가스로서 가연물의 연소반응을 방해한다.
④ 이산화탄소는 산소와 반응하며 이 과정에서 발생한 연소열을 흡수하므로 냉각효과를 나타낸다.

해설
이산화탄소는 산소와 반응하지 않으므로 소화약제로 사용한다.

07 증기비중의 정의로 옳은 것은?(단, 분자, 분모의 단위는 모두 [g/mol]이다)

① $\frac{분자량}{22.4}$
② $\frac{분자량}{29}$
③ $\frac{분자량}{44.8}$
④ $\frac{분자량}{100}$

해설
• 증기비중 = $\frac{분자량}{29}$ (29 : 공기의 평균분자량)
• 증기밀도 = $\frac{분자량}{22.4[L]}$

08 화재의 분류 방법 중 유류화재를 나타낸 것은?

① A급 화재
② B급 화재
③ C급 화재
④ D급 화재

해설
화재의 분류

구 분	종 류	표시색
A급 화재	일반화재	백 색
B급 화재	유류화재	황 색
C급 화재	전기화재	청 색
D급 화재	금속화재	무 색

09 공기와 접촉되었을 때 위험도(H) 값이 가장 큰 것은?

① 에 터
② 수 소
③ 에틸렌
④ 뷰테인

해설
연소범위

종 류	하한계[%]	상한계[%]
에터($C_2H_5OC_2H_5$)	1.7	48.0
수소(H_2)	4.0	75.0
에틸렌(C_2H_4)	2.7	36.0
뷰테인(C_4H_{10})	1.8	8.4

위험도(H)

$$H = \frac{U-L}{L} = \frac{폭발상한계 - 폭발하한계}{폭발하한계}$$

• 에 터 $H = \frac{48.0 - 1.7}{1.7} = 27.24$
• 수 소 $H = \frac{75.0 - 4.0}{4.0} = 17.75$
• 에틸렌 $H = \frac{36.0 - 2.7}{2.7} = 12.33$
• 뷰테인 $H = \frac{8.4 - 1.8}{1.8} = 3.67$

10 제2류 위험물에 해당하지 않는 것은?

① 황
② 황화인
③ 적 린
④ 황 린

해설
위험물

종 류	유 별
황	제2류 위험물
황화인	제2류 위험물
적 린	제2류 위험물
황 린	제3류 위험물

정답 6 ④ 7 ② 8 ② 9 ① 10 ④

11 건축물의 피난층 외의 층에서는 피난층으로 통하는 직통계단에 이르는 보행거리가 몇 [m] 이하가 되도록 설치해야 하는가?

① 10 ② 20
③ 30 ④ 50

해설
건축물의 피난층 외의 층에는 피난층 또는 지상으로부터 직통계단에 이르는 보행거리가 30[m] 이하가 되도록 설치해야 한다.

12 분말소화약제 분말입도의 소화성능에 관한 설명으로 옳은 것은?

① 미세할수록 소화성능이 우수하다.
② 입도가 클수록 소화성능이 우수하다.
③ 입도와 소화성능과는 관련이 없다.
④ 입도가 너무 미세하거나 너무 커도 소화성능이 저하된다.

해설
분말입도가 너무 미세하거나 너무 커도 소화성능이 저하되므로 20~25[μm]의 크기로 골고루 분포되어 있어야 한다.

13 마그네슘의 화재에 주수하였을 때 물과 마그네슘의 반응으로 인하여 생성되는 가스는?

① 산 소 ② 수 소
③ 일산화탄소 ④ 이산화탄소

해설
마그네슘(Mg)이 물과 반응하면 가연성 가스인 수소를 발생한다.
$Mg + 2H_2O \rightarrow Mg(OH)_2 + H_2 \uparrow$

14 물질의 취급 또는 위험성에 대한 설명 중 틀린 것은?

① 융해열은 점화원이다.
② 질산은 물과 반응 시 발열반응하므로 주의를 해야 한다.
③ 네온, 이산화탄소, 질소는 불연성물질로 취급한다.
④ 암모니아를 충전하는 공업용 용기의 색상은 백색이다.

해설
융해열, 기화열, 액화열은 점화원이 아니다.

15 화재에 관련된 국제적인 규정을 제정하는 단체는?

① IMO(International Maritime Organization)
② SFPE(Society of Fire Protection Engineers)
③ NFPA(Nation Fire Protection Association)
④ ISO(International Organization for Standardization) TC 92

해설
ISO(International Organization for Standardization) TC 92 : 산업 전반과 서비스에 관한 국제표준 제정 및 상품·서비스의 국가 간 교류를 원활하게 하고, 지식·과학기술의 글로벌 협력발전을 도모하여 국제 표준화 및 관련 활동 증진을 목적으로 화재에 관련된 국제적인 규정을 제정하는 단체로서 1947년도에 설립된 비정부조직이다.

정답 11 ③ 12 ④ 13 ② 14 ① 15 ④

16 위험물안전관리법령상 위험물의 지정수량이 틀린 것은?

① 과산화나트륨 – 50[kg]
② 적린 – 100[kg]
③ 트라이나이트로톨루엔 – 10[kg]
④ 탄화알루미늄 – 400[kg]

해설
지정수량

종류	품명	지정수량
과산화나트륨	제1류 위험물 무기과산화물	50[kg]
적린	제2류 위험물	100[kg]
트라이나이트로톨루엔	제5류 위험물 나이트로화합물	10[kg]
탄화알루미늄	제3류 위험물 알루미늄의 탄화물	300[kg]

17 연면적이 1,000[m²] 이상인 목조건축물은 그 외벽 및 처마 밑의 연소할 우려가 있는 부분을 방화구조로 해야 하는데 이때 연소우려가 있는 부분은?(단, 동일한 대지 안에 있는 2동 이상의 건물이 있는 경우이며, 공원·광장·하천의 공지나 수면 또는 내화구조의 벽 기타 이와 유사한 것에 접하는 부분을 제외한다)

① 상호의 외벽 간 중심선으로부터 1층은 3[m] 이내의 부분
② 상호의 외벽 간 중심선으로부터 2층은 7[m] 이내의 부분
③ 상호의 외벽 간 중심선으로부터 3층은 11[m] 이내의 부분
④ 상호의 외벽 간 중심선으로부터 4층은 13[m] 이내의 부분

해설
연소우려가 있는 부분(건피방 제22조) : "연소할 우려가 있는 부분"이라 함은 인접대지경계선·도로중심선 또는 동일한 대지 안에 있는 2동 이상의 건축물(연면적의 합계가 500[m²] 이하인 건축물은 이를 하나의 건축물로 본다) 상호의 외벽 간의 중심선으로부터 1층에 있어서는 3[m] 이내, 2층 이상에 있어서는 5[m] 이내의 거리에 있는 건축물의 각 부분을 말한다. 다만, 공원·광장·하천의 공지나 수면 또는 내화구조의 벽 기타 이와 유사한 것에 접하는 부분을 제외한다.

18 물의 기화열이 539.6[cal/g]인 것은 어떤 의미인가?

① 0[℃]의 물 1[g]이 얼음으로 변화하는 데 539.6[cal]의 열량이 필요하다.
② 0[℃]의 얼음 1[g]이 물로 변화하는 데 539.6[cal]의 열량이 필요하다.
③ 0[℃]의 물 1[g]이 100[℃]의 물로 변화하는 데 539.6[cal]의 열량이 필요하다.
④ 100[℃]의 물 1[g]이 수증기로 변화하는 데 539.6[cal]의 열량이 필요하다.

해설
물의 기화열이 539.6[cal/g]인 것은 100[℃]의 물 1[g]이 수증기로 변화하는 데 539.6[cal]의 열량이 필요하다는 의미이다.

정답 16 ④ 17 ① 18 ④

19 인화점이 40[℃] 이하인 위험물을 저장, 취급하는 장소에 설치하는 전기설비는 방폭구조로 설치하는데, 용기의 내부에 기체를 압입하여 압력을 유지하도록 함으로써 폭발성가스가 침입하는 것을 방지하는 구조는?

① 압력 방폭구조
② 유입 방폭구조
③ 안전증 방폭구조
④ 본질안전 방폭구조

해설
압력 방폭구조 : 용기의 내부에 기체를 압입시켜 압력을 유지하도록 함으로써 폭발성가스가 침입하는 것을 방지하는 구조

20 화재하중에 대한 설명 중 틀린 것은?

① 화재하중이 크면 단위면적당의 발열량이 크다.
② 화재하중이 크다는 것은 화재구획의 공간이 넓다는 것이다.
③ 화재하중이 같더라도 물질의 상태에 따라 가혹도는 달라진다.
④ 화재하중은 화재구획실 내의 가연물의 총량을 목재 중량당비로 환산하여 면적으로 나눈 수치이다.

해설
화재하중
- 정의 : 단위면적당 가연성 수용물의 양으로서 건물 화재 시 발열량 및 화재의 위험성을 나타내는 용어이고, 화재의 규모를 결정하는 데 사용된다.
- 화재하중 계산

$$Q = \frac{\sum(G_t \times H_t)}{H \times A} = \frac{Q_t}{4,500 \times A} [\text{kg/m}^2]$$

여기서, G_t : 가연물의 질량
H_t : 가연물의 단위발열량[kcal/kg]
H : 목재의 단위발열량(4,500[kcal/kg])
A : 화재실의 바닥면적[m²]
Q_t : 가연물의 전발열량[kcal]

제2과목 소방전기일반

21 $R = 10[\Omega]$, $C = 33[\mu\text{F}]$, $L = 20[\text{mH}]$인 RLC 직렬회로의 공진주파수는 약 몇 [Hz]인가?

① 169
② 176
③ 196
④ 206

해설
R(저항)−L(코일)−C(콘덴서) **직렬회로**
직렬공진은 유도성 리액턴스(X_L)와 용량성 리액턴스(X_C)가 같다.

$X_L = X_C$에서 $2\pi f L = \dfrac{1}{2\pi f C}$이므로

공진주파수 $f = \dfrac{1}{2\pi\sqrt{LC}}$ [Hz]

$\therefore f = \dfrac{1}{2\pi\sqrt{(20\times 10^{-3}[\text{H}])\times(33\times 10^{-6}[\text{F}])}} = 195.91[\text{Hz}]$

Plus one

병렬공진 $\left(\dfrac{1}{X_C} = \dfrac{1}{X_L}\right)$

$\omega C = \dfrac{1}{\omega L}$에서 $2\pi f C = \dfrac{1}{2 f \omega L}$이므로

공진주파수 $f = \dfrac{1}{2\pi\sqrt{LC}}$ [Hz]

22 PNPN 4층 구조로 되어 있는 소자가 아닌 것은?

① SCR
② TRIAC
③ Diode
④ GTO

해설
반도체 소자
- SCR(실리콘제어정류소자) : PNPN형의 4층 구조로 되어 있으며 전극은 애노드(A), 캐소드(K), 게이트(G)로 구성된 단방향 교류전력 제어소자로서 부하전류를 단락시키거나 개방시킬 수 있는 스위치이다.
- TRIAC(트라이액) : 2개의 SCR을 역병렬로 접속한 쌍방향 3단자 교류 스위치이다.
- Diode(다이오드) : P형과 N형의 2층 구조로 되어 있는 단방향 반도체 소자로서 정류, 증폭, 발진, 전압안정용으로 사용된다.
- GTO(Gate Turn-Off thyristor) : P층에서 게이트를 인출한 PNPN형의 4층 구조로 되어 있으며 게이트 신호에 의해 차단기능을 갖도록 캐소드 전극의 가로 폭을 좁게 하고 다시 캐소드 전극을 게이트 전극으로 둘러싼 구조이다.

19 ① 20 ② 21 ③ 22 ③ **정답**

23 역률 80[%], 유효전력 80[kW]일 때, 무효전력 [kVar]은?

① 10
② 16
③ 60
④ 64

해설
무효전력(P_r)
- 삼각함수 $\cos^2\theta + \sin^2\theta = 1$에서 $\sin\theta = \sqrt{1-\cos^2\theta}$ 이다.
  무효율 $\sin\theta = \sqrt{1-0.8^2} = 0.6$
- 유효전력 $P = IV\cos\theta$에서
  $IV = \dfrac{P}{\cos\theta} = \dfrac{80[\text{kW}]}{0.8} = 100[\text{kVA}]$
- ∴ 무효전력 $P_r = IV\sin\theta$에서
  $P_r = 100[\text{kVA}] \times 0.6 = 60[\text{kVar}]$

Plus one

전류는 $I[\text{A}]$, 전압은 $V[\text{V}]$, 저항 $R[\Omega]$, 역률 $\cos\theta$, 무효율 $\sin\theta$일 때
- 피상전력 $P_a = IV = \dfrac{V^2}{R} = I^2 R[\text{VA}]$
- 유효전력 $P = IV\cos\theta = \dfrac{V^2}{R}\cos\theta = I^2 R\cos\theta[\text{W}]$
- 무효전력 $P_r = IV\sin\theta = \dfrac{V^2}{R}\sin\theta = I^2 R\sin\theta[\text{Var}]$

24 전자회로에서 온도보상용으로 많이 사용되고 있는 소자는?

① 저 항
② 리액터
③ 콘덴서
④ 서미스터

해설
서미스터 : 천이 금속 산화물을 소결하여 만든 것으로 온도가 상승하면 저항값이 현저하게 작아지는 특성(온도-저항의 부특성)을 이용한 감열 저항체 소자이며 각종 장치의 온도센서나 전자회로의 온도보상용으로 사용된다.
- NTC(Negative Temperature Coefficient) 서미스터 : 온도상승과 더불어 저항값이 감소하는 성질을 이용한 반도체 소자이다.
- PTC(Positive Temperature Coefficient) 서미스터 : 온도상승과 더불어 저항값이 증가하는 성질을 이용한 반도체 소자이다.
- CTR(Critical Temperature Resistor) 서미스터 : 임계온도에서 온도가 급격히 변화하는 성질을 이용한 반도체 소자이다.

25 서보전동기는 제어기기의 어디에 속하는가?

① 검출부
② 조절부
③ 증폭부
④ 조작부

해설
서보전동기
- 서보전동기는 제어장치로부터 조작량을 입력받고, 회전속도 및 회전자 각을 제어량으로 피드백하기 때문에 제어시스템의 제어 대상에 속한다.
- 서보전동기는 서보기구에 응용되는 전동기로서 제어시스템의 조작부(조작기기)에 속한다.

Plus one

피드백제어의 구성요소
- 조절부 : 동작신호를 만드는 부분이며 기준 입력과 검출부 출력을 합하여 제어계가 작용을 하는 데 필요한 동작신호를 만들어 조작부에 보내는 장치이다.
- 조작부 : 조절부에서 받은 신호를 조작량으로 변화하여 제어대상에 작용하게 하는 부분이다.
- 제어대상 : 기계, 프로세스, 시스템의 전체 또는 일부가 여기에 속하며 제어하고자 하는 대상을 말한다.
- 검출부 : 제어량을 검출하고 기준 입력신호와 비교시키는 부분으로 주궤환 신호를 만드는 부분이다.

26 자동제어계를 제어목적에 의해 분류한 경우를 설명한 것 중 틀린 것은?

① 정치제어 : 제어량을 주어진 일정목표로 유지시키기 위한 제어
② 추종제어 : 목표치가 시간에 따라 변화하는 제어
③ 프로그램제어 : 목표치가 프로그램대로 변하는 제어
④ 서보제어 : 선박의 방향제어계인 서보제어는 정치제어와 같은 성질

해설

목푯값의 시간적 성질에 의한 분류
- 정치제어 : 목푯값이 시간에 대하여 변화하지 않는 제어로서 정전압장치나 일정 속도제어에 적용된다.
- 추종제어 : 목푯값이 시간에 따라 임의로 변하는 제어로서 목푯값에 제어량을 추종시키는 추치제어이며 대공포의 포신제어, 자동 아날로그 선반에 적용된다.
- 프로그램제어 : 목푯값이 시간적으로 미리 정해진 대로 변화하고 제어량을 추종시키는 제어로서 열처리 노의 온도제어, 무인으로 운전되는 열차나 엘리베이터에 적용된다.
- 서보제어 : 물체의 위치, 방위, 자세, 각도 등의 상태량을 제어하는 것으로 선박의 방향제어에 적용하며 추치제어(목푯값이 시간에 따라서 변하며 목푯값에 정확히 추종하는 제어)에 속한다.

27 그림의 논리기호를 표시한 것으로 옳은 식은?

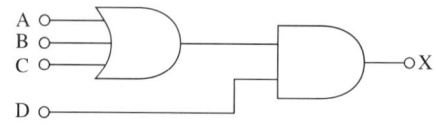

① $X = (A \cdot B \cdot C) \cdot D$
② $X = (A + B + C) \cdot D$
③ $X = (A \cdot B \cdot C) + D$
④ $X = A + B + C + D$

해설

논리기호의 논리식
출력 $X = (A + B + C) \cdot D$

Plus one
- AND 회로의 논리식 : $X = A \cdot B$
- OR 회로의 논리식 : $X = A + B$

28 20[Ω]과 40[Ω]의 병렬회로에서 20[Ω]에 흐르는 전류가 10[A]라면, 이 회로에 흐르는 총 전류는 몇 [A]인가?

① 5 ② 10
③ 15 ④ 20

해설

저항의 병렬접속
- 합성저항 $R = \dfrac{R_1 \times R_2}{R_1 + R_2}[\Omega]$
- 저항을 병렬로 접속하면 전압이 일정하므로 $V = V_1 = V_2$이고 옴의 법칙 $V = IR$에서 $IR = I_1 R_1 = I_2 R_2$이다.

∴ $I \dfrac{R_1 \times R_2}{R_1 + R_2} = I_1 R_1$에서 회로에 흐르는 총 전류
$I = \dfrac{R_1 + R_2}{R_2} I_1 = \dfrac{20[\Omega] + 40[\Omega]}{40[\Omega]} \times 10[A] = 15[A]$

29 3상 유도전동기가 중부하로 운전되던 중 1선이 절단되면 어떻게 되는가?

① 전류가 감소한 상태에서 회전이 계속된다.
② 전류가 증가한 상태에서 회전이 계속된다.
③ 속도가 증가하고 부하전류가 급상승한다.
④ 속도가 감소하고 부하전류가 급상승한다.

해설

3상 유도전동기에서 1선이 절단되었을 경우 계속 운전하게 되면 단상전동기로 운전되어 속도가 감소하고 부하전류가 2배 가까이 급상승되어 과열로 인하여 전동기가 소손된다.

30 SCR의 양극 전류가 10[A]일 때 게이트 전류를 반으로 줄이면 양극 전류는 몇 [A]인가?

① 20 ② 10
③ 5 ④ 0.1

해설

SCR(실리콘제어정류소자) : 게이트에 전류를 흐르게 하여 On 상태가 되면 게이트 전류를 반으로 줄이거나 0으로 하여도 양극 전류는 10[A]로 계속 흐르게 된다. 이때 전류를 흐르지 않게 하기 위해서는 애노드 전압을 유지전압 이하로 하거나 역방향으로 전압을 가해야 한다.

31 비례+적분+미분동작(PID동작) 식을 바르게 나타낸 것은?

① $x_o = K_P\left(x_i + \dfrac{1}{T_I}\int x_i dt + T_D \dfrac{dx_i}{dt}\right)$

② $x_o = K_P\left(x_i - \dfrac{1}{T_I}\int x_i dt - T_D \dfrac{dx_i}{dt}\right)$

③ $x_o = K_P\left(x_i + \dfrac{1}{T_I}\int x_i dt + T_D \dfrac{dt}{dx_i}\right)$

④ $x_o = K_P\left(x_i - \dfrac{1}{T_I}\int x_i dt - T_D \dfrac{dt}{dx_i}\right)$

해설
비례적분미분동작(PID동작)
- 비례(P)동작에서 발생하는 정상편차를 적분(I)동작으로 개선하고 미분(D)동작을 적용하여 응답 속응성을 개선한 동작이다.
- PID동작 식 $x_o = K_P\left(x_i + \dfrac{1}{T_I}\int x_i dt + T_D \dfrac{dx_i}{dt}\right)$에서 라플라스변환하면 다음과 같다.

  $X(s) = K_P\left(1 + \dfrac{1}{T_I s} + T_D s\right)$

여기서, K_P : 비례감도, T_I : 적분시간, T_D : 미분시간

Plus one
연속제어의 전달함수
- 비례동작(P동작)의 전달함수 : $G(s) = K_P$
- 비례적분동작(PI동작)의 전달함수 :

  $G(s) = K_P\left(1 + \dfrac{1}{T_I s}\right)$
- 비례미분동작(PD동작)의 전달함수 :

  $G(s) = K_P(1 + T_D s)$
- 비례적분미분동작(PID동작)의 전달함수 :

  $G(s) = K_P\left(1 + \dfrac{1}{T_I s} + T_D s\right)$

32 그림과 같은 회로에서 분류기의 배율은?(단, 전류계 A의 내부저항은 R_A이며, R_S는 분류기 저항이다)

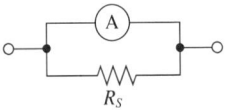

① $\dfrac{R_A}{R_A + R_S}$ ② $\dfrac{R_S}{R_A + R_S}$

③ $\dfrac{R_A + R_S}{R_S}$ ④ $\dfrac{R_A + R_S}{R_A}$

해설
분류기의 배율(m)
- 전류계의 측정범위를 확대하기 위하여 내부저항 R_A인 전류계에 병렬로 접속한 저항(R_S)을 분류기라 한다.
- 전압 $I_S\dfrac{R_A \cdot R_S}{R_A + R_S} = I_A R_A$에서 배율 $m = \dfrac{I_S}{I_A} = \dfrac{R_A + R_S}{R_S}$

Plus one
배율기의 배율(m)
- 직류 전압계의 측정범위를 확대하기 위하여 내부저항 R인 전압계에 직렬로 접속한 저항기이다.
- 전류 $\dfrac{V_m}{R_m + R} = \dfrac{V}{R}$에서

  배율 $m = \dfrac{V_m}{V} = \dfrac{R_m + R}{R} = 1 + \dfrac{R_m}{R}$

여기서, V : 전압계 전압[V], V_m : 측정전압[V]
R_m : 배율기 저항[Ω], R : 전압계 저항[Ω]

33 어떤 옥내배선에 380[V]의 전압을 가하였더니 0.2[mA]의 누설전류가 흘렀다. 이 배선의 절연저항은 몇 [MΩ]인가?

① 0.2 ② 1.9
③ 3.8 ④ 7.6

해설
옴의 법칙

전압 $V = IR$에서 저항 $R = \dfrac{V}{I}[\Omega]$

절연저항 $R = \dfrac{380[V]}{0.2 \times 10^{-3}[A]} = 1,900,000[\Omega] = 1.9[M\Omega]$

정답 31 ① 32 ③ 33 ②

34 변류기에 결선된 전류계가 고장이 나서 교체하는 경우 옳은 방법은?

① 변류기의 2차를 개방시키고 전류계를 교체한다.
② 변류기의 2차를 단락시키고 전류계를 교체한다.
③ 변류기의 2차를 접지시키고 전류계를 교체한다.
④ 변류기에 피뢰기를 연결하고 전류계를 교체한다.

해설

변류기의 2차 회로 : 변류기를 사용하는 중에 계전기나 전류계가 고장이 나서 교환할 경우에는 먼저 변류기의 2차 쪽을 단락시킨 다음 계전기나 전류계를 분리해야 한다. 그 이유는 2차 쪽을 개방한 채로 2차 회로를 열면 1차 쪽에 큰 전류가 흐르게 되어 1차 전류가 전부 여자전류로 되어 2차 쪽 단자에 대단히 높은 2차 기전력이 유도되어 절연이 파괴되고 소손될 우려가 있다.

Plus one

변류기(CT) : 고압 쪽 선로의 전류를 감시하고 측정하는 데에만 사용되며 1차 권선과 2차 권선 간의 전류비가 권선비의 역수와 일치하도록 설계된 높은 정밀도를 가지고 있는 변압기이다.

해설

콘덴서의 병렬접속
- 콘덴서를 병렬로 접속하면 합성 정전용량 $C = C_1 + C_2$ [F]
- 콘덴서를 병렬로 접속하면 전압이 일정하므로 $V = V_1 = V_2$이고 전하량 $V = \dfrac{Q}{C}$에서 $\dfrac{Q}{C} = \dfrac{Q_1}{C_1} = \dfrac{Q_2}{C_2}$이다.
- $\therefore \dfrac{Q}{C_1 + C_2} = \dfrac{Q_2}{C_2}$에서 C_2에 충전되는 전하량

$$Q_2 = \dfrac{C_2}{C_1 + C_2} Q \text{[C]}$$

Plus one

콘덴서의 직렬접속
- 합성 정전용량 $C = \dfrac{C_1 C_2}{C_1 + C_2}$ [F]
- 전하량 $Q = CV$에서 전기량이 일정($Q = Q_1 = Q_2$)하므로 $CV = C_1 V_1 = C_2 V_2$이다.
- $\therefore C_1$에 걸리는 전압 $V_1 = \dfrac{C_2}{C_1 + C_2} V$ [V],

  C_2에 걸리는 전압 $V_2 = \dfrac{C_1}{C_1 + C_2} V$ [V]

35 두 콘덴서 C_1, C_2를 병렬로 접속하고 전압을 인가하였더니, 전체 전하량이 Q[C]이었다. C_2에 충전된 전하량은?

① $\dfrac{C_1}{C_1 + C_2} Q$
② $\dfrac{C_1 + C_2}{C_1} Q$
③ $\dfrac{C_1 + C_2}{C_2} Q$
④ $\dfrac{C_2}{C_1 + C_2} Q$

36 논리식 $\overline{X} + XY$를 간략화한 것은?

① $\overline{X} + Y$
② $X + \overline{Y}$
③ $\overline{X} Y$
④ $X \overline{Y}$

해설

논리식의 간략화

$\overline{X} + XY = (\overline{X} + X)(\overline{X} + Y) = 1 \cdot \overline{X} + Y = \overline{X} + Y$

Plus one

논리대수의 기본법칙
- 배분법칙
  $A + (B \cdot C) = (A + B) \cdot (A + C)$
  $A \cdot (B + C) = (A \cdot B) + (A \cdot C)$
- 기본 대수의 정리
  $A \cdot A = A$ $A + A = A$
  $A \cdot 1 = A$ $A + 1 = 1$
  $A \cdot 0 = 0$ $A + 0 = A$
- 보원의 법칙
  $A \cdot \overline{A} = 0$ $A + \overline{A} = 1$

37 전기화재의 원인이 되는 누전전류를 검출하기 위해 사용되는 것은?

① 접지계전기 ② 영상변류기
③ 계기용변압기 ④ 과전류계전기

해설
영상변류기(ZCT) : 전선에 흐르는 부하전류에서 미소한 누전전류를 검출하는 변류기이다.

38 공기 중에 2[m]의 거리에 10[μC], 20[μC]의 두 점전하가 존재할 때 이 두 전하 사이에 작용하는 정전력은 약 몇 [N]인가?

① 0.45 ② 0.9
③ 1.8 ④ 3.6

해설
쿨롱의 법칙

정전력 $F = 9 \times 10^9 \times \dfrac{Q_1 Q_2}{r^2}$ [N]

$F = 9 \times 10^9 \times \dfrac{(10 \times 10^{-6}[C]) \times (20 \times 10^{-6}[C])}{(2[m])^2} = 0.45$ [N]

Plus one

쿨롱의 법칙에서 자기력

$F = 6.33 \times 10^4 \times \dfrac{m_1 m_2}{r^2}$ [N]

여기서, m_1, m_2 : 자극의 세기[Wb], r : 거리[m]

39 100[V], 1[kW]의 니크롬선을 3/4의 길이로 잘라서 사용할 때 소비전력은 약 몇 [W]인가?

① 1,000 ② 1,333
③ 1,430 ④ 2,000

해설
• 소비전력 $P = IV = \dfrac{V^2}{R}$ 에서

저항 $R = \dfrac{V^2}{P} = \dfrac{(100[V])^2}{1,000[W]} = 10[\Omega]$

• 저항 $R = \rho \dfrac{l}{A}$ [Ω]

여기서, ρ : 고유저항[Ω·m], l : 도선의 길이[m], A : 도선의 단면적[m²]

∴ 저항 R은 도선의 길이 l에 비례하므로 $R_1 = \dfrac{3}{4}R$ 이다.

최종 저항 $R_1 = \dfrac{3}{4}R$ 에서 $R_1 = \dfrac{3}{4} \times 10[\Omega] = 7.5[\Omega]$

∴ 소비전력 $P_1 = \dfrac{V^2}{R_1}$ 에서 $P_1 = \dfrac{(100[V])^2}{7.5[\Omega]} = 1,333.33[W]$

40 줄의 법칙에 관한 수식으로 틀린 것은?

① $H = I^2 R t$ [J]
② $H = 0.24 I^2 R t$ [cal]
③ $H = 0.12 V I t$ [J]
④ $H = \dfrac{1}{4.2} I^2 R t$ [cal]

해설
줄의 법칙(H)
• 도선에 전류가 흐르게 되면 저항에 의해 열이 발생되는 법칙이다.

발생하는 열 $H = IVt = I^2 R t = \dfrac{V^2}{R} t$ [J]

• 1[cal] = 4.2[J] 이므로 $1[J] = \dfrac{1}{4.2}$[cal] = 0.24[cal] 이다.

발생하는 열 $H = \dfrac{1}{4.2} I^2 R t = 0.24 I^2 R t$ [cal]

정답 37 ② 38 ① 39 ② 40 ③

제3과목 소방관계법규

41 아파트로 층수가 20층인 특정소방대상물에서 스프링클러설비를 해야 하는 층수는?(단, 아파트는 신축을 실시하는 경우이다)

① 전 층
② 15층 이상
③ 11층 이상
④ 6층 이상

해설
스프링클러설비 설치대상 : 6층 이상인 특정소방대상물의 경우에는 모든(전) 층

42 1급 소방안전관리대상물이 아닌 것은?

① 15층인 특정소방대상물(아파트는 제외한다)
② 가연성 가스를 2,000[t] 저장·취급하는 시설
③ 21층인 아파트로서 300세대인 것
④ 연면적 20,000[m²]인 문화 및 집회시설, 운동시설

해설
1급 소방안전관리대상물(화재예방법 영 별표 4)
- 30층 이상(지하층은 제외한다)이거나 지상으로부터 높이가 120[m] 이상인 아파트
- 연면적 15,000[m²] 이상인 특정소방대상물(아파트 및 연립주택은 제외한다)
- 층수가 11층 이상인 특정소방대상물(아파트는 제외한다)
- 가연성 가스를 1,000[t] 이상 저장·취급하는 시설

43 다음 중 중급기술자의 학력·경력자에 대한 기준으로 옳은 것은?(단, "학력·경력자"란 고등학교·대학 또는 이와 같은 수준 이상의 교육기관의 소방 관련 학과의 정해진 교육과정을 이수하고 졸업하거나 그 밖의 관계 법령에 따라 국내 또는 외국에서 이와 같은 수준 이상의 학력이 있다고 인정되는 사람을 말한다)

① 고등학교를 졸업한 후 10년 이상 소방 관련 업무를 수행한 사람
② 학사학위를 취득한 후 5년 이상 소방 관련 업무를 수행한 사람
③ 석사학위를 취득한 후 3년 이상 소방 관련 업무를 수행한 사람
④ 박사학위를 취득한 후 1년 이상 소방 관련 업무를 수행한 사람

해설
학력·경력 등에 따른 중급기술자의 자격(공사업법 규칙 별표 4의2)

학력·경력자	경력자
• 박사학위를 취득한 사람 • 석사학위를 취득한 후 2년 이상 소방 관련 업무를 수행한 사람 • 학사학위를 취득한 후 5년 이상 소방 관련 업무를 수행한 사람 • 전문학사학위를 취득한 후 8년 이상 소방 관련 업무를 수행한 사람 • 고등학교 소방학과를 졸업한 후 10년 이상 소방 관련 업무를 수행한 사람 • 고등학교를 졸업한 후 12년 이상 소방 관련 업무를 수행한 사람	• 학사 이상의 학위를 취득한 후 9년 이상 소방 관련 업무를 수행한 사람 • 전문학사학위를 취득한 후 12년 이상 소방 관련 업무를 수행한 사람 • 고등학교를 졸업한 후 15년 이상 소방 관련 업무를 수행한 사람 • 18년 이상 소방 관련 업무를 수행한 사람

44 화재안전조사 결과에 따른 조치명령으로 손실을 입어 손실을 보상하는 경우 그 손실을 입은 자는 누구와 손실보상을 협의해야 하는가?

① 소방서장　　② 시·도지사
③ 소방본부장　　④ 행정안전부장관

해설
화재안전조사 조치명령에 따른 손실 보상협의 : 시·도지사(화재예방법 제15조)

45 화재의 예방 및 안전관리에 관한 법령상 특수가연물의 저장·취급기준 중 석탄·목탄류를 발전용 외의 것으로 저장하는 경우 쌓는 부분의 바닥면적은 몇 [m²] 이하인가?(단, 살수설비를 설치하거나 방사능력 범위에 해당 특수가연물이 포함되도록 대형수동식소화기를 설치하는 경우이다)

① 200[m²]　　② 250[m²]
③ 300[m²]　　④ 350[m²]

해설
특수가연물의 저장 및 취급기준(영 별표 3) : 다음의 기준에 따라 쌓아 저장해야 한다. 다만, 석탄·목탄류를 발전(發電)용으로 저장하는 경우에는 제외한다.
- 품명별로 구분하여 쌓을 것
- 특수가연물을 쌓아 저장하는 기준

구 분	살수설비를 설치하거나 방사능력 범위에 해당 특수가연물이 포함되도록 대형수동식소화기를 설치하는 경우	그 밖의 경우
높이	15[m] 이하	10[m] 이하
쌓는 부분의 바닥면적	200[m²] (석탄·목탄류의 경우에는 300[m²]) 이하	50[m²](석탄·목탄류의 경우에는 200[m²]) 이하

46 소방기본법상 명령권자가 소방본부장, 소방서장 또는 소방대장에게 있는 사항은?

① 소방활동을 할 때에 긴급한 경우에는 이웃한 소방본부장 또는 소방서장에게 소방업무의 응원을 요청할 수 있다.
② 화재, 재난·재해, 그 밖의 위급한 상황이 발생한 현장에서 소방활동을 위하여 필요할 때는 그 관할 구역에 사는 사람 또는 그 현장에 있는 사람으로 하여금 사람을 구출하는 일 또는 불을 끄거나 불이 번지지 않도록 하는 일을 하게 할 수 있다.
③ 공공의 안녕 질서유지 또는 복리증진을 위하여 산불에 대한 예방·진압 등 지원활동을 하게 할 수 있다.
④ 화재, 재난·재해, 그 밖의 위급한 상황이 발생하였을 때는 소방대를 현장에 신속하게 출동시켜 화재진압과 인명구조·구급 등 소방에 필요한 활동(소방활동)을 하게 해야 한다.

해설
- ①(법 제11조)은 소방본부장 또는 소방서장의 업무이다.
- ③(법 제16조의 2), ④(법 제16조)는 소방청장, 소방본부장, 소방서장의 업무이다.

소방본부장, 소방서장, 소방대장의 업무(법 제24조) : 소방본부장, 소방서장 또는 소방대장은 화재, 재난·재해, 그 밖의 위급한 상황이 발생한 현장에서 소방활동을 위하여 필요할 때는 그 관할 구역에 사는 사람 또는 그 현장에 있는 사람으로 하여금 사람을 구출하는 일 또는 불을 끄거나 불이 번지지 않도록 하는 일을 하게 할 수 있다.

정답　44 ②　45 ③　46 ②

47 경유의 저장량이 2,000[L], 중유의 저장량이 4,000[L], 등유의 저장량이 2,000[L]인 저장소에 있어서 지정수량의 배수는?

① 동 일   ② 6배
③ 3배   ④ 2배

해설
제4류 위험물의 지정수량

항목\종류	경유	중유	등유
품명	제2석유류 (비수용성)	제3석유류 (비수용성)	제2석유류 (비수용성)
지정수량	1,000[L]	2,000[L]	1,000[L]

지정수량의 배수 = $\frac{저장량}{지정수량} + \frac{저장량}{지정수량} + \cdots$

$= \frac{2,000[L]}{1,000[L]} + \frac{4,000[L]}{2,000[L]} + \frac{2,000[L]}{1,000[L]}$

= 6배

48 소방용수시설 중 소화전과 급수탑의 설치기준으로 틀린 것은?

① 급수탑 급수배관의 구경은 100[mm] 이상으로 할 것
② 소화전은 상수도와 연결하여 지하식 또는 지상식의 구조로 할 것
③ 소방용 호스와 연결하는 소화전의 연결금속구의 구경은 65[mm]로 할 것
④ 급수탑의 개폐밸브는 지상에서 1.5[m] 이상 1.8[m] 이하의 위치에 설치할 것

해설
급수탑의 개폐밸브(소방기본법 규칙 별표 3) : 지상 1.5[m] 이상 1.7[m] 이하에 설치

49 특정소방대상물의 관계인이 소방안전관리자를 해임한 경우 재선임을 해야 하는 기준은?(단, 해임한 날부터 기준일로 한다)

① 10일 이내   ② 20일 이내
③ 30일 이내   ④ 40일 이내

해설
소방안전관리자
- 해임신고 : 의무사항이 아니다.
- 재선임기간 : 해임 또는 퇴직한 날부터 30일 이내
- 선임신고 : 선임한 날부터 14일 이내
- 누구에게 : 소방본부장 또는 소방서장

50 화재의 예방 및 안전관리에 관한 법령상 관계인의 업무가 아닌 것은?

① 소방훈련 및 교육
② 피난시설, 방화구획 및 방화시설의 유지·관리
③ 소방시설이나 그 밖의 소방 관련 시설의 관리
④ 화기 취급의 감독

해설
소방안전관리자 업무(법 제24조)
(㉠, ㉡, ㉢의 업무는 소방안전관리대상물의 경우에만 해당한다)
㉠ 피난계획에 관한 사항과 대통령령으로 정하는 사항이 포함된 소방계획서의 작성 및 시행
㉡ 자위소방대(自衛消防隊) 및 초기대응체계의 구성·운영·교육
㉢ 피난시설, 방화구획 및 방화시설의 관리
㉣ 소방시설이나 그 밖의 소방 관련 시설의 관리
㉤ 소방훈련 및 교육
㉥ 화기(火氣) 취급의 감독
㉦ 화재발생 시 초기대응
[결론]
① 특정소방대상물의 관계인(소방안전관리자)의 업무 : ㉣, ㉤, ㉥, ㉦
② 소방안전관리대상물의 소방안전관리자의 업무 : ㉠~㉦까지 전부

51 위험물안전관리법령상 지정문화유산 및 천연기념물 등과 위험물제조소 등과의 수평거리를 몇 [m] 이상 유지해야 하는가?

① 20   ② 30
③ 50   ④ 70

해설
지정문화유산 및 천연기념물 등과 위험물제조소와의 안전거리 : 50[m] 이상

47 ② 48 ④ 49 ③ 50 ① 51 ③

52 소방시설 설치 및 관리에 관한 법령상 소방시설 등에 대한 자체점검을 하지 않거나 관리업자 등으로 하여금 정기적으로 점검하게 하지 않은 자에 대한 벌칙기준으로 옳은 것은?

① 1년 이하의 징역 또는 1,000만원 이하의 벌금
② 3년 이하의 징역 또는 1,500만원 이하의 벌금
③ 3년 이하의 징역 또는 3,000만원 이하의 벌금
④ 6개월 이하의 징역 또는 1,000만원 이하의 벌금

해설
1년 이하의 징역 또는 1,000만원 이하의 벌금 : 소방시설 등에 대한 자체점검을 하지 않거나 관리업자 등으로 하여금 정기적으로 점검하게 하지 않은 자

53 소방기본법령상 소방본부의 종합상황실 실장이 소방청의 종합상황실에 서면·팩스 또는 컴퓨터통신 등으로 보고해야 하는 화재의 기준에 해당되지 않는 것은?

① 항구에 매어 둔 총톤수가 1,000[t] 이상인 선박에 발생한 화재
② 연면적 15,000[m²] 이상인 공장 또는 화재예방강화지구에서 발생한 화재
③ 지정수량의 1,000배 이상의 위험물의 제조소·저장소·취급소에서 발생한 화재
④ 5층 이상이거나 병상이 30개 이상인 종합병원·정신병원·한방병원·요양소에서 발생한 화재

해설
소방본부 종합상황실 보고상황(규칙 제3조)
• 관광호텔, 층수가 11층 이상인 건축물, 지하상가, 시장, 백화점, 지정수량의 3,000배 이상의 위험물의 제조소·저장소·취급소, 층수가 5층 이상이거나 객실이 30실 이상인 숙박시설, 층수가 5층 이상이거나 병상이 30개 이상인 종합병원·정신병원·한방병원·요양소, 연면적 15,000[m²] 이상인 공장 또는 화재예방강화지구에서 발생한 화재
• 철도차량, 항구에 매어 둔 총톤수가 1,000[t] 이상인 선박, 항공기, 발전소 또는 변전소에서 발생한 화재

54 소방시설공사업법령상 상주공사감리 대상 기준 중 다음 ㉠, ㉡, ㉢에 알맞은 것은?

• 연면적 (㉠)[m²] 이상의 특정소방대상물(아파트는 제외)에 대한 소방시설의 공사
• 지하층을 포함한 층수가 (㉡)층 이상으로서 (㉢)세대 이상인 아파트에 대한 소방시설의 공사

① ㉠ 10,000, ㉡ 11, ㉢ 600
② ㉠ 10,000, ㉡ 16, ㉢ 500
③ ㉠ 30,000, ㉡ 11, ㉢ 600
④ ㉠ 30,000, ㉡ 16, ㉢ 500

해설
상주공사감리 대상(영 별표 3)
• 연면적 30,000[m²] 이상의 특정소방대상물(아파트는 제외)에 대한 소방시설의 공사
• 지하층을 포함한 층수가 16층 이상으로서 500세대 이상인 아파트에 대한 소방시설의 공사

55 화재의 예방 및 안전관리에 관한 법령상 화재안전조사위원회의 위원에 해당하지 않는 사람은?

① 소방기술사
② 소방시설관리사
③ 소방 관련 분야의 석사 이상 학위를 취득한 사람
④ 소방 관련 법인 또는 단체에서 소방 관련 업무에 3년 이상 종사한 사람

해설
화재안전조사위원회의 위원(영 제11조)
• 과장급 직위 이상의 소방공무원
• 소방기술사
• 소방시설관리사
• 소방 관련 분야의 석사 이상 학위를 취득한 사람
• 소방 관련 법인 또는 단체에서 소방 관련 업무에 5년 이상 종사한 사람
• 소방공무원 교육기관, 학교 또는 연구소에서 소방과 관련한 교육 또는 연구에 5년 이상 종사한 사람

정답 52 ① 53 ③ 54 ④ 55 ④

56 제3류 위험물 중 금수성 물품에 적응성이 있는 소화약제는?

① 물
② 강화액
③ 팽창질석
④ 인산염류 분말

해설
금수성 물품의 소화약제 : 마른모래, 팽창질석, 팽창진주암

57 화재가 발생하는 경우 인명 또는 재산의 피해가 클 것으로 예상되는 때 소방대상물의 개수ㆍ이전ㆍ제거, 사용금지 등의 필요한 조치를 명할 수 있는 자는?

① 시ㆍ도지사
② 의용소방대장
③ 기초자치단체장
④ 소방본부장 또는 소방서장

해설
소방대상물의 개수명령권자(화재예방법 제14조) : 소방관서장(소방청장, 소방본부장 또는 소방서장)

58 화재의 예방 및 안전관리에 관한 법령상 소방관서장은 소방에 필요한 훈련 및 교육을 실시하려는 경우에는 화재예방강화지구 안의 관계인에게 훈련 및 교육 며칠 전까지 그 사실을 통보해야 하는가?

① 5일
② 7일
③ 10일
④ 14일

해설
소방관서장(소방청장, 소방본부장 또는 소방서장)은 소방에 필요한 훈련 및 교육을 실시하려는 경우에는 화재예방강화지구 안의 관계인에게 훈련 또는 교육 10일 전까지 그 사실을 통보해야 한다(영 제20조).

59 화재의 예방 및 안전관리에 관한 법령상 보일러, 난로, 건조설비, 가스ㆍ전기시설, 그 밖에 화재 발생 우려가 있는 설비 또는 기구 등의 위치ㆍ구조 및 관리와 화재 예방을 위하여 불을 사용할 때 지켜야 하는 사항은 무엇으로 정하는가?

① 총리령
② 대통령령
③ 시ㆍ도의 조례
④ 행정안전부령

해설
보일러, 난로, 건조설비, 가스ㆍ전기시설, 그 밖에 화재 발생 우려가 있는 설비 또는 기구 등의 위치ㆍ구조 및 관리와 화재 예방을 위하여 불을 사용할 때 지켜야 하는 사항은 대통령령으로 정한다(법 제17조).

60 위험물운송자 자격을 취득하지 않은 자가 위험물 이동탱크저장소 운전 시의 벌칙으로 옳은 것은?

① 100만원 이하의 벌금
② 300만원 이하의 벌금
③ 500만원 이하의 벌금
④ 1,000만원 이하의 벌금

해설
1,000만원 이하의 벌금 : 규정을 위반한 위험물운송자

제4과목 소방전기시설의 구조 및 원리

61 경계전로의 누설전류를 자동적으로 검출하여 이를 누전경보기의 수신부에 송신하는 것을 무엇이라고 하는가?

① 수신부　　② 확성기
③ 변류기　　④ 증폭기

해설

누전경보기의 용어 정의(NFTC 205)
- 수신부 : 변류기로부터 검출된 신호를 수신하여 누전의 발생을 해당 특정소방대상물의 관계인에게 경보하여 주는 것(차단기구를 갖는 것을 포함)을 말한다.
- 변류기 : 경계전로의 누설전류를 자동적으로 검출하여 이를 누전경보기의 수신부에 송신하는 것을 말한다.

Plus one

비상방송설비의 용어 정의(NFTC 202)
- 확성기 : 소리를 크게 하여 멀리까지 전달될 수 있도록 하는 장치로써 일명 스피커를 말한다.
- 증폭기 : 전압, 전류의 진폭을 늘려 감도를 좋게 하고 미약한 음성전류를 커다란 음성전류로 변화시켜 소리를 크게 하는 장치를 말한다.

62 누전경보기의 5~10회로까지 사용할 수 있는 집합형 수신기 내부결선도에서 구성요소가 아닌 것은?

① 제어부　　② 증폭부
③ 조작부　　④ 자동입력 절환부

해설

누전경보기(누전경보기의 형식승인 및 제품검사의 기술기준 제2조)
- 사용전압 600[V] 이하인 경계전로의 누설전류를 검출하여 해당 소방대상물의 관계자에게 경보를 발하는 설비로서 변류기와 수신부로 구성된 것을 말한다.
- 집합형 수신기의 내부결선도의 구성요소
  - 전원부
  - 제어부
  - 증폭부
  - 회로접합부
  - 자동입력 절환부

63 비상콘센트설비의 화재안전기술기준에서 정하고 있는 저압의 정의는?

① 직류는 1,500[V] 이하, 교류는 1,000[V] 이하인 것
② 직류는 1,000[V] 이하, 교류는 1,000[V] 이하인 것
③ 직류는 1,500[V]를, 교류는 1,000[V]를 넘고 7,000[V] 이하인 것
④ 직류는 1,000[V]를, 교류는 1,000[V]를 넘고 7,000[V] 이하인 것

해설

비상콘센트설비에서 전압의 구분(NFTC 504)
- 저압 : 직류는 1.5[kV](1,500[V]) 이하, 교류는 1[kV](1,000[V]) 이하인 것
- 고압 : 직류는 1.5[kV](1,500[V])를, 교류는 1[kV](1,000[V])를 초과하고 7[kV](7,000[V]) 이하인 것
- 특고압 : 7[kV](7,000[V])를 초과하는 것

정답 61 ③ 62 ③ 63 ①

64 비상방송설비의 음향장치는 정격전압의 몇 [%] 전압에서 음향을 발할 수 있는 것으로 해야 하는가?

① 80[%] ② 90[%]
③ 100[%] ④ 110[%]

해설
비상방송설비의 음향장치 설치기준(NFTC 202) : 음향장치는 정격전압의 80[%] 전압에서 음향을 발할 수 있는 것으로 할 것

65 자가발전설비, 비상전원수전설비, 축전지설비 또는 전기저장장치(외부 전기에너지를 저장해 두었다가 필요한 때 전기를 공급하는 장치)를 비상콘센트설비의 비상전원으로 설치해야 하는 특정소방대상물로 옳은 것은?

① 지하층을 제외한 층수가 4층 이상으로서 연면적 600[m²] 이상인 특정소방대상물
② 지하층을 제외한 층수가 5층 이상으로서 연면적 1,000[m²] 이상인 특정소방대상물
③ 지하층을 제외한 층수가 6층 이상으로서 연면적 1,500[m²] 이상인 특정소방대상물
④ 지하층을 제외한 층수가 7층 이상으로서 연면적 2,000[m²] 이상인 특정소방대상물

해설
비상콘센트설비의 전원 설치기준(NFTC 504) : 지하층을 제외한 층수가 7층 이상으로서 연면적이 2,000[m²] 이상이거나 지하층의 바닥면적의 합계가 3,000[m²] 이상인 특정소방대상물의 비상콘센트설비에는 자가발전설비, 비상전원수전설비, 축전지설비 또는 전기저장장치를 비상전원으로 설치할 것. 다만, 2 이상의 변전소에서 전력을 동시에 공급받을 수 있거나 하나의 변전소로부터 전력의 공급이 중단되는 때는 자동으로 다른 변전소로부터 전력을 공급받을 수 있도록 상용전원을 설치한 경우에는 비상전원을 설치하지 않을 수 있다.

66 불꽃감지기의 설치기준으로 틀린 것은?

① 수분이 많이 발생할 우려가 있는 장소에는 방수형으로 설치할 것
② 감지기를 천장에 설치하는 경우에는 감지기는 천장을 향하여 설치할 것
③ 감지기는 화재감지를 유효하게 감지할 수 있는 모서리 또는 벽 등에 설치할 것
④ 감지기는 공칭감시거리와 공칭시야각을 기준으로 감시구역이 모두 포용될 수 있도록 설치할 것

해설
자동화재탐지설비의 불꽃감지기 설치기준(NFTC 203)
• 수분이 많이 발생할 우려가 있는 장소에는 방수형으로 설치할 것
• 감지기를 천장에 설치하는 경우에는 감지기는 바닥을 향하여 설치할 것
• 감지기는 화재감지를 유효하게 감지할 수 있는 모서리 또는 벽 등에 설치할 것
• 감지기는 공칭감시거리와 공칭시야각을 기준으로 감시구역이 모두 포용될 수 있도록 설치할 것
• 공칭감시거리 및 공칭시야각은 형식승인 내용에 따를 것

67 무선통신보조설비 증폭기 및 무선중계기를 설치하는 경우의 설치기준으로 틀린 것은?

① 상용전원은 전기가 정상적으로 공급되는 축전지설비, 전기저장장치 또는 교류전압의 옥내간선으로 하고, 전원까지의 배선은 전용으로 할 것
② 증폭기의 전면에는 주 회로 전원의 정상 여부를 표시할 수 있는 표시등 및 전류계를 설치할 것
③ 증폭기에는 비상전원이 부착된 것으로 하고, 해당 비상전원 용량은 무선통신보조설비를 유효하게 30분 이상 작동시킬 수 있는 것으로 할 것
④ 증폭기 및 무선중계기를 설치하는 경우에는 전파법의 규정에 따른 적합성평가를 받은 제품으로 설치할 것

해설
무선통신보조설비의 증폭기 및 무선중계기 설치기준(NFTC 505)
- 상용전원은 전기가 정상적으로 공급되는 축전지설비, 전기저장장치(외부 전기에너지를 저장해 두었다가 필요한 때 전기를 공급하는 장치) 또는 교류전압의 옥내간선으로 하고, 전원까지의 배선은 전용으로 할 것
- 증폭기의 전면에는 주 회로 전원의 정상 여부를 표시할 수 있는 표시등 및 전압계를 설치할 것
- 증폭기에는 비상전원이 부착된 것으로 하고 해당 비상전원 용량은 무선통신보조설비를 유효하게 30분 이상 작동시킬 수 있는 것으로 할 것
- 증폭기 및 무선중계기를 설치하는 경우에는 전파법 제58조의2에 따른 적합성평가를 받은 제품으로 설치하고 임의로 변경하지 않도록 할 것

68 정온식 감지선형 감지기에 관한 설명으로 옳은 것은?

① 일국소의 주위온도 변화에 따라서 차동식 및 정온식의 성능을 갖는 것을 말한다.
② 일국소의 주위온도가 일정한 온도 이상이 되었을 때 작동하는 것으로서 외관이 전선과 같이 선형으로 되어 있는 것을 말한다.
③ 주위온도가 일정 상승률 이상이 되는 경우에 작동하는 것으로서 일국소에서의 열효과에 의하여 작동되는 것을 말한다.
④ 주위온도가 일정 상승률 이상이 되는 경우에 작동하는 것으로서 넓은 범위 내에서의 열효과의 누적에 의하여 작동되는 것을 말한다.

해설
열감지기의 구분(감지기의 형식승인 및 제품검사의 기술기준 제3조)
- 정온식 감지선형 감지기 : 일국소의 주위온도가 일정한 온도 이상이 되는 경우에 작동하는 것으로서 외관이 전선과 같이 선형으로 되어 있는 것을 말한다.
- 정온식 스포트형 감지기 : 일국소의 주위온도가 일정한 온도 이상이 되는 경우에 작동하는 것으로서 외관이 전선과 같이 선형으로 되어 있지 않은 것을 말한다.
- 차동식 스포트형 감지기 : 주위온도가 일정 상승률 이상이 되는 경우에 작동하는 것으로서 일국소에서의 열 효과에 의하여 작동되는 것을 말한다.
- 차동식 분포형 감지기 : 주위온도가 일정 상승률 이상이 되는 경우에 작동하는 것으로서 넓은 범위 내에서의 열 효과의 누적에 의하여 작동되는 것을 말한다.

69 축전지의 자기방전량을 보충함과 동시에 상용부하에 대한 전력공급은 충전기가 부담하도록 하되 충전기가 부담하기 어려운 일시적인 대전류 부하는 축전지로 하여금 부담하게 하는 충전방식은?

① 과충전방식
② 균등충전방식
③ 부동충전방식
④ 세류충전방식

해설
축전지 충전방식의 분류
- 부동충전방식 : 축전지의 자기방전량을 보충함과 동시에 상용부하에 대한 전력공급은 충전기가 부담하고 충전기가 부담하기 어려운 일시적인 대전류 부하는 축전지가 부담하게 하는 방식이다.
- 보통충전방식 : 필요할 때마다 표준시간율[Ah]로 충전하는 방식이다.
- 급속충전방식 : 비교적 단시간에 충전전류의 2~3배의 전류로 충전하는 방식이다.
- 균등충전방식 : 부동충전방식의 전압보다 약간 높은 정전압으로 충분한 시간동안 충전함으로써 전체 셀의 전압 및 비중상태를 균등하게 되도록 하기 위한 충전방식이다.
- 세류충전방식 : 축전지의 자기방전량만 충전하기 위해 부하를 제거한 상태에서 미소전류로 충전하는 방식이다.

정답 67 ② 68 ② 69 ③

70 단독경보형감지기 중 연동식감지기의 무선기능에 대한 설명으로 옳은 것은?

① 화재신호를 수신한 단독경보형감지기는 60초 이내에 경보를 발해야 한다.
② 무선통신 점검은 단독경보형감지기가 서로 송수신하는 방식으로 한다.
③ 작동한 단독경보형감지기는 화재경보가 정지하기 전까지 100초 이내 주기마다 화재신호를 발신해야 한다.
④ 무선통신 점검은 24시간 이내에 자동으로 실시하고 이때 통신이상이 발생하는 경우에는 300초 이내에 통신이상 상태의 단독경보형감지기를 확인할 수 있도록 표시 및 경보를 해야 한다.

해설
단독경보형감지기 중 연동식감지기의 무선기능(감지기의 형식승인 및 제품검사의 기술기준 제5조의4)
- 화재신호를 수신한 단독경보형감지기는 10초 이내에 경보를 발해야 한다.
- 무선통신 점검은 단독경보형감지기가 서로 송수신하는 방식으로 한다.
- 작동한 단독경보형감지기는 화재경보가 정지하기 전까지 60초 이내 주기마다 화재신호를 발신해야 한다.
- 무선통신 점검은 24시간 이내에 자동으로 실시하고 이때 통신이상이 발생하는 경우에는 200초 이내에 통신이상 상태의 단독경보형감지기를 확인할 수 있도록 표시 및 경보를 해야 한다.

71 정온식 감지기의 설치 시 공칭작동온도가 최고 주위온도보다 최소 몇 [℃] 이상 높은 것으로 설치해야 하는가?

① 10[℃]   ② 20[℃]
③ 30[℃]   ④ 40[℃]

해설
자동화재탐지설비의 감지기 설치기준(NFTC 203)
- 정온식 감지기는 주방·보일러실 등으로서 다량의 화기를 취급하는 장소에 설치하되, 공칭작동온도가 최고 주위온도보다 20[℃] 이상 높은 것으로 설치할 것
- 보상식 스포트형 감지기는 정온점이 감지기 주위의 평상시 최고온도보다 20[℃] 이상 높은 것으로 설치할 것

72 무선통신보조설비의 누설동축케이블의 설치기준으로 틀린 것은?

① 끝부분에는 반사 종단저항을 견고하게 설치할 것
② 고압의 전로로부터 1.5[m] 이상 떨어진 위치에 설치할 것
③ 금속판 등에 따라 전파의 복사 또는 특성이 현저하게 저하되지 않는 위치에 설치할 것
④ 불연 또는 난연성의 것으로서 습기 등의 환경조건에 따라 전기의 특성이 변질되지 않는 것으로 설치할 것

해설
무선통신보조설비의 누설동축케이블 설치기준(NFTC 505)
- 누설동축케이블의 끝부분에는 무반사 종단저항을 견고하게 설치할 것
- 누설동축케이블 및 안테나는 고압의 전로로부터 1.5[m] 이상 떨어진 위치에 설치할 것
- 누설동축케이블 및 안테나는 금속판 등에 따라 전파의 복사 또는 특성이 현저하게 저하되지 않는 위치에 설치할 것
- 누설동축케이블 및 동축케이블은 불연 또는 난연성의 것으로서 습기 등의 환경조건에 따라 전기의 특성이 변질되지 않는 것으로 하고, 노출하여 설치한 경우에는 피난 및 통행에 장애가 없도록 할 것

73 소화활동 시 안내방송에 사용하는 증폭기의 종류로 옳은 것은?

① 탁상형   ② 휴대형
③ Desk형   ④ Rack형

해설
소화활동 시 안내방송에 사용하는 증폭기는 휴대형이다.

74 계단통로유도등은 각 층의 경사로 참 또는 계단참마다 설치하도록 하고 있는데 1개 층에 경사로 참 또는 계단참이 2 이상 있는 경우에는 몇 개의 계단참마다 계단통로유도등을 설치해야 하는가?

① 2개
② 3개
③ 4개
④ 5개

해설
계단통로유도등의 설치개수(NFTC 303) : 각 층의 경사로 참 또는 계단참마다(1개 층에 경사로 참 또는 계단참이 2 이상 있는 경우에는 2개의 계단참마다) 설치할 것

Plus one
객석유도등의 설치기준
- 객석유도등은 객석의 통로, 바닥 또는 벽에 설치해야 한다.
- 객석 내의 통로가 경사로 또는 수평로로 되어 있는 부분은 설치개수의 산출식에 따라 산출한 개수(소수점 이하의 수는 1로 본다)의 유도등을 설치해야 한다.

설치개수 = $\dfrac{\text{객석 통로의 직선부분 길이[m]}}{4} - 1$

75 자동화재탐지설비의 수신기의 각 회로별 종단에 설치되는 감지기에 접속되는 배선의 전압은 감지기 정격전압의 최소 몇 [%] 이상이어야 하는가?

① 50[%]
② 60[%]
③ 70[%]
④ 80[%]

해설
자동화재탐지설비 감지기회로의 배선(NFTC 203) : 자동화재탐지설비의 감지기회로의 전로저항은 50[Ω] 이하가 되도록 해야 하며, 수신기의 각 회로별 종단에 설치되는 감지기에 접속되는 배선의 전압은 감지기 정격전압의 80[%] 이상이어야 할 것

76 비상벨설비 또는 자동식사이렌설비에는 그 설비에 대한 감시상태를 몇 시간 지속한 후 유효하게 10분 이상 경보할 수 있는 비상전원으로서 축전지설비(수신기를 내장하는 경우를 포함한다)를 설치해야 하는가?

① 1시간
② 2시간
③ 4시간
④ 6시간

해설
비상벨설비 또는 자동식사이렌설비의 설치기준(NFTC 201) : 비상벨설비 또는 자동식사이렌설비에는 그 설비에 대한 감시상태를 60분(1시간)간 지속한 후 유효하게 10분 이상 경보할 수 있는 비상전원으로서 축전지설비(수신기에 내장하는 경우를 포함) 또는 전기저장장치(외부 전기에너지를 저장해 두었다가 필요한 때 전기를 공급하는 장치)를 설치해야 한다. 다만, 상용전원이 축전지설비인 경우 또는 건전지를 주전원으로 사용하는 무선식 설비인 경우에는 그렇지 않다.

77 자동화재속보설비의 설치기준으로 틀린 것은?

① 조작스위치는 바닥으로부터 1[m] 이상 1.5[m] 이하의 높이에 설치할 것
② 속보기는 소방관서에 통신망으로 통보하도록 하며, 데이터 또는 코드전송방식을 부가적으로 설치할 수 있다.
③ 자동화재탐지설비와 연동으로 작동하여 자동적으로 화재신호를 소방관서에 전달되는 것으로 할 것
④ 속보기는 소방청장이 정하여 고시한 자동화재속보설비의 속보기의 성능인증 및 제품검사의 기술기준에 적합한 것으로 설치할 것

해설
자동화재속보설비의 설치기준(NFTC 204)
- 조작스위치는 바닥으로부터 0.8[m] 이상 1.5[m] 이하의 높이에 설치할 것
- 속보기는 소방관서에 통신망으로 통보하도록 하며, 데이터 또는 코드전송방식을 부가적으로 설치할 수 있다.
- 자동화재탐지설비와 연동으로 작동하여 자동적으로 화재신호를 소방관서에 전달되는 것으로 할 것. 이 경우 부가적으로 특정소방대상물의 관계인에게 화재신호를 전달되도록 할 수 있다.
- 속보기는 소방청장이 정하여 고시한 자동화재속보설비의 속보기의 성능인증 및 제품검사의 기술기준에 적합한 것으로 설치할 것

78 휴대용 비상조명등의 설치 높이는?

① 0.8~1.0[m]　② 0.8~1.5[m]
③ 1.0~1.5[m]　④ 1.0~1.8[m]

해설

휴대용 비상조명등의 설치기준(NFTC 304) : 설치높이는 바닥으로부터 0.8[m] 이상 1.5[m] 이하의 높이에 설치할 것

79 자동화재탐지설비의 화재안전기술기준에서 사용하는 용어가 아닌 것은?

① 중계기
② 경계구역
③ 시각경보장치
④ 단독경보형감지기

해설

자동화재탐지설비의 용어 정의(NFTC 203)
- 중계기 : 감지기·발신기 또는 전기적인 접점 등의 작동에 따른 신호를 받아 이를 수신기에 전송하는 장치를 말한다.
- 경계구역 : 특정소방대상물 중 화재신호를 발신하고 그 신호를 수신 및 유효하게 제어할 수 있는 구역을 말한다.
- 시각경보장치 : 자동화재탐지설비에서 발하는 화재신호를 시각경보기에 전달하여 청각장애인에게 점멸형태의 시각경보를 하는 것을 말한다.
- 수신기 : 감지기나 발신기에서 발하는 화재신호를 직접 수신하거나 중계기를 통하여 수신하여 화재의 발생을 표시 및 경보하여 주는 장치를 말한다.
- 감지기 : 화재 시 발생하는 열, 연기, 불꽃 또는 연소생성물을 자동적으로 감지하여 수신기에 화재신호 등을 발신하는 장치를 말한다.

Plus one

비상경보설비 및 단독경보형감지기(NFTC 201)
단독경보형감지기란 화재 발생 상황을 단독으로 감지하여 자체에 내장된 음향장치로 경보하는 감지기를 말한다.

80 비상경보설비를 설치해야 하는 특정소방대상물로 옳은 것은?(단, 모래·석재 등 불연재료 공장 및 창고시설, 위험물 저장 및 처리 시설 중 가스시설, 사람이 거주하지 않거나 벽이 없는 축사 등 동물 및 식물 관련 시설 및 지하구는 제외한다)

① 터널로서 길이가 400[m] 이상인 것
② 30명 이상의 근로자가 작업하는 옥내 작업장
③ 지하층 또는 무창층의 바닥면적이 150[m²](공연장의 경우 100[m²]) 이상인 것은 모든 층
④ 연면적 300[m²] 이상인 것은 모든 층

해설

비상경보설비를 설치해야 하는 특정소방대상물(소방시설법 영 별표 4)
- 터널로서 길이가 500[m] 이상인 것
- 50명 이상의 근로자가 작업하는 옥내 작업장
- 지하층 또는 무창층의 바닥면적이 150[m²](공연장의 경우 100[m²]) 이상인 것은 모든 층
- 연면적 400[m²] 이상인 것은 모든 층

2019년 제2회 과년도 기출문제

제1과목 소방원론

01 연면적이 1,000[m²] 이상인 건축물에 설치하는 방화벽이 갖추어야 할 기준으로 틀린 것은?

① 내화구조로서 홀로 설 수 있는 구조일 것
② 방화벽의 양쪽 끝과 위쪽 끝을 건축물의 외벽면 및 지붕면으로부터 0.1[m] 이상 튀어나오게 할 것
③ 방화벽에 설치하는 출입문의 너비는 2.5[m] 이하로 할 것
④ 방화벽에 설치하는 출입문의 높이는 2.5[m] 이하로 할 것

해설
방화벽의 구조(건피방 제21조)
• 내화구조로서 홀로 설 수 있는 구조일 것
• 방화벽의 양쪽 끝과 위쪽 끝을 건축물의 외벽면 및 지붕면으로부터 0.5[m] 이상 튀어나오게 할 것
• 방화벽에 설치하는 출입문의 너비 및 높이는 각각 2.5[m] 이하로 하고 해당 출입문에는 60분+ 방화문 또는 60분 방화문을 설치할 것

02 화재의 일반적인 특성으로 틀린 것은?

① 확대성　　② 정형성
③ 우발성　　④ 불안전성

해설
화재의 일반적인 특성 : 확대성, 우발성, 불안정성

03 방호공간 안에서 화재의 세기를 나타내고 화재가 진행되는 과정에서 온도에 따라 변하는 것으로 온도-시간 곡선으로 표시할 수 있는 것은?

① 화재저항　　② 화재가혹도
③ 화재하중　　④ 화재플럼

해설
화재가혹도 : 방호공간 안에서 화재의 세기를 나타내고 화재가 진행되는 과정에서 온도에 따라 변하는 것으로 온도-시간 곡선으로 표시한다.

04 탱크 화재 시 발생되는 보일오버(Boil Over)의 방지방법으로 틀린 것은?

① 탱크 내용물의 기계적 교반
② 물의 배출
③ 과열방지
④ 위험물 탱크 내의 하부에 냉각수 저장

해설
보일오버(Boil Over)
• 정의 : 탱크 저부의 물이 급격히 증발하여 기름이 탱크 밖으로 화재를 동반하여 방출하는 현상
• 방지법
 - 탱크 내용물의 기계적 교반
 - 물의 배출
 - 과열방지
 - 위험물 탱크 내의 하부에 냉각수 제거

05 다음 가연성 기체 1몰이 완전 연소하는 데 필요한 이론공기량으로 틀린 것은?(단, 체적비로 계산하여 공기 중 산소의 농도를 21[vol%]로 한다)

① 수소 - 약 2.38[mol]

② 메테인 - 약 9.52[mol]

③ 아세틸렌 - 약 16.91[mol]

④ 프로페인 - 약 23.81[mol]

해설

이론공기량

- 수 소

  $H_2 + 1/2O_2 \rightarrow H_2O$

  1[mol] 0.5[mol]

  ∴ 이론공기량 = 0.5[mol]/0.21 = 2.38[mol]

- 메테인

  $CH_4 + 2O_2 \rightarrow CO_2 + 2H_2O$

  1[mol] 2[mol]

  ∴ 이론공기량 = 2[mol]/0.21 = 9.52[mol]

- 아세틸렌

  $C_2H_2 + 2.5O_2 \rightarrow 2CO_2 + H_2O$

  1[mol] 2.5[mol]

  ∴ 이론공기량 = 2.5[mol]/0.21 = 11.90[mol]

- 프로페인

  $C_3H_8 + 5O_2 \rightarrow 3CO_2 + 4H_2O$

  1[mol] 5[mol]

  ∴ 이론공기량 = 5[mol]/0.21 = 23.81[mol]

06 다음 위험물 중 특수인화물이 아닌 것은?

① 아세톤

② 다이에틸에터

③ 산화프로필렌

④ 아세트알데하이드

해설

특수인화물 : 다이에틸에터, 산화프로필렌, 아세트알데하이드, 이황화탄소 등

아세톤 : 제4류 위험물 제1석유류(수용성)

07 공기의 부피 비율이 질소 79[%], 산소 21[%]인 전기실에 화재가 발생하여 이산화탄소 소화약제를 방출하여 소화하였다. 이때 산소의 부피농도가 14[%]이었다면 이 혼합 공기의 분자량은 약 얼마인가?(단, 화재 시 발생한 연소가스는 무시한다)

① 28.9   ② 30.9

③ 33.9   ④ 35.9

해설

- 이산화탄소량

  $CO_2 = \dfrac{21 - O_2}{21} \times 100[\%]$

  $= \dfrac{21 - 14}{21} \times 100[\%] \fallingdotseq 33.3[\%]$

- 질소량

  $N_2 = 100[\%] - O_2 - CO_2 = 100[\%] - 14[\%] - 33.3[\%]$

  $= 52.7[\%]$

- 질소의 분자량 N_2 : 28, 산소의 분자량 O_2 : 32, 이산화탄소의 분자량 CO_2 : 44

∴ 혼합 공기의 분자량

  $M = 28 \times 0.527 + 32 \times 0.14 + 44 \times 0.333 \fallingdotseq 33.89$

08 화재실의 연기를 옥외로 배출시키는 제연방식으로 효과가 가장 적은 것은?

① 자연 제연방식

② 스모크타워 제연방식

③ 기계식 제연방식

④ 냉난방설비를 이용한 제연방식

해설

제연방식 : 자연 제연방식, 스모크타워 제연방식, 기계식 제연방식

09 건축물의 화재를 확산시키는 요인이라 볼 수 없는 것은?

① 비화(飛火)   ② 복사열(輻射熱)

③ 자연발화(自然發火) ④ 접염(接炎)

해설

건축물의 화재 확대요인

- 접염 : 화염 또는 열의 접촉에 의하여 불이 옮겨 붙는 것
- 복사열 : 복사파에 의하여 열이 고온에서 저온으로 이동하는 것
- 비화 : 화재현장에서 불꽃이 날아가 먼 지역까지 발화하는 현상

정답 5 ③ 6 ① 7 ③ 8 ④ 9 ③

10 다음 중 동일한 조건에서 증발잠열[kJ/kg]이 가장 큰 것은?

① 질 소
② 할론 1301
③ 이산화탄소
④ 물

해설
증발잠열

소화약제	증발잠열[kJ/kg]
질 소	48
할론 1301	119
이산화탄소	576.6
물	2,255(539[kcal/kg] × 4.184[kJ/kcal] ≒ 2,255[kJ/kg])

11 물의 소화능력에 관한 설명 중 틀린 것은?

① 다른 물질보다 비열이 크다.
② 다른 물질보다 융해잠열이 작다.
③ 다른 물질보다 증발잠열이 크다.
④ 밀폐된 장소에서 증발 가열되면 산소희석 작용을 한다.

해설
물의 소화능력
- 비열(1[cal/g · ℃])과 증발잠열(539[cal/g])이 크다.
- 물의 융해잠열 : 80[cal/g]
- 밀폐된 장소에서 증발 가열되면 산소희석 작용을 한다.

12 다음 중 가연물의 제거를 통한 소화방법과 무관한 것은?

① 산불의 확산방지를 위하여 산림의 일부를 벌채한다.
② 화학반응기의 화재 시 원료 공급관의 밸브를 잠근다.
③ 전기실 화재 시 IG-541 약제를 방출한다.
④ 유류탱크 화재 시 주변에 있는 유류탱크의 유류를 다른 곳으로 이동시킨다.

해설
제거소화는 가연물을 화재 현장에서 없애 주는 것으로 전기실 화재 시 IG-541 약제를 방출하는 것은 질식소화이다.

13 산불화재의 형태로 틀린 것은?

① 지중화 형태
② 수평화 형태
③ 지표화 형태
④ 수관화 형태

해설
산불화재
- 지표화 : 바닥의 낙엽이 연소하는 형태
- 수관화 : 나뭇가지부터 연소하는 형태
- 수간화 : 나무기둥부터 연소하는 형태
- 지중화 : 바닥의 썩은 나무에서 발생하는 유기물이 연소화는 형태

14 목조건축물의 화재 진행상황에 관한 설명으로 옳은 것은?

① 화원 – 발연착화 – 무염착화 – 출화 – 최성기 – 소화
② 화원 – 발염착화 – 무염착화 – 소화 – 연소낙하
③ 화원 – 무염착화 – 발염착화 – 출화 – 최성기 – 소화
④ 화원 – 무염착화 – 출화 – 발염착화 – 최성기 – 소화

해설
목조건축물의 화재 진행상황 : 화원 – 무염착화 – 발염착화 – 출화 – 최성기 – 소화

정답 10 ④ 11 ② 12 ③ 13 ② 14 ③

15 화재 시 CO_2를 방사하여 산소농도를 11[vol%]로 낮추어 소화하려면 공기 중 CO_2의 농도는 약 몇 [vol%]가 되어야 하는가?

① 47.6　　② 42.9
③ 37.9　　④ 34.5

해설

$CO_2[\%]$ 농도 $= \dfrac{21 - O_2[\%]}{21} \times 100$

$= \dfrac{21 - 11}{21} \times 100$

$\fallingdotseq 47.62[\%]$

16 분말소화약제의 취급 시 주의사항으로 틀린 것은?

① 습도가 높은 공기 중에 노출되면 고화되므로 항상 주의를 기울인다.
② 충진 시 다른 소화약제와 혼합을 피하기 위하여 종별로 각각 다른 색으로 착색되어 있다.
③ 실내에서 다량 방사하는 경우 분말을 흡입하지 않도록 한다.
④ 분말소화약제와 수성막포를 함께 사용할 경우 포의 소포 현상을 발생시키므로 병용해서는 안 된다.

해설

분말소화약제는 수성막포를 함께 사용할 수 있다.

17 석유, 고무, 동물의 털, 가죽 등과 같이 황 성분을 함유하고 있는 물질이 불완전 연소될 때 발생하는 연소가스로서 계란 썩는 듯한 냄새가 나는 기체는?

① 아황산가스　　② 사이안화수소
③ 황화수소　　④ 암모니아

해설

황화수소(H_2S) : 계란 썩는 듯한 냄새가 나는 기체

18 물소화약제를 어떠한 상태로 주수할 경우 전기화재의 진압에서도 소화능력을 발휘할 수 있는가?

① 물에 의한 봉상주수
② 물에 의한 적상주수
③ 물에 의한 무상주수
④ 어떤 상태의 주수에 의해서도 효과가 없다.

해설

물의 무상주수 : 전기(C급)화재에 적합

19 화재 표면온도(절대온도)가 2배로 되면 복사에너지는 몇 배로 증가되는가?

① 2
② 4
③ 8
④ 16

해설
복사에너지는 절대온도의 4제곱에 비례한다($2^4 = 16$).

20 도장작업 공정에서의 위험도를 설명한 것으로 틀린 것은?

① 도장작업 그 자체 못지않게 건조공정도 위험하다.
② 도장작업에서는 인화성 용제가 쓰이지 않으므로 폭발의 위험이 없다.
③ 도장작업장은 폭발 시 대비하여 지붕을 시공한다.
④ 도장실의 환기덕트를 주기적으로 청소하여 도료가 덕트 내에 부착되지 않게 한다.

해설
도장(페인트)작업에서는 인화성 용제를 많이 사용하므로 폭발의 위험이 있다.

제2과목 소방전기일반

21 선간전압 E [V]의 3상 평형전원에 대칭 3상 저항부하 $R[\Omega]$이 그림과 같이 접속되었을 때, a, b 두 상 간에 접속된 전력계의 지시값이 W[W]라면 c상의 전류는?

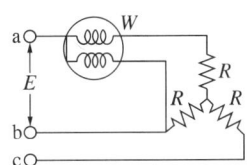

① $\dfrac{2W}{\sqrt{3}\,E}$
② $\dfrac{3W}{\sqrt{3}\,E}$
③ $\dfrac{W}{\sqrt{3}\,E}$
④ $\dfrac{\sqrt{3}\,W}{E}$

해설
2전력계법
- 단상 전력계 2대를 접속하여 3상 전력을 측정하는 방법이다.
- 부하전력 $P = W + W = 2W$[W]

∴ 전원 및 부하가 모두 대칭이므로 전류 $I_a = I_b = I_c = I$, 전압 $E_{ab} = E_{bc} = E_{ca} = E$라고 하면 부하전력 P는 다음과 같다.

$P = 2W = \sqrt{3}\,IE$에서 전류 $I = \dfrac{2W}{\sqrt{3}\,E}$[A]

22 다이오드를 사용한 정류회로에서 과전압 방지를 위한 대책으로 가장 알맞은 것은?

① 다이오드를 직렬로 추가한다.
② 다이오드를 병렬로 추가한다.
③ 다이오드의 양단에 적당한 값의 저항을 추가한다.
④ 다이오드의 양단에 적당한 값의 콘덴서를 추가한다.

해설
다이오드의 직·병렬 접속
- 다이오드를 여러 개 병렬로 접속하면 전류가 분산되어 다이오드를 과전류로부터 보호할 수 있다.
- 정류다이오드를 여러 개 직렬로 접속하면 정류기 전체의 역전압을 합한 만큼 높은 전압까지 사용이 가능하게 되어 다이오드를 과전압으로부터 보호할 수 있다.

23 SCR를 턴온시킨 후 게이트 전류를 0으로 하여도 온(ON)상태를 유지하기 위한 최소의 애노드 전류를 무엇이라 하는가?

① 래칭전류 ② 스텐드온전류
③ 최대전류 ④ 순시전류

해설
래칭전류(Latching Current) : SCR(실리콘제어정류소자)을 턴온(Turn On)시킨 후 게이트 전류를 0으로 하여 온(On) 상태를 유지하는 데 필요한 최소의 애노드 전류이다.

24 정현파 신호 $\sin t$의 전달함수는?

① $\dfrac{1}{s^2+1}$ ② $\dfrac{1}{s^2-1}$

③ $\dfrac{s}{s^2+1}$ ④ $\dfrac{s}{s^2-1}$

해설
정현파 함수 : $f(t) = \sin t$

$$F(s) = \int_0^\infty \sin t \cdot e^{-st} dt = \int_0^\infty \frac{1}{2j}(e^{jt}-e^{-jt})\cdot e^{-st} dt$$

$$= \frac{1}{2j}\left[\int_0^\infty e^{-(s-j)t}dt - \int_0^\infty e^{-(s+j)t}dt\right]$$

$$= \frac{1}{2j}\left[-\frac{1}{s-j}e^{-(s-j)t} + \frac{1}{s+j}e^{-(s+j)t}\right]_0^\infty$$

$$= \frac{1}{2j}\left(\frac{1}{s-j} - \frac{1}{s+j}\right) = \frac{1}{2j}\left(\frac{2j}{s^2+1}\right) = \frac{1}{s^2+1}$$

여기서, $\sin t = \dfrac{1}{2j}(e^{jt}-e^{-jt})$

> **Plus one**
> 여현파 함수 : $f(t) = \cos t$
>
> $$F(s) = \int_0^\infty \cos t \cdot e^{-st}dt = \int_0^\infty \frac{1}{2}(e^{jt}+e^{-jt})\cdot e^{-st}dt$$
>
> $$= \frac{1}{2}\int_0^\infty\{e^{-(s-j)t} + e^{-(s+j)t}\}dt$$
>
> $$= \frac{1}{2}\left[-\frac{1}{s-j}e^{-(s-j)t} - \frac{1}{s+j}e^{-(s+j)t}\right]_0^\infty$$
>
> $$= \frac{1}{2}\left(\frac{1}{s-j}+\frac{1}{s+j}\right) = \frac{s}{s^2+1}$$
>
> 여기서, $\cos t = \dfrac{1}{2}(e^{jt}+e^{-jt})$

25 인덕턴스가 1[H]인 코일과 정전용량이 0.2[μF]인 콘덴서를 직렬로 접속할 때 이 회로의 공진주파수는 약 몇 [Hz]인가?

① 89 ② 178
③ 267 ④ 356

해설
L(코일)-C(콘덴서) 직렬회로
직렬공진은 유도성 리액턴스(X_L)와 용량성 리액턴스(X_C)가 같다.
$X_L = X_C$에서 $2\pi fL = \dfrac{1}{2\pi fC}$이므로

공진주파수 $f = \dfrac{1}{2\pi\sqrt{LC}}$[Hz]

$$\therefore f = \frac{1}{2\pi\sqrt{(1[H])\times(0.2\times10^{-6}[F])}} = 355.88[Hz]$$

> **Plus one**
> 병렬공진$\left(\dfrac{1}{X_C} = \dfrac{1}{X_L}\right)$
>
> $\omega C = \dfrac{1}{\omega L}$에서 $2\pi fC = \dfrac{1}{2\pi fL}$이므로
>
> 공진주파수 $f = \dfrac{1}{2\pi\sqrt{LC}}$[Hz]

26 그림과 같은 회로에서 A-B 단자에 나타나는 전압은 몇 [V]인가?

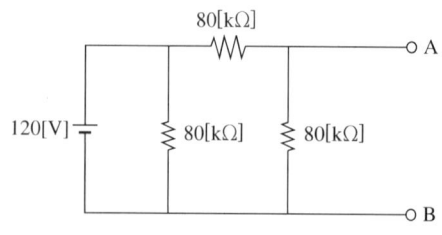

① 20 ② 40
③ 60 ④ 80

해설
저항의 직·병렬 접속

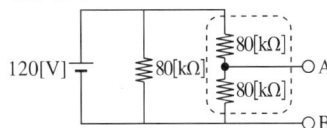

- 저항을 직렬 등가회로
  - 직렬접속의 합성저항 $R = R_1 + R_2$ 에서
    $R = 80[\text{k}\Omega] + 80[\text{k}\Omega] = 160[\text{k}\Omega]$
  - 병렬접속의 합성저항 $R = \dfrac{R_1 \times R_2}{R_1 + R_2}$ 에서
    $R = \dfrac{80[\text{k}\Omega] \times 160[\text{k}\Omega]}{80[\text{k}\Omega] + 160[\text{k}\Omega]} = 53.33[\text{k}\Omega]$

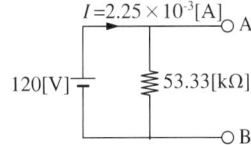

  - 회로에 흐르는 전체 전류 $I = \dfrac{V}{R}$ 에서
    $I = \dfrac{120[\text{V}]}{53.33 \times 10^3[\Omega]} = 2.25 \times 10^{-3}[\text{A}]$

- 위의 그림에서 병렬로 접속된 저항에 흐르는 전류

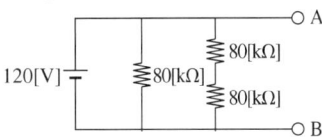

  - 저항 $80[\text{k}\Omega]$에 흐르는 전류 $I = \dfrac{V}{R}$ 에서
    $I = \dfrac{120[\text{V}]}{80 \times 10^3[\Omega]} = 1.5 \times 10^{-3}[\text{A}]$
  - $80[\text{k}\Omega]$이 저항을 직렬로 접속된 회로에 흐르는 전류
    $I = \dfrac{120[\text{V}]}{160 \times 10^3[\Omega]} = 0.75 \times 10^{-3}[\text{A}]$

- 직렬로 접속된 $80[\text{k}\Omega]$에 흐르는 전류는 같으므로 A-B 단자에 걸리는 전압
    $V_{ab} = (0.75 \times 10^{-3}[\text{A}]) \times (80 \times 10^3[\Omega]) = 60[\text{V}]$

27 그림과 같은 회로에서 각 계기의 지시값이 ⓥ는 180[V], Ⓐ는 5[A], W는 720[W]라면 이 회로의 무효전력[Var]은?

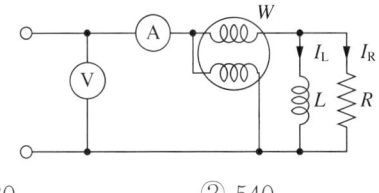

① 480 ② 540
③ 960 ④ 1,200

해설
전력

- 전력계, 전압계, 전류계에서 지시하는 값은 실횻값이다.
  유효전력 $P = IV\cos\theta$ 에서 역률 $\cos\theta = \dfrac{720[\text{W}]}{5[\text{A}] \times 180[\text{V}]} = 0.8$
- 삼각함수 $\cos^2\theta + \sin^2\theta = 1$ 에서
  무효율 $\sin\theta = \sqrt{1 - \cos^2\theta} = \sqrt{1 - 0.8^2} = 0.6$
- ∴ 무효전력 $P_r = IV\sin\theta$ 에서
  $P_r = 5[\text{A}] \times 180[\text{V}] \times 0.6 = 540[\text{W}]$

28 제어량이 압력, 온도 및 유량 등과 같은 공업량일 경우의 제어는?

① 시퀀스제어   ② 프로세스제어
③ 추종제어   ④ 프로그램제어

해설
제어량에 따른 제어 분류
- 프로세스제어 : 온도, 압력, 유량, 액면, 농도, 습도 등의 공업 공정의 상태량을 제어한다.
- 자동조정 : 전압, 전류, 회전수(속도), 주파수, 토크 등의 상태량을 제어한다.
- 서보기구 : 물체의 위치, 방위, 자세, 각도 등의 상태량을 제어하는 것으로 미사일 추적 장치, 레이더, 선박 및 비행기의 방향을 제어한다.

Plus one
- 시퀀스제어 : 미리 정해진 순서에 따라 제어의 각 단계를 순차적으로 제어하는 방식으로서 개루프제어라 한다.
- 추종제어 : 목푯값이 시간에 따라 임의로 변하는 제어로서 목푯값에 제어량을 추종시키는 추치제어이며 대공포의 포신제어, 자동 아날로그 선반에 적용된다.
- 프로그램제어 : 목푯값이 시간적으로 미리 정해진 대로 변화하고 제어량을 추종시키는 제어로서 열처리 노의 온도제어, 무인으로 운전되는 열차나 엘리베이터에 적용된다.

29 그림과 같은 RL 직렬회로에서 소비되는 전력은 몇 [W]인가?

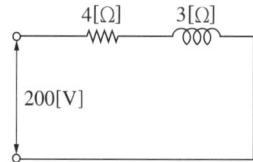

① 6,400
② 8,800
③ 10,000
④ 12,000

해설

R(저항)-L(코일) 직렬회로

- 임피던스 $Z = \sqrt{R^2 + X_L^2} = \sqrt{R^2 + (\omega L)^2}$ 에서
  $Z = \sqrt{(4[\Omega])^2 + (3[\Omega])^2} = 5[\Omega]$
- 역률 $\cos\theta = \dfrac{R}{Z}$ 에서 $\cos\theta = \dfrac{4[\Omega]}{5[\Omega]} = 0.8$

∴ 소비전력 $P = IV\cos\theta = \dfrac{V^2}{Z}\cos\theta$ 에서
$P = \dfrac{(200[V])^2}{5[\Omega]} \times 0.8 = 6,400 [W]$

30 부궤환 증폭기의 장점에 해당되는 것은?

① 전력이 절약된다.
② 안정도가 증진된다.
③ 증폭도가 증가된다.
④ 능률이 증대된다.

해설

부궤환 증폭기

- 궤환신호가 입력신호와 반대의 위상을 갖는 증폭기이다.
- 부궤환 증폭기의 특징
  - 증폭도가 감소하므로 안정도가 증진된다.
  - 출력 일그러짐률이 감소한다.
  - 입력 임피던스는 증가하고 출력 임피던스는 감소한다.
  - 출력단의 내부잡음이 감소한다.
  - 주파수 특성이 개선된다.

31 단상전력을 간접적으로 측정하기 위해 3전압계법을 사용하는 경우 단상 교류전력 $P[W]$는?

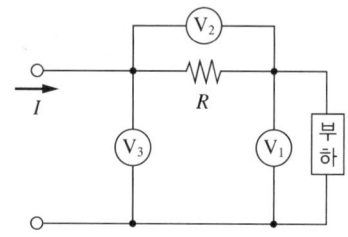

① $P = \dfrac{1}{2R}(V_3 - V_2 - V_1)^2$
② $P = \dfrac{1}{R}(V_3^2 - V_1^2 - V_2^2)$
③ $P = \dfrac{1}{2R}(V_3^2 - V_1^2 - V_2^2)$
④ $P = V_3 I \cos\theta$

해설

간접측정법 : 단상 전력을 간접적으로 측정하기 위해서는 3대의 전류계를 사용하는 3전류계법과 3대의 전압계를 사용하는 3전압계법이 있다.

- 3전류계법으로 전력 측정 : $P = \dfrac{R}{2}(I_3^2 - I_1^2 - I_2^2)[W]$
- 3전압계법으로 전력 측정 : $P = \dfrac{1}{2R}(V_3^2 - V_1^2 - V_2^2)[W]$

32 온도 $t[℃]$에서 저항이 R_1, R_2이고 저항의 온도계수가 각각 α_1, α_2인 두 개의 저항을 직렬로 접속했을 때 합성저항 온도계수는?

① $\dfrac{R_1\alpha_2 + R_2\alpha_1}{R_1 + R_2}$
② $\dfrac{R_1\alpha_1 + R_2\alpha_2}{R_1 R_2}$
③ $\dfrac{R_1\alpha_1 + R_2\alpha_2}{R_1 + R_2}$
④ $\dfrac{R_1\alpha_2 + R_2\alpha_1}{R_1 R_2}$

해설

합성저항 온도계수(α)

• 온도 $t[℃]$에서의 저항 $R_t = R_0 + \alpha R_0 t = R_0(1+\alpha t)[℃]$
  온도가 1[℃] 상승할 때 저항 온도계수 $R_t = R_0 + \alpha R_0 \times 1[℃]$에서 $R_t - R_0 = \alpha R_0$이고 온도계수 $\alpha = \dfrac{R_t - R_0}{R_0} = \dfrac{저항\ 증가}{초기\ 저항}$

• 두 개의 저항을 직렬로 접속했을 때 합성저항 온도계수

  $\boxed{\alpha_1 \cdot R_1} \boxed{\alpha_2 \cdot R_2}$

  – 초기 저항 : $R_0 = R_1 + R_2$
  – 온도 상승에 따른 저항증가 : $R_t - R_0 = \alpha R_0$에서
    $R_t - R_0 = \alpha_1 R_1 + \alpha_2 R_2$

  ∴ 합성저항 온도계수 $\alpha = \dfrac{R_t - R_0}{R_0} = \dfrac{\alpha_1 R_1 + \alpha_2 R_2}{R_1 + R_2}$

33 전기기기에서 생기는 손실 중 권선의 저항에 의하여 생기는 손실은?

① 철 손
② 동 손
③ 표유부하손
④ 히스테리시스손

해설

전기기기에서 발생하는 손실

• 철손 : 시간적으로 변하는 자화력에 의해서 발생하는 철심의 전력 손실로서 히스테리시스손과 와전류손으로 구성된다.
• 동손 : 전기기기에서 생기는 손실 중 권선의 저항에 의하여 생기는 손실이다.
• 표유부하손 : 와전류에 의해 도체 중에 생기는 손실 및 부하전류에 의한 자속의 일그러짐에 의해 생기는 철심 내의 부가적인 손실이다.
• 히스테리시스손 : 철심에 가해지는 자화력의 방향을 주기적으로 변화시키면 철심에서 열이 발생되는 손실이다.

34 그림과 같은 무접점회로는 어떤 논리회로인가?

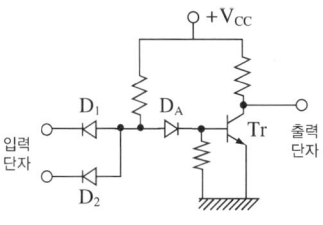

① NOR
② OR
③ NAND
④ AND

해설

시퀀스제어의 논리회로와 논리기호

• AND 회로(논리곱 회로) : 2개의 입력신호가 동시에 작동될 때에만 출력신호가 1이 되는 논리회로로서 직렬회로이다.
• OR 회로(논리합 회로) : 2개의 입력신호 중 1개만 작동되어도 출력신호가 1이 되는 논리회로로서 병렬회로이다.
• NOR 회로 : OR 회로의 출력에 NOT 회로를 조합시킨 논리합의 부정회로로서 2개의 입력신호가 모두 0일 때 출력이 1인 회로이다.
• NAND 회로 : AND 회로의 출력에 NOT 회로를 조합시킨 논리곱의 부정회로로서 2개의 입력신호가 모두 1일 때 출력이 0인 회로이다.

논리회로	무접점회로	논리기호
AND 회로		$X = A \cdot B$
OR 회로		$X = A + B$
NOT 회로		$X = \overline{A}$
NAND 회로		$X = \overline{A+B}$
NOR 회로		$X = \overline{A \cdot B}$

정답 33 ② 34 ③

35 단상 반파정류회로에서 교류 실횻값 220[V]를 정류하면 직류 평균전압은 약 몇 [V]인가?(단, 정류기의 전압강하는 무시한다)

① 58　　　　　　② 73
③ 88　　　　　　④ 99

해설
단상 반파정류회로
직류 평균전압 $E_d = \frac{\sqrt{2}}{\pi}V = 0.45V$[V]
∴ $E_d = \frac{\sqrt{2}}{\pi} \times 220$[V] $= 99.03$[V]

> **Plus one**
> 단상 반파정류회로에서 직류 평균전류 $I_d = \frac{\sqrt{2}}{\pi} \times \frac{V}{R}$[A]

36 논리식 $X + \overline{X}Y$를 간단히 하면?

① X　　　　　　② $X\overline{Y}$
③ $\overline{X}Y$　　　　　　④ X + Y

해설
논리식의 간략화
$X + \overline{X}Y = (X + \overline{X}) \cdot (\overline{X} + Y) = 1 \cdot (X+Y) = X+Y$

> **Plus one**
> 논리대수의 기본법칙
> • 배분법칙
> $A + (B \cdot C) = (A+B) \cdot (A+C)$
> $A \cdot (B+C) = (A \cdot B) + (A \cdot C)$
> • 기본 대수의 정리
> $A \cdot A = A$　　　　　$A + A = A$
> $A \cdot 1 = A$　　　　　$A + 1 = 1$
> $A \cdot 0 = 0$　　　　　$A + 0 = A$
> • 보원의 법칙
> $A \cdot \overline{A} = 0$　　　　　$A + \overline{A} = 1$

37 이미터 전류를 1[mA] 증가시켰더니 컬렉터 전류는 0.98[mA] 증가되었다. 이 트랜지스터의 증폭률 β는?

① 4.9　　　　　　② 9.8
③ 49.0　　　　　　④ 98.0

해설
트랜지스터의 증폭률(β)
I_C는 컬렉터 전류, I_E는 이미터 전류, I_B는 베이스 전류일 때
증폭률 $\beta = \frac{\Delta I_C}{\Delta I_B} = \frac{\Delta I_C}{\Delta I_E - \Delta I_C}$
∴ $\beta = \frac{0.98[\text{mA}]}{(1-0.98)[\text{mA}]} = 49$

38 교류전력변환장치로 사용되는 인버터회로에 대한 설명으로 옳지 않은 것은?

① 직류 전력을 교류 전력으로 변환하는 장치를 인버터라고 한다.
② 전류형 인버터와 전압형 인버터로 구분할 수 있다.
③ 전류방식에 따라서 타려식과 자려식으로 구분할 수 있다.
④ 인버터의 부하장치에는 직류직권전동기를 사용할 수 있다.

해설
인버터회로
• 인버터는 반도체 소자(다이오드, 사이리스터, 트랜지스터, IGBT, GTO 등)의 스위칭 기능을 이용하여 직류 전력을 교류 전력으로 변환하는 전력 변환장치이다.
• 인버터는 전류형 인버터와 전압형 인버터로 구분하고 전압형 인버터는 PWM(펄스 폭 변조)과 PAM(펄스 진폭 변조)로 구분된다.
• 인버터는 전류방식에 따라 타려식과 자려식으로 구분할 수 있고 타려식은 부하전류의 크기에 관계없이 전압이나 주파수를 일정하게 유지할 수 있는 전원이 교류 측에 병렬로 접속되어 있는 것이고 자려식은 병렬 전원을 가지고 있지 않기 때문에 주파수 및 출력전압을 자유롭게 조정할 수 있는 것이다.
• 인버터의 부하장치에는 3상 농형유도전동기를 사용하여 속도를 제어한다.

정답　35 ④　36 ④　37 ③　38 ④

39 저항이 4[Ω], 인덕턴스가 8[mH]인 코일을 직렬로 연결하고 100[V], 60[Hz]인 전압을 공급할 때 유효전력은 약 몇 [kW]인가?

① 0.8
② 1.2
③ 1.6
④ 2.0

해설

R(저항)-L(인덕턴스) 직렬회로

- 유도성 리액턴스 $X_L = \omega L = 2\pi f L$ 에서
  $X_L = 2\pi \times 60[\text{Hz}] \times (8 \times 10^{-3})[\text{H}] = 3[\Omega]$
- 임피던스 $Z = \sqrt{R^2 + X_L^2}$ 에서
  $Z = \sqrt{(4[\Omega])^2 + (3[\Omega])^2} = 5[\Omega]$
- 역률 $\cos\theta = \dfrac{R}{Z}$ 에서 $\cos\theta = \dfrac{4[\Omega]}{5[\Omega]} = 0.8$

∴ 유효전력 $P = IV\cos\theta = \dfrac{V^2}{Z}\cos\theta$ 에서

$$P = \dfrac{(100[\text{V}])^2}{5[\Omega]} \times 0.8 = 1,600[\text{W}] = 1.6[\text{kW}]$$

40 열감지기의 온도감지용으로 사용하는 소자는?

① 서미스터
② 배리스터
③ 제너다이오드
④ 발광다이오드

해설

반도체 소자

- 서미스터 : 천이 금속 산화물을 소결하여 만든 것으로 온도가 상승하면 저항값이 현저하게 작아지는 특성(온도-저항의 부특성)을 이용한 감열 저항체 소자이며 각종 장치의 온도센서나 전자회로의 온도보상용으로 사용된다.
- 배리스터 : 인가전압이 높을 때 저항값이 비대칭적으로 급격하게 감소하여 전류가 급격히 증가하는 비직선적인 전압과 전류의 특성을 갖는 2단자 반도체 소자이며 서지전압에 대한 회로 보호용(계전기 접점에서 발생하는 불꽃 소거)으로 사용된다.
- 제너다이오드 : 정전압 다이오드로서 일정한 전압을 얻을 목적으로 사용되는 소자이다.
- 발광다이오드 : 전류를 순방향으로 흘려 주었을 때 빛으로 변환하는 소자이다.

제3과목 소방관계법규

41 소방시설 설치 및 관리에 관한 법령상 종사자 수가 5명이고 숙박시설이 모두 2인용 침대이며 침대 수량은 50개인 청소년시설에서 수용인원은 몇 명인가?

① 55
② 75
③ 85
④ 105

해설

침대가 있는 숙박시설의 수용인원(영 별표 7) : 특정소방대상물의 종사자 수 + 침대 수(2인용 침대는 2개)

∴ 수용인원 = 5 + (50 × 2) = 105명

42 다음 중 고급기술자에 해당하는 학력·경력 기준으로 옳은 것은?

① 박사학위를 취득한 후 2년 이상 소방 관련 업무를 수행한 사람
② 석사학위를 취득한 후 4년 이상 소방 관련 업무를 수행한 사람
③ 학사학위를 취득한 후 6년 이상 소방 관련 업무를 수행한 사람
④ 고등학교 소방학과를 졸업한 후 12년 이상 소방 관련 업무를 수행한 사람

해설

학력·경력 등에 따른 기술등급(공사업법 규칙 별표 4의2)

등급	학력·경력자	경력자
고급 기술자	• 박사학위를 취득한 후 1년 이상 소방 관련 업무를 수행한 사람 • 석사학위를 취득한 후 4년 이상 소방 관련 업무를 수행한 사람 • 학사학위를 취득한 후 7년 이상 소방 관련 업무를 수행한 사람 • 전문학사학위를 취득한 후 10년 이상 소방 관련 업무를 수행한 사람 • 고등학교 소방학과를 졸업한 후 13년 이상 소방 관련 업무를 수행한 사람	• 학사 이상의 학위를 취득한 후 12년 이상 소방 관련 업무를 수행한 사람 • 전문학사학위를 취득한 후 15년 이상 소방 관련 업무를 수행한 사람 • 고등학교를 졸업한 후 18년 이상 소방 관련 업무를 수행한 사람 • 22년 이상 소방 관련 업무를 수행한 사람

43 화재안전조사 결과 소방대상물의 위치·구조·설비 또는 관리의 상황이 화재 예방을 위하여 보완될 필요가 있거나 화재가 발생하면 인명 또는 재산의 피해가 클 것으로 예상되는 때는 관계인에게 그 소방대상물의 개수·이전·제거, 사용의 금지 또는 제한, 사용폐쇄, 공사의 정지 또는 중지, 그 밖의 필요한 조치를 명할 수 있는 자로 틀린 것은?

① 시·도지사
② 소방서장
③ 소방청장
④ 소방본부장

해설
화재안전조사 결과에 따른 조치명령권자 : 소방관서장(소방청장, 소방본부장, 소방서장)(화재예방법 제14조)

44 제4류 위험물을 저장·취급하는 제조소에 "화기엄금"이란 주의사항을 표시하는 게시판을 설치할 경우 게시판의 색상은?

① 청색바탕에 백색문자
② 적색바탕에 백색문자
③ 백색바탕에 적색문자
④ 백색바탕에 흑색문자

해설
제4류 위험물의 주의사항 : 화기엄금(적색바탕에 백색문자)

45 산화성 고체인 제1류 위험물에 해당되는 것은?

① 질산염류
② 특수인화물
③ 과염소산
④ 유기과산화물

해설
위험물의 분류

종류	유별	성질	지정수량
질산염류	제1류 위험물	산화성 고체	300[kg]
특수인화물	제4류 위험물	인화성 액체	50[L]
과염소산	제6류 위험물	산화성 액체	300[kg]
유기과산화물 (제2종)	제5류 위험물	자기반응성 물질	100[kg]

46 소방본부장 또는 소방서장은 건축허가 등의 동의요구 서류를 접수한 날부터 최대 며칠 이내에 건축허가 등의 동의여부를 회신해야 하는가?(단, 허가 신청 건축물은 지상으로부터 높이가 200[m]인 아파트이다)

① 5일
② 7일
③ 10일
④ 15일

해설
건축허가 등의 동의여부 회신(소방시설법 규칙 제3조)
• 일반대상물 : 5일 이내
• 특급소방안전관리대상물 : 10일 이내
※ 50층 이상(지하층은 제외)이거나 지상으로부터 높이가 200[m] 이상인 아파트 : 특급소방안전관리대상물

47 소방기본법령상 인접하고 있는 시·도 간 소방업무의 상호응원협정을 체결하고자 할 때, 포함되어야 하는 사항으로 틀린 것은?

① 소방교육·훈련의 종류에 관한 사항
② 화재의 경계·진압활동에 관한 사항
③ 출동대원의 수당·식사 및 의복 수선의 소요경비 부담에 관한 사항
④ 화재조사활동에 관한 사항

해설
소방업무의 상호응원협정(규칙 제8조)
• 다음의 소방활동에 관한 사항
 - 화재의 경계·진압활동
 - 구조·구급업무의 지원
 - 화재조사활동
• 응원출동 대상지역 및 규모
• 다음의 소요경비의 부담에 관한 사항
 - 출동대원의 수당·식사 및 의복의 수선
 - 소방장비 및 기구의 정비와 연료의 보급
 - 그 밖의 경비
• 응원출동의 요청방법
• 응원출동훈련 및 평가

48 소방시설 설치 및 관리에 관한 법령상 둘 이상의 특정소방대상물이 내화구조로 된 연결통로가 벽이 없는 구조로서 그 길이가 몇 [m] 이하인 경우 하나의 소방대상물로 보는가?

① 6 ② 9
③ 10 ④ 12

해설
하나의 소방대상물로 보는 경우(영 별표 2) : 둘 이상의 특정소방대상물이 다음의 어느 하나에 해당되는 구조의 복도 또는 통로(연결통로)로 연결된 경우에는 이를 하나의 특정소방대상물로 본다.
• 내화구조로 된 연결통로가 다음의 어느 하나에 해당되는 경우
 - 벽이 없는 구조로서 그 길이가 6[m] 이하인 경우
 - 벽이 있는 구조로서 그 길이가 10[m] 이하인 경우. 다만, 벽 높이가 바닥에서 천장까지의 높이의 1/2 이상인 경우에는 벽이 있는 구조로 보고, 벽 높이가 바닥에서 천장까지의 높이의 1/2 미만인 경우에는 벽이 없는 구조로 본다.

49 소방시설을 구분하는 경우 소화설비에 해당되지 않는 것은?

① 스프링클러설비
② 제연설비
③ 자동확산소화기
④ 옥외소화전설비

해설
제연설비 : 소화활동설비

50 위험물안전관리법상 청문을 실시하여 처분해야 하는 것은?

① 제조소 등 설치허가의 취소
② 제조소 등 영업정지 처분
③ 탱크시험자의 영업정지 처분
④ 과징금 부과 처분

해설
청문 실시 대상(법 제29조)
• 제조소 등 설치허가의 취소
• 탱크시험자의 등록취소

정답 47 ① 48 ① 49 ② 50 ①

51 소방시설 설치 및 관리에 관한 법령상 건축허가 등의 동의를 요구한 기관이 그 건축허가 등을 취소하였을 때, 취소한 날부터 최대 며칠 이내에 건축물 등의 시공지 또는 소재지를 관할하는 소방본부장 또는 소방서장에게 그 사실을 통보해야 하는가?

① 3일 ② 4일
③ 7일 ④ 10일

해설
건축허가 등의 동의(규칙 제3조)
• 동의여부 회신
 - 일반대상물 : 5일 이내
 - 특급소방안전관리대상물 : 10일 이내

[특급소방안전관리대상물]
• 층수가 30층 이상(지하층 포함, 아파트 제외)
• 높이가 120[m] 이상(지하층 포함, 아파트 제외)
• 연면적 100,000[m²] 이상(아파트 제외)
• 50층 이상(지하층 제외) 아파트
• 높이 200[m] 이상인 아파트

• 동의 요구 첨부서류 보완기간 : 4일 이내
• 건축허가 등을 취소한 때 : 취소한 날부터 7일 이내에 소방본부장 또는 소방서장에게 통보

52 소방시설 설치 및 관리에 관한 법령상 특정소방대상물 중 오피스텔은 어느 시설에 해당하는가?

① 숙박시설 ② 일반업무시설
③ 공동주택 ④ 근린생활시설

해설
오피스텔 : 일반업무시설

53 소방기본법상 화재 현장에서의 피난 등을 체험할 수 있는 소방체험관의 설립·운영권자는?

① 시·도지사
② 행정안전부장관
③ 소방본부장 또는 소방서장
④ 소방청장

해설
설립·운영권자(법 제5조)
• 소방체험관 : 시·도지사
• 소방박물관 : 소방청장

54 화재의 예방 및 안전관리에 관한 법률에서 옮긴 물건 등을 보관하는 경우에는 해당 소방서의 인터넷 홈페이지에 공고한 후 보관기간은 공고하는 기간의 종료일 다음 날부터 며칠로 하는가?

① 3일 ② 5일
③ 7일 ④ 14일

해설
소방관서장은 옮긴 물건 등을 보관 시(영 제17조) : 소방관서장은 옮긴 물건 등을 보관하는 경우에는 그날부터 14일 동안 해당 소방관서의 인터넷 홈페이지에 그 사실을 공고해야 한다. 옮긴 물건 등의 보관기간은 공고기간의 종료일 다음 날부터 7일까지로 한다. 보관기간이 종료된 때에는 보관하고 있는 옮긴 물건 등을 매각해야 한다.

55 소방대라 함은 화재를 진압하고 화재, 재난·재해, 그 밖의 위급한 상황에서 구조·구급 활동 등을 하기 위하여 구성된 조직체를 말한다. 소방대의 구성원으로 틀린 것은?

① 소방공무원
② 소방안전관리원
③ 의무소방원
④ 의용소방대원

해설
소방대(消防隊)(소방기본법 제2조) : 화재를 진압하고 화재, 재난·재해, 그 밖의 위급한 상황에서 구조·구급 활동 등을 하기 위하여 소방공무원, 의무소방원, 의용소방대원으로 구성된 조직체

56 다음 중 300만원 이하의 벌금에 해당되지 않는 것은?

① 등록수첩을 다른 자에게 빌려준 자
② 소방시설공사의 완공검사를 받지 않는 자
③ 소방기술자가 동시에 둘 이상의 업체에 취업한 사람
④ 소방시설공사 현장에 감리원을 배치하지 않는 자

해설
소방시설공사의 완공검사를 받지 않는 자(공사업법 제40조) : 200만원 이하의 과태료

57 소방시설관리업자가 기술인력을 변경하는 경우, 시·도지사에게 제출해야 하는 서류로 틀린 것은?

① 소방시설관리업 등록수첩
② 변경된 기술인력의 기술자격증(경력수첩)
③ 소방기술인력대장
④ 사업자등록증 사본

해설
소방시설관리업자의 등록사항 변경 시 첨부서류(소방시설법 규칙 제34조)
- 등록사항의 변경이 있는 때 : 변경일로부터 30일 이내에 소방시설관리업 등록사항 변경신고서를 첨부하여 시·도지사에게 제출
- 명칭·상호 또는 영업소 소재지를 변경하는 경우 : 소방시설관리업 등록증 및 등록수첩
- 대표자가 변경된 경우 : 소방시설관리업 등록증 및 등록수첩
- 기술인력이 변경된 경우
  - 소방시설관리업 등록수첩
  - 변경된 기술인력의 기술자격증(경력수첩을 포함)
  - 소방기술인력대장

58 다음 중 품질이 우수하다고 인정되는 소방용품에 대하여 우수품질인증을 할 수 있는 자는?

① 산업통상자원부장관
② 시·도지사
③ 소방청장
④ 소방본부장 또는 소방서장

해설
우수품질인증권자 : 소방청장

59 지정수량의 최소 몇 배 이상의 위험물을 취급하는 제조소에는 피뢰침을 설치해야 하는가?(단, 제6류 위험물을 취급하는 위험물제조소는 제외하고, 제조소 주위의 상황에 따라 안전상 지장이 없는 경우도 제외한다)

① 5배   ② 10배
③ 50배 ④ 100배

해설
제조소 등의 피뢰설비 : 지정수량의 10배 이상

60 소방기본법령상 소방활동구역의 출입자에 해당되지 않는 자는?

① 소방활동구역 안에 있는 소방대상물의 소유자·관리자 또는 점유자
② 전기·가스·수도·통신·교통의 업무에 종사하는 사람으로서 원활한 소방활동을 위하여 필요한 사람
③ 화재건물과 관련 있는 부동산업자
④ 취재인력 등 보도업무에 종사하는 사람

해설
소방활동구역의 출입자(영 제8조)
- 소방활동구역 안에 있는 소방대상물의 소유자·관리자 또는 점유자
- 전기·가스·수도·통신·교통의 업무에 종사하는 사람으로서 원활한 소방활동을 위하여 필요한 사람
- 의사·간호사 그 밖의 구조·구급업무에 종사하는 사람
- 취재인력 등 보도업무에 종사하는 사람
- 수사업무에 종사하는 사람
- 그 밖에 소방대장이 소방활동을 위하여 출입을 허가한 사람

정답 56 ② 57 ④ 58 ③ 59 ② 60 ③

제4과목 소방전기시설의 구조 및 원리

61 자동화재속보설비의 설치기준으로 틀린 것은?

① 조작스위치는 바닥으로부터 0.8[m] 이상 1.5[m] 이하의 높이에 설치한다.
② 비상경보설비와 연동으로 작동하여 자동적으로 화재신호를 소방관서에 전달하도록 한다.
③ 속보기는 소방관서에 통신망으로 통보하도록 하며, 데이터 또는 코드전송방식을 부가적으로 설치할 수 있다.
④ 속보기는 소방청장이 정하여 고시한 자동화재속보설비의 속보기의 성능인증 및 제품검사의 기술기준에 적합한 것으로 설치할 것

해설
자동화재속보설비의 설치기준(NFTC 204)
- 조작스위치는 바닥으로부터 0.8[m] 이상 1.5[m] 이하의 높이에 설치할 것
- 자동화재탐지설비와 연동으로 작동하여 자동적으로 화재신호를 소방관서에 전달되는 것으로 할 것. 이 경우 부가적으로 특정소방대상물의 관계인에게 화재신호를 전달되도록 할 수 있다.
- 속보기는 소방관서에 통신망으로 통보하도록 하며, 데이터 또는 코드전송방식을 부가적으로 설치할 수 있다.
- 속보기는 소방청장이 정하여 고시한 자동화재속보설비의 속보기의 성능인증 및 제품검사의 기술기준에 적합한 것으로 설치해야 한다.

62 일국소의 주위온도가 일정한 온도 이상이 되는 경우에 작동하는 것으로서 외관이 전선과 같이 선형으로 되어 있는 감지기는 어떤 것인가?

① 공기흡입형
② 광전식 분리형
③ 차동식 스포트형
④ 정온식 감지선형

해설
감지기의 구분(감지기의 형식승인 및 제품검사의 기술기준 제3조)
- 공기흡입형 연기감지기 : 감지기 내부에 장착된 공기흡입장치로 감지하고자 하는 위치의 공기를 흡입하고 흡입된 공기에 일정한 농도의 연기가 포함된 경우 작동하는 것을 말한다.
- 광전식 분리형 연기감지기 : 발광부와 수광부로 구성된 구조로 발광부와 수광부 사이의 공간에 일정한 농도의 연기를 포함하게 되는 경우에 작동하는 것을 말한다.
- 차동식 스포트형 열감지기 : 주위온도가 일정 상승률 이상이 되는 경우에 작동하는 것으로서 일국소에서의 열 효과에 의하여 작동되는 것을 말한다.
- 정온식 감지선형 열감지기 : 일국소의 주위온도가 일정한 온도 이상이 되는 경우에 작동하는 것으로서 외관이 전선과 같이 선형으로 되어 있는 것을 말한다.

63 비상방송설비 음향장치에 대한 설치기준으로 옳은 것은?

① 다른 전기회로에 따라 유도장애가 생기지 않도록 한다.
② 음량조정기를 설치하는 경우 음량조정기의 배선은 2선식으로 한다.
③ 다른 방송설비와 공용하는 것에 있어서는 화재 시 비상경보 외의 방송을 차단되는 구조가 아니어야 한다.
④ 기동장치에 따른 화재신호를 수신한 후 필요한 음량으로 화재 발생 상황 및 피난에 유효한 방송이 자동으로 개시될 때까지의 소요시간은 60초 이하로 한다.

[해설]
비상방송설비의 음향장치 설치기준(NFTC 202)
- 다른 전기회로에 따라 유도장애가 생기지 않도록 할 것
- 음량조정기를 설치하는 경우 음량조정기의 배선은 3선식으로 할 것
- 다른 방송설비와 공용하는 것에 있어서는 화재 시 비상경보 외의 방송을 차단할 수 있는 구조로 할 것
- 기동장치에 따른 화재신호를 수신한 후 필요한 음량으로 화재 발생 상황 및 피난에 유효한 방송이 자동으로 개시될 때까지의 소요시간은 10초 이내로 할 것

64 비상전원이 비상조명등을 60분 이상 유효하게 작동시킬 수 있는 용량으로 하지 않아도 되는 특정소방대상물은?

① 지하상가
② 숙박시설
③ 무창층으로서 용도가 소매시장
④ 지하층을 제외한 층수가 11층 이상의 층

[해설]
비상조명등의 비상전원 용량(NFTC 304)
- 예비전원과 비상전원은 비상조명등을 20분 이상 유효하게 작동시킬 수 있는 용량으로 할 것
- 특정소방대상물의 경우에는 그 부분에서 피난층에 이르는 부분의 비상조명등을 60분 이상 유효하게 작동시킬 수 있는 용량으로 해야 한다.
  - 지하층을 제외한 층수가 11층 이상의 층
  - 지하층 또는 무창층으로서 용도가 도매시장·소매시장·여객자동차터미널·지하역사 또는 지하상가

65 비상콘센트설비 상용전원회로의 배선이 고압수전 또는 특고압수전인 경우의 설치기준은?

① 인입개폐기의 직전에서 분기하여 전용배선으로 할 것
② 인입개폐기의 직후에서 분기하여 전용배선으로 할 것
③ 전력용변압기 1차 측의 주차단기 2차 측에서 분기하여 전용배선으로 할 것
④ 전력용변압기 2차 측의 주차단기 1차 측 또는 2차 측에서 분기하여 전용배선으로 할 것

[해설]
비상콘센트설비의 전원 설치기준(NFTC 504)
- 상용전원회로의 배선은 저압수전인 경우에는 인입개폐기의 직후에서 분기하여 전용배선으로 할 것
- 상용전원회로의 배선은 고압수전 또는 특고압수전인 경우에는 전력용변압기 2차 측의 주차단기 1차 측 또는 2차 측에서 분기하여 전용배선으로 할 것

[정답] 63 ① 64 ② 65 ④

66 소방회로용의 것으로 수전설비, 변전설비와 그 밖의 기기 및 배선을 금속제 외함에 수납한 것으로 정의되는 것은?

① 전용분전반
② 공용분전반
③ 공용큐비클식
④ 전용큐비클식

해설
소방시설용 비상전원수전설비의 용어 정의(NFTC 602)
- 전용분전반 : 소방회로 전용의 것으로서 분기개폐기, 분기과전류차단기와 그 밖의 배선용기기 및 배선을 금속제 외함에 수납한 것을 말한다.
- 공용분전반 : 소방회로 및 일반회로 겸용의 것으로서 분기개폐기, 분기과전류차단기와 그 밖의 배선용기기 및 배선을 금속제 외함에 수납한 것을 말한다.
- 공용큐비클식 : 소방회로 및 일반회로 겸용의 것으로서 수전설비, 변전설비와 그 밖의 기기 및 배선을 금속제 외함에 수납한 것을 말한다.
- 전용큐비클식 : 소방회로용의 것으로 수전설비, 변전설비와 그 밖의 기기 및 배선을 금속제 외함에 수납한 것을 말한다.

67 다음 ( )에 들어갈 내용으로 옳은 것은?

> 누전경보기란 ( ) 이하인 경계전로의 누설전류 또는 지락전류를 검출하여 해당 소방대상물의 관계인에게 경보를 발하는 설비로서 변류기와 수신부로 구성된 것을 말한다.

① 사용전압 220[V]
② 사용전압 380[V]
③ 사용전압 600[V]
④ 사용전압 750[V]

해설
누전경보기의 용어 정의(누전경보기의 형식승인 및 제품검사의 기술기준 제2조, NFTC 205)
- 누전경보기 : 사용전압 600[V] 이하인 경계전로의 누설전류를 검출하여 해당 소방대상물의 관계자에게 경보를 발하는 설비로서 변류기와 수신부로 구성된 것을 말한다.
- 수신부 : 변류기로부터 검출된 신호를 수신하여 누전의 발생을 해당 특정소방대상물의 관계인에게 경보하여 주는 것(차단기구를 갖는 것을 포함)을 말한다.
- 변류기 : 경계전로의 누설전류를 자동적으로 검출하여 이를 누전경보기의 수신부에 송신하는 것을 말한다.

68 비상경보설비의 축전지설비의 구조에 대한 설명으로 틀린 것은?

① 예비전원을 병렬로 접속하는 경우에는 역충전 방지 등의 조치를 해야 한다.
② 내부에 주전원의 양극을 동시에 개폐할 수 있는 전원스위치를 설치해야 한다.
③ 축전지설비는 접지전극에 교류전류를 통하는 회로방식을 사용해서는 안 된다.
④ 예비전원은 축전지설비용 예비전원과 외부부하 공급용 예비전원을 별도로 설치해야 한다.

해설
비상경보설비의 축전지설비 구조(비상경보설비의 축전지의 성능인증 및 제품검사의 기술기준 제3조)
- 예비전원을 병렬로 접속하는 경우에는 역충전 방지 등의 조치를 해야 한다.
- 내부에 주전원의 양극을 동시에 개폐할 수 있는 전원스위치를 설치해야 한다.
- 축전지설비는 접지전극에 직류전류를 통하는 회로방식을 사용해서는 안 된다.
- 예비전원은 축전지설비용 예비전원과 외부부하 공급용 예비전원을 별도로 설치해야 한다.

69 부착높이가 11[m]인 장소에 적응성 있는 감지기는?

① 차동식 분포형
② 정온식 스포트형
③ 차동식 스포트형
④ 정온식 감지선형

해설

자동화재탐지설비의 감지기 부착높이에 따른 종류(NFTC 203)

부착높이	감지기의 종류
4[m] 미만	차동식(스포트형, 분포형) 보상식 스포트형 정온식(스포트형, 감지선형) 이온화식 또는 광전식(스포트형, 분리형, 공기흡입형) 열복합형 연기복합형 열연기복합형 불꽃감지기
4[m] 이상 8[m] 미만	차동식(스포트형, 분포형) 보상식 스포트형 정온식(스포트형, 감지선형) 특종 또는 1종 이온화식 1종 또는 2종 광전식(스포트형, 분리형, 공기흡입형) 1종 또는 2종 열복합형 연기복합형 열연기복합형 불꽃감지기
8[m] 이상 15[m] 미만	차동식 분포형 이온화식 1종 또는 2종 광전식(스포트형, 분리형, 공기흡입형) 1종 또는 2종 연기복합형 불꽃감지기
15[m] 이상 20[m] 미만	이온화식 1종 광전식(스포트형, 분리형, 공기흡입형) 1종 연기복합형 불꽃감지기
20[m] 이상	불꽃감지기 광전식(분리형, 공기흡입형) 중 아날로그방식

∴ 부착높이가 8[m] 이상 15[m] 미만인 장소에 적응성이 있는 감지기는 차동식 분포형, 이온화식 1종 또는 2종, 광전식(스포트형, 분리형, 공기흡입형) 1종 또는 2종, 연기복합형, 불꽃감지기가 있다.

70 객석 내의 통로의 직선부분의 길이가 85[m]이다. 객석유도등을 몇 개 설치해야 하는가?

① 17개
② 19개
③ 21개
④ 22개

해설

객석유도등의 설치기준(NFTC 303)
- 객석유도등은 객석의 통로, 바닥 또는 벽에 설치해야 한다.
- 객석 내의 통로가 경사로 또는 수평로로 되어 있는 부분은 설치개수의 산출식에 따라 산출한 개수(소수점 이하의 수는 1로 본다)의 유도등을 설치해야 한다.

$$설치개수 = \frac{객석 통로의 직선부분 길이[m]}{4} - 1$$

∴ 설치개수 $= \frac{85[m]}{4} - 1 = 20.25$개 ≒ 21개

Plus one

계단통로유도등 설치개수
각 층의 경사로 참 또는 계단참마다(1개 층에 경사로 참 또는 계단참이 2 이상 있는 경우에는 2개의 계단참마다) 설치할 것

71 비상콘센트설비의 설치기준으로 틀린 것은?

① 개폐기에는 "비상콘센트"라고 표시한 표지를 할 것
② 하나의 전용회로에 설치하는 비상콘센트는 10개 이하로 할 것
③ 비상전원을 실내에 설치하는 때는 그 실내에 비상조명등을 설치할 것
④ 비상전원은 비상콘센트설비를 유효하게 10분 이상 작동시킬 수 있는 용량으로 할 것

해설
비상콘센트설비의 전원회로 및 비상전원 설치기준(NFTC 504)
- 개폐기에는 "비상콘센트"라고 표시한 표지를 할 것
- 하나의 전용회로에 설치하는 비상콘센트는 10개 이하로 할 것. 이 경우 전선의 용량은 각 비상콘센트(비상콘센트가 3개 이상인 경우에는 3개)의 공급용량을 합한 용량 이상의 것으로 해야 한다.
- 비상전원을 실내에 설치하는 때는 그 실내에 비상조명등을 설치할 것
- 비상전원은 비상콘센트설비를 유효하게 20분 이상 작동시킬 수 있는 용량으로 할 것

72 무선통신보조설비의 증폭기에는 비상전원이 부착된 것으로 하고 비상전원의 용량은 무선통신보조설비를 유효하게 몇 분 이상 작동시킬 수 있는 것이어야 하는가?

① 10분 ② 20분
③ 30분 ④ 40분

해설
무선통신보조설비의 증폭기 및 무선중계기 설치기준(NFTC 505) : 증폭기에는 비상전원이 부착된 것으로 하고 해당 비상전원 용량은 무선통신보조설비를 유효하게 30분 이상 작동시킬 수 있는 것으로 할 것

73 자동화재탐지설비의 감지기회로에 설치하는 종단저항의 설치기준으로 틀린 것은?

① 감지기회로의 끝부분에 설치한다.
② 점검 및 관리가 쉬운 장소에 설치해야 한다.
③ 전용함에 설치하는 경우 그 설치 높이는 바닥으로부터 0.8[m] 이내에 설치해야 한다.
④ 종단감지기에 설치할 경우에는 구별이 쉽도록 해당 감지기의 기판 및 감지기 외부 등에 별도의 표시를 해야 한다.

해설
자동화재탐지설비의 감지기회로의 종단저항 설치기준(NFTC 203)
- 종단저항은 도통시험을 하기 위하여 설치한다.
- 감지기회로의 끝부분에 설치한다.
- 종단감지기에 설치할 경우에는 구별이 쉽도록 해당 감지기의 기판 및 감지기 외부 등에 별도의 표시를 할 것
- 점검 및 관리가 쉬운 장소에 설치할 것
- 전용함을 설치하는 경우 그 설치 높이는 바닥으로부터 1.5[m] 이내로 할 것
- 감지기 사이의 회로의 배선은 송배선식으로 할 것

74 3선식 배선으로 상시 충전되는 유도등의 전기회로에 점멸기를 설치하는 경우 유도등이 자동으로 점등되어야 할 경우로 관계없는 것은?

① 제연설비가 작동한 때
② 자동소화설비가 작동한 때
③ 비상경보설비의 발신기가 작동한 때
④ 자동화재탐지설비의 감지기가 작동한 때

해설
3선식 배선으로 상시 충전되는 유도등의 전기회로에 점멸기를 설치하는 경우 유도등이 자동으로 점등되어야 할 경우(NFTC 303)
- 자동소화설비가 작동되는 때
- 비상경보설비의 발신기가 작동되는 때
- 자동화재탐지설비의 감지기 또는 발신기가 작동되는 때
- 상용전원이 정전되거나 전원선이 단선되는 때
- 방재업무를 통제하는 곳 또는 전기실의 배전반에서 수동으로 점등하는 때

75 누전경보기의 전원은 분전반으로부터 전용회로로 하고 각 극에 개폐기와 몇 [A] 이하의 과전류차단기를 설치해야 하는가?

① 15[A] ② 20[A]
③ 25[A] ④ 30[A]

해설
누전경보기의 전원 설치기준(NFTC 205)
- 전원은 분전반으로부터 전용회로로 하고, 각 극에 개폐기 및 15[A] 이하의 과전류차단기(배선용 차단기에 있어서는 20[A] 이하의 것으로 각 극을 개폐할 수 있는 것)를 설치할 것
- 전원을 분기할 때는 다른 차단기에 따라 전원이 차단되지 않도록 할 것
- 전원의 개폐기에는 "누전경보기용"이라고 표시한 표지를 할 것

76 다음 비상경보설비 및 비상방송설비에 사용되는 용어 설명 중 틀린 것은?

① 비상벨설비란 화재 발생 상황을 경종으로 경보하는 설비를 말한다.
② 증폭기란 전압, 전류의 주파수를 늘려 감도를 좋게 하고 소리를 크게 하는 장치를 말한다.
③ 확성기란 소리를 크게 하여 멀리까지 전달될 수 있도록 하는 장치로써 일명 스피커를 말한다.
④ 음량조절기란 가변저항을 이용하여 전류를 변화시켜 음량을 크게 하거나 작게 조절할 수 있는 장치를 말한다.

해설
비상경보설비 및 비상방송설비의 용어 정의(NFTC 201, 202)
- 비상벨설비 : 화재 발생 상황을 경종으로 경보하는 설비를 말한다.
- 증폭기 : 전압, 전류의 진폭을 늘려 감도를 좋게 하고 미약한 음성전류를 커다란 음성전류로 변화시켜 소리를 크게 하는 장치를 말한다.
- 확성기 : 소리를 크게 하여 멀리까지 전달될 수 있도록 하는 장치로써 일명 스피커를 말한다.
- 음량조절기 : 가변저항을 이용하여 전류를 변화시켜 음량을 크게 하거나 작게 조절할 수 있는 장치를 말한다.

77 신호의 전송로가 분기되는 장소에 설치하는 것으로 임피던스 매칭과 신호 균등분배를 위해 사용되는 장치는?

① 혼합기 ② 분배기
③ 증폭기 ④ 분파기

해설
무선통신보조설비의 용어 정의(NFTC 505)
- 혼합기 : 2 이상의 입력신호를 원하는 비율로 조합한 출력이 발생하도록 하는 장치를 말한다.
- 분배기 : 신호의 전송로가 분기되는 장소에 설치하는 것으로 임피던스 매칭(Matching)과 신호 균등분배를 위해 사용하는 장치를 말한다.
- 증폭기 : 전압·전류의 진폭을 늘려 감도 등을 개선하는 장치를 말한다.
- 분파기 : 서로 다른 주파수의 합성된 신호를 분리하기 위해서 사용하는 장치를 말한다.

78 부착높이 3[m], 바닥면적 50[m²]인 주요구조부가 내화구조로 된 특정소방대상물에 1종 열반도체식 차동식분포형감지기를 설치하고자 할 때 감지부의 최소 설치개수는?

① 1개 ② 2개
③ 3개 ④ 4개

해설
자동화재탐지설비의 열반도체식 차동식 분포형 감지기 설치기준(NFTC 203) : 감지부는 그 부착높이 및 특정소방대상물에 따라 다음 표에 따른 바닥면적마다 1개 이상으로 할 것

부착높이 및 특정소방대상물의 구분		감지기의 종류 (단위 : [m²])	
		1종	2종
8[m] 미만	주요구조부가 내화구조로 된 특정소방대상물 또는 그 부분	65	36
	기타 구조의 특정소방대상물 또는 그 부분	40	23

∴ 1종 열반도체식 차동식 분포형 감지기의 부착높이가 8[m] 미만이고, 바닥면적이 65[m²] 이하이므로 감지기의 설치개수는 1개이다.

79 비상콘센트를 보호하기 위한 비상콘센트 보호함의 설치기준으로 틀린 것은?

① 비상콘센트 보호함에는 쉽게 개폐할 수 있는 문을 설치해야 한다.
② 비상콘센트 보호함 상부에 적색의 표시등을 설치해야 한다.
③ 비상콘센트 보호함에는 그 내부에 "비상콘센트"라고 표시한 표지를 해야 한다.
④ 비상콘센트 보호함을 옥내소화전함 등과 접속하여 설치하는 경우에는 옥내소화전함 등의 표시등과 겸용할 수 있다.

해설
비상콘센트설비의 비상콘센트 보호함 설치기준(NFTC 504)
• 보호함에는 쉽게 개폐할 수 있는 문을 설치할 것
• 보호함 상부에 적색의 표시등을 설치할 것
• 보호함 표면에 "비상콘센트"라고 표시한 표지를 할 것
• 비상콘센트의 보호함을 옥내소화전함 등과 접속하여 설치하는 경우에는 옥내소화전함 등의 표시등과 겸용할 수 있다.

80 비상방송설비의 배선에 대한 설치기준으로 틀린 것은?

① 배선은 다른 전선과 동일한 관, 덕트, 몰드 또는 풀박스 등에 설치할 것
② 전원회로의 배선은 옥내소화전설비의 화재안전기준에 따른 내화배선에 따를 것
③ 화재로 인하여 하나의 층의 확성기 또는 배선이 단락 또는 단선되어도 다른 층의 화재통보에 지장이 없도록 할 것
④ 부속회로의 전로와 대지 사이 및 배선 상호 간의 절연저항은 1경계구역마다 직류 250[V]의 절연저항측정기를 사용하여 측정한 절연저항이 0.1[MΩ] 이상이 되도록 할 것

해설
비상방송설비의 전원 및 배선 기준(NFTC 202)
• 배선은 다른 전선과 별도의 관·덕트(절연효력이 있는 것으로 구획한 때는 그 구획된 부분은 별개의 덕트로 본다)·몰드 또는 풀박스 등에 설치할 것. 다만, 60[V] 미만의 약전류회로에 사용하는 전선으로서 각각의 전압이 같을 때는 그렇지 않다.
• 전원회로의 배선은 옥내소화전설비의 화재안전기술기준(NFTC 102)에 따른 내화배선에 따르고, 그 밖의 배선은 옥내소화전설비의 화재안전기술기준(NFTC 102)에 따른 내화배선 또는 내열배선에 따를 것
• 화재로 인하여 하나의 층의 확성기 또는 배선이 단락 또는 단선되어도 다른 층의 화재통보에 지장이 없도록 할 것
• 부속회로의 전로와 대지 사이 및 배선 상호 간의 절연저항은 1경계구역마다 직류 250[V]의 절연저항측정기를 사용하여 측정한 절연저항이 0.1[MΩ] 이상이 되도록 할 것

2019년 제4회 과년도 기출문제

제1과목 소방원론

01 프로페인 가스의 연소범위[vol%]에 가장 가까운 것은?

① 9.8~28.4 ② 2.5~81
③ 4.0~75   ④ 2.1~9.5

해설
연소범위

종 류	연소범위[vol%]
아세틸렌	2.5~81
수 소	4.0~75
프로페인	2.1~9.5

02 화재의 지속시간 및 온도에 따라 목조건물과 내화건물을 비교했을 때 목조건물의 화재성상으로 가장 적합한 것은?

① 저온장기형이다.
② 저온단기형이다.
③ 고온장기형이다.
④ 고온단기형이다.

해설
- 목조건물의 화재성상 : 고온단기형
- 내화건축물의 화재성상 : 저온장기형

03 특정소방대상물(소방안전관리대상물은 제외)의 관계인과 소방안전관리대상물의 소방안전관리자의 업무가 아닌 것은?

① 화기취급의 감독
② 자체소방대의 운용
③ 소방 관련 시설의 관리
④ 피난시설, 방화구획 및 방화시설의 유지 · 관리

해설
자위소방대의 구성 · 운영 · 교육은 소방안전관리자의 업무이다 (화재예방법 제24조).

04 가연물의 제거와 가장 관련이 없는 소화방법은?

① 유류화재 시 유류공급밸브를 잠근다.
② 산불화재 시 나무를 잘라 없앤다.
③ 팽창진주암을 사용하여 진화한다.
④ 가스 화재 시 중간밸브를 잠근다.

해설
팽창진주암을 사용하여 진화하는 것은 질식소화이다.

정답 1 ④ 2 ④ 3 ② 4 ③

05 화재의 유형별 특성에 관한 설명으로 옳은 것은?

① A급 화재는 무색으로 표시하며 감전의 위험이 있으므로 주수소화를 엄금한다.
② B급 화재는 황색으로 표시하며 질식소화를 통해 화재를 진압한다.
③ C급 화재는 백색으로 표시하며 가연성이 강한 금속의 화재이다.
④ D급 화재는 청색으로 표시하며 연소 후 재를 남긴다.

해설
화재의 유형별 특성

종류	색상	소화방법
A급 화재	백색	냉각(주수)소화
B급 화재	황색	질식소화
C급 화재	청색	질식소화
D급 화재	무색	마른모래에 의한 피복소화

06 다음 중 인명구조기구에 속하지 않는 것은?

① 방열복
② 공기안전매트
③ 공기호흡기
④ 인공소생기

해설
인명구조기구
- 방열복, 방화복(안전모, 보호장갑 및 안전화 포함)
- 공기호흡기
- 인공소생기
※ 공기안전매트 : 피난기구

07 다음 중 전산실, 통신기기실 등에서의 소화에 가장 적합한 것은?

① 스프링클러설비
② 옥내소화전설비
③ 분말소화설비
④ 할로겐화합물 및 불활성기체소화설비

해설
전산실, 통신기기실 소화 : 가스계소화설비(이산화탄소, 할론, 할로겐화합물 및 불활성기체소화설비)

08 화재강도(Fire Intensity)와 관계가 없는 것은?

① 가연물의 비표면적
② 발화원의 온도
③ 화재실의 구조
④ 가연물의 발열량

해설
화재강도와 관계
- 가연물의 비표면적
- 화재실의 구조
- 가연물의 발열량

5 ② 6 ② 7 ④ 8 ②

09 방화벽의 구조기준 중 다음 ( ) 안에 알맞은 것은?

> • 방화벽의 양쪽 끝과 위쪽 끝을 건축물의 외벽면 및 지붕면으로부터 (㉠)[m] 이상 튀어나오게 할 것
> • 방화벽에 설치하는 출입문의 너비 및 높이는 각각 (㉡)[m] 이하로 하고 해당 출입문에는 60분+ 방화문 또는 60분 방화문을 설치할 것

① ㉠ 0.3, ㉡ 2.5
② ㉠ 0.3, ㉡ 3.0
③ ㉠ 0.5, ㉡ 2.5
④ ㉠ 0.5, ㉡ 3.0

해설
방화벽의 구조(건피방 제21조) : 화재 시 연소의 확산을 막고 피해를 줄이기 위해 주로 목조건축물에 설치하는 벽
• 내화구조로서 홀로 설 수 있는 구조일 것
• 방화벽의 양쪽 끝과 위쪽 끝을 건축물의 외벽면 및 지붕면으로부터 0.5[m] 이상 튀어나오게 할 것
• 방화벽에 설치하는 출입문의 너비 및 높이는 각각 2.5[m] 이하로 하고, 해당 출입문에는 60분+ 방화문 또는 60분 방화문을 설치할 것

10 BLEVE 현상을 설명한 것으로 가장 옳은 것은?

① 물이 뜨거운 기름표면 아래에서 끓을 때 화재를 수반하지 않고 Over Flow 되는 현상
② 물이 연소유의 뜨거운 표면에 들어갈 때 발생되는 Over Flow 현상
③ 탱크 바닥에 물과 기름의 에멀션이 섞여 있을 때 물의 비등으로 인하여 급격하게 Over Flow 되는 현상
④ 탱크 주위 화재로 탱크 내 인화성 액체가 비등하고 가스부분의 압력이 상승하여 탱크가 파괴되고 폭발을 일으키는 현상

해설
④ BLEVE 현상
① Froth Over
② Slop Over
③ Boil Over

11 화재 발생 시 인명피해 방지를 위한 건물로 적합한 것은?

① 피난구조설비가 없는 건물
② 특별피난계단의 구조로 된 건물
③ 피난기구가 관리되고 있지 않는 건물
④ 피난구 폐쇄 및 피난구유도등이 미비되어 있는 건물

해설
피난구조설비가 설치되어 잘 관리하고 있는 건물, 피난구 개방, 피난구유도등 상시점등, 특별피난계단이 설치된 건축물은 화재 발생 시 인명피해를 방지할 수 있다.

12 다음 중 인화점이 가장 낮은 것은?

① 산화프로필렌   ② 이황화탄소
③ 메틸알코올   ④ 등 유

해설
제4류 위험물의 인화점

종 류	구 분	인화점
산화프로필렌	특수인화물	-37[℃]
이황화탄소	특수인화물	-30[℃]
메틸알코올	알코올류	11[℃]
등 유	제2석유류	39[℃] 이상

13 소화원리에 대한 설명으로 틀린 것은?

① 냉각소화 : 물의 증발잠열에 의하여 가연물의 온도를 저하시키는 소화방법
② 제거소화 : 가연성 가스의 분출 화재 시 연료공급을 차단시키는 소화방법
③ 질식소화 : 포소화약제 또는 불연성가스를 이용해서 공기 중의 산소공급을 차단하여 소화하는 방법
④ 억제소화 : 불활성기체를 방출하여 연소범위 이하로 낮추어 소화하는 방법

해설
소화방법
- 냉각소화 : 화재 현장에서 물의 증발잠열을 이용하여 열을 빼앗아 온도를 낮추어 소화하는 방법
- 제거소화 : 화재 현장에서 가연물을 없애 주어(연료공급 차단) 소화하는 방법
- 질식소화 : 공기 중 산소의 농도를 21[%]에서 15[%] 이하로 낮추어 소화하는 방법
- 억제소화(부촉매효과) : 연쇄반응을 차단하여 소화하는 방법

14 CF_3Br 소화약제의 명칭을 옳게 나타낸 것은?

① 할론 1011
② 할론 1211
③ 할론 1301
④ 할론 2402

해설
할론소화약제

종류 구분	할론 1301	할론 1211	할론 2402	할론 1011
분자식	CF_3Br	CF_2ClBr	$C_2F_4Br_2$	CH_2ClBr
분자량	148.9	165.4	259.8	129.4

15 에터, 케톤, 에스터, 알데하이드, 카복실산, 아민 등과 같은 가연성인 수용성 용매에 유효한 포소화약제는?

① 단백포
② 수성막포
③ 플루오린화단백포
④ 알코올형포

해설
알코올형포 : 에터, 케톤, 에스터, 알데하이드, 카복실산, 아민 등과 같은 가연성인 수용성 용매에 유효한 포소화약제

16 독성이 매우 높은 가스로서 석유제품, 유지 등이 연소할 때 생성되는 알데하이드 계통의 가스는?

① 사이안화수소
② 암모니아
③ 포스겐
④ 아크롤레인

해설
아크롤레인 : 독성이 매우 높은 가스로서 석유제품, 유지 등이 연소할 때 생성되는 물질

17 물의 소화력을 증대시키기 위하여 첨가하는 첨가제 중 물의 유실을 방지하고 건물, 임야 등의 입체면에 오랫동안 잔류하게 하기 위한 것은?

① 증점제
② 강화액
③ 침투제
④ 유화제

해설
물의 소화성능을 향상시키기 위해 첨가하는 첨가제 : 침투제, 증점제, 유화제
- 침투제 : 물의 표면장력을 감소시켜서 침투성을 증가시키는 Wetting Agent
- 증점제 : 물의 소화력을 증대시키기 위하여 첨가하는 첨가제 중 물의 유실을 방지하고 건물, 임야 등의 입체면에 오랫동안 잔류하게 하기 위한 Viscosity Agent
- 유화제 : 기름의 표면에 유화(에멀션)효과를 위한 첨가제(분무주수)

18 화재 시 이산화탄소를 방출하여 산소농도를 13[vol%]로 낮추어 소화하기 위한 공기 중 이산화탄소의 농도는 약 몇 [vol%]인가?

① 9.5
② 25.8
③ 38.1
④ 61.5

해설

CO_2 농도[%] $= \dfrac{21 - O_2}{21} \times 100 = \dfrac{21 - 13}{21} \times 100 ≒ 38.1[\%]$

19 할로겐화합물 및 불활성기체소화약제는 일반적으로 열을 받으면 할로겐족이 분해되어 가연물질의 연소과정에서 발생하는 활성종과 화합하여 연소의 연쇄반응을 차단한다. 연쇄반응의 차단과 가장 거리가 먼 소화약제는?

① FC-3-1-10
② HFC-125
③ IG-541
④ FIC-13I1

해설

할로겐화합물 및 불활성기체소화약제
- 할로겐화합물소화약제 : FC-3-1-10, HCFC-124, HFC-125, HFC-227ea, FIC-13I1 등
- 불활성기체소화약제 : IG-01, IG-55, IG-100, IG-541

20 불포화 섬유지나 석탄에 자연발화를 일으키는 원인은?

① 분해열
② 산화열
③ 발효열
④ 중합열

해설

자연발화의 종류
- 분해열에 의한 발화 : 셀룰로이드, 나이트로셀룰로스
- 산화열에 의한 발화 : 석탄, 건성유, 고무분말
- 미생물에 의한 발화 : 퇴비, 먼지
- 흡착열에 의한 발화 : 목탄, 활성탄

제2과목 소방전기일반

21 다음 논리식 중 틀린 것은?

① $X + X = X$
② $X \cdot X = X$
③ $X + \overline{X} = 1$
④ $X \cdot \overline{X} = 1$

해설

논리식의 기본법칙
- 보원의 법칙
  $A \cdot \overline{A} = 0$ $A + \overline{A} = 1$
- 기본 대수의 정리
  $A \cdot A = A$ $A + A = A$
  $A \cdot 1 = A$ $A + 1 = 1$
  $A \cdot 0 = 0$ $A + 0 = A$

22 다음과 같은 블록선도의 전체 전달함수는?

① $\dfrac{C(s)}{R(s)} = \dfrac{G(s)}{1 + G(s)}$

② $\dfrac{C(s)}{R(s)} = \dfrac{G(s)}{1 - G(s)}$

③ $\dfrac{C(s)}{R(s)} = 1 + G(s)$

④ $\dfrac{C(s)}{R(s)} = 1 - G(s)$

해설

블록선도의 전달함수
출력 $C(s) = G(s)R(s) - G(s)C(s)$
$C(s) + G(s)C(s) = G(s)R(s)$
$\{1 + G(s)\}C(s) = G(s)R(s)$
∴ 전달함수 $\dfrac{C(s)}{R(s)} = \dfrac{G(s)}{1 + G(s)}$

정답 18 ③ 19 ③ 20 ② 21 ④ 22 ①

23 배리스터(Varistor)의 용도는?

① 정전류 제어용
② 정전압 제어용
③ 과도한 전류로부터 회로보호
④ 과도한 전압으로부터 회로보호

해설
배리스터
- 인가전압이 높을 때 저항값이 비대칭적으로 급격하게 감소하여 전류가 급격히 증가하는 비직선적인 전압과 전류의 특성을 갖는 2단자 반도체 소자이다.
- 서지전압에 대한 회로 보호용(과도한 전압으로부터 회로 보호용)으로 사용된다.
- 계전기 접점에서 발생하는 불꽃을 소거하기 위해 사용된다.

24 SCR(Silicon-Controlled Rectifier)에 대한 설명으로 틀린 것은?

① PNPN 소자이다.
② 스위칭 반도체 소자이다.
③ 양방향 사이리스터이다.
④ 교류의 전력제어용으로 사용된다.

해설
SCR(실리콘제어정류소자) : PNPN형의 4층 구조로 되어 있으며 전극은 애노드(A), 캐소드(K), 게이트(G)로 구성된 단방향 교류 전력 제어소자로서 부하전류를 단락시키거나 개방시킬 수 있는 스위치이다.

25 변압기 내부 보호에 사용되는 계전기는?

① 비율 차동 계전기
② 부족 전압 계전기
③ 역전류 계전기
④ 온도 계전기

해설
변압기 내부 회로 고장 검출용으로 사용되는 계전기
- 비율 차동 계전기
- 충격가스압력 계전기
- 부흐홀츠 계전기
- 가스검출 계전기

Plus one
비율 차동 계전기 : 변압기에 단락사고가 발생하면 1차와 2차의 전류값이 달라지고 이들 값의 차이에 해당하는 전류가 계전기에 흘러 계전기가 동작한다.

26 직류회로에서 도체를 균일한 체적으로 길이를 10배 늘이면 도체의 저항은 몇 배가 되는가?(단, 도체의 전체 체적은 변함이 없다)

① 10
② 20
③ 100
④ 1,000

해설
저항(R)
- 도체가 균일한 체적을 가지므로 체적 $V = Al [m^3]$
  도체의 길이 $l_1 = 10l$이므로 도체의 단면적 $A_1 = \frac{1}{10}A$이다.
  ∴ 도체의 길이가 10배 늘어나면 도체의 단면적은 $\frac{1}{10}$ 배로 작아진다.
- 저항 $R = \rho \frac{l}{A}$

$$\frac{R_1}{R} = \frac{\rho \frac{l_1}{A_1}}{\rho \frac{l}{A}} = \frac{\frac{10l}{\frac{1}{10}A}}{\frac{l}{A}} = 100$$

∴ 최종 저항 $R_1 = 100R$

27 1[W·s]와 단위가 같은 것은?

① 1[J]
② 1[kg·m]
③ 1[kWh]
④ 860[kcal]

해설
1[W]의 단위는 1[J/s]이다.
∴ $1[W \cdot s] = 1\left[\dfrac{J}{s} \cdot s\right] = 1[J]$

28 가동철편형 계기의 구조 형태가 아닌 것은?

① 흡인형
② 회전자장형
③ 반발형
④ 반발흡인형

해설
가동철편형 계기
- 자기장 중에 고정 철편과 가동 철편을 놓으면 양철편에는 각각 자기장의 세기, 즉 전류에 비례하는 흡인력 또는 반발력이 작용하는 원리를 이용한 것이다.
- 종류 : 흡인형, 반발형, 반발흡인형

유도형 계기
- 자기장 내에 금속편을 놓으면 금속편에는 맴돌이 전류가 생겨서 자기장이 이동하는 방향으로 금속편을 이동시키는 토크가 발생하는 원리를 이용한 것이다.
- 종류 : 회선자기상형, 이동사기장형

29 교류전압계의 지침이 지시하는 전압은 다음 중 어느 것인가?

① 실효값
② 평균값
③ 최댓값
④ 순시값

해설
전력계, 전압계, 전류계에서 지시하는 값은 실효값이다.

30 내부저항이 200[Ω]이며 직류 120[mA]인 전류계를 6[A]까지 측정할 수 있는 전류계로 사용하고자 한다. 어떻게 하면 되겠는가?

① 24[Ω]의 저항을 전류계와 직렬로 연결한다.
② 12[Ω]의 저항을 전류계와 병렬로 연결한다.
③ 약 6.24[Ω]의 저항을 전류계와 직렬로 연결한다.
④ 약 4.08[Ω]의 저항을 전류계와 병렬로 연결한다.

해설
분류기의 측정전류(I_s)
- 전류계의 측정범위를 확대하기 위하여 내부저항 R인 전류계에 병렬로 접속한 저항(R_s)을 분류기라 한다.
- 전압 $I_s \dfrac{R \cdot R_s}{R + R_s} = IR$에서

전류계의 저항 $R = \dfrac{R_s}{\dfrac{I}{I_s} - 1} = \dfrac{200[\Omega]}{\dfrac{6[A]}{120 \times 10^{-3}[A]} - 1}$
$= 4.08[\Omega]$

∴ 약 4.08[Ω]의 저항을 전류계와 병렬로 연결한다.

31 상순이 a, b, c인 경우 V_a, V_b, V_c를 3상 불평형 전압이라 하면 정상분 전압은?(단, $\alpha = e^{j2\pi/3} = 1\angle 120°$)

① $\dfrac{1}{3}(V_a + V_b + V_c)$

② $\dfrac{1}{3}(V_a + \alpha V_b + \alpha^2 V_c)$

③ $\dfrac{1}{3}(V_a + \alpha^2 V_b + \alpha V_c)$

④ $\dfrac{1}{3}(V_a + \alpha V_b + \alpha V_c)$

해설
3상 불평형 전압
- 영상분 전압 $V_0 = \dfrac{1}{3}(V_a + V_b + V_c)$[V]
- 정상분 전압 $V_1 = \dfrac{1}{3}(V_a + \alpha V_b + \alpha^2 V_c)$[V]
- 역상분 전압 $V_2 = \dfrac{1}{3}(V_a + \alpha^2 V_b + \alpha V_c)$[V]

정답 27 ① 28 ② 29 ① 30 ④ 31 ②

32 수신기에 내장된 축전지의 용량이 6[Ah]인 경우 0.4[A]의 부하전류로 몇 시간 동안 사용할 수 있는가?

① 2.4시간　　② 15시간
③ 24시간　　④ 30시간

해설
축전지의 용량은 전류[A]×시간[h]으로 표시한다.
∴ 시간 = $\frac{6[\text{Ah}]}{0.4[\text{A}]}$ = 15[h]

33 변압기의 임피던스 전압을 구하기 위하여 행하는 시험은?

① 단락시험
② 유도저항시험
③ 무부하 통전시험
④ 무극성시험

해설
변압기의 시험방법
- 단락시험 : 임피던스 와트(전부하 동손), 임피던스 전압(전압강하)을 구하기 위해 저압 쪽을 단락시키고 실시하는 시험이다.
- 무부하시험(개방회로시험) : 무부하 전류, 히스테리시스손, 와류손, 철손, 여자 어드미턴스를 측정하는 시험이다.

34 어떤 회로에 $v(t) = 150\sin\omega t$[V]의 전압을 가하니 $i(t) = 6\sin(\omega t - 30°)$[A]의 전류가 흘렀다. 이 회로의 소비전력(유효전력)은 약 몇 [W]인가?

① 390　　② 450
③ 780　　④ 900

해설
소비전력(P)
순시전압 $v = V_m\sin\omega t$[V], 순시전류 $i = I_m\sin\omega t$[A]
- 최대전압 $V_m = \sqrt{2}\,V$에서
  실효전압 $V = \frac{V_m}{\sqrt{2}} = \frac{150[\text{V}]}{\sqrt{2}} = 106.07$[V]
- 최대전류 $I_m = \sqrt{2}\,I$에서
  실효전류 $I = \frac{I_m}{\sqrt{2}} = \frac{6[\text{A}]}{\sqrt{2}} = 4.24$[A]
- 전압이 전류보다 위상이 30° 앞선 회로이므로 위상차 $\theta = 30°$
∴ 소비전력 $P = IV\cos\theta$에서
  $P = 4.24[\text{A}] \times 106.07[\text{V}] \times \cos 30° = 389.48$[W]

35 배선의 절연저항은 어떤 측정기를 사용하여 측정하는가?

① 전압계　　② 전류계
③ 메 거　　④ 서미스터

해설
메거는 배선의 절연저항을 측정하는 데 사용하는 측정기기이다.

36 50[F]의 콘덴서 2개를 직렬로 연결하면 합성 정전용량은 몇 [F]인가?

① 25　　② 50
③ 100　　④ 1,000

해설
콘덴서의 합성 정전용량(C)
- 직렬접속 시 합성 정전용량 $C = \frac{C_1 C_2}{C_1 + C_2}$[F]
- 병렬접속 시 합성 정전용량 $C = C_1 + C_2$[F]
∴ 직렬접속 시 합성 정전용량 $C = \frac{50[\text{F}] \times 50[\text{F}]}{50[\text{F}] + 50[\text{F}]} = 25$[F]

32 ②　33 ①　34 ①　35 ③　36 ①

37 반파 정류회로를 통해 정현파를 정류하여 얻은 반파정류파의 최댓값이 1일 때, 실횻값과 평균값은?

① $\dfrac{1}{\sqrt{2}}, \dfrac{2}{\pi}$ ② $\dfrac{1}{2}, \dfrac{\pi}{2}$

③ $\dfrac{1}{\sqrt{2}}, \dfrac{\pi}{2\sqrt{2}}$ ④ $\dfrac{1}{2}, \dfrac{1}{\pi}$

해설
반파 정류회로

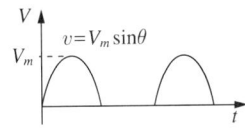

• 실횻값

$$V_{av} = \left[\dfrac{1}{2\pi}\int_0^\pi (V_m\sin\theta)^2 d\theta\right]^{1/2} = \left[\dfrac{V_m^2}{2\pi}\int_0^\pi \sin^2\theta d\theta\right]^{1/2}$$

여기서, $\sin^2\theta = \dfrac{1}{2}(1-\cos2\theta)$

$$= \left[\dfrac{V_m^2}{2\pi}\int_0^\pi \dfrac{1}{2}(1-\cos2\theta)d\theta\right]^{1/2}$$

$$= \left[\dfrac{V_m^2}{4\pi}\int_0^\pi (1-\cos2\theta)d\theta\right]^{1/2}$$

$$= \left\{\dfrac{V_m^2}{4\pi}\left[\theta - \dfrac{1}{2}\sin2\theta\right]_0^\pi\right\}^{1/2}$$

$$= \left\{\dfrac{V_m^2}{4\pi}\left[\left(\pi - \dfrac{1}{2}\sin4\pi\right) - \left(0 - \dfrac{1}{2}\sin0°\right)\right]\right\}^{1/2}$$

$$= \left\{\dfrac{V_m^2}{4\pi}\left[(\pi-0)-(0-0)\right]\right\}^{1/2} = \left(\dfrac{V_m^2}{4\pi}\times\pi\right)^{1/2}$$

$$= \left(\dfrac{V_m^2}{4}\right)^{1/2} = \dfrac{V_m}{2}$$

∴ 최댓값 $V_m = 1$이므로 실횻값 $V = \dfrac{V_m}{2} = \dfrac{1}{2}$

• 평균값 $V_{av} = \dfrac{1}{2\pi}\int_0^\pi V_m\sin\theta d\theta$

$$= \dfrac{V_m}{2\pi}[-\cos\theta]_0^\pi$$

$$= \dfrac{V_m}{2\pi}[(-\cos\pi)-(-\cos0°)]$$

$$= \dfrac{V_m}{2\pi}[1+1] = \dfrac{V_m}{2\pi}\times2$$

$$= \dfrac{V_m}{\pi}$$

∴ 최댓값 $V_m = 1$이므로 $V_{av} = \dfrac{V_m}{\pi} = \dfrac{1}{\pi}$

38 제연용으로 사용되는 3상 유동전동기를 Y - △ 기동 방식으로 하는 경우, 기동을 위해 제어회로에서 사용되는 것과 거리가 먼 것은?

① 타이머
② 영상변류기
③ 전자접촉기
④ 열동계전기

해설
3상 유도전동기 Y-△ 기동회로
• 배선용차단기(MCCB) : 과부하 및 단락보호를 겸한 차단기이다.
• 전자접촉기(MC) : 전자석으로 제어되는 전동기 개폐기이다.
• 열동계전기(THR) : 전동기의 과부하(과전류)에 의한 소손을 방지한다.
• 타이머(T) : 전동기를 Y결선으로 기동하여 타이머의 설정시간이 경과한 후에 △결선으로 운전시키는 계전기이다.

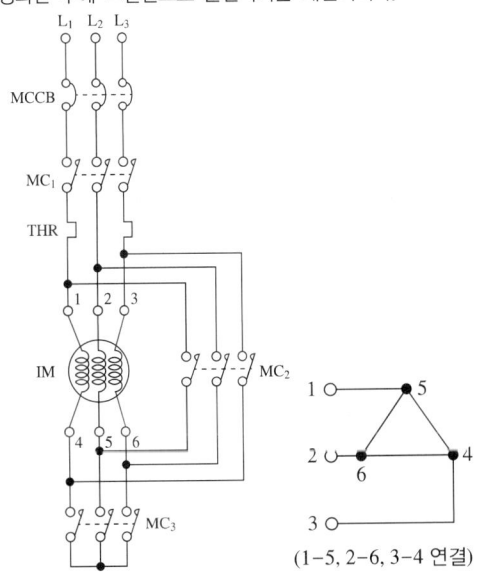

(1-5, 2-6, 3-4 연결)

ZCT(영상변류기)
전선에 흐르는 부하전류에서 미소한 누전전류를 검출하는 변류기이다.

정답 37 ④ 38 ②

39 제어요소의 구성으로 옳은 것은?

① 조절부와 조작부
② 비교부와 검출부
③ 설정부와 검출부
④ 설정부와 비교부

해설
피드백제어계에서 제어요소의 구성요소
- 제어요소 : 동작신호를 조작량으로 변환시키는 요소이며 조절부와 조작부로 구성되어 있다.
- 조절부 : 동작신호를 만드는 부분이며 기준 입력과 검출부 출력을 합하여 제어계가 작용을 하는 데 필요한 동작신호를 만들어 조작부에 보내는 장치이다.
- 조작부 : 조절부에서 받은 신호를 조작량으로 변환시켜 제어대상에 작용하게 하는 부분이다.

40 논리식 $X \cdot (X+Y)$를 간략화하면?

① X
② Y
③ $X+Y$
④ $X \cdot Y$

해설
논리식의 간략화
$$X \cdot (X+Y) = XX + XY$$
$$= X + XY = X(1+Y)$$
$$= X \cdot 1 = X$$

제3과목 소방관계법규

41 소방기본법상 소방대의 구성원에 속하지 않는 자는?

① 소방공무원법에 따른 소방공무원
② 의용소방대 설치 및 운영에 관한 법률에 따른 의용소방대원
③ 위험물안전관리법에 따른 자체소방대원
④ 의무소방대설치법에 따라 임용된 의무소방원

해설
소방대의 구성(법 제2조) : 소방공무원, 의용소방대원, 의무소방원

42 소방안전관리자 및 소방안전관리보조자에 대한 실무교육의 교육대상, 교육일정 등 실무교육에 필요한 계획을 수립하여 매년 누구의 승인을 얻어 교육을 실시하는가?

① 한국소방안전원장
② 소방본부장
③ 소방청장
④ 시·도지사

해설
실무교육은 소방청장의 승인을 받아 한국소방안전원에서 실시한다(화재예방법 제34조).

43 화재안전조사 항목에 해당되지 않는 것은?

① 화재의 예방조치 등에 관한 사항
② 소방자동차 전용구역의 설치에 관한 사항
③ 위험물 예방규정에 관한 사항
④ 방염에 관한 사항

해설
위험물 예방규정에 관한 사항은 화재안전조사 항목이 아니다(화재예방법 영 제7조).

44 항공기 격납고는 특정소방대상물 중 어느 시설에 해당하는가?

① 위험물 저장 및 처리시설
② 항공기 및 자동차 관련시설
③ 창고시설
④ 업무시설

해설
항공기 및 자동차 관련시설(소방시설법 영 별표 2)
• 항공기 격납고
• 차고, 주차용 건축물, 철골 조립식 주차시설 및 기계장치에 의한 주차시설
• 세차장, 폐차장
• 자동차 검사장, 자동차 매매장, 자동차 정비공장
• 운전학원, 정비학원

45 특정소방대상물의 방염 등과 관련하여 방염성능기준은 무엇으로 정하는가?

① 대통령령
② 행정안전부령
③ 소방청훈련
④ 소방청예규

해설
방염성능기준(소방시설법 제20조) : 대통령령

46 위험물안전관리법령상 제조소 등의 관계인은 위험물의 안전관리에 관한 직무를 수행하게 하기 위하여 제조소 등마다 위험물의 취급에 관한 자격이 있는 자를 위험물안전관리자로 선임해야 한다. 이 경우 제조소 등의 관계인이 지켜야 할 기준으로 틀린 것은?

① 제조소 등의 관계인은 안전관리자를 해임하거나 퇴직한 날부터 15일 이내에 다시 안전관리자를 선임해야 한다.
② 제조소 등의 관계인이 안전관리자를 선임한 경우에는 선임한 날부터 14일 이내에 소방본부장 또는 소방서장에게 신고해야 한다.
③ 제조소 등의 관계인은 안전관리자가 여행·질병 그 밖의 사유로 인하여 일시적으로 직무를 수행할 수 없는 경우에는 국가기술자격법에 따른 위험물의 취급에 관한 자격취득자 또는 위험물안전에 관한 기본지식과 경험이 있는 자를 대리지로 지정하여 그 직무를 대행하게 해야 한다. 이 경우 대리자가 안전관리자의 직무를 대행하는 기간은 30일을 초과할 수 없다.
④ 안전관리자는 위험물을 취급하는 작업을 하는 때는 작업자에게 안전관리에 관한 필요한 지시를 하는 등 위험물의 취급에 관한 안전관리와 감독을 해야 하고 제조소 등의 관계인과 그 종사자는 안전관리자의 위험물 안전관리에 관한 의견을 존중하고 그 권고에 따라야 한다.

해설
위험물안전관리자 재선임기간(법 제15조) : 해임 또는 퇴직일로부터 30일 이내에 선임

정답 43 ③ 44 ② 45 ① 46 ①

47 다음 중 상주공사감리를 해야 할 대상의 기준으로 옳은 것은?

① 지하층을 포함한 층수가 16층 이상으로서 300세대 이상인 아파트에 대한 소방시설의 공사
② 지하층을 포함한 층수가 16층 이상으로서 500세대 이상인 아파트에 대한 소방시설의 공사
③ 지하층을 포함하지 않는 층수가 16층 이상으로서 300세대 이상인 아파트에 대한 소방시설의 공사
④ 지하층을 포함하지 않는 층수가 16층 이상으로서 500세대 이상인 아파트에 대한 소방시설의 공사

해설
상주공사감리 대상(공사업법 영 별표 3)
- 연면적이 30,000[m²] 이상인 특정소방대상물(아파트는 제외)에 대한 소방시설의 공사
- 지하층을 포함한 층수가 16층 이상으로서 500세대 이상인 아파트에 대한 소방시설공사

48 화재의 예방 및 안전관리에 관한 법령상 소방대상물의 개수·이전·제거, 사용의 금지 또는 제한, 사용폐쇄, 공사의 정지 또는 중지, 그 밖의 필요한 조치로 인하여 손실을 받은 자가 손실보상청구서에 첨부해야 하는 서류로 틀린 것은?

① 손실보상합의서
② 손실을 증명할 수 있는 사진
③ 손실을 증명할 수 있는 증빙자료
④ 소방대상물의 관계인임을 증명할 수 있는 서류 (건축물대장은 제외)

해설
손실보상청구서에 첨부해야 하는 서류(규칙 제6조)
- 소방대상물의 관계인임을 증명할 수 있는 서류(건축물대장은 제외한다)
- 손실을 증명할 수 있는 사진 그 밖의 증빙자료

49 제6류 위험물에 속하지 않는 것은?

① 질 산
② 과산화수소
③ 과염소산
④ 과염소산염류

해설
위험물의 분류

종 류	유 별
질 산	제6류 위험물
과산화수소	제6류 위험물
과염소산	제6류 위험물
과염소산염류	제1류 위험물

50 화재의 예방 및 안전관리에 관한 법령상 소방청장, 소방본부장 또는 소방서장은 관할구역에 있는 소방대상물에 대하여 화재안전조사를 실시할 수 있다. 화재안전조사 대상과 거리가 먼 것은?(단, 개인 주거에 대하여는 관계인의 승낙을 득한 경우이다)

① 화재예방강화지구 등 법령에서 화재안전조사를 하도록 규정되어 있는 경우
② 화재예방안전진단이 불성실하거나 불완전하다고 인정되는 경우
③ 화재가 발생할 우려는 없으나 소방대상물의 정기점검이 필요한 경우
④ 국가적 행사 등 주요 행사가 개최되는 장소에 대하여 소방안전관리 실태를 조사할 필요가 있는 경우

해설
화재안전조사 대상(법 제7조)
- 자체점검 등이 불성실하거나 불완전하다고 인정되는 경우
- 화재예방강화지구 등 법령에서 화재안전조사를 하도록 규정되어 있는 경우
- 화재예방안전진단이 불성실하거나 불완전하다고 인정되는 경우
- 국가적 행사 등 주요 행사가 개최되는 장소 및 그 주변의 관계지역에 대하여 소방안전관리 실태를 조사할 필요가 있는 경우
- 화재가 자주 발생하였거나 발생할 우려가 뚜렷한 곳에 대한 조사가 필요한 경우
- 재난예측예보, 기상예보 등을 소방대상물에 화재가의 발생위험이 크다고 판단되는 경우

51 소방관서장은 화재예방강화지구 안의 관계인에 대하여 소방상 필요한 훈련 및 교육은 연 몇 회 이상 실시할 수 있는가?

① 1 ② 2
③ 3 ④ 4

해설
화재예방강화지구 안의 소방훈련(화재예방법 영 제20조) : 연 1회 이상

52 소방시설 설치 및 관리에 관한 법률상 소방시설 등의 자체점검 시 점검 인력 배치기준 중 종합점검에 대한 점검인력 1단위가 하루 동안 점검할 수 있는 특정소방대상물의 연면적 기준으로 옳은 것은? (단, 보조인력을 추가하는 경우는 제외한다)

① 3,500[m²] ② 8,000[m²]
③ 10,000[m²] ④ 12,000[m²]

해설
자체점검의 점검 1단위의 점검기준(점검 1단위 : 소방시설관리사 + 보조인력 2명)

종 류	일반건축물		아파트	
	기본면적	보조점검인력 1명 추가 시	기본세대 수	보조점검인력 1명 추가 시
작동점검	10,000[m²]	2,500[m²]	250세대	60세대
종합점검	8,000[m²]	2,000[m²]	250세대	60세대

53 다음 중 한국소방안전원의 업무에 해당하지 않는 것은?

① 소방용 기계·기구의 형식승인
② 소방업무에 관하여 행정기관이 위탁하는 업무
③ 화재예방과 안전관리의식 고취를 위한 대국민 홍보
④ 소방기술과 안전관리에 관한 교육, 조사·연구 및 각종 간행물 발간

해설
한국소방안전원의 업무(소방기본법 제41조)
• 소방기술과 안전관리에 관한 교육 및 조사·연구
• 소방기술과 안전관리에 관한 각종 간행물 발간
• 화재예방과 안전관리의식 고취를 위한 대국민 홍보
• 소방업무에 관하여 행정기관이 위탁하는 업무
• 소방안전에 관한 국제협력
• 그 밖에 회원에 대한 기술지원 등 정관으로 정하는 사항

54 소방기본법령상 국고보조 대상사업의 범위 중 소방활동장비와 설비에 해당하지 않는 것은?

① 소방자동차
② 소방헬리콥터 및 소방정
③ 소화용수설비 및 피난구조설비
④ 방화복 등 소방활동에 필요한 소방장비

해설
국고보조 대상(영 제2조)
• 소방활동장비와 설비의 구입 및 설치
  - 소방자동차
  - 소방헬리콥터 및 소방정
  - 소방전용 통신설비 및 전산설비
  - 그 밖의 방화복 등 소방활동에 필요한 소방장비
• 소방관서용 청사의 건축

정답 51 ① 52 ② 53 ① 54 ③

55 소방시설 설치 및 관리에 관한 법률상 간이스프링클러설비를 설치해야 하는 특정소방대상물의 기준으로 옳은 것은?

① 근린생활시설로 사용하는 부분의 바닥면적 합계가 1,000[m²] 이상인 것은 모든 층
② 교육연구시설 내에 있는 합숙소로서 연면적 500[m²] 이상인 것
③ 의료재활시설을 제외한 요양병원으로 사용되는 바닥면적 합계가 300[m²] 이상 600[m²] 미만인 것
④ 정신의료기관 또는 의료재활시설로 사용되는 바닥면적 합계가 600[m²] 미만인 시설

해설
간이스프링클러설비 설치 대상물(영 별표 4)
• 공동주택 중 연립주택 및 다세대주택
• 근린생활시설 중 다음의 어느 하나에 해당하는 것
 − 근린생활시설로 사용하는 부분의 바닥면적 합계가 1,000[m²] 이상인 것은 모든 층
 − 의원, 치과의원 및 한의원으로서 입원실 또는 인공신장실이 있는 시설
 − 조산원 및 산후조리원으로서 연면적 600[m²] 미만인 시설
• 교육연구시설 내에 합숙소로서 연면적 100[m²] 이상인 경우에는 모든 층
• 의료시설 중 다음의 어느 하나에 해당하는 시설
 − 종합병원, 병원, 치과병원, 한방병원 및 요양병원(의료재활시설은 제외한다)으로 사용되는 바닥면적의 합계가 600[m²] 미만인 시설
 − 정신의료기관 또는 의료재활시설로 사용되는 바닥면적의 합계가 300[m²] 이상 600[m²] 미만인 시설
 − 정신의료기관 또는 의료재활시설로 사용되는 바닥면적의 합계가 300[m²] 미만이고, 창살(철재·플라스틱 또는 목재 등으로 사람의 탈출 등을 막기 위하여 설치한 것을 말하며, 화재 시 자동으로 열리는 구조로 되어 있는 창살은 제외한다)이 설치된 시설
• 숙박시설로서 바닥면적의 합계가 300[m²] 이상 600[m²] 미만인 시설

56 제조소 등의 위치·구조 또는 설비 변경 없이 해당 제조소 등에서 저장하거나 취급하는 위험물의 품명·수량 또는 지정수량의 배수를 변경하고자 할 때는 누구에게 신고해야 하는가?

① 국무총리
② 시·도지사
③ 관할소방서장
④ 행정안전부장관

해설
위험물의 품명·수량 또는 지정수량의 배수를 변경 시 : 시·도지사에게 신고

57 화재예방강화지구로 지정할 수 있는 대상이 아닌 것은?

① 시장지역
② 소방출동로가 있는 지역
③ 공장·창고가 밀집한 지역
④ 목조건물이 밀집한 지역

해설
소방시설, 소방용수시설 또는 소방출동로가 없는 지역은 화재예방강화지구의 지정대상이다(화재예방법 제18조).

58 다음 조건을 참고하여 숙박시설이 있는 특정소방대상물의 수용인원 산정 수로 옳은 것은?

> 침대가 있는 숙박시설로서 1인용 침대의 수는 20개이고 2인용 침대의 수는 10개이며 종업원의 수는 3명이다.

① 33명
② 40명
③ 43명
④ 46명

해설
숙박시설이 있는 특정소방대상물 수용인원 산정 수(소방시설법 영 별표 7) : 해당 특정소방대상물의 종사자 수에 침대 수(2인용 침대는 2개로 산정한다)를 합한 수
수용인원 = 종사자 수 + 침대 수 = 3 + [20 + (2 × 10)] = 43명

55 ① 56 ② 57 ② 58 ③

59 화재의 예방 및 안전관리에 관한 법률상 정당한 사유 없이 화재안전조사 결과에 따른 조치명령을 위반한 자에 대한 벌칙으로 옳은 것은?

① 100만원 이하의 벌금
② 300만원 이하의 벌금
③ 1년 이하의 징역 또는 1,000만원 이하의 벌금
④ 3년 이하의 징역 또는 3,000만원 이하의 벌금

해설
화재안전조사 결과에 따른 조치명령을 위반한 자 : 3년 이하의 징역 또는 3,000만원 이하의 벌금

60 위험물안전관리법령상 제조소 등이 아닌 장소에서 지정수량 이상의 위험물을 취급할 수 있는 기준 중 ( ) 안에 알맞은 것은?

> 시·도의 조례가 정하는 바에 따라 관할 소방서장의 승인을 받아 지정수량 이상의 위험물을 ( )일 이내의 기간 동안 임시로 저장 또는 취급하는 경우

① 15   ② 30
③ 60   ④ 90

해설
위험물의 임시저장기간(법 제5조) : 90일 이내

제4과목 소방전기시설의 구조 및 원리

61 자동화재탐지설비 및 시각경보장치의 화재안전기술기준(NFTC 203)에 따른 경계구역에 관한 기준이다. 다음 ( )에 들어갈 내용으로 옳은 것은?

> 하나의 경계구역의 면적은 (㉠) 이하로 하고 한 변의 길이는 (㉡) 이하로 해야 한다.

① ㉠ 600[m²], ㉡ 50[m]
② ㉠ 600[m²], ㉡ 100[m]
③ ㉠ 1,200[m²], ㉡ 50[m]
④ ㉠ 1,200[m²], ㉡ 100[m]

해설
자동화재탐지설비의 경계구역 설정기준(NFTC 203)
• 하나의 경계구역이 2 이상의 건축물에 미치지 않도록 할 것
• 하나의 경계구역이 2 이상의 층에 미치지 않도록 할 것. 다만, 500[m²] 이하의 범위 안에서는 2개의 층을 하나의 경계구역으로 할 수 있다.
• 하나의 경계구역의 면적은 600[m²] 이하로 하고 한 변의 길이는 50[m] 이하로 할 것. 다만, 해당 특정소방대상물의 주된 출입구에서 그 내부 전체가 보이는 것에 있어서는 한 변의 길이가 50[m]의 범위 내에서 1,000[m²] 이하로 할 수 있다.
• 계단(직통계단 외의 것에 있어서는 떨어져 있는 상하계단의 상호 간의 수평거리가 5[m] 이하로서 서로 간에 구획되지 않은 것에 한한다)·경사로(에스컬레이터경사로 포함)·엘리베이터 승강로(권상기실이 있는 경우에는 권상기실)·린넨슈트·파이프 피트 및 덕트 기타 이와 유사한 부분에 대하여는 별도로 경계구역을 설정하되, 하나의 경계구역은 높이 45[m] 이하(계단 및 경사로에 한한다)로 하고, 지하층의 계단 및 경사로(지하층의 층수가 한 개 층일 경우는 제외)는 별도로 하나의 경계구역으로 해야 한다.
• 외기에 면하여 상시 개방된 부분이 있는 차고·주차장·창고 등에 있어서는 외기에 면하는 각 부분으로부터 5[m] 미만의 범위 안에 있는 부분은 경계구역의 면적에 산입하지 않는다.
• 스프링클러설비·물분무 등 소화설비 또는 제연설비의 화재감지장치로서 화재감지기를 설치한 경우의 경계구역은 해당 소화설비의 방호구역 또는 제연구역과 동일하게 설정할 수 있다.

정답 59 ④ 60 ④ 61 ①

62 차동식 분포형 감지기의 동작방식이 아닌 것은?

① 공기관식 ② 열전대식
③ 열반도체식 ④ 불꽃 자외선식

해설
차동식 분포형 감지기의 동작방식
- 공기관식
- 열전대식
- 열반도체식

Plus one
정온식 스포트형 감지기의 구조 및 작동원리에 대한 형식
- 가용절연물을 이용한 방식
- 바이메탈의 활곡 및 반전을 이용한 방식
- 금속의 팽창계수차를 이용한 방식
- 액체(기체)의 팽창을 이용한 방식

64 누전경보기의 형식승인 및 제품검사의 기술기준에 따라 누전경보기의 경보기구에 내장하는 음향장치는 사용전압의 몇 [%]인 전압에서 소리를 내어야 하는가?

① 40[%] ② 60[%]
③ 80[%] ④ 100[%]

해설
누전경보기의 경보기구에 내장하는 음향장치기준(제4조)
- 사용전압의 80[%]인 전압에서 소리를 내어야 한다.
- 사용전압에서의 음압은 무향실 내에서 정위치에 부착된 음향장치의 중심으로부터 1[m] 떨어진 지점에서 누전경보기는 70[dB] 이상이어야 한다. 다만, 고장표시장치용 등의 음압은 60[dB] 이상이어야 한다.
- 사용전압으로 8시간 연속하여 울리게 하는 시험, 또는 정격전압에서 3분 20초 동안 울리고 6분 40초 동안 정지하는 작동을 반복하여 통산한 울림시간이 20시간이 되도록 시험하는 경우 그 구조 또는 기능에 이상이 생기지 않아야 한다.

63 비상방송설비의 화재안전기술기준(NFTC 202)에 따라 다음 ( )의 ㉠, ㉡에 들어갈 내용으로 옳은 것은?

비상방송설비에는 그 설비에 대한 감시상태를 (㉠)분간 지속한 후 유효하게 (㉡)분 이상 경보할 수 있는 비상전원으로서 축전지설비(수신기에 내장하는 경우를 포함한다)를 설치해야 한다.

① ㉠ 30, ㉡ 5
② ㉠ 30, ㉡ 10
③ ㉠ 60, ㉡ 5
④ ㉠ 60, ㉡ 10

해설
비상방송설비의 전원 및 배선기준(NFTC 202) : 비상방송설비에는 그 설비에 대한 감시상태를 60분간 지속한 후 유효하게 10분 이상 경보할 수 있는 비상전원으로서 축전지설비(수신기에 내장하는 경우를 포함) 또는 전기저장장치를 설치해야 한다.

65 자동화재속보설비의 속보기의 성능인증 및 제품검사의 기술기준에 따라 자동화재속보설비의 속보기의 외함에 합성수지를 사용할 경우 외함의 최소 두께[mm]는?

① 1.2[mm] ② 3[mm]
③ 6.4[mm] ④ 7[mm]

해설
자동화재속보설비의 속보기 외함 두께(제4조)
- 강판 외함 : 1.2[mm] 이상
- 합성수지 외함 : 3[mm] 이상

Plus one
속보기에 사용하지 않는 회로방식(제3조)
- 접지전극에 직류전류를 통하는 회로방식
- 수신기에 접속되는 외부배선과 다른 설비(화재신호의 전달에 영향을 미치지 않는 것은 제외)의 외부배선을 공용으로 하는 회로방식

66 소방시설용 비상전원수전설비의 화재안전기술기준(NFTC 602)에 따라 일반전기사업자로부터 특별고압 또는 고압으로 수전하는 비상전원수전설비의 경우에 있어서 소방회로배선과 일반회로배선을 몇 [cm] 이상 떨어져 설치하는 경우 불연성의 격벽으로 구획하지 않을 수 있는가?

① 5[cm]   ② 10[cm]
③ 15[cm] ④ 20[cm]

해설
소방시설용 비상전원수전설비에서 특별고압 또는 고압으로 수전하는 경우(NFTC 602)
- 전용의 방화구획 내에 설치할 것
- 소방회로배선은 일반회로배선과 불연성의 격벽으로 구획할 것. 다만, 소방회로배선과 일반회로배선을 15[cm] 이상 떨어져 설치한 경우는 그렇지 않다.
- 일반회로에서 과부하, 지락사고 또는 단락사고가 발생한 경우에도 이에 영향을 받지 않고 계속하여 소방회로에 전원을 공급시켜 줄 수 있어야 할 것
- 소방회로용 개폐기 및 과전류차단기에는 "소방시설용"이라 표시할 것

67 비상콘센트설비의 화재안전기술기준(NFTC 504)에 따라 비상콘센트설비의 전원회로(비상콘센트에 전력을 공급하는 회로를 말한다)에 대한 전압과 공급용량으로 옳은 것은?

① 전압 : 단상교류 110[V], 공급용량 : 1.5[kVA] 이상
② 전압 : 단상교류 220[V], 공급용량 : 1.5[kVA] 이상
③ 전압 : 단상교류 110[V], 공급용량 : 3[kVA] 이상
④ 전압 : 단상교류 220[V], 공급용량 : 3[kVA] 이상

해설
비상콘센트설비의 전원회로 및 비상전원 설치기준(NFTC 504) : 비상콘센트설비의 전원회로는 단상교류 220[V]인 것으로서, 그 공급용량은 1.5[kVA] 이상인 것으로 할 것

68 비상콘센트설비의 화재안전기술기준(NFTC 504)에 따른 용어의 정의 중 옳은 것은?

① "저압"이란 직류는 1.5[kV] 이하, 교류는 1[kV] 이하인 것을 말한다.
② "저압"이란 직류는 1[kV] 이하, 교류는 1[kV] 이하인 것을 말한다.
③ "고압"이란 직류는 1.5[kV]를, 교류는 1[kV]를 초과하는 것을 말한다.
④ "고압"이란 직류는 1.5[V]를, 교류는 1.5[kV]를 초과하는 것을 말한다.

해설
비상콘센트설비의 전압 구분(NFTC 504)
- 저압 : 직류는 1.5[kV] 이하, 교류는 1[kV] 이하인 것
- 고압 : 직류는 1.5[kV]를, 교류는 1[kV]를 초과하고, 7[kV] 이하인 것
- 특고압 : 7[kV]를 초과하는 것

정답 66 ③ 67 ② 68 ①

69 유도등 및 유도표지의 화재안전기술기준(NFTC 303)에 따른 통로유도등의 설치기준에 대한 설명으로 틀린 것은?

① 거실통로유도등은 구부러진 모퉁이 및 보행거리 20[m]마다 설치할 것
② 복도·계단통로유도등은 바닥으로부터 높이 1[m] 이하의 위치에 설치할 것
③ 통로유도등은 녹색바탕에 백색으로 그림문자와 함께 피난방향을 지시하는 화살표를 표시할 것
④ 거실통로유도등은 바닥으로부터 높이 1.5[m] 이상의 위치에 설치할 것

해설

통로유도등의 설치기준(NFTC 303)
- 복도통로유도등
  - 복도에 설치하되 옥내로부터 직접 지상으로 통하는 출입구 및 그 부속실의 출입구 또는 직통계단·직통계단의 계단실 및 그 부속실의 출입구에 피난구유도등이 설치된 출입구의 맞은편 복도에는 입체형으로 설치하거나 바닥에 설치할 것
  - 구부러진 모퉁이 및 복도통로유도등이 설치된 통로유도등을 기점으로 보행거리 20[m]마다 설치할 것
  - 바닥으로부터 높이 1[m] 이하의 위치에 설치할 것. 다만, 지하층 또는 무창층의 용도가 도매시장·소매시장·여객자동차터미널·지하역사 또는 지하상가인 경우에는 복도·통로 중앙부분의 바닥에 설치해야 한다.
- 거실통로유도등
  - 거실의 통로에 설치할 것. 다만, 거실의 통로가 벽체 등으로 구획된 경우에는 복도통로유도등을 설치할 것
  - 구부러진 모퉁이 및 보행거리 20[m]마다 설치할 것
  - 바닥으로부터 높이 1.5[m] 이상의 위치에 설치할 것. 다만, 거실통로에 기둥이 설치된 경우에는 기둥부분의 바닥으로부터 높이 1.5[m] 이하의 위치에 설치할 수 있다.
- 계단통로유도등
  - 각 층의 경사로 참 또는 계단참마다(1개 층에 경사로 참 또는 계단참이 2 이상 있는 경우에는 2개의 계단참마다) 설치할 것
  - 바닥으로부터 높이 1[m] 이하의 위치에 설치할 것
- 유도등의 표시면 색상은 피난구유도등인 경우 녹색바탕에 백색문자로, 통로유도등인 경우 백색바탕에 녹색문자를 사용해야 한다.

70 유도등 및 유도표지의 화재안전기술기준(NFTC 303)에 따라 운동시설에 설치하지 않을 수 있는 유도등은?

① 통로유도등
② 객석유도등
③ 대형피난구유도등
④ 중형피난구유도등

해설

특정소방대상물의 용도별로 설치해야 하는 유도등(NFTC 303)

설치장소	유도등
1. 공연장, 집회장(종교집회장 포함), 관람장, 운동시설	• 대형피난구유도등 • 통로유도등 • 객석유도등
2. 유흥주점영업시설(카바레, 나이트클럽)	
3. 위락시설, 판매시설, 운수시설, 관광숙박업, 의료시설, 장례식장, 방송통신시설, 전시장, 지하상가, 지하철역사	• 대형피난구유도등 • 통로유도등
4. 숙박시설(관광숙박업 외의 것)·오피스텔	• 중형피난구유도등 • 통로유도등
5. 지하층, 무창층 또는 층수가 11층 이상인 특정소방대상물	
6. 근린생활시설, 노유자시설, 업무시설, 발전시설, 종교시설(집회장 용도로 사용하는 부분 제외), 교육연구시설, 수련시설, 공장, 교정 및 군사시설(국방·군사시설 제외), 자동차정비공장, 운전학원 및 정비학원, 다중이용업소, 복합건축물	• 소형피난구유도등 • 통로유도등
7. 그 밖의 것	• 피난구유도등 • 통로유도표지

71 자동화재탐지설비 및 시각경보장치의 화재안전기술기준(NFTC 203)에 따른 감지기의 설치기준으로 틀린 것은?

① 스포트형 감지기는 45° 이상 경사되지 않도록 부착할 것
② 감지기(차동식 분포형의 것을 제외한다)는 실내로의 공기유입구로부터 1.5[m] 이상 떨어진 위치에 설치할 것
③ 보상식 스포트형 감지기는 정온점이 감지기 주위의 평상시 최고온도보다 10[℃] 이상 높은 것으로 설치할 것
④ 정온식 감지기는 주방·보일러실 등으로서 다량의 화기를 취급하는 장소에 설치하되, 공칭작동온도가 최고주위온도보다 20[℃] 이상 높은 것으로 설치할 것

해설
자동화재탐지설비의 감지기 설치기준(NFTC 203)
• 스포트형 감지기는 45° 이상 경사되지 않도록 부착할 것
• 감지기(차동식 분포형의 것을 제외)는 실내로의 공기유입구로부터 1.5[m] 이상 떨어진 위치에 설치할 것
• 보상식 스포트형 감지기는 정온점이 감지기 주위의 평상시 최고온도보다 20[℃] 이상 높은 것으로 설치할 것
• 정온식 감지기는 주방·보일러실 등으로서 다량의 화기를 취급하는 장소에 설치하되, 공칭작동온도가 최고주위온도보다 20[℃] 이상 높은 것으로 설치할 것

72 무선통신보조설비의 화재안전기술기준(NFTC 505)에 따라 무선통신보조설비의 누설동축케이블의 설치기준으로 틀린 것은?

① 누설동축케이블 및 동축케이블은 불연 또는 난연성의 것으로서 습기 등의 환경조건에 따라 전기의 특성이 변질되지 않을 것
② 누설동축케이블의 중간 부분에는 무반사 종단저항을 견고하게 설치할 것
③ 누설동축케이블 및 안테나는 고압의 전로로부터 1.5[m] 이상 떨어진 위치에 설치할 것
④ 누설동축케이블과 이에 접속하는 안테나 또는 동축케이블과 이에 접속하는 안테나로 구성할 것

해설
무선통신보조설비의 누설동축케이블 설치기준(NFTC 505)
• 누설동축케이블 및 동축케이블은 불연 또는 난연성의 것으로서 습기 등의 환경조건에 따라 전기의 특성이 변질되지 않는 것으로 하고, 노출하여 설치한 경우에는 피난 및 통행에 장애가 없도록 할 것
• 누설동축케이블의 끝부분에는 무반사 종단저항을 견고하게 설치할 것
• 누설동축케이블 및 안테나는 고압의 전로로부터 1.5[m] 이상 떨어진 위치에 설치할 것. 다만, 해당 전로에 정전기 차폐장치를 유효하게 설치한 경우에는 그렇지 않다.
• 누설동축케이블과 이에 접속하는 안테나 또는 동축케이블과 이에 접속하는 안테나로 구성할 것

정답 71 ③ 72 ②

73 누전경보기의 화재안전기술기준(NFTC 205)의 용어 정의에 따라 변류기로부터 검출된 신호를 수신하여 누전의 발생을 해당 특정소방대상물의 관계인에게 경보하여 주는 것은?

① 축전지　　② 수신부
③ 경보기　　④ 음향장치

해설
누전경보기의 용어 정의(NFTC 205)
- 수신부 : 변류기로부터 검출된 신호를 수신하여 누전의 발생을 해당 특정소방대상물의 관계인에게 경보하여 주는 것(차단기구를 갖는 것을 포함)을 말한다.
- 변류기 : 경계전로의 누설전류를 자동적으로 검출하여 이를 누전경보기의 수신부에 송신하는 것을 말한다.
- 누전경보기 : 사용전압 600[V] 이하인 경계전로의 누설전류를 검출하여 해당 소방대상물의 관계자에게 경보를 발하는 설비로서 변류기와 수신부로 구성된 것을 말한다(누전경보기의 형식승인 및 제품검사의 기술기준 제2조).

74 비상조명등의 화재안전기술기준(NFTC 304)에 따라 비상조명등의 비상전원을 설치하는 데 있어서 어떤 특정소방대상물의 경우에는 그 부분에서 피난층에 이르는 부분의 비상조명등을 60분 이상 유효하게 작동시킬 수 있는 용량으로 해야 한다. 이 특정소방대상물에 해당하지 않는 것은?

① 무창층인 지하역사
② 무창층인 소매시장
③ 지하층인 관람시설
④ 지하층을 제외한 층수가 11층 이상인 층

해설
비상조명등설비의 비상전원 용량(NFTC 304)
- 예비전원과 비상전원은 비상조명등을 20분 이상 유효하게 작동시킬 수 있는 용량으로 할 것
- 특정소방대상물의 경우에는 그 부분에서 피난층에 이르는 부분의 비상조명등을 60분 이상 유효하게 작동시킬 수 있는 용량으로 해야 한다.
  - 지하층을 제외한 층수가 11층 이상의 층
  - 지하층 또는 무창층으로서 용도가 도매시장・소매시장・여객자동차터미널・지하역사 또는 지하상가

75 자동화재탐지설비 수신기의 구조기준 중 정격전압이 몇 [V]를 넘는 기구의 금속제 외함에 접지단자를 설치해야 하는가?

① 30[V] ② 60[V]
③ 100[V] ④ 300[V]

해설
수신기의 구조 및 일반기능(수신기의 형식승인 및 제품검사의 기술기준 제3조)
- 외함은 불연성 또는 난연성 재질로 만들어져야 한다.
- 예비전원 회로에는 단락사고 등으로부터 보호하기 위한 퓨즈 등 과전류 보호장치를 설치해야 한다.
- 내부에 주전원의 양극을 동시에 열고 닫을 수 있는 전원스위치를 설치할 수 있다.
- 정격전압이 60[V]를 넘는 기구의 금속제 외함에는 접지단자를 설치해야 한다.
- 수신기(1회선용은 제외)는 2회선이 동시에 작동해도 화재표시가 되어야 하며, 감지기의 감지 또는 발신기의 발신개시로부터 P형, P형 복합식, GP형, GP형 복합식, R형, R형 복합식, GR형 또는 GR형 복합식 수신기의 수신완료까지의 소요시간은 5초 이내이어야 한다.
- 화재신호를 수신하는 경우 P형, P형 복합식, GP형, GP형 복합식, R형, R형 복합식, GR형 또는 GR형 복합식의 수신기에 있어서는 2 이상의 지구표시장치에 의하여 각각 화재를 표시할 수 있어야 한다.
- 수신기의 외부배선 연결용 단자에 있어서 공통신호선용 단자는 7개 회로마다 1개 이상 설치해야 한다.

76 비상방송설비의 화재안전기술기준(NFTC 202)에 따라 비상방송설비 음향장치의 정격전압이 220[V]인 경우 최소 몇 [V] 이상에서 음향을 발할 수 있어야 하는가?

① 165[V] ② 176[V]
③ 187[V] ④ 198[V]

해설
비상방송설비의 음향장치 설치기준(NFTC 202)
- 정격전압의 80[%] 전압에서 음향을 발할 수 있는 것으로 할 것
- 자동화재탐지설비의 작동과 연동하여 작동할 수 있는 것으로 할 것
∴ 음향을 발할 수 있는 전압 $V = 220[V] \times 0.8 = 176[V]$

77 유도등 및 유도표지의 화재안전기술기준(NFTC 303)에 따라 광원점등방식 피난유도선의 설치기준으로 틀린 것은?

① 구획된 각 실로부터 주출입구 또는 비상구까지 설치할 것
② 피난유도 표시부는 바닥으로부터 높이 1[m] 이하의 위치 또는 바닥면에 설치할 것
③ 피난유도 제어부는 조작 및 관리가 용이하도록 바닥으로부터 0.8[m] 이상 1.5[m] 이하의 높이에 설치할 것
④ 피난유도 표시부는 50[cm] 이내의 간격으로 연속되도록 설치하되 실내장식물 등으로 설치가 곤란할 경우 2[m] 이내로 설치할 것

해설
광원점등방식의 피난유도선 설치기준(NFTC 303)
- 구획된 각 실로부터 주출입구 또는 비상구까지 설치할 것
- 피난유도 표시부는 바닥으로부터 높이 1[m] 이하의 위치 또는 바닥면에 설치할 것
- 피난유도 제어부는 조작 및 관리가 용이하도록 바닥으로부터 0.8[m] 이상 1.5[m] 이하의 높이에 설치할 것
- 피난유도 표시부는 50[cm] 이내의 간격으로 연속되도록 설치하되 실내장식물 등으로 설치가 곤란할 경우 1[m] 이내로 설치할 것

정답 75 ② 76 ② 77 ④

78 예비전원의 성능인증 및 제품검사의 기술기준에 따라 다음의 ( )에 들어갈 내용으로 옳은 것은?

> 예비전원은 1/5[C] 이상 1[C] 이하의 전류로 역충전하는 경우 ( )시간 이내에 안전장치가 작동되어야 하며, 외관이 부풀어 오르거나 누액 등이 없어야 한다.

① 1　　　　　② 3
③ 5　　　　　④ 10

해설
자동화재속보설비의 속보기의 예비전원 안전장치시험(자동화재속보설비의 속보기의 성능인증 및 제품검사의 기술기준 제6조) : 예비전원은 1/5[C] 이상 1[C] 이하의 전류로 역충전하는 경우 5시간 이내에 안전장치가 작동해야 하며, 외관이 부풀어 오르거나 누액 등이 생기지 않아야 한다.

Plus one
자동화재속보설비의 속보기의 예비전원 주위온도 충방전시험 무보수 밀폐형 연축전지는 방전종지전압 상태에서 0.1[C]로 48시간 충전한 다음 1시간 방치하여 0.05[C]로 방전시킬 때 정격용량의 95[%] 용량을 지속하는 시간이 30분 이상이어야 하며, 외관이 부풀어 오르거나 누액 등이 생기지 않아야 한다.

79 비상경보설비 및 단독경보형감지기의 화재안전기술기준(NFTC 201)에 따라 비상벨설비 또는 자동식사이렌설비의 지구음향장치는 특정소방대상물의 층마다 설치하되, 해당 층의 각 부분으로부터 하나의 음향장치까지의 수평거리가 몇 [m] 이하가 되도록 해야 하는가?

① 15[m]　　　② 25[m]
③ 40[m]　　　④ 50[m]

해설
비상벨설비 또는 자동식사이렌설비의 음향장치 설치기준(NFTC 201)
- 지구음향장치는 특정소방대상물의 층마다 설치하되, 해당 층의 각 부분으로부터 하나의 음향장치까지의 수평거리가 25[m] 이하가 되도록 하고, 해당 층의 각 부분에 유효하게 경보를 발할 수 있도록 설치해야 한다.
- 음향장치는 정격전압의 80[%] 전압에서 음향을 발할 수 있도록 해야 한다. 다만, 건전지를 주전원으로 사용하는 음향장치는 그렇지 않다.
- 음향장치의 음향의 크기는 부착된 음향장치의 중심으로부터 1[m] 떨어진 위치에서 음압이 90[dB] 이상이 되는 것으로 해야 한다.

80 무선통신보조설비의 화재안전기술기준(NFTC 505)에 따라 지하층으로서 특정소방대상물의 바닥부분 2면 이상이 지표면과 동일하거나 지표면으로부터의 깊이가 몇 [m] 이하인 경우에는 해당 층에 한하여 무선통신보조설비를 설치하지 않을 수 있는가?

① 0.5[m]　　　② 1.0[m]
③ 1.5[m]　　　④ 2.0[m]

해설
무선통신보조설비의 설치제외 기준(NFTC 505) : 지하층으로서 특정소방대상물의 바닥부분 2면 이상이 지표면과 동일하거나 지표면으로부터의 깊이가 1[m] 이하인 경우에는 해당 층에 한해 무선통신보조설비를 설치하지 않을 수 있다.

2020년 제1·2회 통합 과년도 기출문제

제1과목 소방원론

01 다음 중 상온 상압에서 액체인 것은?

① 탄산가스 ② 할론 1301
③ 할론 2402 ④ 할론 1211

해설
할론 1011, 할론 2402 : 상온 상압에서 액체 상태

02 물질의 화재 위험성에 대한 설명으로 틀린 것은?

① 인화점 및 착화점이 낮을수록 위험
② 착화에너지가 작을수록 위험
③ 비점 및 융점이 높을수록 위험
④ 연소범위가 넓을수록 위험

해설
비점 및 융점이 낮을수록 위험하다.

03 인화알루미늄의 화재 시 주수소화하면 발생하는 물질은?

① 수 소 ② 메테인
③ 포스핀 ④ 아세틸렌

해설
인화알루미늄은 물과 반응하면 포스핀(인화수소, PH_3)이 발생하므로 위험하다.
$AIP + 3H_2O \rightarrow Al(OH)_3 + PH_3$

04 산소의 농도를 낮추어 소화하는 방법은?

① 냉각소화 ② 질식소화
③ 제거소화 ④ 억제소화

해설
질식소화 : 불연성 기체나 고체 등으로 연소물을 감싸 산소의 농도를 21[%]에서 15[%] 이하로 낮추어 소화하는 방법

05 유류탱크 화재 시 기름 표면에 물을 살수하면 기름이 탱크 밖으로 비산하여 화재가 확대되는 현상은?

① 슬롭오버(Slop Over)
② 플래시오버(Flash Over)
③ 프로스오버(Froth Over)
④ 블레비(BLEVE)

해설
슬롭오버(Slop Over) : 물이 연소유의 뜨거운 표면에 들어갈 때 기름이 탱크 밖으로 비산하여 화재가 발생하는 현상

정답 1 ③ 2 ③ 3 ③ 4 ② 5 ①

06 화재 시 나타나는 인간의 피난특성으로 볼 수 없는 것은?

① 어두운 곳으로 대피한다.
② 최초로 행동한 사람을 따른다.
③ 발화지점의 반대방향으로 이동한다.
④ 평소에 사용하던 문, 통로를 사용한다.

해설
지광본능 : 화재 발생 시 연기와 정전 등으로 가시거리가 짧아져 시야가 흐리면 밝은 방향으로 도피하려는 본능

07 0[℃], 1기압에서 44.8[m³]의 용적을 가진 이산화탄소를 액화하여 얻을 수 있는 액화탄산 가스의 무게는 약 몇 [kg]인가?

① 88   ② 44
③ 22   ④ 11

해설
이상기체 상태방정식

$$PV = nRT = \frac{W}{M}RT$$

여기서, P : 압력(1[atm])
V : 부피(44.8[m³])
R : 기체상수(0.08205[m³·atm/kg-mol·K])
T : 절대온도(273 + 0[℃] = 273[K])
W : 무게[kg]
M : 분자량(CO_2 : 44)

$$\therefore W = \frac{PVM}{RT} = \frac{1 \times 44.8 \times 44}{0.08205 \times 273} = 88.0[kg]$$

[다른 방법]
기체 1[kg-mol]이 차지하는 부피 : 22.4[m³]

$$\therefore \frac{44.8[m^3]}{22.4[m^3]} \times 44 = 88[kg]$$

08 다음 중 연소범위를 근거로 계산한 위험도 값이 가장 큰 물질은?

① 이황화탄소   ② 메테인
③ 수 소   ④ 일산화탄소

해설
연소범위

가스의 종류	하한계[%]	상한계[%]
이황화탄소(CS_2)	1.0	50.0
메테인(CH_4)	5.0	15.0
수소(H_2)	4.0	75.0
일산화탄소(CO)	12.5	74.0

위험도(H)

$$H = \frac{U-L}{L} = \frac{폭발상한계 - 폭발하한계}{폭발하한계}$$

• 이황화탄소 $H = \frac{50-1}{1} = 49$

• 메테인 $H = \frac{15-5}{5} = 2$

• 수소 $H = \frac{75-4}{4} = 17.75$

• 일산화탄소 $H = \frac{74-12.5}{12.5} = 4.92$

09 종이, 나무, 섬유류 등에 의한 화재에 해당하는 것은?

① A급 화재   ② B급 화재
③ C급 화재   ④ D급 화재

해설
종이, 나무, 목재류, 섬유류 : A급 화재

10 다음 물질 중 연소하였을 때 사이안화수소를 가장 많이 발생시키는 물질은?

① Polyethylene   ② Polyurethane
③ Polyvinyl Chloride   ④ Polystyrene

해설
Polyurethane : 우레탄 결합(-OOCNH-)에 의해 단량체가 연결되어 중합체를 이루는 것으로 장식용직물, 매트리스가 대표적으로 CN이 있으니까 연소 시 사이안화수소(HCN)가 많이 발생한다.

11 실내 화재 시 발생한 연기로 인한 감광계수[m⁻¹]와 가시거리에 대한 설명 중 틀린 것은?

① 감광계수가 0.1일 때 가시거리는 20~30[m]이다.
② 감광계수가 0.3일 때 가시거리는 15~20[m]이다.
③ 감광계수가 1.0일 때 가시거리는 1~2[m]이다.
④ 감광계수가 10일 때 가시거리는 0.2~0.5[m]이다.

해설
연기농도와 가시거리

감광계수[m⁻¹]	가시거리[m]	상 황
0.1	20~30	연기감지기가 작동할 때의 정도
0.3	5	건물내부에 익숙한 사람이 피난에 지장을 느낄 정도
0.5	3	어두침침한 것을 느낄 정도
1	1~2	거의 앞이 보이지 않을 정도
10	0.2~0.5	화재 최성기 때의 정도
30	–	출화실에서 연기가 분출될 때의 연기농도

12 다음 물질의 저장창고에서 화재가 발생하였을 때 주수소화를 할 수 없는 물질은?

① 부틸리튬 ② 질산에틸
③ 나이트로셀룰로스 ④ 적 린

해설
부틸리튬(C_4H_9Li)은 물과 반응하면 가연성 가스인 뷰테인(C_4H_{10})을 발생하므로 주수소화는 위험하다.
$C_4H_9Li + H_2O \rightarrow LiOH + C_4H_{10}$

13 가연물이 연소가 잘되기 위한 구비조건으로 틀린 것은?

① 열전도율이 클 것
② 산소와 화학적으로 친화력이 클 것
③ 표면적이 클 것
④ 활성화 에너지가 작을 것

해설
열전도율이 작을수록 열이 축적되어 가연물이 되기 쉽다.

14 다음 중 소화에 필요한 이산화탄소 소화약제의 최소 설계농도 값이 가장 높은 물질은?

① 메테인 ② 에틸렌
③ 천연가스 ④ 아세틸렌

해설
이산화탄소 소화약제의 최소 설계농도

종 류	설계농도[%]
메테인	34
에틸렌	49
천연가스, 석탄가스	37
아세틸렌	66

15 위험물안전관리법령상 제2석유류에 해당하는 것으로만 나열된 것은?

① 아세톤, 벤젠
② 중유, 아닐린
③ 에터, 이황화탄소
④ 아세트산, 아크릴산

해설
제4류 위험물의 분류

종 류	품 명	지정수량
아세톤	제1석유류(수용성)	400[L]
벤 젠	제1석유류(비수용성)	200[L]
중 유	제3석유류(비수용성)	2,000[L]
아닐린	제3석유류(비수용성)	2,000[L]
에 터	특수인화물	50[L]
이황화탄소	특수인화물	50[L]
아세트산	제2석유류(수용성)	2,000[L]
아크릴산	제2석유류(수용성)	2,000[L]

정답 11 ② 12 ① 13 ① 14 ④ 15 ④

16 이산화탄소의 증기비중은 약 얼마인가?(단, 공기의 분자량은 29이다)

① 0.81　　② 1.52
③ 2.02　　④ 2.51

해설
이산화탄소는 CO_2로서 분자량이 44이다.

증기비중 = $\dfrac{분자량}{29}$

∴ 이산화탄소의 증기비중 = $\dfrac{44}{29}$ = 1.517 ⇒ 1.52

17 $NH_4H_2PO_4$를 주성분으로 한 분말소화약제는 제 몇 종 분말소화약제인가?

① 제1종　　② 제2종
③ 제3종　　④ 제4종

해설
$NH_4H_2PO_4$(제일인산암모늄) : 제3종 분말

18 제거소화의 예에 해당하지 않는 것은?

① 밀폐 공간에서 화재 시 공기를 제거한다.
② 가연성 가스 화재 시 가스의 밸브를 닫는다.
③ 산림 화재 시 확산을 막기 위하여 산림의 일부를 벌목한다.
④ 유류탱크 화재 시 연소되지 않은 기름을 다른 탱크로 이동시킨다.

해설
밀폐 공간에서 화재 시 공기를 제거하는 것은 질식소화이다.

19 밀폐된 내화건물의 실내에 화재가 발생하였을 때 그 실내의 환경변화에 대한 설명 중 틀린 것은?

① 기압이 급강하한다.
② 산소가 감소된다.
③ 일산화탄소가 증가한다.
④ 이산화탄소가 증가한다.

해설
밀폐된 내화건물에 화재 발생 시
• 산소의 농도가 감소한다.
• 연소하므로 일산화탄소, 이산화탄소가 증가한다.
• 기압이 상승한다.

20 이산화탄소에 대한 설명으로 틀린 것은?

① 임계온도는 97.5[℃]이다.
② 고체의 형태로 존재할 수 있다.
③ 불연성가스로 공기보다 무겁다.
④ 드라이아이스와 분자식이 동일하다.

해설
이산화탄소
• 불연성가스로서 상온에서 기체이고 고체, 액체, 기체상태로 존재한다.
• 물 성

화학식	삼중점	임계압력	임계온도	충전비
CO_2	-56.3[℃]	72.75[atm]	31.35[℃]	1.5 이상

• 가스의 비중은 공기보다 1.52배 무겁다.

제2과목 소방전기일반

21 다음 중 직류전동기의 제동법이 아닌 것은?

① 회생제동
② 정상제동
③ 발전제동
④ 역전제동

해설
직류전동기의 제동법
- 회생제동 : 전동기가 가진 운동에너지를 전기에너지로 바꾸어 이것을 다시 전원에 되돌려 제동하는 방식이다.
- 발전제동 : 운전 중의 전동기를 전원에서 분리하여 발전기로 작용시켜 회전체의 운동에너지를 전기에너지로 바꾸어 이것을 저항 중에서 열에너지로 소비시켜 제동하는 방식이다.
- 역전제동(Plugging) : 운전 중인 전동기의 전기자 접속을 반대로 하여 회전방향과 반대로 토크를 발생시켜 급정지 또는 역전시키는 방식이다.

22 그림과 같은 유접점 회로의 논리식은?

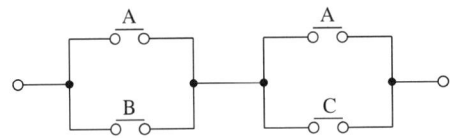

① $A + B \cdot C$
② $A \cdot B + C$
③ $B + A \cdot C$
④ $A \cdot B + B \cdot C$

해설
논리식의 간략화
- 병렬회로는 OR 회로로서 논리식은 $X = A + B$, 직렬회로는 AND 회로로서 $X = A \cdot B$이다.
- $(A+B)(A+C) = AA + AC + AB + BC$
  $= A + AC + AB + BC = A(1+C) + AB + BC$
  $= A \cdot 1 + AB + BC = A + AB + BC$
  $= A(1+B) + BC = A \cdot 1 + BC = A + BC$

Plus one

논리대수의 기본법칙
- 배분법칙
  $A + (B \cdot C) = (A+B) \cdot (A+C)$
  $A \cdot (B+C) = (A \cdot B) + (A \cdot C)$
- 기본 대수의 정리
  $A \cdot A = A$ $A + A = A$
  $A \cdot 1 = A$ $A + 1 = 1$
  $A \cdot 0 = 0$ $A + 0 = A$
- 보원의 법칙
  $A \cdot \overline{A} = 0$ $A + \overline{A} = 1$

23 평형 3상 부하의 선간전압이 200[V], 전류가 10[A], 역률이 70.7[%]일 때 무효전력은 약 몇 [Var]인가?

① 2,880
② 2,450
③ 2,000
④ 1,410

정답 21 ②   22 ①   23 ②

해설

3상 무효전력(P_r)

- 역률 $\cos\theta = 70.7[\%] = 0.707$이므로 삼각함수를 이용하여 무효율 $\sin\theta$를 구한다.
  $\cos^2\theta + \sin^2\theta = 1$에서
  $\sin\theta = \sqrt{1-\cos^2\theta} = \sqrt{1-0.707^2} = 0.707$
- 3상 무효전력 $P_r = \sqrt{3}\,IV\sin\theta[\text{Var}]$
  $P_r = \sqrt{3} \times 10[\text{A}] \times 200[\text{V}] \times 0.707 = 2,449.12[\text{Var}]$

Plus one

3상 유효(부하)전력 $P = \sqrt{3}\,IV\cos\theta[\text{W}]$

해설

$R-X$회로

- 임피던스 $\dot{Z} = \dfrac{\dot{V}}{\dot{I}}[\Omega]$

  $\dot{Z} = \dfrac{10-j}{5+j} = \dfrac{(10-j)(5-j)}{(5+j)(5-j)} = \dfrac{50-j10-j5+j^2}{25-j^2}$

  (여기서, 복소수 $j=\sqrt{-1}$, $j^2=-1$)

  $= \dfrac{50-j10-j5+(-1)}{25-(-1)} = \dfrac{49-j15}{26}$

  $= \dfrac{49}{26} - \dfrac{j15}{26} = 1.88 - j0.58$

- 임피던스 $\dot{Z} = R \pm jX[\Omega]$

  $\dot{Z} = 1.88 - j0.58$에서 저항 $R=1.88[\Omega]$, 리액턴스 $X=0.58[\Omega]$이고 리액턴스의 부호가 (-)이므로 용량성 리액턴스이다.

24 최고 눈금 50[mV], 내부저항이 100[Ω]인 직류 전압계에 1.2[MΩ]의 배율기를 접속하면 측정할 수 있는 최대 전압은 약 몇 [V]인가?

① 3 ② 60
③ 600 ④ 1,200

해설

배율기

- 직류 전압계의 측정범위를 확대하기 위하여 내부저항 R인 전압계에 직렬로 접속한 저항기이다.
- 저항을 직렬로 접속하므로 전류가 일정하므로 배율기에 흐르는 전류 $I_m = I$ 이다.

  전류 $\dfrac{V_m}{R_m+R} = \dfrac{V}{R}$

  ∴ 측정 전압 $V_m = \dfrac{R_m+R}{R} \times V$

  $= \dfrac{(1.2 \times 10^6 + 100)[\Omega]}{100[\Omega]} \times (50 \times 10^{-3})[\text{V}]$

  $= 600.05[\text{V}]$

25 복소수로 표시된 전압 $10-j[\text{V}]$를 어떤 회로에 가하는 경우 $5+j[\text{A}]$의 전류가 흘렀다면 이 회로의 저항은 약 몇 [Ω]인가?

① 1.88 ② 3.6
③ 4.5 ④ 5.46

26 그림과 같은 블록선도에서 출력 $C(s)$는?

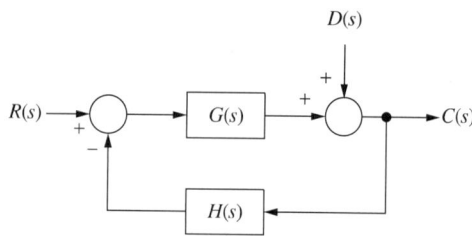

① $\dfrac{G(s)}{1+G(s)H(s)}R(s) + \dfrac{G(s)}{1+G(s)H(s)}D(s)$

② $\dfrac{1}{1+G(s)H(s)}R(s) + \dfrac{1}{1+G(s)H(s)}D(s)$

③ $\dfrac{G(s)}{1+G(s)H(s)}R(s) + \dfrac{1}{1+G(s)H(s)}D(s)$

④ $\dfrac{1}{1+G(s)H(s)}R(s) + \dfrac{G(s)}{1+G(s)H(s)}D(s)$

해설

블록선도의 출력

출력 $C(s) = G(s)R(s) - G(s)H(s)C(s) + D(s)$
$C(s) + G(s)H(s)C(s) = G(s)R(s) + D(s)$
$\{1+G(s)H(s)\}C(s) = G(s)R(s) + D(s)$

∴ $C(s) = \dfrac{G(s)}{1+G(s)H(s)}R(s) + \dfrac{1}{1+G(s)H(s)}D(s)$

27 그림과 같이 전류계 A_1, A_2를 접속할 경우 A_1은 25[A], A_2는 5[A]를 지시하였다. 전류계 A_2의 내부 저항은 몇 [Ω]인가?

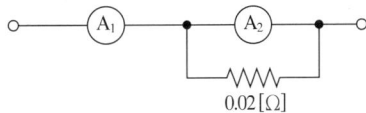

① 0.05　　② 0.08
③ 0.12　　④ 0.15

해설

저항(R)

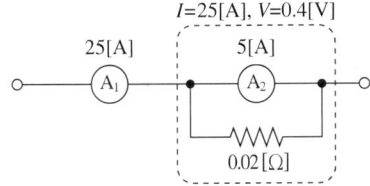

- 저항 0.02[Ω]과 병렬로 접속된 전류계 A_2에 흐르는 전체 전류와 전류계 A_1에 흐르는 전류는 같다.

$I_{A_1} = I_{A_2} + I_{0.02[Ω]} = I_{A_2} + \dfrac{V}{R}$ 에서 $25[A] = 5[A] + \dfrac{V}{0.02[Ω]}$

∴ 저항에 가해지는 전압 $V = (25-5)[A] \times 0.02[Ω] = 0.4[V]$

- 병렬회로이므로 저항 0.02[Ω]에 가해지는 전압과 전류계 A_2에 가해지는 전압은 같다.

∴ 전압 $V = IR$에서

전류계의 내부저항 $R = \dfrac{V}{I} = \dfrac{0.4[V]}{5[A]} = 0.08[Ω]$

28 다음 회로에서 출력전압은 몇 [V]인가?(단, A = 5[V], B = 0[V]인 경우이다)

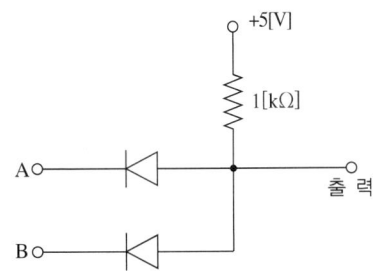

① 0　　② 5
③ 10　　④ 15

해설

AND 회로(논리곱 회로)
- 2개의 입력신호가 동시에 작동될 때에만 출력신호가 1이 되는 논리회로로서 직렬회로이다.
- 무접점논리회로

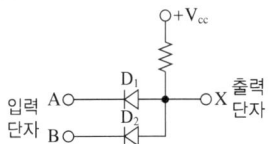

- 논리기호

- 논리식 $X = A \cdot B$
- 논리표

입 력		출 력	입 력		출 력
A	B	X	A	B	X
0[V]	0[V]	0[V]	0[V]	5[V]	0[V]
5[V]	0[V]	0[V]	5[V]	5[V]	5[V]

∴ 출력전압 $X = A \cdot B = 5[V] \cdot 0[V] = 0[V]$

29 동기발전기의 병렬 운전 조건으로 틀린 것은?

① 기전력의 크기가 같을 것
② 기전력의 위상이 같을 것
③ 기전력의 주파수가 같을 것
④ 극수가 같을 것

해설

동기발전기의 병렬 운전의 조건
- 기전력의 크기가 같을 것
- 기전력의 위상이 같을 것
- 기전력의 주파수가 같을 것

정답　27 ②　28 ①　29 ④

30 수정, 전기석 등의 결정에 압력을 가하여 변형을 주면 변형에 비례하여 전압이 발생하는 현상을 무엇이라 하는가?

① 국부작용 ② 전기분해
③ 압전현상 ④ 성극작용

해설
압전현상 : 기계적 에너지를 전기적 에너지로 변환시키는 현상으로서 수정이나 로셀염 등의 결정에 압력을 가하면 전압이 발생하는 현상이다.

31 인덕턴스가 0.5[H]인 코일의 리액턴스가 753.6[Ω]일 때 주파수는 약 몇 [Hz]인가?

① 120 ② 240
③ 360 ④ 480

해설
L(인덕턴스)만의 회로
유도성 리액턴스 $X_L = \omega L = 2\pi f L [\Omega]$
주파수 $f = \dfrac{X_L}{2\pi L} = \dfrac{753.6[\Omega]}{2\pi \times 0.5[H]} = 239.88[Hz]$

Plus one
C(커패시터)만의 회로
- 용량성 리액턴스 $X_C = \dfrac{1}{\omega C} = \dfrac{1}{2\pi f C}[\Omega]$
- 주파수 $f = \dfrac{1}{2\pi C X_C}[Hz]$

32 메거(Megger)는 어떤 저항을 측정하기 위한 장치인가?

① 절연저항 ② 접지저항
③ 전지의 내부저항 ④ 궤조저항

해설
메거는 배선의 절연저항을 측정하는 데 사용하는 측정기기이다.

33 제어대상에서 제어량을 측정하고 검출하여 주궤환 신호를 만드는 것은?

① 조작부 ② 출력부
③ 검출부 ④ 제어부

해설
피드백제어의 구성요소
- 조작부 : 조절부에서 받은 신호를 조작량으로 변화하여 제어대상에 작용하게 하는 부분이다.
- 제어대상 : 기계, 프로세스, 시스템의 전체 또는 일부가 여기에 속하며 제어하고자 하는 대상을 말한다.
- 검출부 : 제어량을 검출하고 기준 입력신호와 비교시키는 부분으로 주궤환 신호를 만드는 부분이다.

34 그림과 같은 무접점회로의 논리식(Y)은?

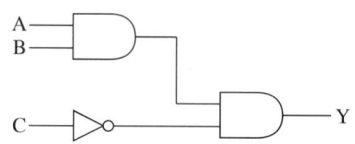

① $A \cdot B + \overline{C}$ ② $A + B + \overline{C}$
③ $(A+B) \cdot \overline{C}$ ④ $A \cdot B \cdot \overline{C}$

해설
무접점회로의 논리식
출력 $Y = A \cdot B \cdot \overline{C}$

Plus one
논리기호 및 논리식
- AND 회로의 논리식 : $X = A \cdot B$

- NOT 회로의 논리식 : $X = \overline{A}$

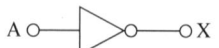

35 단상변압기의 권수비가 $a=8$이고, 1차 교류 전압의 실효치는 110[V]이다. 변압기 2차 전압을 단상 반파 정류회로를 이용하여 정류했을 때 발생하는 직류 전압의 평균치는 약 몇 [V]인가?

① 6.19
② 6.29
③ 6.39
④ 6.88

해설

단상 반파 정류회로의 직류전압의 평균값(E_d)

- 변압기의 권수비 $a = \dfrac{N_1}{N_2} = \dfrac{E_1}{E_2} = \dfrac{I_2}{I_1}$ 에서

  2차 전압 $E_2 = \dfrac{E_1}{a} = \dfrac{110[V]}{8} = 13.75[V]$

- 단상 반파 정류회로의 직류전압의 평균값 $E_d = \dfrac{\sqrt{2}}{\pi} E_2$ 에서

  $E_d = \dfrac{\sqrt{2}}{\pi} \times 13.75[V] = 6.19[V]$

37 변위를 전압으로 변환시키는 장치가 아닌 것은?

① 퍼텐쇼미터
② 차동변압기
③ 전위차계
④ 측온저항체

해설

변환기

- 변위를 전압으로 변환 : 차동변압기, 전위차계, 퍼텐쇼미터
- 압력을 변위로 변환 : 벨로스, 스프링, 다이어프램
- 변위를 압력으로 변환 : 노즐 플래퍼, 스프링, 유압 분사관
- 변위를 임피던스로 변환 : 가변저항스프링, 가변 저항기, 용량형 변환기
- 전압을 변위로 변환 : 전자석, 전자코일
- 온도를 임피던스로 변환 : 측온저항(열선, 서미스터, 백금, 니켈)
- 온도를 전압으로 변환 : 열전대

36 평행한 왕복 전선에 10[A]의 전류가 흐를 때 전선 사이에 작용하는 전자력[N/m]은?(단, 전선의 간격은 40[cm]이다)

① 5×10^{-5}[N/m], 서로 반발하는 힘
② 5×10^{-5}[N/m], 서로 흡인하는 힘
③ 7×10^{-5}[N/m], 서로 반발하는 힘
④ 7×10^{-5}[N/m], 서로 흡인하는 힘

해설

전자력(F)

- 평행 왕복 전선 사이에 작용하는 힘

  $F = \dfrac{\mu_0 I_1 I_2}{2\pi r}$[N/m]

  여기서, 진공 중의 투자율 $\mu_0 = 4\pi \times 10^{-7}$, 왕복전류 $I_1 = 25[A]$, $I_2 = 25[A]$, 간격 $r = 0.001[m]$일 때

  전자력 $F = \dfrac{(4\pi \times 10^{-7}) \times 10[A] \times 10[A]}{2\pi \times 0.4[m]}$
  $= 5 \times 10^{-5}$[N/m]

- 평행한 왕복 전선에 흐르는 전류는 서로 반대방향으로 흐르기 때문에 반발력(서로 반발하는 힘)이 작용한다.

38 자동화재탐지설비의 감지기 회로의 길이가 500[m]이고, 종단에 8[kΩ]의 저항이 연결되어 있는 회로에 24[V]의 전압이 가해졌을 경우 도통시험 시 전류는 약 몇 [mA]인가?(단, 동선의 저항률은 1.69×10^{-8}[Ω·m]이며, 동선의 단면적은 2.5[mm²]이고, 접촉저항 등은 없다고 본다)

① 2.4
② 3.0
③ 4.8
④ 6.0

해설

저항(R)과 전류(I)

- 동선의 저항 $R = \rho \dfrac{l}{A}$ 에서

  $R = 1.69 \times 10^{-8}[\Omega \cdot m] \times \dfrac{500[m]}{2.5[mm^2] \times \left(\dfrac{1[m]}{1,000[mm]}\right)^2}$
  $= 3.38[\Omega]$

- 전체저항 = 동선의 저항 + 종단저항
  $R = 3.38[\Omega] + 8,000[\Omega] = 8,003.38[\Omega]$

∴ 전류 $I = \dfrac{V}{R}$ 에서 $I = \dfrac{24[V]}{8,003.38[\Omega]} = 3 \times 10^{-3}[A] = 3[mA]$

정답 35 ① 36 ① 37 ④ 38 ②

39 반지름 20[cm], 권수 50회인 원형코일에 2[A]의 전류를 흘려주었을 때 코일 중심에서 자계(자기장)의 세기[AT/m]는?

① 70
② 100
③ 125
④ 250

해설
원형코일의 자계의 세기(H)
$H = \dfrac{NI}{2a}[\text{AT/m}]$
$\therefore H = \dfrac{50회 \times 2[\text{A}]}{2 \times 0.2[\text{m}]} = 250[\text{AT/m}]$

40 전원 전압을 일정하게 유지하기 위하여 사용하는 다이오드는?

① 쇼트키다이오드
② 터널다이오드
③ 제너다이오드
④ 버랙터다이오드

해설
반도체 소자
- 쇼트키다이오드 : 쇼트키 장벽에 의한 정류작용을 이용한 정류소자로서 낮은 전압 강하와 매우 빠른 스위칭 전환이 특징인 반도체 다이오드이다.
- 터널다이오드 : PN 접합의 불순물 농도를 높여 그 터널효과를 이용한 다이오드로서 고주파의 증폭작용, 발진작용, 고속스위칭에 사용되는 2단자 소자이다.
- 제너다이오드 : 정전압 다이오드로서 일정한 전압을 얻을 목적으로 사용되는 소자이다.
- 버랙터다이오드 : 가해지는 전압에 따라 정전기 용량이 바뀌는 성질을 이용한 다이오드이다.

제3과목 소방관계법규

41 소방시설 설치 및 관리에 관한 법률상 소방용품의 형식승인을 받지 않고 소방용품을 제조하거나 수입한 자에 대한 벌칙 기준은?

① 100만원 이하의 벌금
② 300만원 이하의 벌금
③ 1년 이하의 징역 또는 1,000만원 이하의 벌금
④ 3년 이하의 징역 또는 3,000만원 이하의 벌금

해설
3년 이하의 징역 또는 3,000만원 이하의 벌금 : 소방용품의 형식승인을 받지 않고 소방용품을 제조하거나 수입한 자

42 소방시설공사업법령상 소방공사감리를 실시함에 있어 용도와 구조에서 특별히 안전성과 보안성이 요구되는 소방대상물로서 소방시설물에 대한 감리를 감리업자가 아닌 자가 감리할 수 있는 장소는?

① 정보기관의 청사
② 교도소 등 교정 관련 시설
③ 국방 관계 시설 설치장소
④ 원자력안전법상 관련 시설이 설치되는 장소

해설
원자력안전법상 관련 시설이 설치되는 장소에는 감리업자가 아닌 자가 감리할 수 있다(영 제8조).

43 소방시설 설치 및 관리에 관한 법률상 소방시설 등에 대한 자체점검 중 종합점검 대상인 것은?

① 제연설비가 설치되지 않은 터널
② 스프링클러설비가 설치된 연면적이 5,000[m²]이고 12층인 아파트
③ 물분무 등 소화설비가 설치된 연면적이 5,000[m²]인 위험물 제조소
④ 호스릴 방식의 물분무 등 소화설비만을 설치한 연면적 3,000[m²]인 특정소방대상물

[해설]
종합점검 대상(규칙 별표 3)
• 특정소방대상물의 소방시설 등이 신설된 경우(최초 점검)
• 스프링클러설비가 설치된 특정소방대상물
• 물분무 등 소화설비[호스릴(Hose Reel) 방식의 물분무 등 소화설비만을 설치한 경우는 제외한다]가 설치된 연면적 5,000[m²] 이상인 특정소방대상물(위험물 제조소 등은 제외한다)
• 단란주점영업, 유흥주점영업, 영화상영관, 비디오물감상실업, 복합영상물제공업, 노래연습장업, 산후조리업, 고시원업, 안마시술소의다중이용업의 영업장이 설치된 특정소방대상물로서 연면적이 2,000[m²] 이상인 것
• 제연설비가 설치된 터널
• 공공기관의 소방안전관리에 관한 규정 제2조에 따른 공공기관 중 연면적(터널·지하구의 경우 그 길이와 평균폭을 곱하여 계산된 값을 말한다)이 1,000[m²] 이상인 것으로서 옥내소화전설비 또는 자동화재탐지설비가 설치된 것. 다만, 소방기본법 제2조 제5호에 따른 소방대가 근무하는 공공기관은 제외한다.

44 소방시설공사업법령에 따른 소방시설업 등록이 가능한 사람은?

① 피성년후견인
② 위험물안전관리법에 따른 금고 이상의 형의 집행유예를 선고받고 그 유예기간 중에 있는 사람
③ 등록하려는 소방시설업 등록이 취소된 날부터 3년이 지난 사람
④ 소방기본법에 따른 금고 이상의 실형을 선고받고 그 집행이 면제된 날부터 1년이 지난 사람

[해설]
소방시설업의 등록의 결격사유(법 제5조)
㉠ 피성년후견인
㉡ 4개의 법령에 따른 금고 이상의 실형을 선고받고 그 집행이 끝나거나(집행이 끝난 것으로 보는 경우를 포함한다) 면제된 날부터 2년이 지나지 않은 사람
㉢ 4개의 법령에 따른 금고 이상의 형의 집행유예를 선고받고 그 유예기간 중에 있는 사람
㉣ 등록하려는 소방시설업 등록이 취소(㉠에 해당하여 등록이 취소된 경우는 제외한다)된 날부터 2년이 지나지 않은 자
㉤ 법인의 대표자가 ㉠부터 ㉣까지의 규정에 해당하는 경우 그 법인
㉥ 법인의 임원이 ㉡부터 ㉣까지의 규정에 해당하는 경우 그 법인

45 소방시설 설치 및 관리에 관한 법률상 건축허가 등의 동의대상물이 아닌 것은?

① 항공기 격납고
② 연면적이 300[m²]인 공연장
③ 바닥면적이 300[m²]인 차고
④ 연면적이 300[m²]인 노유자시설

[해설]
건축허가 등의 동의대상물 범위(영 제7조)
• 항공기 격납고, 관망탑, 항공관제탑, 방송용 송수신탑
• 연면적이 400[m²] 이상인 건축물이나 시설
• 차고·주차장으로 사용되는 바닥면적이 200[m²] 이상인 층이 있는 건축물이나 주차시설
• 연면적이 200[m²] 이상인 노유자시설 및 수련시설

46 위험물안전관리법령상 정기검사를 받아야 하는 특정·준특정 옥외탱크저장소의 관계인은 특정·준특정 옥외탱크저장소의 설치허가에 따른 완공검사합격확인증을 발급받은 날부터 몇 년 이내에 정기검사를 받아야 하는가?

① 9   ② 10
③ 11   ④ 12

[해설]
특정·준특정 옥외탱크저장소의 정기점검(규칙 제65조)
• 특정·준특정 옥외탱크저장소의 설치허가에 따른 완공검사합격확인증을 발급받은 날부터 12년
• 제70조 제항 제호에 따른 최근의 정밀정기검사를 받은 날부터 11년

[정답] 43 ② 44 ③ 45 ② 46 ④

47 소방용수시설 급수탑 개폐밸브의 설치기준으로 맞는 것은?

① 지상에서 1.0[m] 이상 1.5[m] 이하
② 지상에서 1.2[m] 이상 1.8[m] 이하
③ 지상에서 1.5[m] 이상 1.7[m] 이하
④ 지상에서 1.5[m] 이상 2.0[m] 이하

해설
소방용수시설 급수탑 개폐밸브(소방기본법 규칙 별표 3) : 지상에서 1.5[m] 이상 1.7[m] 이하

48 위험물안전관리법령상 다음의 규정을 위반하여 위험물의 운송에 관한 기준을 따르지 않은 자에 대한 과태료 기준은?

> 위험물운송자는 이동탱크저장소에 의하여 위험물을 운송하는 때는 행정안전부령으로 정하는 기준을 준수하는 등 해당 위험물의 안전확보를 위하여 세심한 주의를 기울여야 한다.

① 100만원 이하
② 300만원 이하
③ 400만원 이하
④ 500만원 이하

해설
위험물의 운송에 관한 기준을 따르지 않은 자 : 500만원 이하의 과태료

49 소방기본법령상 소방업무 상호응원협정 체결 시 포함되어야 하는 사항이 아닌 것은?

① 응원출동의 요청방법
② 응원출동훈련 및 평가
③ 응원출동 대상지역 및 규모
④ 응원출동 시 현장지휘에 관한 사항

해설
소방업무 상호응원협정 체결 사항(규칙 제8조)
• 다음의 소방활동에 관한 사항
 – 화재의 경계·진압활동
 – 구조·구급업무의 지원
 – 화재조사활동
• 응원출동 대상지역 및 규모
• 다음의 소요경비의 부담에 관한 사항
 – 출동대원의 수당·식사 및 의복의 수선
 – 소방장비 및 기구의 정비와 연료의 보급
 – 그 밖의 경비
• 응원출동의 요청방법
• 응원출동훈련 및 평가

50 위험물안전관리법령상 제조소 등의 경보설비 설치기준에 대한 설명으로 틀린 것은?

① 제조소 및 일반취급소의 연면적이 500[m^2] 이상인 것에는 자동화재탐지설비를 설치한다.
② 자동신호장치를 갖춘 스프링클러설비 또는 물분무 등 소화설비를 설치한 제조소 등에 있어서는 자동화재탐지설비를 설치한 것으로 본다.
③ 경보설비는 자동화재탐지설비·비상경보설비(비상벨장치 또는 경종 포함)·확성장치(휴대용 확성기 포함) 및 비상방송설비로 구분한다.
④ 지정수량의 10배 이상의 위험물을 저장 또는 취급하는 제조소 등(이동탱크저장소 포함)에는 화재 발생 시 이를 알릴 수 있는 경보설비를 설치해야 한다.

해설
지정수량의 10배 이상의 위험물을 저장 또는 취급하는 제조소 등(이동탱크저장소는 제외)에는 화재 발생 시 이를 알릴 수 있는 경보설비(자동화재탐지설비, 비상경보설비, 확성장치, 비상방송설비)를 설치해야 한다(규칙 제42조).

51 소방시설공사업법령에 따른 소방시설업의 등록권자는?

① 국무총리 ② 소방서장
③ 시·도지사 ④ 한국소방안전원장

해설
소방시설업의 등록권자 : 시·도지사

52 화재의 예방 및 안전관리에 관한 법령상 불꽃을 사용하는 용접·용단기구의 작업장에서 지켜야 하는 사항 중 다음 (   ) 안에 알맞은 것은?

> - 용접 또는 용단 작업장 주변 반경 (㉠)[m] 이내에 소화기를 갖추어 둘 것
> - 용접 또는 용단 작업장 주변 반경 (㉡)[m] 이내에는 가연물을 쌓아 두거나 놓아두지 말 것. 다만, 가연물의 제거가 곤란하여 방화포 등으로 방호조치를 한 경우는 제외한다.

① ㉠ 3, ㉡ 5 ② ㉠ 5, ㉡ 3
③ ㉠ 5, ㉡ 10 ④ ㉠ 10, ㉡ 5

해설
불꽃을 사용하는 용접·용단기구(영 별표 1)
- 용접 또는 용단 작업장 주변 반경 5[m] 이내에 소화기를 갖추어 둘 것
- 용접 또는 용단 작업장 주변 반경 10[m] 이내에는 가연물을 쌓아 두거나 놓아두지 말 것. 다만, 가연물의 제거가 곤란하여 방화포 등으로 방호조치를 한 경우는 제외한다.

53 소방기본법령에 따라 주거지역·상업지역 및 공업지역에 소방용수시설을 설치하는 경우 소방대상물과의 수평거리를 몇 [m] 이하가 되도록 해야 하는가?

① 50[m] ② 100[m]
③ 150[m] ④ 200[m]

해설
소방용수시설의 공통기준(규칙 별표 3)
- 주거지역·상업지역 및 공업지역에 설치하는 경우 : 소방대상물과의 수평거리를 100[m] 이하가 되도록 할 것
- 그 외의 지역에 설치하는 경우 : 소방대상물과의 수평거리를 140[m] 이하가 되도록 할 것

54 위험물안전관리법령에 따라 위험물안전관리자를 해임하거나 퇴직한 때는 해임하거나 퇴직한 날부터 며칠 이내에 다시 안전관리자를 선임해야 하는가?

① 30일 ② 35일
③ 40일 ④ 55일

해설
위험물안전관리자의 선임기간
- 재선임 : 해임 또는 퇴직 시 사유가 발생한 날부터 30일 이내
- 선임신고 : 선임일로부터 14일 이내

55 소방시설 설치 및 관리에 관한 법률상 화재위험도가 낮은 특정소방대상물 중 석재, 불연성 금속에 설치하지 않을 수 있는 소방시설은?

① 피난기구 ② 비상방송설비
③ 연결살수설비 ④ 자동화재탐지설비

해설
소방시설을 설치하지 않을 수 있는 특정소방대상물 및 소방시설의 범위(영 별표 6)

구 분	특정소방대상물	설치하지 않을 수 있는 소방시설
화재위험도가 낮은 특정소방대상물	석재, 불연성 금속, 불연성 건축재료 등의 가공공장·기계조립공장 또는 불연성 물품을 저장하는 창고	옥외소화전 및 연결살수설비

정답 51 ③ 52 ③ 53 ② 54 ① 55 ③

56 소방기본법령상 정당한 사유 없이 소방대가 현장에 도착할 때까지 사람을 구출하는 조치를 하지 않은 경우에 대한 벌칙은?

① 100만원 이하의 벌금
② 200만원 이하의 벌금
③ 300만원 이하의 벌금
④ 500만원 이하의 벌금

해설
100만원 이하의 벌금
- 정당한 사유 없이 소방대의 생활안전활동을 방해한 자
- 정당한 사유 없이 소방대가 현장에 도착할 때까지 사람을 구출하는 조치 또는 불을 끄거나 불이 번지지 않도록 하는 조치를 하지 않은 사람

57 화재의 예방 및 안전관리에 관한 법률상 소방안전관리대상물의 소방안전관리자의 업무가 아닌 것은?

① 소방시설 공사
② 소방훈련 및 교육
③ 소방계획서의 작성 및 시행
④ 자위소방대의 구성·운영·교육

해설
소방시설 공사는 소방공사업자의 업무이다(법 제24조).

58 다음 소방시설 중 경보설비가 아닌 것은?

① 통합감시시설
② 가스누설경보기
③ 비상콘센트설비
④ 자동화재속보설비

해설
비상콘센트설비 : 소화활동설비

59 소방시설 설치 및 관리에 관한 법률상 방염성능기준 이상의 실내장식물 등을 설치해야 하는 특정소방대상물이 아닌 것은?

① 숙박이 가능한 수련시설
② 층수가 11층 이상인 아파트
③ 건축물 옥내에 있는 종교시설
④ 방송통신시설 중 방송국 및 촬영소

해설
방염성능기준(영 제30조) : 층수가 11층 이상인 것(아파트는 제외한다)

60 소방기본법에 따라 화재, 재난·재해, 그 밖의 위급한 상황이 발생하였을 때는 소방대를 출동시켜 화재진압과 인명구조·구급 등 소방에 필요한 활동을 하게 하는 명령권한이 없는 사람은?

① 소방청장
② 소방본부장
③ 소방서장
④ 시·도지사

해설
소방활동 명령권자 : 소방청장, 소방본부장, 소방서장

제4과목 소방전기시설의 구조 및 원리

61 자동화재탐지설비 및 시각경보장치의 화재안전기술기준(NFTC 203)에 따른 공기관식 차동식 분포형 감지기의 설치기준으로 틀린 것은?

① 검출부는 3° 이상 경사되지 않도록 부착할 것
② 공기관의 노출부분은 감지구역마다 20[m] 이상이 되도록 할 것
③ 하나의 검출부분에 접속하는 공기관의 길이는 100[m] 이하로 할 것
④ 공기관과 감지구역의 각 변과의 수평거리는 1.5[m] 이하가 되도록 할 것

해설
자동화재탐지설비의 공기관식 차동식 분포형 감지기 설치기준(NFTC 203)
• 검출부는 5° 이상 경사되지 않도록 부착할 것
• 공기관의 노출부분은 감지구역마다 20[m] 이상이 되도록 할 것
• 하나의 검출부분에 접속하는 공기관의 길이는 100[m] 이하로 할 것
• 공기관과 감지구역의 각 변과의 수평거리는 1.5[m] 이하가 되도록 하고, 공기관 상호 간의 거리는 6[m](주요구조부를 내화구조로 된 특정소방대상물 또는 그 부분에 있어서는 9[m]) 이하가 되도록 할 것

62 비상콘센트설비의 화재안전기술기준(NFTC 504)에 따른 비상콘센트의 설치기준에 적합하지 않은 것은?

① 바닥으로부터 높이 1.45[m]에 움직이지 않게 고정시켜 설치된 경우
② 바닥면적이 800[m^2]인 층의 계단의 출입구로부터 4[m]에 설치된 경우
③ 바닥면적의 합계가 12,000[m^2]인 지하상가의 수평거리 30[m]마다 추가로 설치한 경우
④ 바닥면적의 합계가 2,500[m^2]인 지하층의 수평거리 40[m]마다 추가로 설치된 경우

해설
비상콘센트설비의 비상콘센트 설치기준(NFTC 504)
• 바닥으로부터 높이 0.8[m] 이상 1.5[m] 이하의 위치에 설치할 것
• 바닥면적이 1,000[m^2] 미만인 층은 계단의 출입구(계단의 부속실을 포함하며 계단이 2 이상 있는 경우에는 그중 1개의 계단을 말한다)로부터 5[m] 이내에 비상콘센트를 설치할 것
• 바닥면적 1,000[m^2] 이상인 층은 각 계단의 출입구 또는 계단부속실의 출입구(계단의 부속실을 포함하며 계단이 3 이상 있는 층의 경우에는 그중 2개의 계단을 말한다)로부터 5[m] 이내에 비상콘센트를 설치할 것
• 지하상가 또는 지하층의 바닥면적의 합계가 3,000[m^2] 이상인 것은 수평거리 25[m]마다 비상콘센트를 추가하여 설치할 것
• 지하상가 또는 지하층의 바닥면적의 합계가 3,000[m^2]에 해당하지 않는 것은 수평거리 50[m]마다 비상콘센트를 추가하여 설치할 것

정답 61 ① 62 ③

63 자동화재속보설비의 속보기의 성능인증 및 제품검사의 기술기준에 따른 자동화재속보설비의 속보기에 대한 설명이다. 다음 (　)의 ㉠, ㉡에 들어갈 내용으로 옳은 것은?

> 속보기(아날로그식 축적형 수신기를 접속하는 경우에는 제외한다)는 작동신호를 수신하거나 수동으로 동작시키는 경우 (㉠)초 이내에 소방관서에 자동적으로 신호를 발하여 알리되, (㉡)회 이상 속보할 수 있어야 한다.

① ㉠ : 20, ㉡ : 3
② ㉠ : 20, ㉡ : 4
③ ㉠ : 30, ㉡ : 3
④ ㉠ : 30, ㉡ : 4

해설

자동화재속보설비의 속보기 기능(제5조)
- 속보기(아날로그식 축적형 수신기를 접속하는 경우에는 제외한다)는 작동신호를 수신하거나 수동으로 동작시키는 경우 20초 이내에 소방관서에 자동적으로 신호를 발하여 알리되, 3회 이상 속보할 수 있어야 한다.
- 예비전원은 자동적으로 충전되어야 하며 자동과충전방지장치가 있어야 한다.
- 화재신호를 수신하거나 수동으로 동작시키는 경우 자동적으로 화재표시등이 점등되고 음향장치로 화재를 경보해야 한다.
- 연동 또는 수동으로 소방관서에 화재 발생 음성정보를 속보 중인 경우에도 송수화장치를 이용한 통화가 우선적으로 가능해야 한다.
- 예비전원을 병렬로 접속하는 경우에는 역충전 방지 등의 조치를 해야 한다.
- 예비전원은 감시상태를 60분간 지속한 후 10분 이상 동작(화재 속보 후 화재표시 및 경보를 10분간 유지하는 것을 말한다)이 지속될 수 있는 용량이어야 한다.
- 속보기는 작동신호(화재경보신호를 포함) 또는 수동작동스위치에 의한 다이얼링 후 소방관서와 전화접속이 이루어지지 않는 경우에는 최초 다이얼링을 포함하여 10회 이상 반복적으로 접속을 위한 다이얼링이 이루어져야 한다. 이 경우 매회 다이얼링 완료 후 호출은 30초 이상 지속되어야 한다.
- 속보기의 송수화장치가 정상위치가 아닌 경우에도 연동 또는 수동으로 속보가 가능해야 한다.
- 음성으로 통보되는 속보내용을 통하여 해당 소방대상물의 위치, 관계인 2명 이상의 연락처, 화재 발생 및 속보기에 의한 신고임을 확인할 수 있어야 한다.

64 비상경보설비 및 단독경보형감지기의 화재안전기술기준(NFTC 201)에 따른 비상벨설비 또는 자동식사이렌설비에 대한 설명이다. 다음 (　)의 ㉠, ㉡에 들어갈 내용으로 옳은 것은?

> 비상벨설비 또는 자동식사이렌설비에는 그 설비에 대한 감시상태를 (㉠)분간 지속한 후 유효하게 (㉡)분 이상 경보할 수 있는 비상전원으로서 축전지설비(수신기에 내장하는 경우를 포함한다) 또는 전기저장장치(외부 전기에너지를 저장해 두었다가 필요한 때 전기를 공급하는 장치)를 설치해야 한다.

① ㉠ : 30, ㉡ : 10
② ㉠ : 60, ㉡ : 10
③ ㉠ : 30, ㉡ : 20
④ ㉠ : 60, ㉡ : 20

해설

비상벨설비 또는 자동식사이렌설비의 감시상태(NFTC 201) : 비상벨설비 또는 자동식사이렌설비에는 그 설비에 대한 감시상태를 60분간 지속한 후 유효하게 10분 이상 경보할 수 있는 비상전원으로서 축전지설비(수신기에 내장하는 경우를 포함한다) 또는 전기저장장치(외부 전기에너지를 저장해 두었다가 필요한 때 전기를 공급하는 장치)를 설치해야 한다. 다만, 상용전원이 축전지설비인 경우 또는 건전지를 주전원으로 사용하는 무선식 설비인 경우에는 그렇지 않다.

65 소방시설용 비상전원수전설비의 화재안전기술기준(NFTC 602)에 따라 소방시설용 비상전원수전설비에서 소방회로 및 일반회로 겸용의 것으로서 수전설비, 변전설비와 그 밖의 기기 및 배선을 금속제 외함에 수납한 것은?

① 공용분전반
② 전용배전반
③ 공용큐비클식
④ 전용큐비클식

해설
소방시설용 비상전원수전설비의 용어 정의(NFTC 602)
- 공용분전반 : 소방회로 및 일반회로 겸용의 것으로서 분기개폐기, 분기과전류차단기와 그 밖의 배선용기기 및 배선을 금속제 외함에 수납한 것을 말한다.
- 전용배전반 : 소방회로 전용의 것으로서 개폐기, 과전류차단기, 계기와 그 밖의 배선용기기 및 배선을 금속제 외함에 수납한 것을 말한다.
- 공용큐비클식 : 소방회로 및 일반회로 겸용의 것으로서 수전설비, 변전설비와 그 밖의 기기 및 배선을 금속제 외함에 수납한 것을 말한다.
- 전용큐비클식 : 소방회로용의 것으로 수전설비, 변전설비와 그 밖의 기기 및 배선을 금속제 외함에 수납한 것을 말한다.
- 수전설비 : 전력수급용 계기용변성기·주차단장치 및 그 부속기기를 말한다.
- 변전설비 : 전력용변압기 및 그 부속장치를 말한다.

66 수신기를 나타내는 소방시설 도시기호로 옳은 것은?

해설
소방시설의 도시기호(소방시설 자체점검사항 등에 관한 고시 별표)

명 칭	도시기호	명 칭	도시기호
수신기	⊠	부수신기	▭
중계기	▭	제어반	⊠
표시반	▦	표시등	◐
피난구유도등	⊗	통로유도등	→

67 비상경보설비의 구성요소로 옳은 것은?

① 기동장치, 경종, 화재표시등, 전원
② 전원, 경종, 기동장치, 위치표시등
③ 위치표시등, 경종, 화재표시등, 전원
④ 경종, 기동장치, 화재표시등, 위치표시등

해설
비상경보설비의 구성요소 : 전원(상용전원, 비상전원), 기동장치, 경종(비상벨, 자동식사이렌), 표시등(위치표시등, 화재표시등)

68 자동화재탐지설비 및 시각경보장치의 화재안전기술기준(NFTC 203)에 따라 감지기 회로의 도통시험을 위한 종단저항의 설치기준으로 틀린 것은?

① 동일 층 발신기함 외부에 설치할 것
② 점검 및 관리가 쉬운 장소에 설치할 것
③ 전용함을 설치하는 경우 그 설치 높이는 바닥으로부터 1.5[m] 이내로 할 것
④ 종단감지기에 설치할 경우에는 구별이 쉽도록 해당 감지기의 기판 등에 별도의 표시를 할 것

해설
자동화재탐지설비의 감지기 회로의 종단저항 설치기준(NFTC 203)
- 종단저항은 도통시험을 하기 위하여 설치한다.
- 감지기 회로의 끝부분에 설치한다.
- 점검 및 관리가 쉬운 장소에 설치할 것
- 전용함을 설치하는 경우 그 설치 높이는 바닥으로부터 1.5[m] 이내로 할 것
- 종단감지기에 설치할 경우에는 구별이 쉽도록 해당 감지기의 기판 및 감지기 외부 등에 별도의 표시를 할 것
- 감지기 사이의 회로의 배선은 송배선식으로 할 것

정답 65 ③ 66 ② 67 전항정답 68 ①

69 유도등 및 유도표지의 화재안전기술기준(NFTC 303)에 따라 지하층을 제외한 층수가 11층 이상인 특정소방대상물의 유도등의 비상전원을 축전지로 설치한다면 피난층에 이르는 부분의 유도등을 몇 분 이상 유효하게 작동시킬 수 있는 용량으로 해야 하는가?

① 10분　　② 20분
③ 50분　　④ 60분

해설
유도등 및 유도표지의 비상전원 설치기준(NFTC 303)
• 축전지로 할 것
• 유도등을 20분 이상 유효하게 작동시킬 수 있는 용량으로 할 것
• 특정소방대상물의 경우에는 그 부분에서 피난층에 이르는 부분의 유도등을 60분 이상 유효하게 작동시킬 수 있는 용량으로 해야 한다.
  – 지하층을 제외한 층수가 11층 이상의 층
  – 지하층 또는 무창층으로서 용도가 도매시장·소매시장·여객자동차터미널·지하역사 또는 지하상가

70 비상방송설비의 배선공사 종류 중 합성수지관 공사에 대한 설명으로 틀린 것은?

① 금속관 공사에 비해 중량이 가벼워 시공이 용이하다.
② 절연성이 있어 누전의 우려가 없기 때문에 접지공사가 필요치 않다.
③ 열에 약하며, 기계적 충격 및 중량물에 의한 압력 등 외력에 약하다.
④ 내식성이 있어 부식성 가스가 체류하는 화학공장 등에 적합하며, 금속관과 비교하여 가격이 비싸다.

해설
합성수지관 공사의 특징
• 금속관 공사에 비해 중량이 가볍고 시공이 용이하다.
• 절연성이 있으며 합성수지관을 금속제 박스에 접속하여 사용하는 경우 접지공사를 해야 한다.
• 열에 약하며 기계적 충격 및 중량물에 의한 압력에 약하다.
• 내식성이 우수하며 금속관과 비교하여 가격이 저렴하다.

71 무선통신보조설비의 화재안전기술기준(NFTC 505)에 따라 서로 다른 주파수의 합성된 신호를 분리하기 위해서 사용하는 장치는?

① 분배기　　② 혼합기
③ 증폭기　　④ 분파기

해설
무선통신보조설비의 용어 정의(NFTC 505)
• 분배기 : 신호의 전송로가 분기되는 장소에 설치하는 것으로 임피던스 매칭(Matching)과 신호 균등분배를 위해 사용하는 장치를 말한다.
• 혼합기 : 2 이상의 입력신호를 원하는 비율로 조합한 출력이 발생하도록 하는 장치를 말한다.
• 증폭기 : 전압·전류의 진폭을 늘려 감도 등을 개선하는 장치를 말한다.
• 분파기 : 서로 다른 주파수의 합성된 신호를 분리하기 위해서 사용하는 장치를 말한다.
• 누설동축케이블 : 동축케이블의 외부 도체에 가느다란 홈을 만들어서 전파가 외부로 새어 나갈 수 있도록 한 케이블이다.

72 무선통신보조설비의 화재안전기술기준(NFTC 505)에 따라 무선통신보조설비의 주 회로 전원의 정상 여부를 확인하기 위해 증폭기의 전면에 설치하는 것은?

① 상순계
② 전류계
③ 전압계 및 전류계
④ 표시등 및 전압계

해설
무선통신보조설비의 증폭기 및 무선중계기 설치기준(NFTC 505)
• 상용전원은 전기가 정상적으로 공급되는 축전지설비, 전기저장장치(외부 전기에너지를 저장해 두었다가 필요한 때 전기를 공급하는 장치) 또는 교류전압의 옥내간선으로 하고, 전원까지의 배선은 전용으로 할 것
• 증폭기의 전면에는 주 회로 전원의 정상 여부를 표시할 수 있는 표시등 및 전압계를 설치할 것
• 증폭기에는 비상전원이 부착된 것으로 하고 해당 비상전원 용량은 무선통신보조설비를 유효하게 30분 이상 작동시킬 수 있는 것으로 할 것
• 증폭기 및 무선중계기를 설치하는 경우에는 전파법 제58조의2에 따른 적합성평가를 받은 제품으로 설치하고 임의로 변경하지 않도록 할 것

73 비상방송설비의 화재안전기술기준(NFTC 202)에 따라 비상방송설비에서 기동장치에 따른 화재신호를 수신한 후 필요한 음량으로 화재 발생 상황 및 피난에 유효한 방송이 자동으로 개시될 때까지의 소요시간은 몇 초 이내로 해야 하는가?

① 5초　　② 10초
③ 15초　　④ 20초

해설

비상방송설비의 음향장치 설치기준(NFTC 202)
- 기동장치에 따른 화재신호를 수신한 후 필요한 음량으로 화재 발생 상황 및 피난에 유효한 방송이 자동으로 개시될 때까지의 소요시간은 10초 이내로 할 것
- 확성기의 음성입력은 3[W](실내에 설치하는 것에 있어서는 1[W]) 이상일 것
- 확성기는 각 층마다 설치하되, 그 층의 각 부분으로부터 하나의 확성기까지의 수평거리가 25[m] 이하가 되도록 하고, 해당 층의 각 부분에 유효하게 경보를 발할 수 있도록 설치할 것
- 음량조정기를 설치하는 경우 음량조정기의 배선은 3선식으로 할 것
- 조작부의 조작스위치는 바닥으로부터 0.8[m] 이상 1.5[m] 이하의 높이에 설치할 것
- 조작부는 기동장치의 작동과 연동하여 해당 기동장치가 작동한 층 또는 구역을 표시할 수 있는 것으로 할 것
- 다른 방송설비와 공용하는 것에 있어서는 화재 시 비상경보 외의 방송을 차단할 수 있는 구조로 할 것
- 다른 전기회로에 따라 유도장애가 생기지 않도록 할 것
- 음향장치는 정격전압의 80[%] 전압에서 음향을 발할 수 있는 것으로 할 것
- 음향장치는 자동화재탐지설비의 작동과 연동하여 작동할 수 있는 것으로 할 것

74 자동화재탐지설비 수신기의 구조기준 중 정격전압이 몇 [V]를 넘는 기구의 금속제 외함에 접지단자를 설치해야 하는가?

① 30[V]　　② 60[V]
③ 100[V]　　④ 300[V]

해설

수신기의 구조 및 일반기능(수신기의 형식승인 및 제품검사의 기술기준 제3조)
- 외함은 불연성 또는 난연성 재질로 만들어져야 한다.
- 예비전원 회로에는 단락사고 등으로부터 보호하기 위한 퓨즈 등 과전류 보호장치를 설치해야 한다.
- 내부에 주전원의 양극을 동시에 열고 닫을 수 있는 전원스위치를 설치할 수 있다.
- 정격전압이 60[V]를 넘는 기구의 금속제 외함에는 접지단자를 설치해야 한다.
- 수신기(1회선용은 제외)는 2회선이 동시에 작동해도 화재표시가 되어야 하며, 감지기의 감지 또는 발신기의 발신개시로부터 P형, P형 복합식, GP형, GP형 복합식, R형, R형 복합식, GR형 또는 GR형 복합식 수신기의 수신완료까지의 소요시간은 5초 이내이어야 한다.
- 화재신호를 수신하는 경우 P형, P형 복합식, GP형, GP형 복합식, R형, R형 복합식, GR형 또는 GR형 복합식의 수신기에 있어서는 2 이상의 지구표시장치에 의하여 각각 화재를 표시할 수 있어야 한다.
- 수신기의 외부배선 연결용 단자에 있어서 공통신호선용 단자는 7개 회로마다 1개 이상 설치해야 한다.

75 비상경보설비 및 단독경보형감지기의 화재안전기술기준(NFTC 201)에 따라 비상경보설비의 발신기 설치 시 복도 또는 별도로 구획된 실로서 보행거리가 몇 [m] 이상일 경우에는 추가로 설치해야 하는가?

① 25[m] ② 30[m]
③ 40[m] ④ 50[m]

해설
비상벨설비 또는 자동식사이렌설비의 발신기 설치기준(NFTC 201)
- 조작이 쉬운 장소에 설치하고, 조작스위치는 바닥으로부터 0.8[m] 이상 1.5[m] 이하의 높이에 설치할 것
- 특정소방대상물의 층마다 설치하되, 해당 층의 각 부분으로부터 하나의 발신기까지의 수평거리가 25[m] 이하가 되도록 할 것. 다만, 복도 또는 별도로 구획된 실로서 보행거리가 40[m] 이상일 경우에는 추가로 설치해야 한다.
- 발신기의 위치표시등은 함의 상부에 설치하되, 그 불빛은 부착면으로부터 15° 이상의 범위 안에서 부착지점으로부터 10[m] 이내의 어느 곳에서도 쉽게 식별할 수 있는 적색등으로 할 것

76 비상조명등의 화재안전기술기준(NFTC 304)에 따른 비상조명등의 설치기준에 적합하지 않은 것은?

① 조도는 비상조명등이 설치된 장소의 각 부분의 바닥에서 0.5[lx]가 되도록 하였다.
② 특정소방대상물의 각 거실과 그로부터 지상에 이르는 복도·계단 및 그 밖의 통로에 설치하였다.
③ 예비전원을 내장하는 비상조명등에 평상시 점등 여부를 확인할 수 있는 점검스위치를 설치하였다.
④ 예비전원을 내장하는 비상조명등에 해당 조명등을 유효하게 작동시킬 수 있는 용량의 축전지와 예비전원 충전장치를 내장하도록 하였다.

해설
비상조명등의 설치기준(NFTC 304)
- 특정소방대상물의 각 거실과 그로부터 지상에 이르는 복도·계단 및 그 밖의 통로에 설치할 것
- 조도는 비상조명등이 설치된 장소의 각 부분의 바닥에서 1[lx] 이상이 되도록 할 것
- 예비전원을 내장하는 비상조명등에는 평상시 점등 여부를 확인할 수 있는 점검스위치를 설치하고 해당 조명등을 유효하게 작동시킬 수 있는 용량의 축전지와 예비전원 충전장치를 내장할 것
- 예비전원을 내장하지 않은 비상조명등의 비상전원은 자가발전설비, 축전지설비 또는 전기저장장치(외부 전기에너지를 저장해 두었다가 필요한 때 전기를 공급하는 장치)를 다음의 기준에 따라 설치해야 한다.
  – 점검에 편리하고 화재 및 침수 등의 재해로 인한 피해를 받을 우려가 없는 곳에 설치할 것
  – 상용전원으로부터 전력의 공급이 중단된 때는 자동으로 비상전원으로부터 전력을 공급받을 수 있도록 할 것
- 비상전원의 설치장소는 다른 장소와 방화구획할 것. 이 경우 그 장소에는 비상전원의 공급에 필요한 기구나 설비 외의 것(열병합발전설비에 필요한 기구나 설비는 제외한다)을 두어서는 안 된다.
- 비상전원을 실내에 설치하는 때는 그 실내에 비상조명등을 설치할 것

77 비상경보설비 및 단독경보형감지기의 화재안전기술기준(NFTC 201)에 따라 비상벨설비 또는 자동식사이렌설비의 전원회로 배선 중 내열배선에 사용하는 전선의 종류가 아닌 것은?

① 버스덕트(Bus Duct)
② 600[V] 1종 비닐절연전선
③ 0.6/1[kV] EP 고무절연 클로로프렌 시스 케이블
④ 450/750[V] 저독성 난연 가교 폴리올레핀 절연전선

해설
내열배선 및 내화배선의 종류(NFTC 102)
- 450/750[V] 저독성 난연 가교 폴리올레핀 절연 전선
- 0.6/1[kV] 가교 폴리에틸렌 절연 저독성 난연 폴리올레핀 시스 전력 케이블
- 6/10[kV] 가교 폴리에틸렌 절연 저독성 난연 폴리올레핀 시스 전력용 케이블
- 가교 폴리에틸렌 절연 비닐시스 트레이용 난연 전력 케이블
- 0.6/1[kV] EP 고무절연 클로로프렌 시스 케이블
- 300/500[V] 내열성 실리콘 고무 절연전선(180[℃])
- 내열성 에틸렌-비닐 아세테이트 고무 절연 케이블
- 버스덕트(Bus Duct)

78 누전경보기의 형식승인 및 제품검사의 기술기준에 따라 누전경보기의 수신부는 그 정격전압에서 몇 회의 누전작동시험을 실시하는가?

① 1,000회　② 5,000회
③ 10,000회　④ 20,000회

해설
누전경보기의 반복시험(제31조) : 수신부는 그 정격전압에서 10,000회의 누전작동시험을 실시하는 경우 그 구조 또는 기능에 이상이 생기지 않아야 한다.

79 비상콘센트설비의 화재안전기술기준(NFTC 504)에 따라 비상콘센트설비의 전원부와 외함 사이의 절연저항은 전원부와 외함 사이를 500[V] 절연저항계로 측정할 때 몇 [MΩ] 이상이어야 하는가?

① 20[MΩ]　② 30[MΩ]
③ 40[MΩ]　④ 50[MΩ]

해설
비상콘센트설비의 전원부와 외함 사이의 절연저항 및 절연내력 기준(NFTC 504)
- 절연저항은 전원부와 외함 사이를 500[V] 절연저항계로 측정할 때 20[MΩ] 이상일 것
- 절연내력은 전원부와 외함 사이에 정격전압이 150[V] 이하인 경우에는 1,000[V]의 실효전압을, 정격전압이 150[V] 초과인 경우에는 그 정격전압에 2를 곱하여 1,000을 더한 실효전압을 가하는 시험에서 1분 이상 견디는 것으로 할 것

80 비상경보설비 및 단독경보형감지기의 화재안전기술기준(NFTC 201)에 따라 바닥면적이 450[m²]일 경우 단독경보형감지기의 최소 설치 개수는?

① 1개　② 2개
③ 3개　④ 4개

해설
단독경보형감지기의 설치기준(NFTC 201) : 각 실(이웃하는 실내의 바닥면적이 각각 30[m²] 미만이고 벽체의 상부의 전부 또는 일부가 개방되어 이웃하는 실내와 공기가 상호 유통되는 경우에는 이를 1개의 실로 본다)마다 설치하되, 바닥면적이 150[m²]를 초과하는 경우에는 150[m²]마다 1개 이상 설치할 것

∴ 단독경보형감지기의 설치개수 = $\dfrac{450[m^2]}{150[m^2]}$ = 3개

정답 77 ② 78 ③ 79 ① 80 ③

2020년 제3회 과년도 기출문제

제1과목 소방원론

01 공기의 평균 분자량이 29일 때 이산화탄소 기체의 증기비중은 얼마인가?

① 1.44
② 1.52
③ 2.88
④ 3.24

해설
이산화탄소(CO_2)의 분자량 : 44

∴ 증기비중 = $\dfrac{분자량}{29}$ = $\dfrac{44}{29}$ = 1.517

02 밀폐된 공간에 이산화탄소를 방사하여 산소의 체적 농도가 12[%]로 되게 하려면 상대적으로 방사된 이산화탄소의 농도는 얼마가 되어야 하는가?

① 25.40[%]
② 28.70[%]
③ 38.35[%]
④ 42.86[%]

해설
이산화탄소의 농도[%] = $\dfrac{21 - O_2}{21} \times 100$

= $\dfrac{21 - 12}{21} \times 100$ = 42.86[%]

03 다음 중 고체 가연물이 덩어리보다 가루일 때 연소되기 쉬운 이유로 가장 적합한 것은?

① 발열량이 작아지기 때문이다.
② 공기와 접촉면이 커지기 때문이다.
③ 열전도율이 커지기 때문이다.
④ 활성에너지가 커지기 때문이다.

해설
고체 가연물이 가루일 때는 공기와 접촉면적이 크기 때문에 연소가 잘 된다.

04 다음 중 발화점이 가장 낮은 물질은?

① 휘발유
② 이황화탄소
③ 적 린
④ 황 린

해설
위험물의 발화점

종류	휘발유	이황화탄소	적 린	황 린
구 분	제4류 위험물	제4류 위험물	제2류 위험물	제3류 위험물
발화점	280~456[℃]	90[℃]	260[℃]	34[℃]

05 질식소화 시 공기 중의 산소농도는 일반적으로 약 몇 [vol%] 이하로 해야 하는가?

① 25
② 21
③ 19
④ 15

해설
질식소화 : 불연성 기체나 고체 등으로 연소물을 감싸 산소의 농도를 21[%]에서 15[%] 이하로 낮추어 소화하는 방법

정답 1② 2④ 3② 4④ 5④

06 화재하중의 단위로 옳은 것은?

① $[kg/m^2]$
② $[℃/m^2]$
③ $[kg·L/m^3]$
④ $[℃·L/m^3]$

해설
화재하중 : 단위면적당 가연성 수용물의 양으로서 건물 화재 시 발열량 및 화재의 위험성을 나타내는 용어로서 단위는 $[kg/m^2]$이다.

07 제1종 분말소화약제의 주성분으로 옳은 것은?

① $KHCO_3$
② $NaHCO_3$
③ $NH_4H_2PO_4$
④ $Al_2(SO_4)_3$

해설
제1종 분말소화약제 : 탄산수소나트륨($NaHCO_3$)

08 소화약제인 IG-541의 성분이 아닌 것은?

① 질 소
② 아르곤
③ 헬 륨
④ 이산화탄소

해설
IG-541의 성분

성 분	N_2(질소)	Ar(아르곤)	CO_2(이산화탄소)
농 도	52[%]	40[%]	8[%]

09 다음 중 연소와 가장 관련 있는 화학반응은?

① 중화반응
② 치환반응
③ 환원반응
④ 산화반응

해설
연소 : 가연물이 공기 중에서 산소와 반응하여 열과 빛을 동반하는 급격한 산화현상

10 위험물과 위험물안전관리법령에서 정한 지정수량을 옳게 연결한 것은?

① 무기과산화물 - 300[kg]
② 황화인 - 500[kg]
③ 황린 - 20[kg]
④ 질산에스터류 - 100[kg]

해설
지정수량

종 류	무기과산화물	황화인	황 린	질산에스터류
유 별	제1류 위험물	제2류 위험물	제3류 위험물	제5류 위험물 (제1종)
지정수량	50[kg]	100[kg]	20[kg]	10[kg]

정답 6 ① 7 ② 8 ③ 9 ④ 10 ③

11 화재의 종류에 따른 분류가 틀린 것은?

① A급 : 일반화재
② B급 : 유류화재
③ C급 : 가스화재
④ D급 : 금속화재

해설
C급 : 전기화재

12 이산화탄소소화약제 저장용기의 설치장소에 대한 설명 중 옳지 않은 것은?

① 반드시 방호구역 내의 장소에 설치한다.
② 온도 변화가 작은 곳에 설치한다.
③ 방화문으로 구획된 실에 설치한다.
④ 해당 용기가 설치된 곳임을 표시하는 표지를 한다.

해설
가스계 소화설비는 방호구역 외의 장소에 설치할 것(단, 방호구역 내에 설치할 경우 피난 및 조작이 용이하도록 피난구 부근에 설치)

13 화재의 소화원리에 따른 소화방법의 적용으로 틀린 것은?

① 냉각소화 : 스프링클러설비
② 질식소화 : 이산화탄소소화설비
③ 제거소화 : 포소화설비
④ 억제소화 : 할론소화설비

해설
질식소화 : 포소화설비

14 Halon 1301의 분자식은?

① CH_3Cl ② CH_3Br
③ CF_3Cl ④ CF_3Br

해설
Halon 1301의 분자식 : CF_3Br

15 소화효과를 고려하였을 경우 화재 시 사용할 수 있는 물질이 아닌 것은?

① 이산화탄소   ② 아세틸렌
③ Halon 1211   ④ Halon 1301

해설
아세틸렌(C_2H_2)은 가연성 가스이므로 소화약제로 사용할 수 없다.

16 탄화칼슘이 물과 반응 시 발생하는 가연성 가스는?

① 메테인
② 포스핀
③ 아세틸렌
④ 수 소

해설
탄화칼슘이 물과 반응하면 아세틸렌(C_2H_2)의 가연성 가스를 발생한다.
$CaC_2 + 2H_2O \rightarrow \underset{\text{수산화칼슘}}{Ca(OH)_2} + \underset{\text{아세틸렌}}{C_2H_2} \uparrow$

17 다음 원소 중 전기음성도가 가장 큰 것은?

① F
② Br
③ Cl
④ I

해설
전기음성도 : F > Cl > Br > I
소화효과 : F < Cl < Br < I

18 건축물의 내화구조에서 바닥의 경우에는 철근콘크리트조의 두께가 몇 [cm] 이상이어야 하는가?

① 7
② 10
③ 12
④ 15

해설
내화구조(건피방 제2조)

내화구분	내화구조의 기준
바 닥	• 철근콘크리트조 또는 철골·철근콘크리트조로서 두께가 10[cm] 이상인 것 • 철재로 보강된 콘크리트 블록조·벽돌조 또는 석조로서 철재에 덮은 두께가 5[cm] 이상인 것 • 철재의 양면을 두께 5[cm] 이상의 철망모르타르 또는 콘크리트로 덮은 것

19 화재 시 발생하는 연소가스 중 인체에서 헤모글로빈과 결합하여 혈액의 산소운반을 저해하고 두통, 근육조절의 장애를 일으키는 것은?

① CO_2
② CO
③ HCN
④ H_2S

해설
일산화탄소(CO) : 연소가스 중 인체에서 헤모글로빈과 결합하여 혈액의 산소운반을 저해하고 두통, 근육조절의 장애를 일으키는 가연성 가스

20 인화점이 16[℃]인 액체위험물을 보관하는 창고의 인화 위험성에 대한 설명 중 옳은 것은?

① 여름철에 창고 안이 더워질수록 인화의 위험성이 커진다.
② 겨울철에 창고 안이 추워질수록 인화의 위험성이 커진다.
③ 16[℃]에서 가장 안전하고 16[℃]보다 높아지거나 낮아질수록 인화의 위험성이 커진다.
④ 인화의 위험성은 계절의 온도와는 상관없다.

해설
인화점이 16[℃](피리딘)인 액체는 16[℃]가 되면 증기가 발생하여 점화원이 있으면 화재가 일어나므로 창고 안의 온도가 높을수록 인화의 위험성은 크다.

정답 16 ③ 17 ① 18 ② 19 ② 20 ①

제2과목 소방전기일반

21 최대눈금이 200[mA], 내부저항이 0.8[Ω]인 전류계가 있다. 8[mΩ]의 분류기를 사용하여 전류계의 측정범위를 넓히면 몇 [A]까지 측정할 수 있는가?

① 19.6　　② 20.2
③ 21.4　　④ 22.8

해설
분류기의 측정전류(I_s)
- 전류계의 측정범위를 확대하기 위하여 내부저항 R인 전류계에 병렬로 접속한 저항(R_s)을 분류기라 한다.
- 전압 $I_s \dfrac{R \cdot R_s}{R+R_s} = IR$에서 분류기의 측정전류 $I_s = \dfrac{R+R_s}{R_s}I$이다.

$\therefore I_s = \dfrac{0.8[\Omega] + 8 \times 10^{-3}[\Omega]}{8 \times 10^{-3}[\Omega]} \times 200 \times 10^{-3}[A] = 20.2[A]$

Plus one
배율기 측정전압(V_m)
- 직류 전압계의 측정범위를 확대하기 위하여 내부저항 R인 전압계에 직렬로 접속한 저항기이다.
- 전류 $\dfrac{V_m}{R_m+R} = \dfrac{V}{R}$에서 측정 전압 $V_m = \dfrac{R_m+R}{R} \times V[V]$

22 5[Ω]의 저항과 2[Ω]의 유도성 리액턴스를 직렬로 접속한 회로에 5[A]의 전류를 흘렸을 때 이 회로의 복소전력[VA]은?

① $25+j10$　　② $10+j25$
③ $125+j50$　　④ $50+j125$

해설
R(저항)-L(코일) 직렬회로의 복소전력(피상전력)
- 임피던스 $Z = R+j\omega L$에서 $Z = 5+j2[\Omega]$
- 복소전력 $P_a = IV = I^2Z$에서
$P_a = (5[A])^2 \times (5+j2)[\Omega] = 125+j50[VA]$

23 그림과 같은 회로에서 전압계 Ⓥ가 10[V]일 때 단자 A-B 간의 전압은 몇 [V]인가?

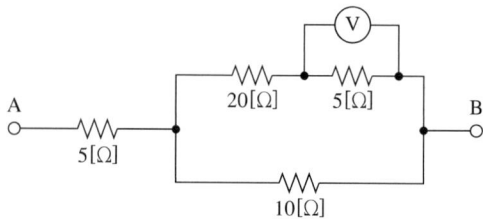

① 50
② 85
③ 100
④ 135

해설
저항의 직·병렬접속

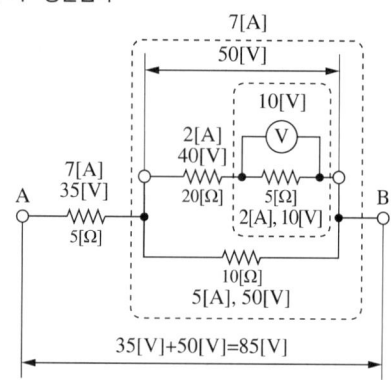

- 전압계와 저항 5[Ω]은 병렬로 접속되어 있으므로 저항 5[Ω]에는 10[V]의 전압이 걸린다.
  저항 5[Ω]의 전류 $I = \dfrac{V}{R}$에서 $I = \dfrac{10[V]}{5[\Omega]} = 2[A]$

- 저항 5[Ω]과 저항 20[Ω]은 직렬로 접속되어 있으므로 전류는 같다.
  저항 20[Ω]의 걸리는 전압 $V = IR$에서
  $V = 2[A] \times 20[\Omega] = 40[V]$

- 저항 5[Ω]과 저항 20[Ω]에 걸리는 전압
  $V = 10[V] + 40[V] = 50[V]$

- 저항이 병렬로 접속되어 있으므로 저항 10[Ω]에 걸리는 전압은 50[V]이다.
  전류 $I = \dfrac{V}{R}$에서 $I = \dfrac{50[V]}{10[\Omega]} = 5[A]$

- 병렬로 접속된 저항에 흐르는 전류 $I = 2[A] + 5[A] = 7[A]$

- 병렬로 접속된 저항에 흐르는 전류 7[A]와 저항 5[Ω]에 흐르는 전류는 같다.
  저항 5[Ω]의 걸리는 전압 $V = IR$에서 $V = 7[A] \times 5[\Omega] = 35[V]$

$\therefore$ A-B 단자에 걸리는 전압 $V = 35[V] + 50[V] = 85[V]$

24 50[Hz]의 3상 전압을 전파 정류하였을 때 리플(맥동) 주파수[Hz]는?

① 50
② 100
③ 150
④ 300

해설

3상 전파 정류회로의 맥동주파수
$f_{맥동} = 6f = 6 \times 50[\text{Hz}] = 300[\text{Hz}]$

Plus one

맥동주파수($f_{맥동}$)
- 단상 반파 정류회로일 경우 $f_{맥동} = f = 50[\text{Hz}]$
- 단상 전파 정류회로일 경우
  $f_{맥동} = 2f = 2 \times 50[\text{Hz}] = 100[\text{Hz}]$
- 3상 반파 정류회로일 경우
  $f_{맥동} = 3f = 3 \times 50[\text{Hz}] = 150[\text{Hz}]$

25 개루프 제어와 비교하여 폐루프 제어에서 반드시 필요한 장치는?

① 안정도를 좋게 하는 장치
② 제어대상을 조작하는 장치
③ 동작신호를 조절하는 장치
④ 기준입력신호와 주궤환신호를 비교하는 장치

해설

피드백 제어
- 피드백 제어란 출력값이 목푯값과 비교하여 일치하지 않을 경우에는 다시 출력값을 입력으로 피드백시켜 오차를 수정하도록 궤환 경로를 갖는 폐회로 제어이다.
- 피드백 제어는 입력(기준입력신호)과 출력(주궤환신호)을 비교하는 검출부가 반드시 있어야 한다.

26 그림의 시퀀스 회로와 등가인 논리 게이트는?

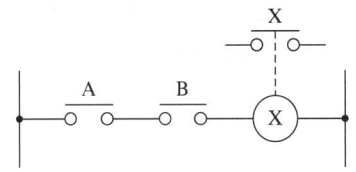

① OR 게이트
② AND 게이트
③ NOT 게이트
④ NOR 게이트

해설

논리회로
- OR 회로(논리합 회로) : 2개의 입력신호 중 1개만 작동되어도 출력신호가 1이 되는 논리회로로서 병렬회로이다.
- AND 회로(논리곱 회로) : 2개의 입력신호가 동시에 작동될 때에만 출력신호가 1이 되는 논리회로로서 직렬회로이다.
- NOT 회로(논리부정 회로) : 출력신호는 입력신호의 반대로 작동되는 회로로서 부정회로이다.
- NOR 회로 : OR 회로의 출력에 NOT 회로를 조합시킨 논리합의 부정회로로서 2개의 입력신호가 모두 0일 때 출력이 1인 회로이다.

논리회로	유접점 회로	논리기호
AND 회로	A, B 직렬, X, X-a	$X = A \cdot B$
OR 회로	A, B 병렬, X, X-a	$X = A + B$
NOT 회로	A, X, X-b	$X = \overline{A}$

27 전압 이득이 60[dB]인 증폭기와 궤환율(β)이 0.01인 궤환회로를 부궤환 증폭기로 구성하였을 때 전체 이득은 약 몇 [dB]인가?

① 20   ② 40
③ 60   ④ 80

해설
부궤환 증폭기의 전체이득

- 전압이득 $A_v = \dfrac{V_o}{V_i} = \dfrac{출력전압}{입력전압}$ 이고 이것을 [dB]로 표현하면
  $A_v[\text{dB}] = 20\log A_v$ 에서
  $60 = 20\log A_v$ 이고 $3 = \log A_v$ 이므로 $A_v = 10^3 = 1{,}000$

- $A_v\beta \gg 1$일 경우 부궤환 증폭기의 전체 이득
  $A_f = \dfrac{A_v}{1+\beta A_v} \fallingdotseq \dfrac{1}{\beta}$ 이고 $A_f = \dfrac{1}{\beta} = \dfrac{1}{0.01} = 100$

∴ 부궤환 증폭기의 전체 이득을 [dB]로 표현하면
$A_f[\text{dB}] = 20\log A_f$ 에서 $A_f[\text{dB}] = 20\log 100 = 40[\text{dB}]$

28 지하 1층, 지상 2층, 연면적이 1,500[m²]인 기숙사에서 지상 2층에 설치된 차동식 스포트형 감지기가 작동하였을 때 전 층의 지구경종이 동작되었다. 각 층 지구경종의 정격전류가 60[mA]이고, 24[V]가 인가되고 있을 때 모든 지구경종에서 소비되는 총 전력 [W]은?

① 4.23   ② 4.32
③ 5.67   ④ 5.76

해설
소비전력(P) : 전 층(지상 2층, 지상 1층, 지하 1층)에서 지구경종이 울렸으므로 3개 층에 대한 소비전력을 계산해야 한다.
소비전력 $P = IV$에서
$P = (3개 \times 60 \times 10^{-3}[\text{A}]) \times 24[\text{V}] = 4.32[\text{W}]$

29 진공 중에 놓인 5[μC]의 점전하에서 2[m]되는 점에서의 전계는 몇 [V/m]인가?

① 11.25×10^3 ② 16.25×10^3
③ 22.25×10^3 ④ 28.25×10^3

해설
전계의 세기 $E = 9 \times 10^9 \times \dfrac{Q}{r^2}[\text{V/m}]$

$E = 9 \times 10^9 \times \dfrac{5 \times 10^{-6}[\text{C}]}{(2[\text{m}])^2}$
$= 11{,}250[\text{V/m}] = 11.25 \times 10^3[\text{V/m}]$

30 열팽창식 온도계가 아닌 것은?

① 열전대 온도계   ② 유리 온도계
③ 바이메탈 온도계   ④ 압력식 온도계

해설
온도계의 구분
- 열팽창식 온도계 : 유리 온도계, 압력식 온도계, 바이메탈 온도계
- 전기식 온도계 : 열전대 온도계, 전기저항 온도계, 서미스터
- 복사 온도계 : 복사 고온계, 광 온도계, 광전관 온도계, 적외선 온도계

31 3상 유도전동기를 Y 결선으로 기동할 때 전류의 크기($|I_Y|$)와 △ 결선으로 기동할 때 전류의 크기($|I_\triangle|$)의 관계로 옳은 것은?

① $|I_Y| = \dfrac{1}{3}|I_\triangle|$ ② $|I_Y| = \sqrt{3}|I_\triangle|$
③ $|I_Y| = \dfrac{1}{\sqrt{3}}|I_\triangle|$ ④ $|I_Y| = \dfrac{\sqrt{3}}{2}|I_\triangle|$

해설
3상 유도전동기의 Y 결선과 △ 결선 시 기동전류
선간전압을 V, 기동 시 1상의 임피던스를 Z, 선전류를 I라고 하면

- Y 결선의 경우 $I_Y = \dfrac{V}{\sqrt{3}Z}$
- △ 결선의 경우 $I_\triangle = \dfrac{\sqrt{3}V}{Z}$

∴ $\dfrac{I_Y}{I_\triangle} = \dfrac{\frac{V}{\sqrt{3}Z}}{\frac{\sqrt{3}V}{Z}} = \dfrac{V}{\sqrt{3}Z} \times \dfrac{Z}{\sqrt{3}V} = \dfrac{1}{3}$ 에서 $I_Y = \dfrac{1}{3}I_\triangle$

32 역률 0.8인 전동기에 200[V]의 교류전압을 가하였더니 10[A]의 전류가 흘렀다. 피상전력은 몇 [VA]인가?

① 1,000
② 1,200
③ 1,600
④ 2,000

해설
피상전력 $P_a = IV$[VA]
∴ $P_a = 10[\text{A}] \times 200[\text{V}] = 2,000[\text{VA}]$

Plus one
전 력
• 유효전력 $P = IV\cos\theta$[W]
• 무효전력 $P_r = IV\sin\theta$[Var]
  여기서, $\cos\theta$는 역률, $\sin\theta$는 무효율이다.

33 다음 중 강자성체에 속하지 않는 것은?

① 니켈
② 알루미늄
③ 코발트
④ 철

해설
자성체의 분류
• 강자성체
  – 외부에서 강한 자기장을 걸어 주었을 때 그 자기장의 방향으로 강하게 자화된 뒤 외부 자기장이 사라져도 자화가 남아 있는 물질이다.
  – 종류 : 니켈, 코발트, 철, 망간
• 상자성체
  – 자기장 안에 넣으면 자기장 방향으로 약하게 자화하고 자기장이 제거되면 자화하지 않는 물질이다.
  – 종류 : 알루미늄, 백금, 주석, 나트륨
• 반자성체
  – 반자성을 보이는 물질이며 외부 자기장에 의해서 자기장과 반대 방향으로 자화되는 물질이다.
  – 종류 : 구리, 납, 금, 은

34 프로세스제어의 제어량이 아닌 것은?

① 액 위
② 유 량
③ 온 도
④ 자 세

해설
제어량에 따른 제어 분류
• 프로세스제어 : 온도, 압력, 유량, 액면, 농도, 습도 등의 공업 공정의 상태량을 제어한다.
• 자동조정 : 전압, 전류, 회전수(속도), 주파수, 토크 등의 상태량을 제어한다.
• 서보기구 : 물체의 위치, 방위, 자세, 각도 등의 상태량을 제어하는 것으로 미사일 추적 장치, 레이더, 선박 및 비행기의 방향을 제어한다.

35 3상 농형 유도전동기의 기동법이 아닌 것은?

① Y-△ 기동법
② 기동 보상기법
③ 2차 저항 기동법
④ 리액터 기동법

해설
3상 농형 유도전동기의 기동법
• 전전압 기동법 : 별도의 기동장치를 사용하지 않고 직접 정격전압을 인가하여 기동하며 출력이 3.7[kW], 5[HP] 이하의 소용량 전동기에 사용한다.
• Y-△ 기동법 : 5~15[kW] 이하의 전동기에 사용되며 기동전류와 기동토크가 $\frac{1}{3}$로 감소한다.
• 기동 보상기법 : 15[kW] 이상의 전동기에 사용되며 탭 전압은 정격전압의 50[%], 65[%], 80[%]를 표준으로 한다.
• 리액터 기동법 : 전전압 기동법으로 기동전류가 큰 경우 1차 측에 직렬로 리액터를 접속하고 기동 완료 후에 리액터를 개폐기로 단락시키는 방법이다.

Plus one
3상 권선형 유도전동기의 기동법
2차 저항 기동법 : 비례추이의 원리를 이용하여 기동전류는 작게 하고 기동토크를 크게 하여 기동하는 방법이다.

정답 32 ④ 33 ② 34 ④ 35 ③

36 100[V], 500[W]의 전열선 2개를 같은 전압에서 직렬로 접속한 경우와 병렬로 접속한 경우에 각 전열선에서 소비되는 전력은 각각 몇 [W]인가?

① 직렬 : 250, 병렬 : 500
② 직렬 : 250, 병렬 : 1,000
③ 직렬 : 500, 병렬 : 500
④ 직렬 : 500, 병렬 : 1,000

해설
전열선의 직렬접속과 병렬접속
• 전열선의 직렬접속
 - 전력 $P = IV = \dfrac{V^2}{R}$ 에서

  전열선 1개당 저항 $R = \dfrac{V^2}{P} = \dfrac{(100[\text{V}])^2}{500[\text{W}]} = 20[\Omega]$

 - 합성저항 $R = R_1 + R_2$ 에서 $R = 20[\Omega] + 20[\Omega] = 40[\Omega]$

 ∴ 소비전력 $P_1 = \dfrac{V^2}{R}$ 에서 $P_1 = \dfrac{(100[\text{V}])^2}{40[\Omega]} = 250[\text{W}]$

• 전열선의 병렬접속
 - 전력 $P = IV = \dfrac{V^2}{R}$ 에서

  전열선 1개당 저항 $R = \dfrac{V^2}{P} = \dfrac{(100[\text{V}])^2}{500[\text{W}]} = 20[\Omega]$

 - 합성저항 $R = \dfrac{R_1 \times R_2}{R_1 + R_2}$ 에서 $R = \dfrac{20[\Omega] \times 20[\Omega]}{20[\Omega] + 20[\Omega]} = 10[\Omega]$

 ∴ 소비전력 $P_2 = \dfrac{V^2}{R}$ 에서 $P_2 = \dfrac{(100[\text{V}])^2}{10[\Omega]} = 1,000[\text{W}]$

37 그림과 같은 논리회로의 출력 Y는?

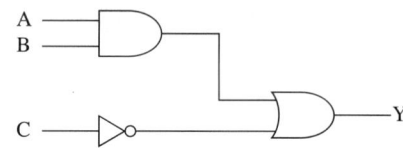

① $AB + \overline{C}$
② $A + B + \overline{C}$
③ $(A + B)\overline{C}$
④ $AB\overline{C}$

해설
논리회로의 논리식
출력 $Y = (A \cdot B) + \overline{C}$
논리기호
• AND 회로의 논리식 : $X = A \cdot B$

• OR 회로의 논리식 : $X = A + B$

• NOT 회로의 논리식 : $X = \overline{A}$

38 단상변압기 3대를 △ 결선하여 부하에 전력을 공급하고 있는 중 변압기 1대가 고장 나서 V 결선으로 바꾼 경우에 고장 전과 비교하여 몇 [%] 출력을 낼 수 있는가?

① 50
② 57.7
③ 70.7
④ 86.6

해설
V 결선
• △ 결선의 1상을 제거한 결선법이다.

• 이용률 $\alpha = \dfrac{\text{V 결선의 출력}}{\text{2대의 정격용량}} = \dfrac{\sqrt{3}\,EI}{2EI} \times 100[\%] = 86.6[\%]$

• 출력의 비 $\beta = \dfrac{\text{V 결선의 출력}}{\text{△ 결선의 출력}} = \dfrac{\sqrt{3}\,EI}{3EI} \times 100[\%] = 57.7[\%]$

39 대칭 n상의 환상결선에서 선전류와 상전류(환상전류) 사이의 위상차는?

① $\dfrac{n}{2}\left(1-\dfrac{2}{\pi}\right)$ ② $\dfrac{n}{2}\left(1-\dfrac{\pi}{2}\right)$

③ $\dfrac{\pi}{2}\left(1-\dfrac{2}{n}\right)$ ④ $\dfrac{\pi}{2}\left(1-\dfrac{n}{2}\right)$

해설
대칭 n상의 결선의 위상차
- 환상 결선 : 대칭 n상에서의 선전류는 상전류보다 위상이 $\dfrac{\pi}{2}\left(1-\dfrac{2}{n}\right)$ 만큼 뒤진다.
- 성형 결선 : 대칭 n상에서의 선간전압은 상전압보다 위상이 $\dfrac{\pi}{2}\left(1-\dfrac{2}{n}\right)$ 만큼 앞선다.

40 공기 중에서 50[kW]의 방사 전력이 안테나에서 사방으로 균일하게 방사될 때, 안테나에서 1[km] 거리에 있는 점에서의 전계의 실횻값은 약 몇 [V/m]인가?

① 0.87   ② 1.22
③ 1.73   ④ 3.98

해설
포인팅 벡터($\vec{P}$)
- 포인팅 벡터란 단위면적을 단위시간에 통과하는 에너지로서 단위는 [W/m²]([J/m²·s])이다.
$\vec{P}=E\times H=\dfrac{1}{377}E^2=\dfrac{P}{S}$ [W/m²]
여기서, E는 전계[V/m], H는 자계[AT/m], P는 전력[W], S는 표면적[m²]이다.
- 안테나에서 사방으로 균일하게 방사되므로 구의 표면적으로 계산되어야 한다.
구의 표면적 $S=4\pi r^2$ [m²]
∴ 전계 $E=\sqrt{\dfrac{377P}{4\pi r^2}}$ 에서
$E=\sqrt{\dfrac{377\times(50\times 10^3[\text{W}])}{4\pi\times(1{,}000[\text{m}])^2}}=1.22[\text{V/m}]$

제3과목 소방관계법규

41 화재의 예방 및 안전관리에 관한 법령상 소방관서장은 화재안전조사를 실시하려는 경우 사전에 조사대상, 조사기간 및 조사사유 등 조사계획을 소방청, 소방본부 또는 소방서의 인터넷 홈페이지에 며칠을 공개해야 하는가?

① 3일 이상
② 7일 이상
③ 14일 이상
④ 30일 이상

해설
소방관서장은 화재안전조사를 실시하려는 경우 사전에 조사대상, 조사기간 및 조사사유등 조사계획을 소방청, 소방본부 또는 소방서의 인터넷 홈페이지나 전산시스템을 통해 7일 이상에 공개해야 한다.

42 위험물안전관리법령상 제조소의 기준에 따라 건축물의 외벽 또는 이에 상당하는 공작물의 외측으로부터 제조소의 외벽 또는 이에 상당하는 공작물의 외측까지의 안전거리 기준으로 틀린 것은?(단, 제6류 위험물을 취급하는 제조소를 제외하고, 건축물에 불연재료로 된 방화상 유효한 담 또는 벽을 설치하지 않은 경우이다)

① 의료법에 의한 종합병원에 있어서는 30[m] 이상
② 도시가스사업법에 의한 가스공급시설에 있어서는 20[m] 이상
③ 사용전압 35,000[V]를 초과하는 특고압가공전선에 있어서는 5[m] 이상
④ 지정문화유산 및 천연기념물 등은 30[m] 이상

해설
지정문화유산 및 천연기념물 등의 안전거리 : 50[m] 이상

43 위험물안전관리법령상 허가를 받지 않고 해당 제조소 등을 설치하거나 그 위치·구조 또는 설비를 변경할 수 있으며, 신고를 하지 않고 위험물의 품명·수량 또는 지정수량의 배수를 변경할 수 있는 기준으로 옳은 것은?

① 축산용으로 필요한 건조시설을 위한 지정수량 40배 이하의 저장소
② 수산용으로 필요한 건조시설을 위한 지정수량 30배 이하의 저장소
③ 농예용으로 필요한 난방시설을 위한 지정수량 40배 이하의 저장소
④ 주택의 난방시설(공동주택의 중앙난방시설 제외)을 위한 저장소

해설
위험물시설의 설치 및 변경(법 제6조) : 다음에 해당하는 제조소 등의 경우에는 허가를 받지 않고 해당 제조소 등을 설치하거나 그 위치·구조 또는 설비를 변경할 수 있으며, 신고를 하지 않고 위험물의 품명·수량 또는 지정수량의 배수를 변경할 수 있다.
• 주택의 난방시설(공동주택의 중앙난방시설을 제외한다)을 위한 저장소 또는 취급소
• 농예용·축산용 또는 수산용으로 필요한 난방시설 또는 건조시설을 위한 지정수량 20배 이하의 저장소

44 소방시설공사업법령상 공사감리자 지정대상 특정소방대상물의 범위가 아닌 것은?

① 제연설비를 신설·개설하거나 제연구역을 증설할 때
② 연결살수설비를 신설·개설하거나 송수구역을 증설할 때
③ 캐비닛형 간이스프링클러설비를 신설·개설하거나 방호·방수구역을 증설할 때
④ 물분무 등 소화설비(호스릴 방식의 소화설비 제외)를 신설·개설하거나 방호·방수구역을 증설할 때

해설
공사감리자 지정대상 특정소방대상물의 범위(영 제10조)
• 옥내소화전설비를 신설·개설 또는 증설할 때
• 스프링클러설비 등(캐비닛형 간이스프링클러설비는 제외한다)을 신설·개설하거나 방호·방수구역을 증설할 때
• 물분무 등 소화설비(호스릴 방식의 소화설비는 제외한다)를 신설·개설하거나 방호·방수구역을 증설할 때
• 다음에 따른 소화활동설비에 대하여 각 목에 따른 시공을 할 때
  – 제연설비를 신설·개설하거나 제연구역을 증설할 때
  – 연결송수관설비를 신설 또는 개설할 때
  – 연결살수설비를 신설·개설하거나 송수구역을 증설할 때
  – 비상콘센트설비를 신설·개설하거나 전용회로를 증설할 때
  – 무선통신보조설비를 신설 또는 개설할 때
  – 연소방지설비를 신설·개설하거나 살수구역을 증설할 때

45 다음 중 화재의 예방 및 안전관리에 관한 법령상 특수가연물에 해당하는 품명별 기준수량으로 틀린 것은?

① 사류 1,000[kg] 이상
② 면화류 200[kg] 이상
③ 나무껍질 및 대팻밥 400[kg] 이상
④ 넝마 및 종이부스러기 500[kg] 이상

해설
넝마 및 종이부스러기 1,000[kg] 이상이면 특수가연물이다(영 별표 2).

46 소방기본법령상 소방대장의 권한이 아닌 것은?

① 화재 현장에 대통령령으로 정하는 사람 외에는 그 구역에 출입하는 것을 제한할 수 있다.
② 화재 진압 등 소방활동을 위하여 필요할 때는 소방용수 외에 댐·저수지 등의 물을 사용할 수 있다.
③ 국민의 안전의식을 높이기 위하여 소방박물관 및 소방체험관을 설립하여 운영할 수 있다.
④ 불이 번지는 것을 막기 위하여 필요할 때는 불이 번질 우려가 있는 소방대상물 및 토지를 일시적으로 사용할 수 있다.

해설
설립·운영권자(법 제5조)
• 소방박물관 : 소방청장
• 소방체험관 : 시·도지사

47 소방시설 설치 및 관리에 관한 법령상 단독경보형 감지기를 설치해야 하는 특정소방대상물의 기준으로 틀린 것은?

① 수련시설 내에 있는 합숙소로서 연면적 1,000[m^2] 미만인 것
② 연면적 600[m^2] 미만의 유치원
③ 공동주택 중 연립주택 및 다세대주택
④ 교육연구시설 내에 있는 기숙사 또는 합숙소로서 연면적 2,000[m^2] 미만인 것

해설
교육연구시설과 수련시설 내에 있는 기숙사 또는 합숙소로서 연면적 2,000[m^2] 미만인 것은 단독경보형감지기 설치대상이다.

48 소방기본법령상 시장지역에서 화재로 오인할 만한 우려가 있는 불을 피우거나 연막 소독을 하려는 자가 신고를 하지 않고 소방자동차를 출동하게 한 자에 대한 과태료 부과·징수권자는?

① 국무총리
② 시·도지사
③ 행정안전부 장관
④ 소방본부장 또는 소방서장

해설
소방자동차를 출동하게 한 자에 대한 과태료 부과·징수권자(법 제57조) : 소방본부장 또는 소방서장

49 화재의 예방 및 안전관리에 관한 법령상 1급 소방안전관리대상물에 해당하는 건축물은?

① 지하구
② 층수가 15층인 공공업무시설
③ 연면적 10,000[m^2] 이상인 동물원
④ 층수가 20층이고, 지상으로부터 높이가 100[m]인 아파트

해설
1급 소방안전관리대상물(영 별표 4)
• 30층 이상(지하층은 제외)이거나 지상으로부터 높이가 120[m] 이상인 아파트
• 연면적 15,000[m^2] 이상인 특정소방대상물(아파트 및 연립주택은 제외)
• 층수가 11층 이상인 특정소방대상물(아파트는 제외)
• 가연성 가스를 1,000[t] 이상 저장·취급하는 시설
※ 지하구 : 2급 소방안전관리대상물

50 소방시설 설치 및 관리에 관한 법령상 수용인원 산정 방법 중 침대가 없는 숙박시설로서 해당 특정소방대상물의 종사자의 수는 5명, 복도, 계단 및 화장실의 바닥면적을 제외한 바닥면적이 158[m^2]인 경우의 수용인원은 약 몇 명인가?

① 37
② 45
③ 58
④ 84

해설
숙박시설이 없는 특정소방대상물 수용인원 산정 수(영 별표 7)
침대가 없는 숙박시설 : 해당 특정소방대상물의 종사자 수에 숙박시설 바닥면적의 합계를 3[m^2]로 나누어 얻은 수를 합한 수

$$\therefore 5 + \frac{158[m^2]}{3[m^2]} = 57.7 \Rightarrow 58명$$

정답 47 ① 48 ④ 49 ② 50 ③

51 화재의 예방 및 안전관리에 관한 법률상 화재안전조사 결과에 따른 소방대상물의 위치·구조·관리·설비 또는 관리의 상황이 화재 예방을 위하여 보완될 필요가 있을 것으로 예상되는 때에 소방대상물의 개수·이전·제거, 그 밖의 필요한 조치를 관계인에게 명령할 수 있는 사람은?

① 소방서장
② 경찰청장
③ 시·도지사
④ 해당구청장

해설
개수 등 명령권자(법 제14조) : 소방관서장(소방청장, 소방본부장, 소방서장)

52 소방시설 설치 및 관리에 관한 법령상 터널로서 길이가 1,000[m]일 때 설치하지 않아도 되는 소방시설은?

① 인명구조기구
② 옥내소화전설비
③ 연결송수관설비
④ 무선통신보조설비

해설
터널 길이에 따른 소방시설 설치대상(영 별표 4)
• 인명구조기구 : 터널에는 설치기준이 없다.
• 옥내소화전설비 : 길이가 1,000[m] 이상인 터널
• 연결송수관설비 : 길이가 1,000[m] 이상인 터널
• 무선통신보조설비, 비상콘센트설비 : 길이가 500[m] 이상인 터널

53 소방시설공사업법령상 소방시설공사의 하자보수 보증기간이 3년이 아닌 것은?

① 자동소화장치
② 무선통신보조설비
③ 자동화재탐지설비
④ 간이스프링클러설비

해설
비상경보설비·비상방송설비·피난기구·유도등·비상조명등 및 무선통신보조설비 : 2년

54 소방시설 설치 및 관리에 관한 법령상 스프링클러설비를 설치해야 하는 특정소방대상물의 기준으로 틀린 것은?(단, 위험물 저장 및 처리 시설 중 가스시설 또는 지하구는 제외한다)

① 복합건축물로서 연면적 3,500[m²] 이상인 경우에는 모든 층
② 창고시설(물류터미널로 한정한다)로서 바닥면적 합계가 5,000[m²] 이상인 경우에는 모든 층
③ 숙박이 가능한 수련시설 용도로 사용되는 시설의 바닥면적의 합계가 600[m²] 이상인 것은 모든 층
④ 판매시설, 운수시설로서 바닥면적의 합계가 5,000[m²] 이상이거나 수용인원이 500명 이상인 경우에는 모든 층

해설
복합건축물로서 연면적 5,000[m²] 이상인 경우에는 모든 층에 스프링클러설비를 설치해야 한다(영 별표 4).

정답 51 ① 52 ① 53 ② 54 ①

55 국민의 안전의식과 화재에 대한 경각심을 높이고 안전문화를 정착시키기 위한 소방의 날은 몇 월 며칠인가?

① 1월 19일
② 10월 9일
③ 11월 9일
④ 12월 19일

해설
소방의 날 : 11월 9일

56 위험물안전관리법령상 위험물시설의 설치 및 변경 등에 관한 기준 중 다음 ( ) 안에 들어갈 내용으로 옳은 것은?

> 제조소 등의 위치·구조 또는 설비의 변경 없이 해당 제조소 등에서 저장하거나 취급하는 위험물의 품명·수량 또는 지정수량의 배수를 변경하고자 하는 자는 변경하고자 하는 날의 (㉠)일 전까지 (㉡)이 정하는 바에 따라 (㉢)에게 신고해야 한다.

① ㉠ : 1, ㉡ : 대통령령, ㉢ : 소방본부장
② ㉠ : 1, ㉡ : 행정안전부령, ㉢ : 시·도지사
③ ㉠ : 14, ㉡ : 대통령령, ㉢ : 소방서장
④ ㉠ : 14, ㉡ : 행정안전부령, ㉢ : 시·도지사

해설
제조소 등의 위치·구조 또는 설비의 변경 없이 해당 제조소 등에서 저장하거나 취급하는 위험물의 품명·수량 또는 지정수량의 배수를 변경하고자 하는 자는 변경하고자 하는 날의 1일 전까지 행정안전부령이 정하는 바에 따라 시·도지사에게 신고해야 한다.

57 위험물안전관리법령상 위험물취급소의 구분에 해당하지 않는 것은?

① 이송취급소
② 관리취급소
③ 판매취급소
④ 일반취급소

해설
위험물취급소 : 일반취급소, 주유취급소, 이송취급소, 판매취급소

58 화재의 예방 및 안전관리에 관한 법령상 화재안전조사를 할 수 없는 사람은?

① 소방본부장
② 시·도지사
③ 소방청장
④ 소방서장

해설
화재안전조사권자 : 소방관서장(소방청장, 소방본부장, 소방서장)

정답 55 ③ 56 ② 57 ② 58 ②

59 소방시설 설치 및 관리에 관한 법령상 1년 이하의 징역 또는 1,000만원 이하의 벌금 기준에 해당하는 경우는?

① 소방용품의 형식승인을 받지 않고 소방용품을 제조하거나 수입한 자
② 형식승인을 받은 소방용품에 대하여 제품검사를 받지 않은 자
③ 거짓이나 그 밖의 부정한 방법으로 제품검사 전문기관으로 지정을 받은 자
④ 소방용품에 대하여 형상 등의 일부를 변경한 후 형식승인의 변경승인을 받지 않은 자

해설
벌 금
• 3년 이하의 징역 또는 3,000만원 이하의 벌금
 - 소방용품의 형식승인을 받지 않고 소방용품을 제조하거나 수입한 자
 - 형식승인을 받은 소방용품에 대하여 제품검사를 받지 않은 자
 - 거짓이나 그 밖의 부정한 방법으로 제품검사 전문기관으로 지정을 받은 자
• 1년 이하의 징역 또는 1,000만원 이하의 벌금
 - 소방용품에 대하여 형상 등의 일부를 변경한 후 형식승인의 변경승인을 받지 않은 자

60 다음 중 소방시설 설치 및 관리에 관한 법령상 소방시설관리업을 등록할 수 있는 자는?

① 피성년후견인
② 소방시설관리업의 등록이 취소된 날부터 2년이 경과된 자
③ 금고 이상의 형의 집행유예를 선고받고 그 유예기간 중에 있는 자
④ 금고 이상의 실형을 선고받고 그 집행이 면제된 날부터 2년이 지나지 않은 자

해설
소방시설관리업의 등록이 취소된 날부터 2년이 경과된 자는 소방시설관리업에 등록할 수 있다(법 제30조).

제4과목 소방전기시설의 구조 및 원리

61 자동화재속보설비의 속보기의 성능인증 및 제품검사의 기술기준에 따라 교류입력 측과 외함 간의 절연저항은 직류 500[V]의 절연저항계로 측정한 값이 몇 [MΩ] 이상이어야 하는가?

① 5[MΩ]　　② 10[MΩ]
③ 20[MΩ]　　④ 50[MΩ]

해설
자동화재속보설비의 속보기의 절연저항시험(제10조)
• 절연된 충전부와 외함 간의 절연저항은 직류 500[V]의 절연저항계로 측정한 값이 5[MΩ](교류입력 측과 외함 간에는 20[MΩ]) 이상이어야 한다.
• 절연된 선로 간의 절연저항은 직류 500[V]의 절연저항계로 측정한 값이 20[MΩ] 이상이어야 한다.

Plus one
자동화재속보설비의 속보기에 사용하지 않는 회로방식(제3조)
• 접지전극에 직류전류를 통하는 회로방식
• 수신기에 접속되는 외부배선과 다른 설비(화재신호의 전달에 영향을 미치지 않는 것은 제외)의 외부배선을 공용으로 하는 회로방식

정답　59 ④　60 ②　61 ③

62 무선통신보조설비의 화재안전기술기준(NFTC 505)에 따라 금속제 지지금구를 사용하여 무선통신보조설비의 누설동축케이블을 벽에 고정하고자 하는 경우 몇 [m] 이내마다 고정해야 하는가?(단, 불연재료로 구획된 반자 안에 설치하는 경우는 제외한다)

① 2[m]
② 3[m]
③ 4[m]
④ 5[m]

해설
무선통신보조설비의 누설동축케이블 설치기준(NFTC 505) : 누설동축케이블 및 동축케이블은 화재에 따라 해당 케이블의 피복이 소실된 경우에 케이블 본체가 떨어지지 않도록 4[m] 이내마다 금속제 또는 자기제 등의 지지금구로 벽·천장·기둥 등에 견고하게 고정할 것. 다만, 불연재료로 구획된 반자 안에 설치하는 경우에는 그렇지 않다.

63 비상경보설비 및 단독경보형감지기의 화재안전기술기준(NFTC 201)에 따라 비상벨설비의 음향장치의 음향의 크기는 부착된 음향장치의 중심으로부터 1[m] 떨어진 위치에서 음압이 몇 [dB] 이상이 되는 것으로 해야 하는가?

① 60[dB]
② 70[dB]
③ 80[dB]
④ 90[dB]

해설
비상벨설비 또는 자동식사이렌설비의 음향장치 설치기준(NFTC 201) : 음향장치의 음향의 크기는 부착된 음향장치의 중심으로부터 1[m] 떨어진 위치에서 음압이 90[dB] 이상이 되는 것으로 해야 한다.

64 자동화재탐지설비 및 시각경보장치의 화재안전기술기준(NFTC 203)에 따라 외기에 면하여 상시 개방된 부분이 있는 차고·주차장·창고 등에 있어서는 외기에 면하는 각 부분으로부터 몇 [m] 미만의 범위 안에 있는 부분은 경계구역의 면적에 산입하지 않는가?

① 1[m]
② 3[m]
③ 5[m]
④ 10[m]

해설
자동화재탐지설비의 경계구역 설정 기준(NFTC 203) : 외기에 면하여 상시 개방된 부분이 있는 차고·주차장·창고 등에 있어서는 외기에 면하는 각 부분으로부터 5[m] 미만의 범위 안에 있는 부분은 경계구역의 면적에 산입하지 않는다.

65 누전경보기의 형식승인 및 제품검사의 기술기준에 따른 누전경보기 수신부의 기능검사 항목이 아닌 것은?

① 충격시험
② 진공가압시험
③ 과입력전압시험
④ 전원전압변동시험

해설
누전경보기 수신부의 기능검사 항목
- 충격시험
- 절연저항시험
- 전원전압변동시험
- 온도특성시험
- 과입력전압시험
- 개폐기의 조작시험
- 반복시험
- 진동시험
- 방수시험
- 절연내력시험
- 충격파내전압시험

Plus one
누전경보기 변류기의 기능검사 항목
- 온도특성시험
- 전로개폐시험
- 단락전류강도시험
- 과누전시험
- 노화시험
- 방수시험
- 진동시험
- 충격시험
- 절연저항시험
- 절연내력시험
- 충격파내전압시험
- 전압강하방지시험

정답 62 ③ 63 ④ 64 ③ 65 ②

66 비상방송설비의 화재안전기술기준(NFTC 202)에 따른 음향장치의 구조 및 성능에 대한 기준이다. 다음 (   )에 들어갈 내용으로 옳은 것은?

> 가. 정격전압의 (㉠)[%] 전압에서 음향을 발할 수 있는 것으로 할 것
> 나. (㉡)의 작동과 연동하여 작동할 수 있는 것으로 할 것

① ㉠ 65, ㉡ 자동화재탐지설비
② ㉠ 80, ㉡ 자동화재탐지설비
③ ㉠ 65, ㉡ 단독경보형감지기
④ ㉠ 80, ㉡ 단독경보형감지기

해설
비상방송설비의 음향장치 설치기준(NFTC 202)
- 음향장치는 정격전압의 80[%] 전압에서 음향을 발할 수 있는 것으로 할 것
- 음향장치는 자동화재탐지설비의 작동과 연동하여 작동할 수 있는 것으로 할 것
- 확성기의 음성입력은 3[W](실내에 설치하는 것에 있어서는 1[W]) 이상일 것
- 확성기는 각 층마다 설치하되, 그 층의 각 부분으로부터 하나의 확성기까지의 수평거리가 25[m] 이하가 되도록 하고, 해당 층의 각 부분에 유효하게 경보를 발할 수 있도록 설치할 것
- 음량조정기를 설치하는 경우 음량조정기의 배선은 3선식으로 할 것
- 조작부의 조작스위치는 바닥으로부터 0.8[m] 이상 1.5[m] 이하의 높이에 설치할 것
- 조작부는 기동장치의 작동과 연동하여 해당 기동장치가 작동한 층 또는 구역을 표시할 수 있는 것으로 할 것
- 다른 방송설비와 공용하는 것에 있어서는 화재 시 비상경보 외의 방송을 차단할 수 있는 구조로 할 것
- 다른 전기회로에 따라 유도장애가 생기지 않도록 할 것
- 기동장치에 따른 화재신호를 수신한 후 필요한 음량으로 화재발생 상황 및 피난에 유효한 방송이 자동으로 개시될 때까지의 소요시간은 10초 이내로 할 것

67 비상조명등의 화재안전기술기준(NFTC 304)에 따라 조도는 비상조명등이 설치된 장소의 각 부분의 바닥에서 몇 [lx] 이상이 되도록 해야 하는가?

① 1[lx]
② 3[lx]
③ 5[lx]
④ 10[lx]

해설
비상조명등의 설치기준(NFTC 304) : 조도는 비상조명등이 설치된 장소의 각 부분의 바닥에서 1[lx] 이상이 되도록 할 것

68 비상방송설비의 화재안전기술기준(NFTC 202)에 따른 용어의 정의에서 소리를 크게 하여 멀리까지 전달될 수 있도록 하는 장치로써 일명 "스피커"를 말하는 것은?

① 확성기
② 증폭기
③ 사이렌
④ 음량조절기

해설
비상방송설비의 용어 정의(NFTC 202)
- 확성기 : 소리를 크게 하여 멀리까지 전달될 수 있도록 하는 장치로써 일명 스피커를 말한다.
- 증폭기 : 전압, 전류의 진폭을 늘려 감도를 좋게 하고 미약한 음성전류를 커다란 음성전류로 변화시켜 소리를 크게 하는 장치를 말한다.
- 음량조절기 : 가변저항을 이용하여 전류를 변화시켜 음량을 크게 하거나 작게 조절할 수 있는 장치를 말한다.

69 자동화재탐지설비 및 시각경보장치의 화재안전기술기준(NFTC 203)에 따른 중계기에 대한 시설기준으로 틀린 것은?

① 조작 및 점검에 편리하고 화재 및 침수 등의 재해로 인한 피해를 받을 우려가 없는 장소에 설치할 것
② 수신기에서 직접 감지기회로의 도통시험을 하지 않는 것에 있어서는 수신기와 발신기 사이에 설치할 것
③ 수신기에 따라 감시되지 않는 배선을 통하여 전력을 공급받는 것에 있어서는 전원입력 측의 배선에 과전류 차단기를 설치할 것
④ 수신기에 따라 감시되지 않는 배선을 통하여 전력을 공급받는 것에 있어서는 해당 전원의 정전이 즉시 수신기에 표시되는 것으로 할 것

해설
자동화재탐지설비의 중계기 설치기준(NFTC 203)
- 조작 및 점검에 편리하고 화재 및 침수 등의 재해로 인한 피해를 받을 우려가 없는 장소에 설치할 것
- 수신기에서 직접 감지기회로의 도통시험을 하지 않는 것에 있어서는 수신기와 감지기 사이에 설치할 것
- 수신기에 따라 감시되지 않는 배선을 통하여 전력을 공급받는 것에 있어서는 전원입력 측의 배선에 과전류 차단기를 설치하고, 해당 전원의 정전이 즉시 수신기에 표시되는 것으로 하며, 상용전원 및 예비전원의 시험을 할 수 있도록 할 것

70 비상콘센트설비의 화재안전기술기준(NFTC 504)에 따라 비상콘센트용 풀박스 등은 방청도장을 한 것으로서, 두께 몇 [mm] 이상의 철판으로 해야 하는가?

① 1.2[mm]　　② 1.6[mm]
③ 2.0[mm]　　④ 2.4[mm]

해설
비상콘센트설비의 전원회로 설치기준(NFTC 504) : 비상콘센트용의 풀박스 등은 방청도장을 한 것으로서 두께 1.6[mm] 이상의 철판으로 할 것

71 누전경보기의 형식승인 및 제품검사의 기술기준에 따라 누전경보기의 변류기는 경계전로에 정격전류를 흘리는 경우, 그 경계전로의 전압강하는 몇 [V] 이하이어야 하는가?(단, 경계전로의 전선을 그 변류기에 관통시키는 것은 제외한다)

① 0.3[V]　　② 0.5[V]
③ 1.0[V]　　④ 3.0[V]

해설
누전경보기 변류기의 전압강하방지시험(제22조) : 변류기(경계전로의 전선을 그 변류기에 관통시키는 것은 제외)는 경계전로에 정격전류를 흘리는 경우, 그 경계전로의 전압강하는 0.5[V] 이하이어야 한다.

Plus one
누전경보기 수신부의 절연저항시험(제35조)
수신부는 절연된 충전부와 외함 간 및 차단기구의 개폐부(열린 상태에서는 같은 극의 전원단자와 부하 측 단자와의 사이, 닫힌 상태에서는 충전부와 손잡이 사이)의 절연저항을 직류(DC) 500[V]의 절연저항계로 측정하는 경우 5[MΩ] 이상이어야 한다.

72 자동화재탐지설비 및 시각경보장치의 화재안전기술기준(NFTC 203)에 따른 배선의 시설기준으로 틀린 것은?

① 감지기 사이의 회로의 배선은 송배선식으로 할 것
② 자동화재탐지설비의 감지기회로의 전로저항은 50[Ω] 이하가 되도록 할 것
③ 수신기의 각 회로별 종단에 설치되는 감지기에 접속되는 배선의 전압은 감지기 정격전압의 80[%] 이상이어야 할 것
④ P형 수신기 및 G.P형 수신기의 감지기 회로의 배선에 있어서 하나의 공통선에 접속할 수 있는 경계구역은 10개 이하로 할 것

해설
자동화재탐지설비의 배선 설치기준(NFTC 203)
- 감지기 사이의 회로의 배선은 송배선식으로 할 것
- 자동화재탐지설비의 감지기회로의 전로저항은 50[Ω] 이하가 되도록 해야 하며, 수신기의 각 회로별 종단에 설치되는 감지기에 접속되는 배선의 전압은 감지기 정격전압의 80[%] 이상이어야 할 것
- 감지기회로의 도통시험을 위한 종단저항에 전용함을 설치하는 경우 그 설치 높이는 바닥으로부터 1.5[m] 이내로 할 것
- P형 수신기 및 G.P형 수신기의 감지기 회로의 배선에 있어서 하나의 공통선에 접속할 수 있는 경계구역은 7개 이하로 할 것
- 감지기회로 및 부속회로의 전로와 대지 사이 및 배선 상호 간의 절연저항은 1경계구역마다 직류 250[V]의 절연저항측정기를 사용하여 측정한 절연저항이 0.1[MΩ] 이상이 되도록 할 것
- 자동화재탐지설비의 배선은 다른 전선과 별도의 관·덕트(절연효력이 있는 것으로 구획한 때는 그 구획된 부분은 별개의 덕트로 본다)·몰드 또는 풀박스 등에 설치할 것. 다만, 60[V] 미만의 약 전류회로에 사용하는 전선으로서 각각의 전압이 같을 때는 그렇지 않다.

73 예비전원의 성능인증 및 제품검사의 기술기준에 따른 예비전원의 구조 및 성능에 대한 설명으로 틀린 것은?

① 예비전원을 병렬로 접속하는 경우는 역충전방지 등의 조치를 강구해야 한다.
② 배선은 충분한 전류 용량을 갖는 것으로서 배선의 접속이 적합해야 한다.
③ 예비전원에 연결되는 배선의 경우 양극은 청색, 음극은 적색으로 오접속방지 조치를 해야 한다.
④ 축전지를 직렬 또는 병렬로 사용하는 경우에는 용량(전압, 전류)이 균일한 축전지를 사용해야 한다.

해설
예비전원의 구조 및 성능 기준(제4조)
- 예비전원을 병렬로 접속하는 경우는 역충전방지 등의 조치를 강구해야 한다.
- 배선은 충분한 전류 용량을 갖는 것으로서 배선의 접속이 적합해야 한다.
- 예비전원에 연결되는 배선의 경우 양극은 적색, 음극은 청색 또는 흑색으로 오접속방지 조치를 해야 한다.
- 축전지를 직렬 또는 병렬로 사용하는 경우에는 용량(전압, 전류)이 균일한 축전지를 사용해야 한다.

정답 72 ④ 73 ③

74 비상콘센트설비의 성능인증 및 제품검사의 기술기준에 따라 비상콘센트설비에 사용되는 부품에 대한 설명으로 틀린 것은?

① 진공차단기는 KS C 8321(진공차단기)에 적합해야 한다.
② 접속기는 KS C 8305(배선용 꽂음 접속기)에 적합해야 한다.
③ 표시등의 전구에는 적당한 보호덮개를 설치해야 한다.
④ 단자는 충분한 전류용량을 갖는 것으로 해야 하며 단자의 접속이 정확하고 확실해야 한다.

해설
비상콘센트설비의 부품 기준 성능인증(제4조)
- 배선용 차단기는 KS C 8321(배선용 차단기)에 적합해야 한다.
- 접속기는 KS C 8305(배선용 꽂음 접속기)에 적합해야 한다.
- 표시등의 전구에는 적당한 보호덮개를 설치해야 한다. 다만, 발광다이오드의 경우에는 그렇지 않다.
- 표시등은 적색으로 표시되어야 하며 주위의 밝기가 300[lx] 이상인 장소에서 측정하여 앞면으로부터 3[m] 떨어진 곳에서 켜진 등이 확실히 식별되어야 한다.
- 단자는 충분한 전류용량을 갖는 것으로 해야 하며 단자의 접속이 정확하고 확실해야 한다.

75 소방시설용 비상전원수전설비의 화재안전기술기준(NFTC 602)에 따른 제1종 배전반 및 제1종 분전반의 시설기준으로 틀린 것은?

① 전선의 인입구 및 입출구는 외함에 노출하여 설치하면 안 된다.
② 외함의 문은 2.3[mm] 이상의 강판과 이와 동등 이상의 강도와 내화성능이 있는 것으로 제작해야 한다.
③ 공용배전반 및 공용분전반의 경우 소방회로와 일반회로에 사용하는 배선 및 배선용 기기는 불연재료로 구획되어야 한다.
④ 외함은 금속관 또는 금속제 가요전선관을 쉽게 접속할 수 있도록 하고, 해당 접속부분에는 단열조치를 해야 한다.

해설
소방시설용 비상전원수전설비에서 제1종 배전반 및 제1종 분전반의 설치기준(NFTC 602)
- 표시등(불연성 또는 난연성 재료로 덮개를 설치한 것), 전선의 인입구 및 입출구는 외함에 노출하여 설치할 수 있다.
- 외함은 두께 1.6[mm](전면판 및 문은 2.3[mm]) 이상의 강판과 이와 동등 이상의 강도와 내화성능이 있는 것으로 제작할 것
- 공용배전반 및 공용분전반의 경우 소방회로와 일반회로에 사용하는 배선 및 배선용 기기는 불연재료로 구획되어야 할 것
- 외함은 금속관 또는 금속제 가요전선관을 쉽게 접속할 수 있도록 하고, 해당 접속부분에는 단열조치를 할 것

76 비상경보설비 및 단독경보형감지기의 화재안전기술기준(NFTC 201)에 따른 발신기의 설치기준으로 틀린 것은?

① 발신기의 위치표시등은 함의 하부에 설치한다.
② 조작스위치는 바닥으로부터 0.8[m] 이상 1.5[m] 이하의 높이에 설치할 것
③ 복도 또는 별도로 구획된 실로서 보행거리가 40[m] 이상일 경우에는 추가로 설치해야 한다.
④ 특정소방대상물의 층마다 설치하되, 해당 층의 각 부분으로부터 하나의 발신기까지의 수평거리가 25[m] 이하가 되도록 할 것

해설
비상벨설비 또는 자동식사이렌설비의 발신기 설치기준(NFTC 201)
- 발신기의 위치표시등은 함의 상부에 설치하되, 그 불빛은 부착면으로부터 15° 이상의 범위 안에서 부착지점으로부터 10[m] 이내의 어느 곳에서도 쉽게 식별할 수 있는 적색등으로 할 것
- 조작이 쉬운 장소에 설치하고, 조작스위치는 바닥으로부터 0.8[m] 이상 1.5[m] 이하의 높이에 설치할 것
- 특정소방대상물의 층마다 설치하되, 해당 층의 각 부분으로부터 하나의 발신기까지의 수평거리가 25[m] 이하가 되도록 할 것. 다만, 복도 또는 별도로 구획된 실로서 보행거리가 40[m] 이상일 경우에는 추가로 설치해야 한다.

77 유도등의 형식승인 및 제품검사의 기술기준에 따른 유도등의 일반구조에 대한 설명으로 틀린 것은?

① 축전지에 배선 등을 직접 납땜하지 않아야 한다.
② 충전부가 노출되지 않는 것은 300[V]를 초과할 수 있다.
③ 예비전원을 직렬로 접속하는 경우는 역충전 방지 등의 조치를 강구해야 한다.
④ 유도등에는 점멸, 음성 또는 이와 유사한 방식 등에 의한 유도장치를 설치할 수 있다.

해설
유도등의 일반구조(제3조)
- 축전지에 배선 등을 직접 납땜하지 않아야 한다.
- 사용전압은 300[V] 이하이어야 한다. 다만, 충전부가 노출되지 않는 것은 300[V]를 초과할 수 있다.
- 예비전원을 병렬로 접속하는 경우는 역충전 방지 등의 조치를 강구해야 한다.
- 유도등에는 점멸, 음성 또는 이와 유사한 방식 등에 의한 유도장치를 설치할 수 있다.

78 자동화재탐지설비 및 시각경보장치의 화재안전기술기준(NFTC 203)에 따라 지하층·무창층 등으로서 환기가 잘 되지 않거나 실내면적이 40[m²] 미만인 장소에 설치해야 하는 적응성이 있는 감지기가 아닌 것은?

① 불꽃감지기
② 광전식 분리형 감지기
③ 정온식 스포트형 감지기
④ 아날로그방식의 감지기

해설
자동화재탐지설비의 감지기 설치기준(NFTC 203) : 지하층·무창층 등으로서 환기가 잘 되지 않거나 실내면적이 40[m²] 미만인 장소, 감지기의 부착면과 실내 바닥과의 거리가 2.3[m] 이하인 곳으로서 일시적으로 발생한 열·연기 또는 먼지 등으로 인하여 화재신호를 발신할 우려가 있는 장소에는 적응성 있는 감지기를 설치해야 한다.
- 불꽃감지기
- 정온식 감지선형 감지기
- 분포형 감지기
- 복합형 감지기
- 광전식 분리형 감지기
- 아날로그방식의 감지기
- 다신호방식의 감지기
- 축적방식의 감지기

79 무선통신보조설비 증폭기의 설치기준으로 틀린 것은?

① 증폭기는 비상전원이 부착된 것으로 한다.
② 증폭기의 전면에는 표시등 및 전류계를 설치한다.
③ 상용전원은 전기가 정상적으로 공급되는 축전지설비, 전기저장장치 또는 교류전압의 옥내간선으로 하고 전원까지의 배선은 전용으로 한다.
④ 증폭기의 비상전원 용량은 무선통신보조설비를 유효하게 30분 이상 작동시킬 수 있는 것으로 한다.

해설

무선통신보조설비의 증폭기 및 무선중계기 설치기준(NFTC 505)
- 증폭기에는 비상전원이 부착된 것으로 하고 해당 비상전원 용량은 무선통신보조설비를 유효하게 30분 이상 작동시킬 수 있는 것으로 할 것
- 증폭기의 전면에는 주 회로 전원의 정상 여부를 표시할 수 있는 표시등 및 전압계를 설치할 것
- 상용전원은 전기가 정상적으로 공급되는 축전지설비, 전기저장장치(외부 전기에너지를 저장해 두었다가 필요한 때 전기를 공급하는 장치) 또는 교류전압의 옥내간선으로 하고, 전원까지의 배선은 전용으로 할 것
- 증폭기에는 비상전원이 부착된 것으로 하고 해당 비상전원 용량은 무선통신보조설비를 유효하게 30분 이상 작동시킬 수 있는 것으로 할 것

80 유도등 및 유도표지의 화재안전기술기준(NFTC 303)에 따른 피난구유도등의 설치장소로 틀린 것은?

① 직통계단
② 직통계단의 계단실
③ 안전구획된 거실로 통하는 출입구
④ 옥외로부터 직접 지하로 통하는 출입구

해설

피난구유도등의 설치장소(NFTC 303)
- 직통계단·직통계단의 계단실 및 그 부속실의 출입구
- 안전구획된 거실로 통하는 출입구
- 옥내로부터 직접 지상으로 통하는 출입구 및 그 부속실의 출입구
- 출입구에 이르는 복도 또는 통로로 통하는 출입구

2020년 제4회 과년도 기출문제

제1과목 소방원론

01 피난 시 하나의 수단이 고장 등으로 사용이 불가능하더라도 다른 수단 및 방법을 통해서 피난할 수 있도록 하는 것으로 2방향 이상의 피난통로를 확보하는 피난대책의 일반 원칙은?

① Risk-down 원칙
② Feed-back 원칙
③ Fool-proof 원칙
④ Fail-safe 원칙

해설
피난계획의 일반 원칙
- Fool Proof : 비상시 머리가 혼란하여 판단능력이 저하되는 상태로 누구나 알 수 있도록 문자나 그림 등을 표시하여 직감적으로 작용하는 것으로 피난수단을 조작이 간편한 원시적 방법으로 하는 원칙
- Fail Safe : 하나의 수단이 고장으로 실패하여도 다른 수단에 의해 구제할 수 있도록 고려하는 것으로 2방향 피난로의 확보와 예비전원을 준비하는 것 등이다.

02 열분해에 의해 가연물 표면에 유리상의 메타인산 피막을 형성하여 연소에 필요한 산소의 유입을 차단하는 분말약제는?

① 요소
② 탄산수소칼륨
③ 제1인산암모늄
④ 탄산수소나트륨

해설
제3종 분말약제(제일인산암모늄, $NH_4H_2PO_4$)는 열분해 생성물인 메타인산(HPO_3)이 산소의 차단 역할을 하므로 일반화재(A급)에도 적합하다.

03 공기 중의 산소의 농도는 약 몇 [vol%]인가?

① 10
② 13
③ 17
④ 21

해설
공기의 조성[vol%] : 산소 21[%], 질소 78[%], 아르곤 등 1[%]

04 일반적인 플라스틱 분류상 열경화성 플라스틱에 해당하는 것은?

① 폴리에틸렌
② 폴리염화바이닐
③ 페놀수지
④ 폴리스타이렌

해설
수지의 종류
- 열경화성 수지 : 열에 의해 굳어지는 수지로서 페놀수지, 요소수지, 멜라민수지
- 열가소성 수지 : 열에 의해 변형되는 수지로서 폴리에틸렌수지, 폴리스타이렌수지, PVC수지(폴리염화바이닐)

05 자연발화 방지대책에 대한 설명 중 틀린 것은?

① 저장실의 온도를 낮게 유지한다.
② 저장실의 환기를 원활히 시킨다.
③ 촉매물질과의 접촉을 피한다.
④ 저장실의 습도를 높게 유지한다.

해설
저장실의 습도를 낮게(열이 축적되지 않고 확산되기 때문) 해야 자연발화를 방지할 수 있다.

06 공기 중에서 수소의 연소범위로 옳은 것은?

① 0.4~4[vol%]
② 1~12.5[vol%]
③ 4~75[vol%]
④ 67~92[vol%]

해설
수소의 연소범위 : 4~75[vol%]

07 탄산수소나트륨이 주성분인 분말소화약제는?

① 제1종 분말
② 제2종 분말
③ 제3종 분말
④ 제4종 분말

해설
제1종 분말 : $NaHCO_3$(탄산수소나트륨, 중탄산나트륨)

08 불연성 기체나 고체 등으로 연소물을 감싸 산소공급을 차단하는 소화방법은?

① 질식소화
② 냉각소화
③ 연쇄반응 차단소화
④ 제거소화

해설
질식소화 : 불연성 기체나 고체 등으로 연소물을 감싸 산소공급을 차단하는 방법

09 증발잠열을 이용하여 가연물의 온도를 떨어뜨려 화재를 진압하는 소화방법은?

① 제거소화
② 억제소화
③ 질식소화
④ 냉각소화

해설
냉각소화 : 화재 현장에서 물의 증발잠열을 이용하여 열을 빼앗아 온도를 낮추어 소화하는 방법

10 화재 발생 시 인간의 피난 특성으로 틀린 것은?

① 본능적으로 평상시 사용하는 출입구를 사용한다.
② 최초로 행동을 개시한 사람을 따라서 움직인다.
③ 공포감으로 인해서 빛을 피하여 어두운 곳으로 몸을 숨긴다.
④ 무의식중에 발화 장소의 반대쪽으로 이동한다.

해설
지광본능 : 공포감으로 인해서 밝은 방향으로 도피하려는 본능

정답 6 ③ 7 ① 8 ① 9 ④ 10 ③

11 공기와 할론 1301의 혼합기체에서 할론 1301에 비해 공기의 확산속도는 약 몇 배인가?(단, 공기의 평균분자량은 29, 할론 1301의 분자량은 149이다)

① 2.27배   ② 3.85배
③ 5.17배   ④ 6.46배

해설
확산속도는 분자량의 제곱근에 반비례한다.
$$\frac{U_B}{U_A} = \sqrt{\frac{M_A}{M_B}}$$
여기서, U_B : 공기의 확산속도
　　　　U_A : 할론 1301의 확산속도
　　　　M_B : 공기의 분자량
　　　　M_A : 할론 1301의 분자량

$\therefore U_B = U_A \times \sqrt{\frac{M_A}{M_B}} = 1[\text{m/s}] \times \sqrt{\frac{149}{29}} = 2.27$배

12 다음 원소 중 할로겐족 원소인 것은?

① Ne   ② Ar
③ Cl   ④ Xe

해설
할로겐족 원소 : F(플루오린), Cl(염소), Br(브로민), I(아이오딘)

13 건물 내 피난동선의 조건으로 옳지 않은 것은?

① 2개 이상의 방향으로 피난할 수 있어야 한다.
② 가급적 단순한 형태로 한다.
③ 통로의 말단은 안전한 장소이어야 한다.
④ 수직동선은 금하고 수평동선만 고려한다.

해설
피난대책의 일반적인 원칙
• 피난경로는 간단명료하게 할 것
• 피난설비는 고정식설비를 위주로 할 것
• 피난수단은 원시적 방법에 의한 것을 원칙으로 할 것
• 2방향 이상의 피난통로를 확보할 것
• 피난동선은 일상생활의 동선과 일치시킬 것
• 통로의 말단은 안전한 장소일 것

14 실내화재에서 화재의 최성기에 돌입하기 전에 다량의 가연성 가스가 동시에 연소되면서 급격한 온도상승을 유발하는 현상은?

① 패닉(Panic)현상
② 스택(Stack)현상
③ 파이어볼(Fire Ball)현상
④ 플래시오버(Flash Over)현상

해설
플래시오버(Flash Over) : 화재의 최성기에 돌입하기 전에 다량의 가연성 가스가 동시에 연소되면서 급격한 온도상승을 유발하는 현상

15 과산화수소와 과염소산의 공통성질이 아닌 것은?

① 산화성 액체이다.
② 유기화합물이다.
③ 불연성 물질이다.
④ 비중이 1보다 크다.

해설
제6류 위험물(질산, 과산화수소, 과염소산) : 불연성, 무기화합물, 산화성 액체

16 화재를 소화하는 방법 중 물리적 방법에 의한 소화가 아닌 것은?

① 억제소화 ② 제거소화
③ 질식소화 ④ 냉각소화

해설
억제소화 : 화학적 소화방법

17 물과 반응하여 가연성 기체를 발생하지 않는 것은?

① 칼 륨 ② 인화아연
③ 산화칼슘 ④ 탄화알루미늄

해설
산화칼슘(CaO, 생석회)은 물과 반응하면 많은 열은 발생하고 가스는 발생하지 않는다.
$CaO + H_2O \rightarrow Ca(OH)_2 + Q[kcal]$
- 칼륨과 물의 반응 $2K + 2H_2O \rightarrow 2KOH + H_2\uparrow$
- 인화아연과 물의 반응 $Zn_3P_2 + 6H_2O \rightarrow 3Zn(OH)_2 + 2PH_3\uparrow$
- 탄화알루미늄과 물의 반응 $Al_4C_3 + 12H_2O \rightarrow 4Al(OH)_3 + 3CH_4\uparrow$

18 목재건축물의 화재 진행과정을 순서대로 나열한 것은?

① 무염착화 – 발염착화 – 발화 – 최성기
② 무염착화 – 최성기 – 발염착화 – 발화
③ 발염착화 – 발화 – 최성기 – 무염착화
④ 발염착화 – 최성기 – 무염착화 – 발화

해설
목조건축물의 화재 진행과정 : 화원 → 무염착화 → 발염착화 → 발화(출화) → 최성기 → 연소낙하 → 소화

19 다음 물질을 저장하고 있는 장소에서 화재가 발생하였을 때 주수소화가 적합하지 않은 것은?

① 적 린
② 마그네슘 분말
③ 과염소산칼륨
④ 황

해설
마그네슘은 물과 반응하면 수소가스를 발생하므로 위험하다.
$Mg + 2H_2O \rightarrow Mg(OH)_2 + H_2\uparrow$

20 다음 중 가연성 가스가 아닌 것은?

① 일산화탄소 ② 프로페인
③ 아르곤 ④ 메테인

해설
아르곤(Ar) : 불활성기체

제2과목 소방전기일반

21 다음 중 쌍방향성 전력용 반도체 소자인 것은?

① SCR
② IGBT
③ TRIAC
④ DIODE

해설

전력용 반도체 소자
- SCR(실리콘제어정류소자) : PNPN형의 4층 구조로 되어 있으며 전극은 애노드(A), 캐소드(K), 게이트(G)로 구성된 단방향 교류전력 제어소자로서 부하전류를 단락시키거나 개방시킬 수 있는 스위치이다.
- IGBT(절연 게이트 타입 바이폴러 트랜지스터) : 입력부가 전계효과 트랜지스터(MOSFET) 구조이고 출력부가 바이폴러 구조의 복합 디바이스이며 단방향 전류소자이다.
- TRIAC(트라이액) : 2개의 SCR을 역병렬로 접속한 쌍방향 3단자 교류 스위치이다.
- DIODE(다이오드) : P형과 N형의 반도체를 접합한 것으로 단방향 반도체 소자로서 정류, 증폭, 발진, 전압안정용으로 사용된다.

Plus one

방향성 소자 구분
- 단방향 소자 : SCR, GTO(Gate Turn-Off Thyristor), IGBT, SCS(Silicon Controlled Switch)
- 쌍방향 소자 : TRIAC, DIAC, SSS(Silicon Symmetrical Switch)

22 그림의 시퀀스(계전기 접점) 회로를 논리식으로 표현하면?

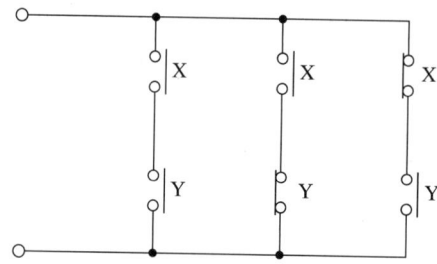

① $X + Y$
② $(XY) + (X\overline{Y})(\overline{X}Y)$
③ $(X + Y)(X + \overline{Y})(\overline{X} + Y)$
④ $(X + Y) + (X + \overline{Y}) + (\overline{X} + Y)$

해설

시퀀스회로의 논리식
- 직렬로 연결하면 AND 회로이고 병렬로 연결하면 OR 회로이다.
- 논리식

$XY + X\overline{Y} + \overline{X}Y = X(Y + \overline{Y}) + \overline{X}Y = X \cdot 1 + \overline{X}Y$
$= X + \overline{X}Y = (X + \overline{X}) \cdot (X + Y) = 1 \cdot (X + Y) = X + Y$

Plus one

논리대수의 기본법칙
- 배분법칙
 $A + (B \cdot C) = (A + B) \cdot (A + C)$
 $A \cdot (B + C) = (A \cdot B) + (A \cdot C)$
- 기본 대수의 정리
 $A \cdot A = A$ $A + A = A$
 $A \cdot 1 = A$ $A + 1 = 1$
 $A \cdot 0 = 0$ $A + 0 = A$
- 보원의 법칙
 $A \cdot \overline{A} = 0$ $A + \overline{A} = 1$

23 그림의 블록선도와 같이 표현되는 제어시스템의 전달함수 $G(s)$는?

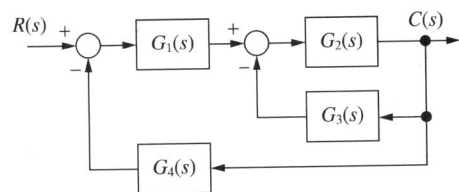

① $\dfrac{G_1(s)G_2(s)}{1+G_2(s)G_3(s)+G_1(s)G_2(s)G_4(s)}$

② $\dfrac{G_3(s)G_4(s)}{1+G_2(s)G_3(s)+G_1(s)G_2(s)G_4(s)}$

③ $\dfrac{G_1(s)G_2(s)}{1+G_1(s)G_2(s)+G_1(s)G_2(s)G_3(s)}$

④ $\dfrac{G_3(s)G_4(s)}{1+G_1(s)G_2(s)+G_1(s)G_2(s)G_3(s)}$

해설
블록선도의 전달함수($G(s)$)
출력 $C(s) = G_1(s)G_2(s)R(s) - G_2(s)G_3(s)C(s)$
$\quad\quad - G_1(s)G_2(s)G_4(s)C(s)$
$C(s)+G_2(s)G_3(s)C(s)+G_1(s)G_2(s)G_4(s)C(s)$
$\quad = G_1(s)G_2(s)R(s)$
$\{1+G_2(s)G_3(s)+G_1(s)G_2(s)G_4(s)\}C(s)$
$\quad = G_1(s)G_2(s)R(s)$
전달함수 $G(s) = \dfrac{C(s)}{R(s)}$
$\quad = \dfrac{G_1(s)G_2(s)}{1+G_2(s)G_3(s)+G_1(s)G_2(s)G_4(s)}$

24 조작기기는 직접 제어대상에 작용하는 장치이고 빠른 응답이 요구된다. 다음 중 전기식 조작기기가 아닌 것은?

① 서보 전동기　② 전동 밸브
③ 다이어프램 밸브　④ 전자 밸브

해설
조작기기의 분류
• 기계식 조작기기 : 다이어프램 밸브, 밸브 포지셔너, 안내 밸브, 조작 실린더, 조작 피스톤, 분사관
• 전기식 조작기기 : 전자 밸브, 전동 밸브, 서보 전동기, 펄스 전동기

25 전기자 제어 직류 서보전동기에 대한 설명으로 옳은 것은?

① 교류 서보 전동기에 비하여 구조가 간단하여 소형이고 출력이 비교적 낮다.
② 제어 권선과 콘덴서가 부착된 여자 권선으로 구성된다.
③ 전기적 신호를 계자 권선의 입력 전압으로 한다.
④ 계자 권선의 전류가 일정하다.

해설
직류 서보전동기의 특징
• 전기자 제어란 계자권선과 전기자권선을 직렬로 연결된 것으로 계자권선에 흐르는 전류는 일정하다.
• 계자권선, 전기자권선, 영구자석, 정류자, 브러시, 검출기 등으로 구성되어 있다.
• 교류 서보전동기에 비하여 구조가 간단하고 소형이며 출력(기동 토크)이 크다.
• 효율이 높고 속도제어 범위가 넓다.

26 절연저항을 측정할 때 사용하는 계기는?

① 전류계
② 전위차계
③ 메 거
④ 휘트스톤 브리지

해설
측정기기
• 전류계 : 전류를 측정하는 데 사용하는 계기이다.
• 전위차계 : 전압을 측정하는 데 사용하는 계기이다.
• 메거 : 절연저항을 측정하는 데 사용하는 계기이다.
• 휘트스톤 브리지 : 검류계의 전류가 영(Zero)이 되도록 평형시키는 영위법을 이용하여 측정소자의 저항을 구하는 방법으로서 검류계, 직류 전원, 4변의 소자들로 구성되어 있다.

27 $R=10[\Omega]$, $\omega L=20[\Omega]$인 직렬회로에 $220\angle 0°[V]$의 교류 전압을 가하는 경우 이 회로에 흐르는 전류는 약 몇 [A]인가?

① $24.5\angle -26.5°$
② $9.8\angle -63.4°$
③ $12.2\angle -13.2°$
④ $73.6\angle -79.6°$

해설

R(저항)–L(코일) 직렬회로

- 전류 $I = \dfrac{V}{Z} = \dfrac{V}{\sqrt{R^2+(\omega L)^2}}$ 에서

  $I = \dfrac{220[V]}{\sqrt{(10[\Omega])^2+(20[\Omega])^2}} = 9.84[A]$

- 위상 $\tan\theta = \dfrac{\omega L}{R}$ 에서 $\theta = \tan^{-1}\dfrac{\omega L}{R} = \tan^{-1}\dfrac{20[\Omega]}{10[\Omega]} = 63.43°$

- $R-L$ 직렬회로의 경우 전류의 위상이 전압의 위상보다
  $\theta = \tan^{-1}\dfrac{\omega L}{R}$ 만큼 늦은 지상회로이다.

∴ 전류 $I = 9.84\angle(0°-63.43°) = 9.84\angle -63.43°[A]$

28 다음의 논리식 중 틀린 것은?

① $(\overline{A}+B)\cdot(A+B) = B$
② $(A+B)\cdot\overline{B} = A\overline{B}$
③ $\overline{AB+AC}+\overline{A} = \overline{A}+\overline{B}\overline{C}$
④ $\overline{(\overline{A}+B)+CD} = A\overline{B}(C+D)$

해설

논리식의 간단화

① $(\overline{A}+B)\cdot(A+B) = \overline{A}A+\overline{A}B+AB+BB$
   $= 0+\overline{A}B+AB+B = \overline{A}B+AB+B$
   $= (\overline{A}+A)B+B = 1\cdot B+B = B$

② $(A+B)\cdot\overline{B} = A\overline{B}+B\overline{B} = A\overline{B}+0 = A\overline{B}$

③ $\overline{AB+AC}+\overline{A} = \overline{A(B+C)}+\overline{A} = \overline{A}\cdot\overline{B+C}+\overline{A}$
   $= \overline{A}+\overline{B}\overline{C}+\overline{A}$
   $= (\overline{A}+\overline{A})+\overline{B}\overline{C} = \overline{A}+\overline{B}\overline{C}$

④ $\overline{(\overline{A}+B)+CD} = \overline{\overline{A}+B}+\overline{(C\cdot D)} = A\overline{B}(\overline{C}+\overline{D})$

29 $R=4[\Omega]$, $\dfrac{1}{\omega C}=9[\Omega]$인 RC 직렬회로에 전압 $e(t)$를 인가할 때, 제3고조파 전류의 실횻값 크기는 몇 [A]인가?(단, $e(t) = 50+10\sqrt{2}\sin\omega t + 120\sqrt{2}\sin 3\omega t[V]$)

① 4.4
② 12.2
③ 24
④ 34

해설

R(저항)–C(콘덴서) 직렬회로

- 전압의 최댓값(E_m)과 실횻값(E)의 관계 $E_m = \sqrt{2}E$에서

  실횻값 전압 $E = \dfrac{E_m}{\sqrt{2}}[V]$

- $R-C$ 직렬회로의 실횻값 전류

  $I = \dfrac{E}{\sqrt{R^2+X_c^2}} = \dfrac{\dfrac{E_m}{\sqrt{2}}}{\sqrt{R^2+\left(\dfrac{1}{\omega C}\right)^2}}[A]$

- 순시값 전압 $e(t) = \underbrace{50}_{직류분} + \underbrace{10\sqrt{2}\sin\omega t}_{기본파} + \underbrace{120\sqrt{2}\sin 3\omega t}_{제3고조파}$

- 기본파의 실횻값 전류 $I = \dfrac{\dfrac{E_m}{\sqrt{2}}}{\sqrt{R^2+\left(\dfrac{1}{\omega C}\right)^2}}$ 에서

  $I = \dfrac{\dfrac{10\sqrt{2}[V]}{\sqrt{2}}}{\sqrt{(4[\Omega])^2+(9[\Omega])^2}} = 1.02[A]$

∴ 제3고조파의 실횻값 전류 $I = \dfrac{\dfrac{E_m}{\sqrt{2}}}{\sqrt{R^2+\left(\dfrac{1}{3\omega C}\right)^2}}$ 에서

$I = \dfrac{\dfrac{120\sqrt{2}[V]}{\sqrt{2}}}{\sqrt{(4[\Omega])^2+\left(\dfrac{1}{3}\times 9[\Omega]\right)^2}} = 24[A]$

30 분류기를 사용하여 전류를 측정하는 경우에 전류계의 내부저항이 0.28[Ω]이고 분류기의 저항이 0.07[Ω]이라면, 이 분류기의 배율은?

① 4
② 5
③ 6
④ 7

해설
분류기의 배율(m)
- 전류계의 측정범위를 확대하기 위하여 내부저항 R인 전류계에 병렬로 접속한 저항(R_s)을 분류기라 한다.
- 전압 $I_s \dfrac{R \cdot R_s}{R + R_s} = IR$에서 배율 $m = \dfrac{I_s}{I} = \dfrac{R + R_s}{R_s}$

$\therefore m = \dfrac{0.28[\Omega] + 0.07[\Omega]}{0.07[\Omega]} = 5$

Plus one

배율기의 배율(m)
- 직류 전압계의 측정범위를 확대하기 위하여 내부저항 R인 전압계에 직렬로 접속한 저항기이다.
- 전류 $\dfrac{V_m}{R_m + R} = \dfrac{V}{R}$에서

  배율 $m = \dfrac{V_m}{V} = \dfrac{R_m + R}{R} = 1 + \dfrac{R_m}{R}$

---

31 옴의 법칙에 대한 설명으로 옳은 것은?

① 전압은 저항에 반비례한다.
② 전압은 전류에 비례한다.
③ 전압은 전류에 반비례한다.
④ 전압은 전류의 제곱에 비례한다.

해설
옴의 법칙
전류 $I = \dfrac{V}{R}$[A]

∴ 전류(I)는 전압(V)에 비례하고, 저항(R)에 반비례한다.

---

32 3상 직권 정류자 전동기에서 고정자 권선과 회전자 권선 사이에 중간 변압기를 사용하는 주된 이유가 아닌 것은?

① 경부하 시 속도의 이상 상승 방지
② 철심을 포화시켜 회전자 상수를 감소
③ 중간 변압기의 권수비를 바꾸어서 전동기 특성을 조정
④ 전원전압의 크기에 관계없이 정류에 알맞은 회전자 전압 선택

해설
중간 변압기를 사용하는 이유 : 고정자 권선과 회전자 권선 사이에 중간 변압기를 직렬로 설치한다.
- 경부하 시 직권 특성에 따른 속도의 이상 상승을 방지할 수 있다.
- 중간 변압기의 권수비를 바꾸어 전동기의 특성을 조정할 수 있다.
- 전원전압의 크기에 관계없이 정류에 알맞은 회전자 전압을 선택할 수 있다.

---

33 공기 중에 $10[\mu C]$과 $20[\mu C]$인 두 개의 점전하를 $1[m]$ 간격으로 놓았을 때 발생되는 정전기력은 몇 [N]인가?

① 1.2
② 1.8
③ 2.4
④ 3.0

해설
쿨롱의 법칙

정전기력 $F = 9 \times 10^9 \times \dfrac{Q_1 Q_2}{r^2}$[N]

$\therefore F = 9 \times 10^9 \times \dfrac{(10 \times 10^{-6}[C]) \times (20 \times 10^{-6}[C])}{(1[m])^2} = 1.8[N]$

Plus one

쿨롱의 법칙에서 자기력

$F = 6.33 \times 10^4 \times \dfrac{m_1 m_2}{r^2}$[N]

여기서, m_1, m_2 : 자극의 세기[Wb], r : 거리[m]

34 교류 회로에 연결되어 있는 부하의 역률을 측정하는 경우 필요한 계측기의 구성은?

① 전압계, 전력계, 회전계
② 상순계, 전력계, 전류계
③ 전압계, 전류계, 전력계
④ 전류계, 전압계, 주파수계

해설

역률 측정 : 3상 평형 회로의 경우에는 그림과 같이 2전력계법으로 역률을 측정할 수 있다.
- 전력계의 지시값[W], 전류계[A]로 선전류, 전압계[V]로 선간전압을 측정하여 역률을 측정한다.
- 부하전력 P_1+P_2, 선간전압 V, 선전류 I를 측정하면 3상 평형 회로의 역률은 다음과 같다.

$$\cos\theta = \frac{P_1+P_2}{\sqrt{3}\,IV}$$

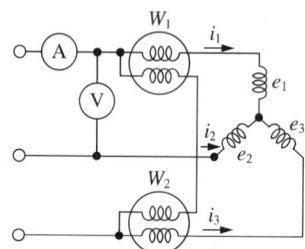

35 평형 3상 회로에서 측정된 선간전압과 전류의 실횻값이 각각 28.87[V], 10[A]이고, 역률이 0.8일 때 3상 무효전력의 크기는 약 몇 [Var]인가?

① 400
② 300
③ 231
④ 173

해설

3상 무효전력(P_r)
- 역률 $\cos\theta = 0.8$이므로 삼각함수를 이용하여 무효율 $\sin\theta$를 구한다.
$\cos^2\theta + \sin^2\theta = 1$에서 $\sin\theta = \sqrt{1-\cos^2\theta} = \sqrt{1-0.8^2} = 0.6$
- 3상 무효전력 $P_r = \sqrt{3}\,IV\sin\theta$[Var]
$P_r = \sqrt{3}\times 10[\text{A}]\times 28.87[\text{V}]\times 0.6 = 300.03[\text{Var}]$

Plus one

3상 유효(부하)전력 $P = \sqrt{3}\,IV\cos\theta$[W]

36 회로에서 a, b 사이의 합성저항은 몇 [Ω]인가?

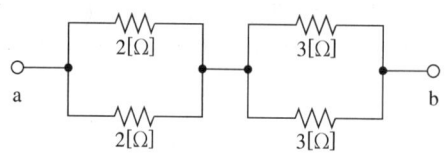

① 2.5
② 5
③ 7.5
④ 10

해설

저항의 병렬접속
- 병렬로 접속된 저항의 합성저항 $\left(R = \dfrac{R_1 R_2}{R_1 + R_2}\right)$을 먼저 계산한다.
  - 병렬회로의 첫 번째 합성저항 $R_1 = \dfrac{2[\Omega]\times 2[\Omega]}{2[\Omega]+2[\Omega]} = 1[\Omega]$
  - 병렬회로의 두 번째 합성저항 $R_2 = \dfrac{3[\Omega]\times 3[\Omega]}{3[\Omega]+3[\Omega]} = 1.5[\Omega]$
- 병렬로 접속된 합성저항을 구하면 저항은 직렬로 접속되어 있으므로 직렬회로의 합성저항($R = R_1 + R_2$)을 계산한다.
$R = 1[\Omega]+1.5[\Omega] = 2.5[\Omega]$

37 60[Hz]의 3상 전압을 전파 정류하였을 때 맥동주파수[Hz]는?

① 120
② 180
③ 360
④ 720

해설

정류회로의 맥동주파수와 맥동률(주파수 f가 60[Hz]일 경우)

정류회로	맥동주파수	맥동률
단상 반파정류	60[Hz](f)	121[%]
단상 전파정류	120[Hz]($2f$)	48[%]
3상 반파정류	180[Hz]($3f$)	17[%]
3상 전파정류	360[Hz]($6f$)	4[%]

∴ 3상 전파 정류회로의 맥동주파수
$f_{맥동} = 6f = 6\times 60[\text{Hz}] = 360[\text{Hz}]$

38 두 개의 입력신호 중 한 개의 입력만이 1일 때 출력신호가 1이 되는 논리게이트는?

① EXCLUSIVE NOR
② NAND
③ EXCLUSIVE OR
④ AND

해설
논리회로
- EXCLUSIVE OR 회로 : 두 개의 입력신호 중 한 개의 입력만이 1일 때 출력신호가 1이 되는 회로(2개의 입력신호가 같으면 출력이 0이고 2개의 입력신호가 다르면 출력이 1인 회로)이다.
  – 논리기호

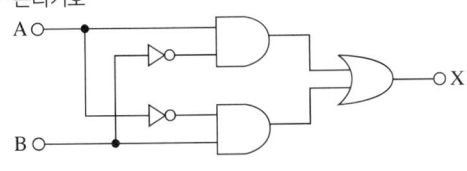

  – 논리식 $X = A \cdot \overline{B} + \overline{A} \cdot B = A \oplus B$
  – 논리표

입력		출력	입력		출력
A	B	X	A	B	X
0	0	0	0	1	1
1	0	1	1	1	0

- EXCLUSIVE NOR 회로 : EXCLUSIVE OR 회로의 부정회로이다.
- AND 회로 : 두 개의 입력신호가 1일 때에만 출력신호가 1이 되는 논리회로로서 직렬회로이다.
- NAND 회로 : AND 회로의 부정회로이다.

39 진공 중 대전된 도체의 표면에 면전하밀도 $\sigma[\text{C}/\text{m}^2]$가 균일하게 분포되어 있을 때, 이 도체 표면에서의 전계의 세기 $E[\text{V}/\text{m}]$는?(단, ϵ_0는 진공의 유전율이다)

① $E = \dfrac{\sigma}{\epsilon_0}$ ② $E = \dfrac{\sigma}{2\epsilon_0}$

③ $E = \dfrac{\sigma}{2\pi\epsilon_0}$ ④ $E = \dfrac{\sigma}{4\pi\epsilon_0}$

해설
도체 표면에서의 전계의 세기(E)
- 반지름이 r인 구(점) 전하일 경우

  면전하밀도 $\sigma = \dfrac{Q}{A} = \dfrac{Q}{4\pi r^2}[\text{C}/\text{m}^2]$

  여기서, Q : 전하량[C], A : 도체의 면적[m²], r : 거리[m]

- 공기나 진공 중의 비유전율 $\epsilon_r = 1$이고, 진공 중의 유전율 ϵ_0 [F/m]일 때 도체 표면에서의 전계의 세기

  $E = \dfrac{Q}{4\pi\epsilon r^2} = \dfrac{Q}{4\pi\epsilon_0\epsilon_r r^2} = \dfrac{Q}{4\pi\epsilon_0 r^2}[\text{V}/\text{m}]$

  여기서, ϵ는 유전율($\epsilon = \epsilon_0 \epsilon_r$)이다.

∴ 면전하밀도(σ)에서 전하량 $Q = 4\pi r^2 \sigma$를 전계의 세기 E에 대입하면

  $E = \dfrac{Q}{4\pi\epsilon_0 r^2} = \dfrac{4\pi r^2 \sigma}{4\pi\epsilon_0 r^2} = \dfrac{\sigma}{\epsilon_0}$ 이다.

40 3상 유도전동기의 출력이 25[HP], 전압이 220[V], 효율이 85[%], 역률이 85[%]일 때, 이 전동기로 흐르는 전류는 약 몇 [A]인가?(단, 1[HP] = 0.746[kW])

① 40 ② 45
③ 68 ④ 70

해설
3상 유도전동기의 교류전력(P)
$P = \sqrt{3} IV \cos\theta \eta [\text{W}]$
여기서, I : 전류[A] V : 전압[V]
  $\cos\theta$: 역률 η : 효율

전류 $I = \dfrac{P}{\sqrt{3} V \cos\theta \eta}$ 에서

$I = \dfrac{25[\text{HP}] \times 746[\text{W}]}{\sqrt{3} \times 220[\text{V}] \times 0.85 \times 0.85} = 67.74[\text{A}] \fallingdotseq 68[\text{A}]$

제3과목 소방관계법규

41 위험물안전관리법령상 위험물 중 제1석유류에 속하는 것은?

① 경유
② 등유
③ 중유
④ 아세톤

해설

제4류 위험물의 분류(영 별표 2의3)

종류	경유	등유	중유	아세톤
품명	제2석유류 (비수용성)	제2석유류 (비수용성)	제3석유류 (비수용성)	제1석유류 (수용성)

42 소방시설 설치 및 관리에 관한 법령상 소방시설 등의 자체점검 중 종합점검을 받아야 하는 특정소방대상물 대상 기준으로 틀린 것은?

① 제연설비가 설치된 터널
② 스프링클러설비가 설치된 특정소방대상물
③ 공공기관 중 연면적이 1,000[m²] 이상인 것으로서 옥내소화전설비 또는 자동화재탐지설비가 설치된 것(단, 소방대가 근무하는 공공기관은 제외한다)
④ 호스릴 방식의 물분무 등 소화설비만이 설치된 연면적 5,000[m²] 이상인 특정소방대상물(단, 위험물 제조소 등은 제외한다)

해설

물분무 등 소화설비[호스릴(Hose Reel)방식의 물분무 등 소화설비만을 설치한 경우는 제외한다]가 설치된 연면적 5,000[m²] 이상인 특정소방대상물(위험물 제조소 등은 제외한다)은 종합점검 대상이다(규칙 별표 3).

43 소방시설 설치 및 관리에 관한 법령상 소방시설이 아닌 것은?

① 소화설비
② 경보설비
③ 방화설비
④ 소화활동설비

해설

방화설비는 건축 관련 용어이고 소방시설이 아니다.

44 소방기본법상 소방대장의 권한이 아닌 것은?

① 소방활동을 할 때에 긴급한 경우에는 이웃한 소방본부장 또는 소방서장에게 소방업무의 응원을 요청할 수 있다.
② 화재, 재난·재해, 그 밖의 위급한 상황이 발생한 현장에서 소방활동을 위하여 필요할 때는 그 관할 구역에 사는 사람 또는 그 현장에 있는 사람으로 하여금 사람을 구출하는 일 또는 불을 끄거나 불이 번지지 않도록 하는 일을 하게 할 수 있다.
③ 사람을 구출하거나 불이 번지는 것을 막기 위하여 필요할 때는 화재가 발생하거나 불이 번질 우려가 있는 소방대상물 및 토지를 일시적으로 사용하거나 그 사용의 제한 또는 소방활동에 필요한 처분을 할 수 있다.
④ 소방활동을 위하여 긴급하게 출동할 때는 소방자동차의 통행과 소방활동에 방해가 되는 주차 또는 정차된 차량 및 물건 등을 제거하거나 이동시킬 수 있다.

해설

소방본부장이나 소방서장은 소방활동을 할 때에 긴급한 경우에는 이웃한 소방본부장 또는 소방서장에게 소방업무의 응원(應援)을 요청할 수 있다(법 제11조).

45 위험물안전관리법령상 제조소 등이 아닌 장소에서 지정수량 이상의 위험물을 취급할 수 있는 경우에 대한 기준으로 맞는 것은?(단, 시·도의 조례가 정하는 바에 따른다)

① 관할 소방서장의 승인을 받아 지정수량 이상의 위험물을 60일 이내의 기간 동안 임시로 저장 또는 취급하는 경우
② 관할 소방대장의 승인을 받아 지정수량 이상의 위험물을 60일 이내의 기간 동안 임시로 저장 또는 취급하는 경우
③ 관할 소방서장의 승인을 받아 지정수량 이상의 위험물을 90일 이내의 기간 동안 임시로 저장 또는 취급하는 경우
④ 관할 소방대장의 승인을 받아 지정수량 이상의 위험물을 90일 이내의 기간 동안 임시로 저장 또는 취급하는 경우

해설
위험물의 임시저장기간(법 제5조) : 관할 소방서장의 승인을 받아 지정수량 이상의 위험물을 90일 이내

46 위험물안전관리법령상 제4류 위험물별 지정수량 기준의 연결이 틀린 것은?

① 특수인화물 – 50[L]
② 알코올류 – 400[L]
③ 동식물유류 – 1,000[L]
④ 제4석유류 – 6,000[L]

해설
제4류 위험물별 지정수량

종류	특수인화물	알코올류	동식물유류	제4석유류
지정수량	50[L]	400[L]	10,000[L]	6,000[L]

47 화재의 예방 및 안전관리에 관한 법령상 화재예방강화지구의 지정권자는?

① 소방서장
② 시·도지사
③ 소방본부장
④ 행정안전부장관

해설
화재예방강화지구의 지정권자(법 제18조) : 시·도지사

48 위험물안전관리법령상 관계인이 예방규정을 정해야 하는 위험물을 취급하는 제조소의 지정수량 기준으로 옳은 것은?

① 지정수량의 10배 이상
② 지정수량의 100배 이상
③ 지정수량의 150배 이상
④ 지정수량의 200배 이상

해설
예방규정을 정해야 하는 제조소등(영 제15조)
• 지정수량의 10배 이상의 위험물을 취급하는 제조소
• 지정수량의 100배 이상의 위험물을 저장하는 옥외저장소
• 지정수량의 150배 이상의 위험물을 저장하는 옥내저장소
• 지정수량의 200배 이상의 위험물을 저장하는 옥외탱크저장소
• 암반탱크저장소
• 이송취급소

49 소방시설 설치 및 관리에 관한 법령상 주택의 소유자가 소방시설을 설치해야 하는 대상이 아닌 것은?

① 아파트
② 연립주택
③ 다세대주택
④ 다가구주택

해설
주택에 설치하는 소방시설(법 제10조)
• 단독주택(다가구주택)
• 공동주택(아파트 및 기숙사는 제외)
※ 공동주택 : 연립주택, 다세대주택, 아파트, 기숙사

정답 45 ③ 46 ③ 47 ② 48 ① 49 ①

50 소방시설공사업법령상 정의된 업종 중 소방시설업의 종류에 해당되지 않는 것은?

① 소방시설설계업
② 소방시설공사업
③ 소방시설정비업
④ 소방공사감리업

해설
소방시설업 : 소방시설설계업, 소방시설공사업, 소방공사감리업

51 소방시설 설치 및 관리에 관한 법령상 특정소방대상물로서 숙박시설에 해당되지 않는 것은?

① 오피스텔
② 일반형 숙박시설
③ 생활형 숙박시설
④ 근린생활시설에 해당하지 않는 고시원

해설
오피스텔 : 일반업무시설

52 화재의 예방 및 안전관리에 관한 법령상 특수가연물의 저장 및 취급기준을 2회 위반한 경우 과태료 부과기준은?

① 50만원
② 100만원
③ 150만원
④ 200만원

해설
특수가연물의 저장 및 취급기준을 위반한 경우

위반횟수	1회	2회	3회 이상
과태료		200만원	

53 소방시설 설치 및 관리에 관한 법령상 수용인원 산정 방법 중 다음과 같은 시설의 수용인원은 몇 명인가?

> 숙박시설이 있는 특정소방대상물로서 종사자 수는 5명, 숙박시설은 모두 2인용 침대이며 침대 수량은 50개이다.

① 55
② 75
③ 85
④ 105

해설
숙박시설이 있는 특정소방대상물 수용인원 산정 수(영 별표 7) : 침대가 있는 숙박시설의 경우는 해당 특정소방대상물의 종사자 수에 침대 수(2인용 침대는 2인으로 산정)를 합한 수
∴ 수용인원 = 5 + (50 × 2) = 105명

54 소방시설 설치 및 관리에 관한 법상 소방시설 등에 대한 자체점검을 하지 않거나 관리업자 등으로 하여금 정기적으로 점검하게 하지 않은 자에 대한 벌칙 기준으로 옳은 것은?

① 6개월 이하의 징역 또는 1,000만원 이하의 벌금
② 1년 이하의 징역 또는 1,000만원 이하의 벌금
③ 3년 이하의 징역 또는 1,500만원 이하의 벌금
④ 3년 이하의 징역 또는 3,000만원 이하의 벌금

해설
소방시설 등에 대한 자체점검을 하지 않거나 관리업자 등으로 하여금 정기적으로 점검하게 하지 않은 자 : 1년 이하의 징역 또는 1,000만원 이하의 벌금

55 화재의 예방 및 안전관리에 관한 법령상 화재예방강화지구의 지정대상이 아닌 것은?(단, 소방청장·소방본부장 또는 소방서장이 화재예방강화지구로 지정할 필요가 있다고 인정하는 지역은 제외한다)

① 시장지역
② 농촌지역
③ 목조건물이 밀집한 지역
④ 공장·창고가 밀집한 지역

[해설]
농촌지역은 아니고 공장·창고가 밀집한 지역이나 목조건물이 밀집한 지역은 화재예방강화지구에 해당된다(법 제18조).

56 화재의 예방 및 안전관리에 관한 법령상 특수가연물의 품명과 지정수량 기준의 연결이 틀린 것은?

① 사류 – 1,000[kg] 이상
② 볏짚류 – 3,000[kg] 이상
③ 석탄·목탄류 – 10,000[kg] 이상
④ 플라스틱류 중 발포시킨 것 – 20[m³] 이상

[해설]
볏짚류 : 1,000[kg] 이상이면 특수가연물이다(영 별표 2).

57 소방기본법령상 소방안전교육사의 배치 대상별 배치기준으로 틀린 것은?

① 소방청 : 2명 이상 배치
② 소방서 : 1명 이상 배치
③ 소방본부 : 2명 이상 배치
④ 한국소방안전원(본원) : 1명 이상 배치

[해설]
소방안전교육사의 배치기준(영 별표 2의3)

배치 대상	배치기준(단위 : 명)
소방청	2 이상
소방본부	2 이상
소방서	1 이상
한국소방안전원	본원 : 2 이상, 시·도지원 : 1 이상
한국소방산업기술원	2 이상

58 소방시설 설치 및 관리에 관한 법령상 공동 소방안전관리자를 선임해야 하는 특정소방대상물이 아닌 것은?

① 판매시설 중 도매시장 및 소매시장
② 복합건축물로서 층수가 5층 이상인 것
③ 지하층을 제외한 층수가 7층 이상인 고층건축물
④ 복합건축물로서 연면적이 5,000[m²] 이상인 것

[해설]
법령 개정으로 맞지 않는 문제임

[정답] 55 ② 56 ② 57 ④ 58 정답 없음

59 소방시설공사업법상 도급을 받은 자가 제3자에게 소방시설공사의 시공을 하도급한 경우에 대한 벌칙 기준으로 옳은 것은?(단, 대통령령으로 정하는 경우는 제외한다)

① 100만원 이하의 벌금
② 300만원 이하의 벌금
③ 1년 이하의 징역 또는 1,000만원 이하의 벌금
④ 3년 이하의 징역 또는 3,000만원 이하의 벌금

해설
하도급받은 소방시설공사를 다시 하도급(제3자)한 자의 벌칙 : 1년 이하의 징역 또는 1,000만원 이하의 벌금

60 소방시설 설치 및 관리에 관한 법령상 정당한 사유 없이 피난시설, 방화구획 및 방화시설의 유지·관리에 필요한 조치 명령을 위반한 경우 이에 대한 벌칙 기준으로 옳은 것은?

① 200만원 이하의 벌금
② 300만원 이하의 벌금
③ 1년 이하의 징역 또는 1,000만원 이하의 벌금
④ 3년 이하의 징역 또는 3,000만원 이하의 벌금

해설
정당한 사유 없이 피난시설, 방화구획 및 방화시설의 유지·관리에 필요한 조치 명령을 위반한 경우 : 3년 이하의 징역 또는 3,000만원 이하의 벌금

제4과목 소방전기시설의 구조 및 원리

61 비상경보설비 및 단독경보형감지기의 화재안전기술기준(NFTC 201)에 따라 화재신호 및 상태신호 등을 송수신하는 방식으로 옳은 것은?

① 자동식
② 수동식
③ 반자동식
④ 유·무선식

해설
화재신호 및 상태신호 등을 송수신하는 방식(NFTC 201)
• 유선식 : 화재신호 등을 배선으로 송수신하는 방식
• 무선식 : 화재신호 등을 전파에 의해 송수신하는 방식
• 유·무선식 : 유선식과 무선식을 겸용으로 사용하는 방식

62 감지기의 형식승인 및 제품검사의 기술기준에 따른 연기감지기의 종류로 옳은 것은?

① 연복합형
② 공기흡입형
③ 차동식 스포트형
④ 보상식 스포트형

해설
감지기의 구분(제3조)
• 연기감지기의 종류 : 공기흡입형, 이온화식 스포트형, 광전식 스포트형, 광전식 분리형
• 열감지기의 종류 : 차동식 스포트형, 차동식 분포형, 정온식 감지선형, 정온식 스포트형, 보상식 스포트형
• 복합형 감지기의 종류 : 열복합형, 연복합형, 불꽃복합형, 열·연기복합형, 연기·불꽃복합형, 열·불꽃복합형, 열·연기·불꽃복합형

59 ③ 60 ④ 61 ④ 62 ②

63 비상콘센트설비의 화재안전기술기준(NFTC 504)에 따른 비상콘센트설비의 전원회로(비상콘센트에 전력을 공급하는 회로를 말한다)의 설치기준으로 옳은 것은?

① 하나의 전용회로에 설치하는 비상콘센트는 12개 이하로 할 것
② 전원회로는 단상교류 220[V]인 것으로서, 그 공급용량은 1.0[kVA] 이상인 것으로 할 것
③ 비상콘센트용의 풀박스 등은 방청도장을 한 것으로서, 두께 1.2[mm] 이상의 철판으로 할 것
④ 전원으로부터 각 층의 비상콘센트에 분기되는 경우에는 분기배선용 차단기를 보호함 안에 설치할 것

해설
비상콘센트설비의 전원회로 설치기준(NFTC 504)
- 하나의 전용회로에 설치하는 비상콘센트는 10개 이하로 할 것. 이 경우 전선의 용량은 각 비상콘센트(비상콘센트가 3개 이상인 경우에는 3개)의 공급용량을 합한 용량 이상의 것으로 해야 한다.
- 비상콘센트설비의 전원회로는 단상교류 220[V]인 것으로서, 그 공급용량은 1.5[kVA] 이상인 것으로 할 것
- 비상콘센트용의 풀박스 등은 방청도장을 한 것으로서 두께 1.6[mm] 이상의 철판으로 할 것
- 전원으로부터 각 층의 비상콘센트에 분기되는 경우에는 분기배선용 차단기를 보호함 안에 설치할 것
- 전원회로는 각 층에 2 이상이 되도록 설치할 것. 다만, 설치해야 할 층의 비상콘센트가 1개일 때는 하나의 회로로 할 수 있다.
- 전원회로는 주배전반에서 전용회로로 할 것. 다만, 다른 설비의 회로의 사고에 따른 영향을 받지 않도록 되어 있는 것은 그렇지 않다.
- 콘센트마다 배선용 차단기(KS C 8321)를 설치해야 하며, 충전부가 노출되지 않도록 할 것
- 개폐기에는 "비상콘센트"라고 표시한 표지를 할 것
- 비상콘센트의 플러그접속기는 접지형 2극 플러그접속기(KS C 8305)를 사용해야 한다.

64 비상방송설비의 화재안전기술기준(NFTC 202)에 따라 기동장치에 따른 화재신호를 수신한 후 필요한 음량으로 화재 발생 상황 및 피난에 유효한 방송이 자동으로 개시될 때까지의 소요시간은 몇 초 이내로 해야 하는가?

① 3
② 5
③ 7
④ 10

해설
비상방송설비의 음향장치 설치기준(NFTC 202)
- 기동장치에 따른 화재신호를 수신한 후 필요한 음량으로 화재 발생 상황 및 피난에 유효한 방송이 자동으로 개시될 때까지의 소요시간은 10초 이내로 할 것
- 확성기의 음성입력은 3[W](실내에 설치하는 것에 있어서는 1[W]) 이상일 것
- 확성기는 각 층마다 설치하되, 그 층의 각 부분으로부터 하나의 확성기까지의 수평거리가 25[m] 이하가 되도록 하고, 해당 층의 각 부분에 유효하게 경보를 발할 수 있도록 설치할 것
- 음량조정기를 설치하는 경우 음량조정기의 배선은 3선식으로 할 것
- 조작부의 조작스위치는 바닥으로부터 0.8[m] 이상 1.5[m] 이하의 높이에 설치할 것
- 조작부는 기동장치의 작동과 연동하여 해당 기동장치가 작동한 층 또는 구역을 표시할 수 있는 것으로 할 것
- 증폭기 및 조작부는 수위실 등 상시 사람이 근무하는 장소로서 점검이 편리하고 방화상 유효한 곳에 설치할 것
- 다른 방송설비와 공용하는 것에 있어서는 화재 시 비상경보 외의 방송을 차단할 수 있는 구조로 할 것
- 다른 전기회로에 따라 유도장애가 생기지 않도록 할 것
- 하나의 특정소방대상물에 2 이상의 조작부가 설치되어 있는 때에는 각각의 조작부가 있는 장소 상호 간에 동시통화가 가능한 설비를 설치하고, 어느 조작부에서도 해당 특정소방대상물의 전 구역에 방송을 할 수 있도록 할 것
- 음향장치는 정격전압의 80[%] 전압에서 음향을 발할 수 있는 것으로 할 것
- 음향장치는 자동화재탐지설비의 작동과 연동하여 작동할 수 있는 것으로 할 것

정답 63 ④ 64 ④

65 비상조명등의 화재안전기술기준(NFTC 304)에 따른 휴대용 비상조명등의 설치기준이다. 다음 ( )에 들어갈 내용으로 옳은 것은?

> 지하상가 및 지하역사에는 보행거리 (㉠)[m] 이내마다 (㉡)개 이상 설치할 것

① ㉠ 25, ㉡ 1
② ㉠ 25, ㉡ 3
③ ㉠ 50, ㉡ 1
④ ㉠ 50, ㉡ 3

해설

휴대용 비상조명등의 설치기준(NFTC 304)
- 숙박시설 또는 다중이용업소에는 객실 또는 영업장 안의 구획된 실마다 잘 보이는 곳(외부에 설치 시 출입문 손잡이로부터 1[m] 이내 부분)에 1개 이상 설치할 것
- 대규모점포(지하상가 및 지하역사는 제외)와 영화상영관에는 보행거리 50[m] 이내마다 3개 이상 설치할 것
- 지하상가 및 지하역사에는 보행거리 25[m] 이내마다 3개 이상 설치할 것
- 설치높이는 바닥으로부터 0.8[m] 이상 1.5[m] 이하의 높이에 설치할 것
- 사용 시 자동으로 점등되는 구조일 것
- 외함은 난연성능이 있을 것
- 건전지 및 충전식 배터리의 용량은 20분 이상 유효하게 사용할 수 있는 것으로 할 것

66 자동화재탐지설비 및 시각경보장치의 화재안전기술기준(NFTC 203)에 따른 자동화재탐지설비의 중계기의 시설기준으로 틀린 것은?

① 조작 및 점검에 편리하고 화재 및 침수 등의 재해로 인한 피해를 받을 우려가 없는 장소에 설치할 것
② 수신기에서 직접 감지기회로의 도통시험을 하지 않는 것에 있어서는 수신기와 감지기 사이에 설치할 것
③ 감지기에 따라 감시되지 않는 배선을 통하여 전력을 공급받는 것에 있어서는 전원입력 측의 배선에 누전경보기를 설치할 것
④ 수신기에 따라 감시되지 않는 배선을 통하여 전력을 공급받는 것에 있어서는 해당 전원의 정전이 즉시 수신기에 표시되는 것으로 할 것

해설

자동화재탐지설비의 중계기 설치기준(NFTC 203)
- 조작 및 점검에 편리하고 화재 및 침수 등의 재해로 인한 피해를 받을 우려가 없는 장소에 설치할 것
- 수신기에서 직접 감지기회로의 도통시험을 하지 않는 것에 있어서는 수신기와 감지기 사이에 설치할 것
- 수신기에 따라 감시되지 않는 배선을 통하여 전력을 공급받는 것에 있어서는 전원입력 측의 배선에 과전류 차단기를 설치하고, 해당 전원의 정전이 즉시 수신기에 표시되는 것으로 하며, 상용전원 및 예비전원의 시험을 할 수 있도록 할 것

67 자동화재탐지설비 및 시각경보장치의 화재안전기술기준(NFTC 203)에 따라 부착높이 8[m] 이상 15[m] 미만에 설치 가능한 감지기가 아닌 것은?

① 불꽃감지기
② 보상식 분포형 감지기
③ 차동식 분포형 감지기
④ 광전식 분리형 1종 감지기

해설
자동화재탐지설비의 감지기 부착높이에 따른 종류(NFTC 203)

부착높이	감지기의 종류
4[m] 미만	차동식(스포트형, 분포형) 보상식 스포트형 정온식(스포트형, 감지선형) 이온화식 또는 광전식(스포트형, 분리형, 공기흡입형) 열복합형 연기복합형 열연기복합형 불꽃감지기
4[m] 이상 8[m] 미만	차동식(스포트형, 분포형) 보상식 스포트형 정온식(스포트형, 감지선형) 특종 또는 1종 이온화식 1종 또는 2종 광전식(스포트형, 분리형, 공기흡입형) 1종 또는 2종 열복합형 연기복합형 열연기복합형 불꽃감지기
8[m] 이상 15[m] 미만	차동식 분포형 이온화식 1종 또는 2종 광전식(스포트형, 분리형, 공기흡입형) 1종 또는 2종 연기복합형 불꽃감지기
15[m] 이상 20[m] 미만	이온화식 1종 광전식(스포트형, 분리형, 공기흡입형) 1종 연기복합형 불꽃감지기
20[m] 이상	불꽃감지기 광전식(분리형, 공기흡입형) 중 아날로그방식

68 예비전원의 성능인증 및 제품검사의 기술기준에서 정의하는 "예비전원"에 해당하지 않는 것은?

① 리튬계 2차 축전지
② 알칼리계 2차 축전지
③ 용융염 전해질 연료전지
④ 무보수 밀폐형 연축전지

해설
유도등 예비전원의 종류
- 리튬계 2차 축전지
- 알칼리계 2차 축전지
- 무보수 밀폐형 연축전지

69 누전경보기의 형식승인 및 제품검사의 기술기준에 따라 누전경보기에서 사용되는 표시등에 대한 설명으로 틀린 것은?

① 지구등은 녹색으로 표시되어야 한다.
② 전구는 2개 이상을 병렬로 설치해야 한다. 다만, 방전등 또는 발광다이오드의 경우에는 그렇지 않다.
③ 주위의 밝기가 300[lx]인 장소에서 측정하여 앞면으로부터 3[m] 떨어진 곳에서 켜진 등이 확실히 식별되어야 한다.
④ 전구에는 적당한 보호덮개를 설치해야 한다. 다만, 발광다이오드의 경우에는 그렇지 않다.

해설
누전경보기에 사용되는 표시등 기준(제4조)
- 지구등은 적색으로 표시되어야 한다. 이 경우 누전등이 설치된 수신부의 지구등은 적색 외의 색으로도 표시할 수 있다.
- 주위의 밝기가 300[lx]인 장소에서 측정하여 앞면으로부터 3[m] 떨어진 곳에서 켜진 등이 확실히 식별되어야 한다.
- 전구는 2개 이상을 병렬로 접속해야 한다. 다만, 방전등 또는 발광다이오드의 경우에는 그렇지 않다.
- 전구에는 적당한 보호덮개를 설치해야 한다. 다만, 발광다이오드의 경우에는 그렇지 않다.
- 기타의 표시등은 적색 외의 색으로 표시되어야 한다. 다만, 누전등 및 지구등과 쉽게 구별할 수 있도록 부착된 기타의 표시등은 적색으로도 표시할 수 있다.

70 비상콘센트설비의 화재안전기술기준(NFTC 504)에 따라 바닥면적이 1,000[m²] 미만인 층은 비상콘센트를 계단의 출입구로부터 몇 [m] 이내에 설치해야 하는가?(단, 계단의 부속실을 포함하며 계단이 2 이상 있는 경우에는 그중 1개의 계단을 말한다)

① 10 ② 8
③ 5 ④ 3

해설
비상콘센트설비의 비상콘센트 설치기준(NFTC 504)
- 바닥으로부터 높이 0.8[m] 이상 1.5[m] 이하의 위치에 설치할 것
- 바닥면적이 1,000[m²] 미만인 층은 계단의 출입구(계단의 부속실을 포함하며 계단이 2 이상 있는 경우에는 그중 1개의 계단을 말한다)로부터 5[m] 이내에 비상콘센트를 설치할 것
- 바닥면적 1,000[m²] 이상인 층은 각 계단의 출입구 또는 계단부속실의 출입구(계단의 부속실을 포함하며 계단이 3 이상 있는 층의 경우에는 그중 2개의 계단을 말한다)로부터 5[m] 이내에 비상콘센트를 설치할 것
- 지하상가 또는 지하층의 바닥면적의 합계가 3,000[m²] 이상인 것은 수평거리 25[m]마다 비상콘센트를 추가하여 설치할 것
- 지하상가 또는 지하층의 바닥면적의 합계가 3,000[m²]에 해당하지 않는 것은 수평거리 50[m]마다 비상콘센트를 추가하여 설치할 것

71 무선통신보조설비의 화재안전기술기준(NFTC 505)에 따른 무선통신보조설비의 설치제외에 대한 내용이다. 다음 ( )에 들어갈 내용으로 옳은 것은?

(㉠)으로서 특정소방대상물의 바닥 부분 2면 이상이 지표면과 동일하거나 지표면으로부터의 깊이가 (㉡)[m] 이하인 경우에는 해당 층에 한해 무선통신보조설비를 설치하지 않을 수 있다.

① ㉠ 지하층, ㉡ 1 ② ㉠ 지하층, ㉡ 2
③ ㉠ 무창층, ㉡ 1 ④ ㉠ 무창층, ㉡ 2

해설
무선통신보조설비의 설치제외 기준(NFTC 505) : 지하층으로서 특정소방대상물의 바닥부분 2면 이상이 지표면과 동일하거나 지표면으로부터의 깊이가 1[m] 이하인 경우에는 해당 층에 한해 무선통신보조설비를 설치하지 않을 수 있다.

72 비상방송설비의 화재안전기술기준(NFTC 202)에 따른 정의에서 가변저항을 이용하여 전류를 변화시켜 음량을 크게 하거나 작게 조절할 수 있는 장치를 말하는 것은?

① 증폭기 ② 변류기
③ 중계기 ④ 음량조절기

해설
비상방송설비의 용어 정의(NFTC 202)
- 증폭기 : 전압, 전류의 진폭을 늘려 감도를 좋게 하고 미약한 음성전류를 커다란 음성전류로 변화시켜 소리를 크게 하는 장치를 말한다.
- 음량조절기 : 가변저항을 이용하여 전류를 변화시켜 음량을 크게 하거나 작게 조절할 수 있는 장치를 말한다.
- 확성기 : 소리를 크게 하여 멀리까지 전달될 수 있도록 하는 장치로써 일명 스피커를 말한다.

73 소방시설용 비상전원수전설비의 화재안전기술기준(NFTC 602)에 따라 큐비클형의 설치기준으로 틀린 것은?

① 전용큐비클 또는 공용큐비클식으로 설치할 것
② 외함은 건축물의 바닥 등에 견고하게 고정할 것
③ 자연환기구에 따라 충분히 환기할 수 없는 경우에는 환기설비를 설치할 것
④ 공용큐비클식의 소방회로와 일반회로에 사용되는 배선 및 배선용기기는 난연재료로 구획할 것

해설
비상전원수전설비의 큐비클형 설치기준(NFTC 602)
- 전용큐비클 또는 공용큐비클식으로 설치할 것
- 외함은 건축물의 바닥 등에 견고하게 고정할 것
- 전선 인입구 및 인출구에는 금속관 또는 금속제 가요전선관을 쉽게 접속할 수 있도록 할 것
- 자연환기구에 따라 충분히 환기할 수 없는 경우에는 환기설비를 설치할 것
- 환기구에는 금속망, 방화댐퍼 등으로 방화조치를 하고, 옥외에 설치하는 것은 빗물 등이 들어가지 않도록 할 것
- 공용큐비클식의 소방회로와 일반회로에 사용되는 배선 및 배선용기기는 불연재료로 구획할 것

74 비상경보설비 및 단독경보형감지기의 화재안전기술기준(NFTC 201)에 따른 발신기의 설치기준에 대한 내용이다. 다음 ( )에 들어갈 내용으로 옳은 것은?

> 조작이 쉬운 장소에 설치하고, 조작스위치는 바닥으로부터 (㉠)[m] 이상 (㉡)[m] 이하의 높이에 설치할 것

① ㉠ 0.6, ㉡ 1.2
② ㉠ 0.8, ㉡ 1.5
③ ㉠ 1.0, ㉡ 1.8
④ ㉠ 1.2, ㉡ 2.0

해설
비상경보설비 및 단독경보형감지기의 발신기 설치기준(NFTC 201)
- 조작이 쉬운 장소에 설치하고, 조작스위치는 바닥으로부터 0.8[m] 이상 1.5[m] 이하의 높이에 설치할 것
- 특정소방대상물의 층마다 설치하되, 해당 층의 각 부분으로부터 하나의 발신기까지의 수평거리가 25[m] 이하가 되도록 할 것. 다만, 복도 또는 별도로 구획된 실로서 보행거리가 40[m] 이상일 경우에는 추가로 설치해야 한다.
- 발신기의 위치표시등은 함의 상부에 설치하되, 그 불빛은 부착면으로부터 15° 이상의 범위 안에서 부착지점으로부터 10[m] 이내의 어느 곳에서도 쉽게 식별할 수 있는 적색등으로 할 것

75 누전경보기의 형식승인 및 제품검사의 기술기준에 따라 누전경보기에 차단기구를 설치하는 경우 차단기구에 대한 설명으로 틀린 것은?

① 개폐부는 정지점이 명확해야 한다.
② 개폐부는 원활하고 확실하게 작동해야 한다.
③ 개폐부는 KS C 8321(배선용차단기)에 적합한 것이어야 한다.
④ 개폐부는 수동으로 개폐되어야 하며 자동적으로 복귀하지 않아야 한다.

해설
누전경보기의 차단기구 설치기준(제4조)
- 개폐부는 원활하고 확실하게 작동해야 하며 정지점이 명확해야 한다.
- 개폐부는 수동으로 개폐되어야 하며 자동적으로 복귀하지 않아야 한다.
- 개폐부는 KS C 4613(누전차단기)에 적합한 것이어야 한다.

76 감지기의 형식승인 및 제품검사의 기술기준에 따른 단독경보형감지기(주전원이 교류전원 또는 건전지인 것을 포함한다)의 일반기능에 대한 설명으로 틀린 것은?

① 작동되는 경우 작동표시등에 의하여 화재의 발생을 표시할 수 있는 기능이 있어야 한다.
② 작동되는 경우 내장된 음향장치에 의하여 화재경보음을 발할 수 있는 기능이 있어야 한다.
③ 전원의 정상상태를 표시하는 전원표시등의 섬광주기는 3초 이내에 점등과 60초 이내의 소등으로 이루어져야 한다.
④ 자동복귀형 스위치(자동적으로 정위치에 복귀될 수 있는 스위치를 말한다)에 의하여 수동으로 작동시험을 할 수 있는 기능이 있어야 한다.

해설
단독경보형감지기의 일반기능(제5조의2)
- 작동되는 경우 작동표시등에 의하여 화재의 발생을 표시하고, 내장된 음향장치에 의하여 화재경보음을 발할 수 있는 기능이 있어야 한다.
- 화재경보음은 감지기로부터 1[m] 떨어진 위치에서 85[dB] 이상으로 10분 이상 계속하여 경보할 수 있어야 한다.
- 주기적으로 섬광하는 전원표시등에 의하여 전원의 정상 여부를 감시할 수 있는 기능이 있어야 하며, 전원의 정상상태를 표시하는 전원표시등의 섬광주기는 1초 이내의 점등과 30초에서 60초 이내의 소등으로 이루어져야 한다.
- 자동복귀형 스위치(자동적으로 정위치에 복귀될 수 있는 스위치를 말한다)에 의하여 수동으로 작동시험을 할 수 있는 기능이 있어야 한다.
- 건전지를 주전원으로 하는 감지기는 건전지의 성능이 저하되어 건전지의 교체가 필요한 경우에는 음성안내를 포함한 음향 및 표시등에 의하여 72시간 이상 경보할 수 있어야 한다. 이 경우 음향경보는 1[m] 떨어진 거리에서 70[dB](음성안내는 60[dB]) 이상이어야 한다.

정답 74 ② 75 ③ 76 ③

77 자동화재속보설비의 속보기의 성능인증 및 제품검사의 기술기준에 따라 자동화재속보설비의 속보기가 소방관서에 자동적으로 통신망을 통해 통보하는 신호의 내용으로 옳은 것은?

① 해당 소방대상물의 위치 및 규모
② 해당 소방대상물의 위치 및 용도
③ 해당 화재발생 및 해당 소방대상물의 위치
④ 해당 고장발생 및 해당 소방대상물의 위치

해설

용어의 정의(제2조)
- 화재속보설비 : 자동 또는 수동으로 화재의 발생을 소방관서에 알리는 설비를 말한다.
- 자동화재속보설비의 속보기 : 수동작동 및 자동화재탐지설비 수신기의 화재신호와 연동으로 작동하여 화재발생을 경보하고 소방관서에 자동적으로 통신망을 통한 해당 화재발생 및 해당 소방대상물의 위치 등을 음성으로 통보하여 주는 것을 말한다.

78 유도등의 우수품질인증 기술기준에 따른 유도등의 일반구조에 대한 내용이다. 다음 ( )에 들어갈 내용으로 옳은 것은?

> 전선의 굵기는 인출선인 경우에는 단면적이 (㉠) [mm^2] 이상, 인출선 외의 경우에는 면적이 (㉡)[mm^2] 이상이어야 한다.

① ㉠ 0.75, ㉡ 0.5
② ㉠ 0.75, ㉡ 0.75
③ ㉠ 1.5, ㉡ 0.75
④ ㉠ 2.5, ㉡ 1.5

해설

유도등의 일반구조(제2조)
- 사용전압은 300[V] 이하이어야 한다. 다만, 충전부가 노출되지 않는 것은 300[V]를 초과할 수 있다.
- 수송 중 진동 또는 충격에 의하여 기능에 장해를 받지 않는 구조이어야 한다.
- 축전지에 배선 등을 직접 납땜하지 않아야 한다.
- 전선의 굵기는 인출선인 경우에는 단면적이 0.75[mm^2] 이상, 인출선 외의 경우에는 면적이 0.5[mm^2] 이상이어야 한다.
- 인출선의 길이는 전선인출 부분으로부터 150[mm] 이상이어야 한다. 다만, 인출선으로 하지 않을 경우에는 풀어지지 않는 방법으로 전선을 쉽고 확실하게 부착할 수 있도록 접속단자를 설치해야 한다.
- 유도등에는 점멸, 음성 또는 이와 유사한 방식 등에 의한 유도장치를 설치할 수 있다.
- 유도등에는 점검용의 자동복귀형점멸기를 설치해야 한다. 다만, 바닥에 매립되는 복도통로유도등과 객석유도등은 그렇지 않다.

79 유도등 및 유도표지의 화재안전기술기준(NFTC 303)에 따라 객석유도등을 설치해야 하는 장소로 틀린 것은?

① 벽
② 천장
③ 바닥
④ 통로

해설

객석유도등의 설치기준(NFTC 303)
- 객석유도등은 객석의 통로, 바닥 또는 벽에 설치해야 한다.
- 객석 내의 통로가 경사로 또는 수평로로 되어 있는 부분은 다음의 식에 따라 산출한 개수(소수점 이하의 수는 1로 본다)의 유도등을 설치해야 한다.

$$설치개수 = \frac{객석 통로의 직선부분 길이[m]}{4} - 1$$

Plus one

계단통로유도등 설치개수
각 층의 경사로 참 또는 계단참마다(1개 층에 경사로 참 또는 계단참이 2 이상 있는 경우에는 2개의 계단참마다) 설치할 것

80 무선통신보조설비의 화재안전기술기준(NFTC 505)에 따라 누설동축케이블 및 동축케이블의 임피던스는 몇 [Ω]인가?

① 5
② 10
③ 30
④ 50

해설

무선통신보조설비의 누설동축케이블 설치기준(NFTC 505)
- 누설동축케이블 및 동축케이블의 임피던스는 50[Ω]으로 하고, 이에 접속하는 안테나·분배기 기타의 장치는 해당 임피던스에 적합한 것으로 해야 한다.
- 소방전용주파수대에서 전파의 전송 또는 복사에 적합한 것으로서 소방전용의 것으로 할 것
- 누설동축케이블과 이에 접속하는 안테나 또는 동축케이블과 이에 접속하는 안테나로 구성할 것
- 누설동축케이블 및 동축케이블은 불연 또는 난연성의 것으로서 습기 등의 환경조건에 따라 전기의 특성이 변질되지 않는 것으로 하고, 노출하여 설치한 경우에는 피난 및 통행에 장애가 없도록 할 것
- 누설동축케이블 및 동축케이블은 화재에 따라 해당 케이블의 피복이 소실된 경우에 케이블 본체가 떨어지지 않도록 4[m] 이내마다 금속제 또는 자기제 등의 지지금구로 벽·천장·기둥 등에 견고하게 고정할 것
- 누설동축케이블 및 안테나는 금속판 등에 따라 전파의 복사 또는 특성이 현저하게 저하되지 않는 위치에 설치할 것
- 누설동축케이블 및 안테나는 고압의 전로로부터 1.5[m] 이상 떨어진 위치에 설치할 것
- 누설동축케이블의 끝부분에는 무반사 종단저항을 견고하게 설치할 것

2021년 제1회 과년도 기출문제

제1과목 소방원론

01 건축법령상 내력벽, 기둥, 바닥, 보, 지붕틀 및 주계단을 무엇이라 하는가?

① 내진구조부
② 건축설비부
③ 보조구조부
④ 주요구조부

해설
- 주요구조부 : 내력벽, 기둥, 바닥, 보, 지붕틀, 주계단
- 주요구조부 제외 : 사잇벽, 사잇기둥, 최하층의 바닥, 작은 보, 차양, 옥외계단, 천장

02 이산화탄소의 물성으로 옳은 것은?

① 임계온도 : 31.35[℃], 증기비중 : 0.517
② 임계온도 : 31.35[℃], 증기비중 : 1.517
③ 임계온도 : 0.35[℃], 증기비중 : 1.517
④ 임계온도 : 0.35[℃], 증기비중 : 0.517

해설
이산화탄소의 물성
- 임계온도 : 31.35[℃]
- 증기비중 : 1.517

증기비중 $= \dfrac{분자량}{공기의 평균분자량} = \dfrac{44}{29} = 1.517$

03 소화약제로 사용하는 물의 증발잠열로 기대할 수 있는 소화효과는?

① 냉각소화
② 질식소화
③ 제거소화
④ 촉매소화

해설
냉각소화 : 화재현장에 물을 주수하여 증발잠열로 발화점 이하로 온도를 낮추어 열을 제거하여 소화하는 방법으로 목재 화재 시 다량의 물을 뿌려 소화하는 것이다.

04 블레비(BLEVE) 현상과 관계가 없는 것은?

① 핵분열
② 가연성 액체
③ 화구(Fire Ball)의 형성
④ 복사열의 대량 방출

해설
블레비(BLEVE) 현상
- 정의 : 액화가스 저장탱크의 누설로 부유 또는 확산된 액화가스가 착화원과 접촉하여 공기 중으로 확산·폭발하는 현상
- 관련현상 : 가연성 액체, 화구의 형성, 복사열 대량 방출

05 할론소화약제에 관한 설명으로 옳지 않은 것은?

① 연쇄반응을 차단하여 소화한다.
② 할로겐족 원소가 사용된다.
③ 전기에 도체이므로 전기화재에 효과가 있다.
④ 소화약제의 변질분해 위험성이 낮다.

해설
가스계(이산화탄소, 할론, 할로겐화합물 및 불활성기체) 소화약제는 전기 부도체이다.

06 슈테판-볼츠만의 법칙에 의해 복사열과 절대온도와의 관계를 옳게 설명한 것은?

① 복사열은 절대온도의 제곱에 비례한다.
② 복사열은 절대온도의 4제곱에 비례한다.
③ 복사열은 절대온도의 제곱에 반비례한다.
④ 복사열은 절대온도의 4제곱에 반비례한다.

해설
슈테판-볼츠만 법칙 : 복사열은 절대온도의 4제곱에 비례하고 열전달면적에 비례한다.
$Q = aAF(T_1^4 - T_2^4)[\text{kcal/h}]$
$Q_1 : Q_2 = (T_1 + 273)^4 : (T_2 + 273)^4$

07 분자식이 CF₂BrCl인 할론소화약제는?

① Halon 1301
② Halon 1211
③ Halon 2402
④ Halon 2021

해설
할론소화약제

종류 구분	할론 1301	할론 1211	할론 2402	할론 1011
분자식	CF₃Br	CF₂ClBr	C₂F₄Br₂	CH₂ClBr
분자량	148.9	165.4	259.8	129.4

08 대두유가 침적된 기름걸레를 쓰레기통에 장시간 방치한 결과 자연발화에 의하여 화재가 발생한 경우 그 이유로 옳은 것은?

① 융해열 축적
② 산화열 축적
③ 증발열 축적
④ 발효열 축적

해설
기름걸레를 밀폐된 공간에 장시간 방치하면 산화열이 축적되어 자연발화가 일어난다.

09 조연성 가스에 해당하는 것은?

① 일산화탄소
② 산 소
③ 수 소
④ 뷰테인

해설
- 조연성(지연성) 가스 : 자신은 연소하지 않고 연소를 도와주는 가스로서 산소, 오존 등이 있다.
- 일산화탄소, 수소, 뷰테인 : 가연성 가스

10 물속에 넣어 저장하는 것이 안전한 물질은?

① 나트륨
② 수소화칼슘
③ 이황화탄소
④ 탄화칼슘

해설
위험물별 저장방법
- 황린, 이황화탄소 : 물속에 저장
- 칼륨, 나트륨 : 석유(등유), 경유 속에 저장
- 나이트로셀룰로스 : 물 또는 알코올 속에 저장
- 아세틸렌 : DMF(다이메틸폼아마이드), 아세톤에 저장(분해폭발 방지)

정답 6 ② 7 ② 8 ② 9 ② 10 ③

11 다음 각 물질과 물이 반응하였을 때 발생하는 가스의 연결이 틀린 것은?

① 탄화칼슘 – 아세틸렌
② 탄화알루미늄 – 이산화황
③ 인화칼슘 – 포스핀
④ 수소화리튬 – 수소

해설
물과 반응
- 탄화칼슘 : $CaC_2 + 2H_2O \rightarrow Ca(OH)_2 + C_2H_2 \uparrow$ (아세틸렌)
- 탄화알루미늄 : $Al_4C_3 + 12H_2O \rightarrow 4Al(OH)_3 + 3CH_4 \uparrow$ (메테인)
- 인화칼슘 : $Ca_3P_2 + 6H_2O \rightarrow 3Ca(OH)_2 + 2PH_3 \uparrow$ (포스핀, 인화수소)
- 수소화리튬 : $LiH + H_2O \rightarrow LiOH + H_2 \uparrow$ (수소)

12 건축물의 화재 시 피난자들의 집중으로 패닉(Panic) 현상이 일어날 수 있는 피난방향은?

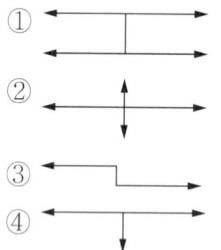

해설
피난방향 및 경로

구 분	구 조	특 징
T형		피난자에게 피난경로를 확실히 알려 주는 형태
X형		양방향으로 피난할 수 있는 확실한 형태
H형		중앙코어방식으로 피난자의 집중으로 패닉현상이 일어날 우려가 있는 형태
Z형		중앙복도형 건축물에서의 피난경로로서 코어식 중 제일 안전한 형태

13 위험물별 저장방법에 대한 설명 중 틀린 것은?

① 황은 정전기가 축적되지 않도록 하여 저장한다.
② 적린은 화기로부터 격리하여 저장한다.
③ 마그네슘은 건조하면 부유하여 분진폭발의 위험이 있으므로 물에 적시어 보관한다.
④ 황화인은 산화제와 격리하여 저장한다.

해설
마그네슘은 분진폭발의 위험이 있고 물과 반응하면 가연성 가스인 수소를 발생하므로 위험하다.
$Mg + 2H_2O \rightarrow Mg(OH)_2 + H_2 \uparrow$

14 전기화재의 원인으로 거리가 먼 것은?

① 단 락
② 과전류
③ 누 전
④ 절연 과다

해설
전기화재의 발생원인 : 합선(단락), 과부하, 누전, 스파크, 배선불량, 전열기구의 과열

15 인화점이 낮은 것부터 높은 순서로 옳게 나열된 것은?

① 에틸알코올 < 이황화탄소 < 아세톤
② 이황화탄소 < 에틸알코올 < 아세톤
③ 에틸알코올 < 아세톤 < 이황화탄소
④ 이황화탄소 < 아세톤 < 에틸알코올

해설
제4류 위험물의 인화점

종 류	품 명	인화점
이황화탄소	특수인화물	-30[℃]
아세톤	제1석유류	-18.5[℃]
에틸알코올	알코올류	13[℃]

16 가연성 가스이면서도 독성 가스인 것은?

① 질소   ② 수소
③ 염소   ④ 황화수소

해설
황화수소(H_2S), 벤젠(C_6H_6)은 가연성 가스이면서 독성이다.

17 1기압 상태에서, 100[℃] 물 1[g]이 모두 기체로 변할 때 필요한 열량은 몇 [cal]인가?

① 429   ② 499
③ 539   ④ 639

해설
100[℃]의 물 1[g]을 100[℃]의 수증기로 만드는 데 필요한 증발잠열은 약 539[cal/g]이다.
$Q = \gamma m = 1[g] \times 539[cal/g] = 539[cal]$

18 다음 물질 중 연소범위를 통해 산출한 위험도 값이 가장 높은 것은?

① 수소   ② 에틸렌
③ 메테인   ④ 이황화탄소

해설
연소범위

종류	연소범위	종류	연소범위
수소	4.0~75	메테인	5.0~15.0
에틸렌	2.7~36	이황화탄소	1.0~50

위험도
위험도 $= \dfrac{U-L}{L} = \dfrac{상한값 - 하한값}{하한값}$

- 수소 $H = \dfrac{75 - 4.0}{4.0} = 17.75$
- 에틸렌 $H = \dfrac{36 - 2.7}{2.7} = 12.33$
- 메테인 $H = \dfrac{15 - 5}{5} = 2$
- 이황화탄소 $H = \dfrac{50 - 1.0}{1.0} = 49$

19 일반적으로 공기 중 산소농도를 몇 [vol%] 이하로 감소시키면 연소속도의 감소 및 질식소화가 가능한가?

① 15   ② 21
③ 25   ④ 31

해설
질식소화 : 산소의 농도를 15[%] 이하로 낮추어 소화하는 방법

20 가연물질의 구비조건으로 옳지 않은 것은?

① 화학적 활성이 클 것
② 열의 축적이 용이할 것
③ 활성화 에너지가 작을 것
④ 산소와 결합할 때 발열량이 작을 것

해설
가연물의 구비조건
- 화학적 활성이 클 것
- 열전도율이 작을 것
- 발열량이 클 것
- 활성화 에너지가 작을 것
- 열의 축적이 용이할 것

정답 16 ④ 17 ③ 18 ④ 19 ① 20 ④

제2과목 소방전기일반

21 논리식 $(X+Y)(X+\overline{Y})$을 간단히 하면?

① 1 ② XY
③ X ④ Y

해설
논리식의 간소화
$(X+Y)(X+\overline{Y}) = \underbrace{XX}_{X} + X\overline{Y} + XY + \underbrace{Y\overline{Y}}_{0}$
$= X + X\overline{Y} + XY$
$= X(\underbrace{1+\overline{Y}}_{1}) + XY$
$= X + XY$
$= X(\underbrace{1+Y}_{1}) = X$

22 어떤 측정계기의 지시값을 M, 참값을 T라 할 때 보정률[%]은?

① $\dfrac{T-M}{M} \times 100[\%]$

② $\dfrac{M}{M-T} \times 100[\%]$

③ $\dfrac{T-M}{T} \times 100[\%]$

④ $\dfrac{T}{M-T} \times 100[\%]$

해설
오차율과 보정률
- 오차율 = $\dfrac{M-T}{T} \times 100[\%]$
- 보정률 = $\dfrac{T-M}{M} \times 100[\%]$

23 그림과 같이 반지름 r[m]인 원의 원주상 임의의 2점 a, b 사이에 전류 I[A]가 흐른다. 원의 중심에서의 자계의 세기는 몇 [AT/m]인가?

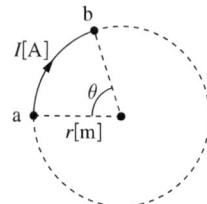

① $\dfrac{I\theta}{4\pi r}$ ② $\dfrac{I\theta}{4\pi r^2}$

③ $\dfrac{I\theta}{2\pi r}$ ④ $\dfrac{I\theta}{2\pi r^2}$

해설
원 중심에서 자계의 세기
$H = \dfrac{I}{2r}$ [AT/m]

360°의 라디안 값은 2π[rad]이고, 원주상 θ[rad]만큼만 전류가 흐르고 있다.

∴ θ[rad]만큼만 전류가 흐를 때 원 중심에서 자계의 세기

$H_o = H \times \dfrac{\theta}{2\pi} = \dfrac{I}{2r} \times \dfrac{\theta}{2\pi} = \dfrac{I\theta}{4\pi r}$ [AT/m]

24 회로에서 a, b 간의 합성저항[Ω]은?(단, $R_1 = 3[\Omega]$, $R_2 = 9[\Omega]$이다)

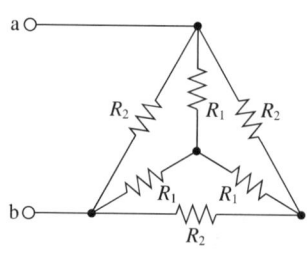

① 3 ② 4
③ 5 ④ 6

해설
합성저항
• 먼저 내측에 있는 Y 결선을 △ 결선으로 변환한다.

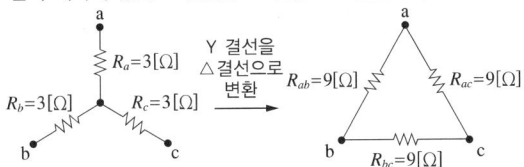

Y 결선은 3상 평형부하이므로 △ 결선의 각 상의 저항은 $R_{ab} = R_{bc} = R_{ca}$ 이다.

$R_{ab} = \dfrac{R_a R_b + R_b R_c + R_c R_a}{R_c}$

$= \dfrac{(3\times 3)+(3\times 3)+(3\times 3)}{3} = 9[\Omega]$

∴ $R_{ab} = R_{bc} = R_{ca} = 9[\Omega]$

• 내측의 △ 결선의 각 상의 저항과 외측의 △ 결선의 각 상의 저항은 병렬로 연결되므로 각 상의 합성저항을 구한다.

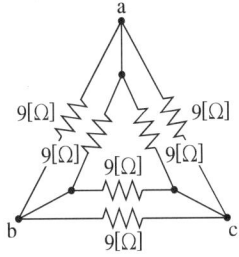

병렬회로의 합성저항 $R_{ab} = \dfrac{9\times 9}{9+9} = 4.5[\Omega]$

∴ $R_{ab} = R_{bc} = R_{ca} = 4.5[\Omega]$

• a, b 간은 △ 결선이므로 R_{ac}와 R_{bc}는 직렬로 연결되어 있고 R_{ab}와는 병렬로 연결되어 있다.

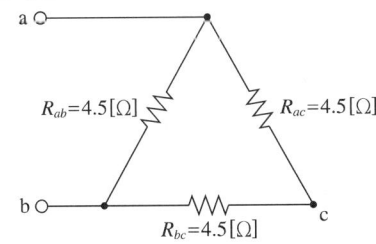

∴ a-b 간의 합성저항

$R = \dfrac{R_{ab}\times(R_{bc}+R_{ca})}{R_{ab}+(R_{bc}+R_{ca})} = \dfrac{4.5\times(4.5+4.5)}{4.5+(4.5+4.5)} = 3[\Omega]$

25
2차 제어시스템에서 무제동으로 무한 진동이 일어나는 감쇠율(Damping Ratio) δ는?

① $\delta = 0$　　② $\delta > 1$
③ $\delta = 1$　　④ $0 < \delta < 1$

해설
감쇠율(δ)
2차 자동제어계의 특성방정식 $s^2 + 2\delta\omega_n s + \omega_n^2 = 0$
• 무제동(무한 진동) : $\delta = 0$
• 임계제동(임계상태) : $\delta = 1$
• 과제동(비진동) : $\delta > 1$
• 부족제동(감쇠 진동) : $0 < \delta < 1$

26
블록선도의 전달함수 $C(s)/R(s)$는?

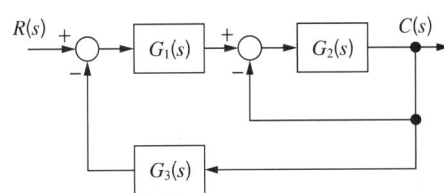

① $\dfrac{G_1(s)G_2(s)}{1+G_1(s)G_2(s)G_3(s)}$

② $\dfrac{G_1(s)G_2(s)}{1+G_1(s)+G_1(s)G_2(s)G_3(s)}$

③ $\dfrac{G_1(s)G_2(s)}{1+G_2(s)+G_1(s)G_2(s)G_3(s)}$

④ $\dfrac{G_1(s)G_2(s)}{1+G_3(s)+G_1(s)G_2(s)G_3(s)}$

해설
블록선도의 전달함수
출 력
$C(s) = G_1(s)G_2(s)R(s) - G_2(s)C(s) - G_1(s)G_2(s)G_3(s)C(s)$
$C(s) + G_2(s)C(s) + G_1(s)G_2(s)G_3(s)C(s) = G_1(s)G_2(s)R(s)$
$\{1 + G_2(s) + G_1(s)G_2(s)G_3(s)\}C(s) = G_1(s)G_2(s)R(s)$

∴ 전달함수 $\dfrac{C(s)}{R(s)} = \dfrac{G_1(s)G_2(s)}{1+G_2(s)+G_1(s)G_2(s)G_3(s)}$

정답　25 ①　26 ③

27 3상 유도전동기의 특성에서 토크, 2차 입력, 동기속도의 관계로 옳은 것은?

① 토크는 2차 입력과 동기속도에 비례한다.
② 토크는 2차 입력에 비례하고 동기속도에 반비례한다.
③ 토크는 2차 입력에 반비례하고 동기속도에 비례한다.
④ 토크는 2차 입력의 제곱에 비례하고 동기속도의 제곱에 반비례한다.

해설
3상 유도전동기의 토크(T)
$$T = \frac{P_2}{\omega} = \frac{P_2}{2\pi N_s}[\text{N}\cdot\text{m}]$$
여기서, P_2 : 2차 입력[W]
ω : 각속도[rad/s]
N_s : 동기속도[rpm]
∴ 토크(T)는 2차 입력(P_2)에 비례하고, 동기속도(N_s)에 반비례한다.

---

28 어떤 회로에 $v(t) = 150\sin\omega t[\text{V}]$의 전압을 가하니 $i(t) = 12\sin(\omega t - 30°)[\text{A}]$의 전류가 흘렀다. 이 회로의 소비전력(유효전력)은 약 몇 [W]인가?

① 390
② 450
③ 780
④ 900

해설
교류전력
• 순시전류 $i(t) = I_m\sin(\omega t - \theta)$, 순시전압 $v = V_m\sin\omega t$에서
  실효전류 $I = \frac{12}{\sqrt{2}}[\text{A}]$, 실효전압 $V = \frac{150}{\sqrt{2}}[\text{V}]$
• 위상차 $\theta = \theta_1 - \theta_2$에서 $\theta = 30° - 0° = 30°$
• 역률 $\cos 30° = 0.866$
∴ 유효전력(소비전력) $P = IV\cos\theta$에서
$P = \frac{12}{\sqrt{2}}[\text{A}] \times \frac{150}{\sqrt{2}}[\text{V}] \times 0.866 = 779.4[\text{W}]$

---

29 평행한 두 도선 사이의 거리가 r이고, 각 도선에 흐르는 전류에 의해 두 도선 간의 작용력이 F_1일 때, 두 도선 사이의 거리를 $2r$로 하면 두 도선 간의 작용력 F_2는?

① $F_2 = \frac{1}{4}F_1$
② $F_2 = \frac{1}{2}F_1$
③ $F_2 = 2F_1$
④ $F_2 = 4F_1$

해설
평행한 두 도선 사이에 작용하는 전자력(F)
전자력 $F = \frac{2I_1I_2}{r} \times 10^{-7}[\text{N/m}]$
∴ 두 도선 간의 전자력 $F_1 \propto \frac{1}{r_1}$이므로 거리가 $r_2 = 2r_1$이 되면
전자력은 $F_2 = \frac{1}{2r_1}$에서 $\frac{F_2}{F_1} = \frac{\frac{1}{2r_1}}{\frac{1}{r_1}} = \frac{\frac{1}{2r_1} \times r_1}{\frac{1}{r_1} \times r_1} = \frac{1}{2}$이고
$F_2 = \frac{1}{2}F_1$이다.

---

30 200[V]의 교류전압에서 30[A]의 전류가 흐르는 부하가 4.8[kW]의 유효전력을 소비하고 있을 때 이 부하의 리액턴스[Ω]는?

① 6.6
② 5.3
③ 4.0
④ 3.3

해설
교류전력
• 피상전력 $P_a = IV$에서 $P_a = 30[\text{A}] \times 200[\text{V}] = 6,000[\text{W}]$
• 무효전력 $P_r = \sqrt{P_a^2 - P^2}$에서
  $P_r = \sqrt{(6,000[\text{VA}])^2 - (4,800[\text{W}])^2} = 3,600[\text{Var}]$
∴ 무효전력 $P_r = I^2X$에서
리액턴스 $X = \frac{P_r}{I^2} = \frac{3,600[\text{Var}]}{(30[\text{A}])^2} = 4[\Omega]$

31 정전용량이 0.02[μF]인 커패시터 2개와 정전용량이 0.01[μF]인 커패시터 1개를 모두 병렬로 접속하여 24[V]의 전압을 가하였다. 이 병렬회로의 합성 정전용량[μF]과 0.01[μF]의 커패시터에 축적되는 전하량[C]은?

① 0.05, 0.12×10^{-6}
② 0.05, 0.24×10^{-6}
③ 0.03, 0.12×10^{-6}
④ 0.03, 0.24×10^{-6}

해설
콘덴서의 병렬접속
- 병렬로 접속된 콘덴서의 합성 정전용량($C = C_1 + C_2 + C_3$)을 먼저 계산한다. $C = (2개 \times 0.02[\mu F]) + 0.01[\mu F] = 0.05[\mu F]$
- 전하량 $Q = CV$에서
  $Q = (0.05 \times 10^{-6}[F]) \times 24[V] = 1.2 \times 10^{-6}[C]$
- 콘덴서가 병렬로 접속되어 있으므로 전압($V = V_1 = V_2 = V_3$)이 일정하다.
∴ 전압 $V = \dfrac{Q}{C}$에서 $\dfrac{Q}{C} = \dfrac{Q_1}{C_1}$이므로 정전용량 0.01[$\mu$F]에 가해지는 전기량이 Q_1일 때 $Q_1 = \dfrac{C_1}{C} \times Q$에서
$Q_1 = \dfrac{0.01[\mu F]}{0.05[\mu F]} \times 1.2 \times 10^{-6}[C] = 0.24 \times 10^{-6}[C]$

32 그림과 같은 다이오드 회로에서 출력전압 V_o는? (단, 다이오드의 전압강하는 무시한다)

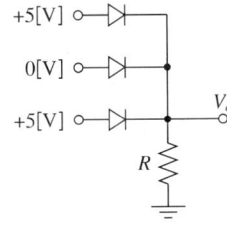

① 10[V]   ② 5[V]
③ 1[V]   ④ 0[V]

해설
OR 회로(논리합 회로)
- 3개의 입력신호 중 1개만 작동되어도 출력신호가 1이 되는 논리회로로서 병렬회로이다.
- 무접점회로

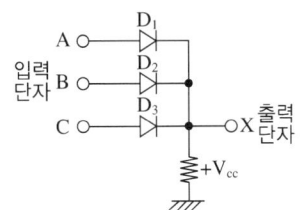

- 논리기호

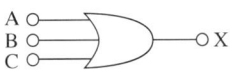

- 논리식 $X = A + B + C$
∴ 입력전압이 A = +5[V], B = 0[V], C = +5[V]이므로 셋 중에 1개라도 5[V]의 전압이 다이오드에 인가되면 출력전압은 5[V]가 된다.

33 테브난의 정리를 이용하여 그림 (a)의 회로를 그림 (b)와 같은 등가회로로 만들고자 할 때 V_{th}[V]와 R_{th}[Ω]은?

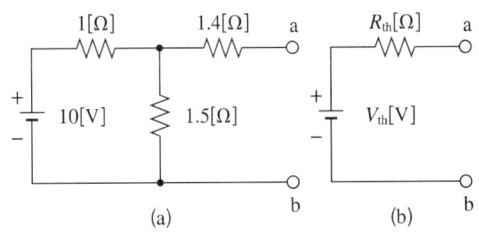

① 5[V], 2[Ω]
② 5[V], 3[Ω]
③ 6[V], 2[Ω]
④ 6[V], 3[Ω]

해설
테브난의 정리
- 전압 $V_{th} = \dfrac{1.5[\Omega]}{1.5[\Omega] + 1[\Omega]} \times 10[V] = 6[V]$
- 저항 $R_{th} = 1.4[\Omega] + \dfrac{1.5[\Omega] \times 1[\Omega]}{1.5[\Omega] + 1[\Omega]} = 2[\Omega]$

34 LC 직렬회로에 직류전압 E를 $t=0[\text{s}]$에 인가했을 때 흐르는 전류 $I(t)$는?

① $\dfrac{E}{\sqrt{L/C}}\cos\dfrac{1}{\sqrt{LC}}t$

② $\dfrac{E}{\sqrt{L/C}}\sin\dfrac{1}{\sqrt{LC}}t$

③ $\dfrac{E}{\sqrt{C/L}}\cos\dfrac{1}{\sqrt{LC}}t$

④ $\dfrac{E}{\sqrt{C/L}}\sin\dfrac{1}{\sqrt{LC}}t$

해설

$L-C$ 직렬회로의 과도현상

- 전류 $i(t)=\dfrac{E}{\sqrt{L/C}}\sin\dfrac{1}{\sqrt{LC}}t\,[\text{A}]$
- 전하량 $q(t)=CE\left(1-\cos\dfrac{1}{\sqrt{LC}}t\right)[\text{C}]$

35 다음 소자 중에서 온도보상용으로 쓰이는 것은?

① 서미스터 ② 배리스터
③ 제너다이오드 ④ 터널다이오드

해설

반도체 소자

- 서미스터 : 천이 금속 산화물을 소결하여 만든 것으로 온도가 상승하면 저항값이 현저하게 작아지는 특성(온도-저항의 부특성)을 이용한 감열 저항체 소자이며 각종 장치의 온도센서나 전자회로의 온도보상용으로 사용된다.
- 배리스터 : 인가전압이 높을 때 저항값이 비대칭적으로 급격하게 감소하여 전류가 급격히 증가하는 비직선적인 전압과 전류의 특성을 갖는 2단자 반도체 소자이며 서지전압에 대한 회로 보호용으로 사용된다.
- 제너다이오드 : 정전압 다이오드로서 일정한 전압을 얻을 목적으로 사용되는 소자이다.
- 터널다이오드 : 불순물 반도체에서 부저항 특성이 나타나는 현상을 응용한 PN 접합 다이오드이다.

36 변위를 압력으로 변환하는 장치로 옳은 것은?

① 다이어프램 ② 가변 저항기
③ 벨로스 ④ 노즐 플래퍼

해설

변환기

- 압력을 변위로 변환 : 벨로스, 스프링, 다이어프램
- 변위를 압력으로 변환 : 노즐 플래퍼, 스프링, 유압 분사관
- 변위를 전압으로 변환 : 차동 변압기, 전위차계, 퍼텐쇼미터
- 변위를 임피던스로 변환 : 가변저항스프링, 가변 저항기, 용량형 변환기

37 저항 $R_1[\Omega]$, 저항 $R_2[\Omega]$, 인덕턴스 $L[\text{H}]$의 직렬회로가 있다. 이 회로의 시정수[s]는?

① $-\dfrac{R_1+R_2}{L}$ ② $\dfrac{R_1+R_2}{L}$

③ $-\dfrac{L}{R_1+R_2}$ ④ $\dfrac{L}{R_1+R_2}$

해설

$R-L$ 직렬회로의 시정수

- 직렬로 접속된 저항의 합성저항 $R=R_1+R_2[\Omega]$
- $R-L$ 직렬회로의 시정수 $\tau=\dfrac{L}{R}$에서 $\tau=\dfrac{L}{R_1+R_2}[\text{s}]$

38 자기 인덕턴스 L_1, L_2가 각각 4[mH], 9[mH]인 두 코일이 이상적인 결합이 되었다면 상호 인덕턴스는 몇 [mH]인가?(단, 결합계수는 1이다)

① 6 ② 12
③ 24 ④ 36

해설

결합계수 $k=\dfrac{M}{\sqrt{L_1L_2}}$

상호 인덕턴스 $M=k\sqrt{L_1L_2}$에서

$M=1\times\sqrt{(4\times10^{-3}[\text{H}])\times(9\times10^{-3}[\text{H}])}=6\times10^{-3}[\text{H}]$
$=6[\text{mH}]$

정답 34 ② 35 ① 36 ④ 37 ④ 38 ①

39 분류기를 사용하여 내부저항이 R_A인 전류계의 배율을 9로 하기 위한 분류기의 저항 $R_S[\Omega]$은?

① $R_S = \dfrac{1}{8} R_A$

② $R_S = \dfrac{1}{9} R_A$

③ $R_S = 8 R_A$

④ $R_S = 9 R_A$

해설
분류기의 배율(m)
- 전류계의 측정범위를 확대하기 위하여 내부저항 R_A인 전류계에 병렬로 접속한 저항(R_S)을 분류기라 한다.
- 전압 $I_S \dfrac{R_A \cdot R_S}{R_A + R_S} = I_A R_A$ 에서

배율 $m = \dfrac{I_S}{I_A} = \dfrac{R_A + R_S}{R_S} = 1 + \dfrac{R_A}{R_S}$

$\therefore m - 1 = \dfrac{R_A}{R_S}$ 에서

분류기 저항 $R_S = \dfrac{1}{m-1} R_A = \dfrac{1}{9-1} R_A = \dfrac{1}{8} R_A$

40 그림의 논리회로와 등가인 논리 게이트는?

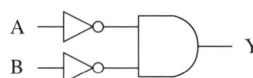

① NOR
② NAND
③ NOT
④ OR

해설
NOR 회로
- OR 회로의 출력에 NOT 회로를 조합시킨 논리합의 부정회로로서 2개의 입력신호가 모두 0일 때 출력이 1인 회로이다.
- 논리식 $Y = \overline{A + B} = \overline{A} \cdot \overline{B}$
- 논리기호

제3과목 소방관계법규

41 소방기본법령상 저수조의 설치기준으로 틀린 것은?

① 지면으로부터의 낙차가 4.5[m] 이상일 것
② 흡수부분의 수심이 0.5[m] 이상일 것
③ 흡수에 지장이 없도록 토사 및 쓰레기 등을 제거할 수 있는 설비를 갖출 것
④ 흡수관의 투입구가 사각형의 경우에는 한 변의 길이가 60[cm] 이상, 원형의 경우에는 지름이 60[cm] 이상일 것

해설
저수조의 설치기준(규칙 별표 3)
- 지면으로부터의 낙차가 4.5[m] 이하일 것
- 흡수부분의 수심이 0.5[m] 이상일 것
- 소방펌프자동차가 쉽게 접근할 수 있도록 할 것
- 흡수에 지장이 없도록 토사 및 쓰레기 등을 제거할 수 있는 설비를 갖출 것
- 흡수관의 투입구가 사각형의 경우에는 한 변의 길이가 60[cm] 이상, 원형의 경우에는 지름이 60[cm] 이상일 것
- 저수조에 물을 공급하는 방법은 상수도에 연결하여 자동으로 급수되는 구조일 것

42 소방시설공사업법령상 소방시설업 등록을 하지 않고 영업을 한 자에 대한 벌칙은?

① 500만원 이하의 벌금
② 1년 이하의 징역 또는 1,000만원 이하의 벌금
③ 3년 이하의 징역 또는 3,000만원 이하의 벌금
④ 5년 이하의 징역

해설
소방시설업 등록을 하지 않고 영업을 한 자 : 3년 이하의 징역 또는 3,000만원 이하의 벌금

43 소방시설 설치 및 관리에 관한 법령상 대통령령 또는 화재안전기준이 변경되어 그 기준이 강화되는 경우 기존 특정소방대상물의 소방시설 중 강화된 기준을 적용해야 하는 소방시설은?

① 비상경보설비   ② 비상방송설비
③ 비상콘센트설비 ④ 옥내소화전설비

해설
강화된 소방시설기준의 적용대상(법 제13조, 영 제13조)
- 다음 소방시설 중 대통령령 또는 화재안전기준으로 정하는 것
  - 소화기구
  - 비상경보설비
  - 자동화재탐지설비
  - 자동화재속보설비
  - 피난구조설비
- 다음 소방시설 중 대통령령 또는 화재안전기준으로 정하는 것
  - 공동구 : 소화기, 자동소화장치, 자동화재탐지설비, 통합감시시설, 유도등, 연소방지설비
  - 전력 및 통신사업용 지하구 : 소화기, 자동소화장치, 자동화재탐지설비, 통합감시시설, 유도등, 연소방지설비
  - 노유자시설 : 간이스프링클러설비, 자동화재탐지설비, 단독경보형감지기
  - 의료시설 : 스프링클러설비, 간이스프링클러설비, 자동화재탐지설비, 자동화재속보설비

44 화재예방법상 화재안전조사의 명령으로 인하여 손실을 입은 자에게 손실보상을 해야 하는 사람은?

① 소방서장
② 소방본부장
③ 소방청장 또는 시·도지사
④ 시·도지사

해설
손실보상권자 : 소방청장 또는 시·도지사(법 제15조)

45 소방기본법령상 소방신호의 방법으로 틀린 것은?

① 타종에 의한 훈련신호는 연 3타 반복
② 사이렌에 의한 발화신호는 5초 간격을 두고 10초씩 3회
③ 타종에 의한 해제신호는 상당한 간격을 두고 1타씩 반복
④ 사이렌에 의한 경계신호는 5초 간격을 두고 30초씩 3회

해설
소방신호의 종류(규칙 제10조)

신호종류	발령 시기	타종신호	사이렌 신호
경계신호	화재예방상 필요하다고 인정되거나 화재위험 경보 시 발령	1타와 연 2타를 반복	5초 간격을 두고 30초씩 3회
발화신호	화재가 발생한 때 발령	난 타	5초 간격을 두고 5초씩 3회
해제신호	소화활동이 필요 없다고 인정되는 때 발령	상당한 간격을 두고 1타씩 반복	1분간 1회
훈련신호	훈련상 필요하다고 인정되는 때 발령	연 3타 반복	10초 간격을 두고 1분씩 3회

46 화재의 예방 및 안전관리에 관한 법령상 특정소방대상물의 관계인이 수행해야 하는 소방안전관리 업무가 아닌 것은?

① 소방훈련 및 교육
② 화기(火氣) 취급의 감독
③ 피난시설, 방화구획 및 방화시설의 관리
④ 소방시설이나 그 밖의 소방 관련 시설의 관리

해설
특정소방대상물의 관계인과 소방안전관리자의 업무(법 제24조)

업무 내용	안전관리대상물 (안전관리자)	특정소방대상물의 관계인
피난계획에 관한 사항과 소방계획서의 작성 및 시행	○	-
자위소방대 및 초기대응체계의 구성·운영·교육	○	-
피난시설, 방화구획 및 방화시설의 관리	○	○
소방훈련 및 교육	○	-
소방시설이나 그 밖의 소방 관련 시설의 관리	○	○
화기취급의 감독	○	○
그 밖에 소방안전관리에 필요한 업무	○	○

47 소방기본법에서 정의하는 소방대의 조직구성원이 아닌 것은?

① 의무소방원
② 소방공무원
③ 의용소방대원
④ 공항소방대원

해설
소방대(법 제2조) : 화재를 진압하고 화재, 재난·재해, 그 밖의 위급한 상황에서 구조·구급 활동 등을 하기 위하여 소방공무원, 의무소방원, 의용소방대원으로 구성된 조직체

48 위험물안전관리법령상 인화성 액체위험물(이황화탄소를 제외)의 옥외탱크저장소의 탱크 주위에 설치해야 하는 방유제의 기준 중 틀린 것은?

① 방유제의 용량은 방유제 안에 설치된 탱크가 하나인 때는 그 탱크 용량의 110[%] 이상으로 할 것
② 방유제의 용량은 방유제 안에 설치된 탱크가 2기 이상인 때는 그 탱크 중 용량이 최대인 것의 용량의 110[%] 이상으로 할 것
③ 방유제는 높이 1[m] 이상 2[m] 이하, 두께 0.2[m] 이상, 지하매설깊이 0.5[m] 이상으로 할 것
④ 방유제 내의 면적은 80,000[m^2] 이하로 할 것

해설
옥외탱크저장소 방유제의 설치기준(규칙 별표 6)
• 방유제는 높이 0.5[m] 이상 3[m] 이하, 두께 0.2[m] 이상, 지하매설깊이 1[m] 이상으로 할 것
• 방유제 내의 면적은 80,000[m^2] 이하로 할 것
• 방유제의 용량은 방유제 안에 설치된 탱크가 하나인 때는 그 탱크 용량의 110[%] 이상, 2기 이상인 때는 그 탱크 중 용량이 최대인 것의 용량의 110[%] 이상으로 할 것

49 위험물안전관리법상 시·도지사의 허가를 받지 않고 해당 제조소 등을 설치할 수 있는 기준 중 다음 (   ) 안에 알맞은 것은?

> 농예용·축산용 또는 수산용으로 필요한 난방시설 또는 건조시설을 위한 지정수량 (   )배 이하의 저장소

① 20
② 30
③ 40
④ 50

해설
위험물시설의 설치 및 변경(법 제6조)
• 주택의 난방시설(공동주택의 중앙난방시설을 제외한다)을 위한 저장소 또는 취급소
• 농예용·축산용 또는 수산용으로 필요한 난방시설 또는 건조시설을 위한 지정수량 20배 이하의 저장소

정답 46 ① 47 ④ 48 ③ 49 ①

50 소방시설 설치 및 관리에 관한 법령상 건축허가 등의 동의대상물의 범위 기준 중 틀린 것은?

① 건축 등을 하려는 학교시설 : 연면적 200[m²] 이상
② 노유자시설 : 연면적 200[m²] 이상
③ 정신의료기관(입원실이 없는 정신건강의학과 의원은 제외) : 연면적 300[m²] 이상
④ 장애인 의료재활시설 : 연면적 300[m²] 이상

해설
건축허가 등의 동의대상물 범위(영 제7조)
• 건축 등을 하려는 학교시설 : 연면적 100[m²] 이상
• 노유자시설 및 수련시설 : 연면적 200[m²] 이상
• 정신의료기관(입원실이 없는 정신건강의학과 의원은 제외) : 연면적 300[m²] 이상
• 장애인 의료재활시설 : 연면적 300[m²] 이상
• 공동주택, 의원, 조산원, 산후조리원, 숙박시설, 위험물 저장 및 처리시설, 전기저장시설, 지하구

51 소방시설 설치 및 관리에 관한 법령상 지하상가는 연면적이 최소 몇 [m²] 이상이어야 스프링클러설비를 설치해야 하는 특정소방대상물에 해당하는가?

① 100
② 200
③ 1,000
④ 2,000

해설
지하상가로서 스프링클러설비 설치기준(영 별표 4) : 연면적이 1,000[m²] 이상

52 화재의 예방 및 안전관리에 관한 법령상 소방안전관리대상물의 소방계획서에 포함되어야 하는 사항이 아닌 것은?

① 소방시설·피난시설 및 방화시설의 점검·정비계획
② 위험물안전관리법에 따라 예방규정을 정하는 제조소 등의 위험물 저장·취급에 관한 사항
③ 소방안전관리대상물의 근무자 및 거주자의 자위소방대 조직과 대원의 임무에 관한 사항
④ 방화구획, 제연구획, 건축물의 내부 마감재료 및 방염물품의 사용현황과 그 밖의 방화구조 및 설비의 유지·관리계획

해설
위험물의 저장·취급에 관한 사항(위험물안전관리법에 따라 예방규정을 정하는 제조소 등은 제외한다)은 소방계획서의 포함사항이다(영 제27조).

53 위험물안전관리법상 업무상 과실로 제조소 등에서 위험물을 유출·방출 또는 확산시켜 사람의 생명·신체 또는 재산에 대하여 위험을 발생시킨 자에 대한 벌칙 기준은?

① 5년 이하의 금고 또는 2,000만원 이하의 벌금
② 5년 이하의 금고 또는 7,000만원 이하의 벌금
③ 7년 이하의 금고 또는 2,000만원 이하의 벌금
④ 7년 이하의 금고 또는 7,000만원 이하의 벌금

해설
벌 칙
㉠ 제조소 등에서 위험물을 유출·방출 또는 확산시켜 사람의 생명·신체 또는 재산에 대하여 위험을 발생시킨 자는 1년 이상 10년 이하의 징역에 처한다.
㉡ ㉠의 죄를 범하여 사람을 상해(傷害)에 이르게 한 때는 무기 또는 3년 이상의 징역에 처하며, 사망에 이르게 한 때는 무기 또는 5년 이상의 징역에 처한다.
㉢ 업무상 과실로 제조소 등에서 위험물을 유출·방출 또는 확산시켜 사람의 생명·신체 또는 재산에 대하여 위험을 발생시킨 자는 7년 이하의 금고 또는 7,000만원 이하의 벌금에 처한다.
㉣ ㉢의 죄를 범하여 사람을 사상(死傷)에 이르게 한 자는 10년 이하의 징역 또는 금고나 1억원 이하의 벌금에 처한다.

정답 50 ① 51 ③ 52 ② 53 ④

54 소방기본법령상 소방용수시설의 설치기준 중 급수탑의 급수배관의 구경은 최소 몇 [mm] 이상이어야 하는가?

① 100
② 150
③ 200
④ 250

해설
급수탑의 급수배관의 구경(규칙 별표 3) : 100[mm] 이상

55 소방시설공사업법령상 공사감리자 지정대상 특정소방대상물의 범위가 아닌 것은?

① 물분무 등 소화설비(호스릴 방식의 소화설비는 제외)를 신설·개설하거나 방호·방수구역을 증설할 때
② 제연설비를 신설·개설하거나 제연구역을 증설할 때
③ 소화용수설비를 신설 또는 개설할 때
④ 캐비닛형 간이스프링클러설비를 신설·개설하거나 방호·방수구역을 증설할 때

해설
공사감리자 지정대상 특정소방대상물의 범위(영 제10조)
- 옥내소화전설비, 옥외소화전설비를 신설·개설 또는 증설할 때
- 스프링클러설비 등(캐비닛형 간이스프링클러설비는 제외한다)을 신설·개설하거나 방호·방수구역을 증설할 때
- 물분무 등 소화설비(호스릴 방식의 소화설비는 제외한다)를 신설·개설하거나 방호·방수구역을 증설할 때
- 자동화재탐지설비, 비상방송설비, 통합감시시설, 소화용수설비를 신설 또는 개설할 때
- 다음에 해당하는 소화활동설비를 시공할 때
  - 제연설비를 신설·개설하거나 제연구역을 증설할 때
  - 연결송수관설비를 신설 또는 개설할 때
  - 연결살수설비를 신설·개설하거나 송수구역을 증설할 때
  - 비상콘센트설비를 신설·개설하거나 전용회로를 증설할 때
  - 무선통신보조설비를 신설 또는 개설할 때
  - 연소방지설비를 신설·개설하거나 살수구역을 증설할 때

56 소방시설 설치 및 관리에 관한 법령상 자동화재탐지설비를 설치해야 하는 특정소방대상물에 대한 기준 중 ( )에 알맞은 것은?

> 근린생활시설(목욕장 제외), 의료시설(정신의료기관 또는 요양병원 제외), 위락시설, 장례시설 및 복합건축물로서 연면적 ( )[m²] 이상인 것

① 400
② 600
③ 1,000
④ 3,500

해설
자동화재탐지설비 설치대상(영 별표 4) : 근린생활시설(목욕장은 제외한다), 의료시설(정신의료기관 또는 요양병원은 제외한다), 위락시설, 장례시설 및 복합건축물로서 연면적 600[m²] 이상인 것

57 소방시설 설치 및 관리에 관한 법령상 형식승인을 받지 않고 소방용품을 판매한 자에 대한 벌칙 기준은?

① 3년 이하의 징역 또는 3,000만원 이하의 벌금
② 2년 이하의 징역 또는 1,500만원 이하의 벌금
③ 1년 이하의 징역 또는 1,000만원 이하의 벌금
④ 1년 이하의 징역 또는 500만원 이하의 벌금

해설
형식승인을 받지 않고 소방용품을 판매하거나 판매한 자 : 3년 이하의 징역 또는 3,000만원 이하의 벌금

58 소방기본법에서 정의하는 소방대상물에 해당하지 않는 것은?

① 산 림
② 차 량
③ 건축물
④ 항해 중인 선박

해설
소방대상물(법 제2조) : 건축물, 차량, 선박(항구에 매어 둔 선박), 선박건조구조물, 산림, 그 밖의 인공구조물 또는 물건

정답 54 ① 55 ④ 56 ② 57 ① 58 ④

59 소방시설 설치 및 관리에 관한 법령상 특정소방대상물의 소방시설 설치의 면제기준 중 다음 ( ) 안에 알맞은 것은?

> 물분무 등 소화설비를 설치해야 하는 차고·주차장에 ( )를 화재안전기준에 적합하게 설치한 경우에는 그 설비의 유효범위에서 설치가 면제된다.

① 옥내소화전설비
② 스프링클러설비
③ 간이스프링클러설비
④ 할로겐화합물 및 불활성기체소화약제 소화설비

해설

특정소방대상물의 소방시설 설치의 면제기준(영 별표 5)

설치가 면제되는 소방시설	설치가 면제되는 기준
물분무 등 소화설비	물분무 등 소화설비를 설치해야 하는 차고·주차장에 스프링클러설비를 화재안전기준에 적합하게 설치한 경우에는 그 설비의 유효범위에서 설치가 면제된다.

60 위험물안전관리법령상 위험물의 유별 저장·취급의 공통기준 중 다음 ( ) 안에 알맞은 것은?

> ( ) 위험물은 산화제와의 접촉·혼합이나 불티·불꽃·고온체와의 접근 또는 과열을 피하는 한편, 철분·금속분·마그네슘 및 이를 함유한 것에 있어서는 물이나 산과의 접촉을 피하고 인화성 고체에 있어서는 함부로 증기를 발생시키지 않아야 한다.

① 제1류
② 제2류
③ 제3류
④ 제4류

해설

제2류 위험물은 산화제와의 접촉·혼합이나 불티·불꽃·고온체와의 접근 또는 과열을 피하는 한편, 철분·금속분·마그네슘 및 이를 함유한 것에 있어서는 물이나 산과의 접촉을 피하고 인화성 고체에 있어서는 함부로 증기를 발생시키지 않아야 한다.

제4과목 소방전기시설의 구조 및 원리

61 비상콘센트설비의 화재안전기술기준(NFTC 504)에 따라 하나의 전용회로에 단상교류 비상콘센트 6개를 연결하는 경우, 전선의 용량은 몇 [kVA] 이상이어야 하는가?

① 1.5
② 3
③ 4.5
④ 9

해설

비상콘센트의 설치기준(NFTC 504)
- 비상콘센트설비의 전원회로는 단상교류 220[V]인 것으로서, 그 공급용량은 1.5[kVA] 이상인 것으로 할 것
- 하나의 전용회로에 설치하는 비상콘센트는 10개 이하로 할 것. 이 경우 전선의 용량은 각 비상콘센트(비상콘센트가 3개 이상인 경우에는 3개)의 공급용량을 합한 용량 이상의 것으로 해야 한다.

설치개수	전선의 용량
1개	1.5[kVA] 이상
2개	3[kVA] 이상
3개 이상	4.5[kVA] 이상

62 무선통신보조설비의 화재안전기술기준(NFTC 505)에 따라 지표면으로부터의 깊이가 몇 [m] 이하인 경우에는 해당 층에 한해 무선통신보조설비를 설치하지 않을 수 있는가?

① 0.5
② 1
③ 1.5
④ 2

해설

무선통신보조설비의 설치제외(NFTC 505) : 지하층으로서 특정소방대상물의 바닥부분 2면 이상이 지표면과 동일하거나 지표면으로부터의 깊이가 1[m] 이하인 경우에는 해당 층에 한하여 무선통신보조설비를 설치하지 않을 수 있다.

63 자동화재속보설비의 속보기의 성능인증 및 제품검사의 기술기준에 따른 속보기의 구조에 대한 설명으로 틀린 것은?

① 수동통화용 송수화장치를 설치해야 한다.
② 접지전극에 직류전류를 통하는 회로방식을 사용해야 한다.
③ 작동 시 그 작동시간과 작동횟수를 표시할 수 있는 장치를 해야 한다.
④ 예비전원회로에는 단락사고 등을 방지하기 위한 퓨즈, 차단기 등과 같은 보호장치를 해야 한다.

해설
속보기에 사용하지 않는 회로방식(제3조)
• 접지전극에 직류전류를 통하는 회로방식
• 수신기에 접속되는 외부배선과 다른 설비(화재신호의 전달에 영향을 미치지 않는 것은 제외)의 외부배선을 공용으로 하는 회로방식

64 공기관식 차동식 분포형감지기의 기능시험을 하였더니 검출기의 접점수고치가 규정 이상으로 되어 있었다. 이때 발생되는 장애로 볼 수 있는 것은?

① 작동이 늦어진다.
② 장애는 발생되지 않는다.
③ 동작이 전혀 되지 않는다.
④ 화재도 아닌데 작동하는 일이 있다.

해설
접점수고시험
• 점검방법 : 마노미터와 공기주입기를 접속한 후 공기를 서서히 주입하여 감지기의 접점이 붙는 순간 마노미터의 수위를 읽는다.
• 판정방법 : 접점수고치가 검출부에 표시되어 있는 값의 범위 이내이어야 한다.
  - 접점수고치가 규정 이하이면 감도가 과민하게 되어 비화재보의 원인이 된다.
  - 접점수고치가 규정 이상이면 감도가 저하되어 작동이 늦어진다.

65 경종의 형식승인 및 제품검사의 기술기준에 따라 경종은 전원전압이 정격전압의 ± 몇 [%] 범위에서 변동하는 경우 기능에 이상이 생기지 않아야 하는가?

① 5
② 10
③ 20
④ 30

해설
경종의 기능기준
• 경종은 전원전압이 정격전압의 ±20[%] 범위에서 변동하는 경우 기능에 이상이 생기지 않아야 한다(제4조).
• 작동상태의 음압은 무향실 내에서 정위치에 부착된 경종의 중심으로부터 1[m] 떨어진 위치에서 제조사 설계음압(1[m] 설계음압) 이상이어야 한다. 이 경우 1[m] 설계음압은 90[dB] 이상부터 10[dB] 간격으로 정해야 한다(제3조의2).
• 작동상태(건전지를 주전원으로 하는 무선식 경종은 제외)의 소비전류는 50[mA] 이하이어야 한다(제3조의2).

66 누전경보기의 화재안전기술기준(NFTC 205)에 따라 누전경보기의 수신부를 설치할 수 있는 장소는?(단, 해당 누전경보기에 대하여 방폭·방식·방습·방온·방진 및 정전기 차폐 등의 방호조치를 하지 않은 경우이다)

① 습도가 낮은 장소
② 온도의 변화가 급격한 장소
③ 화약류를 제조하거나 저장 또는 취급하는 장소
④ 부식성의 증기·가스 등이 다량으로 체류하는 장소

해설
누전경보기의 수신부 설치제외 장소(NFTC 205)
• 습도가 높은 장소
• 온도의 변화가 급격한 장소
• 대전류회로·고주파 발생회로 등에 따른 영향을 받을 우려가 있는 장소
• 가연성의 증기·먼지·가스 등이나 부식성의 증기·가스 등이 다량으로 체류하는 장소
• 화약류를 제조하거나 저장 또는 취급하는 장소

67 자동화재탐지설비 및 시각경보장치의 화재안전기술기준(NFTC 203)에 따라 특정소방대상물 중 화재신호를 발신하고 그 신호를 수신 및 유효하게 제어할 수 있는 구역을 무엇이라 하는가?

① 방호구역
② 방수구역
③ 경계구역
④ 화재구역

해설
자동화재탐지설비 및 시각경보장치의 용어 정의(NFTC 203)
- 경계구역이란 특정소방대상물 중 화재신호를 발신하고 그 신호를 수신 및 유효하게 제어할 수 있는 구역을 말한다.
- 거실이란 거주·집무·작업·집회·오락 그 밖에 이와 유사한 목적을 위하여 사용하는 실을 말한다.

68 소방시설용 비상전원수전설비의 화재안전기술기준(NFTC 602) 용어의 정의에 따라 가공인입선(가공전선로의 지지물로부터 다른 지지물을 거치지 않고 수용장소의 붙임점에 이르는 가공전선) 및 수용장소의 조영물(토지에 정착한 시설물 중 지붕 및 기둥 또는 벽이 있는 시설물을 말한다)의 옆면 등에 시설하는 전선으로서 그 수용장소의 인입구에 이르는 부분의 전선은 무엇인가?

① 인입선
② 내화배선
③ 열화배선
④ 인입구배선

해설
소방시설용 비상전원수전설비 용어 정의(NFTC 602)
- 인입선 : 가공인입선(가공전선로의 지지물로부터 다른 지지물을 거치지 않고 수용장소의 붙임점에 이르는 가공전선) 및 수용장소의 조영물(토지에 정착한 시설물 중 지붕 및 기둥 또는 벽이 있는 시설물을 말한다)의 옆면 등에 시설하는 전선으로서 그 수용장소의 인입구에 이르는 부분의 전선을 말한다(전기설비기술기준).
- 인입구배선 : 인입선 연결점으로부터 특정소방대상물 내에 시설하는 인입개폐기에 이르는 배선을 말한다.

69 비상콘센트설비의 성능인증 및 제품검사의 기술기준에 따른 표시등의 구조 및 기능에 대한 내용이다. 다음 ( )에 들어갈 내용으로 옳은 것은?

적색으로 표시되어야 하며 주위의 밝기가 (㉠)[lx] 이상인 장소에서 측정하여 앞면으로부터 (㉡)[m] 떨어진 곳에서 켜진 등이 확실히 식별되어야 한다.

① ㉠ 100, ㉡ 1
② ㉠ 300, ㉡ 3
③ ㉠ 500, ㉡ 5
④ ㉠ 1,000, ㉡ 10

해설
비상콘센트설비의 표시등의 구조 및 기능(제4조) : 적색으로 표시되어야 하며 주위의 밝기가 300[lx] 이상인 장소에서 측정하여 앞면으로부터 3[m] 떨어진 곳에서 켜진 등이 확실히 식별되어야 한다.

70 감지기의 형식승인 및 제품검사의 기술기준에 따라 단독경보형감지기의 일반기능에 대한 내용이다. 다음 ( )에 들어갈 내용으로 옳은 것은?

주기적으로 섬광하는 전원표시등에 의하여 전원의 정상 여부를 감시할 수 있는 기능이 있어야 하며, 전원의 정상상태를 표시하는 전원표시등의 섬광주기는 (㉠)초 이내의 점등과 (㉡)초에서 (㉢)초 이내의 소등으로 이루어져야 한다.

① ㉠ 1, ㉡ 15, ㉢ 60
② ㉠ 1, ㉡ 30, ㉢ 60
③ ㉠ 2, ㉡ 15, ㉢ 60
④ ㉠ 2, ㉡ 30, ㉢ 60

정답 67 ③ 68 ① 69 ② 70 ②

[해설]
단독경보형감지기의 일반기능(제5조의2)
- 주기적으로 섬광하는 전원표시등에 의하여 전원의 정상 여부를 감시할 수 있는 기능이 있어야 하며, 전원의 정상상태를 표시하는 전원표시등의 섬광주기는 1초 이내의 점등과 30초에서 60초 이내의 소등으로 이루어져야 한다.
- 작동되는 경우 작동표시등에 의하여 화재의 발생을 표시하고, 내장된 음향장치에 의하여 화재경보음을 발할 수 있는 기능이 있어야 한다.
- 화재경보음은 감지기로부터 1[m] 떨어진 위치에서 85[dB] 이상으로 10분 이상 계속하여 경보할 수 있어야 한다.
- 건전지를 주전원으로 하는 감지기는 건전지의 성능이 저하되어 건전지의 교체가 필요한 경우에는 음성안내를 포함한 음향 및 표시등에 의하여 72시간 이상 경보할 수 있어야 한다. 이 경우 음향경보는 1[m] 떨어진 거리에서 70[dB](음성안내는 60[dB]) 이상이어야 한다.

72 자동화재탐지설비 및 시각경보장치의 화재안전기술기준(NFTC 203)에 따라 자동화재탐지설비의 주음향장치의 설치 장소로 옳은 것은?

① 발신기의 내부
② 수신기의 내부
③ 누전경보기의 내부
④ 자동화재속보설비의 내부

[해설]
자동화재탐지설비의 음향장치 설치기준(NFTC 203)
- 주음향장치는 수신기의 내부 또는 그 직근에 설치할 것
- 지구음향장치는 특정소방대상물의 층마다 설치하되, 해당 층의 각 부분으로부터 하나의 음향장치까지의 수평거리가 25[m] 이하가 되도록 하고, 해당 층의 각 부분에 유효하게 경보를 발할 수 있도록 설치할 것
- 음향장치는 정격전압의 80[%] 전압에서 음향을 발할 수 있는 것으로 할 것
- 음향의 크기는 부착된 음향장치의 중심으로부터 1[m] 떨어진 위치에서 90[dB] 이상이 되는 것으로 할 것
- 음향장치는 감지기 및 발신기의 작동과 연동하여 작동할 수 있는 것으로 할 것

71 일반적인 비상방송설비의 계통도이다. 다음의 ( )에 들어갈 내용으로 옳은 것은?

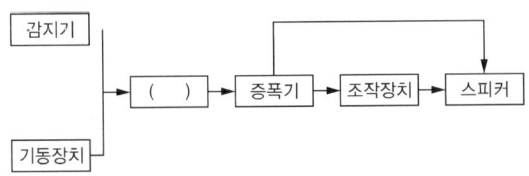

① 변류기
② 발신기
③ 수신기
④ 음향장치

[해설]
비상방송설비의 계통 : 감지기(화재 시 발생하는 열, 연기, 불꽃 또는 연소생성물을 자동적으로 감지하여 수신기에 발신하는 장치)+기동장치 → 수신기(감지기나 발신기에서 발하는 화재신호를 직접 수신하거나 중계기를 통하여 수신하여 화재의 발생을 표시 및 경보하여 주는 장치) → 증폭기(전압, 전류의 진폭을 늘려 감도를 좋게 하고 미약한 음성전류를 커다란 음성전류로 변화시켜 소리를 크게 하는 장치) → 스피커(소리를 크게 하여 멀리까지 전달될 수 있도록 하는 장치)

73 비상조명등의 형식승인 및 제품검사의 기술기준에 따라 비상조명등의 일반구조로 광원과 전원부를 별도로 수납하는 구조에 대한 설명으로 틀린 것은?

① 전원함은 방폭구조로 할 것
② 배선은 충분히 견고한 것을 사용할 것
③ 광원과 전원부 사이의 배선길이는 1[m] 이하로 할 것
④ 전원함은 불연재료 또는 난연재료의 재질을 사용할 것

[해설]
비상조명등의 광원과 전원부를 별도로 수납하는 구조기준(제3조)
- 전원함은 불연재료 또는 난연재료의 재질을 사용할 것
- 광원과 전원부 사이의 배선길이는 1[m] 이하로 할 것
- 배선은 충분히 견고한 것을 사용할 것

[정답] 71 ③ 72 ② 73 ①

74 누전경보기의 형식승인 및 제품검사의 기술기준에 따라 누전경보기에 사용되는 표시등의 구조 및 기능에 대한 설명으로 틀린 것은?

① 누전등이 설치된 수신부의 지구등은 적색 외의 색으로도 표시할 수 있다.
② 방전등 또는 발광다이오드의 경우 전구는 2개 이상을 병렬로 접속해야 한다.
③ 전구에는 적당한 보호덮개를 설치해야 한다.
④ 누전등 및 지구등과 쉽게 구별할 수 있도록 부착된 기타의 표시등은 적색으로도 표시할 수 있다.

해설
누전경보기의 표시등의 구조 및 기능(제4조)
- 전구는 2개 이상을 병렬로 접속해야 한다. 다만, 방전등 또는 발광다이오드의 경우에는 그렇지 않다.
- 전구에는 적당한 보호덮개를 설치해야 한다. 다만, 발광다이오드의 경우에는 그렇지 않다.
- 지구등은 적색으로 표시되어야 한다. 이 경우 누전등이 설치된 수신부의 지구등은 적색 외의 색으로도 표시할 수 있다.
- 기타의 표시등은 적색 외의 색으로 표시되어야 한다. 다만, 누전등 및 지구등과 쉽게 구별할 수 있도록 부착된 기타의 표시등은 적색으로도 표시할 수 있다.
- 주위의 밝기가 300[lx]인 장소에서 측정하여 앞면으로부터 3[m] 떨어진 곳에서 켜진등이 확실히 식별되어야 한다.

76 발신기의 형식승인 및 제품검사의 기술기준에 따라 발신기의 작동기능에 대한 내용이다. 다음 ( )에 들어갈 내용으로 옳은 것은?

> 발신기의 조작부는 작동스위치의 동작방향으로 가하는 힘이 (㉠)[kg]을 초과하고 (㉡)[kg] 이하인 범위에서 확실하게 동작되어야 하며, (㉠)[kg]의 힘을 가하는 경우 동작되지 않아야 한다. 이 경우 누름판이 있는 구조로서 손끝으로 눌러 작동하는 방식의 작동스위치는 누름판을 포함한다.

① ㉠ 2, ㉡ 8
② ㉠ 3, ㉡ 7
③ ㉠ 2, ㉡ 7
④ ㉠ 3, ㉡ 8

해설
발신기의 작동기능 기준(제4조의2) : 발신기의 조작부는 작동스위치의 동작방향으로 가하는 힘이 2[kg]을 초과하고 8[kg] 이하인 범위에서 확실하게 동작되어야 하며, 2[kg]의 힘을 가하는 경우 동작되지 않아야 한다. 이 경우 누름판이 있는 구조로서 손끝으로 눌러 작동하는 방식의 작동스위치는 누름판을 포함한다.

75 유도등의 형식승인 및 제품검사의 기술기준에 따라 영상표시소자(LED, LCD 및 PDP 등)를 이용하여 피난유도표시 형상을 영상으로 구현하는 방식은?

① 투광식
② 패널식
③ 방폭형
④ 방수형

해설
정의(제2조)
- 투광식 : 광원의 빛이 통과하는 투과면에 피난유도표시 형상을 인쇄하는 방식을 말한다.
- 패널식 : 영상표시소자(LED, LCD 및 PDP 등)를 이용하여 피난유도표시 형상을 영상으로 구현하는 방식을 말한다.

77 유도등의 형식승인 및 제품검사의 기술기준에 따라 객석유도등은 바닥면 또는 디딤 바닥면에서 높이 0.5[m]의 위치에 설치하고 그 유도등의 바로 밑에서 0.3[m] 떨어진 위치에서의 수평조도가 몇 [lx] 이상이어야 하는가?

① 0.1
② 0.2
③ 0.5
④ 1

해설
유도등의 조도시험(제23조) : 객석유도등은 바닥면 또는 디딤 바닥면에서 높이 0.5[m]의 위치에 설치하고 그 유도등의 바로 밑에서 0.3[m] 떨어진 위치에서의 수평조도가 0.2[lx] 이상이어야 한다.

78 무선통신보조설비의 화재안전기술기준(NFTC 505)에 따라 무선통신보조설비의 주요 구성요소가 아닌 것은?

① 증폭기   ② 분배기
③ 음향장치   ④ 누설동축케이블

해설
무선통신보조설비의 주요 구성요소(NFTC 505)
- 누설동축케이블
- 분배기
- 분파기
- 혼합기
- 증폭기

79 소방시설용 비상전원수전설비의 화재안전기술기준(NFTC 602)에 따라 일반전기사업자로부터 특별고압 또는 고압으로 수전하는 비상전원수전설비로 큐비클형을 사용하는 경우의 설치기준으로 틀린 것은?(단, 옥내에 설치하는 경우이다)

① 외함은 내화성능이 있는 것으로 제작할 것
② 전용큐비클 또는 공용큐비클식으로 설치할 것
③ 개구부에는 60분+ 방화문 또는 30분 방화문을 설치할 것
④ 외함은 두께 2.3[mm] 이상의 강판과 이와 동등 이상의 강도를 가질 것

해설
큐비클형 설치기준(NFTC 602)
- 외함은 두께 2.3[mm] 이상의 강판과 이와 동등 이상의 강도와 내화성능이 있는 것으로 제작할 것
- 개구부에는 60분+ 방화문, 60분 방화문 또는 30분 방화문을 설치할 것
- 전용큐비클 또는 공용큐비클식으로 설치할 것
- 공용큐비클식의 소방회로와 일반회로에 사용되는 배선 및 배선용 기기는 불연재료로 구획할 것
- 전선 인입구 및 인출구에는 금속관 또는 금속제 가요전선관을 쉽게 접속할 수 있도록 할 것
- 자연환기구에 따라 충분히 환기할 수 없는 경우에는 환기설비를 설치할 것
- 환기구에는 금속망, 방화댐퍼 등으로 방화조치를 하고, 옥외에 설치하는 것은 빗물 등이 들어가지 않도록 할 것

80 비상방송설비의 화재안전기술기준에 따른 비상방송설비의 음향장치에 대한 내용이다. 다음 ( )에 들어갈 내용으로 옳은 것은?

> 확성기는 각 층마다 설치하되, 그 층의 각 부분으로부터 하나의 확성기까지의 수평거리가 ( )[m] 이하가 되도록 하고, 해당 층의 각 부분에 유효하게 경보를 발할 수 있도록 설치할 것

① 10   ② 15
③ 20   ④ 25

해설
비상방송설비의 음향장치 설치기준(NFTC 202)
- 확성기는 각 층마다 설치하되, 그 층의 각 부분으로부터 하나의 확성기까지의 수평거리가 25[m] 이하가 되도록 하고, 해당 층의 각 부분에 유효하게 경보를 발할 수 있도록 설치할 것
- 확성기의 음성입력은 3[W](실내에 설치하는 것에 있어서는 1[W]) 이상일 것
- 음량조정기를 설치하는 경우 음량조정기의 배선은 3선식으로 할 것
- 조작부의 조작스위치는 바닥으로부터 0.8[m] 이상 1.5[m] 이하의 높이에 설치할 것

2021년 제2회 과년도 기출문제

제1과목 소방원론

01 제3종 분말소화약제의 주성분은?

① 인산암모늄
② 탄산수소칼륨
③ 탄산수소나트륨
④ 탄산수소칼륨과 요소

해설
제3종 분말소화약제 : 인산암모늄(= 제일인산암모늄[$NH_4H_2PO_4$])

02 화재 발생 시 피난기구로 직접 활용할 수 없는 것은?

① 완강기
② 무선통신보조설비
③ 피난사다리
④ 구조대

해설
무선통신보조설비 : 소화활동설비

03 소화약제 중 HFC-125의 화학식으로 옳은 것은?

① CHF_2CF_3
② CHF_3
③ CF_3CHFCF_3
④ CF_3I

해설
할로겐화합물 및 불활성기체소화약제

소화약제	화학식
펜타플루오로에테인(이하 "HFC-125"라 한다)	CHF_2CF_3
트라이플루오로메테인(이하 "HFC-23"라 한다)	CHF_3
헵타플루오로프로페인(이하 "HFC-227ea"라 한다)	CF_3CHFCF_3
트라이플루오로아이오다이드(이하 "FIC-13I1"라 한다)	CF_3I

04 위험물안전관리법령상 제6류 위험물을 수납하는 운반용기의 외부에 주의사항을 표시해야 할 경우, 어떤 내용을 표시해야 하는가?

① 물기엄금
② 화기엄금
③ 화기주의·충격주의
④ 가연물접촉주의

해설
제6류 위험물의 운반용기의 외부 주의사항 : 가연물접촉주의

05 분말소화약제 중 A, B, C급 화재에 모두 사용할 수 있는 것은?

① 제1종 분말
② 제2종 분말
③ 제3종 분말
④ 제4종 분말

해설
A, B, C급 화재 적응 : 제3종 분말소화약제

정답 1① 2② 3① 4④ 5③

06 열전도도(Thermal Conductivity)를 표시하는 단위에 해당하는 것은?

① [J/m² · h]
② [kcal/h · ℃²]
③ [W/m · K]
④ [J · K/m³]

해설
열전도도의 단위 : [kcal/m · h · ℃] 또는 [W/m · ℃] = [W/m · K]

07 알킬알루미늄 화재에 적합한 소화약제는?

① 물
② 이산화탄소
③ 팽창질석
④ 할론

해설
알킬알루미늄의 소화약제 : 마른 모래, 팽창질석, 팽창진주암

08 가연물질의 종류에 따라 화재를 분류하였을 때 섬유류 화재가 속하는 것은?

① A급 화재
② B급 화재
③ C급 화재
④ D급 화재

해설
A급 화재 : 종이, 목재, 섬유류 등의 일반 화재

09 다음 연소생성물 중 인체에 독성이 가장 높은 것은?

① 이산화탄소
② 일산화탄소
③ 수증기
④ 포스겐

해설
허용농도 : 공기 중에 노출된 작업자의 신체에 해가 없는 범위에서의 농도

종 류	이산화탄소	일산화탄소	수증기	포스겐
허용농도[ppm]	5,000	50	–	0.1

10 내화건축물과 비교한 목조건축물 화재의 일반적인 특징을 옳게 나타낸 것은?

① 고온, 단시간형
② 저온, 단시간형
③ 고온, 장시간형
④ 저온, 장시간형

해설
목조건축물 화재 : 고온, 단시간형

정답 6 ③ 7 ③ 8 ① 9 ④ 10 ①

11 정전기에 의한 발화과정으로 옳은 것은?

① 방전 → 전하의 축적 → 전하의 발생 → 발화
② 전하의 발생 → 전하의 축적 → 방전 → 발화
③ 전하의 발생 → 방전 → 전하의 축적 → 발화
④ 전하의 축적 → 방전 → 전하의 발생 → 발화

해설
정전기에 의한 발화과정 : 전하의 발생→전하의 축적→방전→발화

12 물리적 소화방법이 아닌 것은?

① 산소공급원 차단
② 연쇄반응 차단
③ 온도 냉각
④ 가연물 제거

해설
연쇄반응 차단 : 화학적인 소화방법

13 이산화탄소 소화기의 일반적인 성질에서 단점이 아닌 것은?

① 밀폐된 공간에서 사용 시 질식의 위험성이 있다.
② 인체에 직접 방출 시 동상의 위험성이 있다.
③ 소화약제의 방사 시 소음이 크다.
④ 전기가 잘 통하기 때문에 전기설비에 사용할 수 없다.

해설
이산화탄소 : 무색무취이며 전기적으로 비전도성이다.

14 위험물안전관리법령상 위험물에 대한 설명으로 옳은 것은?

① 과염소산은 위험물이 아니다.
② 황린은 제2류 위험물이다.
③ 황화인의 지정수량은 100[kg]이다.
④ 산화성 고체는 제6류 위험물의 성질이다.

해설
위험물

항목 \ 종류	과염소산, 질산, 과산화수소	황린	황화인
유별	제6류 위험물	제3류 위험물	제2류 위험물
지정수량	300[kg]	20[kg]	100[kg]
성질	산화성 액체	자연발화성 물질	가연성 고체

※ 산화성 고체 : 제1류 위험물

15 탄화칼슘이 물과 반응할 때 발생되는 기체는?

① 일산화탄소   ② 아세틸렌
③ 황화수소   ④ 수 소

해설
탄화칼슘과 물의 반응
$CaC_2 + 2H_2O \rightarrow Ca(OH)_2 + C_2H_2 \uparrow$
소석회, 수산화칼슘   아세틸렌

16 다음 중 증기비중이 가장 큰 것은?

① Halon 1301
② Halon 2402
③ Halon 1211
④ Halon 104

해설
증기비중 = 분자량/29이므로 분자량이 크면 증기비중이 크다.

종류	할론 1301	할론 1211	할론 2402	할론 1011
분자식	CF_3Br	CF_2ClBr	$C_2F_4Br_2$	CH_2ClBr
분자량	148.9	165.4	259.8	129.4

17 분자 내부에 나이트로기를 갖고 있는 TNT, 나이트로셀룰로스 등과 같은 제5류 위험물의 연소형태는?

① 분해연소   ② 자기연소
③ 증발연소   ④ 표면연소

해설
자기연소(내부연소) : 제5류 위험물인 나이트로셀룰로스, TNT 등 그 물질이 가연물과 산소를 동시에 가지고 있는 가연물이 연소하는 현상

18 IG-541이 15[℃]에서 내용적 50[L] 압력용기에 155[kgf/cm²]으로 충전되어 있다. 온도가 30[℃]가 되었다면 IG-541 압력은 약 몇 [kgf/cm²]가 되겠는가?(단, 용기의 팽창은 없다고 가정한다)

① 78   ② 155
③ 163   ④ 310

해설
IG-541 압력

$$V_2 = V_1 \times \frac{P_1}{P_2} \times \frac{T_2}{T_1}, \quad P_2 = P_1 \times \frac{T_2}{T_1}$$

$$\therefore P_2 = P_1 \times \frac{T_2}{T_1}$$

$$= 155[kgf/cm^2] \times \frac{(273+30)[K]}{(273+15)[K]}$$

$$= 163.08[kgf/cm^2]$$

19 프로페인 50[vol%], 뷰테인 40[vol%], 프로필렌 10[vol%]로 된 혼합가스의 폭발하한계는 약 몇 [vol%]인가?(단, 각 가스의 폭발하한계는 프로페인은 2.2[vol%], 뷰테인은 1.9[vol%], 프로필렌은 2.4[vol%]이다)

① 0.83   ② 2.09
③ 5.05   ④ 9.44

해설
혼합가스의 폭발범위

$$L_m = \frac{100}{\frac{V_1}{L_1} + \frac{V_2}{L_2} + \frac{V_3}{L_3}}$$

여기서, L_1, L_2, L_3 : 가연성 가스의 폭발한계[vol%]
V_1, V_2, V_3 : 가연성 가스의 용량[vol%]
L_m : 혼합가스의 폭발한계[vol%]

$\therefore$ 하한값 $L_m = \dfrac{100}{\frac{V_1}{L_1} + \frac{V_2}{L_2} + \frac{V_3}{L_3}}$

$= \dfrac{100}{\frac{50}{2.2} + \frac{40}{1.9} + \frac{10}{2.4}}$

$= 2.09[\%]$

20 조연성 가스에 해당하는 것은?

① 수 소   ② 일산화탄소
③ 산 소   ④ 에테인

해설
• 조연성 가스 : 자신은 연소하지 않고 연소를 도와주는 가스(산소, 공기, 플루오린, 염소)
• 수소, 일산화탄소, 에테인 : 가연성 가스

정답 16 ② 17 ② 18 ③ 19 ② 20 ③

제2과목 소방전기일반

21 제어요소는 동작신호를 무엇으로 변환하는 요소인가?

① 제어량 ② 비교량
③ 검출량 ④ 조작량

해설
피드백제어계의 제어요소
- 제어요소 : 동작신호를 조작량으로 변환시키는 요소로서 조절부와 조작부로 구성되어 있다.
- 조절부 : 동작신호를 만드는 부분이며 기준 입력과 검출부 출력을 합하여 제어계가 작용을 하는데 필요한 동작신호를 만들어 조작부에 보내는 장치이다.
- 조작부 : 조절부에서 받은 신호를 조작량으로 변환하여 제어대상에 작용하게 하는 부분이다.

22 빛이 닿으면 전류가 흐르는 다이오드로서 들어온 빛에 대해 직선적으로 전류가 증가하는 다이오드는?

① 제너다이오드 ② 터널다이오드
③ 발광다이오드 ④ 포토다이오드

해설
다이오드의 특성
- 제너다이오드 : 정전압 다이오드로서 일정한 전압을 얻을 목적으로 사용되는 소자이다.
- 터널다이오드 : 불순물 반도체에서 부저항 특성이 나타나는 현상을 응용한 P-N 접합 다이오드이다.
- 발광다이오드 : 전류를 순방향으로 흘려 주었을 때 빛을 내는 소자로서 LED이다.
- 포토다이오드 : 빛에 닿으면 전류가 흐르게 되고 빛의 강도에 비례한 출력전압을 발생하는 소자로서 광센서에 주로 사용된다.

23 그림과 같이 접속된 회로에서 a, b 사이의 합성저항은 몇 [Ω]인가?

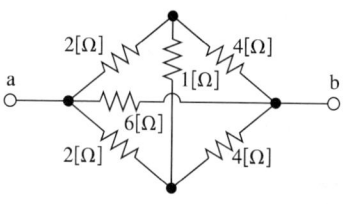

① 1 ② 2
③ 3 ④ 4

해설
합성저항
- 직병렬로 연결된 저항을 계산하기 쉽도록 등가회로를 작도한다. 이때 a, b 사이의 합성저항을 구하므로 저항 1[Ω]은 무시한다.

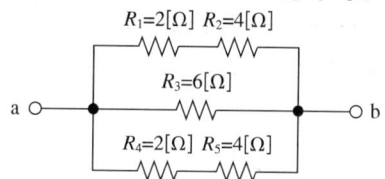

- 직렬로 연결된 저항의 합성저항을 계산한다.
$R_6 = R_1 + R_2 = 2[\Omega] + 4[\Omega] = 6[\Omega]$
$R_7 = R_4 + R_5 = 2[\Omega] + 4[\Omega] = 6[\Omega]$

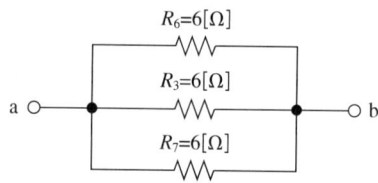

- 병렬로 연결된 저항의 합성저항을 계산한다.
$\frac{1}{R_{a-b}} = \frac{1}{R_6} + \frac{1}{R_3} + \frac{1}{R_7} = \frac{1}{6[\Omega]} + \frac{1}{6[\Omega]} + \frac{1}{6[\Omega]} = \frac{1}{2}[\Omega]$

∴ a, b 사이의 합성저항 $R_{a-b} = 2[\Omega]$

24 회로에서 저항 5[Ω]의 양단 전압 V_R[V]은?

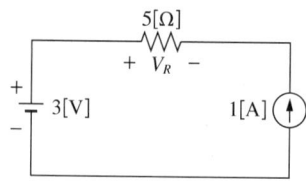

① -5 ② -2
③ 3 ④ 8

해설

중첩의 원리

- 특정한 전원 하나만 남기고 나머지 전원을 제거할 때 전압원은 단락회로로 하고 전류원은 개방회로로 해야 한다.
- 전압원을 단락, 전류원을 개방하면 등가회로는 다음과 같다.

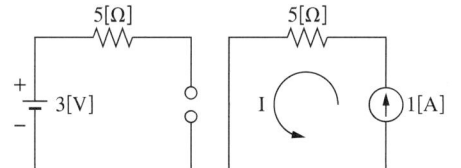

- 전압원을 단락시키면 전류는 반시계방향으로 흐르기 때문에 전류 $I = -1[A]$이다.
- ∴ 전압 $V = IR$에서 $I_1 = (-1[A]) \times 5[\Omega] = -5[V]$

25 그림과 같은 회로에 평형 3상 전압 200[V]를 인가한 경우 소비된 유효전력[kW]은?(단, $R = 20[\Omega]$, $X = 10[\Omega]$)

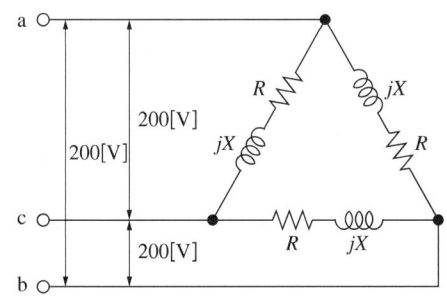

① 1.6　　② 2.4
③ 2.8　　④ 4.8

해설

△결선

- 선간전압(V_l)과 상전압(V_p)의 관계 $V_l = V_p$
- 선전류(I_l)과 상전류(I_p)의 관계 $I_l = \sqrt{3}\, I_p$
- 상전류 $I_p = \dfrac{V_p}{Z} = \dfrac{V_l}{Z}$ 에서

$$I_p = \dfrac{200[V]}{\sqrt{(20[\Omega])^2 + (10[\Omega])^2}} = 8.94[A]$$

- 역률 $\cos\theta = \dfrac{R}{Z} = \dfrac{R}{\sqrt{R^2 + X^2}}$ 에서

$$\cos\theta = \dfrac{20[\Omega]}{\sqrt{(20[\Omega])^2 + (10[\Omega])^2}} = 0.89$$

∴ △결선의 유효전력 $P_\triangle = 3 I_p V_p \cos\theta$ 에서
　$P_\triangle = 3 \times 8.94[A] \times 200[V] \times 0.89 = 4,774[W]$
　　　$= 4.8[kW]$

26 자기용량이 10[kVA]인 단권변압기를 그림과 같이 접속하였을 때 역률 80[%]의 부하에 몇 [kW]의 전력을 공급할 수 있는가?

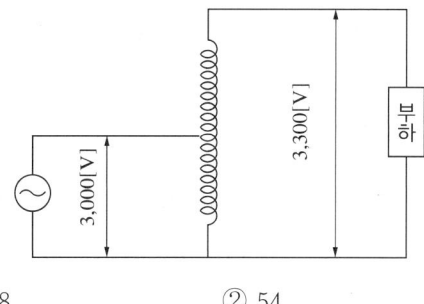

① 8　　② 54
③ 80　　④ 88

해설

단권변압기 : 1차 권선과 2차 권선을 직렬로 연결한 변압기이다.

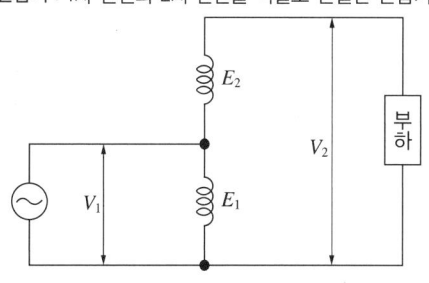

- 전압이득 $= \dfrac{V_2}{V_2 - V_1}$ 에서

　전압이득 $= \dfrac{3,300[V]}{3,300[V] - 3,000[V]} = \dfrac{3,300[V]}{300[V]}$

- 부하전력 $P = $ 전압이득 × 자기용량 × 역률
　$P = \dfrac{3,300[V]}{300[V]} \times 10[kVA] \times 0.8 = 88[kW]$

27 그림의 논리회로와 등가인 논리게이트는?

A ─┐
   ├─◯─ Y
B ─┘

① NOR ② NAND
③ NOT ④ OR

해설
시퀀스제어의 논리게이트

논리회로	무접점회로	논리기호
AND 회로		X = A · B
OR 회로		X = A + B
NOT 회로		X = $\overline{A}$
NAND 회로		X = $\overline{A \cdot B}$ = $\overline{A}$ + $\overline{B}$
NOR 회로		X = $\overline{A + B}$ = $\overline{A} \cdot \overline{B}$

28 정현파 교류전압의 최댓값이 V_m[V]이고, 평균값이 V_{av}[V]일 때 이 전압의 실횻값 V_{rms}[V]는?

① $V_{rms} = \dfrac{\pi}{\sqrt{2}} V_m$

② $V_{rms} = \dfrac{\pi}{2\sqrt{2}} V_{av}$

③ $V_{rms} = \dfrac{\pi}{2\sqrt{2}} V_m$

④ $V_{rms} = \dfrac{1}{\pi} V_m$

해설
정현파 교류전압의 최댓값(V_m)과 실횻값(V_{rms}), 평균값(V_{av})과의 관계

• 최댓값 $V_m = \sqrt{2}\, V_{rms} = \dfrac{\pi}{2} V_{av}$

• 실횻값 $V_{rms} = \dfrac{V_m}{\sqrt{2}} = \dfrac{\pi}{2\sqrt{2}} V_{av}$

• 평균값 $V_{av} = \dfrac{2 V_m}{\pi} = \dfrac{2\sqrt{2}}{\pi} V_{rms}$

29 그림 (a)와 그림 (b)의 각 블록선도가 등가인 경우 전달함수 $G(s)$는?

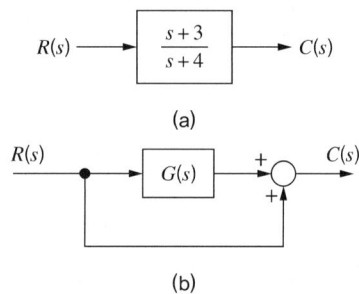

(a)

(b)

① $\dfrac{1}{s+4}$ ② $\dfrac{2}{s+4}$

③ $\dfrac{-1}{s+4}$ ④ $\dfrac{-2}{s+4}$

해설
블록선도의 전달함수

• 그림 (a)의 출력 $C(s) = \dfrac{s+3}{s+4} R(s)$에서

 전달함수 $\dfrac{C(s)}{R(s)} = \dfrac{s+3}{s+4}$

• 그림 (b)의 출력
 $C(s) = G(s)R(s) + R(s) = \{1 + G(s)\}R(s)$에서
 전달함수 $\dfrac{C(s)}{R(s)} = 1 + G(s)$

∴ 그림 (a)와 그림 (b)는 등가이므로 전달함수는 같다.

 $1 + G(s) = \dfrac{s+3}{s+4}$에서

 $G(s) = \dfrac{s+3}{s+4} - 1 = \dfrac{s+3}{s+4} - \dfrac{s+4}{s+4} = \dfrac{-1}{s+4}$

30 회로에서 a와 b 사이에 나타나는 전압 V_{ab}[V]는?

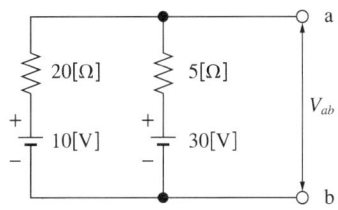

① 20
② 23
③ 26
④ 28

해설

밀만의 정리 : 여러 개의 전압원이 병렬로 접속되어 있는 경우에 전압원을 등가 전류원으로 변환시켜 단자 a – b 사이의 전압을 계산할 수 있는 방법이다.

$$\therefore 전압\ V_{ab} = \frac{\sum I}{\sum Y} = \frac{\frac{V_1}{Z_1} + \frac{V_2}{Z_2}}{\frac{1}{Z_1} + \frac{1}{Z_2}}$$

$$= \frac{\frac{10[V]}{20[\Omega]} + \frac{30[V]}{5[\Omega]}}{\frac{1}{20[\Omega]} + \frac{1}{5[\Omega]}} = 26[V]$$

31 단방향 대전류의 전력용 스위칭 소자로서 교류의 위상 제어용으로 사용되는 정류소자는?

① 서미스터
② SCR
③ 제너다이오드
④ UJT

해설

SCR(실리콘제어정류소자)
• PNPN의 4층 구조로 되어 있으며 전극은 애노드(A), 캐소드(K), 게이트(G)로 구성된 단방향 대전류의 전력용 스위칭 소자이다.
• 계전기 제어, 시간지연 회로, 모터 제어, 초퍼 변환기, 주기 변환기, 전기충전기 보호회로, 가열기 제어, 위상제어용으로 사용된다.

32 입력이 $r(t)$이고, 출력이 $c(t)$인 제어시스템이 다음의 식과 같이 표현될 때 이 제어시스템의 전달함수 $\left(G(s) = \dfrac{C(s)}{R(s)}\right)$는?(단, 초깃값은 0이다)

$$2\frac{d^2c(t)}{dt^2} + 3\frac{dc(t)}{dt} + c(t) = 3\frac{dr(t)}{dt} + r(t)$$

① $\dfrac{3s+1}{2s^2+3s+1}$
② $\dfrac{2s^2+3s+1}{s+3}$
③ $\dfrac{3s+1}{s^2+3s+2}$
④ $\dfrac{s+3}{s^2+3s+2}$

해설

제어시스템의 전달함수

$2\dfrac{d^2c(t)}{dt^2} + 3\dfrac{dc(t)}{dt} + c(t) = 3\dfrac{dr(t)}{dt} + r(t)$에서 양변을 라플라스변환하면 다음과 같다.

$2s^2C(s) + 3sC(s) + C(s) = 3sR(s) + R(s)$
$(2s^2 + 3s + 1)C(s) = (3s + 1)R(s)$

$\therefore$ 전달함수 $G(s) = \dfrac{C(s)}{R(s)} = \dfrac{3s+1}{2s^2+3s+1}$

33 직류전원이 연결된 코일에 10[A]의 전류가 흐르고 있다. 이 코일에 연결된 전원을 제거하는 즉시 저항을 연결하여 폐회로를 구성하였을 때 저항에서 소비된 열량이 24[cal]이었다. 이 코일의 인덕턴스는 약 몇 [H]인가?

① 0.1
② 0.5
③ 2.0
④ 24

해설

자기에너지 $W = \dfrac{1}{2}LI^2$[J]

• 1[cal] = 4.2[J]이므로 1[J] = 0.24[cal]이므로
  자기에너지 $W = 0.24 \times \dfrac{1}{2}LI^2$[cal]이다.

• 인덕턴스 $L = \dfrac{2W}{0.24I^2} = \dfrac{2 \times 24[\text{cal}]}{0.24 \times (10[\text{A}])^2} = 2[\text{H}]$

34 60[Hz], 4극의 3상 유도전동기가 정격 출력일 때 슬립이 2[%]이다. 이 전동기의 동기속도[rpm]는?

① 1,200
② 1,764
③ 1,800
④ 1,836

해설

유도전동기의 동기속도 $N_s = \dfrac{120f}{P}$ [rpm]

여기서, f : 주파수[Hz]
　　　　P : 극 수

∴ 동기속도 $N_s = \dfrac{120 \times 60[\text{Hz}]}{4} = 1,800[\text{rpm}]$

35 논리식 A · (A + B)를 간단히 표현하면?

① A
② B
③ A · B
④ A+B

해설

논리식의 간소화

$A \cdot (A+B) = \underbrace{AA}_{A} + AB = A + AB = A\underbrace{(1+B)}_{1} = A \cdot 1 = A$

36 0[℃]에서 저항이 10[Ω]이고, 저항의 온도계수가 0.0043인 전선이 있다. 30[℃]에서 이 전선의 저항은 약 몇 [Ω]인가?

① 0.013
② 0.68
③ 1.4
④ 11.3

해설

온도 변화 후의 전선의 저항 $R = R_0(1+\alpha\Delta t)[\Omega]$
30[℃]에서 전선의 저항
$R = 10[\Omega] \times \{1 + 0.0043 \times (30-0)[℃]\} = 11.29[\Omega]$

37 길이 1[cm]마다 감은 권선수가 50회인 무한장 솔레노이드에 500[mA]의 전류를 흘릴 때 솔레노이드 내부에서의 자계의 세기는 몇 [AT/m]인가?

① 1,250
② 2,500
③ 12,500
④ 25,000

해설

무한장 솔레노이드의 자계의 세기 $H = \dfrac{NI}{l}$[AT/m]

여기서, N : 코일의 권수
　　　　I : 전류[A]
　　　　l : 코일의 길이[m]

∴ 자계의 세기

$H = \dfrac{50[회] \times (500 \times 10^{-3})[\text{A}]}{0.01[\text{m}]} = 2,500[\text{AT/m}]$

38 회로의 전압과 전류를 측정하기 위한 계측기의 연결방법으로 옳은 것은?

① 전압계 : 부하와 직렬, 전류계 : 부하와 직렬
② 전압계 : 부하와 직렬, 전류계 : 부하와 병렬
③ 전압계 : 부하와 병렬, 전류계 : 부하와 직렬
④ 전압계 : 부하와 병렬, 전류계 : 부하와 병렬

해설

전압 및 전류 측정방법
• 전압계 : 부하와 병렬로 연결한다.
• 전류계 : 부하와 직렬로 연결한다.
• 배율기 : 전압계의 측정범위를 확대하기 위하여 전압계와 직렬로 연결한다.
• 분류기 : 전류계의 측정범위를 확대하기 위하여 전류계와 병렬로 연결한다.

39 최대 눈금이 150[V]이고, 내부저항이 30[kΩ]인 전압계가 있다. 이 전압계로 750[V]까지 측정하기 위해 필요한 배율기의 저항[kΩ]은?

① 120
② 150
③ 300
④ 800

해설

배율기
- 직류 전압계의 측정범위를 확대하기 위하여 전압계와 직렬로 연결한 고저항의 저항기이다.
- 저항을 직렬로 연결하므로 전류가 일정하다. 따라서, 분류기에 흐르는 전류 $I_m = I$ 이다.

∴ 전류 $\dfrac{V_m}{R_m + R} = \dfrac{V}{R}$ 에서 배율기 저항

$R_m = \dfrac{V_m}{V} \times R - R$ 이므로 배율기의 저항

$R_m = \dfrac{750[V]}{150[V]} \times 30[k\Omega] - 30[k\Omega] = 120[k\Omega]$

40 내압이 1.0[kV]이고 정전용량이 각각 0.01[μF], 0.02[μF], 0.04[μF]인 3개의 커패시터를 직렬로 연결했을 때 전체 내압은 몇 [V]인가?

① 1,500
② 1,750
③ 2,000
④ 2,200

해설

커패시터(콘덴서)의 직렬연결
정전용량 $C_1 = 0.01[\mu F]$, $C_2 = 0.02[\mu F]$, $C_3 = 0.04[\mu F]$일 때 각 콘덴서에 가해지는 전압을 V_1, V_2, V_3라고 하면 전압의 비율은 다음과 같다.

전기량 $Q = CV$에서 전압 $V = \dfrac{Q}{C}$이다.

$V_1 : V_2 : V_3 = \dfrac{Q}{C_1} : \dfrac{Q}{C_2} : \dfrac{Q}{C_3}$ 에서

$V_1 : V_2 : V_3 = \dfrac{Q}{0.01[\mu F]} : \dfrac{Q}{0.02[\mu F]} : \dfrac{Q}{0.04[\mu F]} = 4 : 2 : 1$

전체 내압은 콘덴서에 가할 수 있는 최대 전압이므로 전압이 가장 크게 걸리는 정전용량 $C_1 = 0.01[\mu F]$에 의해 결정된다.

정전용량 C_1에 걸리는 전압 $V_1 = \dfrac{4}{4+2+1} V_{max}$ 에서

전체 내압 $V_{max} = \dfrac{7}{4} V_1 = \dfrac{7}{4} \times 1,000[V] = 1,750[V]$

제3과목 소방관계법규

41 소방시설공사업법령에 따른 완공검사를 위한 현장확인 대상 특정소방대상물의 범위 기준으로 틀린 것은?

① 연면적 1만[m²] 이상이거나 11층 이상인 특정소방대상물(아파트는 제외)
② 가연성가스를 제조·저장 또는 취급하는 시설 중 지상에 노출된 가연성가스탱크의 저장용량 합계가 1,000[t] 이상인 시설
③ 호스릴 방식의 소화설비가 설치되는 특정소방대상물
④ 문화 및 집회시설, 종교시설, 판매시설, 노유자시설, 수련시설, 운동시설, 숙박시설, 창고시설, 지하상가

해설

완공검사를 위한 현장확인 대상 특정소방대상물의 범위(영 제5조)
- 문화 및 집회시설, 종교시설, 판매시설, 노유자(老幼者)시설, 수련시설, 운동시설, 숙박시설, 창고시설, 지하상가 및 다중이용업소의 안전관리에 관한 특별법에 따른 다중이용업소
- 다음의 어느 하나에 해당하는 설비가 설치되는 특정소방대상물
  - 스프링클러설비 등
  - 물분무 등 소화설비(호스릴 방식의 소화설비는 제외한다)
- 연면적 1만[m²] 이상이거나 11층 이상인 특정소방대상물(아파트는 제외)
- 가연성가스를 제조·저장 또는 취급하는 시설 중 지상에 노출된 가연성가스탱크의 저장용량 합계가 1,000[t] 이상인 시설

42 화재의 예방 및 안전관리에 관한 법령에 따른 특수가연물의 기준 중 다음 ( ) 안에 알맞은 것은?

품 명	수 량
나무껍질 및 대팻밥	(㉠)[kg] 이상
면화류	(㉡)[kg] 이상

① ㉠ 200, ㉡ 400
② ㉠ 200, ㉡ 1,000
③ ㉠ 400, ㉡ 200
④ ㉠ 400, ㉡ 1,000

해설

특수가연물의 기준(영 별표 2)

품 명	수 량
나무껍질 및 대팻밥	400[kg] 이상
면화류	200[kg] 이상

정답 39 ① 40 ② 41 ③ 42 ③

43 소방시설 설치 및 관리에 관한 법령상 스프링클러설비를 설치해야 할 특정소방대상물에 다음 중 어떤 소방시설을 화재안전기준에 적합하게 설치하면 면제받을 수 있는가?

① 포소화설비 ② 물분무소화설비
③ 간이스프링클러설비 ④ 이산화탄소소화설비

해설

특정소방대상물의 소방시설 설치의 면제기준(영 별표 5)

설치가 면제되는 소방시설	설치가 면제되는 기준
스프링클러설비	• 스프링클러설비를 설치해야 하는 특정소방대상물에 적응성이 있는 자동소화장치 또는 물분무 등 소화설비를 화재안전기준에 적합하게 설치한 경우에는 그 설비의 유효범위에서 설치가 면제된다. • 스프링클러설비를 설치해야 하는 전기저장시설에 소화설비를 소방청장이 정하여 고시하는 방법에 따라 설치한 경우에는 그 설비의 유효범위에서 설치가 면제된다.

※ 물분무 등 소화설비에는 포소화설비, 물분무소화설비, 이산화탄소소화설비가 포함된다.

44 소방기본법령상 출동한 소방대원에게 폭행 또는 협박을 행사하여 화재진압·인명구조 또는 구급활동을 방해한 사람에 대한 벌칙 기준은?

① 500만원 이하의 과태료
② 1년 이하의 징역 또는 1,000만원 이하의 벌금
③ 3년 이하의 징역 또는 3,000만원 이하의 벌금
④ 5년 이하의 징역 또는 5,000만원 이하의 벌금

해설

5년 이하의 징역 또는 5,000만원 이하의 벌금
• 위력(威力)을 사용하여 출동한 소방대의 화재진압·인명구조 또는 구급활동을 방해하는 행위
• 소방대가 화재진압·인명구조 또는 구급활동을 위하여 현장에 출동하거나 현장에 출입하는 것을 고의로 방해하는 행위
• 출동한 소방대원에게 폭행 또는 협박을 행사하여 화재진압·인명구조 또는 구급활동을 방해하는 행위
• 출동한 소방대의 소방장비를 파손하거나 그 효용을 해하여 화재진압·인명구조 또는 구급활동을 방해하는 행위

45 위험물안전관리법령상 제조소 또는 일반취급소에서 취급하는 제4류 위험물의 최대 수량의 합이 지정수량의 48만배 이상인 사업소의 자체소방대에 두는 화학소방자동차 및 인원기준으로 다음 (   ) 안에 알맞은 것은?

화학소방자동차	자체소방대원의 수
(㉠)	(㉡)

① ㉠ 1대, ㉡ 5인
② ㉠ 2대, ㉡ 10인
③ ㉠ 3대, ㉡ 15인
④ ㉠ 4대, ㉡ 20인

해설

제조소 또는 일반취급소에서 취급하는 제4류 위험물의 최대수량의 합이 지정수량의 48만배 이상인 사업소(영 별표 8)

화학소방자동차	자체소방대원의 수
4대	20인

46 소방시설 설치 및 관리에 관한 법령상 음료수 공장의 충전을 하는 작업장 등과 같이 화재안전기준을 적용하기 어려운 특정소방대상물에 설치하지 않을 수 있는 소방시설의 종류가 아닌 것은?

① 상수도 소화용수설비
② 스프링클러설비
③ 연결송수관설비
④ 연결살수설비

해설

소방시설을 설치하지 않을 수 있는 특정소방대상물 및 소방시설의 범위(영 별표 6)

구 분	특정소방대상물	설치하지 않을 수 있는 소방시설
화재안전기준을 적용하기 어려운 특정소방대상물	펄프공장의 작업장, 음료수 공장의 세정 또는 충전을 하는 작업장, 그 밖에 이와 비슷한 용도로 사용하는 것	스프링클러설비, 상수도 소화용수설비 및 연결살수설비

47 소방기본법의 정의상 소방대상물의 관계인이 아닌 자는?

① 감리자 ② 관리자
③ 점유자 ④ 소유자

해설
관계인(법 제2조) : 소유자, 점유자, 관리자

48 위험물안전관리법령상 위험물별 성질로서 틀린 것은?

① 제1류 : 산화성 고체
② 제2류 : 가연성 고체
③ 제4류 : 인화성 액체
④ 제6류 : 인화성 고체

해설
제6류 : 산화성 액체

49 소방시설 설치 및 관리에 관한 법령상 시·도지사가 소방시설 등의 자체점검을 하지 않은 관리업자에게 영업정지를 명할 수 있으나, 이로 인해 이용자에게 심한 불편을 줄 때는 영업정지 처분을 갈음하여 과징금 처분을 한다. 다음 중 해당하는 과징금의 기준은?

① 1,000만원 이하
② 2,000만원 이하
③ 3,000만원 이하
④ 5,000만원 이하

해설
소방시설관리업의 과징금 : 3,000만원 이하

50 소방기본법령상 소방대장은 화재, 재난·재해 그 밖의 위급한 상황이 발생한 현장에 소방활동구역을 정하여 소방활동에 필요한 자로서 대통령령으로 정하는 사람 외에는 그 구역에의 출입을 제한할 수 있다. 다음 중 소방활동구역에 출입할 수 없는 사람은?

① 소방활동구역 안에 있는 소방대상물의 소유자·관리자 또는 점유자
② 전기·가스·수도·통신·교통의 업무에 종사하는 사람으로서 원활한 소방활동을 위하여 필요한 사람
③ 시·도지사가 소방활동을 위하여 출입을 허가한 사람
④ 의사·간호사 그 밖의 구조·구급업무에 종사하는 사람

해설
소방활동구역에 출입할 수 있는 사람(영 제8조)
- 소방활동구역 안에 있는 소방대상물의 소유자·관리자 또는 점유자
- 전기·가스·수도·통신·교통의 업무에 종사하는 사람으로서 원활한 소방활동을 위하여 필요한 사람
- 의사·간호사 그 밖의 구조·구급업무에 종사하는 사람
- 취재인력 등 보도업무에 종사하는 사람
- 수사업무에 종사하는 사람
- 그 밖에 소방대장이 소방활동을 위하여 출입을 허가한 사람

51 위험물안전관리법령상 취급하는 위험물의 최대수량이 지정수량의 10배 이하인 경우 공지의 너비 기준은?

① 2[m] 이하 ② 2[m] 이상
③ 3[m] 이하 ④ 3[m] 이상

해설
보유공지(규칙 별표 4)

취급하는 위험물의 최대수량	공지의 너비
지정수량의 10배 이하	3[m] 이상
지정수량의 10배 초과	5[m] 이상

정답 47 ① 48 ④ 49 ③ 50 ③ 51 ④

52 화재의 예방 및 안전관리에 관한 법령상 화재안전조사위원회의 위원에 해당하지 않는 사람은?

① 소방기술사
② 소방시설관리사
③ 소방 관련 분야의 석사 이상 학위를 취득한 사람
④ 소방 관련 법인 또는 단체에서 소방 관련 업무에 3년 이상 종사한 사람

해설
화재안전조사위원회의 위원(영 제11조) : 소방 관련 법인 또는 단체에서 소방 관련 업무에 5년 이상 종사한 사람

53 화재의 예방 및 안전관리에 관한 법령상 특수가연물의 저장 및 취급기준이 아닌 것은?(단, 석탄·목탄류를 발전용으로 저장하는 경우는 제외)

① 품명별로 구분하여 쌓는다.
② 쌓는 높이는 20[m] 이하가 되도록 한다.
③ 쌓는 부분의 바닥면적 사이는 1[m] 이상이 되도록 한다.
④ 특수가연물을 저장 또는 취급하는 장소에는 품명·최대수량 및 화기취급의 금지 표지를 설치해야 한다.

해설
쌓는 높이는 10[m] 이하가 되도록 하고, 쌓는 부분의 바닥면적은 50[m²](석탄·목탄류의 경우에는 200[m²]) 이하가 되도록 할 것

54 소방시설 설치 및 관리에 관한 법령상 소화설비를 구성하는 제품 또는 기기에 해당하지 않는 것은?

① 가스누설경보기
② 소방용 호스
③ 스프링클러헤드
④ 분말자동소화장치

해설
소방용품 중 소화설비를 구성하는 제품 또는 기기(영 별표 3)
• 소화기구(소화약제 외의 것을 이용한 간이소화용구는 제외한다)
• 자동소화장치(주거용 주방자동소화장치, 상업용 주방자동소화장치, 캐비닛형 자동소화장치, 가스자동소화장치, 분말자동소화장치, 고체에어로졸 자동소화장치)
• 소화설비를 구성하는 소화전, 관창(菅槍), 소방용 호스, 스프링클러헤드, 기동용 수압개폐장치, 유수제어밸브 및 가스관선택밸브

55 소방시설공사업법령상 하자보수를 해야 하는 소방시설 중 하자보수 보증기간이 3년이 아닌 것은?

① 자동소화장치
② 비상방송설비
③ 스프링클러설비
④ 소화용수설비

해설
하자보수 보증기간(영 제6조)

보증기간	해당 소방시설
2년	비상경보설비, 비상방송설비, 피난기구, 유도등, 비상조명등 및 무선통신보조설비
3년	자동소화장치, 옥내소화전설비, 스프링클러설비 등, 물분무 등 소화설비, 옥외소화전설비, 자동화재탐지설비, 화재알림설비, 소화용수설비 및 소화활동설비(무선통신보조설비는 제외한다)

56 위험물안전관리법령상 소화난이도등급 I의 옥내탱크저장소에서 황만을 저장·취급할 경우 설치해야 하는 소화설비로 옳은 것은?

① 물분무소화설비
② 스프링클러설비
③ 포소화설비
④ 옥내소화전설비

해설
소화난이도등급 I의 옥내탱크저장소

제조소 등의 구분	소화설비
황만을 저장·취급하는 것	물분무소화설비

57 소방시설 설치 및 관리에 관한 법령상 대통령령 또는 화재안전기준이 변경되어 그 기준이 강화되는 경우 기존 특정소방대상물의 소방시설 중 강화된 기준을 설치장소와 관계없이 항상 적용해야 하는 것은?(단, 건축물의 신축·개축·재축·이전 및 대수선 중인 특정소방대상물을 포함한다)

① 제연설비
② 비상경보설비
③ 옥내소화전설비
④ 화재조기진압용 스프링클러설비

해설
소방시설기준 적용의 특례(법 제13조) : 대통령령 또는 화재안전기준이 변경되어 그 기준이 강화되는 경우 기존의 특정소방대상물(건축물의 신축·개축·재축·이전 및 대수선 중인 특정소방대상물을 포함한다)의 소방시설에 대하여는 강화된 기준을 적용하는 것은 소방시설 중 대통령령으로 정하는 것(소화기구, 비상경보설비, 자동화재탐지설비, 자동화재속보설비, 피난구조설비)

58 소방시설 설치 및 관리에 관한 법령상 소방시설 등의 종합점검 대상 기준에 맞게 ( )에 들어갈 내용으로 옳은 것은?

물분무 등 소화설비[호스릴 방식의 물분무 등 소화설비만을 설치한 경우는 제외]가 설치된 연면적 ( )[m²] 이상인 특정소방대상물(위험물 제조소 등은 제외)

① 2,000
② 3,000
③ 4,000
④ 5,000

해설
종합점검 대상(규칙 별표 3) : 물분무 등 소화설비(호스릴 방식의 물분무 등 소화설비만을 설치한 경우는 제외)가 설치된 연면적 5,000[m²] 이상인 특정소방대상물(위험물 제조소 등은 제외한다)

59 소방시설 설치 및 관리에 관한 법령상 건축허가 등의 동의대상물의 범위로 틀린 것은?

① 항공기 격납고
② 방송용 송수신탑
③ 연면적이 400[m²] 이상인 건축물
④ 지하층 또는 무창층이 있는 건축물로서 바닥면적이 50[m²] 이상인 층이 있는 것

해설
건축허가 등의 동의대상물의 범위(영 제7조) : 지하층 또는 무창층이 있는 건축물로서 바닥면적이 150[m²](공연장의 경우에는 100[m²]) 이상인 층이 있는 것은 건축허가동의 대상물이다.

정답 56 ① 57 ② 58 ④ 59 ④

60 소방기본법령상 화재의 예방상 위험하다고 인정되는 행위를 하는 사람에게 행위의 금지 또는 제한 명령을 할 수 있는 사람은?

① 소방본부장
② 시·도지사
③ 의용소방대원
④ 소방대상물의 관리자

해설
화재의 예방조치 등(법 제17조) : 소방관서장은 화재 발생 위험이 크거나 소화 활동에 지장을 줄 수 있다고 인정되는 행위나 물건에 대하여 행위 당사자나 그 물건의 소유자, 관리자 또는 점유자에게 명령을 할 수 있다.
※ 소방관서장 : 소방청장, 소방본부장, 소방서장

제4과목 소방전기시설의 구조 및 원리

61 소방시설용 비상전원수전설비의 화재안전기술기준(NFTC 602)에 따라 일반전기사업자로부터 특별고압 또는 고압으로 수전하는 비상전원수전설비의 종류에 해당하지 않는 것은?

① 큐비클형
② 축전지형
③ 방화구획형
④ 옥외개방형

해설
소방시설용 비상전원수전설비의 기술기준(NFTC 602)
• 저압으로 수전하는 경우 비상전원수전설비 : 전용배전반(1·2종), 전용분전반(1·2종), 공용분전반(1·2종)
• 특별고압 또는 고압으로 수전하는 경우 비상전원수전설비 : 방화구획형, 옥외개방형, 큐비클(Cubicle)형

62 비상콘센트설비의 성능인증 및 제품검사의 기술기준에 따른 비상콘센트설비 표시등의 구조 및 기능에 대한 설명으로 틀린 것은?

① 발광다이오드에는 적당한 보호덮개를 설치해야 한다.
② 접속기는 KS C 8305(배선용 꽂음 접속기)에 접속해야 한다.
③ 적색으로 표시되어야 하며 주위의 밝기가 300[lx] 이상인 장소에서 측정하여 앞면으로부터 3[m] 떨어진 곳에서 켜진 등이 확실히 식별되어야 한다.
④ 배선용 차단기는 KS C 8321(배선용 차단기)에 적합해야 한다.

해설
비상콘센트설비의 표시등의 구조 및 기능(제4조) : 전구에는 적당한 보호덮개를 설치해야 한다. 다만, 발광다이오드의 경우에는 그렇지 않다.

63 비상방송설비의 화재안전기술기준(NFTC 202)에 따라 부속회로의 전로와 대지 사이 및 배선 상호 간의 절연저항은 1경계구역마다 직류 250[V]의 절연저항측정기를 사용하여 측정한 절연저항이 몇 [MΩ] 이상이 되도록 해야 하는가?

① 0.1
② 0.2
③ 10
④ 20

해설
비상방송설비의 전원 및 배선 기준(NFTC 202)
- 부속회로의 전로와 대지 사이 및 배선 상호 간의 절연저항은 1경계구역마다 직류 250[V]의 절연저항측정기를 사용하여 측정한 절연저항이 0.1[MΩ] 이상이 되도록 할 것
- 상용전원은 전기가 정상적으로 공급되는 축전지설비, 전기저장장치 또는 교류전압의 옥내 간선으로 하고, 전원까지의 배선은 전용으로 할 것
- 개폐기에는 "비상방송설비용"이라고 표시한 표지를 할 것
- 비상방송설비에는 그 설비에 대한 감시상태를 60분간 지속한 후 유효하게 10분 이상 경보할 수 있는 비상전원으로서 축전지설비 또는 전기저장장치를 설치해야 한다.

64 자동화재탐지설비 및 시각경보장치의 화재안전기술기준(NFTC 203)에 따라 환경상태가 현저하게 고온으로 되어 연기감지기를 설치할 수 없는 건조실 또는 살균실 등에 적응성 있는 열감지기가 아닌 것은?

① 정온식 1종
② 정온식 특종
③ 열아날로그식
④ 보상식 스포트형 1종

해설
자동화재탐지설비의 설치장소별 감지기 적응성(NFTC 203)

설치장소		적응 열감지기
환경상태	적응장소	
현저하게 고온으로 되는 장소	건조실, 살균실, 보일러실, 주조실, 영사실, 스튜디오	정온식 특종 또는 1종 열아날로그식
배기가스가 다량으로 체류하는 장소	주차장, 차고, 화물 취급소 차로, 자가발전실, 트럭터미널, 엔진시험실	차동식 스포트형 1종 또는 2종 차동식 분포형 1종 또는 2종 보상식 스포트형 1종 또는 2종 열아날로그식 불꽃감지기
불을 사용하는 설비로서 불꽃이 노출되는 장소	유리공장, 용선로가 있는 장소, 용접실, 주방, 작업장, 주조실 등	정온식 특종 또는 1종 열아날로그식

65 자동화재속보설비의 속보기의 성능인증 및 제품검사의 기술기준에서 정하는 속보기의 기능에 대한 내용이다. 다음의 ( )에 들어갈 내용으로 옳은 것은?

> 속보기는 작동신호(화재경보신호를 포함한다) 또는 수동작동스위치에 의한 다이얼링 후 소방관서와 전화접속이 이루어지지 않는 경우에는 최초 다이얼링을 포함하여 (㉠)회 이상 반복적으로 접속을 위한 다이얼링이 이루어져야 한다. 이 경우 매 회 다이얼링 완료 후 호출은 (㉡)초 이상 지속되어야 한다.

① ㉠ 10, ㉡ 20
② ㉠ 10, ㉡ 30
③ ㉠ 20, ㉡ 10
④ ㉠ 20, ㉡ 30

해설
속보기의 기능(제5조)
- 속보기는 작동신호(화재경보신호를 포함한다) 또는 수동작동스위치에 의한 다이얼링 후 소방관서와 전화접속이 이루어지지 않는 경우에는 최초 다이얼링을 포함하여 10회 이상 반복적으로 접속을 위한 다이얼링이 이루어져야 한다. 이 경우 매 회 다이얼링 완료 후 호출은 30초 이상 지속되어야 한다.
- 속보기(아날로그식 축적형 수신기를 접속하는 경우에는 제외한다)는 작동신호를 수신하거나 수동으로 동작시키는 경우 20초 이내에 소방관서에 자동적으로 신호를 발하여 알리되, 3회 이상 속보할 수 있어야 한다.

66 유도등 및 유도표지의 화재안전기술기준(NFTC 303)에 따른 객석유도등의 설치기준이다. 다음 ( )에 들어갈 내용으로 옳은 것은?

> 객석유도등은 객석의 (㉠), (㉡) 또는 (㉢)에 설치해야 한다.

① ㉠ 통로, ㉡ 바닥, ㉢ 벽
② ㉠ 바닥, ㉡ 천장, ㉢ 벽
③ ㉠ 통로, ㉡ 바닥, ㉢ 천장
④ ㉠ 바닥, ㉡ 통로, ㉢ 출입구

해설
객석유도등의 설치기준(NFTC 303)
- 객석유도등은 객석의 통로, 바닥 또는 벽에 설치해야 한다.
- 객석 내의 통로가 경사로 또는 수평로로 되어 있는 부분은 다음의 식에 따라 산출한 개수(소수점 이하의 수는 1로 본다)의 유도등을 설치해야 한다.

설치개수 = $\dfrac{객석 통로의 직선부분 길이[m]}{4} - 1$

67 누전경보기의 형식승인 및 제품검사의 기술기준에 따라 외함은 불연성 또는 난연성 재질로 만들어져야 하며, 누전경보기 외함의 두께는 몇 [mm] 이상이어야 하는가?(단, 직접 벽면에 접하여 벽 속에 매립되는 외함의 부분은 제외한다)

① 1   ② 1.2
③ 2.5   ④ 3

해설
누전경보기의 외함(제3조)
- 누전경보기의 외함의 두께는 1.0[mm] 이상, 직접 벽면에 접하여 벽 속에 매립되는 외함의 부분은 1.6[mm] 이상으로 한다.
- 정격전압이 60[V]를 넘는 기구의 금속제 외함에는 접지단자를 설치해야 한다.

68 비상콘센트설비의 화재안전기술기준(NFTC 504)에 따라 비상콘센트설비의 전원부와 외함 사이의 절연저항은 전원부와 외함 사이를 500[V] 절연저항계로 측정할 때 몇 [MΩ] 이상이어야 하는가?

① 10   ② 20
③ 30   ④ 50

해설
비상콘센트설비의 전원부와 외함 사이의 절연저항 및 절연내력 기준(NFTC 504)
- 절연저항은 전원부와 외함 사이를 500[V] 절연저항계로 측정할 때 20[MΩ] 이상일 것
- 절연내력은 전원부와 외함 사이에 정격전압이 150[V] 이하인 경우에는 1,000[V]의 실효전압을, 정격전압이 150[V] 초과인 경우에는 그 정격전압에 2를 곱하여 1,000을 더한 실효전압을 가하는 시험에서 1분 이상 견디는 것으로 할 것

69 자동화재탐지설비 및 시각경보장치의 화재안전기술기준(NFTC 203)에 따라 자동화재탐지설비의 감지기 설치에 있어서 부착높이가 20[m] 이상일 때 적합한 감지기 종류는?

① 불꽃감지기
② 연기복합형
③ 차동식 분포형
④ 이온화식 1종

해설

자동화재탐지설비의 감지기 부착높이에 따른 종류(NFTC 203)

부착높이	감지기의 종류
4[m] 미만	차동식(스포트형, 분포형) 보상식 스포트형 정온식(스포트형, 감지선형) 이온화식 또는 광전식(스포트형, 분리형, 공기흡입형) 열복합형 연기복합형 열연기복합형 불꽃감지기
4[m] 이상 8[m] 미만	차동식(스포트형, 분포형) 보상식 스포트형 정온식(스포트형, 감지선형) 특종 또는 1종 이온화식 1종 또는 2종 광전식(스포트형, 분리형, 공기흡입형) 1종 또는 2종 열복합형 연기복합형 열연기복합형 불꽃감지기
8[m] 이상 15[m] 미만	차동식 분포형 이온화식 1종 또는 2종 광전식(스포트형, 분리형, 공기흡입형) 1종 또는 2종 연기복합형 불꽃감지기
15[m] 이상 20[m] 미만	이온화식 1종 광전식(스포트형, 분리형, 공기흡입형) 1종 연기복합형 불꽃감지기
20[m] 이상	불꽃감지기 광전식(분리형, 공기흡입형) 중 아날로그방식

70 비상경보설비 및 단독경보형감지기의 화재안전기술기준(NFTC 201)에 따른 비상벨설비에 대한 설명으로 옳은 것은?

① 비상벨설비는 화재발생 상황을 사이렌으로 경보하는 설비를 말한다.
② 비상벨설비는 부식성가스 또는 습기 등으로 인하여 부식의 우려가 없는 장소에 설치해야 한다.
③ 음향장치의 음량은 부착된 음향장치의 중심으로부터 1[m] 떨어진 위치에서 60[dB] 이상이 되는 것으로 해야 한다.
④ 특정소방대상물의 층마다 설치하되, 해당 특정소방대상물의 각 부분으로부터 하나의 발신기까지의 수평거리가 30[m] 이하가 되도록 해야 한다.

해설

비상벨설비의 설치기준(NFTC 201)
- 비상벨설비는 화재발생 상황을 경종으로 경보하는 설비를 말한다.
- 자동식사이렌설비는 화재발생 상황을 사이렌으로 경보하는 설비를 말한다.
- 부식성가스 또는 습기 등으로 인하여 부식의 우려가 없는 장소에 설치해야 한다.
- 음향장치의 음향의 크기는 부착된 음향장치의 중심으로부터 1[m] 떨어진 위치에서 음압이 90[dB] 이상이 되는 것으로 해야 한다.
- 특정소방대상물의 층마다 설치하되, 해당 층의 각 부분으로부터 하나의 발신기까지의 수평거리가 25[m] 이하가 되도록 할 것. 다만, 복도 또는 별도로 구획된 실로서 보행거리가 40[m] 이상일 경우에는 추가로 설치해야 한다.

71 비상방송설비의 화재안전기술기준(NFTC 202)에 따라 비상방송설비가 기동장치에 따른 화재신호를 수신한 후 필요한 음량으로 화재 발생 상황 및 피난에 유효한 방송이 자동으로 개시될 때까지의 소요시간은 몇 초 이내로 해야 하는가?

① 5 ② 10
③ 20 ④ 30

해설
비상방송설비의 음향장치 설치기준(NFTC 202)
- 기동장치에 따른 화재신호를 수신한 후 필요한 음량으로 화재 발생 상황 및 피난에 유효한 방송이 자동으로 개시될 때까지의 소요시간은 10초 이내로 할 것
- 음향장치는 정격전압의 80[%] 전압에서 음향을 발할 수 있는 것으로 할 것

72 누전경보기의 형식승인 및 제품검사의 기술기준에 따라 감도조정장치를 갖는 누전경보기에 있어서 감도조정장치의 조정범위는 최대치가 몇 [A]이어야 하는가?

① 0.2 ② 1.0
③ 1.5 ④ 2.0

해설
누전경보기의 감도조정장치(제8조) : 감도조정장치를 갖는 누전경보기에 있어서 감도조정장치의 조정범위는 최대치가 1[A](1,000[mA])이어야 한다.

73 자동화재탐지설비 및 시각경보장치의 화재안전기술기준(NFTC 203)에 따른 배선의 시설기준으로 틀린 것은?

① 감지기 사이의 회로의 배선은 송배선식으로 할 것
② 감지기회로의 도통시험을 위한 종단저항은 감지기회로의 끝부분에 설치할 것
③ 피(P)형 수신기의 감지기 회로의 배선에 있어서 하나의 공통선에 접속할 수 있는 경계구역은 5개 이하로 할 것
④ 수신기의 각 회로별 종단에 설치되는 감지기에 접속되는 배선의 전압은 감지기 정격전압의 80[%] 이상이어야 할 것

해설
자동화재탐지설비의 배선 설치기준(NFTC 203)
- 감지기 사이의 회로의 배선은 송배선식으로 할 것
- 감지기회로의 도통시험을 위한 종단저항은 감지기 회로의 끝부분에 설치할 것
- 감지기회로의 도통시험을 위한 종단저항에 전용함을 설치하는 경우 그 설치 높이는 바닥으로부터 1.5[m] 이내로 할 것
- 감지기회로 및 부속회로의 전로와 대지 사이 및 배선 상호 간의 절연저항은 1경계구역마다 직류 250[V]의 절연저항측정기를 사용하여 측정한 절연저항이 0.1[MΩ] 이상이 되도록 할 것
- P형 수신기 및 G.P형 수신기의 감지기 회로의 배선에 있어서 하나의 공통선에 접속할 수 있는 경계구역은 7개 이하로 할 것
- 자동화재탐지설비의 감지기회로의 전로저항은 50[Ω] 이하가 되도록 해야 하며, 수신기의 각 회로별 종단에 설치되는 감지기에 접속되는 배선의 전압은 감지기 정격전압의 80[%] 이상이어야 할 것

71 ② 72 ② 73 ③

74 무선통신보조설비의 화재안전기술기준(NFTC 505)에 따른 용어의 정의로 옳은 것은?

① "혼합기"는 신호의 전송로가 분기되는 장소에 설치하는 장치를 말한다.
② "분배기"는 서로 다른 주파수의 합성된 신호를 분리하기 위해서 사용하는 장치를 말한다.
③ "증폭기"는 2 이상의 입력신호를 원하는 비율로 조합한 출력이 발생되도록 하는 장치를 말한다.
④ "누설동축케이블"은 동축케이블의 외부 도체에 가느다란 홈을 만들어서 전파가 외부로 새어 나갈 수 있도록 한 케이블을 말한다.

해설
무선통신보조설비의 용어 정의(NFTC 505)
- 혼합기 : 2 이상의 입력신호를 원하는 비율로 조합한 출력이 발생하도록 하는 장치를 말한다.
- 분배기 : 신호의 전송로가 분기되는 장소에 설치하는 것으로 임피던스 매칭(Matching)과 신호 균등분배를 위해 사용하는 장치를 말한다.
- 증폭기 : 전압·전류의 진폭을 늘려 감도 등을 개선하는 장치를 말한다.
- 분파기 : 서로 다른 주파수의 합성된 신호를 분리하기 위해서 사용하는 장치를 말한다.

75 비상조명등의 화재안전기술기준(NFTC 304)에 따라 비상조명등의 조도는 비상조명등이 설치된 장소의 각 부분의 바닥에서 몇 [lx] 이상이 되도록 해야 하는가?

① 1　② 3　③ 5　④ 10

해설
비상조명등의 설치기준(NFTC 304)
- 특정소방대상물의 각 거실과 그로부터 지상에 이르는 복도·계단 및 그 밖의 통로에 설치할 것
- 조도는 비상조명등이 설치된 장소의 각 부분의 바닥에서 1[lx] 이상이 되도록 할 것
- 예비전원을 내장하는 비상조명등에는 평상시 점등 여부를 확인할 수 있는 점검스위치를 설치하고 해당 조명등을 유효하게 작동시킬 수 있는 용량의 축전지와 예비전원 충전장치를 내장할 것
- 예비전원을 내장하지 않은 비상조명등의 비상전원은 자가발전설비, 축전지설비 또는 전기저장장치를 설치해야 한다.

76 화재안전기술기준(NFTC)에 따른 비상전원 및 건전지의 유효 사용시간에 대한 최소 기준이 가장 긴 것은?

① 휴대용 비상조명등의 건전지 용량
② 무선통신보조설비 증폭기의 비상전원
③ 지하층을 제외한 층수가 11층 미만의 층인 특정소방대상물에 설치되는 유도등의 비상전원
④ 지하층을 제외한 층수가 11층 미만의 층인 특정소방대상물에 설치되는 비상조명등의 비상전원

해설
비상전원 및 건전지의 유효 사용시간
- 휴대용 비상조명등의 건전지 용량 : 20분 이상
- 무선통신보조설비 증폭기의 비상전원 : 30분 이상
- 유도등 및 비상조명등의 비상전원
  - 지하층을 제외한 층수가 11층 미만의 층인 특정소방대상물 : 20분 이상
  - 지하층을 제외한 층수가 11층 이상의 층, 지하층 또는 무창층으로서 용도가 도매시장·소매시장·여객자동차터미널·지하역사 또는 지하상가 : 60분 이상

77 비상경보설비 및 단독경보형감지기의 화재안전기술기준(NFTC 201)에 따른 단독경보형감지기의 시설기준에 대한 내용이다. 다음 (　)에 들어갈 내용으로 옳은 것은?

> 단독경보형감지기는 바닥면적이 (㉠)[m²]를 초과하는 경우에는 (㉡)[m²]마다 1개 이상을 설치해야 한다.

① ㉠ 100, ㉡ 100　② ㉠ 100, ㉡ 150
③ ㉠ 150, ㉡ 150　④ ㉠ 150, ㉡ 200

해설
단독경보형감지기의 설치기준(NFTC 201)
- 각 실(이웃하는 실내의 바닥면적이 각각 30[m²] 미만이고 벽체의 상부의 전부 또는 일부가 개방되어 이웃하는 실내와 공기가 상호유통되는 경우에는 이를 1개의 실로 본다)마다 설치하되, 바닥면적이 150[m²]를 초과하는 경우에는 150[m²]마다 1개 이상 설치할 것
- 계단실은 최상층의 계단실의 천장(외기가 상통하는 계단실의 경우를 제외)에 설치할 것

정답 74 ④　75 ①　76 ②　77 ③

78 무선통신보조설비의 화재안전기술기준(NFTC 505)에 따라 무선통신보조설비의 누설동축케이블 및 안테나는 고압의 전로로부터 1.5[m] 이상 떨어진 위치에 설치해야 하나 그렇게 하지 않아도 되는 경우는?

① 끝부분에 무반사 종단저항을 설치한 경우
② 불연재료로 구획된 반자 안에 설치한 경우
③ 해당 전로에 정전기 차폐장치를 유효하게 설치한 경우
④ 금속제 등의 지지금구로 일정한 간격으로 고정한 경우

해설
무선통신보조설비의 누설동축케이블 설치기준(NFTC 505) : 누설동축케이블 및 안테나는 고압의 전로로부터 1.5[m] 이상 떨어진 위치에 설치할 것. 다만, 해당 전로에 정전기 차폐장치를 유효하게 설치한 경우에는 그렇지 않다.

79 유도등 및 유도표지의 화재안전기술기준(NFTC 303)에 따라 유도표지는 각 층마다 복도 및 통로의 각 부분으로부터 하나의 유도표지까지의 보행거리가 몇 [m] 이하가 되는 곳과 구부러진 모퉁이의 벽에 설치해야 하는가?(단, 계단에 설치하는 것은 제외한다)

① 5   ② 10
③ 15   ④ 25

해설
유도표지의 설치기준(NFTC 303)
• 계단에 설치하는 것을 제외하고는 각 층마다 복도 및 통로의 각 부분으로부터 하나의 유도표지까지의 보행거리가 15[m] 이하가 되는 곳과 구부러진 모퉁이의 벽에 설치할 것
• 피난구유도표지는 출입구 상단에 설치하고, 통로유도표지는 바닥으로부터 높이 1[m] 이하의 위치에 설치할 것

80 자동화재탐지설비 및 시각경보장치의 화재안전기술기준(NFTC 203)에 따른 발신기의 설치기준에 대한 내용이다. 다음 ( )에 들어갈 내용으로 옳은 것은?

> 발신기의 위치를 표시하는 표시등은 함의 상부에 설치하되, 그 불빛은 부착면으로부터 (㉠)° 이상의 범위 안에서 부착지점으로부터 (㉡)[m] 이내의 어느 곳에서도 쉽게 식별할 수 있는 적색등으로 해야 한다.

① ㉠ 10, ㉡ 10
② ㉠ 15, ㉡ 10
③ ㉠ 25, ㉡ 15
④ ㉠ 25, ㉡ 20

해설
자동화재탐지설비 발신기의 설치기준(NFTC 203) : 자동화재탐지설비의 발신기의 위치를 표시하는 표시등은 함의 상부에 설치하되, 그 불빛은 부착면으로부터 15° 이상의 범위 안에서 부착지점으로부터 10[m] 이내의 어느 곳에서도 쉽게 식별할 수 있는 적색등으로 해야 한다.

2021년 제4회 과년도 기출문제

제1과목 소방원론

01 다음 중 피난자의 집중으로 패닉현상이 일어날 우려가 가장 큰 형태는?

① T형　　② X형
③ Z형　　④ H형

해설
피난방향 및 경로

구분	구조	특징
T형		피난자에게 피난경로를 확실히 알려주는 형태
X형		양방향으로 피난할 수 있는 확실한 형태
H형		중앙코어방식으로 피난자의 집중으로 패닉현상이 일어날 우려가 있는 형태
Z형		중앙복도형 건축물에서의 피난경로로서 코어식 중 제일 안전한 형태

02 연기감지기가 작동할 정도이고 가시거리가 20~30[m]에 해당하는 감광계수는 얼마인가?

① 0.1[m^{-1}]　　② 1.0[m^{-1}]
③ 2.0[m^{-1}]　　④ 10[m^{-1}]

해설
연기농도와 가시거리

감광계수[m^{-1}]	가시거리[m]	상황
0.1	20~30	연기감지기가 작동할 때의 정도
10	0.2~0.5	화재 최성기 때의 정도

03 소화에 필요한 CO_2의 이론소화농도가 공기 중에서 37[vol%]일 때 한계산소농도는 약 몇 [vol%]인가?

① 13.2　　② 14.5
③ 15.5　　④ 16.5

해설
이산화탄소의 이론적 최소 소화농도
$$CO_2[\%] = \frac{(21-O_2)}{21} \times 100$$
이것을 O_2로 풀면
$CO_2[\%] \times 21 = (21 \times 100) - 100O_2$
$100O_2 = 2,100 - (CO_2[\%] \times 21)$
$O_2 = \frac{2,100 - (CO_2[\%] \times 21)}{100} = \frac{2,100 - (37 \times 21)}{100}$
$= 13.23[vol\%]$

04 건물화재 시 패닉(Panic)의 발생원인과 직접적인 관계가 없는 것은?

① 연기에 의한 시계 제한
② 유독가스에 의한 호흡 장애
③ 외부와 단절되어 고립
④ 불연내장재의 사용

해설
건물의 내장재(가연, 불연)는 패닉의 발생원인과는 관계가 없다.

05 소화기구 및 자동소화장치의 화재안전기술기준(NFTC 101)에 따르면 소화기구(자동확산소화기는 제외)는 거주자 등이 손쉽게 사용할 수 있는 장소에 바닥으로부터 높이 몇 [m] 이하의 곳에 비치해야 하는가?

① 0.5　　② 1.0
③ 1.5　　④ 2.0

해설
소화기의 설치위치 : 바닥으로부터 1.5[m] 이하

정답　1 ④　2 ①　3 ①　4 ④　5 ③

06 물리적 폭발에 해당하는 것은?

① 분해 폭발
② 분진 폭발
③ 중합 폭발
④ 수증기 폭발

해설
물리적 폭발 : 수증기 폭발, 화산폭발, 진공용기의 폭발 등

07 소화약제로 사용되는 이산화탄소에 대한 설명으로 옳은 것은?

① 산소와 반응 시 흡열반응을 일으킨다.
② 산소와 반응하여 불연성 물질을 발생시킨다.
③ 산화하지 않으나 산소와는 반응한다.
④ 산소와 반응하지 않는다.

해설
이산화탄소(CO_2)는 산소와 반응하지 않는다.

08 Halon 1211의 화학식에 해당하는 것은?

① CH_2BrCl
② CF_2ClBr
③ CH_2BrF
④ CF_2HBr

해설
할론소화약제

종류 구분	할론 1301	할론 1211	할론 2402	할론 1011
분자식	CF_3Br	CF_2ClBr	$C_2F_4Br_2$	CH_2ClBr
분자량	148.9	165.4	259.8	129.4

09 건축물 화재에서 플래시 오버(Flash Over) 현상이 일어나는 시기는?

① 초기에서 성장기로 넘어가는 시기
② 성장기에서 최성기로 넘어가는 시기
③ 최성기에서 감쇠기로 넘어가는 시기
④ 감쇠기에서 종기로 넘어가는 시기

해설
플래시 오버(Flash Over) 발생 : 성장기에서 최성기로 넘어가는 시기

10 인화칼슘과 물이 반응할 때 생성되는 가스는?

① 아세틸렌
② 황화수소
③ 황 산
④ 포스핀

해설
인화칼슘은 물과 반응하면 독성가스인 포스핀(인화수소, PH_3)을 발생한다.
$Ca_3P_2 + 6H_2O \rightarrow 3Ca(OH)_2 + 2PH_3 \uparrow$

11 위험물안전관리법령상 자기반응성 물질의 품명에 해당하지 않는 것은?

① 나이트로화합물
② 할로젠간화합물
③ 질산에스터류
④ 하이드록실아민염류

해설
할로젠간화합물 : 제6류 위험물

12 마그네슘의 화재에 주수하였을 때 물과 마그네슘의 반응으로 인하여 생성되는 가스는?

① 산 소
② 수 소
③ 일산화탄소
④ 이산화탄소

해설
마그네슘은 물과 반응하면 수소가스를 발생하므로 위험하다.
$Mg + 2H_2O \rightarrow Mg(OH)_2 + H_2 \uparrow$

13 제2종 분말소화약제의 주성분으로 옳은 것은?

① NaH_2PO_4
② KH_2PO_4
③ $NaHCO_3$
④ $KHCO_3$

해설
제2종 분말소화약제 주성분 : 탄산수소칼륨($KHCO_3$)

14 물과 반응하였을 때 가연성 가스를 발생하여 화재의 위험성이 증가하는 것은?

① 과산화칼슘
② 메탄올
③ 칼 륨
④ 과산화수소

해설
칼륨(K)은 물과 반응하면 가연성가스인 수소(H_2)를 발생한다.
$2K + 2H_2O \rightarrow 2KOH + H_2 \uparrow$

15 물리적 소화방법이 아닌 것은?

① 연쇄반응의 억제에 의한 방법
② 냉각에 의한 방법
③ 공기와의 접촉 차단에 의한 방법
④ 가연물 제거에 의한 방법

해설
화학적인 소화방법 : 연쇄반응의 억제에 의한 방법

16 다음 중 착화온도가 가장 낮은 것은?

① 아세톤
② 휘발유
③ 이황화탄소
④ 벤 젠

해설
착화온도

종 류	아세톤	휘발유	이황화탄소	벤 젠
착화온도	465[℃]	280~456[℃]	90[℃]	498[℃]

정답 11 ② 12 ② 13 ④ 14 ③ 15 ① 16 ③

17 화재의 분류방법 중 유류화재를 나타낸 것은?

① A급 화재   ② B급 화재
③ C급 화재   ④ D급 화재

해설
화재의 분류

등 급	A급	B급	C급	D급
화재의 종류	일반화재	유류화재	전기화재	금속화재
표시색상	백 색	황 색	청 색	무 색

19 다음 중 공기에서의 연소범위를 기준으로 했을 때 위험도(H) 값이 가장 큰 것은?

① 다이에틸에터   ② 수 소
③ 에틸렌   ④ 뷰테인

연소범위

종 류	하한값[%]	상한값[%]
다이에틸에터($C_2H_5OC_2H_5$)	1.7	48.0
수소(H_2)	4.0	75.0
에틸렌(C_2H_4)	2.7	36.0
뷰테인(C_4H_{10})	1.8	8.4

해설
위험도(H)

$$H = \frac{U-L}{L} = \frac{폭발상한값 - 폭발하한값}{폭발하한값}$$

- 다이에틸에터 $H = \dfrac{48.0 - 1.7}{1.7} = 27.24$
- 수 소 $H = \dfrac{75.0 - 4.0}{4.0} = 17.75$
- 에틸렌 $H = \dfrac{36.0 - 2.7}{2.7} = 12.33$
- 뷰테인 $H = \dfrac{8.4 - 1.8}{1.8} = 3.67$

18 소화약제로 사용되는 물에 관한 소화성능 및 물성에 대한 설명으로 틀린 것은?

① 비열과 증발잠열이 커서 냉각소화 효과가 우수하다.
② 물(15[℃])의 비열은 약 1[cal/g · ℃]이다.
③ 물(100[℃])의 증발잠열은 439.6[cal/g]이다.
④ 물의 기화에 의한 팽창된 수증기는 질식소화 작용을 할 수 있다.

해설
물(100[℃])의 증발잠열 : 539[cal/g]

20 조연성 가스로만 나열되어 있는 것은?

① 질소, 플루오린, 수증기
② 산소, 플루오린, 염소
③ 산소, 이산화탄소, 오존
④ 질소, 이산화탄소, 염소

해설
가스의 분류

종 류	구 분
질소, 수증기, 이산화탄소	불연성 가스
산소, 플루오린, 염소, 오존	조연성 가스

제2과목 소방전기일반

21 단상 반파 정류회로를 통해 평균 26[V]의 직류 전압을 출력하는 경우, 정류 다이오드에 인가되는 역방향 최대 전압은 약 몇 [V]인가?(단, 직류 측에 평활회로(필터)가 없는 정류회로이고, 다이오드의 순방향 전압은 무시한다)

① 26　　② 37
③ 58　　④ 82

해설
단상 반파 정류회로
- 직류 전압 $E_d = \dfrac{\sqrt{2}}{\pi}V$ 에서

  교류 전압 $V = \dfrac{\pi}{\sqrt{2}}E_d = \dfrac{\pi}{\sqrt{2}}\times 26[\mathrm{V}] = \dfrac{26\pi}{\sqrt{2}}[\mathrm{V}]$

- 역방향 최대전압 $V_r = \sqrt{2}\,V = \sqrt{2}\times\dfrac{26\pi}{\sqrt{2}}[\mathrm{V}] = 81.7[\mathrm{V}]$

22 시퀀스 회로를 논리식으로 표현하면?

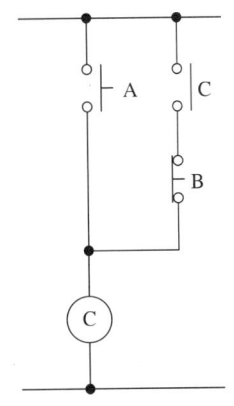

① $C = A + \overline{B}\cdot C$
② $C = A\cdot \overline{B} + C$
③ $C = A\cdot C + \overline{B}$
④ $C = A\cdot C + \overline{B}\cdot C$

해설
시퀀스 회로의 유접점 회로와 논리기호

논리회로	유접점 회로	논리기호
AND 회로	A, B 직렬, (X)---X-a	$X = A\cdot B$
OR 회로	A, B 병렬, (X)---X-a	$X = A + B$
NOT 회로	A, (X)---X-b	$X = \overline{A}$

푸시버튼스위치 A는 a접점(평상시 열려 있는 접점), 푸시버튼스위치 B는 b접점(평상시 닫혀 있는 접점), 계전기 C의 보조접점은 a접점이므로 논리식은 다음과 같다.

∴ 논리식 $C = A + \overline{B}\cdot C$

23 제어량에 따른 제어방식의 분류 중 온도, 유량, 압력 등의 공업 프로세스의 상태량을 제어량으로 하는 제어계로서 외란의 억제를 주목적으로 하는 제어방식은?

① 서보기구　　② 자동조정
③ 추종제어　　④ 프로세스제어

해설
제어량에 따른 제어방식 분류
- 프로세스제어 : 온도, 압력, 유량, 액면, 농도, 습도 등의 공업 공정의 상태량을 제어한다.
- 자동조정 : 전압, 전류, 회전수(속도), 주파수, 토크 등의 상태량을 제어한다.
- 서보기구 : 물체의 위치, 방위, 각도 등의 상태량을 제어하는 것으로 미사일 추적장치, 레이더, 선박 및 비행기의 방향을 제어한다.

정답　21 ④　22 ①　23 ④

24 반도체를 이용한 화재감지기 중 서미스터(Thermistor)는 무엇을 측정하기 위한 반도체 소자인가?

① 온 도
② 연기 농도
③ 가스 농도
④ 불꽃의 스펙트럼 강도

해설
서미스터 : 천이 금속 산화물을 소결하여 만든 것으로 온도가 상승하면 저항값이 현저하게 작아지는 특성(온도-저항의 부특성)을 이용한 감열 저항체 소자이며 각종 장치의 온도센서나 전자회로의 온도보상용으로 사용된다.

25 회로에서 a와 b 사이의 합성저항[Ω]은?

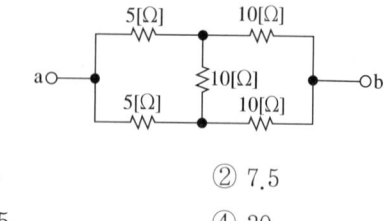

① 5
② 7.5
③ 15
④ 30

해설
휘트스톤 브리지 회로
- 휘트스톤 브리지 원리에 의해 평형조건($R_1R_2 = R_3R_4$)이 성립되므로 등가회로는 다음 그림과 같다.

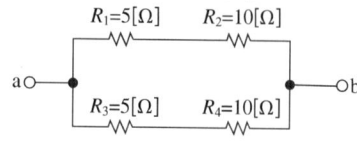

- 직렬회로의 합성저항 $R_{직렬} = 5[\Omega] + 10[\Omega] = 15[\Omega]$
- ∴ 직렬회로 2개가 병렬로 연결되어 있으므로 a와 b 사이의 합성저항

$$R_{병렬} = \frac{15[\Omega] \times 15[\Omega]}{15[\Omega] + 15[\Omega]} = 7.5[\Omega]$$

26 1개의 용량이 25[W]인 객석유도등 10개가 설치되어 있다. 이 회로에 흐르는 전류는 약 몇 [A]인가?(단, 전원 전압은 220[V]이고, 기타 선로손실 등은 무시한다)

① 0.88
② 1.14
③ 1.25
④ 1.36

해설
소비전력(P)

$$P = IV = \frac{V^2}{R} = I^2R[W]$$

여기서, I는 전류[A], V는 전압[V], R은 저항[Ω]이다.
- 객석유도등 10개의 소비전력 $P = 10개 \times 25[W] = 250[W]$
- 전류 $I = \frac{P}{V}$에서 $I = \frac{250[W]}{220[V]} = 1.14[A]$

27 PD(비례미분) 제어 동작의 특징으로 옳은 것은?

① 잔류편차 제거
② 간헐현상 제거
③ 불연속 제어
④ 속응성 개선

해설
연속제어 동작의 특징
- P(비례) 제어 동작 : 사이클링현상을 방지할 수 있으나 잔류편차가 발생하는 제어 동작이다.
- PI(비례적분) 제어 동작 : 비례동작의 정상(잔류)편차를 제거하여 지상 보상요소에 대응되므로 정상특성을 개선하지만 간헐현상이 있는 제어 동작이다.
- PD(비례미분) 제어 동작 : 정상편차는 존재하나 진상 보상요소에 대응되므로 응답 속응성을 개선한 제어 동작이다.
- PID(비례적분미분) 제어 동작 : 비례제어에서 발생하는 정상편차를 적분제어로 개선하고 미분제어를 적용하여 응답 속응성을 개선한 제어 동작이다.

28 회로에서 저항 20[Ω]에 흐르는 전류[A]는?

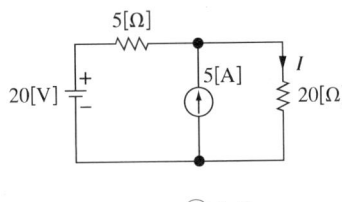

① 0.8
② 1.0
③ 1.8
④ 2.8

해설

중첩의 원리

- 다수의 전압원 또는 전류원이 포함된 회로망에서 두 점사이의 전위차는 각각의 전원들이 단독으로 있을 때 회로망에 흐르는 전류 또는 전위차의 대수합은 같다.
- 주의해야 할 점은 특정한 전원 하나만 남기고 나머지 전원을 제거할 때 전압원은 단락회로로 하고 전류원은 개방회로로 해야 한다.
- 전류원을 개방하면 직렬회로이므로 20[Ω]에 흐르는 전류
$I_1 = \dfrac{V}{R}$ 에서 $I_1 = \dfrac{20[V]}{5[\Omega]+20[\Omega]} = 0.8[A]$

- 전압원을 단락하면 병렬회로이므로 각 저항에 걸리는 전압은 일정하다.
$IR = I_2 R_2$ 이므로 $I \dfrac{R_1 R_2}{R_1+R_2} = I_2 R_2$ 에서 20[Ω]에 흐르는 전류
$I_2 = \dfrac{R_1}{R_1+R_2} I = \dfrac{5[\Omega]}{5[\Omega]+20[\Omega]} \times 5[A] = 1[A]$

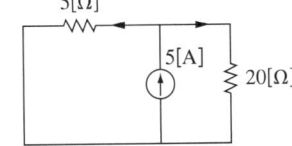

∴ 20[Ω]에 흐르는 전류 $I = I_1 + I_2$ 에서
$I = 0.8[A] + 1[A] = 1.8[A]$

29 1[cm]의 간격을 둔 평행 왕복전선에 25[A]의 전류가 흐른다면 전선 사이에 작용하는 단위 길이당 힘 [N/m]은?

① 2.5×10^{-2}[N/m](반발력)
② 1.25×10^{-2}[N/m](반발력)
③ 2.5×10^{-2}[N/m](흡인력)
④ 1.25×10^{-2}[N/m](흡인력)

해설

평행한 왕복전선에 작용하는 전자력(F)

- 전자력 $F = \dfrac{\mu_0 I_1 I_2}{2\pi r}$[N/m]

 여기서, 진공 중의 투자율 $\mu_0 = 4\pi \times 10^{-7}$[H/m], 왕복전선에 흐르는 전류 $I_1 = I_2 = 25$[A], 전선의 간격 $r = $[cm] $= 0.01$[m]

 ∴ 전자력 $F = \dfrac{(4\pi \times 10^{-7}[H/m]) \times 25[A] \times 25[A]}{2\pi \times 0.01[m]}$
 $= 0.0125[N] = 1.25 \times 10^{-2}$[N]

- 평행한 왕복전선에 흐르는 전류는 서로 반대방향으로 흐르기 때문에 반발력(척력)이 작용한다.

30 0.5[kVA]의 수신기용 변압기가 있다. 이 변압기의 철손은 7.5[W]이고, 전부하동손은 16[W]이다. 화재가 발생하여 처음 2시간은 전부하로 운전되고, 다음 2시간은 1/2의 부하로 운전되었다고 한다. 4시간에 걸친 이 변압기의 전손실 전력량은 몇 [Wh]인가?

① 62
② 70
③ 78
④ 94

해설

전손실 전력량 $P = (P_i + P_c) \times T + \left\{ P_i + \left(\dfrac{1}{m}\right)^2 P_c \right\} \times T$[Wh]

여기서, 변압기의 철손 $P_i = 7.5$[W], 동손 $P_c = 16$[W],

운전시간 $T = 2$[h], $\dfrac{1}{m}$ 부하 $= \dfrac{1}{2}$

∴ 전손실 전력량
$P = (7.5[W] + 16[W]) \times 2[h] + \left\{ 7.5[W] + \left(\dfrac{1}{2}\right)^2 \times 16[W] \right\}$
$\times 2[h] = 70$[Wh]

31 테브난의 정리를 이용하여 그림 (a)의 회로를 그림 (b)와 같은 등가회로로 만들고자 할 때 V_{th}[V]와 R_{th}[Ω]은?

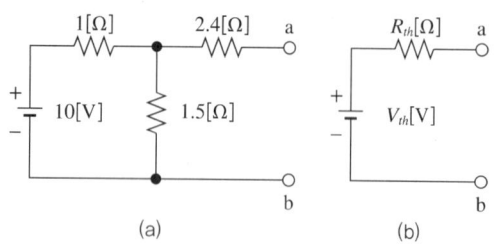

① 5[V], 2[Ω]
② 5[V], 3[Ω]
③ 6[V], 2[Ω]
④ 6[V], 3[Ω]

해설

테브난의 정리

- 복잡한 회로를 하나의 전압원과 저항으로 바꾸어 쉽게 회로를 해석할 수 있는 방법이다.
- 전압원이 단락(저항이 없이 전선으로 연결)되어 있다고 보면 부하측(a-b 사이)에서 바라본 등가저항은 저항 2.4[Ω]은 직렬로 연결되어 있고 1[Ω]과 1.5[Ω]은 병렬로 연결되어 있다.

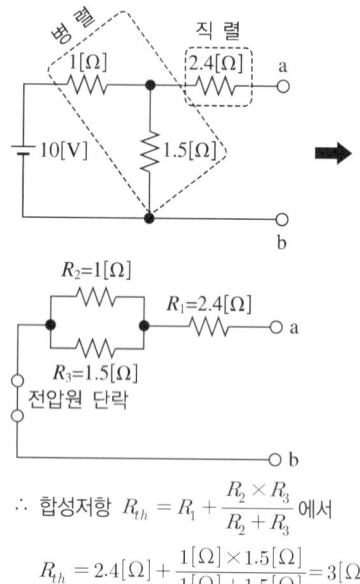

∴ 합성저항 $R_{th} = R_1 + \dfrac{R_2 \times R_3}{R_2 + R_3}$ 에서

$R_{th} = 2.4[\Omega] + \dfrac{1[\Omega] \times 1.5[\Omega]}{1[\Omega] + 1.5[\Omega]} = 3[\Omega]$

- a-b 사이는 개방되어 있으므로 전류가 흐르지 않는다. 따라서, 저항 2.4[Ω]에는 전류가 흐르지 않으므로 전압이 걸리지 않는다.

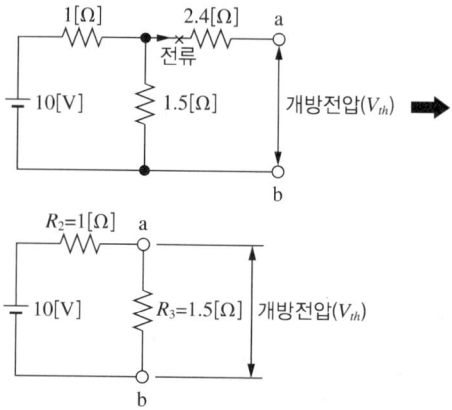

∴ 저항 1.5[Ω]에 걸리는 전압이 개방전압이므로

개방전압 $V_{th} = V_3 = \dfrac{R_3}{R_2 + R_3} \times V$ 에서

$V_{th} = \dfrac{1.5[\Omega]}{1[\Omega] + 1.5[\Omega]} \times 10[V] = 6[V]$

32 블록선도에서 외란 $D(s)$의 입력에 대한 출력 $C(s)$의 전달함수 $\left(\dfrac{C(s)}{D(s)}\right)$는?

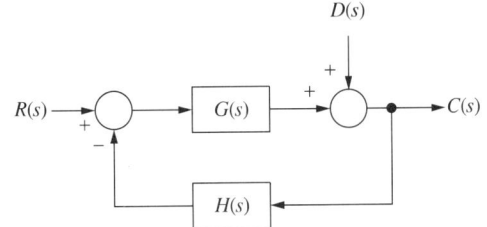

① $\dfrac{G(s)}{H(s)}$

② $\dfrac{1}{1+G(s)H(s)}$

③ $\dfrac{H(s)}{G(s)}$

④ $\dfrac{G(s)}{1+G(s)H(s)}$

해설
블록선도의 전달함수
- 출력 $C(s) = G(s)R(s) - G(s)H(s)C(s) + D(s)$
  $C(s) + G(s)H(s)C(s) = G(s)R(s) + D(s)$
  $\{1+G(s)H(s)\}C(s) = G(s)R(s) + D(s)$
  $C(s) = \dfrac{G(s)}{1+G(s)H(s)}R(s) + \dfrac{1}{1+G(s)H(s)}D(s)$
- 외란 $D(s)$를 "0"으로 하고 $R(s)$를 입력으로 하면 전달함수 $\{C(s)/R(s)\}$는 다음과 같다.
  $C(s) = \dfrac{G(s)}{1+G(s)H(s)}R(s)$ 이고 $\dfrac{C(s)}{R(s)} = \dfrac{G(s)}{1+G(s)H(s)}$
- ∴ 입력 $R(s)$를 "0"으로 하고 외란 $D(s)$를 입력으로 하면 전달함수$\{C(s)/D(s)\}$는 다음과 같다.
  $C(s) = \dfrac{1}{1+G(s)H(s)}D(s)$ 이고 $\dfrac{C(s)}{D(s)} = \dfrac{1}{1+G(s)H(s)}$

33 회로에서 전압계 ⓥ가 지시하는 전압의 크기는 몇 [V]인가?

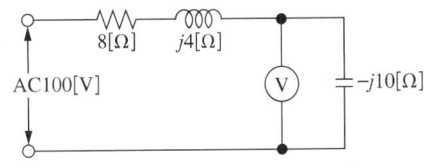

① 10
② 50
③ 80
④ 100

해설
R-L-C 직렬회로
- 임피던스 $Z = \sqrt{R^2 + (X_C - X_L)^2}$ 에서
  $Z = \sqrt{(8[\Omega])^2 + (10[\Omega] - 4[\Omega])^2} = 10[\Omega]$
- 회로에 흐르는 전류 $I = \dfrac{V}{Z}$ 에서 $I = \dfrac{100[V]}{10[\Omega]} = 10[A]$
- 콘덴서에 걸리는 전압 $V_C = IX_C$ 에서
  $V_C = 10[A] \times 10[\Omega] = 100[V]$

34 지시계기에 대한 동작원리가 아닌 것은?

① 열전형 계기 : 대전된 도체 사이에 작용하는 정전력을 이용
② 가동 철편형 계기 : 전류에 의한 자기장에서 고정 철편과 가동 철편 사이에 작용하는 힘을 이용
③ 전류력계형 계기 : 고정 코일에 흐르는 전류에 의한 자기장과 가동 코일에 흐르는 전류 사이에 작용하는 힘을 이용
④ 유도형 계기 : 회전 자기장 또는 이동 자기장과 이것에 의한 유도 전류와의 상호작용을 이용

정답 32 ② 33 ④ 34 ①

해설

지시계기의 동작원리

- 열전형 계기 : 전류의 열작용에 의한 금속선의 팽창 또는 종류가 다른 금속의 접합점의 온도차에 의한 열기전력으로 가동 코일형 계기를 동작하게 하는 계기이다.
- 가동 철편형 계기 : 코일에 전류를 흘릴 때 발생하는 자기장의 세기는 전류의 크기에 비례한다. 이 자기장 중에 고정 철편과 가동 철편을 놓으면 양철편에는 각각 자기장의 세기, 즉 전류에 비례하는 흡인력 또는 반발력이 작용한다. 이 원리를 응용한 계기이다.
- 전류력계형 계기 : 고정 코일에 피측정 전류를 흘려 자기장을 만들고, 그 자기장 중에 가동 코일을 설치하여 여기에도 피측정전류를 흘려, 이 전류와 자기장 사이에 작용하는 전자력을 구동 토크로 이용하는 계기이다.
- 유도형 계기 : 회전 자기장 또는 이동 자기장 내에 금속편을 놓으면 금속편에는 맴돌이 전류가 생겨서 자기장이 이동하는 방향으로 금속편을 이동시키는 토크가 생긴다. 이 원리를 이용한 계기이다.

35 선간전압의 크기가 $100\sqrt{3}$ [V]인 대칭 3상 전원에 각 상의 임피던스가 $Z=30+j40[\Omega]$인 Y 결선의 부하가 연결되었을 때 이 부하로 흐르는 선전류[A]의 크기는?

① 2
② $2\sqrt{3}$
③ 5
④ $5\sqrt{3}$

해설

Y 결선

- 임피던스 $Z=R+jX$에서 $Z=\sqrt{R^2+X^2}$ 이므로
  $Z=\sqrt{(30[\Omega])^2+(40[\Omega])^2}=50[\Omega]$
- 선전류(부하전류) $I_l=I_p=\dfrac{V_p}{Z}=\dfrac{V_l}{\sqrt{3}\,Z}$

  여기서, I_l은 부하전류(선전류), I_p는 상전류, V_l은 선간전압, V_p는 상전압이다.

∴ 선전류 $I_l=\dfrac{V_l}{\sqrt{3}\,Z}=\dfrac{100\sqrt{3}\,[\mathrm{V}]}{\sqrt{3}\times 50[\Omega]}=2[\mathrm{A}]$

36 자유공간에서 무한히 넓은 평면에 면전하밀도 σ [C/m²]가 균일하게 분포되어 있는 경우 전계의 세기(E)는 몇 [V/m]인가?(단, ε_0는 진공의 유전율이다)

① $E=\dfrac{\sigma}{\varepsilon_0}$
② $E=\dfrac{\sigma}{2\varepsilon_0}$
③ $E=\dfrac{\sigma}{2\pi\varepsilon_0}$
④ $E=\dfrac{\sigma}{4\pi\varepsilon_0}$

해설

무한히 넓은 평면에서 전계의 세기(E)

- 면전하밀도 $\sigma=\dfrac{Q}{A}$ [C/m²]

  여기서, Q는 전하[C], A는 도체의 면적[m²]

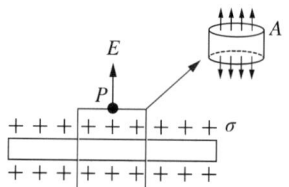

- 가우스 표면을 취하여 평면상의 임의의 점(P)에서 전계의 세기(E)를 계산한다.
  - 윗면과 아랫면을 통과하는 전기장의 선속은 각각 전기장의 세기(E)에 면의 면적(A)을 곱한 것과 같고 옆면을 통과하는 전기장의 선속은 0이다.
    $\Phi_{윗면}=EA$, $\Phi_{아랫면}=EA$, $\Phi_{옆면}=0$
  - 가우스법칙을 적용하면
    $\Phi_E=\Phi_{윗면}+\Phi_{아랫면}+\Phi_{옆면}=EA+EA+0=\dfrac{Q}{\epsilon_0}$
    $2EA=\dfrac{Q}{\epsilon_0}$
    $2EA=\dfrac{Q}{\epsilon_0}$에 전하 $Q=\sigma A$를 대입하면
    $2EA=\dfrac{\sigma A}{\epsilon_0}$ 이다.

∴ 무한히 넓은 평면에서 전계의 세기 $E=\dfrac{\sigma}{2\epsilon_0}$ [V/m]

37 50[Hz]의 주파수에서 유도성 리액턴스가 4[Ω]인 인덕터와 용량성 리액턴스가 1[Ω]인 커패시터와 4[Ω]의 저항이 모두 직렬로 연결되어 있다. 이 회로에 100[V], 50[Hz]의 교류전압을 인가했을 때 무효전력[Var]은?

① 1,000　　② 1,200
③ 1,400　　④ 1,600

해설
$R-L-C$ 직렬회로

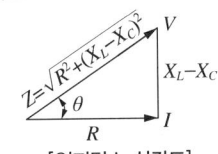

[임피던스 삼각도]

- 임피던스 $Z=\sqrt{R^2+(X_L-X_C)^2}[\Omega]$에서
  $Z=\sqrt{(4[\Omega])^2+(4[\Omega]-1[\Omega])^2}=5[\Omega]$
- 무효율 $\sin\theta=\dfrac{X_L-X_C}{Z}$에서
  $\sin\theta=\dfrac{4[\Omega]-1[\Omega]}{5[\Omega]}=0.6$
- 무효전력 $P_r=IV\sin\theta=\dfrac{V^2}{Z}\sin\theta[\mathrm{Var}]$
  $P_r=\dfrac{V^2}{Z}\sin\theta=\dfrac{(100[\mathrm{V}])^2}{5[\Omega]}\times 0.6=1,200[\mathrm{Var}]$

38 다음의 단상 유도전동기 중 기동토크가 가장 큰 것은?

① 셰이딩코일형
② 콘덴서기동형
③ 분상기동형
④ 반발기동형

해설
단상 유도전동기의 기동토크와 기동전류

형 식	기동토크	기동전류
셰이딩코일형	40~80[%]	-
분상기동형	125[%] 이상	500[%] 이하
콘덴서기동형	200[%] 이상	500[%] 이하
반발기동형	300[%] 이상	300[%] 이하

39 무한장 솔레노이드에서 자계의 세기에 대한 설명으로 틀린 것은?

① 솔레노이드 내부에서의 자계의 세기는 전류의 세기에 비례한다.
② 솔레노이드 내부에서의 자계의 세기는 코일의 권수에 비례한다.
③ 솔레노이드 내부에서의 자계의 세기는 위치에 관계없이 일정한 평등 자계이다.
④ 자계의 방향과 암페어 적분 경로가 서로 수직인 경우 자계의 세기가 최대이다.

해설
무한장 솔레노이드 자계의 세기(H)
- 자계의 세기 $H=nI[\mathrm{A/m}]$
  여기서, n : 단위길이당 코일의 권수[회/m], I : 전류[A]
  ∴ 자계의 세기는 전류의 세기와 코일의 권수에 비례한다.
- 솔레노이드 내부에서의 자계의 세기는 위치에 관계없이 일정한 평등 자계이고, 외부에서의 자계의 세기는 0이다.

40 다음의 논리식을 간소화하면?

$$Y=\overline{(\overline{A}+B)\cdot\overline{B}}$$

① $Y=A+B$
② $Y=\overline{A}+B$
③ $Y=A+\overline{B}$
④ $Y=\overline{A}+\overline{B}$

해설
논리식의 간소화
$Y=\overline{(\overline{A}+B)\cdot\overline{B}}=(\overline{\overline{A}+B})\cdot\overline{\overline{B}}=\underbrace{(A\cdot\overline{B})+B}_{\text{배분법칙}}$
$=(A+B)\cdot\underbrace{(\overline{B}+B)}_{1}=(A+B)\cdot 1=A+B$

제3과목 소방관계법규

41 다음 밑줄 친 위험물안전관리법령의 자체소방대 기준에 대한 설명으로 틀린 것은?

> 다량의 위험물을 저장·취급하는 제조소 등으로서 <u>대통령령이 정하는 제조소 등</u>이 있는 동일한 사업소에서 <u>대통령령이 정하는 수량 이상의 위험물</u>을 저장 또는 취급하는 경우 해당 사업소의 관계인은 대통령령이 정하는 바에 따라 해당 사업소에 자체소방대를 설치해야 한다.

① "대통령령이 정하는 제조소 등"은 제4류 위험물을 취급하는 제조소를 포함한다.
② "대통령령이 정하는 제조소 등"은 제4류 위험물을 취급하는 일반취급소를 포함한다.
③ "대통령령이 정하는 수량 이상의 위험물"은 제4류 위험물의 최대수량의 합이 지정수량의 3,000배 이상인 것을 포함한다.
④ "대통령령이 정하는 제조소 등"은 보일러로 위험물을 소비하는 일반취급소를 포함한다.

해설
자체소방대를 설치해야 하는 사업소(법 제18조)

대통령령이 정하는 제조소 등	대통령령이 정하는 수량 이상의 위험물
제4류 위험물을 취급하는 제조소 또는 일반취급소. 다만, 보일러로 위험물을 소비하는 일반취급소 등 행정안전부령으로 정하는 일반취급소는 제외한다.	제조소 또는 일반취급소에서 취급하는 제4류 위험물의 최대수량의 합이 지정수량의 3,000배 이상
제4류 위험물을 저장하는 옥외탱크저장소	옥외탱크저장소에 저장하는 제4류 위험물의 최대수량이 지정수량의 50만배 이상

42 위험물안전관리법령상 제조소 등에 설치해야 할 자동화재탐지설비의 설치기준 중 ( ) 안에 알맞은 내용은?(단, 광전식 분리형 감지기 설치는 제외한다)

> 하나의 경계구역의 면적은 (㉠)[m²] 이하로 하고 그 한 변의 길이는 (㉡)[m] 이하로 할 것. 다만, 건축물 그 밖의 공작물의 주요한 출입구에서 그 내부의 전체를 볼 수 있는 경우에 있어서는 그 면적은 1,000[m²] 이하로 할 수 있다.

① ㉠ 300, ㉡ 20
② ㉠ 400, ㉡ 30
③ ㉠ 500, ㉡ 40
④ ㉠ 600, ㉡ 50

해설
자동화재탐지설비의 설치기준 : 하나의 경계구역의 면적은 600[m²] 이하로 하고 그 한 변의 길이는 50[m](광전식 분리형 감지기를 설치할 경우에는 100[m]) 이하로 할 것. 다만, 건축물 그 밖의 공작물의 주요한 출입구에서 그 내부의 전체를 볼 수 있는 경우에 있어서는 그 면적을 1,000[m²] 이하로 할 수 있다.

43 소방시설공사업법령상 전문 소방시설공사업의 등록기준 및 영업범위의 기준에 대한 설명으로 틀린 것은?

① 법인인 경우 자본금은 최소 1억원 이상이다.
② 개인인 경우 자산평가액은 최소 1억원 이상이다.
③ 주된 기술인력 최소 1명 이상, 보조기술인력 최소 3명 이상을 둔다.
④ 영업범위는 특정소방대상물에 설치되는 기계분야 및 전기분야 소방시설의 공사·개설·이전 및 정비이다.

해설
전문 소방시설공사업의 등록기준 및 영업범위의 기준(영 별표 1)

구 분		기 준
자본금	법 인	1억원 이상
	개 인	자산평가액 1억원 이상
기술인력	주된 기술인력	소방기술사 또는 기계분야와 전기분야의 소방설비기사 각 1명(기계분야 및 전기분야의 자격을 함께 취득한 사람 1명) 이상
	보조 기술인력	2명 이상
영업범위		특정소방대상물에 설치되는 기계분야 및 전기분야 소방시설의 공사·개설·이전 및 정비

44 소방시설 설치 및 관리에 관한 법령상 특정소방대상물의 관계인이 특정소방대상물의 규모·용도 및 수용인원 등을 고려하여 갖추어야 하는 소방시설의 종류에 대한 기준 중 다음 (   ) 안에 알맞은 것은?

> 화재안전기준에 따라 소화기구를 설치해야 하는 특정소방대상물은 연면적 (㉠)[m²] 이상인 것. 다만, 노유자시설의 경우에는 투척용 소화용구 등을 화재안전기준에 띠리 산정된 소화기 수량의 (㉡) 이상으로 설치할 수 있다.

① ㉠ 33, ㉡ $\frac{1}{2}$

② ㉠ 33, ㉡ $\frac{1}{5}$

③ ㉠ 50, ㉡ $\frac{1}{2}$

④ ㉠ 50, ㉡ $\frac{1}{5}$

해설
소화기구의 설치기준(영 별표 4) : 연면적 33[m²] 이상인 것. 다만, 노유자시설의 경우에는 투척용 소화용구 등을 화재안전기준에 따라 산정된 소화기 수량의 1/2 이상으로 설치할 수 있다.

45 화재의 예방 및 안전관리에 관한 법령상 천재지변 및 그 밖에 대통령령으로 정하는 사유로 화재안전조사를 받기 곤란하여 화재안전조사의 연기를 신청하려는 자는 화재안전조사 시작 최대 며칠 전까지 연기신청서 및 증명서류를 제출해야 하는가?

① 3   ② 5
③ 7   ④ 10

해설
화재안전조사의 연기를 신청하려는 자는 화재안전조사 시작 3일 전까지 화재안전조사 연기신청서(전자문서로 된 신청서를 포함)에 화재안전조사를 받기가 곤란함을 증명할 수 있는 서류(전자문서로 된 서류를 포함)를 첨부하여 소방청장, 소방본부장 또는 소방서장에게 제출해야 한다.

46 위험물안전관리법령상 정기점검의 대상인 제조소 등의 기준으로 틀린 것은?

① 지하탱크저장소
② 이동탱크저장소
③ 지정수량의 10배 이상의 위험물을 취급하는 제조소
④ 지정수량의 20배 이상의 위험물을 저장하는 옥외탱크저장소

해설
정기점검의 대상인 제조소 등(법 제16조)
- 예방규정 대상에 해당하는 제조소 등
- 지하탱크저장소
- 이동탱크저장소
- 위험물을 취급하는 탱크로서 지하에 매설된 탱크가 있는 제조소·주유취급소 또는 일반취급소
※ 예방규정대상 제조소 등 : 지정수량의 200배 이상의 위험물을 저장하는 옥외탱크저장소

정답 44 ① 45 ① 46 ④

47 위험물안전관리법령상 제4류 위험물 중 경유의 지정수량은 몇 [L]인가?

① 500
② 1,000
③ 1,500
④ 2,000

[해설]
경유(제4류 위험물 제2석유류, 비수용성) : 1,000[L]

48 화재의 예방 및 안전관리에 관한 법령상 1급 소방안전관리대상물의 소방안전관리자 선임대상 기준 중 ( ) 안에 알맞은 내용은?

> 1급 소방안전관리자 자격증을 발급받은 사람으로서 소방공무원으로 ( ) 근무한 경력이 있는 사람

① 10년 이상
② 7년 이상
③ 5년 이상
④ 3년 이상

[해설]
1급 소방안전관리대상물의 소방안전관리자 선임자격(영 별표 4) : 1급 소방안전관리자 자격증을 발급받은 사람으로서 소방공무원으로 7년 이상 근무한 경력이 있는 사람

49 소방시설 설치 및 관리에 관한 법령상 용어의 정의 중 ( ) 안에 알맞은 것은?

> 특정소방대상물이란 건축물의 규모·용도 및 수용인원 등을 고려하여 소방시설을 설치해야 하는 소방대상물로서 ( )으로 정하는 것을 말한다.

① 대통령령
② 국토교통부령
③ 행정안전부령
④ 고용노동부령

[해설]
특정소방대상물(법 제2조) : 건축물의 규모·용도 및 수용인원 등을 고려하여 소방시설을 설치해야 하는 소방대상물로서 대통령령으로 정하는 것

50 소방기본법 제1장 총칙에서 정하는 목적의 내용으로 거리가 먼 것은?

① 구조, 구급 활동 등을 통하여 공공의 안녕 및 질서 유지
② 풍수해의 예방, 경계, 진압에 관한 계획, 예산 지원 활동
③ 구조, 구급 활동 등을 통하여 국민의 생명, 신체, 재산 보호
④ 화재, 재난, 재해 그 밖의 위급한 상황에서의 구조, 구급 활동

[해설]
소방기본법의 목적(법 제1조) : 화재를 예방·경계하거나 진압하고 화재, 재난·재해, 그 밖의 위급한 상황에서의 구조·구급 활동 등을 통하여 국민의 생명·신체 및 재산을 보호함으로써 공공의 안녕 및 질서 유지와 복리증진에 이바지함을 목적으로 한다.

51 소방기본법령상 소방본부 종합상황실의 실장이 서면·팩스 또는 컴퓨터통신 등으로 소방청의 종합상황실에 보고해야 하는 화재의 기준이 아닌 것은?

① 이재민이 100인 이상 발생한 화재
② 재산피해액이 50억원 이상 발생한 화재
③ 사망자가 3인 이상 발생하거나 사상자가 5인 이상 발생한 화재
④ 층수가 5층 이상이거나 병상이 30개 이상인 종합병원에서 발생한 화재

[해설]
사망자가 5인 이상 발생하거나 사상자가 10인 이상 발생한 화재는 종합상황실에 보고기준이다(규칙 제3조).

정답 47 ② 48 ② 49 ① 50 ② 51 ③

52 소방시설 설치 및 관리에 관한 법령상 소방시설 등의 점검결과 보고를 마친 후 점검기록표를 기록하지 않거나 특정소방대상물의 출입자가 쉽게 볼 수 있는 장소에 게시하지 않은 관계인에 대한 벌칙은?

① 100만원 이하의 벌금
② 200만원 이하의 벌금
③ 300만원 이하의 벌금
④ 500만원 이하의 벌금

해설
점검기록표를 기록하지 않거나 특정소방대상물에 출입자가 쉽게 볼 수 있는 장소에 게시하지 않은 관계인의 대한 벌칙 : 300만원 이하의 과태료

53 소방시설 설치 및 관리에 관한 법령상 분말형태의 소화약제를 사용하는 소화기의 내용연수로 옳은 것은?(단, 소방용품의 성능을 확인받아 그 사용기한을 연장하는 경우는 제외한다)

① 3년   ② 5년
③ 7년   ④ 10년

해설
소화기의 내용연수 : 10년

54 소방시설공사업법령상 소방시설공사업자가 소속 소방기술자를 소방시설공사 현장에 배치하지 않았을 경우의 과태료 기준은?

① 100만원 이하   ② 200만원 이하
③ 300만원 이하   ④ 400만원 이하

해설
소방기술자를 소방시설공사 현장에 배치하지 않는 자 : 200만원 이하의 과태료

55 화재의 예방 및 안전관리에 관한 법령상 옮긴 물건의 보관기간은 소방본부 또는 소방서의 인터넷 홈페이지에 공고하는 기간의 종료일 다음 날부터 며칠까지로 하는가?

① 3   ② 4
③ 5   ④ 7

해설
옮긴 물건의 공고 및 보관기간(영 제17조)
• 공고기간 : 14일 동안 소방본부 또는 소방서의 인터넷 홈페이지에 공고
• 보관기간 : 소방본부 또는 소방서의 인터넷 홈페이지에 공고하는 기간의 종료일 다음 날부터 7일까지로 한다.

56 소방기본법령상 소방활동장비와 설비의 구입 및 설치 시 국고보조의 대상이 아닌 것은?

① 소방자동차
② 사무용 집기
③ 소방헬리콥터 및 소방정
④ 소방전용통신설비 및 전산설비

해설
사무용 집기는 국고보조 대상이 아니다(영 제2조).

57 화재의 예방 및 안전관리에 관한 법령상 특정소방대상물의 관계인은 소방안전관리자를 기준일로부터 30일 이내에 선임해야 한다. 다음 중 기준일로 틀린 것은?

① 소방안전관리자를 해임한 경우 : 소방안전관리자를 해임한 날
② 특정소방대상물을 양수하여 관계인의 권리를 취득한 경우 : 해당 권리를 취득한 날
③ 신축으로 해당 특정소방대상물의 소방안전관리자를 신규로 선임해야 하는 경우 : 해당 특정소방대상물의 사용승인일
④ 증축으로 인하여 특정소방대상물이 소방안전관리대상물로 된 경우 : 증축공사의 개시일

해설
소방안전관리자의 선임신고 등(규칙 제14조)

구 분	선임기준
증축 또는 용도변경으로 인하여 특정소방대상물이 영 제25조 제1항에 따른 소방안전관리대상물로 된 경우 또는 등급이 변경된 경우	증축공사의 사용승인일 또는 용도변경 사실을 건축물관리대장에 기재한 날

58 위험물안전관리법령상 위험물을 취급함에 있어서 정전기가 발생할 우려가 있는 설비에 설치할 수 있는 정전기 제거설비 방법이 아닌 것은?

① 접지에 의한 방법
② 공기를 이온화하는 방법
③ 자동적으로 압력의 상승을 정지시키는 방법
④ 공기 중의 상대습도를 70[%] 이상으로 하는 방법

해설
정전기 방지법
• 접지에 의한 방법
• 공기를 이온화하는 방법
• 공기 중의 상대습도를 70[%] 이상으로 하는 방법

59 화재의 예방 및 안전관리에 관한 법령상 특수가연물의 수량 기준으로 옳은 것은?

① 면화류 : 200[kg] 이상
② 가연성 고체류 : 500[kg] 이상
③ 나무껍질 및 대팻밥 : 300[kg] 이상
④ 넝마 및 종이부스러기 : 400[kg] 이상

해설
특수가연물(영 별표 2)

품 명	수 량
면화류	200[kg] 이상
가연성 고체류	3,000[kg] 이상
나무껍질 및 대팻밥	400[kg] 이상
넝마 및 종이부스러기	1,000[kg] 이상

60 화재의 예방 및 안전관리에 관한 법령상 소방청장, 소방본부장 또는 소방서장이 화재안전조사를 실시하려는 경우 사전에 조사대상, 조사기간 및 조사사유 등 조사계획을 소방본부의 인터넷 홈페이지에 며칠 이상 공개해야 하는가?

① 7   ② 10
③ 12   ④ 14

해설
소방관서장(소방청장, 소방본부장 또는 소방서장)은 화재안전조사를 실시하려는 경우 사전에 소방청, 소방본부, 소방서의 인터넷 홈페이지나 전산시스템을 통해 7일 이상 공개해야 한다(영 제8조).

제4과목 소방전기시설의 구조 및 원리

61 감지기의 형식승인 및 제품검사의 기술기준에 따라 단독경보형감지기를 스위치 조작에 의하여 화재경보를 정지시킬 경우 화재경보 정지 후 몇 분 이내에 화재경보 정지기능이 자동적으로 해제되어 정상상태로 복귀되어야 하는가?

① 3
② 5
③ 10
④ 15

해설
단독경보형감지기 설치기준(제5조의2) : 단독경보형감지기에는 스위치 조작에 의하여 화재경보를 정지시킬 경우 화재경보 정지 후 15분 이내에 화재경보 정지기능이 자동적으로 해제되어 단독경보형감지기가 정상상태로 복귀되어야 한다.

62 비상콘센트설비의 화재안전기술기준(NFTC 504)에 따라 하나의 전용회로에 설치하는 비상콘센트는 몇 개 이하로 해야 하는가?

① 2
② 3
③ 10
④ 20

해설
비상콘센트설비의 전원회로 설치기준(NFTC 504)
- 전원회로는 각 층에 2 이상이 되도록 설치할 것. 다만, 설치해야 할 층의 비상콘센트가 1개인 때는 하나의 회로로 할 수 있다.
- 비상콘센트용의 풀박스 등은 방청도장을 한 것으로서 두께 1.6[mm] 이상의 철판으로 할 것
- 하나의 전용회로에 설치하는 비상콘센트는 10개 이하로 할 것. 이 경우 전선의 용량은 각 비상콘센트(비상콘센트가 3개 이상인 경우에는 3개)의 공급용량을 합한 용량 이상의 것으로 해야 한다.

63 속보기는 작동신호를 수신하거나 수동으로 동작시키는 경우 20초 이내에 소방관서에 자동적으로 신호를 발하여 알리되, 몇 회 이상 속보할 수 있어야 하는가?(단, 아날로그식 축적형 수신기를 접속하는 경우에는 제외한다)

① 1
② 2
③ 3
④ 4

해설
자동화재속보설비의 속보기의 성능인증(자동화재속보설비의 속보기의 성능인증 및 제품검사의 기술기준 제5조)
- 속보기(아날로그식 축적형 수신기를 접속하는 경우에는 제외한다)는 작동신호를 수신하거나 수동으로 동작시키는 경우 20초 이내에 소방관서에 자동적으로 신호를 발하여 알리되, 3회 이상 속보할 수 있어야 한다.
- 예비전원은 감시상태를 60분간 지속한 후 10분 이상 동작이 지속될 수 있는 용량이어야 한다.
- 속보기는 작동신호(화재경보신호를 포함) 또는 수동작동스위치에 의한 다이얼링 후 소방관서와 전화접속이 이루어지지 않는 경우에는 최초 다이얼링을 포함하여 10회 이상 반복적으로 접속을 위한 다이얼링이 이루어져야 한다. 이 경우 매회 다이얼링 완료 후 호출은 30초 이상 지속되어야 한다.

64 자동화재탐지설비 및 시각경보장치의 화재안전기술기준(NFTC 203)에 따른 감지기의 설치제외 장소가 아닌 것은?

① 실내의 용적이 20[m³] 이하인 장소
② 부식성가스가 체류하고 있는 장소
③ 목욕실·욕조나 샤워시설이 있는 화장실·기타 이와 유사한 장소
④ 고온도 및 저온도로서 감지기의 기능이 정지되기 쉽거나 감지기의 유지관리가 어려운 장소

[해설]
자동화재탐지설비의 감지기 설치제외 장소(NFTC 203)
- 천장 또는 반자의 높이가 20[m] 이상인 장소
- 헛간 등 외부와 기류가 통하는 장소로서 감지기에 따라 화재발생을 유효하게 감지할 수 없는 장소
- 부식성가스가 체류하고 있는 장소
- 고온도 및 저온도로서 감지기의 기능이 정지되기 쉽거나 감지기의 유지관리가 어려운 장소
- 목욕실·욕조나 샤워시설이 있는 화장실·기타 이와 유사한 장소
- 파이프덕트 등 그 밖의 이와 비슷한 것으로서 2개 층마다 방화구획된 것이나 수평단면적이 5[m²] 이하인 것
- 먼지·가루 또는 수증기가 다량으로 체류하는 장소 또는 주방 등 평시에 연기가 발생하는 장소(연기감지기에 한한다)
- 프레스공장·주조공장 등 화재발생의 위험이 적은 장소로서 감지기의 유지관리가 어려운 장소

65 비상콘센트의 배치와 설치에 대한 현장사항이 비상콘센트설비의 화재안전기술기준(NFTC 504)에 적합하지 않은 것은?

① 전원회로의 배선은 내화배선으로 되어 있다.
② 보호함에는 쉽게 개폐할 수 있는 문을 설치하였다.
③ 보호함 표면에 "비상콘센트"라고 표시한 표지를 붙였다.
④ 3상 교류 200[V] 전원회로에 대해 비접지형 3극 플러그 접속기를 사용하였다.

[해설]
비상콘센트설비의 화재안전기술기준(NFTC 504)
- 비상콘센트설비의 전원회로의 배선은 내화배선으로, 그 밖의 배선은 내화배선 또는 내열배선으로 할 것
- 보호함에는 쉽게 개폐할 수 있는 문을 설치할 것
- 보호함 표면에 "비상콘센트"라고 표시한 표지를 할 것
- 보호함 상부에 적색의 표시등을 설치할 것. 다만, 비상콘센트의 보호함을 옥내소화전함 등과 접속하여 설치하는 경우에는 옥내소화전함 등의 표시등과 겸용할 수 있다.
- 비상콘센트설비의 전원회로는 단상교류 220[V]인 것으로서, 그 공급용량은 1.5[kVA] 이상인 것으로 할 것
- 비상콘센트의 플러그접속기는 접지형 2극 플러그접속기(KS C 8305)를 사용해야 한다.

66 자동화재탐지설비 및 시각경보장치의 화재안전기술기준(NFTC 203)에 따라 제2종 연기감지기를 부착높이가 4[m] 미만인 장소에 설치 시 기준 바닥면적은?

① 30[m²] ② 50[m²]
③ 75[m²] ④ 150[m²]

[해설]
자동화재탐지설비의 연기감지기 설치기준(NFTC 203)
- 감지기는 복도 및 통로에 있어서는 보행거리 30[m](3종에 있어서는 20[m])마다, 계단 및 경사로에 있어서는 수직거리 15[m](3종에 있어서는 10[m])마다 1개 이상으로 할 것
- 감지기의 부착높이에 따른 바닥면적마다 1개 이상으로 할 것

부착높이	감지기의 종류(단위 : [m²])	
	1종 및 2종	3종
4[m] 미만	150	50
4[m] 이상 20[m] 미만	75	-

- 천장 또는 반자가 낮은 실내 또는 좁은 실내에 있어서는 출입구의 가까운 부분에 설치할 것
- 천장 또는 반자 부근에 배기구가 있는 경우에는 그 부근에 설치할 것
- 감지기는 벽 또는 보로부터 0.6[m] 이상 떨어진 곳에 설치할 것

67 아래 그림은 자동화재탐지설비의 배선도이다. 추가로 구획된 공간이 생겨서 '가~라' 감지기를 증설했을 경우, 자동화재탐지설비 및 시각경보장치의 화재안전기술기준(NFTC 203)에 적합하게 설치한 것은?

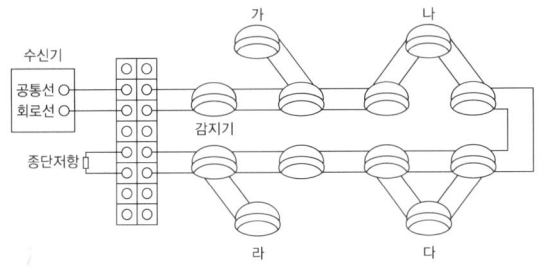

① 가　　② 나
③ 다　　④ 라

해설
자동화재탐지설비의 감지기 배선(NFTC 203)
• 감지기 사이의 회로의 배선은 송배선식으로 할 것
• 송배선 방식은 도통시험을 확실하게 하기 위한 배선 방식이다.
• 송배선 방식의 감지기 배선은 감지기 1극에 2개씩 총 4개의 단자를 이용하여 배선(지구선 2가닥, 공통선 2가닥)을 하며, 배선은 도중에서 분기하지 않는 방식이다.

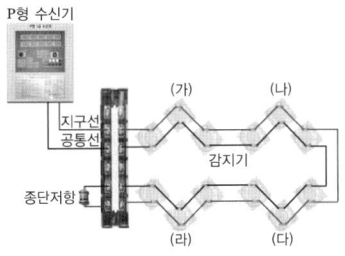

∴ 자동화재탐지설비의 감지기와 감지기 사이의 배선을 적합하게 한 것은 (나)번이다.

[틀린 부분 수정]
(가)와 (라)는 배선을 추가 및 제거(×)해야 하고, (다)는 배선을 제거(×)해야 한다.

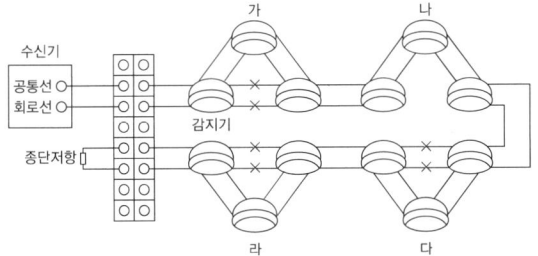

68 비상방송설비의 화재안전기술기준(NFTC 202)에 따라 비상방송설비 음향장치의 설치기준 중 다음 (　)에 들어갈 내용으로 옳은 것은?

> 층수가 (㉠)층(공동주택의 경우에는 (㉡)층) 이상의 특정소방대상물의 1층에서 발화한 때는 발화층·그 직상 4개 층 및 지하층에 경보를 발할 수 있도록 해야 한다.

① ㉠ 9, ㉡ 12
② ㉠ 10, ㉡ 14
③ ㉠ 11, ㉡ 16
④ ㉠ 12, ㉡ 18

해설
비상방송설비의 음향장치 설치기준(NFTC 202)
층수가 11층(공동주택의 경우에는 16층) 이상의 특정소방대상물은 다음에 따라 경보를 발할 수 있도록 해야 한다.
• 2층 이상의 층에서 발화한 때는 발화층 및 그 직상 4개 층에 경보를 발할 것
• 1층에서 발화한 때는 발화층·그 직상 4개 층 및 지하층에 경보를 발할 것
• 지하층에서 발화한 때는 발화층·그 직상층 및 기타의 지하층에 경보를 발할 것

69 유도등의 형식승인 및 제품검사의 기술기준에 따른 용어의 정의에서 "유도등에 있어서 표시면 외 조명에 사용되는 면"을 말하는 것은?

① 조사면　　② 피난면
③ 조도면　　④ 광속면

해설
용어의 정의(제2조)
• 표시면 : 유도등에 있어서 피난구나 피난방향을 안내하기 위한 문자 또는 부호등이 표시된 면을 말한다.
• 조사면 : 유도등에 있어서 표시면 외 조명에 사용되는 면을 말한다.

70 자동화재탐지설비 및 시각경보장치의 화재안전기술기준(NFTC 203)에 따라 부착높이 20[m] 이상에 설치되는 광전식 중 아날로그방식의 감지기는 공칭감지농도 하한값이 감광률 몇 [%/m] 미만인 것으로 하는가?

① 3
② 5
③ 7
④ 10

해설
광전식 감지기 중 아날로그방식의 감지기 설치기준(NFTC 203)
부착높이 20[m] 이상에 설치되는 광전식 중 아날로그방식의 감지기는 공칭감지농도 하한값이 감광률 5[%/m] 미만인 것으로 한다.

71 비상조명등의 우수품질인증 기술기준에 따라 인출선인 경우 전선의 굵기는 몇 [mm²] 이상이어야 하는가?

① 0.5
② 0.75
③ 1.5
④ 2.5

해설
비상조명등의 일반구조(제3조)
• 상용전원 전압의 110[%] 범위 안에서는 비상조명등 내부의 온도 상승이 그 기능에 지장을 주거나 위해를 발생시킬 염려가 없어야 한다.
• 사용전압은 300[V] 이하이어야 한다. 다만, 충전부가 노출되지 않는 것은 300[V]를 초과할 수 있다.
• 전선의 굵기가 인출선인 경우에는 단면적이 0.75[mm²] 이상, 인출선 외의 경우에는 단면적이 0.5[mm²] 이상이어야 한다.
• 인출선의 길이는 전선 인출부분으로부터 150[mm] 이상이어야 한다. 다만, 인출선으로 하지 않을 경우에는 풀어지지 않는 방법으로 전선을 쉽고 확실하게 부착할 수 있도록 접속단자를 설치해야 한다.

72 누전경보기의 형식승인 및 제품검사의 기술기준에 따른 과누전시험에 대한 내용이다. 다음 ( )에 들어갈 내용으로 옳은 것은?

변류기는 1개의 전선을 변류기에 부착시킨 회로를 설치하고 출력단자에 부하저항을 접속한 상태로 해당 1개의 전선에 변류기의 정격전압의 (㉠)[%]에 해당하는 수치의 전류를 (㉡)분간 흘리는 경우 그 구조 또는 기능에 이상이 생기지 않아야 한다.

① ㉠ 20, ㉡ 5
② ㉠ 30, ㉡ 10
③ ㉠ 50, ㉡ 15
④ ㉠ 80, ㉡ 20

해설
누전경보기의 과누전시험(제14조) : 변류기는 1개의 전선을 변류기에 부착시킨 회로를 설치하고 출력단자에 부하저항을 접속한 상태로 해당 1개의 전선에 변류기의 정격전압의 20[%]에 해당하는 수치의 전류를 5분간 흘리는 경우 그 구조 또는 기능에 이상이 생기지 않아야 한다.

73 비상방송설비의 화재안전기술기준(NFTC 202)에 따른 비상방송설비의 음향장치에 대한 설치기준으로 틀린 것은?

① 다른 전기회로에 따라 유도장애가 생기지 않도록 할 것
② 음향장치는 자동화재속보설비의 작동과 연동하여 작동할 수 있는 것으로 할 것
③ 다른 방송설비와 공용하는 것에 있어서는 화재 시 비상경보 외의 방송을 차단할 수 있는 구조로 할 것
④ 증폭기 및 조작부는 수위실 등 상시 사람이 근무하는 장소로서 점검이 편리하고 방화상 유효한 곳에 설치할 것

[해설]
비상방송설비의 음향장치 설치기준(NFTC 202)
- 다른 전기회로에 따라 유도장애가 생기지 않도록 할 것
- 다른 방송설비와 공용하는 것에 있어서는 화재 시 비상경보 외의 방송을 차단할 수 있는 구조로 할 것
- 증폭기 및 조작부는 수위실 등 상시 사람이 근무하는 장소로서 점검이 편리하고 방화상 유효한 곳에 설치할 것
- 음향장치는 자동화재탐지설비의 작동과 연동하여 작동할 수 있는 것으로 할 것
- 하나의 특정소방대상물에 2 이상의 조작부가 설치되어 있는 때에는 각각의 조작부가 있는 장소 상호 간에 동시 통화가 가능한 설비를 설치하고, 어느 조작부에서도 해당 특정소방대상물의 전 구역에 방송을 할 수 있도록 할 것
- 기동장치에 따른 화재신호를 수신한 후 필요한 음량으로 화재발생 상황 및 피난에 유효한 방송이 자동으로 개시될 때까지의 소요시간은 10초 이내로 할 것

74 무선통신보조설비의 화재안전기술기준(NFTC 505)에 따른 용어의 정의 중 감시제어반 등에 설치된 무선중계기의 입력과 출력포트에 연결되어 송수신 신호를 원활하게 방사·수신하기 위해 옥외에 설치하는 장치를 말하는 것은?

① 혼합기　　② 분파기
③ 증폭기　　④ 옥외안테나

[해설]
무선통신보조설비 용어의 정의(NFTC 505)
- 혼합기 : 2 이상의 입력신호를 원하는 비율로 조합한 출력이 발생하도록 하는 장치를 말한다.
- 분파기 : 서로 다른 주파수의 합성된 신호를 분리하기 위해서 사용하는 장치를 말한다.
- 증폭기 : 전압·전류의 진폭을 늘려 감도 등을 개선하는 장치를 말한다.
- 옥외안테나 : 감시제어반 등에 설치된 무선중계기의 입력과 출력 포트에 연결되어 송수신 신호를 원활하게 방사·수신하기 위해 옥외에 설치하는 장치를 말한다.
- 분배기 : 신호의 전송로가 분기되는 장소에 설치하는 것으로 임피던스 매칭(Matching)과 신호 균등분배를 위해 사용하는 장치를 말한다.
- 무선중계기 : 안테나를 통하여 수신된 무전기 신호를 증폭한 후 음영지역에 재방사하여 무전기 상호 간 송수신이 가능하도록 하는 장치를 말한다.

75 무선통신보조설비의 화재안전기술기준(NFTC 505)에 따라 무선통신보조설비의 누설동축케이블 및 동축케이블의 임피던스는 몇 [Ω]으로 해야 하는가?

① 5　　② 10
③ 50　　④ 100

[해설]
무선통신보조설비의 누설동축케이블 설치기준(NFTC 505)
- 누설동축케이블 및 동축케이블의 임피던스는 50[Ω]으로 하고, 이에 접속하는 안테나·분배기 기타의 장치는 해당 임피던스에 적합한 것으로 해야 한다.
- 누설동축케이블 및 동축케이블은 불연 또는 난연성의 것으로서 습기 등의 환경조건에 따라 전기의 특성이 변질되지 않는 것으로 하고, 노출하여 설치한 경우에는 피난 및 통행에 장애가 없도록 할 것
- 누설동축케이블 및 동축케이블은 화재에 따라 해당 케이블의 피복이 소실된 경우에 케이블 본체가 떨어지지 않도록 4[m] 이내마다 금속제 또는 자기제 등의 지지금구로 벽·천장·기둥 등에 견고하게 고정할 것. 다만, 불연재료로 구획된 반자 안에 설치하는 경우에는 그렇지 않다.
- 누설동축케이블 및 안테나는 고압의 전로로부터 1.5[m] 이상 떨어진 위치에 설치할 것. 다만, 해당 전로에 정전기 차폐장치를 유효하게 설치한 경우에는 그렇지 않다.
- 누설동축케이블의 끝부분에는 무반사 종단저항을 견고하게 설치할 것

76 비상경보설비 및 단독경보형감지기의 화재안전기술기준(NFTC 201)에 따른 단독경보형감지기에 대한 내용이다. 다음 ( )에 들어갈 내용으로 옳은 것은?

> 이웃하는 실내의 바닥면적이 각각 ( )[m²] 미만이고 벽체의 상부의 전부 또는 일부가 개방되어 이웃하는 실내와 공기가 상호 유통되는 경우에는 이를 1개의 실로 본다.

① 30　　② 50
③ 100　　④ 150

[해설]
단독경보형감지기의 설치기준(NFTC 201)
- 각 실(이웃하는 실내의 바닥면적이 각각 30[m²] 미만이고 벽체의 상부의 전부 또는 일부가 개방되어 이웃하는 실내와 공기가 상호유통되는 경우에는 이를 1개의 실로 본다)마다 설치하되, 바닥면적이 150[m²]를 초과하는 경우에는 150[m²]마다 1개 이상 설치할 것
- 계단실은 최상층의 계단실의 천장(외기가 상통하는 계단실의 경우를 제외)에 설치할 것

정답 74 ④　75 ③　76 ①

77 소방시설용 비상전원수전설비의 화재안전기술기준(NFTC 602)에 따른 용어의 정의에서 소방부하에 전원을 공급하는 전기회로를 말하는 것은?

① 수전설비 ② 일반회로
③ 소방회로 ④ 변전설비

해설
소방시설용 비상전원수전설비의 용어 정의(NFTC 602)
- 수전설비 : 전력수급용 계기용변성기·주차단장치 및 그 부속기기를 말한다.
- 일반회로 : 소방회로 이외의 전기회로를 말한다.
- 소방회로 : 소방부하에 전원을 공급하는 전기회로를 말한다.
- 변전설비 : 전력용변압기 및 그 부속장치를 말한다.

78 누전경보기의 형식승인 및 제품검사의 기술기준에 따라 누전경보기의 변류기는 직류 500[V]의 절연저항계로 절연된 1차 권선과 2차 권선 간의 절연저항시험을 할 때 몇 [MΩ] 이상이어야 하는가?

① 0.1 ② 5
③ 10 ④ 20

해설
누전경보기 변류기의 절연저항시험 부위(제19조)
- 절연된 1차 권선과 2차 권선 간의 절연저항
- 절연된 1차 권선과 외부금속부 간의 절연저항
- 절연된 2차 권선과 외부금속부 간의 절연저항
∴ 변류기는 직류(DC) 500[V]의 절연저항계로 시험을 하는 경우 5[MΩ] 이상이어야 한다.

79 소방시설용 비상전원수전설비의 화재안전기술기준(NFTC 602)에 따라 소방시설용 비상전원수전설비의 인입구 배선은 옥내소화전설비의 화재안전기술기준(NFTC 102) 표 2.7.2에 따른 어떤 배선으로 해야 하는가?

① 나전선 ② 내열배선
③ 내화배선 ④ 차폐배선

해설
소방시설용 비상전원수전설비의 인입선 및 인입구 배선의 시설기준(NFTC 602)
- 인입선은 특정소방대상물에 화재가 발생할 경우에도 화재로 인한 손상을 받지 않도록 설치해야 한다.
- 인입구 배선은 옥내소화전설비의 화재안전기준(NFTC 102) 표 2.7.2(배선에 사용되는 전선의 종류 및 공사방법)에 따른 내화배선으로 해야 한다.

80 유도등 및 유도표지의 화재안전기술기준(NFTC 303)에 따라 설치하는 유도표지는 계단에 설치하는 것을 제외하고는 각 층마다 복도 및 통로의 각 부분으로부터 하나의 유도표지까지의 보행거리가 몇 [m] 이하가 되는 곳과 구부러진 모퉁이의 벽에 설치해야 하는가?

① 10 ② 15
③ 20 ④ 25

해설
유도표지의 설치기준(NFTC 303)
- 계단에 설치하는 것을 제외하고는 각 층마다 복도 및 통로의 각 부분으로부터 하나의 유도표지까지의 보행거리가 15[m] 이하가 되는 곳과 구부러진 모퉁이의 벽에 설치할 것
- 피난구유도표지는 출입구 상단에 설치하고, 통로유도표지는 바닥으로부터 높이 1[m] 이하의 위치에 설치할 것
- 주위에는 이와 유사한 등화·광고물·게시물 등을 설치하지 않을 것
- 축광방식의 유도표지는 외광 또는 조명장치에 의하여 상시 조명이 제공되거나 비상조명등에 의한 조명이 제공되도록 설치할 것

2022년 제1회 과년도 기출문제

제1과목 소방원론

01 소화원리에 대한 설명으로 틀린 것은?

① 억제소화 : 불활성기체를 방출하여 연소범위 이하로 낮추어 소화하는 방법
② 냉각소화 : 물의 증발잠열을 이용하여 가연물의 온도를 낮추는 소화방법
③ 제거소화 : 가연성 가스의 분출화재 시 연료공급을 차단시키는 소화방법
④ 질식소화 : 포소화약제 또는 불연성기체를 이용해서 공기 중의 산소공급을 차단하여 소화하는 방법

해설
소화방법
- 냉각소화 : 화재 현장에서 물의 증발잠열을 이용하여 열을 빼앗아 온도를 낮추어 소화하는 방법
- 질식소화 : 공기 중의 산소의 농도를 21[%]에서 15[%] 이하로 낮추어 소화하는 방법
- 제거소화 : 화재 현장에서 가연물을 없애주어 소화하는 방법
- 억제소화(부촉매효과) : 연쇄반응을 차단하여 소화하는 방법

02 위험물의 유별에 따른 분류가 잘못된 것은?

① 제1류 위험물 : 산화성 고체
② 제3류 위험물 : 자연발화성 및 금수성 물질
③ 제4류 위험물 : 인화성 액체
④ 제6류 위험물 : 가연성 액체

해설
위험물의 분류

유별	제1류 위험물	제2류 위험물	제3류 위험물	제4류 위험물	제5류 위험물	제6류 위험물
성질	산화성 고체	가연성 고체	자연발화성 및 금수성 물질	인화성 액체	자기반응성 물질	산화성 액체

03 고층건축물 내의 연기 거동 중 굴뚝효과에 영향을 미치는 요소가 아닌 것은?

① 건물 내·외의 온도차
② 화재실의 온도
③ 건물의 높이
④ 층의 면적

해설
굴뚝효과에 영향을 미치는 요소
- 건물 내·외의 온도차
- 화재실의 온도
- 건물의 높이

정답 1 ① 2 ④ 3 ④

04 화재에 관련된 국제적인 규정을 제정하는 단체는?

① IMO(International Maritime Organization)
② SFPE(Society Fire Protection Engineers)
③ NFPA(Nation Fire Protection Association)
④ ISO(International Organization for Standardization)TC 92

해설
ISO(International Organization for Standardization)TC 92 : 산업 전반과 서비스에 관한 국제표준 제정 및 상품·서비스의 국가 간 교류를 원활하게 하고, 지식·과학기술의 글로벌 협력 발전을 도모하여 국제 표준화 및 관련 활동 증진을 목적으로 화재에 관련된 국제적인 규정을 제정하는 단체로서 1947년도에 설립된 비정부 조직이다.

05 제연설비의 화재안전기술기준상 예상제연구역에 공기가 유입되는 순간의 풍속은 몇 [m/s] 이하가 되도록 해야 하는가?

① 2 ② 3
③ 4 ④ 5

해설
예상제연구역에 공기가 유입되는 순간의 풍속 : 5[m/s] 이하

06 화재의 정의로 옳은 것은?

① 가연성 물질과 산소와의 격렬한 산화반응이다.
② 사람의 과실로 인한 실화나 고의에 의한 방화로 발생하는 연소현상으로서 소화할 필요성이 있는 연소현상이다.
③ 가연물과 공기와의 혼합물이 어떤 점화원에 의하여 활성화되어 열과 빛을 발하면서 일으키는 격렬한 발열반응이다.
④ 인류의 문화와 문명의 발달을 가져오게 한 근본 존재로서 인간의 제어수단에 의하여 컨트롤 할 수 있는 연소현상이다.

해설
화재 : 사람의 과실로 인한 실화나 고의에 의한 방화로 발생하는 연소현상으로서 소화할 필요성이 있는 연소현상

07 물에 황산을 넣어 묽은 황산을 만들 때 발생되는 열은?

① 연소열 ② 분해열
③ 용해열 ④ 자연발열

해설
용해열 : 물에 황산을 넣어 묽은 황산을 만들 때 많이 발생되는 열

08 이산화탄소 소화약제의 임계온도는 약 몇 [℃]인가?

① 24.4 ② 31.4
③ 56.4 ④ 78.4

해설
이산화탄소 소화약제의 임계온도 : 31.35[℃]

09 상온·상압의 공기 중에서 탄화수소류의 가연물을 소화하기 위한 이산화탄소 소화약제의 농도는 약 몇 [%]인가?(단, 탄화수소류는 산소 농도가 10[%]일 때 소화된다고 가정한다)

① 28.57　　② 35.48
③ 49.56　　④ 52.38

해설
이산화탄소의 농도
$$CO_2[\%] = \frac{21 - O_2[\%]}{21} \times 100$$
$$= \frac{21 - 10}{21} \times 100$$
$$= 52.38[\%]$$

10 과산화수소 위험물의 특성이 아닌 것은?

① 비수용성이다.
② 무기화합물이다.
③ 불연성 물질이다.
④ 비중은 물보다 무겁다.

해설
과산화수소는 물에 잘 녹는 제6류 위험물이다.

11 건축물의 피난·방화구조 등의 기준에 관한 규칙상 방화구획의 설치기준 중 스프링클러설비를 설치한 10층 이하의 층은 바닥면적 몇 [m²] 이내마다 방화구획을 해야 하는가?(단, 벽 및 반자의 실내에 접하는 부분의 마감은 불연재료가 아닌 경우이다)

① 1,000　　② 1,500
③ 2,000　　④ 3,000

해설
방화구획의 기준(건피방 제14조)

구획의 종류	구획기준	
면적별 구획	10층 이하	• 바닥면적 1,000[m²] 이내마다 • 자동식소화설비(스프링클러설비)설치 시 3,000[m²] 이내
	11층 이상	• 바닥면적 200[m²] 이내마다 • 자동식소화설비(스프링클러설비)설치 시 600[m²] 이내 • 내장재료가 불연재료의 경우 500[m²] 이내 • 내장재료가 불연재료이면서 자동식 소화설비(스프링클러설비)설치 시 1,500[m²] 이내
층별 구획	매 층마다 구획(지하 1층에서 지상으로 직접 연결하는 경사로 부위는 제외)	

12 다음 중 분진폭발의 위험성이 가장 낮은 것은?

① 시멘트가루　　② 알루미늄분
③ 석탄분말　　　④ 밀가루

해설
시멘트가루, 소석회[수산화칼슘, $Ca(OH)_2$]는 분진폭발의 위험이 없다.

13 백열전구가 발열하는 원인이 되는 열은?

① 아크열　　② 유도열
③ 저항열　　④ 정전기열

해설
저항열 : 백열전구가 발열하는 원인이 되는 열

정답　9 ④　10 ①　11 ④　12 ①　13 ③

14 동식물유류에서 "아이오딘값이 크다"라는 의미와 가장 가까운 것은?

① 불포화도가 높다.
② 불건성유이다.
③ 자연발화성이 낮다.
④ 산소와 결합이 어렵다.

해설
아이오딘값이 크면
• 불포화도가 높다.
• 건성유이다.
• 자연발화성이 높다.
• 산소와 결합이 쉽다.

15 단백포소화약제의 특징이 아닌 것은?

① 내열성이 우수하다.
② 유류에 대한 유동성이 나쁘다.
③ 유류를 오염시킬 수 있다.
④ 변질의 우려가 없어 저장 유효기간의 제한이 없다.

해설
단백포는 변질의 우려가 있어 장기간 보관이 어려워 주기적으로 교체가 필요하다.

16 이산화탄소 소화약제의 주된 소화효과는?

① 제거소화
② 억제소화
③ 질식소화
④ 냉각소화

해설
이산화탄소 소화약제의 주된 소화효과 : 질식소화(산소공급 차단)

17 전기불꽃, 아크 등이 발생하는 부분을 기름 속에 넣어 폭발을 방지하는 방폭구조는?

① 내압방폭구조
② 유입방폭구조
③ 안전증방폭구조
④ 특수방폭구조

해설
유입방폭구조 : 전기불꽃, 아크 등이 발생하는 부분을 기름 속에 넣어 폭발을 방지하는 방폭구조

18 자연발화의 방지방법이 아닌 것은?

① 통풍이 잘 되도록 한다.
② 퇴적 및 수납 시 열이 쌓이지 않게 한다.
③ 높은 습도를 유지한다.
④ 저장실의 온도를 낮게 한다.

해설
자연발화의 방지대책
• 습도를 낮게 할 것(습도를 낮게 해야 열의 확산을 잘 시킨다)
• 주위(저장실)의 온도를 낮출 것
• 통풍을 잘 시킬 것
• 불활성 가스를 주입하여 공기와 접촉을 피할 것
• 열전도율을 크게 할 것

19 소화약제의 형식승인 및 제품검사의 기술기준상 강화액 소화약제의 응고점은 몇 [℃] 이하이어야 하는가?

① 0 ② -20
③ -25 ④ -30

해설
강화액 소화약제의 응고점 : -20[℃] 이하

20 상온에서 무색의 기체로서 암모니아와 유사한 냄새를 가지는 물질은?

① 에틸벤젠
② 에틸아민
③ 산화프로필렌
④ 사이클로프로페인

해설
에틸아민 : 상온에서 무색의 기체로서 암모니아와 유사한 냄새를 가지는 물질

제2과목 소방전기일반

21 그림과 같은 회로에서 단자 a, b 사이에 주파수 f [Hz]의 정현파 전압을 가했을 때 전류계 A₁, A₂의 값이 같았다. 이 경우 f, L, C 사이의 관계로 옳은 것은?

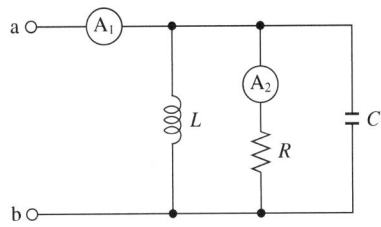

① $f = \dfrac{1}{LC}$

② $f = \dfrac{1}{2\pi\sqrt{LC}}$

③ $f = \dfrac{1}{4\pi\sqrt{LC}}$

④ $f = \dfrac{1}{\sqrt{2\pi^2 LC}}$

해설
$R-L-C$ 병렬회로
- 전류계 A₁과 A₂가 같으므로 공진회로이다.
- 유도성 리액턴스 $X_L = \omega L = 2\pi f L [\Omega]$
- 용량성 리액턴스 $X_C = \dfrac{1}{\omega C} = \dfrac{1}{2f\omega C}[\Omega]$
- 병렬 공진회로의 조건은 $\dfrac{1}{X_C} = \dfrac{1}{X_L}$ 이므로

  $\dfrac{1}{\frac{1}{2\pi f C}} = \dfrac{1}{2\pi f L}$ 에서 $2\pi f C = \dfrac{1}{2\pi f L}$

- ∴ 공진주파수 $f^2 = \dfrac{1}{(2\pi)^2 LC}$ 이고, $f = \dfrac{1}{2\pi\sqrt{LC}}$ [Hz]

22 논리식 $Y = \overline{A}\overline{B}C + A\overline{B}\overline{C} + A\overline{B}C$를 간단히 표현한 것은?

① $\overline{A} \cdot (B+C)$
② $\overline{B} \cdot (A+C)$
③ $\overline{C} \cdot (A+B)$
④ $C \cdot (A+\overline{B})$

해설

논리식의 간단화

$Y = \overline{A}\overline{B}C + A\overline{B}\overline{C} + A\overline{B}C$

$= \overline{A}\overline{B}C + A\overline{B}\underbrace{(\overline{C}+C)}_{1} = \overline{A}\overline{B}C + A\overline{B}\cdot 1$

$= \overline{A}\overline{B}C + A\overline{B} = \overline{B}\cdot\underbrace{(\overline{A}C+A)}_{\text{흡수법칙}} = \overline{B}\cdot\{\underbrace{(\overline{A}+A)}_{1}\cdot(A+C)\}$

$= \overline{B}\cdot\{1\cdot(A+C)\} = \overline{B}\cdot(A+C)$

Plus one

논리대수의 기본법칙

• 흡수법칙

$(A+\overline{B})\cdot B = (A\cdot B) + \underbrace{(\overline{B}\cdot B)}_{0} = A\cdot B$

$(A\cdot\overline{B}) + B = (A+B)\cdot\underbrace{(B+\overline{B})}_{1} = A+B$

• 보원의 법칙

$A\cdot\overline{A} = 0$ $\qquad A+\overline{A} = 1$

• 기본 대수의 정리

$A\cdot A = A$ $\qquad A+A = A$
$A\cdot 1 = A$ $\qquad A+1 = 1$
$A\cdot 0 = 0$ $\qquad A+0 = A$

23 회로에서 전류 I는 약 몇 [A]인가?

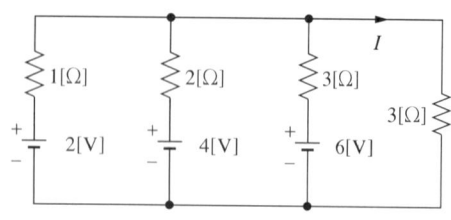

① 0.92
② 1.125
③ 1.29
④ 1.38

해설

밀만의 정리

• 여러 개의 전압원이 병렬로 접속되어 있는 경우에 전압원을 등가 전류원으로 변환시켜 단자 a-b 사이의 전압을 계산할 수 있는 방법이다.

• 병렬회로 a-b 사이의 전압(V_{ab})을 먼저 구한다.

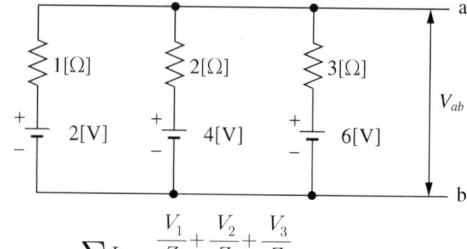

$\therefore V_{ab} = \dfrac{\sum I}{\sum Y} = \dfrac{\dfrac{V_1}{Z_1}+\dfrac{V_2}{Z_2}+\dfrac{V_3}{Z_3}}{\dfrac{1}{Z_1}+\dfrac{1}{Z_2}+\dfrac{1}{Z_3}}$ 에서

$V_{ab} = \dfrac{\dfrac{2[V]}{1[\Omega]}+\dfrac{4[V]}{2[\Omega]}+\dfrac{6[V]}{3[\Omega]}}{\dfrac{1}{1[\Omega]}+\dfrac{1}{2[\Omega]}+\dfrac{1}{3[\Omega]}}$

$= \dfrac{2[A]+2[A]+2[A]}{\dfrac{6}{6[\Omega]}+\dfrac{3}{6[\Omega]}+\dfrac{2}{6[\Omega]}} = \dfrac{6[A]}{\dfrac{11}{6[\Omega]}}$

$= \dfrac{36}{11}[A]$

• 병렬회로의 합성 임피던스(Z)를 구한다.

$\therefore Z = \dfrac{1}{\dfrac{1}{Z_1}+\dfrac{1}{Z_2}+\dfrac{1}{Z_3}}$ 에서

$Z = \dfrac{1}{\dfrac{1}{1[\Omega]}+\dfrac{1}{2[\Omega]}+\dfrac{1}{3[\Omega]}}$

$= \dfrac{1}{\dfrac{6}{6[\Omega]}+\dfrac{3}{6[\Omega]}+\dfrac{2}{6[\Omega]}} = \dfrac{1}{\dfrac{11}{6[\Omega]}}$

$= \dfrac{6}{11}[\Omega]$

• 병렬회로에서 구한 합성 임피던스와 3[Ω]의 임피던스는 직렬로 접속되어 있다.

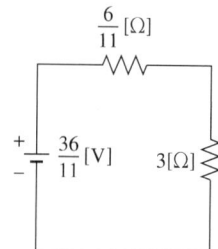

$\therefore$ 전류 $I = \dfrac{V_{ab}}{Z}$

$= \dfrac{\dfrac{36}{11}[V]}{\dfrac{6}{11}[\Omega]+3[\Omega]} = \dfrac{\dfrac{36}{11}[V]}{\dfrac{6}{11}[\Omega]+\dfrac{33}{11}[\Omega]}$

$= \dfrac{36}{39}[A] = 0.923[A]$

24 절연저항 시험에서 "전로의 사용전압이 500[V] 이하인 경우 1.0[MΩ] 이상"이란 뜻으로 가장 알맞은 것은?

① 누설전류가 0.5[mA] 이하이다.
② 누설전류가 5[mA] 이하이다.
③ 누설전류가 15[mA] 이하이다.
④ 누설전류가 30[mA] 이하이다.

해설
절연저항 시험
- 절연저항 시험은 전기기기 및 전선로의 절연물의 절연성에 관한 신뢰도가 충분한지 그 여부를 판정하기 위하여 절연저항을 측정한다.
- 저압 전로에서 정전이 어려운 경우 등 절연저항 측정이 곤란한 경우 저항 성분의 누설전류가 1[mA] 이하이면 그 전로의 절연성능은 적합한 것으로 본다.
- 저압전선로 중 절연 부분의 전선과 대지 사이 및 전선의 심선 상호 간의 절연저항은 사용전압에 대한 누설전류가 최대 공급전류의 $\frac{1}{2,000}$을 넘지 않도록 해야 한다.

∴ 누설전류 $I = \frac{V}{R}$에서

$I = \frac{500[V] \text{ 이하}}{1 \times 10^6 [\Omega] \text{ 이상}} = 5 \times 10^{-4}[A] = 0.5[mA]$ 이하

25 권선수가 100회인 코일에 유도되는 기전력의 크기가 e_1이다. 이 코일의 권선수를 200회로 늘렸을 때 유도되는 기전력의 크기(e_2)는?

① $e_2 = \frac{1}{4}e_1$
② $e_2 = \frac{1}{2}e_1$
③ $e_2 = 2e_1$
④ $e_2 = 4e_1$

해설
유도기전력(e)
- 코일의 권수 N회, 자기회로의 단면적을 $A[m^2]$, 자기회로의 길이 $l[m]$, 투자율을 μ라고 할 때 전류 $I[A]$가 흐르고 있다면 자기인덕턴스는 다음과 같다.

$L = \frac{\mu A N^2}{l}$ [H]

∴ 자기인덕턴스 L은 코일의 권수 제곱에 비례한다.

$L \propto N^2$에서 $L_2 = \left(\frac{N_2}{N_1}\right)^2 L_1 = \left(\frac{200회}{100회}\right)^2 L_1 = 4L_1$

- 유도기전력 $e = -L\frac{\Delta I}{\Delta t}$에서

$\frac{e_2}{e_1} = \frac{-L_2 \frac{\Delta I}{\Delta t}}{-L_1 \frac{\Delta I}{\Delta t}} = \frac{L_2}{L_1} = \frac{4L_1}{L_1} = 4$이고, $e_2 = 4e_1$이다.

26 동일한 전류가 흐르는 두 평행 도선 사이에 작용하는 힘이 F_1이다. 두 도선 사이의 거리를 2.5배로 늘였을 때 두 도선 사이 작용하는 힘 F_2는?

① $F_2 = \frac{1}{2.5}F_1$
② $F_2 = \frac{1}{2.5^2}F_1$
③ $F_2 = 2.5F_1$
④ $F_2 = 6.25F_1$

해설
두 평행 도선 사이에 작용하는 힘(F)

$F = \frac{2I_1 I_2}{r} \times 10^{-7}$ [N/m]

- 두 도체 사이에 작용하는 힘 $F_1 \propto \frac{1}{r_1}$이므로 거리가 $r_2 = 2.5r_1$이다.

∴ 두 도선 사이에 작용하는 힘 $F_2 = \frac{1}{r_2} = \frac{1}{2.5r_1}$에서

$\frac{F_2}{F_1} = \frac{\frac{1}{r_2}}{\frac{1}{r_1}} = \frac{\frac{1}{2.5r_1}}{\frac{1}{r_1}} = \frac{1}{2.5}$이고 $F_2 = \frac{1}{2.5}F_1$이다.

27 그림의 회로에서 a와 c 사이의 합성저항은?

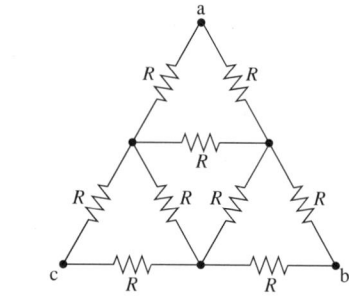

① $\dfrac{9}{10}R$ ② $\dfrac{10}{9}R$

③ $\dfrac{7}{10}R$ ④ $\dfrac{10}{7}R$

해설
합성저항
- 3상 평형부하인 경우 △결선을 Y결선으로 변환하면 각 상의 저항은 $R_Y = \dfrac{1}{3}R_\Delta$ 이므로 등가회로는 다음과 같다.

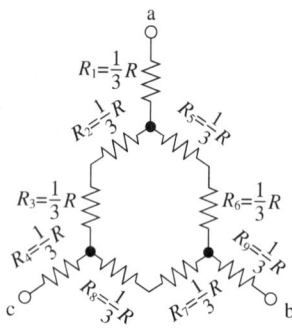

- a-c간 합성저항을 보다 쉽게 구하기 위해 다음의 등가회로로 변환한다.

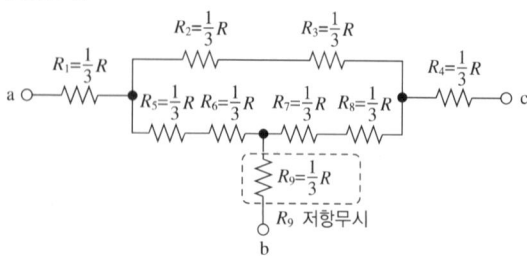

- 병렬회로의 직렬로 접속된 합성저항
$$R_{10} = R_2 + R_3 = \frac{1}{3}R + \frac{1}{3}R = \frac{2}{3}R$$

- 병렬회로의 직렬로 접속된 합성저항
$$R_{11} = R_5 + R_6 + R_7 + R_8 = \frac{1}{3}R + \frac{1}{3}R + \frac{1}{3}R + \frac{1}{3}R$$
$$= \frac{4}{3}R$$

∴ 합성저항 $R = R_1 + \dfrac{R_{10} \times R_{11}}{R_{10} + R_{11}} + R_4$

$$= \frac{1}{3}R + \frac{\frac{2}{3}R \times \frac{4}{3}R}{\frac{2}{3}R + \frac{4}{3}R} + \frac{1}{3}R$$

$$= \frac{1}{3}R + \frac{\frac{8}{9}R^2}{\frac{6}{3}R} + \frac{1}{3}R = \frac{1}{3}R + \frac{4}{9}R + \frac{1}{3}R$$

$$= \frac{3}{9}R + \frac{4}{9}R + \frac{3}{9}R = \frac{10}{9}R$$

28 잔류편차가 있는 제어 동작은?

① 비례 제어
② 적분 제어
③ 비례 적분 제어
④ 비례 적분 미분 제어

해설
제어동작에 따른 분류
- 비례 제어(P동작) : 목푯값과 제어량의 편차 크기에 비례하여 조작부를 제어하며 정상(잔류)편차(Off-Set)가 발생하는 제어 동작이다.
- 적분 제어(I동작) : 제어 편차의 크기와 편차가 발생하고 있는 시간에 둘러싸인 면적의 크기에 비례하여 조작부를 제어하는 제어 동작으로서 적분값에 비례하여 조작부를 제어하며 정상(잔류)편차가 제거되지만 진동이 발생된다.
- 미분 제어(D동작) : 제어 편차가 검출될 때 편차가 변화하는 속도에 비례하여 조작량을 가감하여 제어하는 제어 동작으로서 편차가 커지는 것을 미연에 방지한다.
- 비례 적분 제어(PI동작) : 비례 제어에서 발생한 정상(잔류)편차를 소멸시키기 위해 적분 제어를 조합시킨 제어 동작으로서 정상 특성을 개선하지만 간헐현상이 있다.
- 비례 미분 제어(PD동작) : 제어결과에 빨리 도달하도록 미분 제어를 조합시킨 제어 동작으로서 제어계의 응답 속응성을 개선하기 위해 사용한다.
- 비례 적분 미분 제어(PID동작) : 비례 적분 제어에서 진동(간헐현상)이 발생하는 결점을 보완하기 위해 미분 제어를 적용하여 응답 속응성을 개선한 제어 동작이다.

29 그림과 같은 정류회로에서 R에 걸리는 전압의 최댓값은 몇 [V]인가?(단, $v_2(t) = 20\sqrt{2}\sin\omega t$이다)

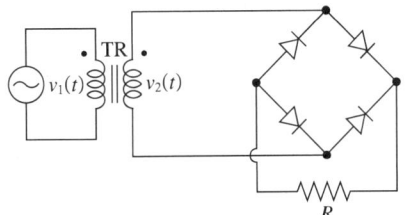

① 20
② $20\sqrt{2}$
③ 40
④ $40\sqrt{2}$

해설

브리지 정류회로(전파 정류회로)

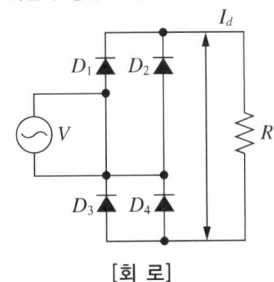

[회 로]

- 입출력파형

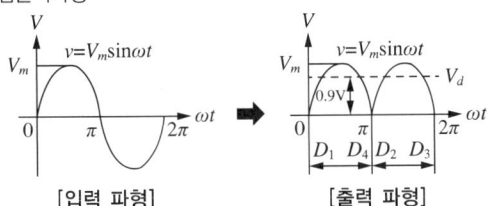

[입력 파형] → [출력 파형]

다이오드 D_1, D_2, D_3, D_4 4개를 브리지 형태로 연결하고 $v = V_m\sin\omega t$의 교류전압을 가하면 (+)의 반사이클은 $D_1 \to R \to D_4$를 통하고, (−)의 반사이클은 $D_2 \to R \to D_3$를 통한다. 따라서, 입력전압의 (+), (−) 전파가 부하저항 R에 모두 나타난다.

∴ 교류전압 $v = 20\sqrt{2}\sin\omega t(v = V_m\sin\omega t)$이므로 부하저항에는 최댓값($V_m$)인 $20\sqrt{2}$ [V]의 전압이 걸린다.

Plus one

부하저항 R에 걸리는 평균값

- 평균전압 $V_d = \dfrac{2\sqrt{2}}{\pi}$ [V] $= 0.9$ [V]
- 평균전류 $I_d = \dfrac{V_d}{R} = \dfrac{0.9[V]}{R}$ [A]

30 회로에서 저항 20[Ω]에 흐르는 전류[A]는?

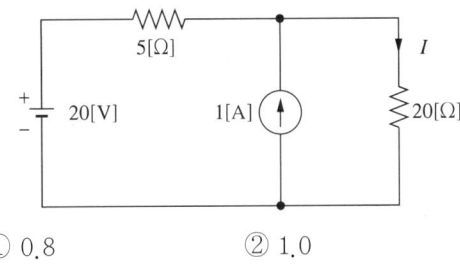

① 0.8
② 1.0
③ 1.8
④ 2.8

해설

중첩의 원리

- 다수의 전압원 또는 전류원이 포함된 회로망에서 두 점 사이의 전위차는 각각의 전원들이 단독으로 있을 때 회로망에 흐르는 전류 또는 전위차의 대수합은 같다.
- 주의해야 할 점은 특정한 전원 하나만 남기고 나머지 전원을 제거할 때 전압원은 단락회로로 하고, 전류원은 개방회로로 해야 한다.
- 전류원을 개방하면 직렬회로이므로 20[Ω]에 흐르는 전류 $I_1 = \dfrac{V}{R}$에서 $I_1 = \dfrac{20[V]}{5[\Omega]+20[\Omega]} = 0.8$ [A]

- 전압원을 단락하면 병렬회로이므로 각 저항에 걸리는 전압은 일정하다.
$IR = I_2R_2$이므로 $I\dfrac{R_1R_2}{R_1+R_2} = I_2R_2$에서 20[Ω]에 흐르는 전류 $I_2 = \dfrac{R_1}{R_1+R_2}I = \dfrac{5[\Omega]}{5[\Omega]+20[\Omega]}\times 1[A] = 0.2$ [A]

∴ 20[Ω]에 흐르는 전류 $I = I_1 + I_2$에서
$I = 0.8[A] + 0.2[A] = 1[A]$

31 다음의 내용이 설명하는 것으로 가장 알맞은 것은?

> 회로망 내 임의의 폐회로(Closed Circuit)에서, 그 폐회로를 따라 한 방향으로 일주하면서 생기는 전압강하의 합은 그 폐회로 내에 포함되어 있는 기전력의 합과 같다.

① 노턴의 정리
② 중첩의 원리
③ 키르히호프의 전압법칙
④ 패러데이의 법칙

해설

키르히호프의 법칙
- 키르히호프의 제1법칙(전류평형의 법칙) : 전기회로의 접속점에 흘러 들어오는 전류의 총합과 흘러나가는 전류의 총합은 같다.
- 키르히호프의 제2법칙(전압평형의 법칙) : 폐회로에서 기전력의 합은 회로에서 발생하는 전압강하의 합과 같다.

32 그림과 같은 논리회로의 출력 Y는?

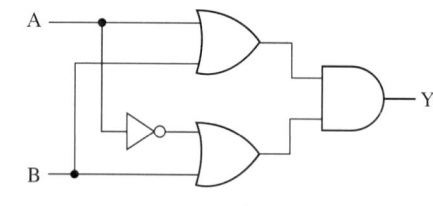

① AB
② A+B
③ A
④ B

해설

논리회로의 출력(Y)

∴ 출력 $Y = (A+B) \cdot (\overline{A}+B) = \underbrace{(A \cdot \overline{A})}_{0} + B = 0 + B = B$

33 3상 농형 유도전동기를 Y − △ 기동방식으로 기동할 때 전류 I_1[A]과 △ 결선으로 직입(전전압) 기동할 때 전류 I_2[A]의 관계는?

① $I_1 = \dfrac{1}{\sqrt{3}}I_2$
② $I_1 = \dfrac{1}{3}I_2$
③ $I_1 = \sqrt{3}\,I_2$
④ $I_1 = 3I_2$

해설

3상 유도전동기의 Y − △ 기동법
선간전압을 V, 기동 시 1상의 임피던스를 Z, 선전류를 I라고 하면

- Y결선으로 기동 시 선전류 $I_1 = \dfrac{V}{\sqrt{3}\,Z}$[A]

- △결선으로 기동 시 선전류 $I_2 = \dfrac{\sqrt{3}\,V}{Z}$[A]

∴ $\dfrac{I_1}{I_2} = \dfrac{\frac{V}{\sqrt{3}\,Z}}{\frac{\sqrt{3}\,V}{Z}} = \dfrac{V}{\sqrt{3}\,Z} \times \dfrac{Z}{\sqrt{3}\,V} = \dfrac{1}{3}$ 에서

$I_1 = \dfrac{1}{3}I_2$

Plus one

3상 유도전동기의 Y − △ 기동방식
5~15[kW] 이하의 유도전동기 기동방식에 사용되며 기동전류와 기동토크가 $\dfrac{1}{3}$로 감소한다.

34 유도전동기의 슬립이 5.6[%]이고 회전자 속도가 1,700[rpm]일 때, 이 유도전동기의 동기속도는 약 몇 [rpm]인가?

① 1,000　　② 1,200
③ 1,500　　④ 1,800

해설
유도전동기의 실제속도(회전자 속도, N)

실제속도 $N = N_s(1-s) = \frac{120f}{P}(1-s)[\text{rpm}]$

여기서, N_s : 동기속도, s : 슬립, f : 주파수, P : 극수

∴ 동기속도 $N_s = \frac{N}{1-s} = \frac{1,700[\text{rpm}]}{1-0.056} = 1,800.85[\text{rpm}]$

35 목푯값이 다른 양과 일정한 비율 관계를 가지고 변화하는 제어방식은?

① 정치제어　　② 추종제어
③ 프로그램제어　　④ 비율제어

해설
목푯값의 시간적 성질에 의한 분류
- 정치제어 : 목푯값이 시간에 대하여 변화하지 않는 제어로서 정전압장치나 일정 속도제어에 적용된다.
- 추종제어 : 목푯값이 시간에 따라 임의로 변하는 제어로서 목푯값에 제어량을 추종시키는 추치제어이며 대공포의 포신제어, 자동 아날로그 선반에 적용된다.
- 프로그램제어 : 목푯값이 시간적으로 미리 정해진 대로 변화하고 제어량을 추종시키는 제어로서 열처리 노의 온도제어, 무인으로 운전되는 열차나 엘리베이터에 적용된다.
- 비율제어 : 목푯값이 다른 양과 일정한 비율관계를 가지고 변화하는 경우의 제어로서 보일러 자동 연소장치에 적용된다.

36 축전지의 자기방전량을 보충함과 동시에 일반부하로 공급하는 전력은 충전기가 부담하고, 충전기가 부담하기 어려운 일시적인 대전류는 축전지가 부담하는 충전방식은?

① 급속충전　　② 부동충전
③ 균등충전　　④ 세류충전

해설
부동충전방식 : 축전지의 자기방전량을 보충함과 동시에 상용부하에 대한 전력공급은 충전기가 부담하고 충전기가 부담하기 어려운 대전류 부하는 축전지가 부담하게 하는 방식이다.

37 각 상의 임피던스가 $Z = 6 + j8[\Omega]$인 △ 결선의 평형 3상 부하에 선간전압이 220[V]인 대칭 3상 전압을 가했을 때 이 부하로 흐르는 선전류의 크기는 약 몇 [A]인가?

① 13　　② 22
③ 38　　④ 66

해설
△ 결선의 선전류
- 선간전압 $V_l = V_p$
- 상전류 $I_p = \frac{V_p}{Z}[\text{A}]$
- 임피던스 $Z = R + jX_L = \sqrt{R^2 + X_L^2}[\Omega]$
- 선전류 $I_l = \sqrt{3} I_p = \sqrt{3} \frac{V_p}{Z} = \sqrt{3} \frac{V_p}{\sqrt{R^2 + X_L^2}}[\text{A}]$

∴ $I_l = \frac{V_l(V_p)}{\sqrt{R^2 + X_L^2}} = \sqrt{3} \frac{220[\text{V}]}{\sqrt{(6[\Omega])^2 + (8[\Omega])^2}} = 38.1[\text{A}]$

정답　34 ④　35 ④　36 ②　37 ③

38 전기화재의 원인 중 하나인 누설전류를 검출하기 위해 사용되는 것은?

① 부족전압계전기 ② 영상변류기
③ 계기용변압기 ④ 과전류계전기

해설
전기설비의 기기
- 부족전압계전기(UVR) : 배전선로에서 순간 정전이나 단락사고 등에 의한 전압강하 시 계기용변압기에서 이상 저전압을 검출하여 동작된다.
- 영상변류기(ZCT) : 전선에 흐르는 부하전류의 미소한 누설전류를 검출하며 지락계전기와 조합하여 사용한다.
- 계기용변압기(PT) : 특고압회로의 전압을 이에 비례하는 낮은 전압으로 변성하는 것으로 회로에 병렬로 접속하여 사용한다.
- 과전류계전기(OCR) : 변류기의 2차 측에 접속되어 주회로에 과부하 및 단락사고가 발생하면 변류기 2차 측 전류가 계전기 설정 값 이상으로 검출되었을 경우 동작하는 계전기이다.

39 그림의 블록선도에서 $\dfrac{C(s)}{R(s)}$을 구하면?

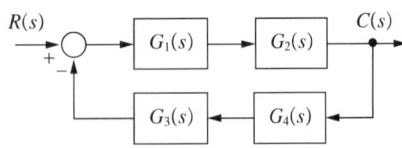

① $\dfrac{G_1(s)+G_2(s)}{1+G_1(s)G_2(s)+G_3(s)G_4(s)}$

② $\dfrac{G_1(s)G_2(s)}{1+G_1(s)G_2(s)G_3(s)G_4(s)}$

③ $\dfrac{G_3(s)G_4(s)}{1+G_1(s)G_2(s)G_3(s)G_4(s)}$

④ $\dfrac{G_1(s)G_2(s)}{1+G_1(s)G_2(s)+G_3(s)G_4(s)}$

해설
전달함수 $[C(s)/R(s)]$
출력
$C(s) = G_1(s)G_2(s)R(s) - G_1(s)G_2(s)G_3(s)G_4(s)C(s)$
$C(s) + G_1(s)G_2(s)G_3(s)G_4(s)C(s) = G_1(s)G_2(s)R(s)$
$[1+G_1(s)G_2(s)G_3(s)G_4(s)]C(s) = G_1(s)G_2(s)R(s)$
∴ $\dfrac{C(s)}{R(s)} = \dfrac{G_1(s)G_2(s)}{1+G_1(s)G_2(s)G_3(s)G_4(s)}$

40 한 변의 길이가 150[mm]인 정방형 회로에 1[A]의 전류가 흐를 때 회로 중심에서의 자계의 세기는 약 몇 [AT/m]인가?

① 5 ② 6
③ 9 ④ 21

해설
자계의 세기

도체의 모양		자계의 세기
정삼각형	I[A], L[m]	$H=\dfrac{9}{2}\dfrac{I}{\pi L}$[AT/m]
정사각형 (정방형)	I[A], L[m]	$H=2\sqrt{2}\dfrac{I}{\pi L}$[AT/m]
정육각형	L[m], I[A]	$H=\sqrt{3}\dfrac{I}{\pi L}$[AT/m]

∴ 자계의 세기 $H=2\sqrt{2}\dfrac{I}{\pi L}$에서
$H=2\sqrt{2}\times\dfrac{1[A]}{\pi\times 0.15[m]}=6[AT/m]$

제3과목 소방관계법규

41 소방시설 설치 및 관리에 관한 법령상 건축허가 등을 할 때 미리 소방본부장 또는 소방서장의 동의를 받아야 하는 건축물 등의 범위가 아닌 것은?

① 연면적이 200[m²] 이상인 노유자시설 및 수련시설
② 항공기격납고, 관망탑
③ 차고·주차장으로 사용되는 바닥면적이 100[m²] 이상인 층이 있는 건축물
④ 지하층 또는 무창층이 있는 건축물로서 바닥면적이 150[m²] 이상인 층이 있는 것

해설
건축허가 등의 동의대상물 범위(영 제7조) : 차고·주차장 또는 주차 용도로 사용되는 시설로서 다음의 어느 하나에 해당하는 것
- 차고·주차장으로 사용되는 바닥면적이 200[m²] 이상인 층이 있는 건축물이나 주차시설
- 승강기 등 기계장치에 의한 주차시설로서 자동차 20대 이상을 주차할 수 있는 시설

42 화재의 예방 및 안전관리에 관한 법률에서 일반음식점에서 음식조리를 위해 불을 사용하는 설비를 설치하는 경우 지켜야 하는 사항으로 틀린 것은?

① 주방시설에는 동물 또는 식물의 기름을 제거할 수 있는 필터 등을 설치할 것
② 열을 발생하는 조리기구는 반자 또는 선반으로부터 0.6[m] 이상 떨어지게 할 것
③ 주방설비에 부속된 배출덕트는 0.2[mm] 이상의 아연도금강판으로 설치할 것
④ 열을 발생하는 조리기구로부터 0.15[m] 이내의 거리에 있는 가연성 주요구조부는 단열성이 있는 불연재료로 덮어씌울 것

해설
음식조리를 위하여 설치하는 설비(영 별표 1)
- 주방설비에 부속된 배출덕트(공기배출통로)는 0.5[mm] 이상의 아연도금강판 또는 이와 동등 이상의 내식성 불연재료로 설치할 것
- 주방시설에는 동물 또는 식물의 기름을 제거할 수 있는 필터 등을 설치할 것
- 열을 발생하는 조리기구는 반자 또는 선반으로부터 0.6[m] 이상 떨어지게 할 것
- 열을 발생하는 조리기구로부터 0.15[m] 이내의 거리에 있는 가연성 주요구조부는 단열성이 있는 불연재료로 덮어씌울 것

43 소방시설공사업법령상 소방시설업의 감독을 위하여 필요할 때에 소방시설업자나 관계인에게 필요한 보고나 자료 제출을 명할 수 있는 사람이 아닌 것은?

① 시·도지사
② 119안전센터장
③ 소방서장
④ 소방본부장

해설
시·도지사, 소방본부장 또는 소방서장은 소방시설업의 감독을 위하여 필요할 때는 소방시설업자나 관계인에게 필요한 보고나 자료 제출을 명할 수 있고, 관계 공무원으로 하여금 소방시설업체나 특정소방대상물에 출입하여 관계 서류와 시설 등을 검사하거나 소방시설업자 및 관계인에게 질문하게 할 수 있다(법 제31조).

정답 41 ③ 42 ③ 43 ②

44 화재의 예방 및 안전관리에 관한 법률에서 화재발생 우려가 크거나 화재가 발생할 경우 피해가 클 것으로 예상되는 지역에 대하여 화재의 예방 및 안전관리를 강화하기 위해 지정·관리하는 지역을 화재예방강화지구로 지정할 수 있는 자는?

① 한국소방안전협회장 ② 소방시설관리사
③ 소방본부장 ④ 시·도지사

해설
화재예방강화지구 지정권자 : 시·도지사(법 제2조)

45 소방시설공사업령상 소방시설업에 대한 행정처분기준에서 1차 행정처분 사항으로 등록취소에 해당하는 것은?

① 거짓이나 그 밖의 부정한 방법으로 등록한 경우
② 소속 소방기술자를 공사현장에 배치하지 않거나 거짓으로 한 경우
③ 화재안전기준 등에 적합하게 설계·시공을 하지 않거나, 법에 따라 적합하게 감리를 하지 않은 경우
④ 등록을 한 후 정당한 사유 없이 1년이 지날 때까지 영업을 시작하지 않거나 계속하여 1년 이상 휴업한 때

해설
행정처분의 기준(규칙 별표 1)

위반사항	행정처분기준		
	1차	2차	3차
거짓이나 그 밖의 부정한 방법으로 등록한 경우	등록취소	–	–
소속 소방기술자를 공사현장에 배치하지 않거나 거짓으로 한 경우	경고(시정명령)	영업정지 1개월	등록취소
화재안전기준 등에 적합하게 설계·시공을 하지 않거나, 법에 따라 적합하게 감리를 하지 않은 경우	영업정지 1개월	영업정지 3개월	등록취소
등록을 한 후 정당한 사유 없이 1년이 지날 때까지 영업을 시작하지 않거나 계속하여 1년 이상 휴업한 때	경고(시정명령)	등록취소	–

46 소방시설공사업법령상 소방시설업자가 소방시설공사 등을 맡긴 특정소방대상물의 관계인에게 지체 없이 그 사실을 알려야 하는 경우가 아닌 것은?

① 소방시설업자의 지위를 승계한 경우
② 소방시설업의 등록취소 처분 또는 영업정지 처분을 받은 경우
③ 휴업하거나 폐업한 경우
④ 소방시설업의 주소지가 변경된 경우

해설
소방시설업자가 관계인에게 지체 없이 그 사실을 알려야 하는 경우(법 제8조)
• 소방시설업자의 지위를 승계한 경우
• 소방시설업의 등록취소 처분 또는 영업정지 처분을 받은 경우
• 휴업하거나 폐업한 경우

47 화재의 예방 및 안전관리에 관한 법률에 따라 2급 소방안전관리대상물의 소방안전관리자 선임기준으로 틀린 것은?

① 위험물기능장 자격이 있는 사람
② 위험물기능사 자격이 있는 사람
③ 의용소방대원으로 5년 이상 근무한 경력이 있는 사람
④ 소방공무원으로 3년 이상 근무한 경력이 있는 사람

해설
2급 소방안전관리대상물의 소방안전관리자의 자격(영 별표 4)
• 위험물기능장·위험물산업기사·위험물기능사 자격이 있는 사람
• 소방공무원으로 3년 이상 근무한 경력이 있는 사람

48 소방시설공사업법령상 감리업자는 소방시설공사가 설계도서 또는 화재안전기준에 적합하지 않은 때는 가장 먼저 누구에게 알려야 하는가?

① 감리업체 대표자
② 시공자
③ 관계인
④ 소방서장

해설
감리업자는 감리를 할 때 소방시설공사가 설계도서나 화재안전기준에 맞지 않은 때는 관계인에게 알리고, 공사업자에게 그 공사의 시정 또는 보완 등을 요구해야 한다(법 제19조).

49 소방시설 설치 및 관리에 관한 법령상 특정소방대상물의 수용인원 산정방법으로 옳은 것은?

① 침대가 없는 숙박시설은 해당 특정소방대상물의 종사자 수에 숙박시설 바닥면적의 합계를 4.6[m²]로 나누어 얻은 수를 합한 수로 한다.
② 강의실로 쓰이는 특정소방대상물은 해당 용도로 사용하는 바닥면적의 합계를 4.6[m²]로 나누어 얻은 수로 한다.
③ 관람석이 없을 경우 강당, 문화 및 집회시설, 운동시설, 종교시설은 해당 용도로 사용하는 바닥면적의 합계를 4.6[m²]로 나누어 얻은 수로 한다.
④ 백화점은 해당 용도로 사용하는 바닥면적의 합계를 4.6[m²]로 나누어 얻은 수로 한다.

해설
수용인원 산정방법(영 별표 7)
(1) 숙박시설이 있는 특정소방대상물
  ① 침대가 있는 숙박시설 : 해당 특정소방대상물의 종사자 수에 침대 수(2인용 침대는 2개로 산정한다)를 합한 수
  ② 침대가 없는 숙박시설 : 해당 특정소방대상물의 종사자 수에 숙박시설 바닥면적의 합계를 3[m²]로 나누어 얻은 수를 합한 수
(2) (1) 외의 특정소방대상물
  ① 강의실·교무실·상담실·실습실·휴게실 용도로 쓰이는 특정소방대상물 : 해당 용도로 사용하는 바닥면적의 합계를 1.9[m²]로 나누어 얻은 수
  ② 강당, 문화 및 집회시설, 운동시설, 종교시설 : 해당 용도로 사용하는 바닥면적의 합계를 4.6[m²]로 나누어 얻은 수(관람석이 있는 경우 고정식 의자를 설치한 부분은 그 부분의 의자 수로 하고, 긴 의자의 경우에는 의자의 정면너비를 0.45[m]로 나누어 얻은 수로 한다)
  ③ 그 밖의 특정소방대상물 : 해당 용도로 사용하는 바닥면적의 합계를 3[m²]로 나누어 얻은 수

50 위험물안전관리법령상 제조소 등이 아닌 장소에서 지정수량 이상의 위험물 취급에 대한 설명으로 틀린 것은?

① 임시로 저장 또는 취급하는 장소에서의 저장 또는 취급의 기준은 시·도의 조례로 정한다.
② 필요한 승인을 받아 지정수량 이상의 위험물을 120일 이내의 기간동안 임시로 저장 또는 취급하는 경우 제조소 등이 아닌 장소에서 지정수량 이상의 위험물을 취급할 수 있다.
③ 제조소 등이 아닌 장소에서 지정수량 이상의 위험물을 취급할 경우 관할 소방서장의 승인을 받아야 한다.
④ 군부대가 지정수량 이상의 위험물을 군사목적으로 임시로 저장 또는 취급하는 경우 제조소 등이 아닌 장소에서 지정수량 이상의 위험물을 취급할 수 있다.

해설
위험물의 임시저장기간(법 제5조) : 관할 소방서장의 승인을 받아 지정수량 이상의 위험물을 90일 이내 임시로 저장 또는 취급할 수 있다.

정답 48 ③ 49 ③ 50 ②

51 소방시설공사업법령상 소방시설업 등록의 결격사유에 해당되지 않는 것은?

① 법인의 대표자가 피성년 후견인인 경우
② 법인의 임원이 피성년 후견인인 경우
③ 법인의 대표자가 소방시설공사업법에 따라 소방시설업 등록이 취소된 지 2년이 지나지 않은 자인 경우
④ 법인의 임원이 소방시설공사업법에 따라 소방시설업 등록이 취소된 지 2년이 지나지 않은 자인 경우

해설

소방시설업 등록의 결격사유(법 제5조)
㉠ 피성년 후견인
㉡ 소방시설공사업법, 소방기본법, 화재의 예방 및 안전관리에 관한 법률, 소방시설 설치 및 관리에 관한 법률 또는 위험물안전관리법에 따른 금고 이상의 실형을 선고받고 그 집행이 끝나거나(집행이 끝난 것으로 보는 경우를 포함) 면제된 날부터 2년이 지나지 않은 사람
㉢ 소방시설공사업법, 소방기본법, 화재의 예방 및 안전관리에 관한 법률, 소방시설 설치 및 관리에 관한 법률 또는 위험물안전관리법에 따른 금고 이상의 형의 집행유예를 선고받고 그 유예기간 중에 있는 사람
㉣ 등록하려는 소방시설업 등록이 취소(㉠에 해당하여 등록이 취소된 경우는 제외)된 날부터 2년이 지나지 않은 자
㉤ 법인의 대표자가 ㉠부터 ㉣까지의 규정에 해당하는 경우 그 법인
㉥ 법인의 임원이 ㉡부터 ㉣까지의 규정에 해당하는 경우 그 법인

52 소방시설 설치 및 관리에 관한 법령상 특정소방대상물의 소방시설의 면제기준에 따라 연결살수설비를 설치면제 받을 수 있는 경우는?

① 송수구를 부설한 간이스프링클러설비를 설치하였을 때
② 송수구를 부설한 옥내소화전설비를 설치하였을 때
③ 송수구를 부설한 옥외소화전설비를 설치하였을 때
④ 송수구를 부설한 연결송수관설비를 설치하였을 때

해설

특정소방대상물의 소방시설 설치의 면제기준(영 별표 5)

설치가 면제되는 소방시설	설치면제 기준
연결살수설비	• 연결살수설비를 설치해야 하는 특정소방대상물에 송수구를 부설한 스프링클러설비, 간이스프링클러설비, 물분무소화설비 또는 미분무소화설비를 화재안전기준에 적합하게 설치한 경우에는 그 설비의 유효범위에서 설치가 면제된다. • 가스 관계 법령에 따라 설치되는 물분무장치 등에 소방대가 사용할 수 있는 연결송수구가 설치되거나 물분무장치 등에 6시간 이상 공급할 수 있는 수원이 확보된 경우에는 설치가 면제된다.

53 소방시설공사업령상 소방공사감리업을 등록한 자가 수행해야 할 업무가 아닌 것은?

① 완공된 소방시설 등의 성능시험
② 소방시설 등 설계변경 사항의 적합성 검토
③ 소방시설 등의 설치계획표의 적법성 검토
④ 소방용품 형식승인 및 제품검사의 기술기준에 대한 적합성 검토

해설
감리업자의 업무(법 제16조)
- 소방시설 등의 설치계획표의 적법성 검토
- 소방시설 등 설계도서의 적합성(적법성과 기술상의 합리성) 검토
- 소방시설 등 설계변경 사항의 적합성 검토
- 소방용품의 위치·규격 및 사용 자재의 적합성 검토
- 공사업자가 한 소방시설 등의 시공이 설계도서와 화재안전기준에 맞는지에 대한 지도·감독
- 완공된 소방시설 등의 성능시험
- 공사업자가 작성한 시공 상세도면의 적합성 검토
- 피난시설 및 방화시설의 적법성 검토
- 실내장식물의 불연화(不燃化)와 방염 물품의 적법성 검토

54 소방기본법령상 소방업무의 응원에 대한 설명 중 틀린 것은?

① 소방본부장이나 소방서장은 소방활동을 할 때에 긴급한 경우에는 이웃한 소방본부장 또는 소방서장에게 소방업무의 응원을 요청할 수 있다.
② 소방업무의 응원 요청을 받은 소방본부장 또는 소방서장은 정당한 사유 없이 그 요청을 거절해서는 안 된다.
③ 소방업무의 응원을 위하여 파견된 소방대원은 응원을 요청한 소방본부장 또는 소방서장의 지휘에 따라야 한다.
④ 시·도지사는 소방업무의 응원을 요청하는 경우를 대비하여 출동 대상지역 및 규모와 필요한 경비의 부담 등에 관하여 필요한 사항을 대통령령으로 정하는 바에 따라 이웃하는 시·도지사와 협의하여 미리 규약으로 정해야 한다.

해설
시·도지사는 소방업무의 응원을 요청하는 경우를 대비하여 출동 대상지역 및 규모와 필요한 경비의 부담 등에 관하여 필요한 사항을 행정안전부령으로 정하는 바에 따라 이웃하는 시·도지사와 협의하여 미리 규약으로 정해야 한다(법 제11조).

55 소방기본법령상 이웃하는 다른 시·도지사와 소방업무에 관하여 시·도지사가 체결할 상호응원협정 사항이 아닌 것은?

① 화재조사활동
② 응원출동의 요청방법
③ 소방교육 및 응원출동훈련
④ 응원출동 대상지역 및 규모

해설
상호응원협정 사항(규칙 제8조)
- 다음의 소방활동에 관한 사항
  - 화재의 경계·진압활동
  - 구조·구급업무의 지원
  - 화재조사활동
- 응원출동 대상지역 및 규모
- 다음의 소요경비의 부담에 관한 사항
  - 출동대원의 수당·식사 및 의복의 수선
  - 소방장비 및 기구의 정비와 연료의 보급
  - 그 밖의 경비
- 응원출동의 요청방법
- 응원출동훈련 및 평가

정답 53 ④ 54 ④ 55 ③

56 위험물안전관리법령상 옥내주유취급소에 있어서 해당 사무소 등의 출입구 및 피난구와 해당 피난구로 통하는 통로·계단 및 출입구에 설치해야 하는 피난설비는?

① 유도등
② 구조대
③ 피난사다리
④ 완강기

해설
피난구로 통하는 통로·계단 및 출입구 : 유도등 설치

57 위험물안전관리법령상 위험물 및 지정수량에 대한 기준 중 다음 ( ) 안에 알맞은 것은?

> 금속분이라 함은 알카리금속·알카라토류금속·철 및 마그네슘 외의 금속의 분말을 말하고, 구리분·니켈분 및 (㉠)[μm]의 체를 통과하는 것이 (㉡)[wt%] 미만인 것은 제외한다.

① ㉠ 150, ㉡ 50
② ㉠ 53, ㉡ 50
③ ㉠ 50, ㉡ 150
④ ㉠ 50, ㉡ 53

해설
금속분 : 알카리금속·알카리토류금속·철 및 마그네슘 외의 금속의 분말(구리분·니켈분 및 150[μm]의 체를 통과하는 것이 50[wt%] 미만인 것은 제외)

58 위험물안전관리법령상 제조소 등의 관계인은 위험물의 안전관리에 관한 직무를 수행하게 하기 위하여 제조소 등마다 위험물의 취급에 관한 자격이 있는 자를 위험물안전관리자로 선임해야 한다. 이 경우 제조소 등의 관계인이 지켜야 할 기준으로 틀린 것은?

① 제조소 등의 관계인은 그 안전관리자를 해임하거나 안전관리자가 퇴직한 때는 해임하거나 퇴직한 날부터 15일 이내에 다시 안전관리자를 선임해야 한다.
② 제조소 등의 관계인은 안전관리자를 선임한 경우에는 선임한 날부터 14일 이내에 소방본부장 또는 소방서장에게 신고해야 한다.
③ 제조소 등의 관계인은 안전관리자가 여행·질병 그 밖의 사유로 인하여 일시적으로 직무를 수행할 수 없거나 안전관리자의 해임 또는 퇴직과 동시에 다른 안전관리자를 선임하지 못하는 경우에는 국가기술자격법에 따른 위험물의 취급에 관한 자격취득자 또는 위험물안전에 관한 기본지식과 경험이 있는 자를 대리자로 지정하여 그 직무를 대행하게 해야 한다. 이 경우 대리자가 안전관리자의 직무를 대행하는 기간은 30일을 초과할 수 없다.
④ 안전관리자는 위험물을 취급하는 작업을 하는 때는 작업자에게 안전관리에 관한 필요한 지시를 하는 등 위험물의 취급에 관한 안전관리와 감독을 해야 하고, 제조소 등의 관계인은 안전관리자의 위험물 안전관리에 관한 의견을 존중하고 그 권고에 따라야 한다.

해설
위험물안전관리자의 선임기간
• 선임권자 : 관계인
• 재선임 기간 : 퇴직이나 해임한 날부터 30일 이내
• 선임신고 : 선임한 날부터 14일 이내

59 다음 중 소방기본법령상 한국소방안전원의 업무가 아닌 것은?

① 소방기술과 안전관리에 관한 교육 및 조사·연구
② 위험물탱크 성능시험
③ 소방기술과 안전관리에 관한 각종 간행물 발간
④ 화재예방과 안전관리의식 고취를 위한 대국민 홍보

해설
한국소방안전원의 업무(법 제41조)
• 소방기술과 안전관리에 관한 교육 및 조사·연구
• 소방기술과 안전관리에 관한 각종 간행물 발간
• 화재예방과 안전관리의식 고취를 위한 대국민 홍보
• 소방업무에 관하여 행정기관이 위탁하는 업무
• 소방안전에 관한 국제협력
• 그 밖의 회원에 대한 기술지원 등 정관으로 정하는 사항

60 소방시설 설치 및 관리에 관한 법령상 소방시설의 종류에 대한 설명으로 옳은 것은?

① 소화기구, 옥외소화전설비는 소화설비에 해당된다.
② 유도등, 비상조명등은 경보설비에 해당된다.
③ 소화수조, 저수조는 소화활동설비이다.
④ 연결송수관설비는 소화용수설비에 해당된다.

해설
소방시설의 종류(영 별표 1)

종류	해당 설비
소화설비	소화기구, 옥내·옥외소화전설비, 스프링클러설비, 물분무 등 소화설비
피난구조설비	피난기구, 유도등, 유도표지, 비상조명등, 휴대용비상조명등
소화용수설비	소화수조, 저수조, 상수도 소화용수설비
소화활동설비	제연설비, 연결송수관설비, 연결살수설비, 비상콘센트설비, 무선통신보조설비, 연소방지설비
경보설비	비상경보설비, 비상방송설비, 자동화재탐지설비, 자동화재속보설비

제4과목 소방전기시설의 구조 및 원리

61 비상콘센트설비의 성능인증 및 제품검사의 기술기준에 따라 비상콘센트설비의 절연된 충전부와 외함 간의 절연내력은 정격전압 150[V] 이하의 경우 60[Hz]의 정현파에 가까운 실효전압 1,000[V] 교류전압을 가하는 시험에서 몇 분간 견디어야 하는가?

① 1 ② 5
③ 10 ④ 30

해설
비상콘센트설비의 절연내력검사(제8조) : 절연저항 시험부위의 절연내력은 정격전압 150[V] 이하의 경우 60[Hz]의 정현파에 가까운 실효전압 1,000[V] 교류전압을 가하는 시험에서 1분간 견디는 것이어야 한다. 정격전압이 150[V]를 초과하는 경우 그 정격전압에 2를 곱하여 1,000을 더한 값의 교류전압을 가하는 시험에서 1분간 견디는 것이어야 한다.

62 누전경보기의 형식승인 및 제품검사의 기술기준에 따라 비호환형 수신부는 신호입력회로에 공칭작동전류치의 42[%]에 대응하는 변류기의 설계출력전압을 가하는 경우 몇 초 이내에 작동하지 않아야 하는가?

① 10초 ② 20초
③ 30초 ④ 60초

해설
누전경보기의 수신부 기능(제26조)
• 호환형 수신부는 신호입력회로에 공칭작동전류치에 대응하는 변류기의 설계출력전압의 52[%]인 전압을 가하는 경우 30초 이내에 작동하지 않아야 하며, 공칭작동전류치에 대응하는 변류기의 설계출력전압의 75[%]인 전압을 가하는 경우 1초(차단기구가 있는 것은 0.2초) 이내에 작동해야 한다.
• 비호환형 수신부는 신호입력회로에 공칭작동전류치의 42[%]에 대응하는 변류기의 설계출력전압을 가하는 경우 30초 이내에 작동하지 않아야 하며, 공칭작동전류치에 대응하는 변류기의 설계출력전압을 가하는 경우 1초(차단기구가 있는 것은 0.2초) 이내에 작동해야 한다.

정답 59 ② 60 ① 61 ① 62 ③

63 자동화재탐지설비 및 시각경보장치의 화재안전기술기준(NFTC 203)에 따른 감지기의 시설기준으로 옳은 것은?

① 스포트형 감지기는 15° 이상 경사되지 않도록 부착할 것
② 공기관식 차동식 분포형 감지기의 검출부는 45° 이상 경사되지 않도록 부착할 것
③ 보상식 스포트형 감지기는 정온점이 감지기 주위의 평상시 최고 온도보다 20[℃] 이상 높은 것으로 설치할 것
④ 정온식 감지기는 주방·보일러실 등으로서 다량의 화기를 취급하는 장소에 설치하되, 공칭작동온도가 최고 주위온도보다 30[℃] 이상 높은 것으로 설치할 것

해설
감지기 설치기준(NFTC 203)
- 감지기(차동식 분포형의 것을 제외한다)는 실내로의 공기유입구로부터 1.5[m] 이상 떨어진 위치에 설치할 것
- 스포트형 감지기는 45° 이상 경사되지 않도록 부착할 것
- 보상식 스포트형 감지기는 정온점이 감지기 주위의 평상시 최고 온도보다 20[℃] 이상 높은 것으로 설치할 것
- 정온식 감지기는 주방·보일러실 등으로서 다량의 화기를 취급하는 장소에 설치하되, 공칭작동온도가 최고 주위온도보다 20[℃] 이상 높은 것으로 설치할 것
- 공기관식 차동식 분포형 감지기의 설치기준
  - 공기관의 노출 부분은 감지구역마다 20[m] 이상이 되도록 할 것
  - 공기관과 감지구역의 각 변과의 수평거리는 1.5[m] 이하가 되도록 하고, 공기관 상호 간의 거리는 6[m](주요구조부가 내화구조로 된 특정소방대상물 또는 그 부분에 있어서는 9[m]) 이하가 되도록 할 것
  - 공기관은 도중에서 분기하지 않도록 할 것
  - 하나의 검출 부분에 접속하는 공기관의 길이는 100[m] 이하로 할 것
  - 검출부는 5° 이상 경사되지 않도록 부착할 것
  - 검출부는 바닥으로부터 0.8[m] 이상 1.5[m] 이하의 위치에 설치할 것

64 누전경보기의 화재안전기술기준(NFTC 205)에 따라 경계전로의 누설전류를 자동적으로 검출하여 이를 누전경보기의 수신부에 송신하는 것은?

① 변류기
② 변압기
③ 음향장치
④ 과전류차단기

해설
누전경보기의 용어 정의(NFTC 205)
- 누전경보기 : 내화구조가 아닌 건축물로서 벽, 바닥 또는 천장의 전부나 일부를 불연재료 또는 준불연재료가 아닌 재료에 철망을 넣어 만든 건물의 전기설비로부터 누설전류를 탐지하여 경보를 발하는 기기로서, 변류기와 수신부로 구성된 것을 말한다.
- 수신부 : 변류기로부터 검출된 신호를 수신하여 누전의 발생을 해당 특정소방대상물의 관계인에게 경보하여 주는 것(차단기구를 갖는 것을 포함한다)을 말한다.
- 변류기 : 경계전로의 누설전류를 자동적으로 검출하여 이를 누전경보기의 수신부에 송신하는 것을 말한다.
- 경계전로 : 누전경보기가 누설전류를 검출하는 대상 전선로를 말한다.
- 분전반 : 배전반으로부터 전력을 공급받아 부하에 전력을 공급해 주는 것을 말한다.
- 인입선 : 배전선로에서 갈라져서 직접 수용장소의 인입구에 이르는 부분의 전선을 말한다.
- 정격전류 : 전기기기의 정격출력 상태에서 흐르는 전류를 말한다.

65 비상방송설비의 화재안전기술기준(NFTC 202)에 따라 전원회로의 배선으로 사용할 수 없는 것은?

① 450/750[V] 비닐절연전선
② 0.6/1[kV] EP 고무절연 클로로프렌 시스 케이블
③ 450/750[V] 저독성 난연 가교 폴리올레핀 절연전선
④ 내열성 에틸렌-비닐 아세테이트 고무 절연 케이블

해설
전원회로의 배선 설치기준(NFTC 202) : 전원회로의 배선은 옥내소화전설비의 화재안전기술기준(NFTC 102)의 표 2.7.2 (1)에 따른 내화배선에 따르고, 그 밖의 배선은 옥내소화전설비의 화재안전기술기준(NFTC 102)의 표 2.7.2 (1) 또는 표 2.7.2 (2)에 따른 내화배선 또는 내열배선에 따를 것

내화배선에 사용되는 전선의 종류 및 공사방법	
사용전선의 종류	공사방법
• 450/750[V] 저독성 난연 가교 폴리올레핀 절연 전선 • 0.6/1[kV] 가교 폴리에틸렌 절연 저독성 난연 폴리올레핀 시스 전력 케이블 • 6/10[kV] 가교 폴리에틸렌 절연 저독성 난연 폴리올레핀 시스 전력용 케이블 • 가교 폴리에틸렌 절연 비닐 시스 트레이용 난연 전력 케이블 • 0.6/1[kV] EP 고무절연 클로로프렌 시스 케이블 • 300/500[V] 내열성 실리콘 고무 절연 전선(180[℃]) • 내열성 에틸렌-비닐 아세테이트 고무 절연 케이블 • 버스덕트(Bus Duct) • 기타 전기용품 및 생활용품 안전관리법 및 전기설비기술기준에 따라 동등 이상의 내화성능이 있다고 주무부장관이 인정하는 것	금속관・2종 금속제 가요전선관 또는 합성 수지관에 수납하여 내화구조로 된 벽 또는 바닥 등에 벽 또는 바닥의 표면으로부터 25[mm] 이상의 깊이로 매설해야 한다. 다만 다음의 기준에 적합하게 설치하는 경우에는 그렇지 않다. 가. 배선을 내화성능을 갖는 배선 전용실 또는 배선용 샤프트・피트・덕트 등에 설치하는 경우 나. 배선전용실 또는 배선용 샤프트・피트・덕트 등에 다른 설비의 배선이 있는 경우에는 이로부터 15[cm] 이상 떨어지게 하거나 소화설비의 배선과 이웃하는 다른 설비의 배선 사이에 배선 지름(배선의 지름이 다른 경우에는 가장 큰 것을 기준으로 한다)의 1.5배 이상의 높이의 불연성 격벽을 설치하는 경우
내화전선	케이블공사의 방법에 따라 설치해야 한다.

66 층수가 11층(공동주택의 경우에는 16층) 이상의 특정소방대상물의 2층에서 발화한 때의 경보 기준으로 옳은 것은?(단, 비상방송설비의 화재안전기술기준(NFTC 202)에 따른다)

① 발화층에만 경보를 발할 것
② 발화층 및 그 직상 4개 층에 경보를 발할 것
③ 발화층・그 직상 4개 층 및 지하층에 경보를 발할 것
④ 발화층・그 직상층 및 기타의 지하층에 경보를 발할 것

해설
비상방송설비의 음향장치 설치기준(NFTC 202) : 층수가 11층(공동주택의 경우에는 16층) 이상의 특정소방대상물은 다음의 기준에 따라 경보를 발할 수 있도록 해야 한다.
• 2층 이상의 층에서 발화한 때는 발화층 및 그 직상 4개 층에 경보를 발할 것
• 1층에서 발화한 때는 발화층・그 직상 4개 층 및 지하층에 경보를 발할 것
• 지하층에서 발화한 때는 발화층・그 직상층 및 기타의 지하층에 경보를 발할 것

정답 65 ① 66 ②

67 자동화재탐지설비 및 시각경보장치의 화재안전기술기준(NFTC 203)에 따라 감지기회로의 도통시험을 위한 종단저항의 설치기준으로 틀린 것은?

① 감지기회로의 끝부분에 설치할 것
② 점검 및 관리가 쉬운 장소에 설치할 것
③ 전용함을 설치하는 경우 바닥으로부터 2.0[m] 이내로 할 것
④ 종단감지기에 설치할 경우에는 구별이 쉽도록 해당 감지기의 기판 등에 별도의 표시를 할 것

해설
감지기회로의 도통시험을 위한 종단저항의 설치기준(NFTC 203)
• 점검 및 관리가 쉬운 장소에 설치할 것
• 전용함을 설치하는 경우 그 설치 높이는 바닥으로부터 1.5[m] 이내로 할 것
• 감지기회로의 끝부분에 설치하며, 종단감지기에 설치할 경우에는 구별이 쉽도록 해당 감지기의 기판 및 감지기 외부 등에 별도의 표시를 할 것

68 경종의 우수품질인증 기술기준에 따른 기능시험에 대한 내용이다. 다음 (   )에 들어갈 내용으로 옳은 것은?

> 경종은 정격전압을 인가하여 경종의 중심으로부터 1[m] 떨어진 위치에서 (㉠)[dB] 이상이어야 하며, 최소청취거리에서 (㉡)[dB]을 초과하지 않아야 한다.

① ㉠ 90, ㉡ 110
② ㉠ 90, ㉡ 130
③ ㉠ 110, ㉡ 90
④ ㉠ 110, ㉡ 130

해설
경종의 우수품질인증 기술기준
• 기능시험(제4조) : 경종은 정격전압을 인가하여 다음의 기능에 적합해야 한다.
 - 경종의 중심으로부터 1[m] 떨어진 위치에서 90[dB] 이상이어야 하며, 최소청취거리에서 110[dB]을 초과하지 않아야 한다.
 - 경종의 소비전류는 50[mA] 이하이어야 한다.
• 반복시험(제6조)
 - 정격전압에서 울림 5분, 정지 5분의 작동을 반복하여 통산한 울림시간이 8시간이 되게 하는 시험
 - 정격전압에서 72시간 연속하여 울리게 하는 시험
 - 정격전압의 120[%]에서 24시간 연속하여 울리게 하는 시험

69 대규모점포(지하상가 및 지하역사는 제외한다)와 영화상영관에는 보행거리 몇 [m] 이내마다 휴대용 비상조명등을 3개 이상 설치해야 하는가?(단, 비상조명등의 화재안전기술기준(NFTC 304)에 따른다)

① 50
② 60
③ 70
④ 80

해설
휴대용 비상조명등의 설치장소(NFTC 304)
• 숙박시설 또는 다중이용업소에는 객실 또는 영업장 안의 구획된 실마다 잘 보이는 곳(외부에 설치 시 출입문 손잡이로부터 1[m] 이내 부분)에 1개 이상 설치
• 대규모점포(지하상가 및 지하역사는 제외한다)와 영화상영관에는 보행거리 50[m] 이내마다 3개 이상 설치
• 지하상가 및 지하역사에는 보행거리 25[m] 이내마다 3개 이상 설치

70 자동화재탐지설비 및 시각경보장치의 화재안전기술기준(NFTC 203)에 따라 전화기기실, 통신기기실 등과 같은 훈소화재의 우려가 있는 장소에 적응성이 없는 감지기는?

① 광전식 스포트형
② 광전아날로그식 분리형
③ 광전아날로그식 스포트형
④ 이온아날로그식 스포트형

해설
설치장소별 감지기의 적응성(NFTC 203)

환경상태	적응장소	적응 열감지기					적응 연기감지기					불꽃감지기
		차동식 스포트형	차동식 분포형	보상식 스포트형	정온식	열아날로그식	이온화식 스포트형	광전식 스포트형	이온아날로그식 스포트형	광전아날로그식 스포트형	광전식 분리형	광전아날로그식 분리형	
흡연에 의해 연기가 체류하며 환기가 되지 않는 장소	회의실, 응접실, 휴게실, 노래연습실, 오락실, 다방, 음식점, 대합실, 카바레 등의 객실, 집회장, 연회장 등	○	○	○				◎		◎	○	○	
취침시설로 사용하는 장소	호텔 객실, 여관, 수면실 등						◎	◎	◎	◎	○	○	
연기 이외의 미분이 떠다니는 장소	복도, 통로 등						◎	◎	◎	◎	○	○	
바람에 영향을 받기 쉬운 장소	로비, 교회, 관람장, 옥탑에 있는 기계실		○					◎		◎	○	○	○
연기가 멀리 이동해서 감지기에 도달하는 장소	계단, 경사로							◎		◎	○	○	
훈소화재의 우려가 있는 장소	전화기기실, 통신기기실, 전산실, 기계제어실							◎		◎	○	○	
넓은 공간으로 천장이 높아 열 및 연기가 확산하는 장소	체육관, 항공기 격납고, 높은 천장의 창고·공장, 관람석 상부 등 감지기 부착높이가 8[m] 이상의 장소		○								○	○	○

[비고] "○"는 해당 설치장소에 적응하는 것을 표시, "◎"는 해당 연기감지기를 설치하는 경우에는 해당 감지회로에 축적기능을 갖는 것을 표시

---

71 자동화재속보설비의 속보기의 성능인증 및 제품검사의 기술기준에 따른 속보기의 기능에 대한 내용이다. 다음 ( )에 들어갈 내용으로 옳은 것은?

> 작동신호를 수신하거나 수동으로 동작시키는 경우 (㉠)초 이내에 소방관서에 자동적으로 신호를 발하여 알리되, (㉡)회 이상 속보할 수 있어야 한다.

① ㉠ 10, ㉡ 3
② ㉠ 10, ㉡ 5
③ ㉠ 20, ㉡ 3
④ ㉠ 20, ㉡ 5

해설
속보기의 기능(제5조)
• 작동신호를 수신하거나 수동으로 동작시키는 경우 20초 이내에 소방관서에 자동적으로 신호를 발하여 알리되, 3회 이상 속보할 수 있어야 한다.
• 예비전원은 자동적으로 충전되어야 하며 자동과충전방지장치가 있어야 한다.
• 화재신호를 수신하거나 속보기를 수동으로 동작시키는 경우 자동적으로 적색 화재표시등이 점등되고 음향장치로 화재를 경보해야 한다.
• 연동 또는 수동으로 소방관서에 화재발생 음성정보를 속보 중인 경우에도 송수화장치를 이용한 통화가 우선적으로 가능해야 한다.
• 예비전원을 병렬로 접속하는 경우에는 역충전 방지 등의 조치를 해야 한다.
• 예비전원은 감시상태를 60분간 지속한 후 10분 이상 동작(화재속보 후 화재표시 및 경보를 10분간 유지하는 것을 말한다)이 지속될 수 있는 용량이어야 한다.
• 속보기는 작동신호(화재경보신호를 포함) 또는 수동작동스위치에 의한 다이얼링 후 소방관서와 전화접속이 이루어지지 않는 경우에는 최초 다이얼링을 포함하여 10회 이상 반복적으로 접속을 위한 다이얼링이 이루어져야 한다. 이 경우 매회 다이얼링 완료 후 호출은 30초 이상 지속되어야 한다.
• 속보기의 송수화장치가 정상위치가 아닌 경우에도 연동 또는 수동으로 속보가 가능해야 한다.

정답 70 ④ 71 ③

72 비상콘센트설비의 화재안전기술기준(NFTC 504)에 따른 비상콘센트설비의 전원회로(비상콘센트에 전력을 공급하는 회로를 말한다)의 설치기준으로 틀린 것은?

① 전원회로는 주배전반에서 전용회로로 할 것
② 전원회로는 각 층에 1 이상이 되도록 설치할 것
③ 콘센트마다 배선용 차단기(KS C 8321)를 설치해야 하며, 충전부가 노출되지 않도록 할 것
④ 비상콘센트설비의 전원회로는 단상교류 220[V]인 것으로서, 그 공급용량은 1.5[kVA] 이상인 것으로 할 것

해설
비상콘센트설비의 전원회로 설치기준(NFTC 504)
- 비상콘센트설비의 전원회로는 단상교류 220[V]인 것으로서, 그 공급용량은 1.5[kVA] 이상인 것으로 할 것
- 전원회로는 각 층에 2 이상이 되도록 설치할 것. 다만, 설치해야 할 층의 비상콘센트가 1개인 때는 하나의 회로로 할 수 있다.
- 전원회로는 주배전반에서 전용회로로 할 것. 다만, 다른 설비회로의 사고에 따른 영향을 받지 않도록 되어 있는 것은 그렇지 않다.
- 전원으로부터 각 층의 비상콘센트에 분기되는 경우에는 분기배선용 차단기를 보호함 안에 설치할 것
- 콘센트마다 배선용 차단기(KS C 8321)를 설치해야 하며, 충전부가 노출되지 않도록 할 것
- 개폐기에는 "비상콘센트"라고 표시한 표지를 할 것
- 비상콘센트용의 풀박스 등은 방청도장을 한 것으로서, 두께 1.6[mm] 이상의 철판으로 할 것
- 하나의 전용회로에 설치하는 비상콘센트는 10개 이하로 할 것. 이 경우 전선의 용량은 각 비상콘센트(비상콘센트가 3개 이상인 경우에는 3개)의 공급용량을 합한 용량 이상의 것으로 해야 한다.

73 무선통신보조설비의 화재안전기술기준(NFTC 505)에 따라 분배기·분파기 및 혼합기 등의 임피던스는 몇 [Ω]의 것으로 해야 하는가?

① 10 ② 20
③ 50 ④ 75

해설
분배기·분파기 및 혼합기 설치기준(NFTC 505)
- 먼지·습기 및 부식 등에 따라 기능에 이상을 가져오지 않을 것
- 임피던스는 50[Ω]의 것으로 할 것
- 점검에 편리하고 화재 등의 재해로 인한 피해의 우려가 없는 장소에 설치할 것

74 자동화재탐지설비 및 시각경보장치의 화재안전기술기준(NFTC 203)에 따라 광전식 분리형 감지기의 설치기준에 대한 설명으로 틀린 것은?

① 감지기의 수광면은 햇빛을 직접 받지 않도록 설치할 것
② 감지기의 송광부와 수광부는 설치된 뒷벽으로부터 1[m] 이내 위치에 설치할 것
③ 광축(송광면과 수광면의 중심을 연결한 선)은 나란한 벽으로부터 0.6[m] 이상 이격하여 설치할 것
④ 광축의 높이는 천장 등(천장이 실내에 면한 부분 또는 상층의 바닥하부면을 말한다) 높이의 70[%] 이상일 것

해설
광전식 분리형 감지기의 설치기준(NFTC 203)
- 감지기의 수광면은 햇빛을 직접 받지 않도록 설치할 것
- 광축(송광면과 수광면의 중심을 연결한 선)은 나란한 벽으로부터 0.6[m] 이상 이격하여 설치할 것
- 감지기의 송광부와 수광부는 설치된 뒷벽으로부터 1[m] 이내의 위치에 설치할 것
- 광축의 높이는 천장 등(천장의 실내에 면한 부분 또는 상층의 바닥하부면을 말한다) 높이의 80[%] 이상일 것
- 감지기의 광축의 길이는 공칭감시거리 범위 이내일 것

75 유도등의 형식승인 및 제품검사의 기술기준에 따라 유도등의 교류입력 측과 외함 사이, 교류입력 측과 충전부 사이 및 절연된 충전부와 외함 사이의 각 절연저항을 DC 500[V]의 절연저항계로 측정한 값이 몇 [MΩ] 이상이어야 하는가?

① 0.1 ② 5
③ 20 ④ 50

해설
유도등의 형식승인 및 제품검사의 기술기준
- 절연저항시험(제14조) : 유도등의 교류입력 측과 외함 사이, 교류입력 측과 충전부 사이 및 절연된 충전부와 외함 사이의 각 절연저항의 DC 500[V]의 절연저항계로 측정한 값이 5[MΩ] 이상이어야 한다.
- 절연내력시험(제15조) : 시험부에 60[Hz]의 정현파에 가까운 실효전압 500[V](정격전압이 60[V]를 초과하고 150[V] 이하인 것은 1[kV], 정격전압이 150[V]를 초과하는 것은 그 정격전압에 2를 곱하여 1[kV]를 더한 값)의 교류전압을 가하는 시험에서 1분간 견디는 것이어야 한다.

76 비상경보설비의 축전지의 성능인증 및 제품검사의 기술기준에 따른 축전지설비의 외함 두께는 강판인 경우 몇 [mm] 이상이어야 하는가?

① 0.7
② 1.2
③ 2.3
④ 3

해설
비상경보설비의 축전지의 성능인증 및 제품검사의 기술기준
- 축전지설비의 외함의 두께(제4조)
  - 강판 외함 : 1.2[mm] 이상
  - 합성수지 외함 : 3[mm] 이상
- 절연저항시험(제9조)
  - 절연된 충전부와 외함 간의 절연저항은 직류 500[V]의 절연저항계로 측정한 값이 5[MΩ](교류입력 측과 외함 간에는 20[MΩ]) 이상이어야 한다.
  - 절연된 선로 간의 절연저항은 직류 500[V]의 절연저항계로 측정한 값이 20[MΩ] 이상이어야 한다.
- 절연내력시험(제10조) : 시험부의 절연내력은 60[Hz]의 정현파에 가까운 실효전압 500[V](정격전압이 60[V]를 초과하고 150[V] 이하인 것은 1,000[V], 정격전압이 150[V]를 초과하는 것은 그 정격전압에 2를 곱하여 1,000을 더한 값)의 교류전압을 가하는 시험에서 1분간 견디는 것이어야 한다.

77 유도등 및 유도표지의 화재안전기술기준(NFTC 303)에 따라 객석 내 통로의 직선부분 길이가 85[m]인 경우 객석유도등을 몇 개 설치해야 하는가?

① 17개
② 19개
③ 21개
④ 22개

해설
유도등 및 유도표지 설치개수 산정
- 복도 또는 거실통로유도등
  - 구부러진 모퉁이 및 보행거리 20[m]마다 설치할 것
  - 설치개수 = $\dfrac{보행거리[m]}{20[m]} - 1[개]$
- 객석유도등
  - 객석 내의 통로가 경사로 또는 수평로로 되어 있는 부분은 다음의 식에 따라 산출한 개수(소수점 이하의 수는 1로 본다)의 유도등을 설치해야 한다.
  - 설치개수 = $\dfrac{객석 통로의 직선부분 길이[m]}{4[m]} - 1[개]$
- 유도표지
  - 계단에 설치하는 것을 제외하고는 각 층마다 복도 및 통로의 각 부분으로부터 하나의 유도표지까지의 보행거리가 15[m] 이하가 되는 곳과 구부러진 모퉁이의 벽에 설치할 것
  - 설치개수 = $\dfrac{보행거리[m]}{15[m]} - 1[개]$

∴ 객석유도등 설치개수 = $\dfrac{85[m]}{4[m]} - 1 = 20.25$개 = 21[개]

78 비상경보설비 및 단독경보형감지기의 화재안전기술기준(NFTC 201)에 따른 용어에 대한 정의로 틀린 것은?

① 비상벨설비란 화재발생 상황을 경종으로 경보하는 설비를 말한다.
② 자동식사이렌설비란 화재발생 상황을 사이렌으로 경보하는 설비를 말한다.
③ 수신기란 발신기에서 발하는 화재신호를 간접 수신하여 화재의 발생을 표시 및 경보하여 주는 장치를 말한다.
④ 단독경보형감지기란 화재발생 상황을 단독으로 감지하여 자체에 내장된 음향장치로 경보하는 감지기를 말한다.

해설
비상경보설비 및 단독경보형감지기의 화재안전기술기준(NFTC 201)
- 수신기란 발신기에서 발하는 화재신호를 직접 수신하여 화재의 발생을 표시 및 경보하여 주는 장치를 말한다.
- 발신기란 화재발생 신호를 수신기에 수동으로 발신하는 장치를 말한다.

정답 76 ② 77 ③ 78 ③

79 다음의 무선통신보조설비 그림에서 ⓐ에 해당하는 것은?

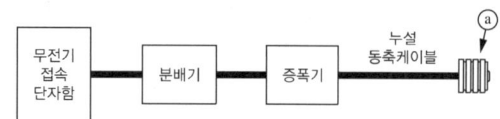

① 혼합기 ② 옥외안테나
③ 무선중계기 ④ 무반사종단저항

해설

무선통신보조설비의 화재안전기술기준(NFTC 505)

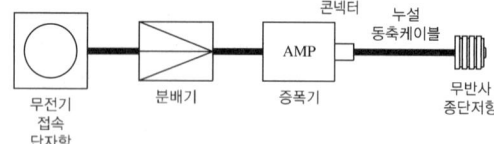

- 분배기
  - 신호의 전송로가 분기되는 장소에 설치하는 것으로 임피던스 매칭(Matching)과 신호 균등분배를 위해 사용하는 장치를 말한다.
  - 분배기·분파기 및 혼합기 설치기준
    ㉠ 먼지·습기 및 부식 등에 따라 기능에 이상을 가져오지 않도록 할 것
    ㉡ 임피던스는 50[Ω]의 것으로 할 것
    ㉢ 점검에 편리하고 화재 등의 재해로 인한 피해의 우려가 없는 장소에 설치할 것
- 증폭기
  - 전압·전류의 진폭을 늘려 감도 등을 개선하는 장치를 말한다.
  - 증폭기 및 무선중계기를 설치하는 경우 설치기준
    ㉠ 상용전원은 전기가 정상적으로 공급되는 축전지설비, 전기저장장치(외부 전기에너지를 저장해 두었다가 필요한 때 전기를 공급하는 장치) 또는 교류전압의 옥내 간선으로 하고, 전원까지의 배선은 전용으로 할 것
    ㉡ 증폭기의 전면에는 주 회로 전원의 정상 여부를 표시할 수 있는 표시등 및 전압계를 설치할 것
    ㉢ 증폭기에는 비상전원이 부착된 것으로 하고 해당 비상전원 용량은 무선통신보조설비를 유효하게 30분 이상 작동시킬 수 있는 것으로 할 것
- 무선통신보조설비의 누설동축케이블 설치기준
  - 소방전용주파수대에서 전파의 전송 또는 복사에 적합한 것으로서 소방전용의 것으로 할 것. 다만, 소방대 상호 간의 무선연락에 지장이 없는 경우에는 다른 용도와 겸용할 수 있다.
  - 누설동축케이블과 이에 접속하는 안테나 또는 동축케이블과 이에 접속하는 안테나로 구성할 것
  - 누설동축케이블 및 동축케이블은 불연 또는 난연성의 것으로서 습기 등의 환경조건에 따라 전기의 특성이 변질되지 않는 것으로 하고, 노출하여 설치한 경우에는 피난 및 통행에 장애가 없도록 할 것
  - 누설동축케이블 및 동축케이블은 화재에 따라 해당 케이블의 피복이 소실된 경우에 케이블 본체가 떨어지지 않도록 4[m] 이내마다 금속제 또는 자기제 등의 지지금구로 벽·천장·기둥 등에 견고하게 고정할 것. 다만, 불연재료로 구획된 반자 안에 설치하는 경우에는 그렇지 않다.
  - 누설동축케이블 및 안테나는 금속판 등에 따라 전파의 복사 또는 특성이 현저하게 저하되지 않는 위치에 설치할 것
  - 누설동축케이블 및 안테나는 고압의 전로로부터 1.5[m] 이상 떨어진 위치에 설치할 것. 다만, 해당 전로에 정전기 차폐장치를 유효하게 설치한 경우에는 그렇지 않다.
  - 누설동축케이블의 끝부분에는 무반사 종단저항을 견고하게 설치할 것
  - 누설동축케이블 및 동축케이블의 임피던스는 50[Ω]으로 하고, 이에 접속하는 안테나·분배기 기타의 장치는 해당 임피던스에 적합한 것으로 해야 한다.

80 축전지의 자기방전량을 보충함과 동시에 상용부하에 대한 전력공급은 충전기가 부담하도록 하되 충전기가 부담하기 어려운 일시적인 대전류 부하는 축전지로 하여금 부담하게 하는 충전방식은?

① 보통충전방식 ② 균등충전방식
③ 부동충전방식 ④ 급속충전방식

해설

부동충전방식 : 축전지의 자기방전량을 보충함과 동시에 상용부하에 대한 전력공급은 충전기가 부담하고 충전기가 부담하기 어려운 대전류 부하는 축전지가 부담하게 하는 방식이다.

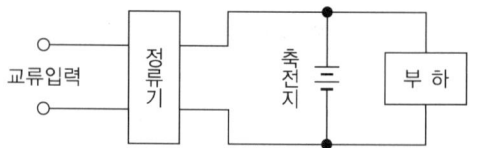

2022년 제2회 과년도 기출문제

제1과목 소방원론

01 정전기로 인한 화재를 줄이고 방지하기 위한 대책 중 틀린 것은?

① 공기 중 습도를 일정 값 이상으로 유지한다.
② 기기의 전기 절연성을 높이기 위하여 부도체로 차단공사를 한다.
③ 공기 이온화 장치를 설치하여 가동시킨다.
④ 정전기 축적을 막기 위해 접지선을 이용하여 대지로 연결작업을 한다.

해설
정전기 방지법
• 접지할 것
• 상대습도를 70[%] 이상으로 할 것
• 공기를 이온화할 것

02 위험물안전관리법령상 위험물로 분류되는 것은?

① 과산화수소
② 압축산소
③ 프로페인 가스
④ 포스겐

해설
과산화수소 : 제6류 위험물

03 이산화탄소 20[g]은 약 몇 [mol]인가?

① 0.23
② 0.45
③ 2.2
④ 4.4

해설
이산화탄소(CO_2)의 분자량 : 44

$$\text{mol(몰)} = \frac{\text{무게}}{\text{분자량}} = \frac{20[g]}{44[g/mol]} = 0.45[g/mol]$$

04 물질의 연소 시 산소공급원이 될 수 없는 것은?

① 탄화칼슘
② 과산화나트륨
③ 질산나트륨
④ 압축공기

해설
산소공급원(제1류 위험물, 제6류 위험물)

종 류	탄화칼슘	과산화나트륨	질산나트륨	압축공기
유 별	제3류 위험물	제1류 위험물	제1류 위험물	산 소

정답 1 ② 2 ① 3 ② 4 ①

05 Fourier법칙(전도)에 대한 설명으로 틀린 것은?

① 이동열량은 전열체의 단면적에 비례한다.
② 이동열량은 전열체의 두께에 비례한다.
③ 이동열량은 전열체의 열전도도에 비례한다.
④ 이동열량은 전열체 내·외부의 온도차에 비례한다.

해설
푸리에법칙(전도)
$q = -kA\dfrac{dt}{dl}[\text{kcal/h}]$

여기서, k : 열전도도[kcal/m·h·℃]
A : 열전달면적[m²]
dt : 온도차[℃]
dl : 미소거리[m]

※ 이동열량은 전열체의 미소거리에 반비례한다.

06 할론소화설비에서 Halon 1211 약제의 분자식은?

① CBr_2ClF
② CF_2ClBr
③ CCl_2BrF
④ BrC_2ClF

해설
할론소화약제

종류 구분	할론 1301	할론 1211	할론 2402	할론 1011
분자식	CF_3Br	CF_2ClBr	$C_2F_4Br_2$	CH_2ClBr

07 제4류 위험물의 성질로 옳은 것은?

① 가연성 고체
② 산화성 고체
③ 인화성 액체
④ 자기반응성 물질

해설
위험물의 성질

종류	제1류 위험물	제2류 위험물	제3류 위험물	제4류 위험물	제5류 위험물	제6류 위험물
성질	산화성 고체	가연성 고체	자연 발화성 및 금수성 물질	인화성 액체	자기 반응성 물질	산화성 액체

08 목재 화재 시 다량의 물을 뿌려 소화할 경우 기대되는 주된 소화효과는?

① 제거효과
② 냉각효과
③ 부촉매효과
④ 희석효과

해설
냉각효과 : 목재 화재 시 다량의 물을 뿌려 발화점 이하로 낮추어 소화하는 방법

09 물이 소화약제로서 사용되는 장점이 아닌 것은?

① 가격이 저렴하다.
② 많은 양을 구할 수 있다.
③ 증발잠열이 크다.
④ 가연물과 화학반응이 일어나지 않는다.

해설
물소화약제의 장점
• 구하기 쉽다.
• 가격이 저렴하다.
• 비열과 증발잠열이 크다.

10 분말소화약제 중 탄산수소칼륨($KHCO_3$)과 요소[$CO(NH_2)_2$]와의 반응물을 주성분으로 하는 소화약제는?

① 제1종 분말
② 제2종 분말
③ 제3종 분말
④ 제4종 분말

해설
분말소화약제의 종류

종 류	주성분	착 색	적응 화재
제1종 분말	탄산수소나트륨($NaHCO_3$)	백 색	B, C급
제2종 분말	탄산수소칼륨($KHCO_3$)	담회색	B, C급
제3종 분말	제일인산암모늄($NH_4H_2PO_4$)	담홍색	A, B, C급
제4종 분말	탄산수소칼륨 + 요소 [$KHCO_3$ + $(NH_2)_2CO$]	회 색	B, C급

11 다음 중 가연물의 제거를 통한 소화 방법과 무관한 것은?

① 산불의 확산방지를 위하여 산림의 일부를 벌채한다.
② 화학반응기의 화재 시 원료 공급관의 밸브를 잠근다.
③ 전기실 화재 시 IG-541 약제를 방출한다.
④ 유류탱크 화재 시 주변에 있는 유류탱크의 유류를 다른 곳으로 이동시킨다.

해설
전기실 화재 시 IG-541 약제를 방출하면 질식소화하여 소화한다.

12 내화건축물의 표준시간-온도곡선에서 화재 발생 후 1시간이 경과할 경우 내부온도는 약 몇 [℃] 정도 되는가?

① 125[℃]   ② 325[℃]
③ 640[℃]   ④ 925[℃]

해설
내화건축물의 내부온도

시 간	30분 후	1시간 후	2시간 후	3시간 후
온 도	840[℃]	950[℃]	1,010[℃]	1,050[℃]

※ 1시간 후 : 950[℃](925[℃])로서 자료마다 약간의 차이가 있다.

13 물질의 취급 또는 위험성에 대한 설명 중 틀린 것은?

① 융해열은 점화원이다.
② 질산은 물과 반응 시 발열반응하므로 주의를 해야 한다.
③ 네온, 이산화탄소, 질소는 불연성물질로 취급한다.
④ 암모니아를 충전하는 공업용 용기의 색상은 백색이다.

해설
용해열, 기화열은 점화원이 아니다.

14 폭굉(Detonation)에 관한 설명으로 틀린 것은?

① 연소속도가 음속보다 느릴 때 나타난다.
② 온도의 상승은 충격파의 압력에 기인한다.
③ 압력상승은 폭연의 경우보다 크다.
④ 폭굉의 유도거리는 배관의 지름과 관계가 있다.

해설
폭굉은 음속보다 빠를 때 나타난다.

정답 10 ④ 11 ③ 12 ④ 13 ① 14 ①

15 자연발화가 일어나기 쉬운 조건이 아닌 것은?

① 열전도율이 클 것
② 적당량의 수분이 존재할 것
③ 주위의 온도가 높을 것
④ 표면적이 넓을 것

해설
열전도율이 크면 자연발화가 일어나기 어렵다.

16 목조건축물의 화재특성으로 틀린 것은?

① 습도가 낮을수록 연소 확대가 빠르다.
② 화재진행속도는 내화건축물보다 빠르다.
③ 화재최성기의 온도는 내화건축물보다 낮다.
④ 화재성장속도는 횡방향보다 종방향이 빠르다.

해설
목조건축물은 화재최성기일 때의 온도는 약 1,100[℃]로서 내화건축물보다 높다.

17 다음 물질 중 공기 중에서의 연소범위가 가장 넓은 것은?

① 뷰테인
② 프로페인
③ 메테인
④ 수 소

해설
연소범위

종 류	뷰테인	프로페인	메테인	수 소
연소범위	1.8~8.4[%]	2.1~9.5[%]	5.0~15.0[%]	4.0~75[%]

18 플래시 오버(Flash Over)에 대한 설명으로 옳은 것은?

① 도시가스의 폭발적 연소를 말한다.
② 휘발유 등 가연성 액체가 넓게 흘러서 발화한 상태를 말한다.
③ 옥내화재가 서서히 진행하여 열 및 가연성 기체가 축적되었다가 일시에 연소하여 화염이 크게 발생하는 상태를 말한다.
④ 화재층의 불이 상부층으로 올라가는 현상을 말한다.

해설
플래시 오버(Flash Over) : 옥내화재가 서서히 진행하여 열 및 가연성 기체가 축적되었다가 일시에 연소하여 화염이 크게 발생하는 상태를 말하며 성장기에서 최성기로 넘어가는 단계에서 발생한다.

15 ① 16 ③ 17 ④ 18 ③ **정답**

19 연기에 의한 감광계수가 0.1[m^{-1}], 가시거리가 20~30[m]일 때의 상황으로 옳은 것은?

① 건물 내부에 익숙한 사람이 피난에 지장을 느낄 정도
② 연기감지기가 작동할 정도
③ 어두운 것을 느낄 정도
④ 앞이 거의 보이지 않을 정도

해설
연기농도와 가시거리

감광계수[m^{-1}]	가시거리[m]	상 황
0.1	20~30	연기감지기가 작동할 때의 정도
0.3	5	건물 내부에 익숙한 사람이 피난에 지장을 느낄 정도
0.5	3	어두침침한 것을 느낄 정도
1	1~2	거의 앞이 보이지 않을 정도
10	0.2~0.5	화재 최성기 때의 정도
30	–	출화실에서 연기가 분출될 때의 연기농도

20 프로페인 가스의 최소점화에너지는 일반적으로 약 몇 [mJ] 정도 되는가?

① 0.25[mJ] ② 2.5[mJ]
③ 25[mJ] ④ 250[mJ]

해설
최소점화에너지 : 어떤 물질이 공기와 혼합하였을 때 점화원으로 발화하기 위하여 최소한 에너지

종 류	메테인	프로페인	에틸렌	아세틸렌, 수소, 이황화탄소
최소점화에너지[mJ]	0.28	0.25	0.096	0.019

제2과목 소방전기일반

21 정전용량이 각각 1[μF], 2[μF], 3[μF]이고, 내압이 모두 동일한 3개의 커패시터가 있다. 이 커패시터들을 직렬로 연결하여 양단에 전압을 인가한 후 전압을 상승시키면 가장 먼저 절연이 파괴되는 커패시터는?(단, 커패시터의 재질이나 형태는 동일하다)

① 1[μF] ② 2[μF]
③ 3[μF] ④ 3개 모두

해설
콘덴서의 직렬 접속
동일한 전압(내압)을 가진 콘덴서는 정전용량이 작은 콘덴서일수록 전압이 가장 크게 걸리므로 정전용량이 작을수록 가장 먼저 절연이 파괴된다.

- 콘덴서를 직렬로 접속하면 전하량 $Q_1 = Q_2 = Q_3$이다. 따라서, 전하량 $Q = CV$에서 전압 $V \propto \dfrac{1}{C}$이므로 전압(V)과 정전용량(C)은 반비례한다.

$$V_1 : V_2 : V_3 = \dfrac{1}{\dfrac{1}{C_1}} : \dfrac{1}{\dfrac{1}{C_2}} : \dfrac{1}{\dfrac{1}{C_3}}$$에서

$$V_1 : V_2 : V_3 = \dfrac{1}{1\mu F} : \dfrac{1}{2\mu F} : \dfrac{1}{3\mu F} = 6 : 3 : 2$$

- 양 끝단에 걸리는 전압 $V = 110$[V]라고 가정하면
  - 정전용량 $1C = 1[\mu F]$에 걸리는 전압 $V_1 = \dfrac{6}{6+3+2}$[V]이고, $V_1 = \dfrac{6}{11} \times 110$[V] $= 60$[V]
  - 정전용량 $2C = 2[\mu F]$에 걸리는 전압 $V_2 = \dfrac{3}{6+3+2}$[V]이고, $V_2 = \dfrac{3}{11} \times 110$[V] $= 30$[V]
  - 정전용량 $3C = 3[\mu F]$에 걸리는 전압 $V_3 = \dfrac{2}{6+3+2}$[V]이고, $V_3 = \dfrac{2}{11} \times 110$[V] $= 20$[V]

∴ 정전용량 $3C > 2C > 1C$의 관계에서 정전용량 $1C = 1[\mu F]$에 걸리는 전압은 양 끝단에 걸리는 전압(110[V])의 $\dfrac{6}{11}$ 배가 걸리므로 가장 먼저 절연이 파괴된다.

22 그림과 같은 블록선도의 전달함수 $C(s)/R(s)$는?

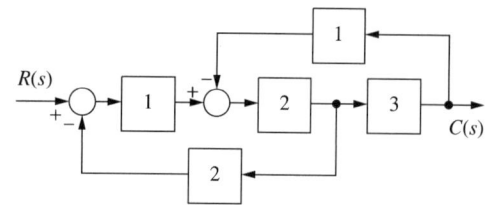

① $\dfrac{6}{23}$ ② $\dfrac{6}{17}$

③ $\dfrac{6}{15}$ ④ $\dfrac{6}{11}$

해설
전달함수
문제의 블록선도에서 인출점을 뒤쪽으로 배치하면 다음과 같다.

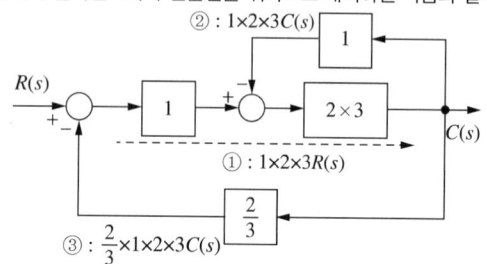

루프된 곳이 - 부호이므로 출력 $C(s)$는 다음과 같이 정리한다.
출력 $C(s) = ① - ② - ③$에서

$C(s) = 1 \times 2 \times 3 R(s) - 1 \times 2 \times 3 C(s) - \dfrac{2}{3} \times 1 \times 2 \times 3 C(s)$

$C(s) = 6R(s) - 6C(s) - 4C(s)$
$C(s) + 6C(s) + 4C(s) = 6R(s)$
$11C(s) = 6R(s)$

∴ 전달함수 $\dfrac{C(s)}{R(s)} = \dfrac{6}{11}$

23 그림의 단상 반파 정류회로에서 R에 흐르는 전류의 평균값은 약 몇 [A]인가?(단, $v(t) = 220\sqrt{2}\sin \omega t [\text{V}]$, $R = 16\sqrt{2}[\Omega]$, 다이오드의 전압강하는 무시한다)

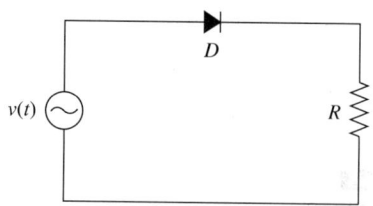

① 3.2 ② 3.8
③ 4.4 ④ 5.2

해설
단상 반파 정류회로
- 최대전압(V_m)과 실효전압(V), 평균전압(V_a)과의 관계
  $V_m = \sqrt{2}\,V = \dfrac{\pi}{2} V_a$

- 순시전압
  $v(t) = V_m \sin \omega t [\text{V}]$
  여기서, V_m : 최대전압[V]

  ∴ 실효전압 $V = \dfrac{V_m}{\sqrt{2}} = \dfrac{220\sqrt{2}[\text{V}]}{\sqrt{2}} = 220[\text{V}]$

- 직류 평균전류
  $I_d = \dfrac{\sqrt{2}}{\pi} \times \dfrac{V}{R}$
  $= \dfrac{\sqrt{2}}{\pi} \times \dfrac{220[\text{V}]}{16\sqrt{2}[\Omega]}$
  $= 4.38[\text{V}]$

Plus one
단상 반파 정류회로의 직류 평균전압
$V_d = \dfrac{\sqrt{2}}{\pi} V = 0.45\,V[\text{V}]$

24 3상 유도 전동기를 Y 결선으로 운전했을 때 토크가 T_Y이었다. 이 전동기를 동일한 전원에서 △ 결선으로 운전했을 때 토크($T_\triangle$)는?

① $T_\triangle = 3T_Y$ ② $T_\triangle = \sqrt{3}\,T_Y$
③ $T_\triangle = \dfrac{1}{3}T_Y$ ④ $T_\triangle = \dfrac{1}{\sqrt{3}}T_Y$

해설
3상 유도전동기의 Y-△ 기동법
선간전압을 V, 기동 시 1상의 임피던스를 Z, 선전류를 I라고 하면

결 선	Y 결선	△ 결선
선전류[A]	$I_Y = \dfrac{V}{\sqrt{3}\,Z}$	$I_\triangle = \dfrac{\sqrt{3}\,V}{Z}$

- 전류비 $\dfrac{I_Y}{I_\triangle} = \dfrac{\frac{V}{\sqrt{3}\,Z}}{\frac{\sqrt{3}\,V}{Z}} = \dfrac{V}{\sqrt{3}\,Z} \times \dfrac{Z}{\sqrt{3}\,V} = \dfrac{1}{3}$ 에서

  $\therefore I_Y = \dfrac{1}{3}I_\triangle$

- 토크(T)는 각 상전압의 제곱에 비례하므로 $T_Y = \dfrac{1}{3}T_\triangle$ 이다.

  $\therefore T_\triangle = 3T_Y$

25 제어요소가 제어 대상에 가하는 제어 신호로 제어장치의 출력인 동시에 제어 대상의 입력이 되는 것은?

① 조작량 ② 제어량
③ 기준입력 ④ 동작신호

해설
피드백제어의 구성요소

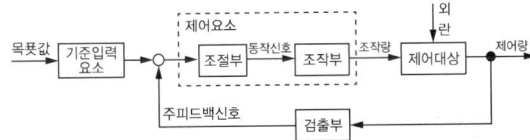

- 조작량 : 제어를 하기 위해 제어장치로부터 제어대상에 가해지는 양이다.
- 제어량 : 제어대상에서 제어된 출력량을 말한다.
- 기준입력요소 : 제어계를 소정대로 동작시키기 위하여 직접 폐루프에 주어지는 입력요소를 말한다.
- 동작신호 : 기준 입력과 주피드백신호와의 차로서 제어동작을 일으키는 신호편차라 한다.

26 어떤 코일의 임피던스를 측정하고자 한다. 이 코일에 30[V]의 직류전압을 가했을 때 300[W]가 소비되었고, 100[V]의 실효치 교류전압을 가했을 때 1,200[W]가 소비되었다. 이 코일의 리액턴스[Ω]는?

① 2 ② 4
③ 6 ④ 8

해설
코일의 리액턴스(X_L)

- 직류전압을 가했을 때 저항을 구한다.

  소비전력 $P = IV = \dfrac{V^2}{R}$ 에서

  저항 $R = \dfrac{V^2}{P} = \dfrac{(30[\text{V}])^2}{300[\text{W}]} = 3[\Omega]$

- 저항을 구하였으므로 교류전력에서 전류를 구한다.

  교류전력 $P = IV = I^2 R$ 에서

  전류 $I = \sqrt{\dfrac{P}{R}} = \sqrt{\dfrac{1,200[\text{W}]}{3[\Omega]}} = 20[\text{A}]$

- 임피던스를 구한다.

  전류 $I = \dfrac{V}{Z}$ 에서 임피던스 $Z = \dfrac{V}{I} = \dfrac{100[\text{V}]}{20[\text{A}]} = 5[\Omega]$

  $\therefore$ 임피던스 $Z = \sqrt{R^2 + X_L^2}$ 에서

  코일의 리액턴스 $X_L = \sqrt{Z^2 - R^2} = \sqrt{(5[\Omega])^2 - (3[\Omega])^2}$
  $= 4[\Omega]$

27 적분시간이 3[s]이고, 비례감도가 5인 PI(비례적분) 제어요소가 있다. 이 제어요소의 전달함수는?

① $\dfrac{5s+5}{3s}$ ② $\dfrac{15s+5}{3s}$

③ $\dfrac{3s+3}{5s}$ ④ $\dfrac{15s+3}{5s}$

해설

비례적분(PI) 제어요소
- 비례동작의 정상(잔류)편차를 제거하여 지상 보상요소에 대응되므로 정상특성을 개선하지만 간헐현상이 있다.
- 비례적분동작(PI동작)의 전달함수 $G(s) = K_P\left(1+\dfrac{1}{T_I s}\right)$

여기서, K_P : 비례감도, T_I : 적분시간

$\therefore G(s) = 5\left(1+\dfrac{1}{3s}\right) = 5 + \dfrac{5}{3s} = \dfrac{15s}{3s} + \dfrac{5}{3s} = \dfrac{15s+5}{3s}$

Plus one

연속제어의 전달함수
- 비례(P) 제어요소 : $G(s) = K_P$
- 비례미분(PD) 제어요소 : $G(s) = K_P(1+T_D s)$
- 비례적분미분(PID) 제어요소 :
  $G(s) = K_P\left(1+\dfrac{1}{T_I s} + T_D s\right)$

  여기서, K_P : 비례감도, T_I : 적분시간, T_D : 미분시간

28 100[V]에서 500[W]를 소비하는 전열기가 있다. 이 전열기에 90[V]의 전압을 인가했을 때 소비되는 전력[W]은?

① 81 ② 90
③ 405 ④ 450

해설

소비전력(P)
- 전열기의 저항은 같으므로 저항(R)을 먼저 구한다.

  소비전력 $P = IV = \dfrac{V^2}{R}$에서

  저항 $R = \dfrac{V^2}{P} = \dfrac{(100[V])^2}{500[W]} = 20[\Omega]$

- 전압 90[V]에서 전열기의 소비전력(P)을 구한다.

  $P = \dfrac{V^2}{R} = \dfrac{(90[V])^2}{20[\Omega]} = 405[W]$

29 4극 직류 발전기의 전기자 도체 수가 500개, 각 자극의 자속이 0.01[Wb], 회전수가 1,800[rpm]일 때 이 발전기의 유도 기전력[V]은?(단, 전기자 권선법은 파권이다)

① 100 ② 200
③ 300 ④ 400

해설

유도기전력(E)

$E = \dfrac{Pz}{60a}\phi N[V]$

여기서, P : 극 수, z : 전기자 총 도체 수[개]
a : 병렬 회로 수(중권 $a = P$, 파권 $a = 2$), ϕ : 자속[Wb]
N : 회전 수[rpm]

$\therefore E = \dfrac{4극 \times 500개}{60 \times 2} \times 0.01[Wb] \times 1,800[rpm] = 300[V]$

30 진공 중에서 원점에 10^{-8}[C]의 전하가 있을 때 점 (1, 2, 2)[m]에서의 전계의 세기는 약 몇 [V/m]인가?

① 0.1 ② 1
③ 10 ④ 100

해설

전계의 세기(E)
- 위치벡터 $r = 1i + 2j + 2k$이므로 $|r| = \sqrt{1^2 + 2^2 + 2^2} = 3[m]$
- 전계의 세기 $E = 9 \times 10^9 \times \dfrac{Q}{r^2}[V/m]$

  여기서, Q : 점전하[C], r : 거리[m]

$\therefore E = 9 \times 10^9 \times \dfrac{10^{-8}[C]}{(3[m])^2} = 10[V/m]$

31 정현파 교류전압 $e_1(t)$과 $e_2(t)$의 합$(e_1(t)+e_2(t))$은 몇 [V]인가?

$$e_1(t) = 10\sqrt{2}\sin\left(\omega t + \frac{\pi}{3}\right)[V]$$
$$e_2(t) = 20\sqrt{2}\cos\left(\omega t - \frac{\pi}{6}\right)[V]$$

① $30\sqrt{2}\sin\left(\omega t + \frac{\pi}{3}\right)$

② $30\sqrt{2}\sin\left(\omega t - \frac{\pi}{3}\right)$

③ $10\sqrt{2}\sin\left(\omega t + \frac{2\pi}{3}\right)$

④ $10\sqrt{2}\sin\left(\omega t - \frac{2\pi}{3}\right)$

해설
교류전압의 합성
[풀이과정 1]
- 전압 $e_1(t) = 10\sqrt{2}\sin\left(\omega t + \frac{\pi}{3}\right)$
- 전압 $e_2(t) = 20\sqrt{2}\cos\left(\omega t - \frac{\pi}{6}\right) = 20\sqrt{2}\sin\left(\omega t + \frac{\pi}{3}\right)$
- 전압 $e_1(t)$과 $e_2(t)$의 위상$\left(\theta = \frac{\pi}{3}\right)$은 같고, 진폭의 크기$(E_{m1} = 10\sqrt{2}, E_{m2} = 20\sqrt{2})$가 다른 정현파 교류이다.

  ∴ 교류전압의 합성 $e_1(t) + e_2(t) = (E_{m1} + E_{m2})\sin(\omega t + \theta)$에서 $e_1(t) + e_2(t) = 30\sqrt{2}\sin\left(\omega t + \frac{\pi}{3}\right)[V]$

[풀이과정 2]
- 전압 $e_1(t) = 10\sqrt{2}\sin\left(\omega t + \frac{\pi}{3}\right) = 10\sqrt{2}\sin(\omega t + 60°)$
- 전압 $e_2(t) = 20\sqrt{2}\cos\left(\omega t - \frac{\pi}{6}\right)$
  $= 20\sqrt{2}\sin\left(\omega t + \frac{\pi}{2} - \frac{\pi}{6}\right)$
  $= 20\sqrt{2}\sin\left(\omega t + \frac{\pi}{3}\right) = 20\sqrt{2}\sin(\omega t + 60°)$

  여기서, 삼각함수 $\cos\omega t = \sin\left(\omega t + \frac{\pi}{2}\right) = \sin(\omega t + 90°)$

- 라디안 $rad = \frac{\pi}{180°} \times \theta$

위상각(θ)	30°	45°	60°	90°
라디안(rad)	$\frac{\pi}{6}$	$\frac{\pi}{4}$	$\frac{\pi}{3}$	$\frac{\pi}{2}$

- $e_1(t) = E_{m1}\sin(\omega t + \theta_1) = 10\sqrt{2}\sin(\omega t + 60°)$
- $e_2(t) = E_{m2}\sin(\omega t + \theta_1) = 20\sqrt{2}\sin(\omega t + 60°)$

  ∴ $E_m = \sqrt{E_{m1}^2 + E_{m2}^2 + 2E_{m1}E_{m2}\cos(\theta_1 - \theta_2)}$에서
  $E_m = \sqrt{(10\sqrt{2})^2 + (20\sqrt{2})^2 + 2 \times 10\sqrt{2} \times 20\sqrt{2} \times \cos(60° - 60°)}$
  $= 42.43[V] = 30\sqrt{2}[V]$

- 위상각 $\theta = \tan^{-1}\frac{E_{m1}\sin\theta_1 + E_{m2}\sin\theta_2}{E_{m1}\cos\theta_1 + E_{m2}\cos\theta_2}$에서
  $\theta = \tan^{-1}\frac{10\sqrt{2}\sin 60° + 20\sqrt{2}\sin 60°}{10\sqrt{2}\cos 60° + 20\sqrt{2}\cos 60°}$
  $= \tan^{-1}\frac{10\sqrt{2} \times 0.866 + 20\sqrt{2} \times 0.866}{10\sqrt{2} \times 0.5 + 20\sqrt{2} \times 0.5} = \tan^{-1} 1.732$
  $= 60° = \frac{\pi}{3}$

  ∴ 교류전압 합성 $e_1(t) + e_2(t) = E_m\sin(\omega t + \theta)$에서
  $e_1(t) + e_2(t) = 30\sqrt{2}\sin\left(\omega t + \frac{\pi}{3}\right)[V]$

32 60[Hz]의 3상 전압을 반파 정류하였을 때 리플(맥동) 주파수[Hz]는?

① 60
② 120
③ 180
④ 360

해설
정류회로의 맥동주파수
3상 반파 정류회로의 맥동주파수 $f_{맥동} = 3f$에서
$f_{맥동} = 3 \times 60[Hz] = 180[Hz]$

Plus one

맥동주파수
- 단상 반파 정류회로의 맥동주파수
  $f_{맥동} = f = 60[Hz]$
- 단상 전파 정류회로의 맥동주파수
  $f_{맥동} = 2f = 2 \times 60[Hz] = 120[Hz]$
- 3상 전파 정류회로의 맥동주파수
  $f_{맥동} = 6f = 6 \times 60[Hz] = 360[Hz]$

정답 31 ① 32 ③

33 테브난의 정리를 이용하여 그림 (a)의 회로를 그림 (b)와 같이 등가회로로 만들고자 할 때 $V_{th}[V]$와 $R_{th}[\Omega]$은?

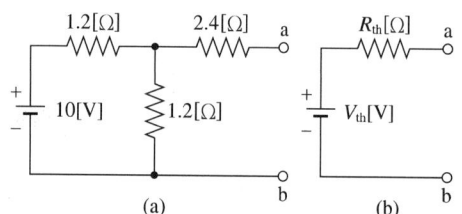

① 5[V], 2[Ω] ② 5[V], 3[Ω]
③ 6[V], 2[Ω] ④ 6[V], 3[Ω]

해설

테브난의 정리 : 복잡한 회로를 간단하게 바꾸고자 할 때 하나의 전압원(V_{ab})과 저항(R_{th})으로 등가회로를 나타내는 방법이다. 이때 테브난의 전압은 단자 a-b를 개방시킨 상태에서 나타나는 전압이고, 테브난의 저항은 회로망 내의 전압원은 단락하고, 전류원을 개방하여 a-b 단자에서 회로망 쪽으로 보았을 때의 저항이다.

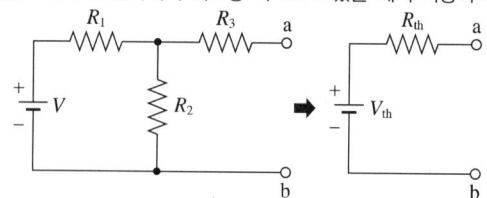

• 단자 a-b를 개방하여 테브난의 전압(개방전압)을 구한다.

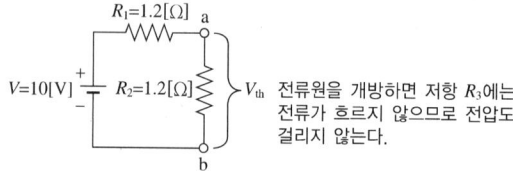

전류원을 개방하면 저항 R_3에는 전류가 흐르지 않으므로 전압도 걸리지 않는다.

∴ 테브난의 전압(V_{th})은 저항 $R_2 = 1.2[\Omega]$에 걸리는 값이 된다.

$$V_{th} = \frac{R_2}{R_1 + R_2} \times V = \frac{1.2[\Omega]}{1.2[\Omega] + 1.2[\Omega]} \times 10[V] = 5[V]$$

• 전압원을 단락하고, 부하 측에서 회로망 쪽으로 보았을 때 테브난의 저항(R_{th})을 구한다.

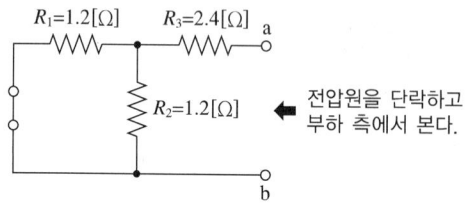

부하 측에서 보면 저항 R_3를 지난 후 저항 R_1과 R_2가 병렬로 나누어진다.

$$\therefore R_{th} = R_3 + \frac{R_1 \times R_2}{R_1 + R_2}$$
$$= 2.4[\Omega] + \frac{1.2[\Omega] \times 1.2[\Omega]}{1.2[\Omega] + 1.2[\Omega]}$$
$$= 3[\Omega]$$

34 어떤 전압계의 측정 범위를 12배로 하려고 할 때 배율기의 저항은 전압계 내부저항의 몇 배로 해야 하는가?

① 9 ② 10
③ 11 ④ 12

해설

배율기의 배율(m)

• 직류 전압계의 측정범위를 확대하기 위하여 내부저항 R인 전압계에 직렬로 접속한 저항(R_m)을 배율기라 한다.

• 전류 $\frac{V_m}{R_m + R} = \frac{V}{R}$에서 $m = \frac{V_m}{V} = \frac{R_m + R}{R} = 1 + \frac{R_m}{R}$

∴ 배율기의 저항 $R_m = (m-1)R = (12-1)R = 11R$

Plus one

분류기의 배율(m)

• 전류계의 측정범위를 확대하기 위하여 내부저항 R인 전류계에 병렬로 접속한 저항(R_s)을 분류기라 한다.

• 전압 $I_s \frac{R \cdot R_s}{R + R_s} = IR$에서

$m = \frac{I_s}{I} = \frac{R + R_s}{R_s} = 1 + \frac{R}{R_s}$

35 각 상의 임피던스가 $Z = 4 + j3[\Omega]$인 △ 결선의 평형 3상 부하에 선간전압이 200[V]인 대칭 3상 전압을 가했을 때 이 부하로 흐르는 선전류의 크기는 몇 [A]인가?

① $\frac{40}{3}$ ② $\frac{40}{\sqrt{3}}$
③ 40 ④ $40\sqrt{3}$

해설

△ 결선

I_l은 선전류(부하전류), I_p는 상전류, V_l은 선간전압, V_p는 상전압일 때

- 선간전압 $V_l = V_p$
- 상전류 $I_p = \dfrac{V}{Z} = \dfrac{V}{\sqrt{R^2 + X^2}}$
- 선전류(부하전류) $I_l = \sqrt{3}\, I_p$
- 임피던스 $Z = R + jX = \sqrt{R^2 + X^2}$에서
  $Z = \sqrt{(4[\Omega])^2 + (3[\Omega])^2} = 5[\Omega]$

∴ 선전류 $I_l = \sqrt{3}\, I_p = \sqrt{3}\, \dfrac{V_p}{Z} = \sqrt{3}\, \dfrac{V_l}{Z}$ 에서

$I_l = \sqrt{3}\, \dfrac{V_l}{Z} = \dfrac{200[\text{V}]}{5[\Omega]}\sqrt{3} = 40\sqrt{3}\,[\text{A}]$

> **Plus one**
>
> 대칭 3상 Y 결선
> - 선전류(부하전류) $I_l = I_p$
> - 선간전압 $V_l = \sqrt{3}\, V_p$
> ∴ 선간전압 $V_l = \sqrt{3}\, V_p = \sqrt{3}\, I_p Z = \sqrt{3}\, I_l Z$

해설

논리식

- OR 회로(논리합 회로) : 2개의 입력신호 중에 1개만 작동되어도 출력신호가 1이 되는 논리회로로서 병렬회로이다.
- AND 회로(논리곱 회로) : 2개의 입력신호가 동시에 작동될 때만 출력신호가 1이 되는 논리회로로서 직렬회로이다.
- NOT 회로(논리부정 회로) : 출력신호는 입력신호의 반대로 작동되는 회로로서 부정회로이다.
- 시퀀스 회로의 논리식
  - 병렬회로는 OR 회로이므로 논리식 $A + C$이다.
  - 직렬회로는 AND 회로이므로 논리식 $(A + C) \cdot \overline{B}$이다. 여기서, 시퀀스회로에서 누름버튼스위치 B는 b접점이므로 $\overline{B}$이다.
  ∴ 출력 $C = (A + C) \cdot \overline{B}$

> **Plus one**
>
> 시퀀스 회로의 유접점 회로와 논리기호
>
> | 논리회로 | 유접점 회로 | 논리기호 |
> |---|---|---|
> | AND 회로 | A, B 직렬 / X-a | $X = A \cdot B$ |
> | OR 회로 | A, B 병렬 / X-a | $X = A + B$ |
> | NOT 회로 | A / X-b | $X = \overline{A}$ |

36 시퀀스 회로를 논리식으로 표현하면?

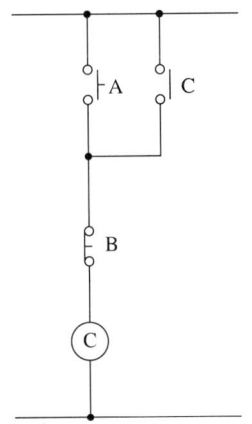

① $C = A + \overline{B} \cdot C$
② $C = A \cdot \overline{B} + C$
③ $C = A \cdot C + \overline{B}$
④ $C = (A + C) \cdot \overline{B}$

[정답] 36 ④

37 그림의 회로에서 a-b 간에 $V_{ab}[V]$를 인가했을 때 c-d 간의 전압이 100[V]이었다. 이때 a-b 간에 인가한 전압(V_{ab})은 몇 [V]인가?

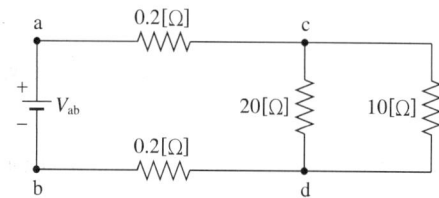

① 104
② 106
③ 108
④ 110

해설
전압 계산
- 저항을 병렬로 접속하면 전압이 일정하다. 따라서, c-d간의 전압이 100[V]이므로 10[Ω]에 걸리는 전압은 100[V]이다.

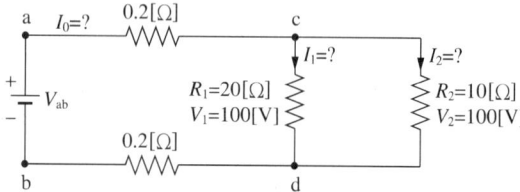

$$\therefore 10[\Omega]\text{에 흐르는 전류 } I_2 = \frac{V_2}{R_2} = \frac{100[V]}{10[\Omega]} = 10[A]$$

- 회로에 흐르는 전체 전류를 구한다.
  - 20[Ω]에 흐르는 전류 $I_1 = \frac{V_1}{R_1} = \frac{100[V]}{20[\Omega]} = 5[A]$
  - 전체 전류 $I_0 = I_1 + I_2 = 10[A] + 5[A] = 15[A]$
- 병렬회로의 합성저항을 먼저 구한다.

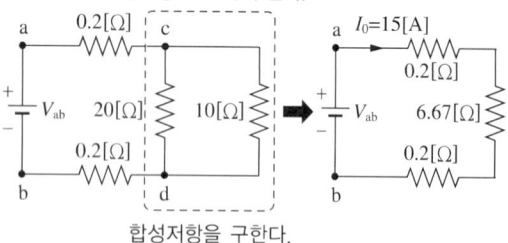

합성저항을 구한다.

$\therefore$ 합성저항
$$R = \frac{R_1 \times R_2}{R_1 + R_2} = \frac{20[\Omega] \times 10[\Omega]}{20[\Omega] + 10[\Omega]} = 6.67[\Omega]$$

- 직렬회로의 합성저항을 구한다.
  $\therefore$ 합성저항 $R = R_1 + R_2 + R_3$
  $= 0.2[\Omega] + 6.67[\Omega] + 0.2[\Omega]$
  $= 7.07[\Omega]$
- a-b간에 인가한 전압을 구한다.
  $\therefore V_{ab} = I_0 R = 15[A] \times 7.07[\Omega] = 106.05[V]$

38 균일한 자기장 내에서 운동하는 도체에 유도된 기전력의 방향을 나타내는 법칙은?

① 플레밍의 왼손 법칙
② 플레밍의 오른손 법칙
③ 암페어의 오른나사 법칙
④ 패러데이의 전자유도 법칙

해설
자기회로의 법칙
- 플레밍의 왼손 법칙 : 자기장 내에 있는 도체에 전류를 흘리면 전자력이 발생하고 전자력의 방향을 결정하는 법칙으로서 전동기의 원리에 적용되고 있다.
- 플레밍의 오른손 법칙 : 자기장 내에 도체를 놓고 운동을 하면 도체에는 유도기전력이 발생하고 유도기전력의 방향을 결정하는 법칙으로서 발전기의 원리에 적용되고 있다.
- 암페어의 오른나사 법칙 : 전류에 의해 만들어지는 자기장의 방향을 결정하는 법칙으로서 직선 전류에 의한 자기장의 방향은 전류가 흐르는 방향으로 오른나사가 회전하는 방향으로 자력선이 발생한다.
- 패러데이 법칙 : 전자유도현상에서 유도기전력의 크기를 결정하는 법칙으로서 유도기전력의 크기는 코일을 쇄교하는 자속의 시간적 변화율과 코일의 감은 횟수에 비례한다.

39 회로에서 저항 5[Ω]의 양단 전압 $V_R[V]$은?

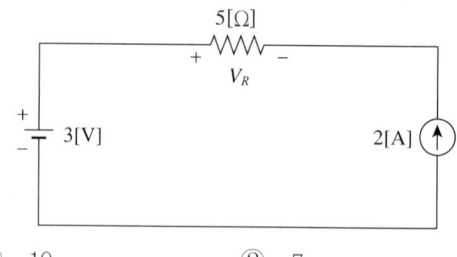

① -10
② -7
③ 7
④ 10

해설

전류원과 전압원의 관계

특정한 전원 하나만 남기고 나머지 전원을 제거할 때 전압원을 단락하고, 전류원을 개방하면 등가회로는 다음과 같다.

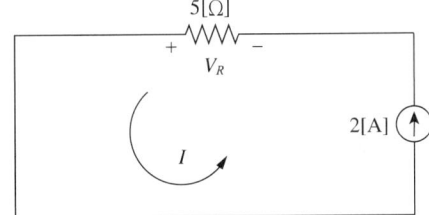

반시계 방향으로 전류가 흐르므로 "−"값을 갖는다.

∴ 저항 5[Ω]에 걸리는 전압 $V = IR$에서

$V = -2[A] \times 5[\Omega] = -10[V]$

---

40 다음의 논리식을 간단히 표현한 것은?

$$Y = \overline{A}\overline{B}C + \overline{A}B\overline{C} + \overline{A}BC$$

① $\overline{A} \cdot (B+C)$　　② $\overline{B} \cdot (A+C)$

③ $\overline{C} \cdot (A+B)$　　④ $C \cdot (A+\overline{B})$

해설

논리식의 간단화

$Y = \overline{A}\overline{B}C + \overline{A}B\overline{C} + \overline{A}BC$

$= \overline{A}\overline{B}C + \overline{A}B(\underbrace{\overline{C}+C}_{1}) = \overline{A}\overline{B}C + \overline{A}B \cdot 1$

$= \overline{A}\overline{B}C + \overline{A}B = \overline{A} \cdot \underbrace{(\overline{B}C+B)}_{흡수법칙} = \overline{A} \cdot \{\underbrace{(\overline{B}+B)}_{1} \cdot (B+C)\}$

$= \overline{A} \cdot \{1 \cdot (B+C)\} = \overline{A} \cdot (B+C)$

Plus one

논리대수의 기본법칙

• 흡수법칙

$(A+\overline{B}) \cdot B = (A \cdot B) + \underbrace{(\overline{B} \cdot B)}_{0} = A \cdot B$

$(A \cdot \overline{B}) + B = (A+B) \cdot \underbrace{(B+\overline{B})}_{1} = A+B$

• 보원의 법칙

$A \cdot \overline{A} = 0$　　　　$A + \overline{A} = 1$

• 기본 대수의 정리

$A \cdot A = A$　　　　$A + A = A$
$A \cdot 1 = A$　　　　$A + 1 = 1$
$A \cdot 0 = 0$　　　　$A + 0 = A$

제3과목　소방관계법규

41 다음 중 소방기본법령에 따라 화재예방상 필요하다고 인정되거나 화재위험경보 시 발령하는 소방신호의 종류로 옳은 것은?

① 경계신호
② 발화신호
③ 경보신호
④ 훈련신호

해설

소방신호의 종류(규칙 제10조)
• 경계신호 : 화재예방상 필요하다고 인정되거나 화재예방법 제20조의 규정에 의한 화재위험경보 시 발령
• 발화신호 : 화재가 발생한 때 발령
• 해제신호 : 소화활동이 필요없다고 인정되는 때 발령
• 훈련신호 : 훈련상 필요하다고 인정되는 때 발령

42 화재의 예방 및 안전관리에 관한 법령상 보일러 등의 위치·구조 및 관리와 화재예방을 위하여 불의 사용에 있어서 지켜야 하는 사항 중 보일러에 경유·등유 등 액체연료를 사용하는 경우에 연료탱크는 보일러 본체로부터 수평거리 최소 몇 [m] 이상의 간격을 두어 설치해야 하는가?

① 0.5　　　　② 0.6
③ 1　　　　　④ 2

해설

경유·등유 등 액체연료를 사용하는 경우 지켜야 하는 사항(영 별표 1)
• 연료탱크는 보일러 본체로부터 수평거리 1[m] 이상의 간격을 두어 설치할 것
• 연료탱크에는 화재 등 긴급상황이 발생하는 경우 연료를 차단할 수 있는 개폐밸브를 연료탱크로부터 0.5[m] 이내에 설치할 것
• 연료탱크 또는 보일러 등에 연료를 공급하는 배관에는 여과장치를 설치할 것
• 사용이 허용된 연료 외의 것을 사용하지 않을 것
• 연료탱크가 넘어지지 않도록 받침대를 설치하고, 연료탱크 및 연료탱크 받침대는 건축법 시행령 제2조 제10호에 따른 불연재료로 할 것

43 다음은 소방기본법령상 소방본부에 대한 설명이다. ( )에 알맞은 내용은?

> 소방업무를 수행하기 위하여 ( ) 직속으로 소방본부를 둔다.

① 경찰서장
② 시·도지사
③ 행정안전부장관
④ 소방청장

해설
시·도에서 소방업무를 수행하기 위하여 시·도지사 직속으로 소방본부를 둔다(법 제3조).

44 다음 소방기본법령상 용어 정의에 대한 설명으로 옳은 것은?

① 소방대상물이란 건축물, 차량, 선박(항구에 매어 둔 선박은 제외) 등을 말한다.
② 관계인이란 소방대상물의 점유예정자를 포함한다.
③ 소방대란 소방공무원, 의무소방원, 의용소방대원으로 구성된 조직체이다.
④ 소방대장이란 화재, 재난·재해, 그 밖의 위급한 상황이 발생한 현장에서 소방대를 지휘하는 사람(소방서장은 제외)이다.

해설
용어 정의(법 제2조)
- 소방대상물 : 건축물, 차량, 선박(항구에 매어둔 선박만 해당한다), 선박 건조 구조물, 산림, 그 밖의 인공 구조물 또는 물건
- 관계인 : 소방대상물의 소유자·관리자 또는 점유자
- 소방대(消防隊) : 화재를 진압하고 화재, 재난·재해, 그 밖의 위급한 상황에서 구조·구급 활동 등을 하기 위하여 다음의 사람으로 구성된 조직체를 말한다.
  - 소방공무원
  - 의무소방원(義務消防員)
  - 의용소방대원(義勇消防隊員)
- 소방대장(消防隊長) : 소방본부장 또는 소방서장 등 화재, 재난·재해, 그 밖의 위급한 상황이 발생한 현장에서 소방대를 지휘하는 사람

45 소방기본법령상 상업지역에 소방용수시설 설치 시 소방대상물과의 수평거리 기준은 몇 [m] 이하인가?

① 100
② 120
③ 140
④ 160

해설
소방용수시설 설치기준(규칙 별표 3)
- 주거지역, 상업지역, 공업지역 : 소방대상물과 수평거리 100[m] 이하
- 그 외의 지역 : 소방대상물과 수평거리 140[m] 이하

46 소방시설공사업법령상 일반 소방시설설계업(기계분야)의 영업범위에 대한 기준 중 ( )에 알맞은 내용은?(단, 공장의 경우는 제외한다)

> 연면적 ( )[m²] 미만의 특정소방대상물(제연설비가 설치되는 특정소방대상물은 제외한다)에 설치되는 기계분야 소방시설의 설계

① 10,000
② 20,000
③ 30,000
④ 50,000

해설
소방시설설계업의 영업범위(영 별표 1)

업종별	항목	기술인력	영업범위
전문 소방시설 설계업		• 주된 기술인력 : 소방기술사 1명 이상 • 보조 기술인력 : 1명 이상	모든 특정소방대상물에 설치되는 소방시설의 설계
일반 소방 시설 설계업	기계 분야	• 주된 기술인력 : 소방기술사 또는 기계분야의 소방설비기사 1명 이상 • 보조 기술인력 : 1명 이상	• 아파트에 설치되는 기계분야 소방시설(제연설비는 제외한다)의 설계 • 연면적 3만[m²](공장의 경우에는 1만[m²]) 미만의 특정소방대상물(제연설비가 설치되는 특정소방대상물은 제외한다)에 설치되는 기계분야 소방시설의 설계 • 위험물제조소 등에 설치되는 기계분야 소방시설의 설계
	전기 분야	• 주된 기술인력 : 소방기술사 또는 전기분야의 소방설비기사 1명 이상 • 보조 기술인력 : 1명 이상	• 아파트에 설치되는 전기분야 소방시설의 설계 • 연면적 3만[m²](공장의 경우에는 1만[m²]) 미만의 특정소방대상물에 설치되는 전기분야 소방시설의 설계 • 위험물제조소 등에 설치되는 전기분야 소방시설의 설계

47 소방시설공사업법령상 소방시설업의 등록을 하지 않고 영업을 한 자에 대한 벌칙 기준으로 옳은 것은?

① 1년 이하의 징역 또는 1,000만원 이하의 벌금
② 2년 이하의 징역 또는 2,000만원 이하의 벌금
③ 3년 이하의 징역 또는 3,000만원 이하의 벌금
④ 5년 이하의 징역 또는 5,000만원 이하의 벌금

해설
소방시설업의 등록을 하지 않고 영업을 한 자의 벌칙 : 3년 이하의 징역 또는 3,000만원 이하의 벌금(법 제35조)

48 위험물안전관리법령에서 정하는 제3류 위험물에 해당하는 것은?

① 나트륨
② 염소산염류
③ 무기과산화물
④ 유기과산화물

해설
위험물의 분류

종류	나트륨	염소산염류	무기과산화물	유기과산화물
유별	제3류 위험물	제1류 위험물	제1류 위험물	제5류 위험물

49 소방시설 설치 및 관리에 관한 법령상 자동화재탐지설비를 설치해야 하는 특정소방대상물의 기준으로 틀린 것은?

① 공장 및 창고시설로서 화재의 예방 및 안전관리에 관한 법률 시행령에서 정하는 수량의 500배 이상의 특수가연물을 저장·취급하는 것
② 지하상가로서 연면적 600[m²] 이상인 것
③ 숙박시설이 있는 수련시설로서 수용인원 100명 이상인 것
④ 장례시설 및 복합건축물로서 연면적 600[m²] 이상인 것

정답 47 ③ 48 ① 49 ②

해설

자동화재탐지설비를 설치해야 하는 특정소방대상물(영 별표 4)
(1) 공동주택 중 아파트·기숙사 및 숙박시설의 경우에는 모든 층
(2) 층수가 6층 이상인 건축물의 경우에는 모든 층
(3) 근린생활시설(목욕장은 제외한다), 의료시설(정신의료기관 또는 요양병원은 제외), 위락시설, 장례시설 및 복합건축물로서 연면적 600[m²] 이상인 경우에는 모든 층
(4) 근린생활시설 중 목욕장, 문화 및 집회시설, 종교시설, 판매시설, 운수시설, 운동시설, 업무시설, 공장, 창고시설, 위험물 저장 및 처리 시설, 항공기 및 자동차 관련 시설, 교정 및 군사시설 중 국방·군사시설, 방송통신시설, 발전시설, 관광휴게시설, 지하상가로서 연면적 1,000[m²] 이상인 경우에는 모든 층
(5) 교육연구시설(교육시설 내에 있는 기숙사 및 합숙소를 포함한다), 수련시설(수련시설 내에 있는 기숙사 및 합숙소를 포함하며, 숙박시설이 있는 수련시설은 제외), 동물 및 식물 관련 시설(기둥과 지붕만으로 구성되어 외부와 기류가 통하는 장소는 제외), 자원순환 관련 시설, 교정 및 군사시설(국방·군사시설은 제외) 또는 묘지 관련 시설로서 연면적 2,000[m²] 이상인 경우에는 모든 층
(6) 노유자 생활시설
(7) (6)에 해당하지 않는 노유자시설로서 연면적 400[m²] 이상인 노유자시설 및 숙박시설이 있는 수련시설로서 수용인원 100명 이상인 경우에는 모든 층
(8) 의료시설 중 정신의료기관 또는 요양병원으로서 다음의 어느 하나에 해당하는 시설
 ① 요양병원(의료재활시설은 제외)
 ② 정신의료기관 또는 의료재활시설로 사용되는 바닥면적의 합계가 300[m²] 이상인 시설
 ③ 정신의료기관 또는 의료재활시설로 사용되는 바닥면적의 합계가 300[m²] 미만이고, 창살(철재·플라스틱 또는 목재 등으로 사람의 탈출 등을 막기 위하여 설치한 것을 말하며, 화재 시 자동으로 열리는 구조로 되어 있는 창살은 제외)이 설치된 시설
(9) 판매시설 중 전통시장
(10) 터널로서 길이가 1,000[m] 이상인 것
(11) 지하구
(12) (3)에 해당하지 않는 근린생활시설 중 조산원 및 산후조리원
(13) (4)에 해당하지 않는 공장 및 창고시설로서 화재의 예방 및 안전관리에 관한 법률 시행령 별표 2에서 정하는 수량의 500배 이상의 특수가연물을 저장·취급하는 것
(14) (4)에 해당하지 않는 발전시설 중 전기저장시설

50 소방시설 설치 및 관리에 관한 법령상 종합점검 실시 대상이 되는 특정소방대상물의 기준 중 다음 ( ) 안에 알맞은 것은?

> 물분무 등 소화설비[호스릴(Hose Reel) 방식의 물분무 등 소화설비만을 설치한 경우는 제외]가 설치된 연면적 ( )[m²] 이상인 특정소방대상물(위험물 제조소 등은 제외)

① 2,000
② 3,000
③ 4,000
④ 5,000

해설

종합점검 대상(규칙 별표 3)
- 특정소방대상물의 소방시설 등이 신설된 경우(최초 점검)
- 스프링클러설비가 설치된 특정소방대상물
- 물분무 등 소화설비[호스릴(Hose Reel) 방식의 물분무 등 소화설비만을 설치한 경우는 제외]가 설치된 연면적 5,000[m²] 이상인 특정소방대상물(위험물 제조소 등은 제외)
- 단란주점영업, 유흥주점영업, 영화상영관, 비디오물감상실업, 복합영상물제공업, 노래연습장업, 산후조리업, 고시원업, 안마시술소의 다중이용업의 영업장이 설치된 특정소방대상물로서 2,000[m²] 이상인 것
- 제연설비가 설치된 터널
- 공공기관으로서 연면적 1,000[m²] 이상으로서 옥내소화전설비 또는 자동화재탐지설비가 설치된 것

51 화재의 예방 및 안전관리에 관한 법령상 특수가연물의 저장 및 취급기준 중 ( )에 들어갈 내용으로 옳은 것은?(단, 석탄·목탄류는 발전용으로 저장하는 경우는 제외한다)

> 쌓는 높이는 (㉠)[m] 이하가 되도록 하고, 쌓는 부분의 바닥면적은 (㉡)[m²] 이하가 되도록 할 것

① ㉠ 15, ㉡ 200
② ㉠ 15, ㉡ 300
③ ㉠ 10, ㉡ 30
④ ㉠ 10, ㉡ 50

해설
특수가연물의 저장 및 취급기준(석탄, 목탄류는 발전용으로 저장하는 경우는 제외)(영 별표 3)
• 품명별로 구분하여 쌓을 것
• 쌓는 기준

구 분	살수설비를 설치하거나 방사능력 범위에 해당 특수가연물이 포함되도록 대형수동식소화기를 설치하는 경우	그 밖의 경우
높이	15[m] 이하	10[m] 이하
쌓는 부분의 바닥면적	200[m^2] (석탄·목탄류의 경우에는 300[m^2]) 이하	50[m^2] (석탄·목탄류의 경우에는 200[m^2]) 이하

• 실외에 쌓아 저장하는 경우 쌓는 부분과 대지경계선 또는 도로, 인접 건축물과 최소 6[m] 이상 이격하되, 쌓은 높이보다 0.9[m] 이상 높은 내화구조 벽체 설치 시 그렇지 않다.
• 실내에 쌓아 저장하는 경우 주요구조부는 내화구조이면서 불연재료여야 한다. 다른 종류의 특수가연물과 같은 공간에 보관하지 않을 것. 다만, 내화구조의 벽으로 분리하는 경우 그렇지 않다.
• 쌓는 부분의 바닥면적 사이는 실내의 경우 1.2[m] 또는 쌓는 높이의 1/2 중 큰 값 이상으로 간격을 두어야 하며, 실외의 경우 3[m] 또는 쌓은 높이 중 큰 값 이상으로 간격을 둘 것

해설
주의사항을 표시한 게시판

위험물의 종류	주의 사항	게시판의 색상
제1류 위험물 중 알카리금속의 과산화물 제3류 위험물 중 금수성물질	물기 엄금	청색바탕에 백색문자
제2류 위험물(인화성 고체는 제외)	화기 주의	적색바탕에 백색문자
제2류 위험물 중 인화성 고체 제3류 위험물 중 자연발화성 물질 제4류 위험물 제5류 위험물	화기 엄금	적색바탕에 백색문자

53 위험물안전관리법령상 유별을 달리하는 위험물을 혼재하여 저장할 수 있는 것으로 짝지어진 것은?

① 제1류 – 제2류   ② 제2류 – 제3류
③ 제3류 – 제4류   ④ 제5류 – 제6류

해설
위험물 운반 시 혼재 가능

위험물의 구분	제1류	제2류	제3류	제4류	제5류	제6류
제1류		×	×	×	×	○
제2류	×		×	○	○	×
제3류	×	×		○	×	×
제4류	×	○	○		○	×
제5류	×	○	×	○		×
제6류	○	×	×	×	×	

52 위험물안전관리법령상 제4류 위험물을 저장·취급하는 제조소에 "화기엄금"이란 주의사항을 표시하는 게시판을 설치할 경우 게시판의 색상은?

① 청색바탕에 백색문자
② 적색바탕에 백색문자
③ 백색바탕에 적색문자
④ 백색바탕에 흑색문자

54 소방시설 설치 및 관리에 관한 법령상 방염성능기준 이상의 실내장식 등의 목적으로 설치해야 하는 특정소방대상물이 아닌 것은?

① 방송국
② 종합병원
③ 11층 이상의 아파트
④ 숙박이 가능한 수련시설

해설
방염성능기준 이상의 실내장식물 등을 설치해야 하는 특정소방대상물(영 제30조) : 층수가 11층 이상인 것(아파트 등은 제외)

55 소방시설 설치 및 안전관리에 관한 법령상 건축허가 등을 할 때 미리 소방본부장 또는 소방서장의 동의를 받아야 하는 건축물 등의 범위기준이 아닌 것은?

① 노유자시설 및 수련시설로서 연면적 $100[m^2]$ 이상인 건축물
② 지하층 또는 무창층이 있는 건축물로서 바닥면적이 $150[m^2]$ 이상인 층이 있는 것
③ 차고·주차장으로 사용되는 바닥면적이 $200[m^2]$ 이상인 층이 있는 건축물이나 주차시설
④ 장애인 의료재활시설로서 연면적 $300[m^2]$ 이상인 건축물

해설
노유자시설, 수련시설로서 $200[m^2]$ 이상인 것은 건축허가 동의 대상이다(영 제7조).

56 위험물안전관리법령상 관계인이 예방규정을 정해야 하는 위험물 제조소 등에 해당하지 않는 것은?

① 지정수량 10배의 특수인화물을 취급하는 일반취급소
② 지정수량 20배의 휘발유를 고정된 탱크에 주입하는 일반취급소
③ 지정수량 40배의 제3석유류를 용기에 옮겨 담는 일반취급소
④ 지정수량 15배의 알코올을 버너에 소비하는 장치로 이루어진 일반취급소

해설
예방규정을 정해야 하는 위험물 제조소(영 제15조)
• 지정수량의 10배 이상의 위험물을 취급하는 제조소
• 지정수량의 100배 이상의 위험물을 저장하는 옥외저장소
• 지정수량의 150배 이상의 위험물을 저장하는 옥내저장소
• 지정수량의 200배 이상의 위험물을 저장하는 옥외탱크저장소
• 지정수량의 10배 이상의 위험물을 취급하는 일반취급소
  다만, 제4류 위험물(특수인화물은 제외)만을 지정수량의 50배 이하로 취급하는 일반취급소(제1석유류, 알코올류의 취급량이 지정수량의 10배 이하인 경우에 한한다)로서 다음의 어느 하나에 해당하는 것을 제외한다.
  − 보일러, 버너 또는 이와 비슷한 것으로서 위험물을 소비하는 장치로 이루어진 일반취급소
  − 위험물을 용기에 옮겨 담거나 차량에 고정된 탱크에 주입하는 일반취급소

57 소방시설 설치 및 안전관리에 관한 법령상 제조 또는 가공 공정에서 방염처리를 한 물품 중 방염대상물품이 아닌 것은?

① 카 펫
② 전시용 합판
③ 창문에 설치하는 커튼류
④ 두께가 $2[mm]$ 미만인 종이벽지

해설
두께가 $2[mm]$ 미만인 종이벽지는 제조 또는 가공 공정에서 방염처리를 한 방염대상물품에서 제외된다(영 제31조).

58 소방시설 설치 및 관리에 관한 법령상 무창층으로 판정하기 위한 개구부가 갖추어야 할 요건으로 틀린 것은?

① 크기는 반지름 $30[cm]$ 이상의 원이 통과할 수 있을 것
② 해당 층의 바닥면으로부터 개구부 밑부분까지 높이가 $1.2[m]$ 이내일 것
③ 도로 또는 차량이 진입할 수 있는 빈터를 향할 것
④ 화재 시 건축물로부터 쉽게 피난할 수 있도록 창살이나 그 밖의 장애물이 설치되지 않을 것

해설

무창층의 요건(영 제2조)
- 크기는 지름 50[cm] 이상의 원이 통과할 수 있을 것
- 해당 층의 바닥면으로부터 개구부 밑부분까지의 높이가 1.2[m] 이내일 것
- 도로 또는 차량이 진입할 수 있는 빈터를 향할 것
- 화재 시 건축물로부터 쉽게 피난할 수 있도록 창살이나 그 밖의 장애물이 설치되지 않을 것
- 내부 또는 외부에서 쉽게 부수거나 열 수 있을 것

59 화재의 예방 및 안전관리에 관한 법령상 관리의 권원별로 소방안전관리자를 선임해야 하는 특정소방대상물 중 복합건축물은 지하층을 제외한 층수가 최소 몇 층 이상인 건축물만 해당되는가?

① 6층　　② 11층
③ 20층　　④ 30층

해설

관리의 권원별로 소방안전관리자를 선임해야 하는 대상(법 제35조)
- 복합건축물(지하층을 제외한 11층 이상 또는 연면적이 30,000[m²] 이상인 건축물
- 지하상가(지하의 인공구조물 안에 설치된 상점 및 사무실, 그 밖에 이와 비슷한 시설이 연속하여 지하도에 접하여 설치된 것과 그 지하도를 합한 것을 말한다)

60 화재의 예방 및 안전관리에 관한 법령상 소방본부장 또는 소방서장은 특정소방대상물의 관계인에게 불시에 소방훈련과 교육을 실시할 수 있는 대상에 해당되지 않는 것은?

① 의료시설　　② 교육연구시설
③ 노유자시설　　④ 업무시설

해설

불시 소방훈련·교육 대상(영 제39조)
- 의료시설
- 교육연구시설
- 노유자시설
- 그 밖에 화재 발생 시 불특정 다수의 인명피해가 예상되어 소방본부장 또는 소방서장이 소방훈련·교육이 필요하다고 인정하는 특정소방대상물

제4과목　소방전기시설의 구조 및 원리

61 소방시설용 비상전원수전설비의 화재안전기술기준(NFTC 602)에 따라 저압으로 수전하는 제1종 배전반 및 분전반의 외함 두께와 전면판(또는 문) 두께에 대한 설치기준으로 옳은 것은?

① 외함 : 1.0[mm] 이상
　전면판(또는 문) : 1.2[mm] 이상
② 외함 : 1.2[mm] 이상
　전면판(또는 문) : 1.5[mm] 이상
③ 외함 : 1.5[mm] 이상
　전면판(또는 문) : 2.0[mm] 이상
④ 외함 : 1.6[mm] 이상
　전면판(또는 문) : 2.3[mm] 이상

해설

저압으로 수전하는 비상전원수전설비의 배전반, 분전반 설치기준 (NFTC 602)

- 제1종 배전반 및 제1종 분전반 설치기준
  - 외함은 두께 1.6[mm](전면판 및 문은 2.3[mm]) 이상의 강판과 이와 동등 이상의 강도와 내화성능이 있는 것으로 제작할 것
  - 외함의 내부는 외부의 열에 의해 영향을 받지 않도록 내열성 및 단열성이 있는 재료를 사용하여 단열할 것. 이 경우 단열부분은 열 또는 진동에 따라 쉽게 변형되지 않아야 한다.
  - 표시등(불연성 또는 난연성 재료로 덮개를 설치한 것에 한한다), 전선의 인입구 및 입출구는 외함에 노출하여 설치할 수 있다.
  - 외함은 금속관 또는 금속제 가요전선관을 쉽게 접속할 수 있도록 하고, 해당 접속 부분에는 단열조치를 할 것
  - 공용배전반 및 공용분전반의 경우 소방회로와 일반회로에 사용하는 배선 및 배선용 기기는 불연재료로 구획되어야 할 것
- 제2종 배전반 및 제2종 분전반의 설치기준
  - 외함은 두께 1[mm](함 전면의 면적이 1,000[cm²]를 초과하고 2,000[cm²] 이하인 경우에는 1.2[mm], 2,000[cm²]를 초과하는 경우에는 1.6[mm]) 이상의 강판과 이와 동등 이상의 강도와 내화성능이 있는 것으로 제작할 것
  - 표시등(불연성 또는 난연성 재료로 덮개를 설치한 것에 한한다), 전선의 인입구 및 입출구와 120[℃]의 온도를 가했을 때 이상이 없는 전압계 및 전류계는 외함에 노출하여 설치할 것
  - 단열을 위해 배선용 불연전용실 내에 설치할 것

62 무선통신보조설비의 화재안전기술기준(NFTC 505)에서 정하는 분배기·분파기 및 혼합기 등의 임피던스는 몇 [Ω]의 것으로 해야 하는가?

① 10
② 30
③ 50
④ 100

해설
분배기(NFTC 505)
- 분배기란 신호의 전송로가 분기되는 장소에 설치하는 것으로 임피던스 매칭(Matching)과 신호 균등분배를 위해 사용하는 장치를 말한다.
- 분배기·분파기 및 혼합기 설치기준
  - 먼지·습기 및 부식 등에 따라 기능에 이상을 가져오지 않도록 할 것
  - 임피던스는 50[Ω]의 것으로 할 것
  - 점검에 편리하고 화재 등의 재해로 인한 피해의 우려가 없는 장소에 설치할 것

63 비상콘센트설비의 성능인증 및 제품검사의 기술기준에 따라 절연저항 시험부위의 절연내력은 정격전압 150[V] 이하의 경우 60[Hz]의 정현파에 가까운 실효전압 1,000[V] 교류전압을 가하는 시험에서 몇 분간 견디는 것이어야 하는가?

① 1
② 10
③ 30
④ 60

해설
비상콘센트설비의 절연저항시험 및 절연내력시험 기준
- 절연저항시험(제7조) : 비상콘센트설비의 절연된 충전부와 외함 간의 절연저항은 500[V]의 절연저항계로 측정한 값이 20[MΩ] 이상이어야 한다.
- 절연내력시험(제8조) : 절연저항 시험부위의 절연내력은 정격전압 150[V] 이하의 경우 60[Hz]의 정현파에 가까운 실효전압 1,000[V] 교류전압을 가하는 시험에서 1분간 견디는 것이어야 한다. 정격전압이 150[V]를 초과하는 경우 그 정격전압에 2를 곱하여 1,000을 더한 값의 교류전압을 가하는 시험에서 1분간 견디는 것이어야 한다.

64 다음은 누전경보기의 형식승인 및 제품검사의 기술기준에 따른 표시등에 대한 내용이다. ( )에 들어갈 내용으로 옳은 것은?

> 주위의 밝기가 (㉠)[lx]인 장소에서 측정하여 앞면으로부터 (㉡)[m] 떨어진 곳에서 켜진 등이 확실히 식별되어야 한다.

① ㉠ 150, ㉡ 3
② ㉠ 300, ㉡ 3
③ ㉠ 150, ㉡ 5
④ ㉠ 300, ㉡ 5

해설
누전경보기의 표시등 구조 및 기능(제4조)
- 전구는 2개 이상을 병렬로 접속해야 한다. 다만, 방전등 또는 발광다이오드의 경우에는 그렇지 않다.
- 전구에는 적당한 보호덮개를 설치해야 한다. 다만, 발광다이오드의 경우에는 그렇지 않다.
- 누전화재의 발생을 표시하는 표시등(누전등)이 설치된 것은 등이 켜질 때 적색으로 표시되어야 하며, 누전화재가 발생한 경계전로의 위치를 표시하는 표시등(지구등)과 기타의 표시등은 다음과 같아야 한다.
  - 지구등은 적색으로 표시되어야 한다. 이 경우 누전등이 설치된 수신부의 지구등은 적색 외의 색으로도 표시할 수 있다.
  - 기타의 표시등은 적색 외의 색으로 표시되어야 한다. 다만, 누전등 및 지구등과 쉽게 구별할 수 있도록 부착된 기타의 표시등은 적색으로도 표시할 수 있다.
- 주위의 밝기가 300[lx]인 장소에서 측정하여 앞면으로부터 3[m] 떨어진 곳에서 켜진 등이 확실히 식별되어야 한다.

65 무선통신보조설비의 화재안전기술기준(NFTC 505)에 따라 무선통신보조설비의 누설동축케이블 및 동축케이블은 화재에 따라 해당 케이블의 피복이 소실된 경우에 케이블 본체가 떨어지지 않도록 몇 [m] 이내마다 금속제 또는 자기제 등의 지지금구로 벽·천장·기둥 등에 견고하게 고정해야 하는가?(단, 불연재료로 구획된 반자 안에 설치하지 않은 경우이다)

① 1
② 1.5
③ 2.5
④ 4

해설

무선통신보조설비의 누설동축케이블 설치기준(NFTC 505)
- 소방전용주파수대에서 전파의 전송 또는 복사에 적합한 것으로서 소방전용의 것으로 할 것. 다만, 소방대 상호 간의 무선 연락에 지장이 없는 경우에는 다른 용도와 겸용할 수 있다.
- 누설동축케이블과 이에 접속하는 안테나 또는 동축케이블과 이에 접속하는 안테나로 구성할 것
- 누설동축케이블 및 동축케이블은 불연 또는 난연성의 것으로서 습기 등의 환경조건에 따라 전기의 특성이 변질되지 않는 것으로 하고, 노출하여 설치한 경우에는 피난 및 통행에 장애가 없도록 할 것
- 누설동축케이블 및 동축케이블은 화재에 따라 해당 케이블의 피복이 소실된 경우에 케이블 본체가 떨어지지 않도록 4[m] 이내마다 금속제 또는 자기제 등의 지지금구로 벽·천장·기둥 등에 견고하게 고정할 것. 다만, 불연재료로 구획된 반자 안에 설치하는 경우에는 그렇지 않다.
- 누설동축케이블 및 안테나는 금속판 등에 따라 전파의 복사 또는 특성이 현저하게 저하되지 않는 위치에 설치할 것
- 누설동축케이블 및 안테나는 고압의 전로로부터 1.5[m] 이상 떨어진 위치에 설치할 것. 다만, 해당 전로에 정전기 차폐장치를 유효하게 설치한 경우에는 그렇지 않다.
- 누설동축케이블의 끝부분에는 무반사 종단저항을 견고하게 설치할 것
- 누설동축케이블 및 동축케이블의 임피던스는 50[Ω]으로 하고, 이에 접속하는 안테나·분배기 기타의 장치는 해당 임피던스에 적합한 것으로 해야 한다.

66 비상콘센트설비의 화재안전기술기준(NFTC 504)에 따라 비상콘센트용의 풀박스 등은 방청도장을 한 것으로서, 두께 몇 [mm] 이상의 철판으로 해야 하는가?

① 1.0
② 1.2
③ 1.5
④ 1.6

해설

비상콘센트설비의 전원회로 설치기준(NFTC 504)
- 비상콘센트설비의 전원회로는 단상교류 220[V]인 것으로서, 그 공급용량은 1.5[kVA] 이상인 것으로 할 것
- 전원회로는 각 층에 2 이상이 되도록 설치할 것. 다만, 설치해야 할 층의 비상콘센트가 1개인 때는 하나의 회로로 할 수 있다.
- 전원회로는 주배전반에서 전용회로로 할 것. 다만, 다른 설비회로의 사고에 따른 영향을 받지 않도록 되어 있는 것은 그렇지 않다.
- 전원으로부터 각 층의 비상콘센트에 분기되는 경우에는 분기배선용 차단기를 보호함 안에 설치할 것
- 콘센트마다 배선용 차단기(KS C 8321)를 설치해야 하며, 충전부가 노출되지 않도록 할 것
- 개폐기에는 "비상콘센트"라고 표시한 표지를 할 것
- 비상콘센트용의 풀박스 등은 방청도장을 한 것으로서, 두께 1.6[mm] 이상의 철판으로 할 것
- 하나의 전용회로에 설치하는 비상콘센트는 10개 이하로 할 것. 이 경우 전선의 용량은 각 비상콘센트(비상콘센트가 3개 이상인 경우에는 3개)의 공급용량을 합한 용량 이상의 것으로 해야 한다.

67 자동화재탐지설비 및 시각경보장치의 화재안전기술기준(NFTC 203)에서 정하는 불꽃감지기의 설치기준으로 틀린 것은?

① 폭발의 우려가 있는 장소에는 방폭형으로 설치할 것
② 공칭감시거리 및 공칭시야각은 형식승인 내용에 따를 것
③ 감지기를 천장에 설치하는 경우에는 감지기는 바닥을 향하여 설치할 것
④ 감지기는 화재감지를 유효하게 감지할 수 있는 모서리 또는 벽 등에 설치할 것

해설
불꽃감지기 설치기준(NFTC 203)
• 공칭감시거리 및 공칭시야각은 형식승인 내용에 따를 것
• 감지기는 공칭감시거리와 공칭시야각을 기준으로 감시구역이 모두 포용될 수 있도록 설치할 것
• 감지기는 화재감지를 유효하게 감지할 수 있는 모서리 또는 벽 등에 설치할 것
• 감지기를 천장에 설치하는 경우에는 감지기는 바닥을 향하여 설치할 것
• 수분이 많이 발생할 우려가 있는 장소에는 방수형으로 설치할 것

68 다음은 비상조명등의 우수품질인증 기술기준에서 정하는 비상조명등의 상태를 자동적으로 점검하는 기능에 대한 내용이다. ( )에 들어갈 내용으로 옳은 것은?

> 자가점검시간은 (㉠)초 이상 (㉡)분 이하로 (㉢)일마다 최소 한 번 이상 자동으로 수행해야 한다.

① ㉠ 15, ㉡ 15, ㉢ 15
② ㉠ 15, ㉡ 20, ㉢ 30
③ ㉠ 30, ㉡ 30, ㉢ 30
④ ㉠ 30, ㉡ 45, ㉢ 60

해설
비상조명등의 자가점검 및 무선점검시험(제15조)
• 자가점검시간은 30초 이상 30분 이하로 30일마다 최소 한 번 이상 자동으로 수행해야 한다.
• 자가점검결과 이상상태를 확인할 수 있는 표시 또는 점등(점멸, 음향을 포함한다) 장치를 설치해야 한다.
• 자가점검기능은 비상전원 충전회로 고장, 예비전원 충전용량 미달 등에 대하여 표시해야 하며, 기타 제조사가 제시하는 기능을 표시할 수 있다.
• 상용전원 및 비상전원의 상태를 무선으로 점검할 수 있는 장치를 설치할 수 있다. 이 경우 최대점검거리 및 시야각 등을 제시해야 한다.

69 자동화재탐지설비 및 시각경보장치의 화재안전기술기준(NFTC 203)에 따라 부착높이가 4[m] 미만으로 연기감지기 3종을 설치할 때, 바닥면적 몇 [m²]마다 1개 이상 설치해야 하는가?

① 50
② 75
③ 100
④ 150

해설

연기감지기 설치기준(NFTC 203)
• 감지기의 부착높이에 따라 다음 표에 따른 바닥면적마다 1개 이상으로 할 것

부착높이	감지기의 종류(단위 : [m²])	
	1종 및 2종	3종
4[m] 미만	150	50
4[m] 이상 20[m] 미만	75	-

• 감지기는 복도 및 통로에 있어서는 보행거리 30[m](3종에 있어서는 20[m])마다, 계단 및 경사로에 있어서는 수직거리 15[m](3종에 있어서는 10[m])마다 1개 이상으로 할 것

설치거리	거리기준	감지기의 종류(단위 : [m²])	
		1종 및 2종	3종
복도 및 통로	보행거리	30	20
계단 및 경사로	수직거리	15	10

• 천장 또는 반자가 낮은 실내 또는 좁은 실내에 있어서는 출입구의 가까운 부분에 설치할 것
• 천장 또는 반자 부근에 배기구가 있는 경우에는 그 부근에 설치할 것
• 감지기는 벽 또는 보로부터 0.6[m] 이상 떨어진 곳에 설치할 것

70 비상방송설비와 자동화재탐지설비의 연동 시 동작순서로 옳은 것은?

① 기동장치 → 증폭기 → 수신기 → 조작부 → 확성기
② 기동장치 → 조작부 → 증폭기 → 수신기 → 확성기
③ 기동장치 → 수신기 → 증폭기 → 조작부 → 확성기
④ 기동장치 → 증폭기 → 조작부 → 수신기 → 확성기

해설

비상방송설비와 자동화재탐지설비의 연동

[자동화재탐지설비] | [비상방송설비]

감지기 → 기동장치 → 수신기 —화재신호→ 증폭기 —방송신호→ 조작부 → 확성기

• 감지기 : 화재 시 발생하는 열, 연기, 불꽃 또는 연소생성물을 자동적으로 감지하여 수신기에 화재신호 등을 발신하는 장치
• 기동장치 : 화재감지기, 발신기 등의 상태변화를 전송하는 장치
• 수신기 : 감지기나 발신기에서 발하는 화재신호를 직접 수신하거나 중계기를 통하여 수신하여 화재의 발생을 표시 및 경보하여 주는 장치
• 증폭기 : 전압, 전류의 진폭을 늘려 감도를 좋게 하고 미약한 음성전류를 커다란 음성전류로 변화시켜 소리를 크게 하는 장치
• 조작부 : 기기를 제어할 수 있도록 조작스위치, 지시계, 표시등 등을 집결시킨 부분
• 확성기 : 소리를 크게 하여 멀리까지 전달될 수 있도록 하는 장치로서 일명 스피커

정답 69 ① 70 ③

71 유도등의 우수품질인증 기술기준에서 정하는 유도등의 일반구조에 적합하지 않은 것은?

① 축전지에 배선 등은 직접 납땜해야 한다.
② 충전부가 노출되지 않은 것은 사용전압이 300[V]를 초과할 수 있다.
③ 외함은 기기 내의 온도 상승에 의하여 변형, 변색 또는 변질되지 않아야 한다.
④ 전선의 굵기는 인출선인 경우에는 단면적이 0.75 [mm^2] 이상, 인출선 외의 경우에는 면적이 0.5 [mm^2] 이상이어야 한다.

해설
유도등의 일반구조(제2조)
- 상용전원전압(전지가 아닌 일반적으로 사용하는 전원의 전압을 말한다)의 110[%] 범위 안에서는 유도등 내부의 온도 상승이 그 기능에 지장을 주거나 위해를 발생시킬 염려가 없어야 한다.
- 주전원 및 비상전원을 단락사고 등으로부터 보호할 수 있는 퓨즈 등 과전류 보호장치를 설치해야 한다. 다만, 객석유도등은 그렇지 않다.
- 외함은 기기 내의 온도 상승에 의하여 변형, 변색 또는 변질되지 않아야 한다.
- 사용전압은 300[V] 이하이어야 한다. 다만, 충전부가 노출되지 않은 것은 300[V]를 초과할 수 있다.
- 축전지에 배선 등을 직접 납땜하지 않아야 한다.
- 전선의 굵기는 인출선인 경우에는 단면적이 0.75[mm^2] 이상, 인출선 외의 경우에는 면적이 0.5[mm^2] 이상이어야 한다.
- 인출선의 길이는 전선 인출 부분으로부터 150[mm] 이상이어야 한다. 다만, 인출선으로 하지 않은 경우에는 풀어지지 않는 방법으로 전선을 쉽고 확실하게 부착할 수 있도록 접속단자를 설치해야 한다.
- 유도등에는 점검용의 자동복귀형 점멸기를 설치해야 한다. 다만, 바닥에 매립되는 복도통로유도등과 객석유도등은 그렇지 않다.
- 유효점등시간은 90분 이상으로 한다. 이 경우 유효점등시간은 30분 단위로 증가시켜 설정할 수 있다.

72 축광표지의 성능인증 및 제품검사의 기술기준에 따라 피난방향 또는 소방용품 등의 위치를 추가적으로 알려주는 보조역할을 하는 축광보조표지의 설치 위치로 틀린 것은?

① 바 닥   ② 천 장
③ 계 단   ④ 벽 면

해설
축광위치표지 및 축광보조표지(제2조)
- 축광위치표지 : 옥내소화전설비의 함, 발신기, 피난기구(완강기, 간이완강기, 구조대, 금속제 피난사다리), 소화기, 투척용 소화용구 및 연결송수관설비의 방수구 등 소방용품의 위치를 표시하기 위한 축광표지를 말한다.
- 축광보조표지 : 피난로 등의 바닥·계단·벽면 등에 설치함으로서 피난방향 또는 소방용품 등의 위치를 추가적으로 알려주는 보조역할을 하는 표지를 말한다.

73 시각경보장치의 성능인증 및 제품검사의 기술기준에 따라 시각경보장치의 전원부 양단자 또는 양선을 단락시킨 부분과 비충전부를 DC 500[V]의 절연저항계로 측정하는 경우 절연저항이 몇 [MΩ] 이상이어야 하는가?

① 0.1   ② 5
③ 10   ④ 20

해설
시각경보장치의 절연저항시험 및 절연내력시험(제10조~제11조)
- 절연저항시험 : 시각경보장치의 전원부 양단자 또는 양선을 단락시킨 부분과 비충전부를 DC 500[V]의 절연저항계로 측정하는 경우 절연저항이 5[MΩ] 이상이어야 한다.
- 절연내력시험 : 시험부의 절연내력은 60[Hz]의 정현파에 가까운 실효전압 500[V](정격전압이 60[V]를 초과하고 150[V] 이하인 것은 1[kV], 정격전압이 150[V]를 초과하는 것은 정격전압에 2를 곱하여 1[kV]를 더한 값)의 교류전압을 가하는 시험에서 연속 1분간 견디어야 한다.

74 누전경보기의 형식승인 및 제품검사의 기술기준에서 정하는 누전경보기의 공칭작동전류치(누전경보기를 작동시키기 위하여 필요한 누설전류의 값으로서 제조자에 의하여 표시된 값을 말한다)는 몇 [mA] 이하이어야 하는가?

① 50
② 100
③ 150
④ 200

해설
누전경보기의 공칭작동전류치 및 감도조정장치(제7조~제8조)
- 공칭작동전류치(누전경보기를 작동시키기 위하여 필요한 누설전류의 값으로서 제조자에 의하여 표시된 값을 말한다)는 200[mA] 이하이어야 한다.
- 감도조정장치를 갖는 누전경보기에 있어서 감도조정장치의 조정범위는 최대치가 1[A]이어야 한다.

75 다음은 자동화재속보설비의 속보기의 성능인증 및 제품검사의 기술기준에 따른 속보기에 대한 내용이다. ( )에 들어갈 내용으로 옳은 것은?

> 속보기는 작동신호(화재경보신호를 포함한다) 또는 수동작동스위치에 의한 다이얼링 후 소방관서와 전화접속이 이루어지지 않는 경우에는 최초 다이얼링을 포함하여 (㉠)회 이상 반복적으로 접속을 위한 다이얼링이 이루어져야 한다. 이 경우 매회 다이얼링 완료 후 호출은 (㉡)초 이상 지속되어야 한다.

① ㉠ 10, ㉡ 30
② ㉠ 15, ㉡ 30
③ ㉠ 10, ㉡ 60
④ ㉠ 15, ㉡ 60

해설
속보기의 기능(제5조)
- 속보기(아날로그식 축적형 수신기를 접속하는 경우에는 제외한다)는 작동신호를 수신하거나 수동으로 동작시키는 경우 20초 이내에 소방관서에 자동적으로 신호를 발하여 알리되, 3회 이상 속보할 수 있어야 한다.
- 주전원이 정지한 경우에는 자동적으로 예비전원으로 전환되고, 주전원이 정상상태로 복귀한 경우에는 자동적으로 예비전원에서 주전원으로 전환되어야 한다.
- 예비전원은 자동적으로 충전되어야 하며 자동과충전방지장치가 있어야 한다.
- 화재신호를 수신하거나 수동으로 동작시키는 경우 자동적으로 화재표시등이 점등되고 음향장치로 화재를 경보해야 한다.
- 연동 또는 수동으로 소방관서에 화재발생 음성정보를 속보중인 경우에도 송수화장치를 이용한 통화가 우선적으로 가능해야 한다.
- 예비전원을 병렬로 접속하는 경우에는 역충전 방지 등의 조치를 해야 한다.
- 예비전원은 감시상태를 60분간 지속한 후 10분 이상 동작(화재속보후 화재표시 및 경보를 10분간 유지하는 것을 말한다)이 지속될 수 있는 용량이어야 한다.
- 속보기는 작동신호(화재경보신호를 포함한다) 또는 수동작동스위치에 의한 다이얼링 후 소방관서와 전화접속이 이루어지지 않는 경우에는 최초 다이얼링을 포함하여 10회 이상 반복적으로 접속을 위한 다이얼링이 이루어져야 한다. 이 경우 매회 다이얼링 완료 후 호출은 30초 이상 지속되어야 한다.

76 단독경보형감지기에 대한 설명으로 틀린 것은?

① 단독경보형감지기는 감지부, 경보장치, 전원이 개별로 구성되어 있다.
② 화재경보음은 감지기로부터 1[m] 떨어진 위치에서 85[dB] 이상으로 10분 이상 계속하여 경보할 수 있어야 한다.
③ 단독경보형감지기는 수동으로 작동시험을 하고 자동복귀형 스위치에 의하여 자동으로 정위치에 복귀해야 한다.
④ 작동되는 감지기는 작동표시등에 의하여 화재의 발생을 표시하고, 내장된 음향장치에 의하여 화재경보음을 발해야 한다.

해설
용어 및 단독경보형감지기의 일반기능(감지기의 형식승인 및 제품검사의 기술기준 제2조, 제5조의2)
- 단독경보형감지기란 화재에 의해서 발생되는 열, 연기 또는 불꽃을 감지하여 작동하는 것으로서 수신기에 작동신호를 발신하지 않고 감지기가 단독적으로 내장된 음향장치에 의하여 경보하는 감지기를 말한다. 따라서, 단독경보형감지기는 감지부, 경보장치, 전원이 일체로 구성되어 있다.
- 자동복귀형 스위치(자동적으로 정위치에 복귀될 수 있는 스위치를 말한다)에 의하여 수동으로 작동시험을 할 수 있는 기능이 있어야 한다.
- 작동되는 경우 작동표시등에 의하여 화재의 발생을 표시하고, 내장된 음향장치에 의하여 화재경보음을 발할 수 있는 기능이 있어야 한다.
- 주기적으로 섬광하는 전원표시등에 의하여 전원의 정상 여부를 감시할 수 있는 기능이 있어야 하며, 전원의 정상상태를 표시하는 전원표시등의 섬광주기는 1초 이내의 점등과 30초에서 60초 이내의 소등으로 이루어져야 한다.
- 화재경보음은 감지기로부터 1[m] 떨어진 위치에서 85[dB] 이상으로 10분 이상 계속하여 경보할 수 있어야 한다.
- 건전지를 주전원으로 하는 감지기는 건전지의 성능이 저하되어 건전지의 교체가 필요한 경우에는 음성안내를 포함한 음향 및 표시등에 의하여 72시간 이상 경보할 수 있어야 한다. 이 경우 음향경보는 1[m] 떨어진 거리에서 70[dB](음성안내는 60[dB]) 이상이어야 한다.

77 비상방송설비의 음향장치는 정격전압의 몇 [%] 전압에서 음향을 발할 수 있는 것으로 해야 하는가?

① 80 ② 90
③ 100 ④ 110

해설
비상방송설비의 음향장치 설치기준(NFTC 202)
- 확성기의 음성입력은 3[W](실내에 설치하는 것에 있어서는 1[W]) 이상일 것
- 확성기는 각 층마다 설치하되, 그 층의 각 부분으로부터 하나의 확성기까지의 수평거리가 25[m] 이하가 되도록 하고, 해당 층의 각 부분에 유효하게 경보를 발할 수 있도록 설치할 것
- 음량조정기를 설치하는 경우 음량조정기의 배선은 3선식으로 할 것
- 기동장치에 따른 화재신호를 수신한 후 필요한 음량으로 화재발생상황 및 피난에 유효한 방송이 자동으로 개시될 때까지의 소요시간은 10초 이내로 할 것
- 음향장치는 정격전압의 80[%] 전압에서 음향을 발할 수 있는 것으로 할 것

78 소방시설용 비상전원수전설비의 화재안전기술기준(NFTC 602)에 따라 소방회로배선은 일반회로배선과 불연성의 격벽으로 구획해야 하나, 소방회로배선과 일반회로배선을 몇 [cm] 이상 떨어져 설치한 경우는 그렇지 않는가?

① 5 ② 10
③ 15 ④ 20

해설
일반전기사업자로부터 특별고압 또는 고압으로 수전하는 경우 비상전원수전설비 설치기준(NFTC 602)
- 종류 : 방화구획형, 옥외개방형, 큐비클(Cubicle)형
- 전용의 방화구획 내에 설치할 것
- 소방회로배선은 일반회로배선과 불연성의 격벽으로 구획할 것. 다만, 소방회로배선과 일반회로배선을 15[cm] 이상 떨어져 설치한 경우는 그렇지 않다.
- 일반회로에서 과부하, 지락사고 또는 단락사고가 발생한 경우에도 이에 영향을 받지 않고 계속하여 소방회로에 전원을 공급시켜 줄 수 있어야 할 것
- 소방회로용 개폐기 및 과전류차단기에는 "소방시설용"이라 표시할 것

79 경종의 우수품질인증 기술기준에 따라 경종에 정격전압을 인가한 경우 경종의 소비전류는 몇 [mA] 이하이어야 하는가?

① 10
② 30
③ 50
④ 100

해설
경종의 기능시험(제4조)
- 경종의 중심으로부터 1[m] 떨어진 위치에서 90[dB] 이상이어야 하며, 최소청취거리에서 110[dB]을 초과하지 않아야 한다.
- 경종의 소비전류는 50[mA] 이하이어야 한다.

80 자동화재탐지설비 및 시각경보장치의 화재안전기술기준(NFTC 203)에 따라 감지기 상호 간 또는 감지기로부터 수신기에 이르는 감지기회로의 배선 중 전자파 방해를 받지 않는 실드선 등을 사용하지 않아도 되는 것은?

① R형 수신기용으로 사용되는 것
② 차동식 감지기
③ 다신호식 감지기
④ 아날로그식 감지기

해설
감지기 상호 간 또는 감지기로부터 수신기에 이르는 감지기회로의 배선 설치기준(NFTC 203)
- 아날로그식, 다신호식 감지기나 R형 수신기용으로 사용되는 것은 전자파 방해를 받지 않는 실드선 등을 사용해야 한다.
- 광케이블의 경우에는 전자파 방해를 받지 않고 내열성능이 있는 경우 사용할 것. 다만, 전자파 방해를 받지 않는 방식의 경우에는 그렇지 않다.
- 일반배선을 사용할 때는 옥내소화전설비의 화재안전기술기준(NFTC 102)의 표 2.7.2 (1) 또는 (2)에 따른 내화배선 또는 내열배선으로 사용할 것

2022년 제4회 과년도 기출복원문제

※ 2022년 4회부터는 CBT(컴퓨터 기반 시험)로 진행되어 수험자의 기억에 의해 문제를 복원하였습니다. 실제 시행문제와 일부 상이할 수 있음을 알려드립니다.

제1과목 소방원론

01 알킬알루미늄의 소화에 적합한 소화제는?
① 마른모래
② 분무상의 물
③ 할 론
④ 이산화탄소

[해설]
알킬알루미늄의 소화제 : 마른모래, 팽창질석, 팽창알루미늄

02 다음 중 2차 안전구획에 속하는 것은?
① 복 도
② 계단부속실(전실)
③ 계 단
④ 피난층에서 외부와 직면한 현관

[해설]
피난시설의 안전구획

안전구획	1차 안전구획	2차 안전구획	3차 안전구획
구 분	복 도	계단부속실(전실)	계 단

03 화재의 종류에서 급수는 C급이며 전기화재인 화재의 표시색은?
① 백 색
② 황 색
③ 무 색
④ 청 색

[해설]
화재의 종류 및 색상

화재종류	A급	B급	C급	D급
색 상	백 색	황 색	청 색	무 색

04 이산화탄소 소화약제의 소화효과와 관계가 없는 것은?
① 질식효과
② 냉각효과
③ 가압소화
④ 화염에 대한 피복작용

[해설]
이산화탄소 소화효과 : 질식효과, 냉각효과, 피복효과

05 연기의 이동과 관계없는 것은?
① 굴뚝효과
② 비중차
③ 공조설비
④ 적설량

[해설]
연기의 이동요인
• 굴뚝효과
• 비중차
• 공조설비
• 외부에서의 풍력

정답 1 ① 2 ② 3 ④ 4 ③ 5 ④

06 불연재료가 아닌 것은?

① 기 와
② 석고보드
③ 유 리
④ 콘크리트

해설
불연재료 : 콘크리트, 기와, 유리, 석재, 벽돌, 석면판, 철강, 알루미늄, 모르타르 등

07 액화가스 저장탱크의 누설로 부유 또는 확산된 액화가스가 착화원과 접촉하여 액화가스가 공기 중으로 확산, 폭발하는 현상은?

① 프로스오버(Froth Over)
② 블레비(BLEVE)
③ 스롭오버(Slop Over)
④ 보일오버(Boil Over)

해설
블레비(BLEVE) 현상 : 액화가스 저장탱크의 누설로 부유 또는 확산된 액화가스가 착화원과 접촉하여 액화가스가 공기 중으로 확산, 폭발하는 현상

08 가연성 액체의 농도를 저하시키는 방법을 이용하여 소화하였을 경우, 이것은 어느 소화원리를 이용한 것인가?

① 가연물 제거
② 산소공급원 차단
③ 열원 제거
④ 연쇄반응 차단

해설
제거소화(가연물 제거) : 가연성 액체의 농도를 저하시키는 방법

09 내화건축물의 표준시간-온도곡선에서 화재발생 후 30분 경과 시의 내부온도는 약 몇 [℃]인가?

① 500[℃]
② 840[℃]
③ 950[℃]
④ 1,010[℃]

해설
내화건축물의 내부온도

시 간	30분 후	1시간 후	2시간 후	3시간 후
온 도	840[℃]	950[℃]	1,010[℃]	1,050[℃]

10 다음 중 자연발화의 형태가 다른 것은?

① 퇴 비
② 석 탄
③ 고무분말
④ 건성유

해설
자연발화의 종류
• 분해열에 의한 발화 : 셀룰로이드, 나이트로셀룰로스
• 산화열에 의한 발화 : 석탄, 건성유, 고무분말
• 미생물에 의한 발화 : 퇴비, 먼지
• 흡착열에 의한 발화 : 목탄, 활성탄

정답 6 ② 7 ② 8 ① 9 ② 10 ①

11 중앙코너방식으로 피난자의 집중으로 패닉현상이 일어날 우려가 있는 형태는?

① T형　② X형
③ Z형　④ H형

해설
피난방향 및 경로

구분	구조	특징
T형		피난자에게 피난경로를 확실히 알려주는 형태
X형		양방향으로 피난할 수 있는 확실한 형태
H형		중앙코너방식으로 피난자의 집중으로 패닉현상이 일어날 우려가 있는 형태
Z형		중앙복도형 건축물에서의 피난경로로서 코너식 중 제일 안전한 형태

12 열복사에 관한 슈테판–볼츠만의 법칙을 바르게 설명한 것은?

① 열복사량은 복사체의 절대온도에 정비례한다.
② 열복사량은 복사체의 절대온도의 제곱에 비례한다.
③ 열복사량은 복사체의 절대온도의 3승에 비례한다.
④ 열복사량은 복사체의 절대온도의 4승에 비례한다.

해설
Stefan–Boltzman법칙 : 복사열은 절대온도의 4제곱에 비례하고 열전달 면적에 비례한다.
$Q = aAF(T_1^4 - T_2^4)$
여기서, Q : 복사열[kcal/h]
　　　　a : 슈테판–볼츠만 상수
　　　　A : 단면적
　　　　F : 기하학적 Factor
　　　　T_1 : 고온
　　　　T_2 : 저온

13 내력벽, 기둥, 바닥, 보, 지붕틀 및 주계단을 무엇이라 하는가?

① 내화구조부
② 건축설비부
③ 보조구조부
④ 주요구조부

해설
주요구조부 : 내력벽, 기둥, 바닥, 보, 지붕틀 및 주계단

14 제4류 위험물은 어느 물질에 속하는가?

① 환원성 물질
② 폭발성 물질
③ 산화성 물질
④ 인화성 물질

해설
위험물의 성질

유별	제1류 위험물	제2류 위험물	제3류 위험물	제4류 위험물	제5류 위험물	제6류 위험물
성질	산화성 고체	가연성 고체	자연발화성 및 금수성 물질	인화성 액체	자기반응성 물질	산화성 액체

15 다음 중 기계열에 해당하는 것은?

① 유도열
② 정전기열
③ 마찰스파크열
④ 유전열

해설
기계열 : 압축열, 마찰열, 마찰스파크열

11 ④　12 ④　13 ④　14 ④　15 ③

16 갑작스러운 화재 발생 시 인간의 피난 특성으로 틀린 것은?

① 무의식중에 평상시 사용하는 출입구를 사용한다.
② 최초로 행동을 개시한 사람을 따라서 움직인다.
③ 공포감으로 인해서 빛을 피하여 어두운 곳으로 몸을 숨긴다.
④ 무의식중에 발화 장소의 반대쪽으로 이동한다.

해설
화재 시 인간의 피난 행동 특성
- 귀소본능 : 평소에 사용하던 출입구나 통로 등 습관적으로 친숙해 있는 경로로 도피하려는 본능
- 지광본능 : 화재 발생 시 연기와 정전 등으로 가시거리가 짧아져 시야가 흐리면 밝은 방향으로 도피하려는 본능
- 추종본능 : 화재 발생 시 최초로 행동을 개시한 사람에 따라 전체가 움직이는 본능(많은 사람들이 달아나는 방향으로 무의식적으로 안전하다고 느껴 위험한 곳임에도 불구하고 따라가는 경향)
- 퇴피본능 : 연기나 화염에 대한 공포감으로 화원의 반대 방향으로 이동하려는 본능
- 좌회본능 : 좌측으로 통행하고 시계의 반대 방향으로 회전하려는 본능

17 분진폭발의 위험이 없는 것은?

① 알루미늄분
② 황
③ 생석회
④ 적 린

해설
생석회(CaO), 시멘트분은 분진폭발의 위험이 없다.

18 가연물의 연소형태를 잘못 짝지은 것은?

① 표면연소 : 석탄
② 분해연소 : 목재
③ 증발연소 : 황
④ 내부연소 : 셀룰로이드

해설
분해연소 : 석탄, 종이, 목재, 플라스틱의 연소

19 플래시오버에 영향을 미치는 것이 아닌 것은?

① 내장재료의 종류
② 화원(火源)
③ 실의 개구율(開口率)
④ 열원(熱源)의 종류

해설
플래시오버에 미치는 영향
- 개구부의 크기
- 내장재료
- 화원의 크기
- 가연물의 종류
- 실내의 표면적

20 인화점이 영하 20[℃]에서 영상 40[℃]의 사이에 있는 여러 종류의 액체위험물을 보관하는 창고의 화재 위험성과 관련한 판단 중 옳은 것은?

① 여름철에 창고 안이 더워질수록 위험성이 커진다고 판단하는 것이 합리적이다.
② 겨울철에 창고 안이 추워질수록 위험성이 커진다고 판단하는 것이 합리적이다.
③ 위험성은 계절의 온도와는 상관없다고 판단하여도 무방하다.
④ 같은 인화점의 액체라도 비중의 크기에 따라 위험 관리의 집중도를 결정할 필요가 있다.

해설
창고 안이 더워지면 온도가 올라가므로 화재 위험성은 커진다.

제2과목 소방전기일반

21 그림과 같이 전압계 V_1, V_2, V_3와 5[Ω]의 저항 R을 접속하였다. 전압계의 지시가 $V_1 = 20$[V], $V_2 = 40$[V], $V_3 = 50$[V]라면 부하전력은 몇 [W]인가?

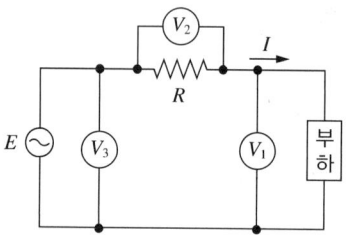

① 50
② 100
③ 150
④ 200

해설
부하 전력(간접측정법)
- 3전류계법으로 전력(P)을 측정하는 경우
$$P = \frac{R}{2}(I_3^2 - I_1^2 - I_2^2)[\text{W}]$$
- 3전압계법으로 전력(P)을 측정하는 경우
$$P = \frac{1}{2R}(V_3^2 - V_1^2 - V_2^2)[\text{W}]$$
∴ 전력
$$P = \frac{1}{2 \times 5[\Omega]}\{(50[\text{V}])^2 - (20[\text{V}])^2 - (40[\text{V}])^2\} = 50[\text{W}]$$

22 A-B 양단의 합성 인덕턴스는?(단, 코일 간의 상호 유도는 없다고 본다)

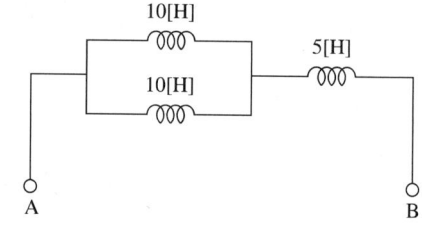

① 2.5[H]
② 5[H]
③ 10[H]
④ 15[H]

해설
코일의 직·병렬 접속
- 직렬 접속 시 합성 인덕턴스 $L = L_1 + L_2$[H]
- 병렬 접속 시 합성 인덕턴스 $L = \dfrac{L_1 L_2}{L_1 + L_2}$[H]
∴ 직·병렬 접속 시 합성 인덕턴스 $L = \dfrac{L_1 \times L_2}{L_1 + L_2} + L_3$에서
$$L = \frac{10[\text{H}] \times 10[\text{H}]}{10[\text{H}] + 10[\text{H}]} + 5[\text{H}] = 10[\text{H}]$$

23 다이오드를 사용한 정류회로에서 과대한 부하전류에 의하여 다이오드가 파손될 우려가 있을 경우의 대책으로 가장 알맞은 것은?

① 다이오드를 직렬로 추가한다.
② 다이오드를 병렬로 추가한다.
③ 다이오드의 양단에 적당한 값의 저항을 추가한다.
④ 다이오드의 양단에 적당한 값의 콘덴서를 추가한다.

해설
정류회로에서 다이오드 직·병렬 접속
- 다이오드를 직렬로 추가 접속하는 경우 : 정류기 전체의 역전압을 합한 만큼 높은 전압까지 사용이 가능하게 되어 다이오드를 과전압으로부터 보호할 수 있다.
- 다이오드를 병렬로 추가 접속하는 경우 : 전류가 분산되어 다이오드를 과전류로부터 보호할 수 있다.

24 온도보상장치에 사용되는 소자인 NTC형 서미스터의 저항값과 온도의 관계를 옳게 설명한 것은?

① 저항값은 온도에 비례한다.
② 저항값은 온도에 반비례한다.
③ 저항값은 온도의 제곱에 비례한다.
④ 저항값은 온도의 제곱에 반비례한다.

해설
서미스터(Thermistor)
- NTC(Negative Temperature Coefficient Thermistor)형 : 온도상승과 더불어 저항값이 감소하는 성질을 이용한 반도체 소자이다.
- PTC(Positive Temperature Coefficient Thermistor)형 : 온도상승과 더불어 저항값이 증가하는 성질을 이용한 반도체 소자이다.
- CTR(Critical Temperature Resistor)형 : 임계온도에서 온도가 급격히 변화하는 성질을 이용한 반도체 소자이다.

Plus one
전압강하(e)
- 단상 2선식 : $e = 2IR = \dfrac{35.6LI}{1{,}000A}$ [V]
- 단상 3선식 또는 3상 4선식 : $e = IR = \dfrac{17.8LI}{1{,}000A}$ [V]

25 3상 3선식 전원으로부터 80[m] 떨어진 장소에 50[A] 전류가 필요해서 14[mm²] 전선으로 배선하였을 경우, 전압강하는 몇 [V]인가?(단, 리액턴스 및 역률은 무시한다)

① 10.17[V] ② 9.6[V]
③ 8.8[V]   ④ 5.08[V]

해설
3상 3선식의 경우 전압강하(e)
- 표준연동의 고유저항 $\rho = \dfrac{1}{58} \times 10^{-6}$ [$\Omega \cdot$ m], 구리의 도전율은 97[%]이다.
- 저항 $R = \rho \dfrac{L}{A}$ 에서

$R = \left(\dfrac{1}{58} \times 10^{-6}[\Omega \cdot \text{m}] \times \dfrac{100[\%]}{97[\%]}\right) \times \dfrac{L[\text{m}]}{10^{-6} \times A[\text{mm}^2]}$

$= \dfrac{17.8L}{1{,}000A}[\Omega]$

- 3상 3선식 전압강하

$e = \sqrt{3}IR = \sqrt{3}I \times \dfrac{17.8L}{1{,}000A} = \dfrac{30.8LI}{1{,}000A}$ [V]

여기서, I : 전류[A], R : 저항[Ω], L : 거리[m], A : 전선의 단면적[mm²]

$\therefore e = \dfrac{30.8LI}{1{,}000A} = \dfrac{30.8 \times 80[\text{m}] \times 50[\text{A}]}{1{,}000 \times 14[\text{mm}^2]} = 8.8$ [V]

26 주파수 60[Hz], 인덕턴스 50[mH]인 코일의 유도성 리액턴스는 몇 [Ω]인가?

① 14.14 ② 18.85
③ 22.12 ④ 26.86

해설
L(코일)만 있는 회로
유도성 리액턴스 $X_L = \omega L = 2\pi fL [\Omega]$
여기서, f : 주파수[Hz], L : 인덕턴스[H]
$\therefore X_L = 2\pi \times 60[\text{Hz}] \times (50 \times 10^{-3}[\text{H}]) = 18.85[\Omega]$

Plus one
용량성 리액턴스(X_C)
$X_C = \dfrac{1}{\omega C} = \dfrac{1}{2\pi fC}[\Omega]$
여기서, f : 주파수[Hz], C : 커패시턴스[F]

27 3상 전원에서 6상 전압을 얻을 수 있는 변압기의 결선방법은?

① 우드브릿지 결선 ② 메이어 결선
③ 스코트 결선   ④ 환상 결선

해설
변압기의 상변환
- 3상 전원에서 2상 전압을 얻을 수 있는 변압기 결선방법 : 우드브릿지 결선, 메이어 결선, 스코트 결선
- 3상 전원에서 6상 전압을 얻을 수 있는 변압기 결선방법 : 2차 2중 Y 결선(성형 결선), 2차 2중 △ 결선(환상 결선), 대각 결선, 포크 결선

정답 24 ② 25 ③ 26 ② 27 ④

28 PI제어 동작은 프로세스 제어계의 정상 특성 개선에 많이 사용되는데, 이것에 대응하는 보상요소는?

① 지상보상요소
② 진상보상요소
③ 동상보상요소
④ 지상 및 진상보상요소

해설
연속제어
- 비례(P) 제어동작 : 사이클링 현상을 방지할 수 있으나 잔류편차가 발생한다.
- 비례적분(PI) 제어동작 : 비례동작의 정상(잔류)편차를 제거하여 지상보상요소에 대응되므로 정상특성을 개선하지만 간헐현상이 있다.
- 비례미분(PD) 제어동작 : 정상편차는 존재하나 진상보상요소에 대응되므로 응답 속응성을 개선한다.
- 비례적분미분(PID) 제어동작 : 비례제어에서 발생하는 정상편차를 적분제어로 개선하고, 미분제어를 적용하여 응답 속응성을 개선한 최적제어이다.

29 제어량이 온도, 압력, 유량 및 액면 등과 같은 일반 공업량일 때의 제어방식은?

① 추종제어
② 프로세스제어
③ 프로그램제어
④ 시퀀스제어

해설
제어량에 따른 제어방식
- 프로세스제어(공정제어) : 온도, 압력, 유량, 액면, 농도, 습도 등의 공업 공정의 상태량을 제어한다.
- 자동조정 : 전압, 전류, 회전수(속도), 주파수, 토크 등의 상태량을 제어한다.
- 서보기구 : 물체의 위치, 방위, 각도 등의 상태량을 제어하는 것으로 미사일 추적장치, 레이더, 선박 및 비행기의 방향을 제어한다.

Plus one
- 시퀀스제어 : 미리 정해진 순서에 따라 제어의 각 단계를 순차적으로 제어하는 방식으로서 개루프 제어라 한다.
- 추종제어 : 목푯값이 시간에 따라 임의로 변하는 제어로서 목푯값에 제어량을 추종시키는 추치제어이며 대공포의 포신제어, 자동 아날로그 선반에 적용된다.
- 프로그램제어 : 목푯값이 시간적으로 미리 정해진 대로 변화하고 제어량을 추종시키는 제어로서 열처리 노의 온도제어, 무인으로 운전되는 열차나 엘리베이터에 적용된다.

30 일정 전압의 직류전원에 저항 R을 접속하면 전류가 흐른다. 이때 저항 R을 변화시켜 전류값을 20[%] 증가시키려면 저항값을 어떻게 하면 되는가?

① 64[%]로 줄인다.
② 83[%]로 줄인다.
③ 120[%]로 증가시킨다.
④ 125[%]로 증가시킨다.

해설
전압이 일정($V_1 = V_2$)
- 옴의 법칙에서 전압 $V = IR$[V]
- 전류를 20[%] 증가시키면 최종 전류는 $I_2 = 1.2 I_1$이고, 일정 전압($V_1 = V_2$)이므로 $I_1 R_1 = I_2 R_2$이다.
- ∴ 최종 저항 $R_2 = \dfrac{I_1}{I_2} R_1$에서 $R_2 = \dfrac{I_1}{1.2 I_1} R_1 = 0.83 R_1$

31 두 종류의 금속으로 폐회로를 만들어 전류를 흘리면 양 접속점에서 한쪽은 온도가 올라가고, 다른 쪽은 온도가 내려가는 현상은?

① 펠티에 효과
② 제베크 효과
③ 톰슨 효과
④ 홀 효과

해설
전기적인 현상
- 펠티에 효과 : 두 종류의 금속으로 폐회로를 만들어 전류를 흘리면 양 접속점에서 한쪽은 온도가 올라가고, 다른 쪽은 온도가 내려가는 현상이다.
- 제베크 효과 : 서로 다른 두 개의 금속 도선의 양 끝을 연결하여 폐회로를 구성한 후 접속점 양단에 온도차를 주면 두 접점 사이에서 기전력이 발생하는 효과이다.
- 톰슨 효과 : 동일한 금속으로 된 도체의 양 끝에 전위차가 가해지면 이 도체의 양 끝에서 열의 흡수나 방출이 일어나는 현상이다.
- 홀 효과 : 도체가 자기장 속에 놓여 있을 때 그 자기장에 직각 방향으로 전류를 흘려주면 자기장과 전류 모두에 수직인 방향으로 전위차가 발생하는 현상이다.

32 다음 그림을 논리식으로 표현한 것은?

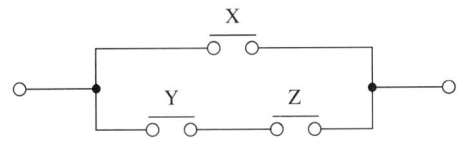

① X(Y+Z) ② XYZ
③ XY+ZY ④ (X+Y)(X+Z)

해설
계전기 접점회로의 논리식
• 계전기의 접점이 직렬로 연결되어 있으면 AND 회로이고, 병렬로 연결되어 있으면 OR 회로이다.
• AND 회로의 논리식은 $X = A \cdot B$이고, OR 회로의 논리식은 $X = A + B$이다.
∴ 논리식 $X + (Y \cdot Z) = (X + Y) \cdot (X + Z)$

33 1차 전압은 6,600[V]이고, 권수비는 60인 단상변압기가 전등부하에 40[A]를 공급할 때 1차 전류는 몇 [A]인가?

① $\frac{1}{2}$ ② $\frac{2}{3}$
③ $\frac{5}{6}$ ④ $\frac{4}{11}$

해설
변압기의 권수비(a)
$$a = \frac{N_2}{N_1} = \frac{E_2}{E_1} = \frac{I_1}{I_2} = \sqrt{\frac{Z_2}{Z_1}}$$
여기서, $N_1 \cdot N_2$: 1차 코일 · 2차 코일의 권선수
$E_1 \cdot E_2$: 1차 · 2차 전압[V]
$I_1 \cdot I_2$: 1차 · 2차 전류[A]
$Z_1 \cdot Z_2$: 1차 · 2차 임피던스[Ω]
∴ 권수비 $a = \frac{N_2}{N_1} = \frac{I_1}{I_2}$ 에서
1차 전류 $I_1 = \frac{I_2}{a} = \frac{40[A]}{60} = \frac{2}{3}[A]$

34 전기기기에서 생기는 손실 중 권선의 저항에 의하여 생기는 손실은?

① 철 손 ② 동 손
③ 표유부하손 ④ 유전체손

해설
전기기기에서 발생하는 손실
• 철손 : 시간적으로 변하는 자화력에 의해서 발생하는 철심의 전력손실로서 히스테리시스손과 와전류손으로 구성된다.
• 동손 : 전기기기에서 생기는 손실 중 권선의 저항에 의해 생기는 손실이다.
• 표유부하손 : 와전류에 의해 도체 중에 생기는 손실 및 부하전류에 의한 자속의 일그러짐에 의해 생기는 철심 내의 부가적인 손실이다.
• 히스테리시스손 : 철심에 가해지는 자화력의 방향을 주기적으로 변화시키면 철심은 열이 발생되는 손실이다.

35 제어계의 안정도를 판별하는 가장 보편적인 방법으로 볼 수 없는 것은?

① 루드의 안정도 판별법
② 홀비츠의 안정도 판별법
③ 나이퀴스트의 안정도 판별법
④ 볼츠만의 안정도 판별법

해설
제어계의 안정도를 판별하는 방법
• 루드의 안정도 판별법
• 홀비츠의 안정도 판별법
• 나이퀴스트의 안정도 판별법

36 기전력 3.6[V], 용량 600[mAh]인 축전지 5개를 직렬 연결할 때의 기전력과 용량은?

① 3.6[V], 3[Ah] ② 18[V], 3[Ah]
③ 3.6[V], 600[mAh] ④ 18[V], 600[mAh]

해설
축전지의 직렬 접속
• 축전지를 직렬로 연결할 경우 기전력 $E = nE_0$에서
$E = 5개 \times 3.6[V] = 18[V]$
• 축전지가 직렬로 연결되어 있으므로 축전지의 용량은 축전기 1개의 용량과 같다.
∴ 축전지의 용량은 600[mAh]이다.

정답 32 ④ 33 ② 34 ② 35 ④ 36 ④

37 그림의 회로에서 공진상태의 임피던스는 몇 [Ω]인가?

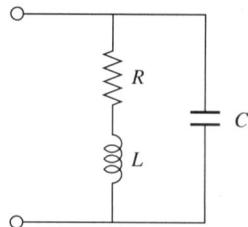

① $\dfrac{R}{CL}[\Omega]$ ② $\dfrac{L}{CR}[\Omega]$

③ $\dfrac{1}{LR}[\Omega]$ ④ $\dfrac{1}{RC}[\Omega]$

해설

직·병렬 공진회로

- 어드미턴스 $Y = Y_1 + Y_2$ 에서

$$Y = j\omega C + \frac{1}{R+j\omega L} = j\omega C + \frac{R-j\omega L}{(R+j\omega L)(R-j\omega L)}$$

$$= j\omega C + \frac{R-j\omega L}{R^2 - j^2(\omega L)^2} = j\omega C + \frac{R-j\omega L}{R^2 + (\omega L)^2}$$

$$= j\omega C + \frac{R}{R^2 + (\omega L)^2} - j\frac{\omega L}{R^2 + (\omega L)^2}$$

$$= \frac{R}{R^2 + (\omega L)^2} + j\left(\omega C - \frac{\omega L}{R^2 + (\omega L)^2}\right)$$

- 병렬 공진의 조건은 어드미턴스의 허수부가 "0"이 되어야 한다.

$$\omega C - \frac{\omega L}{R^2 + (\omega L)^2} = 0$$

$$\omega C = \frac{\omega L}{R^2 + (\omega L)^2} \text{ 에서 } \omega C\{R^2 + (\omega L)^2\} = \omega L$$

$$R^2 + (\omega L)^2 = \frac{\omega L}{\omega C} = \frac{L}{C}$$

- 어드미턴스 $Y = \dfrac{R}{R^2+(\omega L)^2} + j\left(\omega C - \dfrac{\omega L}{R^2+(\omega L)^2}\right)$ 에서

허수부가 "0"이므로 $Y = \dfrac{R}{R^2 + (\omega L)^2} = \dfrac{R}{\dfrac{L}{C}} = \dfrac{CR}{L}$ [℧]

∴ 임피던스 $Z = \dfrac{1}{Y} = \dfrac{1}{\dfrac{CR}{L}} = \dfrac{L}{CR}$ [Ω]

38 그림과 같은 시퀀스회로는 어떤 회로인가?

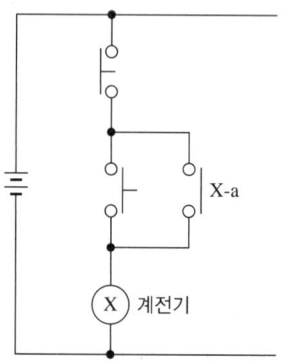

① 자기유지회로   ② 인터로크회로
③ 타이머회로   ④ 수동복귀회로

해설

자기유지회로

- 시퀀스제어의 용어 정의

시퀀스제어 용어		정 의
접 점	a접점	스위치를 조작하기 전에는 열려 있다가 조작하면 닫히는 접점이다.
	b접점	스위치를 조작하기 전에는 닫혀 있다가 조작하면 열리는 접점이다.
소 자		전자코일에 흐르고 있는 전류를 차단하여 자력을 잃게 하는 것이다.
여 자		릴레이, 전자접촉기 등 코일에 전류가 흘러서 전자석으로 되는 것이다.

- 제어용 기기의 명칭과 도시기호

제어용 기기 명칭	작동원리	접점의 종류		
		코 일	a접점	b접점
계전기 (X)	전자접촉기, 릴레이 코일에 전류가 흐르면 전자력에 의해 접점을 개폐하는 기능을 가진다.	(X)	X-a	X-b
누름버튼 스위치 (PB-ON, PB-OFF)	버튼을 누르면 접점기구부가 개폐되며 손을 떼면 스프링의 힘에 의해 자동으로 복귀되는 스위치이다.	-	PB-ON	PB-OFF

- 동작설명
  - 기동용 누름버튼스위치(PB-on)를 누르면 계전기(X)가 여자되어 계전기의 보조접점(X-a)이 붙는다. 이때 기동용 누름버튼스위치(PB-on)를 떼더라도 계전기는 동작이 계속 유지된다. 이 회로를 자기유지회로라고 한다.
  - 정지용 누름버튼스위치(PB-OFF)를 누르면 계전기(X)가 소자되어 계전기의 보조접점(X-a)이 떨어진다.

39 그림과 같은 블록선도에서 C는?

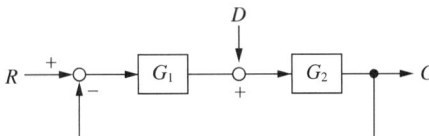

① $C = \dfrac{G_1 G_2}{1 + G_1 G_2} R + \dfrac{G_1}{1 + G_1 G_2} D$

② $C = \dfrac{G_1 G_2}{1 + G_1 G_2} R + \dfrac{G_1 G_2}{1 - G_1 G_2} D$

③ $C = \dfrac{G_1 G_2}{1 + G_1 G_2} R + \dfrac{G_1 G_2}{1 + G_1 G_2} D$

④ $C = \dfrac{G_1 G_2}{1 + G_1 G_2} R + \dfrac{G_2}{1 + G_1 G_2} D$

해설

블록선도의 출력(C)

$C = G_1 G_2 R + G_2 D - G_1 G_2 C$

$C + G_1 G_2 C = G_1 G_2 R + G_2 D$

$(1 + G_1 G_2) C = G_1 G_2 R + G_2 D$

$\therefore C = \dfrac{G_1 G_2}{1 + G_1 G_2} R + \dfrac{G_2}{1 + G_1 G_2} D$

40 자기인덕턴스 L_1, L_2가 각각 4[mH], 9[mH]인 두 코일이 이상적인 결합이 되었다면 상호인덕턴스 (M)는?(단, 결합계수 $k=1$이다)

① 6[mH]   ② 12[mH]
③ 24[mH] ④ 36[mH]

해설

코일의 결합계수

• 결합계수(k)가 1인 것은 누설자속이 없는 이상적인 인덕턴스의 결합상태이다.

• 결합계수 $k = \dfrac{M}{\sqrt{L_1 L_2}}$에서

상호인덕턴스

$M = \sqrt{L_1 L_2} = \sqrt{(4 \times 10^{-3} [H]) \times (9 \times 10^{-3} [H])}$

$= 6 \times 10^{-3} [H] = 6 [mH]$

제3과목 소방관계법규

41 화재의 예방 및 안전관리에 관한 법률에서 소방안전관리업무를 하지 않은 경우의 과태료 부과기준으로 틀린 것은?

① 1회 위반 시 : 100만원
② 2회 위반 시 : 200만원
③ 3회 위반 시 : 300만원
④ 4회 위반 시 : 500만원

해설

과태료 부과기준(영 별표 9)

위반행위	과태료 금액(단위 : 만원)		
	1차 위반	2차 위반	3차 이상 위반
소방안전관리업무를 하지 않은 경우	100	200	300

42 소방시설 설치 및 관리에 관한 법률에서 방염대상물품을 사용해야 하는 특정소방대상물에 사용하는 물품이 아닌 것은?

① 전시용 섬유판   ② 암막, 무대막
③ 무대용 합판   ④ 비닐제품

해설

방염대상물품(영 제31조)

• 제조 또는 가공 공정에서 방염처리해야 하는 방염대상물품
  - 창문에 설치하는 커튼류(블라인드 포함)
  - 카 펫
  - 벽지류(두께 2[mm] 미만인 종이벽지는 제외)
  - 전시용 합판·목재 또는 섬유판, 무대용 합판·목재 또는 섬유판
  - 암막·무대막(영화상영관에 설치하는 스크린과 가상체험 체육시설업에 설치하는 스크린을 포함)
  - 섬유류 또는 합성수지류 등을 원료로 하여 제작된 소파·의자(단란주점영업, 유흥주점영업, 노래연습장업의 영업장에 설치하는 것으로 한정한다)

• 건축물 내부의 천장이나 벽에 부착하거나 설치하는 다음의 것
  - 종이류(두께 2[mm] 이상인 것)·합성수지류 또는 섬유류를 주원료로 한 물품
  - 합판이나 목재
  - 공간을 구획하기 위하여 설치하는 간이칸막이
  - 흡음재(흡음용 커튼 포함)
  - 방음재(방음용 커튼 포함)

43 소방시설공사업자가 소방시설공사를 하고자 할 때는 누구에게 착공신고를 해야 하는가?

① 시·도지사
② 경찰서장
③ 소방본부장이나 소방서장
④ 한국소방안전협회장

해설
소방시설공사의 착공신고(공사업법 제13조) : 소방본부장이나 소방서장

44 상주공사감리를 해야 할 대상으로 옳은 것은?

① 16층 이상으로서 300세대 이상인 아파트에 대한 소방시설의 공사
② 16층 이상으로서 500세대 이상인 아파트에 대한 소방시설의 공사
③ 지하층을 포함한 16층 이상으로서 300세대 이상인 아파트에 대한 소방시설의 공사
④ 지하층을 포함한 16층 이상으로서 500세대 이상인 아파트에 대한 소방시설의 공사

해설
상주공사감리 대상(공사업법 영 별표 3)
• 연면적 30,000[m²] 이상의 특정소방대상물(아파트는 제외)에 대한 소방시설의 공사
• 지하층을 포함한 층수가 16층 이상으로서, 500세대 이상인 아파트에 대한 소방시설의 공사

45 다음 중 저수조의 설치기준으로 틀린 것은?

① 지면으로부터의 낙차가 4.5[m] 이하일 것
② 흡수부분의 수심이 0.5[m] 이상일 것
③ 흡수관의 투입구가 사각형인 경우에는 한 변의 길이가 60[cm] 이하일 것
④ 저수조에 물을 공급하는 방법은 상수도에 연결하여 자동으로 급수되는 구조일 것

해설
저수조의 설치기준(소방기본법 규칙 별표 3) : 흡수관의 투입구가 사각형인 경우에는 한 변의 길이가 60[cm] 이상일 것

46 화재의 예방 및 안전관리에 관한 법률에서 2급 소방안전관리자의 선임대상자로 부적합한 사람은?

① 소방공무원으로 1년 이상 근무한 경력이 있는 자
② 위험물기능장 자격을 가진 사람
③ 위험물산업기사 자격을 가진 사람
④ 위험물기능사 자격을 가진 사람

해설
2급 소방안전관리대상물(영 별표 4)

구 분	기 준
선임자격	다음의 어느 하나에 해당하는 사람으로서 2급 소방안전관리자 자격증을 받은 사람 • 위험물기능장·위험물산업기사 또는 위험물기능사 자격을 가진 사람 • 소방공무원으로 3년 이상 근무한 경력이 있는 사람 • 소방청장이 실시하는 2급 소방안전관리대상물의 소방안전관리에 관한 시험에 합격한 사람 • 특급 또는 1급 소방안전관리대상물의 소방안전관리자 자격이 인정되는 사람
선임인원	1명 이상

47 소방용수시설의 설치기준과 관련된 소화전의 설치기준에서 소방용 호스와 연결하는 소화전의 연결금속구의 구경은 몇 [mm]로 해야 하는가?

① 45[mm]
② 50[mm]
③ 65[mm]
④ 100[mm]

해설
소화전의 연결금속구의 구경(소방기본법 규칙 별표 3) : 65[mm]

48 소방시설 설치 및 관리에 관한 법률에서 방염처리를 해야 하는 대상으로서 옳지 않은 것은?

① 종합병원
② 숙박시설이 가능한 수련시설
③ 아파트로서 6층 이상인 것
④ 다중이용업의 영업장

해설
방염처리 대상물품 설치장소(영 제30조)
- 근린생활시설 중 의원, 치과의원, 한의원, 조산원, 산후조리원, 체력단련장, 공연장, 종교집회장
- 건축물의 옥내에 있는 문화 및 집회시설, 종교시설, 운동시설(수영장은 제외)
- 의료시설
- 교육연구시설 중 합숙소
- 노유자시설
- 숙박이 가능한 수련시설
- 숙박시설
- 방송통신시설 중 방송국 및 촬영소
- 다중이용업의 영업소
- 위의 전체에 해당하지 않는 것으로 층수가 11층 이상인 것(아파트는 제외)

49 화재의 예방 및 안전관리에 관한 법률에서 화재안전조사위원회의 위원이 될 수 없는 사람은?

① 소방기술사
② 소방시설관리사
③ 소방 관련 석사 이상 학위를 취득한 사람
④ 소방 관련 법인 또는 단체에서 소방 관련 업무에 3년 이상 종사한 사람

해설
화재안전조사위원회의 위원(영 제11조) : 과장급 직위 이상의 소방공무원, 소방기술사, 소방시설관리사, 소방 관련 분야의 석사 이상 학위를 취득한 사람, 소방 관련 법인 또는 단체에서 소방 관련 업무에 5년 이상 종사한 사람, 소방공무원 교육훈련기관, 학교 또는 연구소에서 소방과 관련한 교육 또는 연구에 5년 이상 종사한 사람

50 소방시설 설치 및 관리에 관한 법률에서 정하는 개구부의 요건으로 옳은 것은?

① 개구부의 크기가 지름 60[cm] 이상의 원이 통과할 수 있을 것
② 해당 층의 바닥면으로부터 개구부 밑부분까지의 높이가 1.2[m] 이내일 것
③ 도로 또는 차량이 진입할 수 있는 빈터를 향하지 않을 것
④ 내부 또는 외부에서 쉽게 부수거나 또는 열 수 없을 것

해설
무창층의 요건(영 제2조) : 지상층 중 아래 요건을 모두 갖춘 개구부의 1/30 이하가 되는 층
- 개구부의 크기가 지름 50[cm] 이상의 원이 통과할 수 있을 것
- 해당 층의 바닥면으로부터 개구부 밑부분까지의 높이가 1.2[m] 이내일 것
- 도로 또는 차량이 진입할 수 있는 빈터를 향할 것
- 화재 시 건축물로부터 쉽게 피난할 수 있도록 개구부에 창살이나 그 밖의 장애물이 설치되지 않을 것
- 내부 또는 외부에서 쉽게 부수거나 열 수 있을 것

정답 47 ③ 48 ③ 49 ④ 50 ②

51. 방열복, 방화복, 인공소생기, 공기호흡기를 설치해야 할 특정소방대상물은?

① 지하층을 제외한 11층 이상인 아파트
② 지하층을 포함한 층수가 7층 이상인 관광호텔
③ 5층 이상인 무도학원 및 7층 이상인 영화관
④ 5층 이상인 오피스텔 및 관광휴게시설

해설
특정소방대상물의 용도 및 장소별로 설치해야 할 인명구조기구(소방시설법 영 별표 4)

종류	설치대상
방열복, 방화복(안전모, 보호장갑, 안전화 포함), 인공소생기, 공기호흡기	지하층을 포함한 7층 이상인 것 중 관광호텔 용도로 사용하는 층
방열복, 방화복, 공기호흡기	지하층을 포함한 5층 이상인 것 중 병원 용도로 사용하는 층
공기호흡기	• 수용인원 100명 이상인 문화 및 집회시설인 영화상영관 • 판매시설 중 대규모점포 • 운수시설 중 지하역사 • 지하상가 • 이산화탄소소화설비 설치해야 하는 특정소방대상물

52. 화재를 진압하고, 화재·재난·재해 그 밖의 위급한 상황에서의 구조·구급활동을 위하여 소방공무원, 의무소방원, 의용소방대원으로 구성된 조직체를 무엇이라 하는가?

① 구조, 구급대
② 의무소방대
③ 소방대
④ 의용소방대

해설
소방대 : 소방공무원, 의무소방원, 의용소방대원으로 구성된 조직체(소방기본법 제2조)

53. 소방시설 설치 및 관리에 관한 법률에서 형식승인을 받아야 할 소방용품에 속하지 않는 것은?

① 가스누설경보기
② 미분무소화약제
③ 소방용 호스
④ 완강기

해설
소방용품(영 별표 3)
• 소화설비를 구성하는 제품 또는 기기
  - 소화기구(소화약제 외의 것을 이용한 간이소화용구는 제외한다)
  - 자동소화장치
  - 소화설비를 구성하는 소화전, 관창(菅槍), 소방용 호스, 스프링클러헤드, 기동용 수압개폐장치, 유수제어밸브 및 가스관선택밸브
• 경보설비를 구성하는 제품 또는 기기
  - 누전경보기 및 가스누설경보기
  - 경보설비를 구성하는 발신기, 수신기, 중계기, 감지기 및 음향장치(경종만 해당한다)
• 피난구조설비를 구성하는 제품 또는 기기
  - 피난사다리, 구조대, 완강기(지지대를 포함), 간이완강기(지지대를 포함)
  - 공기호흡기(충전기를 포함한다)
  - 피난구유도등, 통로유도등, 객석유도등 및 예비 전원이 내장된 비상조명등
• 소화용으로 사용하는 제품 또는 기기
  - 소화약제(상업용 주방자동소화장치, 캐비닛형 자동소화장치와 물분무·미분무소화설비를 제외한 물분무 등 소화설비용만 해당한다)
  - 방염제(방염액·방염도료 및 방염성물질을 말한다)

54. 위험물제조소에 설치하는 경보설비의 종류가 아닌 것은?

① 자동화재탐지설비
② 비상경보설비
③ 무선통신보조설비
④ 확성장치

해설
지정수량의 배수가 10배 이상인 제조소 등의 경보설비(위험물법 규칙 별표 17)
• 자동화재탐지설비
• 비상경보설비
• 비상방송설비
• 확성장치
※ 무선통신보조설비 : 소화활동설비

정답 51 ② 52 ③ 53 ② 54 ③

55 화재의 예방 및 안전관리에 관한 법률에서 소방안전관리업무를 하지 않은 소방안전관리자의 벌금 규정은?

① 100만원 이하의 과태료
② 200만원 이하의 과태료
③ 300만원 이하의 과태료
④ 500만원 이하의 과태료

해설
소방안전관리업무를 하지 않은 소방안전관리자 : 300만원 이하의 과태료(법 제52조)

56 위험물저장소를 승계한 사람은 며칠 이내에 승계사항을 신고해야 하는가?

① 7일　　　② 14일
③ 30일　　 ④ 60일

해설
제조소 등의 지위승계 : 승계한 날부터 30일 이내에 시·도지사에게 신고(위험물법 제10조)

57 위험물로서 제1석유류에 속하는 것은?

① 이황화탄소
② 휘발유
③ 다이에틸에터
④ 클로로벤젠

해설
위험물의 분류(위험물법 영 별표 1)

종류	이황화탄소	휘발유	다이에틸에터	클로로벤젠
분류	특수인화물	제1석유류	특수인화물	제2석유류

58 위험물안전관리법령에서 위험물 간이저장탱크에 대한 설명으로 맞는 것은?

① 통기관은 지름 40[mm] 이상으로 한다.
② 간이저장탱크의 용량은 600[L] 이하이어야 한다.
③ 옥외에 설치하는 경우에는 탱크의 주위에 너비 1.5[m] 이상의 공지를 두어야 한다.
④ 수압시험은 50[kPa]의 압력으로 10분간 실시하여 새거나 변형되지 않아야 한다.

해설
간이탱크저장소의 기준(규칙 별표 9)
• 통기관의 지름은 25[mm] 이상으로 한다.
• 간이저장탱크의 용량은 600[L] 이하이어야 한다.
• 옥외에 설치하는 경우에는 탱크의 주위에 너비 1[m] 이상의 공지를 두어야 한다.
• 수압시험은 70[kPa]의 압력으로 10분간의 수압시험을 실시하여 새거나 변형되지 않아야 한다.

정답　55 ③　56 ③　57 ②　58 ②

59 다음 중 소방시설관리업자에게 연 1회 이상 종합점검을 받아야 하는 대상으로 맞는 것은?

① 5층 이상인 특정소방대상물
② 기숙사로서 연면적이 3,000[m²] 이상인 특정소방대상물
③ 옥내소화전설비가 설치된 특정소방대상물
④ 스프링클러설비가 설치된 특정소방대상물

해설
종합점검 대상(소방시설법 규칙 별표 3)
- 특정소방대상물의 소방시설 등이 신설된 경우(최초 점검)
- 스프링클러설비가 설치된 특정소방대상물
- 물분무 등 소화설비[호스릴(Hose Reel) 방식의 물분무 등 소화설비만을 설치한 경우는 제외한다]가 설치된 연면적 5,000[m²] 이상인 특정소방대상물(위험물 제조소 등은 제외한다)
- 단란주점영업, 유흥주점영업, 영화상영관, 비디오물감상실업, 복합영상물제공업, 노래연습장업, 산후조리업, 고시원업, 안마시술소의 다중이용업의 영업장이 설치된 특정소방대상물로서 2,000[m²] 이상인 것
- 제연설비가 설치된 터널
- 공공기관으로서 연면적 1,000[m²] 이상으로서 옥내소화전설비 또는 자동화재탐지설비가 설치된 것

60 방염처리업을 하고자 하는 자는 누구에게 등록을 해야 하는가?

① 소방방재청장
② 시·도지사
③ 대통령
④ 소방본부장·소방서장

해설
- 소방시설업의 등록 : 시·도지사(공사업법 제4조)
- 소방시설업 : 소방시설설계업, 소방시설공사업, 소방공사감리업, 방염처리업(공사업법 제2조)

제4과목 소방전기시설의 구조 및 원리

61 누전경보기의 형식인증 및 제품검사의 기술기준에 따라 감도조정장치를 갖는 누전경보기에 있어서 감도조정장치의 조정범위는 최대치가 몇 [A]이어야 하는가?

① 0.2[A]   ② 1.0[A]
③ 1.5[A]   ④ 2.0[A]

해설
누전경보기의 감도조정장치(제8조) : 감도조정장치를 갖는 누전경보기에 있어서 감도조정장치의 조정범위는 최대치가 1[A](1,000[mA])이어야 한다.

62 유도등 및 유도표지의 화재안전기술기준(NFTC 303)에 따른 유도표지의 설치기준 중 틀린 것은?

① 계단에 설치하는 것을 제외하고는 각 층마다 복도 및 통로의 각 부분으로부터 하나의 유도표지까지의 보행거리가 15[m] 이하가 되는 곳에 설치한다.
② 피난구유도표지는 출입구 상단에 설치한다.
③ 통로유도표지는 바닥으로부터 높이 1.5[m] 이하의 위치에 설치한다.
④ 주위에는 이와 유사한 등화·광고물·게시물 등을 설치하지 않는다.

해설
유도표지의 설치기준(NFTC 303)
- 계단에 설치하는 것을 제외하고는 각 층마다 복도 및 통로의 각 부분으로부터 하나의 유도표지까지의 보행거리가 15[m] 이하가 되는 곳과 구부러진 모퉁이의 벽에 설치할 것
- 피난구유도표지는 출입구 상단에 설치하고, 통로유도표지는 바닥으로부터 높이 1[m] 이하의 위치에 설치할 것
- 통로유도등은 바닥으로부터 높이 1[m] 이하의 위치에 설치할 것
- 주위에는 이와 유사한 등화·광고물·게시물 등을 설치하지 않을 것

63 자동화재탐지설비 및 시각경보장치의 화재안전기술기준(NFTC 203)에 따른 연기감지기를 설치하지 않아도 되는 장소는?

① 계단 및 경사로
② 엘리베이터 승강로
③ 파이프 피트 및 덕트
④ 20[m]인 복도

해설

연기감지기 설치기준(NFTC 203)
- 계단·경사로 및 에스컬레이터 경사로
- 복도(30[m] 미만의 것을 제외한다)
- 엘리베이터 승강로(권상기실이 있는 경우에는 권상기실)·린넨슈트·파이프 피트 및 덕트 기타 이와 유사한 장소
- 천장 또는 반자의 높이가 15[m] 이상 20[m] 미만의 장소
- 다음의 어느 하나에 해당하는 특정소방대상물의 취침·숙박·입원 등 이와 유사한 용도로 사용되는 거실
  - 공동주택·오피스텔·숙박시설·노유자시설·수련시설
  - 교육연구시설 중 합숙소
  - 의료시설, 근린생활시설 중 입원실이 있는 의원·조산원
  - 교정 및 군사시설
  - 근린생활시설 중 고시원

64 비상콘센트설비의 화재안전기술기준(NFTC 504)에 따른 비상콘센트 보호함의 설치기준으로 틀린 것은?

① 보호함 상부에 적색의 표시등을 설치해야 한다.
② 보호함에는 쉽게 개폐할 수 있는 문을 설치해야 한다.
③ 보호함 표면에 "비상콘센트"라고 표시한 표지를 해야 한다.
④ 비상콘센트의 보호함을 옥내소화전함 등과 접속하여 설치하는 경우에는 옥내소화전함의 표시등과 분리해야 한다.

해설

비상콘센트 보호함 설치기준(NFTC 504)
- 보호함에는 쉽게 개폐할 수 있는 문을 설치할 것
- 보호함 표면에 "비상콘센트"라고 표시한 표지를 할 것
- 보호함 상부에 적색의 표시등을 설치할 것. 다만, 비상콘센트의 보호함을 옥내소화전함 등과 접속하여 설치하는 경우에는 옥내소화전함 등의 표시등과 겸용할 수 있다.

65 자동화재탐지설비 및 시각경보장치의 화재안전기술기준(NFTC 203)에 따른 감지기 설치기준 중 틀린 것은?

① 감지기는 천장 또는 반자의 옥내에 면하는 부분에 설치할 것
② 차동식 분포형의 것을 제외하고 감지기는 실내로의 공기유입구로부터 1.5[m] 이상 떨어진 위치에 설치할 것
③ 정온식 감지기는 주방·보일러실 등으로서 다량의 화기를 취급하는 장소에 설치하되, 공칭작동온도가 최고 주위온도보다 10[℃] 이상 높은 것으로 설치할 것
④ 스포트형 감지기는 45° 이상 경사되지 않도록 부착할 것

해설

감지기 설치기준(NFTC 203)
- 감지기(차동식 분포형의 것을 제외한다)는 실내로의 공기유입구로부터 1.5[m] 이상 떨어진 위치에 설치할 것
- 감지기는 천장 또는 반자의 옥내에 면하는 부분에 설치할 것
- 보상식 스포트형 감지기는 정온점이 감지기 주위의 평상시 최고온도보다 20[℃] 이상 높은 것으로 설치할 것
- 정온식 감지기는 주방·보일러실 등으로서 다량의 화기를 취급하는 장소에 설치하되, 공칭작동온도가 최고 주위온도보다 20[℃] 이상 높은 것으로 설치할 것
- 스포트형 감지기는 45° 이상 경사되지 않도록 부착할 것

Plus one

공기관식 차동식 분포형 감지기 설치기준
- 공기관의 노출 부분은 감지구역마다 20[m] 이상이 되도록 할 것
- 공기관과 감지구역의 각 변과의 수평거리는 1.5[m] 이하가 되도록 하고, 공기관 상호 간의 거리는 6[m](주요구조부가 내화구조로 된 특정소방대상물 또는 그 부분에 있어서는 9[m]) 이하가 되도록 할 것
- 공기관은 도중에서 분기하지 않도록 할 것
- 하나의 검출 부분에 접속하는 공기관의 길이는 100[m] 이하로 할 것
- 검출부는 5° 이상 경사되지 않도록 부착할 것
- 검출부는 바닥으로부터 0.8[m] 이상 1.5[m] 이하의 위치에 설치할 것

정답 63 ④ 64 ④ 65 ③

66 비상경보설비 및 단독경보형감지기의 화재안전기술기준(NFTC 201)에 따른 비상경보설비함 상부에 설치하는 발신기 위치표시등의 불빛은 부착면으로부터 15° 이상의 범위 안에서 부착지점으로부터 몇 [m] 이내의 어느 곳에서도 쉽게 식별할 수 있어야 하는가?

① 5[m] ② 10[m]
③ 15[m] ④ 20[m]

해설
발신기의 설치기준(NFTC 201)
- 조작이 쉬운 장소에 설치하고, 조작스위치는 바닥으로부터 0.8[m] 이상 1.5[m] 이하의 높이에 설치할 것
- 특정소방대상물의 층마다 설치하되, 해당 층의 각 부분으로부터 하나의 발신기까지의 수평거리가 25[m] 이하가 되도록 할 것. 다만, 복도 또는 별도로 구획된 실로서 보행거리가 40[m] 이상일 경우에는 추가로 설치해야 한다.
- 발신기의 위치표시 등은 함의 상부에 설치하되, 그 불빛은 부착면으로부터 15° 이상의 범위 안에서 부착지점으로부터 10[m] 이내의 어느 곳에서도 쉽게 식별할 수 있는 적색등으로 할 것

67 비상방송설비의 화재안전기술기준(NFTC 202)에 따른 비상방송설비의 설치기준으로 옳지 않은 것은?

① 음량조정기를 설치하는 경우 음량조정기의 배선은 3선식으로 할 것
② 확성기의 음성입력은 5[W] 이상일 것
③ 다른 전기회로에 따라 유도장애가 생기지 않도록 할 것
④ 조작부의 조작스위치는 바닥으로부터 0.8[m] 이상 1.5[m] 이하의 높이에 설치할 것

해설
비상방송설비의 설치기준(NFTC 202)
- 확성기의 음성입력은 3[W](실내에 설치하는 것에 있어서는 1[W]) 이상일 것
- 확성기는 각 층마다 설치하되, 그 층의 각 부분으로부터 하나의 확성기까지의 수평거리가 25[m] 이하가 되도록 하고, 해당 층의 각 부분에 유효하게 경보를 발할 수 있도록 설치할 것
- 음량조정기를 설치하는 경우 음량조정기의 배선은 3선식으로 할 것
- 조작부의 조작스위치는 바닥으로부터 0.8[m] 이상 1.5[m] 이하의 높이에 설치할 것
- 조작부는 기동장치의 작동과 연동하여 해당 기동장치가 작동한 층 또는 구역을 표시할 수 있는 것으로 할 것
- 증폭기 및 조작부는 수위실 등 상시 사람이 근무하는 장소로서 점검이 편리하고 방화상 유효한 곳에 설치할 것
- 다른 방송설비와 공용하는 것에 있어서는 화재 시 비상경보 외의 방송을 차단할 수 있는 구조로 할 것
- 다른 전기회로에 따라 유도장애가 생기지 않도록 할 것
- 하나의 특정소방대상물에 2 이상의 조작부가 설치되어 있는 때에는 각각의 조작부가 있는 장소 상호 간에 동시 통화가 가능한 설비를 설치하고, 어느 조작부에서도 해당 특정소방대상물의 전 구역에 방송을 할 수 있도록 할 것
- 기동장치에 따른 화재신호를 수신한 후 필요한 음량으로 화재발생상황 및 피난에 유효한 방송이 자동으로 개시될 때까지의 소요시간은 10초 이내로 할 것
- 음향장치는 정격전압의 80[%] 전압에서 음향을 발할 수 있는 것으로 할 것
- 음향장치는 자동화재탐지설비의 작동과 연동하여 작동할 수 있는 것으로 할 것

68 무선통신보조설비의 누설동축케이블 및 안테나는 고압의 전로로부터 몇 [m] 이상 떨어진 위치에 설치해야 하는가?

① 1.5[m] ② 4.0[m]
③ 10[m]   ④ 30[m]

해설
무선통신보조설비의 누설동축케이블 설치기준(NFTC 505)
- 누설동축케이블 및 동축케이블은 화재에 따라 해당 케이블의 피복이 소실된 경우에 케이블 본체가 떨어지지 않도록 4[m] 이내마다 금속제 또는 자기제 등의 지지금구로 벽·천장·기둥 등에 견고하게 고정할 것. 다만, 불연재료로 구획된 반자 안에 설치하는 경우에는 그렇지 않다.
- 누설동축케이블 및 안테나는 금속판 등에 따라 전파의 복사 또는 특성이 현저하게 저하되지 않는 위치에 설치할 것
- 누설동축케이블 및 안테나는 고압의 전로로부터 1.5[m] 이상 떨어진 위치에 설치할 것. 다만, 해당 전로에 정전기 차폐장치를 유효하게 설치한 경우에는 그렇지 않다.
- 누설동축케이블의 끝부분에는 무반사 종단저항을 견고하게 설치할 것

69 누전경보기의 화재안전기술기준(NFTC 205)에 따른 누전경보기의 전원은 분전반으로부터 전용회로로 하고, 각 극에는 최대 몇 [A] 이하의 과전류차단기를 설치해야 하는가?

① 5[A]   ② 10[A]
③ 15[A] ④ 20[A]

해설
누전경보기의 전원 설치기준(NFTC 205)
- 전원은 분전반으로부터 전용회로로 하고, 각 극에 개폐기 및 15[A] 이하의 과전류차단기(배선용 차단기에 있어서는 20[A] 이하의 것으로 각 극을 개폐할 수 있는 것)를 설치할 것
- 전원을 분기할 때는 다른 차단기에 따라 전원이 차단되지 않도록 할 것
- 전원의 개폐기에는 "누전경보기용"이라고 표시한 표지를 할 것

70 소방회로용의 것으로 수전설비, 변전설비와 그 밖의 기기 및 배선을 금속제 외함에 수납한 것은?

① 전용분전반   ② 공용분전반
③ 전용큐비클식 ④ 공용큐비클식

해설
소방시설용 비상전원수전설비의 용어 정의(NFTC 602)
- 공용분전반 : 소방회로 및 일반회로 겸용의 것으로서 분기개폐기, 분기과전류차단기와 그 밖의 배선용기기 및 배선을 금속제 외함에 수납한 것을 말한다.
- 전용분전반 : 소방회로 전용의 것으로서 분기개폐기, 분기과전류차단기와 그 밖의 배선용기기 및 배선을 금속제 외함에 수납한 것을 말한다.
- 공용큐비클식 : 소방회로 및 일반회로 겸용의 것으로서 수전설비, 변전설비와 그 밖의 기기 및 배선을 금속제 외함에 수납한 것을 말한다.
- 전용큐비클식 : 소방회로용의 것으로 수전설비, 변전설비와 그 밖의 기기 및 배선을 금속제 외함에 수납한 것을 말한다.

71 자동화재탐지설비 및 시각경보장치의 화재안전기술기준(NFTC 203)에 따른 자동화재탐지설비의 경계구역 설정기준에 대한 설명 중 옳은 것은?

① 하나의 경계구역이 2 이상의 건축물에 미치지 않도록 한다.
② 600[m²] 이하의 범위 안에서는 2개의 층을 하나의 경계구역으로 할 수 있다.
③ 하나의 경계구역의 면적은 600[m²] 이하로 하고, 한 변의 길이는 30[m] 이하로 한다.
④ 특정소방대상물의 주된 출입구에서 그 내부 전체가 보이는 것에 있어서는 한 변의 길이가 60[m]의 범위 내에서 1,000[m²] 이하로 할 수 있다.

해설
자동화재탐지설비의 경계구역 설정기준(NFTC 203)
- 하나의 경계구역이 2 이상의 건축물에 미치지 않도록 할 것
- 하나의 경계구역이 2 이상의 층에 미치지 않도록 할 것. 다만, 500[m²] 이하의 범위 안에서는 2개의 층을 하나의 경계구역으로 할 수 있다.
- 하나의 경계구역의 면적은 600[m²] 이하로 하고, 한 변의 길이는 50[m] 이하로 할 것. 다만, 해당 특정소방대상물의 주된 출입구에서 그 내부 전체가 보이는 것에 있어서는 한 변의 길이가 50[m]의 범위 내에서 1,000[m²] 이하로 할 수 있다.

정답 68 ① 69 ③ 70 ③ 71 ①

72 비상콘센트설비의 화재안전기술기준(NFTC 504)에 따른 비상콘센트설비의 전원부와 외함 사이의 절연저항은 전원부와 외함 사이를 500[V] 절연저항계로 측정할 때 몇 [MΩ] 이상이어야 하는가?

① 50[MΩ]   ② 40[MΩ]
③ 30[MΩ]   ④ 20[MΩ]

해설
비상콘센트설비의 전원부와 외함 사이의 절연저항 및 절연내력 기준 (NFTC 504)
- 절연저항은 전원부와 외함 사이를 500[V] 절연저항계로 측정할 때 20[MΩ] 이상일 것
- 절연내력은 전원부와 외함 사이에 정격전압이 150[V] 이하인 경우에는 1,000[V]의 실효전압을, 정격전압이 150[V] 초과인 경우에는 그 정격전압에 2를 곱하여 1,000을 더한 실효전압을 가하는 시험에서 1분 이상 견디는 것으로 할 것

73 연면적이 2,000[m²] 미만의 교육연구시설 내에 있는 기숙사 또는 합숙소에 설치하는 단독경보형감지기의 설치기준으로 틀린 것은?

① 각 실마다 설치하되, 바닥면적이 150[m²]를 초과하는 경우에는 150[m²]마다 1개 이상 설치할 것
② 외기가 상통하는 최상층의 계단실의 천장에 설치할 것
③ 건전지를 주전원으로 사용하는 단독경보형감지기는 정상적인 작동상태를 유지할 수 있도록 주기적으로 건전지를 교환할 것
④ 상용전원을 주전원으로 사용하는 단독경보형감지기의 2차전지는 소방용품의 성능인증 등에 따라 제품검사에 합격한 것을 사용할 것

해설
단독경보형감지기의 설치기준(NFTC 201)
- 각 실(이웃하는 실내의 바닥면적이 각각 30[m²] 미만이고, 벽체의 상부의 전부 또는 일부가 개방되어 이웃하는 실내와 공기가 상호 유통되는 경우에는 이를 1개의 실로 본다)마다 설치하되, 바닥면적이 150[m²]를 초과하는 경우에는 150[m²]마다 1개 이상 설치할 것
- 계단실은 최상층의 계단실 천장(외기가 상통하는 계단실의 경우를 제외한다)에 설치할 것
- 건전지를 주전원으로 사용하는 단독경보형감지기는 정상적인 작동상태를 유지할 수 있도록 주기적으로 건전지를 교환할 것
- 상용전원을 주전원으로 사용하는 단독경보형감지기의 2차전지는 법 제40조(소방용품의 성능인증 등)에 따라 제품검사에 합격한 것을 사용할 것

74 휴대용 비상조명등을 설치해야 하는 특정소방대상물에 해당하는 것은?

① 종합병원   ② 숙박시설
③ 노유자시설   ④ 집회장

해설
휴대용 비상조명등을 설치해야 하는 특정소방대상물(소방시설법 영 별표 4)
- 숙박시설
- 수용인원 100명 이상의 영화상영관, 판매시설 중 대규모점포, 철도 및 도시철도시설 중 지하역사, 지하상가

75 감지기의 형식승인 및 제품검사의 기술기준에 따른 불꽃감지기 중 도로형의 최대시야각 기준으로 옳은 것은?

① 30° 이상   ② 60° 이상
③ 90° 이상   ④ 180° 이상

해설
불꽃감지기의 시야각(제19조의3) : 불꽃감지기 중 도로형은 최대시야각이 180° 이상이어야 한다.

76 유도등 및 유도표지의 화재안전기술기준(NFTC 303)에 따른 3선식 배선으로 상시 충전되는 유도등의 전기회로에 점멸기를 설치하는 경우 자동으로 점등되도록 해야 하는 경우로 틀린 것은?

① 옥외소화전설비의 펌프가 작동되는 때
② 자동화재탐지설비의 감지기 또는 발신기가 작동되는 때
③ 방재업무를 통제하는 곳에서 수동으로 점등하는 때
④ 상용전원이 정전되거나 전원선이 단선되는 때

해설
3선식 배선으로 상시 충전되는 유도등의 전기회로에 점멸기를 설치하는 경우 자동으로 점등되도록 해야 하는 경우(NFTC 303)
• 자동화재탐지설비의 감지기 또는 발신기가 작동되는 때
• 비상경보설비의 발신기가 작동되는 때
• 상용전원이 정전되거나 전원선이 단선되는 때
• 방재업무를 통제하는 곳 또는 전기실의 배전반에서 수동으로 점등하는 때
• 자동소화설비가 작동되는 때

77 자동화재탐지설비 및 시각경보장치의 화재안전기술기준(NFTC 203)에 따른 열반도체식 차동식 분포형 감지기의 설치개수를 결정하는 기준 바닥면적으로 적합한 것은?

① 부착높이가 8[m] 미만인 장소로 주요구조부를 내화구조로 된 특정소방대상물인 경우 감지기 1종은 40[m^2], 2종은 23[m^2]이다.
② 부착높이가 8[m] 미만인 장소로 주요구조부가 내화구조가 아닌 특정소방대상물인 경우 감지기 1종은 30[m^2], 2종은 23[m^2]이다.
③ 부착높이가 8[m] 이상 15[m] 미만인 장소로 주요구조부가 내화구조로 된 특정소방대상물인 경우 감지기 1종은 50[m^2], 2종은 36[m^2]이다.
④ 부착높이가 8[m] 이상 15[m] 미만인 장소로 주요구조부가 내화구조가 아닌 특정소방대상물인 경우 감지기 1종은 40[m^2], 2종은 18[m^2]이다.

해설
열반도체식 차동식 분포형 감지기의 설치기준(NFTC 203)
• 감지부는 그 부착높이 및 특정소방대상물에 따라 다음 표에 따른 바닥면적마다 1개 이상으로 할 것. 다만, 바닥면적이 다음 표에 따른 면적의 2배 이하인 경우에는 2개(부착높이가 8[m] 미만이고, 바닥면적이 다음 표에 따른 면적 이하인 경우에는 1개) 이상으로 해야 한다.

부착높이 및 특정소방대상물의 구분		감지기의 종류 (단위 : [m^2])	
		1종	2종
8[m] 미만	주요구조부가 내화구조로 된 특정소방대상물 또는 그 부분	65	36
	기타 구조의 특정소방대상물 또는 그 부분	40	23
8[m] 이상 15[m] 미만	주요구조부가 내화구조로 된 특정소방대상물 또는 그 부분	50	36
	기타 구조의 특정소방대상물 또는 그 부분	30	23

• 하나의 검출부에 접속하는 감지부는 2개 이상 15개 이하가 되도록 할 것. 다만, 각각의 감지부에 대한 작동 여부를 검출기에서 표시할 수 있는 것(주소형)은 형식승인 받은 성능인정 범위 내의 수량으로 설치할 수 있다.

78 자동화재속보설비의 속보기의 성능인증 및 제품검사의 기술기준에서 속보기의 보기 쉬운 부분에 쉽게 지워지지 않도록 표시해야 하는 사항이 아닌 것은?

① 품명 및 성능인증번호
② 제조자 상호·주소·전화번호
③ 주전원의 정격전류
④ 예비전원의 종류·정격전류용량·정격전압

해설
속보기에 표시해야 하는 사항(제13조)
- 품명 및 성능인증번호
- 제조년도 및 제조번호
- 제조자 상호·주소·전화번호
- 주전원의 정격전압
- 예비전원의 종류·정격전류용량·정격전압
- 국가유산용 속보기인 경우 접속 가능한 감지기 형식번호(해당하는 경우에 한함)
- 접속 가능 수신기 형식승인 번호(해당하는 경우에 한함)
- 주의사항(해당하는 경우에 한함)

79 유도등의 형식승인 및 제품검사의 기술기준에서 통로유도등의 표시면 색상은 어떤 것을 사용해야 하는가?

① 백색바탕에 녹색문자
② 백색바탕에 적색문자
③ 녹색바탕에 백색문자
④ 적색바탕에 백색문자

해설
유도등의 표시면 색상(제9조)
- 피난구유도등인 경우 : 녹색바탕에 백색문자를 사용
- 통로유도등인 경우 : 백색바탕에 녹색문자를 사용

80 배기가스가 다량으로 체류하는 장소인 차고에 적응성이 없는 열감지기는?

① 차동식 스포트형 1종 감지기
② 보상식 스포트형 1종 감지기
③ 차동식 분포형 1종 감지기
④ 정온식 1종 감지기

해설
설치장소별 감지기의 적응성(NFTC 203)

설치장소		적응 열감지기								
환경상태	적응장소	차동식 스포트형		차동식 분포형		보상식 스포트형		정온식		열아날로그식	불꽃감지기
		1종	2종	1종	2종	1종	2종	특종	1종		
먼지 또는 미분 등이 다량으로 체류하는 장소	쓰레기장, 하역장, 도장실, 섬유·목재·석재 등 가공공장	○	○	○	○	○	○	○	×	○	○
수증기가 다량으로 머무는 장소	증기세정실, 탕비실, 소독실 등	×	×	×	○	×	○	○	○	○	○
현저하게 고온으로 되는 장소	건조실, 살균실, 보일러실, 주조실, 영사실, 스튜디오	×	×	×	×	×	×	○	○	○	×
배기가스가 다량으로 체류하는 장소	주차장, 차고, 화물취급소 차로, 자가발전실, 트럭터미널, 엔진시험실	○	○	○	○	○	○	×	×	○	○
연기가 다량으로 유입할 우려가 있는 장소	음식물배급실, 주방전실, 주방 내 식품저장실, 음식물 운반용 엘리베이터, 주방 주변의 복도 및 통로, 식당 등	○	○	○	○	○	○	○	○	○	×

2023년 제1회 과년도 기출복원문제

제1과목 소방원론

01 소화원리(消化原理)에 대한 것이 아닌 것은?

① 질식(窒息)소화
② 가압(加壓)소화
③ 제거(除去)소화
④ 냉각(冷却)소화

해설
소화원리 : 질식, 냉각, 제거, 부촉매, 희석, 피복, 유화소화

02 다음 중 인화점이 가장 낮은 것은?

① 에틸알코올
② 등유
③ 경유
④ 다이에틸에터

해설
제4류 위험물의 인화점

종류	구분	인화점
에틸알코올	알코올류	13[℃]
등유	제2석유류	39[℃] 이상
경유	제2석유류	41[℃] 이상
다이에틸에터	특수인화물	-40[℃]

03 건물내부에서 연소 확대 방지를 위한 수단이 아닌 것은?

① 방화구획
② 날개벽 설치
③ 방화문 설치
④ 건축설비의 연소방지 조치

해설
연소 확대 방지 : 방화구획, 방화문 설치, 건축설비의 연소방지 조치 등

04 건물화재에 대비하는 것으로 가장 중요시하는 것은?

① 인명의 피난
② 시설의 보호
③ 소방대원의 진입
④ 화재부하의 대소

해설
인명의 피난은 건물화재 시 가장 중요하다.

05 인체의 폐에 가장 큰 자극을 주는 기체는?

① CO_2
② H_2
③ CO
④ N_2

해설
불완전 연소 시 발생하는 일산화탄소(CO)는 인체에 가장 큰 피해를 준다.

정답 1 ② 2 ④ 3 ② 4 ① 5 ③

06 다음 물질 중 물과 반응하여 가연성 기체를 발생하지 않는 것은?

① 칼륨
② 인화아연
③ 산화칼슘
④ 탄화알루미늄

해설
물과의 반응식
- $2K + 2H_2O \rightarrow 2KOH + H_2$
- $Zn_3P_2 + 6H_2O \rightarrow 3Zn(OH)_2 + 2PH_3$
- $CaO + H_2O \rightarrow Ca(OH)_2 + Q\,kcal$
- $Al_4C_3 + 12H_2O \rightarrow 4Al(OH)_3 + 3CH_4$

※ 수소(H_2), 포스핀(PH_3), 메테인(CH_4) : 가연성 가스

07 연소점, 인화점 및 발화점에 관한 내용으로 옳지 않은 것은?

① 연소점, 인화점, 발화점 순으로 온도가 높다.
② 인화점은 외부에너지(점화원)에 의해 발화하기 시작되는 최저온도를 말한다.
③ 발화점은 점화원 없이 스스로 발화할 수 있는 최저온도를 말한다.
④ 연소점은 외부에너지(점화원)를 제거해도 연소가 지속되는 최저온도를 말한다.

해설
연소점, 인화점 및 발화점
- 온도 : 발화점 > 연소점 > 인화점
- 인화점 : 외부에너지(점화원)에 의해 발화하기 시작되는 최저온도
- 발화점 : 점화원 없이 스스로 발화할 수 있는 최저온도
- 연소점 : 외부에너지(점화원)를 제거해도 연소가 지속되는 최저온도로서 인화점보다 10[℃] 정도 높다.

08 다음 중 자연발화성을 일으키기 가장 쉬운 것은?

① 사염화탄소
② 휘발유
③ 등유
④ 아마인유

해설
아마인유는 동식물유류의 건성유로서 자연발화하기 쉽다.

09 건축물 화재 시 2차 안전구획은?

① 복도
② 전실
③ 지상
④ 계단

해설
피난시설의 안전구획

안전구획	1차 안전구획	2차 안전구획	3차 안전구획
구분	복도	계단부속실(전실)	계단

10 연소의 4요소로 옳은 것은?

① 가연물 - 열 - 산소 - 발열량
② 가연물 - 발화온도 - 산소 - 반응속도
③ 가연물 - 열 - 산소 - 순조로운 연쇄반응
④ 가연물 - 산화반응 - 발열량 - 반응속도

해설
연소의 4요소 : 가연물, 산소공급원, 점화원, 순조로운 연쇄반응

11 피난계획에 관한 설명으로 옳지 않은 것은?

① 계단의 배치는 집중화를 피하고 분산한다.
② 피난동선에는 상용의 통로, 계단을 이용하도록 한다.
③ 방화구획은 단순 명확하게 하고 적절히 세분화한다.
④ 계단은 화재 시 연도로 되기 쉽기 때문에 직통계단으로 하지 않는 것이 좋다.

해설
직통계단은 피난으로 이용한다.

12 가연성 기체의 폭발한계범위에서 위험도가 가장 높은 것은?

① 수 소
② 에틸렌
③ 아세틸렌
④ 에테인

해설
위험도

종 류	하한값[%]	상한값[%]
수 소	4.0	75.0
에틸렌	2.7	36.0
아세틸렌	2.5	81.0
에테인	3.0	12.4

• 위험도 계산식

위험도$(H) = \dfrac{U-L}{L} = \dfrac{폭발상한값 - 폭발하한값}{폭발하한값}$

• 위험도 계산
- 수 소 $H = \dfrac{75.0 - 4.0}{4.0} = 17.75$
- 에틸렌 $H = \dfrac{36.0 - 2.7}{2.7} = 12.33$
- 아세틸렌 $H = \dfrac{81.0 - 2.5}{2.5} = 31.4$
- 에테인 $H = \dfrac{12.4 - 3.0}{3.0} = 3.13$

∴ 위험도 크기 : 아세틸렌 > 수 소 > 에틸렌 > 에테인

13 플래시오버(Flash Over)란?

① 건물 화재에서 가연물이 착화하여 연소하기 시작하는 단계이다.
② 건물 화재에서 발생한 가연가스가 일시에 인화하여 화염이 확대되는 단계이다.
③ 건물 화재에서 화재가 쇠퇴기에 이른 단계이다.
④ 건물 화재에서 가연물의 연소가 끝난 단계이다.

해설
플래시오버 : 건물 화재에서 발생한 가연가스가 일시에 인화하여 화염이 확대되는 단계

14 출화는 화재를 말하는데, 옥외출화의 시기를 나타낸 것은?

① 천장 속이나 벽에 발염 착화한 때
② 창이나 출입구 등에 발염 착화한 때
③ 화염이 외부를 완전히 뒤덮을 때
④ 화재가 건물의 외부에서 발생해서 내부로 번질 때

해설
옥외출화
• 창이나 출입구 등에 발염 착화한 때
• 목재 가옥에서 벽, 추녀 밑의 판자나 목재에 발염 착하한 때

15 유류를 저장한 상부 개방탱크의 화재에서 일어날 수 있는 특수한 현상들에 속하지 않는 것은?

① 플래시오버(Flash Over)
② 보일오버(Boil Over)
③ 슬롭오버(Slop Over)
④ 프로스오버(Froth Over)

해설
플래시오버 : 건축물의 화재 시 나타나는 성상

16 과산화물질을 취급할 경우의 주의사항으로 가장 관계가 먼 내용은?

① 가열, 충격, 마찰을 피한다.
② 가연 물질과의 접촉을 피한다.
③ 용기에 옮길 때는 개방용기를 사용한다.
④ 환기가 잘되는 차가운 장소에 보관한다.

해설
알칼리금속의 과산화물(Na_2O_2, K_2O_2)은 밀봉용기를 사용하고 제6류 위험물인 과산화수소(H_2O_2)는 개방용기를 사용해야 한다.

17 1[g]의 물체를 1[℃]만큼 온도를 상승시키는 데 필요한 열량을 나타내는 것은?

① 잠 열
② 복사열
③ 비 열
④ 열용량

해설
비열 : 1[g]의 물체를 1[℃]만큼 온도를 상승시키는 데 필요한 열량 [cal/g · ℃]

18 다음은 화재하중을 구하는 공식이다. 여기에서 화재하중 Q의 단위에 해당되는 것은?

$$Q = \frac{\sum(G_t \times H_t)}{H \times A}$$

① $[kg/m^2]$
② $[kcal/m^2]$
③ $[kg \cdot kcal/m^2]$
④ $[kcal \cdot m^2/kg]$

해설
화재하중(Q)

$$Q = \frac{\sum(G_t \times H_t)}{H \times A} = \frac{Q_t}{4,500 \times A}$$

여기서, Q : 화재하중[kg/m²]
G_t : 가연물의 질량[kg]
H_t : 가연물의 단위발열량[kcal/kg]
H : 목재의 단위발열량(4,500[kcal/kg])
A : 화재실의 바닥면적[m²]
Q_t : 가연물의 전발열량[kcal]

19 화재가 발생했을 때 초기 진화나 확대방지를 위한 대책이 아닌 것은?

① 스프링클러설비
② 연결송수관설비
③ 자동화재탐지설비
④ 옥내소화전설비

해설
연결송수관설비 : 소화활동설비로서 2차적인 소화방법

20 폭발의 종류와 해당 폭발이 일어날 수 있는 물질의 연결이 옳은 것은?

① 산화폭발 - 가연성 가스
② 분진폭발 - 사이안화수소
③ 중합폭발 - 아세틸렌
④ 분해폭발 - 염화바이닐

해설

폭발의 종류

종 류	정 의	해당 물질
산화폭발	가스가 공기 중에 누설 또는 인화성 액체탱크에 공기가 유입된 경우 탱크 내에 점화원이 유입되어 폭발하는 현상	가연성 가스
분진폭발	공기 속을 떠다니는 아주 작은 고체 알갱이(분진 : 75[μm] 이하의 고체 입자로서 공기 중에 떠 있는 분체)가 적당한 농도 범위에 있을 때 불꽃이나 점화원으로 인하여 폭발하는 현상	알루미늄분말, 마그네슘분말, 아연분말, 농산물, 플라스틱, 석탄, 황
중합폭발	단량체가 일정 온도와 압력으로 반응이 진행되어 분자량이 큰 중합체가 되어 폭발하는 현상	사이안화수소
분해폭발	분해하면서 폭발하는 현상	아세틸렌, 산화에틸렌, 하이드라진

제2과목 소방전기일반

21 다음 무접점 논리회로의 출력 X는?

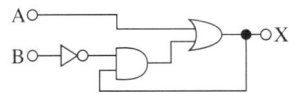

① $A(\overline{B}+X)$
② $B(\overline{A}+X)$
③ $A+\overline{B}X$
④ $\overline{B}+AX$

해설

논리회로의 논리식
출력 $X = A + \overline{B}X$

Plus one

시퀀스 회로의 유접점 회로와 논리기호

논리회로	유접점회로	논리기호
AND 회로		$X = A \cdot B$
OR 회로		$X = A + B$
NOT 회로		$X = \overline{A}$

22 참값이 4.8[A]인 전류를 측정하였더니 4.65[A]이었다. 이때 보정율[%]은 약 얼마인가?

① +1.6 ② −1.6
③ +3.2 ④ −3.2

해설
오차율과 보정율
- 오차율 : 지시(측정)값(T)이 참값(M)과 어느 정도 다른지 백분율로 나타낸 것이다.
  오차율 $= \dfrac{M-T}{T} \times 100[\%]$
- 보정율 : 지시(측정)값(T)을 참값(M)과 같게 하려면 얼마나 보정해야 하는지 백분율로 나타낸 것이다.
  보정율 $= \dfrac{T-M}{M} \times 100[\%]$
  ∴ 보정율 $= \dfrac{4.8[A] - 4.65[A]}{4.65[A]} \times 100[\%] ≒ +3.23[\%]$

23 평행한 두 도체 사이의 거리가 2배로 되면 그 작용력은 어떻게 되는가?

① $\dfrac{1}{4}$ ② $\dfrac{1}{2}$
③ 2 ④ 4

해설
평행한 왕복도체에 작용하는 전자력(F)
전자력 $F = \dfrac{2I_1 I_2}{r} \times 10^{-7} [N/m]$
여기서, I : 전류[A], r : 거리[m]
∴ 두 도체 사이에 작용하는 힘 $F \propto \dfrac{1}{r}$ 이므로 거리 $r_2 = 2r_1$ 이 되면 작용하는 힘은 $F_2 \propto \dfrac{1}{2r_1}$ 이다.
$\dfrac{F_2}{F_1} = \dfrac{\frac{1}{2r_1}}{\frac{1}{r_1}} = \dfrac{1}{2}$

24 그림과 같은 회로에서 R_1과 R_2가 각각 2[Ω] 및 3[Ω]이었다. 합성저항이 4[Ω]이면 R_3는 몇 [Ω]인가?

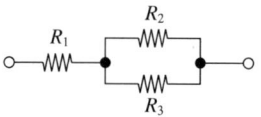

① 5 ② 6
③ 7 ④ 8

해설
저항의 직·병렬회로
합성저항 $R = R_1 + \dfrac{R_2 R_3}{R_2 + R_3}[Ω]$
$R = 2 + \dfrac{3R_3}{3+R_3} = 4$
$\dfrac{3R_3}{3+R_3} = 2$
$3R_3 = 6 + 2R_3$
∴ $R_3 = 6[Ω]$

25 다음 변환요소의 종류 중 변위를 임피던스로 변환하여 주는 것은?

① 벨로스 ② 노즐 플래퍼
③ 가변 저항기 ④ 전자코일

해설
변환기
- 압력을 변위로 변환 : 벨로스, 스프링, 다이어프램
- 변위를 압력으로 변환 : 노즐 플래퍼, 스프링, 유압 분사관
- 변위를 전압으로 변환 : 차동 변압기, 전위차계, 포텐셔미터
- 변위를 임피던스로 변환 : 가변저항스프링, 가변 저항기, 용량형 변환기
- 전압을 변위로 변환 : 전자석, 전자코일
- 온도를 임피던스로 변환 : 측온저항(열선, 서미스터, 백금, 니켈)
- 온도를 전압으로 변환 : 열전대

26 그림과 같은 블록선도에서 C는?

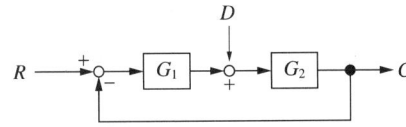

① $C = \dfrac{G_1 G_2}{1+G_1 G_2}R + \dfrac{G_1}{1+G_1 G_2}D$

② $C = \dfrac{G_1 G_2}{1+G_1 G_2}R + \dfrac{G_1 G_2}{1-G_1 G_2}D$

③ $C = \dfrac{G_1 G_2}{1+G_1 G_2}R + \dfrac{G_1 G_2}{1+G_1 G_2}D$

④ $C = \dfrac{G_1 G_2}{1+G_1 G_2}R + \dfrac{G_2}{1+G_1 G_2}D$

해설

블록선도의 출력

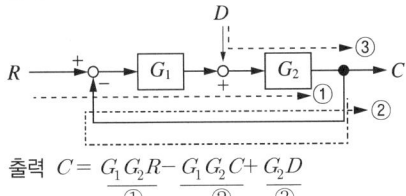

출력 $C = \underbrace{G_1 G_2 R}_{①} - \underbrace{G_1 G_2 C}_{②} + \underbrace{G_2 D}_{③}$

$C + G_1 G_2 C = G_1 G_2 R + G_2 D$

$(1 + G_1 G_2) C = G_1 G_2 R + G_2 D$

∴ 출력 $C = \dfrac{G_1 G_2}{1+G_1 G_2}R + \dfrac{G_2}{1+G_1 G_2}D$

27 회로에서 주파수를 60[Hz], 단상교류전압 $V=$ 100[V], 저항 $R=$18.8[Ω]일 때 L의 크기는?(단, L을 가감해서 R의 전력을 L=0일 때의 1/2이라 한다)

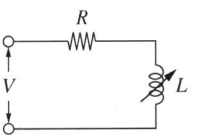

① 10[mH]
② 50[mH]
③ 100[mH]
④ 150[mH]

해설

교류전력

- L=0인 경우 전력손실 $P = I^2 R = \dfrac{V^2}{R}$[W]

- L을 가감할 때 전력손실

$P_1 = I^2 R = \left(\dfrac{V}{\sqrt{R^2 + X_L^2}}\right)^2 R = \left(\dfrac{V}{\sqrt{R^2 + (\omega L)^2}}\right)^2 R$[W]

- 문제의 조건에서 L=0일 때 전력손실 $P_1 = \dfrac{1}{2}P$이므로

$\dfrac{1}{2} \times \dfrac{V^2}{R} = \left(\dfrac{V}{\sqrt{R^2 + (\omega L)^2}}\right)^2 R$에서 $\dfrac{V^2}{2R^2} = \dfrac{V^2}{R^2 + (\omega L)^2}$

$\dfrac{1}{2R^2} = \dfrac{1}{R^2 + (\omega L)^2}$

$2R^2 = R^2 + (\omega L)^2 = R^2 + \omega^2 L^2$

∴ $L^2 = \dfrac{2R^2 - R^2}{\omega^2} = \dfrac{R^2}{\omega^2}$에서

$L = \sqrt{\dfrac{R^2}{\omega^2}} = \dfrac{R}{\omega} = \dfrac{R}{2\pi f} = \dfrac{18.8[\Omega]}{2\pi \times 60[\text{Hz}]}$

$\fallingdotseq 0.0499[\text{H}] = 49.9[\text{mH}]$

정답 26 ④ 27 ②

28 3상 유도전동기에 있어서 권선형 회전자에 비교한 농형 회전자의 장점이 아닌 것은?

① 구조가 간단하고 튼튼하다.
② 취급이 쉽고 효율도 좋다.
③ 보수가 용이한 이점이 있다.
④ 속도조정이 용이하고 기동토크가 크다.

해설
3상 농형 유도전동기의 특징
- 회전자의 구조가 간단하고 튼튼하다.
- 취급이 쉽고, 효율 및 역률이 좋다.
- 기동전류가 크고 기동토크가 작다.

Plus one
3상 권선형 유도전동기의 특징
- 회전자의 구조가 복잡하다.
- 슬립링과 브러시를 통하여 저항기에 접속하기 때문에 운전이 어렵다.
- 기동전류를 감소시킬 수 있다.
- 속도조정을 자유롭게 조정할 수 있다.

29 그림과 같은 반파정류회로에 스위치 A를 사용하여 부하저항 R_L을 떼어 냈을 경우, 콘덴서 C의 충전전압[V]은?

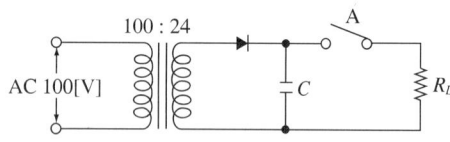

① 12π
② 24π
③ $12\sqrt{2}$
④ $24\sqrt{2}$

해설
콘덴서 평활회로($R-C$ 필터회로)
- 변압기의 권수비 $a = \dfrac{N_2}{N_1} = \dfrac{V_2}{V_1} = \dfrac{I_1}{I_2}$ 에서

  2차 측 전압 $V_2 = \dfrac{N_2}{N_1} \times V_1 = \dfrac{24}{100} \times 100[\text{V}] = 24[\text{V}]$

  여기서, 2차 측 전압은 실횻값의 전압이다.
- 콘덴서에는 최댓값의 전압으로 충전되므로 최댓값과 실횻값의 관계는 $V_m = \sqrt{2}\, V$이다.
- ∴ 충전전압 $V_{2m} = \sqrt{2}\, V_2 = 24\sqrt{2}[\text{V}]$

30 코일의 권수가 1,250[회]인 공심 환상솔레노이드의 평균길이가 50[cm]이며, 단면적이 20[cm²]이고, 코일에 흐르는 전류가 1[A]일 때 솔레노이드의 내부 자속은?

① $2\pi \times 10^{-6}[\text{Wb}]$
② $2\pi \times 10^{-8}[\text{Wb}]$
③ $\pi \times 10^{-6}[\text{Wb}]$
④ $\pi \times 10^{-8}[\text{Wb}]$

해설
환상솔레노이드 자기장의 세기
자속 $\phi = \mu H A [\text{Wb}]$
여기서, 투자율 : $\mu = \mu_0 \mu_s = 4\pi \times 10^{-7} [\text{H/m}]$
자기장의 세기 : $H[\text{AT/m}]$, 단면적 : $A[\text{m}^2]$

- 자기장의 세기 $H = \dfrac{NI}{l}[\text{AT/m}]$
- 자속 $\phi = \mu H A = \mu \dfrac{NI}{l} A$ 에서

  $\phi = 4\pi \times 10^{-7}[\text{H/m}] \times \dfrac{1{,}250[\text{회}] \times 1[\text{A}]}{0.5[\text{m}]} \times (20 \times 10^{-4}[\text{m}^2])$

  $= 2\pi \times 10^{-6}[\text{Wb}]$

31 그림과 같은 무접점회로는 어떤 논리회로인가?

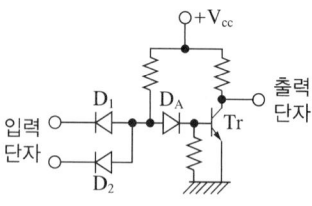

① AND
② OR
③ NOT
④ NAND

해설
시퀀스제어의 논리회로와 논리기호
- AND 회로(논리곱 회로) : 2개의 입력신호가 동시에 작동될 때에만 출력신호가 1이 되는 논리회로로서 직렬회로이다.
- OR 회로(논리합 회로) : 2개의 입력신호 중 1개만 작동되어도 출력신호가 1이 되는 논리회로로서 병렬회로이다.
- NOR 회로 : OR 회로의 출력에 NOT 회로를 조합시킨 논리합의 부정회로로서 2개의 입력신호가 모두 0일 때 출력이 1인 회로이다.
- NAND 회로 : AND 회로의 출력에 NOT 회로를 조합시킨 논리곱의 부정회로로서 2개의 입력신호가 모두 1일 때 출력이 0인 회로이다.

Plus one
시퀀스 회로의 유접점 회로와 논리기호

논리회로	무접점회로	논리기호
AND 회로		$X = A \cdot B$
OR 회로		$X = A + B$
NOT 회로		$X = \overline{A}$
NAND 회로		$X = \overline{A + B}$
NOR 회로		$X = \overline{A \cdot B}$

32 다음과 같은 특성을 갖는 제어계는?

- 발진을 일으키고 불안정한 상태로 되어가는 경향성을 보인다.
- 정확성과 감대폭이 증가한다.
- 계의 특성변화에 대한 입력 대 출력비의 감도가 감소한다.

① 프로세스제어
② 피드백제어
③ 프로그램제어
④ 추종제어

해설
피드백제어의 특징
- 입력과 출력을 비교하는 장치(검출부)가 반드시 있어야 한다.
- 감대폭(대역폭)이 증가한다.
- 정확성이 증가한다.
- 발진을 일으키는 경향이 있다.
- 비선형에 대한 효과가 감소한다.
- 계의 특성변화에 대한 입력 대 출력비의 전체 이득이 감소한다.
- 구조가 복잡하고 설치비가 비싸다.

Plus one
제어의 분류
- 목푯값의 시간적 성질에 의한 분류
  - 추종제어 : 목푯값이 시간에 따라 임의로 변하는 제어로서 목푯값에 제어량을 추종시키는 추치제어이며 대공포의 포신제어, 자동 아날로그 선반에 적용된다.
  - 정치제어 : 목푯값이 시간에 대하여 변하지 않는 제어로서 정전압장치나 일정 속도제어에 적용된다.
  - 비율제어 : 목푯값이 다른 양과 일정한 비율관계를 가지고 변화하는 경우의 제어로서 보일러 자동 연소장치에 적용된다.
  - 프로그램제어 : 목푯값이 시간적으로 미리 정해진 대로 변화하고 제어량을 추종시키는 제어로서 열처리 노의 온도제어, 무인으로 운전되는 열차나 엘리베이터에 적용된다.
- 제어량에 따른 제어 분류
  - 프로세스제어(공정제어) : 온도, 압력, 유량, 액면, 농도, 습도 등의 공업 공정의 상태량을 제어한다.
  - 자동조정 : 전압, 전류, 회전수(속도), 주파수, 토크 등의 상태량을 제어한다.
  - 서보기구 : 물체의 위치, 방위, 각도 등의 상태량을 제어하는 것으로 미사일 추적장치, 레이더, 선박 및 비행기의 방향을 제어한다.

33 내부저항이 200[Ω]이고, 직류 120[mA]인 전류계를 6[A]까지 측정할 수 있는 전류계를 사용하고자 한다. 어떻게 하면 되겠는가?

① 24[Ω]의 저항을 전류계와 직렬로 연결한다.
② 12[Ω]의 저항을 전류계와 병렬로 연결한다.
③ 약 6.24[Ω]의 저항을 전류계와 직렬로 연결한다.
④ 약 4.08[Ω]의 저항을 전류계와 병렬로 연결한다.

해설

분류기의 측정전류(I_s)
- 전류계의 측정범위를 확대하기 위하여 내부저항 R인 전류계에 병렬로 접속한 저항(R_s)을 분류기라 한다.
- 전압 $I_s \dfrac{R \cdot R_s}{R + R_s} = IR$에서 분류기의 저항 $R_s = \dfrac{R}{\dfrac{I_s}{I} - 1}$ 이다.

$$\therefore R_s = \dfrac{200[\Omega]}{\dfrac{6[A]}{0.12[A]} - 1} = 4.08[\Omega]$$

Plus one

배율기의 측정전압(V_m)
- 직류 전압계의 전압 측정 범위를 확대하기 위하여 계기와 직렬로 접속하는 고저항의 저항기이다.
- 저항을 직렬로 접속하므로 전류가 일정하므로 배율기에 흐르는 전류 $I_m = I$이다.
- $\therefore$ 전류 $\dfrac{V_m}{R_m + R} = \dfrac{V}{R}$에서 $\dfrac{V_m}{V} = \dfrac{R_m + R}{R} = 1 + \dfrac{R_m}{R}$

  여기서, R_m : 배율기 저항, R : 전압계 저항

34 그림과 같은 브리지 회로가 평형이 되기 위한 Z의 값은 몇 [Ω]인가?(단, 그림의 임피던스 단위는 모두 [Ω]이다)

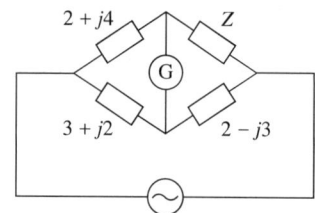

① $-3 + j4$
② $2 - j4$
③ $4 - j2$
④ $3 + j2$

해설

휘트스톤 브리지 회로
회로가 평형이 되기 위한 조건은 검류계(G)에 흐르는 전류가 0일 때 $Z_1 Z_3 = Z_2 Z_4$이다.

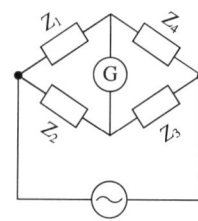

$(3+j2)Z = (2+j4)(2-j3)$
$(3+j2)Z = 4 - j6 + j8 - j^2 12$
$(3+j2)Z = 4 + j2 - (-1) \times 12$
$(3+j2)Z = 16 + j2$
$Z = \dfrac{16 + j2}{3 + j2} = \dfrac{(16+j2)(3-j2)}{(3+j2)(3-j2)}$
$= \dfrac{48 - j32 + j6 - j^2 4}{9 - j6 + j6 - j^2 4} = \dfrac{48 - j26 - (-1) \times 4}{9 - (-1) \times 4}$
$= \dfrac{52 - j26}{13} = 4 - j2$

35 실리콘 정류기(SCR)의 애노드 전류가 5[A]일 때 게이트 전류를 2배로 증가시키면 애노드 전류 [A]는?

① 2.5　　　　② 5
③ 10　　　　　④ 20

해설
SCR(실리콘제어정류소자) 동작방법
- 애노드에 (−)전압, 캐소드에 (+)전압을 가하면 N_1과 P_2는 순방향이 되어 ON상태가 되고, P_1과 N_2는 역방향이 되어 전류가 흐르지 않는다. 이때 게이트에 전류를 흐르게 하여 ON상태가 되면 게이트의 전류를 반으로 줄이거나 0으로 하여도 애노드와 캐소드의 양단에는 일정한 전류가 계속 흐르게 된다.
∴ 게이트의 전류에 관계없이 애노드와 캐소드의 양단에는 전류 5[A]가 계속 흐른다.
- 전류를 흐르지 않게 하기 위해서는 애노드 전압을 유지전압 이하로 하거나 역방향으로 전압을 가해야 한다.

36 3상 평형부하가 있다. 선간전압 3,000[V], 선전류 30[A], 역률 0.9(뒤짐)이다. 부하가 Y결선일 때 한 상의 저항은 몇 [Ω]인가?

① 51.96[Ω]　　② 90.26[Ω]
③ 173.20[Ω]　　④ 4,676.53[Ω]

해설
3상 평형부하의 Y결선
선전류 I_l, 선간전압 V_l, 상전류 I_p, 상전압 V_p일 때
- 선전류 $I_l = I_p$, 선간전압 $V_l = \sqrt{3}\,V_p$
- 상전류 $I_p = I_l = \dfrac{V_p}{Z} = \dfrac{V_l}{\sqrt{3}\,Z}$ 에서

 임피던스 $Z = \dfrac{3,000[V]}{\sqrt{3}\times 30[A]} = 57.735[\Omega]$

∴ 역률 $\cos\theta = \dfrac{R}{Z}$ 에서

 저항 $R = Z\cos\theta = 57.735[\Omega]\times 0.9 = 51.96[\Omega]$

Plus one
3상 평형부하의 △결선
- 선간전압 $V_l = V_p$
- 선전류 $I_l = \sqrt{3}\,I_p$ 에서 $I_\Delta = \dfrac{\sqrt{3}\,V_p}{Z} = \dfrac{\sqrt{3}\,V_l}{Z}$

37 직류발전기의 자극수 4, 전기자 도체수 500, 각 자극의 유효자속수 0.01[Wb], 회전수 900[rpm]인 경우 유도기전력은 얼마인가?

① 130[V]　　　② 140[V]
③ 150[V]　　　④ 160[V]

해설
직류발전기의 유도기전력(E)
$E = e\dfrac{Z}{a} = Bl\dfrac{\pi DN}{60}\dfrac{Z}{a} = \dfrac{PZ}{60a}\phi N [V]$

여기서, $e = Blv = Bl\dfrac{\pi DN}{60}$: 도체 한 개에 발생하는 기전력[V]

$B = \dfrac{\phi}{A} = \dfrac{P\phi}{\pi Dl}$: 자속밀도[Wb/m²]

D : 전기자의 직경[m]
ϕ : 자속[Wb]
l : 코일변의 유효길이[m]
N : 회전수[rpm]
a : 병렬 회로수(파권 $a=2$, 중권 $a=P$)
Z : 총 도체수
P : 자극수

∴ $E = \dfrac{PZ}{60a}\phi N$
$= \dfrac{4\times 500}{60\times 2}\times 0.01[Wb]\times 900[rpm] = 150[V]$

38 기전력이 1.5[V]이고 내부저항이 10[Ω]인 건전지 4개를 직렬로 연결하고 20[Ω]의 저항 R을 접속하는 경우, 저항 R에 흐르는 ㉠ 전류 I[A]와 ㉡ 단자전압 V[V]는?

① ㉠ 0.1[A], ㉡ 2[V]
② ㉠ 0.3[A], ㉡ 6[V]
③ ㉠ 0.1[A], ㉡ 6[V]
④ ㉠ 0.3[A], ㉡ 2[V]

해설
건전지의 기전력(E)
- 건전지를 직렬로 연결할 경우 기전력 $E = nE_0$에서
 $E = 4\text{개}\times 1.5[V] = 6[V]$
- 건전지의 기전력 $E = I(R+nr)$에서
 전류 $I = \dfrac{E}{R+nr} = \dfrac{6[V]}{20[\Omega]+(4\text{개}\times 10[\Omega])} = 0.1[A]$
- 단자전압 $V = E - Inr [V]$
 $V = 6[V] - 0.1[A]\times 4\text{개}\times 10[\Omega] = 2[V]$

정답　35 ②　36 ①　37 ③　38 ①

39 진동이 발생되는 장치의 진동을 억제시키는 데 가장 효과적인 제어동작은?

① 온·오프동작
② 미분동작
③ 적분동작
④ 비례동작

해설
제어동작에 따른 분류
- 2위치제어(ON-OFF 동작) : 제어량이 목푯값에서 벗어나면 조작부를 닫아 운전을 정지시키고 반대로 조작부를 열어 운전을 기동하는 동작이며 사이클링 현상과 정상(잔류)편차(Off-Set)가 발생한다.
- 비례동작(P동작) : 목푯값과 제어량의 편차 크기에 비례하여 조작부를 제어하며 정상(잔류)편차(Off-Set)가 발생하는 제어동작이다.
- 적분동작(I동작) : 제어편차의 크기와 편차가 발생하고 있는 시간에 둘러싸인 면적의 크기에 비례하여 조작부를 제어하는 제어동작으로서 적분값에 비례하여 조작부를 제어하며 정상(잔류)편차가 제거되지만 진동이 발생된다.
- 미분동작(D동작) : 제어편차가 검출될 때 편차가 변화하는 속도에 비례하여 조작량을 가감하여 제어하는 제어동작으로서 편차가 커지는 것을 미연에 방지한다.
- 비례적분동작(PI동작) : 비례동작에서 발생한 정상(잔류)편차를 소멸시키기 위해 적분동작을 조합시킨 제어동작으로서 정상특성을 개선하지만 간헐현상이 있다.
- 비례미분동작(PD동작) : 제어결과에 빨리 도달하도록 미분동작을 조합시킨 제어동작으로서 제어계의 응답 속응성을 개선하기 위해 사용한다.
- 비례적분미분동작(PID동작) : 비례적분동작에서 진동(간헐현상)이 발생하는 결점을 보완하기 위해 미분동작을 적용하여 응답 속응성을 개선한 제어동작이다.

40 그림과 같이 저항 3개가 병렬로 연결된 회로에 흐르는 가지전류 I_1, I_2, I_3는 몇 [A]인가?

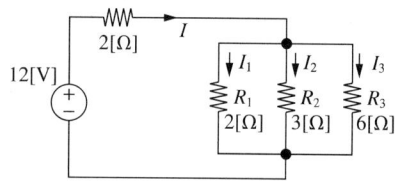

① $I_1 = 2, I_2 = \dfrac{4}{3}, I_3 = \dfrac{2}{3}$

② $I_1 = \dfrac{2}{3}, I_2 = \dfrac{4}{3}, I_3 = 2$

③ $I_1 = 3, I_2 = 2, I_3 = 1$

④ $I_1 = 1, I_2 = 2, I_3 = 3$

해설
저항의 직·병렬연결
- 병렬로 연결된 저항의 합성저항
$\dfrac{1}{R_0} = \dfrac{1}{R_1} + \dfrac{1}{R_2} + \dfrac{1}{R_3}$ 에서
$\dfrac{1}{R_0} = \dfrac{1}{2[\Omega]} + \dfrac{1}{3[\Omega]} + \dfrac{1}{6[\Omega]}$
$= \dfrac{3}{6[\Omega]} + \dfrac{2}{6[\Omega]} + \dfrac{1}{6[\Omega]} = \dfrac{6}{6[\Omega]} = \dfrac{1}{1[\Omega]}$
∴ $R_0 = 1[\Omega]$

- 직·병렬로 연결된 전체 회로의 합성저항
$R = 2[\Omega] + 1[\Omega] = 3[\Omega]$

- 전체 회로에 흐르는 전류 $I = \dfrac{V}{R}$ 에서
$I = \dfrac{12[V]}{3[\Omega]} = 4[A]$

- 직렬회로의 저항 $2[\Omega]$에 가해지는 전압
$V = IR = 4[A] \times 2[\Omega] = 8[V]$

- 직렬로 연결된 저항 $2[\Omega]$에 가해지는 전압이 $8[V]$이므로 병렬로 연결된 저항에는 $4[V]$의 전압이 가해진다.

∴ 저항 $2[\Omega]$에 흐르는 전류 $I_1 = \dfrac{V}{R} = \dfrac{4[V]}{2[\Omega]} = 2[A]$

∴ 저항 $3[\Omega]$에 흐르는 전류 $I_2 = \dfrac{V}{R} = \dfrac{4[V]}{3[\Omega]} = \dfrac{4}{3}[A]$

∴ 저항 $6[\Omega]$에 흐르는 전류 $I_3 = \dfrac{V}{R} = \dfrac{4[V]}{6[\Omega]} = \dfrac{2}{3}[A]$

제3과목 소방관계법규

41 소방대상물의 방염처리업 등록의 영업정지 또는 취소대상에 해당하지 않는 것은?

① 거짓이나 그 밖의 부정한 방법으로 등록을 한 경우
② 정당한 사유 없이 계속하여 6개월간 휴업한 경우
③ 다른 자에게 등록증 또는 등록수첩을 빌려준 경우
④ 등록을 한 후 정당한 사유 없이 1년이 지나도록 영업을 개시하지 않은 경우

해설
등록취소와 영업정지 등(공사업법 제9조) : 등록을 한 후 정당한 사유 없이 1년 지날 때까지 영업을 시작하지 않거나 계속하여 1년 이상 휴업한 때

42 위험물제조소 등에 옥외소화전을 설치하려고 한다. 옥외소화전을 5개 설치 시 필요한 수원의 양은 얼마인가?

① 14[m³] 이상
② 35[m³] 이상
③ 36[m³] 이상
④ 54[m³] 이상

해설
옥외소화전의 수원 = N(소화전의 수, 최대 4개) × 13.5[m³]
= 4 × 13.5[m³] = 54[m³] 이상

※ 일반건축물과 위험물제조소 등과 소화설비의 비교(위험물법 규칙 별표 17)

구 분	항 목	방사량 [L/min]	방사압력 [MPa]	토출량
옥내 소화전 설비	건축물	130	0.17	N(최대 2개) ×130[L/min]
	위험물	260	0.35	N(최대 5개) ×260[L/min]
옥외 소화전 설비	건축물	350	0.25	N(최대 2개) ×350[L/min]
	위험물	450	0.35	N(최대 4개) ×450[L/min]
스프링 클러설비	건축물	80	0.1	헤드수×80[L/min]
	위험물	80	0.1	헤드수×80[L/min]

구 분	항 목	수 원	비상전원
옥내 소화전 설비	건축물	N(최대 2개)×2.6[m³] (130[L/min]×20[min])	20분
	위험물	N(최대 5개)×7.8[m³] (260[L/min]×30[min])	45분
옥외 소화전 설비	건축물	N(최대 2개)×7[m³] (350[L/min]×20[min])	—
	위험물	N(최대 4개)×13.5[m³] (450[L/min]×30[min])	45분
스프링 클러설비	건축물	헤드수×1.6[m³] (80[L/min]×20[min])	20분
	위험물	헤드수×2.4[m³] (80[L/min]×30[min])	45분

정답 41 ② 42 ④

43 특수가연물을 쌓아 저장하는 기준이 아닌 것은? (단, 석탄·목탄류를 발전용으로 저장하는 경우는 제외하며, 살수설비가 설치되어 있다)

① 품명별로 구분하여 쌓을 것
② 쌓는 높이는 20[m] 이하가 되도록 할 것
③ 석탄·목탄류의 쌓는 부분의 바닥면적은 300[m²] 이하가 되도록 할 것
④ 쌓는 부분의 바닥면적 사이는 실내의 경우 1.2[m] 이상이 되도록 할 것

해설
특수가연물의 저장 및 취급기준(화재예방법 영 별표 3)(석탄·목탄류를 발전용으로 저장하는 경우는 제외한다)
• 품명별로 구분하여 쌓을 것
• 쌓는 기준

구 분	살수설비를 설치하거나 방사능력 범위에 해당 특수가연물이 포함되도록 대형수동식소화기를 설치하는 경우	그 밖의 경우
높 이	15[m] 이하	10[m] 이하
쌓는 부분의 바닥면적	200[m²] (석탄·목탄류의 경우에는 300[m²]) 이하	50[m²] (석탄·목탄류의 경우에는 200[m²]) 이하

• 실외에 쌓아 저장하는 경우 쌓는 부분과 대지경계선 또는 도로, 인접 건축물과 최소 6[m] 이상 간격을 둘 것. 다만, 쌓은 높이보다 0.9[m] 이상 높은 내화구조 벽체를 설치한 경우는 그렇지 않다.
• 실내에 쌓아 저장하는 경우 주요구조부는 내화구조이면서 불연재료여야 하고, 다른 종류의 특수가연물과 같은 공간에 보관하지 않을 것. 다만, 내화구조의 벽으로 분리하는 경우 그렇지 않다.
• 쌓는 부분의 바닥면적 사이는 실내의 경우 1.2[m] 또는 쌓는 높이의 1/2 중 큰 값 이상으로 간격을 두어야 하며, 실외의 경우 3[m] 또는 쌓는 높이 중 큰 값 이상으로 간격을 둘 것

44 소방안전관리대상물 중 불특정 다수인이 이용하는 특정소방대상물의 근무자 등에게 불시에 소방훈련과 교육을 실시할 수 있는 대상이 아닌 것은?

① 근린생활시설
② 의료시설
③ 노유자시설
④ 교육연구시설

해설
불시 소방훈련·교육의 대상(화재예방법 제37조, 영 제39조)
• 실시권자 : 소방본부장 또는 소방서장
• 훈련과 교육대상 특정소방대상물
 – 의료시설
 – 교육연구시설
 – 노유자시설
 – 그 밖에 화재 발생 시 불특정 다수의 인명피해가 예상되어 소방본부장 또는 소방서장이 소방훈련·교육이 필요하다고 인정하는 특정소방대상물

45 예방규정을 정해야 하는 제조소 등의 관계인은 예방규정을 정하여 언제까지 시·도지사에게 제출해야 하는가?

① 제조소 등의 착공신고 전
② 제조소 등의 완공신고 전
③ 제조소 등의 사용시작 전
④ 제조소 등의 탱크안전성능시험 전

해설
예방규정 : 제조소 등의 사용시작 전에 시·도지사에게 제출(위험물법 제17조)

46 제4류 위험물의 지정수량 연결이 잘못된 것은?

① 아세톤 – 400[L]
② 휘발유 – 200[L]
③ 등유 – 1,000[L]
④ 초산메틸 – 400[L]

해설
제4류 위험물의 지정수량(위험물법 영 별표 1)

종류 항목	아세톤	휘발유	등 유	초산메틸
품 명	제1석유류 (수용성)	제1석유류 (비수용성)	제2석유류 (비수용성)	제1석유류 (비수용성)
지정수량	400[L]	200[L]	1,000[L]	200[L]

47 자동화재탐지설비의 설치대상으로 틀린 것은?

① 근린생활시설로서 연면적 600[m²] 이상인 것
② 교육연구시설로서 연면적 2,000[m²] 이상인 것
③ 지하구
④ 길이 500[m] 이상의 터널

해설
터널로서 길이가 1,000[m] 이상인 것은 자동화재탐지설비를 설치해야 한다(소방시설법 영 별표 4).

48 소화난이도등급Ⅲ의 알킬알루미늄을 저장하는 이동탱크저장소에 자동차용 소화기 2개 이상을 설치한 후 추가로 설치해야 할 마른모래는 몇 [L] 이상인가?

① 50[L] 이상
② 100[L] 이상
③ 150[L] 이상
④ 200[L] 이상

해설
소화난이도등급Ⅲ의 알킬알루미늄을 저장하는 이동탱크저장소(위험물법 규칙 별표 17)
• 자동차용 소화기 2개 이상을 설치한 후
• 추가로 설치
  – 마른모래 : 150[L] 이상
  – 팽창질석, 팽창진주암 : 640[L] 이상

49 둘 이상의 특정소방대상물이 구조의 복도 또는 통로(연결통로)로 연결된 경우에는 이를 하나의 소방대상물로 보는데 해당하지 않는 것은?

① 내화구조가 아닌 연결통로로 연결된 경우
② 지하보도, 지하상가, 터널로 연결된 경우
③ 내화구조로 된 연결통로가 벽이 없는 구조로서 그 길이가 10[m] 이하인 경우
④ 지하구로 연결된 경우

해설
복도 또는 통로(연결통로)로 연결된 경우 하나의 소방대상물로 보는 경우(영 별표 2)
• 내화구조로 된 연결통로가 다음의 어느 하나에 해당되는 경우
  – 벽이 없는 구조로서 그 길이가 6[m] 이하인 경우
  – 벽이 있는 구조로서 그 길이가 10[m] 이하인 경우. 다만, 벽 높이가 바닥에서 천장 높이까지의 높이의 1/2 이상인 경우에는 벽이 있는 구조로 보고, 벽 높이가 바닥에서 천장 높이까지의 높이의 1/2 미만인 경우에는 벽이 없는 구조로 본다.
• 내화구조가 아닌 연결통로로 연결된 경우
• 컨베이어로 연결되거나 플랜트설비의 배관 등으로 연결되어 있는 경우
• 지하보도, 지하상가, 터널로 연결된 경우
• 자동방화셔터 또는 60분+ 방화문이 설치되지 않은 피트(전기설비 또는 배관설비 등이 설치되는 공간)로 연결된 경우
• 지하구로 연결된 경우

정답 46 ④ 47 ④ 48 ③ 49 ③

50 일반 소방시설설계업의 기계분야의 영업범위는 연면적 몇 [m²] 미만의 특정소방대상물에 대한 소방시설의 설계인가?

① 10,000[m²] ② 20,000[m²]
③ 30,000[m²] ④ 50,000[m²]

해설
일반 소방시설설계업(기계, 전기)의 영업범위(공사업법 영 별표 1) : 연면적 30,000[m²] 미만

51 건축허가 동의대상물이 아닌 것은?

① 연면적 600[m²]인 대중음식점
② 연면적 1,800[m²]인 교회
③ 항공기 격납고
④ 연면적 300[m²]인 목조주택

해설
연면적이 400[m²] 이상인 건축물이나 시설은 건축허가 동의 대상이다(소방시설법 영 제7조).

52 소방대상물이 연면적이 33[m²]가 되지 않아도 소화기를 설치해야 하는 곳은?

① 유흥음식점 ② 국가유산
③ 영화관 ④ 교육시설

해설
소화기구의 설치기준(소방시설법 영 별표 4)
• 연면적 33[m²] 이상인 것
• 가스시설, 발전시설 중 전기저장시설 및 국가유산
• 터널
• 지하구

53 특정소방대상물 중 노유자시설에 속하지 않는 것은?

① 정신의료기관
② 장애인관련시설
③ 아동복지시설
④ 장애인직업재활시설

해설
정신의료기관 : 의료시설(소방시설법 영 별표 2)

54 소방안전관리의 취약성 등을 고려하여 소방시설정보관리시스템 구축·운영할 수 있는 대상이 아닌 것은?

① 문화 및 집회시설
② 판매시설
③ 근린생활시설
④ 노유자시설

해설
소방시설정보관리시스템 구축·운영할 수 있는 대상(소방시설법 영 제12조)
• 문화 및 집회시설   • 종교시설
• 판매시설   • 의료시설
• 노유자시설   • 숙박이 가능한 수련시설
• 숙박시설   • 업무시설
• 공장   • 창고시설
• 위험물 저장 및 처리시설 • 지하상가
• 지하구   • 터널

55 다음 중 소방시설관리업의 보조기술인력으로 등록할 수 없는 자는?

① 소방설비기사
② 산업안전기사
③ 소방설비산업기사
④ 소방공무원으로 3년 이상 근무 경력자로 소방기술 인정 자격수첩을 교부받은 자

해설
산업안전기사는 소방시설관리업의 보조기술인력으로 등록할 수 없다.

56 다음 중 화재예방강화지구의 지정대상 지역이 아닌 곳은?

① 시장지역
② 공장·창고가 밀집한 지역
③ 주택이 밀집한 지역
④ 위험물의 저장 및 처리시설이 밀집한 지역

해설
화재예방강화지구의 지정대상 지역(화재예방법 제18조)
• 시장지역
• 공장·창고가 밀집한 지역
• 목조건물이 밀집한 지역
• 노후·불량건축물이 밀집한 지역
• 위험물의 저장 및 처리시설이 밀집한 지역

57 화재를 진압하고 화재, 재난·재해 등 위급한 상황에서의 구조·구급활동 등을 하기 위하여 소방공무원, 의무소방원, 의용소방대원으로 편성된 조직체를 무엇이라 하는가?

① 소방대원
② 구급구조대
③ 소방대
④ 의용소방대

해설
소방대(소방기본법 제2조) : 화재를 진압하고 화재, 재난·재해 등 위급한 상황에서의 구조·구급활동 등을 하기 위하여 소방공무원, 의무소방원, 의용소방대원으로 편성된 조직체

58 소방안전관리업무를 수행하지 않은 특정소방대상물의 관계인의 벌칙은?

① 200만원 이하의 과태료
② 200만원 이하의 벌금
③ 300만원 이하의 과태료
④ 300만원 이하의 벌금

해설
소방안전관리자의 업무태만 : 300만원 이하의 과태료(화재예방법 제52조)

정답 55 ② 56 ③ 57 ③ 58 ③

59 화재의 예방 및 안전관리에 관한 법률에 따른 화재안전조사의 의무를 가진 자는?

① 시·도지사
② 행정안전부장관
③ 소방본부장 또는 소방서장
④ 관할 경찰서장

해설
화재안전조사권자(법 제7조) : 소방관서장(소방청장, 소방본부장 또는 소방서장)

60 위험물탱크 안전성능시험자가 되고자 하는 자는?

① 행정안전부장관의 지정을 받아야 한다.
② 시·도지사에게 등록해야 한다.
③ 시·도 소방본부장의 지정을 받아야 한다.
④ 소방서장에게 등록해야 한다.

해설
위험물탱크 안전성능시험자가 되고자 하는 자(위험물법 제16조) : 시·도지사에게 등록

제4과목 소방전기시설의 구조 및 원리

61 자동화재탐지설비 및 시각경보장치의 화재안전기술기준(NFTC 203)에서 열반도체식 차동식 분포형 감지기의 설치개수를 결정하는 기준 바닥면적으로 적합한 것은?

① 부착높이가 8[m] 미만인 장소로 주요구조부가 내화구조로 된 특정소방대상물인 경우 감지기 1종은 40[m^2], 2종은 23[m^2]이다.
② 부착높이가 8[m] 미만인 장소로 주요구조부가 내화구조가 아닌 특정소방대상물인 경우 감지기 1종은 30[m^2] 2종은 23[m^2]이다.
③ 부착높이가 8[m] 이상 15[m] 미만인 장소로 주요구조부가 내화구조로 된 특정소방대상물인 경우 감지기 1종은 50[m^2], 2종은 36[m^2]이다.
④ 부착높이가 8[m] 이상 15[m] 미만인 장소로 주요구조부가 내화구조가 아닌 특정소방대상물인 경우 감지기 1종은 40[m^2], 2종은 18[m^2]이다.

해설
자동화재탐지설비의 열반도체식 차동식 분포형 감지기 설치기준(NFTC 203)
- 감지부는 그 부착높이 및 특정소방대상물에 따라 다음 표에 따른 바닥면적마다 1개 이상으로 할 것. 다만, 바닥면적이 다음 표에 따른 면적의 2배 이하인 경우에는 2개(부착높이가 8[m] 미만이고, 바닥면적이 다음 표에 따른 면적 이하인 경우에는 1개) 이상으로 해야 한다.

부착높이 및 특정소방대상물의 구분		감지기의 종류 (단위 : [m^2])	
		1종	2종
8[m] 미만	주요구조부가 내화구조로 된 특정소방대상물 또는 그 부분	65	36
	기타 구조의 특정소방대상물 또는 그 부분	40	23
8[m] 이상 15[m] 미만	주요구조부가 내화구조로 된 특정소방대상물 또는 그 부분	50	36
	기타 구조의 특정소방대상물 또는 그 부분	30	23

- 하나의 검출기에 접속하는 감지부는 2개 이상 15개 이하가 되도록 할 것. 다만, 각각의 감지부에 대한 작동 여부를 검출기에서 표시할 수 있는 것(주소형)은 형식승인 받은 성능인정범위 내의 수량으로 설치할 수 있다.

62 비상콘센트설비의 화재안전기술기준(NFTC 504)에 따라 비상콘센트설비에 자가발전설비, 비상전원수전설비, 축전지설비 또는 전기저장장치를 비상전원으로 설치해야 하는 것은?

① 지하층을 포함한 층수가 7층인 특정소방대상물
② 지하층의 바닥면적의 합계가 3,000[m²]인 특정소방대상물
③ 지하층의 층수가 3층인 특정소방대상물
④ 지하층을 제외한 층수가 5층으로 연면적이 1,000[m²]인 특정소방대상물

해설

비상콘센트설비의 전원 설치기준(NFTC 504)
- 상용전원회로의 배선은 저압수전인 경우에는 인입개폐기의 직후에서, 고압수전 또는 특고압수전인 경우에는 전력용변압기 2차 측의 주차단기 1차 측 또는 2차 측에서 분기하여 전용배선으로 할 것
- 지하층을 제외한 층수가 7층 이상으로서 연면적이 2,000[m²] 이상이거나 지하층의 바닥면적의 합계가 3,000[m²] 이상인 특정소방대상물의 비상콘센트설비에는 자가발전설비, 비상전원수전설비, 축전지설비 또는 전기저장장치(외부 전기에너지를 저장해 두었다가 필요한 때 전기를 공급하는 장치)를 비상전원으로 설치할 것. 다만, 2 이상의 변전소에서 전력을 동시에 공급받을 수 있거나 하나의 변전소로부터 전력의 공급이 중단되는 때는 자동으로 다른 변전소로부터 전력을 공급받을 수 있도록 상용전원을 설치한 경우에는 비상전원을 설치하지 않을 수 있다.

63 유도등 및 유도표지의 화재안전기술기준(NFTC 303)에서 정하는 3선식 배선으로 상시 충전되는 유도등의 전기회로에 점멸기를 설치하는 경우 자동으로 점등되어야 하는 조건으로 틀린 것은?

① 옥외소화전설비의 펌프가 작동되는 때
② 자동화재탐지설비의 감지기 또는 발신기가 작동되는 때
③ 방재업무를 통제하는 곳에서 수동으로 점등하는 때
④ 상용전원이 정전되거나 전원선이 단선되는 때

해설

3선식 배선으로 상시 충전되는 유도등의 전기회로에 점멸기를 설치할 때 유도등이 자동으로 점등되어야 하는 경우(NFTC 303)
- 자동화재탐지설비의 감지기 또는 발신기가 작동되는 때
- 비상경보설비의 발신기가 작동되는 때
- 상용전원이 정전되거나 전원선이 단선되는 때
- 방재업무를 통제하는 곳 또는 전기실의 배전반에서 수동으로 점등하는 때
- 자동소화설비가 작동되는 때

64 누전경보기의 화재안전기술기준(NFTC 205)에서 누전경보기 수신부의 설치장소로 적당한 곳은?

① 옥내에 점검이 편리한 건조한 장소
② 부식성의 증기 등이 다량으로 체류하는 장소
③ 습도가 높은 장소
④ 온도의 변화가 급격한 장소

해설

누전경보기의 수신부 설치제외 장소(NFTC 205)
- 가연성의 증기·먼지·가스 등이나 부식성의 증기·가스 등이 다량으로 체류하는 장소
- 화약류를 제조하거나 저장 또는 취급하는 장소
- 습도가 높은 장소
- 온도의 변화가 급격한 장소
- 대전류회로·고주파 발생회로 등에 따른 영향을 받을 우려가 있는 장소

정답 62 ② 63 ① 64 ①

65 비상방송설비의 화재안전기술기준(NFTC 202)에서 비상방송설비의 음향장치 설치기준으로 틀린 것은?

① 확성기의 음성입력은 3[W](실내에 설치하는 것에 있어서는 1[W]) 이상일 것
② 음량조정기를 설치하는 경우 음량조정기의 배선은 3선식으로 할 것
③ 조작부의 조작스위치는 바닥으로부터 0.5[m] 이상 1.0[m] 이하의 높이에 설치할 것
④ 확성기는 각 층마다 설치하되, 그 층의 각 부분으로부터 하나의 확성기까지의 수평거리가 25[m] 이하가 되도록 할 것

해설
비상방송설비의 음향장치 설치기준(NFTC 202)
- 확성기의 음성입력은 3[W](실내에 설치하는 것에 있어서는 1[W]) 이상일 것
- 확성기는 각 층마다 설치하되, 그 층의 각 부분으로부터 하나의 확성기까지의 수평거리가 25[m] 이하가 되도록 하고, 해당 층의 각 부분에 유효하게 경보를 발할 수 있도록 설치할 것
- 음량조정기를 설치하는 경우 음량조정기의 배선은 3선식으로 할 것
- 조작부의 조작스위치는 바닥으로부터 0.8[m] 이상 1.5[m] 이하의 높이에 설치할 것
- 증폭기 및 조작부는 수위실 등 상시 사람이 근무하는 장소로서 점검이 편리하고 방화상 유효한 곳에 설치할 것
- 기동장치에 따른 화재신호를 수신한 후 필요한 음량으로 화재발생상황 및 피난에 유효한 방송이 자동으로 개시될 때까지의 소요시간은 10초 이내로 할 것
- 음향장치는 정격전압의 80[%] 전압에서 음향을 발할 수 있는 것으로 할 것

66 비상방송설비의 화재안전기술기준(NFTC 205)에 따라 지하 4층, 지상 11층인 특정소방대상물에 비상방송설비를 설치하였다. 지하 2층에서 화재가 발생한 경우 우선적으로 경보를 발해야 하는 층은?

① 건물 내 모든 층에 동시경보
② 지하 1층, 지하 2층, 지하 3층, 지하 4층
③ 지하 1층, 지상 1층
④ 지하 1층, 지하 2층

해설
비상방송설비의 음향장치 설치기준(NFTC 202)
층수가 11층(공동주택의 경우에는 16층) 이상의 특정소방대상물은 다음의 기준에 따라 경보를 발할 수 있도록 해야 한다.
- 2층 이상의 층에서 발화한 때는 발화층 및 그 직상 4개 층에 경보를 발할 것
- 1층에서 발화한 때는 발화층·그 직상 4개 층 및 지하층에 경보를 발할 것
- 지하층에서 발화한 때는 발화층·그 직상층 및 기타의 지하층에 경보를 발할 것

∴ 발화층(지하 2층)과 직상층(지하 1층) 그리고 기타의 지하층(지하 3층, 지하 4층)에 경보를 발해야 한다.

67 비상경보설비 및 단독경보형감지기의 화재안전기술(NFTC 201)에 따라 거실이 4개인 특정소방대상물에 단독경보형감지기를 설치하려고 한다. 거실의 면적은 각각 A실 28[m²], B실 310[m²], C실 35[m²], D실 155[m²]이다. 단독경보형감지기는 몇 개 이상 설치해야 하는가?

① 4개 ② 5개
③ 6개 ④ 7개

> **해설**
> 단독경보형감지기의 설치기준(NFTC 201) : 각 실(이웃하는 실내의 바닥면적이 각각 30[m²] 미만이고 벽체의 상부의 전부 또는 일부가 개방되어 이웃하는 실내와 공기가 상호 유통되는 경우에는 이를 1개의 실로 본다)마다 설치하되, 바닥면적이 150[m²]를 초과하는 경우에는 150[m²]마다 1개 이상 설치할 것
> - A실의 바닥면적(28[m²])이 150[m²] 이하이므로 1개 설치
> - B실의 설치개수 = $\frac{310[m^2]}{150[m^2]}$ = 2.07 ≒ 3개 설치
> - C실의 바닥면적(35[m²])이 150[m²] 이하이므로 1개 설치
> - D실 설치개수 = $\frac{155[m^2]}{150[m^2]}$ = 1.03 ≒ 2개 설치
> ∴ 단독경보형감지기의 총 설치개수=1개+3개+1개+2개=7개

68 피난기구의 화재안전기술기준(NFTC 301)에서 피난기구의 설치기준으로 옳지 않은 것은?

① 숙박시설·노유자시설 및 의료시설은 그 층의 바닥면적 500[m²]마다 1개 이상 설치할 것
② 계단실형 아파트에 있어서는 각 층마다 1개 이상 설치할 것
③ 복합용도의 층이 있어서는 그 층의 바닥면적 800[m²]마다 1개 이상 설치할 것
④ 피난기구 외에 숙박시설(휴양콘도미니엄을 제외한다)의 경우에는 추가로 객실마다 완강기 또는 2 이상의 간이완강기를 설치할 것

> **해설**
> 피난기구의 설치개수 기준(NFTC 301)
> - 층마다 설치하되, 숙박시설·노유자시설 및 의료시설로 사용되는 층에 있어서는 그 층의 바닥면적 500[m²]마다 1개 이상 설치할 것
> - 층마다 설치하되, 위락시설·문화집회 및 운동시설·판매시설로 사용되는 층 또는 복합용도의 층에 있어서는 그 층의 바닥면적 800[m²]마다 1개 이상 설치할 것
> - 계단실형 아파트에 있어서는 각 세대마다, 그 밖의 용도의 층에 있어서는 그 층의 바닥면적 1,000[m²]마다 1개 이상 설치할 것
> - 피난기구 외에 숙박시설(휴양콘도미니엄을 제외한다)의 경우에는 추가로 객실마다 완강기 또는 2 이상의 간이완강기를 설치할 것

69 무선통신보조설비의 화재안전기술기준(NFTC 505)에서 누설동축케이블 및 안테나는 고압의 전로로부터 몇 [m] 이상 떨어진 위치에 설치해야 하는가?

① 1.5
② 4.0
③ 100
④ 300

> **해설**
> 무선통신보조설비의 누설동축케이블 설치기준(NFTC 505)
> - 누설동축케이블 및 안테나는 고압의 전로로부터 1.5[m] 이상 떨어진 위치에 설치할 것. 다만, 해당 전로에 정전기 차폐장치를 유효하게 설치한 경우에는 그렇지 않다.
> - 누설동축케이블 및 동축케이블은 화재에 따라 해당 케이블의 피복이 소실된 경우에 케이블 본체가 떨어지지 않도록 4[m] 이내마다 금속제 또는 자기제 등의 지지금구로 벽·천장·기둥 등에 견고하게 고정할 것. 다만, 불연재료로 구획된 반자 안에 설치하는 경우에는 그렇지 않다.

70 비상콘센트설비의 화재안전기술기준(NFTC 504)에서 정하는 ( ) 안에 들어갈 내용으로 옳은 것은?

> 고압이란 직류는 (가)[kV]를, 교류는 (나)[kV]를 초과하고, (다)[kV] 이하인 것을 말한다.

① (가) 1.5 (나) 1.0 (다) 7
② (가) 1.0 (나) 1.5 (다) 7
③ (가) 1.0 (나) 1.0 (다) 10
④ (가) 1.5 (나) 1.5 (다) 10

> **해설**
> 비상콘센트설비에서 전압의 구분(NFTC 504)
> - 저압 : 직류는 1.5[kV] 이하, 교류는 1[kV] 이하인 것을 말한다.
> - 고압 : 직류는 1.5[kV]를, 교류는 1[kV]를 초과하고, 7[kV] 이하인 것을 말한다.
> - 특고압 : 7[kV]를 초과하는 것을 말한다.

71 소방시설용 비상전원수전설비의 화재안전기술기준(NFTC 602)에서 정하는 용어 중 전력수급용 계기용변성기·주차단장치 및 그 부속기기로 정의되는 것은?

① 수전설비
② 변전설비
③ 큐비클설비
④ 배전반설비

해설
소방시설용 비상전원수전설비의 용어 정의(NFTC 602)
- 수전설비 : 전력수급용 계기용변성기·주차단장치 및 그 부속기기를 말한다.
- 변전설비 : 전력용변압기 및 그 부속장치를 말한다.
- 전용큐비클식 : 소방회로용의 것으로 수전설비, 변전설비와 그 밖의 기기 및 배선을 금속제 외함에 수납한 것을 말한다.
- 전용배전반 : 소방회로 전용의 것으로서 개폐기, 과전류차단기, 계기와 그 밖의 배선용기기 및 배선을 금속제 외함에 수납한 것을 말한다.

72 가스누설경보기의 형식승인 및 제품검사의 기술기준에서 가스가 누설된 경계구역의 위치를 표시하는 표시등은 등이 켜질 때 무슨 색으로 표시되어야 하는가?

① 적 색   ② 황 색
③ 녹 색   ④ 청 색

해설
가스누설경보기의 표시등 기준(제8조)
- 전구는 2개 이상을 병렬로 접속해야 한다. 다만, 방전등 또는 발광다이오드의 경우에는 그렇지 않다.
- 전구에는 적당한 보호덮개를 설치해야 한다. 다만, 발광다이오드의 경우에는 그렇지 않다.
- 가스의 누설을 표시하는 표시등(누설등) 및 가스가 누설된 경계구역의 위치를 표시하는 표시등(지구등)은 등이 켜질 때 황색으로 표시되어야 한다. 다만, 누설등을 설치한 수신부의 지구등 및 수신기와 병용하지 않는 지구등은 그렇지 않다.
- 주위의 밝기가 300[lx]인 장소에서 측정하여 앞면으로부터 3[m] 떨어진 곳에서 켜진등이 확실히 식별되어야 한다.

73 시각경보장치의 성능인증 및 제품검사의 기술기준에서 시각경보장치에 작동신호를 보내어 약 1분간 점멸회수를 측정하는 경우 점멸주기는 매 초당 몇 회 이내여야 하는가?

① 1회 이상 3회 이내   ② 1회 이상 5회 이내
③ 1회 이상 10회 이내   ④ 1회 이상 20회 이내

해설
시각경보장치의 기능(제4조) : 시각경보장치에 작동신호를 보내어 약 1분간 점멸회수를 측정하는 경우 점멸주기는 매 초당 1회 이상 3회 이내이어야 한다.

74 자동화재탐지설비 및 시각경보장치의 화재안전기술기준(NFTC 203)에서 청각장애인용 시각경보장치의 설치기준으로 옳지 않은 것은?

① 공연장·집회장·관람장의 경우 시선이 집중되는 무대부 부분 등에 설치할 것
② 복도·통로·청각장애인용 객실 및 공용으로 사용하는 거실에 설치하며, 각 부분으로부터 유효하게 경보를 발할 수 있는 위치에 설치할 것
③ 시각경보장치의 광원은 상용전원에 의하여 점등되도록 할 것
④ 설치높이는 바닥으로부터 2[m] 이상 2.5[m] 이하의 장소에 설치할 것

해설
청각장애인용 시각경보장치의 설치기준(NFTC 203)
- 복도·통로·청각장애인용 객실 및 공용으로 사용하는 거실(로비, 회의실, 강의실, 식당, 휴게실, 오락실, 대기실, 체력단련실, 접객실, 안내실, 전시실, 기타 이와 유사한 장소)에 설치하며, 각 부분으로부터 유효하게 경보를 발할 수 있는 위치에 설치할 것
- 공연장·집회장·관람장 또는 이와 유사한 장소에 설치하는 경우에는 시선이 집중되는 무대부 부분 등에 설치할 것
- 설치높이는 바닥으로부터 2[m] 이상 2.5[m] 이하의 장소에 설치할 것. 다만, 천장의 높이가 2[m] 이하인 경우에는 천장으로부터 0.15[m] 이내의 장소에 설치해야 한다.
- 시각경보장치의 광원은 전용의 축전지설비 또는 전기저장장치(외부 전기에너지를 저장해 두었다가 필요한 때 전기를 공급하는 장치)에 의하여 점등되도록 할 것

정답 71 ① 72 ② 73 ① 74 ③

75 정온식 스포트형 감지기의 구조 및 작동원리에 대한 방식이 아닌 것은?

① 가용절연물을 이용한 방식
② 줄열을 이용한 방식
③ 바이메탈의 활곡 및 반전을 이용한 방식
④ 금속의 팽창계수차를 이용한 방식

해설
정온식 스포트형 감지기의 구조 및 작동원리에 대한 방식
- 가용절연물을 이용한 방식
- 바이메탈의 활곡 및 반전을 이용한 방식
- 금속의 팽창계수차를 이용한 방식
- 액체(기체)의 팽창을 이용한 방식

76 유도등의 형식승인 및 제품검사의 기술기준에서 통로유도등의 표시면 색상으로 맞는 것은?

① 백색바탕에 녹색문자
② 백색바탕에 적색문자
③ 녹색바탕에 백색문자
④ 적색바탕에 백색문자

해설
피난유도표시 방법(제9조)
- 유도등의 표시면 색상은 피난구유도등인 경우 녹색바탕에 백색문자로, 통로유도등인 경우는 백색바탕에 녹색문자를 사용해야 한다.
- 통로유도등의 표시면에는 그림문자와 함께 피난방향을 지시하는 화살표를 표시해야 한다.

77 유도등 및 유도표지의 화재안전기술기준(NFTC 303)에서 공연장 및 집회장에 설치해야 할 유도등 및 유도표지의 종류로 옳은 것은?

① 대형피난구유도등, 통로유도등, 객석유도등
② 중형피난구유도등, 통로유도등
③ 소형피난구유도등, 통로유도등
④ 피난구유도표지, 통로유도표지

해설
특정소방대상물의 용도별로 설치해야 할 유도등(NFTC 303)

설치장소	유도등
1. 공연장, 집회장(종교집회장 포함), 관람장, 운동시설	• 대형피난구유도등 • 통로유도등 • 객석유도등
2. 유흥주점영업시설(유흥주점영업 중 손님이 춤을 출 수 있는 무대가 설치된 카바레, 나이트클럽 또는 그 밖에 이와 비슷한 영업시설만 해당)	
3. 위락시설, 판매시설, 운수시설, 관광숙박업, 의료시설, 장례식장, 방송통신시설, 전시장, 지하상가, 지하철역사	• 대형피난구유도등 • 통로유도등
4. 숙박시설(관광숙박업 외의 것), 오피스텔	• 중형피난구유도등 • 통로유도등
5. 지하층, 무창층 또는 층수가 11층 이상인 특정소방대상물	
6. 근린생활시설, 노유자시설, 업무시설, 발전시설, 종교시설(집회장 용도로 사용하는 부분 제외), 교육연구시설, 수련시설, 공장, 교정 및 군사시설(국방·군사시설 제외), 자동차정비공장, 운전학원 및 정비학원, 다중이용업소, 복합건축물	• 소형피난구유도등 • 통로유도등
7. 그 밖의 것	• 피난구유도표시 • 통로유도표지

정답 75 ② 76 ① 77 ①

78 비상조명등의 화재안전기술기준(NFTC 304)에서 지하상가 및 지하역사의 경우 휴대용 비상조명등의 설치기준으로 알맞은 것은?

① 수평거리 25[m] 이내마다 5개 이상 설치
② 수평거리 50[m] 이내마다 5개 이상 설치
③ 보행거리 25[m] 이내마다 3개 이상 설치
④ 보행거리 50[m] 이내마다 3개 이상 설치

해설
휴대용 비상조명등의 설치기준(NFTC 304)
- 숙박시설 또는 다중이용업소에는 객실 또는 영업장 안의 구획된 실마다 잘 보이는 곳(외부에 설치 시 출입문 손잡이로부터 1[m] 이내 부분)에 1개 이상 설치할 것
- 대규모점포(지하상가 및 지하역사는 제외)와 영화상영관에는 보행거리 50[m] 이내마다 3개 이상 설치할 것
- 지하상가 및 지하역사에는 보행거리 25[m] 이내마다 3개 이상 설치할 것
- 설치높이는 바닥으로부터 0.8[m] 이상 1.5[m] 이하의 높이에 설치할 것
- 사용 시 자동으로 점등되는 구조일 것
- 외함은 난연성능이 있을 것
- 건전지 및 충전식 배터리의 용량은 20분 이상 유효하게 사용할 수 있는 것으로 할 것

79 속보기는 작동신호를 수신하거나 수동으로 동작시키는 경우 20초 이내에 소방관서에 자동적으로 신호를 발하여 알리되, 몇 회 이상 속보할 수 있어야 하는가?(단, 아날로그식 축적형 수신기를 접속하는 경우에는 제외한다)

① 2회　　② 3회
③ 4회　　④ 5회

해설
자동화재속보설비의 속보기의 기능(자동화재속보설비의 속보기의 성능인증 및 제품검사의 기술기준 제5조)
- 속보기(아날로그식 축적형 수신기를 접속하는 경우에는 제외한다)는 작동신호를 수신하거나 수동으로 동작시키는 경우 20초 이내에 소방관서에 자동적으로 신호를 발하여 알리되, 3회 이상 속보할 수 있어야 한다.
- 연동 또는 수동으로 소방관서에 화재발생 음성정보를 속보중인 경우에도 송수화장치를 이용한 통화가 우선적으로 가능해야 한다.
- 예비전원을 병렬로 접속하는 경우에는 역충전 방지 등의 조치를 해야 한다.
- 예비전원은 감시상태를 60분간 지속한 후 10분 이상 동작(화재속보 후 화재표시 및 경보를 10분간 유지하는 것을 말한다)이 지속될 수 있는 용량이어야 한다.

80 감지기의 형식승인 및 제품검사의 기술기준에서 감지기의 형식 중 주위의 온도 또는 연기 양의 변화에 따른 화재정보신호값을 출력하는 방식의 감지기는?

① 다신호식　　② 아날로그식
③ 2신호식　　④ 디지털식

해설
감지기의 형식별 특성(제4조)
- 다신호식 : 1개의 감지기 내에서 각 서로 다른 종별 또는 감도 등의 기능을 갖춘 것으로서 일정시간 간격을 두고 각각 다른 2개 이상의 화재신호를 발하는 감지기
- 방폭형 : 폭발성가스가 용기 내부에서 폭발하였을 때 용기가 그 압력에 견디거나 또는 외부의 폭발성가스에 인화될 우려가 없도록 만들어진 형태의 감지기
- 축적형 : 일정농도·온도 이상의 연기 또는 온도가 일정시간(공칭축적시간) 연속하는 것을 전기적으로 검출함으로써 작동하는 감지기(다만, 단순히 작동시간만을 지연시키는 것은 제외)
- 아날로그식 : 주위의 온도 또는 연기 양의 변화에 따른 화재정보신호값을 출력하는 방식의 감지기
- 연동식 : 단독경보형감지기가 작동할 때 화재를 경보하며 유·무선으로 주위의 다른 감지기에 신호를 발신하고 신호를 수신한 감지기도 화재를 경보하며 다른 감지기에 신호를 발신하는 방식의 것

2023년 제2회 과년도 기출복원문제

제1과목 소방원론

01 Stefan-Boltzmann의 법칙에서 복사열은 절대온도의 몇 제곱에 비례하는가?

① 2제곱　　② 3제곱
③ 4제곱　　④ 5제곱

해설
복사열은 절대온도의 4제곱에 비례한다.

02 가연성이 있는 것은?

① 질소　　② 이산화탄소
③ 아황산가스　　④ 일산화탄소

해설
일산화탄소(CO)는 가연성 가스이고, 이산화탄소(CO_2)는 불연성 가스이다.

03 연소와 관계 깊은 화학반응은?

① 중화반응　　② 치환반응
③ 환원반응　　④ 산화반응

해설
연소 : 가연물이 산소와 반응하여 열과 빛을 동반하는 급격한 산화반응

04 가연물 등의 연소 시 건축물의 붕괴 등을 고려하여 무엇을 설계해야 하는가?

① 연소하중　　② 내화하중
③ 화재하중　　④ 파괴하중

해설
화재하중은 단위면적당 저장하는 가연물의 양을 계산하는 데 이용한다.

특정소방 대상물	주택, 아파트	사무실	창고	시장
화재하중 $[kg/m^2]$	30~60	30~150	200~1,000	100~200

05 내장재의 발화시간에 영향을 주는 요소가 아닌 것은?

① 열전도율　　② 발화점
③ 화염확산 속도　　④ 복사플럭스

해설
발화시간의 영향 인자
• 열전도율
• 발화점
• 복사플럭스

정답 1 ③　2 ④　3 ④　4 ③　5 ③

06 목재인 가연물이 착화에너지가 충분하지 못하여 연소하지 못하고 분해가스만 방출하는 현상을 무엇이라 하는가?

① 탄화현상　　② 경화현상
③ 조해현상　　④ 풍해현상

해설
탄화현상 : 가연물이 착화에너지가 충분하지 못하여 연소하지 못하고 분해가스만 방출하는 현상

07 다음 설명 중 가장 옳은 것은?

① 가연성 물질의 연소에 필요한 산화제의 역할을 할 수 있는 것으로 오존, 불소, 네온이 있다.
② 아르곤은 산화, 분해, 흡착반응에 의해 자연발화를 일으킬 수 있다.
③ 활성화 에너지의 값이 작을수록 연소가 잘 이루어진다.
④ 인화온도가 낮은 것은 연소온도가 높다.

해설
• 오존, 불소, 네온은 불연성(조연성) 물질이다.
• 아르곤은 0족 원소인 불활성 기체이다.
• 활성화 에너지가 작을수록 연소가 잘 이루어진다.
• 연소점은 인화점보다 약 10[℃] 높다.

08 연소 시 불완전 연소하여 짙은 연기를 생성하게 될 때는 어떤 때인가?

① 온도가 낮을 때
② 온도가 높을 때
③ 공기가 부족할 때
④ 공기가 충분할 때

해설
공기가 부족하면 불완전 연소하여 짙은 연기를 생성하게 된다.

09 표면연소만 일어나는 것은?

① 목 재　　② 합성수지
③ 숯　　　④ 섬유질

해설
표면연소 : 목탄, 코크스, 숯, 금속분 등 열분해에 의하여 물질 자체가 연소하는 현상

10 가연성 액체에 점화원을 가져가서 인화된 후에 점화원을 제거하여도 가연물이 계속 연소되는 최저 온도를 무엇이라 하는가?

① 인화점　　② 폭발온도
③ 연소점　　④ 자동발화점

해설
연소점 : 인화된 후 점화원을 제거하여도 가연물이 계속 연소되는 최저온도

11 연쇄반응과 관계가 없는 것은?

① 증발연소　　② 분해연소
③ 작열연소　　④ 불꽃연소

해설
작열연소는 응축상태의 연소로서 연쇄반응과 관계가 없다.

12 건물화재 시 연기가 건물 밖으로 이동하는 주된 요인이 아닌 것은?

① 굴뚝효과
② 건물 내부의 냉방 작동
③ 온도 상승에 따른 기체의 팽창
④ 기후조건

해설
연기의 이동요인
• 굴뚝(연돌)효과
• 외부에서의 풍력
• 온도 상승에 따른 기체의 팽창
• 기후조건
• 공기유동의 영향

13 가연물질이 열분해 되어 생성된 가스 중 독성이 가장 큰 것은?

① 일산화탄소 ② 염화수소
③ 이산화탄소 ④ 포스겐가스

해설
포스겐은 사염화탄소가 공기, 이산화탄소, 수분과 접촉 시 발생하는 가스로서 독성이 매우 크다

14 다음 중 할론소화기를 설치할 수 있는 장소는?

① 사무실 ② 무창층
③ 지하층 ④ 환기가 잘 되는 실내

해설
할론소화기 설치 제외 장소
• 지하층
• 무창층
• 밀폐된 거실로서 바닥면적이 20[m^2] 미만인 장소

15 다음 중 자연발화 조건이 아닌 것은?

① 열전도율이 클 것
② 발열량이 클 것
③ 주위의 온도가 높을 것
④ 표면적이 넓을 것

해설
자연발화의 조건
• 열전도율이 작을 것
• 발열량이 클 것
• 주위의 온도가 높을 것
• 표면적이 넓을 것

16 제1류 위험물로서 그 성질이 산화성 고체인 것은?

① 아염소산염류
② 과염소산
③ 금속분
④ 셀룰로이드

해설
위험물의 분류

구분 \ 종류	아염소산염류	과염소산	금속분	셀룰로이드
유별	제1류 위험물	제6류 위험물	제2류 위험물	제5류 위험물
성질	산화성 고체	산화성 액체	가연성 고체	자기반응성 물질

정답 12 ② 13 ④ 14 ④ 15 ① 16 ①

17 물에 황산을 넣어 묽은 황산을 만들 때 발생되는 열은?

① 연소열
② 분해열
③ 용해열
④ 자연발열

해설
물에 황산을 넣으면 용해열이 발생한다.

18 경유화재가 발생할 때 주수소화가 부적당한 이유는?

① 경유는 물보다 비중이 가벼워 물 위에 떠서 화재확대의 우려가 있으므로
② 경유는 물과 반응하여 유독가스를 발생하므로
③ 경유의 연소열로 인하여 산소가 방출되어 연소를 돕기 때문에
④ 경류가 연소할 때 수소가스를 발생하여 연소를 돕기 때문에

해설
경유화재 시 주수소화하면 물보다 비중이 가벼워 물 위에 떠서 화재면을 확대하므로 부적당하다.

19 화학소화 중 연쇄반응 억제에 의한 소화방법으로 가장 옳은 것은?

① 화학반응으로 탄산가스가 발생하여 소화한다.
② 불꽃연소에 주로 적응되는 소화방법이다.
③ 금속화재, 화약화재 등에 적응되는 소화방법이다.
④ 할로겐화합물인 경우 할로겐 원자수의 비율이 작을수록 소화효과가 크다.

해설
불꽃연소 : 연쇄반응 억제에 의한 소화

20 다음 중 설명하는 현상으로 옳은 것은?

> 가연성 가스를 액화시켜 저장한 저장탱크 내의 액화가스가 누설되어 저장탱크 상부에 부유 또는 확산하여 있다가 착화원과 접촉할 경우 폭발을 일으킨다. 이것으로 인하여 저장탱크 또는 저장용기가 파열되어 그 내부에 있던 액화가스가 공중으로 확산하면서 화구 형태의 폭발현상을 보여줄 때를 말한다.

① 플래시오버
② 보일오버
③ 블레비현상
④ 폭굉현상

해설
블레비(BLEVE) 현상 : 액화가스가 누설되어 점화원과 접촉하여 용기가 파열되어 화구 형태의 폭발현상

제2과목 소방전기일반

21 한쪽 극판의 면적이 0.01[m²], 극판간격이 1.5[mm]인 공기콘덴서의 정전용량은?

① 약 59[pF]
② 약 118[pF]
③ 약 344[pF]
④ 약 1,334[pF]

해설
콘덴서의 정전용량

정전용량 $C = \epsilon \dfrac{A}{d} = \epsilon_0 \epsilon_s \dfrac{A}{d}$ [F]

여기서, ϵ : 유전율(공기나 진공 중의 비유전율 $\epsilon_s = 1$, 진공 중의 유전율 $\epsilon_0 \fallingdotseq 8.85 \times 10^{-12}$ [F/m])

A : 극판면적[m²]
d : 극판간격[m]

정전용량 $C = (8.85 \times 10^{-12} [\text{F/m}]) \times \dfrac{0.01 [\text{m}^2]}{1.5 \times 10^{-3} [\text{m}]}$

$= 5.9 \times 10^{-11}$ [F] $= 59 \times 10^{-12}$ [F]
$= 59$ [pF]

(여기서, 보조단위 p(피코)는 10^{-12}을 나타낸다)

22 입력신호 A, B가 동시에 "0"이거나 "1"일 때만 출력신호 X가 "1"이 되는 게이트의 명칭은?

① EXCLUSIVE NOR
② EXCLUSIVE OR
③ NAND
④ AND

해설
논리회로

- EXCLUSIVE OR 회로 : 두 개의 입력신호 중 한 개의 입력만이 1일 때 출력신호가 1이 되는 회로(2개의 입력신호가 같으면 출력이 0이고 2개의 입력신호가 다르면 출력이 1인 회로)이다.
  - 논리기호

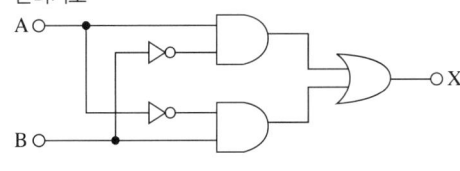

  - 논리식 $X = A \cdot \overline{B} + \overline{A} \cdot B = A \oplus B$
  - 논리표

입력		출력
A	B	X
0	0	0
1	0	1
0	1	1
1	1	0

- EXCLUSIVE NOR 회로 : EXCLUSIVE OR 회로의 부정회로이다.

입력		출력
A	B	X
0	0	1
1	0	0
0	1	0
1	1	1

- AND 회로 : 두 개의 입력신호가 1일 때에만 출력신호가 1이 되는 논리회로로서 직렬회로이다.

입력		출력
A	B	X
0	0	0
1	0	0
0	1	0
1	1	1

- NAND 회로 : AND 회로의 부정회로이다.

입력		출력
A	B	X
0	0	1
1	0	1
0	1	1
1	1	0

23 궤환제어계에서 제어요소에 대한 설명으로 옳은 것은?

① 조작부와 검출부로 구성되어 있다.
② 제어량을 검출하는 작용을 한다.
③ 목푯값에 비례하는 신호를 발생하는 제어이다.
④ 동작신호를 조작량으로 변화시키는 요소이다.

해설
피드백제어계에서 제어요소의 구성요소
- 제어요소 : 동작신호를 조작량으로 변화시키는 요소이며 조절부와 조작부로 구성되어 있다.
- 조절부 : 동작신호를 만드는 부분이며 기준 입력과 검출부 출력을 합하여 제어계가 작용을 하는데 필요한 동작신호를 만들어 조작부에 보내는 장치이다.
- 조작부 : 조절부에서 받은 신호를 조작량으로 변화시켜 제어대상에 작용하게 하는 부분이다.

24 $v = \sqrt{2}\,V\sin\omega t[\mathrm{V}]$인 전압에서 $\omega t = \dfrac{\pi}{6}[\mathrm{rad}]$일 때의 크기가 70.7[V]이면 이 전원의 실횻값은 몇 [V]가 되는가?

① 100[V] ② 200[V]
③ 300[V] ④ 400[V]

해설
실횻값 전압
- $\theta = \dfrac{180°}{\pi} \times [\mathrm{rad}]$이므로

  $\therefore \theta = \dfrac{180°}{\pi} \times \dfrac{\pi}{6} = 30°$

- 순시값 전압 $v = V_m\sin\omega t = \sqrt{2}\,V\sin\omega t$에서

  실횻값 전압 $V = \dfrac{v}{\sqrt{2}\sin\omega t} = \dfrac{70.7[\mathrm{V}]}{\sqrt{2}\sin 30°} = 99.98[\mathrm{V}]$

25 2개의 저항을 직렬로 연결하여 30[V]의 전압을 가하면 6[A]의 전류가 흐르고, 병렬로 연결하여 동일 전압을 가하면 25[A]의 전류가 흐른다. 두 저항값은 각각 몇 [Ω]인가?

① 2, 3
② 3, 5
③ 4, 5
④ 5, 6

해설
저항의 접속
- 저항을 직렬로 연결하면 합성저항 $R = r_1 + r_2$이고,

  전압 $V = IR$에서 저항 $R = \dfrac{V}{I} = \dfrac{30[\mathrm{V}]}{6[\mathrm{A}]} = 5[\Omega]$이므로

  $r_1 + r_2 = 5[\Omega]$

- 저항을 병렬로 연결하면 합성저항 $R = \dfrac{r_1 \times r_2}{r_1 + r_2}$이고,

  전압 $V = IR$에서 저항 $R = \dfrac{V}{I} = \dfrac{30[\mathrm{V}]}{25[\mathrm{A}]} = 1.2[\Omega]$이므로

  $\dfrac{r_1 \times r_2}{r_1 + r_2} = 1.2[\Omega]$

- 저항을 직렬로 접속한 합성저항 $r_1 + r_2 = 5[\Omega]$을 병렬로 접속한 합성저항 $\dfrac{r_1 \times r_2}{r_1 + r_2} = 1.2[\Omega]$에 대입한다(단위 생략).

  $\therefore \dfrac{r_1 \times r_2}{5} = 1.2$이고, $r_1 \times r_2 = 6$이다.

- 1개의 저항 $r_1 = \dfrac{6}{r_2}$이므로 $r_1 + r_2 = 5$에 대입하면

  $\dfrac{6}{r_2} + r_2 = 5$이고, 양변에 r_2를 곱하면

  $\dfrac{6}{r_2}r_2 + r_2r_2 = 5r_2$, $r_2^2 - 5r_2 + 6 = 0$

  $\therefore r_2^2 - 5r_2 + 6 = 0$을 인수분해하면 $(r_2 - 2)(r_2 - 3) = 0$
  저항 $r_2 = 2[\Omega]$이면 $r_1 = 3[\Omega]$이고, 저항 $r_1 = 3[\Omega]$이면 $r_2 = 2[\Omega]$이다.

26 3상 유도전동기를 기동하기 위하여 권선을 Y 결선하면 △결선하였을 때보다 토크는 어떻게 되는가?

① $\dfrac{1}{\sqrt{3}}$로 감소　　② $\dfrac{1}{3}$로 감소
③ 3배로 증가　　④ $\sqrt{3}$배로 증가

해설
3상 농형유도전동기의 기동법
- 전전압기동법 : 별도의 기동장치를 사용하지 않고 직접 정격전압을 인가하여 기동하며 출력이 3.7[kW], 5[HP] 이하의 소용량 전동기에 사용한다.
- Y-△기동법 : 5~15[kW] 이하의 전동기에 사용되며 기동전류와 기동토크가 $\dfrac{1}{3}$로 감소한다.
- 기동보상기법 : 15[kW] 이상의 전동기에 사용되며 탭 전압은 정격전압의 50[%], 65[%], 80[%]를 표준으로 한다.
- 리액터기동법 : 전전압기동법으로 기동전류가 큰 경우 1차 측에 직렬로 리액터를 접속하고 기동 완료 후에 리액터를 개폐기로 단락시키는 방법이다.

Plus one
권선형 유도전동기의 기동법
2차 저항 기동법 : 비례추이의 원리를 이용하여 기동전류는 작게 하고 기동토크를 크게 하여 기동하는 방법이다.

27 A급 싱글 전력증폭기에 관한 설명으로 옳지 않은 것은?

① 바이어스점은 부하선이 거의 가운데 중앙점에 취한다.
② 회로의 구성이 매우 복잡하다.
③ 출력용의 트랜지스터가 1개이다.
④ 찌그러짐이 적다.

해설
A급 전력증폭기의 특징
- 바이어스점(동작점)은 부하선상에서 거의 중앙점에 설정한다.
- 입력 정현파의 전주기에 걸쳐서 컬렉터 전류가 흐른다.
- 출력용의 트랜지스터는 1개이다.
- 파형의 일그러짐(찌그러짐)이 가장 적고 안정한 증폭기이다.
- 회로의 구성이 비교적 간단하다.

28 공기 중에서 2[cm] 거리에 있는 두 자극의 세기가 2×10^{-4}[Wb]와 4×10^{-4}[Wb]일 때, 두 자극 사이에 작용하는 힘은 약 몇 [N]인가?

① 2×10^{-8}　　② 2×10^{-2}
③ 12.66×10^{-4}　　④ 12.66

해설
쿨롱의 법칙
자기력 $F = 6.33 \times 10^4 \times \dfrac{m_1 m_2}{r^2}$ [N]

$\therefore F = 6.33 \times 10^4 \times \dfrac{(2 \times 10^{-4}\text{[Wb]}) \times (4 \times 10^{-4}\text{[Wb]})}{(0.02\text{[m]})^2}$
$= 12.66$[N]

29 논리식 A(A+B)를 간단히 하면?

① A　　② B
③ A+B　　④ A·B

해설
논리식의 간단화
- 배분법칙
  - $A + (B \cdot C) = (A+B) \cdot (A+C)$
  - $A \cdot (B+C) = (A \cdot B) + (A \cdot C)$
- 기본 대수의 정리
  - $A \cdot A = A$　　- $A + A = A$
  - $A \cdot 1 = A$　　- $A + 1 = 1$
  - $A \cdot 0 = 0$　　- $A + 0 = A$

$\therefore A \cdot (A+B) = AA + AB = A + AB = A(1+B)$
$= A \cdot 1 = A$

30 주로 정전압 회로용으로 사용되는 소자는?

① 터널다이오드　　② 포토다이오드
③ 제너다이오드　　④ 매트릭스다이오드

해설
제너다이오드 : 역방향의 전압이 어떤 값에 도달하면 역방향으로 큰 전류가 흘러 전압이 일정하게 되는 소자로서, 전원전압을 일정하게 유지하기 위한 정전압 회로에 사용된다.

정답　26 ②　27 ②　28 ④　29 ①　30 ③

31 저항을 설명한 내용 중 틀린 것은?

① 기호는 R, 단위는 [Ω]이다.
② 옴의 법칙은 $R = \dfrac{V}{I}$ 이다.
③ R의 역수는 서셉턴스이며 단위는 [℧]이다.
④ 전류의 흐름을 방해하는 작용을 저항이라고 한다.

해설
저항(R)과 컨덕턴스(G)
- 저항이란 전류의 흐름을 방해하는 작용을 나타내는 것으로 단위는 [Ω]이다.
- 컨덕턴스란 저항의 역수로서 단위는 [℧] 또는 S(지멘스)이다.

32 소화설비의 기동장치에 사용하는 전자(電磁) 솔레노이드에서 발생되는 자계의 세기는?

① 코일의 권수에 비례한다.
② 코일의 권수에 반비례한다.
③ 전류의 세기에 반비례한다.
④ 전압에 반비례한다.

해설
자계의 세기(H)
$H = \dfrac{NI}{l}$ [AT/m]
여기서, N : 코일의 권수, I : 전류[A], l : 코일의 길이[m]
∴ 자계의 세기(H)는 코일의 권수(N), 전류의 세기(I)에 비례하고 코일의 평균길이(l)에 반비례한다.

33 $i = I_m \sin \omega t$ 인 정현파에서 순시값과 실횻값이 같아지는 위상은 몇 도인가?

① 30° ② 45°
③ 50° ④ 60°

해설
정현파의 실횻값
실횻값은 최댓값의 $\dfrac{1}{\sqrt{2}}$ 이므로
순시값과 실횻값의 위상차는 $\dfrac{1}{\sqrt{2}}$ 이다.
따라서, 위상차 $\sin \omega t = \sin 45° = 0.707 = \dfrac{1}{\sqrt{2}}$ 이다.

Plus one

θ(각도)	0°	30°	45°	60°	90°
$\sin \theta$	0	$\dfrac{1}{2}$	$\dfrac{\sqrt{2}}{2} = \dfrac{1}{\sqrt{2}}$	$\dfrac{\sqrt{3}}{2}$	1
$\cos \theta$	1	$\dfrac{\sqrt{3}}{2}$	$\dfrac{\sqrt{2}}{2} = \dfrac{1}{\sqrt{2}}$	$\dfrac{1}{2}$	0

34 저항이 있는 도체에 전류를 흘리면 열이 발생되는 법칙은?

① 옴의 법칙
② 플레밍의 법칙
③ 줄의 법칙
④ 키르히호프의 법칙

해설
줄의 법칙(H)
- 도선에 전류가 흐르게 되면 저항에 의해 열이 발생된다.
- 발생하는 열 $H = IVt = I^2 Rt = \dfrac{V^2}{R} t$ [J]

35 그림과 같은 변압기 철심의 단면적 $A=5[\text{cm}^2]$, 길이 $l=50[\text{cm}]$, 비투자율 $\mu_s=1,000$, 코일의 감은 횟수 $N=200$이라 하고 1[A]의 전류를 흘렸을 때 자계에 축적되는 에너지는 몇 [J]인가?(단, 누설자속은 무시한다)

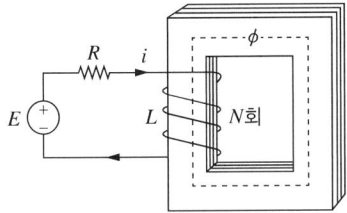

① $2\pi \times 10^{-3}$
② $4\pi \times 10^{-3}$
③ $6\pi \times 10^{-3}$
④ $8\pi \times 10^{-3}$

해설
자기에너지(W)

$$W = \frac{1}{2}LI^2 = \frac{1}{2}\left(\frac{\mu N^2 A}{l}\right)I^2 = \frac{1}{2}\left(\frac{\mu_0 \mu_s N^2 A}{l}\right)I^2 [\text{J}]$$

여기서, L : 인덕턴스[H]
　　　　I : 전류[A]
　　　　$\mu_0 = 4\pi \times 10^{-7}[\text{H/m}]$: 진공의 투자율
　　　　μ_s : 비투자율
　　　　A : 철심의 단면적[m²]
　　　　N : 코일의 감은 횟수
　　　　l : 길이[m]

$$\therefore W = \frac{1}{2} \times \left\{\frac{(4\pi \times 10^{-7}[\text{H/m}] \times 1,000) \times 200^2 \times (5 \times 10^{-4}[\text{m}^2])}{0.5[\text{m}]}\right\}$$
$$\times (1[\text{A}])^2$$
$$= 8\pi \times 10^{-3}[\text{J}]$$

36 그림과 같은 시퀀스 제어회로에서 자기유지접점은?

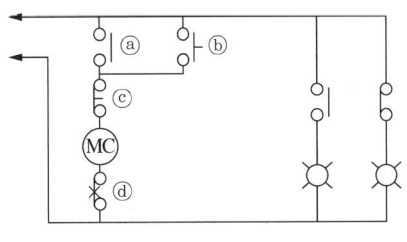

① ⓐ
② ⓑ
③ ⓒ
④ ⓓ

해설
자기유지회로
- ⓐ : MC-a(전자접촉기 보조접점의 a접점)
- ⓑ : PB-on(기동용 누름버튼스위치 a접점)
- ⓒ : PB-off(정지용 누름버튼스위치 b접점)
- ⓓ : THR-b(열동계전기 b접점)
∴ 기동용 누름버튼스위치(PB-on)를 누르면 전자접촉기(MC)가 여자되어 전자접촉기의 보조접점(MC-a)이 붙어 기동용 누름버튼스위치(PB-on)를 떼더라도 동작이 계속 유지되는 회로를 자기유지회로라고 한다. 이때 전자접촉기 보조접점의 a접점(MC-a)이 자기유지접점이다.

37 다음 그림과 같은 회로에서 $R=16[\Omega]$, $L=180[\text{mH}]$, $\omega=100[\text{rad/s}]$일 때 합성임피던스는?

① 약 3[Ω]
② 약 5[Ω]
③ 약 24[Ω]
④ 약 34[Ω]

해설
$R-L$ 직렬회로
합성임피던스 $Z = \sqrt{R^2 + X_L^2} = \sqrt{R^2 + (\omega L)^2}$ 에서
$Z = \sqrt{(16[\Omega])^2 + \{100[\text{rad/s}] \times (180 \times 10^{-3}[\text{H}])\}^2} = 24.08[\Omega]$

Plus one
$R-L-C$ 직렬회로
- R(저항)-C(콘덴서) 직렬회로
　합성임피던스 $Z = \sqrt{R^2 + X_C^2} = \sqrt{R^2 + \left(\frac{1}{\omega C}\right)^2}[\Omega]$
- R(저항)-L(코일)-C(콘덴서) 직렬회로
　합성임피던스 $Z = \sqrt{R^2 + (X_L - X_C)^2}[\Omega]$

정답 35 ④ 36 ① 37 ③

38 50[V]를 가하여 30[C]의 전기량을 3초 동안 이동시켰다. 이때의 전력은 몇 [kW]인가?

① 0.5
② 1
③ 1.5
④ 2

해설
전력
- 전류 $I = \dfrac{Q}{t}$에서 $I = \dfrac{30[\text{C}]}{3[\text{s}]} = 10[\text{A}]$
- 소비전력 $P = IV = 10[\text{A}] \times 50[\text{V}] = 500[\text{W}] = 0.5[\text{kW}]$

39 피측정량과 일정한 관계가 있는 몇 개의 서로 독립된 값을 측정하고 그 결과로부터 계산에 의하여 피측정량을 구하는 방법은?

① 편위법
② 직접측정법
③ 영위법
④ 간접측정법

해설
측정방법
- 편위법 : 측정량이 바늘 등의 흔들림으로 지시되는 측정량을 구하는 방법이다.
- 영위법 : 어느 측정량을 그것과 같은 종류의 기준량과 비교하여 똑같이 되도록 기준량을 조정한 후 기준량의 크기로부터 측정량을 구하는 방법이다.
- 직접측정법 : 계측기로 측정하고자 하는 양을 같은 종류의 기준량과 직접 비교하여 그 양의 크기를 결정하는 방법이다.
- 간접측정법 : 측정하고자 하는 양과 일정한 관계가 있는 다른 종류의 양을 각각 직접 측정으로 구하여, 그 결과로부터 계산에 의해 측정량의 값을 결정하는 방법이다.

40 계측방법이 잘못된 것은?

① 후크온 미터에 의한 전류 측정
② 회로시험기에 의한 저항 측정
③ 메거에 의한 접지저항 측정
④ 전류계, 전압계, 전력계에 의한 역률 측정

해설
전기 계측기기의 계측방법
- 후크온 미터 : 직류 전류, 직류 전압, 교류 전류, 교류 전압 및 저항을 측정(활선 상태에서 전류를 측정)
- 회로시험기 : 직류 전류, 직류 전압, 교류 전압 및 저항을 측정
- 메거 : 절연저항을 측정
- 전류계, 전압계, 전력계 : 역률을 측정

제3과목 소방관계법규

41 다음 중 건축허가 동의대상물이 아닌 것은?

① 연면적 400[m²] 이상인 건축물이나 시설
② 차고·주차장으로 사용되는 층 중에서 바닥면적이 200[m²] 이상인 층이 있는 시설
③ 항공기 격납고, 관망탑, 항공관제탑, 방송용 송수신탑
④ 지하층 또는 무창층이 있는 건축물로 바닥면적 100[m²] 이상인 층이 있는 것

해설
지하층 또는 무창층이 있는 건축물로 바닥면적이 150[m²](공연장은 100[m²]) 이상인 층이 있는 것은 건축허가 등의 동의대상물이다(소방시설법 영 제7조).

42 소방용수시설 및 지리조사의 실시 횟수는 어느 정도가 적당한가?

① 주 1회 이상
② 주 2회 이상
③ 월 1회 이상
④ 분기별 1회 이상

해설
소방용수시설 및 지리조사(소방기본법 규칙 제7조)
• 조사권자 : 소방본부 또는 소방서장
• 시기 : 월 1회 이상

43 제1종 판매취급소의 위험물을 배합하는 실의 기준으로 맞는 것은?

① 바닥면적은 5[m²] 이상 10[m²] 이하일 것
② 출입구 문턱의 높이는 바닥면으로부터 0.1[m] 이상으로 할 것
③ 바닥은 위험물이 침투하지 않는 구조로 하고 경사를 두지 말 것
④ 내부에 체류한 가연성의 증기는 벽면에 있는 창문으로 방출할 것

해설
제1종 판매취급소의 배합실의 기준(위험물법 규칙 별표 14)
• 바닥면적은 6[m²] 이상 15[m²] 이하일 것
• 출입구 문턱의 높이는 바닥면으로부터 0.1[m] 이상으로 할 것
• 내화구조 또는 불연재료로 된 벽으로 구획할 것
• 바닥은 위험물이 침투하지 않는 구조로 하여 적당한 경사를 두고 집유설비를 할 것
• 출입구에는 수시로 열 수 있는 자동폐쇄식의 60분+ 방화문 또는 60분 방화문을 설치할 것
• 내부에 체류한 가연성의 증기 또는 가연성의 미분을 지붕 위로 방출하는 설비를 할 것

44 방염처리업에 대한 영업정지를 명하는 경우로서 영업정지처분에 갈음하여 과징금을 부과할 수 있는바, 과징금의 한도액은 얼마인가?

① 5,000만원 이하
② 1억원 이하
③ 1억5천만원 이하
④ 2억원 이하

해설
소방시설업(소방시설설계업, 소방시설공사업, 소방공사감리업, 방염처리업)에 대한 영업정지 처분에 갈음하는 과징금(공사업법 제10조) : 2억원 이하의 과징금

정답 41 ④ 42 ③ 43 ② 44 ④

45 소방기술민원센터의 설치·운영권자는 누구인가?

① 소방청장 또는 소방본부장
② 시·도지사
③ 소방본부장 또는 소방서장
④ 한국소방안전원장

해설
소방기술민원센터의 설치·운영권자 : 소방청장 또는 소방본부장 (소방기본법 영 제1조의2)

46 화재예방강화지구의 지정대상 지역으로 적당하지 않은 것은?

① 목조건물이 밀집한 지역
② 공장·창고가 밀집한 지역
③ 노후·불량건축물이 밀집한 지역
④ 소방시설·소방용수시설 또는 소방출동로가 부족한 지역

해설
소방시설, 소방용수시설, 소방출동로가 없는 지역은 화재예방강화지구의 지정대상이다(화재예방법 제18조).

47 다음 중 제3류 자연발화성 및 금수성 위험물이 아닌 것은?

① 적 린
② 황 린
③ 금속의 수소화물
④ 칼 륨

해설
위험물의 구분(위험물법 영 별표 1)

종류 구분	적 린	황린, 금속의 수소화물, 칼륨
유 별	제2류 위험물	제3류 위험물
성 질	가연성 고체	자연발화성 및 금수성 물질

48 관계인의 승낙이 있어야 화재안전조사를 할 수 있는 장소는?

① 여인숙
② 연립주택
③ 기숙사
④ 호 텔

해설
개인의 주거(실제 주거용도로 사용되는 경우에 한정)에 대한 화재안전조사는 관계인의 승낙이 있거나 화재 발생의 우려가 뚜렷하여 긴급한 필요가 있는 때에 한정한다(화재예방법 제7조).

49 다음 중 특수가연물에 해당되지 않는 것은?

① 면화류 200[kg] 이상
② 나무껍질 및 대팻밥 400[kg] 이상
③ 넝마 및 종이부스러기 500[kg] 이상
④ 사류(絲類) 1,000[kg] 이상

해설
넝마 및 종이부스러기 1,000[kg] 이상은 특수가연물이다(화재예방법 영 별표 2).

50 2급 소방안전관리대상에 대한 설명 중 틀린 것은?

① 스프링클러설비 또는 물분무 등 소화설비를 설치해야 하는 특정소방대상물
② 옥내소화전설비를 설치해야 하는 특정소방대상물
③ 가스제조설비를 갖추고 도시가스사업의 허가를 받아야 하는 시설 또는 가연성 가스를 100[t] 이상 3,000[t] 미만 저장·취급하는 시설
④ 지하구

해설
2급 소방안전관리대상물 : 가연성 가스 100[t] 이상 1,000[t] 미만을 저장·취급하는 시설(화재예방법 영 별표 4)

정답 45 ① 46 ④ 47 ① 48 ② 49 ③ 50 ③

51 다음 중 소방대에 속하지 않는 조직체는?

① 소방공무원
② 소방안전관리자
③ 의무소방원
④ 의용소방대원

해설
소방대(소방기본법 제2조) : 소방공무원, 의무소방원, 의용소방대원

52 다음 중 예방규정을 정해야 하는 제조소 등의 기준이 아닌 것은?

① 지정수량의 10배 이상의 위험물을 취급하는 제조소
② 지정수량의 100배 이상의 위험물을 저장하는 일반취급소
③ 지정수량의 150배 이상의 위험물을 저장하는 옥내저장소
④ 암반탱크저장소

해설
예방규정을 정해야 하는 제조소 등(위험물법 영 제15조)
- 지정수량의 10배 이상의 위험물을 취급하는 제조소, 일반취급소
- 지정수량의 100배 이상의 위험물을 저장하는 옥외저장소
- 지정수량의 150배 이상의 위험물을 저장하는 옥내저장소
- 지정수량의 200배 이상의 위험물을 저장하는 옥외탱크저장소
- 암반탱크저장소
- 이송취급소

53 다음 중 소방기본법상의 소방대상물에 포함되지 않는 것은?

① 산 림
② 항해 중인 선박
③ 선 박
④ 선박건조구조물

해설
소방대상물(소방기본법 제2조)
- 건축물
- 차 량
- 선박(항구에 매어 둔 선박만 해당)
- 선박건조구조물
- 산 림
※ 항해 중인 선박, 운항 중인 항공기 : 소방대상물이 아님

54 화재 발생 시 소방서는 소방본부의 종합상황실에, 소방본부는 소방청의 종합상황실에 보고해야 하는 바, 사산자가 얼마 이상일 경우 이에 해당되는가?

① 사상자가 5명 이상 발생한 화재
② 사상자가 7명 이상 발생한 화재
③ 사상자가 10명 이상 발생한 화재
④ 사상자가 20명 이상 발생한 화재

해설
상황보고(소방기본법 규칙 제3조)
- 보고절차 : 소방서 → 소방본부의 종합상황실, 소방본부의 종합상황실 → 소방청의 종합상황실
- 보고해야 하는 화재
  - 사망자가 5인 이상, 사상자가 10인 이상 발생한 화재
  - 이재민이 100인 이상 발생한 화재
  - 재산피해액이 50억원 이상 발생한 화재
  - 관공서, 학교, 정부미도정공장, 국가유산(문화재), 지하철, 지하구의 화재 등

55 소방시설공사업자는 소방시설을 하고자 하는 경우 소방시설공사를 하려면 누구에게 신고해야 하는가?

① 시·도지사
② 행정안전부장관
③ 소방본부장이나 소방서장
④ 대통령

해설
소방시설공사 착공신고 : 소방본부장이나 소방서장(공사업법 제13조)

56 소방시설공사업법령상 상주공사감리 대상 기준 중 다음 (   ) 안에 알맞은 것은?

- 연면적 (㉠)[m²] 이상의 특정소방대상물(아파트는 제외)에 대한 소방시설의 공사
- 지하층을 포함한 층수가 (㉡)층 이상으로서 (㉢) 세대 이상인 아파트에 대한 소방시설의 공사

① ㉠ 10,000, ㉡ 11, ㉢ 600
② ㉠ 10,000, ㉡ 16, ㉢ 500
③ ㉠ 30,000, ㉡ 11, ㉢ 600
④ ㉠ 30,000, ㉡ 16, ㉢ 500

해설
상주공사감리 대상 기준(영 별표 3)
- 연면적 30,000[m²] 이상의 특정소방대상물(아파트는 제외)에 대한 소방시설의 공사
- 지하층을 포함한 층수가 16층 이상으로서 500세대 이상인 아파트에 대한 소방시설의 공사

57 위험물제조소 등에 대한 설명으로 틀린 것은?

① 제조소 등을 설치하고자 하는 자는 대통령령이 정하는 바에 따라 그 설치 장소를 관할하는 시·도지사의 허가를 받아야 한다.
② 지정수량의 배수를 변경하고자 하는 자는 변경하고자 하는 날의 1일 전까지 행정안전부령이 정하는 바에 따라 시·도지사에게 신고해야 한다.
③ 군사용 위험물시설을 설치하고자 하는 군부대의 장이 관할 시·도지사와 협의한 경우에는 규정에 따른 허가를 받은 것으로 본다.
④ 위험물탱크 안전성능시험은 위험물탱크 안전성능시험자만이 할 수 있다.

해설
위험물탱크 안전성능시험 신청서는 소방서장, 한국소방산업기술원 또는 탱크 안전성능시험자에게 신청을 해야 하므로 이 기관은 안전성능시험을 할 수 있다(위험물법 규칙 제18조).

58 연 1회 이상 소방시설관리업자 또는 소방안전관리자로 선임된 소방시설관리사, 소방기술사가 종합점검을 의무적으로 실시하는 특정소방대상물은?

① 옥내소화전설비가 설치된 연면적 1,000[m²] 이상
② 간이스프링클러설비가 설치된 특정소방대상물
③ 스프링클러설비가 설치된 특정소방대상물
④ 물분무소화설비가 설치된 연면적 2,000[m²] 이상

해설
종합점검 대상(소방시설법 규칙 별표 3)
- 점검대상
  - 특정소방대상물의 소방시설 등이 신설된 경우(최초 점검)
  - 스프링클러설비가 설치된 특정소방대상물
  - 물분무 등 소화설비(호스릴방식은 제외)가 설치된 연면적 5,000[m²] 이상인 특정소방대상물
  - 단란주점영업, 유흥주점영업, 영화상영관, 비디오물감상실업, 복합영상물제공업, 노래연습장업, 산후조리원, 고시원업, 안마시술소로서 연면적이 2,000[m²] 이상인 것
  - 제연설비가 설치된 터널
  - 공공기관으로서 연면적이 1,000[m²] 이상인 것으로서 옥내소화전설비 또는 자동화재탐지설비가 설치된 것
- 점검자 : 소방시설관리업자, 소방안전관리자로 선임된 소방시설관리사·소방기술사

59 다음 방염처리 대상물품에 대한 설명 중 틀린 것은?(단, 제조 또는 가공 공정에서 방염한 물품이다)

① 창문에 설치하는 커튼류(블라인드를 포함한다)
② 두께가 3[mm] 미만인 종이벽지는 제외한다.
③ 전시용 합판·목재 또는 섬유판, 무대용 합판·목재 또는 섬유판
④ 암막·무대막

해설
카펫, 벽지류(두께가 2[mm] 미만인 종이벽지는 제외한다)는 방염처리 대상물품이다(소방시설법 영 제31조).

60 소방대상물의 화재안전조사 결과에 따른 필요한 조치명령으로 옳지 않은 것은?

① 소방대상물의 용도변경
② 소방대상물의 개수
③ 소방대상물의 이전
④ 소방대상물의 사용의 금지

해설
소방대상물의 화재안전조사에 따른 조치명령(화재예방법 제14조)
• 개 수
• 이 전
• 제 거
• 사용의 금지 또는 제한
• 사용폐쇄
• 공사의 정지 또는 중지

제4과목 소방전기시설의 구조 및 원리

61 비상경보설비 및 단독경보형감지기의 화재안전기술기준(NFTC 201)에 따라 연면적 2,000[m²] 미만의 교육연구시설 내에 있는 기숙사 또는 합숙소에 설치하는 단독경보형감지기의 설치기준으로 틀린 것은?

① 각 실마다 설치하되, 바닥면적이 150[m²]를 초과하는 경우에는 150[m²]마다 1개 이상 설치할 것
② 외기가 상통하는 계단실은 최상층의 계단실 천장에 설치할 것
③ 건전지를 주전원으로 사용하는 단독경보형감지기는 정상적인 작동상태를 유지할 수 있도록 주기적으로 건전지를 교환할 것
④ 상용전원을 주전원으로 사용하는 단독경보형감지기의 2차전지는 법 제40조에 따라 제품검사에 합격한 것을 사용할 것

해설
단독경보형감지기의 설치기준(NFTC 201)
• 각 실(이웃하는 실내의 바닥면적이 각각 30[m²] 미만이고, 벽체의 상부의 전부 또는 일부가 개방되어 이웃하는 실내와 공기가 상호 유통되는 경우에는 이를 1개의 실로 본다)마다 설치하되, 바닥면적이 150[m²]를 초과하는 경우에는 150[m²]마다 1개 이상 설치할 것
• 계단실은 최상층의 계단실 천정(외기가 상통하는 계단실의 경우를 제외한다)에 설치할 것
• 건전지를 주전원으로 사용하는 단독경보형감지기는 정상적인 작동상태를 유지할 수 있도록 주기적으로 건전지를 교환할 것
• 상용전원을 주전원으로 사용하는 단독경보형감지기의 2차전지는 법 제40조에 따라 제품검사에 합격한 것을 사용할 것

62 비상방송설비의 화재안전기술기준(NFTC 202)에서 배선설치와 관련하여 부속회로의 전로와 대지 사이 및 배선 상호 간의 절연저항은?(단, 1경계구역마다 직류 250[V]의 절연저항측정기를 사용하여 측정한다)

① 0.1[MΩ]　　② 0.2[MΩ]
③ 0.3[MΩ]　　④ 0.5[MΩ]

해설
비상방송설비의 배선 설치기준(NFTC 202)
- 전원회로의 전로와 대지 사이 및 배선 상호 간의 절연저항은 전기사업법 제67조에 따른 전기설비기술기준이 정하는 바에 따르고, 부속회로의 전로와 대지 사이 및 배선 상호 간의 절연저항은 1경계구역마다 직류 250[V]의 절연저항측정기를 사용하여 측정한 절연저항이 0.1[MΩ] 이상이 되도록 할 것
- 비상방송설비의 배선은 다른 전선과 별도의 관·덕트(절연효력이 있는 것으로 구획한 때는 그 구획된 부분은 별개의 덕트로 본다) 몰드 또는 풀박스 등에 설치할 것. 다만, 60[V] 미만의 약전류회로에 사용하는 전선으로서 각각의 전압이 같을 때는 그렇지 않다.

63 누전경보기의 화재안전기술기준(NFTC 205)에서 정하는 용어로서 경계전로의 누설전류를 자동적으로 검출하여 이를 누전경보기의 수신부에 송신하는 것을 무엇이라고 하는가?

① 변류기　　② 중계기
③ 검지기　　④ 발신기

해설
누전경보기의 용어 정의(NFTC 205)
- 누전경보기 : 내화구조가 아닌 건축물로서 벽, 바닥 또는 천장의 전부나 일부를 불연재료 또는 준불연재료가 아닌 재료에 철망을 넣어 만든 건물의 전기설비로부터 누설전류를 탐지하여 경보를 발하는 기기로서, 변류기와 수신부로 구성된 것을 말한다.
- 수신부 : 변류기로부터 검출된 신호를 수신하여 누전의 발생을 해당 특정소방대상물의 관계인에게 경보하여 주는 것(차단기구를 갖는 것을 포함한다)을 말한다.
- 변류기 : 경계전로의 누설전류를 자동적으로 검출하여 이를 누전경보기의 수신부에 송신하는 것을 말한다.

64 중계기의 형식승인 및 제품검사의 기술기준의 중계기의 구조 및 기능에서 수신개시로부터 발신개시까지의 시간은 몇 초 이내이어야 하는가?

① 1초
② 5초
③ 20초
④ 30초

해설
중계기의 구조 및 기능(제3조)
- 정격전압이 60[V]를 넘는 중계기의 강판 외함에는 접지단자를 설치해야 한다.
- 수신개시로부터 발신개시까지의 시간이 5초 이내이어야 한다.

65 감지기의 형식승인 및 제품검사의 기술기준에서 감지기의 구조 및 기능이 옳지 않은 것은?

① 보상식 스포트형 감지기는 차동식 스포트형 감지기와 정온식 스포트형 감지기의 성능을 겸한 것
② 보상식 스포트형 감지기는 차동식 스포트형 감지기 또는 정온식 스포트형 감지기의 성능 중 어느 한 기능이 작동되면 작동신호를 발하는 것
③ 이온화식 스포트형 감지기는 주위의 공기가 일정한 온도를 포함하게 되는 경우에 작동하는 것
④ 이온화식 스포트형 감지기는 일국소의 연기에 의하여 이온전류가 변화하여 작동하는 것

해설
감지기의 구분(제3조)
- 보상식 스포트형 감지기 : 차동식 스포트형 감지기와 정온식 스포트형 감지기의 성능을 겸한 것으로서 차동식 스포트형 감지기 또는 정온식 스포트형 감지기의 성능 중 어느 한 기능이 작동되면 작동신호를 발하는 것을 말한다.
- 이온화식 스포트형 감지기 : 주위의 공기가 일정한 농도의 연기를 포함하게 되는 경우에 작동하는 것으로서 일국소의 연기에 의하여 이온전류가 변화하여 작동하는 것을 말한다.

66 수신기의 형식승인 및 제품검사의 기술기준에서 수신기의 구조 및 일반기능 중에서 옳은 것은?(단, 간이형 수신기는 제외한다)

① 예비전원회로에는 단락사고 등으로부터 보호하기 위한 누전차단기를 설치해야 한다.
② 내부에 주전원의 양극을 각각 열고 닫을 수 있는 전원스위치를 설치할 수 있다.
③ 외함은 단단한 가연성 재질로 만들어져야 한다.
④ 정격전압이 60[V]를 넘는 기구의 금속제 외함에는 접지단자를 설치해야 한다.

해설
수신기의 구조 및 일반기능(제3조)
- 예비전원회로에는 단락사고 등으로부터 보호하기 위한 퓨즈 등 과전류 보호장치를 설치해야 한다.
- 내부에 주전원의 양극을 동시에 열고 닫을 수 있는 전원스위치를 설치할 수 있다.
- 외함은 불연성 또는 난연성 재질로 만들어져야 하며 외함에 강판을 사용하는 경우에는 다음에 기재된 두께 이상의 강판을 사용해야 한다. 다만, 합성수지를 사용하는 경우에는 강판의 2.5배 이상의 두께이어야 한다.
  - 1회선용은 1.0[mm] 이상
  - 1회선을 초과하는 것은 1.2[mm] 이상
  - 직접 벽면에 접하며 벽 속에 매립되는 외함의 부분은 1.6[mm] 이상
- 정격전압이 60[V]를 넘는 기구의 금속제 외함에는 접지단자를 설치해야 한다.
- 수신기(1회선용은 제외한다)는 2회선이 동시에 작동해도 화재표시가 되어야 하며, 감시의 감지 또는 발신기의 발신개시로부터 P형, P형복합식, GP형, GP형복합식, R형, R형복합식, GR형 또는 GR형복합식 수신기의 수신완료까지의 소요시간은 5초 이내이어야 한다.
- 수신기의 외부배선 연결용 단자에 있어서 공통신호선용 단자는 7개 회로마다 1개 이상 설치해야 한다.
- 예비전원을 병렬로 접속하는 경우는 역충전방지 등의 조치를 마련해야 한다.

67 자동화재탐지설비 및 시각경보장치의 화재안전기술기준(NFTC 203)에서 감지기 상호 간 또는 감지기로부터 수신기에 이르는 감지기회로의 배선은 전자파 방해를 받지 않도록 실드선을 사용해야 한다. 그 대상이 아닌 것은?

① R형 수신기
② 복합형 감지기
③ 다신호식 감지기
④ 아날로그식 감지기

해설
감지기 상호 간 또는 감지기로부터 수신기에 이르는 감지기회로의 배선(NFTC 203) : 아날로그식, 다신호식 감지기나 R형 수신기용으로 사용되는 것은 전자파 방해를 받지 않는 실드선 등을 사용해야 하며, 광케이블의 경우에는 전자파 방해를 받지 않고 내열성능이 있는 경우 사용할 것. 다만, 전자파 방해를 받지 않는 방식의 경우에는 그렇지 않다.

68 유도등 및 유도표지의 화재안전기술기준(NFTC 303)에서 복도통로유도등의 설치기준으로 틀린 것은?

① 구부러진 모퉁이 및 복도에 설치된 통로유도등을 기점으로 보행거리 20[m]마다 설치할 것
② 바닥으로부터 높이 1.5[m] 이하의 위치에 설치할 것
③ 지하역사 및 지하상가인 경우에는 복도·통로 중앙부분의 바닥에 설치할 것
④ 바닥에 설치하는 통로유도등은 하중에 따라 파괴되지 않는 강도의 것으로 할 것

해설
통로유도등의 설치기준(NFTC 303)
- 복도통로유도등
  - 복도에 설치하되, 옥내로부터 직접 지상으로 통하는 출입구 및 그 부속실의 출입구 또는 직통계단·직통계단의 계단실 및 그 부속실의 출입구에 따라 피난구유도등이 설치된 출입구의 맞은편 복도에는 입체형으로 설치하거나 바닥에 설치할 것
  - 구부러진 모퉁이 및 복도에 설치된 통로유도등을 기점으로 보행거리 20[m]마다 설치할 것
  - 바닥으로부터 높이 1[m] 이하의 위치에 설치할 것. 다만, 지하층 또는 무창층의 용도가 도매시장·소매시장·여객자동차터미널·지하역사 또는 지하상가인 경우에는 복도·통로 중앙부분의 바닥에 설치해야 한다.
  - 바닥에 설치하는 통로유도등은 하중에 따라 파괴되지 않는 강도의 것으로 할 것
- 거실통로유도등
  - 거실의 통로에 설치할 것. 다만, 거실의 통로가 벽체 등으로 구획된 경우에는 복도통로유도등을 설치할 것
  - 구부러진 모퉁이 및 보행거리 20[m]마다 설치할 것
  - 바닥으로부터 높이 1.5[m] 이상의 위치에 설치할 것. 다만, 거실통로에 기둥이 설치된 경우에는 기둥부분의 바닥으로부터 높이 1.5[m] 이하의 위치에 설치할 수 있다.
- 계단통로유도등
  - 각 층의 경사로 참 또는 계단참마다(1개 층에 경사로 참 또는 계단참이 2 이상 있는 경우에는 2개의 계단참마다) 설치할 것
  - 바닥으로부터 높이 1[m] 이하의 위치에 설치할 것

69 유도등 및 유도표지의 화재안전기술기준(NFTC 303)에서 유도표지는 각 층마다 복도 및 통로의 각 부분으로부터 하나의 유도표지까지의 보행거리가 몇 [m] 이하가 되는 곳에 설치해야 하는가?(단, 계단에 설치하는 것은 제외한다)

① 5[m] 이하
② 10[m] 이하
③ 15[m] 이하
④ 20[m] 이하

해설
유도표지의 설치기준(NFTC 303)
- 계단에 설치하는 것을 제외하고는 각 층마다 복도 및 통로의 각 부분으로부터 하나의 유도표지까지의 보행거리가 15[m] 이하가 되는 곳과 구부러진 모퉁이의 벽에 설치할 것
- 피난구유도표지는 출입구 상단에 설치하고, 통로유도표지는 바닥으로부터 높이 1[m] 이하의 위치에 설치할 것
- 주위에는 이와 유사한 등화·광고물·게시물 등을 설치하지 않을 것
- 유도표지는 부착판 등을 사용하여 쉽게 떨어지지 않도록 설치할 것
- 축광방식의 유도표지는 외광 또는 조명장치에 의하여 상시 조명이 제공되거나 비상조명등에 의한 조명이 제공되도록 설치할 것

70 비상조명등의 화재안전기술기준(NFTC 304)에서 비상조명등의 설치기준으로 옳지 않은 것은?

① 특정소방대상물의 각 거실과 그로부터 지상으로 통하는 복도·계단 및 그 밖의 통로에 설치할 것
② 조도는 비상조명등이 설치된 장소의 각 바닥에서 조도는 0.5[lx] 이상이 되도록 할 것
③ 예비전원을 내장하는 비상조명등에는 평상시 점등 여부를 확인할 수 있는 점검스위치를 설치할 것
④ 예비전원을 내장하지 않은 비상조명등의 비상전원은 축전지설비를 설치할 것

해설
비상조명등의 설치기준(NFTC 304)
• 특정소방대상물의 각 거실과 그로부터 지상에 이르는 복도·계단 및 그 밖의 통로에 설치할 것
• 조도는 비상조명등이 설치된 장소의 각 부분의 바닥에서 1[lx] 이상이 되도록 할 것
• 예비전원을 내장하는 비상조명등에는 평상시 점등 여부를 확인할 수 있는 점검스위치를 설치하고 해당 조명등을 유효하게 작동시킬 수 있는 용량의 축전지와 예비전원 충전장치를 내장할 것
• 예비전원을 내장하지 않은 비상조명등의 비상전원은 자가발전설비, 축전지설비 또는 전기저장장치(외부 전기에너지를 저장해 두었다가 필요한 때 전기를 공급하는 장치)를 다음의 기준에 따라 설치해야 한다.
  점검에 편리하고 화재 및 침수 등의 재해로 인한 피해를 받을 우려가 없는 곳에 설치할 것
  – 상용전원으로부터 전력의 공급이 중단된 때는 자동으로 비상전원으로부터 전력을 공급받을 수 있도록 할 것
  – 비상전원의 설치장소는 다른 장소와 방화구획 할 것. 이 경우 그 장소에는 비상전원의 공급에 필요한 기구나 설비 외의 것(열병합발전설비에 필요한 기구나 설비는 제외한다)을 두어서는 안 된다.

71 비상콘센트설비의 화재안전기술기준(NFTC 504)에서 비상콘센트설비의 정격전압이 220[V]인 전원부와 외함 사이의 절연내력을 확인하기 위해 가하는 실효전압은?

① 220[V]   ② 500[V]
③ 1,000[V]   ④ 1,440[V]

해설
비상콘센트설비의 전원부와 외함 사이의 절연저항 및 절연내력 기준(NFTC 504)
• 절연저항은 전원부와 외함 사이를 500[V] 절연저항계로 측정할 때 20[MΩ] 이상일 것
• 절연내력은 전원부와 외함 사이에 정격전압이 150[V] 이하인 경우에는 1,000[V]의 실효전압을, 정격전압이 150[V] 초과인 경우에는 그 정격전압에 2를 곱하여 1,000을 더한 실효전압을 가하는 시험에서 1분 이상 견디는 것으로 할 것
∴ $(220[V] \times 2) + 1,000 = 1,440[V]$

72 무선통신보조설비의 화재안전기술기준(NFTC 505)에서 무선통신보조설비에 사용되는 용어의 설명이 틀린 것은?

① 분파기 : 신호의 전송로가 분기되는 장소에 설치하는 것으로 임피던스 매칭(Matching)과 신호 균등분배를 위해 사용하는 장치
② 혼합기 : 2 이상의 입력신호를 원하는 비율로 조합한 출력이 발생하도록 하는 장치
③ 증폭기 : 전압·전류의 진폭을 늘려 감도 등을 개선하는 장치
④ 누설동축케이블 : 동축케이블의 외부 도체에 가느다란 홈을 만들어서 전파가 외부로 새어 나갈 수 있도록 한 케이블

해설
무선통신보조설비에서 사용하는 용어(NFTC 505)
• 분파기 : 서로 다른 주파수의 합성된 신호를 분리하기 위해서 사용하는 장치
• 혼합기 : 2 이상의 입력신호를 원하는 비율로 조합한 출력이 발생하도록 하는 장치
• 증폭기 : 전압·전류의 진폭을 늘려 감도 등을 개선하는 장치
• 누설동축케이블 : 동축케이블의 외부 도체에 가느다란 홈을 만들어서 전파가 외부로 새어 나갈 수 있도록 한 케이블
• 분배기 : 신호의 전송로가 분기되는 장소에 설치하는 것으로 임피던스 매칭(Matching)과 신호 균등분배를 위해 사용하는 장치

73 소방시설용 비상전원수전설비의 화재안전기술기준(NFTC 602)에서 큐비클형 외함의 두께는?

① 1.0[mm] 이상의 강판
② 1.2[mm] 이상의 강판
③ 2.3[mm] 이상의 강판
④ 3.2[mm] 이상의 강판

해설

소방시설용 비상전원수전설비의 외함 두께(NFTC 602)
- 큐비클형 : 외함은 두께 2.3[mm] 이상의 강판과 이와 동등 이상의 강도와 내화성능이 있는 것으로 제작해야 하며, 개구부에는 건축법 시행령 제64조에 따른 방화문으로서 60분+ 방화문, 60분 방화문 또는 30분 방화문으로 설치할 것
- 제1종 배전반 및 제1종 분전반 : 외함은 두께 1.6[mm](전면판 및 문은 2.3[mm]) 이상의 강판과 이와 동등 이상의 강도와 내화성능이 있는 것으로 제작할 것
- 제2종 배전반 및 제2종 분전반 : 외함은 두께 1[mm](함 전면의 면적이 1,000[cm²]를 초과하고 2,000[cm²] 이하인 경우에는 1.2[mm], 2,000[cm²]를 초과하는 경우에는 1.6[mm]) 이상의 강판과 이와 동등 이상의 강도와 내화성능이 있는 것으로 제작할 것

74 비상조명등의 화재안전기술기준(NFTC 304)에서 휴대용 비상조명등의 설치기준에 적합하지 않은 것은?

① 설치높이는 바닥으로부터 0.8[m] 이상 1.5[m] 이하의 높이에 설치할 것
② 사용 시 자동으로 점등되는 구조일 것
③ 외함은 난연성능이 있을 것
④ 충전식 배터리의 용량은 10분 이상 유효하게 사용할 수 있는 것으로 할 것

해설

휴대용 비상조명등의 설치기준(NFTC 304)
- 설치높이는 바닥으로부터 0.8[m] 이상 1.5[m] 이하의 높이에 설치할 것
- 사용 시 자동으로 점등되는 구조일 것
- 외함은 난연성능이 있을 것
- 건전지 및 충전식 배터리의 용량은 20분 이상 유효하게 사용할 수 있는 것으로 할 것
- 지상 1층 또는 피난층으로서 복도나 통로 또는 창문 등의 개구부를 통하여 피난이 용이한 경우 숙박시설로서 복도에 비상조명등을 설치한 경우에는 휴대용 비상조명등을 설치하지 않을 수 있다.

75 피난기구의 화재안전기술기준(NFTC 301)에서 사용하는 피난기구 중 포지 등을 사용하여 자루 형태로 만든 것으로서 화재 시 사용자가 그 내부에 들어가서 내려옴으로써 대피할 수 있는 것은?

① 피난사다리
② 완강기
③ 간이완강기
④ 구조대

해설

피난기구의 종류(NFTC 301)
- 피난사다리 : 화재 시 긴급대피를 위해 사용하는 사다리를 말한다.
- 완강기 : 사용자의 몸무게에 따라 자동적으로 내려올 수 있는 기구 중 사용자가 교대하여 연속적으로 사용할 수 있는 것을 말한다.
- 간이완강기 : 사용자의 몸무게에 따라 자동적으로 내려올 수 있는 기구 중 사용자가 연속적으로 사용할 수 없는 것을 말한다.
- 구조대 : 포지 등을 사용하여 자루 형태로 만든 것으로서 화재 시 사용자가 그 내부에 들어가서 내려옴으로써 대피할 수 있는 것을 말한다.
- 공기안전매트 : 화재 발생 시 사람이 건축물 내에서 외부로 긴급히 뛰어내릴 때 충격을 흡수하여 안전하게 지상에 도달할 수 있도록 포지에 공기 등을 주입하는 구조로 되어 있는 것을 말한다.

76 비상콘센트설비의 화재안전기술기준(NFTC 504)에서 하나의 전용회로에 설치하는 비상콘센트는 몇 개 이하로 해야 하는가?

① 2개 이하
② 3개 이하
③ 10개 이하
④ 15개 이하

해설

비상콘센트설비의 설치기준(NFTC 504)
- 하나의 전용회로에 설치하는 비상콘센트는 10개 이하로 할 것. 이 경우 전선의 용량은 각 비상콘센트(비상콘센트가 3개 이상인 경우에는 3개)의 공급용량을 합한 용량 이상의 것으로 해야 한다.
- 비상콘센트설비의 전원회로는 단상교류 220[V]인 것으로서, 그 공급용량은 1.5[kVA] 이상인 것으로 할 것

77 비상조명등의 형식승인 및 제품검사의 기술기준에서 비상조명등의 외함의 재질기준으로 적합하지 않은 것은?

① 두께 0.5[mm] 이상의 방청가공된 금속판
② 두께 3[mm] 이상의 내열성 강화유리
③ 두께 5[mm] 이상의 내열성 세라믹
④ 난연재료 또는 방염성능이 있는 합성수지

해설
외함의 재질(제7조)
- 두께 0.5[mm] 이상의 방청가공된 금속판. 다만, 20[W]용 형광램프를 내장하는 경우에는 두께 0.7[mm] 이상, 40[W]용 형광램프를 내장하는 경우는 두께 1.0[mm] 이상의 방청가공된 금속판
- 두께 3[mm] 이상의 내열성 강화유리
- 난연재료 또는 방염성능이 있는 합성수지로서 (90±2)[℃]의 온도에서 7일간 방치하는 경우 열로 인한 변형이 생기지 않아야 하며 UL 94 규정에 의한 V-2 이상의 난연성능이 있어야 한다.

78 축광표지의 성능인증 및 제품검사의 기술기준에서 축광위치표지는 200[lx] 밝기의 광원으로 20분간 조사시킨 상태에서 다시 주위조도를 0[lx]로 하여 60분간 발광시킨 후 직선거리 몇 [m] 떨어진 위치에서 위치표시가 있다는 것이 식별되어야 하는가?

① 1[m]
② 3[m]
③ 5[m]
④ 10[m]

해설
축광표지의 식별도시험(제8조)
- 축광유도표지 및 축광위치표지는 200[lx] 밝기의 광원으로 20분간 조사시킨 상태에서 다시 주위조도를 0[lx]로 하여 60분간 발광시킨 후 직선거리 20[m](축광위치표지의 경우 10[m]) 떨어진 위치에서 유도표지 또는 위치표지가 있다는 것이 식별되어야 하고, 유도표지는 직선거리 3[m]의 거리에서 표시면의 표시 중 주체가 되는 문자 또는 주체가 되는 화살표 등이 쉽게 식별되어야 한다. 이 경우 측정자는 보통 시력(시력 1.0에서 1.2의 범위를 말한다)을 가진 자로서 시험실시 20분 전까지 암실에 들어가 있어야 한다.
- 축광보조표지는 200[lx] 밝기의 광원으로 20분간 조사시킨 상태에서 다시 주위조도를 0[lx]로 하여 60분간 발광시킨 후 직선거리 10[m] 떨어진 위치에서 축광보조표지가 있다는 것이 식별되어야 한다.

79 발신기의 형식승인 및 제품검사의 기술기준에서 자동화재탐지설비 발신기의 작동기능 기준 중 다음 (   ) 안에 알맞은 것은?(단, 이 경우 누름판이 있는 구조로서 손끝으로 눌러 작동하는 방식의 작동스위치는 누름판을 포함한다)

발신기의 조작부는 작동스위치의 동작방향으로 가하는 힘이 (㉠)[kg]을 초과하고 (㉡)[kg] 이하인 범위에서 확실하게 동작되어야 하며, (㉠)[kg]의 힘을 가하는 경우 동작되지 않아야 한다.

① ㉠ 2, ㉡ 8
② ㉠ 3, ㉡ 7
③ ㉠ 2, ㉡ 7
④ ㉠ 3, ㉡ 8

해설
발신기의 작동기능(제4조의2)
- 발신기의 조작부는 작동스위치의 동작방향으로 가하는 힘이 2[kg]을 초과하고 8[kg] 이하인 범위에서 확실하게 동작되어야 하며, 2[kg]의 힘을 가하는 경우 동작되지 않아야 한다. 이 경우 누름판이 있는 구조로서 손끝으로 눌러 작동하는 방식의 작동스위치는 누름판을 포함한다.
- 발신기는 조작부의 작동스위치가 작동되는 경우 화재신호를 전송해야 하며, 발신기는 발신기의 확인장치에 화재신호가 전송되었음을 표기해야 한다.
- 발신기는 수신기와 통화가 가능한 장치를 설치할 수 있다. 이 경우 화재신호의 전송에 지장을 주지 않아야 한다.

80 감지기의 형식승인 및 제품검사의 기술기준에서 비화재보방지와 관련하여 감지기를 분당 몇 회의 비율로 순간적인 공급전원의 차단을 반복하는 경우에 작동되지 않아야 하는가?

① 2회
② 3회
③ 6회
④ 12회

해설
감지기의 비화재보방지(제8조)
- 주위온도 (23±2)[℃]인 조건을 유지하며 상대습도 (20±5)[%]에서 (90±5)[%]인 상태로 급격하게 3회 변경 투입을 반복하는 경우 작동되지 않아야 한다.
- 감지기에 분당 6회의 비율로 순간적인 감지기 공급전원의 차단을 반복하는 경우 작동되지 않아야 한다.

정답 77 ③ 78 ④ 79 ① 80 ③

2023년 제4회 과년도 기출복원문제

제1과목 소방원론

01 목재와 같이 일반가연물 연소 시 생성하는 가스 중 가스 자체는 인체에 해가 없으나 공기보다 무겁고 많은 양을 흡입하면 질식의 우려가 있는 가스는?

① CO_2
② CH_4
③ CO
④ HCN

해설
이산화탄소(CO_2) 가스 자체는 인체에 대한 독성이 없으나 공기보다 $1.52\left(=\dfrac{44}{29}\right)$배 무겁고 실내에서 많은 양을 흡입하면 질식의 우려가 있다.

02 플래시오버(Fash Over)에 대한 설명으로 가장 타당한 것은?

① 에너지가 느리게 집적되는 현상
② 가연성 가스가 방출되는 현상
③ 가연성 가스가 분해되는 현상
④ 급격히 화염이 확대되는 현상

해설
플래시오버(Flash Over) : 급격히 화염이 확대되는 현상으로 폭발적인 착화 현상

03 연기에 의한 감광계수가 0.1[m⁻¹], 가시거리가 20~30[m]일 때 상황을 바르게 설명한 것은?

① 건물 내부에 익숙한 사람이 피난에 지장을 느낄 정도
② 연기감지기가 작동할 정도
③ 어둠침침한 것을 느낄 정도
④ 거의 앞이 보이지 않을 정도

해설
감광계수에 따른 가시거리

감광계수 [m⁻¹]	가시거리 [m]	상 황
0.1	20~30	연기감지기가 작동할 때의 정도
0.3	5	건물 내부에 익숙한 사람이 피난에 지장을 느낄 정도
0.5	3	어두침침한 것을 느낄 정도
1	1~2	거의 앞이 보이지 않을 정도
10	0.2~0.5	화재 최성기 때의 정도
30	–	출화실에서 연기가 분출될 때의 연기 농도

04 다음의 파라핀계 탄화수소 중 발열량이 가장 큰 것은?

① 메테인
② 프로페인
③ 헵테인
④ 데케인

해설
파라핀계 탄화수소는 분자량이 클수록 발열량이 크다.
분자식
• 메테인 : CH_4
• 에테인 : C_2H_6
• 헵테인 : C_7H_{16}
• 데케인 : $C_{10}H_{22}$

05 인화성 액체의 연소점, 인화점, 발화점의 온도 순서로 옳은 것은?

① 연소점 > 인화점 > 발화점
② 인화점 > 발화점 > 연소점
③ 인화점 > 연소점 > 발화점
④ 발화점 > 연소점 > 인화점

해설
- 인화점(Flash Point)
  - 휘발성 물질에 불꽃을 접하여 발화될 수 있는 최저의 온도
  - 가연성 증기를 발생할 수 있는 최저의 온도
- 발화점(Ignition Point) : 가연성 물질에 점화원을 접하지 않고도 불이 일어나는 최저의 온도
- 연소점(Fire Point) : 어떤 물질이 연소 시 연소를 지속할 수 있는 온도로서 인화점보다 10[℃] 높다.
∴ 온도의 순서 : 발화점 > 연소점 > 인화점
※ 아세톤 : 발화점(465[℃]) > 연소점(인화점 + 10[℃] 이상) > 인화점(-18.5[℃])

06 연소의 3요소 중 점화원(발화원)의 분류로서 기계적 점화원으로만 되어 있는 것은?

① 충격, 마찰, 기화열
② 고온표면, 열방사선
③ 단열압축, 충격, 마찰
④ 나화, 자연발열, 단열압축

해설
열원의 종류(기계열)
- 마찰열 : 두 물체를 마주대고 마찰시킬 때 발생하는 열
- 압축열 : 기체를 압축할 때 발생하는 열
- 마찰 스파크열 : 금속과 고체 물체가 충돌할 때 발생하는 열
- 단열압축

07 다음은 연료의 발열량에 대한 설명이다. 잘못된 것은?

① 연소 시 생성되는 수증기 증발잠열의 포함 여부에 따라 고발열량과 저발열량으로 나눈다.
② 일반적으로 표시하는 단위는 [kJ/kg], [kcal/kg], [kcal/mol] 등이다.
③ 기체의 발열량은 단위체적을 일정하게 하기 위하여 일반적으로 25[℃], 1[atm]의 부피를 기준으로 한다.
④ 수증기의 증발잠열을 포함하지 않는 저발열량은 진발열량이라고도 한다.

해설
발열량(Heating Value)은 단위중량의 물질이 완전 연소하는 경우에 발생되는 열량을 말하며 0[℃], 1[atm]의 부피를 기준으로 한다.

08 자연발화성 물질이라고 볼 수 없는 것은?

① 황 린
② 칼 륨
③ 트라이에틸알루미늄
④ 벤 젠

해설
벤젠은 제4류 위험물로 인화성 액체이다.

정답 5 ④ 6 ③ 7 ③ 8 ④

09 소화분말의 주성분이 제1인산암모늄인 분말소화약제는?

① 제1종 분말소화약제
② 제2종 분말소화약제
③ 제3종 분말소화약제
④ 제4종 분말소화약제

해설
분말소화약제의 성상

종류	주성분	착색	적응 화재
제1종 분말	탄산수소나트륨($NaHCO_3$)	백색	B, C급
제2종 분말	탄산수소칼륨($KHCO_3$)	담회색	B, C급
제3종 분말	제일인산암모늄($NH_4H_2PO_4$)	담홍색	A, B, C급
제4종 분말	탄산수소칼륨 + 요소 [$KHCO_3 + (NH_2)_2CO$]	회색	B, C급

종류	열분해 반응식
제1종 분말	$2NaHCO_3 \rightarrow Na_2CO_3 + CO_2 + H_2O$
제2종 분말	$2KHCO_3 \rightarrow K_2CO_3 + CO_2 + H_2O$
제3종 분말	$NH_4H_2PO_4 \rightarrow HPO_3 + NH_3 + H_2O$
제4종 분말	$2KHCO_3 + (NH_2)_2CO \rightarrow K_2CO_3 + 2NH_3 + 2CO_2$

10 위험물질의 위험성을 나타내는 성질에 대한 설명으로 옳지 않은 것은?

① 알킬알루미늄, 수소화나트륨 및 탄화칼슘은 금수성 물질이다.
② 황은 가연성 고체인 제2류 위험물이다.
③ 알코올류라 함은 탄소수가 1개에서 3개까지인 포화 1가 알코올류를 의미한다.
④ 황린은 가연성 고체로서 제2류 위험물에 속한다.

해설
황린(P_4) : 제3류 위험물로서 자연발화성 물질

11 제3류 위험물 중 자연발화성만 있고 금수성이 없기 때문에 물속에 보관하는 물질은?

① 알킬리튬
② 황 린
③ 칼 륨
④ 알루미늄 탄화물류

해설
황린(P_4)은 자연발화성 물질은 맞으나 금수성 물질이 아니기 때문에 물속에 저장한다.

12 다음 중 분진폭발의 위험성이 없는 것은?

① 소석회
② 어 분
③ 석탄분말
④ 밀가루

해설
• 분진폭발 하는 물질 : 밀가루, 알루미늄, 마그네슘, 어분, 석탄분말 등
• 분진폭발 하지 않는 물질 : 소석회($CaCO_3$), 생석회(CaO), 시멘트가루

13 할론(Halon) 1301의 분자식은?

① CH₂ClBr
② CH₃Br
③ CHF₂Cl
④ CF₃Br

해설
할로겐화합물소화약제

구분\종류	할론 1301	할론 1211	할론 2402	할론 1011
분자식	CF₃Br	CF₂ClBr	C₂F₄Br₂	CH₂ClBr
분자량	148.95	165.4	259.8	129.4

14 연소 시 발생하는 생성물이 인체에 유해한 영향을 미치는 것에 대한 설명으로 옳은 것은?

① 암모니아는 냉매로 사용되고 있으므로, 누출 시 동해(凍害)의 위험은 있으나 자극성은 없다.
② 황화수소 가스는 무자극성이나, 조금만 호흡해도 감지능력을 상실케 한다.
③ 일산화탄소는 산소와의 결합력이 극히 강하여 질식작용에 의한 독성을 나타낸다.
④ 아크롤레인은 독성이 약하나 화학제품의 연소 시 다량 발생하므로 쉽게 치사농도에 이르게 한다.

해설
연소생성물의 특성
- 암모니아(NH₃)는 냉매로 사용하며 자극성이 있다.
- 황화수소(H₂S) 가스는 달걀 썩는 냄새가 나고 자극적이며 조금만 호흡해도 감지능력을 상실케 한다.
- 아크롤레인(CH₂CHCHO)은 맹독성이며 석유화학제품의 연소 시 발생한다.

15 다음 화학물질 중 금수성이 가장 큰 물질은?

① 철 분
② 구리분
③ 황 린
④ 나트륨

해설
- 철분, 구리분 : 제2류 위험물
- 황린 : 제3류 위험물이며, 물속에 저장
- 나트륨 : 제3류 위험물이며, 금수성 물질

16 에스터와 알칼리 작용으로 가수분해되어 알코올과 산의 알칼리염이 되는 반응은?

① 수소화 분해반응
② 탄화반응
③ 비누화반응
④ 할로겐화반응

해설
비누화반응 : 에스터에 알칼리(NaOH, KOH)를 반응시켜 카복실산염과 알코올을 생성하는 반응
CH₃COOC₂H₅ + NaOH → CH₃COONa + C₂H₅OH

17 건축물의 화재 시 피난자들의 집중으로 패닉현상이 일어날 수 있는 피난방향은?

해설
피난방향 및 경로

구분	구조	특징
T형		피난자에게 피난경로를 확실히 알려주는 형태
X형		양방향으로 피난할 수 있는 확실한 형태
H형		중앙코어방식으로 피난자의 집중으로 패닉현상이 일어날 우려가 있는 형태
Z형		중앙복도형 건축물에서의 피난경로로서 코어식 중 제일 안전한 형태

18 할로겐화합물 소화약제의 특성으로 옳지 않은 것은?

① 비점이 낮다.
② 할로겐원소의 부촉매효과는 염소가 제일 크다.
③ 기화되기 쉽다.
④ 공기보다 무겁고 불연성이다.

해설
할로겐화합물 소화약제의 특성(구비조건)
• 저비점 물질로서 기화되기 쉬울 것
• 공기보다 무겁고 불연성일

19 화재의 원인이 되는 정전기 예방대책 중 잘못된 것은?

① 접지시설을 한다.
② 비전도체 물질을 사용한다.
③ 공기 중의 상대습도를 높인다.
④ 공기를 이온화한다.

해설
정전기 예방대책
• 접지를 한다.
• 공기 중의 상대습도를 70[%] 이상으로 한다.
• 공기를 이온화한다.

20 다음 물질 중 분자 내부에 산소를 함유하지 않는 액체 탄화수소에 보관해야 하는 것은?

① 황화인   ② 황 린
③ 적 린   ④ 나트륨

해설
저장 방법
• 칼륨, 나트륨 : 석유, 등유 등 액체 탄화수소에 저장
• 황린, 이황화탄소 : 물속에 저장
• 나이트로셀룰로스(NC) : 물 또는 아이소프로필알코올에 저장

제2과목 소방전기일반

21 3상 유도전동기의 기동법 중에서 2차 저항제어법은 무엇을 이용하는가?

① 전자유도작용
② 플레밍의 법칙
③ 비례추이
④ 게르게스현상

해설
3상 권선형 유도전동기의 속도제어법
• 2차 저항 제어법 : 2차 회로에 저항을 넣어 비례추이를 이용하여 슬립을 바꾸어 속도를 제어하는 방법이다.
• 2차 여자법(슬립제어) : 2차 회로에 슬립 주파수와 같은 전압을 가감하여 속도를 제어하는 방법이다.
• 종속법 : 2대 이상의 유도전동기를 연결하여 속도를 제어하는 방법이다.

Plus one

농형 유도전동기의 속도제어법
• 주파수 변환법 : 회전자의 속도는 공급 주파수에 비례하므로 공급전압을 주파수에 비례하여 속도를 제어하는 방법이다.
• 극수 변환법 : 고정자의 극수를 바꾸어 속도를 제어하는 방법이다.
• 종속법 : 2대 이상의 유도전동기를 연결하여 속도를 제어하는 방법이다.

18 ② 19 ② 20 ④ 21 ③ 정답

22 반파 정현파의 최대값이 1일 때, 실횻값과 평균값은?

① $\dfrac{1}{\sqrt{2}}, \dfrac{\pi}{2}$

② $\dfrac{1}{2}, \dfrac{\pi}{2}$

③ $\dfrac{1}{\sqrt{2}}, \dfrac{\pi}{2\sqrt{2}}$

④ $\dfrac{1}{2}, \dfrac{1}{\pi}$

해설

반파 정현파의 실횻값과 평균값

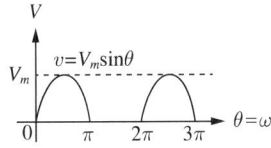

- 실횻값 $V = \sqrt{\dfrac{1}{T}\int_0^T v^2 dt}$ 에서

$$V = \sqrt{\dfrac{1}{2\pi}\int_0^\pi (V_m \sin\theta)^2 d\theta} = \sqrt{\dfrac{V_m^2}{2\pi}\int_0^\pi \sin^2\theta d\theta}$$

$$= \sqrt{\dfrac{V_m^2}{2\pi}\int_0^\pi \left(\dfrac{1-\cos 2\theta}{2}\right)d\theta} = \sqrt{\dfrac{V_m^2}{4\pi}\int_0^\pi (1-\cos 2\theta)d\theta}$$

$$= \sqrt{\dfrac{V_m^2}{4\pi}\left[\theta - \dfrac{1}{2}\sin 2\theta\right]_0^\pi}$$

$$= \sqrt{\dfrac{V_m^2}{4\pi}\left[(\pi - \dfrac{1}{2}\sin 2\pi)-(0-\dfrac{1}{2}\sin 0°)\right]} = \sqrt{\dfrac{V_m^2}{4\pi}\times\pi}$$

$$= \dfrac{V_m}{2} = \dfrac{1}{2}$$

- 평균값 $V_a = \dfrac{1}{T}\int_0^T v dt$ 에서

$$V_a = \dfrac{1}{2\pi}\int_0^\pi V_m \sin\theta d\theta = \dfrac{V_m}{2\pi}\int_0^\pi \sin\theta d\theta$$

$$= \dfrac{V_m}{2\pi}[-\cos\theta]_0^\pi = \dfrac{V_m}{2\pi}[-\cos\pi + \cos 0°]$$

$$= \dfrac{V_m}{2\pi}(-\cos 180° + \cos 0°)$$

$$= \dfrac{V_m}{2\pi}\times(1+1) = \dfrac{V_m}{\pi} = \dfrac{1}{\pi}$$

23 그림과 같은 회로에서 b-c 사이의 전압을 50[V]로 하려면 콘덴서 C의 정전용량은 몇 [μF]인가?

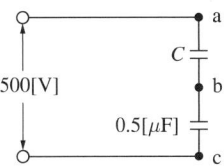

① $5.6[\mu F]$

② $0.56[\mu F]$

③ $0.056[\mu F]$

④ $0.0056[\mu F]$

해설

콘덴서의 직렬접속

- 직렬로 연결된 콘덴서의 합성정전용량 $C = \dfrac{C_1 C_2}{C_1 + C_2}$ 에서

$$C = \dfrac{C\times 0.5\times 10^{-6}}{C + 0.5\times 10^{-6}}[F]$$

- 콘덴서가 직렬로 연결되어 있으므로 전기량($Q = CV$)이 일정하다.

$$CV = C_1 V_1 = C_2 V_2$$

$$\dfrac{C\times 0.5\times 10^{-6}}{C + 0.5\times 10^{-6}}\times 500 = 0.5\times 10^{-6}\times 50$$

$$\dfrac{C\times 0.5\times 10^{-6}}{C + 0.5\times 10^{-6}} = 0.5\times 10^{-6}\times \dfrac{50}{500}$$

$$\dfrac{C\times 0.5\times 10^{-6}}{C + 0.5\times 10^{-6}} = 5\times 10^{-8}$$

$$0.5\times 10^{-6}C = 5\times 10^{-8}\times(C + 0.5\times 10^{-6})$$

$$0.5\times 10^{-6}C = 5\times 10^{-8}C + 2.5\times 10^{-14}$$

$$0.5\times 10^{-6}C - 5\times 10^{-8}C = 2.5\times 10^{-14}$$

$$4.5\times 10^{-7}C = 2.5\times 10^{-14}$$

$$\therefore C = \dfrac{2.5\times 10^{-14}}{4.5\times 10^{-7}} = 5.56\times 10^{-8} = 0.056\times 10^{-6}$$

$$= 0.056[\mu F] \text{ (보조단위 마이크로는 } \mu = 10^{-6}\text{을 나타낸다)}$$

24 선간전압이 일정한 경우 △ 결선된 부하를 Y결선으로 바꾸면 소비전력은 어떻게 되는가?

① $\frac{1}{3}$ 배로 감소한다.

② $\frac{1}{9}$ 배로 감소한다.

③ 3배로 증가한다.

④ 9배로 증가한다.

해설

△ 결선을 Y 결선으로 변환

선전류 I_l, 선간전압 V_l, 상전류 I_p, 상전압 V_p 일 때

- △ 결선 : 선전류 $I_l = \sqrt{3} I_p$, 선간전압 $V_l = V_p$
- Y 결선 : 선전류 $I_l = I_p$, 선간전압 $V_l = \sqrt{3} V_p$ 에서 $V_p = \frac{1}{\sqrt{3}} V_l$
- 3상 소비전력 $P = 3I_p V_p = 3I_p^2 R$[W]
  - △ 결선
  $$P_\triangle = 3I_p V_p = 3I_p^2 R = 3\left(\frac{V_p}{R}\right)^2 R = \frac{3V_p^2}{R} = \frac{3V_l^2}{R}$$
  - Y 결선
  $$P_Y = 3I_p V_p = 3I_p^2 R = 3\left(\frac{V_p}{R}\right)^2 R = 3\left(\frac{\frac{V_l}{\sqrt{3}}}{R}\right)^2 R = \frac{V_l^2}{R}$$

$$\therefore \frac{P_Y}{P_\triangle} = \frac{\frac{V_l^2}{R}}{\frac{3V_l^2}{R}} = \frac{1}{3} \text{에서 } P_Y = \frac{1}{3} P_\triangle$$

25 3상 3선식 전원으로부터 80[m] 떨어진 장소에 50[A] 전류가 필요해서 14[mm²] 전선으로 배선하였을 경우 전압강하는 몇 [V]인가?(단, 리액턴스 및 역률은 무시한다)

① 10.17[V]

② 9.6[V]

③ 8.8[V]

④ 5.08[V]

해설

3상 3선식의 경우 전압강하(e)

- 표준연동의 고유저항 $\rho = \frac{1}{58} \times 10^{-6} [\Omega \cdot m]$
- 구리의 도전율은 97[%]이다.
- 저항 $R = \rho \frac{L}{A}$ 에서

$$R = \left(\frac{1}{58} \times 10^{-6} [\Omega \cdot m] \times \frac{100[\%]}{97[\%]}\right) \times \frac{L}{10^{-6} \times A}$$
$$= \frac{17.8L}{1,000A} [\Omega]$$

- 3상 3선식 전압강하 $e = \sqrt{3} IR = \frac{30.8LI}{1,000A}$[V]

  여기서, I : 전류[A], R : 저항[Ω], L : 배선의 거리[m], A : 전선의 단면적[mm²]

$$\therefore e = \frac{30.8 \times 80[m] \times 50[A]}{1,000 \times 14[mm^2]} = 8.8[V]$$

Plus one

전압강하(e)

- 단상 2선식 : $e = 2IR = \frac{35.6LI}{1,000A}$[V]
- 단상 3선식 또는 3상 4선식 : $e = IR = \frac{17.8LI}{1,000A}$[V]

26 공기 중에서 두 자극의 세기가 3×10^{-4}[Wb]와 5×10^{-3}[Wb]일 때 두 자극 사이에 작용하는 힘은 13[N]이었다. 두 자극 사이의 거리는 약 몇 [cm]인가?

① 4.3[cm] ② 8.5[cm]
③ 13[cm]   ④ 17[cm]

해설
쿨롱의 법칙
자기력 $F = 6.33 \times 10^4 \times \dfrac{m_1 m_2}{r^2}$ [N]
여기서, $m_1 \cdot m_2$: 자극의 세기[Wb], r : 두 자극 사이의 거리[m]
두 자극 사이의 거리 $r = \sqrt{6.33 \times 10^4 \times \dfrac{m_1 m_2}{F}}$ 에서
$r = \sqrt{6.33 \times 10^4 \times \dfrac{(3 \times 10^{-4} [\text{Wb}]) \times (5 \times 10^{-3} [\text{Wb}])}{13 [\text{N}]}}$
$= 0.085$[m] $= 8.5$[cm]

Plus one
쿨롱의 법칙
정전력 $F = 9 \times 10^9 \times \dfrac{Q_1 Q_2}{r^2}$ [N]
여기서, $Q_1 \cdot Q_2$: 전하량[C], r : 거리[m]

27 코일을 지나가는 자속이 변화하면 코일에 기전력이 발생한다. 이때 유도되는 기전력의 방향을 결정하는 법칙은?

① 렌츠의 법칙
② 플레밍의 왼손법칙
③ 키르히호프의 제2법칙
④ 플레밍의 오른손법칙

해설
전류와 자기회로에 관한 법칙
• 렌츠의 법칙 : 전자유도현상에서 유도기전력의 방향을 결정하는 법칙이다.
• 플레밍의 왼손법칙 : 전자기력의 방향을 결정하는 법칙으로서 전동기의 회전방향을 나타내는 법칙이다.
• 키르히호프의 제2법칙(전압평형의 법칙) : 폐회로에서 기전력의 합은 회로에서 발생하는 전압강하의 합과 같다.
• 플레밍의 오른손법칙 : 자기장 속에서 도선이 운동할 때 발생하는 유도기전력의 방향을 결정하는 법칙으로서 발전기의 원리를 해석하는데 적용하는 법칙이다.

28 그림에서 저항 20[Ω]에 흐르는 전류는 몇 [A]인가?

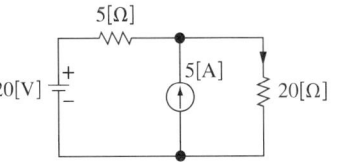

① 0.8[A]
② 1.0[A]
③ 1.8[A]
④ 2.8[A]

해설
중첩의 원리
• 다수의 전압전원 또는 전류전원이 포함된 회로망에서 두 점사이의 전위차는 각각의 전원들이 단독으로 있을 때 회로망에 흐르는 전류 또는 전위차의 대수합은 같다.
• 주의해야 할 점은 특정한 전원 하나만 남기고 나머지 전원을 제거할 때 전압전원은 단락회로로 하고, 전류전원은 개방회로로 한다.
• 전류전원을 개방하면 직렬회로이므로 20[Ω]에 흐르는 전류
$I_1 = \dfrac{V}{R}$ 에서 $I_1 = \dfrac{20[\text{V}]}{5[\Omega] + 20[\Omega]} = 0.8$[A]

• 전압전원을 단락하면 병렬회로이므로 각 저항에 걸리는 전압은 일정하다.
$IR = I_2 R_2$ 이므로 $I \dfrac{R_1 R_2}{R_1 + R_2} = I_2 R_2$ 에서 20[Ω]에 흐르는 전류
$I_2 = \dfrac{R_1}{R_1 + R_2} I = \dfrac{5[\Omega]}{5[\Omega] + 20[\Omega]} \times 5[\text{A}] = 1$[A]

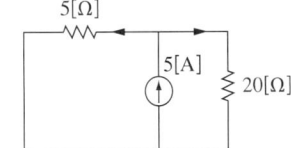

∴ 20[Ω]에 흐르는 전류 $I = I_1 + I_2 = 0.8[\text{A}] + 1[\text{A}] = 1.8$[A]

29 교류회로에서 주파수는 60[Hz], 인덕턴스는 50[mH]인 코일의 유도성 리액턴스는 몇 [Ω]인가?

① 14.14[Ω] ② 18.85[Ω]
③ 22.12[Ω] ④ 26.86[Ω]

해설
L(코일)만 있는 회로
유도성 리액턴스 $X_L = \omega L = 2\pi f L [\Omega]$
여기서, ω : 각속도[rad/s], L : 인덕턴스[H], f : 주파수[Hz]
∴ $X_L = 2\pi \times 60[Hz] \times (50 \times 10^{-3}[H]) = 18.85[\Omega]$

Plus one
C(콘덴서)만 있는 회로
용량성 리액턴스 $X_C = \dfrac{1}{\omega C} = \dfrac{1}{2\pi f C}[\Omega]$
여기서, ω : 각속도[rad/s], C : 캐패시턴스[F], f : 주파수[Hz]

30 어떤 전압계의 측정범위를 10배로 하려면 배율기의 저항은 내부저항보다 어떻게 해야 하는가?

① 9배로 한다.
② 10배로 한다.
③ 1/9로 한다.
④ 1/10로 한다.

해설
배율기
• 직류 전압계의 전압 측정 범위를 확대하기 위하여 계기와 직렬로 접속하는 고저항의 저항기이다.
• 저항을 직렬로 접속하므로 전류가 일정하다. 따라서, 배율기에 흐르는 전류 $I_m = I$이다.
∴ 전류 $\dfrac{V_m}{R_m + R} = \dfrac{V}{R}$ 에서
$\dfrac{V_m}{V} = \dfrac{R_m + R}{R} = 1 + \dfrac{R_m}{R}$
여기서, R_m : 배율기의 저항, R : 전압계의 저항
V_m : 배율기의 측정저항, V : 전압계의 전압
∴ 배율기의 배율 $= \dfrac{R_m}{R} = \dfrac{V_m}{V} - 1 = \dfrac{10배}{1} - 1 = 9배$

31 다음 중 피드백제어계에서 반드시 필요한 장치는?

① 증폭도를 향상시키는 장치
② 응답속도를 개선시키는 장치
③ 안정도를 좋게 하는 장치
④ 입력과 출력을 비교하는 장치

해설
피드백제어
• 피드백제어란 출력값이 목푯값과 비교하여 일치하지 않을 경우에는 다시 출력값을 입력으로 피드백시켜 오차를 수정하도록 귀환경로를 갖는 폐회로제어이다.
• 피드백제어는 입력(기준입력신호)과 출력(주궤환신호)을 비교하는 검출부가 반드시 있어야 한다.

32 서보기구에 있어서의 제어량은?

① 유 량
② 위 치
③ 주파수
④ 전 압

해설
제어량에 따른 제어분류
• 프로세스제어 : 온도, 압력, 유량, 액면, 농도, 습도 등의 공업 공정의 상태량을 제어한다.
• 자동조정 : 전압, 전류, 회전수(속도), 주파수, 토크 등의 상태량을 제어한다.
• 서보기구 : 물체의 위치, 방위, 자세, 각도 등의 상태량을 제어하는 것으로 미사일 추적장치, 레이더, 선박 및 비행기의 방향을 제어한다.

33 논리식을 간략화한 것 중 그 값이 다른 것은?

① $AB + A\overline{B}$
② $A(\overline{A} + B)$
③ $A(A + B)$
④ $(A + B)(A + \overline{B})$

해설

논리식의 간략화
① $AB + A\overline{B} = A(B + \overline{B}) = A \cdot 1 = A$
② $A(\overline{A} + B) = A\overline{A} + AB = 0 + AB = AB$
③ $A(A + B) = AA + AB = A + AB = A(1 + B)$
　$= A \cdot 1 = A$
④ $(A + B)(A + \overline{B}) = AA + A\overline{B} + AB + B\overline{B}$
　$= A + A\overline{B} + AB + 0 = A + A(\overline{B} + B)$
　$= A + A \cdot 1 = A$

Plus one

논리대수의 기본법칙
- 배분법칙
  - $A + (B \cdot C) = (A + B) \cdot (A + C)$
  - $A \cdot (B + C) = (A \cdot B) + (A \cdot C)$
- 기본 대수의 정리
  - $A \cdot A = A$ 　　 $- A + A = A$
  - $A \cdot 1 = A$ 　　 $- A + 1 = 1$
  - $A \cdot 0 = 0$ 　　 $- A + 0 = A$
- 보원의 법칙
  - $A \cdot \overline{A} = 0$ 　 $- A + \overline{A} = 1$

34 그림과 같은 1[kΩ]의 저항과 실리콘 다이오드의 직렬회로에서 양단간의 전압 V_D는 약 몇 [V]인가?

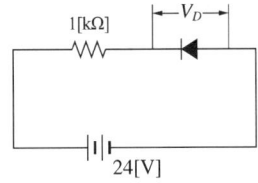

① 0[V]
② 0.2[V]
③ 12[V]
④ 24[V]

해설

다이오드의 특성 : 다이오드에 역방향으로 전압을 가하면 전류는 흐르지 않으며 다이오드 양단에 걸리는 전압은 부하전압과 같다. 따라서, 다이오드 양단간의 전압 V_D는 24[V]이다.

35 그림과 같은 논리회로의 명칭은?

① AND
② NAND
③ OR
④ NOR

해설

시퀀스제어의 논리회로와 논리기호
- AND 회로(논리곱 회로) : 2개의 입력신호가 동시에 작동될 때에만 출력신호가 1이 되는 논리회로로서 직렬회로이다.
- OR 회로(논리합 회로) : 2개의 입력신호 중 1개만 작동되어도 출력신호가 1이 되는 논리회로로서 병렬회로이다.
- NOR 회로 : OR 회로의 출력에 NOT 회로를 조합시킨 논리합의 부정회로로서 2개의 입력신호가 모두 0일 때 출력이 1인 회로이다.
- NAND 회로 : AND 회로의 출력에 NOT 회로를 조합시킨 논리곱의 부정회로로서 2개의 입력신호가 모두 1일 때 출력이 0인 회로이다.

논리회로	무접점회로	논리기호
AND 회로	(회로도)	$X = A \cdot B$
OR 회로	(회로도)	$X = A + B$
NOT 회로	(회로도)	$X = \overline{A}$
NAND 회로	(회로도)	$X = \overline{A + B}$
NOR 회로	(회로도)	$X = \overline{A \cdot B}$

36 변압기 결선방법 중 중성점이 접지될 경우 제3고조파를 포함한 전류가 흘러 통신장애를 일으키는 결선방식은?

① Y-Y
② Y-△
③ △-△
④ △-Y

해설
변압기 결선
- Y-Y 결선
  - 중성점을 접지할 수 있고, 권선전압은 선간전압의 $\frac{1}{\sqrt{3}}$ 배이다.
  - 중성점이 접지될 경우 제3고조파를 포함한 전류가 흘러 통신장애를 일으킨다.
- △-△ 결선
  - 변압기 외부에 제3고조파가 발생하지 않아 통신장애가 없다.
  - 변압기 3대 중 1대가 고장이 나도 나머지 2대를 V-V 결선으로 하여 송전을 계속할 수 있다.

37 서로 두 종류의 금속으로 폐회로를 만들어 전류를 흘리면 양 접속점에서 한 쪽은 온도가 올라가고 다른 쪽은 온도가 내려가는 현상은?

① 펠티에효과
② 제베크효과
③ 톰슨효과
④ 홀효과

해설
전기적인 현상
- 펠티에효과 : 서로 다른 두 종류의 금속을 접속하여 여기에 전류를 통하면, 줄열 외에 그 접점에서 열의 발생 또는 흡수가 일어나고 또 전류의 방향을 반대로 하면 이 현상은 반대로 되어 열의 발생은 흡수되고, 열의 흡수는 발생으로 변한다는 효과이다.
- 제베크효과 : 서로 다른 두 개의 금속도선의 양끝을 연결하여 폐회로를 구성한 후 접속점 양단에 온도차를 주면 두 접점사이에서 기전력이 발생하는 효과이다.
- 톰슨효과 : 동일한 금속으로 된 도체의 양 끝에 전위차가 가해지면 이 도체의 양 끝에서 열의 흡수나 방출이 일어나는 현상이다.
- 홀효과 : 도체가 자기장 속에 놓여 있을 때 그 자기장에 직각방향으로 전류를 흘려주면 자기장과 전류 모두에 수직인 방향으로 전위차가 발생하는 현상이다.

38 자동제어에서 미리 정해 놓은 순서에 따라 각 단계가 순차적으로 진행되는 제어방식은?

① 피드백제어
② 서보제어
③ 프로그램제어
④ 시퀀스제어

해설
자동제어의 분류
- 개회로 제어계 : 미리 정해진 순서에 따라 제어의 각 단계를 순차적으로 제어하는 방식으로서 시퀀스제어라고 하며 출력과 입력이 서로 독립적이므로 오차가 발생할 수 있는 단점이 있다.
- 폐회로 제어계 : 제어계의 출력값이 목푯값과 비교하여 일치하지 않을 경우에는 다시 출력값을 입력으로 피드백시켜 오차를 수정하도록 귀환경로를 갖는 방식으로서 피드백제어라 한다.

39 PI제어 동작은 프로세스 제어계의 정상 특성 개선에 많이 사용되는데, 이것에 대응하는 보상요소는?

① 지상보상요소
② 진상보상요소
③ 동상보상요소
④ 지상 및 진상보상요소

해설
연속제어
- 비례제어계(P제어) : 사이클링현상을 방지할 수 있으나 잔류편차가 발생하는 제어계이다.
- 비례적분제어계(PI제어) : 비례동작의 정상(잔류)편차를 제거하여 지상보상요소에 대응되므로 정상특성을 개선하지만 간헐현상이 있는 제어계이다.
- 비례미분제어계(PD제어) : 정상편차는 존재하나 진상보상요소에 대응되므로 응답 속응성을 개선한 제어계이다.
- 비례적분미분제어계(PID제어) : 비례제어에서 발생하는 정상편차를 적분제어로 개선하고 미분제어를 적용하여 응답 속응성을 개선한 최적제어계이다.

40 그림과 같은 회로의 역률은 얼마인가?

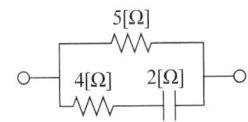

① 0.24
② 0.59
③ 0.80
④ 0.97

해설
교류회로의 역률계산

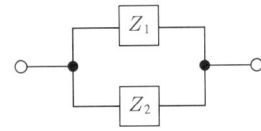

- 임피던스(Z)의 복소수 표시 $Z = R - jX[\Omega]$
  여기서, R : 저항[Ω], X : 리액턴스[Ω]
- 병렬회로의 합성임피던스 $Z = \dfrac{Z_1 \times Z_2}{Z_1 + Z_2}$ 에서

$$Z = \frac{5 \times (4 - j2)}{5 + (4 - j2)} = \frac{20 - j10}{9 - j2} = \frac{(20 - j10)(9 + j2)}{(9 - j2)(9 + j2)}$$

$$= \frac{180 + j40 - j90 - j^2 20}{81 + j18 - j18 - j^2 4} = \frac{180 - j50 - (-1) \times 20}{81 - (-1) \times 4}$$

$$= \frac{200 - j50}{85} = 2.35 - j0.59$$

- 임피던스 $Z = R - jX$에서 $Z = 2.35 - j0.59$
  저항 $R = 2.35[\Omega]$, 용량 리액턴스 $X_C = 0.59[\Omega]$
- ∴ 역률 $\cos\theta = \dfrac{R}{Z} = \dfrac{R}{\sqrt{R^2 + X_C^2}}$ 에서

$$\cos\theta = \frac{2.35[\Omega]}{\sqrt{(2.35[\Omega])^2 + (0.59[\Omega])^2}} \approx 0.97$$

제3과목 소방관계법규

41 산화성 고체이며 제1류 위험물에 해당하는 것은?

① 황화인
② 적 린
③ 마그네슘
④ 염소산염류

해설
위험물의 분류

종류 구분	황화인	적 린	마그네슘	염소산염류
품 명	제2류 위험물	제2류 위험물	제2류 위험물	제1류 위험물
성 질	가연성 고체	가연성 고체	가연성 고체	산화성 고체

42 방염처리업자가 사망하거나 그 영업을 양도한 때 방염처리업자의 지위를 승계한 자의 법적 절차는?

① 시·도지사에게 신고해야 한다.
② 시·도지사에게 허가를 받는다.
③ 시·도지사에게 인가를 받는다.
④ 시·도지사에게 통지한다.

해설
소방시설업(공사업법 제4조, 제7조)
- 소방시설업의 등록 : 시·도지사에게 등록
- 소방시설업의 지위승계 : 시·도지사에게 신고
※ 소방시설업 : 소방시설설계업, 소방시설공사업, 소방공사감리업, 방염처리업

43 소방시설공사업자가 착공신고서에 첨부해야 할 서류가 아닌 것은?

① 설계도서
② 건축허가서
③ 기술관리를 하는 기술인력의 기술등급을 증명하는 서류 사본
④ 소방시설공사업 등록증 사본

해설
착공신고 시 제출서류(공사업법 규칙 제12조)
- 공사업자의 소방시설공사업 등록증 사본 및 등록수첩 사본 1부
- 해당 소방시설공사의 책임시공 및 기술관리를 하는 기술인력의 기술등급을 증명하는 서류 사본 1부
- 소방시설공사 계약서 사본 1부
- 설계도서 1부
- 소방시설공사를 하도급하는 경우에 필요한 서류

44 특정소방대상물의 의료시설 중 병원에 해당되는 것은?

① 마약진료소
② 정신의료기관
③ 전염병원
④ 요양병원

해설
의료시설(소방시설법 영 별표 2)
- 병원(종합병원, 병원, 치과병원, 한방병원, 요양병원)
- 격리병원(전염병원, 마약진료소)
- 정신의료기관
- 장애인 의료재활시설

45 건축허가 등을 함에 있어서 미리 소방본부장이나 소방서장의 동의를 받아야 하는 건축물 등의 범위가 아닌 것은?

① 차고·주차장으로 사용되는 층 중에서 바닥면적이 200[m²] 이상인 층이 있는 시설
② 승강기 등 기계장치에 의한 주차시설로서 자동차 10대 이상을 주차할 수 있는 시설
③ 항공기 격납고, 관망탑, 항공관제탑, 방송용 송수신탑
④ 지하층 또는 무창층이 있는 건축물로서 바닥면적이 150[m²] 이상인 층이 있는 것

해설
건축허가 등의 동의대상물의 범위(소방시설법 영 제7조)
- 차고·주차장 또는 주차 용도로 사용되는 시설로서 다음의 어느 하나에 해당하는 것
  - 차고·주차장으로 사용되는 바닥면적이 200[m²] 이상인 층이 있는 건축물이나 주차시설
  - 승강기 등 기계장치에 의한 주차시설로서 자동차 20대 이상을 주차할 수 있는 시설
- 항공기 격납고, 관망탑, 항공관제탑, 방송용 송수신탑
- 지하층 또는 무창층이 있는 건축물로서 바닥면적이 150[m²](공연장의 경우에는 100[m²]) 이상인 층이 있는 것

46 다음 중 소방활동구역에 출입할 수 있는 자는?

① 소방활동구역 밖에 있는 소방대상물의 소유자·관리자 또는 점유자
② 한국소방 산업기술원에 종사하는 자
③ 의사·간호사, 그 밖의 구조·구급업무에 종사하는 자
④ 수사업무에 종사하지 않는 검찰 공무원

해설
소방활동구역의 출입자(소방기본법 영 제8조)
- 소방활동구역 안에 있는 소방대상물의 소유자·관리자 또는 점유자
- 전기·가스·수도·통신·교통의 업무에 종사하는 자로서 원활한 소방활동을 위하여 필요한 자
- 의사·간호사, 그 밖의 구조·구급업무에 종사하는 자
- 취재인력 등 보도업무에 종사하는 자
- 수사업무에 종사하는 자
- 그 밖에 소방대장이 소방활동을 위하여 출입을 허가한 자

정답 43 ② 44 ④ 45 ② 46 ③

47 소방기관이 소방업무를 수행하는 데 필요한 인력과 장비 등에 관한 기준은 어느 것으로 정하는가?

① 대통령령
② 행정안전부령
③ 시·도의 조례
④ 행정안전부 고시

해설
소방력의 기준(소방기본법 제8조)
• 소방업무를 수행하는 데 필요한 인력과 장비 등(소방력, 消防力)에 관한 기준 : 행정안전부령
• 관할 구역의 소방력을 확충하기 위하여 필요한 계획의 수립·시행권자 : 시·도지사

48 화재예방강화지구의 지정대상이 아닌 것은?

① 시장지역
② 위험물의 저장 및 처리시설이 밀집한 지역
③ 공장·창고가 밀집한 지역
④ 소방출동로가 있는 지역

해설
화재예방강화지구의 지정지역(화재예방법 제18조)
• 시장지역
• 공장·창고가 밀집한 지역
• 목조건물이 밀집한 지역
• 노후·불량건축물이 밀집한 지역
• 위험물의 저장 및 처리시설이 밀집한 지역
• 석유화학제품을 생산하는 공장이 있는 지역
• 산업단지
• 소방시설·소방용수시설 또는 소방출동로가 없는 지역
• 물류단지

49 소방설비산업기사 자격을 취득한 후 최소 몇 년 이상 소방실무 경력이 있어야 소방시설관리사 응시자격이 되는가?

① 7년   ② 5년
③ 4년   ④ 3년

해설
소방시설관리사의 응시 자격(소방시설업 영 부칙)[26.12.31까지]
• 소방기술사, 위험물기능장, 건축사, 건축기계설비기술사, 건축전기설비기술사, 공조냉동기계기술사
• 소방설비기사 취득 후 실무경력 2년 이상
• 소방설비산업기사 취득 후 실무경력 3년 이상
• 위험물기능사, 위험물산업기사 취득 후 실무경력 3년 이상
• 소방공무원으로 실무경력 5년 이상
• 10년 이상 소방 실무경력자
• 산업안전기사 취득 후 실무경력 3년 이상
• 소방안전공학 분야 석사학위 이상 취득하거나 실무경력 2년 이상

50 한국소방안전원의 업무가 아닌 것은?

① 소방기술과 안전관리에 관한 교육 및 조사·연구
② 소방시설 및 위험물 안전에 관한 조사·연구
③ 소방기술과 안전관리에 관한 각종 간행물 발간
④ 화재예방과 안전관리의식 고취를 위한 대국민 홍보

해설
한국소방안전원의 업무(소방기본법 제41조)
• 소방기술과 안전관리에 관한 교육 및 조사·연구
• 소방기술과 안전관리에 관한 각종 간행물 발간
• 화재예방과 안전관리의식 고취를 위한 대국민 홍보
• 소방업무에 관하여 행정기관이 위탁하는 업무
• 소방안전에 관한 국제협력

정답 47 ② 48 ④ 49 ④ 50 ②

51 특정소방대상물의 소방안전관리자는 다른 법령에 따른 전기·가스·위험물 등의 안전관리자의 업무를 겸할 수 없는 대상물은?

① 1급 소방안전관리대상물
② 2급 소방안전관리대상물
③ 3급 소방안전관리대상물
④ 소방안전관리대상물 전부

[해설]
소방안전관리자 겸직 불가능 대상(화재예방법 영 제26조)
- 특급 소방안전관리대상물
- 1급 소방안전관리대상물

52 다음 중 위험물 임시 저장기간으로 옳은 것은?

① 90일 이내   ② 80일 이내
③ 70일 이내   ④ 60일 이내

[해설]
위험물 임시 저장기간 : 90일 이내(위험물법 제5조)

53 건축물 등의 증축·개축·재축 또는 용도변경 또는 대수선의 신고를 수리할 권한이 있는 행정기관은 그 신고를 수리하면 그 건축물 등의 시공지 또는 소재지를 관할하는 소방본부장이나 소방서장에게 며칠 이내에 그 사실을 알려야 하는가?

① 15일   ② 7일
③ 지체 없이   ④ 30일

[해설]
건축허가 등의 동의(소방시설법 제6조) : 건축물 등의 증축·개축·재축 또는 용도변경 또는 대수선의 신고를 수리할 권한이 있는 행정기관은 그 신고를 수리하면 그 건축물 등의 공사 시공지 또는 소재지를 관할하는 소방본부장이나 소방서장에게 지체 없이 그 사실을 알려야 한다.

54 대지경계선 안에 2 이상의 건축물이 있는 경우 연소 우려가 있는 구조로 볼 수 있는 것은?

① 1층 외벽으로부터 수평거리 6[m] 이상이고 개구부가 설치되지 않은 구조
② 2층 외벽으로부터 수평거리 10[m] 이상이고 개구부가 설치되지 않은 구조
③ 2층 외벽으로부터 수평거리 6[m]이고 개구부가 다른 건축물을 향하여 설치된 구조
④ 1층 외벽으로부터 수평거리 10[m]이고 개구부가 다른 건축물을 향하여 설치된 구조

[해설]
연소 우려가 있는 건축물의 구조(소방시설법 규칙 제17조)
- 건축물대장의 건축물 현황도에 표시된 대지경계선 안에 둘 이상의 건축물이 있는 경우
- 각각의 건축물이 다른 건축물의 외벽으로부터 수평거리가 1층의 경우에는 6[m] 이하, 2층 이상의 층의 경우에는 10[m] 이하인 경우
- 개구부가 다른 건축물을 향하여 설치되어 있는 구조

55 지방소방기술심의위원회의 심의사항은?

① 화재안전기준에 관한 사항
② 소방시설의 구조와 원리 등에 있어서 공법이 특수한 설계 및 시공에 관한 사항
③ 소방시설공사의 하자를 판단하는 기준에 관한 사항
④ 소방시설에 하자가 있는지의 판단에 관한 사항

[해설]
소방기술심의위원회(소방시설법 제18조)
- 중앙소방기술심의위원회(중앙위원회)의 심의 내용
  - 화재안전기준에 관한 사항
  - 소방시설의 구조와 원리 등에 있어서 공법이 특수한 설계 및 시공에 관한 사항
  - 소방시설의 설계 및 공사감리의 방법에 관한 사항
  - 소방시설공사의 하자를 판단하는 기준에 관한 사항
  - 신기술·신공법 등 검토·평가에 고도의 기술이 필요한 경우로서 중앙위원회에 심의를 요청한 사항
  - 그 밖에 소방기술 등에 관하여 대통령령이 정하는 사항
- 지방소방기술심의위원회(지방위원회)의 심의 내용
  - 소방시설에 하자가 있는지의 판단에 관한 사항
  - 그 밖에 소방기술 등에 관하여 대통령령이 정하는 사항

56 건축물 내부의 천장이나 벽에 부착하는 두께가 최소 몇 [mm] 이상의 종이류가 방염대상인가?

① 1 　　② 2
③ 3 　　④ 4

해설
건축물 내부의 천장이나 벽에 부착하거나 설치하는 방염대상물품 (소방시설법 영 제31조)
가구류(옷장, 찬장, 식탁, 식탁용의자, 사무용책상, 사무용의자, 계산대)와 너비 10[cm] 이하인 반자돌림대 등과 내부 마감재료는 제외한다.
- 종이류(두께가 2[mm] 이상인 것) · 합성수지류 또는 섬유류를 주원료로 한 물품
- 합판이나 목재
- 공간을 구획하기 위하여 설치하는 간이칸막이(접이식 등 이동 가능한 벽체나 천장 또는 실내에 접하는 부분까지 구획하지 않는 벽체)
- 흡음을 위하여 설치하는 흡음재(흡음용 커튼을 포함)
- 방음을 위하여 설치하는 방음재(방음용 커튼을 포함)

57 다음 중 소방기본법의 목적과 거리가 먼 것은?

① 화재를 예방·경계하고 진압하는 것
② 건축물의 안전한 사용을 통하여 안락한 국민생활을 보장해 주는 것
③ 화재, 재난·재해로부터 구조·구급 활동하는 것
④ 공공의 안녕 및 질서유지와 복리증진에 기여하는 것

해설
소방기본법의 목적(소방기본법 제1조)
- 화재를 예방·경계·진압
- 화재, 재난·재해로부터 구조·구급 활동
- 국민의 생명·신체 및 재산 보호
- 공공의 안녕 및 질서유지와 복리증진에 이바지

58 제조소 중 위험물을 취급하는 건축물의 구조는 특별한 경우를 제외하고 어떻게 해야 하는가?

① 지하층이 없는 구조이어야 한다.
② 지하층이 있는 구조이어야 한다.
③ 지하층이 있는 1층 이내의 건축물이어야 한다.
④ 지하층이 있는 2층 이내의 건축물이어야 한다.

해설
제조소는 특별한 경우를 제외하고 지하층이 없는 구조이어야 한다 (위험물법 규칙 별표 4).

59 다음 중 농예용·축산용 또는 수산용으로 필요한 난방시설을 위해 사용하는 위험물의 경우 시·도지사의 허가를 받지 않을 수 있는 지정수량은?

① 20배 이하
② 30배 이상
③ 40배 이상
④ 100배 이하

해설
허가 또는 신고사항이 아닌 경우(위험물법 제6조)
- 주택의 난방시설(공동주택의 중앙난방시설을 제외한다)을 위한 저장소 또는 취급소
- 농예용·축산용 또는 수산용으로 필요한 난방시설 또는 건조시설을 위한 지정수량 20배 이하의 저장소

정답 56 ② 57 ② 58 ① 59 ①

60 다음 용어의 정의 중 틀린 것은?

① "소방대상물"이란 건축물, 차량, 선박(모든 선박), 선박건조구조물, 산림, 그 밖의 공작물 또는 물건을 말한다.
② "관계지역"이란 소방대상물이 있는 장소 및 그 이웃 지역으로서 화재의 예방·경계·진압, 구조·구급 등의 활동에 필요한 지역을 말한다.
③ "관계인"이란 소방대상물의 소유자·관리자 또는 점유자를 말한다.
④ "소방대장"이란 소방본부장이나 소방서장 등 화재, 재난·재해, 그 밖의 위급한 상황이 발생한 현장에서 소방대를 지휘하는 자를 말한다.

해설
소방대상물(소방기본법 제2조) : 건축물, 차량, 선박(항구에 매어 둔 선박만 해당), 선박건조구조물, 산림, 그 밖의 인공구조물 또는 물건

제4과목 소방전기시설의 구조 및 원리

61 무선통신보조설비의 화재안전기술기준(NFTC 505)에서 무선통신보조설비에는 2 이상의 입력신호를 원하는 비율로 조합한 출력이 발생하도록 하는 장치는?

① 분배기 ② 분파기
③ 증폭기 ④ 혼합기

해설
무선통신보조설비의 용어 정의(NFTC 505)
• 분배기 : 신호의 전송로가 분기되는 장소에 설치하는 것으로 임피던스 매칭(Matching)과 신호 균등분배를 위해 사용하는 장치
• 분파기 : 서로 다른 주파수의 합성된 신호를 분리하기 위해서 사용하는 장치
• 증폭기 : 전압·전류의 진폭을 늘려 감도 등을 개선하는 장치
• 혼합기 : 2 이상의 입력신호를 원하는 비율로 조합한 출력이 발생하도록 하는 장치
• 누설동축케이블 : 동축케이블의 외부 도체에 가느다란 홈을 만들어서 전파가 외부로 새어 나갈 수 있도록 한 케이블

62 비상콘센트설비의 화재안전기술기준(NFTC 504)에서 비상콘센트의 배치는 바닥면적이 1,000[m²] 미만인 층은 계단의 출입구(계단의 부속실을 포함하여 계단이 2 이상 있는 경우에는 그중 1개의 계단을 말한다)로부터 몇 [m] 이내에 설치해야 하는가?

① 1[m] ② 2[m]
③ 3[m] ④ 5[m]

해설
비상콘센트의 배치(NFTC 504) : 바닥면적이 1,000[m²] 미만인 층은 계단의 출입구(계단의 부속실을 포함하며 계단이 2 이상 있는 경우에는 그중 1개의 계단을 말한다)로부터 5[m] 이내에, 바닥면적 1,000[m²] 이상인 층은 각 계단의 출입구 또는 계단부속실의 출입구(계단의 부속실을 포함하며 계단이 3 이상 있는 층의 경우에는 그중 2개의 계단을 말한다)로부터 5[m] 이내에 설치하되, 그 비상콘센트로부터 그 층의 각 부분까지의 거리가 다음의 기준을 초과하는 경우에는 그 기준 이하가 되도록 비상콘센트를 추가하여 설치할 것
① 지하상가 또는 지하층의 바닥면적의 합계가 3,000[m²] 이상인 것은 수평거리 25[m]
② ①에 해당하지 않는 것은 수평거리 50[m]

63 유도등 및 유도표지의 화재안전기술기준(NFTC 303)에서 거실 및 복도통로유도등의 설치높이에 대한 기준을 옳게 나타낸 것은?(단, 거실통로에 기둥 등이 설치되어 있지 않은 경우이다)

① 거실통로유도등 : 바닥으로부터 1.5[m] 이상
  복도통로유도등 : 바닥으로부터 1.0[m] 이하
② 거실통로유도등 : 바닥으로부터 1.0[m] 이상
  복도통로유도등 : 바닥으로부터 1.5[m] 이하
③ 거실통로유도등 : 바닥으로부터 1.5[m] 이하
  복도통로유도등 : 바닥으로부터 1.0[m] 이상
④ 거실통로유도등 : 바닥으로부터 1.0[m] 이하
  복도통로유도등 : 바닥으로부터 1.5[m] 이하

해설
통로유도등의 설치장소 및 설치높이(NFTC 303)
- 복도통로유도등
  - 복도에 설치하되 옥내로부터 직접 지상으로 통하는 출입구 및 그 부속실의 출입구 또는 직통계단·직통계단의 계단실 및 그 부속실의 출입구에 따라 피난구유도등이 설치된 출입구의 맞은편 복도에는 입체형으로 설치하거나 바닥에 설치할 것
  - 구부러진 모퉁이 및 복도에 설치된 통로유도등을 기점으로 보행거리 20[m]마다 설치할 것
  - 바닥으로부터 높이 1[m] 이하의 위치에 설치할 것. 다만, 지하층 또는 무창층의 용도가 도매시장·소매시장·여객자동차터미널·지하역사 또는 지하상가인 경우에는 복도·통로 중앙부분의 바닥에 설치해야 한다.
- 거실통로유도등
  - 거실의 통로에 설치할 것. 다만, 거실의 통로가 벽체 등으로 구획된 경우에는 복도통로유도등을 설치할 것
  - 구부러진 모퉁이 및 보행거리 20[m]마다 설치할 것
  - 바닥으로부터 높이 1.5[m] 이상의 위치에 설치할 것. 다만, 거실통로에 기둥이 설치된 경우에는 기둥 부분의 바닥으로부터 높이 1.5[m] 이하의 위치에 설치할 수 있다.
- 계단통로유도등
  - 각 층의 경사로 참 또는 계단참마다(1개 층에 경사로 참 또는 계단참이 2 이상 있는 경우에는 2개의 계단참마다) 설치할 것
  - 바닥으로부터 높이 1[m] 이하의 위치에 설치할 것

64 비상조명등의 화재안전기술기준(NFTC 304)에서 비상조명등의 설치제외 장소가 아닌 것은?

① 백화점
② 의료시설
③ 경기장
④ 공동주택

해설
비상조명등의 설치제외 장소(NFTC 304)
- 거실의 각 부분으로부터 하나의 출입구에 이르는 보행거리가 15[m] 이내인 부분
- 의원·경기장·공동주택·의료시설·학교의 거실

65 자동화재속보설비의 속보기의 성능인증 및 제품검사의 기술기준에서 속보기의 표시사항이 아닌 것은?

① 품명 및 성능인증번호
② 제조자의 상호·주소·전화번호
③ 주전원의 정격전류
④ 예비전원의 종류·정격전류용량·정격전압

해설
속보기의 표시사항(제13조)
- 품명 및 성능인증번호
- 제조년도 및 제조번호
- 제조자 상호·주소·전화번호
- 주전원의 정격전압
- 예비전원의 종류·정격전류용량·정격전압
- 국가유산용 속보기인 경우 접속 가능한 감지기 형식번호(해당하는 경우에 한함)
- 접속 가능 수신기 형식승인 번호(해당하는 경우에 한함)
- 주의사항(해당하는 경우에 한함)

정답 63 ① 64 ① 65 ③

66 노유자시설로서 바닥면적이 몇 [m²] 이상인 층이 있는 경우에 자동화재속보설비를 설치해야 하는가?

① 200
② 300
③ 500
④ 600

해설
자동화재속보설비를 설치해야 하는 특정소방대상물(소방시설법 영 별표 4)
- 노유자생활시설
- 노유자시설로서 바닥면적이 500[m²] 이상인 층이 있는 것
- 수련시설(숙박시설이 있는 것만 해당한다)로서 바닥면적이 500[m²] 이상인 층이 있는 것
- 보물 또는 국보로 지정된 목조건축물
- 근린생활시설 중 다음의 어느 하나에 해당하는 시설
  - 의원, 치과의원 및 한의원으로서 입원실이 있는 시설
  - 조산원 및 산후조리원
- 의료시설 중 다음의 어느 하나에 해당하는 것
  - 종합병원, 병원, 치과병원, 한방병원 및 요양병원(의료재활시설은 제외한다)
  - 정신병원 및 의료재활시설로 사용되는 바닥면적의 합계가 500[m²] 이상인 층이 있는 것
- 판매시설 중 전통시장

67 자동화재탐지설비 및 시각경보장치의 화재안전기술기준(NFTC 203)에서 사용하는 용어의 정의를 설명한 것이다. 다음 중 옳지 않은 것은?

① 경계구역이란 특정소방대상물 중 화재신호를 발신하고 그 신호를 수신 및 유효하게 제어할 수 있는 구역을 말한다.
② 중계기란 감지기·발신기 또는 전기적인 접점 등의 작동에 따른 신호를 받아 이를 수신기에 전송하는 장치를 말한다.
③ 감지기란 화재 시 발생하는 열, 연기, 불꽃 또는 연소생성물을 자동적으로 감지하여 수신기에 화재신호 등을 발신하는 장치를 말한다.
④ 시각경보장치란 자동화재탐지설비에서 발하는 화재신호를 시각경보기에 전달하여 시각장애인에게 경보를 하는 것을 말한다.

해설
자동화재탐지설비의 용어 정의(NFTC 203)
- 경계구역 : 특정소방대상물 중 화재신호를 발신하고 그 신호를 수신 및 유효하게 제어할 수 있는 구역을 말한다.
- 수신기 : 감지기나 발신기에서 발하는 화재신호를 직접 수신하거나 중계기를 통하여 수신하여 화재의 발생을 표시 및 경보하여 주는 장치를 말한다.
- 중계기 : 감지기·발신기 또는 전기적인 접점 등의 작동에 따른 신호를 받아 이를 수신기에 전송하는 장치를 말한다.
- 감지기 : 화재 시 발생하는 열, 연기, 불꽃 또는 연소생성물을 자동적으로 감지하여 수신기에 화재신호 등을 발신하는 장치를 말한다.
- 발신기 : 수동누름버튼 등의 작동으로 화재신호를 수신기에 발신하는 장치를 말한다.
- 시각경보장치 : 자동화재탐지설비에서 발하는 화재신호를 시각경보기에 전달하여 청각장애인에게 점멸형태의 시각경보를 하는 것을 말한다.

68 자동화재탐지설비 및 시각경보장치의 화재안전기술기준(NFTC 203)에서 자동화재탐지설비의 경계구역 설정기준으로 옳지 않은 것은?

① 하나의 경계구역이 2 이상의 건축물에 미치지 않도록 할 것
② 하나의 경계구역이 2 이상의 층에 미치지 않도록 할 것
③ 하나의 경계구역의 면적은 500[m²] 이하로 할 것
④ 한 변의 길이는 50[m] 이하로 할 것

해설
자동화재탐지설비의 경계구역 설정기준(NFTC 203)
- 하나의 경계구역이 2 이상의 건축물에 미치지 않도록 할 것
- 하나의 경계구역이 2 이상의 층에 미치지 않도록 할 것. 다만, 500[m²] 이하의 범위 안에서는 2개의 층을 하나의 경계구역으로 할 수 있다.
- 하나의 경계구역의 면적은 600[m²] 이하로 하고, 한 변의 길이는 50[m] 이하로 할 것. 다만, 해당 특정소방대상물의 주된 출입구에서 그 내부 전체가 보이는 것에 있어서는 한 변의 길이가 50[m]의 범위 내에서 1,000[m²] 이하로 할 수 있다.
- 계단(직통계단 외의 것에 있어서는 떨어져 있는 상하 계단의 상호 간의 수평거리가 5[m] 이하로서 서로 간에 구획되지 않은 것에 한한다)·경사로(에스컬레이터경사로 포함)·엘리베이터 승강로(권상기실이 있는 경우에는 권상기실)·린넨슈트·파이프 피트 및 덕트 기타 이와 유사한 부분에 대하여는 별도로 경계구역을 설정하되, 하나의 경계구역은 높이 45[m] 이하(계단 및 경사로에 한한다)로 하고, 지하층의 계단 및 경사로(지하층의 층수가 한 개 층일 경우는 제외한다)는 별도로 하나의 경계구역으로 해야 한다.
- 외기에 면하여 상시 개방된 부분이 있는 차고·주차장·창고 등에 있어서는 외기에 면하는 각 부분으로부터 5[m] 미만의 범위 안에 있는 부분은 경계구역의 면적에 산입하지 않는다.

69 자동화재탐지설비 및 시각경보장치의 화재안전기술기준(NFTC 203)에서 감지기의 설치기준 중 틀린 것은?

① 감지기는 천장 또는 반자의 옥내에 면하는 부분에 설치할 것
② 차동식 분포형의 것을 제외하고 감지기는 실내로의 공기유입구로부터 1.5[m] 이상 떨어진 위치에 설치할 것
③ 정온식 감지기는 주방·보일러실 등으로서 다량의 화기를 취급하는 장소에 설치하되, 공칭작동온도가 최고주위온도보다 10[℃] 이상 높은 것으로 설치할 것
④ 스포트형 감지기는 45° 이상 경사되지 않도록 부착할 것

해설
감지기의 설치기준(NFTC 203)
- 감지기(차동식 분포형의 것을 제외)는 실내로의 공기유입구로부터 1.5[m] 이상 떨어진 위치에 설치할 것
- 감지기는 천장 또는 반자의 옥내에 면하는 부분에 설치할 것
- 보상식 스포트형 감지기는 정온점이 감지기 주위의 평상시 최고온도보다 20[℃] 이상 높은 것으로 설치할 것
- 정온식 감지기는 주방·보일러실 등으로서 다량의 화기를 취급하는 장소에 설치하되, 공칭작동온도가 최고주위온도보다 20[℃] 이상 높은 것으로 설치할 것
- 스포트형 감지기는 45° 이상 경사되지 않도록 부착할 것

70 자동화재탐지설비 및 시각경보장치의 화재안전기술기준(NFTC 203)에서 발신기는 건축물의 각 부분으로부터 하나의 발신기까지 수평거리는 최대 몇 [m] 이하가 되도록 해야 하는가?

① 25[m] ② 50[m]
③ 100[m] ④ 150[m]

해설

발신기의 설치기준(NFTC 203)
- 조작이 쉬운 장소에 설치하고, 스위치는 바닥으로부터 0.8[m] 이상 1.5[m] 이하의 높이에 설치할 것
- 특정소방대상물의 층마다 설치하되, 해당 층의 각 부분으로부터 하나의 발신기까지의 수평거리가 25[m] 이하가 되도록 할 것. 다만, 복도 또는 별도로 구획된 실로서 보행거리가 40[m] 이상일 경우에는 추가로 설치해야 한다.
- 발신기의 위치를 표시하는 표시등은 함의 상부에 설치하되, 그 불빛은 부착면으로부터 15° 이상의 범위 안에서 부착지점으로부터 10[m] 이내의 어느 곳에서도 쉽게 식별할 수 있는 적색등으로 해야 한다.

71 비상경보설비 및 단독경보형감지기의 화재안전기술기준(NFTC 201)에서 발신기의 위치표시등은 함 상부에 설치한다. 그 불빛은 부착면으로부터 15° 이상의 범위 안에서 부착지점으로부터 몇 [m] 이내의 어느 곳에서도 쉽게 식별할 수 있어야 하는가?

① 5[m] ② 10[m]
③ 15[m] ④ 20[m]

해설

발신기의 설치기준(NFTC 201)
- 조작이 쉬운 장소에 설치하고, 조작스위치는 바닥으로부터 0.8[m] 이상 1.5[m] 이하의 높이에 설치할 것
- 특정소방대상물의 층마다 설치하되, 해당 층의 각 부분으로부터 하나의 발신기까지의 수평거리가 25[m] 이하가 되도록 할 것. 다만, 복도 또는 별도로 구획된 실로서 보행거리가 40[m] 이상일 경우에는 추가로 설치해야 한다.
- 발신기의 위치표시등은 함의 상부에 설치하되, 그 불빛은 부착면으로부터 15° 이상의 범위 안에서 부착지점으로부터 10[m] 이내의 어느 곳에서도 쉽게 식별할 수 있는 적색등으로 할 것

72 축광표지의 성능인증 및 제품검사의 기술기준에서 축광표지의 표시면을 0[lx]에서 1시간 이상 방치한 후 200[lx] 밝기의 광원으로 20분간 조사시킨 상태에서 다시 주위조도를 0[lx]로 하여 휘도시험을 실시하는 경우 60분간 발광시킨 후의 휘도는 몇 $[mcd/m^2]$ 이상이어야 하는가?

① $110[mcd/m^2]$ ② $50[mcd/m^2]$
③ $24[mcd/m^2]$ ④ $7[mcd/m^2]$

해설

축광표지의 휘도시험(제9조) : 축광표지의 표시면을 0[lx] 상태에서 1시간 이상 방치한 후 200[lx] 밝기의 광원으로 20분간 조사시킨 상태에서 다시 주위조도를 0[lx]로 하여 휘도시험을 실시하는 경우 다음에 적합해야 한다.
- 5분간 발광시킨 후의 휘도는 $1[m^2]$당 110[mcd] 이상이어야 한다.
- 10분간 발광시킨 후의 휘도는 $1[m^2]$당 50[mcd] 이상이어야 한다.
- 20분간 발광시킨 후의 휘도는 $1[m^2]$당 24[mcd] 이상이어야 한다.
- 60분간 발광시킨 후의 휘도는 $1[m^2]$당 7[mcd] 이상이어야 한다.

73 비상조명등의 형식승인 제품검사의 기술기준에서 비상조명등 비상점등 회로의 보호를 위한 기준 중 다음 ( ) 안에 알맞은 것은?

> 비상조명등은 비상점등을 위하여 비상전원으로 전환되는 경우 비상점등 회로로 정격전류의 (㉠)배 이상의 전류가 흐르거나 램프가 없는 경우에는 (㉡)초 이내에 예비전원으로부터의 비상전원 공급을 차단해야 한다.

① ㉠ 2, ㉡ 1 ② ㉠ 1.2, ㉡ 3
③ ㉠ 3, ㉡ 1 ④ ㉠ 2.1, ㉡ 5

해설

비상점등 회로의 보호(제5조의2) : 비상조명등은 비상점등을 위하여 비상전원으로 전환되는 경우 비상점등 회로로 정격전류의 1.2배 이상의 전류가 흐르거나 램프가 없는 경우에는 3초 이내에 예비전원으로부터의 비상전원 공급을 차단해야 한다.

74 자동화재탐지설비 및 시각경보장치의 화재안전기술기준(NFTC 203)에서 수신기의 설치기준으로 옳지 않은 것은?

① 수위실 등 상시 사람이 근무하는 장소에 설치할 것
② 수신기가 설치된 장소에는 경계구역 일람도를 비치할 것
③ 하나의 경계구역은 하나의 표시등 또는 하나의 문자로 표시되도록 할 것
④ 수신기의 조작스위치는 바닥으로부터 높이 1.0[m] 이상 1.8[m] 이하에 설치할 것

해설
수신기의 설치기준(NFTC 203)
- 수위실 등 상시 사람이 근무하는 장소에 설치할 것. 다만, 사람이 상시 근무하는 장소가 없는 경우에는 관계인이 쉽게 접근할 수 있고 관리가 용이한 장소에 설치할 수 있다.
- 수신기가 설치된 장소에는 경계구역 일람도를 비치할 것. 다만, 모든 수신기와 연결되어 각 수신기의 상황을 감시하고 제어할 수 있는 수신기를 설치하는 경우에는 주수신기를 제외한 기타 수신기는 그렇지 않다.
- 수신기는 감지기·중계기 또는 발신기가 작동하는 경계구역을 표시할 수 있는 것으로 할 것
- 하나의 경계구역은 하나의 표시등 또는 하나의 문자로 표시되도록 할 것
- 수신기의 조작스위치는 바닥으로부터의 높이가 0.8[m] 이상 1.5[m] 이하인 장소에 설치할 것
- 하나의 특정소방대상물에 2 이상의 수신기를 설치하는 경우에는 수신기를 상호 간 연동하여 화재발생 상황을 각 수신기마다 확인할 수 있도록 할 것
- 화재로 인하여 하나의 층의 지구음향장치 또는 배선이 단락되어도 다른 층의 화재통보에 지장이 없도록 각 층 배선 상에 유효한 조치를 할 것

75 누전경보기의 화재안전기술기준(NFTC 205)에서 변류기의 설치위치는?

① 옥외 인입선 제1지점 부하 측의 점검이 쉬운 위치
② 옥내 인입선 제1지점 부하 측의 점검이 쉬운 위치
③ 옥외 인입선 제1종 접지선 측의 점검이 쉬운 위치
④ 옥내 인입선 제1종 접지선 측의 점검이 쉬운 위치

해설
누전경보기의 설치기준(NFTC 205)
- 경계전로의 정격전류가 60[A]를 초과하는 전로에 있어서는 1급 누전경보기를, 60[A] 이하의 전로에 있어서는 1급 또는 2급 누전경보기를 설치할 것. 다만, 정격전류가 60[A]를 초과하는 경계전로가 분기되어 각 분기회로의 정격전류가 60[A] 이하로 되는 경우 해당 분기회로마다 2급 누전경보기를 설치한 때는 해당 경계전로에 1급 누전경보기를 설치한 것으로 본다.
- 변류기는 특정소방대상물의 형태, 인입선의 시설방법 등에 따라 옥외 인입선의 제1지점의 부하 측 또는 제2종 접지선 측의 점검이 쉬운 위치에 설치할 것. 다만, 인입선의 형태 또는 특정소방대상물의 구조상 부득이한 경우에는 인입구에 근접한 옥내에 설치할 수 있다.
- 변류기를 옥외의 전로에 설치하는 경우에는 옥외형으로 설치할 것

76 비상콘센트설비의 화재안전기술기준(NFTC 504)에서 비상콘센트를 보호하기 위한 비상콘센트 보호함의 설치기준으로 틀린 것은?

① 보호함 상부에 적색의 표시등을 실치할 것
② 보호함에는 쉽게 개폐할 수 있는 문을 설치할 것
③ 보호함 표면에 "비상콘센트"라고 표시한 표지를 할 것
④ 비상콘센트의 보호함을 옥내소화전함 등과 접속하여 설치하는 경우에는 옥내소화전함의 표시등과 분리할 것

해설
비상콘센트 보호함의 설치기준(NFTC 504)
- 보호함에는 쉽게 개폐할 수 있는 문을 설치할 것
- 보호함 표면에 "비상콘센트"라고 표시한 표지를 할 것
- 보호함 상부에 적색의 표시등을 설치할 것. 다만, 비상콘센트의 보호함을 옥내소화전함 등과 접속하여 설치하는 경우에는 옥내소화전함 등의 표시등과 겸용할 수 있다.

77 자동화재탐지설비 및 시각경보장치의 화재안전기술기준(NFTC 203)에서 정하는 연기감지기를 설치하지 않아도 되는 장소는?

① 계단 및 경사로
② 엘리베이터 승강로
③ 파이프 피트 및 덕트
④ 20[m]인 복도

해설
연기감지기의 설치장소(NFTC 203)
- 계단·경사로 및 에스컬레이터 경사로
- 복도(30[m] 미만의 것을 제외)
- 엘리베이터 승강로(권상기실이 있는 경우에는 권상기실)·린넨슈트·파이프 피트 및 덕트 기타 이와 유사한 장소
- 천장 또는 반자의 높이가 15[m] 이상 20[m] 미만의 장소
- 다음의 어느 하나에 해당하는 특정소방대상물의 취침·숙박·입원 등 이와 유사한 용도로 사용되는 거실
  - 공동주택·오피스텔·숙박시설·노유자시설·수련시설
  - 교육연구시설 중 합숙소
  - 의료시설, 근린생활시설 중 입원실이 있는 의원·조산원
  - 교정 및 군사시설
  - 근린생활시설 중 고시원

78 자동화재탐지설비 및 시각경보장치의 화재안전기술기준(NFTC 203)에서 감지기를 설치하지 않을 수 있는 장소로 틀린 것은?

① 천장 및 반자의 높이가 20[m] 이하인 장소
② 부식성가스가 체류하고 있는 장소
③ 목욕실·욕조나 샤워시설이 있는 화장실·기타 이와 유사한 장소
④ 파이프덕트 등 그 밖의 이와 비슷한 것으로서 2개 층마다 방화구획된 것이나 수평단면적이 5[m^2] 이하인 것

해설
감지기를 설치하지 않을 수 있는 장소(NFTC 203)
- 천장 또는 반자의 높이가 20[m] 이상인 장소. 다만, 감지기로서 부착높이에 따라 적응성이 있는 장소는 제외한다.
- 헛간 등 외부와 기류가 통하는 장소로서 감지기에 따라 화재 발생을 유효하게 감지할 수 없는 장소
- 부식성가스가 체류하고 있는 장소
- 고온도 및 저온도로서 감지기의 기능이 정지되기 쉽거나 감지기의 유지관리가 어려운 장소
- 목욕실·욕조나 샤워시설이 있는 화장실·기타 이와 유사한 장소
- 파이프덕트 등 그 밖의 이와 비슷한 것으로서 2개 층마다 방화구획된 것이나 수평단면적이 5[m^2] 이하인 것
- 먼지·가루 또는 수증기가 다량으로 체류하는 장소 또는 주방 등 평상시 연기가 발생하는 장소(연기감지기에 한한다)
- 프레스공장·주조공장 등 화재 발생의 위험이 적은 장소로서 감지기의 유지관리가 어려운 장소

79 비상조명등의 화재안전기술기준(NFTC 304)에서 비상조명등의 조도에 대한 설치기준으로 옳은 것은?

① 비상조명등이 설치된 장소로부터 30[m] 떨어진 곳의 바닥에서 1[lx] 이상이 되어야 한다.
② 비상조명등이 설치된 장소로부터 10[m] 떨어진 곳의 바닥에서 1[lx] 이상이 되어야 한다.
③ 비상조명등이 설치된 장소로부터 20[m] 떨어진 곳의 바닥에서 1[lx] 이상이 되어야 한다.
④ 비상조명등이 설치된 장소의 각 부분의 바닥에서 1[lx] 이상이 되어야 한다.

해설

비상조명등의 설치기준(NFTC 304)
- 특정소방대상물의 각 거실과 그로부터 지상에 이르는 복도·계단 및 그 밖의 통로에 설치할 것
- 조도는 비상조명등이 설치된 장소의 각 부분의 바닥에서 1[lx] 이상이 되도록 할 것
- 예비전원을 내장하는 비상조명등에는 평상시 점등 여부를 확인할 수 있는 점검스위치를 설치하고 해당 조명등을 유효하게 작동시킬 수 있는 용량의 축전지와 예비전원 충전장치를 내장할 것
- 예비전원을 내장하지 않은 비상조명등의 비상전원은 자가발전설비, 축전지설비 또는 전기저장장치(외부 전기에너지를 저장해 두었다가 필요한 때 전기를 공급하는 장치)를 다음의 기준에 따라 설치해야 한다.
  - 점검에 편리하고 화재 및 침수 등의 재해로 인한 피해를 받을 우려가 없는 곳에 설치할 것
  - 상용전원으로부터 전력의 공급이 중단된 때는 자동으로 비상전원으로부터 전력을 공급받을 수 있도록 할 것
  - 비상전원의 설치장소는 다른 장소와 방화구획할 것. 이 경우 그 장소에는 비상전원의 공급에 필요한 기구나 설비 외의 것(열병합발전설비에 필요한 기구나 설비는 제외한다)을 두어서는 안 된다.

80 비상콘센트설비의 화재안전기술기준(NFTC 504)에 따라 하나의 전용회로에 단상교류 비상콘센트 6개를 연결하는 경우 전선의 용량은?

① 1.5[kVA] 이상
② 3[kVA] 이상
③ 4.5[kVA] 이상
④ 9[kVA] 이상

해설

비상콘센트설비의 전원회로 설치기준(NFTC 504)
- 비상콘센트설비의 전원회로는 단상교류 220[V]인 것으로서, 그 공급용량은 1.5[kVA] 이상인 것으로 할 것
- 전원회로는 각 층에 2 이상이 되도록 설치할 것. 다만, 설치해야 할 층의 비상콘센트가 1개인 때는 하나의 회로로 할 수 있다.
- 하나의 전용회로에 설치하는 비상콘센트는 10개 이하로 할 것. 이 경우 전선의 용량은 각 비상콘센트(비상콘센트가 3개 이상인 경우에는 3개)의 공급용량을 합한 용량 이상의 것으로 해야 한다.
- 비상콘센트의 플러그접속기는 접지형 2극 플러그접속기(KS C 8305)를 사용해야 한다.
∴ 비상콘센트가 3개 이상이므로 3개의 공급용량을 합한 것이 전선의 용량이 된다.
  전선의 용량 $= 1.5[\text{kVA}] \times 3\text{개} = 4.5[\text{kVA}]$ 이상

2024년 제1회 과년도 기출복원문제

제1과목 소방원론

01 플래시오버(Flash Over)에 대한 설명으로 가장 타당한 것은?

① 에너지가 느리게 집적되는 현상
② 가연성 가스가 방출되는 현상
③ 가연성 가스가 분해되는 현상
④ 폭발적인 착화현상

해설
플래시오버(Flash Over) : 폭발적인 착화현상, 순발적인 화재확대 현상

02 화재하중의 단위로 옳은 것은?

① [kcal/kg]　　② [℃/m²]
③ [kg/m²]　　　④ [kg/kcal]

해설
화재하중
- 정의 : 단위면적당 가연성 수용물의 양으로서 건물 화재 시 발열량 및 화재의 위험성을 나타내는 용어이고, 화재의 규모를 결정하는 데 사용된다.
- 화재하중 계산(Q)

$$Q = \frac{\Sigma(G_t \times H_t)}{H \times A} = \frac{Q_t}{4,500 \times A} \; [kg/m^2]$$

여기서, G_t : 가연물의 질량[kg]
　　　　H_t : 가연물의 단위발열량[kcal/kg]
　　　　H : 목재의 단위발열량(4,500[kcal/kg])
　　　　A : 화재실의 바닥면적[m²]
　　　　Q_t : 가연물의 전발열량[kcal]

03 연기감지기가 작동할 정도의 연기농도는 감광계수로 얼마 정도인가?

① 1.0[m⁻¹]　　② 2.0[m⁻¹]
③ 0.1[m⁻¹]　　④ 10[m⁻¹]

해설
연기농도와 가시거리

감광계수[m⁻¹]	가시거리[m]	상 황
0.1	20~30	연기감지기가 작동할 때의 정도
0.3	5	건물내부에 익숙한 사람이 피난에 지장을 느낄 정도
0.5	3	어두침침한 것을 느낄 정도
1	1~2	거의 앞이 보이지 않을 정도
10	0.2~0.5	화재 최성기 때의 정도

04 아세틸렌가스를 저장할 때 사용되는 물질은?

① 벤 젠　　　② 톨루엔
③ 아세톤　　④ 에틸알코올

해설
아세틸렌가스의 충전
- 용제 : 아세톤, 다이메틸폼아마이드(DMF)
- 희석제 : 질소, 메테인, 일산화탄소, 에틸렌 등

05 초기 소화용으로 사용되는 소화설비가 아닌 것은?

① 옥내소화전설비　　② 물분무설비
③ 분말소화설비　　　④ 연결송수관설비

해설
연결송수관설비 : 본격적인 소화활동설비

06 다음 중 온도가 일정할 때 기체의 부피는 압력에 반비례하는 법칙은?

① 스테판-볼츠만 법칙
② 보일의 법칙
③ 보일-샤를의 법칙
④ 패닝의 법칙

해설
법칙의 종류
- 보일의 법칙 : 온도가 일정할 때 기체의 부피는 압력에 반비례한다.
$$PV = k(일정)$$
- 샤를의 법칙 : 압력이 일정할 때 일정량의 기체가 차지하는 부피는 온도가 1[℃] 증가함에 따라 0[℃] 때 부피의 1/273씩 증가한다. 즉 압력이 일정할 때 기체가 차지하는 부피는 절대온도에 비례한다.
$$\frac{V}{T} = k$$
- 보일-샤를의 법칙 : 기체가 차지하는 부피는 압력에 반비례하며, 절대온도에 비례한다.
$$V_2 = V_1 \times \frac{P_1}{P_2} \times \frac{T_2}{T_1}$$

07 분말소화설비에 있어 분말소화약제의 가압용 가스로 가장 많이 쓰이는 것은?

① 산 소   ② 염 소
③ 아르곤   ④ 질 소

해설
분말소화약제의 가압용 가스 : 질소(N_2)

08 다음 중 전산실, 통신기기실 등의 소화에 가장 적절한 것은?

① 스프링클러설비   ② 옥내소화전설비
③ 간이스프링클러설비   ④ 할론소화설비

해설
전산실, 통신기기실, 발전실 등 전기설비의 소화설비 : 이산화탄소소화설비, 할론소화설비

09 연소의 형태 중 표면연소를 일으키는 물질이 아닌 것은?

① 숯   ② 메테인
③ 목 탄   ④ 금속분

해설
고체연소의 종류
- 표면연소 : 목탄, 코크스, 숯, 금속분 등이 열분해에 의하여 가연성가스를 발생하지 않고 그 물질 자체가 연소하는 현상
- 분해연소 : 석탄, 종이, 목재, 플라스틱 등의 연소 시 열분해에 의해 발생된 가스와 공기가 혼합하여 연소하는 현상
- 증발연소 : 황, 나프탈렌, 왁스, 파라핀 등과 같이 고체를 가열하면 열분해는 일어나지 않고 고체가 액체로 되어 일정온도가 되면 액체가 기체로 변화하여 기체가 연소하는 현상
- 자기연소(내부연소) : 제5류 위험물인 나이트로셀룰로스, 질화면 등 그 물질이 가연물과 산소를 동시에 가지고 있는 가연물이 연소하는 현상

10 화재의 소화원리에 따른 소화방법의 적용이 잘못된 것은?

① 냉각소화 : 스프링클러설비
② 질식소화 : 이산화탄소소화설비
③ 제거소화 : 포소화설비
④ 억제소화 : 할론소화설비

해설
제거소화는 소화설비가 이용되지 않고 화재 현장에서 가연물을 제거하는 방법이다.
※ 포소화설비 : 질식효과, 냉각효과

정답 6 ② 7 ④ 8 ④ 9 ② 10 ③

11 화재가 일정 이상 진행되어 문틈으로 연기가 새어 들어오는 화재를 발견할 때 일반적인 안전대책으로 잘못된 것은?

① 빨리 문을 열고 복도로 대피한다.
② 바닥에 엎드려 숨을 짧게 쉬면서 대피 대책을 세운다.
③ 문을 열지 않고 수건 등으로 문틈을 완전히 밀폐한 후 창문을 열고 화재를 알린다.
④ 창문으로 가서 외부에 자신의 구원을 요청한다.

해설
화재 발생 시 안전대책
• 바닥에 엎드려 숨을 짧게 쉬면서 대피 대책을 세운다.
• 문을 열지 않고 수건 등으로 문틈을 완전히 밀폐한 후 창문을 열고 화재를 알린다.
• 창문으로 가서 외부에 자신의 구원을 요청한다.
※ 화재 시 문을 열고 복도로 대피하면 연기나 유독가스가 방 전체로 확산되면서 대형 질식사의 우려가 있다.

12 포소화설비의 화재 적응성이 가장 낮은 대상물은?

① 건축물
② 가연성 고체류
③ 가연성 가스
④ 가연성 액체류

해설
포소화설비는 물과 포원액이 혼합하여 포를 방출하는 설비로 가연성 가스에는 적응성이 낮다.

13 분말소화약제의 소화효과가 아닌 것은?

① 냉각효과
② 부촉매효과
③ 제거효과
④ 발생한 불연성 가스에 의한 질식효과

해설
분말소화약제의 소화효과
• 칼륨염, 나트륨염에 의한 부촉매효과
• 발생한 불연성 가스에 의한 질식효과
• 흡수열 또는 열분해에 의한 냉각효과

14 분해폭발을 일으키며 연소하는 가연성 가스는?

① 염화바이닐
② 사이안화수소
③ 아세틸렌
④ 포스겐

해설
분해폭발 : 아세틸렌, 산화에틸렌과 같이 분해하면서 폭발하는 현상
※ 사이안화수소(HCN) : 제4류 위험물(제1석유류), 인화성 액체로 중합폭발을 일으킴

15 목재, 종이 등의 일반적인 가연물의 화재 시 물을 주수하고 기화열을 이용하여 열을 흡수해서 소화하는 소화의 종류는?

① 냉각소화　　② 질식소화
③ 제거소화　　④ 화학소화

해설
소화방법의 종류
- 냉각소화 : 화재 현장에 물을 주수하고 기화열을 이용하여 발화점 이하로 온도를 낮추어 소화하는 방법
- 질식소화 : 공기 중의 산소의 농도를 21[%]에서 15[%] 이하로 낮추어 소화하는 방법
  ※ 질식소화 시 산소의 유효한계농도 : 10~15[%]
- 제거소화 : 화재현장에서 가연물을 없애주어 소화하는 방법
- 화학소화(부촉매효과) : 연쇄반응을 차단하여 소화하는 방법
- 희석소화 : 알코올, 에터, 에스터, 케톤류 등 수용성 물질에 다량의 물을 방사하여 가연물의 농도를 낮추어 소화하는 방법
- 유화효과 : 물분무소화설비를 중유에 방사하는 경우 유류 표면에 엷은 막으로 유화층을 형성하여 화재를 소화하는 방법
- 피복효과 : 이산화탄소 소화약제 방사 시 가연물의 구석까지 침투하여 피복하므로 연소를 차단하여 소화하는 방법

16 열복사에 관한 스테판-볼츠만의 법칙을 옳게 설명한 것은?

① 열복사량은 복사체의 절대온도에 정비례한다.
② 열복사량은 복사체의 절대온도의 제곱에 비례한다.
③ 열복사량은 복사체의 절대온도의 3승에 비례한다.
④ 열복사량은 복사체의 절대온도의 4승에 비례한다.

해설
스테판-볼츠만 법칙 : 복사열은 절대온도차의 4제곱에 비례하고 열전달면적에 비례한다.
$$Q = aAF(T_1^4 - T_2^4)[\text{kcal/h}]$$
$$Q_1 : Q_2 = (T_1 + 273)^4 : (T_2 + 273)^4$$

17 피난로의 안전구획 중 2차 안전구획에 속하는 것은?

① 복 도
② 계단부속실(전실)
③ 계 단
④ 피난층에서 외부와 직면한 현관

해설
피난시설의 안전구획

구 분	1차 안전구획	2차 안전구획	3차 안전구획
대 상	복 도	계단부속실 (전실)	계 단

18 다음 중 연소효과와 관계가 없는 것은?

① 뷰테인가스 라이터에 불을 붙였다.
② 황린을 공기 중에 방치하였더니 불이 붙었다.
③ 알코올 램프에 불을 붙였다.
④ 공기 중에 노출된 쇠못이 붉게 녹이 슬었다.

해설
공기 중에 노출된 쇠못이 붉게 녹슨 것은 서서히 산화된 것이므로 연소라 할 수 없다.
연소 : 가연물이 공기 중에서 산소와 반응하여 열과 빛을 동반하는 급격한 산화현상

정답 15 ①　16 ④　17 ②　18 ④

19 화재 발생 시 건축물의 화재를 확대시키는 주요인이 아닌 것은?

① 흡착열에 의한 발화
② 비화
③ 복사열
④ 화염의 접촉(접염)

해설
건축물의 화재 확대요인
- 접염 : 화염 또는 열의 접촉에 의하여 불이 옮겨 붙은 것
- 복사열 : 복사파에 의하여 열이 고온에서 저온으로 이동하는 것
- 비화 : 화재현장에서 불꽃이 날아가 먼 지역까지 발화하는 현상

20 할론소화약제의 공통적인 특성 중 틀린 것은?

① 전기절연성이 크다.
② 변질, 분해되지 않는다.
③ 금속에 대한 부식성이 적다.
④ 소화 시 열분해가 일어나지 않으며 인체에 대한 독성이 없다.

해설
할론소화약제의 특성
- 변질, 분해가 없고 전기절연성이 크다.
- 금속에 대한 부식성이 적다.
- 연소 억제작용으로 부촉매효과가 훌륭하다.
- 값이 비싸다는 단점이 있다.
- 소화 시 열분해가 일어나며 인체에 대한 독성이 있다.

제2과목 소방전기일반

21 200[Ω]의 저항을 가진 경종 10개와 50[Ω]의 저항을 가진 표시등 3개가 있다. 이들을 모두 직렬로 접속할 때의 합성저항은 몇 [Ω]인가?

① 250
② 1,250
③ 1,750
④ 2,150

해설
저항이 직렬로 접속되어 있는 경우
합성저항 $R_t = R_1 + R_2 + \cdots + R_n = nR_1 [\Omega]$
- 경종의 합성저항 $R_{t1} = 10개 \times 200[\Omega] = 2,000[\Omega]$
- 표시등의 합성저항 $R_{t2} = 3개 \times 50[\Omega] = 150[\Omega]$
- ∴ 합성저항 $R_t = R_{t1} + R_{t2} = 2,000[\Omega] + 150[\Omega] = 2,150[\Omega]$

Plus one

저항이 병렬로 접속되어 있는 경우
- 저항 R_1, R_2가 병렬로 접속되어 있는 경우
  합성저항 $R_t = \dfrac{R_1 \times R_2}{R_1 + R_2}[\Omega]$
- n개의 저항(R)이 병렬로 접속되어 있는 경우
  합성저항 $\dfrac{1}{R_t} = \dfrac{1}{R_1} + \dfrac{1}{R_2} + \cdots + \dfrac{1}{R_n}[\Omega]$

22 그림과 같이 콘덴서 3[F]와 2[F]가 직렬로 접속된 회로에 전압 100[V]를 가하였을 때 3[F] 콘덴서의 단자전압 V_1은?

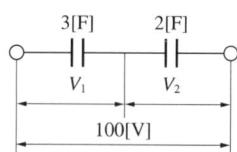

① 30[V]
② 40[V]
③ 50[V]
④ 60[V]

해설
콘덴서의 직렬접속
- 직렬로 접속된 콘덴서의 합성 정전용량(C)
  $C = \dfrac{C_1 C_2}{C_1 + C_2} = \dfrac{3[F] \times 2[F]}{3[F] + 2[F]} = 1.2[F]$
- 전기량 $Q = CV = 1.2[F] \times 100[V] = 120[C]$
- V_1에 걸리는 전압 $V_1 = \dfrac{Q}{C_1} = \dfrac{120[C]}{3[F]} = 40[V]$
- V_2에 걸리는 전압 $V_2 = \dfrac{Q}{C_2} = \dfrac{120[C]}{2[F]} = 60[V]$

23 그림과 같은 정현파에서 $v = V_m \sin(\omega t + \theta)$의 주기 T로 옳은 것은?

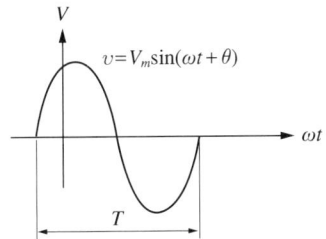

① $\dfrac{4\pi}{\omega}$ ② $\dfrac{2\pi}{\omega}$

③ $\dfrac{\omega^2}{2\pi}$ ④ $4\pi f$

해설

각속도(ω)

$\omega = 2\pi f = \dfrac{2\pi}{T}$ [rad/s]

- 주기 $T = \dfrac{1}{f} = \dfrac{2\pi}{\omega}$ [s]

- 주파수 $f = \dfrac{1}{T} = \dfrac{\omega}{2\pi}$ [Hz]

24 어떤 측정계기의 지시값을 M, 참값을 T라고 할 때 보정율은?

① $\dfrac{T-M}{M} \times 100[\%]$

② $\dfrac{M}{M-T} \times 100[\%]$

③ $\dfrac{T-M}{T} \times 100[\%]$

④ $\dfrac{T}{M-T} \times 100[\%]$

해설

오차율과 보정율

- 오차율 : 지시(측정)값이 참값과 어느 정도 다른지 백분율로 나타낸 것이다.

  오차율 = $\dfrac{M-T}{T} \times 100[\%]$

- 보정율 : 지시(측정)값을 참값과 같게 하려면 얼마나 보정해야 하는지 백분율로 나타낸 것이다.

  보정율 = $\dfrac{T-M}{M} \times 100[\%]$

25 제어량을 조절하기 위하여 제어대상에 주어지는 양으로 제어부의 출력이 되는 것은?

① 제어량

② 주피드백신호

③ 기준입력

④ 조작량

해설

피드백제어의 구성요소

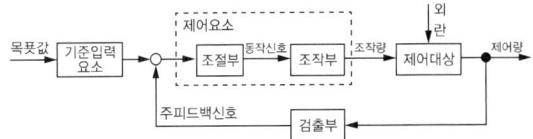

- 목푯값 : 외부에서 사용자가 제어량에 대한 희망값을 갖도록 주어지는 값을 말한다.
- 기준입력요소 : 제어계를 동작시키기 위하여 직접 폐루프에 주어지는 입력요소을 말한다.
- 조절부 : 동작신호를 만드는 부분이며 기준입력과 검출부의 출력을 합하여 제어계가 소정의 동작에 필요한 신호를 만들어 조작부에 보내는 장치이다.
- 동작신호 : 기준입력과 주피드백신호와의 차로서 제어동작을 일으키는 신호편차라 한다.
- 조작부 : 조절부로부터 받은 신호를 조작량으로 변화시켜 제어대상에 보내주는 장치이다.
- 제어요소 : 동작신호를 조작량으로 변환시키는 요소로서, 조절부와 조작부로 구성되어 있다.
- 조작량 : 제어를 수행하기 위해 제어대상에 가해지는 양이다.
- 제어대상 : 기계, 프로세스, 시스템의 전체 또는 일부분을 말하며 제어하고자 하는 대상을 말한다.
- 외란 : 외부로부터 제어대상에 작용하여 제어계의 상태를 교란시키는 것을 말한다.
- 제어량 : 제어대상에서 제어된 출력량을 말한다.
- 검출부 : 제어량을 검출하고 기준 입력신호와 비교하여 주궤환 신호를 만드는 장치로서 피드백 요소라고 한다.

26 논리식 $X \cdot (X+Y)$를 간략화하면?

① X
② Y
③ X + Y
④ X · Y

해설
논리식의 간략화
$X \cdot (X+Y) = XX + XY = X + XY = X(1+Y) = X \cdot 1 = X$

Plus one

논리대수의 기본법칙
• 배분법칙
$A + (B \cdot C) = (A+B) \cdot (A+C)$
$A \cdot (B+C) = (A \cdot B) + (A \cdot C)$
• 기본 대수의 정리
$A \cdot A = A$ $\quad A + A = A$
$A \cdot 1 = A$ $\quad A + 1 = 1$
$A \cdot 0 = 0$ $\quad A + 0 = A$

27 도너(Donor)와 억셉터(Acceptor)의 설명 중 틀린 것은?

① 반도체 결정에서 Ge이나 Si에 넣는 5가의 불순물을 도너라고 한다.
② 반도체 결정에서 Ge이나 Si에 넣는 3가의 불순물에는 In, Ga, B 등이 있다.
③ 진성반도체는 불순물이 전혀 섞이지 않은 반도체이다.
④ N형 반도체의 불순물을 억셉터이고, P형 반도체의 불순물을 도너이다.

해설
반도체의 종류
• 진성반도체 : 불순물이 전혀 첨가되지 않은 Si(실리콘)이나 Ge(게르마늄)으로 만든 순수한 반도체이다.
• N형 반도체
 - 반도체 결정에서 Ge이나 Si에 넣는 5가의 불순물에는 As(비소), Sb(안티몬), P(인) 등이 있다.
 - N형 반도체에서 과잉전자를 만드는 불순물을 도너라고 한다.
• P형 반도체
 - 반도체 결정에서 Ge이나 Si에 넣는 3가의 불순물에는 In(인듐), Ga(갈륨), B(붕소), Al(알루미늄) 등이 있다.
 - P형 반도체에서 정공을 만들기 위한 불순물을 엑셉터라고 한다.

28 1[C/s]과 같은 단위인 것은?

① 1[J]
② 1[V]
③ 1[A]
④ 1[W]

해설
전류(I)
• 전류 $I = \dfrac{Q}{t}[A]$

여기서, Q : 전하량[C], t : 시간[s]
• 1[A]란 1[s] 동안에 흐르는 전하 1[C]의 양이다.

29 0.5[kVA]의 수신기용 변압기가 있다. 변압기의 철손이 7.5[W], 전부하 동손이 16[W]이다. 화재가 발생하여 처음 2시간은 전부하 운전되고, 다음 2시간은 1/2의 부하가 걸렸다고 한다. 4시간에 걸친 전 손실 전력량은 약 몇 [Wh]인가?

① 65[Wh]
② 70[Wh]
③ 75[Wh]
④ 80[Wh]

해설
전손실 전력량(P)

$$P = (P_i + P_c) \times T + \left\{P_i + \left(\dfrac{1}{m}\right)^2 P_c\right\} \times T [\text{Wh}]$$

변압기의 철손 $P_i = 7.5[W]$, 동손 $P_c = 16[W]$, $\dfrac{1}{m}$ 부하 = $\dfrac{1}{2} = 0.5$, 운전시간 $T = 2[h]$일 때

∴ $P = (7.5[W] + 16[W]) \times 2[h] + \{7.5[W] + 0.5^2 \times 16[W]\} \times 2[h]$
  $= 70[Wh]$

30 지름이 10[cm]인 원형코일에 1[A]의 전류를 흘릴 때 코일 중심에서 자계의 세기를 1,000[AT/m]로 하려면 코일을 몇 회 감으면 되는가?

① 200회 ② 150회
③ 100회 ④ 50회

해설
자계의 세기(H)
- 반지름이 a인 원형코일에 전류 I가 흐를 때 원형코일 중심에서 x만큼 떨어진 지점에서의 자계의 세기(H)

$$H = \frac{a^2 NI}{2(a^2+x^2)^{\frac{3}{2}}} [\text{AT/m}]$$

- 원형코일 중심에서 자계의 세기(H)

$x=0$이므로 $H = \frac{NI}{2a} [\text{AT/m}]$

∴ 자계의 세기 $H = \frac{NI}{2a}$ 에서

권수 $N = \frac{2aH}{I} = \frac{2 \times 0.1[\text{m}] \times 1,000[\text{AT/m}]}{1[\text{A}]} = 200$회

31 지시계기에 대한 동작원리가 틀린 것은?

① 열전형 계기 – 대전된 도체 사이에 작용하는 정전력을 이용
② 가동 철편형 계기 – 전류에 의한 자기장이 연철편에 작용하는 힘을 이용
③ 전류력계형 계기 – 전류 상호 간에 작용하는 힘을 이용
④ 유도형 계기 – 회전 자기장 또는 이동 자기장과 이것에 의한 유도전류와의 상호작용을 이용

해설
지시계기의 동작원리
- 열전형 계기 : 전류의 열작용에 의한 금속선의 팽창 또는 종류가 다른 금속의 접합점의 온도차에 의한 열기전력으로 가동 코일형 계기를 동작하게 하는 계기이다.
- 가동 철편형 계기 : 코일에 전류를 흘릴 때 발생하는 자기장의 세기는 전류의 크기에 비례한다. 이 자기장 중에 고정 철편과 가동 철편을 놓으면 양철편에는 각각 자기장의 세기, 즉 전류에 비례하는 흡인력 또는 반발력이 작용한다. 이 원리를 응용한 계기이다.
- 전류력계형 계기 : 고정 코일에 피측정 전류를 흘려 자기장을 만들고, 그 자기장 중에 가동 코일을 설치하여 여기에도 피측정 전류를 흘려, 이 전류와 자기장 사이에 작용하는 전자력을 구동 토크로 이용하는 계기이다.
- 유도형 계기 : 회전 자기장 또는 이동 자기장 내에 금속편을 놓으면 금속편에는 맴돌이 전류가 생겨서 자기장이 이동하는 방향으로 금속편을 이동시키는 토크가 생긴다. 이 원리를 이용한 계기이다.

32 단상 200[V]의 교류전압을 회로에 인가할 때 $\pi/6$[rad]만큼 위상이 뒤진 10[A]의 전류가 흐른다고 한다. 이 회로의 역률은 몇 [%]인가?

① 86.6[%] ② 89.6[%]
③ 92.6[%] ④ 95.6[%]

해설
L(인덕턴스) 단독회로
- $\theta = \frac{180°}{\pi} \times [\text{rad}]$ 이므로

∴ $\theta = \frac{180°}{\pi} \times \frac{\pi}{6} = 30°$

- 역률 $\cos\theta = \cos 30° = 0.866 = 86.6[\%]$

33 화재 시 온도 상승으로 인해 저항값이 감소하는 반도체 소자는?

① 서미스터(NTC)
② 서미스터(PTC)
③ 서미스터(CTR)
④ 배리스터

해설

서미스터(Thermistor)
천이 금속 산화물을 소결하여 만든 것으로 온도 변화에 대하여 저항값이 민감하게 변하는 성질을 이용한 감열 저항체 소자로서 온도 보상용으로 사용된다.
- NTC(Negative Temperature Coefficient thermistor) : 온도 상승과 더불어 저항값이 감소하는 성질을 이용
- PTC(Positive Temperature Coefficient thermistor) : 온도 상승과 더불어 저항값이 증가하는 성질을 이용
- CTR(Critical Temperature Resistor) : 특정온도에서 저항값이 급격히 변하는 성질을 이용

34 바이폴러 트랜지스터(BJT)와 비교할 때 전계효과 트랜지스터(FET)의 일반적인 특성을 잘못 설명한 것은?

① 소자특성은 단극성 소자이다.
② 입력 저항은 매우 크다.
③ 이득대역폭은 작다.
④ 집적도는 낮다.

해설

트랜지스터

특 성	FET (전계효과 트랜지스터)	BJT (바이폴러 트랜지스터)
동작원리	다수캐리어에 의해서만 동작	다수 및 소수캐리어에 의해서 동작
전극구성	게이트(G), 드레인(D), 소스(S)	베이스(B), 컬렉터(C), 이미터(E)
소자특성	단극성 소자	양극성 소자
제어방식	전압제어방식	전류제어방식
입력 저항	매우 크다.	보통이다.
동작속도	느리다.	빠르다.
잡 음	적다.	많다.
이득대역폭	작다.	크다.
집적도	높다.	낮다.

35 2차계에서 무제동으로 무한 진동이 일어나는 감쇠율(Damping Ration) δ는 어떤 경우인가?

① $\delta = 0$
② $\delta > 1$
③ $\delta = 1$
④ $0 < \delta < 1$

해설

감쇠율(δ)
특성방정식 $s^2 + 2\delta\omega_n s + \omega_n^2 = 0$
여기서, δ : 제동비, ω_n : 고유진동수
- 무제동(무한 진동) : $\delta = 0$
- 임계제동(임계상태) : $\delta = 1$
- 과제동(비진동) : $\delta > 1$
- 부족제동(감쇠 진동) : $\delta < 1$

36 3상 다음은 타이머 코일을 사용한 접점과 그의 타임차트를 나타낸다. 이 접점으로 옳은 것은?(단, t는 타이머의 설정값이다)

분류	기 호	타임차트
타이머 코일	─(T)─	여 자 무여자 ┌──┐ 무여자
접 점	─o∨o─ ─o⎤o─	On Off ┌──┆ t ┆ Off

① 한시동작 순시복귀 a접점
② 순시동작 한시복귀 a접점
③ 한시동작 순시복귀 b접점
④ 순시복귀 한시동작 b접점

해설
시퀀스제어의 접점 종류

접점 명칭	접점기호		부속명
	a접점	b접점	
수동조작 자동복귀 접점			버튼스위치
기계적 접점			리밋스위치
수동동작 유지형 접점			토글스위치
계전기 접점			릴레이 및 전자접촉기 보조접점
한시동작 순시복귀 접점			타이머
순시동작 한시복귀 접점			
수동복귀 접점			열동계전기

37 다음 논리식 $X = \overline{A \cdot B}$와 같은 것은?

① $X = \overline{A} + \overline{B}$
② $X = A + B$
③ $X = \overline{A} \cdot \overline{B}$
④ $X = A \cdot B$

해설
논리식의 간략화
$X = \overline{A \cdot B} = \overline{A} \cdot \overline{B} = \overline{A} + \overline{B}$

Plus one
드모르간의 법칙
• $\overline{A+B} = \overline{A} \cdot \overline{B}$
• $\overline{A \cdot B} = \overline{A} + \overline{B}$

38 변류기에 결선된 전류계가 고장이 나서 교환하는 경우 옳은 방법은?

① 변류기의 2차 쪽을 개방시키고 전류계를 교체한다.
② 변류기의 2차 쪽을 단락시키고 전류계를 교체한다.
③ 변류기의 2차 쪽을 접지시키고 전류계를 교체한다.
④ 변류기에 피뢰기를 연결하고 전류계를 교체한다.

해설
변류기의 2차 회로 : 변류기를 사용하는 중에 계전기나 전류계가 고장이 나서 교환할 경우에는 먼저 변류기의 2차 쪽을 단락시킨 다음에 계전기나 전류계를 분리해야 한다. 그 이유는 2차 쪽을 개방한 채로 2차 회로를 열면 1차 쪽에 큰 전류가 흐르면 1차 전류가 전부 여자전류로 되어 2차 쪽 단자에 대단히 높은 2차 기전력이 유도되어 절연이 피괴되고 소손될 우려가 있다.

정답 36 ② 37 ① 38 ②

39 그림과 같은 회로에 전압 $v = \sqrt{2}\, V\sin\omega t\,[\text{V}]$를 인가하였을 때 옳은 것은?

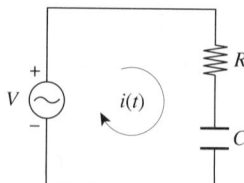

① 역률 : $\cos\theta = \dfrac{R}{\sqrt{R^2 + \omega C^2}}$

② i의 실횻값 : $I = \dfrac{V}{\sqrt{R^2 + \omega C^2}}$

③ 전압과 전류의 위상차 : $\theta = \tan^{-1}\dfrac{R}{\omega C}$

④ 전압평형방정식 :
$Ri + \dfrac{1}{C}\displaystyle\int i\,dt = \sqrt{2}\,V\sin\omega t$

해설
$R-C$ 직렬회로

- 역률 $\cos\theta = \dfrac{R}{Z} = \dfrac{R}{\sqrt{R^2 + X_C^2}} = \dfrac{R}{\sqrt{R^2 + \left(\dfrac{1}{\omega C}\right)^2}}$

- i(전류)의 실횻값
$I = \dfrac{V}{Z} = \dfrac{V}{\sqrt{R^2 + X_C^2}} = \dfrac{V}{\sqrt{R^2 + \left(\dfrac{1}{\omega C}\right)^2}}$ [A]

- 위상차 $\theta = \tan^{-1}\dfrac{X_C}{R} = \tan^{-1}\dfrac{\dfrac{1}{\omega C}}{R} = \tan^{-1}\dfrac{1}{\omega CR}$

- 전압평형방정식 $Ri + \dfrac{1}{C}\displaystyle\int i\,dt = v$에서
$Ri + \dfrac{1}{C}\displaystyle\int i\,dt = \sqrt{2}\,V\sin\omega t$

여기서, Z : 임피던스$\left(\sqrt{R^2 + X_C^2}\right)$, X_C : 용량 리액턴스$\left(\dfrac{1}{\omega C}\right)$

40 그림은 비상시에 대비한 예비전원의 공급회로이다. 직류전압을 일정하게 유지하기 위하여 콘덴서를 설치한다면 그 위치로 적당한 곳은?

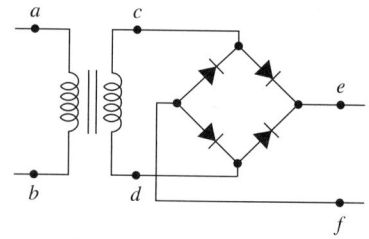

① a와 b 사이
② c와 d 사이
③ e와 f 사이
④ c와 e 사이

해설
브리지 정류회로의 구성요소

- 브리지 정류회로란 다이오드(D) 4개를 이용한 정류회로이며 다이오드에 전압을 인가하면 순방향으로만 전류를 통과시키고 역방향으로는 전류를 흐르지 않는 단방향 전류소자이다.
- 평활회로는 교류성분(리플)이 있는 파형을 직류형태로 만들어 주는 역할을 하므로 정류회로의 출력부분에 커패시터(콘덴서)를 병렬로 연결한 회로이다.
- 브리지 정류회로의 구성 : 변압기(Tr), 다이오드(D_1, D_2, D_3, D_4), 커패시터(C)
- 커패시터는 매우 빠른 속도로 충전과 방전을 반복함으로써 출력 전압의 맥동분을 감소시켜 직류전압을 일정하게 유지시켜 주는 역할을 한다.

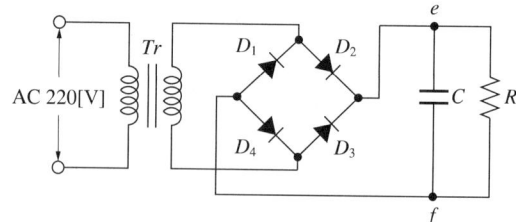

제3과목 소방관계법규

41 다음 중 소방기본법의 목적과 거리가 먼 것은?

① 풍수재해의 예방·경계, 진압에 관한 계획, 예산의 지원활동
② 화재, 재난, 재해 그 밖의 위급한 상황에서의 구급·구조활동
③ 국민의 생명·신체, 재산의 보호
④ 공공의 안녕 및 질서유지

해설
소방기본법의 목적(소방기본법 제1조)
- 화재를 예방·경계·진압
- 화재, 재난, 재해 그 밖의 위급한 상황에서의 구급·구조활동
- 국민의 생명·신체, 재산의 보호
- 공공의 안녕 및 질서유지와 복리증진에 이바지함

42 다음 중 소방대상물이 아닌 것은?

① 산 림
② 항해 중인 선박
③ 건축물
④ 차 량

해설
소방대상물 : 건축물, 차량, 선박(항구 안에 매어둔 선박), 선박건조 구조물, 산림 그 밖의 인공구조물 또는 물건(소방기본법 제2조)

43 단독경보형감지기를 설치해야 하는 특정소방대상물에 속하지 않는 것은?

① 연면적 600[m²] 미만의 유치원
② 수련시설 내에 있는 연면적 2,000[m²] 미만의 기숙사
③ 숙박시설이 있는 수련시설
④ 교육연구시설 내에 있는 연면적 3,000[m²] 미만의 합숙소

해설
단독경보형감지기를 설치해야 하는 특정소방대상물(소방시설법 영 별표 4)
- 교육연구시설 내에 있는 기숙사 또는 합숙소로서 연면적 2,000[m²] 미만인 것
- 수련시설 내에 있는 기숙사 또는 합숙소로서 연면적 2,000[m²] 미만인 것
- 숙박시설이 있는 수련시설
- 연면적 600[m²] 미만인 유치원
- 공동주택 중 연립주택 및 다세대주택

44 옥외소화전설비를 설치해야 할 소방대상물은 지상 1층 및 2층의 바닥면적의 합계가 몇 [m²] 이상인 것인가?

① 5,000[m²]
② 7,000[m²]
③ 8,000[m²]
④ 9,000[m²]

해설
옥외소화전설비의 설치 대상물(소방시설법 영 별표 4)
- 지상 1층 및 2층의 바닥면적의 합계가 9,000[m²] 이상
- 보물 또는 국보로 지정된 목조건축물

정답 41 ① 42 ② 43 ④ 44 ④

45 국가가 시·도의 소방업무에 필요한 경비의 일부를 보조하는 국고보조 대상이 아닌 것은?

① 소방용수시설　② 소방전용통신설비
③ 소방자동차　　④ 소방헬리콥터

해설
국고보조 대상(소방기본법 영 제2조)
• 소방활동장비 및 설비
　- 소방자동차
　- 소방헬리콥터 및 소방정
　- 소방전용통신설비 및 전산설비
　- 그 밖의 방화복 등 소방활동에 필요한 소방장비
• 소방관서용 청사의 건축

46 위험물제조소의 환기설비 중 급기구의 크기는? (단, 급기구의 바닥면적은 150[cm²]이다)

① 150[cm²] 이상으로 한다.
② 300[cm²] 이상으로 한다.
③ 450[cm²] 이상으로 한다.
④ 800[cm²] 이상으로 한다.

해설
제조소의 환기설비 중 급기구의 크기(위험물법 규칙 별표 4)
• 환기: 자연배기방식
• 급기구는 해당 급기구가 설치된 실의 바닥면적 150[m²]마다 1개 이상으로 하되 급기구의 크기는 800[cm²] 이상으로 할 것. 다만, 바닥면적이 150[m²] 미만인 경우에는 다음의 크기로 해야 한다.

바닥면적	급기구의 면적
60[m²] 미만	150[cm²] 이상
60[m²] 이상 90[m²] 미만	300[cm²] 이상
90[m²] 이상 120[m²] 미만	450[cm²] 이상
120[m²] 이상 150[m²] 미만	600[cm²] 이상

47 소방시설업자의 관계인에 대한 통보의무사항이 아닌 것은?

① 지위를 승계한 때
② 등록취소 또는 영업정지 처분을 받은 때
③ 휴업 또는 폐업한 때
④ 주소지가 변경된 때

해설
소방시설업자의 관계인에 대한 통보의무사항(공사업법 제8조)
• 소방시설업자의 지위를 승계한 경우
• 소방시설업의 등록취소 처분 또는 영업정지 처분을 받은 경우
• 휴업하거나 폐업한 경우

48 소방시설 설치 및 관리에 관한 법령에 따른 소방안전관리대상물의 관계인 및 소방안전관리자를 선임해야 하는 공공기관의 장은 작동점검을 실시한 경우 며칠 이내에 소방시설 등 작동점검 실시결과 보고서를 소방본부장 또는 소방서장에게 제출해야 하는가?

① 7일　　② 15일
③ 30일　④ 60일

해설
자체점검 결과보고서 제출과정(규칙 제23조)
• 배치신고: 자체점검이 끝난 날부터 5일 이내
• 소방시설업자가 점검을 한 경우: 자체점검이 끝난 날부터 10일 이내에 소방시설 자체점검 실시결과 보고서에 소방시설 등 점검표를 첨부하여 관계인에게 제출
• 소방서 보고: 관계인은 자체점검이 끝난 날부터 15일 이내에 아래 서류를 첨부하여 소방본부장 또는 소방서장에게 보고해야 한다.
　- 점검인력 배치확인서(관리업자가 점검하는 경우)
　- 소방시설 등의 자체점검 결과 이행계획서

49 제4류 위험물로서 제1석유류인 수용성 액체의 지정수량은 몇 [L]인가?

① 100[L] ② 200[L]
③ 300[L] ④ 400[L]

해설
제4류 위험물의 종류 및 지정수량(위험물법 영 별표 1)

위험물			위험등급	지정수량
유별	성질	품 명		
제4류	인화성 액체	1. 특수인화물	I	50[L]
		2. 제1석유류 비수용성 액체	II	200[L]
		수용성 액체	II	400[L]
		3. 알코올류	II	400[L]
		4. 제2석유류 비수용성 액체	III	1,000[L]
		수용성 액체	III	2,000[L]
		5. 제3석유류 비수용성 액체	III	2,000[L]
		수용성 액체	III	4,000[L]
		6. 제4석유류	III	6,000[L]
		7. 동식물유류	III	10,000[L]

50 면적에 관계없이 건축허가 동의를 받아야 하는 소방대상물에 해당되는 것은?

① 근린생활시설 ② 위락시설
③ 방송용 송수신탑 ④ 업무시설

해설
건축허가 등의 동의대상물의 범위(소방시설법 영 제7조)
• 항공기 격납고, 관망탑, 항공관제탑, 방송용 송수신탑
• 공동주택, 의원(입원실 또는 인공신장실이 있는 것으로 한정한다)·조산원·산후조리원, 숙박시설, 위험물 저장 및 처리시설, 풍력발전소·전기저장시설, 지하구
• 요양병원

51 특정소방대상물에 소방안전관리자를 선임하지 않은 자에 대한 벌칙으로 맞는 것은?

① 200만원 이하의 과태료
② 100만원 이하의 벌금
③ 200만원 이하의 벌금
④ 300만원 이하의 벌금

해설
300만원 이하의 벌금(화재예방법 제50조)
• 화재안전조사를 정당한 사유 없이 거부·방해 또는 기피한 자
• 화재예방 조치명령을 정당한 사유 없이 따르지 않거나 방해한 자
• 소방안전관리자, 총괄소방안전관리자 또는 소방안전관리보조자를 선임하지 않은 자
• 소방시설·피난시설·방화시설 및 방화구획 등이 법령에 위반된 것을 발견하였음에도 필요한 조치를 할 것을 요구하지 않은 소방안전관리자
• 소방안전관리자에게 불이익한 처우를 한 관계인

52 소방대상물의 화재안전조사에 관한 설명 중 옳지 않은 것은?

① 개인의 주거(실제 주거용도로 사용되는 경우에 한정한다)에 대한 화재안전조사는 관계인의 승낙이 있거나 화재발생의 우려가 뚜렷하여 긴급한 필요가 있는 때에 한정한다.
② 화재가 자주 발생하였거나 발생할 우려가 뚜렷한 곳에 대한 조사가 필요한 경우에 화재안전조사를 실시할 수 있다.
③ 소방청장 또는 소방서장은 명령으로 인하여 손실을 입은 자가 있는 경우에는 대통령령으로 정하는 바에 따라 보상해야 한다.
④ 화재안전조사의 연기를 신청하려는 관계인은 화재안전조사 시작 3일 전까지 필요한 서류를 첨부하여 소방청장, 소방본부장 또는 소방서에게 제출해야 한다.

해설
소방청장 또는 시·도지사는 명령으로 인하여 손실을 입은 자가 있는 경우에는 대통령령으로 정하는 바에 따라 보상해야 한다(화재예방법 제15조).

정답 49 ④ 50 ③ 51 ④ 52 ③

53 소방안전관리대상물의 관계인은 소방안전관리자의 정보를 게시해야 한다. 다음 중 게시 내용이 아닌 것은?

① 소방안전관리대상물의 명칭 및 등급
② 소방안전관리자의 성명 및 교육일자
③ 소방안전관리자의 연락처
④ 소방안전관리자의 근무 위치

해설
소방안전관리자의 정보 게시 내용(화재예방법 규칙 제15조)
• 소방안전관리대상물의 명칭 및 등급
• 소방안전관리자의 성명 및 선임일자
• 소방안전관리자의 연락처
• 소방안전관리자의 근무 위치(화재수신기 또는 종합방재실을 말한다)

54 다음 중 한국소방안전원의 업무에 해당하지 않는 것은?

① 소방기술과 안전관리에 관한 교육 및 조사·연구와 각종 간행물 발간
② 화재예방과 안전관리의식 고취를 위한 대국민 홍보
③ 소방업무에 관하여 행정기관이 위탁하는 업무
④ 소방시설에 관한 연구 및 기술 지원

해설
한국소방안전원의 업무(소방기본법 제41조)
• 소방기술과 안전관리에 관한 교육 및 조사·연구
• 소방기술과 안전관리에 관한 각종 간행물 발간
• 화재예방과 안전관리의식 고취를 위한 대국민 홍보
• 소방업무에 관하여 행정기관이 위탁하는 업무

55 지정수량 10배의 하이드록실아민을 취급하는 제조소의 안전거리는 몇 [m] 이상으로 해야 하는가? (단, 소수점 이하는 버리는 것으로 계산한다)

① 10[m]   ② 110[m]
③ 170[m] ④ 240[m]

해설
하이드록실아민을 취급하는 제조소의 안전거리(위험물법 규칙 별표 4)
$D = 51.1\sqrt[3]{N}$
여기서, D : 안전거리[m]
N : 지정수량의 배수
$\therefore D = 51.1\sqrt[3]{10} = 110$

56 소방안전관리대상물의 관계인이 소방안전관리자를 선임한 경우 선임한 날부터 며칠 이내에 신고해야 하는가?

① 14일 이내   ② 20일 이내
③ 28일 이내   ④ 30일 이내

해설
관계인이 소방안전관리자 또는 소방안전관리보조자를 선임한 경우 선임한 날부터 14일 이내에 소방본부장 또는 소방서장에게 신고해야 한다(화재예방법 제26조).

57 다음 중 소방시설에 대한 분류로 옳지 않은 것은?

① 소화설비 : 옥내소화전설비, 옥외소화전설비
② 소화활동설비 : 비상콘센트설비, 제연설비, 연결송수관설비
③ 피난구조설비 : 자동식사이렌, 구조대, 완강기
④ 경보설비 : 자동화재탐지설비, 누전경보기, 자동화재속보설비

해설
피난구조설비(소방시설법 영 별표 1)
- 피난기구(피난사다리, 구조대, 완강기, 간이완강기, 미끄럼대, 피난교, 피난용트랩, 다수인피난장비, 승강식피난기)
- 방열복, 방화복(안전모, 보호장갑, 안전화를 포함), 공기호흡기, 인공소생기
- 유도등(피난유도선, 피난구유도등, 통로유도등, 객석유도등, 유도표지)
- 비상조명등 및 휴대용 비상조명등
  ※ 자동식사이렌 : 비상경보설비

58 다음 중 1급 소방안전관리대상물이 아닌 것은?

① 지하구
② 연면적 1만 5천[m²] 이상인 것
③ 특정소방대상물로서 층수가 11층 이상인 복합건축물
④ 가연성 가스를 1천[t] 이상 저장, 취급하는 시설

해설
소방안전관리대상물(화재예방법 영 별표 4)
- 1급 소방안전관리대상물
  - 30층 이상(지하층은 제외)이거나 지상으로부터 높이가 120[m] 이상인 아파트
  - 연면적 15,000[m²] 이상인 특정소방대상물(아파트 및 연립주택은 제외)
  - 지상층의 층수가 11층 이상(아파트는 제외)
  - 가연성 가스를 1,000[t] 이상 저장·취급하는 시설
- 2급 소방안전관리대상물 : 지하구

59 소방기본법령상 소방신호의 종류가 아닌 것은?

① 발화신호 ② 경계신호
③ 출동신호 ④ 훈련신호

해설
소방신호의 종류(규칙 제10조)

신호종류	발령 시기	타종신호	사이렌 신호
경계신호	화재예방상 필요하다고 인정 또는 화재위험 경보 시 발령	1타와 연2타를 반복	5초 간격을 두고 30초씩 3회
발화신호	화재가 발생한 때 발령	난 타	5초 간격을 두고 5초씩 3회
해제신호	소화활동의 필요 없다고 인정되는 때 발령	상당한 간격을 두고 1타씩 반복	1분간 1회
훈련신호	훈련상 필요하다고 인정되는 때 발령	연 3타 반복	10초 간격을 두고 1분씩 3회

60 소방시설공사의 하자보수 보증기간이 옳은 것은?

① 유도등 : 1년
② 자동소화장치 : 3년
③ 자동화재탐지설비 : 2년
④ 소화용수설비 : 2년

해설
하자보수 보증기간(공사업법 영 제6조)

보증기간	해당 소방시설
2년	비상경보설비, 비상방송설비, 피난기구, 유도등, 비상조명등 및 무선통신보조설비
3년	자동소화장치, 옥내소화전설비, 스프링클러설비 등, 물분무 등 소화설비, 옥외소화전설비, 자동화재탐지설비, 화재알림설비, 소화용수설비, 소화활동설비(무선통신보조설비 제외)

제4과목 소방전기시설의 구조 및 원리

61 단독경보형감지기를 설치해야 하는 특정소방대상물의 기준 중 옳은 것은?

① 교육연구시설 내에 있는 합숙소 또는 기숙사로서 연면적 2,000[m²] 미만인 것
② 연면적 500[m²] 미만의 유치원
③ 수련시설 내에 있는 합숙소 또는 기숙사로서 연면적 1,000[m²] 미만인 것
④ 숙박시설이 있는 수련시설로서 수용인원 100명 이상인 것

해설
단독경보형감지기를 설치해야 하는 특정소방대상물(소방시설법 영 별표 4)
- 교육연구시설 내에 있는 기숙사 또는 합숙소로서 연면적 2,000[m²] 미만인 것
- 수련시설 내에 있는 기숙사 또는 합숙소로서 연면적 2,000[m²] 미만인 것
- 연면적 400[m²] 미만의 유치원
- 숙박시설이 있는 수련시설로서 수용인원 100명 미만인 것
- 공동주택 중 연립주택 및 다세대주택(연동형으로 설치)

62 비상경보설비 및 단독경보형감지기의 화재안전기술기준(NFTC 201)에서 정하는 발신기 설치는 특정소방대상물의 층마다 설치하되, 해당 층의 각 부분으로부터 하나의 발신기까지의 수평거리는 몇 [m] 이하가 되도록 하고, 복도 또는 별도로 구획된 실로서 보행거리가 몇 [m] 이상일 경우에는 추가로 설치해야 하는가?

① 수평거리 15[m] 이하, 보행거리 30[m] 이상
② 수평거리 25[m] 이하, 보행거리 30[m] 이상
③ 수평거리 15[m] 이하, 보행거리 40[m] 이상
④ 수평거리 25[m] 이하, 보행거리 40[m] 이상

해설
비상벨설비 또는 자동식 사이렌설비의 발신기 설치기준
- 조작이 쉬운 장소에 설치하고, 조작스위치는 바닥으로부터 0.8[m] 이상 1.5[m] 이하의 높이에 설치할 것
- 특정소방대상물의 층마다 설치하되, 해당 층의 각 부분으로부터 하나의 발신기까지의 수평거리가 25[m] 이하가 되도록 할 것. 다만, 복도 또는 별도로 구획된 실로서 보행거리가 40[m] 이상일 경우에는 추가로 설치해야 한다.
- 발신기의 위치표시등은 함의 상부에 설치하되, 그 불빛은 부착면으로부터 15° 이상의 범위 안에서 부착지점으로부터 10[m] 이내의 어느 곳에서도 쉽게 식별할 수 있는 적색등으로 할 것

63 비상방송설비를 설치해야 하는 특정소방대상물의 기준 중 틀린 것은?(단, 위험물 저장 및 처리시설 중 가스시설, 사람이 거주하지 않거나 벽이 없는 축사 등 동물 및 식물 관련 시설, 터널 및 지하구는 제외한다)

① 연면적 3,500[m²] 이상인 것은 모든 층
② 층수가 11층 이상인 것은 모든 층
③ 지하층의 층수가 3층 이상인 것은 모든 층
④ 50명 이상의 근로자가 작업하는 옥내 작업장

해설
비상방송설비를 설치해야 하는 특정소방대상물(소방시설법 영 별표 4)
- 연면적 3,500[m²] 이상인 것은 모든 층
- 층수가 11층 이상인 것은 모든 층
- 지하층의 층수가 3층 이상인 것은 모든 층
∴ 50명 이상의 근로자가 작업하는 옥내 작업장에는 비상경보설비를 설치해야 한다.

64 주요구조부가 내화구조가 아닌 감지구역의 바닥면적이 50[m²]의 특정소방대상물에 열전대식 차동식 분포형 감지기를 설치하는 경우 열전대부는 몇 개 이상으로 해야 하는가?

① 1개
② 3개
③ 4개
④ 10개

해설
열전대식 차동식 분포형 감지기의 설치기준(NFTC 203)
- 열전대부는 감지구역의 바닥면적 18[m²](주요구조부가 내화구조로 된 특정소방대상물에 있어서는 22[m²])마다 1개 이상으로 할 것. 다만, 바닥면적이 72[m²](주요구조부가 내화구조로 된 특정소방대상물에 있어서는 88[m²]) 이하인 특정소방대상물에 있어서는 4개 이상으로 해야 한다.
- 하나의 검출부에 접속하는 열전대부는 20개 이하로 할 것. 다만, 각각의 열전대부에 대한 작동여부를 검출부에서 표시할 수 있는 것(주소형)은 형식승인 받은 성능인정 범위 내의 수량으로 설치할 수 있다.
∴ 특정소방대상물의 주요구조부가 내화구조가 아니고, 감지구역의 바닥면적이 72[m²] 이하이므로 열전대식 차동식 분포형 감지기를 설치하는 경우 열전대부는 4개 이상으로 해야 한다.

65 자동화재속보설비의 속보기의 성능인증 및 제품검사의 기술기준에서 정하는 속보기의 구조에 대한 설명으로 틀린 것은?

① 수동통화용 송수화장치를 설치해야 한다.
② 접지전극에 직류전류를 통하는 회로방식을 사용해야 한다.
③ 작동 시 그 작동시간과 작동횟수를 표시할 수 있는 장치를 해야 한다.
④ 부식에 의하여 기계적 기능에 영향을 줄 우려가 있는 부분은 칠, 도금 등으로 기계적 내식가공을 하거나 방청가공을 해야 한다.

해설
자동화재속보설비의 속보기에 사용하지 않아야 하는 회로방식(제3조)
- 접지전극에 직류전류를 통하는 회로방식
- 수신기에 접속되는 외부배선과 다른 설비(화재신호의 전달에 영향을 미치지 않는 것은 제외한다)의 외부배선을 공용으로 하는 회로방식

66 누전경보기의 형식승인 및 제품검사의 기술기준에서 정하는 수신부의 절연저항시험에 관한 내용이다. ( )에 알맞은 것은?

> 수신부는 절연된 충전부와 외함 간 및 차단기구의 개폐부(열린 상태에서는 같은 극의 전원단자와 부하 측 단자와의 사이, 닫힌 상태에서는 충전부와 손잡이 사이)의 절연저항을 DC 500[V]의 절연저항계로 측정하는 경우 ( )[MΩ] 이상이어야 한다.

① 0.1
② 3
③ 5
④ 10

해설
누전경보기의 수신부의 절연저항시험과 절연내력 기준
- 절연저항시험(제35조) : 수신부는 절연된 충전부와 외함 간 및 차단기구의 개폐부(열린 상태에서는 같은 극의 전원단자와 부하 측 단자와의 사이, 닫힌 상태에서는 충전부와 손잡이 사이)의 절연저항을 DC 500[V]의 절연저항계로 측정하는 경우 5[MΩ] 이상이어야 한다.
- 절연내력시험(제36조) : 절연저항시험에서 규정된 시험부위의 절연내력은 60[Hz]의 정현파에 가까운 실효전압 500[V](1차 측 또는 2차 측 충전부의 정격전압이 30[V]을 초과하고 150[V] 이하인 부분에 있어서는 1[kV], 정격전압이 150[V]를 초과하는 부분에 있어서는 그 정격전압에 2를 곱하여 1[kV]를 더한 값)의 교류전압을 가하는 시험에서 1분간 견디는 것이어야 한다.

67 유도등 및 유도표지의 화재안전기술기준에서 통로유도등의 설치기준으로 틀린 것은?

① 거실의 통로가 벽체 등으로 구획된 경우에는 거실통로유도등을 설치할 것
② 거실통로유도등은 거실통로에 기둥이 설치된 경우에는 기둥 부분의 바닥으로부터 높이 1.5[m] 이하의 위치에 설치할 수 있다.
③ 복도통로유도등은 구부러진 모퉁이 및 복도에 설치된 통로유도등을 기점으로 보행거리 20[m]마다 설치할 것
④ 계단통로유도등은 바닥으로부터 높이 1[m] 이하의 위치에 설치할 것

[해설]
통로유도등의 설치기준(NFTC 303)
• 거실통로유도등의 설치기준
 – 거실의 통로에 설치할 것. 다만, 거실의 통로가 벽체 등으로 구획된 경우에는 복도통로유도등을 설치할 것
 – 구부러진 모퉁이 및 보행거리 20[m]마다 설치할 것
 – 바닥으로부터 높이 1.5[m] 이상의 위치에 설치할 것. 다만, 거실통로에 기둥이 설치된 경우에는 기둥 부분의 바닥으로부터 높이 1.5[m] 이하의 위치에 설치할 수 있다.
• 복도통로유도등의 설치기준
 – 복도에 설치하되 옥내로부터 직접 지상으로 통하는 출입구 및 그 부속실의 출입구 또는 직통계단·직통계단의 계단실 및 그 부속실의 출입구에 따라 피난구유도등이 설치된 출입구의 맞은편 복도에는 입체형으로 설치하거나 바닥에 설치할 것
 – 구부러진 모퉁이 및 복도에 설치된 통로유도등을 기점으로 보행거리 20[m]마다 설치할 것
 – 바닥으로부터 높이 1[m] 이하의 위치에 설치할 것. 다만, 지하층 또는 무창층의 용도가 도매시장·소매시장·여객자동차터미널·지하역사 또는 지하상가인 경우에는 복도·통로 중앙부분의 바닥에 설치해야 한다.
• 계단통로유도등의 설치기준
 – 각 층의 경사로 참 또는 계단참마다(1개 층에 경사로 참 또는 계단참이 2 이상 있는 경우에는 2개의 계단참마다)설치할 것
 – 바닥으로부터 높이 1[m] 이하의 위치에 설치할 것

68 특정소방대상물 중 터널로서 그 길이가 몇 [m] 이상일 경우 비상조명등을 설치해야 하는가?

① 500[m]　② 600[m]
③ 700[m]　④ 1,000[m]

[해설]
비상조명등을 설치해야 하는 특정소방대상물(소방시설법 영 별표 4) : 터널로서 그 길이가 500[m] 이상인 것

69 비상콘센트설비의 화재안전기술기준에서 비상콘센트설비에 자가발전설비를 비상전원으로 설치할 때의 기준으로 틀린 것은?

① 상용전원으로부터 전력의 공급이 중단된 때에는 자동으로 비상전원으로부터 전력을 공급받을 수 있도록 할 것
② 비상콘센트설비를 유효하게 10분 이상 작동시킬 수 있는 용량으로 할 것
③ 점검에 편리하고 화재 및 침수 등의 재해로 인한 피해를 받을 우려가 없는 곳에 설치할 것
④ 비상전원을 실내에 설치하는 때에는 그 실내에 비상조명등을 설치할 것

[해설]
비상콘센트설비의 비상전원 설치기준(NFTC 504)
• 점검에 편리하고 화재 및 침수 등의 재해로 인한 피해를 받을 우려가 없는 곳에 설치할 것
• 비상콘센트설비를 유효하게 20분 이상 작동시킬 수 있는 용량으로 할 것
• 상용전원으로부터 전력의 공급이 중단된 때에는 자동으로 비상전원으로부터 전력을 공급받을 수 있도록 할 것
• 비상전원의 설치장소는 다른 장소와 방화구획할 것. 이 경우 그 장소에는 비상전원의 공급에 필요한 기구나 설비 외의 것(열병합발전설비에 필요한 기구나 설비는 제외한다)을 두어서는 안 된다.
• 비상전원을 실내에 설치하는 때에는 그 실내에 비상조명등을 설치할 것

70 무선통신보조설비의 화재안전기술기준에서 무선통신보조설비의 누설동축케이블 및 안테나는 고압의 전로로부터 1.5[m] 이상 떨어진 위치에 설치해야 하나 그렇게 하지 않아도 되는 경우는?

① 해당 전로에 정전기 차폐장치를 유효하게 설치한 경우
② 금속제 및 자기제 등의 지지금구로 벽·천장·기둥 등에 일정한 간격으로 고정한 경우
③ 누설동축케이블의 끝부분에 무반사 종단저항을 설치한 경우
④ 불연재료로 구획된 반자 안에 설치한 경우

해설
무선통신보조설비의 누설동축케이블 설치기준(NFTC 505)
- 누설동축케이블 및 안테나는 고압의 전로로부터 1.5[m] 이상 떨어진 위치에 설치할 것. 다만, 해당 전로에 정전기 차폐장치를 유효하게 설치한 경우에는 그렇지 않다.
- 누설동축케이블 및 동축케이블은 화재에 따라 해당 케이블의 피복이 소실된 경우에 케이블 본체가 떨어지지 않도록 4[m] 이내마다 금속제 또는 자기제 등의 지지금구로 벽·천장·기둥 등에 견고하게 고정할 것. 다만, 불연재료로 구획된 반자 안에 설치하는 경우에는 그렇지 않다.
- 누설동축케이블 및 동축케이블의 임피던스는 50[Ω]으로 하고, 이에 접속하는 안테나·분배기 기타의 장치는 해당 임피던스에 적합한 것으로 해야 한다.

71 소방시설용 비상전원수전설비의 화재안전기술기준에서 전기사업자로부터 저압으로 수전하는 경우 비상전원수전설비로 알맞은 것은?

① 방화구획형
② 전용배전반(1·2종)
③ 큐비클형
④ 옥외개방형

해설
소방시설용 비상전원수전설비의 기술기준(NFTC 602)
- 특별고압 또는 고압으로 수전하는 경우 : 방화구획형, 옥외개방형, 큐비클(Cubicle)형
- 저압으로 수전하는 경우 : 전용배전반(1·2종), 전용분전반(1·2종), 공용분전반(1·2종)

72 구조대의 형식승인 및 제품검사의 기술기준에서 정하는 경사강하식 구조대의 구조기준 중 틀린 것은?

① 손잡이는 출구 부근에 좌우 각 3개 이상 균일한 간격으로 견고하게 부착해야 한다.
② 입구틀 및 고정틀의 입구는 지름 30[cm] 이상의 구체가 통과할 수 있어야 한다.
③ 경사구조대 본체의 활강부는 낙하방지를 위해 포를 이중 구조로 하거나 또는 망목의 변의 길이가 8[cm] 이하인 망을 설치해야 한다.
④ 경사구조대 본체의 끝부분에는 길이 4[m] 이상, 지름 4[mm] 이상의 유도선을 부착해야 하며, 유도선 끝에는 중량 3[N] 이상의 모래주머니 등을 설치해야 한다.

해설
경사강하식 구조대의 구조(제3조) : 입구틀 및 고정틀의 입구는 지름 60[cm] 이상의 구체(공처럼 둥근 형태나 물체, 球體)가 통과할 수 있어야 한다.

정답 70 ① 71 ② 72 ②

73 자동화재탐지설비의 감지기는 부착높이에 따라 그 설치가 제한된다. 일반적으로 부착높이가 4[m] 미만에서부터 20[m] 이상에 이르기까지 광범위하게 설치할 수 있는 감지기는?

① 연기복합형 감지기
② 불꽃감지기
③ 차동식 분포형 감지기
④ 보상식 스포트형 감지기

해설

부착높이에 따른 감지기의 종류(NFTC 203)

부착높이	감지기의 종류
4[m] 미만	• 차동식(스포트형, 분포형) • 보상식 스포트형 • 정온식(스포트형, 감지선형) • 이온화식 또는 광전식(스포트형, 분리형, 공기흡입형) • 열복합형 • 연기복합형 • 열연기복합형 • 불꽃감지기
4[m] 이상 8[m] 미만	• 차동식(스포트형, 분포형) • 보상식 스포트형 • 정온식(스포트형, 감지선형) 특종 또는 1종 • 이온화식 1종 또는 2종 • 광전식(스포트형, 분리형, 공기흡입형) 1종 또는 2종 • 열복합형 • 연기복합형 • 열연기복합형 • 불꽃감지기
8[m] 이상 15[m] 미만	• 차동식 분포형 • 이온화식 1종 또는 2종 • 광전식(스포트형, 분리형, 공기흡입형) 1종 또는 2종 • 연기복합형 • 불꽃감지기
15[m] 이상 20[m] 미만	• 이온화식 1종 • 광전식(스포트형, 분리형, 공기흡입형) 1종 • 연기복합형 • 불꽃감지기
20[m] 이상	• 불꽃감지기 • 광전식(분리형, 공기흡입형) 중 아날로그방식

∴ 불꽃감지기는 부착높이가 4[m] 미만에서 20[m] 이상까지 광범위하게 설치할 수 있다.

74 비상방송설비의 화재안전기술기준에서 정하는 비상방송설비의 설치기준에 대한 설명으로 옳지 않은 것은?

① 실외에 설치하는 확성기의 음성입력은 3[W] 이상일 것
② 확성기는 각 층마다 설치하되, 그 층의 각 부분으로부터 하나의 확성기까지의 수평거리는 25[m] 이하가 되도록 할 것
③ 음향장치는 정격전압의 70[%] 전압에서 음향을 발할 수 있는 것으로 할 것
④ 음향장치는 자동화재탐지설비의 작동과 연동하여 작동할 수 있는 것으로 할 것

해설

비상방송설비의 설치기준(NFTC 202)
• 확성기의 음성입력은 3[W](실내에 설치하는 것에 있어서는 1[W]) 이상일 것
• 확성기는 각 층마다 설치하되, 그 층의 각 부분으로부터 하나의 확성기까지의 수평거리가 25[m] 이하가 되도록 하고, 해당 층의 각 부분에 유효하게 경보를 발할 수 있도록 설치할 것
• 음량조정기를 설치하는 경우 음량조정기의 배선은 3선식으로 할 것
• 조작부의 조작스위치는 바닥으로부터 0.8[m] 이상 1.5[m] 이하의 높이에 설치할 것
• 기동장치에 따른 화재신호를 수신한 후 필요한 음량으로 화재발생상황 및 피난에 유효한 방송이 자동으로 개시될 때까지의 소요시간은 10초 이내로 할 것
• 음향장치는 정격전압의 80[%] 전압에서 음향을 발할 수 있는 것을 할 것
• 자동화재탐지설비의 작동과 연동하여 작동할 수 있는 것으로 할 것

75 누전경보기의 형식승인 및 제품검사의 기술기준에서 누전경보기 수신부의 기능검사 항목이 아닌 것은?

① 충격시험
② 절연저항시험
③ 내식성시험
④ 전원전압변동시험

해설
누전경보기의 기능검사 항목
- 전원전압변동시험
- 온도특성시험
- 과입력전압시험
- 개폐기의 조작시험
- 반복시험
- 진동시험
- 충격시험
- 방수시험
- 절연저항시험
- 절연내력시험
- 충격파내전압시험

해설
유도등의 일반구조 기준(제3조)
- 상용전원전압의 110[%] 범위 안에서는 유도등 내부의 온도 상승이 그 기능에 지장을 주거나 위해를 발생시킬 염려가 없어야 한다.
- 유도등에는 점멸, 음성 또는 이와 유사한 방식 등에 의한 유도장치를 설치할 수 있다.
- 사용전압은 300[V] 이하이어야 한다. 다만, 충전부가 노출되지 않은 것은 300[V]를 초과할 수 있다.
- 축전지에 배선 등을 직접 납땜하지 않아야 한다.
- 전선의 굵기는 인출선인 경우에는 단면적이 0.75[mm²] 이상이어야 한다.
- 인출선의 길이는 전선인출 부분으로부터 150[mm] 이상이어야 한다. 다만, 인출선으로 하지 않을 경우에는 풀어지지 않는 방법으로 전선을 쉽고 확실하게 부착할 수 있도록 접속단자를 설치해야 한다.
- 유도등에는 점검용의 자동복귀형 점멸기를 설치해야 한다. 다만, 바닥에 매립되는 복도통로유도등과 객석유도등은 그렇지 않다.

76 유도등의 형식승인 및 제품검사의 기술기준에서 유도등의 일반구조에 적합하지 않은 것은?

① 수송 중 진동 또는 충격에 의하여 기능에 장해를 받지 않도록 축전지에 배선 등을 직접 납땜해야 한다.
② 유도등에는 점멸, 음성 또는 이와 유사한 방식 등에 의한 유도장치를 설치할 수 있다.
③ 바닥에 매립되는 복도통로유도등과 객석유도등을 제외하고 유도등에는 점검용의 자동복귀형 점멸기를 설치해야 한다.
④ 인출선의 길이는 전선인출 부분으로부터 150[mm] 이상이어야 한다.

77 감지기의 형식승인 및 제품검사의 기술기준에서 정하는 단독경보형감지기의 일반기능 중 건전지를 주전원으로 하는 감지기는 건전지의 성능이 저하되어 건전지의 교체가 필요한 경우에는 음성안내를 포함한 음향 및 표시등에 의하여 몇 시간 이상 경보를 할 수 있어야 하는가?

① 1시간
② 2시간
③ 48시간
④ 72시간

해설
단독경보형감지기의 일반기능(제5조의2) : 건전지를 주전원으로 하는 감지기는 건전지의 성능이 저하되어 건전지의 교체가 필요한 경우에는 음성안내를 포함한 음향 및 표시등에 의하여 72시간 이상 경보할 수 있어야 한다. 이 경우 음향경보는 1[m] 떨어진 거리에서 70[dB](음성안내는 60[dB]) 이상이어야 한다.

78 비상조명등의 화재안전기술기준에서 예비전원을 내장하는 비상조명등에 평상시 점등 여부를 확인할 수 있도록 반드시 설치해야 하는 것은?

① 충전기
② 리액터
③ 점검스위치
④ 정전콘덴서

해설
비상조명등의 설치기준(NFTC 304)
- 예비전원을 내장하는 비상조명등에는 평상시 점등 여부를 확인할 수 있는 점검스위치를 설치하고 해당 조명등을 유효하게 작동시킬 수 있는 용량의 축전지와 예비전원 충전장치를 내장할 것
- 예비전원을 내장하지 않은 비상조명등의 비상전원은 자가발전설비, 축전지설비 또는 전기저장장치(외부 전기에너지를 저장해 두었다가 필요한 때 전기를 공급하는 장치)를 설치해야 한다.

79 비상콘센트설비의 화재안전기술기준에서 비상콘센트의 배치는 바닥면적이 1,000[m²] 미만인 층은 계단의 출입구로부터 몇 [m] 이내에 설치해야 하는가?(단, 계단의 부속실을 포함하며 계단이 2 이상 있는 경우에는 그중 1개의 계단을 말한다)

① 10   ② 8
③ 5   ④ 3

해설
비상콘센트의 배치기준(NFTC 504)
- 바닥면적이 1,000[m²] 미만인 층은 계단의 출입구(계단의 부속실을 포함하며 계단이 2 이상 있는 경우에는 그중 1개의 계단을 말한다)로부터 5[m] 이내에 설치할 것
- 바닥면적 1,000[m²] 이상인 층은 각 계단의 출입구 또는 계단부속실의 출입구(계단의 부속실을 포함하며 계단이 3 이상 있는 층의 경우에는 그중 2개의 계단을 말한다)로부터 5[m] 이내에 설치할 것
- 그 비상콘센트로부터 그 층의 각 부분까지의 거리가 다음의 기준을 초과하는 경우에는 그 기준 이하가 되도록 비상콘센트를 추가하여 설치할 것
  - 지하상가 또는 지하층의 바닥면적의 합계가 3,000[m²] 이상인 것은 수평거리 25[m]
  - 그 밖에는 수평거리 50[m]

80 자동화재탐지설비 및 시각경보장치의 화재안전기술기준에서 3종 연기감지기의 설치기준 중 ( ) 안에 알맞은 것은?

3종 연기감지기는 복도 및 통로에 있어서 보행거리 (㉠)[m]마다, 계단 및 경사로에 있어서는 수직거리 (㉡)[m]마다 1개 이상으로 설치해야 한다.

① ㉠ 15, ㉡ 10
② ㉠ 20, ㉡ 10
③ ㉠ 30, ㉡ 15
④ ㉠ 30, ㉡ 20

해설
자동화재탐지설비의 연기감지기 설치기준(NFTC 203)
- 감지기는 복도 및 통로에 있어서는 보행거리 30[m](3종에 있어서는 20[m])마다, 계단 및 경사로에 있어서는 수직거리 15[m](3종에 있어서는 10[m])마다 1개 이상으로 할 것
- 감지기의 부착높이에 따른 바닥면적마다 1개 이상으로 할 것

부착높이	감지기의 종류(단위 : [m²])	
	1종 및 2종	3종
4[m] 미만	150	50
4[m] 이상 20[m] 미만	75	-

- 천장 또는 반자가 낮은 실내 또는 좁은 실내에 있어서는 출입구의 가까운 부분에 설치할 것
- 천장 또는 반자 부근에 배기구가 있는 경우에는 그 부근에 설치할 것
- 감지기는 벽 또는 보로부터 0.6[m] 이상 떨어진 곳에 설치할 것

2024년 제2회 과년도 기출복원문제

제1과목 소방원론

01 화재 발생 시 피난기구로 직접 활용할 수 없는 것은?

① 완강기
② 무선통신보조설비
③ 피난사다리
④ 구조대

해설
무선통신보조설비 : 소화활동설비

02 화재 표면온도가 2배로 되면 복사에너지는 몇 배로 증가되는가?

① 2배
② 4배
③ 8배
④ 16배

해설
복사에너지는 절대온도의 4승에 비례한다(2^4 = 16).

03 제1류 위험물로 그 성질이 산화성 고체인 것은?

① 황 린
② 아염소산염류
③ 금속분
④ 황

해설
위험물의 분류

종류	황 린	아염소산염류	금속분	황
유별	제3류 위험물	제1류 위험물	제2류 위험물	제2류 위험물
성질	자연발화성 물질	산화성 고체	가연성 고체	가연성 고체

04 물의 소화력을 보강하기 위해 첨가하는 약제로서 물의 표면장력을 감소시켜 침투효과를 높이기 위한 첨가제로 옳은 것은?

① 증점제
② 강화액
③ 침투제
④ 유화제

해설
물의 소화성능을 향상시키기 위해 첨가하는 첨가제
• 침투제 : 물의 표면장력을 감소시켜서 침투성을 증가시키는 Wetting Agent
• 증점제 : 물의 점도를 증가시키는 Viscosity Agent
• 유화제 : 기름의 표면에 유화(에멀전)효과를 위한 첨가제(분무주수)

정답 1 ② 2 ④ 3 ② 4 ③

05 자연발화의 예방을 위한 대책으로 옳지 않은 것은?

① 통풍이나 환기로 열의 축적을 방지한다.
② 주위 온도를 낮게 하여 반응계에 이상이 생기지 않도록 한다.
③ 열전도율을 낮게 한다.
④ 칼륨 등 석유 중에 보관하는 물질은 용기가 파손되지 않도록 한다.

해설
자연발화의 방지대책
- 습도를 낮게 할 것(습도를 낮게 해야 한 지점의 열의 확산을 잘 시킨다)
- 주위(저장실)의 온도를 낮출 것
- 통풍을 잘 시킬 것
- 불활성 가스를 주입하여 공기와 접촉을 피할 것
- 열전도율을 크게 할 것

06 건물 화재 시 패닉(Panic)의 발생원인과 직접적인 관계가 없는 것은?

① 연기에 의한 시계제한
② 유독가스에 의한 호흡장애
③ 외부와 단절되어 고립
④ 건물의 불연 내장재

해설
패닉(Panic)의 발생원인
- 연기에 의한 시계제한
- 유독가스에 의한 호흡장애
- 외부와 단절되어 고립
※ 패닉(Panic)현상 : 화재가 발생하여 실내 전체가 연기와 화염으로 충만한 상태

07 연소를 이루기 위한 열원으로서 전기에너지가 아닌 것은?

① 아크열   ② 유도열
③ 마찰열   ④ 저항열

해설
열원의 종류
- 화학열
  - 연소열 : 어떤 물질이 완전히 산화되는 과정에서 발생하는 열
  - 분해열 : 어떤 화합물이 분해할 때 발생하는 열
  - 용해열 : 어떤 물질이 액체에 용해될 때 발생하는 열(질산과 물의 혼합)
  - 자연발화
- 전기열
  - 저항열
  - 유전열
  - 유도열
  - 아크열
  - 정전기열 : 정전기가 방전할 때 발생하는 열
- 기계열
  - 마찰열 : 두 물체를 마주대고 마찰시킬 때 발생하는 열
  - 압축열 : 기체를 압축할 때 발생하는 열
  - 마찰스파크열 : 금속과 고체 물체가 충돌할 때 발생하는 열

08 제2종 분말소화약제가 열분해되었을 때 생성되는 물질이 아닌 것은?

① CO_2 ② H_2O
③ H_3PO_4 ④ K_2CO_3

해설
제2종 분말소화약제의 열분해 반응식
$2KHCO_3 \rightarrow K_2CO_3 + CO_2 + H_2O$

09 플래시오버(Flash Over)를 가장 바르게 표현한 것은?

① 소화현상이다.
② 건물 외부에서 연소가스의 폭발적인 방출현상이다.
③ 폭발적인 화재 확대현상이다.
④ 폭발 및 건물의 붕괴현상이다.

해설
플래시오버 : 폭발적인 화재 확대현상

10 황린과 적린이 서로 동소체라는 것을 증명하는 데 가장 효과적인 실험은?

① 비중을 비교한다.
② 착화점을 비교한다.
③ 유기용제에 대한 용해도를 비교한다.
④ 연소생성물을 확인한다.

해설
동소체 : 같은 원소로 되어 있으나 성질과 모양이 다른 것으로 연소생성물을 확인한다.

원 소	동소체	연소생성물
탄소(C)	다이아몬드, 흑연	이산화탄소(CO_2)
황(S)	사방황, 단사황, 고무상황	이산화황(SO_2)
인(P)	적린, 황린	오산화인(P_2O_5)
산소(O)	산소, 오존	-

11 소화(消火)의 원리에 해당하지 않는 것은?

① 산소공급원의 농도를 낮춰서 연소가 지속될 수 없도록 한다.
② 가연성 물질을 발화점 이하로 냉각시킨다.
③ 가열원을 계속 공급한다.
④ 화학적인 방법으로 연쇄반응을 억제시킨다.

해설
소화는 연소의 3요소 중 한 가지를 없애주는 것인데 가열원(점화원)을 계속 공급하면 연소는 계속된다.

12 공기의 평균분자량이 29라 할 때, 이산화탄소의 증기비중은 약 얼마인가?

① 1.44 ② 1.52
③ 2.88 ④ 3.24

해설
증기비중 = 분자량/29 = 44/29 = 1.517
※ 이산화탄소(CO_2)의 분자량 : 44

13 그림에서 내화구조 건축물의 화재온도 및 시간의 표준곡선은?

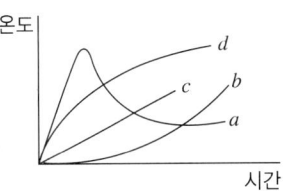

① a ② b
③ c ④ d

해설
• 내화구조 건축물 : 저온장시간(d)
• 목조건축물 : 고온단시간(a)

14 다음 중 알코올 위험물에 속하지 않는 것은?

① 에틸알코올 ② 부틸알코올
③ 메틸알코올 ④ 프로필알코올

해설
위험물에서 알코올은 C_1~C_3까지의 포화 1가 알코올이며 종류로는 메틸알코올, 에틸알코올, 프로필알코올이 있다.

15 순수한 액화석유가스(LPG)의 일반적인 성질에 대한 설명으로 잘못된 것은?

① 휘발유 등 유기용매에 녹는다.
② 액화하면 물보다 가볍다.
③ 액화석유가스 증기는 공기보다 무겁다.
④ 무색으로 독특한 냄새가 있다.

해설
LPG(액화석유가스, Liquefied Petroleum Gas)의 특성
- 무색무취(가정용은 누설 시 냄새를 감지하기 위하여 메르캅탄이라는 부취제를 주입하므로 독특한 냄새가 난다)이다.
- 물에 녹지 않고, 유기용제에 녹는다.
- 석유류, 동식물류, 천연고무를 잘 녹인다.
- 공기 중에서 쉽게 연소 폭발한다.
- 액체상태에서 기체로 될 때 체적은 약 250배로 된다.
- 액체상태에서는 물보다 가볍고(약 0.5배), 기체상태는 공기보다 무겁다(약 1.5~2.0배).

16 제1종 분말소화약제인 중탄산나트륨은 어떤 색으로 착색되어 있는가?

① 백 색
② 담회색
③ 담홍색
④ 회 색

해설
분말소화약제의 성상

종 류	주성분	착 색	적응 화재
제1종 분말	탄산수소나트륨($NaHCO_3$)	백 색	B, C급
제2종 분말	탄산수소칼륨($KHCO_3$)	담회색	B, C급
제3종 분말	제일인산암모늄($NH_4H_2PO_4$)	담홍색	A, B, C급
제4종 분말	탄산수소칼륨 + 요소 [$KHCO_3$ + $(NH_2)_2CO$]	회 색	B, C급

종 류	열분해 반응식
제1종 분말	$2NaHCO_3 \rightarrow Na_2CO_3 + CO_2 + H_2O$
제2종 분말	$2KHCO_3 \rightarrow K_2CO_3 + CO_2 + H_2O$
제3종 분말	$NH_4H_2PO_4 \rightarrow HPO_3 + NH_3 + H_2O$
제4종 분말	$2KHCO_3 + (NH_2)_2CO \rightarrow K_2CO_3 + 2NH_3 + 2CO_2$

17 페놀수지, 멜라민수지 등이 연소될 때 발생되며 눈, 코, 인후 및 폐에 매우 자극적이고 유독성이 큰 가스는?

① CO_2
② SO_2
③ HBr
④ NH_3

해설
연소생성물

가 스	현 상
CO_2 (이산화탄소)	연소가스 중 가장 많은 양을 차지, 완전연소 시 생성
CO (일산화탄소)	불완전연소 시 다량 발생, 혈액 중의 헤모글로빈(Hb)과 결합하여 혈액 중의 산소운반 저해하여 사망
$COCl_2$ (포스겐)	매우 독성이 강한 가스로서 연소 시 거의 발생하지 않으나 사염화탄소 약제 사용 시 발생
CH_2CHCHO (아크롤레인)	석유제품이나 유지류가 연소할 때 생성
SO_2 (아황산가스)	황을 함유하는 유기화합물이 완전연소 시 발생
H_2S (황화수소)	황을 함유하는 유기화합물이 불완전연소 시 발생 달걀 썩는 냄새가 나는 가스
NH_3 (암모니아)	페놀수지, 멜라민수지 등이 연소될 때 발생되며 눈, 코, 인후 및 폐에 매우 자극성이 큰 유독성 가스
HCl (염화수소)	PVC와 같이 염소가 함유된 물질의 연소 시 생성

18 다음 중 연소범위가 가장 넓은 물질로 옳은 것은?

① 아세틸렌
② 에틸렌
③ 이황화탄소
④ 메테인

해설
공기 중의 연소범위

가 스	하한계[%]	상한계[%]
아세틸렌(C_2H_2)	2.5	81.0
에틸렌(C_2H_4)	2.7	36.0
이황화탄소(CS_2)	1.0	50.0
메테인(CH_4)	5.0	15.0

15 ④ 16 ① 17 ④ 18 ①

19 표준상태에서 11.2[L]의 기체질량이 22[g]이었다면 이 기체의 분자량은 얼마인가?(단, 이상기체라고 생각한다)

① 22 ② 35
③ 44 ④ 56

해설

기체의 분자량
- 풀이방법 I
  표준상태에서 어떤 기체 1[g-mol]이 차지하는 부피는 22.4[L]이므로
  $$\therefore \frac{22.4[L]}{11.2[L]} \times 22[g] = 44 \text{(분자량 : 44이다)}$$
- 풀이방법 II (이상기체 상태방정식)
  $$PV = nRT = \frac{W}{M}RT$$
  여기서, P : 압력
  V : 부피
  n : [mol]수(무게/분자량)
  W : 무게
  M : 분자량
  R : 기체상수(0.08205[L·atm/g-mol·K])
  T : 절대온도(273 + [℃])
  $$\therefore M = \frac{WRT}{PV} = \frac{22[g] \times 0.08205 \times 273}{1 \times 11.2[L]} = 44$$

20 화재의 종류에서 급수는 C급이며 전기화재인 화재의 표시색으로 옳은 것은?

① 백 색 ② 황 색
③ 무 색 ④ 청 색

해설

화재의 분류

등급	A급	B급	C급	D급
화재의 종류	일반화재	유류화재	전기화재	금속화재
표시색상	백 색	황 색	청 색	무 색

제2과목 소방전기일반

21 저항 $R_1[\Omega]$, $R_2[\Omega]$와 인덕턴스 $L[H]$의 직렬회로가 있다. 이 회로의 시정수[s]는?

① $-\dfrac{R_1 + R_2}{L}$

② $\dfrac{R_1 + R_2}{L}$

③ $-\dfrac{L}{R_1 + R_2}$

④ $\dfrac{L}{R_1 + R_2}$

해설

$R-L$ 직렬회로의 시정수
- 직렬로 접속된 저항의 합성저항 $R = R_1 + R_2[\Omega]$
- $R-L$ 직렬회로의 시정수 $\tau = \dfrac{L}{R}$ 에서 $\tau = \dfrac{L}{R_1 + R_2}[s]$

Plus one

$R-C$ 직렬회로의 시정수
$\tau = CR[s]$

22 변압기의 철심구조를 여러 겹으로 성층시켜 사용하는 이유는 무엇인가?

① 와전류로 인한 전력손실을 감소시키기 위해
② 전력공급 능력을 높이기 위해
③ 변압비를 크게 하기 위해
④ 변압기의 중량을 작게 하기 위해

해설

변압기의 철심구조
- 변압기의 철심에는 철손을 적게 하기 위하여 비투자율과 저항률이 크고, 히스테리시스손이 적은 규소강판을 사용한다.
- 규소강판을 여러 개 포개서 성층한 철심을 사용하는 것은 맴돌이전류(와전류)에 의한 철손을 작게 하여 전력손실을 감소시키기 위한 것이다.

23 지름 8[mm]의 경동선 1[km]의 저항을 측정하였더니 0.63536[Ω]이었다. 같은 재료로 지름 2[mm], 길이 500[m]의 경동선의 저항은 약 몇 [Ω]인가?

① 2.8[Ω] ② 5.1[Ω]
③ 10.2[Ω] ④ 20.4[Ω]

해설
경동선의 저항(R)
$$R = \rho \frac{l}{A} = \rho \frac{l}{\frac{\pi}{4} \times d^2} = \rho \frac{4l}{\pi \times d^2} [\Omega]$$
여기서, ρ : 고유저항[Ω·m], l : 전선의 길이[m], d : 전선의 직경[m]

• 경동선의 고유저항 $\rho = \frac{\pi d^2 R}{4l}$ 에서
$$\rho = \frac{\pi \times (0.008[m])^2 \times 0.63536[\Omega]}{4 \times 1,000[m]}$$
$$= 3.194 \times 10^{-8} [\Omega \cdot m]$$

• 저항 $R = \rho \frac{l}{\frac{\pi}{4} \times d^2}$
$$= 3.194 \times 10^{-8} [\Omega \cdot m] \times \frac{500[m]}{\frac{\pi}{4} \times (0.002[m])^2}$$
$$= 5.08 [\Omega]$$

24 전류에 의한 자계의 세기를 구하는 법칙은?

① 쿨롱의 법칙
② 패러데이의 법칙
③ 비오사바르의 법칙
④ 렌츠의 법칙

해설
정전기와 자기회로에 관한 법칙
• 쿨롱의 법칙 : 정전력과 자기력을 구하는 법칙이다.
• 패러데이의 법칙 : 전자유도현상에서 유도기전력의 크기를 구하는 법칙이다.
• 비오사바르의 법칙 : 전류에 의한 자계의 세기를 구하는 법칙이다.
• 렌츠의 법칙 : 전자유도현상에서 유도기전력의 방향을 결정하는 법칙이다.

25 그림과 같은 릴레이 시퀀스회로의 출력식을 간소화한 것은?

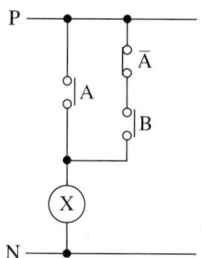

① $\overline{AB}$
② $\overline{A+B}$
③ AB
④ $A+B$

해설
논리식의 간소화
• 계전기 접점을 직렬로 연결하면 AND 회로이고, 병렬로 연결하면 OR 회로이다.
• AND 회로의 논리식 $X = A \cdot B$, OR 회로의 논리식 $X = A+B$ 이다.

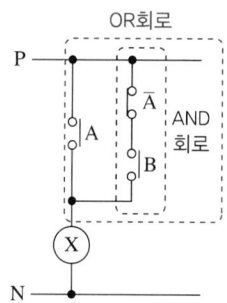

• 논리식 $A + \overline{A}B = (A+\overline{A}) \cdot (A+B)$
$= 1 \cdot (A+B) = A+B$

Plus one
논리대수의 기본법칙
• 배분법칙
　$A+(B \cdot C) = (A+B) \cdot (A+C)$
　$A \cdot (B+C) = (A \cdot B)+(A \cdot C)$
• 보원의 법칙
　$A \cdot \overline{A} = 0$　　　　$A + \overline{A} = 1$
• 기본 대수의 정리
　$A \cdot A = A$　　　　$A + A = A$
　$A \cdot 1 = A$　　　　$A + 1 = 1$

26 지시 전기계기의 일반적인 구성요소가 아닌 것은?

① 제어장치
② 제동장치
③ 구동장치
④ 가열장치

해설
지시 전기계기의 구성요소
- 구동장치 : 지침 등을 가동하는 구동 토크를 발생하는 장치이다.
- 제어장치 : 구동 토크가 발생하여 가동부가 작동되었을 때 그 반대방향으로 작용하는 제어량을 발생하는 장치이다.
- 제동장치 : 제동 토크를 발생하는 장치로서 공기제동, 맴돌이 전류제동, 전자제동, 액체제동 등이 있다.
- 지침과 눈금

27 저항 $R[\Omega]$인 3개를 △ 결선한 부하에 3상 전압 $E[V]$를 인가한 경우 선전류는 몇 [A]인가?

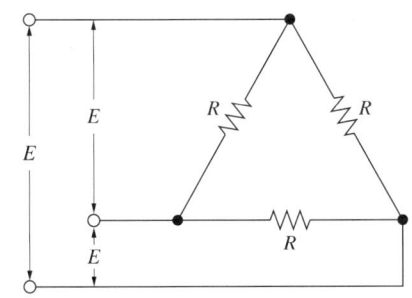

① $\dfrac{E}{3R}$ [A]
② $\dfrac{E}{3\sqrt{R}}$ [A]
③ $\dfrac{\sqrt{3}\,E}{R}$ [A]
④ $\dfrac{3E}{R}$ [A]

해설
△ 결선 시 선전류
선전류 I_l, 선간전압 E_l, 상전류 I_p, 상전압 E_p일 때
- 선전류 $I_l = \sqrt{3}\,I_p$, 선간전압 $E_l = E_p = E$
- 선전류 $I_l = \sqrt{3}\,I_p = \dfrac{\sqrt{3}\,E_p}{R} = \dfrac{\sqrt{3}\,E}{R}$ [A]

Plus one
Y 결선 시 선간전압
- 선전류 $I_l = I_p$
- 선간전압 $E_l = \sqrt{3}\,E_p$ [V]

28 220[V], 32[W] 전등 2개를 매일 5시간씩 점등하고, 600[W] 전열기 1개를 매일 1시간씩 사용할 경우 1개월(30일)간 소비되는 전력량[kWh]은?

① 27.6[kWh]
② 55.2[kWh]
③ 110.4[kWh]
④ 220.8[kWh]

해설
전력량(W)
$W = IVt = Pt$ [Wh]
여기서, I : 전류[A], V : 전압[V], P : 전력[W], t : 시간[h]
∴ $W = (32[W] \times 2개 \times 30[일] \times 5[h/일])$
$\quad + (600[W] \times 1개 \times 30[일] \times 1[h/일])$
$= 27,600[Wh] = 27.6[kWh]$

29 제어기기 및 전자회로에서 반도체 소자별 용도에 대한 설명 중 틀린 것은?

① 서미스터 : 온도 보상용으로 사용
② 사이리스터 : 전기신호를 빛으로 변환
③ 제너다이오드 : 정전압소자(전원전압을 일정하게 유지)
④ 배리스터 : 계전기 접점에서 발생하는 불꽃소거에 사용

해설
반도체 소자
- 서미스터 : 망간, 니켈, 코발트, 철, 구리 등의 산화물을 소결하여 만든 것으로 온도가 상승하면 저항값이 현저하게 작아지는 특성을 이용한 감열 저항체 소자이며 각종 장치의 온도센서나 전자회로의 온도 보상용으로 사용된다.
- 사이리스터(SCR) : PNPN 4층 구조로 되어 있으며 전극은 애노드(A), 캐소드(K), 게이트(G)로 구성된 순방향 대전류 스위칭소자로서 부하전류를 단락시키거나 개방시킬 수 있는 스위치이다.
- 제너다이오드 : 정전압 다이오드로서 일정한 전압을 얻을 목적으로 사용되는 소자이다.
- 배리스터 : 인가전압이 높을 때 저항값이 비대칭적으로 급격하게 감소하여 전류가 급격히 증가하는 비직선적인 전압과 전류의 특성을 갖는 2단자 반도체 소자이며 서지전압에 대한 회로 보호용(계전기 접점에서 발생하는 불꽃 소거)으로 사용된다.

Plus one
발광다이오드
전류를 순방향으로 흘려 주었을 때 빛으로 변환하는 소자이다.

30 전압변동율이 20[%]인 정류회로에서 무부하 전압이 24[V]인 경우 부하 전압은 몇 [V]인가?

① 20[V]   ② 20.3[V]
③ 21.6[V] ④ 22.6[V]

해설
정류회로의 전압변동률(α)
$$\alpha = \frac{V_O - V_{DC}}{V_{DC}} \times 100[\%]$$
여기서, V_O : 무부하 직류전압[V], V_{DC} : 전부하 직류전압[V]
$$\therefore V_{DC} = \frac{V_O}{1+\alpha} = \frac{24[\mathrm{V}]}{1+0.2} = 20[\mathrm{V}]$$

31 $R-C$ 직렬회로에서 $R = 100[\Omega]$, $C = 5[\mu\mathrm{F}]$일 때 $e = 220\sqrt{2}\sin 377t$인 전압을 인가하면 이 회로의 위상차는 대략 얼마인가?

① 전압은 전류보다 약 79°만큼 위상이 빠르다.
② 전압은 전류보다 약 79°만큼 위상이 느리다.
③ 전압은 전류보다 약 43°만큼 위상이 빠르다.
④ 전압은 전류보다 약 43°만큼 위상이 느리다.

해설
R(저항)-C(콘덴서) 직렬회로

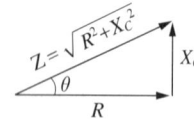

- 순시 전압 $e = \sqrt{2}E\sin\omega t$에서 각속도 $\omega = 377[\mathrm{rad/s}]$
- 용량성 리액턴스 $X_C = \frac{1}{\omega C}$에서
$$X_C = \frac{1}{377[\mathrm{rad/s}] \times (5 \times 10^{-6}[\mathrm{F}])} = 530.5[\Omega]$$
- $\tan\theta = \frac{X_C}{R}$에서

위상 $\theta = \tan^{-1}\frac{X_C}{R} = \tan^{-1}\frac{530.5[\Omega]}{100[\Omega]} = 79.32°$

∴ $R-C$ 직렬회로에서 전류는 전압보다 79.32°만큼 위상이 빠르다. 따라서, 전압은 전류보다 79.32°만큼 위상이 느리다.

32 기계적인 변위의 한계 부근에다 배치해 놓고 이 스위치를 누름으로서 기계를 정지시키거나 명령신호를 보내는 데 사용되는 스위치는?

① 단극스위치
② 리밋스위치
③ 캠스위치
④ 누름버튼스위치

해설
스위치의 종류
- 단극스위치 : 단 하나의 접점을 가지는 스위치로서 회로의 왕복선 가운데 한쪽만을 개폐하여 전류를 단속한다.
- 캠스위치 : 캠의 작동에 의해 접점이 개폐되는 스위치로서 여러 개의 단자를 이용하므로 다단스위치이다.
- 누름버튼스위치 : 버튼을 손으로 눌러 접점을 개폐하는 스위치로서 버튼을 누르면 열려 있는 접점은 닫히고, 닫혀 있는 접점은 열리는 것으로 손을 떼면 스프링의 힘에 의해 원래 상태로 복귀된다.

33 다음 중 등전위면의 성질로 적당하지 않은 것은?

① 전위가 같은 점들을 연결해 형성된 면이다.
② 등전위면 간의 밀도가 크면 전기장의 세기는 커진다.
③ 항상 전기력선과 수평을 이룬다.
④ 유전체의 유전율이 일정하면 등전위면은 동심원을 이룬다.

해설
등전위면의 성질
- 전기장 내에서 전위가 같은 점들을 연결하면 등고선이 그려지고 이 선이 이루는 면을 등전위면이라고 한다.
- 등전위면 위의 모든 점에서의 전위차는 "0"이다.
- 등전위면 간의 간격이 좁을수록 전기장의 세기가 커진다.
- 등전위면의 밀도가 크면 전기장의 세기는 커진다.
- 등전위면을 따라 전하를 이동시킬 때 필요한 일의 양은 "0"이다.
- 등전위면은 서로 교차하지 않는다.
- 등전위면과 전기력선은 항상 수직으로 교차한다.
- 점전하가 만드는 전기장의 등전위면은 동심원이다.

34 금속이나 반도체에 압력이 가해진 경우 전기저항이 변화하는 성질을 이용한 압력센서는?

① 벨로스
② 다이어프램
③ 가변저항기
④ 스트레인 게이지

해설
- 스트레인 게이지 : 저항으로 이루어진 압력센서로서 금속이나 반도체에 압력을 가하면 전기저항이 변화하는 성질을 이용한 저항 게이지이다.
- 벨로스 : 주름이 있는 원통형 탄성소자로서 금속에 압력을 가하면 축방향으로 신축하는 것을 이용한 것으로 압력계 등의 1차 변환소자로 사용된다.
- 다이어프램 : 원판 형상의 탄성박막 금속에 압력을 가하면 변위가 변하는 성질을 이용한 게이지이다.
- 가변저항기 : 저항값을 바꿀 수 있는 저항기이다.

35 가동철편형 계기의 구조 형태가 아닌 것은?

① 흡인형
② 회전자장형
③ 반발형
④ 반발흡인형

해설
가동철편형 계기
- 자기장 중에 고정 철편과 가동 철편을 놓으면 양철편에는 각각 자기장의 세기, 즉 전류에 비례하는 흡인력 또는 반발력이 작용하는 원리를 이용한 것이다.
- 종류 : 흡인형, 반발형, 반발흡인형

Plus one
유도형 계기
- 자기장 내에 금속편을 놓으면 금속편에는 맴돌이 전류가 생겨서 자기장이 이동하는 방향으로 금속편을 이동시키는 토크가 발생하는 원리를 이용한 것이다.
- 종류 : 회전자기장형, 이동자기장형

36 비사인파의 일반적인 구성이 아닌 것은?

① 직류분
② 기본파
③ 삼각파
④ 고조파

해설
교류의 비사인파 구성
- 비사인파는 연속파와 불연속파로 구분되며 여러 주파수의 사인파 합성이다.
- 비사인파는 직류분, 기본파, 고조파로 구성되어 있다.
- 비사인파 순시값 전압

$$e(t) = \underbrace{50}_{\text{직류분}} + \underbrace{10\sqrt{2}\sin\omega t}_{\text{기본파}} + \underbrace{120\sqrt{2}\sin 3\omega t}_{\text{제3고조파}}$$

37 트랜지스터의 베이스와 컬렉터 사이의 전류 증폭률 $\beta = 60$이다. 이미터와 컬렉터 사이의 전류 증폭률 α는?

① 0.36
② 0.95
③ 0.98
④ 1.0

해설
이미터와 컬렉터 사이의 전류 증폭률(β)

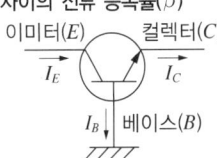

$$\alpha = \frac{\Delta I_C}{\Delta I_E} = \frac{\Delta I_C}{\Delta I_C + \Delta I_B} = \frac{\beta}{1+\beta}$$

여기서, I_C : 컬렉터 전류, I_E : 이미터 전류, I_B : 베이스 전류, β : 베이스와 컬렉터 사이의 전류 증폭률

$$\therefore \alpha = \frac{\beta}{1+\beta} = \frac{60}{1+60} = 0.98$$

Plus one
베이스와 컬렉터 사이의 전류 증폭률

$$\beta = \frac{\Delta I_C}{\Delta I_B} = \frac{\Delta I_C}{\Delta I_E - \Delta I_C} = \frac{\alpha}{1-\alpha}$$

38 PD(비례미분) 제어 동작의 특징으로 옳은 것은?

① 잔류편차 제거
② 간헐현상 제거
③ 불연속 제어
④ 응답 속응성 개선

해설

연속제어 동작의 특성
- P(비례) 제어 동작 : 사이클링현상을 방지할 수 있으나 잔류편차가 발생하는 제어 동작이다.
- PI(비례적분) 제어 동작 : 비례동작의 정상(잔류)편차를 제거하여 지상 보상요소에 대응되므로 정상특성을 개선하지만 간헐현상이 있는 제어 동작이다.
- PD(비례미분) 제어 동작 : 정상편차는 존재하나 진상 보상요소에 대응되므로 응답 속응성을 개선한 제어 동작이다.
- PID(비례적분미분) 제어 동작 : 비례제어에서 발생하는 정상편차를 적분제어로 개선하고 미분제어를 적용하여 응답 속응성을 개선한 제어 동작이다.

39 그림과 같은 회로에서 a, b단자에 흐르는 전류 I가 인가전압 E와 동위상이 되었다. 이때 L 값은?

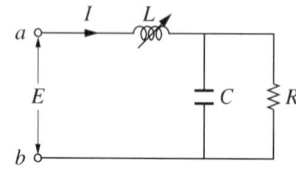

① $\dfrac{R}{1+\omega CR}$
② $\dfrac{R^2}{1+(\omega CR)^2}$
③ $\dfrac{CR^2}{1+\omega CR}$
④ $\dfrac{CR^2}{1+(\omega CR)^2}$

해설

$R-L-C$ 직·병렬회로
- $R-C$ 병렬회로의 임피던스

$$Z = \dfrac{\dfrac{1}{j\omega C} \times R}{\dfrac{1}{j\omega C} + R} = \dfrac{\dfrac{1}{j\omega C} \times R \times j\omega C}{\dfrac{1}{j\omega C} \times j\omega C + R \times j\omega C} = \dfrac{R}{1+j\omega CR}$$

$$= \dfrac{R(1-j\omega CR)}{(1+j\omega CR)(1-j\omega CR)} = \dfrac{R-j\omega CR^2}{1-j^2(\omega CR)^2}$$

$$= \dfrac{R-j\omega CR^2}{1-(-1)(\omega CR)^2} = \dfrac{R-j\omega CR^2}{1+(\omega CR)^2}$$

$$= \dfrac{R}{1+(\omega CR)^2} - \dfrac{j\omega CR^2}{1+(\omega CR)^2}$$

- L 직렬회로의 유도성 리액턴스 $X_L = j\omega L$
- $R-C$ 병렬회로와 L 직렬회로의 합성임피던스

$$Z = j\omega L + \left(\dfrac{R}{1+(\omega CR)^2} - \dfrac{j\omega CR^2}{1+(\omega CR)^2}\right)$$

$$= \dfrac{R}{1+(\omega CR)^2} + \left(j\omega L - \dfrac{j\omega CR^2}{1+(\omega CR)^2}\right)$$

∴ 전류(I)와 전압(E)의 위상은 동상이므로 $R-C$ 병렬회로와 L 직렬회로의 임피던스 허수부는 "0"이다.

$j\omega L - \dfrac{j\omega CR^2}{1+(\omega CR)^2} = 0$ 에서 $j\omega L = \dfrac{j\omega CR^2}{1+(\omega CR)^2}$ 이고

$L = \dfrac{CR^2}{1+(\omega CR)^2}$

40 각종 소방설비의 표시등에 사용되는 발광다이오드(LED)에 대한 설명으로 옳은 것은?

① 응답속도가 매우 빠르다.
② PN접합에 역방향 전류를 흘려서 발광시킨다.
③ 전구에 비해 수명이 길고 진동에 약하다.
④ 발광다이오드의 재료는 Cu, Ag 등이 사용된다.

해설

발광다이오드(LED)
- PN접합에 순방향 전류에 반응하여 빛을 방출하는 반도체소자이다.
- 입력전압에 대한 응답속도가 빠르다.
- 전구에 비해 소형이고, 진동에 강하며 수명이 길다.
- 갈륨 비소(GaAs-적외선 빛을 방출), 인화 갈륨(GaP-적색이나 녹색의 가시광선을 방출), 갈륨 비소 인(GaAsP-적색이나 황색의 가시광선을 방출) 등과 같은 특수한 물질로 접합 다이오드를 사용하면 전자가 재결합하면서 잃어버리는 에너지가 빛을 방출한다.

제3과목 소방관계법규

41 공사업자가 소방시설공사를 마친 때에는 누구에게 완공검사를 받는가?

① 소방본부장이나 소방서장
② 군 수
③ 시・도지사
④ 소방청장

해설
소방시설공사의 완공검사권자 : 소방본부장, 소방서장(공사업법 제14조)

42 방염업자가 소방관계법령을 위반하여 방염업의 등록증을 다른 자에게 빌려주었을 때 부과할 수 있는 과징금의 최고 금액으로 옳은 것은?

① 3천만원   ② 5천만원
③ 1억원   ④ 2억원

해설
소방시설업의 과징금(공사업법 제10조)
• 과징금 처분사유 : 등록의 취소 또는 영업정지를 명하는 경우로서 그 영업정지가 이용자에게 불편을 주거나 공익을 해칠 우려가 있는 경우
• 과징금 처분권자 : 시・도지사
• 과징금의 금액 : 2억원 이하
※ 소방시설업 : 소방시설설계업, 소방시설공사업, 소방공사감리업, 방염처리업

43 위험물의 제조소 등을 설치하고자 할 때 설치장소를 관할하는 누구의 허가를 받아야 하는가?

① 행정안전부장관
② 소방청장
③ 특별시장・광역시장 또는 도지사
④ 기초 지방 자치 단체장

해설
위험물의 제조소 등을 설치하고자 하는 자는 그 설치장소를 관할하는 특별시장・광역시장・특별자치시장・도지사 또는 특별자치도지사(이하 "시・도지사"라 한다)의 허가를 받아야 한다(위험물법 제6조).

44 다음 중 상주공사감리 대상 기준에 대한 설명으로 알맞은 것은?

① 연면적 30,000[m²] 이상의 특정소방대상물에 대한 소방시설의 공사
② 지하층을 제외한 층수가 16층 이상인 건축물에 대한 소방시설의 공사
③ 지하층을 제외한 700세대 이상인 아파트에 대한 소방시설의 공사
④ 지하층을 제외한 층수가 16층 이상으로 900세대 이상인 아파트에 대한 소방시설의 공사

해설
상주공사감리 대상(공사업법 영 별표 3)
• 연면적이 30,000[m²] 이상인 특정소방대상물(아파트는 제외)에 대한 소방시설의 공사
• 지하층을 포함한 층수가 16층 이상으로 500세대 이상인 아파트에 대한 소방시설의 공사

정답 41 ① 42 ④ 43 ③ 44 ①

45 소방대에 해당되지 않는 사람은?

① 소방공무원 ② 의무소방원
③ 자체소방대원 ④ 의용소방대원

해설
소방대(消防隊) : 화재를 진압하고 화재, 재난·재해 그 밖의 위급한 상황에서의 구조·구급활동 등을 하기 위하여 구성된 조직체 (소방기본법 제2조)
※ 소방대 : 소방공무원, 의무소방원, 의용소방대원

46 소방기술자는 동시에 몇 개의 사업체에 취업이 가능한가?

① 1개 ② 2개
③ 3개 ④ 4개

해설
소방기술자는 동시에 둘 이상의 업체에 취업해서는 안 된다(공사업법 제27조).

47 제4류 위험물을 저장하는 위험물제조소의 주의사항을 표시한 게시판의 내용으로 적합한 것은?

① 물기주의 ② 물기엄금
③ 화기주의 ④ 화기엄금

해설
위험물제조소 등의 주의사항

위험물의 종류	주의사항	게시판의 색상
제1류 위험물 중 알카리금속의 과산화물 제3류 위험물 중 금수성 물질	물기엄금	청색바탕에 백색문자
제2류 위험물(인화성 고체는 제외)	화기주의	적색바탕에 백색문자
제2류 위험물 중 인화성 고체 제3류 위험물 중 자연발화성 물질 제4류 위험물 제5류 위험물	화기엄금	적색바탕에 백색문자
제1류 위험물의 알카리금속의 과산화물 외의 것과 제6류 위험물	별도의 표시를 하지 않는다.	

48 다음 용어의 정의 중 바르지 못한 것은?

① 피난층이란 곧바로 지상으로 갈 수는 없지만 출입구가 있는 층을 의미한다.
② 비상구란 화재 발생 시 지상 또는 안전한 장소로 피난할 수 있는 가로 75[cm] 이상, 세로 150[cm] 이상 크기의 출입구를 의미한다.
③ 무창층이란 개구부의 면적의 합계가 해당 층의 바닥면적의 1/30 이하가 되는 층을 말한다.
④ 실내장식물이란 건축물 내부의 천장 또는 벽에 설치하는 것으로서 가구류를 제외한다.

해설
피난층 : 곧바로 지상으로 갈 수 있는 출입구가 있는 층(소방시설법 영 제2조)

49 화재예방을 위한 예방규정을 정해야 할 옥외저장소는 지정수량의 몇 배 이상의 위험물을 저장할 때인가?

① 10배 ② 100배
③ 150배 ④ 200배

해설
예방규정을 정해야 할 제조소 등(위험물법 영 제15조)
- 지정수량의 10배 이상의 위험물을 취급하는 제조소
- 지정수량의 10배 이상의 위험물을 취급하는 일반취급소
- 지정수량의 100배 이상의 위험물을 저장하는 옥외저장소
- 지정수량의 150배 이상의 위험물을 저장하는 옥내저장소
- 지정수량의 200배 이상의 위험물을 저장하는 옥외탱크저장소
- 암반탱크저장소
- 이송취급소

정답 45 ③ 46 ① 47 ④ 48 ① 49 ②

50 옥외소화전설비를 설치해야 할 소방대상물은 지상 1층 및 2층의 바닥면적의 합계가 몇 [m²] 이상인 것인가?

① 5,000　　② 7,000
③ 8,000　　④ 9,000

해설
옥외소화전설비의 설치 대상물
- 지상 1층 및 2층의 바닥면적의 합계가 9,000[m²] 이상
- 보물 또는 국보로 지정된 목조건축물

51 위험물제조소 표지의 바탕색은?

① 청 색　　② 적 색
③ 흑 색　　④ 백 색

해설
위험물제조소 표지의 색상 : 백색바탕에 흑색문자

52 화재예방강화지구의 지정대상 지역으로서 거리가 먼 것은?

① 백화점과 대형 판매시설이 있는 지역
② 시장지역 및 공장·창고가 밀집한 지역
③ 석유화학제품을 생산하는 공장이 있는 지역
④ 소방시설·소방용수시설 또는 소방출동로가 없는 지역

해설
화재예방강화지구의 지정지역(화재예방법 영 제18조)
- 시장지역
- 공장·창고가 밀집한 지역
- 목조건물이 밀집한 지역
- 위험물의 저장 및 처리시설이 밀집한 지역
- 노후·불량건축물이 밀집한 지역
- 석유화학제품을 생산하는 공장이 있는 지역
- 소방시설·소방용수시설 또는 소방출동로가 없는 지역

53 자동화재탐지설비를 설치해야 할 특정소방대상물로서 옳지 않은 것은?

① 숙박시설로서 연면적 600[m²] 이상인 것
② 의료시설로서 연면적 600[m²] 이상인 것
③ 지하구
④ 길이 500[m] 이상의 터널

해설
자동화재탐지설비의 설치 대상물(소방시설법 영 별표 4)
- 공동주택 중 아파트 등·기숙사 및 숙박시설의 경우에는 모든 층
- 층수가 6층 이상인 건축물의 경우에는 모든 층
- 근린생활시설(목욕장은 제외), 의료시설(정신의료기관 및 요양병원은 제외), 위락시설, 장례시설, 복합건축물로서 연면적 600[m²] 이상인 경우에는 모든 층
- 터널로서 길이가 1,000[m] 이상인 것
- 지하구
- 조산원, 산후조리원

54 다음 중 방염업의 종류가 아닌 것은?

① 섬유류 방염업
② 합성수지류 방염업
③ 실내장식물 방염업
④ 합판·목재류 방염업

해설
방염업의 종류(공사업법 영 별표 1)
- 섬유류 방염업
- 합성수지류 방염업
- 합판·목재류 방염업

정답　50 ④　51 ④　52 ①　53 ④　54 ③

55 무창층에서 개구부라 함은 해당 층의 바닥면으로부터 개구부 밑부분까지의 높이가 몇 [m] 이내여야 하는가?

① 1.0[m] 이내
② 1.2[m] 이내
③ 1.5[m] 이내
④ 1.7[m] 이내

해설
무창층 : 지상층 중 다음 요건을 갖춘 개구부의 면적의 합계가 해당 층의 바닥면적의 1/30 이하가 되는 층(소방시설법 영 제2조)
- 크기는 지름 50[cm] 이상의 원이 통과할 수 있을 것
- 해당 층의 바닥면으로부터 개구부 밑부분까지의 높이가 1.2[m] 이내일 것
- 도로 또는 차량이 진입할 수 있는 빈터를 향할 것
- 화재 시 건축물로부터 쉽게 피난할 수 있도록 창살이나 그 밖의 장애물이 설치되지 않을 것
- 내부 또는 외부에서 쉽게 부수거나 열 수 있을 것

56 중앙소방기술심의원회의 심의사항에 해당하지 않는 것은?

① 화재안전기준에 관한 사항
② 소방시설공사의 하자를 판단하는 기준에 관한 사항
③ 소방시설의 설계 및 공사감리의 방법에 관한 사항
④ 소방기술 등에 관하여 소방청장이 정하는 사항

해설
중앙소방기술심의위원회(중앙위원회)(소방시설법 제18조, 영 제20조)
- 소속 : 소방청
- 심의 내용
  - 화재안전기준에 관한 사항
  - 소방시설의 구조와 원리 등에 있어서 공법이 특수한 설계 및 시공에 관한 사항
  - 소방시설의 설계 및 공사감리의 방법에 관한 사항
  - 소방시설공사의 하자를 판단하는 기준에 관한 사항
  - 그 밖에 소방기술 등에 관하여 대통령령으로 정하는 사항

57 다음 중 소방대상물이 아닌 것은?

① 산 림
② 항해 중인 선박
③ 건축물
④ 차 량

해설
소방대상물 : 건축물, 차량, 선박(항구 안에 매어둔 선박), 선박건조구조물, 산림 그 밖의 인공구조물 또는 물건(소방기본법 제2조)

58 화재 발생 우려가 크거나 화재가 발생하는 경우 피해가 클 것으로 예상되는 지역으로서 대통령령으로 정하는 지역으로 옳은 것은?

① 화재예방강화지구
② 화재경계지구
③ 방화경계지구
④ 재난재해지구

해설
시·도지사는 화재 발생 우려가 크거나 화재가 발생하는 경우 피해가 클 것으로 예상되는 지역에 대하여 화재의 예방 및 안전관리를 강화하기 위해 지정·관리하는 지역을 화재예방강화지구로 지정할 수 있다(화재예방법 제2조).

55 ② 56 ④ 57 ② 58 ①

59 건축허가 등의 동의대상물로서 옳지 않은 것은?

① 연면적이 400[m²] 이상인 건축물
② 노유자시설로서 연면적 100[m²] 이상인 것
③ 지하층 또는 무창층이 있는 건축물로서 바닥면적이 150[m²] 이상인 층이 있는 것
④ 방송용 송수신탑

해설
건축허가 등의 동의대상물
- 연면적이 400[m²] 이상인 건축물
- 노유자시설 및 수련시설 : 연면적 200[m²] 이상인 것
- 지하층 또는 무창층이 있는 건축물로서 바닥면적이 150[m²](공연장의 경우에는 100[m²]) 이상인 층이 있는 것
- 항공기격납고, 관망탑, 항공관제탑, 방송용 송수신탑

60 소화활동을 원활히 수행하기 위해 화재현장에 출입을 통제하기 위하여 설정하는 것은?

① 화재예방강화지구 지정
② 소방활동구역 설정
③ 발화제한구역 설정
④ 화재통제구역 설정

해설
소방활동구역의 설정(소방기본법 제23조)
- 화재, 재난·재해 그 밖의 위급한 상황이 발생한 현장에 소방활동구역을 정하여 소방활동에 필요한 사람으로서 대통령령으로 정하는 사람 외에는 그 구역의 출입하는 것을 제한할 수 있다.
- 소방활동구역 설정권자 : 소방대장

제4과목 소방전기시설의 구조 및 원리

61 자동화재속보설비의 속보기의 성능인증 및 제품검사의 기술기준에서 속보기는 자동화재탐지설비의 수신기로부터 작동신호를 수신하거나 수동으로 동작시키는 경우 몇 초 이내에 소방관서에 자동적으로 신호를 발하여 알려야 하는가?(단, 아날로그식 축적형 수신기를 접속하지 않은 경우이다)

① 10초   ② 20초
③ 30초   ④ 60초

해설
속보기의 기능(제5조)
- 속보기(아날로그식 축적형 수신기를 접속하는 경우에는 제외한다)는 작동신호를 수신하거나 수동으로 동작시키는 경우 20초 이내에 소방관서에 자동적으로 신호를 발하여 알리되, 3회 이상 속보할 수 있어야 한다.
- 예비전원은 자동적으로 충전되어야 하며 자동과충전방지장치가 있어야 한다.
- 예비전원을 병렬로 접속하는 경우에는 역충전 방지 등의 조치를 해야 한다.
- 예비전원은 감시상태를 60분간 지속한 후 10분 이상 동작(화재속보 후 화재표시 및 경보를 10분간 유지하는 것을 말한다)이 지속될 수 있는 용량이어야 한다.
- 속보기는 작동신호(화재경보신호를 포함한다) 또는 수동작동스위치에 의한 다이얼링 후 소방관서와 전화접속이 이루어지지 않는 경우에는 최초 다이얼링을 포함하여 10회 이상 반복적으로 접속을 위한 다이얼링이 이루어져야 한다. 이 경우 매 회 다이얼링 완료 후 호출은 30초 이상 지속되어야 한다.
- 음성으로 통보되는 속보내용을 통하여 해당 소방대상물의 위치, 관계인 2명 이상의 연락처, 화재발생 및 속보기에 의한 신고임을 확인할 수 있어야 한다.

정답 59 ② 60 ② 61 ②

62 유도등 및 유도표지의 화재안전기술기준(NFTC 303)의 용어정의에서 햇빛이나 전등불에 따라 축광하거나 전류에 따라 빛을 발하는 유도체로서 어두운 상태에서 피난을 유도할 수 있도록 띠 형태로 설치되는 피난유도시설은?

① 피난로프 ② 피난유도선
③ 피난띠 ④ 피난구조대

해설
유도표지의 정의(NFTC 303)
- 피난유도선 : 햇빛이나 전등불에 따라 축광(축광방식)하거나 전류에 따라 빛을 발하는(광원점등방식) 유도체로서 어두운 상태에서 피난을 유도할 수 있도록 띠 형태로 설치되는 피난유도시설을 말한다.
- 피난구유도표지 : 피난구 또는 피난경로로 사용되는 출입구를 표시하여 피난을 유도하는 표지를 말한다.
- 통로유도표지 : 피난통로가 되는 복도, 계단 등에 설치하는 것으로서 피난구의 방향을 표시하는 유도표지를 말한다.
- 입체형 : 유도등 표시면을 2면 이상으로 하고 각 면마다 피난유도 표시가 있는 것을 말한다.

63 비상조명등의 화재안전기술기준(NFTC 304)에서 특정소방대상물의 경우에는 그 부분에서 피난층에 이르는 부분의 비상조명등을 60분 이상 유효하게 작동시킬 수 있는 용량으로 해야 하는 경우가 아닌 것은?

① 지하층을 제외한 층수가 11층 이상의 층
② 지하층 또는 무창층으로서 용도가 도매시장·소매시장
③ 지하층 또는 무창층으로서 용도가 여객자동차터미널·지하역사 또는 지하상가
④ 터널로서 길이 500[m] 이상

해설
비상조명등의 설치기준(NFTC 304)
- 예비전원과 비상전원은 비상조명등을 20분 이상 유효하게 작동시킬 수 있는 용량으로 할 것
- 다음의 특정소방대상물의 경우에는 그 부분에서 피난층에 이르는 부분의 비상조명등을 60분 이상 유효하게 작동시킬 수 있는 용량으로 해야 한다.
  - 지하층을 제외한 층수가 11층 이상의 층
  - 지하층 또는 무창층으로서 용도가 도매시장·소매시장·여객자동차터미널·지하역사 또는 지하상가

64 비상콘센트설비를 설치해야 하는 특정소방대상물의 기준으로 옳은 것은?(단, 위험물 저장 및 처리시설 중 가스시설 또는 지하구는 제외한다)

① 지하상가로서 연면적 1,000[m²] 이상인 것
② 층수가 11층 이상인 특정소방대상물의 경우에는 11층 이상의 층
③ 지하층의 층수가 3층 이상이고, 지하층의 바닥면적의 합계가 1,500[m²] 이상인 것은 지하층의 모든 층
④ 창고시설 중 물류터미널로서 해당 용도로 사용되는 부분의 바닥면적의 합계가 1,000[m²] 이상인 것

해설
비상콘센트설비를 설치해야 하는 특정소방대상물(소방시설법 영 별표 4)
- 층수가 11층 이상인 특정소방대상물의 경우에는 11층 이상의 층
- 지하층의 층수가 3층 이상이고, 지하층의 바닥면적의 합계가 1,000[m²] 이상인 것은 지하층의 모든 층
- 터널로서 길이가 500[m] 이상인 것

65 무선통신보조설비의 화재안전기술기준(NFTC 505)에서 옥외안테나의 설치에 관한 내용이다. (   ) 안에 알맞은 것은?

> 옥외안테나는 견고하게 파손의 우려가 없는 곳에 설치하고 그 가까운 곳의 보기 쉬운 곳에 (㉠)라는 표시와 함께 (㉡)를 표시한 표지를 설치할 것

① ㉠ 무선통신보조설비 안테나
　㉡ 통신 가능거리
② ㉠ 무선통신보조설비 안테나
　㉡ 통신 유효거리
③ ㉠ 무선통신보조설비 무선중계기
　㉡ 통신 가능거리
④ ㉠ 무선통신보조설비 무선중계기
　㉡ 통신 유효거리

해설
무선통신보조설비의 옥외안테나 설치기준(NFTC 505)
- 건축물, 지하가, 터널 또는 공동구의 출입구(건축법 시행령 제39조에 따른 출구 또는 이와 유사한 출입구를 말한다) 및 출입구 인근에서 통신이 가능한 장소에 설치할 것
- 다른 용도로 사용되는 안테나로 인한 통신장애가 발생하지 않도록 설치할 것
- 옥외안테나는 견고하게 파손의 우려가 없는 곳에 설치하고 그 가까운 곳의 보기 쉬운 곳에 "무선통신보조설비 안테나"라는 표시와 함께 "통신 가능거리"를 표시한 표지를 설치할 것
- 수신기가 설치된 장소 등 사람이 상시 근무하는 장소에는 옥외안테나의 위치가 모두 표시된 옥외안테나 위치표시도를 비치할 것

66 각 소방설비와 비상전원의 최소용량 연결이 틀린 것은?

① 비상콘센트설비 - 20분 이상
② 제연설비 - 20분 이상
③ 비상경보설비 - 20분 이상
④ 무선통신보조설비의 증폭기 - 30분 이상

해설
비상전원의 용량
- 유도등, 비상조명등, 비상콘센트설비, 제연설비, 연결송수관설비, 옥내소화전설비, 스프링클러설비, 물분무소화설비, 포소화설비, 이산화탄소소화설비, 할론소화설비, 분말소화설비 : 20분 이상
- 무선통신보조설비의 증폭기 : 30분 이상
- 비상경보설비(비상벨설비 또는 자동식사이렌설비), 자동화재탐지설비, 비상방송설비 : 그 설비에 대한 감시상태를 60분간 지속한 후 유효하게 10분 이상 경보

67 피난구조설비의 설치면제 요건의 규정에 따라 옥상의 면적이 몇 [m²] 이상이어야 그 옥상의 직하층 또는 직상층에 피난기구를 설치하지 않을 수 있는가?(단, 숙박시설(휴양콘도미니엄 제외)에 설치되는 완강기 및 간이완강기의 경우에 그렇지 않다)

① 500[m²]   ② 800[m²]
③ 1,000[m²]   ④ 1,500[m²]

해설
특정소방대상물 중 그 옥상의 직하층 또는 최상층(문화 및 집회시설, 운동시설 또는 판매시설을 제외)의 피난구조설비 설치제외(NFTC 301)
- 주요구조부가 내화구조로 되어 있어야 할 것
- 옥상의 면적이 1,500[m²] 이상이어야 할 것
- 옥상으로 쉽게 통할 수 있는 창 또는 출입구가 설치되어 있어야 할 것
- 옥상이 소방사다리차가 쉽게 통행할 수 있는 도로(폭 6[m] 이상의 것) 또는 공지(공원 또는 광장)에 면하여 설치되어 있거나 옥상으로부터 피난층 또는 지상으로 통하는 2 이상의 피난계단 또는 특별피난계단이 건축법 시행령 제35조의 규정에 적합하게 설치되어 있어야 할 것

정답 65 ① 66 ③ 67 ④

68 화재발생 상황을 경종으로 경보하는 설비는?

① 비상벨설비
② 자동식사이렌설비
③ 비상방송설비
④ 자동화재속보설비

해설
용어의 정의(NFTC 201)
- 비상벨설비 : 화재발생 상황을 경종으로 경보하는 설비를 말한다.
- 자동식사이렌설비 : 화재발생 상황을 사이렌으로 경보하는 설비를 말한다.

69 자동화재탐지설비 및 시각경보장치의 화재안전기술기준(NFTC 203)에서 정온식 감지선형 감지기의 감지선이 늘어지지 않도록 설치하는 것은?

① 보조선, 고정금구
② 케이블트레이 받침대
③ 접착제
④ 단자대

해설
정온식 감지선형 감지기의 설치기준(NFTC 203)
- 보조선이나 고정금구를 사용하여 감지선이 늘어지지 않도록 설치할 것
- 단자부와 마감 고정금구와의 설치간격은 10[cm] 이내로 설치할 것
- 감지선형 감지기의 굴곡반경은 5[cm] 이상으로 할 것
- 감지기와 감지구역의 각 부분과의 수평거리가 내화구조의 경우 1종 4.5[m] 이하, 2종 3[m] 이하로 할 것. 기타 구조의 경우 1종 3[m] 이하, 2종 1[m] 이하로 할 것
- 케이블트레이에 감지기를 설치하는 경우에는 케이블트레이 받침대에 마감금구를 사용하여 설치할 것

70 누전경보기의 화재안전기술기준(NFTC 205)에서 누전경보기의 설치방법으로 옳지 않은 것은?

① 경계전로의 정격전류가 60[A]를 초과하는 전로에 있어서는 1급 누전경보기를 설치할 것
② 경계전로의 정격전류가 60[A] 이하의 전로에 있어서는 2급 또는 3급 누전경보기를 설치할 것
③ 변류기를 옥외의 전로에 설치하는 경우에는 옥외형으로 설치할 것
④ 변류기는 특정소방대상물의 형태, 인입선의 시설방법 등에 따라 옥외 인입선의 제1지점 부하측 또는 제2종 접지선 측의 점검이 쉬운 위치에 설치할 것

해설
누전경보기의 설치방법(NFTC 205)
- 경계전로의 정격전류가 60[A]를 초과하는 전로에 있어서는 1급 누전경보기를, 60[A] 이하의 전로에 있어서는 1급 또는 2급 누전경보기를 설치할 것. 다만, 정격전류가 60[A]를 초과하는 경계전로가 분기되어 각 분기회로의 정격전류가 60[A] 이하로 되는 경우 해당 분기회로마다 2급 누전경보기를 설치한 때에는 해당 경계전로에 1급 누전경보기를 설치한 것으로 본다.
- 변류기는 특정소방대상물의 형태, 인입선의 시설방법 등에 따라 옥외 인입선의 제1지점의 부하 측 또는 제2종 접지선 측의 점검이 쉬운 위치에 설치할 것. 다만, 인입선의 형태 또는 특정소방대상물의 구조상 부득이한 경우에는 인입구에 근접한 옥내에 설치할 수 있다.
- 변류기를 옥외의 전로에 설치하는 경우에는 옥외형으로 설치할 것

71 지하 3층, 지상 20층인 특정소방대상물의 1층에서 화재가 발생한 경우 비상방송설비에서 경보를 발해야 하는 층은?

① 지상 1층
② 지하 전층, 지상 1층, 지상 2층, 지상 3층, 지상 4층, 지상 5층
③ 지상 1층, 지상 2층, 지상 3층, 지상 4층, 지상 5층
④ 지하 전층, 지상 1층

해설
비상방송설비의 우선경보방식(NFTC 202)
층수가 11층(공동주택의 경우에는 16층) 이상의 특정소방대상물은 다음의 기준에 따라 경보를 발할 수 있도록 해야 한다.
• 2층 이상의 층에서 발화한 때에는 발화층 및 그 직상 4개 층에 경보를 발할 것
• 1층에서 발화한 때에는 발화층·그 직상 4개 층 및 지하층에 경보를 발할 것
• 지하층에서 발화한 때에는 발화층·그 직상층 및 기타의 지하층에 경보를 발할 것
∴ 지상 1층에서 발화한 경우 : 지상 1층(발화층), 직상 4개층(지상 2층, 지상 3층, 지상 4층, 지상 5층) 지하층(지하 1층, 지하 2층, 지하 3층)

72 유도등의 형식승인 및 제품검사의 기술에서 정하는 용어 중 유도등에 있어서 표시면 외 조명에 사용되는 면을 무엇이라고 하는가?

① 조사면
② 피난면
③ 백조도면
④ 광속면

해설
표시면과 조사면의 정의
• 표시면 : 유도등에 있어서 피난구나 피난방향을 안내하기 위한 문자 또는 부호 등이 표시된 면을 말한다.
• 조사면 : 유도등에 있어서 표시면 외 조명에 사용되는 면을 말한다.

73 환경상태가 현저하게 고온으로 되어 연기감지기를 설치할 수 없는 건조실 또는 살균실 등에 적응성 있는 열감지기가 아닌 것은?

① 정온식 1종
② 정온식 특종
③ 열아날로그식
④ 보상식 스포트형 1종

해설
설치장소별 감지기의 적응성(연기감지기를 설치할 수 없는 경우 적용, NFTC 203)

설치장소		적응 열감지기
환경상태	적응장소	
현저하게 고온으로 되는 장소	건조실, 살균실, 보일러실, 주조실, 영사실, 스튜디오	정온식 특종 또는 1종 열아날로그식
배기가스가 다량으로 체류하는 장소	주차장, 차고, 화물취급소 차로, 자가발전실, 트럭터미널, 엔진시험실	차동식 스포트형 1종 또는 2종 차동식 분포형 1종 또는 2종 보상식 스포트형 1종 또는 2종 열아날로그식 불꽃감지기
연기가 다량으로 유입할 우려가 있는 장소	음식물배급실, 주방전실, 주방 내 식품저장실, 음식물운반용 엘리베이터, 주방 주변의 복도 및 통로, 식당 등	차동식 스포트형 1종 또는 2종 차동식 분포형 1종 또는 2종 보상식 스포트형 1종 또는 2종 정온식 특종 또는 1종 열아날로그식
불을 사용하는 설비로서 불꽃이 노출되는 장소	유리공장, 용선로가 있는 장소, 용접실, 주방, 작업장, 주조실 등	정온식 특종 또는 1종 열아날로그식

∴ 현저하게 고온으로 되는 장소로서 건조실 또는 살균실에 적응성이 있는 열감지기는 정온식 특종 또는 1종, 열아날로그식이다.

74 누전경보기의 형식승인 및 제품검사의 기술기준에서 누전경보기의 정격전압이 몇 [V]를 넘는 기구의 금속제 외함에 접지단자를 설치해야 하는가?

① 30[V] ② 60[V]
③ 70[V] ④ 100[V]

해설

누전경보기의 구조 및 기능(제3조)
- 정격전압이 60[V]를 넘는 기구의 금속제 외함에는 접지단자를 설치해야 한다.
- 외함은 다음에 기재된 두께 이상이어야 한다.
  - 누전경보기의 외함은 1.0[mm] 이상
  - 직접 벽면에 접하여 벽 속에 매립되는 외함의 부분은 1.6[mm] 이상
- 외함(누전화재표시창, 지구창, 조작부수납용뚜껑, 스위치의 손잡이, 발광다이오드, 지시전기계기, 각종 표시명판 등은 제외한다)에 합성수지를 사용하는 경우에는 (90±2)[℃]의 온도에서 7일간 방치하는 경우 열로 인한 변형이 생기지 않아야 하며, UL94 규정에 의한 V-2 이상의 난연성능이 있어야 한다.

75 비상경보설비의 축전지의 성능인증 및 제품검사의 기준에서 축전지설비는 전원전압변동 범위로 알맞은 것은?

① 정격전압의 ±5[%]
② 정격전압의 ±10[%]
③ 정격전압의 ±15[%]
④ 정격전압의 ±20[%]

해설

전원전압변동 시 기능(제7조) : 축전지설비는 전원에 정격전압의 90[%] 및 110[%]의 전압을 인가하는 경우 정상적인 기능을 발휘해야 한다.

76 가스누설경보기의 형식승인 및 제품검사의 기술기준에서 가스가 누설된 경계구역의 위치를 표시하는 표시등은 등이 켜질 때 무슨 색으로 표시되어야 하는가?

① 적 색
② 황 색
③ 녹 색
④ 청 색

해설

가스누설경보기의 표시등 기준(제8조)
- 전구는 2개 이상을 병렬로 접속해야 한다. 다만, 방전등 또는 발광다이오드의 경우에는 그렇지 않다.
- 전구에는 적당한 보호덮개를 설치해야 한다. 다만, 발광다이오드의 경우에는 그렇지 않다.
- 가스의 누설을 표시하는 표시등(누설등) 및 가스가 누설된 경계구역의 위치를 표시하는 표시등(지구등)은 등이 켜질 때 황색으로 표시되어야 한다. 다만, 누설등을 설치한 수신부의 지구등 및 수신기와 병용하지 않는 지구등은 그렇지 않다.
- 주위의 밝기가 300[lx]인 장소에서 측정하여 앞면으로부터 3[m] 떨어진 곳에서 켜진등이 확실히 식별되어야 한다.

77 무선통신보조설비의 화재안전기술기준(NFTC 505)에서 증폭기 및 무선중계기를 설치하는 경우 설치기준으로 틀린 것은?

① 상용전원은 전기가 정상적으로 공급되는 축전지설비, 전기저장장치 또는 교류전압의 옥내 간선으로 하고, 전원까지의 배선은 전용으로 할 것
② 증폭기의 전면에는 주 회로 전원의 정상 여부를 표시할 수 있는 표시등 및 전류계를 설치할 것
③ 증폭기에는 비상전원이 부착된 것으로 하고 해당 비상전원 용량은 무선통신보조설비를 유효하게 30분 이상 작동시킬 수 있는 것으로 할 것
④ 디지털 방식의 무전기를 사용하는 데 지장이 없도록 설치할 것

해설
증폭기 및 무선중계기의 설치기준(NFTC 505) : 증폭기의 전면에는 주 회로 전원의 정상 여부를 표시할 수 있는 표시등 및 전압계를 설치할 것

78 비상콘센트설비의 화재안전기술기준(NFTC 504)에서 정하는 비상콘센트설비의 전원 설치에 관한 설명으로 틀린 것은?

① 상용전원회로의 배선은 저압수전인 경우에는 인입개폐기의 직후에서 분기하여 전용배선으로 할 것
② 비상전원을 실내에 설치하는 때에는 그 실내에 비상조명등을 설치할 것
③ 비상전원의 설치장소는 다른 장소와 방화구획할 것
④ 비상전원은 비상콘센트설비를 유효하게 10분 이상 작동시킬 수 있는 용량으로 할 것

해설
비상콘센트설비의 전원 설치기준(NFTC 504) : 비상전원은 비상콘센트설비를 유효하게 20분 이상 작동시킬 수 있는 용량으로 할 것

79 비상조명등의 화재안전기술기준(NFTC 304)에서 휴대용 비상조명등의 설치기준으로 틀린 것은?

① 영화상영관에는 보행거리 50[m] 이내마다 3개 이상 설치할 것
② 지하상가 및 지하역사에는 보행거리 30[m] 이내마다 3개 이상 설치할 것
③ 숙박시설 또는 다중이용업소에는 객실 또는 영업장 안의 구획된 실마다 잘 보이는 곳에 1개 이상 설치할 것
④ 건전지 및 충전식 배터리의 용량은 20분 이상 유효하게 사용할 수 있는 것으로 할 것

해설
휴대용 비상조명등의 설치기준(NFTC 304) : 지하상가 및 지하역사에는 보행거리 25[m] 이내마다 3개 이상 설치할 것

80 자동화재탐지설비 및 시각경보장치의 화재안전기술기준(NFTC 203)에서 경계구역의 설정기준에 관한 다음 내용 중 ( ) 안에 알맞은 것은?

> 외기에 면하여 상시 개방된 부분이 있는 차고·주차장·창고 등에 있어서는 외기에 면하는 각 부분으로부터 ( )[m] 미만의 범위 안에 있는 부분은 경계구역의 면적에 산입하지 않는다.

① 3 　　② 5
③ 7 　　④ 10

해설
경계구역의 설정기준(NFTC 203) : 외기에 면하여 상시 개방된 부분이 있는 차고·주차장·창고 등에 있어서는 외기에 면하는 각 부분으로부터 5[m] 미만의 범위 안에 있는 부분은 경계구역의 면적에 산입하지 않는다.

정답 77 ② 78 ④ 79 ② 80 ②

2024년 제3회 과년도 기출복원문제

제1과목 소방원론

01 가연물이 연소가 잘 되기 위한 조건 중 옳지 않은 것은?

① 표면적이 넓어야 한다.
② 산소와 친화력이 좋아야 한다.
③ 열전도율이 커야 한다.
④ 열축적이 잘 되어야 한다.

해설
가연물의 구비 조건
- 열전도율이 작을 것
- 발열량이 클 것
- 표면적이 넓을 것
- 산소와 친화력이 좋을 것
- 활성화에너지가 작을 것

02 화재 발생 시 피난하기 위하여 사용하는 기구가 아닌 것은?

① 비상콘센트설비   ② 완강기
③ 구조대   ④ 공기안전매트

해설
피난구조설비 : 완강기, 구조대, 공기안전매트, 피난사다리, 다수인피난장비, 승강식피난기 등
※ 비상콘센트설비 : 소화활동설비

03 다음 중 가연성 가스가 아닌 것은?

① 일산화탄소   ② 프로페인
③ 수 소   ④ 아르곤

해설
불연성 가스 : 아르곤, 이산화탄소, 질소 등

04 일반적인 자연발화를 방지하기 위한 조치로 옳지 않은 것은?

① 저장실의 주위온도를 낮게 유지할 것
② 저장실의 습도를 높게 유지할 것
③ 수납 시 열의 축적을 방지할 것
④ 저장실의 통풍을 양호하게 유지할 것

해설
자연발화의 방지법
- 습도를 낮게 할 것(습도를 낮게 해야 한 지점의 열의 확산을 잘 시킨다)
- 주위(저장실)의 온도를 낮출 것
- 통풍을 잘 시킬 것
- 불활성 가스를 주입하여 공기와 접촉을 피할 것

05 목탄, 코크스, 금속분 등의 연소는 주로 어떤 형태의 연소에 해당되는가?

① 증발연소   ② 분해연소
③ 표면연소   ④ 자기연소

해설
고체의 연소
- 표면연소 : 목탄, 코크스, 숯, 금속분 등이 열분해에 의하여 가연성가스를 발생하지 않고 그 물질 자체가 연소하는 현상
- 분해연소 : 석탄, 종이, 목재, 플라스틱 등의 연소 시 열분해에 의해 발생된 가스와 공기가 혼합하여 연소하는 현상
- 증발연소 : 황, 나프탈렌, 왁스, 파라핀 등과 같이 고체를 가열하면 열분해는 일어나지 않고 고체가 액체로 되어 일정온도가 되면 액체가 기체로 변화하여 기체가 연소하는 현상
- 자기연소(내부연소) : 제5류 위험물인 나이트로셀룰로스, 질화면 등 그 물질이 가연물과 산소를 동시에 가지고 있는 가연물이 연소하는 현상

정답 1 ③ 2 ① 3 ④ 4 ② 5 ③

06 다음 중 내화구조에 해당되는 것은?

① 두께 1.2[cm] 이상의 석고판 위에 석면 시멘트판을 붙인 것
② 철근콘크리트의 벽으로서 두께가 10[cm] 이상인 것
③ 철망모르타르로서 그 바름 두께가 2[cm] 이상인 것
④ 심벽에 흙으로 맞벽치기한 것

해설

- 내화구조 : 철근콘크리트조, 연와조, 석조 그리고 표와 같이 내화성능을 가진 것

내화구분		내화구조의 기준
벽	모든 벽	• 철근콘크리트조 또는 철골·철근콘크리트조로서 두께가 10[cm] 이상인 것 • 골구를 철골조로 하고 그 양면을 두께 4[cm] 이상의 철망모르터로 덮은 것 • 두께 5[cm] 이상의 콘크리트블록·벽돌 또는 석재로 덮은 것 • 철재로 보강된 콘크리트 블록조·벽돌조 또는 석조로서 철재에 덮은 콘크리트블록 등의 두께가 5[cm] 이상인 것

- 방화구조(건피방 제4조)

구조 내용	방화구조의 기준
철망모르타르 바르기	바름 두께가 2[cm] 이상인 것
• 석고판 위에 시멘트 모르타르, 회반죽을 바른 것 • 시멘트 모르타르 위에 타일을 붙인 것	두께의 합계가 2.5[cm] 이상인 것
심벽에 흙으로 맞벽치기한 것	그대로 모두 인정됨

07 다음 중 소화약제로서 물을 사용하는 주된 이유는?

① 질식작용　② 증발잠열
③ 연소작용　④ 제거작용

해설

물은 비열과 증발(기화)잠열이 크기 때문에 소화약제로 사용한다.
- 물의 비열 : 1[cal/g·℃]
- 물의 증발잠열 : 539[cal/g]

08 기체나 액체, 고체에서 나오는 분해가스의 농도를 묽게 하여 소화하는 방법은?

① 냉각소화
② 제거소화
③ 부촉매소화
④ 희석소화

해설

희석소화 : 가연물에서 나오는 가스나 액체의 농도를 묽게 하여 소화하는 방법

09 다음 중 인화성 물질이 아닌 것은?

① 기어유
② 질 소
③ 이황화탄소
④ 에 터

해설

이황화탄소, 에터, 기어유는 제4류 위험물로서 인화성 액체이다.
※ 질소, 이산화탄소 : 불연성 가스

10 다음 중 물속에 저장해야 하는 것으로 옳게 표현한 것은?

① 나트륨, 칼륨
② 칼륨, 이황화탄소
③ 이황화탄소, 황린
④ 황린, 나트륨

해설

위험물별 저장방법
- 이황화탄소(제4류), 황린(제3류) : 물속에 저장
- 나트륨, 칼륨 : 등유(석유) 속에 저장

정답　6 ②　7 ②　8 ④　9 ②　10 ③

11 제4류 위험물에서 위험성의 기준이 되는 것은?

① 인화점
② 착화점
③ 비등점
④ 연소범위

해설
제4류 위험물의 위험성 기준 : 인화점

12 제3종 분말소화약제의 열분해 시 생성되는 물질과 관계가 없는 것은?

① NH_3
② HPO_3
③ H_2O
④ CO_2

해설
제3종 분말소화약제 열분해 반응식
$NH_4H_2PO_4 \rightarrow HPO_3 + NH_3 + H_2O$

13 플래시오버(Flash Over)를 옳게 설명한 것은?

① 도시가스의 폭발적인 연소를 말한다.
② 휘발유 등 가연성 액체가 넓게 흘러서 발화한 상태를 말한다.
③ 옥내 화재가 서서히 진행하여 열 및 가연성 기체가 축적되었다가 일시에 연소하여 화염이 크게 발생한 상태를 말한다.
④ 화재 층의 불이 상부층으로 올라가는 현상을 말한다.

해설
플래시오버(Flash Over) : 옥내 화재가 서서히 진행하여 열 및 가연성 기체가 축적되었다가 일시에 연소하여 화염이 크게 발생한 상태

14 가연성 증기를 발생하는 액체가 공기와 혼합하여 기상부에 다른 불꽃이 닿았을 때 연소가 일어나는 최저의 온도를 무엇이라고 하는가?

① 발화점
② 인화점
③ 연소점
④ 착화점

해설
인화점(Flash Point)
• 휘발성 물질에 불꽃을 접하여 발화될 수 있는 최저의 온도
• 가연성 증기를 발생할 수 있는 최저의 온도

11 ① 12 ④ 13 ③ 14 ②

15 다음 각 물질의 저장방법 중 잘못된 것은?

① 황은 정전기가 축적되지 않도록 하여 저장한다.
② 마그네슘은 건조하면 부유하여 분진폭발의 위험이 있으므로 물에 적셔 보관한다.
③ 적린은 인화성 물질로부터 격리하여 저장한다.
④ 황화인은 산화제와 혼합되지 않게 저장한다.

해설
마그네슘은 물과 반응하면 가연성 가스인 수소를 발생하므로 위험하다.

16 다음 중 분자식이 CF_2ClBr인 할론소화약제는?

① Halon 1301 ② Halon 1211
③ Halon 2402 ④ Halon 2021

해설
화학식

구분 \ 종류	할론 1301	할론 1211	할론 2402	할론 1011
분자식	CF_3Br	CF_2ClBr	$C_2F_4Br_2$	CH_2ClBr
분자량	148.95	165.4	259.8	129.4

17 다음 중 불연재료가 아닌 것은?

① 기 와   ② 아크릴
③ 유 리   ④ 콘크리트

해설
불연재료 : 콘크리트, 석재, 벽돌, 기와, 석면판, 철강, 유리, 알루미늄, 시멘트모르타르, 회 등 불에 타지 않는 성질을 가진 재료

18 대기 중에 산소는 약 몇 [%]를 차지하는가?

① 10[%]   ② 13[%]
③ 17[%]   ④ 21[%]

해설
공기는 산소 21[%], 질소 78[%], 아르곤, 이산화탄소 등 1[%]로 구성되어 있다.

19 화재 발생 시 물을 소화약제로 사용할 수 있는 위험물은?

① 탄화칼슘   ② 무기과산화물
③ 마그네슘분말 ④ 염소산염류

해설
소화방법

항목 \ 종류	탄화칼슘	무기과산화물	마그네슘분말	염소산염류
유별	제3류 위험물	제1류 위험물	제2류 위험물	제1류 위험물
물과 반응 시 발생하는 가스	아세틸렌	산 소	수 소	녹는다.
소화방법	질식소화	질식소화	질식소화	냉각소화

20 화재의 경우 불연성 가스를 그 연소물에 덮으면 그로 인하여 산소가 희석 또는 차단되면서 연소한다. 이때 소화효과만 고려하였을 경우 사용될 수 있는 기체가 아닌 것은?

① 탄산가스   ② 아세틸렌
③ 사염화탄소   ④ Halon 1301

해설
소화약제 : 탄산가스, 사염화탄소, Halon 1301

제2과목 소방전기일반

21 코일에서 10[s] 사이에 자속이 10[Wb]에서 20[Wb]로 변화하였다면 이 코일에 발생되는 유도기전력은 몇 [V]인가?(단, 코일의 권수는 10회이다)

① 0.1[V] ② 1.0[V]
③ 10[V]   ④ 100[V]

해설

유도기전력(e)

$e = N\dfrac{\Delta\phi}{\Delta t}$ [V]

여기서, N : 권수[회], $\Delta\phi$: 자속변화[Wb], Δt : 시간변화[s]

∴ $e = 10회 \times \dfrac{(20-10)[\text{Wb}]}{10[\text{s}]} = 10[\text{V}]$

22 20[℃]의 물 2[L]를 64[℃]가 되도록 가열하기 위해 400[W]의 온수기를 20분간 사용하였을 때 이 온수기의 효율은 약 몇 [%]인가?

① 27[%] ② 59[%]
③ 77[%] ④ 89[%]

해설

줄의 법칙
- 도선에 전류가 흐르면 저항에 의해 열이 발생된다.
- 물 2[L]는 $m = 2$[kg]이고 물의 비열은 $C = 4.2$[kJ/kg·K], 온도차 $\Delta t = 44$[℃](44[K]), 가열기 용량 $P = 400[\text{W}] = 0.4$[kJ/s]일 때

발생열량 $H = mC\Delta t = PT\eta$ [J]

온수기 효율 $\eta = \dfrac{mC\Delta t}{PT}$

∴ $\eta = \dfrac{2[\text{kg}] \times 4.2[\text{kJ/kg·K}] \times 44[\text{K}]}{0.4[\text{kJ/s}] \times (20 \times 60[\text{s}])}$

$= 0.77 = 77[\%]$

23 커패시터가 직·병렬로 접속된 회로에 180[V]의 직류전압이 인가되었을 때, 커패시터에 분담되는 전압 V_1, V_2, V_3는?

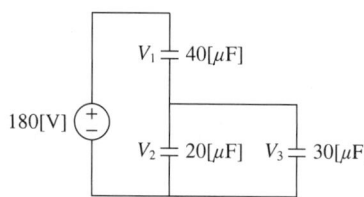

① $V_1 = 40[\text{V}]$, $V_2 = 80[\text{V}]$, $V_3 = 60[\text{V}]$
② $V_1 = 80[\text{V}]$, $V_2 = 40[\text{V}]$, $V_3 = 60[\text{V}]$
③ $V_1 = 80[\text{V}]$, $V_2 = 100[\text{V}]$, $V_3 = 100[\text{V}]$
④ $V_1 = 100[\text{V}]$, $V_2 = 80[\text{V}]$, $V_3 = 80[\text{V}]$

해설

콘덴서의 직·병렬 접속
- 병렬로 접속된 콘덴서의 합성 정전용량 $C_4 = C_2 + C_3$ [F]

∴ $C_4 = 20[\mu\text{F}] + 30[\mu\text{F}] = 50[\mu\text{F}]$

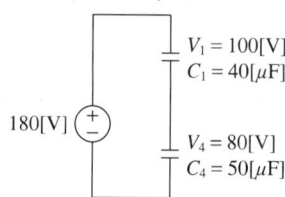

- 직·병렬로 접속된 합성 정전용량 $C = \dfrac{C_1 \times C_4}{C_1 + C_4}$ [F]

∴ $C = \dfrac{40[\mu\text{F}] \times 50[\mu\text{F}]}{40[\mu\text{F}] + 50[\mu\text{F}]} = \dfrac{2,000}{90}[\mu\text{F}]$

- 회로 전체의 전기량 $Q = CV$ [C]

∴ $Q = \left(\dfrac{2,000}{90} \times 10^{-6}[\text{F}]\right) \times 180[\text{V}] = 4 \times 10^{-3}[\text{C}]$

- 직렬로 접속된 콘덴서는 전기량($Q = CV$)이 일정하므로 V_1에 걸리는 전압 $V_1 = \dfrac{Q}{C_1}$ 에서 $V_1 = \dfrac{4 \times 10^{-3}[\text{C}]}{40 \times 10^{-6}[\text{F}]} = 100[\text{V}]$

- 병렬로 접속된 콘덴서의 전압(V_4)은 회로에 걸리는 전압에서 V_1의 전압을 뺀 값이다.

∴ $V_4 = 180[\text{V}] - 100[\text{V}] = 80[\text{V}]$

- 병렬로 접속된 콘덴서의 전압은 일정하므로 $V_2 = 80[\text{V}]$, $V_3 = 80[\text{V}]$이다.

24 4단자 회로에서 4단자 정수가 $A = \frac{5}{3}$, $B = 800$, $C = \frac{1}{450}$, $D = \frac{5}{3}$일 때 영상임피던스 Z_{01}과 Z_{02}는 각각 몇 $[\Omega]$인가?

① $Z_{01} = 300[\Omega]$, $Z_{02} = 300[\Omega]$
② $Z_{01} = 600[\Omega]$, $Z_{02} = 600[\Omega]$
③ $Z_{01} = 800[\Omega]$, $Z_{02} = 800[\Omega]$
④ $Z_{01} = 1,000[\Omega]$, $Z_{02} = 1,000[\Omega]$

해설
영상임피던스

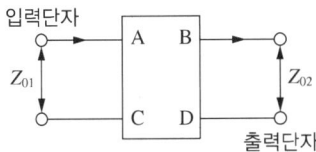

- 입력 측 영상임피던스(입력단자에서 좌측이나 우측으로 본 임피던스)

$Z_{01} = \sqrt{\frac{AB}{CD}}$ 에서 $Z_{01} = \sqrt{\frac{\frac{5}{3} \times 800}{\frac{1}{450} \times \frac{5}{3}}} = 600[\Omega]$

- 출력 측 영상임피던스(출력단자에서 좌측이나 우측으로 본 임피던스)

$Z_{02} = \sqrt{\frac{DB}{CA}}$ 에서 $Z_{02} = \sqrt{\frac{\frac{5}{3} \times 800}{\frac{1}{450} \times \frac{5}{3}}} = 600[\Omega]$

25 기전력이 3.6[V], 용량이 600[mAh]인 축전지 5개를 직렬로 연결할 때의 기전력[V]과 용량[Ah]으로 옳은 것은?

① 3.6[V], 3[Ah]
② 18[V], 3[Ah]
③ 3.6[V], 600[mAh]
④ 18[V], 600[mAh]

해설
축전지의 직렬 접속
- 축전지를 직렬로 연결한 경우 총 기전력 $E = nE_0[V]$
  ∴ $E = 5$개$\times 3.6[V] = 18[V]$
- 축전지를 직렬로 연결한 경우 그 용량은 축전지 1개의 용량과 같다. 따라서, 축전지의 용량은 600[mAh]이다.

26 같은 평면 내에 3개의 도선 A, B, C가 각각 10[cm]의 거리를 두고 있다. 각 도선에 같은 방향으로 같은 전류가 흐를 때 B가 받는 힘에 대한 설명으로 옳은 것은?

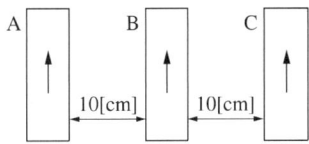

① A, C가 받는 힘의 2배이다.
② 힘은 없다.
③ A, B, C가 똑같은 힘을 받는다.
④ A, C가 받는 힘의 1/2이다.

해설
평행한 전선에 작용하는 전자력(F)

$F = \frac{2I_1 I_2}{r} \times 10^{-7} [\text{N/m}]$

여기서, I : 전류[A], r : 거리[m]
A와 B 사이의 힘과 B와 C 사이의 힘은 크기는 같으며 A와 B 사이와 B와 C 사이에는 흡인력이 작용하므로 도선 B에 작용하는 힘의 합력은 "0"이 된다.
∴ 도선 B가 받는 힘은 없다.

Plus one

평행한 직선 전류 사이에 작용하는 힘
- 두 도체에 흐르는 전류의 방향이 같으면 흡인력이 작용한다.
- 두 도체에 흐르는 전류의 방향이 반대이면 반발력이 작용한다.

27 직류전동기의 속도제어 중 전압제어방식이 아닌 것은?

① 워드 레오너드 방식
② 일그너 방식
③ 직병렬제어법
④ 출력제어방식

해설
직류전동기의 속도제어방식
- 계자제어방식 : 계자 전류를 조정하여 자속을 변화시켜 속도를 제어하는 방법이다.
- 저항제어방식 : 전기자 회로에 저항을 직렬로 접속하여 그 저항을 변화시켜 속도를 제어하는 방법이다.
- 전압제어방식 : 전기자에 가해지는 단자전압을 변화하여 속도를 제어하는 방법으로서 워드 레오너드 방식과 일그너 방식 및 직병렬제어법이 있다.

28 구동점 임피던스(Driving Point Impedance)함수에서 극점(Pole)이란 무엇을 의미하는가?

① 개방회로 상태를 의미한다.
② 단락회로 상태를 의미한다.
③ 전류가 많이 흐르는 상태를 의미한다.
④ 접지상태를 의미한다.

해설
구동점 임피던스
$Z(s) = \dfrac{s+2}{(s+3)(s+4)}$ 일 경우

- 영점(Zero) : 분자의 값이 "0"으로 수렴하게 되면 임피던스 $Z(s) = 0$이다. 따라서, 단락회로 상태를 의미하며 $s+2=0$이므로 $s=-2$이다.
- 극점(Pole) : 분모의 값이 "0"으로 수렴하게 되면 무한대로 발산하게 된다. 따라서, 임피던스 $Z(s) = \infty$이므로 개방회로 상태를 의미하며 $s+3=0$, $s+4=0$이므로 $s=-3$ 또는 $s=-4$이다.

Plus one

극점과 영점

교류 회로	임피던스	구동점 임피던스
$R-L-C$ 직렬 회로	$Z = R + j\omega L + \dfrac{1}{j\omega C}\,[\Omega]$	$Z(s) = R + sL + \dfrac{1}{sC}\,[\Omega]$
$R-L-C$ 병렬 회로	$Z = \dfrac{1}{\dfrac{1}{R}+\dfrac{1}{j\omega L}+j\omega C}\,[\Omega]$	$Z(s) = \dfrac{1}{\dfrac{1}{R}+\dfrac{1}{sL}+sC}\,[\Omega]$

29 다음 그림을 간단히 나타낸 논리식은?

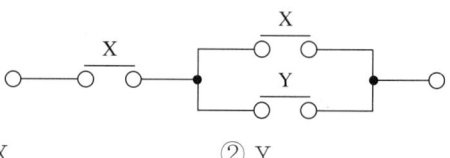

① X
② Y
③ X + XY
④ XY

해설
계전기 접점회로의 논리식
- 계전기 접점을 직렬로 연결하면 AND 회로이고, 병렬로 연결하면 OR 회로이다.
- AND 회로의 논리식은 $X = A \cdot B$이고, OR 회로의 논리식은 $X = A + B$이다.
- ∴ 논리식 $X \cdot (X+Y) = X \cdot X + X \cdot Y = X + X \cdot Y$
  $= X \cdot (1+Y) = X \cdot 1 = X$

Plus one

논리대수의 기본법칙
- 배분법칙
  $A + (B \cdot C) = (A+B) \cdot (A+C)$
  $A \cdot (B+C) = (A \cdot B) + (A \cdot C)$
- 보원의 법칙
  $A \cdot \overline{A} = 0$
  $A + \overline{A} = 1$
- 기본 대수의 정리
  $A \cdot A = A$ $A + A = A$
  $A \cdot 1 = A$ $A + 1 = 1$
  $A \cdot 0 = 0$ $A + 0 = A$

30 광전자 방출현상에서 방출된 에너지는 무엇에 비례하는가?

① 빛의 세기
② 빛의 파장
③ 빛의 속도
④ 빛의 이온

해설
광전자 방출현상
- 금속에 빛을 비추면 금속 표면에서 전자가 공간으로 방출되는 현상이다.
- 광전자의 방출량은 빛의 세기에 비례하고, 광전자의 초속도는 빛의 파장과 관계가 있다.

31 건물 내 부하 설비용량이 700[kVA]이며, 수용률이 95[%]인 경우 자가 발전기의 용량은?

① 620[kVA]
② 665[kVA]
③ 737[kVA]
④ 770[kVA]

해설
자가 발전기의 용량(최대수용전력)

수용률 = $\dfrac{\text{자가 발전기의 용량[kVA]}}{\text{설비용량[kVA]}}$

∴ 자가 발전기의 용량 = $700[\text{kVA}] \times 0.95 = 665[\text{kVA}]$

32 역률을 개선하기 위해 진상용 콘덴서의 설치 개소로 가장 알맞은 것은?

① 수전점
② 고압모선
③ 변압기 2차 측
④ 부하와 병렬

해설
진상용 콘덴서 설치
- 역률을 개선하기 위해 진상용 콘덴서를 부하와 병렬로 접속한다.
- 콘덴서의 용량(Q_C)

$$Q_C = P(\tan\theta_1 - \tan\theta_2) = P\left(\dfrac{\sin\theta_1}{\cos\theta_1} - \dfrac{\sin\theta_2}{\cos\theta_2}\right)[\text{VA}]$$

여기서, P : 유효전력[W], $\cos\theta_1$: 개선 전의 역률
$\cos\theta_2$: 개선 후의 역률

33 그림과 같은 트랜지스터를 사용한 정전압회로에서 Q_1의 역할로서 옳은 것은?

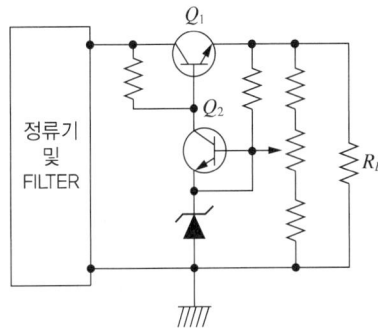

① 증폭용
② 비교부용
③ 제어용
④ 기준부용

해설
정전압회로 : 정전압회로는 제너다이오드나 트랜지스터를 이용하여 전원전압을 일정하게 유지시켜 주는 회로이다. 그림의 회로는 항상 출력전압의 변화를 검출하고, 출력전압에 변동이 있을 경우에는 변동을 억제시켜 출력전압을 제어한다.

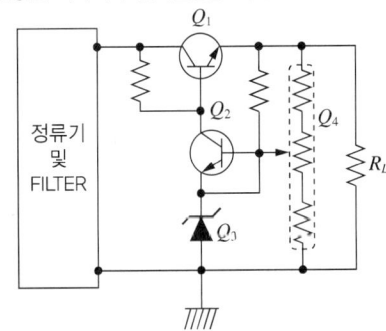

- Q_1 : 제어용
- Q_2 : 비교 증폭용
- Q_3 : 기준부용
- Q_4 : 검출용

34 $Q[\text{C}]$의 전하에서 나오는 전기력선의 총수는?(단, ϵ 및 E는 유전율 및 전기장의 세기를 나타낸다)

① $\dfrac{\epsilon}{Q}$　　② $\dfrac{Q}{\epsilon}$

③ EQ　　④ Q

해설

전기장의 세기(E)
- $Q[\text{C}]$의 점전하로부터 거리 $r[\text{m}]$ 떨어진 구면 위의 전기장의 세기 $E = \dfrac{1}{4\pi\epsilon} \times \dfrac{Q}{r^2}[\text{V/m}]$
- 구의 전표면적 $4\pi r^2[\text{m}^2]$에서의 전기력선의 총수 $n = 4\pi r^2 \times E = 4\pi r^2 \times \left(\dfrac{1}{4\pi\epsilon} \times \dfrac{Q}{r^2}\right) = \dfrac{Q}{\epsilon}$[개]

35 3상 농형유도전동기의 기동방식으로 옳은 것은?

① 분상기동형
② 콘덴서기동형
③ 기동보상기법
④ 세이딩일형

해설

3상 농형유도전동기의 기동방식
- 전전압기동법 : 직접 정격전압을 전동기에 가해 기동시키는 방법으로서 5[kW] 이하의 전동기에 많이 사용된다.
- Y-△기동법 : 보통 5~15[kW] 이하의 전동기에 사용되며 기동전류와 기동토크가 $\dfrac{1}{3}$로 감소한다.
- 기동보상기법 : 15[kW] 이상의 전동기에 사용되며 단권변압기를 사용하여 공급전압을 낮추어 기동시키는 방법이다.
- 리액터기동법 : 전동기의 전원에 리액터를 직렬로 접속하여 리액터의 전압강하에 의해 전동기의 공급전압을 낮추어 기동시키는 방법이다.

36 다음과 같이 구성한 연산증폭기 회로에서 출력전압 V_0는?

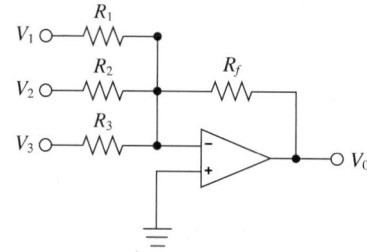

① $V_0 = \dfrac{R_f}{R_1}V_1 + \dfrac{R_f}{R_2}V_2 + \dfrac{R_f}{R_3}V_3$

② $V_0 = \dfrac{R_1}{R_f}V_1 + \dfrac{R_2}{R_f}V_2 + \dfrac{R_3}{R_f}V_3$

③ $V_0 = -\left(\dfrac{R_f}{R_1}V_1 + \dfrac{R_f}{R_2}V_2 + \dfrac{R_f}{R_3}V_3\right)$

④ $V_0 = -\left(\dfrac{R_1}{R_f}V_1 + \dfrac{R_2}{R_f}V_2 + \dfrac{R_3}{R_f}V_3\right)$

해설

연산증폭기의 가산기
- 반전 증폭기는 입력전압이 연산증폭기의 -입력단자에 연결되고, 비반전 증폭기는 입력전압이 연산증폭기의 +입력단자에 연결된다.
- 각 저항 R에 흐르는 전류 $I_1 = \dfrac{V_1}{R_1}$, $I_2 = \dfrac{V_2}{R_2}$, $I_3 = \dfrac{V_3}{R_3}$
- 저항 R_f에 흐르는 전류(I_f)는 각 저항 R에 흐르는 전류의 합이다.

$I_f = I_1 + I_2 + I_3 = \dfrac{V_1}{R_1} + \dfrac{V_2}{R_2} + \dfrac{V_3}{R_3}$

- 출력전압 $V_0 = -I_f R_f = -\left(\dfrac{V_1}{R_1} + \dfrac{V_2}{R_2} + \dfrac{V_3}{R_3}\right)R_f$

$= -\left(\dfrac{R_f}{R_1}V_1 + \dfrac{R_f}{R_2}V_2 + \dfrac{R_f}{R_3}V_3\right)$

37 그림과 같은 정류회로에서 부하 R에 흐르는 직류 전류의 크기는 약 몇 [A]인가?(단, $V=200[\text{V}]$, $R=20\sqrt{2}\,[\Omega]$이다)

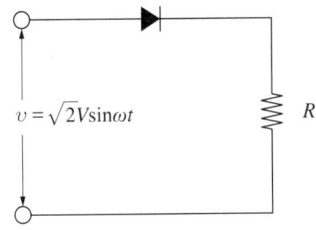

① 3.2[A] ② 3.8[A]
③ 4.4[A] ④ 5.2[A]

해설
단상 반파 정류회로
- 직류전압의 평균값 $V_d = \dfrac{\sqrt{2}}{\pi}V$에서 $V_d = \dfrac{\sqrt{2}}{\pi}\times 200[\text{V}]$
- 직류 전류 $I_d = \dfrac{V_d}{R} = \dfrac{\dfrac{\sqrt{2}}{\pi}\times 200[\text{V}]}{20\sqrt{2}\,[\Omega]} = 3.18[\text{A}]$

38 전류의 측정범위를 확대시키기 위하여 전류계와 병렬로 연결해야만 되는 것은?

① 배율기 ② 분류기
③ 중계기 ④ CT

해설
전기기기의 정의
- 배율기 : 전압계의 측정범위를 넓히기 위해 전압계와 직렬로 접속하는 저항기이다.
- 분류기 : 전류계의 측정범위를 넓히기 위해 전류계와 병렬로 접속하는 저항기이다.
- 중계기 : 감지기·발신기 또는 전기적 접점 등의 작동에 따른 신호를 받아 이를 수신기에 전송하는 장치이다.
- CT(변류기) : 1차 권선을 고압회로와 직렬로 접속하는 계기용 변성기로서 2차 전류는 5[A]가 표준이고, 보통 전류비(I_1/I_2)는 1,000 : 5에서 20 : 1 정도이며 용량은 12.5[VA]에서 200[VA] 정도의 소용량이다.

39 그림과 같은 다이오드 논리회로의 명칭은?

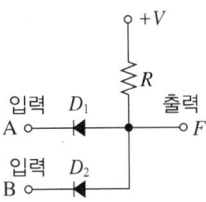

① NOT 회로
② AND 회로
③ OR 회로
④ NAND 회로

해설
AND 회로와 OR 회로
- AND 회로(논리곱회로) : 2개의 입력신호가 동시에 작동될 때에만 출력신호가 1이 되는 논리회로로서 직렬회로이다.

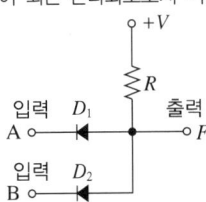

- OR 회로(논리합회로) : 2개의 입력신호 중 1개만 작동되어도 출력신호가 1이 되는 논리회로로서 병렬회로이다.

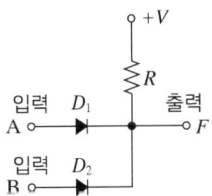

40 그림은 개루프 제어계의 신호전달 계통도이다. 다음 ( ) 안에 알맞은 제어계의 동작요소는?

① 제어량
② 제어대상
③ 제어장치
④ 제어요소

해설
신호전달 계통도
- 개루프 제어계(시퀀스 제어)

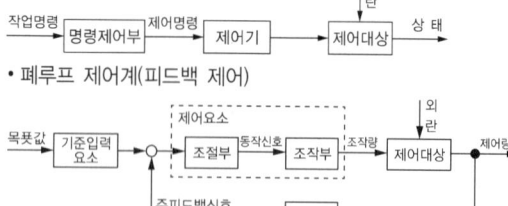

- 폐루프 제어계(피드백 제어)

제3과목 소방관계법규

41 소방시설 설치 및 관리에 관한 법령상 분말형태의 소화약제를 사용하는 소화기의 내용연수로 옳은 것은?(단, 소방용품의 성능을 확인받아 그 사용기한을 연장하는 경우는 제외한다)

① 3년
② 5년
③ 7년
④ 10년

해설
소화기의 내용연수 : 10년(영 제19조)

42 소방시설관리업자가 점검을 하지 않은 경우 1차 행정처분은?

① 등록취소
② 영업정지 3개월
③ 영업정지 1개월
④ 영업정지 6개월

해설
소방시설관리업자가 점검을 하지 않은 경우의 행정처분(소방시설법 규칙 별표 8)
- 1차 위반 : 영업정지 1개월
- 2차 위반 : 영업정지 3개월
- 3차 이상 위반 : 등록취소

43 성능위주설계를 해야 하는 특정소방대상물에 해당되지 않는 것은?

① 연면적 10만[m²] 이상인 특정소방대상물(아파트 등은 제외한다)
② 50층 이상(지하층은 제외한다)이거나 지상으로부터 높이가 200[m] 이상인 아파트 등
③ 하나의 건축물에 영화상영관이 10개 이상인 특정소방대상물
④ 터널 중 수저(水底)터널 또는 길이가 5천[m] 이상인 것

해설
성능위주설계 대상(소방시설법 영 제9조)
- 연면적 20만[m²] 이상인 특정소방대상물(아파트 등은 제외한다)
- 50층 이상(지하층은 제외한다)이거나 지상으로부터 높이가 200[m] 이상인 아파트 등
- 30층 이상(지하층을 포함한다)이거나 지상으로부터 높이가 120[m] 이상인 특정소방대상물(아파트 등은 제외한다)
- 연면적 3만[m²] 이상인 특정소방대상물로서 다음 어느 하나에 해당하는 특정소방대상물
- 철도 및 도시철도시설
- 공항시설
- 창고시설 중 연면적 10만[m²] 이상인 것 또는 지하층의 층수가 2개 층 이상이고 지하층의 바닥면적의 합계가 3만[m²] 이상인 것
- 하나의 건축물에 영화상영관이 10개 이상인 특정소방대상물
- 지하연계 복합건축물에 해당하는 특정소방대상물
- 터널 중 수저(水底)터널 또는 길이가 5천[m] 이상인 것

44 화재의 예방 및 안전관리에 관한 법령상 300만원 이하의 벌금에 해당하지 않는 것은?

① 화재안전조사를 정당한 사유 없이 거부·방해 또는 기피한 자
② 소방안전관리자 또는 소방안전관리보조자를 선임하지 않은 자
③ 총괄소방안전관리자를 선임하지 않은 자
④ 소방훈련 및 교육을 하지 않은 자

해설
300만원 이하의 벌금(법 제50조)
- 화재안전조사를 정당한 사유 없이 거부·방해 또는 기피한 자
- 소방안전관리자, 총괄소방안전관리자 또는 소방안전관리보조자를 선임하지 않은 자
※ 소방훈련 및 교육을 하지 않은 자 : 300만원 이하의 과태료

45 다음 중 소방기본법에서 사용하는 용어 정의로 옳지 않은 것은?

① 소방대장이란 소방본부장이나 소방서장 등 화재, 재난·재해 그 밖의 위급한 상황이 발생한 현장에서 소방대를 지휘하는 사람을 말한다.
② 관계지역이란 소방대상물이 있는 장소 및 그 이웃지역으로서 화재의 예방·경계·진압, 구조·구급 등의 활동에 필요한 지역을 말한다.
③ 소방대상물이란 건축물, 차량, 항해하는 선박, 선박건조구조물, 산림 그 밖의 인공구조물 또는 물건을 말한다.
④ 소방본부장이란 특별시·광역시·특별자치시·도 또는 특별자치도에서 화재의 예방·경계·진압·조사 및 구조·구급 등의 업무를 담당하는 부서의 장을 말한다.

해설
소방대상물(법 제2조) : 건축물, 차량, 선박(항구 안에 매어둔 선박만 해당), 선박건조구조물, 산림 그 밖의 인공구조물 또는 물건

정답 43 ① 44 ④ 45 ③

46 다음 중 방염대상물에 해당되지 않는 것은?

① 암막·무대막
② 창문에 설치하는 커튼류
③ 두께가 2[mm] 미만인 종이벽지류
④ 전시용 합판

해설
방염처리대상 물품(화재예방법 영 제31조)
- 창문에 설치하는 커튼류(블라인드 포함)
- 카 펫
- 벽지류(두께가 2[mm] 미만인 종이벽지는 제외한다)
- 전시용 합판·목재 또는 섬유판, 무대용 합판 또는 섬유판
- 암막·무대막(영화상영관에 설치하는 스크린과 가상체험체육시설업에 설치하는 스크린을 포함)
- 섬유류 또는 합성수지류 등을 원료로 하여 제작된 소파·의자(단, 란주점영업, 유흥주점영업 및 노래연습장업의 영업장에 설치하는 것으로 한정)

47 이상기상(異常氣象)의 예보나 특보가 있을 때 화재위험을 알리는 소방신호로 알맞은 것은?

① 훈련신호
② 해제신호
③ 발화신호
④ 경계신호

해설
소방신호의 종류와 방법(소방기본법 규칙 제10조, 별표 4)

신호종류	발령 시기	타종신호	사이렌 신호
경계신호	화재예방상 필요하다고 인정 또는 화재위험 경보 시 발령	1타와 연2타를 반복	5초 간격을 두고 30초씩 3회
발화신호	화재가 발생한 때 발령	난 타	5초 간격을 두고 5초씩 3회
해제신호	소화활동의 필요 없다고 인정되는 때 발령	상당한 간격을 두고 1타씩 반복	1분간 1회
훈련신호	훈련상 필요하다고 인정되는 때 발령	연 3타 반복	10초 간격을 두고 1분씩 3회

48 특수가연물의 저장 및 취급기준으로 옳지 않은 것은?(단, 살수설비가 설치되어 있고, 석탄, 목탄류는 제외)

① 물질별로 구분하여 쌓을 것
② 쌓는 부분의 바닥면적 사이는 실내의 경우에는 1.5[m] 이상이 되도록 할 것
③ 석탄 쌓는 부분의 바닥면적은 200[m^2] 이하로 한다.
④ 쌓는 높이는 15[m] 이하로 한다.

해설
특수가연물의 저장 및 취급기준(화재예방법 영 별표 3)
- 품명별로 구분하여 쌓을 것

구 분	살수설비를 설치하거나 방사능력 범위에 해당 특수가연물이 포함되도록 대형수동식소화기를 설치하는 경우	그 밖의 경우
높 이	15[m] 이하	10[m] 이하
쌓는 부분의 바닥면적	200[m^2] (석탄·목탄류의 경우에는 300[m^2]) 이하	50[m^2] (석탄·목탄류의 경우에는 200[m^2]) 이하

- 쌓는 부분 바닥면적 사이는 실내의 경우 1.2[m] 또는 쌓는 높이의 1/2 중 큰 값 이상으로 간격을 두어야 하며 실외의 경우 3[m] 또는 쌓는 높이 중 큰 값 이상으로 간격을 둘 것

49 동의를 요구한 기관이 그 건축허가 등을 취소했을 때에는 취소한 날부터 며칠 이내에 그 사실을 관할 소방본부장에게 통보해야 하는가?

① 3일
② 5일
③ 7일
④ 10일

해설
건축허가 취소 시 통보 : 7일 이내(소방시설법 규칙 제3조)

정답 46 ③ 47 ④ 48 ② 49 ③

50 화재 예방을 위하여 보일러 본체와 벽·천장과 최소 몇 [m] 이상의 거리를 두어야 하는가?

① 0.5[m] ② 0.6[m]
③ 1[m]   ④ 1.5[m]

해설
화재 예방을 위하여 보일러 본체와 벽·천장 사이의 거리는 0.6[m] 이상 되도록 해야 한다(화재예방법 영 별표 1).

51 1급 소방안전관리대상물의 범위로 옳지 않은 것은?

① 지하층을 포함한 30층 이상 특정소방대상물
② 지상으로부터 높이가 120[m] 이상인 아파트
③ 연면적 1만5천[m^2] 이상인 특정소방대상물(아파트 및 연립주택은 제외한다)
④ 가연성 가스를 1천[t] 이상 저장·취급하는 시설

해설
1급 소방안전관리대상물(화재예방법 영 별표 4)
• 30층 이상(지하층은 제외한다)이거나 지상으로부터 높이가 120[m] 이상인 아파트
• 연면적 1만5천[m^2] 이상인 특정소방대상물(아파트 및 연립주택은 제외한다)
• 지상층의 층수가 11층 이상인 특정소방대상물(아파트는 제외한다)
• 가연성 가스를 1천[t] 이상 저장·취급하는 시설

52 위험물안전관리법령상 지정수량 미만인 위험물의 저장 또는 취급에 관한 기술상의 기준은 무엇으로 정하는가?

① 대통령령   ② 국무총리령
③ 시·도의 조례   ④ 행정안전부령

해설
지정수량 미만인 위험물 : 시·도의 조례(법 제4조)

53 위험물안전관리법령상 위험물을 취급함에 있어서 정전기가 발생할 우려가 있는 설비에 설치할 수 있는 정전기 제거설비 방법이 아닌 것은?

① 접지에 의한 방법
② 공기를 이온화하는 방법
③ 자동적으로 압력의 상승을 정지시키는 방법
④ 공기 중의 상대습도를 70[%] 이상으로 하는 방법

해설
정전기 방지법(규칙 별표 4)
• 접지에 의한 방법
• 공기를 이온화하는 방법
• 공기 중의 상대습도를 70[%] 이상으로 하는 방법

54 다음 중 소방시설별 하자보수 보증기간이 옳은 것은?

① 피난기구 : 2년
② 비상방송설비 및 무선통신보조설비 : 3년
③ 스프링클러설비 : 2년
④ 자동화재탐지설비 : 2년

해설
소방시설공사의 하자보수 보증기간(공사업법 영 제6조)
• 2년 : 비상경보설비, 비상방송설비, 피난기구, 유도등, 비상조명등 및 무선통신보조설비
• 3년 : 자동소화장치, 옥내소화전설비, 스프링클러설비 등, 물분무 등 소화설비, 옥외소화전설비, 자동화재탐지설비, 화재알림설비, 소화용수설비, 소화활동설비(무선통신보조설비 제외)

정답 50 ② 51 ① 52 ③ 53 ③ 54 ①

55 다음 중 위험물 유별 성질로서 옳지 않은 것은?

① 제1류 위험물 : 산화성 고체
② 제2류 위험물 : 가연성 고체
③ 제4류 위험물 : 인화성 액체
④ 제6류 위험물 : 인화성 고체

해설
제6류 위험물 : 산화성 액체(위험물법 영 별표 1)

57 다음 중 위험물과 그 지정수량의 조합으로 옳은 것은?

① 황린 : 20[kg]
② 염소산염류 : 30[kg]
③ 과염소산 : 200[kg]
④ 알킬리튬 : 100[kg]

해설
지정수량(위험물법 영 별표 1)

종 류	황 린	염소산염류	과염소산	알킬리튬
유 별	제3류 위험물	제1류 위험물	제6류 위험물	제3류 위험물
지정수량	20[kg]	50[kg]	300[kg]	10[kg]

56 화재의 예방 및 안전관리에 관한 법령상 1급 소방안전관리대상물의 소방안전관리자 선임대상 기준으로 틀린 것은?(단, 소방안전관리자 자격증을 발급받은 사람이다)

① 소방설비기사의 자격이 있는 사람
② 소방설비산업기사의 자격이 있는 사람
③ 소방공무원으로 5년 이상 근무한 경력이 있는 사람
④ 소방청장이 실시하는 특급 소방안전관리대상물의 소방안전관리에 관한 시험에 합격한 사람

해설
1급 소방안전관리대상물의 소방안전관리자 선임자격(영 별표 4)
아래에 해당하는 사람으로서 1급 소방안전대상물에 소방안전관리자 자격증을 발급받은 사람
- 특급 소방안전대상물의 소방안전관리자 자격증을 발급받은 사람
- 소방설비기사 또는 소방설비산업기사의 자격이 있는 사람
- 소방공무원으로 7년 이상 근무한 경력이 있는 사람
- 소방청장이 실시하는 1급 소방안전관리대상물의 소방안전관리에 관한 시험에 합격한 사람

58 위험물안전관리법령상 정기점검의 대상인 제조소 등의 기준으로 틀린 것은?

① 지하탱크저장소
② 이동탱크저장소
③ 지정수량의 10배 이상의 위험물을 취급하는 제조소
④ 지정수량의 100배 이상의 위험물을 저장하는 옥외탱크저장소

해설
정기점검의 대상인 제조소 등(법 영 제15조)
- 예방규정 대상에 해당하는 제조소 등
  - 지정수량의 10배 이상의 위험물을 취급하는 제조소
  - 지정수량의 10배 이상의 위험물을 취급하는 일반취급소
  - 지정수량의 100배 이상의 위험물을 저장하는 옥외저장소
  - 지정수량의 150배 이상의 위험물을 저장하는 옥내저장소
  - 지정수량의 2,000배 이상의 위험물을 저장하는 옥외탱크저장소
- 지하탱크저장소
- 이동탱크저장소
- 위험물을 취급하는 탱크로서 지하에 매설된 탱크가 있는 제조소·주유취급소 또는 일반취급소

59 소방시설관리업자가 자체점검을 실시한 경우에는 그 점검이 끝난 날부터 며칠 이내에 소방시설 등 자체점검 실시결과 보고서에 소방청장이 정하여 고시하는 소방시설 등 점검표를 첨부하여 관계인에게 제출해야 하는가?

① 7일　　② 10일
③ 15일　　④ 30일

해설
소방시설관리업자가 점검한 경우(소방시설법 규칙 제23조) : 관리업자는 점검이 끝난 날부터 10일 이내에 자체점검 실시결과 보고서와 소방시설 등 점검표를 첨부하여 관계인에게 제출해야 한다.

60 시공능력평가의 방법 중 시공능력평가액의 산정방식으로 알맞은 것은?

① 실적평가액 실질자본금평가액 + 개발투자평가액 + 경력평가액 ± 신인도평가액
② 실적평가액 + 자본금평가액 + 기술력평가액 + 겸업비율평가액 ± 신인도평가액
③ 실적평가액 + 자본금평가액 + 기술력평가액 + 경력평가액 ± 신인도평가액
④ 실적평가액 + 실질자본금평가액 + 개발투자평가액 + 겸업비율평가액 ± 신인도평가액

해설
산정방식(공사업법 규칙 별표 4)
시공능력평가액 = 실적평가액 + 자본금평가액 + 기술력평가액 + 경력평가액 ± 신인도평가액

제4과목　소방전기시설의 구조 및 원리

61 무선통신보조설비의 주요 구성요소가 아닌 것은?

① 누설동축케이블　　② 증폭기
③ 음향장치　　　　　④ 분배기

해설
무선통신보조설비의 주요 구성요소

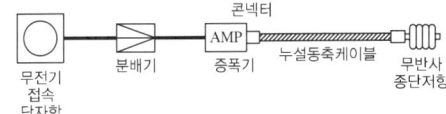

• 누설동축케이블　　• 분배기
• 분파기　　　　　　• 증폭기
• 혼합기　　　　　　• 무선중계기
• 옥외안테나

62 소방시설용 비상전원수전설비의 화재안전기술기준(NFTC 602)에서 일반전기사업자로부터 특별고압으로 수전하는 경우 그 설치기준으로 옳지 않은 것은?

① 전용의 방화구획 내에 설치할 것
② 소방회로 배선은 일반회로 배선과 불연성의 격벽으로 구획할 것
③ 일반회로에서 과부하, 지락사고 또는 단락사고가 발생한 경우에는 즉시 자가발전설비가 작동되도록 할 것
④ 소방회로용 개폐기 및 과전류차단기에는 "소방시설용"이라 표시할 것

해설
특별고압 또는 고압으로 수전하는 경우의 설치기준(NFTC 602)
• 전용의 방화구획 내에 설치할 것
• 소방회로 배선은 일반회로 배선과 불연성의 격벽으로 구획할 것. 다만, 소방회로 배선과 일반회로배선을 15[cm] 이상 떨어져 설치한 경우는 그렇지 않다.
• 일반회로에서 과부하, 지락사고 또는 단락사고가 발생한 경우에도 이에 영향을 받지 않고 계속하여 소방회로에 전원을 공급시켜 줄 수 있어야 할 것
• 소방회로용 개폐기 및 과전류차단기에는 "소방시설용"이라 표시할 것

63 피난기구의 화재안전기술기준(NFTC 301)에서 피난기구 중 다수인피난장비의 설치기준으로 틀린 것은?

① 사용 시에 보관실 외측 문이 먼저 열리고 탑승기가 외측으로 자동으로 전개될 것
② 하강 시에 탑승기가 건물 외벽이나 돌출물에 충돌하지 않도록 설치할 것
③ 상·하층에 설치할 경우에는 탑승기의 하강경로가 중첩되도록 할 것
④ 보관실은 건물 외측보다 돌출되지 않고, 빗물·먼지 등으로부터 장비를 보호할 수 있는 구조일 것

해설
다수인피난장비의 설치기준(NFTC 301) : 상·하층에 설치할 경우에는 탑승기의 하강경로가 중첩되지 않도록 할 것

Plus one

승강식 피난기 및 하향식 피난구용 내림식사다리의 설치기준
- 대피실의 면적은 2[m²](2세대 이상일 경우에는 3[m²]) 이상으로 하고, 건축법 시행령 제46조 제4항 각 호의 규정에 적합해야 하며 하강구(개구부) 규격은 직경 60[cm] 이상일 것. 다만, 외기와 개방된 장소에는 그렇지 않다.
- 하강구 내측에는 기구의 연결 금속구 등이 없어야 하며 전개된 피난기구는 하강구 수평투영면적 공간 내의 범위를 침범하지 않는 구조이어야 할 것. 다만, 직경 60[cm] 크기의 범위를 벗어난 경우이거나, 직하층의 바닥면으로부터 높이 50[cm] 이하의 범위는 제외한다.
- 대피실의 출입문은 60분+ 방화문 또는 60분 방화문으로 설치하고, 피난방향에서 식별할 수 있는 위치에 "대피실" 표지판을 부착할 것. 다만, 외기와 개방된 장소에는 그렇지 않다.
- 착지점과 하강구는 상호 수평거리 15[cm] 이상의 간격을 둘 것
- 대피실 내에는 비상조명등을 설치할 것
- 대피실에는 층의 위치표시와 피난기구 사용설명서 및 주의사항 표지판을 부착할 것

64 비상경보설비 및 단독경보형감지기의 화재안전기술기준(NFTC 201)에서 정하는 용어의 정의로 옳지 않은 것은?

① 발신기란 화재발생 신호를 수신기에 자동으로 발신하는 장치를 말한다.
② 비상벨설비란 화재발생 상황을 경종으로 경보하는 설비를 말한다.
③ 자동식사이렌설비란 화재발생 상황을 사이렌으로 경보하는 설비를 말한다.
④ 단독경보형감지기란 화재발생 상황을 단독으로 감지하여 자체에 내장된 음향장치로 경보하는 감지기를 말한다.

해설
비상경보설비 및 단독경보형감지기의 용어 정의(NFTC 201) : 발신기란 화재발생 신호를 수신기에 수동으로 발신하는 장치를 말한다.

65 비상방송설비의 화재안전기술기준(NFTC 202)에서 음향장치의 설치기준으로 옳지 않은 것은?

① 음량조정기를 설치하는 경우 음량조정기의 배선은 3선식으로 할 것
② 다른 방송설비와 공용하는 것에 있어서는 화재 시 비상경보 외의 방송을 차단할 수 있는 구조로 할 것
③ 기동장치에 따른 화재신호를 수신한 후 필요한 음량으로 화재발생 상황 및 피난에 유효한 방송이 자동으로 개시될 때까지의 소요시간은 20초 이내로 할 것
④ 조작부는 기동장치의 작동과 연동하여 해당 기동장치가 작동한 층 또는 구역을 표시할 수 있는 것으로 할 것

해설
비상방송설비의 음향장치 설치기준(NFTC 202) : 기동장치에 따른 화재신호를 수신한 후 필요한 음량으로 화재발생 상황 및 피난에 유효한 방송이 자동으로 개시될 때까지의 소요시간은 10초 이내로 할 것

66 누전경보기의 화재안전기술기준(NFTC 205)에서 누전경보기의 음향장치 설치위치로 옳은 것은?

① 옥내의 점검에 편리한 장소
② 옥외 인입선의 제1지점의 부하 측의 점검이 쉬운 위치
③ 수위실 등 상시 사람이 근무하는 장소
④ 옥외 인입선의 제2종 접지선 측의 점검이 쉬운 위치

해설

누전경보기의 음향장치 설치기준(NFTC 205) : 음향장치는 수위실 등 상시 사람이 근무하는 장소에 설치해야 하며, 그 음량 및 음색은 다른 기기의 소음 등과 명확히 구별할 수 있는 것으로 해야 한다.

Plus one

누전경보기의 변류기 및 수신부 설치기준

- 변류기는 특정소방대상물의 형태, 인입선의 시설방법 등에 따라 옥외 인입선의 제1지점의 부하 측 또는 제2종 접지선 측의 점검이 쉬운 위치에 설치할 것. 다만, 인입선의 형태 또는 특정소방대상물의 구조상 부득이한 경우에는 인입구에 근접한 옥내에 설치할 수 있다.
- 누전경보기의 수신부는 다음의 장소 이외의 장소에 설치해야 한다.
  - 가연성의 증기·먼지·가스 등이나 부식성의 증기·가스 등이 다량으로 체류하는 장소
  - 화약류를 제조하거나 저장 또는 취급하는 장소
  - 습도가 높은 장소
  - 온도의 변화가 급격한 장소
    대전류회로·고주파 발생회로 등에 따른 영향을 받을 우려가 있는 장소

67 자동화재탐지설비를 설치해야 하는 특정소방대상물에 대한 설명 중 옳은 것은?

① 위락시설, 장례시설 및 복합건축물로서 연면적 $500[m^2]$ 이상인 경우에는 모든 층
② 근린생활시설 중 목욕장, 문화 및 집회시설, 방송통신시설로 연면적 $600[m^2]$ 이상인 경우에는 모든 층
③ 지하구
④ 터널로서 길이가 500[m] 이상인 것

해설

자동화재탐지설비를 설치해야 하는 특정소방대상물(소방시설법 영 별표 4)

- 근린생활시설(목욕장은 제외), 의료시설(정신의료기관 및 요양병원은 제외), 위락시설, 장례시설 및 복합건축물로서 연면적 $600[m^2]$ 이상인 경우에는 모든 층
- 근린생활시설 중 목욕장, 문화 및 집회시설, 종교시설, 판매시설, 운수시설, 운동시설, 업무시설, 공장, 창고시설, 위험물 저장 및 처리 시설, 항공기 및 자동차 관련 시설, 교정 및 군사시설 중 국방·군사시설, 방송통신시설, 발전시설, 관광 휴게시설, 지하가로서 연면적 $1,000[m^2]$ 이상인 경우에는 모든 층
- 지하구
- 터널로서 길이가 1,000[m] 이상인 것

68 자동화재탐지설비 및 시각경보장치의 화재안전기술기준(NFTC 203)에서 청각장애인용 시각경보장치의 설치기준으로 옳지 않은 것은?

① 복도·통로·청각장애인용 객실 및 공용으로 사용하는 거실에 설치할 것
② 공연장 등에 설치하는 경우에는 인식이 용이하도록 객석 부분 등에 설치할 것
③ 설치 높이는 바닥으로부터 2[m] 이상 2.5[m] 이하의 장소에 설치할 것
④ 시각경보장치의 광원은 전용의 축전지설비에 의하여 점등되도록 할 것

해설

청각장애인용 시각경보장치의 설치기준(NFTC 203)
- 복도·통로·청각장애인용 객실 및 공용으로 사용하는 거실(로비, 회의실, 강의실, 식당, 휴게실, 오락실, 대기실, 체력단련실, 접객실, 안내실, 전시실, 기타 이와 유사한 장소)에 설치하며, 각 부분으로부터 유효하게 경보를 발할 수 있는 위치에 설치할 것
- 공연장·집회장·관람장 또는 이와 유사한 장소에 설치하는 경우에는 시선이 집중되는 무대부 부분 등에 설치할 것
- 설치 높이는 바닥으로부터 2[m] 이상 2.5[m] 이하의 장소에 설치할 것. 다만, 천장의 높이가 2[m] 이하인 경우에는 천장으로부터 0.15[m] 이내의 장소에 설치해야 한다.
- 시각경보장치의 광원은 전용의 축전지설비 또는 전기저장장치에 의하여 점등되도록 할 것. 다만, 시각경보기에 작동전원을 공급할 수 있도록 형식승인을 얻은 수신기를 설치한 경우에는 그렇지 않다.

69 무선통신보조설비를 설치해야 하는 특정소방대상물에 대한 설명 중 옳은 것은?(단, 위험물 저장 및 처리시설 중 가스시설은 제외한다)

① 지하상가로서 연면적 500[m²] 이상인 것
② 터널로서 길이가 1,000[m] 이상인 것
③ 층수가 30층 이상인 것으로서 15층 이상 부분의 모든 층
④ 지하층의 층수가 3층 이상이고 지하층의 바닥면적의 합계가 1,000[m²] 이상인 것은 지하층의 모든 층

해설

무선통신보조설비를 설치해야 하는 특정소방대상물(소방시설법 영 별표 4)
- 지하상가로서 연면적 1,000[m²] 이상인 것
- 터널로서 길이가 500[m] 이상인 것
- 층수가 30층 이상인 것으로서 16층 이상 부분의 모든 층
- 지하층의 바닥면적의 합계가 3,000[m²] 이상인 것 또는 지하층의 층수가 3층 이상이고 지하층의 바닥면적의 합계가 1,000[m²] 이상인 것은 지하층의 모든 층

70 자동화재속보설비의 속보기의 성능인증 및 제품검사의 기술기준에서 속보기의 기능에 대한 기준 중 옳은 것은?

① 속보기는 작동신호를 수신하거나 수동으로 동작시키는 경우 10초 이내에 소방관서에 자동적으로 신호를 발하여 알리되, 3회 이상 속보할 수 있어야 한다.
② 예비전원을 병렬로 접속하는 경우에는 역충전 방지 등의 조치를 해야 한다.
③ 예비전원은 감시상태를 30분간 지속한 후 10분 이상 동작이 지속될 수 있는 용량이어야 한다.
④ 속보기는 작동신호 또는 수동작동스위치에 의한 다이얼링 후 소방관서와 전화접속이 이루어지지 않는 경우에는 최초 다이얼링을 포함하여 20회 이상 반복적으로 접속을 위한 다이얼링이 이루어져야 한다.

해설

속보기의 기능
- 속보기(아날로그식 축적형 수신기를 접속하는 경우에는 제외)는 작동신호를 수신하거나 수동으로 동작시키는 경우 20초 이내에 소방관서에 자동적으로 신호를 발하여 알리되, 3회 이상 속보할 수 있어야 한다.
- 예비전원을 병렬로 접속하는 경우에는 역충전 방지 등의 조치를 해야 한다.
- 예비전원은 감시상태를 60분간 지속한 후 10분 이상 동작이 지속될 수 있는 용량이어야 한다.
- 속보기는 작동신호(화재경보신호를 포함) 또는 수동작동스위치에 의한 다이얼링 후 소방관서와 전화접속이 이루어지지 않는 경우에는 최초 다이얼링을 포함하여 10회 이상 반복적으로 접속을 위한 다이얼링이 이루어져야 한다. 이 경우 매 회 다이얼링 완료 후 호출은 30초 이상 지속되어야 한다.

71 누전경보기의 형식승인 및 제품검사의 기술기준에서 감도조정장치의 조정범위는 최대치가 몇 [mA]이어야 하는가?

① 1[mA]
② 20[mA]
③ 1,000[mA]
④ 1,500[mA]

해설

누전경보기의 감도조정장치(제8조) : 감도조정장치를 갖는 누전경보기에 있어서 감도조정장치의 조정범위는 최대치가 1[A](1,000[mA])이어야 한다.

Plus one

누전경보기의 공칭작동전류치(제7조)
누전경보기의 공칭작동전류치(누전경보기를 작동시키기 위하여 필요한 누설전류의 값으로서 제조자에 의하여 표시된 값을 말한다)는 200[mA] 이하이어야 한다.

72 각 실마다 실내의 바닥면적이 25[m²]인 4개의 실에 단독경보형감지기를 설치할 경우 몇 개의 실로 보아야 하는가?(단, 각 실은 이웃하고 있으며, 벽체 상부가 일부 개방되어 이웃하는 실내와 공기가 상호유통되는 경우이다)

① 1개   ② 2개
③ 3개   ④ 4개

해설

단독경보형감지기의 설치기준(NFTC 201)
- 각 실(이웃하는 실내의 바닥면적이 각각 30[m²] 미만이고 벽체의 상부의 전부 또는 일부가 개방되어 이웃하는 실내와 공기가 상호 유통되는 경우에는 이를 1개의 실로 본다)마다 설치하되, 바닥면적이 150[m²]를 초과하는 경우에는 150[m²]마다 1개 이상 설치할 것
- 계단실은 최상층의 계단실 천장(외기가 상통하는 계단실의 경우를 제외한다)에 설치할 것
- 건전지를 주전원으로 사용하는 단독경보형감지기는 정상적인 작동상태를 유지할 수 있도록 주기적으로 건전지를 교환할 것
- 상용전원을 주전원으로 사용하는 단독경보형감지기의 2차전지는 법 제40조에 따라 제품검사에 합격한 것을 사용할 것

∴ 이웃하는 실내의 바닥면적이 각각 30[m²] 미만이고, 벽체의 상부가 일부 개방되어 이웃하는 실내와 공기가 상호유통되는 경우이므로 1개의 실로 본다.

73 가스누설경보기의 화재안전기술기준(NFTC 206)에서 가연성가스를 사용하는 가스연소기가 있는 경우에는 가연성가스의 종류에 적합한 경보기를 가스연소기 주위에 설치해야 한다. 이때 분리형 경보기의 수신부 설치기준으로 옳지 않은 것은?

① 가스누설 경보음향의 음량과 음색이 다른 기기의 소음 등과 명확히 구별될 것
② 가스누설 경보음향의 크기는 수신부로부터 1[m] 떨어진 위치에서 음압이 80[dB] 이상일 것
③ 수신부의 조작스위치는 바닥으로부터의 높이가 0.8[m] 이상 1.5[m] 이하인 장소에 설치할 것
④ 수신부가 설치된 장소에는 관계자 등에게 신속히 연락할 수 있도록 비상연락번호를 기재한 표를 비치할 것

해설

분리형 경보기의 수신부 설치기준(NFTC 206) : 가스누설 경보음향의 크기는 수신부로부터 1[m] 떨어진 위치에서 음압이 70[dB] 이상일 것

Plus one

분리형 경보기의 탐지부 설치기준
- 탐지부는 가스연소기의 중심으로부터 직선거리 8[m](공기보다 무거운 가스를 사용하는 경우에는 4[m]) 이내에 1개 이상 설치해야 한다.
- 탐지부는 천정으로부터 탐지부 하단까지의 거리가 0.3[m] 이하가 되도록 설치한다. 다만, 공기보다 무거운 가스를 사용하는 경우에는 바닥면으로부터 탐지부 상단까지의 거리는 0.3[m] 이하로 한다.

74 유도등 및 유도표지의 화재안전기술기준(NFTC 303)의 용어 정의에서 피난통로가 되는 계단이나 경사로에 설치하는 통로유도등으로 바닥면 및 디딤 바닥면을 비추어 주는 유도등은?

① 계단통로유도등
② 피난통로유도등
③ 복도통로유도등
④ 바닥통로유도등

해설
유도등의 정의(NFTC 303)
- 피난구유도등 : 피난구 또는 피난경로로 사용되는 출입구를 표시하여 피난을 유도하는 등을 말한다.
- 복도통로유도등 : 피난통로가 되는 복도에 설치하는 통로유도등으로서 피난구의 방향을 명시하는 것을 말한다.
- 거실통로유도등 : 거주, 집무, 작업, 집회, 오락 그 밖에 이와 유사한 목적을 위하여 계속적으로 사용하는 거실, 주차장 등 개방된 통로에 설치하는 유도등으로 피난의 방향을 명시하는 것을 말한다.
- 계단통로유도등 : 피난통로가 되는 계단이나 경사로에 설치하는 통로유도등으로 바닥면 및 디딤 바닥면을 비추는 것을 말한다.
- 객석유도등 : 객석의 통로, 바닥 또는 벽에 설치하는 유도등을 말한다.

76 자동화재탐지설비의 G.P형 수신기에 감지기회로의 배선을 접속하려고 할 때 경계구역이 15개인 경우 필요한 공통선의 최소 개수는?

① 1개
② 2개
③ 3개
④ 4개

해설
자동화재탐지설비의 지구(회로)공통선 최소 개수(NFTC 203)
P형 수신기 및 G.P형 수신기의 감지기회로의 배선에 있어서 하나의 공통선에 접속할 수 있는 경계구역은 7개 이하로 할 것

∴ 지구(회로)공통선의 최소 개수 = $\frac{15개}{7개}$ = 2.14 ≒ 3개

75 공동주택의 화재안전기술기준(NFTC 608)에서 비상방송설비의 설치기준에 따라 아파트의 경우 실내에 설치하는 확성기의 음성입력은 몇 [W] 이상으로 해야 하는가?

① 1[W]
② 2[W]
③ 3[W]
④ 5[W]

해설
공동주택의 비상방송설비 설치기준(NFTC 608)
- 확성기는 각 세대마다 설치할 것
- 아파트 등의 경우 실내에 설치하는 확성기 음성입력은 2[W] 이상일 것

Plus one
비상방송설비의 음향장치 설치기준
확성기의 음성입력은 3[W](실내에 설치하는 것에 있어서는 1[W]) 이상일 것

77 창고시설의 화재안전기술기준(NFTC 609)에서 옥내소화전설비의 비상전원은 유효하게 몇 분 이상 작동할 수 있어야 하는가?

① 20분
② 30분
③ 40분
④ 60분

해설
비상전원의 용량
- 유도등, 비상조명등, 비상콘센트설비, 제연설비, 연결송수관설비, 옥내소화전설비, 스프링클러설비, 물분무소화설비, 포소화설비, 이산화탄소소화설비, 할론소화설비, 분말소화설비 : 20분 이상
- 무선통신보조설비의 증폭기 : 30분 이상
- 창고시설의 옥내소화전설비 : 40분 이상
- 비상경보설비(비상벨설비 또는 자동식사이렌설비), 자동화재탐지설비, 비상방송설비 : 그 설비에 대한 감시상태를 60분간 지속한 후 유효하게 10분 이상 경보

정답 74 ① 75 ② 76 ③ 77 ③

78 비상조명등의 화재안전기술기준(NFTC 304)에서 비상조명등을 설치하지 않을 수 있는 경우는 거실의 각 부분으로부터 하나의 출입구에 이르는 보행거리가 몇 [m] 이내인 부분인가?

① 2[m] ② 5[m]
③ 15[m] ④ 25[m]

해설
비상조명등을 설치하지 않을 수 있는 경우(NFTC 304)
- 거실의 각 부분으로부터 하나의 출입구에 이르는 보행거리가 15[m] 이내인 부분
- 의원·경기장·공동주택·의료시설·학교의 거실
- 지상 1층 또는 피난층으로서 복도나 통로 또는 창문 등의 개구부를 통하여 피난이 용이한 경우 숙박시설로서 복도에 비상조명등을 설치한 경우에는 휴대용 비상조명등을 설치하지 않을 수 있다.

79 축광표지의 성능인증 및 제품검사의 기술기준에서 축광표지의 식별도시험에 관한 기준으로 ( )에 알맞은 것은?

> 축광유도표지는 200[lx] 밝기의 광원으로 20분간 조사시킨 상태에서 다시 주위조도를 0[lx]로 하여 60분간 발광시킨 후 직선거리 ( )[m] 떨어진 위치에서 유도표지가 있다는 것이 식별되어야 한다.

① 20 ② 10
③ 5   ④ 3

해설
축광표지의 식별도시험(제8조)
- 축광유도표지 및 축광위치표지는 200[lx] 밝기의 광원으로 20분간 조사시킨 상태에서 다시 주위조도를 0[lx]로 하여 60분간 발광시킨 후 직선거리 20[m](축광위치표지의 경우 10[m]) 떨어진 위치에서 유도표지 또는 위치표지가 있다는 것이 식별되어야 하고, 유도표지는 직선거리 3[m]의 거리에서 표시면의 표시중 주체가 되는 문자 또는 주체가 되는 화살표 등이 쉽게 식별되어야 한다. 이 경우 측정자는 보통 시력(시력 1.0에서 1.2의 범위를 말한다)을 가진 자로서 시험실시 20분 전까지 암실에 들어가 있어야 한다.
- 축광보조표지는 200[lx] 밝기의 광원으로 20분간 조사시킨 상태에서 다시 주위조도를 0[lx]로 하여 60분간 발광시킨 후 직선거리 10[m] 떨어진 위치에서 축광보조표지가 있다는 것이 식별되어야 한다.

80 감지기의 형식승인 및 제품검사의 기술기준에서 감지기의 구조 및 기능에 대한 설명으로 틀린 것은?

① 차동식 분포형 감지기는 그 기판면을 부착한 정위치로 45°를 경사시킨 경우 그 기능에 이상이 생기지 않아야 한다.
② 연기를 감지하는 감지기는 감시챔버로 1.3±0.05[mm] 크기의 물체가 침입할 수 없는 구조이어야 한다.
③ 방사성 물질을 사용하는 감지기는 그 방사성 물질을 밀봉선원하여 외부에서 직접 접촉할 수 없도록 해야 한다.
④ 차동식 분포형 감지기로서 공기관식 공기관의 두께는 0.3[mm] 이상, 바깥 지름은 1.9[mm] 이상이어야 한다.

해설
감지기의 구조와 기능(제5조) : 감지기는 그 기판면을 부착한 정위치로부터 45°(차동식 분포형 감지기는 5°)를 각각 경사시킨 경우 그 기능에 이상이 생기지 않아야 한다.

2025년 제1회 최근 기출복원문제

제1과목 소방원론

01 소화약제로서 물 1[g]이 1기압, 100[℃]에서 모두 증기로 변할 때 열의 흡수량은 몇 [cal]인가?

① 429
② 499
③ 539
④ 639

해설
$Q = 1[g] \times 539[cal/g] = 539[cal]$
※ 물의 증발잠열 : 539[cal/g]

02 점화원이라고 할 수 없는 것은?

① 정전기
② 마찰열
③ 충 격
④ 증발열

해설
증발열(기화열)은 액체가 기체로 될 때 발생하는 열량으로서 점화원이 될 수 없다.

03 다음의 재료 중 일반적으로 열경화성 플라스틱에 해당하는 것은?

① 폴리에틸렌
② 폴리염화바이닐
③ 페놀수지
④ 폴리스타이렌

해설
수지의 종류
- 열가소성 수지 : 열에 의하여 변형되는 수지(폴리에틸렌수지, 폴리스타이렌수지, PVC수지)
- 열경화성 수지 : 열에 의하여 굳어지는 수지(페놀수지, 요소수지, 멜라민수지)

04 숯, 코크스가 연소하는 형태는 무엇인가?

① 표면연소
② 분해연소
③ 자기연소
④ 증발연소

해설
고체의 연소
- 표면연소 : 목탄, 코크스, 숯, 금속분 등이 열분해에 의하여 가연성 가스를 발생하지 않고 그 물질 자체가 연소하는 현상
- 분해연소 : 석탄, 종이, 목재, 플라스틱 등의 연소 시 열분해에 의해 발생된 가스와 공기가 혼합하여 연소하는 현상
- 증발연소 : 황, 나프탈렌, 왁스, 파라핀 등과 같이 고체를 가열하면 열분해는 일어나지 않고 고체가 액체로 되어 일정온도가 되면 액체가 기체로 변화하여 기체가 연소하는 현상
- 자기연소(내부연소) : 제5류 위험물인 나이트로셀룰로스, 질화면 등 그 물질이 가연물과 산소를 동시에 가지고 있는 가연물이 연소하는 현상

05 황린의 보관방법 중 가장 적합한 것은?

① 물속에 보관
② 통풍이 잘 되는 공기 중에 보관
③ 수산화칼륨 용액 속에 보관
④ 이황화탄소 속에 보관

해설
황린(P_4), 이황화탄소(CS_2) : 물속에 보관

정답 1 ③ 2 ④ 3 ③ 4 ① 5 ①

06 인화성 액체인 클로로벤젠은 몇 석유류에 해당되는가?

① 제1석유류 ② 제2석유류
③ 제3석유류 ④ 제4석유류

해설

클로로벤젠(Chlorobenzene)
• 물 성

화학식	비 중	비 점	인화점	착화점
C_6H_5Cl	1.1	132[℃]	27[℃]	638[℃]

※ 클로로벤젠(인화점 : 27[℃])은 제2석유류(인화점이 21[℃] 이상 70[℃] 미만)이다.

07 증발잠열을 이용하여 열을 빼앗아 가연물의 온도를 떨어뜨려 화재를 진압하는 소화방법은?

① 제거소화 ② 억제소화
③ 질식소화 ④ 냉각소화

해설

소화방법
• 냉각소화 : 화재 현장에서 물의 증발잠열을 이용하여 열을 빼앗아 온도를 낮추어 소화하는 방법
• 질식소화 : 공기 중의 산소의 농도를 21[%]에서 15[%] 이하로 낮추어 소화하는 방법
• 제거소화 : 화재 현장에서 가연물을 없애주어 소화하는 방법
• 억제소화(부촉매효과) : 연쇄반응을 차단하여 소화하는 방법

08 착화온도 500[℃]에 대한 설명으로 옳은 것은?

① 500[℃]로 가열하면 산소 공급 없이 인화한다.
② 500[℃]로 가열하면 공기 중에서 스스로 타기 시작한다.
③ 500[℃]로 가열하여도 점화원이 없으면 타지 않는다.
④ 500[℃]로 가열하면 마찰열에 의하여 연소한다.

해설

착화온도 500[℃]란 점화원이 없어도 500[℃]가 되면 공기 중에서 스스로 타기 시작하는 온도를 말한다.

09 화재 시 발생하는 연소가스에 포함되어 인체에서 혈액의 산소운반을 저해하고 두통, 근육 조절의 장애를 일으키는 것은?

① CO_2
② CO
③ HCN
④ H_2S

해설

일산화탄소(CO) : 연소가스에 포함되어 인체에서 혈액의 산소운반을 저해하고 두통, 근육 조절의 장애를 일으키는 가스

10 물질의 증기비중을 가장 옳게 나타낸 것은?(단, 수식에서 분자, 분모의 단위는 모두 [g/mol]이다)

① $\dfrac{분자량}{22.4}$

② $\dfrac{분자량}{29}$

③ $\dfrac{분자량}{44.8}$

④ $\dfrac{분자량}{100}$

해설

증기비중 = $\dfrac{분자량}{29}$ (29 : 공기의 평균분자량)

11 프로페인 50[%], 뷰테인 40[%], 프로필렌 10[%]로 된 혼합가스의 폭발하한계는 약 몇 [%]인가? (단, 각 가스의 폭발하한계는 프로페인은 2.2[%], 뷰테인은 1.9[%], 프로필렌은 2.4[%]이다)

① 0.83
② 2.09
③ 5.05
④ 9.44

해설
혼합가스의 폭발범위

$$L_m = \frac{100}{\frac{V_1}{L_1} + \frac{V_2}{L_2} + \frac{V_3}{L_3}}$$

여기서, L_1, L_2, L_3 : 가연성 가스의 폭발한계[vol%]
V_1, V_2, V_3 : 가연성 가스의 용량[vol%]
L_m : 혼합가스의 폭발한계[vol%]

$$\therefore L_m = \frac{100}{\frac{50}{2.2} + \frac{40}{1.9} + \frac{10}{2.4}} = 2.09[\%]$$

12 방화구조의 기준에 대한 설명으로 옳은 것은?

① 철망모르타르로서 그 바름 두께가 2[cm] 이상인 것
② 석고판 위에 회반죽을 바른 것으로서 두께의 합계가 2[cm] 이상인 것
③ 두께 1[cm] 이상의 석고판 위에 석면시멘트판을 붙인 것
④ 두께 2[cm] 이상의 암면보온판 위에 석면시멘트판을 붙인 것

해설
방화구조(건피방 제4조)

구조 내용	방화구조의 기준
철망모르타르 바르기	바름 두께가 2[cm] 이상인 것
• 석고판 위에 시멘트모르타르, 회반죽을 바른 것 • 시멘트모르타르 위에 타일을 붙인 것	두께의 합계가 2.5[cm] 이상인 것
심벽에 흙으로 맞벽치기한 것	그대로 모두 인정됨

13 철근콘크리트조로서 내화구조 벽의 기준은 두께 몇 [cm] 이상이어야 하는가?

① 10
② 15
③ 20
④ 25

해설
내화구조의 벽은 철근콘크리트조 또는 철골·철근콘크리트조로서 두께가 10[cm] 이상이어야 한다(건피방 제3조).

14 CF_3Br 소화약제의 명칭을 옳게 나타낸 것은?

① 할론 1011
② 할론 1211
③ 할론 1301
④ 할론 2402

해설
할론 소화약제

구 분	할론 1301	할론 1211	할론 2402	할론 1011
분자식	CF_3Br	CF_2ClBr	$C_2F_4Br_2$	CH_2ClBr
분자량	148.95	165.4	259.8	129.4

15 건축물의 화재 시 피난자들의 집중으로 패닉현상이 일어날 수 있는 피난방향은?

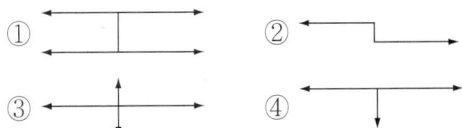

해설
피난방향 및 경로

구 분	구 조	특 징
T형		피난자에게 피난경로를 확실히 알려주는 형태
X형		양방향으로 피난할 수 있는 확실한 형태
H형		중앙코너방식으로 피난자의 집중으로 패닉현상이 일어날 우려가 있는 형태
Z형		중앙복도형 건축물에서의 피난경로로서 코너식 중 제일 안전한 형태

16 위험물 탱크에 압력이 3[MPa]이고 온도가 0[℃]인 가스가 들어 있을 때 화재로 인하여 100[℃]까지 가열되었다면 압력은 몇 [MPa]인가?

① 4.1
② 5.2
③ 6.3
④ 7.4

해설
보일-샤를의 법칙
$$P_2 = P_1 \times \frac{V_1}{V_2} \times \frac{T_2}{T_1} = 3 \times \frac{(100+273)[K]}{(0+273)[K]} = 4.1[MPa]$$

17 위험물 유별에 따른 그 성질의 연결이 틀린 것은?

① 제1류 위험물 – 산화성 고체
② 제2류 위험물 – 가연성 고체
③ 제4류 위험물 – 인화성 액체
④ 제6류 위험물 – 자기반응성 물질

해설
위험물의 분류

구분	제1류 위험물	제2류 위험물	제3류 위험물	제4류 위험물	제5류 위험물	제6류 위험물
성질	산화성 고체	가연성 고체	자연발화성 및 금수성 물질	인화성 액체	자기반응성 물질	산화성 액체

18 정전기의 발생을 억제하기 위한 방법으로 틀린 것은?

① 접지를 한다.
② 상대습도를 높게 한다.
③ 공기를 이온화한다.
④ 부도체 물질을 사용한다.

해설
정전기 방지법
• 접지를 한다.
• 상대습도를 70[%] 이상으로 한다.
• 공기를 이온화한다.

19 다음 위험물 중 주수소화가 부적절한 것은?

① $NaClO_3$
② P
③ TNT
④ Na_2O_2

해설
소화방법

물질명	$NaClO_3$	P	TNT	Na_2O_2
명칭	염소산나트륨	적린	트라이나이트로톨루엔	과산화나트륨
유별	제1류 위험물 (염소산염류)	제2류 위험물	제5류 위험물 (나이트로화합물)	제1류 위험물 (무기과산화물)
소화방법	냉각소화	냉각소화	냉각소화	질식소화 (마른모래)

20 보일오버(Boil Over) 현상에 대한 설명으로 옳은 것은?

① 아래층에서 발생한 화재가 위층으로 급격히 옮겨가는 현상
② 연소유의 표면이 급격히 증발하는 현상
③ 탱크 저부의 물이 급격히 증발하여 기름이 탱크 밖으로 화재를 동반하여 방출하는 현상
④ 기름이 뜨거운 물표면 아래에서 끓는 현상

해설
보일오버 : 탱크 저부의 물이 급격히 증발하여 기름이 탱크 밖으로 화재를 동반하여 방출하는 현상

16 ① 17 ④ 18 ④ 19 ④ 20 ③

제2과목 소방전기일반

21 단상 반파정류회로에서 출력되는 전력에 비례하는 것은?

① 입력전압의 제곱에 비례한다.
② 입력전압에 비례한다.
③ 부하저항에 비례한다.
④ 부하임피던스에 비례한다.

해설
단상 반파정류회로
- 직류 전압 $E_d = \frac{\sqrt{2}}{\pi} V$[V]
- 직류 전류 $I_d = \frac{E_d}{R} = \frac{\sqrt{2}}{\pi} \times \frac{V}{R}$[A]

∴ 전력 $P = I_d E_d = \left(\frac{\sqrt{2}}{\pi} \times \frac{V}{R}\right) \times \left(\frac{\sqrt{2}}{\pi} \times V\right) = \frac{2}{\pi^2} \times \frac{V^2}{R}$[W]

출력되는 전력(P)은 입력전압(V)의 제곱에 비례하고, 부하저항(R)에 반비례한다.

22 저항 6[Ω]과 유도리액턴스 8[Ω]이 직렬로 접속된 회로에 100[V]의 교류전압을 가할 때 흐르는 전류의 크기는 몇 [A]인가?

① 10
② 20
③ 50
④ 80

해설
R(저항)-L(코일) 직렬회로
- 임피던스 $Z = \sqrt{R^2 + X_L^2}$ 에서
  $Z = \sqrt{(6[\Omega])^2 + (8[\Omega])^2} = 10[\Omega]$
- 전류 $I = \frac{V}{Z}$ 에서 $I = \frac{100[V]}{10[\Omega]} = 10$[A]

23 입력 $r(t)$, 출력 $c(t)$인 제어시스템에서 전달함수 $G(s)$는?(단, 초깃값은 0이다)

$$\frac{d^2c(t)}{dt^2} + 3\frac{dc(t)}{dt} + 2c(t) = \frac{dr(t)}{dt} + 3r(t)$$

① $\frac{3s+1}{2s^2+3s+1}$
② $\frac{s^2+3s+2}{s+3}$
③ $\frac{s+1}{s^2+3s+2}$
④ $\frac{s+3}{s^2+3s+2}$

해설
전달함수
$\frac{d^2c(t)}{dt^2} + 3\frac{dc(t)}{dt} + 2c(t) = \frac{dr(t)}{dt^2} + 3r(t)$ 에서
양변을 라플라스 변환하면 다음과 같다.
$s^2 C(s) + 3sC(s) + 2C(s) = sR(s) + 3R(s)$
$(s^2 + 3s + 2)C(s) = (s+3)R(s)$

∴ 전달함수 $G(s) = \frac{C(s)}{R(s)} = \frac{s+3}{s^2+3s+2}$

24 논리식 $X = AB\overline{C} + \overline{A}BC + \overline{A}B\overline{C}$을 가장 간소화한 것은?

① $B(\overline{A} + \overline{C})$
② $B(\overline{A} + A\overline{C})$
③ $B(\overline{A}C + \overline{C})$
④ $B(A + C)$

해설
논리식의 간소화
$X = AB\overline{C} + \overline{A}BC + \overline{A}B\overline{C} = AB\overline{C} + \overline{A}B(C + \overline{C})$
$\quad = AB\overline{C} + \overline{A}B \cdot 1$
$\quad = AB\overline{C} + \overline{A}B = B(A\overline{C} + \overline{A}) = B\{(\overline{A} + A)(\overline{A} + \overline{C})\}$
$\quad = B\{1 \cdot (\overline{A} + \overline{C})\}$
$\quad = B(\overline{A} + \overline{C})$

Plus one
논리대수의 기본법칙
- 배분법칙
  $A + (B \cdot C) = (A+B) \cdot (A+C)$
  $A \cdot (B+C) = (A \cdot B) + (A \cdot C)$
- 기본 대수의 정리
  $A \cdot A = A$ $A + A = A$
  $A \cdot 1 = A$ $A + 1 = 1$
  $A \cdot 0 = 0$ $A + 0 = A$
- 보원의 법칙
  $A \cdot \overline{A} = 0$ $A + \overline{A} = 1$

정답 21 ① 22 ① 23 ④ 24 ①

25
교류회로에서 저항 8[Ω]과 유도성 리액턴스 6[Ω]이 병렬로 연결되었다면, 역률은?

① 0.4
② 0.5
③ 0.6
④ 0.8

해설

R(저항)-L(인덕턴스) 병렬회로

- 어드미턴스 $Y = \dfrac{1}{Z} = \dfrac{1}{R} - j\dfrac{1}{\omega L}$ [℧]

- 임피던스 $Z = \dfrac{1}{\sqrt{\left(\dfrac{1}{R}\right)^2 + \left(\dfrac{1}{X_L}\right)^2}} = \dfrac{1}{\sqrt{\left(\dfrac{1}{R}\right)^2 + \left(\dfrac{1}{\omega L}\right)^2}}$ [Ω]

- 무효율 $\sin\theta = \dfrac{R}{\sqrt{R^2 + X_L^2}} = \dfrac{R}{\sqrt{R^2 + (\omega L)^2}}$

- 역률 $\cos\theta = \dfrac{X_L}{\sqrt{R^2 + X_L^2}} = \dfrac{\omega L}{\sqrt{R^2 + (\omega L)^2}}$

- 위상 $\theta = \tan^{-1}\dfrac{R}{X_L} = \tan^{-1}\dfrac{R}{\omega L}$

여기서, R : 저항[Ω], X_L : 유도성 리액턴스[Ω], $\omega = 2\pi f$: 각속도[rad/s], f : 주파수[Hz], L : 인덕턴스[H]

$\therefore \cos\theta = \dfrac{X_L}{\sqrt{R^2 + X_L^2}} = \dfrac{6[\Omega]}{\sqrt{(8[\Omega])^2 + (6[\Omega])^2}} = 0.6$

Plus one

R(저항)-C(커패시턴스) 병렬회로

- 어드미턴스 $Y = \dfrac{1}{Z} = \dfrac{1}{R} + j\omega C$ [℧]

- 임피던스
$Z = \dfrac{1}{\sqrt{\left(\dfrac{1}{R}\right)^2 + \left(\dfrac{1}{X_C}\right)^2}} = \dfrac{1}{\sqrt{\left(\dfrac{1}{R}\right)^2 + (\omega C)^2}}$ [Ω]

- 무효율 $\sin\theta = \dfrac{R}{\sqrt{R^2 + X_C^2}} = \dfrac{R}{\sqrt{R^2 + \left(\dfrac{1}{\omega C}\right)^2}}$

- 역률 $\cos\theta = \dfrac{X_C}{\sqrt{R^2 + X_C^2}} = \dfrac{\dfrac{1}{\omega C}}{\sqrt{R^2 + \left(\dfrac{1}{\omega C}\right)^2}}$

- 위상 $\theta = \tan^{-1}\dfrac{R}{X_C} = \tan^{-1}\omega CR$

여기서, R : 저항[Ω], X_C : 용량성 리액턴스[Ω], $\omega = 2\pi f$: 각속도[rad/s], f : 주파수[Hz], C : 커패시턴스[F]

26
다음 그림의 블록선도에서 전달함수 $\dfrac{C}{R}$ 는?

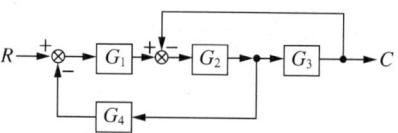

① $\dfrac{G_3 G_4}{1 + G_1 G_2 G_3}$

② $\dfrac{G_1 G_3}{1 + G_1 G_2 + G_3 G_4}$

③ $\dfrac{G_1 G_2 G_3}{1 + G_2 G_3 + G_1 G_2 G_4}$

④ $\dfrac{G_1 G_2}{1 + G_2 G_3 + G_1 G_4}$

해설

블록선도의 전달함수(C/R)

G_3 앞의 인출점을 요소 뒤로 이동하면 블록선도는 다음과 같다.

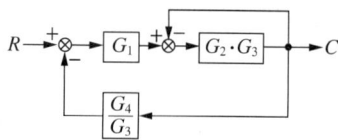

출력 $C = G_1 G_2 G_3 R - G_2 G_3 C - G_1 G_2 G_3 \dfrac{G_4}{G_3} C$

$C + G_2 G_3 C + G_1 G_2 G_4 C = G_1 G_2 G_3 R$

$(1 + G_2 G_3 + G_1 G_2 G_4)C = G_1 G_2 G_3 R$

$\therefore$ 전달함수 $\dfrac{C}{R} = \dfrac{G_1 G_2 G_3}{1 + G_2 G_3 + G_1 G_2 G_4}$

27 20[℃]의 물 2[L]를 64[℃]가 되도록 가열하기 위해 400[W]의 온수기를 20분 사용하였을 때 이 온수기의 효율은 약 몇 [%]인가?

① 27
② 59
③ 77
④ 89

해설
줄의 법칙
- 도선에 전류가 흐르게 되면 저항에 의해 열이 발생되는 법칙이다.
- 물 2[L]는 2[kg]이고, 비열 4.2[kJ/kg·K], 온도차 44[℃] (44[K])일 때 발생 열량 $H = mC\Delta T = Pt\eta$[J]

∴ 온수기 효율 $\eta = \dfrac{mC\Delta T}{Pt} = \dfrac{2[\text{kg}] \times 4.2\dfrac{[\text{kJ}]}{[\text{kg}\cdot\text{K}]} \times 44[\text{K}]}{0.4[\text{kW}] \times (20 \times 60[\text{s}])}$
$= 0.77 = 77[\%]$

※ 1[kW] = 1,000[W] = 1,000[J/s]

28 피드백제어계에서 제어요소에 대한 설명으로 옳은 것은?

① 조작부와 검출부로 구성되어 있다.
② 조절부와 변환부로 구성되어 있다.
③ 동작신호를 조작량으로 변화시키는 요소이다.
④ 목푯값에 비례하는 신호를 발생하는 요소이다.

해설
피드백제어계의 제어요소
- 제어요소 : 동작신호를 조작량으로 변환시키는 요소로서 조절부와 조작부로 구성되어 있다.
- 조절부 : 동작신호를 만드는 부분이며 기준 입력과 검출부 출력을 합하여 제어계가 작용을 하는 데 필요한 동작신호를 만들어 조작부에 보내는 장치이다.
- 조작부 : 조절부에서 받은 신호를 조작량으로 변환시켜 제어대상에 작용하게 하는 부분이다.

29 두 개의 코일 L_1과 L_2를 동일 방향으로 직렬 접속하였을 때 합성인덕턴스가 140[mH]이고, 반대 방향으로 접속하였더니 합성인덕턴스가 20[mH]이었다. 이때, $L_1 = 40[\text{mH}]$이면 결합계수 k는?

① 0.38
② 0.5
③ 0.75
④ 1.3

해설
인덕턴스의 결합회로
- 자속이 같은 방향일 때 합성인덕턴스 $L = L_1 + L_2 + 2M$[H]

∴ $140[\text{mH}] = 40[\text{mH}] + L_2 + 2M$ ────── ㉠

- 자속이 반대 방향일 때 합성인덕턴스 $L = L_1 + L_2 - 2M$[H]

∴ $20[\text{mH}] = 40[\text{mH}] + L_2 - 2M$ ────── ㉡

- ㉠식에서 ㉡식을 빼면 상호인덕턴스(M)를 구할 수 있다.
  $140[\text{mH}] = 40[\text{mH}] + L_2 + 2M$
  $- \ 20[\text{mH}] = 40[\text{mH}] + L_2 - 2M$
  ─────────────────
  $120[\text{mH}] = \qquad\qquad +4M$
  ∴ 상호인덕턴스 $M = 30[\text{mH}]$

- 상호인덕턴스 $M = 30[\text{mH}]$를 ㉠식에 대입하면 자기인덕턴스 L_2를 구할 수 있다.
  $140[\text{mH}] = 40[\text{mH}] + L_2 + 2 \times 30[\text{mH}]$
  ∴ 자기인덕턴스 $L_2 = 40[\text{mH}]$

- 결합계수 $k = \dfrac{M}{\sqrt{L_1 L_2}}$ 에서
  $k = \dfrac{30[\text{mH}]}{\sqrt{40[\text{mH}] \times 40[\text{mH}]}} = 0.75$

30 1차 권선수 10회, 2차 권선수 300회인 변압기에서 2차 단자전압 1,500[V]가 유도되기 위한 1차 단자전압은 몇 [V]인가?

① 30
② 50
③ 120
④ 150

해설
변압기의 권수비(a)
$$a = \frac{N_2}{N_1} = \frac{V_2}{V_1} = \frac{I_1}{I_2}$$
여기서, N : 권선수, V : 전압[V], I : 전류[A]
∴ 1차 단자전압 $V_1 = \dfrac{V_2}{\dfrac{N_2}{N_1}} = \dfrac{1,500[\text{V}]}{\dfrac{300\text{회}}{10\text{회}}} = 50[\text{V}]$

31 그림과 같은 회로에서 a, b 단자에 흐르는 전류 I가 인가전압 E와 동위상이 되었다. 이때 L의 값은?

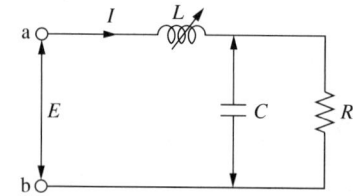

① $\dfrac{R}{1+\omega CR}$

② $\dfrac{R^2}{1+(\omega CR)^2}$

③ $\dfrac{CR^2}{1+\omega CR}$

④ $\dfrac{CR^2}{1+(\omega CR)^2}$

해설
R(저항)-L(코일)-C(콘덴서) 직·병렬회로
- R-C 병렬회로의 임피던스

$$Z = \frac{\frac{1}{j\omega C} \times R}{\frac{1}{j\omega C} + R} = \frac{\frac{1}{j\omega C} \times R \times j\omega C}{\frac{1}{j\omega C} \times j\omega C + R \times j\omega C} = \frac{R}{1+j\omega CR}$$

$$= \frac{R(1-j\omega CR)}{(1+j\omega CR)(1-j\omega CR)} = \frac{R-j\omega CR^2}{1-j^2(\omega CR)^2}$$

$$= \frac{R-j\omega CR^2}{1-(-1)(\omega CR)^2}$$

$$= \frac{R-j\omega CR^2}{1+(\omega CR)^2} = \frac{R}{1+(\omega CR)^2} - \frac{j\omega CR^2}{1+(\omega CR)^2}$$

- L 직렬회로의 유도성 리액턴스 $X_L = j\omega L$
- R-C 병렬회로와 L 직렬회로의 합성임피던스

$$Z = j\omega L + \left(\frac{R}{1+(\omega CR)^2} - \frac{j\omega CR^2}{1+(\omega CR)^2}\right)$$

$$= \frac{R}{1+(\omega CR)^2} + j\left(\omega L - \frac{\omega CR^2}{1+(\omega CR)^2}\right)$$

∴ 전류(I)와 전압(E)의 위상은 동상이므로 R-C 병렬회로와 L 직렬회로의 임피던스 허수부는 "0"이다.

$j\omega L - \dfrac{j\omega CR^2}{1+(\omega CR)^2} = 0$에서 $j\omega L = \dfrac{j\omega CR^2}{1+(\omega CR)^2}$ 이고

$L = \dfrac{CR^2}{1+(\omega CR)^2}$

32 전원과 부하가 다같이 △ 결선된 3상 평형회로가 있다. 전원전압이 200[V], 부하 1상의 임피던스가 $4+j3[\Omega]$인 경우 선전류는 몇 [A]인가?

① $\dfrac{40}{\sqrt{3}}$
② $\dfrac{40}{3}$
③ 40
④ $40\sqrt{3}$

해설

△결선된 3상 평형회로
- 선간전압(V_l)과 상전압(V_p)의 관계
  $V_l = V_p$
- 선전류(I_l)과 상전류(I_p)의 관계
  $I_l = \sqrt{3}\,I_p$

∴ 선전류 $I_l = \dfrac{\sqrt{3}\,V_p}{R} = \dfrac{\sqrt{3}\,V_l}{R}$에서

$I_l = \dfrac{\sqrt{3}\times 200[\mathrm{V}]}{\sqrt{(4[\Omega])^2+(3[\Omega])^2}} = \dfrac{\sqrt{3}\times 200[\mathrm{V}]}{5[\Omega]} = 40\sqrt{3}\,[\mathrm{A}]$

33 콘덴서와 정전유도에 관한 설명으로 틀린 것은?

① 정전용량이란 콘덴서가 전하를 축적하는 능력을 말한다.
② 콘덴서에서 전압을 가하는 순간 콘덴서는 단락상태가 된다.
③ 정전유도에 의하여 작용하는 힘은 반발력이다.
④ 같은 부호의 전하끼리는 반발력이 생긴다.

해설

정전유도
- 정전유도 현상이란 비대전체(전기가 들어 있지 않은 물체)에 대전체를 가까이 하면 대전체의 영향으로 비대전체에 전기가 유도되는 현상이다.
- 도체의 경우에는 정전유도에 의하여 대전체와 가까운 쪽에는 대전체와 반대 종류의 전하가 유도되므로 흡인력이 작용한다.
- 같은 부호의 전하끼리는 반발력이 생기고, 다른 부호의 전하끼리는 흡인력이 생긴다.

34 다음의 단상 유도전동기 중 기동토크가 가장 큰 것은?

① 셰이딩코일형
② 콘덴서기동형
③ 분상기동형
④ 반발기동형

해설

단상 유도전동기의 기동토크와 기동전류

형 식	기동토크	기동전류
셰이딩코일형	40~80[%]	-
분상기동형	125[%] 이상	500[%] 이하
콘덴서기동형	200[%] 이상	500[%] 이하
반발기동형	300[%] 이상	300[%] 이하

35 다음 무접점회로의 논리식(X)은?

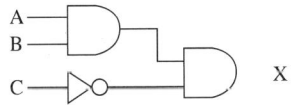

① $A \cdot B + \overline{C}$
② $A + B + \overline{C}$
③ $(A+B) \cdot \overline{C}$
④ $A \cdot B \cdot \overline{C}$

해설

무접점회로의 논리식
출력 $X = A \cdot B \cdot \overline{C}$

Plus one

논리식과 무접점회로
- AND 회로의 논리식 : $X = A \cdot B$

- NOT 회로의 논리식 : $X = \overline{A}$

36 1[cm]의 간격을 둔 평행 왕복전선에 25[A]의 전류가 흐른다면 전선 사이에 작용하는 단위 길이당 힘 [N/m]은?

① 2.5×10^{-2}[N/m](반발력)
② 1.25×10^{-2}[N/m](반발력)
③ 2.5×10^{-2}[N/m](흡인력)
④ 1.25×10^{-2}[N/m](흡인력)

해설
전자력(F)
- 평행 왕복전선 사이에 작용하는 힘 $F = \dfrac{\mu_0 I_1 I_2}{2\pi r}$ [N/m]

  여기서, 진공 중의 투자율 $\mu_0 = 4\pi \times 10^{-7}$, 왕복전류 $I_1 = 25$[A], $I_2 = 25$[A], 간격 $r = 0.01$[m]일 때

  $\therefore$ 전자력 $F = \dfrac{(4\pi \times 10^{-7}) \times 25[A] \times 25[A]}{2\pi \times 0.01[m]}$
  $= 0.0125[N] = 1.25 \times 10^{-2}$[N/m]

- 평행한 왕복 전선에 흐르는 전류는 서로 반대방향으로 흐르기 때문에 반발력(서로 반발하는 힘)이 작용한다.

37 $R = 9[\Omega]$, $X_L = 10[\Omega]$, $X_C = 5[\Omega]$인 직렬부하 회로에 220[V]의 정현파 전압을 인가시켰을 때의 유효전력은 약 몇 [kW]인가?

① 1.98
② 2.41
③ 2.77
④ 4.1

해설
R(저항)-L(코일)-C(콘덴서) 직렬회로

유효전력 $P = IV\cos\theta = \dfrac{V^2}{Z}\cos\theta$ [W]

- 역률 $\cos\theta = \dfrac{R}{Z} = \dfrac{R}{\sqrt{R^2 + (X_L - X_C)^2}}$ 에서

  $\cos\theta = \dfrac{9[\Omega]}{\sqrt{(9[\Omega])^2 + (10[\Omega] - 5[\Omega])^2}} = 0.87$

- 유효전력 $P = \dfrac{(220[V])^2}{\sqrt{(9[\Omega])^2 + (10[\Omega] - 5[\Omega])^2}} \times 0.87$
  $= 4,089.89[W] \fallingdotseq 4.1[kW]$

38 어떤 전지의 부하로 6[Ω]을 사용했더니 3[A]의 전류가 흐르고, 이 부하에 직렬로 4[Ω]을 연결했더니 2[A]가 흘렀다. 이 전지의 기전력은 몇 [V]인가?

① 8
② 16
③ 24
④ 32

해설
전지의 기전력(E)
$E = I(R+r)$ [V]

- 6[Ω]의 저항을 사용할 때
  기전력 $E_1 = 3[A] \times (6[\Omega] + r) = 18[V] + 3r$

- 4[Ω]의 저항을 직렬로 추가 연결했을 때
  전력 $E_2 = 2[A] \times \{(6[\Omega] + 4[\Omega]) + r\}$
  $= 2[A] \times (10[\Omega] + r) = 20[V] + 2r$

- 기전력 $E_1 = E_2$에서 $18[V] + 3r = 20[V] + 2r$ 이므로 내부저항 $r = 2[\Omega]$

$\therefore$ 기전력 $E = 3[A] \times (6[\Omega] + 2[\Omega]) = 24[V]$

39 $V = 141\sin 377t$[V]인 정현파 전압의 주파수는 몇 [Hz]인가?

① 50
② 55
③ 60
④ 65

해설
정현파 교류
순시전압 $v = V_m \sin\theta = V_m \sin\omega t$ [V]

- 최대전압 $V_m = 141$[V]

- 실효전압 $V = \dfrac{V_m}{\sqrt{2}}$ 에서 $V = \dfrac{141[V]}{\sqrt{2}} = 99.7$[V]

- 위상 $\theta = \omega t$ 에서 $\omega t = 377t$ 이므로 각속도 $\omega = 337$[rad/s]

$\therefore$ 각속도 $\omega = 2\pi f$ 에서 주파수
$f = \dfrac{\omega}{2\pi} = \dfrac{377[\text{rad/s}]}{2\pi} = 60$[Hz]

40 원형 단면적이 $S[\text{m}^2]$, 평균자로의 길이가 $l[\text{m}]$, 1[m]당 권선수가 N회인 공심 환상솔레노이드에 $I[\text{A}]$의 전류를 흘릴 때 철심 내의 자속은?

① $\dfrac{NI}{l}$

② $\dfrac{\mu_0 SNI}{l}$

③ $\mu_0 SNI$

④ $\dfrac{\mu_0 SN^2 I}{l}$

해설

환상솔레노이드의 자속(ϕ)

• 자속 $\phi = \dfrac{F}{R_m} = \dfrac{NI}{\dfrac{l}{\mu S}} = \dfrac{\mu SNI}{l}$ [Wb]

여기서, F : 기자력[N], R_m : 자기저항[Ω], N : 권선수, S : 단면적[m²], l : 평균자로의 길이[m], μ : 투자율 ($\mu = \mu_0 \mu_s$)

• 진공 중의 투자율 μ_0 이고, 공심 환상솔레노이드이므로 비투자율 $\mu_s = 1$이므로 투자율 $\mu = \mu_0$이다.

∴ 1[m]당 권선수이므로 자속 $\phi = \mu_0 \mu_s SNI = \mu_0 SNI$ [Wb/m]

제3과목 소방관계법규

41 소방시설공사업법상 소방시설을 도급받은 자는 소방시설공사의 시공을 제3자에게 하도급할 수 없다. 다만, 시공의 경우에 대통령령으로 정하는 경우에는 도급받은 소방시설공사의 일부를 몇 차에 한하여 제3자에게 하도급할 수 있는가?

① 1차 ② 2차
③ 3차 ④ 4차

해설

소방시설공사업의 하도급(법 제22조, 영 제12조)

• 도급을 받은 자는 소방시설의 설계, 시공, 감리를 제3자에게 하도급할 수 없다.
• 시공의 경우에는 대통령령으로 정하는 바에 따라 도급받은 소방시설공사의 일부를 다른 공사업자에게 하도급할 수 있다. 이 경우 하수급인은 하도급받은 소방시설공사를 제3자에게 다시 하도급할 수 없다.
※ 소방시설공사의 시공을 하도급할 수 있는 경우 : 주택건설사업, 건설업, 전기공사업, 정보통신공사업

42 소방시설 설치 및 관리에 관한 법률상 스프링클러설비 또는 물분무 등 소화설비가 설치된 연면적 5,000[m²] 이상인 특정소방대상물(제조소 등을 제외한다)에 대한 종합점검을 할 수 있는 자격자로서 옳지 않은 것은?

① 소방시설관리업자로 선임된 소방기술사
② 소방안전관리자로 선임된 소방기술사
③ 소방안전관리자로 선임된 소방시설관리사
④ 소방안전관리자로 선임된 기계·전기분야를 함께 취득한 소방설비기사

해설

소방시설 등의 자체점검(종합점검)의 구분 및 대상, 점검자의 자격 (규칙 별표 3)

구 분	내 용
대 상	• 스프링클러설비가 설치된 특정소방대상물 • 물분무 등 소화설비(호스릴 방식은 제외)가 설치된 연면적 5,000[m²] 이상인 특정소방대상물(제조소 등을 제외한다)
점검자의 자격	1) 관리업에 등록된 소방시설관리사 2) 소방안전관리자로 선임된 소방시설관리사 및 소방기술사

43 화재의 예방 및 안전관리에 관한 법률상 1급 소방안전관리대상물의 소방안전관리자의 선임조건으로 옳지 않은 것은?

① 소방설비기사 자격이 있는 사람으로서 1급 소방안전관리자 자격증을 발급받은 사람
② 소방공무원으로 7년 이상 근무한 경력이 있는 사람으로서 1급 소방안전관리자 자격증을 발급받은 사람
③ 산업안전기사 자격을 가진 사람으로서 1년 이상 소방안전관리에 관한 실무경력이 있는 사람
④ 특급 소방안전관리자 자격증을 발급받은 사람

해설
1급 소방안전관리대상물의 소방안전관리자의 선임자격(영 별표 4) : 다음의 어느 하나에 해당하는 사람으로서 1급 소방안전관리자 자격증을 발급받은 사람 또는 특급 소방안전관리자 자격증을 발급받은 사람
- 소방설비기사 또는 소방설비산업기사의 자격이 있는 사람
- 소방공무원으로 7년 이상 근무한 경력이 있는 사람
- 소방청장이 실시하는 1급 소방안전관리대상물의 소방안전관리에 관한 시험에 합격한 사람

44 다음 중 소방기본법의 목적으로 적절하지 않은 것은?

① 화재의 예방
② 화재의 진압
③ 소방대상물의 안전관리
④ 위급한 상황에서 구조・구급활동

해설
소방기본법의 목적(법 제1조)
- 화재를 예방・경계・진압함
- 구조・구급활동을 함
- 국민의 생명・신체 및 재산을 보호함
- 공공의 안녕 및 질서유지와 복리증진에 이바지함

45 소방시설공사업법령상 상주공사감리를 해야 할 대상으로 옳은 것은?

① 지하층을 포함하지 않는 층수가 16층 이상으로서 300세대 이상인 아파트에 대한 소방시설의 공사
② 지하층을 포함하지 않는 층수가 16층 이상으로서 500세대 미만인 아파트에 대한 소방시설의 공사
③ 지하층을 포함한 층수가 16층 이상으로서 300세대 이상인 아파트에 대한 소방시설의 공사
④ 지하층을 포함한 층수가 16층 이상으로서 500세대 이상인 아파트에 대한 소방시설의 공사

해설
소방공사감리 대상(영 별표 3)
- 상주공사감리
  - 연면적 30,000[m^2] 이상의 특정소방대상물(아파트는 제외)에 대한 소방시설의 공사
  - 지하층을 포함한 층수가 16층 이상으로서 500세대 이상인 아파트에 대한 소방시설의 공사
- 일반공사감리 : 상주공사감리에 해당되지 않는 소방시설의 공사

46 화재의 예방 및 안전관리에 관한 법률상 화재예방강화지구 안의 관계인에 대하여 소방상 필요한 소방훈련을 연 몇 회 이상 실시해야 하는가?

① 1회　　② 2회
③ 3회　　④ 4회

해설
화재예방강화지구 안의 소방훈련과 교육(영 제20조)
- 실시권자 : 소방관서장(소방청장, 소방본부장, 소방서장)
- 실시주기 : 연 1회 이상

정답 43 ③　44 ③　45 ④　46 ①

47 소방시설 설치 및 관리에 관한 법률상 소방본부장이나 소방서장은 건축허가 등의 동의 요구서류를 접수한 날부터 며칠 이내에 건축허가 등의 동의 여부를 회신해야 하는가?(30층 이상 고층 건축물이다)

① 7일　　② 10일
③ 14일　　④ 30일

해설
건축허가 등의 동의(규칙 제3조)
- 동의여부 회신
  - 일반대상물의 경우 : 5일 이내
  - 특급 소방안전관리대상물의 경우 : 10일 이내
- 동의 요구 첨부서류 보완기간 : 4일 이내
- 건축허가 등을 취소한 때 : 7일 이내에 소방본부장 또는 소방서장에게 통보
※ 특급 소방안전관리대상물 : 층수가 30층 이상, 높이가 120[m] 이상, 연면적 10만[m²] 이상

48 화재의 예방 및 안전관리에 관한 법률상 소방안전관리대상물의 관계인이 소방안전관리자를 선임한 때에는 선임한 날로부터 며칠 이내에 소방본부장이나 소방서장에게 신고해야 하는가?

① 7일　　② 14일
③ 15일　　④ 30일

해설
소방안전관리자의 선임(법 제26조)
- 선임권자 : 관계인
- 선임신고 : 30일 이내에 선임하고 선임한 날부터 14일 이내에 소방본부장이나 소방서장에게 신고

49 화재의 예방 및 안전관리에 관한 법률상 보일러, 난로, 건조설비, 가스·전기시설 그 밖에 화재 발생의 우려가 있는 설비 또는 기구 등의 위치·구조 및 관리와 화재 예방을 위하여 불을 사용할 때 지켜야 하는 사항을 정하고 있는 것은?

① 대통령령　　② 국무총리령
③ 행정안전부령　　④ 시·도의 조례

해설
보일러, 난로, 건조설비, 가스·전기시설 그 밖에 화재 발생의 우려가 있는 설비 또는 기구 등의 위치·구조 및 관리와 화재 예방을 위하여 불을 사용할 때 지켜야 하는 사항(법 제17조) : 대통령령

50 위험물안전관리법령상 위험물의 임시저장 취급기준을 정하고 있는 것은?

① 대통령령　　② 국무총리령
③ 행정안전부령　　④ 시·도의 조례

해설
위험물의 임시로 저장 또는 취급하는 장소의 위치·구조 및 설비의 기준(법 제5조) : 시·도의 조례

51 소방시설공사업법령상 소방본부장이나 소방서장이 소방시설공사 완공검사를 위한 현장확인 대상 특정소방대상물의 범위에 해당하지 않는 것은?

① 운동시설　　② 노유자시설
③ 판매시설　　④ 업무시설

해설
완공검사 현장확인 특정소방대상물(영 제5조)
- 문화 및 집회시설, 종교시설, 판매시설, 노유자시설, 수련시설, 운동시설, 숙박시설, 창고시설, 지하상가 및 다중이용업소
- 다음의 어느 하나에 해당하는 설비가 설치되는 특정소방대상물
  - 스프링클러설비 등
  - 물분무 등 소화설비(호스릴 방식의 소화설비는 제외한다)
  - 연면적 10,000[m²] 이상이거나 11층 이상 특정소방대상물(아파트는 제외)
  - 가연성 가스를 제조·저장 취급하는 시설 중 지상에 노출된 가연성 가스탱크의 저장용량 합계가 1,000[t] 이상인 시설

정답　47 ②　48 ②　49 ①　50 ④　51 ④

52 소방기본법상 관할 구역 안에서 발생하는 화재, 재난, 재해 그 밖의 위급한 상황에 있어서 필요한 소방업무를 성실히 수행해야 하는 자는?

① 시·도지사
② 소방청장
③ 행정안전부장관
④ 소방본부장

해설
관할 구역 안에서 발생하는 화재, 재난, 재해 그 밖의 위급한 상황에 있어서 필요한 소방업무를 성실히 수행해야 하는 자(법 제6조) : 시·도지사

53 소방시설 설치 및 관리에 관한 법률상 다른 소방용품 중 판매하거나 또는 판매의 목적으로 진열하거나 소방시설공사에 사용할 수 없는 경우에 해당되지 않는 것은?

① 형식승인을 받지 않은 것
② 성능확인시험을 받지 않은 것
③ 형상 등을 임의로 변경한 것
④ 합격표시를 하지 않은 것

해설
판매, 진열, 사용할 수 없는 경우(법 제37조)
• 형식승인을 받지 않은 것
• 형상 등을 임의로 변경한 것
• 제품검사를 받지 않거나 합격표시를 하지 않은 것

54 소방시설 설치 및 관리에 관한 법률상 특정소방대상물 중 지하구에 대한 기준으로 다음 ( ) 안에 들어갈 내용으로 알맞은 것은?

> 전력·통신용의 전선이나 가스·냉난방용의 배관 또는 이와 비슷한 것을 집합 수용하기 위하여 설치한 지하 인공구조물로서 사람이 점검 또는 보수하기 위하여 출입이 가능한 것 중 폭 (㉠)[m] 이상이고 높이가 (㉡)[m] 이상이며 길이가 (㉢)[m] 이상인 것

① ㉠ 1.8, ㉡ 2.0, ㉢ 50
② ㉠ 2.0, ㉡ 2.0, ㉢ 500
③ ㉠ 2.5, ㉡ 3.0, ㉢ 600
④ ㉠ 3.0, ㉡ 5.0, ㉢ 700

해설
지하구(영 별표 2)
• 전력·통신용의 전선이나 가스·냉난방용의 배관 또는 이와 비슷한 것을 집합 수용하기 위하여 설치한 지하 인공구조물로서 사람이 점검 또는 보수하기 위하여 출입이 가능한 것 중 다음의 어느 하나에 해당하는 것
 - 전력 또는 통신사업용 지하 인공구조물로서 전력구(케이블 접속부가 없는 경우는 제외) 또는 통신구 방식으로 설치된 것
 - 이외의 지하 인공구조물로서 폭이 1.8[m] 이상이고 높이가 2[m] 이상이며 길이가 50[m] 이상인 것
• 공동구

55 위험물안전관리법령상 소화난이도등급 Ⅲ인 지하탱크저장소의 소화설비 기준으로 옳은 것은?

① 능력단위 수치가 3 이상의 소형수동식소화기 등 2개 이상 설치
② 능력단위 수치가 3 이상의 소형수동식소화기 등 1개 이상 설치
③ 능력단위 수치가 2 이상의 소형수동식소화기 등 2개 이상 설치
④ 능력단위 수치가 2 이상의 소형수동식소화기 등 1개 이상 설치

해설
지하탱크저장소는 소화난이도등급 Ⅲ에 해당하며 능력단위 수치가 3 이상의 소형수동식소화기 등 2개 이상 설치해야 한다(규칙 별표 17).

56 위험물안전관리법령상 제조소 등의 위치·구조 또는 설비의 변경 없이 해당 제조소 등에서 저장하거나 취급하는 위험물의 지정수량의 배수를 변경하고자 할 때는 누구에게 신고해야 하는가?

① 행정안전부장관　② 시·도지사
③ 소방본부장　　　④ 소방서장

해설
위험물의 품명, 수량, 지정수량의 배수 변경 신고(법 제6조) : 변경하고자 하는 날의 1일 전까지 시·도지사

57 다음 중 그 성질이 자연발화성 물질 및 금수성 물질인 제3류 위험물에 속하지 않는 것은?

① 황 린　　② 칼 륨
③ 나트륨　　④ 황화인

해설
황화인은 제2류 위험물인 가연성 고체이다.

58 화재의 예방 및 안전관리에 관한 법률상 특수가연물의 품명과 수량기준이 옳게 연결된 것은?

① 면화류 - 200[kg] 이상
② 대팻밥 - 300[kg] 이상
③ 가연성 고체류 - 1,000[kg] 이상
④ 고무류(발포시킨 것) - 10[m³] 이상

해설
특수가연물(영 별표 2)

품 명		수 량
면화류		200[kg] 이상
나무껍질 및 대팻밥		400[kg] 이상
가연성 고체류		3,000[kg] 이상
가연성 액체류		2[m³] 이상
고무류·플라스틱류	발포시킨 것	20[m³] 이상
	그 밖의 것	3,000[kg] 이상

59 소방시설 설치 및 관리에 관한 법률상 소방시설의 자체점검 시 작동점검 횟수는?

① 분기에 1회 이상
② 6개월에 2회 이상
③ 연 1회 이상
④ 연 2회 이상

해설
소방시설의 자체점검(규칙 제23조, 별표 3)
• 작동점검
　- 실시주기 : 연 1회 이상
　- 점검결과 보관 : 2년간
• 종합점검
　- 실시주기 : 연 1회 이상
　- 점검결과서 제출 : 소방서에 10일 이내

60 화재의 예방 및 안전관리에 관한 법률상 방염성능기준 이상의 실내장식물 등을 설치해야 할 특정소방대상물로 옳지 않은 것은?

① 한의원
② 건축물의 옥내에 있는 운동시설로서 수영장
③ 노유자시설
④ 방송통신시설 중 방송국 및 촬영소

해설
방염성능기준 이상의 실내장식물 등을 설치해야 하는 특정소방대상물(영 제30조)
• 근린생활시설 중 의원, 치과의원, 한의원, 조산원, 산후조리원, 체력단련장, 공연장 및 종교집회장
• 건축물의 옥내에 있는 다음의 시설
　- 문화 및 집회시설
　- 종교시설
　- 운동시설(수영장은 제외한다)
• 의료시설
• 교육연구시설 중 합숙소
• 노유자시설
• 숙박이 가능한 수련시설
• 숙박시설
• 방송통신시설 중 방송국 및 촬영소
• 다중이용업의 영업장
• 층수가 11층 이상인 것(아파트는 제외한다)

정답　56 ②　57 ④　58 ①　59 ③　60 ②

제4과목 소방전기시설의 구조 및 원리

61 비상벨설비 또는 자동식사이렌설비에는 그 설비에 대한 감시상태를 몇 분간 지속한 후 유효하게 10분 이상 경보할 수 있는 축전지설비를 설치해야 하는가?

① 10분
② 30분
③ 60분
④ 120분

해설
비상벨설비 또는 자동식사이렌설비의 비상전원(NFTC 201) : 비상벨설비 또는 자동식사이렌설비에는 그 설비에 대한 감시상태를 60분간 지속한 후 유효하게 10분 이상 경보할 수 있는 비상전원으로서 축전지설비 또는 전기저장장치를 설치해야 한다. 다만, 상용전원이 축전지설비인 경우 또는 건전지를 주전원으로 사용하는 무선식 설비인 경우에는 그렇지 않다.

62 자동화재탐지설비 및 시각경보장치의 화재안전기술기준(NFTC 203)에서 연기감지기를 설치하지 않아도 되는 장소는?

① 에스컬레이터 경사로
② 길이가 15[m]인 복도
③ 엘리베이터 권상기실
④ 천장의 높이가 15[m] 이상 20[m] 미만의 장소

해설
연기감지기 설치장소(NFTC 203)
• 계단·경사로 및 에스컬레이터 경사로
• 복도(30[m] 미만의 것을 제외)
• 엘리베이터 승강로(권상기실이 있는 경우에는 권상기실)·린넨 슈트·파이프 피트 및 덕트 기타 이와 유사한 장소
• 천장 또는 반자의 높이가 15[m] 이상 20[m] 미만의 장소

63 자동화재탐지설비 및 시각경보장치의 화재안전기술기준(NFTC 203)에서 정하는 광전식 분리형 감지기의 설치기준으로 틀린 것은?

① 감지기의 광축의 길이는 공칭감시거리 범위 이내일 것
② 감지기의 송광부와 수광부는 설치된 뒷벽으로부터 1[m] 이내 위치에 설치할 것
③ 광축의 높이는 천장 등(천장의 실내에 면한 부분 또는 상층의 바닥하부면) 높이의 80[%] 이상일 것
④ 광축은 나란한 벽으로부터 0.5[m] 이상 이격하여 설치할 것

해설
광전식 분리형 감지기의 설치기준(NFTC 203)
• 감지기의 광축의 길이는 공칭감시거리 범위 이내일 것
• 감지기의 송광부와 수광부는 설치된 뒷벽으로부터 1[m] 이내 위치에 설치할 것
• 광축의 높이는 천장 등(천장의 실내에 면한 부분 또는 상층의 바닥하부면을 말한다) 높이의 80[%] 이상일 것
• 광축(송광면과 수광면의 중심을 연결한 선)은 나란한 벽으로부터 0.6[m] 이상 이격하여 설치할 것

64 비상조명등의 화재안전기술기준(NFTC 303)에서 정하는 비상조명등의 설치제외 장소가 아닌 것은?

① 의원의 거실
② 경기장의 거실
③ 의료시설의 거실
④ 종교시설의 거실

해설
• 비상조명등의 설치제외 장소(NFTC 303)
 – 거실의 각 부분으로부터 하나의 출입구에 이르는 보행거리가 15[m] 이내인 부분
 – 의원·경기장·공동주택·의료시설·학교의 거실
• 휴대용 비상조명등의 설치제외 장소(NFTC 303) : 지상 1층 또는 피난층으로서 복도·통로 또는 창문 등의 개구부를 통하여 피난이 용이한 경우 숙박시설로서 복도에 비상조명등을 설치한 경우

65 유도등 및 유도표지의 화재안전기술기준(NFTC 303)에서 정하는 전원 및 배선의 설치기준으로 틀린 것은?

① 비상전원은 유도등을 20분 이상 유효하게 작동시킬 수 있는 용량으로 할 것
② 2선식 배선은 옥내소화전설비의 화재안전기술기준에 따른 내화배선 또는 내열배선으로 할 것
③ 유도등의 인입선과 옥내배선은 직접 연결할 것
④ 유도등은 전기회로에 점멸기를 설치하지 않고 항상 점등 상태를 유지할 것

해설
유도등의 전원 및 배선의 설치기준(NFTC 303)
- 유도등의 상용전원은 전기가 정상적으로 공급되는 축전지설비, 전기저장장치 또는 교류전압의 옥내 간선으로 하고, 전원까지의 배선은 전용으로 해야 한다.
- 비상전원은 축전지로 할 것
- 비상전원은 유도등을 20분 이상 유효하게 작동시킬 수 있는 용량으로 할 것. 다만, 다음의 특정소방대상물의 경우에는 그 부분에서 피난층에 이르는 부분의 유도등을 60분 이상 유효하게 작동시킬 수 있는 용량으로 해야 한다.
  - 지하층을 제외한 층수가 11층 이상의 층
  - 지하층 또는 무창층으로서 용도가 도매시장·소매시장·여객자동차터미널·지하역사 또는 지하상가
- 유도등의 인입선과 옥내배선은 직접 연결할 것
- 유도등은 전기회로에 점멸기를 설치하지 않고 항상 점등 상태를 유지할 것. 다만, 특정소방대상물 또는 그 부분에 사람이 없거나 다음의 어느 하나에 해당하는 장소로서 3선식 배선에 따라 상시 충전되는 구조인 경우에는 그렇지 않다.
  - 외부의 빛에 의해 피난구 또는 피난방향을 쉽게 식별할 수 있는 장소
  - 공연장, 암실 등으로서 어두워야 할 필요가 있는 장소
  - 특정소방대상물의 관계인 또는 종사원이 주로 사용하는 장소
- 3선식 배선은 옥내소화전설비의 화재안전기술기준(NFTC 102)에 따른 내화배선 또는 내열배선으로 할 것

66 1개 층에 계단참이 4개가 있을 경우 계단통로유도등은 최소 몇 개 이상 설치해야 하는가?

① 1 ② 2
③ 3 ④ 4

해설
계단통로유도등의 설치기준(NFTC 303)
- 각 층의 경사로 참 또는 계단참마다(1개 층에 경사로 참 또는 계단참이 2 이상 있는 경우에는 2개의 계단참마다) 설치할 것
- 바닥으로부터 높이 1[m] 이하의 위치에 설치할 것

∴ 설치개수 = $\dfrac{4개}{2개의\ 계단참마다}$ = 2개 이상

67 비상조명등의 화재안전기술기준(NFTC 304)에서 정하는 휴대용 비상조명등의 설치기준으로 틀린 것은?

① 설치높이는 바닥으로부터 0.8[m] 이상 1.5[m] 이하의 높이에 설치할 것
② 사용 시 자동으로 점등되는 구조로 할 것
③ 건전지를 사용하는 경우에는 상시 충전되도록 할 것
④ 건전지 및 충전식 배터리의 용량은 20분 이상 유효하게 사용할 수 있는 것으로 할 것

해설
휴대용 비상조명등의 설치기준(NFTC 304)
- 설치높이는 바닥으로부터 0.8[m] 이상 1.5[m] 이하의 높이에 설치할 것
- 사용 시 자동으로 점등되는 구조일 것
- 건전지를 사용하는 경우에는 방전 방지조치를 해야 하고, 충전식 배터리의 경우에는 상시 충전되도록 할 것
- 건전지 및 충전식 배터리의 용량은 20분 이상 유효하게 사용할 수 있는 것으로 할 것

정답 65 ② 66 ② 67 ③

68
무선통신보조설비의 화재안전기술기준(NFTC 505)에서 정하는 무선통신보조설비의 설치제외 기준 중 다음 ( ) 안에 알맞은 것으로 연결된 것은?

> 지하층으로서 특정소방대상물의 바닥부분 (㉠)면 이상이 지표면과 동일하거나 지표면으로부터의 깊이가 (㉡)[m] 이하인 경우에는 해당 층에 한해 무선통신보조설비를 설치하지 않을 수 있다.

① ㉠ 2, ㉡ 1
② ㉠ 2, ㉡ 2
③ ㉠ 3, ㉡ 1
④ ㉠ 3, ㉡ 2

해설
무선통신보조설비의 설치제외(NFTC 505) : 지하층으로서 특정소방대상물의 바닥부분 2면 이상이 지표면과 동일하거나 지표면으로부터의 깊이가 1[m] 이하인 경우에는 해당 층에 한해 무선통신보조설비를 설치하지 않을 수 있다.

69
주요구조부가 내화구조로 된 특정소방대상물의 바닥면적이 370[m²]인 부분에 설치해야 하는 감지기의 최소 설치개수는?(단, 감지기의 부착높이는 바닥으로부터 4.5[m]이고, 보상식 스포트형 1종을 설치한다)

① 6개
② 7개
③ 8개
④ 9개

해설
차동식 스포트형·보상식 스포트형 및 정온식 스포트형 감지기 설치기준(NFTC 203) : 감지부는 부착높이 및 특정소방대상물에 따른 바닥면적[m²]마다 1개 이상을 설치할 것

부착높이 및 특정소방대상물의 구분		감지기의 종류(단위 : [m²])				
		차동식·보상식 스포트형		정온식 스포트형		
		1종	2종	특종	1종	2종
4[m] 미만	내화구조	90	70	70	60	20
	기타 구조	50	40	40	30	15
4[m] 이상 8[m] 미만	내화구조	45	35	35	30	–
	기타 구조	30	25	25	15	–

감지기의 부착높이가 4.5[m]이므로 부착높이는 4[m] 이상 8[m] 미만을 적용하고, 주요구조부가 내화구조로 된 특정소방대상물에 보상식 스포트형 감지기 1종을 설치하는 경우 바닥면적 45[m²]마다 1개 이상을 설치해야 한다.

∴ 설치개수 = $\frac{370[\text{m}^2]}{45[\text{m}^2]}$ = 8.22개 ≒ 9개

70
비상콘센트설비의 화재안전기술기준(NFTC 504)에서 정하는 전원회로의 설치기준으로 틀린 것은?

① 비상콘센트용 풀박스 등은 방청도장을 한 것으로서 두께 1.6[mm] 이상의 철판으로 할 것
② 하나의 전용회로에 설치하는 비상콘센트는 10개 이하로 할 것
③ 콘센트마다 배선용 차단기(KS C 8321)를 설치해야 하며, 충전부가 노출되지 않도록 할 것
④ 전원회로는 단상교류 220[V]인 것으로서, 그 공급용량은 3[kVA] 이상인 것으로 할 것

해설
비상콘센트설비의 전원회로 설치기준(NFTC 504)
- 비상콘센트용 풀박스 등은 방청도장을 한 것으로서 두께 1.6[mm] 이상의 철판으로 할 것
- 하나의 전용회로에 설치하는 비상콘센트는 10개 이하로 할 것. 이 경우 전선의 용량은 각 비상콘센트(비상콘센트가 3개 이상인 경우에는 3개)의 공급용량을 합한 용량 이상의 것으로 해야 한다.
- 콘센트마다 배선용 차단기(KS C 8321)를 설치해야 하며, 충전부가 노출되지 않도록 할 것
- 비상콘센트설비의 전원회로는 단상교류 220[V]인 것으로서, 그 공급용량은 1.5[kVA] 이상인 것으로 할 것

71 누전경보기를 설치해야 하는 특정소방대상물의 기준 중 다음 ( ) 안에 알맞은 것은?(단, 위험물 저장 및 처리 시설 중 가스시설, 터널 또는 지하구의 경우에는 제외한다)

> 누전경보기는 계약전류용량이 ( )[A]를 초과하는 특정소방대상물(내화구조가 아닌 건축물로서 벽·바닥 또는 반자의 전부나 일부를 불연재료 또는 준불연재료가 아닌 재료에 철망을 넣어 만든 것만 해당한다)에 설치해야 한다.

① 60 ② 100
③ 200 ④ 300

해설
누전경보기를 설치해야 하는 특정소방대상물(소방시설법 영 별표 4) : 누전경보기는 계약전류용량이 100[A]를 초과하는 특정소방대상물(내화구조가 아닌 건축물로서 벽·바닥 또는 반자의 전부나 일부를 불연재료 또는 준불연재료가 아닌 재료에 철망을 넣어 만든 것만 해당한다)에 설치해야 한다. 다만, 위험물 저장 및 처리 시설 중 가스시설, 터널 또는 지하구의 경우에는 그렇지 않다.

72 자동화재탐지설비 및 시각경보장치의 화재안전기술기준(NFTC 203)에서 정하는 정온식 감지선형 감지기의 설치기준으로 옳지 않은 것은?

① 보조선이나 고정금구를 사용하여 감지선이 늘어지지 않도록 설치할 것
② 단자부와 마감 고정금구와의 설치간격은 10[cm] 이내로 설치할 것
③ 감지선형 감지기의 굴곡반경은 10[cm] 이상으로 할 것
④ 케이블트레이에 감지기를 설치하는 경우에는 케이블트레이 받침대에 마감금구를 사용하여 설치할 것

해설
정온식 감지선형 감지기의 설치기준(NFTC 203)
• 보조선이나 고정금구를 사용하여 감지선이 늘어지지 않도록 설치할 것
• 단자부와 마감 고정금구와의 설치간격은 10[cm] 이내로 설치할 것
• 감지선형 감지기의 굴곡반경은 5[cm] 이상으로 할 것
• 케이블트레이에 감지기를 설치하는 경우에는 케이블트레이 받침대에 마감금구를 사용하여 설치할 것

73 단독경보형감지기를 설치해야 하는 특정소방대상물의 기준 중 옳은 것은?

① 연면적 400[m^2] 미만의 유치원
② 연면적 1,000[m^2] 미만의 수련시설 내에 있는 기숙사
③ 교육연구시설 내에 있는 기숙사 또는 합숙소로서 연면적 1,000[m^2] 미만인 것
④ 수용인원 50명 이하의 숙박시설이 있는 수련시설

해설
단독경보형감지기를 설치해야 하는 특정소방대상물(소방시설법 영 별표 4)
• 교육연구시설 내에 있는 기숙사 또는 합숙소로서 연면적 2,000[m^2] 미만인 것
• 수련시설 내에 있는 기숙사 또는 합숙소로서 연면적 2,000[m^2] 미만인 것
• 수용인원 100명 이하의 숙박시설이 있는 수련시설
• 연면적 400[m^2] 미만의 유치원
• 공동주택 중 연립주택 및 다세대주택(단독경보형 감지기는 연동형으로 설치해야 한다)

74 자동화재탐지설비 및 시각경보장치의 화재안전기술기준(NFTC 203)에 따라 감지기의 부착높이가 18[m]에 설치 가능한 감지기는?

① 차동식 분포형 감지기
② 이온화식 2종 감지기
③ 열복합형 감지기
④ 광전식 분리형 1종 감지기

해설
부착높이에 따른 감지기의 종류(NFTC 203)

부착높이	감지기의 종류
4[m] 미만	차동식(스포트형, 분포형) 보상식 스포트형 정온식(스포트형, 감지선형) 이온화식 또는 광전식(스포트형, 분리형, 공기흡입형) 열복합형 연기복합형 열연기복합형 불꽃감지기
4[m] 이상 8[m] 미만	차동식(스포트형, 분포형) 보상식 스포트형 정온식(스포트형, 감지선형) 특종 또는 1종 이온화식 1종 또는 2종 광전식(스포트형, 분리형, 공기흡입형) 1종 또는 2종 열복합형 연기복합형 열연기복합형 불꽃감지기
8[m] 이상 15[m] 미만	차동식 분포형 이온화식 1종 또는 2종 광전식(스포트형, 분리형, 공기흡입형) 1종 또는 2종 연기복합형 불꽃감지기
15[m] 이상 20[m] 미만	이온화식 1종 광전식(스포트형, 분리형, 공기흡입형) 1종 연기복합형 불꽃감지기
20[m] 이상	불꽃감지기 광전식(분리형, 공기흡입형) 중 아날로그방식

75 누전경보기의 전원은 배선용 차단기에 있어서는 몇 [A] 이하의 것으로 각 극을 개폐할 수 있는 것을 설치해야 하는가?

① 10　　② 15
③ 20　　④ 30

해설
누전경보기의 전원기준(NFTC 205)
- 전원은 분전반으로부터 전용회로로 하고, 각 극에 개폐기 및 15[A] 이하의 과전류차단기(배선용 차단기에 있어서는 20[A] 이하의 것으로 각 극을 개폐할 수 있는 것)를 설치할 것
- 전원을 분기할 때에는 다른 차단기에 따라 전원이 차단되지 않도록 할 것
- 전원의 개폐기에는 "누전경보기용"이라고 표시한 표지를 할 것

76 비상방송설비의 화재안전기술기준(NFTC 202)에 따른 음향장치의 설치기준 중 다음 ( ) 안에 알맞은 것은?

- 정격전압의 (㉠)[%] 전압에서 음향을 발할 수 있는 것으로 할 것
- (㉡)의 작동과 연동하여 작동할 수 있는 것으로 할 것

① ㉠ 65, ㉡ 단독경보형감지기
② ㉠ 65, ㉡ 자동화재탐지설비
③ ㉠ 80, ㉡ 단독경보형감지기
④ ㉠ 80, ㉡ 자동화재탐지설비

해설
비상방송설비의 음향장치 설치기준(NFTC 202)
- 음향장치는 정격전압의 80[%] 전압에서 음향을 발할 수 있는 것으로 할 것
- 음향장치는 자동화재탐지설비의 작동과 연동하여 작동할 수 있는 것으로 할 것

77 도로터널의 화재안전기술기준(NFTC 603)에서 도로터널의 비상콘센트설비의 설치기준 중 다음 ( ) 안에 알맞은 것은?

> 도로터널의 비상콘센트설비는 주행차로의 우측 측벽에 ( )[m] 이내의 간격으로 바닥으로부터 0.8[m] 이상 1.5[m] 이하의 높이에 설치할 것

① 15
② 25
③ 30
④ 50

해설
도로터널의 비상콘센트설비 설치기준(NFTC 603) : 주행차로의 우측 측벽에 50[m] 이내의 간격으로 바닥으로부터 0.8[m] 이상 1.5[m] 이하의 높이에 설치할 것

Plus one
비상콘센트설비의 비상콘센트 배치기준(NFTC 504)
- 바닥면적이 1,000[m²] 미만인 층은 계단의 출입구(계단의 부속실을 포함하며 계단이 2 이상 있는 경우에는 그중 1개의 계단을 말한다)로부터 5[m] 이내에 비상콘센트를 설치할 것
- 바닥면적 1,000[m²] 이상인 층은 각 계단의 출입구 또는 계단부속실의 출입구(계단의 부속실을 포함하며 계단이 3 이상 있는 층의 경우에는 그중 2개의 계단을 말한다)로부터 5[m] 이내에 비상콘센트를 설치할 것
- 지하상가 또는 지하층의 바닥면적의 합계가 3,000[m²] 이상인 것은 수평거리 25[m]마다 비상콘센트를 추가하여 설치할 것
- 지하상가 또는 지하층의 바닥면적의 합계가 3,000[m²]에 해당하지 않는 것은 수평거리 50[m]마다 비상콘센트를 추가하여 설치할 것

78 피난기구의 화재안전기술기준(NFTC 301)에서 정하는 용어의 정의 중 다음 ( ) 안에 알맞은 것은?

> ( )란 사용자의 몸무게에 따라 자동적으로 내려올 수 있는 기구 중 사용자가 연속적으로 사용할 수 없는 것을 말한다.

① 간이완강기
② 공기안전매트
③ 완강기
④ 승강식 피난기

해설
간이완강기의 용어 정의(NFTC 301) : 사용자의 몸무게에 따라 자동적으로 내려올 수 있는 기구 중 사용자가 연속적으로 사용할 수 없는 것을 말한다.

Plus one
피난기구의 용어 정의
- 공기안전매트 : 화재 발생 시 사람이 건축물 내에서 외부로 긴급히 뛰어내릴 때 충격을 흡수하여 안전하게 지상에 도달할 수 있도록 포지에 공기 등을 주입하는 구조로 되어 있는 것을 말한다.
- 완강기 : 사용자의 몸무게에 따라 자동적으로 내려올 수 있는 기구 중 사용자가 교대하여 연속적으로 사용할 수 있는 것을 말한다.
- 승강식 피난기 : 사용자의 몸무게에 의하여 자동으로 하강하고 내려서면 스스로 상승하여 연속적으로 사용할 수 있는 무동력 승강식 기기를 말한다.
- 구조대 : 포지 등을 사용하여 자루 형태로 만든 것으로서 화재 시 사용자가 그 내부에 들어가서 내려옴으로써 대피할 수 있는 것을 말한다.
- 피난사다리 : 화재 시 긴급대피를 위해 사용하는 사다리를 말한다.
- 다수인피난장비 : 화재 시 2인 이상의 피난자가 동시에 해당 층에서 지상 또는 피난층으로 하강하는 피난기구를 말한다.
- 하향식 피난구용 내림식 사다리 : 하향식 피난구 해치에 격납하여 보관하고 사용 시에는 사다리 등이 소방대상물과 접촉되지 않는 내림식 사다리를 말한다.

79 유도등 및 유도표지의 화재안전기술기준(NFTC 303)에서 정하는 피난구유도등의 설치제외 기준으로 틀린 것은?

① 거실 각 부분으로부터 하나의 출입구에 이르는 보행거리가 20[m] 이하이고 비상조명등과 유도표지가 설치된 거실의 출입구
② 바닥면적이 1,500[m²] 미만인 층으로서 옥내로부터 직접 지상으로 통하는 출입구(외부의 식별이 용이한 경우에 한한다)
③ 출입구가 3개소 이상 있는 거실로서 그 거실 각 부분으로부터 하나의 출입구에 이르는 보행거리가 30[m] 이하인 경우에는 주된 출입구 2개소 외의 출입구(유도표지가 부착된 출입구)
④ 대각선 길이가 15[m] 이내인 구획된 실의 출입구

해설

피난구유도등의 설치제외(NFTC 303)
- 거실 각 부분으로부터 하나의 출입구에 이르는 보행거리가 20[m] 이하이고 비상조명등과 유도표지가 설치된 거실의 출입구
- 바닥면적이 1,000[m²] 미만인 층으로서 옥내로부터 직접 지상으로 통하는 출입구(외부의 식별이 용이한 경우에 한한다)
- 출입구가 3개소 이상 있는 거실로서 그 거실 각 부분으로부터 하나의 출입구에 이르는 보행거리가 30[m] 이하인 경우에는 주된 출입구 2개소 외의 출입구(유도표지가 부착된 출입구). 다만, 공연장·집회장·관람장·전시장·판매시설·운수시설·숙박시설·노유자시설·의료시설·장례식장의 경우에는 그렇지 않다.
- 대각선 길이가 15[m] 이내인 구획된 실의 출입구

80 중계기의 형식승인 및 제품검사의 기술기준에서 자동화재탐지설비의 중계기에 예비전원을 사용하는 경우 구조 및 기능 기준 중 다음 (   ) 안에 알맞은 것은?

축전지의 충전시험 및 방전시험은 방전종지전압을 기준하여 시작한다. 이 경우 방전종지전압이라 함은 원통형니켈카드뮴축전지는 셀당 (㉠)[V]의 상태를, 무보수밀폐형연축전지는 단전지당 (㉡)[V]의 상태를 말한다.

① ㉠ 1.0, ㉡ 1.5
② ㉠ 1.0, ㉡ 1.75
③ ㉠ 1.6, ㉡ 1.5
④ ㉠ 1.6, ㉡ 1.75

해설

중계기의 예비전원시험(제4조) : 축전지의 충전시험 및 방전시험은 방전종지전압을 기준으로 시작한다. 이 경우 방전종지전압이라 함은 원통형니켈카드뮴축전지는 셀당 1.0[V]의 상태를, 무보수밀폐형연축전지는 단전지당 1.75[V]의 상태를 말한다.

2025년 제2회 최근 기출복원문제

제1과목 소방원론

01 다음 위험물 중 pH 9 정도의 물을 보호액으로 하여 보호액 속에 저장·보관하는 물질은?

① 나트륨 ② 탄화칼슘
③ 칼 륨   ④ 황 린

해설
황린은 물과 반응하지 않기 때문에 포스핀(pH 3)의 생성을 방지하기 위하여 pH 9(약알칼리) 정도의 물속에 저장하며 보호액이 증발되지 않도록 한다.

※ 물과의 반응식
- 칼 륨 $2K + 2H_2O \rightarrow 2KOH + H_2 \uparrow$
- 나트륨 $2Na + 2H_2O \rightarrow 2NaOH + H_2 \uparrow$
- 탄화칼슘 $CaC_2 + 2H_2O \rightarrow Ca(OH)_2 + C_2H_2 \uparrow$

02 다음 중 자연발화가 일어나기 쉬운 조건이 아닌 것은?

① 열전도율이 클 것
② 적당량의 수분이 존재할 것
③ 주위의 온도가 높을 것
④ 표면적이 넓을 것

해설
자연발화의 조건
- 주위의 온도가 높을 것
- 열전도율이 적을 것
- 발열량이 클 것
- 표면적이 넓을 것

03 화재 시 이산화탄소를 사용하여 화재를 진압하려고 할 때 산소의 농도를 13[vol%]로 낮추어 화재를 진압하려면 공기 중 이산화탄소의 농도는 약 몇 [vol%]가 되어야 하는가?

① 18.1   ② 28.1
③ 38.1   ④ 48.1

해설
이산화탄소의 농도
$$CO_2 = \frac{21 - O_2}{21} \times 100[\%] = \frac{21 - 13}{21} \times 100[\%] = 38.1[\%]$$

04 정전기에 의한 발화를 방지하기 위한 예방 대책으로 옳지 않은 것은?

① 접지 시설을 한다.
② 상대습도를 70[%] 이상으로 유지한다.
③ 공기를 이온화한다.
④ 부도체 물질을 사용한다.

해설
정전기 방지법
- 접지할 것
- 상대습도를 70[%] 이상으로 할 것
- 공기를 이온화할 것

정답 1 ④ 2 ① 3 ③ 4 ④

05 다음 물질 중 연소범위가 가장 넓은 것은?

① 에틸렌 ② 프로페인
③ 메테인 ④ 수 소

해설
연소(폭발)범위

종류	에틸렌	프로페인	메테인	수 소
연소범위	2.7~36.0[%]	2.1~9.5[%]	5.0~15.0[%]	4.0~75[%]

06 다음 중 인화성 액체의 화재에 해당되는 것은?

① A급 화재 ② B급 화재
③ C급 화재 ④ D급 화재

해설
화재의 종류

구 분	A급	B급	C급	D급
화재의 종류	일반화재	유류화재	전기화재	금속화재
표시색	백 색	황 색	청 색	무 색

07 동식물유류에서 "요오드값이 크다"라는 의미와 가장 가까운 것은?

① 불포화도가 높다.
② 불건성유이다.
③ 자연발화성이 낮다.
④ 산소와의 결합이 어렵다.

해설
요오드값이 클 때
• 불포화도가 높다.
• 건성유이다.
• 자연발화성이 높다.
• 산소와 결합이 쉽다.

08 다음 중 연소속도와 가장 관계가 깊은 것은?

① 증발속도 ② 환원속도
③ 산화속도 ④ 혼합속도

해설
연소 : 가연물이 산소와 반응(산화반응)하여 열과 빛을 동반하는 산화 현상
※ 연소속도 = 산화속도

09 고층건축물의 피난계획을 수립할 때의 유의사항으로 적당하지 않은 것은?

① 피난동선은 일상생활의 동선과 일치시킨다.
② 평면계획에 대한 복잡성을 지양하고 피난동선을 단순화한다.
③ 피난수단은 원시적인 방법을 고려한다.
④ 2방향보다는 1방향의 피난로를 만든다.

해설
피난대책의 일반적인 원칙
• 피난경로는 간단명료하게 할 것
• 피난설비는 고정식설비를 위주로 할 것
• 피난수단은 원시적 방법에 의한 것을 원칙으로 할 것
• 2방향 이상의 피난통로를 확보할 것
• 피난동선은 일상생활의 동선과 일치시킬 것

10 실내온도 15[℃]에서 화재가 발생하여 900[℃]가 되었다면 기체의 부피는 약 몇 배로 팽창되었는가?(단, 압력은 1기압으로 일정하다)

① 2
② 4
③ 6
④ 8

해설
샤를의 법칙
$$V_2 = V_1 \times \frac{T_2}{T_1} = 1 \times \frac{(273+900)[K]}{(273+15)[K]} = 4.07$$

11 0[℃], 1[atm] 상태에서 뷰테인(C_4H_{10}) 1[mol]을 완전연소 시키기 위해 필요한 산소의 [mol]수는?

① 2
② 4
③ 5.5
④ 6.5

해설
뷰테인의 연소반응식
$C_4H_{10} + 6.5O_2 \rightarrow 4CO_2 + 5H_2O$

12 수소 1[kg]이 완전연소할 때 생성되는 수증기는 몇 [kg-mol]인가?

① 0.5
② 1
③ 2
④ 4

해설
수소와 산소의 반응식
$2H_2 + O_2 \rightarrow 2H_2O$
2×2[kg]   2[kg-mol]
1[kg] x
∴ $x = \frac{1 \times 2}{2 \times 2} = 0.5 [kg-mol]$

13 건축물 내화구조에서 바닥의 경우에는 철근콘크리트조의 두께가 몇 [cm] 이상이어야 하는가?

① 7
② 10
③ 12
④ 15

해설
내화구조(건피방 제3조)

내화구분		내화구조의 기준
벽	모든 벽	• 철근콘크리트조 또는 철골·철근콘크리트조로서 두께가 10[cm] 이상인 것 • 골구를 철골조로 하고 그 양면을 두께 4[cm] 이상의 철망모르타르로 덮은 것 • 두께 5[cm] 이상의 콘크리트 블록·벽돌 또는 석재로 덮은 것 • 철재로 보강된 콘크리트 블록조·벽돌조 또는 석조로서 철재에 덮은 콘크리트 블록 등의 두께가 5[cm] 이상인 것
	외벽 중 비내력벽	• 철근콘크리트조 또는 철골·철근콘크리트조로서 두께가 7[cm] 이상인 것 • 골구를 철골조로 하고 그 양면을 두께 3[cm] 이상의 철망모르타르로 덮은 것 • 두께 4[cm] 이상의 콘크리트 블록·벽돌 또는 석재로 덮은 것 • 무근콘크리트조·콘크리트 블록조·벽돌조 또는 석조로서 두께가 7[cm] 이상인 것
기둥 (작은 지름이 25[cm] 이상인 것)		• 철근콘크리트조 또는 철골·철근콘크리트조 • 철골을 두께 6[cm] 이상의 철망모르타르로 덮은 것 • 철골을 두께 7[cm] 이상의 콘크리트 블록·벽돌 또는 석재로 덮은 것 • 철골을 두께 5[cm] 이상의 콘크리트로 덮은 것
바닥		• 철근콘크리트조 또는 철골·철근콘크리트조로서 두께가 10[cm] 이상인 것 • 철재로 보강된 콘크리트 블록조·벽돌조 또는 석조로서 철재에 덮은 두께가 5[cm] 이상인 것 • 철재의 양면을 두께 5[cm] 이상의 철망모르타르 또는 콘크리트로 덮은 것
보		• 철근콘크리트조 또는 철골·철근콘크리트조 • 철골을 두께 6[cm] 이상의 철망모르타르로 덮은 것 • 철골을 두께 5[cm] 이상의 콘크리트로 덮은 것

정답 10 ② 11 ④ 12 ① 13 ②

14 0[℃]의 물 1[g]이 100[℃]의 수증기가 되려면 몇 [cal]의 열량이 필요한가?

① 539　　② 639
③ 719　　④ 819

해설
열 량
$Q = mC_p \Delta t + \gamma m$
$= (1[g] \times 1[cal/g \cdot ℃] \times (100-0)[℃]) + (539[cal/g] \times 1[g])$
$= 639[cal]$

15 유류탱크의 화재 시 탱크 저부의 물이 뜨거운 열류층에 의하여 수증기로 변하면서 급작스러운 부피 팽창을 일으켜 유류가 탱크 외부로 분출하는 현상을 무엇이라 하는가?

① 보일오버　　② 슬롭오버
③ 브레이브　　④ 파이어볼

해설
유류탱크에서 발생하는 현상
- 보일오버(Boil Over)
  - 중질유 탱크에서 장시간 조용히 연소하다가 탱크의 잔존기름이 갑자기 분출(Over Flow)하는 현상
  - 탱크 저부의 물이 뜨거운 열류 층에 의하여 수증기로 변하면서 급작스러운 부피 팽창을 일으켜 유류가 탱크 외부로 분출하는 현상
  - 연소유면으로부터 100[℃] 이상의 열파가 탱크 저부에 고여 있는 물을 비등하게 하면서 연소유를 탱크 밖으로 비산하며 연소하는 현상
- 슬롭오버(Slop Over) : 물이 연소유의 뜨거운 표면에 들어갈 때 기름 표면에서 화재가 발생하는 현상
- 프로스오버(Froth Over) : 물이 뜨거운 기름 표면 아래서 끓을 때 화재를 수반하지 않는 용기에서 넘쳐흐르는 현상

16 다음 중 연소 시 아황산가스를 발생시키는 것은?

① 적린
② 황
③ 트라이에틸알루미늄
④ 황린

해설
연소반응식
- 적린　$4P + 5O_2 \rightarrow 2P_2O_5$
- 황　　$S + O_2 \rightarrow SO_2$(아황산가스)
- 트라이에틸알루미늄
  $2(C_2H_5)_3Al + 21O_2 \rightarrow Al_2O_3 + 12CO_2 + 15H_2O$
- 황린　$P_4 + 5O_2 \rightarrow 2P_2O_5$
※ 아황산가스(SO_2), 오산화인(P_2O_5)

17 다음 중 아세톤의 인화점에 가장 가까운 것은?

① -48[℃]　　② -18.5[℃]
③ 11[℃]　　④ 70[℃]

해설
아세톤(CH_3COCH_3, 제4류 위험물 제1석유류)의 인화점 : -18.5[℃]

18 알킬알루미늄의 소화에 가장 적합한 소화약제는?

① 마른모래
② 분무상의 물
③ 할로겐화합물
④ 이산화탄소

해설
알킬알루미늄의 소화약제 : 마른모래, 팽창질석, 팽창진주암

19 다음 중 제6류 위험물의 공통 성질이 아닌 것은?

① 모두 비중이 1보다 작으며 물에 녹지 않는다.
② 모두 산화성 액체이다.
③ 모두 불연성 물질로 액체이다.
④ 모두 산소를 함유하고 있다.

해설
제6류 위험물의 성질
- 산소를 함유한 산화성 액체이며 무기화합물로 이루어져 형성된다.
- 무색투명하며 비중은 1보다 크고, 표준상태에서는 모두가 액체이다.
- 과산화수소를 제외하고 강산성 물질이며 물에 녹기 쉽다.
- 불연성 물질이며 가연물, 유기물 등과의 혼합으로 발화한다.

20 다음 중 화재 발생 시 주수소화를 하면 가장 위험한 물질은?

① 적 린
② 마그네슘 분말
③ 과염소산칼륨
④ 황

해설
위험물의 소화방법

종 류	적 린	마그네슘	과염소산칼륨	황
유 별	제2류 위험물	제2류 위험물	제1류 위험물	제2류 위험물
소화방법	주수소화	질식소화	주수소화	주수소화

※ $Mg + 2H_2O \rightarrow Mg(OH)_2 + H_2\uparrow$
마그네슘은 물과 반응하면 수소가스를 발생하므로 위험하다.

제2과목 소방전기일반

21 $R = 10[\Omega]$, $\omega L = 20[\Omega]$인 직렬회로에 220[V]의 전압을 가하는 경우 전류와 전압과 전류의 위상각은 각각 어떻게 되는가?

① 24.5[A], 26.5°
② 9.8[A], 63.4°
③ 12.2[A], 13.2°
④ 73.6[A], 79.6°

해설
R(저항)−L(코일) 직렬회로
- 임피던스 $Z = \sqrt{R^2 + X_L^2} = \sqrt{R^2 + (\omega L)^2}$ 에서
$Z = \sqrt{(10[\Omega])^2 + (20[\Omega])^2} = 22.36[\Omega]$
- 전류 $I = \dfrac{V}{Z}$ 에서 $I = \dfrac{220[V]}{22.36[\Omega]} = 9.84[A]$
- 위상각 $\theta = \tan^{-1}\dfrac{X_L}{R} = \tan^{-1}\dfrac{\omega L}{R}$ 에서
$\theta = \tan^{-1}\dfrac{20[\Omega]}{10[\Omega]} = 63.43°$

22 자기장 내에 있는 도체에 전류를 흘리면 힘이 작용한다. 이 힘을 무엇이라고 하는가?

① 자속력　　② 기전력
③ 전기력　　④ 전자력

해설
전기적인 힘의 정의
- 기전력 : 건전지 등과 같이 연속적으로 전위차를 발생시켜 전류를 계속 흐르게 해주는 힘이다. 즉, 전위가 높은 쪽에서 낮은 쪽으로 전기를 이동시키는 힘을 기전력이라고 한다.
- 전기력 : 두 물체가 전하를 가지고 있을 때 전하의 종류에 따라 끌어당기거나 미는 힘이 발생하는데 이를 전기력이라 한다. (+) 전하와 (−) 전하 사이에는 서로 끌어당기는 흡인력이 작용하고, (+) 전하와 (+) 전하 사이 또는 (−) 전하와 (−) 전하 사이에는 반발력이 작용한다.
- 전자력 : 자기장 내에 도체를 놓고 전류를 흘리면 자속의 방향과 전류의 방향에 따라 힘이 작용하며 이때 도체가 받는 힘을 전자력이라고 한다.

정답 19 ① 20 ② 21 ② 22 ④

23 일정 전압의 직류전원에 저항을 접속하고 전류를 흘릴 때 전류의 값을 20[%] 감소시키기 위한 저항 값은 처음의 몇 배인가?

① 0.05
② 0.83
③ 1.25
④ 1.5

해설

일정 전압의 직류회로($V_1 = V_2$)

전류를 20[%] 감소시키면 최종 전류 $I_2 = 0.8 I_1$ 이고,
전압 $V_1 = V_2$ 이므로 $I_1 R_1 = I_2 R_2$ 이다.

∴ 최종 저항 $R_2 = \dfrac{I_1}{I_2} R_1$ 에서 $R_2 = \dfrac{I_1}{0.8 I_1} R_1 = 1.25 R_1$

24 추종제어에 대한 설명으로 가장 옳은 것은?

① 제어량의 종류에 의하여 분류한 자동제어의 일종
② 목푯값이 시간에 따라 임의로 변하는 제어
③ 제어량이 공업 프로세스의 상태량일 경우의 제어
④ 정치제어의 일종으로 주로 유량, 위치, 주파수, 전압 등을 제어

해설

목푯값에 의한 분류
- 추종제어 : 목푯값이 시간에 따라 임의로 변하는 제어로서 추치제어에 속하며 대공포의 포신제어, 자동 아날로그 선반에 적용된다.
- 추치제어 : 목푯값이 시간에 따라 변하며 목푯값에 정확히 추종하는 제어로서 서보기구이다. 종류에는 추종제어, 프로그램제어, 비율제어가 있다.

Plus one

제어량에 따른 분류
- 프로세스제어 : 온도, 압력, 유량, 액면, 농도, 습도 등의 공업 공정의 상태량을 제어한다.
- 자동조정 : 전압, 전류, 회전수(속도), 주파수, 토크 등의 상태량을 제어한다.
- 서보기구 : 물체의 위치, 방위, 자세, 각도 등의 상태량을 제어하는 것으로 미사일 추적 장치, 레이더, 선박 및 비행기의 방향을 제어한다.

25 100[Ω]인 저항 3개를 같은 전원에 △ 결선으로 접속할 때와 Y 결선으로 접속할 때, 선전류의 크기의 비는?

① 3
② $\dfrac{1}{3}$
③ $\sqrt{3}$
④ $\dfrac{1}{\sqrt{3}}$

해설

△ 결선과 Y 결선

평형 3상 회로에서 저항은 R, 상전압은 V_p, 상전류는 I_p 일 때

- △ 결선
  - 선간전압 $V_l = V_p$
  - 선전류 $I_\triangle = \sqrt{3} I_p$ 에서 $I_\triangle = \dfrac{\sqrt{3} V_p}{R} = \dfrac{\sqrt{3} V_l}{R}$

- Y 결선
  - 선간전압 $V_l = \sqrt{3} V_p$
  - 선전류 $I_Y = I_p$ 에서 $I_Y = \dfrac{V_p}{R} = \dfrac{V_l}{\sqrt{3} R}$

∴ 선전류 크기의 비 $\dfrac{I_\triangle}{I_Y} = \dfrac{\frac{\sqrt{3} V_l}{R}}{\frac{V_l}{\sqrt{3} R}} = \sqrt{3} \times \sqrt{3} = 3$

26 선간전압 E[V]의 3상 평형전원에 대칭 3상 저항부하 $R[\Omega]$이 그림과 같이 접속되었을 때 a, b 두 상간에 접속된 전력계의 지시값이 W[W]라면 c상의 전류는 몇 [A]인가?

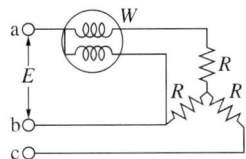

① $\dfrac{2W}{\sqrt{3}\,E}$

② $\dfrac{3W}{\sqrt{3}\,E}$

③ $\dfrac{W}{\sqrt{3}\,E}$

④ $\dfrac{\sqrt{3}\,W}{\sqrt{E}}$

해설

2전력계법
- 단상 전력계 2대를 접속하여 3상 전력을 측정하는 방법이다.
- 부하전력 $P = W + W = 2W$[W]

전원 및 부하가 모두 대칭이므로 전류 $I_a = I_b = I_c = I$, 전압 $E_{ab} = E_{bc} = E_{ca} = E$라고 하면 부하전력 P는 다음과 같다.

∴ $P = 2W = \sqrt{3}\,IE$에서 전류 $I = \dfrac{2W}{\sqrt{3}\,E}$[A]

27 R-L-C 병렬회로에서 어드미턴스는 $Y = G + jB$이다. 이때 허수부의 B를 무엇이라고 하는가?

① 저항
② 콘덕턴스
③ 서셉턴스
④ 리액턴스

해설

어드미턴스(Y)
- R-L 병렬회로의 어드미턴스
  - 저항(R)과 유도성 인덕턴스(X_L)의 임피던스(Z)를 먼저 구한다.
    $Z_1 = R$, $Z_2 = X_L = j\omega L$
  - 어드미턴스(Y)와 임피던스(Z)는 역수이다.
    $Y_1 = \dfrac{1}{Z_1} = \dfrac{1}{R}$, $Y_2 = \dfrac{1}{Z_2} = \dfrac{1}{X_L} = \dfrac{1}{j\omega L}$
  - R-L 병렬회로의 어드미턴스
    $Y = Y_1 + Y_2 = \dfrac{1}{R} - j\dfrac{1}{\omega L} = \sqrt{\left(\dfrac{1}{R}\right)^2 + \left(\dfrac{1}{\omega L}\right)^2} = G - jB$

- R-C 병렬회로의 어드미턴스
  - 저항(R)과 용량성 인덕턴스(X_C)의 임피던스(Z)를 먼저 구한다.
    $Z_1 = R$, $Z_2 = X_C = \dfrac{1}{j\omega C}$
  - 어드미턴스(Y)와 임피던스(Z)는 역수이다.
    $Y_1 = \dfrac{1}{Z_1} = \dfrac{1}{R}$, $Y_2 = \dfrac{1}{Z_2} = \dfrac{1}{X_C} = j\omega C$
  - R-L 병렬회로의 어드미턴스
    $Y = Y_1 + Y_2 = \dfrac{1}{R} + j\omega C = \sqrt{\left(\dfrac{1}{R}\right)^2 + (\omega C)^2} = G + jB$

- R-L-C 병렬회로의 어드미턴스
  $Y = Y_1 + Y_2 + Y_3 = \dfrac{1}{R} - j\dfrac{1}{\omega L} + j\omega C$
  $= \dfrac{1}{R} + j\left(\omega C - \dfrac{1}{\omega L}\right) = G + jB$

  - 실수부는 콘덕턴스 $G = \dfrac{1}{R}$이다.
  - 허수부는 서셉턴스 $B = j\left(\omega C - \dfrac{1}{\omega L}\right)$이다.

28 그림과 같은 회로 A, B 양단에 전압을 인가하여 서서히 상승시킬 때 제일 먼저 파괴되는 콘덴서는?(단, 유전체의 재질 및 두께는 동일한 것으로 한다)

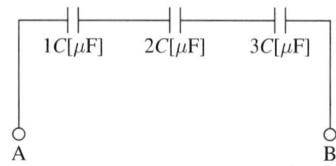

① $1C$
② $2C$
③ $3C$
④ 모 두

해설

콘덴서의 직렬 접속 : 동일한 전압(내압)을 가진 콘덴서는 정전용량이 적은 콘덴서일수록 전압이 가장 크게 걸리므로 정전용량이 작을수록 가장 먼저 절연이 파괴된다.

• 콘덴서를 직렬로 접속하면 전하량 $Q_1 = Q_2 = Q_3$이다. 따라서 전하량 $Q = CV$에서 전압 $V \propto \dfrac{1}{C}$이므로 전압(V)과 정전용량(C)은 반비례한다.

$V_1 : V_2 : V_3 = \dfrac{1}{C_1} : \dfrac{1}{C_2} : \dfrac{1}{C_3}$ 에서

$V_1 : V_2 : V_3 = \dfrac{1}{1[\mu F]} : \dfrac{1}{2[\mu F]} : \dfrac{1}{3[\mu F]} = 6 : 3 : 2$

• A-B 양단에 걸리는 전압 $V = 110[V]$라고 가정하면

 - 정전용량 $1C = 1[\mu F]$에 걸리는 전압 $V_1 = \dfrac{6}{6+3+2} V$이고

  $V_1 = \dfrac{6}{11} \times 110[V] = 60[V]$

 - 정전용량 $2C = 2[\mu F]$에 걸리는 전압 $V_2 = \dfrac{3}{6+3+2} V$이고

  $V_2 = \dfrac{3}{11} \times 110[V] = 30[V]$

 - 정전용량 $3C = 3[\mu F]$에 걸리는 전압 $V_3 = \dfrac{2}{6+3+2} V$이고

  $V_3 = \dfrac{2}{11} \times 110[V] = 20[V]$

∴ 정전용량 $3C > 2C > 1C$의 관계에서 정전용량 $1C = 1[\mu F]$에 걸리는 전압은 A-B 양단에 걸리는 전압(110[V])의 $\dfrac{6}{11}$배가 걸리므로 가장 먼저 절연이 파괴된다.

29 제어동작에 따른 제어계의 분류에 대한 설명 중 틀린 것은?

① 미분동작 : D동작 또는 Rate동작이라고 부르며, 동작신호의 기울기에 비례한 조작신호를 만든다.

② 적분동작 : I동작 또는 리셋동작이라고 부르며, 적분값의 크기에 비례하여 조절신호를 만든다.

③ 2위치제어 : On/Off 동작이라고도 하며, 제어량이 목푯값보다 작은지 큰지에 따라 조작량으로 On 또는 Off의 두 가지 값의 조절신호를 발생한다.

④ 비례동작 : P동작이라고도 부르며, 제어동작신호에 반비례하는 조절신호를 만드는 제어동작이다.

해설

제어동작에 따른 분류

• 2위치제어(On/Off 동작) : 제어동작신호에 비례하는 조절신호를 만드는 제어동작으로서 사이클링 현상과 정상(잔류)편차(Off-Set)가 발생한다.

• 비례동작(P동작) : 목푯값과 제어량의 편차 크기에 비례하여 조작부를 제어하며 정상(잔류)편차(Off-Set)가 발생하는 제어동작이다.

• 적분동작(I동작) : 제어 편차의 크기와 편차가 발생하고 있는 시간에 둘러싸인 면적의 크기에 비례하여 조작부를 제어하는 제어동작으로서 적분값에 비례하여 조작부를 제어하며 정상(잔류)편차가 제거되지만 진동이 발생된다.

• 미분동작(D동작) : 제어 편차가 검출될 때 편차가 변화하는 속도에 비례하여 조작량을 가감하여 제어하는 제어동작으로서 편차가 커지는 것을 미연에 방지한다.

• 비례적분동작(PI동작) : 비례동작에서 발생한 정상(잔류)편차를 소멸시키기 위해 적분동작을 조합시킨 제어동작으로서 정상특성을 개선하지만 간헐현상이 있다.

• 비례미분동작(PD동작) : 제어결과에 빨리 도달하도록 미분동작을 조합시킨 제어동작으로서 제어계의 응답 속응성을 개선하기 위해 사용한다.

• 비례적분미분동작(PID동작) : 비례적분동작에서 진동(간헐현상)이 발생하는 결점을 보완하기 위해 미분동작을 적용하여 응답 속응성을 개선한 제어동작이다.

30
$R-L-C$ 직렬 공진회로에서 제 n 고조파의 공진주파수(f_n)는?

① $\dfrac{1}{2\pi n\sqrt{LC}}$ ② $\dfrac{1}{\pi n\sqrt{LC}}$

③ $\dfrac{1}{2\pi\sqrt{nLC}}$ ④ $\dfrac{n}{2\pi\sqrt{LC}}$

해설

n차 고조파의 공진주파수

- 유도성 리액턴스 $X_{Ln} = 2\pi nfL[\Omega]$
- 용량성 리액턴스 $X_{Cn} = \dfrac{1}{2\pi nfC}[\Omega]$
- ∴ 공진회로이므로 $X_{Ln} = X_{Cn}$

$2\pi nfL = \dfrac{1}{2\pi nfC}$ 에서 $f^2 = \dfrac{1}{(2\pi n)^2 LC}$ 이고

공진주파수 $f = \dfrac{1}{2\pi n\sqrt{LC}}$ [Hz]

31
그림과 같은 유접점 회로의 논리식은?

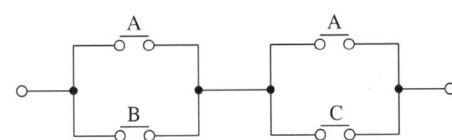

① $A + BC$ ② $AB + C$
③ $B + AC$ ④ $AB + BC$

해설

논리식의 간략화

- 병렬회로는 OR 회로로서 논리식은 $X = A+B$, 직렬회로는 AND 회로로서 $X = A \cdot B$이다.
- $(A+B)(A+C) = AA + AC + AB + BC$
  $= A + AC + AB + BC = A(1+C) + AB + BC$
  $= A \cdot 1 + AB + BC = A + AB + BC = A(1+B) + BC$
  $= A \cdot 1 + BC = A + BC$

32
용량 10[kVA]의 단권변압기를 그림과 같이 접속하면 역률 80[%]의 부하에 몇 [kW]의 전력을 공급할 수 있는가?

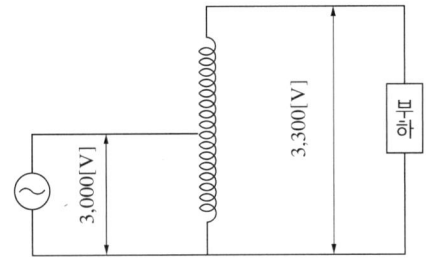

① 8
② 54
③ 80
④ 88

해설

단권변압기 : 1차 권선과 2차 권선을 직렬로 연결한 변압기이다.

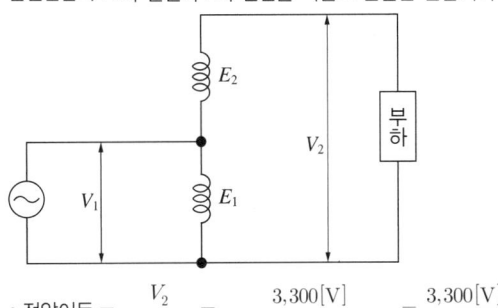

- 전압이득 $= \dfrac{V_2}{V_2 - V_1} = \dfrac{3,300[V]}{3,300[V] - 3,000[V]} = \dfrac{3,300[V]}{300[V]}$
- 부하전력 $P = $ 전압이득 $\times$ 자기용량 $\times$ 역률
  $= \dfrac{3,300[V]}{300[V]} \times 10[kVA] \times 0.8$
  $= 88[kW]$

33 3상 유도전동기의 기동법이 아닌 것은?

① Y $-\triangle$ 기동법
② 기동 보상기법
③ 1차 저항 기동법
④ 전전압 기동법

해설
3상 유도전동기의 기동법
- 농형 유도전동기의 기동법
  - 전전압 기동법 : 별도의 기동장치를 사용하지 않고 직접 정격전압을 인가하여 기동하며 출력이 3.7[kW], 5[HP] 이하의 소용량 전동기에 사용한다.
  - Y-$\triangle$ 기동법 : 5~15[kW] 이하의 전동기에 사용되며 기동전류와 기동토크가 $\frac{1}{3}$로 감소한다.
  - 기동 보상기법 : 15[kW] 이상의 전동기에 사용되며 탭 전압은 정격전압의 50[%], 65[%], 80[%]를 표준으로 한다.
  - 리액터 기동법 : 전전압 기동법으로 기동전류가 큰 경우 1차측에 직렬로 리액터를 접속하고 기동 완료 후에 리액터를 개폐기로 단락시키는 방법이다.
- 권선형 유도전동기의 기동법
  - 2차 저항 제어법 : 비례추이의 원리를 이용하여 기동전류는 작게 하고 기동토크를 크게 하여 기동하는 방법이다.

34 $R-C$ 직렬회로에서 저항 R을 고정시키고 X_C를 0에서 ∞까지 변화시킬 때 어드미턴스 궤적은?

① 1사분면 내의 반원이다.
② 1사분면 내의 직선이다.
③ 4사분면 내의 반원이다.
④ 4사분면 내의 직선이다.

해설
R(저항)-C(콘덴서) 직렬회로의 어드미턴스 궤적
- 어드미턴스 $Y = \frac{1}{Z} = \frac{1}{\sqrt{R^2 + X_C^2}} = \frac{1}{\sqrt{R^2 + \left(\frac{1}{\omega C}\right)^2}}$ 를

복소수로 표현하면 다음과 같다.

$$\dot{Y} = \frac{1}{R - j\frac{1}{\omega C}} = \frac{R + j\frac{1}{\omega C}}{\left(R - j\frac{1}{\omega C}\right)\left(R + j\frac{1}{\omega C}\right)} = \frac{R + j\frac{1}{\omega C}}{R^2 - j^2 \frac{1}{(\omega C)^2}}$$

$$= \frac{R + j\frac{1}{\omega C}}{R^2 - (-1)\frac{1}{(\omega C)^2}} = \frac{R + j\frac{1}{\omega C}}{R^2 + \frac{1}{(\omega C)^2}}$$

$$= \frac{R}{R^2 + \frac{1}{(\omega C)^2}} + j\frac{\frac{1}{\omega C}}{R^2 + \frac{1}{(\omega C)^2}}$$

$$= \frac{\omega^2 C^2 R}{1 + \omega^2 C^2 R^2} + j\frac{\omega C}{1 + \omega^2 C^2 R^2}$$

- 허수부(복소수 j)가 (+)값을 가지므로 1사분면에 있다.
∴ 용량성 리액턴스 $X_C = \frac{1}{\omega C}$에서 ω를 0에서 ∞까지 변화시키면 어드미턴스 궤적은 1사분면 내의 반원이다.

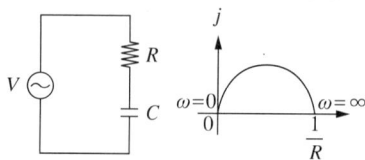

Plus one

R(저항)-L(인덕턴스) 직렬회로의 어드미턴스 궤적
- 어드미턴스 $Y = \frac{1}{Z} = \frac{1}{\sqrt{R^2 + X_L^2}} = \frac{1}{\sqrt{R^2 + (\omega L)^2}}$ 를

복소수로 표현하면 다음과 같다.

$$\dot{Y} = \frac{1}{R + j\omega L} = \frac{R - j\omega L}{(R + j\omega L)(R - j\omega L)} = \frac{R - j\omega L}{R^2 - j^2(\omega L)^2}$$

$$= \frac{R - j\omega L}{R^2 - (-1)(\omega L)^2} = \frac{R - j\omega L}{R^2 + (\omega L)^2}$$

$$= \frac{R}{R^2 + (\omega L)^2} - j\frac{\omega L}{R^2 + (\omega L)^2}$$

- 허수부(복소수 j)가 (-)값을 가지므로 4사분면에 있다.
∴ 유도성 리액턴스 $X_L = \omega L$에서 ω를 0에서 ∞까지 변화시키면 어드미턴스 궤적은 4사분면 내의 반원이다.

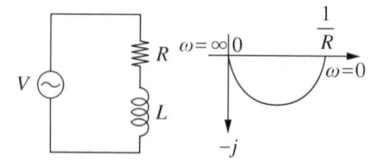

35 한 상의 임피던스가 $Z = 16 + j12[\Omega]$인 Y 결선 부하에 대칭 3상 선간전압 380[V]를 가할 때 유효전력은 약 몇 [kW]인가?

① 5.8
② 7.2
③ 17.3
④ 21.6

해설

Y 결선의 유효(부하)전력(P)

- I_l은 부하전류(선전류), I_p는 상전류, V_l은 선간전압, V_p는 상전압일 때
  - 선전류(부하전류) $I_l = I_p = \dfrac{V_p}{Z} = \dfrac{V_l}{\sqrt{3}\,Z}$
  - 선간전압 $V_l = \sqrt{3}\,V_p$, 상전압 $V_p = \dfrac{V_l}{\sqrt{3}}$

- 임피던스 $Z = R + jX$에서 $Z = \sqrt{R^2 + X^2}$ 이므로
  $Z = \sqrt{(16[\Omega])^2 + (12[\Omega])^2} = 20[\Omega]$

- 역률 $\cos\theta = \dfrac{R}{Z}$에서 $\cos\theta = \dfrac{16[\Omega]}{20[\Omega]} = 0.8$

- 유효전력 $P = \sqrt{3}\,I_l V_l \cos\theta = \sqrt{3}\,\dfrac{V_l}{\sqrt{3}\,Z} V_l \cos\theta$에서
  $P = \dfrac{V_l^2}{Z}\cos\theta = \dfrac{(380[V])^2}{20[\Omega]} \times 0.8 = 5,776[W] ≒ 5.8[kW]$

36 전지의 내부저항이나 전해액의 도전율 측정에 사용되는 것은?

① 접지저항계
② 캘빈 더블 브리지법
③ 콜라우시 브리지법
④ 메거

해설

측정기기

- 접지저항계 : 접지된 도체와 보조 전극 간에 전류를 흐르게 하여 측정된 전압과 전류의 양에 의해 접지 저항을 측정하는 계기이다.
- 캘빈 더블 브리지법 : 휘트스톤 브리지에 보조 저항을 첨가한 것으로 1[Ω] 이하의 저저항의 정밀 측정에 사용되는 계기이다.
- 콜라우시 브리지법 : 교류 전원을 사용한 미끄럼줄 브리지로 전지의 내부저항이나 전해액의 도전율을 측정하는 계기이다.
- 메거 : 절연저항을 측정하는 데 사용하는 계기이다.

37 PB-on 스위치와 병렬로 접속된 보조접점 X-a의 역할은?

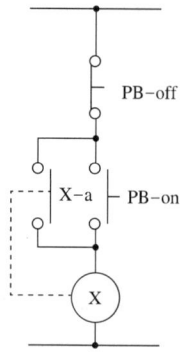

① 인터로크 회로
② 자기유지회로
③ 전원차단회로
④ 램프점등회로

해설
자기유지회로
- PB-on 스위치(푸시버튼스위치)를 누르면 계전기(X)가 여자되어 계전기의 보조접점(X-a)이 붙어 PB-on 스위치를 떼더라도 동작이 계속 유지되는 회로이다.
- 릴레이나 전자접촉기의 경우에는 보조접점에 의해 메모리 기능이 있어 동작을 기억할 수 있다.

38 균등 눈금을 사용하며 소비전력이 적게 소요되고 정확도가 높은 지시계기는?

① 가동코일형 계기
② 전류력계형 계기
③ 정전형 계기
④ 열전형 계기

해설
가동코일형 계기
- 영구 자석이 만드는 자기장 내에 가동 코일을 놓고 코일에 측정하고자 하는 전류를 흘리면 이 전류와 자기장 사이에 전자력이 발생하며 이 전자력을 구동토크로 한 계기이다.
- 균등 눈금을 사용하며 지시계기 중에서 감도나 정도가 가장 우수하다.
- 제작이 간단하고 가격이 저렴하다.

Plus one
지시계기
- 전류력계형 계기 : 고정코일과 가동코일을 설치하고 전기가 흐르는 두 코일 사이에서 작용하는 힘을 이용하는 계기이다.
- 정전형 계기 : 대전된 도체 사이에 작용하는 정전 흡인력 또는 반발력을 이용한 계기로 정전 전압계 또는 전위계는 전압을 직접 측정한다.
- 열전형 계기 : 전류의 열작용에 의한 열선의 팽창 또는 종류가 다른 금속의 접합점의 온도차에 의한 열기전력으로 가동코일형 계기를 동작하게 하는 계기이다.

39 다이오드를 여러 개 병렬로 접속하는 경우에 대한 설명으로 옳은 것은?

① 과전류로부터 보호할 수 있다.
② 과전압으로부터 보호할 수 있다.
③ 부하 측의 맥동률을 감소시킬 수 있다.
④ 정류기의 역방향 전류를 감소시킬 수 있다.

해설
다이오드의 직·병렬 접속
- 다이오드를 여러 개 병렬로 접속하면 전류가 분산되어 다이오드를 과전류로부터 보호할 수 있다.
- 정류다이오드를 여러 개 직렬로 접속하면 정류기 전체의 역전압을 합한 만큼 높은 전압까지 사용이 가능하게 되어 다이오드를 과전압으로부터 보호할 수 있다.

40 분류기를 써서 배율을 9로 하기 위한 분류기의 저항은 전류계 내부저항의 몇 배인가?

① $\dfrac{1}{8}$ ② $\dfrac{1}{9}$
③ 8   ④ 9

해설
분류기의 배율(m)
- 전류계의 측정범위를 확대하기 위하여 내부저항 R인 전류계에 병렬로 접속한 저항(R_s)을 분류기라고 한다.
- 전압 $I_s \dfrac{R \cdot R_s}{R+R_s} = IR$에서 배율 $m = \dfrac{I_s}{I} = \dfrac{R+R_s}{R_s} = 1 + \dfrac{R}{R_s}$

∴ 분류기의 내부저항 $R_s = \dfrac{1}{m-1}R$에서 $R_s = \dfrac{1}{9-1}R = \dfrac{1}{8}R$

Plus one
배율기의 배율(m)
- 직류 전압계의 측정범위를 확대하기 위하여 내부저항 R인 전압계에 직렬로 접속한 저항기이다.
- 전류 $\dfrac{V_m}{R_m+R} = \dfrac{V}{R}$에서
  배율 $m = \dfrac{V_m}{V} = \dfrac{R_m+R}{R} = 1 + \dfrac{R_m}{R}$

제3과목 소방관계법규

41 화재의 예방 및 안전관리에 관한 법률상 특정소방대상물의 화재안전조사 결과에 필요한 조치명령권자는?

① 대통령
② 시·도지사
③ 소방본부장이나 소방서장
④ 행정안전부장관

해설
화재안전조사 결과에 필요한 조치명령권자(법 제14조) : 소방관서장(소방청장, 소방본부장, 소방서장)

42 위험물안전관리법령상 위험물 탱크안전성능시험자가 되고자 하는 자는?

① 행정안전부장관의 지정을 받아야 한다.
② 시·도지사에게 등록해야 한다.
③ 시·도 소방본부장의 지정을 받아야 한다.
④ 소방서장에게 등록해야 한다.

해설
위험물 탱크안전성능시험자가 되고자 하는 자(법 제16조) : 시·도지사에게 등록

43 화재의 예방 및 안전관리에 관한 법률상 소방안전관리자에게 불이익한 처우를 한 관계인에 대한 벌칙은?

① 200만원 이하의 과태료
② 100만원 이하의 벌금
③ 200만원 이하의 벌금
④ 300만원 이하의 벌금

해설
소방안전관리자에게 불이익한 처우를 한 관계인에 대한 벌칙(법 제50조) : 300만원 이하의 벌금

정답 39 ① 40 ① 41 ③ 42 ② 43 ④

44 소방시설 설치 및 관리에 관한 법률 시행령상 "피난층"에 대한 용어의 정의로 가장 알맞은 것은?

① 지상 1층
② 2층 이상으로 피난에 용이한 층
③ 지상에 통하는 직통계단이 있는 층
④ 곧바로 지상으로 갈 수 있는 출입구가 있는 층

해설
피난층(영 제2조) : 곧바로 지상으로 갈 수 있는 출입구가 있는 층

45 소방시설 설치 및 관리에 관한 법률상 형식승인을 받지 않은 소방용품을 판매의 목적으로 진열했을 때의 벌칙으로 옳은 것은?

① 3년 이하의 징역 또는 3,000만원 이하의 벌금
② 2년 이하의 징역 또는 1,500만원 이하의 벌금
③ 1년 이하의 징역 또는 1,000만원 이하의 벌금
④ 1년 이하의 징역 또는 500만원 이하의 벌금

해설
3년 이하의 징역 또는 3,000만원 이하의 벌금(법 제57조) : 소방용품의 형식승인을 받지 않고 판매·진열하거나 소방시설공사에 사용한 자

46 위험물안전관리법령상 지정수량 이상의 위험물을 임시로 저장·취급할 수 있는 기간은?

① 100일 이상 ② 60일 이상
③ 90일 이내 ④ 120일 이내

해설
위험물 임시 저장기간(법 제5조) : 90일 이내

47 소방시설공사업법령상 하자보수의 보증기간이 다른 소방시설은?

① 자동소화장치
② 비상경보설비
③ 무선통신보조설비
④ 유도등

해설
소방시설공사의 하자보수 보증기간(영 제6조)
• 2년 : 비상경보설비, 비상방송설비, 피난기구, 유도등, 비상조명등 및 무선통신보조설비
• 3년 : 자동소화장치, 옥내소화전설비, 스프링클러설비 등, 물분무 등 소화설비, 옥외소화전설비, 자동화재탐지설비, 화재알림설비, 소화용수설비, 소화활동설비(무선통신보조설비 제외)

48 소방기본법상 소방용수시설인 저수조의 설치기준으로 옳지 않은 것은?

① 지면으로부터의 낙차가 4.5[m] 이하일 것
② 흡수 부분의 수심이 0.5[m] 이상일 것
③ 흡수관의 투입구가 사각형의 경우에는 한 변의 길이가 60[cm] 이상일 것
④ 저수조에 물을 공급하는 방법은 상수도에 연결하여 수동으로 급수되는 구조일 것

해설
저수조의 설치기준(규칙 별표 3)
• 지면으로부터의 낙차가 4.5[m] 이하일 것
• 흡수 부분의 수심이 0.5[m] 이상일 것
• 소방펌프자동차가 쉽게 접근할 수 있을 것
• 흡수에 지장이 없도록 토사 및 쓰레기 등을 제거할 수 있는 설비를 갖출 것
• 흡수관의 투입구가 사각형의 경우에는 한 변의 길이가 60[cm] 이상, 원형의 경우에는 지름이 60[cm] 이상일 것
• 저수조에 물을 공급하는 방법은 상수도에 연결하여 자동으로 급수되는 구조일 것

49 소방기본법상 소방활동장비 및 설비의 규격 및 종류와 국고보조산정을 위한 기준가격을 정하는 것은?

① 소방기본법
② 소방기본법 시행규칙
③ 소방청예규
④ 시·도의 조례

해설
소방활동장비 및 설비의 규격 및 종류와 기준가격(영 제2조, 규칙 제5조) : 행정안전부령으로 정하며 규칙 별표1의2를 따른다.

50 소방시설공사업법령상 소방시설공사업자의 시공능력 평가방법에 있어서 경력평가액 산출 공식은?

① 실적평가액 × 공사업 영위기간 평점 × $\frac{20}{100}$

② 실적평가액 × 공사업 영위기간 평점 × $\frac{30}{100}$

③ 실적평가액 × 공사업 영위기간 평점 × $\frac{50}{100}$

④ 실적평가액 × 공사업 영위기간 평점 × $\frac{60}{100}$

해설
시공능력 평가의 평가방법(규칙 별표 4)
- 시공능력평가액 = 실적평가액 + 자본금평가액 + 기술력평가액 + 경력평가액 ± 신인도평가액
- 실적평가액 = 연평균공사 실적액
- 자본금평가액 = 실질자본금 × 실질자본금의 평점 × 70/100
- 기술력평가액 = 전년도 공사업계의 기술자 1인당 평균생산액 × 보유기술인력 가중치합계 × 30/100 + 전년도 기술개발투자액
- 경력평가액 = 실적평가액 × 공사업 영위기간 평점 × $\frac{20}{100}$

51 소방시설 설치 및 관리에 관한 법률상 면적이나 구조에 관계없이 물분무 등 소화설비를 반드시 설치해야 하는 특정소방대상물은?

① 주차장
② 항공기 격납고
③ 발전실, 변전실
④ 주차용 건축물

해설
물분무 등 소화설비의 설치기준(영 별표 4)
- 항공기 및 자동차 관련 시설 중 항공기 격납고
- 차고, 주차용 건축물 또는 철골 조립식 주차시설. 이 경우 연면적 800[m²] 이상인 것만 해당한다.
- 건축물 내부에 설치된 차고 또는 주차장으로서 차고 또는 주차의 용도로 사용되는 부분의 면적의 합계가 200[m²] 이상인 경우(50세대 미만인 연립주택 및 다세대주택은 제외한다)
- 기계장치에 의한 주차시설을 이용하여 20대 이상의 차량을 주차할 수 있는 시설
- 전기실, 발전실, 변전실, 축전지실, 통신기기실, 전산실로서 바닥면적이 300[m²] 이상인 것

52 소방시설 설치 및 관리에 관한 법률상 무창층 개구부의 요건으로 알맞은 것은?

① 해당 층의 바닥면으로부터 개구부 밑부분까지의 높이가 1.5[m] 이내일 것
② 그기는 지름 50[cm] 이상의 원이 통과할 수 있을 것
③ 도로 또는 차량이 진입할 수 없는 빈터를 향할 것
④ 내부 또는 외부에서 쉽게 부수거나 열 수 없을 것

해설
무창층(영 제2조)
- 크기는 지름 50[cm] 이상의 원이 통과할 수 있을 것
- 해당 층의 바닥면으로부터 개구부의 밑부분까지의 높이가 1.2[m] 이내일 것
- 도로 또는 차량이 진입할 수 있는 빈터를 향할 것
- 화재 시 건축물로부터 쉽게 피난할 수 있도록 창살이나 그 밖의 장애물이 설치되지 않을 것
- 내부 또는 외부에서 쉽게 부수거나 열 수 있을 것

정답 49 ② 50 ① 51 ② 52 ②

53 화재의 예방 및 안전관리에 관한 법률상 화재예방강화지구의 지정권자는?

① 시장·군수·구청장
② 시·도지사
③ 소방본부장이나 소방서장
④ 시장 군수

해설
화재예방강화지구의 지정권자(법 제18조) : 시·도지사

54 소방기본법상 화재예방·소방활동 또는 소방훈련을 위하여 사용되는 소방신호의 종류로 볼 수 없는 것은?

① 출동신호
② 해제신호
③ 발화신호
④ 훈련신호

해설
소방신호(규칙 별표 4)
- 정의 : 화재예방, 소방활동 또는 소방훈련을 위하여 사용되는 신호
- 소방신호의 종류와 방법 : 행정안전부령
- 소방신호의 종류와 방법

신호 종류	발령 시기	타종신호	사이렌 신호
경계 신호	화재예방상 필요하다고 인정되거나 화재위험 경보 시 발령	1타와 연2타를 반복	5초 간격을 두고 30초씩 3회
발화 신호	화재가 발생한 때 발령	난 타	5초 간격을 두고 5초씩 3회
해제 신호	소화활동의 필요 없다고 인정되는 때 발령	상당한 간격을 두고 1타씩 반복	1분간 1회
훈련 신호	훈련상 필요하다고 인정되는 때 발령	연 3타 반복	10초 간격을 두고 1분씩 3회

55 소방시설공사업법령상 소방시설공사업 등록신청 시 제출해야 할 자산평가액 또는 기업진단보고서는 신청일 전 최근 며칠 이내에 작성한 것이어야 하는가?

① 90일
② 120일
③ 150일
④ 180일

해설
소방시설업의 등록신청(규칙 제2조) : 소방시설공사업 등록신청 시 자산평가액 또는 기업진단보고서는 신청일 전 90일 이내에 작성한 것이어야 한다.

56 화재의 예방 및 안전관리에 관한 법률상 소방안전관리자를 두어야 할 특정소방대상물 중 특급 소방안전관리대상물에 해당되지 않는 것은?

① 50층 이상(지하층은 제외)이거나 지상으로부터 높이가 200[m] 이상인 아파트
② 가연성 가스를 1천[ton] 이상 저장·취급하는 시설
③ 연면적이 10만[m^2] 이상인 특정소방대상물(아파트는 제외)
④ 30층 이상(지하층 포함)이거나 지상으로부터 높이가 120[m] 이상인 특정소방대상물(아파트는 제외)

해설
특급 소방안전관리대상물(영 별표 2)
- 50층 이상(지하층은 제외)이거나 지상으로부터 높이가 200[m] 이상인 아파트
- 30층 이상(지하층 포함)이거나 지상으로부터 높이가 120[m] 이상인 특정소방대상물(아파트는 제외)
- 연면적이 10만[m^2] 이상인 특정소방대상물(아파트는 제외)

57 화재의 예방 및 안전관리에 관한 법률상 방염대상물품 중 제조 또는 가공공정에서 방염처리를 해야 하는 물품이 아닌 것은?

① 영화상영관에 설치하는 스크린
② 두께가 2[mm] 미만인 종이벽지
③ 바닥에 설치하는 카펫
④ 창문에 설치하는 블라인드

해설
제조 또는 가공공정에서 방염처리 대상 물품(영 제31조)
• 창문에 설치하는 커튼류(블라인드 포함)
• 카 펫
• 벽지류(두께가 2[mm] 미만인 종이벽지는 제외)
• 전시용 합판·목재 또는 섬유판, 무대용 합판·목재 또는 섬유판(합판·목재류의 경우 불가피하게 설치 현장에서 방염처리한 것을 포함)
• 암막, 무대막(영화상영관에 설치하는 스크린과 가상체험체육시설업에 설치하는 스크린을 포함한다)
• 섬유류 또는 합성수지류 등을 원료로 하여 제작된 소파·의자(단란주점영업, 유흥주점영업 및 노래연습장업의 영업장에 설치하는 것으로 한정한다)

58 소방시설 설치 및 관리에 관한 법률상 소방시설관리업자에게 연 1회 이상 종합점검을 받아야 하는 대상으로 알맞은 것은?(기존 설치된 건축물에 한한다)

① 연면적 3,000[m²] 이상 특정소방대상물
② 옥내소화전설비가 설치된 특정소방대상물
③ 연면적 5,000[m²] 이상이고 층수가 15층인 아파트
④ 스프링클러설비가 설치된 특정소방대상물

해설
스프링클러설비가 설치된 특정소방대상물은 무조건 종합점검 대상이다(규칙 별표 3).

59 소방시설 설치 및 관리에 관한 법률상 소방시설관리업에 대한 영업정지를 명하는 경우로서 영업정지처분에 갈음하여 과징금을 부과할 수 있는 바, 다음 중 과징금 처분과 관련된 내용으로 옳지 않은 것은?

① 5,000만원 이하의 과징금을 부과할 수 있다.
② 과징금의 처분권자는 시·도지사이다.
③ 시·도지사는 과징금을 납부해야 하는 자가 납부기한까지 이를 납부하지 않는 때에는 지방행정제재·부과금의 징수 등에 관한 법률에 따라 이를 징수한다.
④ 과징금을 부과하는 위반행위의 종류와 정도 등에 따른 과징금의 금액, 그 밖의 필요한 사항은 행정안전부령으로 정한다.

해설
소방시설관리업의 과징금(법 제36조) : 3,000만원 이하

60 위험물안전관리법령상 운송책임자의 감독·지원을 받아 운송해야 하는 위험물은?

① 과염소산·질산
② 알킬알루미늄·알킬리튬
③ 아염소산염류·과염소산염류
④ 마그네슘·질산염류

해설
운송책임자의 감독·지원을 받아 운송해야 하는 위험물(영 제19조)
• 알킬알루미늄
• 알킬리튬
• 알킬알루미늄 또는 알킬리튬의 물질을 함유하는 위험물

정답 57 ② 58 ④ 59 ① 60 ②

제4과목 소방전기시설의 구조 및 원리

61 자동화재탐지설비 및 시각경보장치의 화재안전기술기준(NFTC 203)에 따라 부착높이 20[m] 이상에 설치되는 광전식 중 아날로그방식의 감지기는 공칭감지농도 하한값이 감광률 몇 [%/m] 미만이어야 하는가?

① 3
② 5
③ 7
④ 10

해설
광전식 감지기 중 아날로그방식의 감지기 설치기준(NFTC 203) : 부착높이 20[m] 이상에 설치되는 광전식 중 아날로그방식의 감지기는 공칭감지농도 하한값이 감광률 5[%/m] 미만인 것으로 한다.

62 유도등의 전기회로에 점멸기를 설치할 수 있는 장소에 해당되지 않는 것은?(단, 유도등은 3선식 배선에 따라 상시 충전되는 구조이다)

① 공연장으로서 어두워야 할 필요가 있는 장소
② 특정소방대상물의 관계인이 주로 사용하는 장소
③ 외부의 빛에 의해 피난구 또는 피난방향을 쉽게 식별할 수 있는 장소
④ 지하층을 제외한 층수가 11층 이상의 장소

해설
유도등의 전기회로에 점멸기를 설치할 수 있는 장소(NFTC 303) : 유도등은 전기회로에 점멸기를 설치하지 않고 항상 점등 상태를 유지할 것. 다만, 특정소방대상물 또는 그 부분에 사람이 없거나 다음의 어느 하나에 해당하는 장소로서 3선식 배선에 따라 상시 충전되는 구조인 경우에는 그렇지 않다.
- 공연장, 암실(暗室) 등으로서 어두워야 할 필요가 있는 장소
- 특정소방대상물의 관계인 또는 종사원이 주로 사용하는 장소
- 외부의 빛에 의해 피난구 또는 피난방향을 쉽게 식별할 수 있는 장소

63 무선통신보조설비의 증폭기 전면에는 주 회로 전원의 정상 여부를 표시할 수 있도록 설치하는 것으로 옳은 것은?

① 전력계 및 전류계
② 전류계 및 전압계
③ 표시등 및 전압계
④ 표시등 및 전력계

해설
무선통신보조설비의 증폭기 및 무선중계기 설치기준(NFTC 505)
- 증폭기의 전면에는 주 회로 전원의 정상 여부를 표시할 수 있는 표시등 및 전압계를 설치할 것
- 상용전원은 전기가 정상적으로 공급되는 축전지설비, 전기저장장치 또는 교류전압의 옥내간선으로 하고, 전원까지의 배선은 전용으로 할 것
- 증폭기에는 비상전원이 부착된 것으로 하고 해당 비상전원 용량은 무선통신보조설비를 유효하게 30분 이상 작동시킬 수 있는 것으로 할 것

64 근린생활시설 중 입원실이 있는 의원의 3층에 적응성이 없는 피난기구는?

① 피난용트랩
② 피난사다리
③ 피난교
④ 구조대

해설
특정소방대상물의 설치장소별 피난기구의 적응성(NFTC 301)

층별 설치장소별	1층	2층	3층	4층 이상 10층 이하
노유자시설	미끄럼대 구조대 피난교 다수인피난장비 승강식 피난기	미끄럼대 구조대 피난교 다수인피난장비 승강식 피난기	미끄럼대 구조대 피난교 다수인피난장비 승강식 피난기	구조대 피난교 다수인피난장비 승강식 피난기
의료시설·근린생활시설 중 입원실이 있는 의원·접골원·조산원			미끄럼대 구조대 피난교 피난용트랩 다수인피난장비 승강식 피난기	구조대 피난교 피난용트랩 다수인피난장비 승강식 피난기
다중이용업소로서 영업장의 위치가 4층 이하인 다중이용업소		미끄럼대 피난사다리 구조대 완강기 다수인피난장비 승강식 피난기	미끄럼대 피난사다리 구조대 완강기 다수인피난장비 승강식 피난기	미끄럼대 피난사다리 구조대 완강기 다수인피난장비 승강식 피난기
그 밖의 것			피난용트랩 미끄럼대 피난사다리 구조대 완강기 피난교 간이완강기 공기안전매트 다수인피난장비 승강식 피난기	피난사다리 구조대 완강기 피난교 간이완강기 공기안전매트 다수인피난장비 승강식 피난기

65 자동화재탐지설비 및 시각경보장치의 화재안전기술기준(NFTC 203)에서 정하는 경계구역의 설정기준으로 옳은 것은?

① 하나의 경계구역이 3 이상의 건축물에 미치지 않도록 해야 한다.
② 하나의 경계구역의 면적은 500[m²] 이하로 하고 한 변의 길이는 60[m] 이하로 해야 한다.
③ 하나의 경계구역이 2 이상의 층에 미치지 않도록 해야 한다.
④ 특정소방대상물의 주된 출입구에서 그 내부 전체가 보이는 것에 있어서는 한 변의 길이가 100[m]의 범위 내에서 1,500[m²] 이하로 할 수 있다.

해설
경계구역의 설정기준(NFTC 203)
• 하나의 경계구역이 2 이상의 건축물에 미치지 않도록 할 것
• 하나의 경계구역이 2 이상의 층에 미치지 않도록 할 것. 다만, 500[m²] 이하의 범위 안에서는 2개의 층을 하나의 경계구역으로 할 수 있다.
• 하나의 경계구역의 면적은 600[m²] 이하로 하고 한 변의 길이는 50[m] 이하로 할 것. 다만, 해당 특정소방대상물의 주된 출입구에서 그 내부 전체가 보이는 것에 있어서는 한 변의 길이가 50[m]의 범위 내에서 1,000[m²] 이하로 할 수 있다.
• 외기에 면하여 상시 개방된 부분이 있는 차고·주차장·창고 등에 있어서는 외기에 면하는 각 부분으로부터 5[m] 미만의 범위 안에 있는 부분은 경계구역의 면적에 산입하지 않는다.

66 비상조명등의 설치제외 기준 중 다음 (   ) 안에 알맞은 것은?

거실의 각 부분으로부터 하나의 출입구에 이르는 보행거리가 (   )[m] 이내인 부분

① 2　　　　② 5
③ 15　　　　④ 25

해설
비상조명등의 설치제외 기준(NFTC 304)
• 거실의 각 부분으로부터 하나의 출입구에 이르는 보행거리가 15[m] 이내인 부분
• 의원·경기장·공동주택·의료시설·학교의 거실

67 주요구조부가 내화구조로 된 특정소방대상물에 자동화재탐지설비의 감지기를 열전대식 차동식 분포형으로 설치하려고 한다. 바닥면적이 256[m²]일 경우 열전대부와 검출부는 각각 최소 몇 개 이상으로 설치해야 하는가?

① 열전대부 11개, 검출부 1개
② 열전대부 12개, 검출부 1개
③ 열전대부 11개, 검출부 2개
④ 열전대부 12개, 검출부 2개

해설

열전대식 차동식 분포형 감지기의 설치기준(NFTC 203)
- 열전대부는 감지구역의 바닥면적 18[m²](주요구조부가 내화구조로 된 특정소방대상물에 있어서는 22[m²])마다 1개 이상으로 할 것. 다만, 바닥면적이 72[m²](주요구조부가 내화구조로 된 특정소방대상물에 있어서는 88[m²]) 이하인 특정소방대상물에 있어서는 4개 이상으로 해야 한다.
- 하나의 검출부에 접속하는 열전대부는 20개 이하로 할 것. 다만, 각각의 열전대부에 대한 작동 여부를 검출부에서 표시할 수 있는 것(주소형)은 형식승인 받은 성능인정범위 내의 수량으로 설치할 수 있다.
  - 주요구조부가 내화구조인 특정소방대상물의 열전대부 설치
    개수 $= \dfrac{256[\text{m}^2]}{22[\text{m}^2]} = 11.6 ≒ 12$개
  - 하나의 검출부에 접속하는 열전대부의 개수가 20개 이하이므로 검출부는 1개이다.

68 지하층을 제외한 층수가 11층 이상의 층에서 피난층에 이르는 부분의 소방시설에 있어 비상전원을 60분 이상 유효하게 작동시킬 수 있는 용량으로 해야 하는 설비들로 옳게 나열된 것은?

① 비상조명등, 유도등
② 비상조명등, 비상경보설비
③ 비상방송설비, 유도등
④ 비상방송설비, 비상경보설비

해설

비상조명등와 유도등의 비상전원의 용량(NFTC 304)
- 비상전원은 비상조명등과 유도등을 20분 이상 유효하게 작동시킬 수 있는 용량으로 할 것
- 다음의 특정소방대상물의 경우에는 그 부분에서 피난층에 이르는 부분의 비상조명등과 유도등을 60분 이상 유효하게 작동시킬 수 있는 용량으로 해야 한다.
  - 지하층을 제외한 층수가 11층 이상의 층
  - 지하층 또는 무창층으로서 용도가 도매시장·소매시장·여객자동차터미널·지하역사 또는 지하상가

Plus one

비상경보설비(비상벨설비 또는 자동식사이렌설비)와 비상방송설비에는 그 설비에 대한 감시상태를 60분간 지속한 후 유효하게 10분 이상 경보할 수 있는 축전지설비(수신기에 내장하는 경우를 포함) 또는 전기저장장치를 설치해야 한다.

69 유도등의 형식승인 및 제품검사의 기술기준에서 표시면이 가로와 세로의 비율이 1:1인 소형피난구유도등의 표시면의 길이는 몇 [mm] 이상으로 해야 하는가?

① 250
② 200
③ 130
④ 100

> **해설**
> 유도등의 표시면의 크기와 휘도(제8조)
> - 표시면의 크기 중 1:1 표시면은 가로와 세로의 길이가 같은 정사각 형태의 유도등을 말한다.
> - 기타 표시면은 짧은 변의 최소길이와 최소면적 이상인 직사각 형태의 유도등을 말한다.

종별		1:1 표시면 [mm]	기타 표시면		평균휘도[cd/m²]	
			짧은 변 [mm]	최소면적 [m²]	상용점등 시	비상점등 시
피난구 유도등	대형	250 이상	200 이상	0.0625	320 이상 800 미만	100 이상
	중형	200 이상	140 이상	0.04	250 이상 800 미만	
	소형	100 이상	100 이상	0.01	150 이상 800 미만	
통로 유도등	대형	400 이상	200 이상	0.16	500 이상 1,000 미만	150 이상
	중형	200 이상	110 이상	0.04	350 이상 1,000 미만	
	소형	130 이상	85 이상	0.0169	300 이상 1,000 미만	

70 누전경보기의 형식승인 및 제품검사의 기술기준에 따른 누전경보기 변류기의 기능검사 항목이 아닌 것은?

① 전로개폐시험
② 단락전압강도시험
③ 충격파내전압시험
④ 전압강하방지시험

> **해설**
> 누전경보기 변류기의 기능검사 항목
> - 온도특성시험
> - 습도시험
> - 전로개폐시험
> - 단락전류강도시험
> - 과누전시험
> - 노화시험
> - 방수시험
> - 진동시험
> - 충격시험
> - 절연저항시험
> - 절연내력시험
> - 충격파내전압시험
> - 전압강하방지시험
>
> **Plus one**
> 누전경보기 수신부의 기능검사 항목
> - 전원전압변동시험
> - 온도특성시험
> - 습도시험
> - 과입력전압시험
> - 개폐기의 조작시험
> - 반복시험
> - 진동시험
> - 충격시험
> - 살수시험
> - 방수시험
> - 절연저항시험
> - 절연내력시험
> - 충격파내전압시험

정답 69 ④ 70 ②

71 누전경보기의 화재안전기술기준(NFTC 205)에서 정하는 음향장치의 설치 위치로 옳은 것은?

① 옥내의 점검에 편리한 장소
② 옥외 인입선의 제1지점의 부하 측의 점검이 쉬운 위치
③ 수위실 등 상시 사람이 근무하는 장소
④ 옥외 인입선의 제2종 접지선 측의 점검이 쉬운 위치

해설
누전경보기의 음향장치 설치 위치(NFTC 205) : 수위실 등 상시 사람이 근무하는 장소에 설치해야 하며, 그 음량 및 음색은 다른 기기의 소음 등과 명확히 구별할 수 있는 것으로 해야 한다.

Plus one

누전경보기의 수신부 설치제외 장소
- 가연성의 증기·먼지·가스 등이나 부식성의 증기·가스 등이 다량으로 체류하는 장소
- 화약류를 제조하거나 저장 또는 취급하는 장소
- 습도가 높은 장소
- 온도의 변화가 급격한 장소
- 대전류회로·고주파 발생회로 등에 따른 영향을 받을 우려가 있는 장소

72 자동화재속보설비를 설치해야 하는 특정소방대상물의 기준 중 다음 ( ) 안에 알맞은 것은?

> 의료시설 중 정신병원 및 의료재활시설로 사용되는 바닥면적의 합계가 ( )[m²] 이상인 층이 있는 것

① 300
② 500
③ 1,000
④ 1,500

해설
자동화재속보설비를 설치해야 하는 특정소방대상물(소방시설법 영 별표 4) : 의료시설 중 종합병원, 병원, 치과병원, 한방병원 및 요양병원(의료재활시설은 제외) 또는 정신병원 및 의료재활시설로 사용되는 바닥면적의 합계가 500[m²] 이상인 층이 있는 것

73 자동화재속보설비의 속보기의 성능인증 및 제품검사의 기술기준에서 속보기의 기능은 작동신호(화재경보신호를 포함) 또는 수동작동스위치에 의한 다이얼링 후 소방관서와 전화접속이 이루어지지 않는 경우에는 최초 다이얼링을 포함하여 몇 회 이상 반복적으로 접속을 위한 다이얼링이 이루어져야 하는가?

① 3회
② 5회
③ 10회
④ 20회

해설
자동화재속보설비 속보기의 기능(제5조) : 속보기는 작동신호(화재경보신호를 포함한다) 또는 수동작동스위치에 의한 다이얼링 후 소방관서와 전화접속이 이루어지지 않는 경우에는 최초 다이얼링을 포함하여 10회 이상 반복적으로 접속을 위한 다이얼링이 이루어져야 한다. 이 경우 매 회 다이얼링 완료 후 호출은 30초 이상 지속되어야 한다.

74 피난기구의 화재안전기술기준(NFTC 301)에서 정하는 피난기구 설치개수의 기준 중 다음 ( ) 안에 알맞은 것은?

> 층마다 설치하되, 숙박시설·노유자시설 및 의료시설로 사용되는 층에 있어서는 그 층의 바닥면적 (㉠)[m²]마다, 위락시설·판매시설로 사용되는 층 또는 복합용도의 층에 있어서는 그 층의 바닥면적 (㉡)[m²]마다, 계단실형 아파트에 있어서는 각 세대마다, 그 밖의 용도의 층에 있어서는 그 층의 바닥면적 (㉢)[m²]마다 1개 이상 설치할 것

① ㉠ 300, ㉡ 500, ㉢ 1,000
② ㉠ 500, ㉡ 800, ㉢ 1,000
③ ㉠ 300, ㉡ 500, ㉢ 1,500
④ ㉠ 500, ㉡ 800, ㉢ 1,500

해설
피난기구의 설치개수 기준(NFTC 301)
- 층마다 설치하되, 숙박시설·노유자시설 및 의료시설로 사용되는 층에 있어서는 그 층의 바닥면적 500[m²]마다 1개 이상 설치할 것
- 층마다 설치하되, 위락시설·문화집회 및 운동시설·판매시설로 사용되는 층 또는 복합용도의 층에 있어서는 그 층의 바닥면적 800[m²]마다 1개 이상 설치할 것
- 계단실형 아파트에 있어서는 각 세대마다, 그 밖의 용도의 층에 있어서는 그 층의 바닥면적 1,000[m²]마다 1개 이상 설치할 것

75 자동화재속보설비의 속보기의 성능인증 및 제품검사의 기술기준에서 속보기에 예비전원을 병렬로 접속하는 경우 필요한 조치는?

① 역충전 방지 조치 ② 자동 직류 전환 조치
③ 계속 충전 유지 조치 ④ 접지 조치

해설
자동화재속보설비 속보기의 기능(제5조)
- 예비전원을 병렬로 접속하는 경우에는 역충전 방지 등의 조치를 하여야 한다.
- 예비전원은 감시상태를 60분간 지속한 후 10분 이상 동작(화재속보 후 화재표시 및 경보를 10분간 유지하는 것)이 지속될 수 있는 용량이어야 한다.
- 예비전원은 자동적으로 충전되어야 하며 자동과충전방지장치가 있어야 한다.
- 음성으로 통보되는 속보내용을 통하여 해당 소방대상물의 위치, 관계인 2명 이상의 연락처, 화재 발생 및 속보기에 의한 신고임을 확인할 수 있어야 한다.

76 무선통신보조설비의 화재안전기술기준(NFTC 505)에서 정하는 누설동축케이블의 설치기준으로 틀린 것은?

① 누설동축케이블 또는 동축케이블의 임피던스는 50[Ω]으로 한다.
② 누설동축케이블 및 안테나는 고압의 전로로부터 0.5[m] 이상 떨어진 위치에 설치한다.
③ 누설동축케이블과 이에 접속하는 안테나 또는 동축케이블과 이에 접속하는 안테나로 구성한다.
④ 누설동축케이블의 끝부분에는 무반사 종단저항을 견고하게 설치한다.

해설
누설동축케이블의 설치기준(NFTC 505)
- 누설동축케이블 또는 동축케이블의 임피던스는 50[Ω]으로 하고, 이에 접속하는 안테나·분배기 기타의 장치는 해당 임피던스에 적합한 것으로 해야 한다.
- 누설동축케이블 및 안테나는 고압의 전로로부터 1.5[m] 이상 떨어진 위치에 설치할 것. 다만, 해당 전로에 정전기 차폐장치를 유효하게 설치한 경우에는 그렇지 않다.
- 누설동축케이블과 이에 접속하는 안테나 또는 동축케이블과 이에 접속하는 안테나로 구성할 것
- 누설동축케이블의 끝부분에는 무반사 종단저항을 견고하게 설치할 것

77 부착높이가 6[m]이고, 주요구조부가 내화구조로 된 특정소방대상물 또는 그 부분에 정온식 스포트형 감지기 특종을 설치하고자 하는 경우 바닥면적 몇 [m²]마다 1개 이상 설치해야 하는가?

① 15 ② 25
③ 35 ④ 45

해설
차동식 스포트형·보상식 스포트형 및 정온식 스포트형 감지기 설치기준(NFTC 203) : 감지부는 부착높이 및 특정소방대상물에 따른 바닥면적[m²]마다 1개 이상을 설치할 것

부착높이 및 특정소방대상물의 구분		감지기의 종류				
		차동식·보상식 스포트형		정온식 스포트형		
		1종	2종	특종	1종	2종
4[m] 미만	내화구조	90	70	70	60	20
	기타 구조	50	40	40	30	15
4[m] 이상 8[m] 미만	내화구조	45	35	35	30	–
	기타 구조	30	25	25	15	–

∴ 부착높이가 6[m]이고, 내화구조로 된 특정소방대상물에 정온식 스포트형 감지기 특종을 설치하고자 하는 경우 바닥면적 35[m²]마다 1개 이상을 설치해야 한다.

78 경종의 우수품질인증 기술기준에서 경종의 기능시험에 대한 내용이다. 다음 (　) 안에 알맞은 것은?

경종의 중심으로부터 1[m] 떨어진 위치에서 (㉠)[dB] 이상이어야 하며, 최소청취거리에서 (㉡)[dB]을 초과하지 않아야 한다.

① ㉠ 90, ㉡ 110
② ㉠ 90, ㉡ 130
③ ㉠ 110, ㉡ 90
④ ㉠ 130, ㉡ 90

해설
경종의 기능시험(제4조)
- 경종의 중심으로부터 1[m] 떨어진 위치에서 90[dB] 이상이어야 하며, 최소청취거리에서 110[dB]을 초과하지 않아야 한다.
- 경종의 소비전류는 50[mA] 이하이어야 한다.

79 비상방송설비 화재안전기술기준(NFTC 202)에 대한 설명으로 틀린 것은?

① 다른 방송설비와 공용하는 경우에는 화재 시 비상경보 외의 방송을 차단할 수 있는 구조로 해야 한다.
② 비상방송설비의 축전지설비는 그 설비에 대한 감시상태를 10분간 지속한 후 유효하게 60분 이상 경보할 수 있어야 한다.
③ 확성기의 음성입력은 실외에 설치한 경우 3[W] 이상이어야 한다.
④ 음량조정기를 설치하는 경우 음량조정기의 배선은 3선식으로 한다.

해설

비상방송설비의 전원 설치기준(NFTC 202) : 비상방송설비에는 그 설비에 대한 감시상태를 60분간 지속한 후 유효하게 10분 이상 경보할 수 있는 축전지설비 또는 전기저장장치를 설치해야 한다.

Plus one

비상방송설비의 음향장치 설치기준
- 다른 방송설비와 공용하는 것에 있어서는 화재 시 비상경보 외의 방송을 차단할 수 있는 구조로 할 것
- 확성기의 음성입력은 3[W](실내에 설치하는 것에 있어서는 1[W]) 이상일 것
- 음량조정기를 설치하는 경우 음량조정기의 배선은 3선식으로 할 것
- 기동장치에 따른 화재신호를 수신한 후 필요한 음량으로 화재 발생 상황 및 피난에 유효한 방송이 자동으로 개시될 때까지의 소요시간은 10초 이내로 할 것
- 확성기는 각 층마다 설치하되, 그 층의 각 부분으로부터 하나의 확성기까지의 수평거리가 25[m] 이하가 되도록 하고, 해당 층의 각 부분에 유효하게 경보를 발할 수 있도록 설치할 것
- 조작부의 조작스위치는 바닥으로부터 0.8[m] 이상 1.5[m] 이하의 높이에 설치할 것
- 조작부는 기동장치의 작동과 연동하여 해당 기동장치가 작동한 층 또는 구역을 표시할 수 있는 것으로 할 것
- 다른 전기회로에 따라 유도장애가 생기지 않도록 할 것
- 음향장치는 정격전압의 80[%] 전압에서 음향을 발할 수 있는 것으로 할 것
- 음향장치는 자동화재탐지설비의 작동과 연동하여 작동할 수 있는 것으로 할 것

80 비상콘센트설비의 화재안전기술기준(NFTC 504)에서 정하는 전원회로의 설치기준 중 옳은 것은?

① 전원회로는 단상교류 220[V]인 것으로서, 그 공급용량은 3.0[kVA] 이상인 것으로 할 것
② 비상콘센트용의 풀박스 등은 방청도장을 한 것으로, 두께 2.0[mm] 이상의 철판으로 할 것
③ 하나의 전용회로에 설치하는 비상콘센트는 8개 이하로 할 것
④ 전원으로부터 각 층의 비상콘센트에 분기되는 경우에는 분기배선용 차단기를 보호함 안에 설치할 것

해설

비상콘센트설비의 전원회로 설치기준(NFTC 504)
- 비상콘센트설비의 전원회로는 단상교류 220[V]인 것으로서, 그 공급용량은 1.5[kVA] 이상인 것으로 할 것
- 비상콘센트용의 풀박스 등은 방청도장을 한 것으로서, 두께 1.6[mm] 이상의 철판으로 할 것
- 하나의 전용회로에 설치하는 비상콘센트는 10개 이하로 할 것. 이 경우 전선의 용량은 각 비상콘센트(비상콘센트가 3개 이상인 경우에는 3개)의 공급용량을 합한 용량 이상의 것으로 해야 한다.
- 전원으로부터 각 층의 비상콘센트에 분기되는 경우에는 분기배선용 차단기를 보호함 안에 설치할 것

2025년 제3회 최근 기출복원문제

제1과목 소방원론

01 소화방법 중 제거소화에 해당되지 않는 것은?

① 산불이 발생하면 화재의 진행 방향을 앞질러 벌목함
② 방 안에서 화재가 발생하면 이불이나 담요로 덮음
③ 가스화재 시 밸브를 잠가 가스 흐름을 차단함
④ 불타고 있는 장작더미 속에서 아직 타지 않은 것을 안전한 곳으로 운반함

해설
방 안에서 화재가 발생하면 이불이나 담요로 덮어 소화하는 방법은 질식소화이다.

02 전기화재의 원인으로 가장 관계가 없는 것은?

① 단 락
② 과전류
③ 누 전
④ 절연 과다

해설
전기화재의 발생원인 : 합선(단락), 과전류, 누전, 스파크, 배선불량, 전열기구의 과열

03 다음 연소에 관한 설명 중 틀린 것은?

① 알코올은 증발연소를 한다.
② 목재, 석탄은 분해연소를 한다.
③ 고체의 표면에서 연소가 일어나는 경우 표면연소라 한다.
④ 나트륨, 황의 연소형태는 자기연소이다.

해설
자기연소는 제5류 위험물의 연소이며, 나트륨은 제3류 위험물, 황은 제2류 위험물이다.

04 갑작스런 화재 발생 시 인간의 피난 특성으로 틀린 것은?

① 본능적으로 평상시 사용하는 출입구를 사용한다.
② 최초로 행동을 개시한 사람을 따라서 움직인다.
③ 공포감으로 인해시 빛을 피히어 어두운 곳으로 몸을 숨긴다.
④ 무의식중에 발화 장소의 반대쪽으로 이동한다.

해설
화재 시 인간의 피난 행동 특성
• 귀소본능 : 평소에 사용하던 출입구나 통로 등 습관적으로 친숙해 있는 경로로 도피하려는 본능
• 지광본능 : 공포감으로 인해서 밝은 방향으로 도피하려는 본능
• 추종본능 : 화재 발생 시 최초로 행동을 개시한 사람에 따라 전체가 움직이는 본능(많은 사람들이 달아나는 방향으로 무의식적으로 안전하다고 느껴 위험한 곳임에도 불구하고 따라가는 경향)
• 퇴피본능 : 연기나 화염에 대한 공포감으로 화원의 반대 방향으로 이동하려는 본능
• 좌회본능 : 좌측으로 통행하고 시계의 반대 방향으로 회전하려는 본능

정답 1 ② 2 ④ 3 ④ 4 ③

05 건축물의 주요구조부가 아닌 것은?

① 차 양
② 보
③ 기 둥
④ 바 닥

해설
주요구조부 : 내력벽, 기둥, 바닥, 보, 지붕틀, 주계단
※ 주요구조부 제외 : 사잇벽, 사잇기둥, 최하층의 바닥, 작은 보, 차양, 옥외계단

06 가연물에 대한 일반적인 설명으로 옳은 것은?

① 산소와 반응 시 흡열반응을 하는 것은 가연물이 될 수 없다.
② 구성 원소 중 산소가 포함된 유기물은 가연물이 될 수 없다.
③ 활성화에너지가 클수록 가연물이 되기 쉽다.
④ 산소와 친화력이 작을수록 가연물이 되기 쉽다.

해설
가연물
• 정의 : 산소와 반응하여 발열반응을 하는 물질
• 탄소(C), 수소(H), 산소(O)가 함유된 물질은 가연물이다.
• 활성화에너지가 작을수록 가연물이 되기 쉽다.
• 산소와 친화력이 클수록 가연물이 되기 쉽다.

07 물과 반응하여 위험성이 높아지는 물질이 아닌 것은?

① 칼 륨
② 나이트로셀룰로스
③ 나트륨
④ 수소화리튬

해설
나이트로셀룰로스는 화재 시 냉각소화인 물로서 진압한다. 물과 반응 시 가연성 가스인 수소가 발생하면 위험하다.
※ 물과의 반응식
• 칼 륨 $2K + 2H_2O \rightarrow 2KOH + H_2 \uparrow$
• 나트륨 $2Na + 2H_2O \rightarrow 2NaOH + H_2 \uparrow$
• 수소화리튬 $LiH + H_2O \rightarrow LiOH + H_2 \uparrow$

08 이산화탄소나 질소의 농도가 높아지면 연소속도에 어떠한 영향을 미치는가?

① 연소속도가 빨라진다.
② 연소속도가 느려진다.
③ 연소속도에는 변화가 없다.
④ 처음에는 느려지나 나중에는 빨라진다.

해설
이산화탄소나 질소의 농도가 높아지면 산소의 농도가 저하되므로 연소속도가 느려진다.

09 인화점이 낮은 것부터 높은 순서로 옳게 나열된 것은?

① 아세톤 < 이황화탄소 < 에틸알코올
② 이황화탄소 < 에틸알코올 < 아세톤
③ 에틸알코올 < 아세톤 < 이황화탄소
④ 이황화탄소 < 아세톤 < 에틸알코올

해설
제4류 위험물의 인화점

종 류	이황화탄소	아세톤	에틸알코올
구 분	특수인화물	제1석유류	알코올류
인화점	−30[℃]	−18.5[℃]	13[℃]

10 건축물에 화재가 발생하여 일정 시간이 경과하게 되면 일정 공간 안에 열과 가연성 가스가 축적되어 한순간에 폭발적으로 화재가 확산되는 현상을 무엇이라 하는가?

① 보일오버현상
② 플래시오버현상
③ 패닉현상
④ 리프팅현상

해설
용어 설명
- 보일오버 : 중질유 탱크에서 장시간 조용히 연소하다 탱크의 잔존기름이 갑자기 분출(Over Flow)하는 현상
- 플래시오버 : 건축물에 화재가 발생하여 일정 시간이 경과하게 되면 일정 공간 안에 열과 가연성 가스가 축적되어 한순간에 폭발적으로 화재가 확산되는 현상
- 패닉 : 화재가 발생하여 실내에 가연성 가스와 연기나 열 등이 충만되어 있어 이성을 잃은 공포 분위기의 상태
- 리프팅(Lifting, 선화) : 연료가스의 분출속도가 연소속도보다 빠를 때 불꽃이 버너의 노즐에서 떨어져 나가서 연소하는 현상으로 완전연소가 이루어지지 않으며 역화의 반대 현상이다(분출속도 > 연소속도).

11 화재 발생 시 소화 작업에 주로 물을 이용한다. 물을 이용하는 주된 목적은 무엇 때문인가?

① 가연물질을 제거하기 위해서
② 물의 증발잠열을 이용하기 위해서
③ 상대적으로 물의 비중이 작기 때문에
④ 물의 현열을 이용하기 위해서

해설
물을 소화약제로 사용하는 주된 이유는 증발잠열과 비열이 크기 때문이다.

12 위험물의 혼재의 기준에서 혼재가 가능한 위험물로 짝지어진 것은?(단, 위험물은 지정수량의 10배를 가정한다)

① 질산칼륨과 가솔린
② 과산화수소와 황린
③ 철분과 유기과산화물
④ 등유와 과염소산

해설
위험물의 혼재 가능
- 위험물 운반 시 혼재 가능(위험물법 규칙 별표 19)

위험물의 구분	제1류	제2류	제3류	제4류	제5류	제6류
제1류		×	×	×	×	○
제2류	×		×	○	○	×
제3류	×	×		○	×	×
제4류	×	○	○		○	×
제5류	×	○	×	○		×
제6류	○	×	×	×	×	

[비고]
1. "×"표시는 혼재할 수 없음을 표시한다.
2. "○"표시는 혼재할 수 있음을 표시한다.
3. 이 표는 지정수량의 $\frac{1}{10}$ 이하의 위험물에 대하여는 적용하지 않는다.

- 이 문제 출제자의 의도는 운반 시 혼재 가능을 질문하는 것이므로 제5류, 제2류, 제4류 위험물은 혼재가 가능하다.

종류	질산칼륨	가솔린	과산화수소	황린	철분	유기과산화물	등유	과염소산
유별	제1류	제4류	제6류	제3류	제2류	제5류	제4류	제6류

※ '혼재 가능'이란 문제가 나올 때 '운반'인지 '저장소'인지를 명확히 해야 한다.

13 일반적인 자연발화의 방지법이 아닌 것은?

① 습도를 높일 것
② 통풍을 원활하게 하여 열축적을 방지할 것
③ 저장실의 온도를 낮출 것
④ 발열반응에 정촉매 작용을 하는 물질을 피할 것

해설
자연발화의 방지법
- 습도를 낮게 할 것
- 주위의 온도를 낮출 것
- 통풍을 잘 시킬 것
- 불활성 가스를 주입하여 공기와 접촉을 피할 것

14 방화구조에 대한 기준으로 틀린 것은?

① 철망모르타르로서 그 바름 두께가 2[cm] 이상 일 것
② 두께 2.5[cm] 이상의 석고판 위에 시멘트 모르타르를 붙일 것
③ 두께 2[cm] 이상의 암면보온판 위에 석면시멘트판을 붙일 것
④ 심벽에 흙으로 맞벽치기한 것

해설
방화구조(건피방 제4조)

구조 내용	방화구조의 기준
철망모르타르 바르기	바름 두께가 2[cm] 이상인 것
• 석고판 위에 시멘트 모르타르, 회반죽을 바른 것 • 시멘트 모르타르 위에 타일을 붙인 것	두께의 합계가 2.5[cm] 이상인 것
심벽에 흙으로 맞벽치기한 것	그대로 모두 인정됨

15 다음 중 연소를 위한 필수조건이 아닌 것은?

① 가연물   ② 산 소
③ 점화에너지   ④ 부촉매

해설
연소의 3요소 : 가연물, 산소공급원(산소), 점화원(점화에너지)

16 이산화탄소소화설비의 적용 대상으로 적당하지 않은 것은?

① 가솔린
② 전기설비
③ 인화성 고체 위험물
④ 나이트로셀룰로스

해설
이산화탄소소화설비 : 유류화재, 전기화재에 적합하다.
※ 나이트로셀룰로스 : 제5류 위험물로서 냉각소화가 적합하다.

17 다음 중 화재하중을 나타내는 단위는?

① [kcal/kg]
② [℃/m²]
③ [kg/m²]
④ [kg/kcal]

해설
화재하중(Q) : 단위면적당 가연성 수용물의 양으로서 건물화재 시 발열량 및 화재의 위험성을 나타내는 용어이고 화재의 규모를 결정하는 데 사용된다.

$$Q = \frac{\sum(G_t \times H_t)}{H \times A} = \frac{Q_t}{4,500 \times A} [\text{kg/m}^2]$$

여기서, G_t : 가연물의 질량
H_t : 가연물의 단위발열량[kcal/kg]
H : 목재의 단위발열량(4,500[kcal/kg])
A : 화재실의 바닥면적[m²]
Q_t : 가연물의 총량

18 에틸렌의 연소 생성물에 속하지 않는 것은?(단, 에틸렌의 일부는 불완전연소 된다고 가정한다)

① 이산화탄소　② 일산화탄소
③ 수증기　　　④ 염화수소

해설
에틸렌($CH_2 = CH_2$)의 연소 생성물
- 완전연소 : 이산화탄소(CO_2)와 수증기(H_2O)
- 불완전연소 : 일산화탄소(CO)
※ 염화수소(HCl) : PVC(폴리염화바이닐)의 연소 시 생성하는 물질

19 일반적으로 공기 중 산소 농도를 몇 [vol%] 이하로 감소시키면 연소 상태의 중지 및 질식소화가 가능하겠는가?

① 15　② 21
③ 25　④ 31

해설
질식소화 : 공기 중의 산소의 농도를 21[%]에서 15[%] 이하로 낮추어 소화하는 방법
※ 질식소화 시 산소의 유효 한계농도 : 10~15[%]

20 산소를 함유하고 있어 공기 중의 산소가 없어도 자기연소가 가능한 것은?

① 이황화탄소　② 톨루엔
③ 크실렌　　　④ 다이나이트로톨루엔

해설
자기연소 : 제5류 위험물은 산소를 함유하고 있어 공기 중의 산소가 없어도 연소하는 물질
※ 이황화탄소, 톨루엔, 크실렌 : 제4류 위험물로서 인화성 액체

제2과목　소방전기일반

21 터널다이오드를 사용하는 목적이 아닌 것은?

① 스위칭작용
② 증폭작용
③ 발진작용
④ 정전압 정류작용

해설
터널다이오드
- 반도체 P형과 N형 접합의 불순물 농도를 높여 그 터널효과를 이용한 다이오드로서 부성저항이 있다.
- 고주파의 고속 스위칭작용, 증폭작용, 발진작용에 사용되는 2단자 소자이다.

22 $R-L$ 직렬회로의 설명으로 옳은 것은?

① v, i는 각각 다른 주파수를 가지는 정현파이다.
② v는 i보다 위상이 $\theta = \tan^{-1}\left(\dfrac{\omega L}{R}\right)$만큼 앞선다.
③ v와 i의 최댓값과 실횻값의 비는 $\sqrt{R^2 + \left(\dfrac{1}{X_L}\right)^2}$이다.
④ $R-L$ 직렬회로는 용량성 회로이다.

해설
R(저항)-L(코일) 직렬회로
- $R-L$ 직렬회로는 유도성 회로이다.
- 순시값 전압 $v = \sqrt{2}\,V\sin\omega t$, 순시값 전류 $i = \sqrt{2}\,I\sin\omega t$로서 각각 같은 주파수를 가지는 정현파이다.
- 전압(V)은 전류(I)보다 위상이 $\theta = \tan^{-1}\dfrac{\omega L}{R}$만큼 앞선 회로이다.
- 전압과 전류의 비는 $\dfrac{V}{I} = Z = \sqrt{R^2 + X_L^2} = \sqrt{R^2 + (\omega L)^2}$이다.
- 역률 $\cos\theta = \dfrac{R}{Z} = \dfrac{R}{\sqrt{R^2 + X_L^2}} = \dfrac{R}{\sqrt{R^2 + (\omega L)^2}}$이다.

23 $R-L-C$ 회로의 전압과 전류 파형의 위상차에 대한 설명으로 틀린 것은?

① $R-L$ 병렬회로 : 전압과 전류는 동상이다.
② $R-L$ 직렬회로 : 전압이 전류보다 θ만큼 앞선다.
③ $R-C$ 병렬회로 : 전류가 전압보다 θ만큼 앞선다.
④ $R-C$ 직렬회로 : 전류가 전압보다 θ만큼 앞선다.

해설
R(저항)-L(코일)-C(콘덴서) 회로의 위상차
- R만 있는 회로 : 전압과 전류는 동상이다.
- L만 있는 회로 : 전압이 전류보다 위상이 90°만큼 앞선다.
- C만 있는 회로 : 전류가 전압보다 위상이 90°만큼 앞선다.
- $R-L$ 직렬회로 및 병렬회로 : 전압이 전류보다 위상이 θ만큼 앞선다.
- $R-C$ 직렬회로 및 병렬회로 : 전류가 전압보다 위상이 θ만큼 앞선다.

24 그림과 같은 다이오드 게이트 회로에서 출력전압은?(단, 다이오드 내의 전압강하는 무시한다)

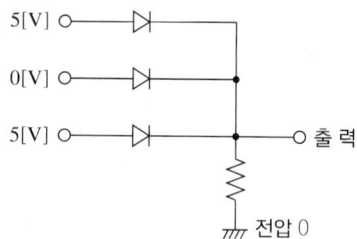

① 10[V]
② 5[V]
③ 1[V]
④ 0[V]

해설
OR 회로
- 논리합 회로 : 2개의 입력신호 중 1개만 작동되어도 출력신호가 1이 되는 논리회로로서 병렬회로이다.
- 무접점회로

- 논리기호

- 논리식 $X = A + B$
- 다이오드 게이트 회로에서 논리표

입 력			출 력
A	B	C	X
0[V]	0[V]	0[V]	0[V]
5[V]	0[V]	0[V]	5[V]
0[V]	5[V]	0[V]	5[V]
0[V]	0[V]	5[V]	5[V]
5[V]	5[V]	0[V]	5[V]
0[V]	5[V]	5[V]	5[V]
5[V]	0[V]	5[V]	5[V]
5[V]	5[V]	5[V]	5[V]

∴ 입력전압이 A = 5[V], B = 0[V], C = 5[V]이므로 셋 중에 1개라도 5[V]의 전압이 다이오드에 인가되면 출력전압은 5[V]가 된다.

25 그림과 같은 회로에서 2[Ω]에 흐르는 전류는 몇 [A]인가?(단, 저항의 단위는 모두 [Ω]이다)

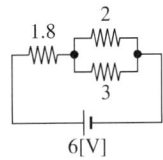

① 0.8
② 1.0
③ 1.2
④ 2.0

해설
저항의 직렬과 병렬 접속
• 먼저 병렬로 접속된 저항의 합성저항을 계산한다.
$R_4 = \dfrac{R_2 \times R_3}{R_2 + R_3}$ 에서 합성저항 $R_4 = \dfrac{2[\Omega] \times 3[\Omega]}{2[\Omega] + 3[\Omega]} = 1.2[\Omega]$

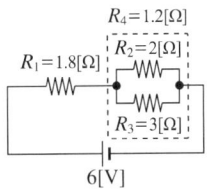

• 직렬로 접속된 저항의 합성저항을 계산한다.
$R = R_1 + R_4$ 에서 합성저항 $R = 1.8[\Omega] + 1.2[\Omega] = 3[\Omega]$
• 회로에 흐르는 전류 $I = \dfrac{V}{R}$ 에서 $I = \dfrac{6[V]}{3[\Omega]} = 2[A]$
• 병렬회로에 걸리는 전압 $V = R_4 I = 1.2[\Omega] \times 2[A] = 2.4[V]$
∴ 2[Ω]에 흐르는 전류 $I = \dfrac{V}{R_2}$ 에서 $I = \dfrac{2.4[V]}{2[\Omega]} = 1.2[A]$

26 지름 8[mm]의 경동선 1[km]의 저항을 측정하였더니 0.63536[Ω]이었다. 같은 재료로 지름 2[mm], 길이 500[m]의 경동선의 저항은 약 몇 [Ω]인가?

① 2.8[Ω]
② 5.1[Ω]
③ 10.2[Ω]
④ 20.4[Ω]

해설
경동선의 저항(R)
$R = \rho \dfrac{l}{A} = \rho \dfrac{l}{\dfrac{\pi}{4} \times d^2} = \rho \dfrac{4l}{\pi \times d^2}[\Omega]$

여기서, ρ : 고유저항[Ω·m], l : 전선의 길이[m], d : 전선의 직경[m]

• 경동선의 고유저항 $\rho = \dfrac{\pi d^2 R}{4l}$ 에서
$\rho = \dfrac{\pi \times (0.008[m])^2 \times 0.63536[\Omega]}{4 \times 1,000[m]}$
$= 3.194 \times 10^{-8}[\Omega \cdot m]$

• 저항 $R = \rho \dfrac{l}{\dfrac{\pi}{4} \times d^2}$
$= 3.194 \times 10^{-8}[\Omega \cdot m] \times \dfrac{500[m]}{\dfrac{\pi}{4} \times (0.002[m])^2}$
$= 5.08[\Omega]$

27 최대눈금이 70[V]인 직류전압계에 5[kΩ]의 배율기를 접속하여 전압의 최대측정치가 350[V]라면 내부저항은 몇 [kΩ]인가?

① 0.8
② 1
③ 1.25
④ 20

해설
배율기
• 직류 전압계의 측정범위를 확대하기 위하여 내부저항 R인 전압계에 직렬로 접속한 저항기이다.
• 저항을 직렬로 접속하므로 전류가 일정하므로 배율기에 흐르는 전류 $I_m = I$ 이다.
∴ 전류 $\dfrac{V_m}{R_m + R} = \dfrac{V}{R}$ 에서 직류 전압계의 저항
$R = \dfrac{R_m}{\dfrac{V_m}{V} - 1} = \dfrac{5 \times 10^3[\Omega]}{\dfrac{350[V]}{70[V]} - 1} = 1,250[\Omega] = 1.25[k\Omega]$

Plus one
분류기
• 전류계의 측정범위를 확대하기 위하여 내부저항 R인 전류계에 병렬로 접속한 저항(R_s)을 분류기라 한다.
• 전압 $I_s \dfrac{R \cdot R_s}{R + R_s} = IR$ 에서 측정 전류 $I_s = \dfrac{R + R_s}{R_s} I$

28 저항이 R, 유도리액턴스가 X_L, 용량리액턴스가 X_C인 $R-L-C$ 직렬회로에서의 $\dot{Z}$와 Z값으로 옳은 것은?

① $\dot{Z} = R + j(X_L - X_C)$
　　$Z = \sqrt{R^2 + (X_L - X_C)^2}$

② $\dot{Z} = R + j(X_L + X_C)$
　　$Z = \sqrt{R + (X_L + X_C)^2}$

③ $\dot{Z} = R + j(X_C - X_L)$
　　$Z = \sqrt{R^2 + (X_C - X_L)^2}$

④ $\dot{Z} = R + j(X_C + X_L)$
　　$Z = \sqrt{R^2 + (X_C + X_L)^2}$

해설

R(저항)-L(코일)-C(콘덴서) 직렬회로의 임피던스

- 벡터로 표시한 임피던스

$\dot{Z} = R + j(X_L - X_C) = R + j\left(\omega L - \dfrac{1}{\omega C}\right)[\Omega]$

(벡터는 크기와 방향을 가지고 있는 양을 표시한다)

- 임피던스 $Z = \sqrt{R^2 + (X_L - X_C)^2}$
$= \sqrt{R^2 + \left(\omega L - \dfrac{1}{\omega C}\right)^2}\,[\Omega]$

여기서, ω : 각속도[rad/s], L : 인덕턴스[H], C : 커패시터[F]

29 어떤 측정계기의 참값을 T, 지시값을 M이라 할 때 보정률과 오차율이 옳은 것은?

① 보정률 $= \dfrac{T-M}{T} \times 100[\%]$
　오차율 $= \dfrac{M-T}{M} \times 100[\%]$

② 보정률 $= \dfrac{M-T}{M} \times 100[\%]$
　오차율 $= \dfrac{T-M}{T} \times 100[\%]$

③ 보정률 $= \dfrac{T-M}{M} \times 100[\%]$
　오차율 $= \dfrac{M-T}{T} \times 100[\%]$

④ 보정률 $= \dfrac{M-T}{T} \times 100[\%]$
　오차율 $= \dfrac{T-M}{M} \times 100[\%]$

해설

보정률과 오차율

- 보정률 $= \dfrac{T-M}{M} \times 100[\%]$
- 오차율 $= \dfrac{M-T}{T} \times 100[\%]$

30 계단 변화에 대하여 잔류편차가 없는 것이 장점이며, 간헐현상이 있는 제어계는?

① 비례제어계　　② 비례미분제어계
③ 비례적분제어계　　④ 비례적분미분제어계

해설

연속제어

- 비례제어계(P제어계) : 사이클링현상을 방지할 수 있으나 잔류편차가 발생하는 제어계이다.
- 비례적분제어계(PI제어계) : 비례동작의 정상(잔류)편차를 제거하여 지상 보상요소에 대응되므로 정상특성을 개선하지만 간헐현상이 있는 제어계이다.
- 비례미분제어계(PD제어계) : 정상편차는 존재하나 진상 보상요소에 대응되므로 응답 속응성을 개선한 제어계이다.
- 비례적분미분제어계(PID제어계) : 비례제어에서 발생하는 정상편차를 적분제어로 개선하고 미분제어를 적용하여 응답 속응성을 개선한 최적제어계이다.

31 교류에서 파형의 개략적인 모습을 알기 위해 사용하는 파고율과 파형률에 대한 설명으로 옳은 것은?

① 파고율 = $\dfrac{실횻값}{평균값}$, 파형률 = $\dfrac{평균값}{실횻값}$

② 파고율 = $\dfrac{최댓값}{실횻값}$, 파형률 = $\dfrac{실횻값}{평균값}$

③ 파고율 = $\dfrac{실횻값}{최댓값}$, 파형률 = $\dfrac{평균값}{실횻값}$

④ 파고율 = $\dfrac{최댓값}{평균값}$, 파형률 = $\dfrac{평균값}{실횻값}$

해설
파고율과 파형률의 정의
- 파고율 : 교류 파형의 최댓값을 실횻값으로 나눈 값으로 각종 파형의 날카로움의 정도를 표현한 것이다.
- 파형률 : 교류 파형의 실횻값을 평균값으로 나눈 값으로 각종 파형의 일그러짐 정도를 표현한 것이다.

∴ 파고율 = $\dfrac{최댓값}{실횻값}$, 파형률 = $\dfrac{실횻값}{평균값}$

32 길이 1[m]의 철심(비투자율 $\mu_s = 700$) 자기회로에 2[mm]의 공극이 생겼다면 자기저항은 몇 배 증가하는가?(단, 각 부의 단면적은 일정하다)

① 1.4　　　② 1.7
③ 2.4　　　④ 2.7

해설
자기저항의 배수(m)
- 투자율이 μ인 자기저항 $R_\mu = \dfrac{l}{\mu A}$ (여기서, A는 철심의 단면적)
- 자기저항 $R_m = R_1 + R_2 = \dfrac{l_g}{\mu_0 A} + \dfrac{l}{\mu A}$ [Ω]

∴ 투자율 $\mu = \mu_0 \mu_s$ (μ_0는 진공 중의 투자율, μ_s는 비투자율),

자기저항의 배수 $m = \dfrac{R_m}{R_\mu}$ 에서

$m = \dfrac{\dfrac{l_g}{\mu_0 A}}{\dfrac{l}{\mu A}} + \dfrac{\dfrac{l}{\mu A}}{\dfrac{l}{\mu A}} = 1 + \dfrac{\mu l_g}{\mu_0 l} = 1 + \dfrac{\mu_0 \mu_s l_g}{\mu_0 l} = 1 + \dfrac{l_g}{l}\mu_s$

이므로 $m = 1 + \dfrac{0.002[\text{m}]}{1[\text{m}]} \times 700 = 2.4$

33 입력신호와 출력신호가 모두 직류(DC)로서 출력이 최대 5[kW]까지로 견고성이 좋고 토크가 에너지 지원이 되는 전기식 증폭기기는?

① 계전기　　　② SCR
③ 자기증폭기　　　④ 앰플리다인

해설
전기기기
- 계전기 : 코일에 전류가 흐르면 전자석이 되어 그 전자력에 의해 접점을 개폐하는 기능을 가진 전기기구로서 릴레이나 전자접촉기 등이 있다.
- SCR(실리콘제어정류소자) : PNPN형의 4층 구조로 되어 있으며 전극은 애노드(A), 캐소드(K), 게이트(G)로 구성된 단방향 교류 전력 제어소자로서 부하전류를 단락시키거나 개방시킬 수 있는 스위치이다.
- 자기증폭기 : 자심에 권선을 감은 리액터의 교류임피던스가 별도로 감긴 제2권선에 흐르는 직류전류의 값에 의해서 변화하는 현상을 이용한 전력증폭기이다.
- 앰플리다인 : 계자전압에 의한 작은 전력의 변화를 큰 전력의 변화로 증폭하는 회전증폭발전기의 하나로서 직류발전기이다.

34 이상적인 트랜지스터의 α 값으로 옳은 것은?(단, α는 베이스접지 증폭기의 전류 증폭률이다)

① 0　　　② 1
③ 100　　　④ ∞

해설
전류 증폭률(α)
$\alpha = \dfrac{I_C}{I_E}$

베이스접지 증폭기는 대부분 이미터 전류(I_E)가 그대로 컬렉터 전류(I_C)로 흐르게 된다. 따라서 이상적인 트랜지스터인 경우 $I_C = I_E$이므로 $\alpha = 1$이 된다.

정답　31 ②　32 ③　33 ④　34 ②

35 공기 중에 1×10^{-7}[C]의 (+) 전하가 있을 때, 이 전하로부터 15[cm]의 거리에 있는 점의 전장의 세기는 몇 [V/m]인가?

① 1×10^4
② 2×10^4
③ 3×10^4
④ 4×10^4

해설

전장의 세기(E)

$$E = 9 \times 10^9 \times \frac{Q}{r^2} [\text{V/m}]$$

$$= 9 \times 10^9 \times \frac{1 \times 10^{-7}[\text{C}]}{(0.15[\text{m}])^2}$$

$$= 40,000[\text{V/m}] = 4 \times 10^4 [\text{V/m}]$$

37 동기발전기의 병렬 운전조건으로 틀린 것은?

① 기전력의 크기가 같을 것
② 기전력의 위상이 같을 것
③ 기전력의 주파수가 같을 것
④ 극수가 같을 것

해설

동기발전기의 병렬 운전조건
- 기전력의 크기가 같을 것
- 기전력의 위상이 같을 것
- 기전력의 주파수가 같을 것

36 자동제어 중 플랜트나 생산공정 중의 상태량을 제어량으로 하는 제어방법은?

① 정치제어
② 추종제어
③ 비율제어
④ 프로세스제어

해설

제어량에 따른 분류
- 프로세스제어 : 온도, 압력, 유량, 액면, 농도, 습도 등의 공업 공정의 상태량을 제어한다.
- 자동조정 : 전압, 전류, 회전수(속도), 주파수, 토크 등의 상태량을 제어한다.
- 서보기구 : 물체의 위치, 방위, 자세, 각도 등의 상태량을 제어하는 것으로 미사일 추적 장치, 레이더, 선박 및 비행기의 방향을 제어한다.

Plus one

목푯값에 의한 분류
- 정치제어 : 목푯값이 시간에 대하여 변화하지 않는 제어로서 정전압장치나 일정 속도제어에 적용된다.
- 추종제어 : 목푯값이 시간에 따라 임의로 변하는 제어로서 목푯값에 제어량을 추종시키는 추치제어이며 대공포의 포신제어, 자동 아날로그 선반에 적용된다.
- 비율제어 : 목푯값이 다른 양과 일정한 비율관계를 가지고 변화하는 경우의 제어로서 보일러 자동 연소장치에 적용된다.

38 PNPN 4층 구조로 되어 있는 사이리스터 소자가 아닌 것은?

① SCR
② TRIAC
③ Diode
④ GTO

해설

사이리스터 소자 : 사이리스터의 소자에는 SCR(실리콘제어정류소자), TRIAC(트라이액), GTO(Gate Turn-Off Thyristor), IGBT(절연 게이트 타입 바이폴러 트랜지스터), MOSFET(전계효과 트랜지스터) 등이 있다.

- SCR(실리콘제어정류소자) : PNPN형의 4층 구조로 되어 있으며 전극은 애노드(A), 캐소드(K), 게이트(G)로 구성된 단방향 교류 전력 제어소자로서 부하전류를 단락시키거나 개방시킬 수 있는 스위치이다.
- TRIAC(트라이액) : 2개의 SCR을 역병렬로 접속한 쌍방향 3단자 교류 스위치이다.
- GTO(Gate Turn-Off Thyristor) : P층에서 게이트를 인출한 PNPN형의 4층 구조로서 단방향 전류 소자이다.

Plus one

Diode(다이오드) : P형과 N형의 반도체를 접합한 것으로 단방향 전류 소자로서 정류, 증폭, 발진, 전압안정용으로 사용된다.

39 변위를 압력으로 변환하는 소자로 옳은 것은?

① 다이어프램
② 가변 저항기
③ 벨로스
④ 노즐 플래퍼

해설
변환기
- 변위를 압력으로 변환 : 노즐 플래퍼, 스프링, 유압 분사관
- 압력을 변위로 변환 : 벨로스, 스프링, 다이어프램
- 변위를 전압으로 변환 : 차동 변압기, 전위차계, 퍼텐쇼미터
- 변위를 임피던스로 변환 : 가변저항스프링, 가변 저항기, 용량형 변환기
- 전압을 변위로 변환 : 전자석, 전자코일
- 온도를 임피던스로 변환 : 측온저항(열선, 서미스터, 백금, 니켈)
- 온도를 전압으로 변환 : 열전대

40 그림과 같은 회로에 전압 $v = \sqrt{2}\,V\sin\omega t\,[V]$를 인가하였을 때 옳은 것은?

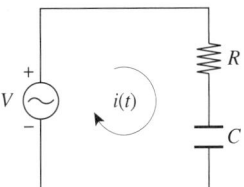

① 역률 : $\cos\theta = \dfrac{R}{\sqrt{R^2 + (\omega C)^2}}$

② i의 실횻값 : $I = \dfrac{V}{\sqrt{R^2 + (\omega C)^2}}$

③ 전압과 전류의 위상차 : $\theta = \tan^{-1}\dfrac{R}{\omega C}$

④ 전압평형방정식 :
$Ri + \dfrac{1}{C}\int i\,dt = \sqrt{2}\,V\sin\omega t$

해설
R(저항)-C(콘덴서) 직렬회로

- 역률 $\cos\theta = \dfrac{R}{Z} = \dfrac{R}{\sqrt{R^2 + X_C^2}} = \dfrac{R}{\sqrt{R^2 + \left(\dfrac{1}{\omega C}\right)^2}}$

- i(전류)의 실횻값 $I = \dfrac{V}{Z} = \dfrac{V}{\sqrt{R^2 + X_C^2}}$
$= \dfrac{V}{\sqrt{R^2 + \left(\dfrac{1}{\omega C}\right)^2}}\,[A]$

- 위상차 $\theta = \tan^{-1}\dfrac{X_C}{R} = \tan^{-1}\dfrac{\dfrac{1}{\omega C}}{R} = \tan^{-1}\dfrac{1}{\omega CR}$

- 전압평형방정식 $Ri + \dfrac{1}{C}\int i\,dt = v$

$Ri + \dfrac{1}{C}\int i\,dt = \sqrt{2}\,V\sin\omega t$

여기서, 임피던스 $Z = \sqrt{R^2 + X_C^2}$

용량성 리액턴스 $X_C = \dfrac{1}{\omega C}$

제3과목 소방관계법규

41 소방시설공사업법령상 소방공사감리업자의 업무로 거리가 먼 것은?

① 해당 공사업 기술인력의 적법성 검토
② 피난시설 및 방화시설의 적법성 검토
③ 실내장식물의 불연화 및 방염물품의 적법성 검토
④ 소방시설 등 설계변경 사항의 적합성 검토

해설
소방공사감리업자의 업무수행 내용(법 제16조)
• 피난시설 및 방화시설의 적법성 검토
• 실내장식물의 불연화 및 방염물품의 적법성 검토
• 소방시설 등 설계변경 사항의 적합성 검토

42 소방기본법상 발령 시기에 화재예방상 필요하다고 인정되거나 화재위험 경보 시 발령하는 소방신호의 종류로 맞는 것은?

① 경계신호   ② 발화신호
③ 경보신호   ④ 훈련신호

해설
소방신호(규칙 별표 4)

신호 종류	발령 시기	타종신호	사이렌 신호
경계 신호	화재예방상 필요하다고 인정되거나 화재위험 경보 시 발령	1타와 연2타를 반복	5초 간격을 두고 30초씩 3회
발화 신호	화재가 발생한 때 발령	난 타	5초 간격을 두고 5초씩 3회
해제 신호	소화활동의 필요 없다고 인정되는 때 발령	상당한 간격을 두고 1타씩 반복	1분간 1회
훈련 신호	훈련상 필요하다고 인정되는 때 발령	연 3타 반복	10초 간격을 두고 1분씩 3회

43 소방기본법상 소방활동구역의 설정권자로 옳은 것은?

① 소방본부장   ② 소방서장
③ 소방대장   ④ 시·도지사

해설
소방활동구역의 설정권자(법 제23조) : 소방대장

44 소방기본법상 소방용수시설별 설치기준 중 틀린 것은?

① 급수탑 개폐밸브는 지상에서 1.5[m] 이상 1.7[m] 이하의 위치에 설치하도록 할 것
② 소화전은 상수도와 연결하여 지하식 또는 지상식의 구조로 하고, 소방용호스와 연결하는 소화전의 연결금속구의 구경은 100[mm]로 할 것
③ 저수조 흡수관의 투입구가 사각형의 경우에는 한 변의 길이가 60[cm] 이상, 원형의 경우에는 지름이 60[cm] 이상일 것
④ 저수조는 지면으로부터 낙차가 4.5[m] 이하일 것

해설
소화전의 설치기준(규칙 별표 3) : 상수도와 연결하여 지하식 또는 지상식의 구조로 하고, 소방용호스와 연결하는 소화전의 연결금속구의 구경은 65[mm]로 할 것

45 방염대상물품에 대하여 방염처리를 하고자 하는 자는 어떤 절차를 거쳐야 하는가?

① 시·도지사에게 방염처리업의 등록
② 시·도지사에게 방염처리업의 허가
③ 소방서장에게 방염처리업의 등록
④ 소방서장에게 방염처리업의 허가

해설
방염처리업, 소방시설업, 소방시설관리업을 하고자 하는 자는 시·도지사에게 등록해야 한다.

정답 41 ① 42 ① 43 ③ 44 ② 45 ①

46 산화성 고체이며 제1류 위험물에 해당하는 것은?

① 황화인
② 칼륨
③ 유기과산화물
④ 염소산염류

해설
위험물의 분류

종류	황화인	칼륨	유기과산화물	염소산염류
유별	제2류	제3류	제5류	제1류

※ 제1류 위험물 : 무기과산화물과 ~산염류이다.

47 소방시설 설치 및 관리에 관한 법률상 소방시설관리업자가 소방시설 등의 자체점검을 한 경우 종합점검 결과의 제출기간으로 옳은 것은?

① 관계인에게 10일 이내, 소방서에 15일 이내
② 관계인에게 10일 이내, 소방서에 30일 이내
③ 관계인에게 15일 이내, 소방서에 20일 이내
④ 관계인에게 15일 이내, 소방서에 30일 이내

해설
소방시설 등의 자체점검(규칙 제23조)
- 소방시설 자체점검자 : 관계인, 관리업자, 소방시설관리사, 소방기술사
- 자체점검결과(작동점검, 종합점검) : 2년간 자체 보관
- 점검결과보고서(작동점검, 종합점검) 제출
  - 관리업자 등 : 자체점검이 끝난 날부터 10일 이내 자체점검 결과보고서에 소방시설 등 점검표를 첨부하여 관계인에게 제출
  - 소방서 : 관계인은 자체점검이 끝난 날부터 15일 이내 자체점검 결과보고서에 점검인력 배치확인서(관리업자가 점검한 경우만 해당한다), 소방시설 등의 자체점검 결과 이행계획서를 첨부하여 소방본부장 또는 소방서장에게 서면이나 소방청장에게 전산망을 통하여 보고

48 화재의 예방 및 안전관리에 관한 법률상 화재예방강화지구의 지정지역과 가장 거리가 먼 것은?

① 목조건물이 밀집한 지역
② 시장지역
③ 소방용수시설이 없는 지역
④ 보물로 지정된 지역

해설
화재예방강화지구의 지정지역(법 제18조)
- 시장지역
- 공장·창고가 밀집한 지역
- 목조건물이 밀집한 지역
- 노후·불량건축물이 밀집한 지역
- 위험물의 저장 및 처리시설이 밀집한 지역
- 석유화학제품을 생산하는 공장이 있는 지역
- 산업입지 및 개발에 관한 법률 제2조 제8호에 따른 산업단지
- 소방시설·소방용수시설 또는 소방출동로가 없는 지역

49 소방시설 설치 및 관리에 관한 법률상 소방시설의 종류에 대한 설명으로 옳은 것은?

① 소화기구, 옥외소화전설비는 소화설비에 해당된다.
② 유도등, 비상조명등은 경보설비에 해당된다.
③ 소화수조, 저수조는 소화활동설비에 해당된다.
④ 연결송수관설비는 소화용수설비에 해당된다.

해설
소방시설의 분류(영 별표 1)

종류	소화기구, 옥외소화전설비	유도등, 비상조명등	소화수조, 저수조	연결송수관설비
분류	소화설비	피난구조설비	소화용수설비	소화활동설비

정답 46 ④ 47 ① 48 ④ 49 ①

50 소방시설 설치 및 관리에 관한 법률상 항공기 격납고는 특정소방대상물 중 어느 시설에 해당하는가?

① 위험물 저장 및 처리시설
② 항공기 및 자동차 관련 시설
③ 창고시설
④ 업무시설

해설
항공기 및 자동차 관련 시설(영 별표 2)
• 항공기 격납고
• 차고, 주차용 건축물, 철골 조립식 주차시설 및 기계장치에 의한 주차시설
• 세차장, 폐차장
• 자동차 검사장, 자동차 매매장, 자동차 정비공장
• 운전학원, 정비학원
• 단독주택, 공동주택 중 50세대 미만인 연립주택 또는 50세대 미만인 다세대주택의 건축물 내부에 설치된 주차장

51 소방시설 설치 및 관리에 관한 법률상 건축허가 등의 동의대상물의 범위에 속하지 않는 것은?

① 관망탑
② 방송용 송수신탑
③ 항공기 격납고
④ 철 탑

해설
건축허가 등의 동의대상물의 범위(영 별표 2) : 항공기 격납고, 관망탑, 항공관제탑, 방송용 송수신탑

52 소방기본법상 소방활동에 필요한 소화전·급수탑·저수조를 설치하고 유지·관리해야 하는 자로 알맞은 것은?(단, 수도법에 따라 설치되는 소화전은 제외한다)

① 소방파출소장 ② 소방서장
③ 소방본부장   ④ 시·도지사

해설
소방용수시설(소화전·급수탑·저수조)은 시·도지사가 설치하고 유지·관리해야 한다(법 제10조).

53 위험물안전관리법령상 제조소 또는 일반취급소에서 취급하는 제4류 위험물의 최대수량의 합이 지정수량의 몇 배 이상일 때 자체소방대를 설치해야 하는가?

① 2,000배 ② 3,000배
③ 4,000배 ④ 5,000배

해설
위험물제조소와 일반취급소에 지정수량의 3,000배 이상을 취급하면 자체소방대를 설치해야 한다(영 제18조).

54 소방시설 설치 및 관리에 관한 법률상 특정소방대상물로 위락시설에 해당되지 않는 것은?

① 무도학원   ② 카지노영업소
③ 무도장   ④ 공연장

해설
위락시설(영 별표 2) : 단란주점으로서 근린생활시설에 해당되지 않는 것, 유흥영업, 유원시설업의 시설, 무도장 및 무도학원, 카지노영업소
※ 공연장 : 근린생활시설

55 위험물안전관리법령상 저장소 또는 제조소 등이 아닌 장소에서 지정수량 이상의 위험물을 저장 또는 취급한 자에 대한 벌칙은?

① 1년 이하의 징역 또는 1천만원 이하의 벌금
② 2년 이하의 징역 또는 2천만원 이하의 벌금
③ 3년 이하의 징역 또는 3천만원 이하의 벌금
④ 5년 이하의 징역 또는 5천만원 이하의 벌금

해설
제조소 등이 아닌 장소에서 지정수량 이상의 위험물을 저장 또는 취급한 자에 대한 벌칙(법 제34조의3) : 3년 이하의 징역 또는 3천만원 이하의 벌금

56 소방시설공사업법령상 소방시설공사의 하자보수 보증기간으로 맞지 않은 것은?

① 스프링클러설비 - 3년
② 자동화재탐지설비 - 3년
③ 소화용수설비 - 3년
④ 비상방송설비 - 3년

해설
하자보수 보증기간(영 제6조)
• 2년 : 비상경보설비, 비상방송설비, 피난기구, 유도등, 비상조명등 및 무선통신보조설비
• 3년 : 자동소화장치, 옥내소화전설비, 스프링클러설비 등, 물분무 등 소화설비, 옥외소화전설비, 자동화재탐지설비, 화재알림설비, 소화용수설비, 소화활동설비(무선통신보조설비 제외)

57 화재의 예방 및 안전관리에 관한 법률상 소방공무원으로서 몇 년 이상 근무한 경력이 있는 경우 1급 소방안전관리대상물의 소방안전관리자로 선임할 수 있는가?

① 1년 이상   ② 3년 이상
③ 5년 이상   ④ 7년 이상

해설
1급 소방안전관리대상물의 소방안전관리자 선임자격(영 별표 4)
• 소방설비기사, 소방설비산업기사의 자격이 있는 사람
• 소방공무원으로 7년 이상 근무한 경력이 있는 사람
• 소방청장이 실시하는 1급 소방안전관리대상물의 소방안전관리에 관한 시험에 합격한 사람

58 화재의 예방 및 안전관리에 관한 법률상 위험물을 함부로 버려두거나 필요한 명령을 할 수 없는 때에 소방관서장이 취하는 조치로 옳지 않은 것은?

① 소속공무원으로 하여금 그 위험물을 옮기거나 치우게 할 수 있다.
② 옮기거나 치운 위험물을 보관해야 한다.
③ 위험물을 보관하는 경우에는 그날부터 7일 동안 소방관서의 인터넷 홈페이지에 이를 공고해야 한다.
④ 보관하고 있는 옮긴 물건 등이 부패·파손 또는 이와 유사한 사유로 정해진 용도로 계속 사용할 수 없는 경우에는 폐기할 수 있다.

해설
화재예방조치 등(영 제17조)
• 소방관서장은 위험물 또는 물건 보관 시 : 그날부터 14일 동안 소방관서의 인터넷 홈페이지에 그 사실 공고, 공고기간의 종료일 다음 날부터 후 7일까지 보관
• 소방관서장은 보관하고 있는 옮긴 물건 등이 부패·파손 또는 이와 유사한 사유로 정해진 용도로 계속 사용할 수 없는 경우에는 폐기할 수 있다.
※ 화재예방 조치권자 : 소방관서장(소방청장, 소방본부장, 소방서장)

정답 55 ③ 56 ④ 57 ④ 58 ③

59 화재의 예방 및 안전관리에 관한 법률상 특정소방대상물의 화재안전조사 결과에 따른 필요한 조치명령권자는?

① 시·도지사 ② 소방본부장, 소방서장
③ 군수·구청장 ④ 소방시설관리사

해설
화재안전조사 결과에 따른 필요한 조치명령권자(법 제14조) : 소방관서장(소방청장, 소방본부장, 소방서장)

60 위험물안전관리법령상 위험물 시설의 설치 및 변경, 안전관리에 대한 설명으로 옳지 않은 것은?

① 제조소 등의 설치자의 지위를 승계한 자는 승계한 날로부터 30일 이내에 시·도지사에게 신고해야 한다.
② 제조소 등의 용도를 폐지한 때에는 폐지한 날로부터 30일 이내에 시·도지사에게 신고해야 한다.
③ 위험물안전관리자가 퇴직한 때에는 퇴직한 날부터 30일 이내에 다시 위험물안전관리자를 선임해야 한다.
④ 위험물안전관리자를 선임한 때에는 선임한 날부터 14일 이내에 소방본부장이나 소방서장에게 신고해야 한다.

해설
신고기간
• 제조소 등의 지위 승계 : 승계한 날로부터 30일 이내에 시·도지사에게 신고(법 제10조)
• 제조소 등의 용도 폐지 : 폐지한 날로부터 14일 이내에 시·도지사에게 신고(법 제11조)
• 위험물안전관리자 퇴직 : 퇴직한 날부터 30일 이내에 다시 위험물안전관리자를 선임(법 제15조)
• 위험물안전관리자 선·해임 : 선임 또는 해임한 날부터 14일 이내에 소방본부장이나 소방서장에게 신고(법 제15조)

제4과목 소방전기시설의 구조 및 원리

61 수신기의 형식승인 및 제품검사의 기술기준에서 수신기의 구조 및 일반기능에 대한 설명 중 틀린 것은?(단, 간이형수신기는 제외한다)

① 수신기(1회선용은 제외한다)는 2회선이 동시에 작동해도 화재표시가 되어야 하며, 감지기의 감지 또는 발신기의 발신개시로부터 P형, P형 복합식, GP형, GP형 복합식, R형, R형 복합식, GR형 또는 GR형 복합식 수신기의 수신완료까지의 소요시간은 5초 이내이어야 한다.
② 수신기의 외부배선 연결용 단자에 있어서 공통신호선용 단자는 10개 회로마다 1개 이상 설치해야 한다.
③ 화재신호를 수신하는 경우 P형, P형 복합식, GP형, GP형 복합식, R형, R형 복합식, GR형 또는 GR형 복합식의 수신기에 있어서는 2 이상의 지구표시장치에 의하여 각각 화재를 표시할 수 있어야 한다.
④ 정격전압이 60[V]를 넘는 기구의 금속제 외함에는 접지단자를 설치해야 한다.

해설
수신기의 구조 및 일반기능(제3조)
• 수신기(1회선용은 제외)는 2회선이 동시에 작동해도 화재표시가 되어야 하며, 감지기의 감지 또는 발신기의 발신개시로부터 P형, P형 복합식, GP형, GP형 복합식, R형, R형 복합식, GR형 또는 GR형 복합식 수신기의 수신완료까지의 소요시간은 5초 이내이어야 한다.
• 수신기의 외부배선 연결용 단자에 있어서 공통신호선용 단자는 7개 회로마다 1개 이상 설치해야 한다.
• 화재신호를 수신하는 경우 P형, P형 복합식, GP형, GP형 복합식, R형, R형 복합식, GR형 또는 GR형 복합식의 수신기에 있어서는 2 이상의 지구표시장치에 의하여 각각 화재를 표시할 수 있어야 한다.
• 정격전압이 60[V]를 넘는 기구의 금속제 외함에는 접지단자를 설치해야 한다.

62 무선통신보조설비의 화재안전기술기준(NFTC 505)에서 사용하는 용어의 정의로 옳은 것은?

① 혼합기는 신호의 전송로가 분기되는 장소에 설치하는 장치를 말한다.
② 분배기는 서로 다른 주파수의 합성된 신호를 분리하기 위해서 사용하는 장치를 말한다.
③ 증폭기는 2 이상의 입력신호를 원하는 비율로 조합한 출력이 발생하도록 하는 장치를 말한다.
④ 누설동축케이블은 동축케이블 외부 도체에 가느다란 홈을 만들어서 전파가 외부로 새어 나갈 수 있도록 한 케이블을 말한다.

해설
무선통신보조설비의 용어 정의(NFTC 505)
• 혼합기 : 2 이상의 입력신호를 원하는 비율로 조합한 출력이 발생하도록 하는 장치를 말한다.
• 분배기 : 신호의 전송로가 분기되는 장소에 설치하는 것으로 임피던스 매칭(Matching)과 신호 균등분배를 위해 사용하는 장치를 말한다.
• 증폭기 : 전압·전류의 진폭을 늘려 감도 등을 개선하는 장치를 말한다.
• 누설동축케이블 : 동축케이블의 외부 도체에 가느다란 홈을 만들어서 전파가 외부로 새어 나갈 수 있도록 한 케이블을 말한다.
• 분파기 : 서로 다른 주파수의 합성된 신호를 분리하기 위해서 사용하는 장치를 말한다.

63 자동화재속보설비 속보기의 예비전원에 대한 안전장치시험을 할 경우 1/5[C] 이상 1[C] 이하의 전류로 역충전하는 경우 몇 시간 이내에 안전장치가 작동해야 하는가?

① 1시간 ② 2시간
③ 3시간 ④ 5시간

해설
속보기의 예비전원 안전장치시험(제6조) : 예비전원은 1/5[C] 이상 1[C] 이하의 전류로 역충전하는 경우 5시간 이내에 안전장치가 작동해야 하며, 외관이 부풀어 오르거나 누액 등이 생기지 않아야 한다.

Plus one
자동화재속보설비의 속보기의 예비전원시험의 종류
• 상온 충방전시험
• 주위온도 충방전시험
• 안전장치시험

64 비상방송설비의 화재안전기술기준(NFTC 202)에서 음향장치의 설치기준으로 옳은 것은?

① 확성기는 각 층마다 설치하되, 그 층의 각 부분으로부터 하나의 확성기까지의 수평거리가 15[m] 이하가 되도록 하고, 해당 층의 각 부분에 유효하게 경보를 발할 수 있도록 설치할 것
② 층수가 11층(공동주택의 경우에는 16층) 이상의 특정소방대상물의 지하층에서 발화한 때에는 직상층에만 경보를 발할 것
③ 음향장치는 자동화재탐지설비의 작동과 연동하여 작동할 수 있는 것으로 할 것
④ 음향장치는 정격전압의 60[%] 전압에서 음향을 발할 수 있는 것으로 할 것

해설
비상방송설비의 음향장치 설치기준(NFTC 202)
• 확성기는 각 층마다 설치하되, 그 층의 각 부분으로부터 하나의 확성기까지의 수평거리가 25[m] 이하가 되도록 하고, 해당 층의 각 부분에 유효하게 경보를 발할 수 있도록 설치할 것
• 층수가 11층(공동주택의 경우에는 16층) 이상의 특정소방대상물에 경보를 발할 수 있도록 해야 한다.
  – 2층 이상의 층에서 발화한 때에는 발화층 및 그 직상 4개 층에 경보를 발할 것
  – 1층에서 발화한 때에는 발화층·그 직상 4개 층 및 지하층에 경보를 발할 것
  – 지하층에서 발화한 때에는 발화층·그 직상층 및 기타의 지하층에 경보를 발할 것
• 음향장치는 자동화재탐지설비의 작동과 연동하여 작동할 수 있는 것으로 할 것
• 음향장치는 정격전압의 80[%] 전압에서 음향을 발할 수 있는 것으로 할 것

정답 62 ④ 63 ④ 64 ③

65 무선통신보조설비를 설치해야 하는 특정소방대상물의 기준 중 다음 (   ) 안에 알맞은 것은?

> 층수가 30층 이상인 것으로서 (   )층 이상 부분의 모든 층

① 11
② 15
③ 16
④ 20

[해설]
무선통신보조설비를 설치해야 하는 특정소방대상물(소방시설법 영 별표 4) : 층수가 30층 이상인 것으로서 16층 이상 부분의 모든 층

66 비상콘센트설비의 전원부와 외함 사이의 절연내력 기준 중 다음 (   ) 안에 알맞은 것은?

> 전원부와 외함 사이에 정격전압이 150[V] 초과인 경우에는 그 정격전압에 (㉠)을/를 곱하여 (㉡)을 더한 실효전압을 가하는 시험에서 1분 이상 견디는 것으로 할 것

① ㉠ 2, ㉡ 1,500
② ㉠ 3, ㉡ 1,500
③ ㉠ 2, ㉡ 1,000
④ ㉠ 3, ㉡ 1,000

[해설]
비상콘센트설비의 전원부와 외함 사이의 절연저항 및 절연내력 기준(NFTC 504) : 절연내력은 전원부와 외함 사이에 정격전압이 150[V] 이하인 경우에는 1,000[V]의 실효전압, 정격전압이 150[V] 초과인 경우에는 그 정격전압에 2를 곱하여 1,000을 더한 실효전압을 가하는 시험에서 1분 이상 견디는 것으로 할 것

67 비상조명등의 우수품질인증 기술기준에서 비상조명등의 일반구조 기준 중 틀린 것은?

① 상용전원전압의 130[%] 범위 안에서는 비상조명등 내부의 온도상승이 그 기능에 지장을 주거나 위해를 발생시킬 염려가 없어야 한다.
② 사용전압은 300[V] 이하이어야 한다. 다만, 충전부가 노출되지 않은 것은 300[V]를 초과할 수 있다.
③ 전선의 굵기는 인출선인 경우에는 단면적이 0.75[mm^2] 이상, 인출선 외의 경우에는 단면적이 0.5[mm^2] 이상이어야 한다.
④ 인출선의 길이는 전선 인출 부분으로부터 150[mm] 이상이어야 한다. 다만, 인출선으로 하지 않을 경우에는 풀어지지 않는 방법으로 전선을 쉽고 확실하게 부착할 수 있도록 접속단자를 설치해야 한다.

[해설]
비상조명등의 일반구조 기준(제2조) : 상용전원전압의 110[%] 범위 안에서는 비상조명등 내부의 온도상승이 그 기능에 지장을 주거나 위해를 발생시킬 염려가 없어야 한다.

Plus one
비상조명등의 비상점등 회로의 보호(비상조명등의 형식승인 및 제품검사의 기술기준 제5조의2)
비상조명등은 비상점등을 위하여 비상전원으로 전환되는 경우 비상점등 회로로 정격전류의 1.2배 이상의 전류가 흐르거나 램프가 없는 경우에는 3초 이내에 예비전원으로부터의 비상전원 공급을 차단해야 한다.

68 자동화재탐지설비의 연기복합형 감지기를 설치할 수 없는 부착높이는?

① 4[m] 이상 8[m] 미만
② 8[m] 이상 15[m] 미만
③ 15[m] 이상 20[m] 미만
④ 20[m] 이상

해설
자동화재탐지설비의 감지기 부착높이에 따른 감지기의 종류(NFTC 203)

부착높이	감지기의 종류
4[m] 미만	차동식(스포트형, 분포형) 보상식 스포트형 정온식(스포트형, 감지선형) 이온화식 또는 광전식(스포트형, 분리형, 공기흡입형) 열복합형 연기복합형 열연기복합형 불꽃감지기
4[m] 이상 8[m] 미만	차동식(스포트형, 분포형) 보상식 스포트형 정온식(스포트형, 감지선형) 특종 또는 1종 이온화식 1종 또는 2종 광전식(스포트형, 분리형, 공기흡입형) 1종 또는 2종 열복합형 연기복합형 열연기복합형 불꽃감지기
8[m] 이상 15[m] 미만	차동식 분포형 이온화식 1종 또는 2종 광전식(스포트형, 분리형, 공기흡입형) 1종 또는 2종 연기복합형 불꽃감지기
15[m] 이상 20[m] 미만	이온화식 1종 광전식(스포트형, 분리형, 공기흡입형) 1종 연기복합형 불꽃감지기
20[m] 이상	불꽃감지기 광전식(분리형, 공기흡입형) 중 아날로그방식

∴ 연기복합형 감지기는 부착높이가 20[m] 이상에 설치할 수 없는 감지기이다.

69 자동화재속보설비를 설치해야 하는 특정소방대상물의 기준 중 틀린 것은?(단, 방재실 등 화재 수신기가 설치된 장소에 24시간 화재를 감시할 수 있는 사람이 근무하고 있는 경우에는 제외한다)

① 판매시설 중 전통시장
② 터널로서 길이가 1,000[m] 이상인 것
③ 수련시설(숙박시설이 있는 건축물만 해당)로서 바닥면적이 500[m^2] 이상인 층이 있는 것
④ 노유자 시설로서 바닥면적이 500[m^2] 이상인 층이 있는 것

해설
자동화재속보설비를 설치해야 하는 특정소방대상물(소방시설법 영 별표 4)
• 판매시설 중 전통시장
• 수련시설(숙박시설이 있는 건축물만 해당)로서 바닥면적이 500[m^2] 이상인 층이 있는 것
• 노유자 시설로서 바닥면적이 500[m^2] 이상인 층이 있는 것

70 감지기의 형식승인 및 제품검사의 기술기준에서 연기를 감지하는 감지기는 감시챔버로 몇 [mm] 크기의 물체가 침입할 수 없는 구조이어야 하는가?

① (1.3±0.05)
② (1.5±0.05)
③ (1.8±0.05)
④ (2.0±0.05)

해설
감지기의 구조 및 기능(제5조) : 연기를 감지하는 감지기는 감시챔버로 (1.3±0.05)[mm] 크기의 물체가 침입할 수 없는 구조이어야 한다.

정답 68 ④ 69 ② 70 ①

71 피난기구의 화재안전기술기준(NFTC 301)에서 정하는 피난설비의 설치면제 요건의 규정에 따라 옥상의 면적이 몇 [m²] 이상이어야 그 옥상의 직하층 또는 최상층(문화 및 집회시설, 운동시설 또는 판매시설을 제외) 그 부분에 피난기구를 설치하지 않을 수 있는가?

① 500　　　　② 800
③ 1,000　　　④ 1,500

해설
옥상의 직하층 또는 최상층의 부분에 피난설비의 설치면제 요건 (NFTC 301)
• 주요구조부가 내화구조로 되어 있어야 할 것
• 옥상의 면적이 1,500[m²] 이상이어야 할 것
• 옥상으로 쉽게 통할 수 있는 창 또는 출입구가 설치되어 있어야 할 것
• 옥상이 소방사다리차가 쉽게 통행할 수 있는 도로(폭 6[m] 이상의 것) 또는 공지(공원 또는 광장 등)에 면하여 설치되어 있거나 옥상으로부터 피난층 또는 지상으로 통하는 2 이상의 피난계단 또는 특별피난계단이 건축법 시행령 제35조의 규정에 적합하게 설치되어 있어야 할 것

72 누전경보기의 화재안전기술기준(NFTC 205)에서 규정한 용어, 설치방법, 전원 등에 관한 설명으로 틀린 것은?

① 경계전로의 정격전류가 60[A]를 초과하는 전로에 있어서는 1급 누전경보기를 설치한다.
② 변류기는 옥외 인입선의 제1지점의 전원 측에 설치한다.
③ 누전경보기 전원은 분전반으로부터 전용회로로 하고, 각 극에 개폐기 및 15[A] 이하의 과전류차단기를 설치한다.
④ 누전경보기는 변류기와 수신부로 구성되어 있다.

해설
누전경보기의 설치방법 및 전원 설치기준(NFTC 205) : 변류기는 특정소방대상물의 형태, 인입선의 시설방법 등에 따라 옥외 인입선의 제1지점의 부하 측 또는 제2종 접지선 측의 점검이 쉬운 위치에 설치할 것

73 객석유도등을 설치하지 않을 수 있는 경우의 기준 중 다음 ( ) 안에 알맞은 것은?

거실 등의 각 부분으로부터 하나의 거실 출입구에 이르는 보행거리가 ( )[m] 이하인 객석의 통로로서 그 통로에 통로유도등이 설치된 객석

① 15　　　② 20
③ 30　　　④ 50

해설
객석유도등의 설치제외(NFTC 303)
• 주간에만 사용하는 장소로서 채광이 충분한 객석
• 거실 등의 각 부분으로부터 하나의 거실 출입구에 이르는 보행거리가 20[m] 이하인 객석의 통로로서 그 통로에 통로유도등이 설치된 객석

Plus one
객석유도등의 설치기준
• 객석유도등은 객석의 통로, 바닥 또는 벽에 설치해야 한다.
• 객석 내의 통로가 경사로 또는 수평로로 되어 있는 부분은 설치개수의 식에 따라 산출한 개수(소수점 이하의 수는 1로 본다)의 유도등을 설치해야 한다.

$$설치개수 = \frac{객석 통로의 직선부분 길이[m]}{4} - 1$$

74 자동화재탐지설비 배선의 설치기준 중 다음 ( ) 안에 알맞은 것은?

자동화재탐지설비 감지기회로의 전로저항은 (㉠)[Ω] 이하가 되도록 해야 하며, 수신기의 각 회로별 종단에 설치되는 감지기에 접속되는 배선의 전압은 감지기 정격전압의 (㉡)[%] 이상이어야 한다.

① ㉠ 50, ㉡ 70
② ㉠ 50, ㉡ 80
③ ㉠ 40, ㉡ 70
④ ㉠ 40, ㉡ 80

해설
자동화재탐지설비의 배선 설치기준(NFTC 203) : 감지기회로의 전로저항은 50[Ω] 이하가 되도록 해야 하며, 수신기의 각 회로별 종단에 설치되는 감지기에 접속되는 배선의 전압은 감지기 정격전압의 80[%] 이상이어야 할 것

정답　71 ④　72 ②　73 ②　74 ②

75 비상벨설비 또는 자동식사이렌설비의 설치기준 중 틀린 것은?

① 상용전원은 전기가 정상적으로 공급되는 축전지설비, 전기저장장치 또는 교류전압의 옥내간선으로 하고, 전원까지의 배선은 전용으로 설치해야 한다.
② 비상벨설비 또는 자동식사이렌설비에는 그 설비에 대한 감시상태를 60분간 지속한 후 유효하게 10분 이상 경보할 수 있는 비상전원으로서 축전지설비(수신기에 내장하는 경우를 포함) 또는 전기저장장치를 설치해야 한다.
③ 특정소방대상물의 층마다 설치하되, 해당 층의 각 부분으로부터 하나의 발신기까지의 수평거리가 25[m] 이하가 되도록 할 것. 다만, 복도 또는 별도로 구획된 실로서 보행거리가 40[m] 이상일 경우에는 추가로 설치해야 한다.
④ 발신기의 위치표시등은 함의 상부에 설치하되, 그 불빛은 부착면으로부터 45° 이상의 범위 안에서 부착지점으로부터 10[m] 이내의 어느 곳에서도 쉽게 식별할 수 있는 적색등으로 설치해야 한다.

해설
비상벨설비 또는 자동식사이렌설비의 설치기준(NFTC 201) : 발신기의 위치표시등은 함의 상부에 설치하되, 그 불빛은 부착면으로부터 15° 이상의 범위 안에서 부착지점으로부터 10[m] 이내의 어느 곳에서도 쉽게 식별할 수 있는 적색등으로 할 것

76 대형피난구유도등의 설치장소가 아닌 것은?

① 위락시설 ② 판매시설
③ 지하철역사 ④ 업무시설

해설
설치장소별 유도등 및 유도표지의 종류(NFTC 303)

설치장소	유도등
공연장, 집회장(종교집회장 포함), 관람장, 운동시설	• 대형피난구유도등 • 통로유도등 • 객석유도등
유흥주점영업시설(유흥주점영업 중 손님이 춤을 출 수 있는 무대가 설치된 카바레, 나이트클럽 또는 그 밖에 이와 비슷한 영업시설만 해당)	
위락시설, 판매시설, 운수시설, 관광숙박업, 의료시설, 장례식장, 방송통신시설, 전시장, 지하상가, 지하철역사	• 대형피난구유도등 • 통로유도등
숙박시설(관광숙박업 외의 것), 오피스텔 지하층, 무창층 또는 층수가 11층 이상인 특정소방대상물	• 중형피난구유도등 • 통로유도등
근린생활시설, 노유자시설, 업무시설, 발전시설, 종교시설(집회장 용도로 사용하는 부분 제외), 교육연구시설, 수련시설, 공장, 교정 및 군사시설(국방 · 군사시설 제외), 자동차정비공장, 운전학원 및 정비학원, 다중이용업소, 복합건축물	• 소형피난구유도등 • 통로유도등

∴ 업무시설은 소형피난구유도등 또는 통로유도등을 설치해야 한다.

77 축광방식의 피난유도선 설치기준 중 다음 ( ) 안에 알맞은 것은?

• 바닥으로부터 높이 (㉠)[cm] 이하의 위치 또는 바닥면에 설치할 것
• 피난유도 표시부는 (㉡)[cm] 이내의 간격으로 연속되도록 설치할 것

① ㉠ 50, ㉡ 50
② ㉠ 50, ㉡ 100
③ ㉠ 100, ㉡ 50
④ ㉠ 100, ㉡ 100

해설
축광방식의 피난유도선 설치기준(NFTC 303)
• 구획된 각 실로부터 주출입구 또는 비상구까지 설치할 것
• 바닥으로부터 높이 50[cm] 이하의 위치 또는 바닥면에 설치할 것
• 피난유도 표시부는 50[cm] 이내의 간격으로 연속되도록 설치할 것
• 부착대에 의하여 견고하게 설치할 것
• 외부의 빛 또는 조명장치에 의하여 상시 조명이 제공되거나 비상조명등에 의한 조명이 제공되도록 설치할 것

정답 75 ④ 76 ④ 77 ①

78 유도등의 형식승인 및 제품검사의 기술기준에서 복도통로유도등의 식별도 기준 중 다음 (   ) 안에 알맞은 것은?

> 복도통로유도등에 있어서 사용전원으로 등을 켜는 경우에는 직선거리 (㉠)[m]의 위치에서, 비상전원으로 등을 켜는 경우에는 직선거리 (㉡)[m]의 위치에서 보통시력에 의하여 표시면의 화살표가 쉽게 식별되어야 한다.

① ㉠ 15, ㉡ 20
② ㉠ 20, ㉡ 15
③ ㉠ 30, ㉡ 20
④ ㉠ 20, ㉡ 30

해설

복도통로유도등의 식별도 기준(제16조) : 복도통로유도등에 있어서 사용전원으로 등을 켜는 경우에는 직선거리 20[m]의 위치에서, 비상전원으로 등을 켜는 경우에는 직선거리 15[m]의 위치에서 보통시력에 의하여 표시면의 화살표가 쉽게 식별되어야 한다.

Plus one

피난유도표시 방법(제9조)
- 유도등의 표시면 색상은 피난구유도등인 경우 녹색바탕에 백색문자로, 통로유도등인 경우 백색바탕에 녹색문자를 사용해야 한다.
- 통로유도등의 표시면에는 그림문자와 함께 피난방향을 지시하는 화살표를 표시해야 한다.

79 청각장애인용 시각경보장치는 천장의 높이가 2[m] 이하인 경우에는 천장으로부터 몇 [m] 이내의 장소에 설치해야 하는가?

① 0.1
② 0.15
③ 2.0
④ 2.5

해설

청각장애인용 시각경보장치 설치기준(NFTC 203) : 설치높이는 바닥으로부터 2[m] 이상 2.5[m] 이하의 장소에 설치할 것. 다만, 천장의 높이가 2[m] 이하인 경우에는 천장으로부터 0.15[m] 이내의 장소에 설치해야 한다.

80 자동화재탐지설비 및 시각경보장치의 화재안전기술기준(NFTC 203)에서 정하는 연기감지기의 설치기준으로 틀린 것은?

① 부착높이 4[m] 이상 20[m] 미만에는 3종 감지기를 설치할 수 없다.
② 복도 및 통로에 있어서 1종은 보행거리 30[m]마다 설치한다.
③ 계단 및 경사로에 있어서 3종은 수직거리 10[m]마다 설치한다.
④ 감지기는 벽이나 보로부터 1.5[m] 이상 떨어진 곳에 설치해야 한다.

해설

연기감지기 설치기준(NFTC 203)
- 1종 또는 2종 감지기는 복도 및 통로에 있어서는 보행거리 30[m]마다, 계단 및 경사로에 있어서는 수직거리 15[m]마다 1개 이상으로 설치할 것
- 3종 감지기는 복도 및 통로에 있어서는 보행거리 20[m]마다, 계단 및 경사로에 있어서는 수직거리 10[m]마다 1개 이상으로 설치할 것
- 감지기의 부착높이에 따른 바닥면적[m^2]마다 1개 이상으로 할 것

부착높이	감지기의 종류(단위 : [m^2])	
	1종 및 2종	3종
4[m] 미만	150	50
4[m] 이상 20[m] 미만	75	–

- 천장 또는 반자가 낮은 실내 또는 좁은 실내에 있어서는 출입구의 가까운 부분에 설치할 것
- 천장 또는 반자 부근에 배기구가 있는 경우에는 그 부근에 설치할 것
- 감지기는 벽 또는 보로부터 0.6[m] 이상 떨어진 곳에 설치할 것

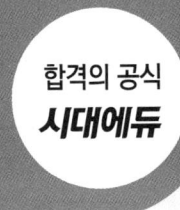

우리 인생의 가장 큰 영광은 결코 넘어지지 않는 데 있는 것이 아니라
넘어질 때마다 일어서는 데 있다.

– 넬슨 만델라 –

얼마나 많은 사람들이 책 한권을 읽음으로써

인생에 새로운 전기를 맞이했던가.

– 헨리 데이비드 소로 –

EBS Win-Q 소방설비기사 전기편 필기

개정5판1쇄 발행	2026년 01월 05일(인쇄 2025년 08월 28일)
초 판 발 행	2021년 08월 05일(인쇄 2021년 06월 18일)
발 행 인	박영일
책 임 편 집	이해욱
편 저	김희태, 이덕수
편 집 진 행	윤진영, 남미희
표지디자인	권은경, 길전홍선
편집디자인	정경일, 박동진
발 행 처	(주)시대고시기획
출판등록	제10-1521호
주 소	서울시 마포구 큰우물로 75[도화동 538 성지 B/D] 9F
전 화	1600-3600
팩 스	02-701-8823
홈 페 이 지	www.sdedu.co.kr

I S B N	979-11-383-9785-8(13500)
정 가	35,000원

※ 저자와의 협의에 의해 인지를 생략합니다.
※ 이 책은 저작권법의 보호를 받는 저작물이므로 동영상 제작 및 무단전재와 배포를 금합니다.
※ 잘못된 책은 구입하신 서점에서 바꾸어 드립니다.

베스트셀러 단기합격 국가기술자격도서!

★★★★★

NO.1 시대에듀

기능사 / 기사·산업기사 / 기능장 / 기술사

적중률!
선호도!
판매도!

1위

기능사 / 기사·산업기사 / 기능장 / 기술사

단기합격을 위한 **완전 학습서**

Win-Q
윙크시리즈
WIN QUALIFICATION

Win-Q
승강기기능사
필기+실기

Win-Q
전기기능사
필기

Win-Q
피복아크용접기능사
필기

Win-Q
컴퓨터응용선반·밀링기능사
필기

Win-Q
설비보전기능사
필기+실기

Win-Q
자동화설비기능사
필기

Win-Q
전산응용기계제도기능사
필기

Win-Q
화학분석기능사
필기+실기

자격증 취득에 승리할 수 있도록 Win-Q시리즈가 완벽하게 준비하였습니다.

Win-Q
위험물기능사
필기

Win-Q
환경기능사
필기+실기

Win-Q
화훼장식기능사
필기

Win-Q
원예기능사
필기+실기

Win-Q
공조냉동기계산업기사
필기

Win-Q
화학분석기사
필기

Win-Q
위험물산업기사
필기

Win-Q
소방설비기사[전기편]
필기

Win-Q
설비보전산업기사
필기+실기

Win-Q
가스산업기사
필기

Win-Q
에너지관리기사
필기

Win-Q
실내건축산업기사
필기

※ 도서의 이미지 및 구성은 변경될 수 있습니다.